Günter Mau

Handbuch Dieselmotoren im Kraftwerks- und Schiffsbetrieb

Günter Mau

Handbuch Dieselmotoren im Kraftwerks- und Schiffsbetrieb

Mit 392 Bildern

Friedr. Vieweg & Sohn   Braunschweig/Wiesbaden

CIP-Kurztitelaufnahme der Deutschen Bibliothek

Mau, Günter:
Handbuch Dieselmotoren im Kraftwerks- und Schiffsbetrieb / Günter Mau. – Braunschweig; Wiesbaden: Vieweg, 1984.

Verlagsredaktion: *Alfred Schubert*

ISBN 978-3-528-14889-8
ISBN 978-3-322-90621-2 (eBook)
DOI 10.1007/ 978-3-322-90621-2

Softcover reprint of the hardcover 1st edition 1984

Satz: Vieweg, Braunschweig

Inhaltsverzeichnis

Vorwort

Mit dem „Handbuch Dieselmotoren" wird eine Darstellung der Entwicklung der Dieselmotoren im Kraftwerks- und Schiffsbetrieb bis heute vorgelegt. Wo immer möglich ersetzen Bilder und graphische Darstellungen längere Ausführungen und benutzen so die Sprache der Technik zur Verdeutlichung schwieriger Zusammenhänge.

Wegen der internationalen Bedeutung des Dieselmotors ist an einigen Stellen neben der gesetzlichen Leistungseinheit kW die weltweit immer noch gebräuchliche Einheit PS bzw. HP mitverwendet. Auch englische Bezeichnungen in Bildern wurden aus diesem Grund mitübernommen. Den in den Schrifttumangaben der einzelnen Abschnitte genannten Verfassern von Fachaufsätzen danke ich für die Überlassung. Teile der angeführten Beiträge sind nach Möglichkeit wortgetreu übernommen, wenn auch wegen der Buchform Kürzungen unumgänglich waren.

Besonderer Dank gilt Herrn Dipl.-Ing. René Müller, Baden/Schweiz, für die Abfassung des Kapitels 2.4 – Aufladung.

Dank der Hilfe der Motorenfirmen, die in den Bildunterschriften genannt sind, war es möglich, eine eindrucksvolle Darstellung der Entwicklung der Dieselmotoren bis heute zu vermitteln.

Während sich das Kapitel 1 mit der geschichtlichen Entwicklung der Hubkolben-Verbrennungsmotoren befaßt, beschreibt Kapitel 2 die Arbeitsverfahren der Dieselmotoren, Kapitel 3 die Bauarten, Kapitel 4 die Energieumsetzung im Dieselmotor und Kapitel 5 die Gestaltung von Motoren. Diese Kapitel dürften sich besonders für die Einführung von Studenten in das Fachgebiet Dieselmotoren eignen. Die Fülle des dargestellten Materials macht deutlich, wieviel Menschen an der Entwicklung des Dieselmotors beteiligt waren, welche Wege zu seiner Entwicklung beschritten wurden und welche Entwicklungsmöglichkeiten noch bestehen.

Die Kapitel 6 – Betrieb von Dieselmotoren – und 7 – Instandhaltung von Dieselmotoren – wenden sich an die Betriebstechniker, während die Kapitel 8 – Kraftwerksanlagen – und Kapitel 9 – Schiffsantriebsanlagen – das Interesse der Ingenieure in den Anwendungsbereichen ansprechen.

Dem Verlag danke ich für sein großes Verständnis bei der Gestaltung und Drucklegung des Buches.

Für Anregungen zur Verbesserung des vorgelegten Handbuchs bin ich dankbar.

Flensburg, Mai 1984

Günter Mau

Bildquellen

Bilder 1.1 – 1.10	aus [1.1]
Bild 1.11	M.A.N.-Werkbild
Bild 1.12	aus [1.3]
Bilder 1.13 – 1.14	aus [1.4]
Bilder 1.15 – 1.27	aus [1.5]
Bild 1.28	aus [1.6]
Bilder 1.29 – 1.32	aus M.A.N./B & W-Druckschrift
Bild 1.33	nach Angaben Z. Motorship
Bild 1.34	aus [1.7]
Bild 1.35	aus [1.8]
Bild 1.36	MWM-Werkfoto
Bilder 1.37 – 1.39	aus [1.9]
Bilder 1.40 – 1.41	aus [1.10]
Bild 1.42	Mak-Werkbild
Bilder 1.43 – 1.44	aus [1.11]
Bild 1.45	aus DIVO/SEMA-Studie 1970
Bilder 1.46 – 1.48	aus [1.14]
Bilder 2.1 – 2.3	aus Bock/Mau, Dieselmaschine
Bilder 2.4 – 2.17	aus Bock/Mau, Dieselmaschine bzw. neu von BBC
Bild 3.1	Werkbild MaK
Bild 3.2	Werkbild M.A.N.
Bild 3.3	aus DIN 6265
Bild 3.4	aus M.A.N.-Prospekt
Bilder 4.1 – 4.9	Mau
Bilder 4.10 – 4.14	aus [4.8]
Bilder 4.15 – 4.41	Mau
Bilder 4.42 – 4.44	aus [4.1]
Bilder 4.45 – 4.46	aus Bock/Mau, Dieselmaschine
Bilder 4.47 – 4.48	aus B & W-Prospekt
Bilder 4.49 – 4.50	aus GMT-Prospekt
Bild 4.51	aus Sulzer-Prospekt
Bilder 4.52 – 4.54	aus M.A.N.-Prospekt
Bilder 4.55 – 4.56	aus [4.4]
Bilder 4.57 – 4.58	aus [4.3]
Bild 4.59	aus M.A.N.-Prospekt
Bild 4.60	aus [4.5]
Bilder 4.61 – 4.67	aus [4.6]
Bild 4.68	aus [4.7]
Bilder 4.69 – 4.76	aus M.A.N./B & W-Druckschrift
Bild 5.1	aus SEMT/Pielstick-Prospekt
Bilder 5.2 – 5.7	aus [5.1]
Bild 5.8	M.A.N.-Werkbild
Bild 5.9	aus [5.7]
Bild 5.10	aus Sulzer-Prospekt
Bild 5.11	aus [5.6]
Bild 5.12	Werkfoto MWM
Bild 5.13	aus MWM-Zeichnung
Bild 5.14	aus [1.9]
Bilder 5.15 – 5.16	M.A.N.-Werkbilder
Bilder 5.17 – 5.22	Mau
Bild 5.23	aus [5.7]
Bild 5.24	Mau
Bilder 5.25 – 5.26	aus [5.7]
Bilder 5.27 – 5.29	aus B & W-Druckschrift
Bilder 5.30 – 5.32	Mau

Bilder 5.33 – 5.38	aus Bock/Mau, Dieselmaschine
Bilder 5.39 – 5.43	aus [5.10]
Bilder 5.44 – 5.69	aus Bock/Mau, Dieselmaschine
Bilder 5.70 – 5.74	aus M.A.N.-Druckschrift
Bild 5.75	aus [5.11]
Bilder 5.76 – 5.86	aus Bock/Mau, Dieselmaschine
Bilder 5.87 – 5.89	aus M.A.N.-Bedienungsanleitung
Bild 5.90	aus MWM-Druckschrift
Bilder 5.91 – 5.92	Mau
Bilder 5.93 – 5.94	aus [5.14]
Bild 5.95	aus MWM-Druckschrift
Bilder 5.96 – 5.101	aus M.A.N./B & W-Druckschrift
Bild 6.1	aus Bock/Mau, Dieselmaschine
Bild 6.2	aus Esso-Druckschrift
Bilder 6.3 – 6.4	aus Bock/Mau, Dieselmaschine
Bild 6.5	Mau
Bilder 6.6 – 6.16	aus Bock/Mau, Dieselmaschine
Bilder 6.17 – 6.18	aus Boll + Kirch-Druckschrift
Bilder 6.19 – 6.21	aus MaK-Druckschrift
Bilder 6.22 – 6.23	aus M.A.N./B & W-Druckschrift
Bilder 6.24 – 6.30	aus [6.2]
Bilder 6.31 – 6.36	aus Bock/Mau, Dieselmaschine
Bilder 6.37 – 6.41	aus MaK-Druckschrift
Bilder 6.42 – 6.43	aus M.A.N./B & W-Druckschrift
Bild 6.44	aus Bock/Mau, Dieselmaschine
Bilder 6.45 – 6.51	aus MaK-Druckschrift
Bild 6.52	aus M.A.N./B & W-Druckschrift
Bilder 6.53 – 6.57	aus ASEA-Druckschrift
Bilder 6.58 – 6.78	aus Bock/Mau, Dieselmaschine
Bild 6.79	aus Druckschrift: Hoppe – Bordmeßtechnik
Bild 6.80	Mau
Bild 6.81	aus MaK-Druckschrift
Bild 6.82	aus Sulzer-Druckschrift
Bild 6.83	aus Siemens-Druckschrift
Bilder 6.84 – 6.89	aus [6.6]
Bild 6.90	aus [6.7]
Bilder 6.91 – 6.96	aus [6.9]
Bilder 6.97 – 6.102	aus [6.11]
Bild 7.1	aus [7.1]
Bilder 7.2 – 7.3	aus MaK-Druckschrift
Bild 7.4	aus M.A.N.-Druckschrift
Bilder 8.1 – 8.3	aus M.A.N.-Druckschrift
Bild 8.4	aus [8.1]
Bild 8.5	aus MWM-Druckschrift
Bilder 8.6 – 8.14	aus [8.2]
Bilder 8.15 – 8.17	aus M.A.N.-Druckschrift
Bild 8.18	aus [9.4]
Bild 9.1	Mau
Bild 9.2	von KHD
Bilder 9.3 – 9.4	aus M.A.N./B & W-Druckschrift
Bilder 9.5 – 9.8	aus SEMT/Pielstick-Druckschrift
Bilder 9.9 – 9.14	aus [9.5]
Bilder 9.15 – 9.19	aus Bock/Mau, Dieselmaschine
Bild 9.20	aus Stromag-Prospekt
Bild 9.21	aus Bock/Mau, Dieselmaschine

1 Geschichtliche Entwicklung der Hubkolben-Verbrennungsmotoren

1.1 Allgemeine Entwicklung

Der in diesem Buch aus der Sicht der Betriebstechnik behandelte Dieselmotor gehört zu den *Hubkolben-Verbrennungsmotoren* und damit zu den *Verbrennungsmotoren.* Verbrennungsmotoren sind Kraftmaschinen mit *innerer Verbrennung.* Aufgabe dieser Kraftmaschinen ist die Umwandlung der an die Kraftstoffe gebundenen chemischen Energie in mechanische Energie. Kraftmaschinen mit *äußerer Verbrennung* sind im wesentlichen die *Dampfkraftanlagen, Gasturbinen* und der *Stirlingmotor.*

Die Geschichte des Deutschen Verbrennungsmotorenbaus ist von *F. Sass* in [1.1] hervorragend beschrieben. Die Geschichte der Verbrennungskraftmaschinen begann mit den atmosphärischen Gaskraftmaschinen, die ihre Vorläufer in Pulvermaschinen von *Huygens* (1673) und *Papin* (1688) hatten. *Samuel Brown,* England, hat wohl als erster betriebsfähige atmosphärische Gasmaschinen gebaut und verkauft. Die Maschinen hatten stehende nach oben offene Zylinder mit Kühlmantel. Die Zündung des Gasluftgemisches erfolgte durch eine Zündflamme. Durch den bei der Gasverbrennung entstehenden Druck wurde der Kolben nach oben getrieben; durch Ventile im Kolben entwichen die Brenngase dann ins Freie. Der atmoshärische Druck bewegte den Kolben alsdann arbeitsverrichtend nach unten, wo ein neues Arbeitsspiel begann. Diese Maschinen arbeiteten im *Zweitaktspiel,* weil zu einem Arbeitsspiel zwei Hübe gehörten.

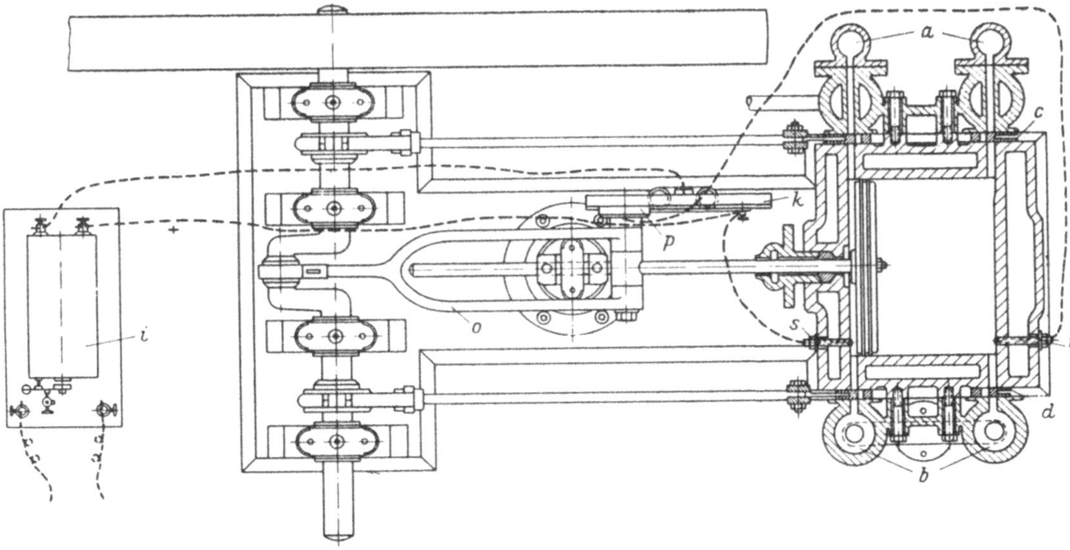

Bild 1.1 Gasmotor von *Lenoir* (1860)

a	Gaseintritt	*i*	Induktionsapparat	*p*	Kontaktscheibe
b	Gasaustritt	*k*	Zündverteiler	*r*	Zündkerzen
c	Einlaßschieber	*o*	Pleuelstange	*s*	Zündkerzen
d	Auslaßschieber				

Atmosphärische Gasmaschinen von *Barsanti* und *Matteucci* (1854) sollen *N. A. Otto* als Vorbild für seine Motorenentwicklung gedient haben. Auf jeden Fall haben aber die atmosphärischen Gasmotoren von *Lenoir* (1860) *Otto* zu seinem Lebenswerk angeregt. Wie man aus Bild 1.1 erkennen kann, waren die seinerzeit weit verbreiteten liegenden Dampfmaschinen Vorbilder für die Triebwerkkonstruktion. Auch die Lenoir-Gasmotoren arbeiteten im Zweitaktspiel.

Otto baute zunächst atmosphärische Gasmaschinen wie Bild 1.2. Für eigene Entwicklungen erfand *Otto* das *Viertaktspiel* als Arbeitsverfahren und verwirklichte es 1876 in seinem

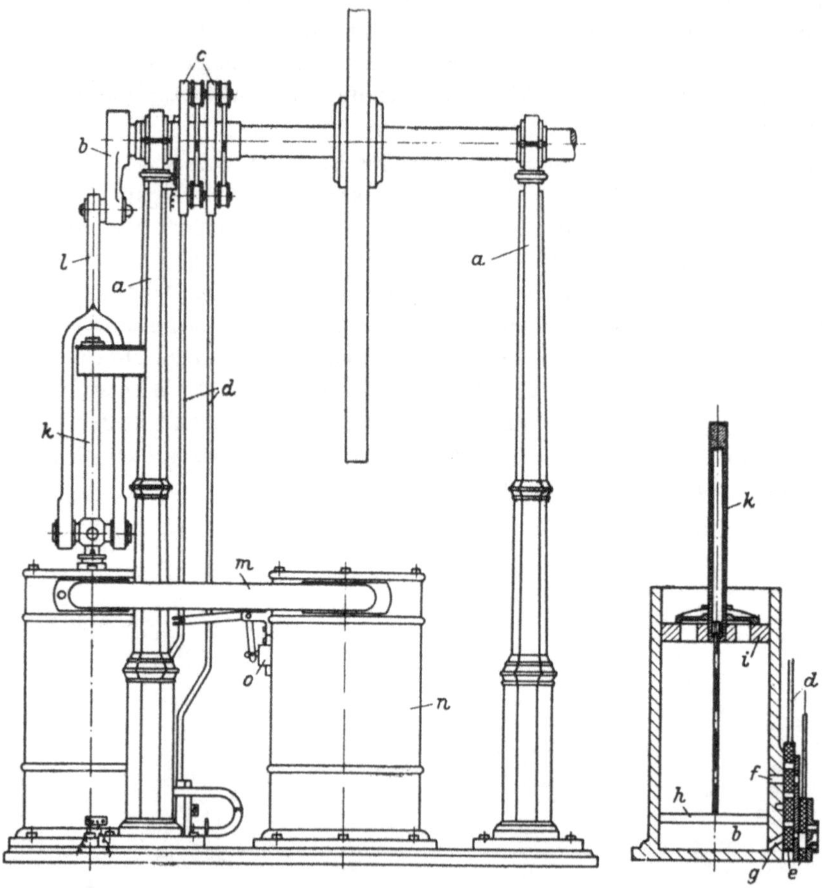

Bild 1.2 Erste atmosphärische Gasmaschine von *Otto* mit Flugkolben und Kurbelbetrieb (1863)

a Lagersäulen
b Kurbel
c exzentrische Steuerscheiben
d Steuerungsgestänge
e Steuerschieber
f Kanal für Frischluft
g Kanal für das Gas-Luft-Gemisch
h Arbeitskolben
i Hilfskolben
k Kolbenstange
l Pleuelstange
m Rohr zwischen Arbeitszylinder und Windkessel n
o Luftventil am Windkessel

Bild 1.3 Erster Viertaktmotor von *Otto* (1876) mit 3 PS (2,2 kW) bei 180 U/min

a Steuerwelle
b Stirnkurbel
c Antriebsstange des Zündschiebers
d Gaseintritt
e Feder des Rückschlagventils in der Gaszuleitung
f, g Gaszuleitung zum Zündschieber
h Auspuffventil
i Ventilhebel
k Zugventil
l Zugfeder
m Kühlwasseraustritt
n Stutzen für Schmiergefäß

Versuchsmotor. Zwei Umdrehungen der Kurbelwelle, denen 4 Kolbenhübe entsprechen, gehören zu einem Arbeitsspiel:

1. Hub: Ansaugen der Gasarten in den Cylinder,
2. Hub: Compression derselben,
3. Hub: Verbrennung und Arbeit derselben,
4. Hub: Austritt derselben aus dem Cylinder

in der Schreibweise der Patentanmeldung.

In wenigen Jahren gelang es nun, Gasmotoren nach dem 4-Taktverfahren mit Leistungen von 60 ... 75 kW zu bauen, nachdem bis dahin eine Leistungsgrenze von etwa 2 kW für atmosphärische Gasmotorenzylinder bestanden hatte. Der neue Otto-Gasmotor der Gasmotoren-Fabrik Deutz verdrängte schnell die veralteten atmosphärischen Gasmaschinen. Die Nachwelt ehrte *Otto* dadurch, daß man alle Motoren mit Gemischansaugung und Fremdzündung unabhängig vom Arbeitsverfahren als Otto-Motoren bezeichnet.

G. Daimler und *W. Maybach* gebührt das Verdienst, den schweren stationären Deutzmotor zum leichten Schnelläufer entwickelt zu haben, aus dem der heutige Kraftfahrzeug-Motor entstand. Der erste Kraftwagen der Welt von *Daimler* und *Maybach* (1886) hatte eine Leistung von 1,1 kW.

Mit dem Namen *Carl Benz* verbindet sich die von ihm für Gasmotoren geschaffene erste brauchbare Batteriezündung (1882). *Benz* baute in Mannheim zunächst stationäre Gasmotoren mit 2-Taktspiel, dann 4-Takt-Wagenmotoren. *Benz* kümmerte sich dabei mit seinen Entwicklungen nicht nur um den Antriebsmotor, sondern auch um die Gestaltung des Kraftwagens. Von *Benz* stammt auch der Schwimmervergaser. Im übrigen ist hier nicht der Raum, auf die stürmische Entwicklung der instationären Motoren für Straßen und Luftfahrzeuge einzugehen, weshalb nochmals auf [1.1] verwiesen wird.

Im Juli 1878 machte *Rudolf Diesel* als Student der Münchener Polytechnischen Schule in einer Thermodynamikvorlesung von Prof. *Carl Linde* den Kollegheftvermerk: „Studieren, ob es nicht möglich ist, die Isothermen praktisch zu verwirklichen!" Isothermen sind Gaszustandsänderungen, bei denen die Temperatur konstant bleibt, während sich Druck und Volumen ändern. *Diesel* setzte sich zum Ziel, den Carnotschen Kreisprozeß, in dem 2 Isothermen entscheidend für den hohen Wirkungsgrad dieses Prozesses sind, zu verwirklichen.

Mit *Rudolf Diesel* (Bild 1.4) war ein großer Ingenieur geboren, in dem sich Genialität und große Zähigkeit zur Durchsetzung seiner Ideen zusammenfanden – Voraussetzungen, um der Welt die Kraftmaschine mit der bis heute größten Energieausnutzung zu schenken. Mit Hilfe der M.A.N schaffte er den Motor, der heute in aller Welt seinen Namen trägt. Allerdings schaffte es *Diesel* dabei nicht, die von ihm gewünschten Isothermenzustandsänderungen zu verwirklichen. Trotzdem war und ist der Dieselmotor die Wärmekraftmaschine mit dem besten Wirkungsgrad und damit niedrigstem Energieverbrauch.

Bild 1.4
Rudolf Diesel 1958–1913

Unter *Dieselmotoren* versteht man heute Motoren mit *Selbstzündung*, bei denen die Kompression der Verbrennungsluft zur Erreichung der Selbstzündungstemperatur des später eingespritzten Kraftstoffs entsprechend hoch getrieben werden muß. Vermeidung der frühzeitigen Mischung von Luft und Kraftstoff und hohe Kompression bis über die Entzündungstemperatur des Kraftstoffs waren Ansprüche des ersten Dieselpatents DRP 67207 vom 28.2.1892.

Am 21.2.1893 begann der Bau des ersten Dieselmotors bei der Maschinenfabrik Augsburg (M.A.N) als 4-Takt-Motor. Am 17.2.1894 gelang mit Diesels Versuchsmotor nach inzwischen mehrfachen Umbauten zum ersten Mal der Leerlauf, wobei Benzin, etwas nach dem oberen Totpunktdurchgang des Kolbens eingespritzt, als Kraftstoff verwendet wurde.

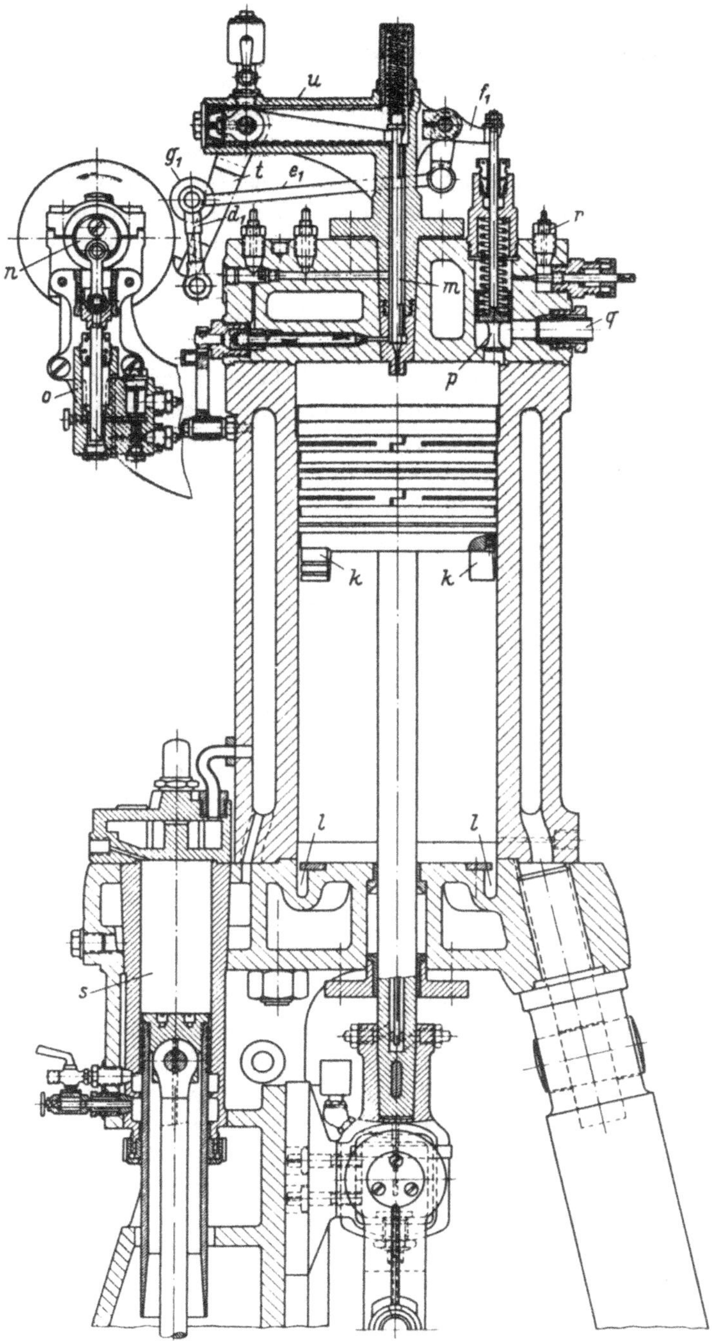

k Schmierölverteiler
l Schmierölsümpfe
m Brennstoff-Ventilnadel
n Nockenwelle
o Brennstoffpumpe
p Anlaßventil
q Anlaßluftleitung
r Anlaßventilschmierung
s Einblase-Luftkompressor
t Brennstoffventil-Hebel
u Lagerarm für *t*
d_1, e_1, f_1 Anlaßventilgestänge
g_1 Rolle des Anlaßventilhebels

Bild 1.5 Querschnitt durch den Arbeitszylinder des 3. Versuchsmotors von *Diesel* (1896)

Weitere Versuchsreihen befaßten sich mit Vergasungsversuchen mit Petroleumbetrieb, mit Leuchtgas als Kraftstoff und führten durch Umbau zu einem zweiten Versuchsmotor; dieser Motor erhielt einen angehängten Einblaseluftkompressor. Mit diesem Motor wurden Dauerlaufversuche durchgeführt, bei denen der Motor im November/Dezember 1895 insgesamt 111 Stunden lief und einen spezifischen Kraftstoffverbrauch von 351 g/PSh, d. h. 478 g/kWh erreichte. 1896 wurde ein dritter Versuchsmotor bei der M.A.N nach *Diesels* Anweisungen von *J. Lauster* konstruiert und gebaut (Bild 1.5). Dieser Versuchsmotor (1897) gilt heute als „Erster Dieselmotor" und steht im Deutschen Museum München. Die wärmewirtschaftlichste Kraftmaschine war damit geschaffen.

Da in einem Zylinder umso mehr Kraftstoff verbrannt werden kann, als Luftmasse in diesen gebracht wird, sind im Laufe der Entwicklung der Verbrennungsmotoren immer wieder Anstrengungen gemacht, *vorverdichtete* Luft zu verwenden. Das Verfahren bezeichnet man als *Aufladung.* Heute gehören Aufladeaggregate zum integrierten Bestandteil besonders der Dieselmotoren. Schon die Gasmaschinen von Ehrhardt & Sehmer, Lizenznehmer von Deutz, verwendeten um 1910 schwachverdichtete Luft anstatt atmosphärische Luft zum Spülen der Gaszylinder, ein Verfahren, das zuerst wohl von Premier Gas Engine Co, Nottingham, angewendet wurde. Ein- und Auslaßventile wurden dabei für die gewünschte Durchspülung kurze Zeit gleichzeitig offengehalten; mehr Luftsauerstoff blieb dabei im Zylinder. Man konnte entsprechend mehr Gas verbrennen und kam auf einen Leistungsgewinn von 37 %.

Die Aufladung erfolgt heute durchweg nicht mit mechanisch angetriebenen Ladern, sondern mit Hilfe von den Verbrennungsmotoren nachgeschalteten *Abgasturboladern.* Diese verarbeiten dabei große Gasvolumen bei niedrigen Drücken, während die Kolbenmotoren für hohe Drücke und kleinere Volumen bestens geeignet sind. Die Aufladung leistet auch einen Beitrag zur Verringerung der Schadstoffemission sowohl beim Otto- als auch beim Dieselmotor durch die bei diesem Verfahren ohne Leistungsverlust mögliche Abmagerung des Gemisches und relativ späte Zündung [1.2].

Verbrennungsmotoren haben als im „offenen" Kreislauf arbeitende Kraftmaschinen den großen Vorteil, daß dem Arbeitsmedium Luft die Wärme im Arbeitsraum des Motors innerhalb gekühlter Wandungen zugeführt wird. Hierdurch kann die Temperatur des Arbeitsmediums in Verbrennungsmotoren im Gegensatz zu anderen Kraftmaschinen während der Wärmezufuhr viel höher als die der bewegten Triebwerkteile und der Wandungen sein. Diesen Vorteil hoher Prozeßtemperaturen nutzen die konventionellen Motoren bisher nur teilweise aus, weil die arbeitsverrichtende Expansion vorzeitig abgebrochen werden muß, wenn das Volumen der Verbrennungsgase das Hubraumvolumen erreicht. Hierdurch verlassen die Verbrennungsgase den Arbeitszylinder mit verhältnismäßig hoher Temperatur und auch mit nennenswertem Druck, wodurch ein Teil ihres Arbeitsvermögens für den Prozeß verlorengeht. Eine Möglichkeit, den Wirkungsgrad wieder zu erhöhen, besteht in der Nutzung des restlichen Arbeitsvermögens der Verbrennungsgase in einer nachgeschalteten Abgasturbine. In Praxis wird damit allerdings keine zusätzliche Energie gewonnen, sondern ein Turbolader angetrieben, der für eine Vorkompression der in den Arbeitsraum des Motors gelangenden Luft sorgt. Hierdurch wird die Ladung und damit die Motorleistung erhöht, der Wirkungsgrad jedoch kaum verbessert, weil die in der Abgasturbine gewonnene Arbeit nicht nach außen abgeführt, sondern im Prozeß verbraucht wird. Die damit verbundene Besserung des Wirkungsgrades ist hauptsächlich auf eine geringe praktische Verbesserung des Prozeßablaufs zurückzuführen.

1.2 Die Entwicklung des Dieselmotors

Der „Erste Dieselmotor“ von 1897, ein Einzylinder-Viertaktmotor mit einem Zylinderdurchmesser von $d = 250$ mm und einem Hub von $s = 400$ mm, erbrachte 17,8 PS, d. h. 13,1 kW, bei 154 Umdrehungen pro Minute und erreichte mit einem spezifischen Kraftstoffverbrauch von 238 g/PSh, also 324 g/kWh, eine Wärmeausnutzung von 26,2 %, doppelt so hoch als bei damaligen guten Heißdampfmaschinen.

Bis Ende 1898 beschäftigte man sich bei der M.A.N nur mit Versuchen am 4-Takt-Dieselmotor. *Hugo Güldner,* AEG, schlug dann vor, einen Zweitakt-Versuchsmotor zu bauen, der auch 1899 erstellt wurde und damit den ersten Zweitakt-Dieselmotor darstellt.

Inzwischen betrafen weitere Entwicklungen wichtige Konstruktionselemente: Kolben, Dichtungen, Einspritzorgane (Zerstäuber), die Druckeinspritzung, die Kraftstoffregelung und die zweistufige Verdichtung der Einblaseluft, um einiges zu nennen.

Waren die ersten Dieselmotoren noch Motoren in Kreuzkopfbauart mit kurzen Kolben und Geradführung mittels Kreuzkopf, so baute man bei der M.A.N nach der Jahrhundertwende den ersten Dieselmotor in Tauchkolbenbauart mit langem Kolben und Geradführung durch den Kolben selbst (Bild 1.6). Nach diesem Motorenmuster hat die M.A.N in den Jahren nach 1900 Motoren mit vielen Hunderttausend PS Gesamtleistung geliefert. Etwa 1912 gelang es, Dieselmotoren mit billigem Steinkohlen-Teeröl aus heimischer Produktion zu betreiben. Die Zündung wurde durch eine kleine Menge Gasöl als Zündöl eingeleitet.

Bild 1.6
Der erste M.A.N.-Dieselmotor mit Tauchkolben (1901) $d = 400$ mm, $s = 600$ mm, 70 PS (51,5 kW) bei 160 U/min

a Ständer und Zylindermantel aus einem Stück
b Grundplatte
c senkrechte Antriebswelle der Steuerwelle *d*
e Regler
f Einblaseluftpumpe mit Antriebsstange *g*

Ab 1908 lief *Diesels* Grundpatent ab. Mehr Firmen nahmen nun den Bau von Dieselmotoren auf; in Deutschland traten neben die M.A.N und Krupp nun Firmen wie Benz & Cie., Mannheim; Güldner, Aschaffenburg; Körting, Hannover und Gasmotorenfabrik Deutz, Köln. Die M.A.N Tauchkolbenmotoren der DM-Reihe wurden weiterentwickelt zu den ortsfesten Bauarten AV und BV, wobei ihr Leistungsgewicht von 276 kg/PS (376 kg/kW) auf rd. 160 kg/PS (218 kg/kW) verringert werden konnte und 6-Zylindermotoren schließlich 1500 PS (1102 kW) abgeben konnten.

Schon 1899 war ein Patent DRP 107395 für eine Vorrichtung zum Umsteuern der Drehrichtung von Dieselmotoren erteilt worden, für eine Vorrichtung, die zum Betrieb von Schiffsantriebsmotoren dienen sollte. Zwei russische Binnenschiffe dürften 1903 die ersten Wasserfahrzeuge mit Dieselantrieb gewesen sein. Sie erhielten drei 3-zylindrige Dieselmotoren mit je 120 PS (88,2 kW) Leistung bei 240 U/min („Vandal“) bzw. zwei 4-zylindrige Motoren mit je 180 PS (132,3 kW) („Sarmat“) von den A. B. Diesels Motorer Stockholm als Antrieb. Besonders für U-Boote interessierte man sich dann ab 1905 für dieselmotorischen Antrieb.

Für die deutsche Marine wurde 1910 der erste Motor mit 900 PS (661 kW) geliefert, das Leistungsgewicht betrug 22,4 kg/PS, der spez. Kraftstoffverbrauch 192 g/PSh. Die Umsteuerung erfolgte durch Verschieben der mit Vorwärts- und Rückwärtsnocken versehenen Steuerwelle (Nockenwelle). Während des Verschiebens sind die Ventilhebel durch exzentrische Büchsen und Stangen von ihren Nocken abgehoben.

Im ersten Weltkrieg ging die Entwicklung von U-Boot-Motoren schnell voran und führte bei der M.A.N zu Motoren von bis 3000 PS (2200 kW) bei 390 U/min.

Im Nürnberger Werk der M.A.N förderte *Rieppel* die Entwicklung der Dieselmotoren in Tauchkolbenbauart im Zweitakt-Arbeitsspiel, weil er sich davon einen leichteren, besonders für die Schiffahrt geeigneteren Motor versprach. 1910 wurden zwei solche Motoren mit je 150 PS (110 kW) bei 550 U/min für portugiesische Kanonenboote geliefert; 12 leistungsstärkere Motoren an die holländische Marine in 6-Zylinderbauart hatten 1914 900 PS (661 kW) bei 450 U/min mit einem Leistungsgewicht von nur 18 kg/PS. Langsamerlaufende Motoren ähnlichen Typs waren mit 50 kg/PS schwerer und leisteten 600 PS (440 kW) bei 275 U/min.

Das Nürnberger Werk verwirklichte auf Grund von Erfahrungen mit liegenden Viertakt- und Zweitaktmotoren als erste Firma den doppeltwirkenden Zweitaktmotor in Bild 1.7 Wassergekühlte Kolben und Kolbenstangen werden von zwei Kreuzköpfen mit Gleitschuhen getragen; Kolbenkühlwasser wird durch Gelenkrohre zu- und abgeführt.

1910 nahm M.A.N Nürnberg in Arbeitsgemeinschaft mit der Werft Blohm + Voss Hamburg den Bau stehender Zweitakt-Schiffsmotoren auf. Blohm + Voss erprobte die dort gebaute Maschine dieser Art in doppeltwirkender Ausführung 1911 auf dem Prüfstand. Auf Grund der Prüfstandserfahrungen baute die Werft dann zwei weitere Motoren mit $d = 480$ mm, $s = 710$ mm und einer Zylinderleistung von 830 PS (610 kW) (Bild 1.8). Die Maschinen wurden in MS „Fritz“ eingebaut, das 1915 mit den Probefahrten begann und dann 1919 an England abgeliefert werden mußte. Als zweites deutsches Motorschiff erhielt MS „Secundus“ der Hamburg-Amerika-Linie 1913 zwei einfachwirkende Zweitakt-Dieselmotoren in Kreuzkopfbauart: $d = 600$ mm, $s = 920$ mm, Leistung 1350 PS (992 kW) bei 120 U/min. Die Maschinen waren mit 160 kg/PS relativ schwer und der Kraftstoffverbrauch mit 210 g/PSh hoch; sie waren aber recht betriebssicher. Das Schiff machte kriegsbedingt nur eine Reise von Hamburg nach New York und New Orleans und zurück.

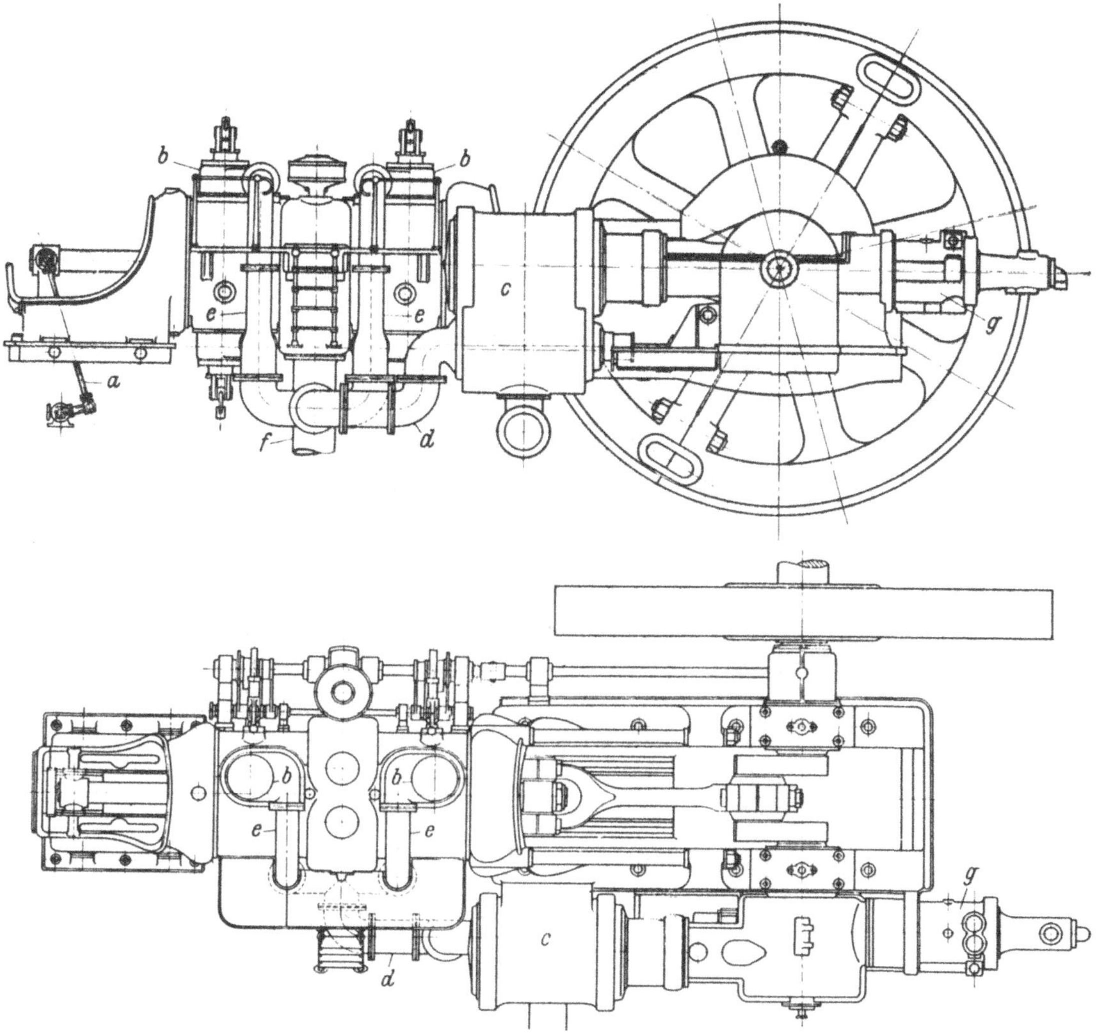

Bild 1.7 Liegender Einzylinder doppeltwirkender Zweitaktmotor M.A.N. Nürnberg 1912, geliefert für Kraftzentrale

a Gelenkrohr für Kühlwasserzuführung
b Spülventile
c Spülpumpe
d, e Spülluftleitungen
f Auspuffleitung
g Einblaseluftkompressor

Die Fa. Werkspoor Amsterdam hatte bereits 1910 einen 6-Zylinder-Viertaktmotor von 450 PS (331 kW) für den Einschrauben-Tanker „Vulcanus" der Anglo-Saxon Petroleum Co. geliefert, der im September 1910 in Fahrt ging. Die „Selandia" mit 8400 tdw der A.S. Det Ostasiatiske Kompagni Kopenhagen erhielt etwa gleichzeitig zwei von Burmeister & Wain gebaute 8-Zylinder-Viertakt-Kreuzkopfmaschinen mit je 1250 PS (919 kW) bei 140 U/min und kam 1912 in Fahrt; dies Schiff trug wesentlich zur Durchsetzung des Schiffsdieselmotoren-Antriebs bei. Fa. Gebr. Sulzer Winterthur baute für MS „Monte Penedo" der Hamburg-Südamerikanischen Dampfschiffahrts-Gesellschaft, 6500 tdw, Bauwerft Howaldtswerke Kiel, 1911, zwei umsteuerbare 4-zylindrige Zweitaktmotoren, die mehrere Jahrzehnte ihren Dienst taten, nach dem ersten Weltkrieg unter brasilianischer Flagge.

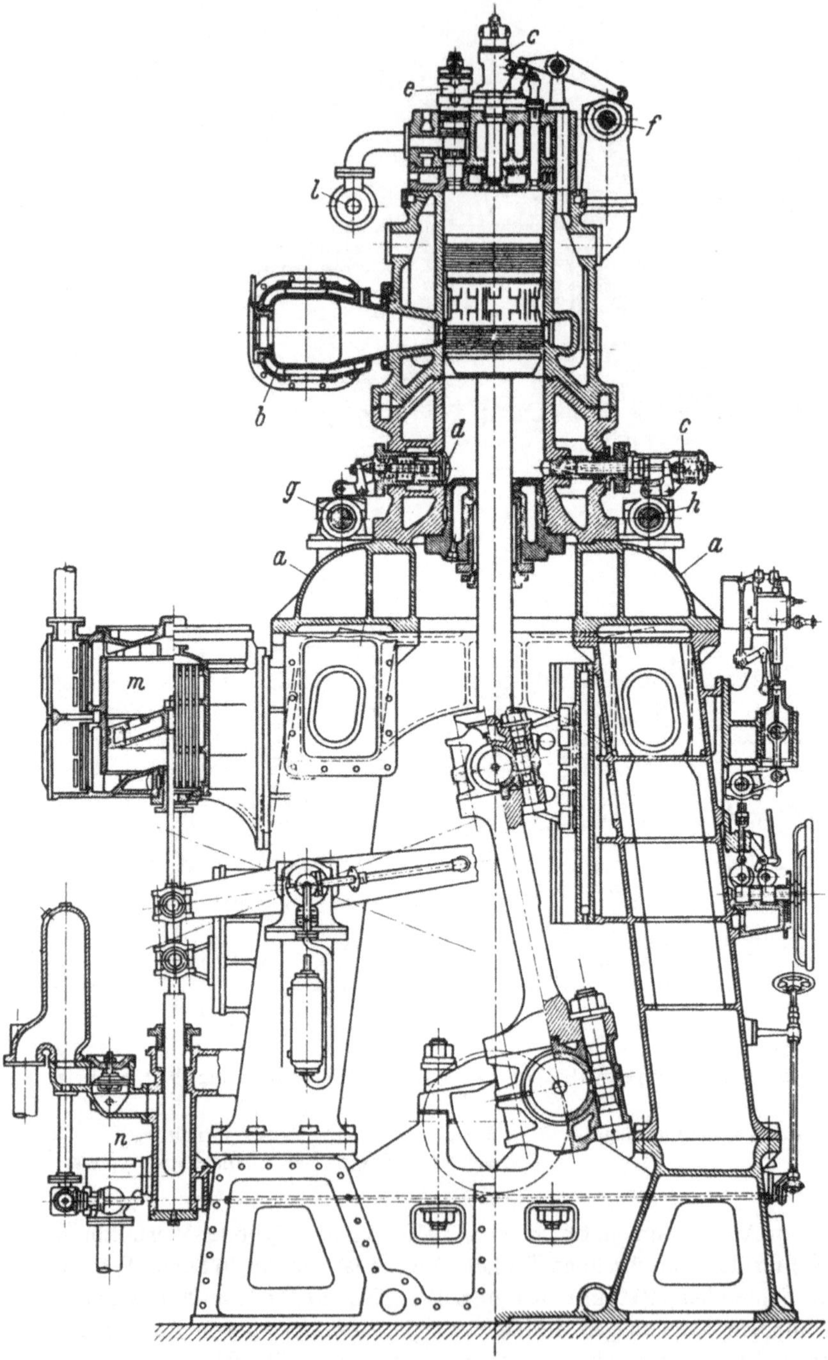

Bild 1.8 Erster in ein seegehendes Motorschiff eingebauter doppeltwirkender Zweitakt-Dieselmotor M.A.N./Blohm + Voss (1913/14)

a Abdeckplatte der Ständer und Träger der Arbeitszylinder
b Auspuffleitung
c Brennstoffventile
d Spülventil
e Anlaßventil
f, g, h Steuerwellen
l Anlaßluftleitung
m Spülluftpumpe
n Kühlwasserpumpe

Betrug 1901 die Zylinderleistung eines einzylindrigen Dieselmotors 30 PS (22 kW), so lag diese um 1909 bei 200 PS (147 kW). Der Nürnberger M.A.N gelang bis 1913 dann eine weitere Leistungssteigerung auf 2000 PS/Zylinder (1470 kW/Zylinder), die in einem Motor für die deutsche Marine mit 6 doppeltwirkenden Zylindern: $d = 850$ mm, $s = 1050$ mm bei einer geplanten Drehzahl von $n = 160 \dots 170$ U/min verwirklicht werden sollte. Mehrere Ausführungsformen der Zylinder wurden erprobt, bis schließlich in der sechsten Ausführungsform ein neuntägiger Dauerprüflauf am Einzylinder-Versuchsmotor gelang. Wärmerisse in Laufbuchse und Kolben machten den Konstrukteuren zu schaffen. Am 23.2.1914 konnte dann der 6-Zylindermotor zum ersten Mal gestartet werden. Am 24. März 1917 lief der Motor 12 Stunden mit 12200 PS (8820 kW) bei 135 U/min, worauf der Abnahmelauf am 31.3.1917 folgte. Der Motor ist dann nicht mehr zum Einbau in ein Linienschiff der Marine gekommen; er wurde nach Kriegsende verschrottet – man hatte aber viele Erfahrungen sammeln können, die dem Bau der späteren doppeltwirkenden M.A.N-Zweitakt-Dieselmotoren für die Handelsschiffahrt zugute kamen.

Auch die Germania Werft von Krupp hatte 1910 einen Marine-Auftrag für die Entwicklung eines zunächst dreizylindrigen Versuchsmotors mit 2000 PS (1470 kW) Zylinderleistung erhalten. 1916 war ein 6-Zylindermotor fertiggestellt, der 1917 noch einer fünftägigen Dauererprobung mit 10600 PS (7791 kW) bei 140 U/min und einer Höchstleistung für eine Stunde von 12060 PS (8864 kW) bei 150 U/min unterzogen wurde.

Die überaus interessanten Entwicklungen bei anderen Firmen sind in [1.1] nachzulesen. Hier soll jedoch erwähnt werden, daß man in der Gasmotorenfabrik Deutz von Anfang an bemüht war, den Kraftstoff ohne Einblaseluft, d.h. kompressorlos, in den Brennraum einzubringen. Eines der angewandten Verfahren war die Deutzer Zerstäubungskammer nach DRP 196514 vom 12.4.1906 (Bild 1.9). Das Verfahren kommt der heutigen Vorkammereinspritzung nahe.

Die Erfindung der Vorkammer verdanken wir schließlich *Prosper L'Orange*, der zunächst bei Deutz, dann bei den Benz-Werken in Mannheim arbeitete (Bild 1.10). Die L'Orange-Vorkammer nach DRP 397142 vom 18.3.1919 hat den Vorkammermotor lebensfähig gemacht.

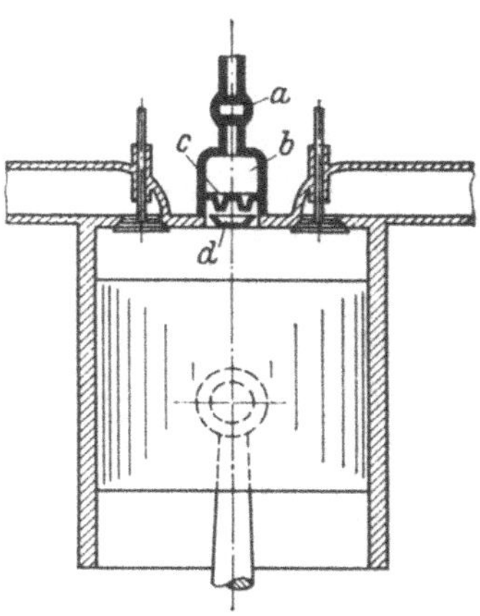

Bild 1.9 Deutzer Zerstäubungskammer (1906)

a Brennstoffzuführung
b Vorkammer
c Zwischenwand mit Düsenbohrungen
d Sammelschale

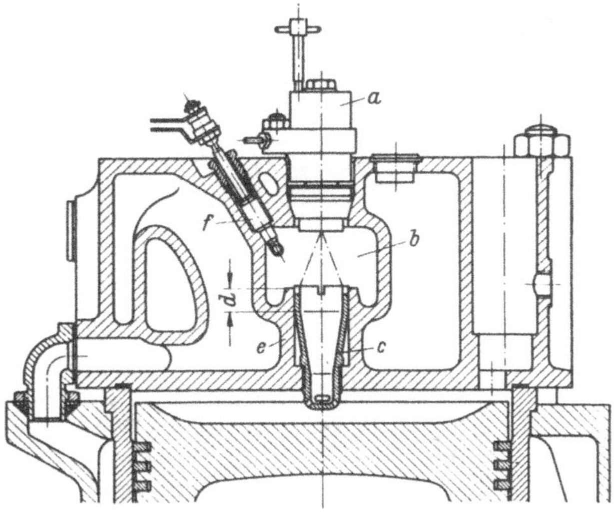

Bild 1.10 L'Orange-Vorkammer (1919)

a Brennstoffventil *b* Vorkammer *c* Zündeinsatz *d* Kragenrand zur Einstellung der Temperatur des Zündeinsatzes
e Kühlwand für Zündeinsatz *f* Glühspirale zum Anwärmen der Vorkammer

Bild 1.11 Erstes Dieselkraftwerk der Welt in Kiew

Inzwischen war 1905 von der MAN in Kiew das erste Dieselkraftwerk der Welt errichtet worden (Bild 1.11). Dieselkraftwerke werden vor allem dort errichtet, wo es gilt, bei mangelnder Infrastruktur schwierigsten Umwelt- und Betriebsbedingungen zu widerstehen und gleichzeitig eine hohe Verfügbarkeit zu sichern.

In der Folgezeit wurden viele Dieselmotorentypen für wahlweisen Einsatz im Kraftwerks- als auch im Schiffsbetrieb entwickelt. Sie unterscheiden sich im wesentlichen nur dadurch, daß Schiffsdieselmotoren für Direktantrieb in ihrer Drehrichtung umsteuerbar sein müssen; die Drehzahlen der Kraftwerksmotoren müssen andererseits auf die von den angetriebenen Generatoren zu liefernde Netzfrequenz abgestimmt werden.

Die nach dem ersten Weltkrieg einsetzende schnelle Weiterentwicklung der Dieselmotoren kam daher sowohl den in den Kraftwerken als auch auf Schiffen installierten Motoren zugute, wenn der Entwicklungserfolg auch am besten in der Handelsschiffahrt meßbar ist, in der der Dieselmotor andere Antriebsarten immer mehr verdrängte. So wurden z. B. 1967 von den 1079 Handelsschiffneubauten mit Größen über 2000 tdw (Tonnentragfähigkeit) 1041 Einheiten, 96,5 %, als Motorschiffe gebaut.

Aus Bild 1.12 geht hervor, daß die seit der Energiekrise zu verzeichnende stetige Zunahme des Anteils der Dieselmotoren, Langsam- und Mittelschnelläufer, als Antriebsart anhält [1.3]. Weltweit befanden sich zur Jahreswende 1978/79 64 Neubauten mit Dampfbetrieb gegenüber 1632 mit Dieselantrieb in Auftrag (Bild 1.12a). Bezieht man die Verteilung der Antriebsarten auf die Antriebsleistung der in Auftrag befindlichen Handelsschiffe, so ergibt sich die Darstellung in Bild 1.12b. Im Jahr 1974 entfielen im internationalen Schiffbau noch 40 % der insgesamt installierten Antriebsleistung auf Dampfanlagen; dieser Wert ging jetzt auf 13 % zurück und fällt noch.

Den durch die Nahostkrise ausgelösten Knick in der Preisentwicklung für Schiffahrt-Kraftstoffe zeigt Bild 1.13 aus [1.4]. Das in Bild 1.13 angegebene „Marine bunker fuel" ist sog. Schweröl, das gleichermaßen im Kessel wie in dafür geeigneten größeren Dieselmotoren verbrannt wird. Die heute hohen Kraftstoffkosten sind die Veranlassung, bevorzugt Diesel-

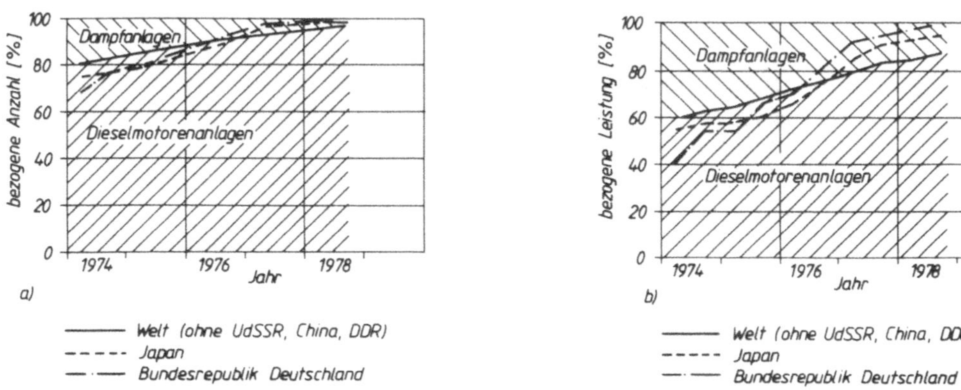

Bild 1.12

a) Prozentuale Verteilung der Antriebsarten bezogen auf die Anzahl der in Auftrag gegebenen Handelsschiffsneubauten 1978

b) Prozentuale Verteilung der Antriebsarten bezogen auf die Antriebsleistung der in Auftrag gegebenen Handelsschiffsneubauten 1978

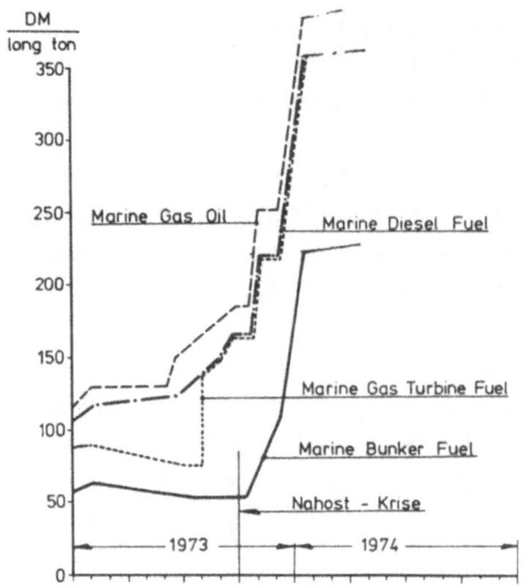

Bild 1.13 Preisentwicklung der Schiffahrts-Kraftstoffe für verschiedene Qualitäten 1973/74, Basis: Hamburger Hafen

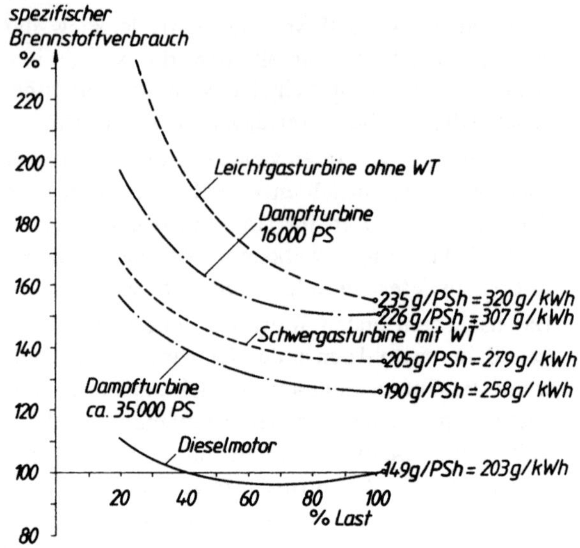

Bild 1.14 Kraftstoff-Verbrauchskurven für Schiffsantriebe nach Propellergesetz

motoren zum Antrieb von Schiffen zu verwenden. Bild 1.14 zeigt Kraftstoff-Verbrauchskurven für verschiedene Schiffspropellerantriebe. Ein Beispiel möge den Einfluß der Antriebswahl erläutern.

Ein Supertanker mit 36000 WPS (26 500 kW) und 320 Seetagen im Jahr spart lt. "The Motorship", 1/74, etwa 1,4 Mio DM/Jahr, wenn er mit einem Dieselantrieb anstelle einer Dampfturbinenanlage ausgerüstet ist (entsprechend einer Brennstoffverbrauchsdifferenz von ca. 25 g/PSeh (34 g/kWeh) einschl. Schmierölanteil).

Für eine Gasturbinenanlage ist der Unterschied naturgemäß vor allem mit Rücksicht auf die verlangte bessere Kraftstoffqualität noch wesentlich größer. Für ein mit navalisierten Flugtriebwerken ausgerüstetes Containerschiff, das mit etwa 50000 WPS (36 800 kW) Service-Leistung betrieben wird, beträgt auf der Basis der (15.1.1974) Kraftstoffpreise (Bunker-C-Öl = 225,– DM/t, MTG 7 = 356,– DM/t, die Kostendifferenz Gasturbine mit MTG 7 ($b_e \approx 235$ g/PSeh; 320 g/kWeh) im Vergleich zu einer Dieselanlage mit Bunker-C-Öl (b_e = 149 g/PSeh; 202 g/kWeh) unter Einrechnung des Schmierölverbrauchs bei der Dieselanlage ca. 58 000,– DM/Tag. Das sind bei 300 Seetagen ca. 17 Mio DM/Jahr Kraftstoffkostendifferenz.

Dementsprechend ist die Verringerung des spezifischen Kraftstoffverbrauchs, insbesondere bei großen Leistungseinheiten, in den Vordergrund der Entwicklung getreten. Diese Entwicklung sollte nicht nur auf einen Betriebspunkt ausgerichtet werden, nämlich den der meistgefahrenen Serviceleistung, sondern sie sollte einen möglichst breiten Bereich umfassen, einschließlich der heute doch wieder häufiger in Anspruch genommenen Teillastbereiche (Bild 1.14). Zur Erzielung eines möglichst niedrigen Verbrauchsmittelwerts über einen möglichst großen Betriebs- und Zeitbereich gehört auch eine geringe Abhängigkeit der Verbrauchshöhe von allen Störungen, z. B. falsch eingestellter Schweröltemperatur, schlecht spritzender Düsen, Schaufelverschmutzungen, fehlerhafter Kesselregelung oder auch von geänderten Umgebungsbedingungen. Auch hier ist der Dieselmotor mit Abstand im Vorteil – mit Ausnahme des Einflusses der Umgebungsbedingungen, den es bei der Dampfanlage praktisch nicht gibt (umso mehr aber bei Gasturbinen).

Der Dieselmotor ist seit jeher die weitaus wirtschaftlichste Wärmekraftmaschine. Dennoch gibt es eine ganze Reihe von Maßnahmen, um den Kraftstoffverbrauch noch weiter zu verringern, z. B. durch Verbesserung des Verbrennungsablaufs, besseren mechanischen Wirkungsgrad, Übergang auf Stauaufladung usw.

Für die Betrachtung der Weiterentwicklung der Dieselmotoren bietet sich an, die Entwicklung der langsamlaufenden, der mittelschnellaufenden und der schnellaufenden Dieselmotoren getrennt zu betrachten. Wenn auch die Schnelläufigkeit nicht genormt ist, hat sich doch folgende Drehzahlklassifizierung eingebürgert:

Langsamläufer: n bis rd. 300 min^{-1}
Mittelschnelläufer: n kleiner 1000 min^{-1}
Schnelläufer: n gleich/größer 1000 min^{-1}

Langsamläufer

Alle *Langsamläufer* sind heute Zweitaktmotoren. Am Beispiel der M.A.N-Motoren sei die Entwicklung der Zweitakt-Großdieselmotoren aufgezeigt [1.5].

Der erste Dieselmotor, den *Rudolf Diesel* zusammen mit der M.A.N in Augsburg in den Jahren 1893 bis 1897 entwickelte, war ein Kreuzkopf-Viertaktmotor. Schon bald darauf – also seit nunmehr etwa 75 Jahren – begann die bis heute mit viel wissenschaftlichen Theorien und technischen Argumenten, mit Hypothesen und Meinungen, stets aber mit Leidenschaft geführte Diskussion um grundlegende Dinge:

– um die *Bauart des Triebwerks:* ob Tauchkolben- oder Kreuzkopfausführung,
– um das *Arbeitsverfahren:* ob Viertakt- oder Zweitaktsystem.

Für die großen Schiffsdieselmotoren – um diese geht es hier vorrangig – ist diese Frage bis heute nicht entschieden. Eindeutig haben sich aber – bis auf einige Ausnahmen – die beiden Paare durchgesetzt:

– *Kreuzkopf* und *Zweitakt*
– *Tauchkolben* und *Viertakt*

Dies erklärt sich im wesentlichen daraus, daß in einer durch Spülschlitze unterbrochenen (Zweitakt-)Laufbüchse nur sparsam geschmiert werden kann und deswegen die Aufnahme der Kolbenseitenkräfte sehr schwierig ist. Ein Kreuzkopf entlastet den Kolben von Seitenkräften. Die Kreuzkopflösung (wegen ihrer hohen Massenkräfte) und die Zweitaktspülung (wegen ihrer größenabhängigen Spülzeit) begrenzen die Drehzahl. Die leichten Tauchkolbentriebwerke und der bei Viertaktmotoren wesentlich einfacher zu beherrschende Ladungswechsel erleichtern demgegenüber höhere Drehzahlen. Deswegen hat die Praxis die vorerwähnten Paare inzwischen in ihrem Anwendungsbereich zusätzlich eingeengt:

– Kreuzkopf und zweitakt für langsamlaufenden, direkten Propellerantrieb
– Tauchkolben und Viertakt für mittelschnellaufenden Getriebeantrieb.

Die M.A.N hat stets beide Wege unter Einsatz von großen Entwicklungskosten verfolgt, da es für all die verschiedenen Anwendungsfälle beider Systeme bedarf, um zu optimalen Lösungen zu kommen.

Für die *Spülung* und die *Aufladung* großer Zweitaktmotoren gibt es die verschiedensten Wege, deren wichtigste sind:

- Querspülung, Gleichstromspülung, Umkehrspülung,
- mechanische Aufladung, Abgasturboaufladung mit Stau- oder Stoßbetrieb, zusätzliche Verwendung der Kolbenunterseiten als Spülpumpen.

Hier gab es für die M.A.N über die Jahre hinweg nur den konsequenten Weg, der als Ziel die größtmögliche Einfachheit hat. Mit dem System, Umkehrspülung und reine Stauaufladung, ist die denkbar einfachste Lösung verwirklicht.

Höchste Kraftstoffwirtschaftlichkeit ist jedoch nur bei Gleichstromspülung (uniflow) zu erreichen, weshalb die M.A.N nach Übernahme von B & W (Burmeister & Wain, Kopenhagen) seit 1981/82 auf diese Spülung überging. Gebr. Sulzer, Winterthur, sehen diese Entwicklung für 1983 vor.

Schon um die Jahrhundertwende hat die M.A.N in Nürnberg Zweitaktmotoren und Tauchkolbenmotoren entwickelt. Bereits 1908 sind einfachwirkende Zweitaktmotoren für Marinezwecke angeboten worden, und von 1909 bis 1917 wurde sogar ein doppeltwirkender Zweitaktmotor mit 12 400 PS (9 100 kW) zur Reife gebracht (Bild 1.15).

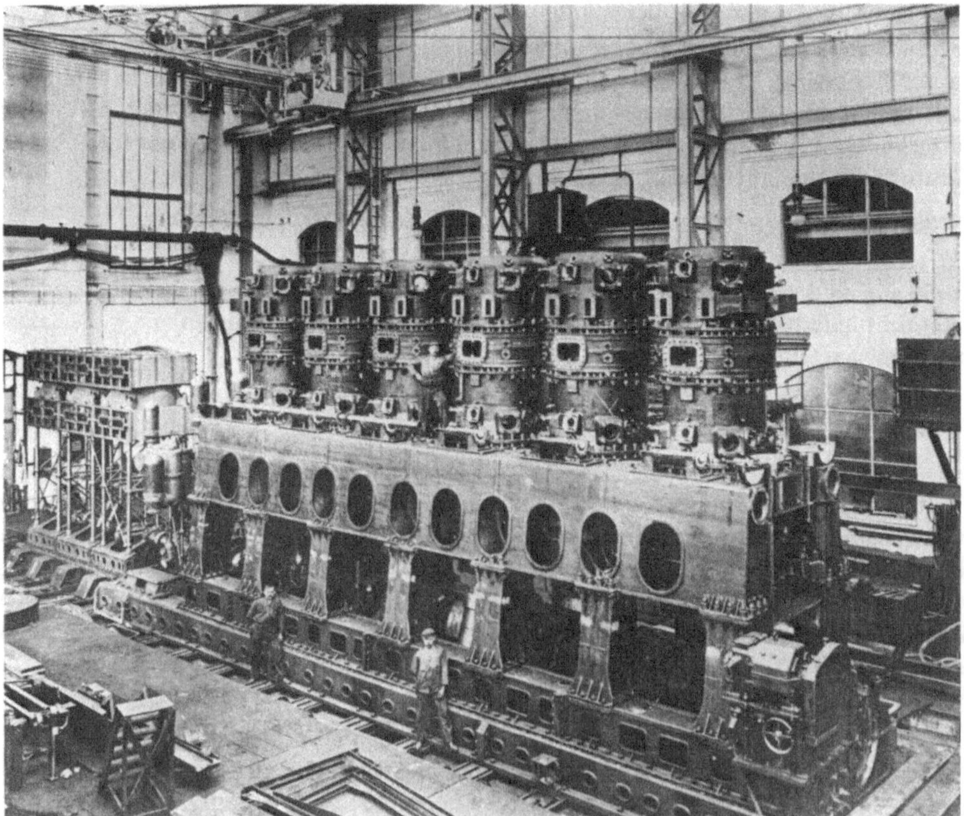

Bild 1.15 Erster doppeltwirkender Zweitakt-Schiffsdieselmotor M.A.N. Nürnberg 1913
9100 kW, d = 850 mm, s = 1050 mm

Mit der Überleitung des Dieselmotorenbaues von Werk Nürnberg nach Augsburg im Jahre 1919 gelangte die Tradition des Zweitaktmotorenbaues nach Augsburg, mit ihr aber auch die aufgrund von verschiedenen Erfahrungen mit Spülsystemen gewonnene Überzeugung, wegen der komplizierten Bauweise und der beschränkten Spülquerschnitte von ventilgesteuerten Systemen auf reine Schlitzspülung überzugehen. Bei ausgedehnten Versuchen kam man zu der Überzeugung, daß die Voraussetzung für eine gute, stabile Strömung eine möglichst gute Führung durch die Wände war. Versuche mit einer solchen Spülung, nämlich der *Umkehrspülung*, bestätigten, daß man die gleiche Verbrennungsgüte und den gleichen Verbrauch wie mit ventilgesteuerten Motoren erreichen konnte. Der klare Erfolg der Spülversuche führte zum Bau eines doppeltwirkenden Großmotors mit 850 mm Bohrung und 1 050 mm Hub. Der Motor ging 1923 in Betrieb.

Er hatte bereits die heute angewandte Kolbenkühlung durch Wasser mit seitlich in den Ständern angeordneten Posaunen. Die Einspritzung war schon kompressorlos. Ebenfalls 1923 wurde die heute noch im Prinzip gültige Zugankerkonstruktion für das Motorgestell eingeführt.

Ab 1926 konstruierte die M.A.N Hochleistungs-Zweitaktmotoren für die Marine. Dabei tauchte die Konstruktion des *Nachladeschiebers* auf, der eine Leistungssteigerung von ca. 15 % zuließ. Das anscheinend so einfache Element erwies sich aber später nach längerer Betriebszeit als recht störanfällig, so daß man 1960 froh war, nach weiterer Erhöhung des Aufladegrades auf die Nachladeschieber verzichten zu können. 1955 wurde die Aufladung mit *Abgasturboladern* für die KZ-Motoren der M.A.N allgemein eingeführt. Die Buchstabenkombination „KZ“ für Kreuzkopf-Zweitakt verdrängte die ursprüngliche Kombination „DZ“ für „doppeltwirkend Zweitakt“. Interessant ist, daß in den Jahren 1926 bis 1938 weit mehr doppeltwirkende Zweitaktmotoren als einfachwirkende zum Einsatz kamen. Die den Buchstaben „KZ“ nachgeschalteten Indizes bedeuten folgende Entwicklungsschritte:

Der Übergang von den unaufgeladenen A-Motoren zu den aufgeladenen C-Motoren wird hauptsächlich durch den Wegfall der eigenen Kolbenspülluftpumpe gekennzeichnet, die am freien Motorende angeordnet war, ferner durch den Wegfall der Nachladeschieber.

Als die D-Maschinen eingeführt wurden, war der mittlere effektive Druck wesentlich angehoben worden. Eine Überarbeitung des Triebwerks und der Teile des Verbrennungsraumes machte die bei der E-Maschine vorgenommene Leistungssteigerung möglich.

Diese Leistungsstufe ist aber auch wesentlich gekennzeichnet durch den Wegfall des Serienparallelsystems der Aufladung und die Benützung des Injektorverfahrens oder des Luftantriebes für die Turbolader des Aufladesystems. Die Kühlung der Stege zwischen den Spülschlitzen wurde eingeführt. Die letzte Leistungssteigerungsstufe der KZ-Baureihe trägt den Kennbuchstaben „F“.

Diese Motoren bekamen Einlegeschalen für die Triebwerkslagerung, und das Propellerdrucklager wurde mit in die Grundplatte einbezogen. Gleichzeitig fand ein genereller Übergang auf die Staudruckaufladung statt. Die in den letzten Jahren entwickelte Nachfolgebaureihe „KSZ“ stellt das Ergebnis einer grundlegenden Überarbeitung der KZ-Baureihe dar. Ihre wesentlichen Merkmale werden in den nachfolgenden Abschnitten behandelt.

Wesentliche Merkmale der KSZ-Motoren der M.A.N (1970)

Motoraufbau

Der Übergang von der zugankerlosen Ständerkonstruktion, dargestellt am Zylinderquerschnitt des Motors SKV 70/120, auf die Konstruktion des Motorgestells mit Zugankern, dargestellt

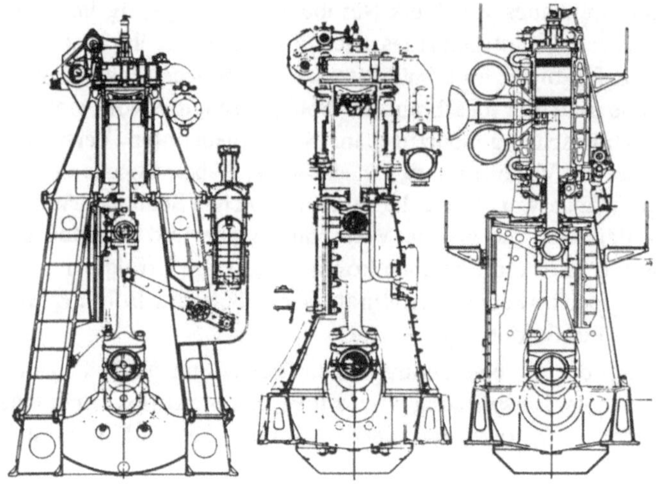

Bild 1.16
M.A.N.-Kreuzkopfmotoren
a) Zylinderquerschnitt des Motors SKV 70/120 mit zugankerloser Ständerkonstruktion
b) Zylinderquerschnitt des Motors KV 70/140 mit Zugankerkonstruktion
c) Zylinderquerschnitt des doppeltwirkenden Zweitaktmotors EZ 70/120 mit Zugankerkonstruktion

am Motor KV 70/140 (Kreuzkopf-Viertakt) und dem Motor DZ 70/120 in den Jahren 1923/26 prägte die Konstruktion der M.A.N-Kreuzkopfmotoren bis in die heutigen Tage, Bild 1.16. Zu den seinerzeitigen Konstruktionsmerkmalen gehörte auch die Verwendung von einzelnen Ständern, die die Verbindung zwischen Grundplatte und Zylinderblöcken bzw. später zwischen Grundplatte und Zwischenkasten übernahmen.

Größer, schneller und damit „weicher" werdende Schiffe, höhere spezifische Leistungen der Motoren, die Notwendigkeit, mehr maschinelle und weniger manuelle Arbeit bei der Herstellung einzusetzen, zwingen heute dazu, das Konzept der Ständer zu überdenken. Mit Hilfe von Modellen und der Berechnung von finiten Elementen wird aufbauend auf den bewährten Bauteilen eine neue, zukunftsweisende Konzeption für den Motoraufbau erarbeitet.

Triebwerk der M.A.N-KSZ-Motoren

Bereits 1920 wurden versuchsweise Schmierpressen an den Kreuzkopflagern angebaut. Schon damals war man sich darüber klar, daß geringer Verschleiß an den in keiner Phase entlasteten Kreuzkopflagern wegen der kleinen oszillierenden Bewegung der Treibstangen nur durch Zwangsaufbau eines Schmierölpolsters zu erreichen ist.

Bild 1.17 zeigt einen Kreuzkopf der KSZ-Motoren und die Schmierspaltdicke, aufgetragen über Zapfenlänge und der Zeit. Der Spalt ist mit 115 μm absinkend auf 90 μm unter Last ungewöhnlich groß. Die ebenfalls reichlichen Schmierspalte der sonstigen Triebwerkslager gewährleisten auch in der Zukunft die Auslegung unempfindlicher und verschleißarmer Lager, die darüber hinaus dank der Verwendung von Einlegeschalen leicht austauschbar sind.

Brennraum

Die M.A.N verwendete früher (Bild 1.18) eine Aufteilung des Zylinderkopfes in zwei ringförmige und ein zentrales Bauteil, wobei die beiden inneren Teile der Verbrennung ausgesetzt waren. Aber bereits 1927 wurde die für die M.A.N typische und zukunftssichere Zylinderkopf-Konstruktion eingeführt, eine horizontale Teilung in ein brennraumseitiges, thermisch belastetes Stahlgußteil und ein doppelwandiges mechanisch beanspruchtes Stützteil aus Grauguß (Bild 1.19).

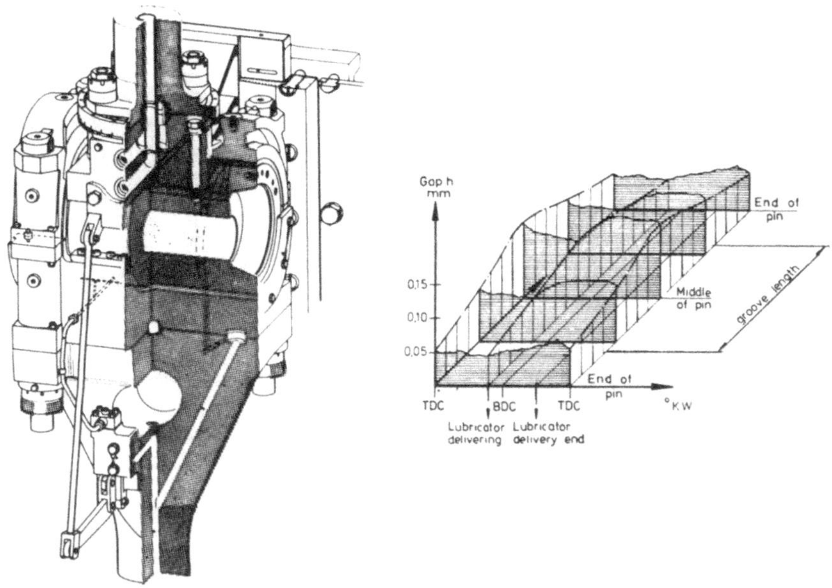

Bild 1.17 Kreuzkopf der KSZ Motoren mit Hochdruckschmierung und Diagramm über die Verteilung des Ölpolsters über der Zapfenlänge des Kreuzkopfs in Abhängigkeit vom Arbeitszyklus (1978)

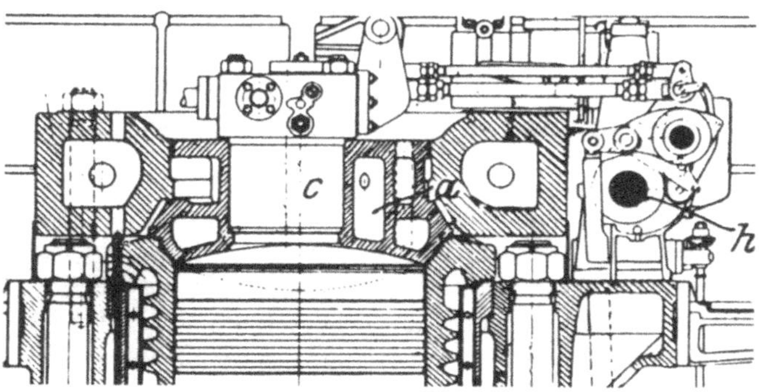

Bild 1.18
Zylinderkopf des Versuchsmotors DZ 105, 1924

Diese Konstruktion läßt in Richtung der Teilebene eine Verschiebung des wärmeren gegen das kältere Teil zu, so daß ein hoher Anteil der bei einteiliger Konstruktion entstehenden Spannungen vermieden wird. Im Laufe der Jahre gelang es, die Wanddicke des thermisch belasteten Teiles zu verringern, um die Wärmespannungen durch gute Kühlung weiter abzubauen. Ermöglicht wurde dies durch ringförmige Rippen, die die Gaskräfte zum Stützteil leiten. Da die Rippen heute sehr kurz sind, ergeben sich aus der thermischen Verformung nur kleine Spannungen. Um ein Abheben der beiden Teile zu vermeiden, wurde, bei den KSZ-Motoren beginnend, der Brennraumboden nicht mehr über unterschiedliche Auflagehöhen der Stützrippen, sondern durch eine zentrale Verschraubung vorgespannt.

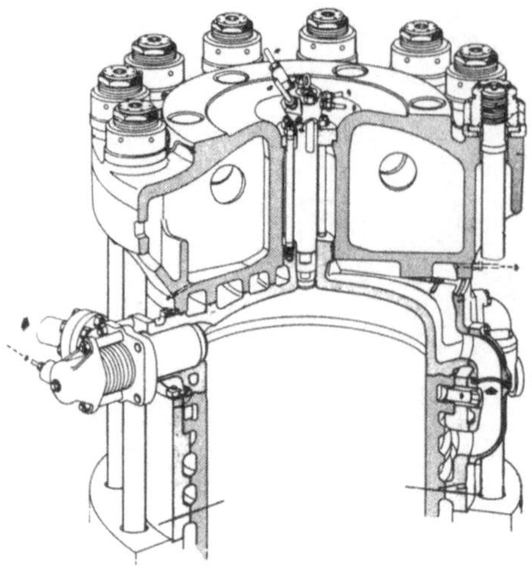

Bild 1.19 KSZ-Zylinderkopf mit horizontaler Teilung

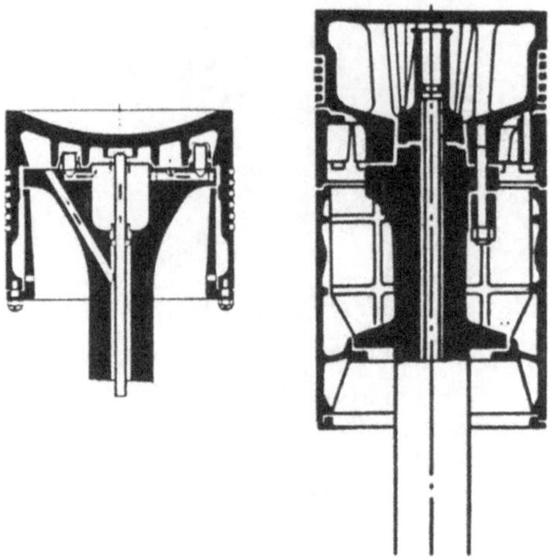

Bild 1.20 Kolbenbauarten
links: ölgekühlter Kolben für Motor SKV 70/120
rechts: wassergekühlter Kolben für Motor KSZ 70/125 A

Im Laufe vieler Jahre wurden die verschiedensten Kolbenbauarten, öl- und wassergekühlt, ein- und mehrteilig, verwendet. Typisch sind die beiden Konstruktionen in Bild 1.20, der 1920 entstandene ölgekühlte mehrteilige Kolben des Motors SKV 70/120 (links) und das z. Z. bei den Motoren KSZ 70/125 A verwendete wassergekühlte einteilige Kolbenoberteil (rechts).

Heute werden für die Zweitaktmotoren ausschließlich wassergekühlte Kolben eingesetzt, da die Kühlwirkung von Wasser erheblich besser ist als die von Öl. Dabei ist zu berücksichtigen, daß mit steigender Kolbengröße und vergrößerter Wärmebelastung die Gefahr von Heißkorrosion auf der Brennraumseite und von Verkokungen der Kühlflächen, besonders bei mangelhafter Ölpflege, stets vorhanden ist. Die für Ölkühlung zweckdienliche Shakerwirkung ist außerdem entsprechend den geringen Triebwerksbeschleunigungen der langsamdrehenden Zweitaktmotoren sehr viel kleiner als etwa bei großen ölkgekühlten Kolben für Viertaktmotoren.

Die konstruktive Zielsetzung für die brennraumnahen Bauteile ist einerseits geringe Wanddicke zwischen Verbrennungsraum und Kühlfläche, was zwangsläufig eine ausgewogene Stützkonstruktion erfordert, andererseits Nachgiebigkeit gegenüber den thermischen Verformungen, um möglichst geringe Zwangskräfte zu erzeugen. Leider zeichnet es sich ab, daß die Stahlgußqualität den mit den spezifischen Leistungen gestiegenen Beanspruchungen kaum mehr folgen kann. Neue Lösungen müssen deswegen gesucht oder alte Lösungen den neuen Randbedingungen angepaßt werden. Gerade die Berechnungsmethode mit finiten Elementen gibt die Möglichkeit, die bestgeeigneten Lösungen auszuwählen, so daß mit Sicherheit Kolben für große Zweitaktmotoren entwickelt werden können, die auch wesentlich höheren spezifischen Leistungen gewachsen sind.

Die M.A.N-Umkehrspülung

Entscheidendes Merkmal der M.A.N-Zweitakt-Motoren ist die *Umkehrspülung*. Seit der Einführung dieser Spülungsart sind keine grundsätzlichen Änderungen, sondern nur Verfeinerungen vorgenommen worden. So ist z. B. der Übergang von der „B“- auf die „T“-Spülung dadurch gekennzeichnet, daß bei der T-Spülung die Unterkanten der Auslaßschlitze und die Oberkanten der Einlaßschlitze über dem Umfang betrachtet nicht mehr auf gleicher Höhe liegen; außerdem sind außerhalb des Bereiches der Auslaßschlitze noch besonders steil nach oben gerichtete Einlaßschlitze hinzugefügt. Die Schlitzausführung der KSZ-Motoren zeigt Bild 1.21. Deutlich sind die äußeren Schlitze zu erkennen.

Die Möglichkeiten zur Verbesserung der Spülung sind auch heute noch nicht voll ausgeschöpft. Es müssen z. B. auch die Rückwirkungen der laufend höher werdenden Abgasturboaufladung berücksichtigt werden. Die Vorgänge vor und nach dem Zylinder haben naturgemäß großen Einfluß auf den Spülvorgang und den Luftdurchsatz. Durch theoretische Untersuchungen, die erst durch umfangreichen EDV-Einsatz möglich wurden, und durch die moderne Meßtechnik konnten die komplizierten Zusammenhänge prinzipiell geklärt und sogar quantifiziert werden. Lediglich der eigentliche Spülvorgang im Zylinder selbst entzieht sich noch der Untersuchung mittels Digital- oder Analogrechner. Dieser Vorgang wird deshalb an einem „dynamischen Spülmodell“ untersucht, das nicht mit verschiedenen Stufen von Kolbenstellungen arbeitet, sondern mit bewegtem Kolben. Mit Hilfe verbesserter Ähnlichkeitsgesetze und einer in den letzten Jahren weiterentwickelten Modelltechnik werden bei dem gewählten Maßstab (etwa) 1 : 3,5 sehr zuverlässige Aussagen erzielt.

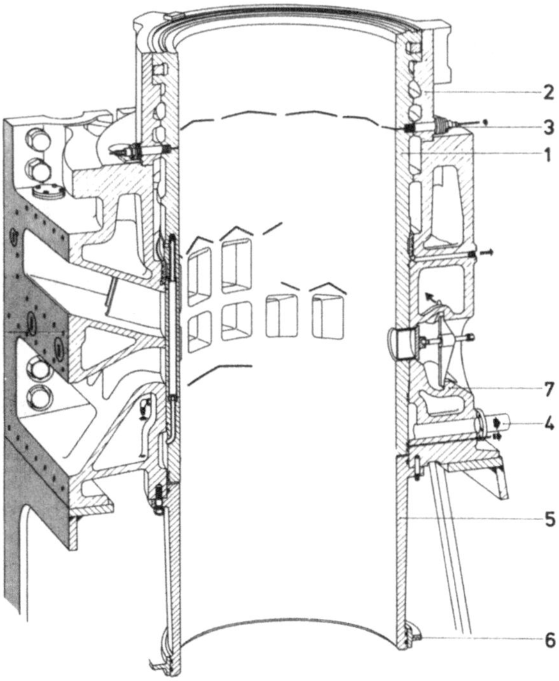

Bild 1.21

KSZ-Zylinderbuchse mit Spülluft- und Abgaskanälen

1 Laufbuchse, Oberteil
2 Stützring
3 Schmieranstich
4 Ablauf Stegkühlung
5 Laufbuchse, Unterteil
6 Untere Laufbuchsenführung
7 Kühlmantelblock

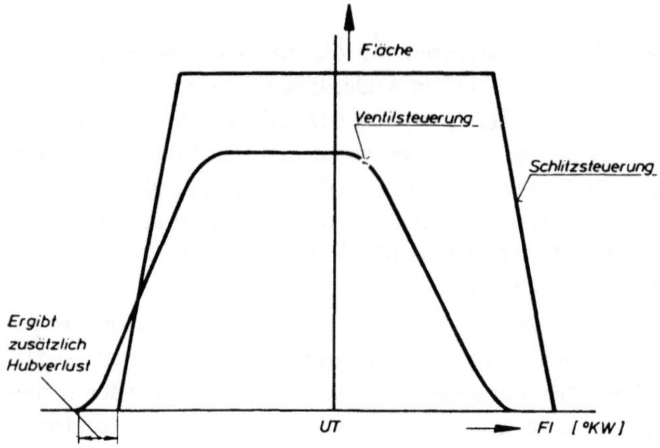

Bild 1.22
Ungefährer Vergleich der Auslaß-Zeitquerschnitte für Schlitz- und Ventilsteuerung bei großen Zweitaktmotoren

Je höher aufgeladen wird, umso mehr zeigt sich: *Schlitzsteuerungen* haben gegenüber *Ventilsteuerungen* den prinzipiellen Vorteil, daß das Steuerorgan (der Schieber, hier also der Kolben) die Steuerkanten mit einer vorhandenen Geschwindigkeit überläuft, also nicht erst von Null beschleunigen muß. Dadurch werden die Verwirbelungsverluste beim Ausströmen kleiner und der Zeitquerschnitt – bei gleichen Steuerzeiten und gleicher maximaler Durchflußfläche – größer. Da die effektiven Ventil- bzw. Schlitzflächen in praxi bei ventilgesteuerter Gleichstrom- und bei Umkehrspülung etwa gleich sind (Bild 1.22), bleibt hier ein spültechnischer Vorteil zugunsten der Umkehrspülung: Bei gleichem Luftaufwand kommt die Schlitzspülung mit geringerem Spüldruck (Ladedruck) aus als die Gleichstromspülung, und das könnte bedeuten, daß sie später als jene an die Grenze der einstufigen Aufladung stößt.

Andererseits ist die zwangsläufig gegebene Symmetrie der Schlitzsteuerung normalerweise spül- und aufladetechnisch ein Nachteil. Durch geschickte Ausnützung dynamischer Effekte ist es gelungen, diese geometrischen Verhältnisse teilweise zu überspielen und dynamisch eine fast optimale Unsymmetrie zu erreichen.

Wegen des bei langsamen Großtankern günstigeren Propulsionswirkungsgrades bei niedriger Propellerdrehzahl sind heute wieder extrem langhubige Motoren im Gespräch. Innerhalb der interessierenden oberen Grenzen des Hub/Bohrungs-Verhältnisses von 2 (bis etwa 2,5) werden auch sehr große Werte von der M.A.N-Umkehrsprülung mit noch gutem Wirkungsgrad beherrscht. Kreuzkopf-Zweitaktmotoren werden so entwickelt, daß sie Schweröle ohne Qualitätseinschränkung verarbeiten können. Zur Zeit sieht es so aus, daß bei den auf See verwendeten Bunkerölen möglicherweise noch eine Verschlechterung der Qualität in Kauf genommen werden muß (hoher Asche- und Schwefelgehalt, die für Heiß- bzw. Tieftemperaturkorrosion verantwortlich sind).

Ein Vorteil der ventillosen Spülung ist die Möglichkeit, eine einzige zentral sitzende Einspritzdüse zu verwenden, statt zwei oder drei am Umfang angeordneten Einspritzdüsen je Zylinder.

Aufladesystem

Die *Abgasturboaufladung* hat in der Vergangenheit auch bei den Zweitaktmotoren den weitaus größten Schritt zur Leistungssteigerung hervorgerufen. Dies ermöglichte in den letzten 20 Jahren dann weitere kontinuierliche Steigerungsraten von durchschnittlich ca. 4 ... 6 % pro Jahr. Und an der Schwelle der *zweistufigen Aufladung* läßt sich jetzt bereits ein weiterer größerer Steigerungssprung im effektiven Mitteldruck absehen.

Gerade beim Aufladesystem zeigt sich der Weg vom Komplizierten zum Einfachen, der in den letzten Jahrzehnten gegangen wurde, besonders deutlich. Während in den zwanziger Jahren für die Aufladung der doppeltwirkenden Zweitaktmotoren Kolbenpumpen, Rootsgebläse und elektrisch angetriebene Hilfsgebläse eingesetzt wurden, verwendete man bei den einfachwirkenden Motoren zusätzlich die Kolbenunterseiten zur Spülluftbeschaffung. Ab 1926 tauchte der bereits erwähnte Nachladeschieber auf, ein rotierender Steuerschieber, der beim Kompressionstakt den Weg der Zylinderfüllung in Richtung Auslaßleitung versperrte und den entsprechenden Luftverlust verhinderte. Dieser Nachladeschieber, der also mechanisch eine unsymmetrische Auslaßsteuerzeit bei Umkehrspülung ermöglicht, brachte damals eine Leistungssteigerung von 15 %. Bereits in den Jahren 1942 bis 1944 waren bei der M.A.N schon sehr erfolgreiche Versuche mit Abgasturboaufladung gemacht worden, aber erst ab 1955 führte sich diese Art der Aufladung in der Handelsschiffahrt ein. Die Spülluft kam dabei von bis zu vier unabhängigen Verdichtern:

- den Kolbenunterseiten,
- einem motorgetriebenen Kolbenverdichter oder Rootsgebläse,
- dem Abgasturbolader,
- und im unteren Drehzahlbereich des Motors, falls nötig, von einem elektrischen Gebläse.

Bei der weiteren Erhöhung des Aufladegrades entfiel der Nachladeschieber wieder, da er keinen Leistungsgewinn mehr brachte, wohl aber gewisse Probleme. Da aber auch noch die Möglichkeit gegeben war, zwischen Stauaufladung und Stoßaufladung, also der Nutzung der dynamischen Anteile der Abgasenergie, zu wählen, entstand eine schwer übersehbare Anzahl von Aufladesystemen, die systematisch etwa wie folgt darzustellen sind:

A Stoßbetrieb	a) Seriensystem	von Kolbenunterseiten
B Staubetrieb	b) Parallel-System	und Aufladegruppen
	c) Serien-Parallel-System	
	d) reine Abgasturboaufladung mit elektrischem Vorgebläse für Teillast	

Die letztgenannte Ausführung zeigt Bild 1.23.

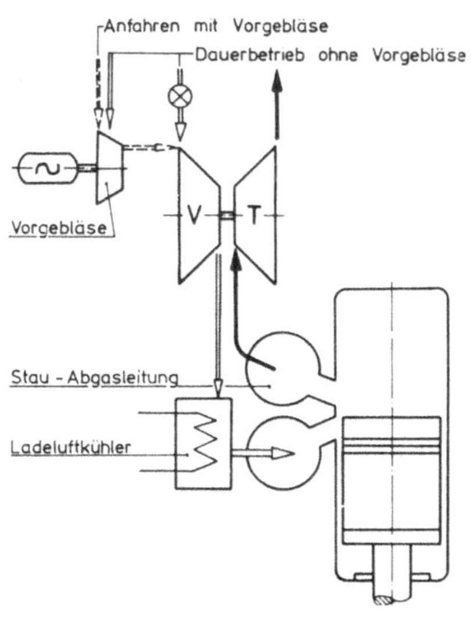

Bild 1.23
Aufladesystem ohne zusätzliche Spülluftpumpen; elektrisches Vorgebläse nur zum Anfahren

Die M.A.N legte sich 1964 grundsätzlich bei Motoren mit 50 % und mehr Aufladung auf den Serien-Parallelbetrieb fest, wobei für 6-, 9- und 12-Zylindermotoren Stoßbetrieb und die anderen Zylinderzahlen Staubetrieb gewählt wurde. Da in den folgenden Jahren bei ständig steigernder spezifischer Leistung (Bild 1.24) etwa ab Mitteldruck 8 ... 9 bar, die Stauaufladung auch bei den durch 3 teilbaren Zylinderzahlen ihre Überlegenheit bei Vollast zeigte, begann man 1967 zunehmend nur noch im Staubetrieb zu fahren, verwendete aber für den Teillastbetrieb zusätzliche Hilfsmittel, wie das Injektorverfahren oder den Verdichterantrieb. Schließlich verzichtete man sogar auf die Kolbenunterseiten als Hilfspumpen, als diese dank der inzwischen recht guten Turboladerwirkungsgrade bei Leistungswerten oberhalb $p_e \cdot c_m$ = 70 ... 80 bar m/s nur noch einen im Vergleich zum Aufwand unwesentlichen Spülluftanteil lieferten. Für Start und Beschleunigung im unteren Lastbereich unterstützen nun elektrisch angetriebene Gebläse die Laderverdichter. Sie werden bei weiter steigender Last automatisch abgeschaltet, so daß die Abgasturbogruppen allein die Luftversorgung des Motors übernehmen (Bild 1.23).

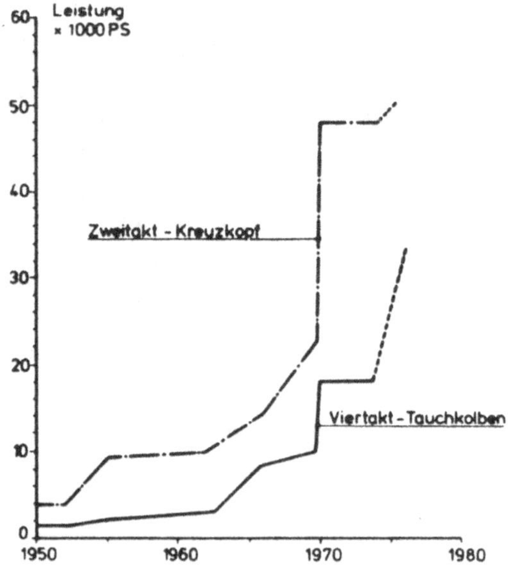

Bild 1.24
Steigerung der Leistung von M.A.N.-Motoren seit 1950

Damit ist nach einem langen Weg die denkbar einfachste Lösung des Aufladesystems gefunden worden: Reine Stauaufladung mit zusätzlichem elektrischen Vorgebläse für kleine Leistung.

Baureihe KSZ-A (1974)

Der Entwicklungsstand 1974 der KSZ-Motoren ist durch den Index „A" gekennzeichnet. Das herausragende Merkmal dieser Entwicklungsstufe ist das bereits geschilderte Aufladesystem mit „reiner Abgasturboaufladung" (Bild 1.23). Mit diesem System ist die Spülluftförderung durch die Kolbenunterseiten weggefallen. Da die vom Kolben nach unten transportierten Schmieröl- und Verbrennungsrückstände nicht mehr mit der Spülluft in Verbindung kommen, sind Verschmutzungsprobleme, wie z. B. bei Unterseiten-Ladeluftkühlern oder Spülluftventilen weitgehend beseitigt. Außerdem ergibt sich ein Entfall der Unterseiten-Spülluftventile, der Zyklon-Ölabscheider, der Unterseitenkühler, der Umschalteinrichtung von Injektor- auf Parallelbetrieb sowie einer Reihe voluminöser Leitungen. Der Wartungsaufwand reduziert sich in entsprechendem Maße. Insbesondere entfallen die unangenehmen Reinigungsarbeiten am Unterseitensystem. Die Stopfbüchse zwischen Kolbenunterseitenraum und Triebwerk hat eine wesentlich leichtere Aufgabe und kann dementsprechend einfacher gestaltet werden.

Das Gestellmittelteil sowie die Spülluft- und Abgasleitungen sind wesentlich einfacher ausgeführt. Auch die Anordnung der Turbolader und Ladeluftkühler wurde vereinfacht. Diese Aggregate sind an die Stirnseiten des Motors verlegt, wodurch sich die Bauhöhe erheblich vermindert (Bild 1.25). Die einfachere Leitungsführung ermöglicht auch wirkungsvoll Schalldämpfungsmaßnahmen. Sollte in besonderen Fällen die durch den stirnseitigen Anbau der Turbolader und Ladeluftkühler etwas vergrößerte Motorlänge stören, so ist aufgrund des Stauaufladeverfahrens praktisch jede Anordnung möglich, da man beim Stauverfahren mit der Abgasleitungsführung sehr freizügig ist. So können die elektrischen Vorgebläse, Turbolader und Ladeluftkühler also auch getrennt vom Motor an der Bordwand aufgehängt werden.

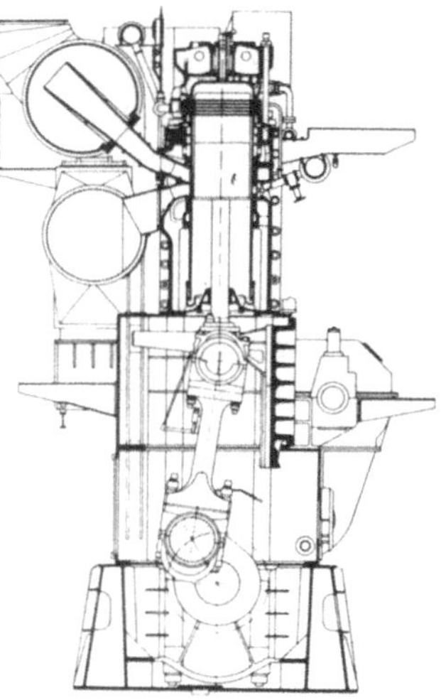

Bild 1.25
Querschnitt durch einen Motor KSZ 90/160A
2360 kW, d = 900 mm, s = 1600 mm,
n = 122 min^{-1}

KSZ-Motoren der Baureihe B (1976)

Immer größere und immer schnellere Schiffe erfordern weiter steigende Antriebsleistungen. Es gibt vier Möglichkeiten, diese zu erzielen:

- größere Zylinderabmessungen,
- höhere Kolbengeschwindigkeit,
- größere Zylinderzahlen,
- höherer Mitteldruck.

Für den Zweitaktmotor scheiden von vornherein zwei Möglichkeiten aus:

Größere Zylinderabmessungen als die jetzigen um 1050 mm Zylinderdurchmesser kommen mit Rücksicht auf die Größe vorhandener Bearbeitungsmaschinen und Transporteinrichtungen kaum mehr in Frage.

Höhere Kolbengeschwindigkeit wäre entweder durch größeren Hub oder durch höhere Drehzahl zu erreichen. Der längere Hub vergrößert und verteuert den Motor erheblich. Die höhere Drehzahl wirkt sich negativ auf Motorverhalten und, da es sich um Propeller-Direktantrieb handelt, auf den Propulsionsgütegrad aus.

Die niedrige Drehzahl ist für den Schiffsantrieb wegen der direkt angetriebenen Propeller vorteilhaft. Die Drehzahlen (etwa 110 ... 150 1/min) liegen beim heutigen Stand des Schiffbaus und bei der allgemein zunehmenden Schiffsgeschwindigkeit günstig, d. h. noch niedrigere Drehzahlen sind mit Rücksicht auf bessere Propellerwirkungsgrade nur bei sehr großen Einschrauben-Schiffen gefragt. Im Kraftwerksbetrieb ist die niedrige Motorendrehzahl wegen der damit verbundenen großen Abmessungen der Generatoren ein Nachteil. Dennoch gibt es Landkraftwerke mit langsamlaufenden Motoren, deren Erstellung sich infolge des äußerst wirtschaftlichen Betriebs in kürzester Zeit amortisiert.

Größere Zylinderzahlen sind in einer Motoreinheit kaum wahrscheinlich. Dagegen haben Doppelmotorenanlagen mit zwei Wellen gute Aussichten.

Der einzige Weg zur Steigerung der Einheitsleistung ist also – unter der heutigen Bedingung zur Verarbeitung schlechtester Kraftstoffe – die Steigerung des effektiven Mitteldruckes, und diesen Weg wird man – wie eben dargelegt – mit Nachdruck weiter verfolgen. Dabei erfordern, wie schon früher ausgeführt, die schlechten Kraftstoffe sehr hohe Luftüberschußzahlen und damit niedrige Verbrennungs- und Abgastemperaturen.

Größere und schnellere Schiffe werden gegenüber der Motoranlage immer anspruchsvoller, weil starke Verformungen abhängig von Beladung und Seegang zu den Motorfundamenten und zur Wellenleitung geführt werden. Um den Dieselmotor möglichst verformungsfrei zu halten, müssen große Anstrengungen zur Versteifung der Motoren und optimale Ausrichtmethoden erarbeitet werden.

Die steigenden Lohn- und Materialkosten fordern konstruktive Lösungen, durch die es möglich ist, Handarbeiten (mit ihren vielen Fehlerquellen) und Montagestunden einzusparen und mit möglichst wenig Material bei größtmöglicher gleichmäßiger Ausnutzung auszukommen.

Wesentliche Merkmale der KSZ-B-Motoren

- Verlassen der Ständerkonstruktion, um durch aufeinandergesetzte Kästen, die das Motorgehäuse bilden, einfache Bearbeitung, kostensparende Sektionsbauweise und ein möglichst hohes Widerstandsmoment gegen Verformungen zu erzielen.
- Intensiv gekühlte Bauteile um den Verbrennungsraum herum, was durch relativ dünne Wandstärken zwischen Verbrennungsraum und Kühlwasser erreicht wird, wobei aber gleichzeitig darauf geachtet wird, daß die dahinterliegende Stützkonstruktion möglichst wenig Zwangskräfte bei thermischer Deformation erzeugt.
- Eine ausgefeilte Umkehrspülung unter Benutzung gasdynamischer Effekte zur Erzielung eines möglichst hohen Fanggrades zusammen mit einer hochentwickelten Aufladetechnik.
- Herausragendes Entwicklungsziel ist dabei, alle Chancen zur Wartungsvereinfachung, zur Erzielung einer möglichst hohen Betriebszuverlässigkeit und damit zu einem guten gesamtwirtschaftlichen Betrieb auszunutzen.

In den Bildern 1.26 und 1.27 sind die Gestellkonstruktionen der KZA- und KZB-Motoren dargestellt.

Tabelle 1.1 zeigt die Entwicklung der M.A.N-Zweitaktmotoren für einige Typen nochmals übersichtlich. Ständig höher getriebene Aufladung ergibt höhere effektive Mitteldrücke p_e und damit steigende Zylinderleistungen.

Bild 1.28 vergleicht die beiden wesentlichen Linien der Dieselmotorenentwicklung und gibt den zeitlichen Fortschritt der Kolbenflächenleistung für Zwei- und Viertaktmotoren wieder. Seit den 60er Jahren zeigt der langsamlaufende Zweitaktmotor eine steilere Entwicklung mit dem Ergebnis, daß er den mittelschnellaufenden Viertaktmotor heute eingeholt hat [1.6].

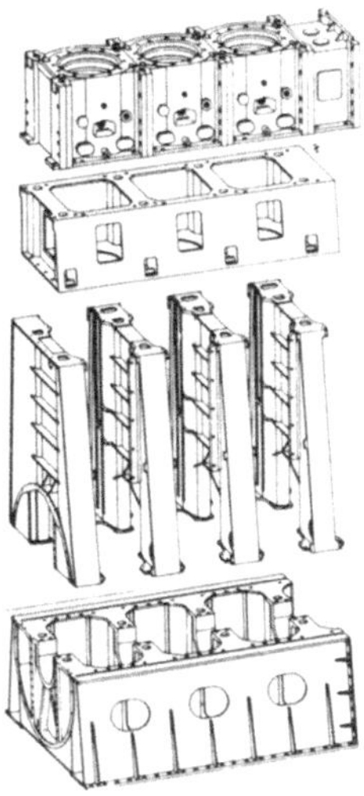

Bild 1.26 M.A.N.-KSZ A Zweitakt-Dieselmotor

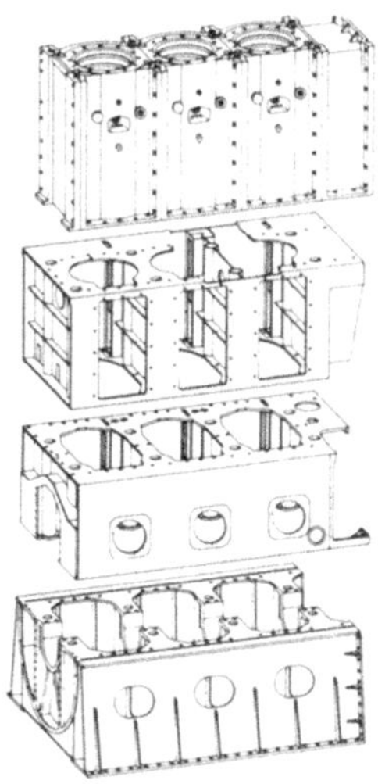

Bild 1.27 M.A.N.-KSZ B Zweitakt-Dieselmotor

Tabelle 1.1 Entwicklung einiger langsamlaufender M.A.N-Kreuzkopf-Zweitaktmotoren

Entwicklungsstand	KZA:	ohne Aufladung ca. 1948
	KZC:	35 % Aufladung ca. 1954
	KZD:	60 % Aufladung ca. 1960
	KZE:	80 % Aufladung ca. 1966
	KSZ:	100 % Aufladung ca. 1970
	KSZB:	150 % Aufladung ca. 1976
	KSZBL:	180 % Aufladung ca. 1979

Type		Leistung pro Zylinder in KW	p_e bar	Drehzahl min^{-1}	mittl. Kolben-Geschw. m/s
KZ 70/120	A	515	5,2	130	5,2
d = 700 mm	C	690	6,8	135	5,4
s = 1200 mm	D	880	8,7	135	5,4
	E	1030	9,1	150	6,0
KSZ 70/125		1175	10,7	140	5,87
KSZ 70/125	B	1520	13,1	145	6,04
KSZ 70/125	BL	1520	14,6	130	5,4
KZ 78/155	A	755	5,3	118	6,1
	D	1175	8,25	118	6,1
	E	1285	8,7	122	6,3
KSZ 78/155		1550	10,45	122	6,3
KSZ 78/155	B	1960	13,0	122	6,3
KSZ 78/155	BL	1960	14,4	110	5,7
KZ 86/160	D	1550	8,84	115	6,13
	E	1700	9,43	118	6,29
KSZ 90/160		2140	10,5	122	6,5
KSZ 90/160	B	2450	11,8	122	6,5
KSZ 90/160	BL	2700	14,5	110	5,9

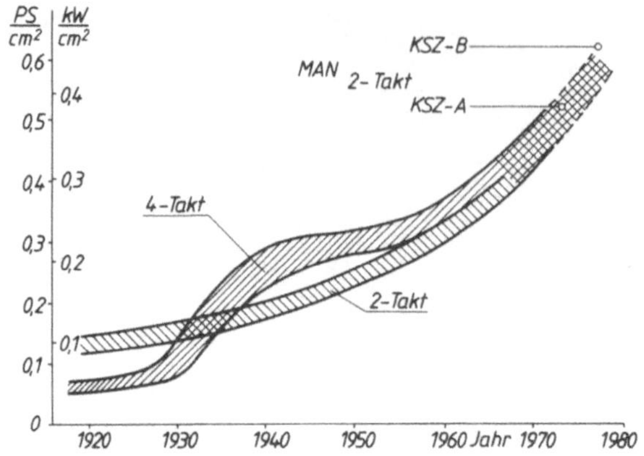

Bild 1.28
Entwicklung der Kolbenflächenleistung

Tabelle 1.2 Relative Belastungen in % der einzelnen Motorkomponenten bei den B & W-Zweitaktmotorentypen (1979)

	Gleiches Schiff und Geschwindigkeit. Charakteristika der Vortriebs-Zuverlässigkeit							
	Motorenergebnisse in % von 6-Zylinder K-GF Motor	Kurzhub		Langhub				
		KGF	KGFC	LGF	LGFC			
	Schraubendrehzahl	100	100	82	82	82	86	86
	Nutzdruck p_{me}	100	100	100	100	100	110	110
	Zünddruck p_{max}	100	100	100	100	105	100	105
1	Brennstoff/Zyl.Vol.	100	94	97,5	91,5	90	103	101,5
2	Wärmestrom	100	83	92	82	82	89	89
3	Abg. Temp. nach Auslaßventil	100	96	98	94,5	94	97,5	97
4	Abgastemperatur nach Turbine	100	102	99	102	101	103	102
5	Temperatur am Auslaßventilsitz	100	95	91	87	87	87	88
6	Temperatur am Kolben	100	96	85	82	81	84	82
7	Spez. max. Druck Kreuzkopflager	100	100	106	106	112	103	110
8	Spez. max. Druck Kurbellager	100	100	103	103	111	100	107
9	Kräfte in Steuerungsantrieb	100	67	105	70	69	78	77

„C" bedeutet „Constant pressure", d. h. Stauaufladung

Burmeister & Wain, Kopenhagen, haben ihre Zweitakt-Schiffsdieselmotoren mit Gleichstromspülung 1978/79 auf Stauaufladung umgestellt, nachdem man bis dahin Stoßaufladung bevorzugt hatte; gleichzeitig bietet man wahlweise auch je Typ eine Langhubversion an, um damit bessere Antriebswirkungsgrade durch Steigerung der Propulsionsgüte zu erreichen. Man erreicht etwa 5 % Kraftersparnis bei um 20 % niedrigerer Motoren- = Propellerdrehzahl. Die motorischen Auswirkungen erkennt man aus Tabelle 1.2. In ihr ist angeführt, welchen relativen Belastungen wesentliche Motorenkomponenten bei verschiedenen Einstellungen und Belastungen ausgesetzt sind, wobei die Belastungen der entsprechenden Komponenten im stoßaufgeladenen K-GF-Motor zu 100 % gesetzt wurden.

Wie aus der äußersten rechten Spalte hervorgeht, sind die thermischen Belastungen der „warmen" Motorenkomponenten und die mechanischen Belastungen des Auslaßventils und Kettenantriebs merkbar reduziert, während die Erhöhung des Lagerdrucks wesentlich geringer als die entsprechende prozentuale Belastungserhöhung des Motors ist.

Auf diese Art und Weise ist wie bei der Einführung der Stoßaufladung im Jahre 1952 wiederum eine Belastungserhöhung und eine Verbrauchsreduktion erreicht worden, ohne wesentliche Änderungen in den Anforderungen an die Motorenkomponenten in Kauf nehmen zu müssen, da sich die Anforderungen ohne Ausnahme von vornherein wesentlich unter dem bei der Dimensionierung des K-GF-Motors benutzten Spielraum bewegen.

Die Entwicklung im Weltschiffbau, dessen Schwerpunkt sich nach Fernost verlagerte, und die stark steigenden Entwicklungskosten bei den Motorenherstellern führten dazu, daß Ende der 70er Jahre mehrere große Namen von Großdieselmotoren-Herstellern aus dem Markt ausgeschieden sind.

Die M.A.N sah in einer engen Zusammenarbeit mit Burmeister & Wain (B & W) ihre Wettbewerbschance und übernahm 1979/80 B & W. Mit der Integration M.A.N/B & W wurde die Basis für beide Firmen geschaffen, Forschung und Entwicklung so zu strukturieren, daß Doppelarbeit vermieden und rationell gearbeitet wird. Die Entwicklung der 4-Takt-Motoren läuft seitdem in Augsburg, während die der 2-Takter in Kopenhagen betrieben wird. Natürlich kooperieren M.A.N und B & W auch auf allen anderen Gebieten, wie Fertigung, Service und Instandsetzung sowie Verkauf.

Das M.A.N/B & W-2-Takt-Motorenprogramm macht den Erfolg gemeinsamer Anstrengungen in den ab 1982 angebotenen 2-Takt-Dieselmotoren L-GB/GBE: Langsamläufer, Kreuzkopfbauart, Gleichstromspülung, Konstantdruck-Aufladung deutlich. Das bewährte und weiterentwickelte Gleichstrom-Spülprinzip (Bild 1.29) ergibt geringen Durchfluß-Widerstand im Motorenzylinder, geringe thermische Belastung, wirkungsvolle Kraftstoffverteilung im Zylinder, niedrigen Laufbuchsenverschleiß und sicheren Teillastbetrieb. Die L-GB/GBE M.A.N/B & W-Typen haben großes Hub-/Durchmesserverhältnis, hohe Zylinderleistung, ermöglichen hohe Zünddrücke und verwenden Turbolader der höchsten Entwicklungsstufe. L steht für "Long-stroke", G für neue Grundstruktur, B für neueste Entwicklung und E für "economical version". Für diese Motoren wurde eine automatische Einstellung der Ein-

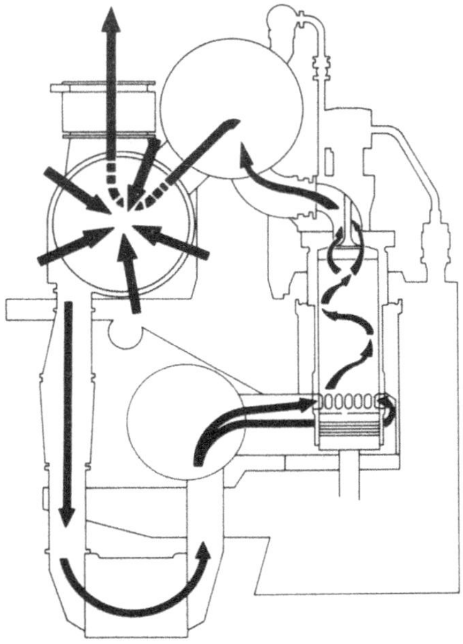

Bild 1.29
Gleichstromspülprinzip bei B & W-Motoren

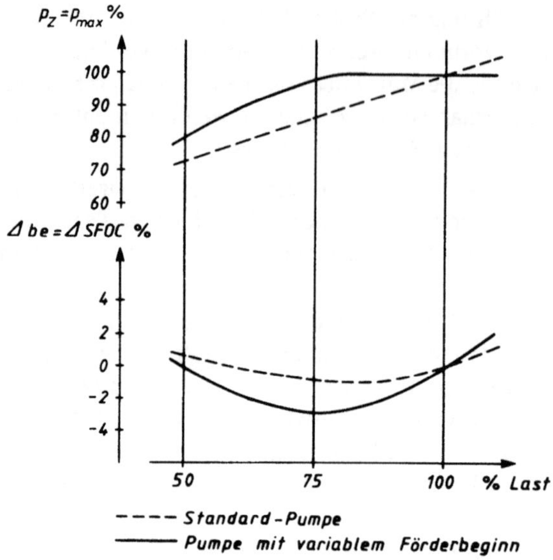

Bild 1.30
Spezifischer Kraftstoffverbrauch der M.A.N./B & W-Motoren L-GB und L-GBE

spritzung eingeführt, was zu günstigen Teillastverbräuchen führt. Die Kraftstoffpumpen-Plunger erhalten hierzu obere Schrägkanten, wodurch die Einspritzung bei niedrigen Drehzahlen früher erfolgt. Hierdurch bleibt der maximale Zünddruck als Voraussetzung für geringen Kraftstoffverbrauch über einen weiten Leistungsbereich im Propellerbetrieb konstant. Bild 1.30 zeigt den entsprechenden Einfluß.

Tabelle 1.3 gibt einen Überblick über die zu erwartenden Kraftstoffverbräuche bei Maximum Continous Rating (MCR) bzw. bei wirtschaftlichstem (Economy) Betrieb mit $pme = 0{,}85\ pme_{MCR}$. Bezugsbedingungen sind die allgemeinen ISO-Umweltbedingungen: Temperatur vor Lader: 27 °C; Druck vor Lader: 1000 mbar; Ladeluft-Kühlmitteltemperatur: 27 °C. Als Referenzwert für den unteren Heizwert gilt 42 700 kJ/kg.

Tabelle 1.3 Spezifische Kraftstoffverbräuche der M.A.N/B & W Motoren L-GB/GBE

Spez. Kraftstoffverbräuche bei 0,85 pme_{MCR}, desgl. bei MCR

Engine Type	g/kWh	g/BHPh	p_{max} bar
L90GB	176	129	105
L90GBE	171	126	105
L80GB	177	130	105
L80GBF	173	127	105
L67GB	178	131	105
L67GBE	174	128	105
L55GB	179	132	100
L55GBE	175	129	100
L45GB	181	133	100
L45GBE	177	130	100
L35GB	179	132	120
L35GBE	175	129	120

Engine Type	g/kWh	g/BHPh	p_{max} bar
L90GB	181	133	105
L90GBE	177	130	105
L80GB	182	134	105
L80GBE	178	131	105
L67GB	184	135	105
L67GBE	179	132	105
L55GB	185	136	100
L55GBE	181	133	100
L45GB	196	137	100
L45GBE	182	134	100
L35GB	185	136	120
L35GBE	181	133	120

Tabelle 1.4 Motorenkenndaten M.A.N/B & W L-GB/GBE

Typ	Zyl.-Zahl	Hub/Durchmesser mm	Max. continuous rating – MCR					Einsatzbereich			
			pme bar	*U*/min	c_m m/s	PSe/Zylinder	g/PSeh	*pme* bar	*U*/min	PSe/Zylinder	g/PSeh
L90GB	4–12	900/2180	15	97	7,0	4570	133	15–12,8	97–79	4570–3170	133–129
L90GBE	4–12	900/2180	13	97	7,0	3960	130	13–11,1	97–79	3960–2740	130–126
L80GB	4–12	800/1950	15	106	6,9	3530	134	15–12,8	106–86	3530–2440	134–130
L80GBE	4–12	800/1950	13	106	6,9	3060	131	13–11,1	106–86	3060–2110	131–127
L67GB	4–12	670/1700	15	123	7,0	2510	135	15–12,8	123–100	2510–1730	135–131
L67GBE	4–12	670/1700	13	123	7,0	2170	132	13–11,1	123–100	2170–1500	132–128
L55GB	4–12	550/1380	14	155	7,1	1610	136	14–11,9	155–126	1610–1110	136–132
L55GBE	4–12	550/1380	12	155	7,1	1380	133	12–10,2	155–126	1380–960	133–129
L45GB	4–12	450/1200	14	175	7,0	1060	137	14–11,9	175–143	1060–740	137–133
L45GBE	4–12	450/1200	12	175	7,0	910	134	12–10,2	175–143	910–630	134–130
L35GB	4–9	350/1050	14,8	200	7,0	680	136	14.8–12,6	200–163	680–470	136–132
L35GBE	4–9	350/1050	12,8	200	7,0	585	133	12.8–10,9	200–163	585–405	133–129

Die Leistungsangaben beziehen sich auf ISO-Schiffahrtsbedingungen, d. h. auf 45 °C Umgebungstemperatur, 1000 mbar Umgebungsdruck, 32 °C Seewassertemperatur und 60 % rel. Luftfeuchte.

10 °C höhere Lufttemperatur vor Lader verbessern den spezifischen Kraftstoffverbrauch b_e um 0,04 %; 10 mbar höherer Druck vor Lader senken b_e um 0,06 %; 10 °C höhere Kühlmitteltemperatur für Ladeluftkühler steigert b_e um 0,79 % und 1 % niedrigerer Heizwert erhöht b_e um 1 %.

Das Typ-Programm GB/GBE zeigt eine große Bandbreite und ermöglicht propulsionsgünstige Verwendungen (Tabelle 1.4).

Die Anstrengungen der Ingenieure in der Motorenentwicklung spiegeln sich in der Minimierung des Kraftstoffverbrauchs der hier betrachteten Motoren eindrucksvoll wieder (Bild 1.31).

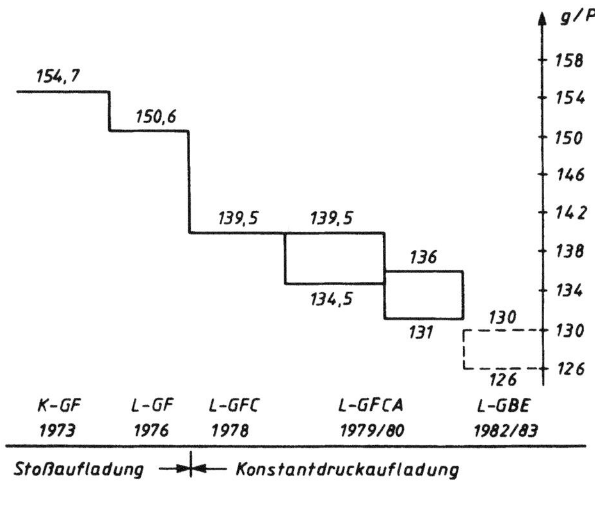

Bild 1.31
Entwicklung des spez. Kraftstoffverbrauchs von 1973 bis 1982/83 der Zweitakt-Großmotoren mit Längs-(Gleichstrom-)Spülung bei B & W bzw. M.A.N./B & W (D = 900 mm)

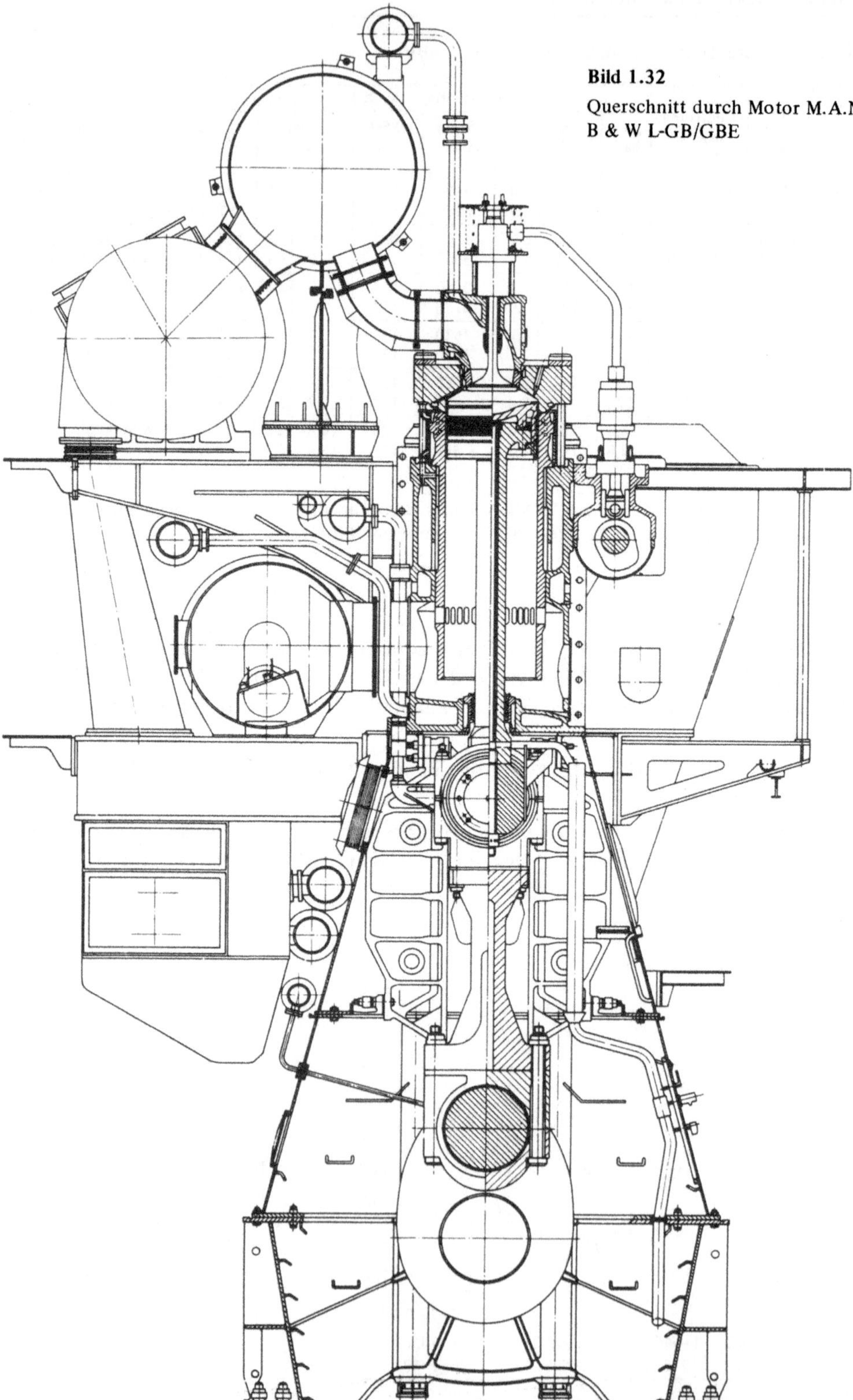

Bild 1.32
Querschnitt durch Motor M.A.N./
B & W L-GB/GBE

Bild 1.32 zeigt den Querschnitt einer L-GB/GBE-Maschine M.A.N/B & W. Gestell und Grundplatte sind Schweißkonstruktionen. Die Hauptlager bestehen aus Stahlschalen mit Weißmetall-Ausguß. Der Zylinderblock besteht aus Gußeisen. Zusammen mit den Laufbuchsen bildet er den Spülluftaufnehmer und den Kühlwasserraum. Die Zylinderdeckel sind als Schmiedestücke hergestellt und bohrungsgekühlt. Das Abgasventilgehäuse besteht ebenfalls aus Gußeisen und ist wassergekühlt. Der Ventilsitz ist aus Stahl mit Stellitpanzerung. Die Ventilspindel ist aus warmbeständigem Stahl gefertigt und ebenfalls im Sitz mit Stellit aufgeschweißt. Die Öffnung der Abgasventile geschieht hydraulisch, während das Schließen durch einen Satz Federn (helical springs) erfolgt.

Mittelschnelläufer

Die Grundidee für den Einsatz mittelschnellaufender Motoren in der Schiffahrt war:

- einerseits die geringen Abmessungen und Gewichte dieser Motorentypen zu verwenden, um die Transportkapazität der Schiffe zu vergrößern und die Baupreise zu reduzieren,
- andererseits mindestens 2 Motoren einzusetzen und damit die Sicherheit der Schiffe zu verbessern.

Diese Tendenzen führten dazu, diesen Motorentyp vornehmlich für Fährschiffe, Ro-Ro-Schiffe und Passagierschiffe einzusetzen, auf denen die Höhe des Maschinenraums begrenzt ist, oder auch für kleine Frachtschiffe, da hier der Gewinn an Frachtvolumen erhebliche Einsparungen erbrachte.

Seit dem Ende der 50er Jahre, als als erste die von SEMT entwickelten Motoren den Beweis erbrachten, daß sie mit Schweröl betrieben werden können, werden die mittelschnellen Motoren auch für andere Schiffstypen eingesetzt. Bild 1.33 gibt einen Überblick über die Verteilung der Antriebsleistungen in Abhängigkeit von Baujahr und Antriebsanlagentyp nach "Motorship"-Angaben.

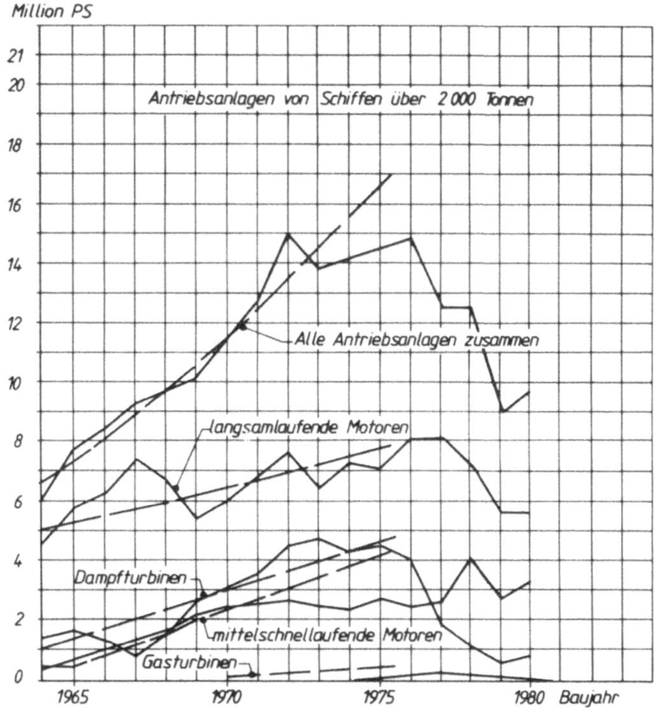

Bild 1.33
Entwicklung der in Seeschiffe installierten Leistungen nach Jahren und Anlagetyp

Mittelschnelläufer sind überwiegend Dieselmotoren im Viertaktverfahren und Tauchkolbenbauart. Die Entwicklung der mittelschnellaufenden Dieselmotoren wird deutlich, wenn man die die Leistung eines Motors beeinflussenden Größen p_e und c_m betrachtet. Die Leistung eines Dieselmotors läßt sich in einfachster Form so beschreiben:

$$P_e = p_e \cdot c_m \cdot C,$$

hierin ist P_e die vom Motor abgebbare Leistung in kW (früher PS), p_e der effektive mittlere Druck im Arbeitszylinder in bar (früher kp/cm^2); c_m ist die mittlere Kolbengeschwindigkeit in m/s, diese berechnet man zu:

$$c_m = 2 \cdot s \cdot n/60 = s \cdot n/30,$$

worin s der Motorhub in m ist und n die Drehzahl pro Minute als U/min bzw. besser min^{-1}; C ist die Zylinderkonstante und erfaßt Hubvolumen, Arbeitsverfahren (Vier- oder Zweitakt, einfach- oder doppeltwirkend).

Man erkennt, daß die effektive Leistung eines Motors außer von den geometrischen Abmessungen und den Arbeitsverfahren, die für den Motor festliegen, von p_e und c_m bzw. n abhängt.

Auch für Mittelschnelläufer gilt, daß das Entwicklungstempo hoch ist [1.7]. Dafür gibt es eine Reihe von Ursachen, z.B. verbesserte Meßtechnik, wissenschaftliche Problemklärungen und neue Berechnungsverfahren, Einsatz von Rechenautomaten und damit auch leistungsfähigere Abgasturbolader, bessere Beherrschung der Dieselverbrennung, außerdem intensiver Erfahrungsaustausch, verbesserte Fertigungsmethoden und schließlich verbesserte Schmieröle. Der Hauptanlaß für die schnelle Weiterentwicklung ist natürlich der steigende Leistungsbedarf pro Maschineneinheit. Das gilt auf allen Einsatzgebieten von Lastwagen und Personenkraftwagen über Lokomotiven und Notstromaggregaten bis zu großen Schiffsantrieben und stationären Kraftwerken.

Das entscheidende Mittel zur Leistungssteigerung ist neben der ständigen Erhöhung des effektiven Mitteldrucks p_e die Erhöhung der mittleren Kolbengeschwindigkeit insbesondere bei Viertakt-Tauchkolbenmotoren.

Aus der Entwicklungsübersicht für die Viertakt-Tauchkolbenmotoren in Bild 1.34 erkennt man:

- Mitteldrucksteigerung bis zu 50 % Ende der 30iger Jahre durch die Auflademotoren;
- Weiterführung der Mitteldrucksteigerung nach dem zweiten Weltkrieg etwa ab Mitte der 50iger Jahre in Verbindung mit Kühlung der Ladeluft;
- Beginn der starken Drehzahlsteigerungen ein Jahrzehnt später Mitte der 60iger Jahre, nachdem c_m seit 1920 fast konstant geblieben war.

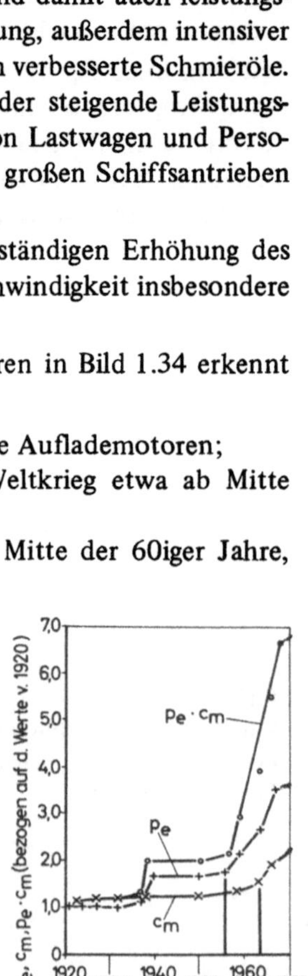

Bild 1.34
Anstieg von Kolbengeschwindigkeit c_m und mittlerem effektiven Druck p_e seit 1920

Das Produkt $p_e \cdot c_m$ ist ein Maß für die Steigerung der spezifischen Leistung und für die thermische Belastung eines Motors. Es ist im letzten Jahrzehnt etwa auf das Dreifache gestiegen. Die Erhöhungsrate liegt immer noch bei etwa 10 % pro Jahr.

Dabei verlangsamt sich die p_e-Steigerung aus folgenden Gründen:

- Grenze der einstufigen Aufladung, die etwa bei einem Ladedruckverhältnis von ca. 3,5 ... 4 liegt;
- langsames Reagieren auf Laständerungen, wichtig für Fahrzeugmotoren und Stromaggregate;
- Belastung der Kurbelwellen;
- steigende Empfindlichkeit bezüglich Störungsfolgen.

Die mittlere Kolbengeschwindigkeit steigt zur Zeit noch an, doch läßt sich auch dafür eine Grenze absehen, bei der die Massenkräfte nicht mehr beherrscht werden und die etwa bei $c_m = 13 \ldots 15$ m/s bei Kolbendurchmessern von ca. 150 ... 250 mm Durchmesser liegen wird. Die an der beherrschbaren Grenze zu fahrende mittlere Kolbengeschwindigkeit nimmt mit der Motorgröße ab [1.8]. Dieser Zusammenhang ist in Bild 1.35 dargestellt.

Die Abhängigkeit der im Triebwerk von Motoren auftretenden Massenkräfte vom Quadrat der Drehzahl erkennt man auch aus dem sog. Massenfaktor:

$$a = c_{m^2} \cdot D/s \cdot 0{,}9 = s/D \cdot (D \cdot n)^2/1000.$$

Der Faktor a durchläuft dabei den weiten Bereich von etwa 150 bei den kleineren Motoren bis etwa 60 bei den größten Viertakt-Tauchkolbenmotoren. Dabei ist der Massenfaktor a bei konstantem Verhältnis s/D, d.h. geometrische Ähnlichkeit, unabhängig von D und

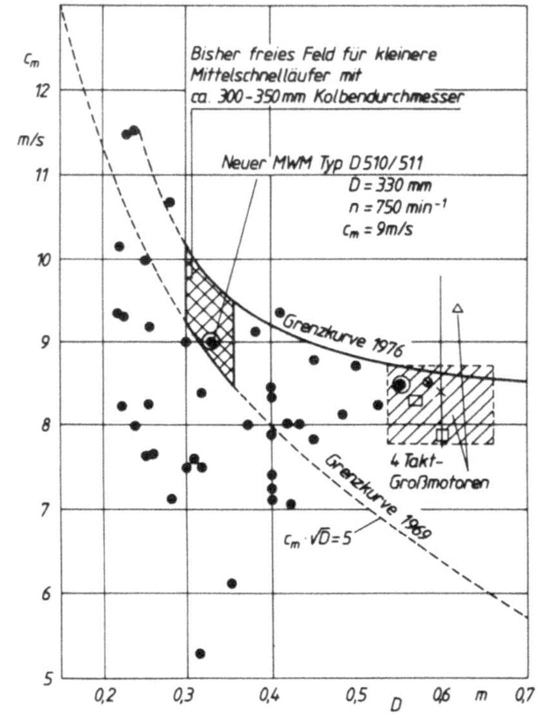

Bild 1.35
Grenzkurven der mittleren Kolbengeschwindigkeiten 1969 und 1976

allein durch c_m bestimmt. Als Gründe für den starken Abfall der Kolbengeschwindigkeit über dem Kolbendurchmesser (Bild 1.35) kann man anführen:

- Die Wärmeübergangszahlen steigen mit ${c_m}^{0,78}$ an. Dies ergibt eine höhere thermische Belastung, die beim großen Motor wegen der längeren Wärmeflußwege (größere Wanddicken) zu höheren Beanspruchungen führt als beim kleinen Motor;
- die Verformungen werden mit zunehmender Größe und zunehmender thermischer Belastung größer, während die Spiele nicht proportional mitwachsen dürfen;
- die Fertigung wird (absolut) ungenauer;
- das einwandfreie Verbinden von Bauteilen bzw. deren Zusammenarbeiten macht deshalb zunehmende Schwierigkeiten;
- für große Motoren gibt es (noch) keine gehärteten Kurbelwellen;
- der große Motor ist so wertvoll und teuer, daß man einen größeren Sicherheitsfaktor wählt;
- Schwerölbetrieb ist erforderlich. Die damit zusammenhängenden Schwierigkeiten steigen mit Drehzahl und Kolbengeschwindigkeit stark an. Mit größeren Zylinder- bzw. Brennraumdurchmessern nehmen sie allerdings ab;
- die Inhomogenität des Materials muß bei größeren Dimensionen in Rechnung gestellt werden;
- die Dauerwechselfestigkeit großer Bauteile ist auch bei geometrischer Ähnlichkeit geringer;
- Gußanhäufungen werden bezüglich Gefüge (Festigkeit) und Lunkerbildung (auch) mit den absoluten Abmessungen problematischer;
- der Verschmiedungsgrad großer Schmiedeteile ist geringer;
- der Erprobungsaufwand ist größer. Deshalb gibt es weniger umfangreiche Dauererprobungen, so daß man vorsichtshalber den Sicherheitsabstand größer wählt;
- die gebaute Stückzahl ist bei großen Motoren kleiner, deshalb ist der Gesamterfahrungsschatz auch kleiner.

Als Beispiel für einen modernen Mittelschnelläufer sei der zur Zeit größte MWM-Motor angeführt (Bild 1.36). Dieser Motor hat eine Zylinderleistung von 345 kW bei einer Drehzahl von 750 min^{-1}. Sein „Standort" ist in Bild 1.35 eingetragen.

Bild 1.37 zeigt die Entwicklung der Zylinderleistung und einen Querschnitt des von M.A.N und Sulzer gebauten Mittelschnelläufers AS 25/30, eines Motors mit 250 mm Zylinderdurchmesser, 300 mm Hub, Drehzahl 1000 min^{-1}, $p_e = 16{,}32$ bar.

Bild 1.38 stellt die Entwicklung des Sulzer-Motors ZV 40/80 dar, der folgende Daten hat: $d = 400$ mm, $s = 480$ mm, $n = 530\ \text{min}^{-1}$, $p_e = 20{,}2$ bar.

Die beiden genannten Motoren unterscheiden sich wesentlich in der Kolbenkonstruktion (Bild 1.39). Der AS 25-Motor hat eine einfache Kolbenkonstruktion, für den Betrieb mit Schweröl ist ein zweiteiliger Kolben mit Leichtmetallmantel und Stahloberteil vorgesehen. Der Kolbenmantel wird durch das im Kurbelraum spritzende Öl geschmiert. Der Schmierölverbrauch von 1,35 ... 2 g/kWh bei Vollast wird im wesentlichen durch das Verhalten der Kolbenringe bestimmt [1.9]. Die Kolben größerer Motoren sind infolge größerer Deformationen erheblich stärker der Gefahr von Fressern oder von Ringdurchblasen ausgesetzt. Diese Gefahr wird hier zusätzlich durch die Anforderung eines niedrigen Schmierölverbrauchs und durch die Wahl von Schweröl als Kraftstoff vergrößert. Diesen Gefahren soll der Sulzer-Schaltkolben im Motor Z 40/48 begegnen. Die Vorteile des Schaltkolbens sind: Durch die ständige Drehbewegung wird ein örtliches Überhitzen der Laufflächen verhindert.

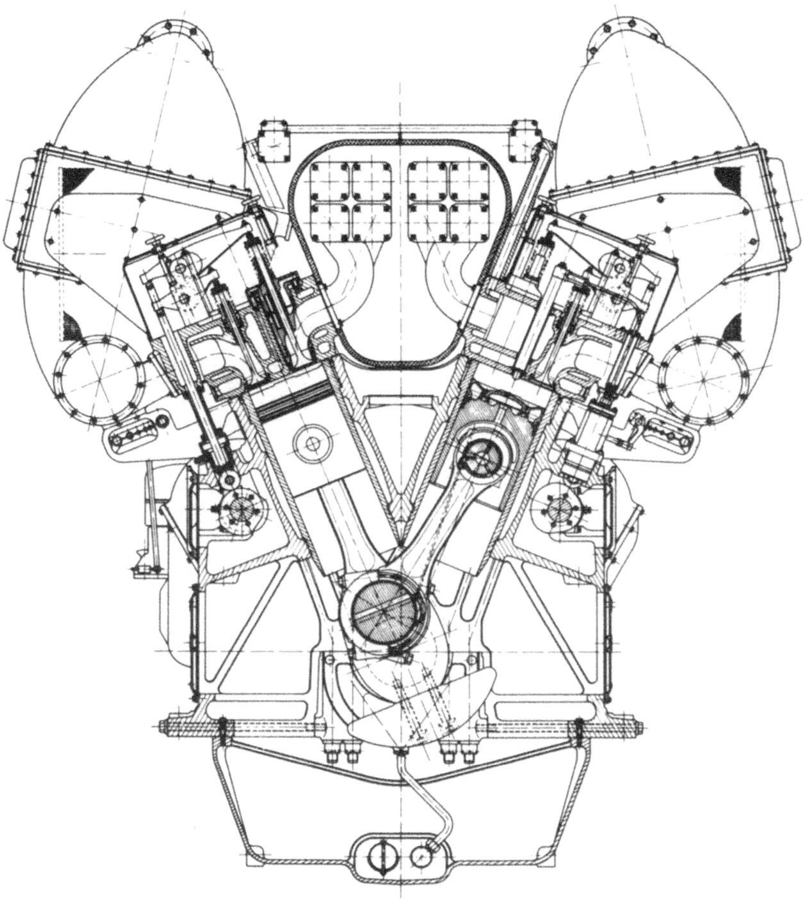

Bild 1.36
Querschnitt durch MWM-Dieselmotor TBD 511 V16 in Schiffsausführung

Die Temperatur am Kolbenumfang wird gleichmäßig verteilt. Die Kugelform des oberen Schubstangenlagers ergibt auch eine symmetrische Deformation des Kolbenmantels unter Einfluß der Gaskräfte.

Die Laufbuchsen dieses Motors werden lastabhängig über eine gesonderte Zylinderschmierung mit Öl versorgt, wodurch der Schmierölverbrauch unter 1,35 g/kWh gehalten wird.

Der wichtige Zusammenhang von p_e, n, Abgastemperatur und spezifischem Kraftstoffverbrauch ist im Bild 1.40 für einen MaK Mittelschnelläufer dargestellt. Dieser Motor hat eine Zylinderleistung von 295 kW bei 600 min^{-1}, d = 320 mm, s = 420 mm, p_e = 17,4 bar, c_m = 8,4 m/s. Der Schmierölverbrauch liegt zwischen 1,0 g/kWh und 1,6 g/kWh. Die Abgastemperaturen sind mäßig, was auf den relativ hohen Verbrennungsluftüberschuß bei Vollast von mehr als 2 kg/kWh bzw. den relativ hohen spezifischen Luftdurchsatz von 7,6 ... 8,4 kg/kWh zurückzuführen ist.

Die Abhängigkeit der für die Betriebssicherheit wichtigen Temperaturen der Auslaßventile, des Zylinderdeckelbodens und des Laufbuchsenbundes vom effektiven Mitteldruck bzw. der mittleren Kolbengeschwindigkeit ist in Bild 1.41 dargestellt. Der Einfluß des Mitteldrucks und der Kolbengeschwindigkeit (Drehzahl) auf die Temperatur der Auslaßventile ist wesentlich stärker als auf die anderen Teile. Die allgemeine Tendenz, starker Anstieg

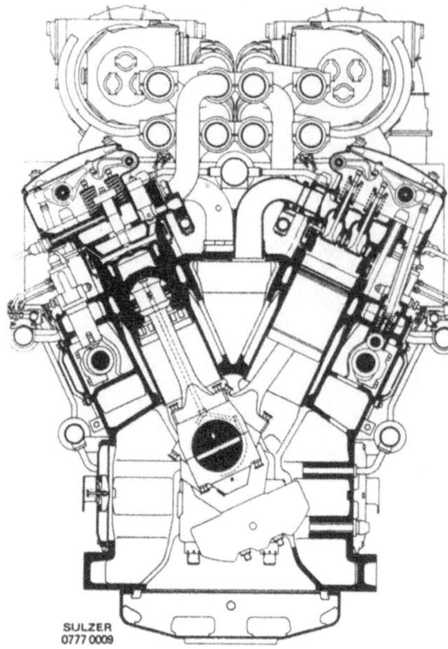

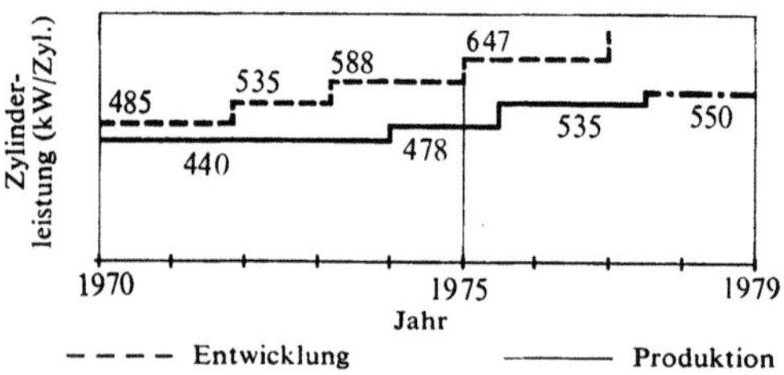

Bild 1.37 Sulzer-M.A.N.-Motor ASV 25/30 und Entwicklung der maximalen Zylinderleistung

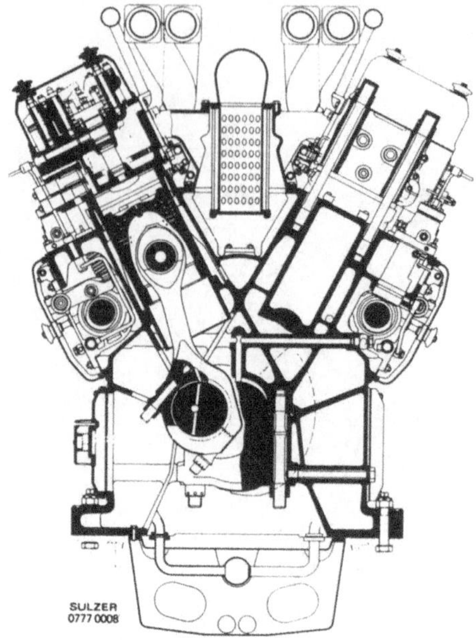

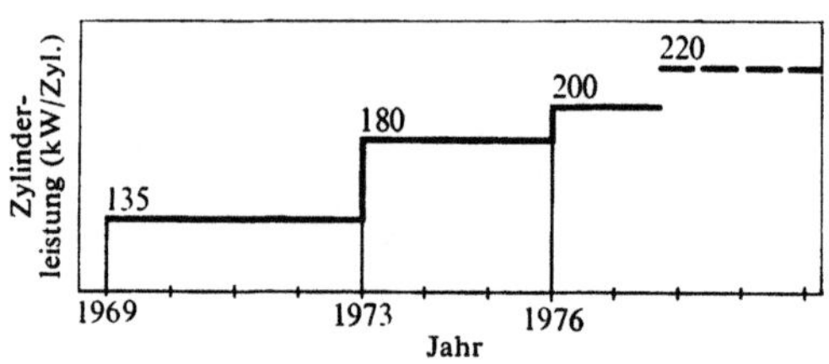

Bild 1.38 Sulzer-Motor ZV 40/48 und Entwicklung der maximalen Zylinderleistung

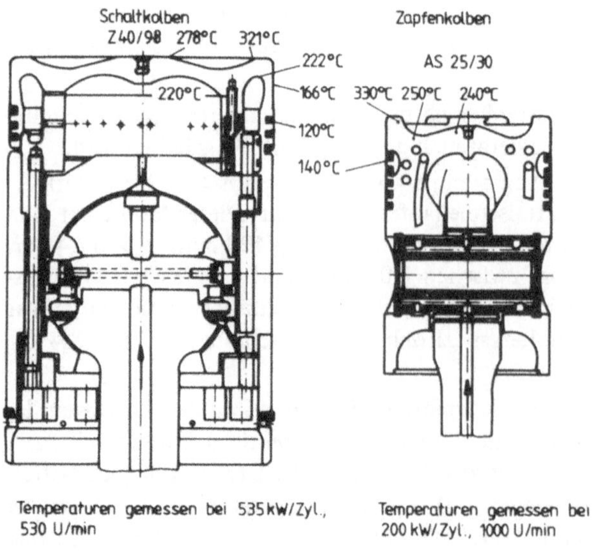

Bild 1.39
Kolbenkonstruktionen AS 25/30 und Z 40/48

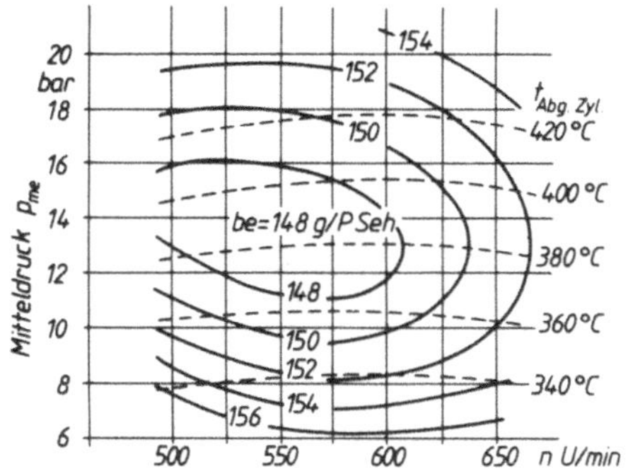

Bild 1.40
Verbrauchskennfeld des MaK-Motors 6 M 453 AK

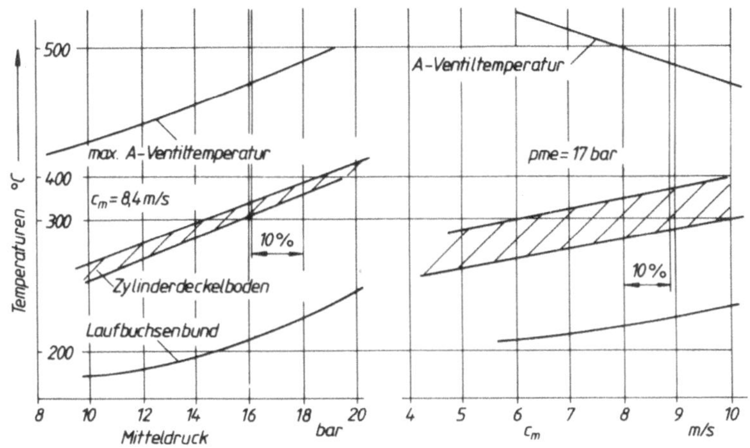

Bild 1.41 Vergleich der Temperaturen von Auslaßventilen, Zylinderdeckelboden und Laufbuchsenbund an einem MaK-Mittelschnelläufer

mit dem Mitteldruck, geringerer mit der Kolbengeschwindigkeit, ist aber gleich. Der Einfluß des Luftüberschusses macht sich besonders im Verhalten der Auslaß-Ventiltemperaturen bemerkbar. Bei höheren Mitteldrücken steigen die Auslaßventiltemperaturen an, weil der Luftüberschuß abnimmt. Bei steigender Kolbengeschwindigkeit fallen die Abgastemperaturen ab, da bei niedrigen Drehzahlen die Luftüberschüsse auf Grund der Aufladecharakteristik abnehmen.

Bild 1.42 zeigt einen Querschnitt durch den nächst größeren MaK-TypM 551 AK mit einer Zylinderleistung von 500 kW, d = 450 mm, s = 550 mm, n = 425 min^{-1}, p_e = 16 bar, c_m = 7,8 m/s. Der Abschnitt Mittelschnelläufer wird mit einer vergleichenden Betrachtung der Entwicklung der M.A.N-Viertaktmotoren abgeschlossen (Bild 1.43). Die Kolbengeschwindigkeiten der M.A.N-Motoren sind wesentlich durch die Entwicklungen für die Kriegsmarine geprägt worden. Das erkennt man insbesondere für die Jahre nach 1920. Nach dem Ende des Zweiten Weltkriegs begann der Viertakt-Motorenbau zunächst wieder mit relativ niedrigen Kolbengeschwindigkeiten, um dem Betriebssicherheitsbedürfnis der Handelsmarine zu entsprechen. Erst die Einführung von ausgefeilten Kolbenspielen und wesentlich verbesserten Kolbenring-Kombinationen ließen dann eine kontinuierliche, mäßige Steigerung der Kolbengeschwindig-

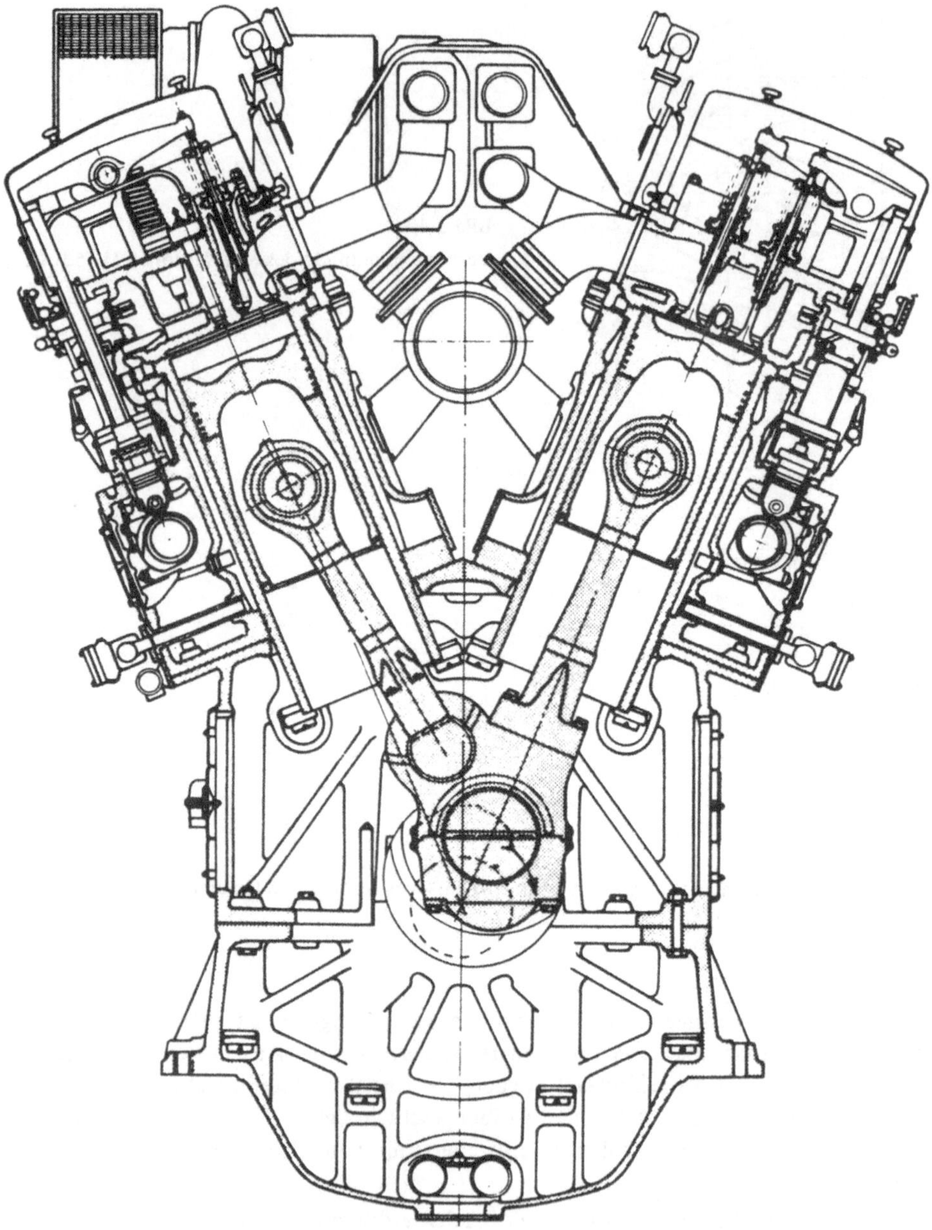

Bild 1.42 Querschnitt MaK-Motor M 551 AK

keit zu mit Begrenzung für Schwerölmotoren auf 9 m/s wegen des bei diesen Maschinen relativ hohen Anteils an abrasivem Verschleiß [1.11]. Der Mitteldruck p_e stieg zuerst zögernd, bis etwa ab 1930 die Aufladung der Viertaktmotoren begann. Einen Vergleich zur entsprechenden Entwicklung der M.A.N-Zweitaktmotoren stellt Bild 1.44 dar.

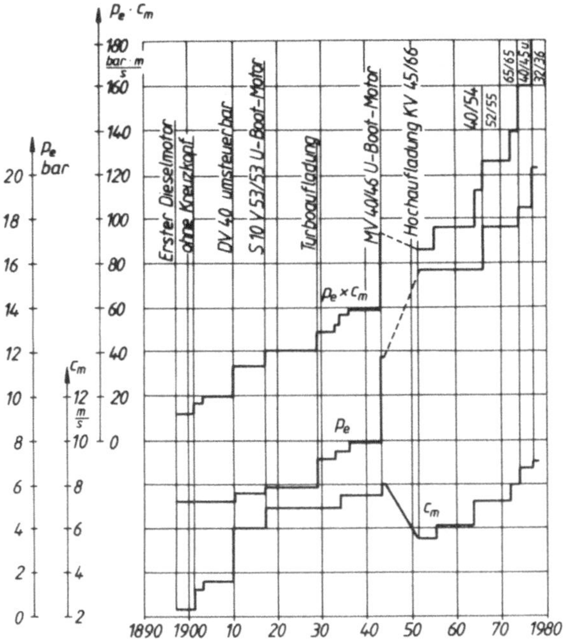

Bild 1.43 Entwicklung von *pe* und c_m von M.A.N.-Viertaktmotoren

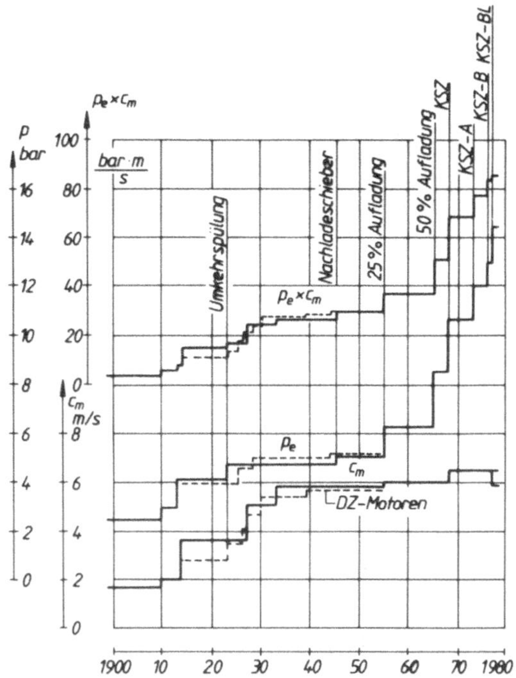

Bild 1.44 Entwicklung von *pe* und c_m von M.A.N.-Zweitaktmotoren

Schnelläufer

Im Grenzbereich Mittelschnelläufer/Schnelläufer liegen Motoren wie die der Klöckner-Humboldt-Deutz (KHD)-Baureihe BVM 628, Sechszylinder-Viertaktmotoren, deren technische Daten in Tabelle 1.5 [1.12] zusammengefaßt sind. Mit der Produktion der BVM-Motoren wurde 1978 begonnen. Die zu erwartende Lebensdauer der wesentlichen Motorenbauteile sind in Tabelle 1.6 enthalten.

Die Leistung eines Dieselmotors ist das Produkt aus Mitteldruck, Hubvolumen, Zylinderzahl und Drehzahl. Daraus folgt, daß eine gegebene Leistung mit einer möglichst hohen Drehzahl eine kleine Maschine ergibt. Dieser Vorteil wirkt sich direkt in Gewicht, Volumen und Preis/kW aus und sichert den Schnelläufern ein Anwendungsgebiet. Dies gilt sowohl für den Dieselmotor selbst als auch für die angetriebene Maschine, d. h. im Falle eines Generatoraggregats ist der Gesamtaufwand bei Verwendung eines 1500-tourigen Motors erheblich kleiner als mit Motoren niedrigerer Drehzahlen.

Die Anwendbarkeit der kompakten Schnelläufer beschränkt sich keineswegs auf stationäre Aggregate. Für den Motor selbst bedeuten kleinere Gesamtabmessungen auch kleinere Einzelbauteile; dies begünstigt die Handhabung bei Montage und im Reparaturfall. Besonders wesentlich ist, daß mit kleineren Abmessungen die Bauteile für Berechnung und Erprobung überschaubarer werden und in der Regel spezifisch höher erscheinende thermische und mechanische Belastungen besser beherrscht werden können als bei großen Bauteilen.

Tabelle 1.5 Motorbaureihe BVM 628, Technische Daten

			BV6M 628	BV8M 628	BV9M 628	BV12M 628	BV16M 628
Schiffshauptmotoren	Max. Dauerleistung A	kW	1105	1470	1655	2210	2940
	(blockiert)	(PS)	(1500)	(2000)	(2250)	(3000)	(4000)
	Drehzahl	1/min	1000	1000	1000	1000	1000
	Eff. Mitteldruck	bar	17,4	17,4	17,4	17,4	17,4
	Max. Dauerleistung A	kW	885	1175	1325	1770	2350
	(blockiert)	(PS)	(1200)	(1600)	(1800)	(2400)	(3200)
	Drehzahl	1/min	800	800	800	800	800
	Eff. Mitteldruck	bar	17,4	17,4	17,4	17,4	17,4
Stromerzeugerantrieb (Bord- und stationäre) Aggregate	Max. Dauerleistung A	kW	1170	1560	1755	2340	3120
	nach DIN 6270	(PS)	(1590)	(2120)	(2385)	(3180)	4240)
	Drehzahl	1/min	1000	1000	1000	1000	1000
	Eff. Mitteldruck	bar	18,5	18,5	18,5	18,5	18,5
	Max. Dauerleistung A	kW	840	1120	1265	1680	2240
	nach DIN 6270	(PS)	(1145)	(1526)	(1717)	(2290)	(3052)
	Drehzahl	1/min	720	720	720	720	720
	Eff. Mitteldruck	bar	18,5	18,5	18,5	18,5	18,5
Kolbengeschwindigkeit		m/s	6,72 ÷ 9,33				
Bohrung		mm	240				
Hub		mm	280				
Gewicht		kg	8200	10700	11600	15300	19500
Leistungsgewicht[1])		kg/kW	7,00	6,86	6,61	6,54	6,25
		(kg/PS)	(5,16)	(5,05)	(4,86)	(4,81)	(4,60)

1) bei höchster Dauerleistung A

Tabelle 1.6 Zu erwartende Lebensdauer der Motorbauteile in Betriebsstunden

Motortyp	BVM 628	
Kraftstoff	Gasöl	Schweröl
Einspritzventil	6 000	4 500
Verdichtungsringe/Ölschlitzringe	15 000	12 000
Plunger mit Buchse (Einspritzpumpe)	24 000	21 000
Einlaßventil	18 000	18 000
Auslaßventil	18 000	12 000
Pleuellager	42 000	42 000
Grundlager	42 000	42 000
Kolben	42 000	42 000
Zylinderlaufbuchse	60 000	60 000
Lager der Abgasturbolader nach Vorschrift v. BBC	ca. 8 000	ca. 8 000

Die heutigen schnellaufenden Dieselmotoren stellen eine konsequente Weiterentwicklung der bereits von Daimler, Maybach und Benz eingeleiteten Entwicklung dar. Die Statistik zeigt, daß der Schiffbau die Schnelläufer zur Bordenergieversorgung akzeptiert hat (Bild 1.45). In der unteren Leistungsklasse bis 500 PS (370 kW) ist ein stetiger Trend zur höheren Drehzahl feststellbar.

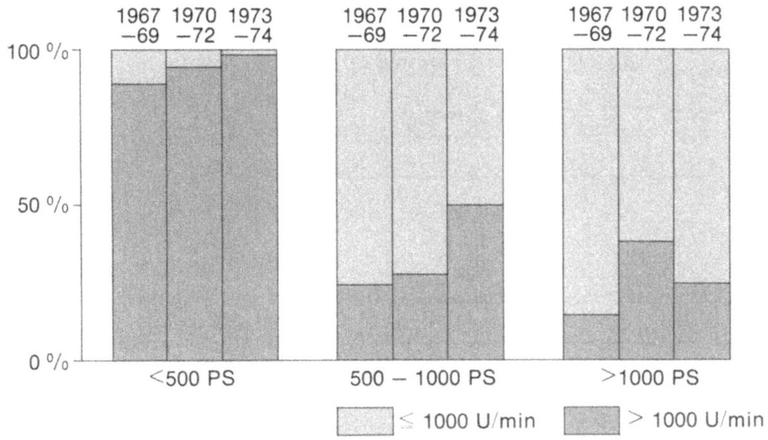

Bild 1.45 1967 bis 1974 bei deutschen Herstellern bestellte Dieselmotoren zur Bordenergieversorgung

Tabelle 1.7 1975 auf Handelsschiffen in Betrieb befindliche MTU-Dieselmotoren

		Energieversorgung	Hauptantrieb
Motoren in Betrieb		769	951
Gesamte Leistung	PS	459 148	685 700
Gesamte Zylindereinheiten		6 412	8 860
Gesamte Betriebszeit	h	13 000 000	26 010 000
Jährliche Betriebszeit	h		
Minimal		3 500	3 500
Maximal		4 500	7 500
Mittlere Belastung in % der Nennleistung		40–60	60–80
Betriebszeit bis Hauptüberholung	h		
Planmäßig		24 000	24 000
Maximal		30 000	35 000

In Deutschland fällt der Bau von schnellaufenden Dieselmotoren größerer Leistung vor allen Dingen in das Arbeitsgebiet der 1969 von M.A.N, Mercedes-Benz und Maybach gegründeten Motoren- und Turbinen-Union (MTU), Friedrichshafen. 1975 waren auf Handelsschiffen die in Tabelle 1.7 angegebenen MTU-Dieselmotoren in Betrieb.

Von MTU wurden beachtliche Maßnahmen zur Erhöhung der Zuverlässigkeit durchgeführt. Bild 1.46 zeigt die Ausfallrate für die Hauptbauteile von zwei MTU-Motorenbaureihen in Abhängigkeit von der Betriebszeit. Die zweite Baureihe zeigt dabei deutlich Verbesserungen mit der Entwicklungszeit. Die mitgeteilten Ausfallraten liegen niedriger als bei den im gleichen Zeitabschnitt untersuchten Mittelschnelläufer [1.13]. Bild 1.47 zeigt Beispiele für Entwicklungsschwerpunkte, die in den letzten Jahren die Ausfallraten herabgesetzt und die Brauchbarkeitsdauer der Bauteile bis zu ihrem Austausch erheblich verbessert haben [1.14].

Die Leistungsgrenze schnellaufender Hochleistungs-Dieselmotoren liegt bei 5000 kW, wenn man bewährte Kolbenflächenleistungen und bis heute übliche größte Zylinderzahlen von 16 bis 20 nicht überschreiten will. Bild 1.48 stellt einen Querschnitt durch die überwiegend

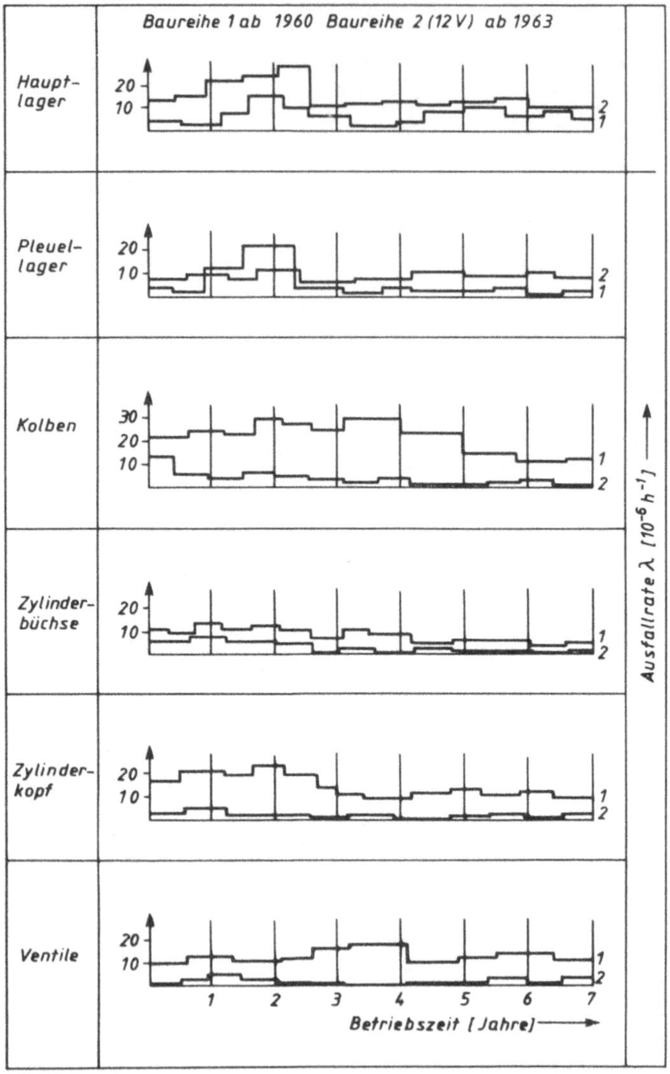

Bild 1.46
Ausfallrate in Abhängigkeit vom Einsatzjahr für Hauptbauteile von zwei MTU-Motorenbaureihen

bauteilgleiche Doppel-Baureihe MTU 956/1163 dar. Diese Größtmotoren der MTU haben die gleiche Zylinderbohrung von 230 mm, in der 956-Version einen Hub von 230 mm, c_m = 11,5 m/s, n = 1500 min^{-1}, p_e = 20,5 bar und eine Zylinderleistung von 220 kW, während die 1163-Version folgende Daten aufweist: s = 280 mm, p_e = 20,6 bar, c_m = 11,2 m/s, n = 1200 min^{-1}, Zylinderleistung 220 kW. Unterschiedlich sind daher in der Doppel-Baureihe die stark schwarz ausgezogenen Teile in Bild 1.48: Kurbelgehäuse, Kurbelwelle, Pleuel, Kolbenoberteil, Zylinderlaufbuchse und Ventilstoßstange.

Baugruppe	Aufgetretene Probleme	Getroffene Maßnahmen			MTBF [10³h]	Brauchbarkeitsdauer [10³h]
Kolben	Freßneigung Frühzeitiger Verschleiß der Kolbenringnuten	Kolbenkühlung Ringträgerkolben geteilter Kolben K.-Spielveränderung K.-Ring-Bestückung	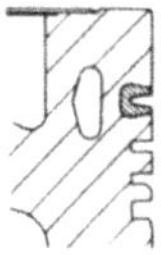	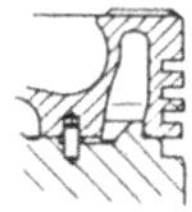	≈ 200	≈ 50
Axeallager – Gleitlager/ Hauptlager Pleuellager	Fresser, Schmutzempfindlichkeit hoch frühzeitiger Verschleiß Reibkorrosion am Außen-Durchmesser	Dünnwandlager Al-Lager, Filterung, Lagerspiele Schmierfilmoptimierung Lagersitzoptimierung im Gehäuse und Pleuel Axiallager-Rillenlager statt Gleitlager	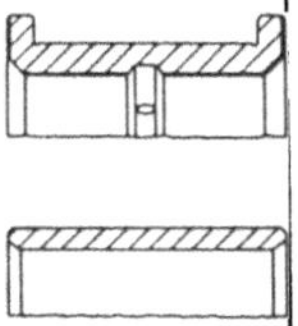	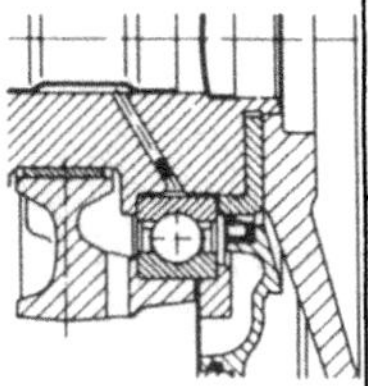	Hauptlager ≈ 140 Pleuellager ≈ 170	 ≈ 50 ≈ 40
Zylinderbüchse	Standzeit der Abdichtung zu niedrig Sitzverschleiß im Gehäuse Korrosion im KW-Raum	Optimierung Sitz Gehäuse Verbesserung Abdichtung Kühlwasserhandlung optimiert	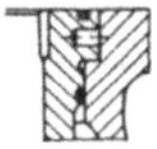	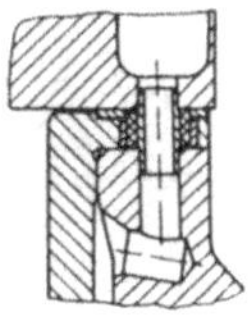	≈ 250	≈ 25
Zylinderkopf	Ventilsitzverschleiß Verkokung der Ventilschäfte Dichtung Verbr.-Raum	Ventile gepanzert Ventilsitzringe drehende Ventile Schmierung über Öldosierung	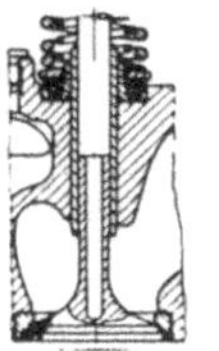		Zylinderkopf ≈ 220 Ventile ≈ 290	 ≈ 50 ≈ 25
Lader	Lagerstandzeit zu kurz hohe thermische Belastung der Gehäuse	Gleitlager/zentrale Schmierung wassergek. Gehäuse therm. Beanspruchung abgesenkt	–		–	≈ 75
Kühlsystem	Undichtheiten Korrosion der Wärmeaustauscher	im Motor integriertes Kühlsystem/mit minimaler Seewasserbeaufschlagung konstr. Verbesserung der Scheidenkühler			–	≈ 75
Steuerung	Verschleiß der Stößel und damit frühzeitiger Verschleiß der Nockenwellen	Rollenstößel mit optimierter Stößelführung	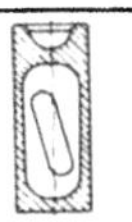	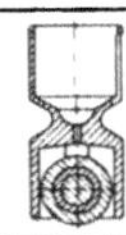	–	≈ 75
Filter	Verschleiß der Einsätze geringe Wirksamkeiten	veränderte Filtersysteme erhöhter Filterwirksamkeiten	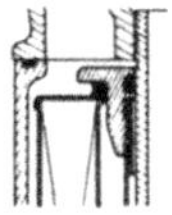	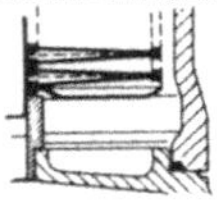	–	≈ 0,5

Bild 1.47 Maßnahmen zur Erhöhung der Zuverlässigkeit und erreichte Werte der Brauchbarkeitsdauer und MTBF für Hauptbauteile von MTU-Motoren

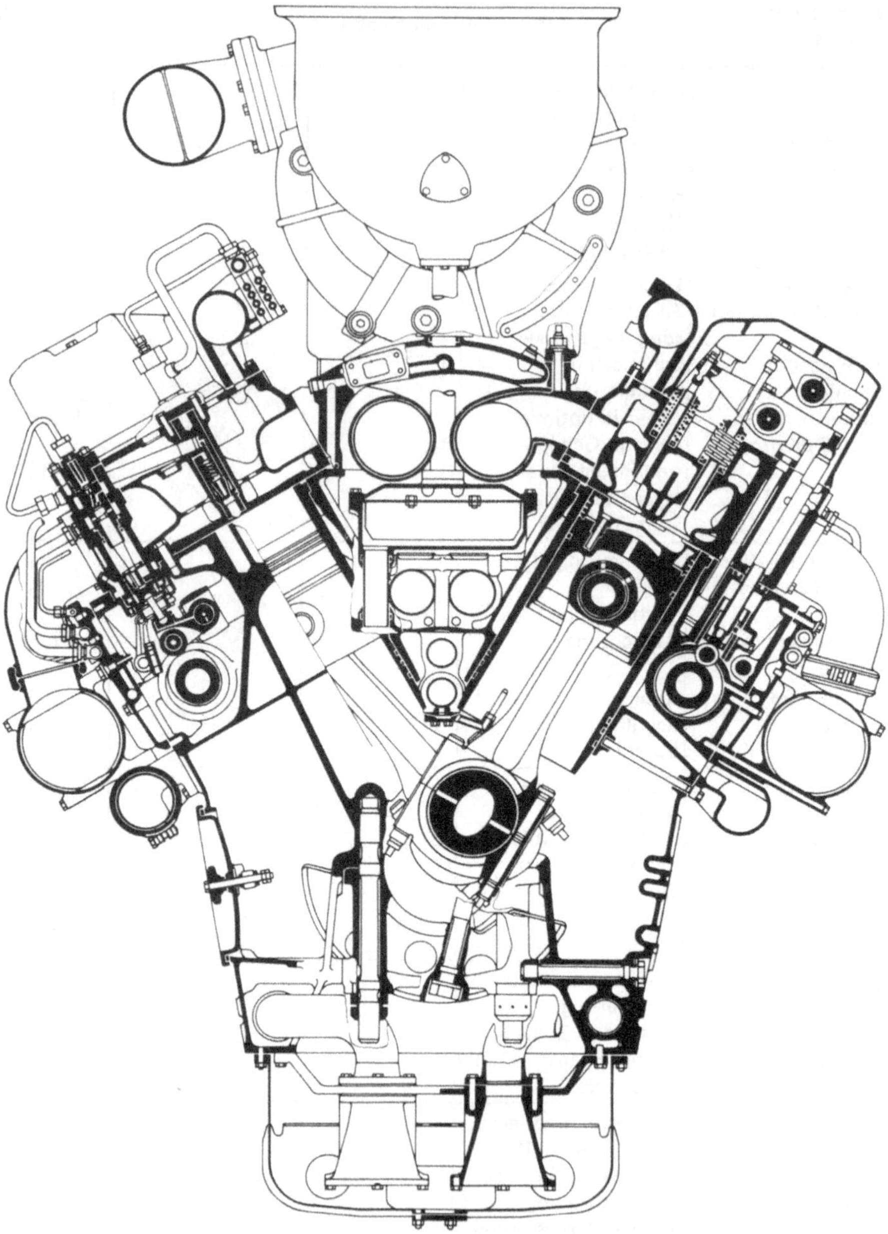

Bild 1.48 Unterschiedliche Bauteile der MTU-Doppel-Baureihe 956/1163

Schrifttum

[1.1] *Sass, F.:* Geschichte des Deutschen Verbrennungsmotorenbaus von 1860–1918, Springer-Verlag Berlin-Göttingen-Heidelberg 1962

[1.2] *Zinner, K.:* Aufladung von Verbrennungsmotoren, Springer-Verlag Berlin-Heidelberg-New York 1975

[1.3] *Boy, P.:* Entwicklungstendenzen im Schiffsmaschinenbau 1978. Z. „Hansa", **116.** Jahrg. 1979, Nr. 2

[1.4] *Syassen, O.:* Möglichkeiten zur Erhöhung der Wirtschaftlichkeit dieselmotorischer Schiffsantriebe. Z. „Schiff & Hafen", **26.** Jahrg., 1974, Heft 5

[1.5] *Syassen, O., Häfner, R.:* Die M.A.N-Zweitakt-Großdieselmotoren. Z. „MTZ", **35.** Jahrg. 1974, Nr. 11

[1.6] *Held, G., Bozung, H. G.:* Zukunftsaussichten langsamlaufender Kreuzkopf-Zweitaktmotoren. Z. „Schiff & Hafen", **27.** Jahrg., 1975, Heft 4

[1.7] *Syassen, O.:* Entwicklungstendenzen bei Dieselmotoren hoher Leistung. Z. „Hansa", **106.** Jahrg., 1969, Nr. 24

[1.8] *Syassen, O.:* Große Schiffsdieselmotoren mit 750 Umdrehungen?, Z. „Hansa", **115.** Jahrg., 1978, Heft 14

[1.9] *Lustgarten, G.:* Neuester Entwicklungsstand der mittelschnellaufenden Dieselmotoren. Techn. Rundschau Sulzer 1977, Heft 2

[1.10] *Fiedler, H.:* Der mittelschnellaufende Vier-Takt-Schiffsdieselmotor – Augenblicklicher Stand und Anforderungen an die zukünftige Entwicklung. Z. „Schiff & Hafen", **31.** Jahrg. 1979, Heft 5

[1.11] *Häfner, R.:* Die Zukunft des M.A.N-Schiffsdieselmotors SMM-Report 1978

[1.12] *Herschmann, O.:* Weiterentwicklung bei KHD. Z. „Schiff & Hafen", **30.** Jahrg. 1978, Heft 10

[1.13] Zuverlässigkeit in der Seeschiffahrt. Techn. Bericht 333/66 der Forschungs- und Erprobungsstelle für Schiffsbetriebstechnik Flensburg 1969

[1.14] *Hempel, W., Kohr, L.:* Haben Dieselmotoren über 1000 U/min auf seegehenden Handelsschiffen eine Zukunft? STG-Jahrbuch, Bd. **69,** 1975, S. 303 ff.

2 Arbeitsverfahren der Dieselmotoren

In Ottomotoren wird der Kraftstoff in vergastem Zustand mit der Verbrennungsluft gemischt in den Zylinder gesaugt und hier nur auf etwa 4...8 bar verdichtet, so daß er sich nicht selbst entzünden kann. Dann wird das Kraftstoff-Luft-Gemisch in der Nähe des oberen Totpunktes durch einen elektrischen Funken gezündet. Die Verbrennung erfolgt schlag- bzw. explosionsartig. Die den Verdichtungsraum anfüllenden Gase nehmen infolge der hohen Verbrennungstemperatur einen hohen Druck an und treiben den Kolben unter Expansion abwärts. Dabei wird mechanische Arbeit gewonnen.

Anders sind die Vorgänge beim Dieselverfahren. Die getrennt vom Kraftstoff angesaugte Verbrennungsluft wird sehr hoch, auf etwa 30...45 und mehr bar, verdichtet. Sie nimmt dabei eine so hohe Temperatur an, daß sich der kurz vor Beendigung des Verdichtungshubes fein zerstäubt eingespritzte Kraftstoff selbst entzündet. Die auftretende Verbrennungstemperatur steigert den Druck auf 50...70 und mehr bar. Bei der Expansion verrichtet das Gas durch das Abwärtstreiben des Kolbens Arbeit. Nach der Wirkungsweise unterscheidet man Viertakt- und Zweitaktmotoren (Bild 2.1a und b).

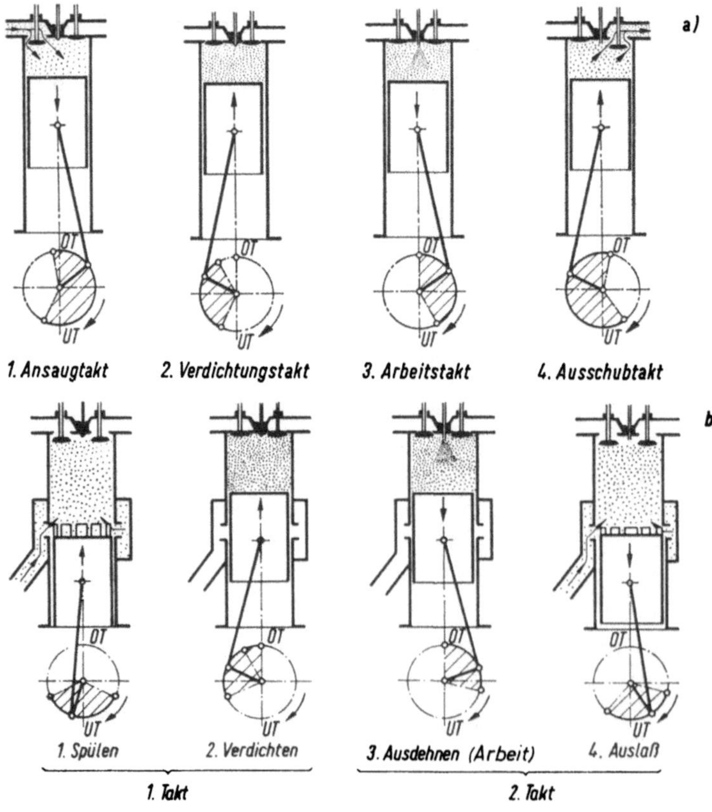

Bild 2.1
Arbeitsweise des Dieselmotors ohne Aufladung
a) Viertaktmotor
b) Zweitaktmotor

Ein Arbeitsspiel umfaßt dabei die Gesamtheit aller Veränderungen von Masse, Volumen, Druck, Temperatur usw. des in jedem Arbeitszylinder vorhandenen Arbeitsmediums; die Veränderungen sind vor ihrer Wiederholung abgeschlossen.

2.1 Viertaktspiel

Für ein volles Arbeitsspiel sind beim Viertaktspiel vier Takte (Kolbenhübe) oder zwei Umdrehungen erforderlich. Die nachfolgenden Betrachtungen gelten für unaufgeladene Motoren, für aufgeladene Motoren sind die genannten Daten dem Aufladegrad anzupassen.

2.1.1 Ansaughub

Während der Abwärtsbewegung des Kolbens wird die Verbrennungsluft durch ein großes Ventil im Zylinderdeckel angesaugt. Erreicht der Kolben den unteren Totpunkt (*UT*), so ist der ganze Zylinder mit Frischluft gefüllt.

Da das Einlaßventil aus konstruktiven Gründen nur einen begrenzten Querschnitt erhalten kann, wird die Luft beim Einsaugen etwas gedrosselt. Sie erreicht daher im Zylinder nicht den vollen atmosphärischen Druck, sondern nur etwa 0,9 bar absolut. Einlaßventile besitzen Querschnitte, die nur etwa 8...10 % des Kolbenquerschnittes ausmachen, und führen erheblich geringere Hübe aus.

Um Stöße, die zu Schäden im Steuersystem führen können, bei der Betätigung des Ventils zu vermeiden, müssen An- und Ablauf des Stößels am Nocken stetig, d.h. tangential erfolgen. Die Folge davon ist ein relativ langsames Öffnen des Ventils. Der Kolben gibt aber infolge seines großen Querschnittes schon bei geringer Bewegung ein größeres Volumen frei. Daher muß das Einlaßventil, um den Unterdruck im Zylinder nicht zu groß werden zu lassen, schon etwa 35...40° vor dem oberen Totpunkt (*OT*) mit dem Öffnen beginnen. Nur so kann beim Saughub des Kolbens genügend Luft und damit Sauerstoff einströmen. Ähnlich ist es im unteren Totpunkt nach dem Ansaughub. Beträgt der Druck bei dieser Stellung des Kolbens etwa 0,8 bar absolut, so kann er, wenn das Einlaßventil noch bis ca. 30...40° nach dem unteren Totpunkt geöffnet bleibt, durch Nachströmen weitere Verbrennungsluft auf 0,9 bar absolut ansteigen. Dadurch wird die Füllung vollkommener, was erhöhte Leistung ermöglicht.

Auch das Auslaßventil öffnet früher, d.h. vor dem unteren Totpunkt, und bleibt auch nach dem oberen Totpunkt noch etwas geöffnet, damit die unter geringem Überdruck stehenden Gase möglichst vollständig entweichen können.

2.1.2 Verdichtungshub

Beim Aufwärtsgang des Kolbens wird die angesaugte Verbrennungsluft auf 30...45 bar verdichtet. Die Kraft dazu liefert die Drehenergie des Motors. Dabei wird mechanische Arbeit in Wärme umgewandelt. Der Verdichtungsraum, auf dessen Volumen die Luft zusammengepreßt wird, beträgt nur etwa 7...9 % des Hubvolumens. Würde die aus der mechanischen Arbeit entstehende Wärme vollständig abgeführt, d.h. die Temperatur der Luft unverändert bleiben, so würde man nur einen Endkompressionsdruck von 12...20 bar erreichen (isotherme Verdichtung). Da aber die Temperatur auf 500...600 °C anwächst, steigt der Druck auf 30...45 bar (annähernd adiabate Verdichtung).

Der Zündpunkt wird so stark überschritten, daß der Kraftstoff verdampft, teilweise vergast und sich entzündet.

2.1.3 Arbeitshub

In die durch Kompression erhitzte Verbrennungsluft wird der Kraftstoff 3...20° vor dem oberen Totpunkt mit hohem Druck durch die Einspritzdüse fein zerstäubt eingespritzt. Der Kraftstoffnebel mischt sich innig mit dem Sauerstoff der stark verdichteten Verbrennungsluft. Deren Wärme bringt den Kraftstoff zum Verdampfen, die Moleküle spalten sich in C-Atome und H_2-Moleküle. Im oberen Totpunkt beginnt die Verbrennung zu CO_2 und H_2O. Der Voreinspritzwinkel von 3...20° ist für das Verdampfen und Vergasen der Kraftstoffteilchen erforderlich. Die Verbrennung, bei der die Kompressionstemperatur von 500...600 °C auf eine Endtemperatur von 1500...1800 °C anwächst, vollzieht sich nun bis zur Beendigung der Einspritzung, die bei Normallast etwa 20...30° nach dem oberen Totpunkt (5...10% des Kolbenhubes) erfolgt.

Bei der nachfolgenden Expansion der Verbrennungsgase, die zunächst nur den Verdichtungsraum und 5...10% des Zylindervolumens anfüllen, sinkt die Temperatur auf 800...900 °C und der Druck nimmt bis auf etwa 2,5 bar Überdruck ab. Durch das Abwärtstreiben des Kolbens wird mechanische Arbeit verrichtet. Die Expansion erfolgt annähernd adiabat. Dabei ändert sich der Druck stärker als das Volumen.

2.1.4 Ausschubhub

Das Auslaßventil öffnet schon etwas vor Beendigung des Arbeitshubes, damit sich die Abgase bis zum Beginn des Aufwärtshubes fast auf Atmosphärendruck entspannen können. Dadurch wird der Gegendruck beim Ausschubhub geringer. Der Abfall des Druckes von seinem Wert zum Zeitpunkt der Auslaßventilöffnung bis nahezu auf Umgebungsdruck läßt die Abgastemperatur auf 350...450 °C abnehmen. Mit dieser Temperatur verlassen die Abgase den Zylinder. Beim Ausschubhub werden die Abgase bis auf einen kleinen Teil aus dem Zylinder gedrückt. Der im Verdichtungsraum zurückbleibende Rest mischt sich beim Saughub mit der frischen Verbrennungsluft.

2.2 Zweitaktspiel

Das Zweitaktspiel ist dadurch gekennzeichnet, daß für ein volles Arbeitsspiel nur zwei Takte oder eine Umdrehung erforderlich sind.

2.2.1 Spülung und Verdichtung

Beim Zweitaktmotor treten an die Stelle der Ein- und Auslaßventile die Spül- und Auslaßschlitze im unteren Bereich des Zylinders. Anstelle der Auslaßschlitze können aber auch Auslaßventile im Zylinderdeckel angeordnet sein (siehe Bild 2.1b).

Beim Viertaktspiel stehen für die Ladung des Zylinders mit Verbrennungsluft und für die Verdichtung je ein ganzer Takt zur Verfügung. Beim Zweitaktspiel werden beide Vorgänge auf einen Takt zusammengedrängt. Bei Beginn des Aufwärtshubes sind die Auslaßventile bzw. Auslaßschlitze voll geöffnet. Im Zylinder herrscht also ungefähr Atmosphärendruck.

Für das Ausstoßen der restlichen verbrannten und expandierten Gase steht vom unteren Totpunkt ab noch ein Kurbelwinkel von 50...65° zur Verfügung. Der frischen Verbrennungsluft muß also mit Hilfe einer Pumpe (Kolbenspülpumpe, Kolben- oder Kreiselradgebläse) ein geringer Überdruck von 0,1...0,3 bar erteilt werden, damit die Restgase in der kurzen verfügbaren Zeit aus dem Zylinder entfernt werden können. Wenn die Auslaßventile schließen bzw. der Kolben bei 20...30% des Hubes die Auslaßschlitze verdeckt, ist der Zylinder mit Verbrennungsluft gefüllt, die einen geringen Überdruck besitzt. Die Verdichtung geht nun in der gleichen Weise wie beim Viertaktverfahren vor sich.

2.2.2 Arbeits- und Ausschubtakt

Für den Ausdehnungshub gilt sinngemäß das gleiche wie beim Viertakspiel. Bei der Verwendung von Auslaßschlitzen endet der Arbeitshub jedoch schon etwa 50...65° vor dem unteren Totpunkt. Das Ausströmen unter weiterer Entspannung vollzieht sich infolge der großen Schlitzabmessungen und des Überdruckes der Abgase (2...4 bar) so rasch, daß schon vor dem unteren Totpunkt der Spülvorgang einsetzen kann. Der Auslaß schließt, wie schon erwähnt, im gleichen Winkel von 50...65° nach dem unteren Totpunkt.

Für das Ausstoßen der Abgase und die Frischladung mit Luft steht also ein Kurbelwinkel von 100...130° zur Verfügung. Das entspricht etwa einer Drittelumdrehung, gegenüber einer vollen beim Viertaktspiel. Theoretisch müßte ein Zweitaktmotor die doppelte Leistung eines gleich großen Viertaktmotors bei gleicher Drehzahl erreichen. Infolge der Spülverluste ist die Ausbeute jedoch etwas geringer.

Die Darstellung der Vorgänge im Dieselmotor in einem Arbeitsdiagramm gibt Bild 2.2 wieder. Man beachte auch die Darstellung in den Schwachfederdiagrammen (Bilder 6.65 und 6.66).

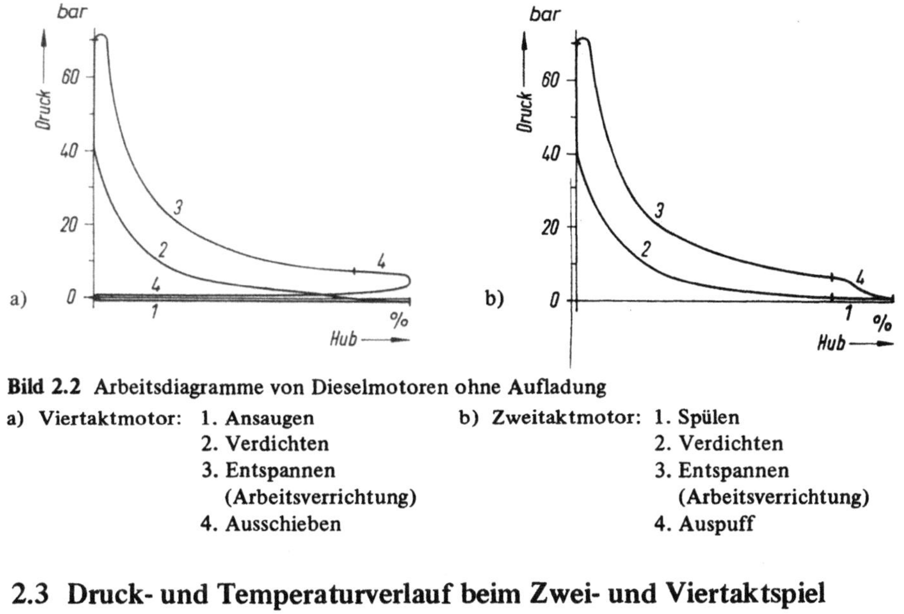

Bild 2.2 Arbeitsdiagramme von Dieselmotoren ohne Aufladung

a) Viertaktmotor: 1. Ansaugen, 2. Verdichten, 3. Entspannen (Arbeitsverrichtung), 4. Ausschieben

b) Zweitaktmotor: 1. Spülen, 2. Verdichten, 3. Entspannen (Arbeitsverrichtung), 4. Auspuff

2.3 Druck- und Temperaturverlauf beim Zwei- und Viertaktspiel für Dieselmotoren ohne Aufladung

Den Verlauf der in den einzelnen Phasen auftretenden Luft- und Gastemperaturen gibt das Diagramm in Bild 2.3 wieder. Es umfaßt ein Arbeitsspiel des Viertakters (four-cycle), also zwei Umdrehungen. Der dargestellte Temperaturverlauf beim Zweitakter (two-cycle) erstreckt sich daher über zwei Arbeitsspiele.

Das Viertaktspiel beginnt mit dem Ansaugen. Im oberen Totpunkt haben die Abgase im Verdichtungsraum eine Temperatur von etwa 500 °C. Durch das Ansaugen kalter Frischluft sinkt die Temperatur im Zylinder schnell und erreicht bei 80° Kurbelwinkel 70 °C. Auf dieser Temperatur hält sich die angesaugte Frischluft bis zum Ende des Saughubes, da sie durch den Kolbenboden und die Zylinderwandungen erwärmt wird. Die nun beginnende Verdichtung erhöht die Temperatur auf etwa 700 °C. Bei 360° Kurbelwinkel setzen Zündung und Verbrennung ein, die Temperatur steigt auf etwa 1700 °C. Während der Entspan-

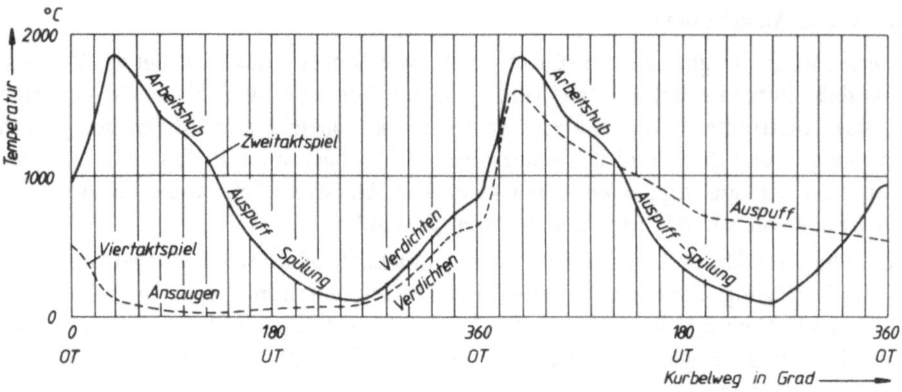

Bild 2.3 Temperaturdiagramm des 4-Takt- und 2-Taktmotors

nung fällt sie auf unter 1000 °C ab. Schon etwa 40° Kurbelwinkel vor dem unteren Totpunkt beginnt das Auslaßventil zu öffnen, damit die Abgase bei Beginn des Ausschubhubes einen möglichst geringen Gegendruck ausüben. Bis zum Hubwechsel im oberen Totpunkt (0° Kurbelwinkel) sinkt die Abgastemperatur im Zylinder auf etwa 550 °C ab.

Der Zweitaktmotor erreicht im oberen Totpunkt (0° Kurbelwinkel) eine Verdichtungstemperatur von etwa 850 °C. Diese liegt höher als beim Viertakter, da der Zweitakter je Umdrehung einen Arbeitshub ausführt. Der Zylinder kühlt daher weniger ab als beim Viertakter, der nur bei jeder zweiten Umdrehung eine Verbrennungsperiode aufweist. Daher wird auch eine höhere Spitzentemperatur von fast 1900 °C erreicht. Am Ende der Entspannung, die schon etwa 60° Kurbelwinkel vor dem unteren Totpunkt mit dem Öffnen der Auslaßschlitze bzw. -ventile ihr Ende findet, hat das Gas noch rund 1000 °C. Am Ende der Spülung bei Beginn der Verdichtung liegt die Temperatur der Verbrennungsluft schon über 100 °C.

Die durch das Zweitaktverfahren bedingten höheren Temperaturen in allen Arbeitsphasen führen zu einer stärkeren Wärmebelastung des Zweitaktmotors. Die Kühlung muß also sorgfältig ausgeführt werden.

In Bild 2.3 sind die einzelnen Arbeitsphasen beim Vier- und Zweitaktverfahren über den Kurbelwinkelgraden aufgetragen. Man kann daraus ersehen, daß Ansaug- und Auslaßventil beim Viertakter im Hubwechsel schon ein Stück geöffnet haben, damit das Ansaugen bzw. Ausschieben bei Beginn des Ansaug- bzw. Ausschubhubes gleich voll mit nur geringer Drosselung einsetzen kann. Ganz vermeiden läßt sich diese nicht, da man aus konstruktiven Gründen ja nicht den Ventilquerschnitt dem Zylinderquerschnitt anpassen kann. Infolgedessen liegt der Ansaugdruck im Zylinder bei Beendigung des Saughubes etwas unter dem atmosphärischen Druck, d.h. der Füllungsgrad des Zylinders, bezogen auf Luft von Atmosphärendruck, beträgt nur etwa 90 %. Andererseits liegt der Ausschubdruck infolge der Drosselung etwas über der atmosphärischen Linie (Bild 2.2).

2.4 Aufladung

2.4.1 Abgasturbolader

In den Anfängen der Aufladung hat man für die heute recht bescheiden anmutenden Ladedruckverhältnisse Turbolader mit mehrstufigen Verdichtern und sogar auch mit mehrstufigen Turbinen gebaut. Heute bestehen sämtliche handelsüblichen Turbolader zur Aufladung von

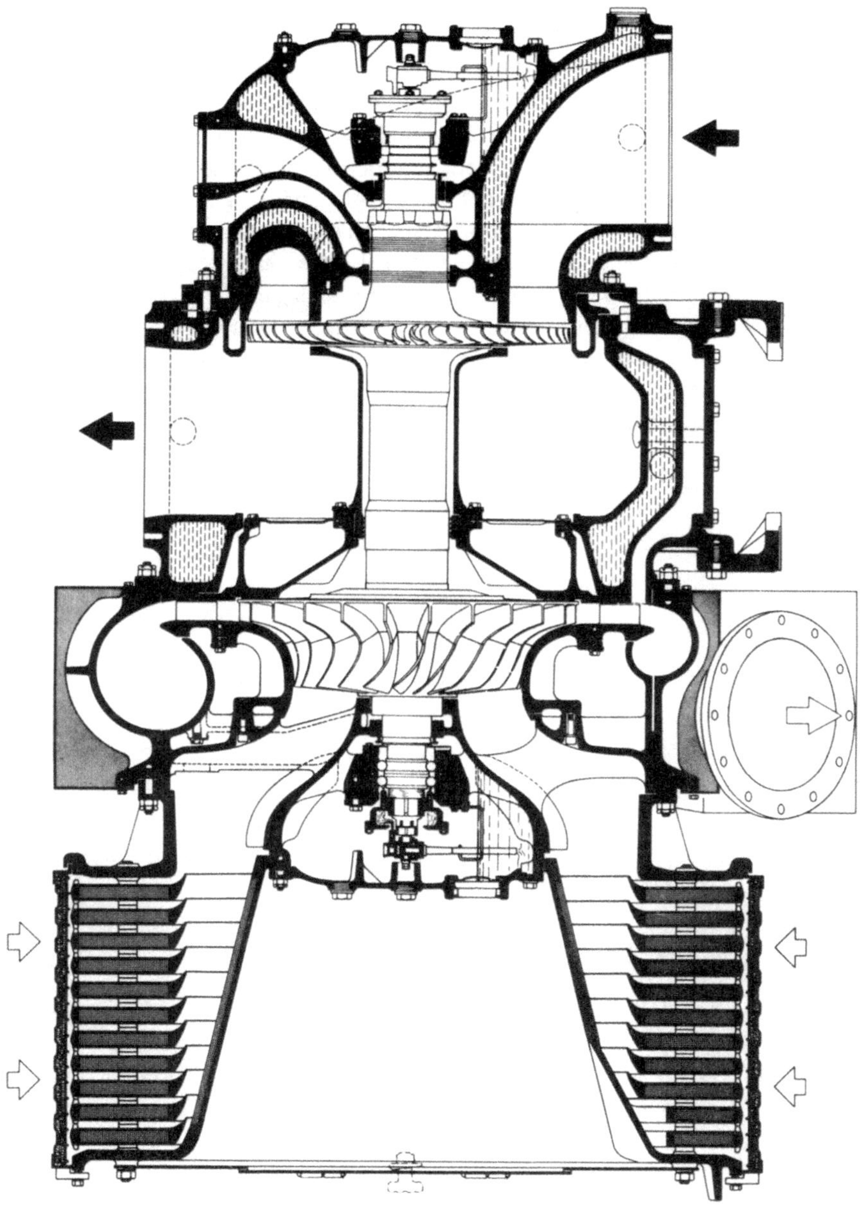

Bild 2.4 BBC-Abgasturbolader VTR 501 mit außenliegenden Wälzlagern mit Eigenschmierung und wassergekühltem Gehäuse

Dieselmotoren aus einem einstufigen Verdichter mit axialer Zuströmung und radialer Abströmung (Bild 2.4). Es können mit ihnen je nach Fabrikat Druckverhältnisse von 2:1 bis über 4 : 1 bewältigt werden. Die einstufigen Turbinen werden bei den größeren Turbuladern meist mit axialer Beschaufelung gebaut; bei kleineren Gruppen findet man sowohl die axiale als auch die radiale Bauweise (Zentripetal-Turbinen).

Ein typisches Kennfeld eines Verdichters ist in Bild 2.5 gezeigt. Es wird durch die sogenannte Pumplinie, auch Pumpgrenze, in einen stabilen und einen nichtstabilen Bereich unterteilt.

Zur Anpassung des Turboladers an den Motor muß der Verdichter so bemessen sein, daß sein Betriebspunkt rechts der Pumpgrenze in dem stabilen Bereich liegt. Im Interesse großer Stabilität wäre man geneigt, möglichst weit von der Pumpgrenze wegzugehen. Dagegen spricht aber, daß dort der Wirkungsgrad mehr und mehr abfällt. Die Auswahl des geeignetsten Verdichters wird deshalb aufgrund von Versuchen an den einzelnen Motoren getroffen. Sollte ein Verdichter aus irgendeinem Grunde einmal links der Pumpgrenze betrieben werden, so reißt die Strömung ab und die Luft beginnt schlagartig entgegengesetzt der vorgesehenen Strömungsrichtung den Verdichter zu verlassen. Dieser Vorgang ist mit einem Geräusch, dem Pumpen, verbunden. Mit der Turbine wird nicht nur der Verdichter angetrieben. Mit ihrer Hilfe wird durch richtige Bemessung ihrer Strömungsquerschnitte der Lade- oder Spüldruck am Motor erreicht.

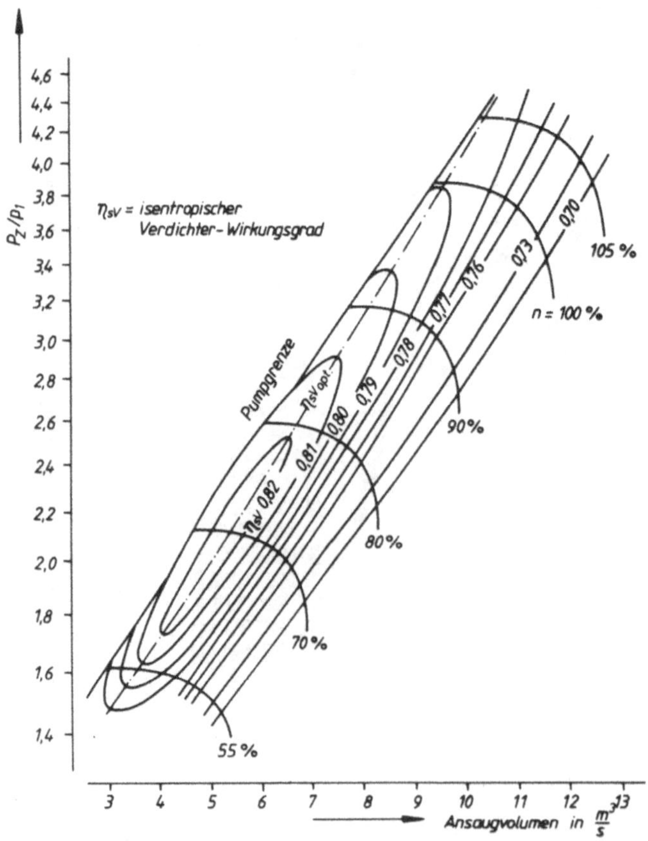

Bild 2.5
Kennfeld eines Turbolader-Verdichters (M.A.N.-NA)

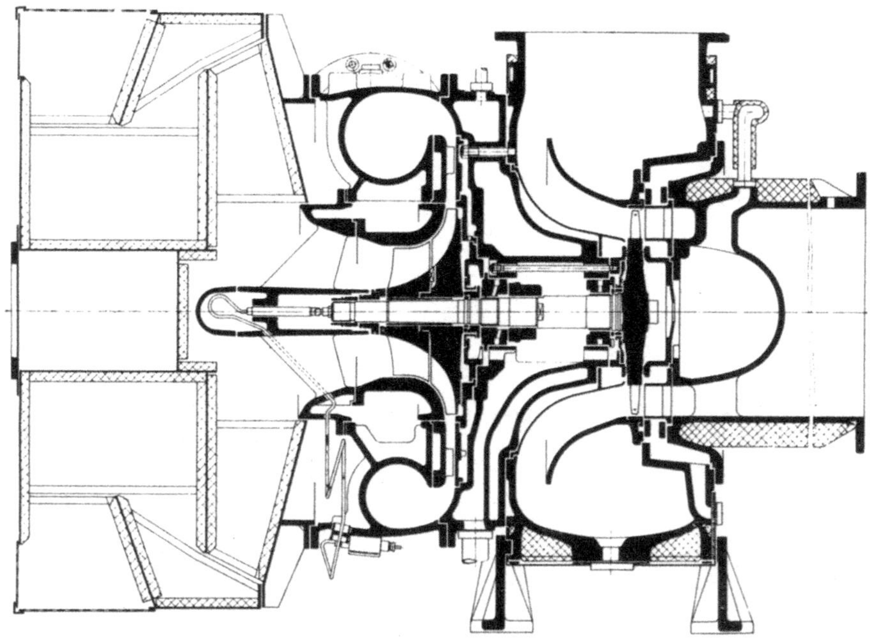

Bild 2.6 Schnitt durch M.A.N.-Aufladegruppe NA mit Kammerschalldämpfer und 1-Kanal-Zuführung zur Turbine für Konstantdruck-Aufladung

Bild 2.6 zeigt einen Querschnitt durch ein weiteres Fabrikat eines Turboladers mit innenliegenden Gleitlagern.

2.4.2 Aufladung von Viertaktmotoren

Bei Viertaktmotoren wird die Luft von den einzelnen Zylindern selbst angesaugt. Es ist also mit Hilfe der Aufladung lediglich dafür zu sorgen, daß diese Luft im gewünschten vorverdichteten Zustand dem Motor zur Verfügung steht. Eine Möglichkeit, Luft über die angesaugte Menge hinaus in den Zylinder zu bringen, besteht in der Spülung. Durch sie sollen die Restgase aus dem Zylinder verdrängt und durch Frischluft ersetzt werden. Es ist zu bedenken, daß damit auch die Erwärmung der Zylinderladung durch die Restgase vermieden wird. Die Spülung stellt in diesem Zusammenhang einen Bestandteil der Aufladung dar, durch den eine Leistungssteigerung erzielt wird, ohne daß die mechanische oder thermische Belastung des Motors zunimmt. Der Turbolader beschafft sowohl die Spülluft als auch die Ladeluft. Die dazu erforderliche Energie kann ihrer Herkunft nach folgendermaßen aufgeteilt werden (Bild 2.7):

- Von der bei Auslaßbeginn in den Zylindergasen steckenden Energie kann in der Turbine des Turboladers bis zu etwa $\frac{1}{3}$ ausgenützt werden.
- Durch Ausschieben der Gase aus dem Zylinder kann Kolbenarbeit über die Abgase an die Turbine übertragen werden.
- Die während der Spülphase aus dem Zylinder verdrängten Restgase leisten den letzten und kleinsten Beitrag zur Turbinenenergie.

Dank der Tatsache, daß die Ausschiebearbeit des Kolbens über einen beträchtlichen Bereich verändert werden kann, war es schon sehr früh möglich, Viertaktmotoren aufzuladen, schon

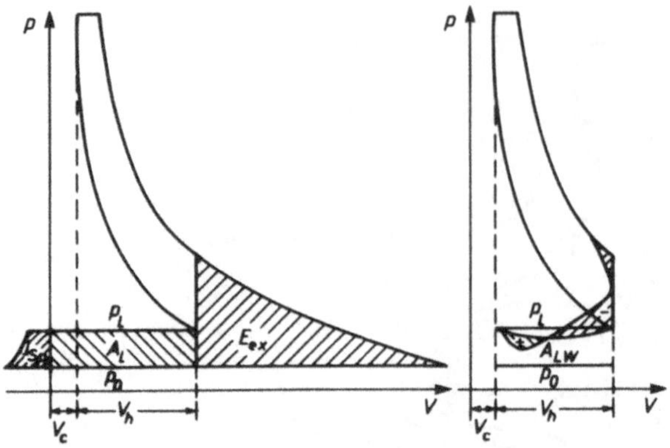

Bild 2.7
Abgasenergie zum Aufladen eines Viertakt-Dieselmotors, Gliederung nach ihrer Herkunft

p Druck,
p_L Ladedruck,
p_0 Umgebungsdruck,
V Volumen,
V_c Kompressionsvolumen,
V_h Hubvolumen.

Für die Verdichtung der Verbrennungs- und Spülluft stehen im Abgas theoretisch folgende Energiebeträge zur Verfügung:

Links: Idealer Ladungswechsel

E_{ex} Energie, gewinnbar bei isentroper Expansion des Verbrennungsgases bis auf den Umgebungsdruck
A_L Verdrängungsarbeit der Verbrennungsluft
I_{Sp} Enthalpie der Spülluft (die nicht am Diesel-Prozeß teilnimmt)

Rechts: Wirklicher Ladungswechsel.
Zusätzlich zu den links genannten Größen ist zu berücksichtigen:

A_{LW} Ladungswechselarbeit (bei positivem Vorzeichen wird die Arbeit an die Kurbelwelle abgegeben, bei negativem Vorzeichen wird die Arbeit vom Kolben an das Arbeitsmedium abgegeben).

zu einem Zeitpunkt, als die Kenntnisse über die Aufladung und die Turboladerwirkungsgrade noch recht bescheiden waren. Die Viertakt-Aufladung fand bereits in den 20er Jahren eine ansehnliche Verbreitung. Damals mußte die mäßige Qualität natürlich mit erhöhtem Kraftstoffverbrauch und damit auch mit erhöhter thermischer Belastung des Motors bezahlt werden. Die Anforderung, die heute an die Viertakt-Aufladung gestellt wird, besteht in erster Linie darin, die Ausschiebearbeit des Kolbens so klein wie möglich zu halten, um dadurch in den Genuß eines günstigen Kraftstoffverbrauches zu gelangen. Daneben soll die Möglichkeit einer Spülung des Zylinders geschaffen werden.

Anfänglich wurden die Auswirkungen der Spülung stark überschätzt. Man fand, daß die mittleren Abgastemperaturen mit steigender Spülluftmenge abnehmen und hat daraus fälschlicherweise den Schluß gezogen, daß auch die thermische Belastung zurückgehe. Wohl kann sie sich in den Abgastemperaturen widerspiegeln, aber die Temperaturen dürfen nicht bedingungslos als Maß dafür gewertet werden. Die Spülung soll vorwiegend zur Verdrängung der Restgase aus dem Zylinder dienen. Was darüber hinaus an Luft durch den Zylinder geschickt wird, ist nutzlos. Früher hat man wohl daran gedacht, diese Luft zur Kühlung der Brennraumwände und der Auslaßventile zu verwenden. Da aber ihre Verdichtung Arbeit kostet, die nur durch vermehrte Ausschiebearbeit des Kolbens dem Turbolader zur Verfügung gestellt werden kann, steigt der Kraftstoffverbrauch und damit auch die Wärmebelastung des Motors.

Bei Motoren für Schwerölbetrieb wird aber trotzdem eine Kühlwirkung auf Abgasventile und Turbinenbeschaufelung mittels der Spülluft benutzt. Eine Reduktion der Oberflächentemperatur vermindert bei Verwendung von Schweröl die Gefahr von Ablagerungen, die hier zu gefährlichen Querschnittsverringerungen führen können.

Es ist zweckmäßig, bei den Aufladeverfahren von Viertaktmotoren folgende Gliederung vorzunehmen:

1. Stoßbetrieb,
2. Stau- oder Gleichdruckbetrieb,
3. Aufladesysteme für Hochaufladung.

2.4.2.1 Stoßbetrieb

Der Abgasturboaufladung lag von allem Anfang der Gedanke zugrunde, die bei Auslaßbeginn in den Zylindergasen steckende Energie durch Verwendung enger Auspuffleitungen in einer Turbine auszunutzen. Dieser Gedanke stellt auch heute noch das eigentliche Merkmal des Stoßbetriebes dar. Viertaktmotoren werden mehrheitlich im Stoßbetrieb aufgeladen. Die weiter oben genannten Forderungen, nämlich mit möglichst wenig Ausschiebearbeit des Kolbens auszukommen und eine Spülung des Zylinders zu ermöglichen, können durch zweckmäßige Wahl der Steuerzeiten für die Auslaß- und Einlaßventile sowie durch geeignete Zusammenfassung der Auspuffleitungen der einzelnen Zylinder erfüllt werden. Bild 2.8 zeigt einen modernen im Stoßbetrieb aufgeladenen Motor. Als Regel gilt, daß die Auspuffleitungen nur von solchen Zylindern zusammengefaßt werden dürfen, deren Zündabstand mindestens 180° Kurbelwinkel beträgt. Wird von dieser Regel abgewichen, so ist der Ladungswechsel ernstlich in Frage gestellt.

Bild 2.8 Aufgeladener 4-Takt-Schiffsdieselmotor in V-Form von MWM Mannheim

2.4.2.2 Stau- oder Gleichdruckbetrieb

Wenn bei der Viertakt-Aufladung vom herkömmlichen Stoßbetrieb abgewichen wird, so ist neben der besonders bei großen Zylinderzahlen erreichten Vereinfachung der Abgasleitungen dafür die Frage des Kraftstoffverbrauches ausschlaggebend. Im Zusammenhang mit hohen Ladedruckverhältnissen kann nämlich im Staubetrieb ein etwas günstigerer Kraftstoffverbrauch erzielt werden. Dies beruht auf dem für den Staubetrieb kennzeichnenden Merkmal, daß die Turbine stets gleichmäßig und voll beaufschlagt wird und deshalb auch dauernd mit dem bestmöglichen Wirkungsgrad arbeitet. Mit dem Staubetrieb müssen aber folgende Nachteile in Kauf genommen werden: Bei Teillast steigt der Druck in der Auspuffsammelleitung über den Ladedruck hinaus an, wodurch eine Spülung unmöglich wird und der Motor der Gefahr einer Verschmutzung ausgesetzt ist. Daneben reagiert der Turbolader auf alle Laständerungen des Motors nur sehr langsam. Daher kann der Staubetrieb nur bei hochaufgeladenen Motoren verwendet werden, die dauernd mit voller Leistung arbeiten, z.B. in stationären Anlagen zur Deckung von Grundlasten, Pipelineanlagen o.ä.

2.4.2.3 Aufladesystem für Hochaufladung

Die Frage, ob die Stoß- oder die Gleichdruckaufladung für hochaufgeladene Viertaktmotoren vorzuziehen sei, wird von vielen Motorkonstrukteuren diskutiert. Beide Systeme sowie verschiedene, unter den Bezeichnungen ⟨⟨Pulse Converter⟩⟩ und ⟨⟨Multistoß⟩⟩ bekannt gewordene Lösungen werden bei modernen Motoren mit Erfolg angewandt. Dies beweist, daß offenbar keines dieser Systeme alle Vorteile auf sich vereinigt. Es scheint hier angebracht, in einer Übersicht die Vor- und Nachteile der verschiedenen Aufladesysteme darzustellen.

Die Stoßaufladung, d.h. die Ausnützung der Vor-Auslaßenergie durch sogenannte Auspuffstöße in engen, unterteilten Abgasleitungen, war eine der wesentlichen Voraussetzungen für die erfolgreiche Einführung und Verbreitung der Turboaufladung. Die Stoßaufladung ist der Gleichdruckaufladung bei niedrigem Ladedruck eindeutig überlegen. Mit steigendem Ladedruck treten die Vorteile der Stoßaufladung zurück, und die Gleichdruckaufladung wird attraktiver. Es wäre aber eine unzulässige Vereinfachung des komplizierten Sachverhaltes, würde man behaupten, daß für hochaufgeladene Motoren früher oder später nur noch das Gleichdrucksystem in Frage komme. Beim Vergleich der Aufladesysteme muß vielmehr nach Zylinderzahl, Größe und Verwendung des Motors unterschieden werden.

Zu den verschiedenen, heute bekannten Aufladesystemen läßt sich folgendes bemerken:

2.4.2.3.1 Stoßaufladung mit Drei-Zylinder-Gruppen (Dreistoßaufladung)

Dieses Aufladesystem kann bei allen Motoren mit Zylinderzahlen angewandt werden, die durch drei teilbar sind, also 3, 6, 9, 12 und 18. Es vereinigt in idealer Weise die Vorteile der Stoßaufladung mit jenen der Gleichdruckaufladung. Erfahrung und Rechnung zeigen, daß sich dieses Aufladeverfahren bis zu den höchsten heute angewandten Ladedrücken, ja sogar bei absoluten Ladedrücken weit über 3 bar im allgemeinen am besten eignet. Es ermöglicht bei gegebenem Ladedruck den größten Luftdurchsatz und damit die geringste thermische Belastung. Der spezifische Kraftstoffverbrauch ist im Bereich des Vollast-Betriebspunktes um einen unbedeutenden Betrag höher, der vor allem auf den höheren Spülluftdurchsatz zurückzuführen ist. Im ganzen Teillastbereich, besonders beim Antrieb eines Propellers mit fester Steigung, aber auch bei raschen Laständerungen, ist die Dreistoßaufladung allen anderen eindeutig überlegen.

Bei derartigen Vergleichen wird vorausgesetzt, daß jedes der verglichenen Systeme optimal ausgestaltet ist.

2.4.2.3.2 Stoßaufladung mit 2 oder 1 Zylinder pro Turbineneintritt (Zweistoß- oder Einstoßaufladung)

Für die klassische Stoßaufladung werden bei allen Zylinderzahlen, die nicht durch drei teilbar sind, an den getrennten Turbineneintritten nur je zwei oder sogar nur ein Zylinder angeschlossen (Bilder 2.9a und b). Dabei nehmen die Energieverluste infolge der Teilbeaufschlagung mit steigendem Druckverhältnis des Verdichters stark zu, ebenso die Biegewechselbeanspruchung der Turbinenschaufeln. Die Zweistoß- und Einstoßaufladung kann daher für hochaufgeladene Viertaktmotoren im allgemeinen nicht mehr empfohlen werden, sobald das Verdichter-Druckverhältnis den Betrag von ca. 2,5 : 1 übersteigt.

2.4.2.3.3 Stoßaufladung mit 4 Zylindern pro Turbineneintritt (Vierstoßaufladung)

Bei Motoren mit 4, 8 und 16 Zylindern ist es unter gewissen Voraussetzungen möglich, je 4 Zylinder (die unter sich einen Zündabstand von je 180° Kurbelwinkel haben) durch eine einfache, enge Abgasleitung an einen gemeinsamen Turbineneintritt anzuschließen (Bild 2.9c). Damit sich die Zylinder gegenseitig nicht stören, muß die Ventilüberschneidung klein gewählt und zeitlich asymmetrisch zum oberen Totpunkt gelegt werden. In dieser einfachen Form ermöglicht die Vierstoßaufladung nur einen bescheidenen Spülluftdurchsatz. Infolge der unterschiedlichen Laufzeiten der Druckwellen in der Auspuffleitung werden die vier angeschlossenen Zylinder unterschiedlich gespült und weisen entsprechend unterschiedliche Abgastemperaturen auf.

Durch eine Abstimmung der einzelnen Äste der Abgasleitungen (Bild 2.9d) sowie durch rasch öffnende und schließende Ventile mit großem Querschnitt ist es möglich, einen ausreichenden Spülluftdurchsatz und ausgeglichene Abgastemperaturen zu erhalten.

Da die Abgasturbine voll beaufschlagt ist wie bei der Dreistoßaufladung, können mit der verbesserten Form der Vierstoßaufladung ebenso hohe Mitteldrücke bei praktisch ebenso guten Betriebswerten erreicht werden. Auch der Betrieb nach Propellergesetz und rasche Lastwechsel sind einwandfrei möglich. Die Anwendung der Vierstoßaufladung beschränkt sich aber auf langsam- und mittelschnellaufende Motoren mit vergleichsweise mäßiger mittlerer Kolbengeschwindigkeit, großen Ventilen und steilen Nocken.

2.4.2.3.4 Das Pulse-Converter-System

Eine besondere Form der Vierstoßaufladung kann man auch durch die Anwendung von Pulse-Convertern verwirklichen (Bilder 2.9e und f).

Die beiden an die gleiche Leitung angeschlossenen Zylinder müssen in Abständen von je 360° Kurbelwinkel zünden, die vier am gleichen Turbineneintritt in Abständen von je 180° Kurbelwinkel. Bezüglich der Steuerzeiten, der Ventilquerschnitte und der Steilheit der Nocken können etwas weniger strenge Bedingungen als bei der Vierstoßaufladung gelten, da die Auspuffstöße im Pulse-Converter teilweise abgebaut werden. Das Pulse-Converter-System eignet sich besser für raschlaufende als für langsamlaufende Motoren. Beim Betrieb mit reduzierter Drehzahl oder bei kurzen Abgasleitungen (4-Zylinder-Motoren) kann die Spülung gestört werden. Je nach Zündfolge (Bilder 2.9e und f) können die Laufzeiten der Druckwellen zwischen zwei nacheinander zündenden Zylindern sehr kurz sein, wodurch die Spülung des zuerst zündenden Zylinders gestört wird.

Bei sachgemäßer Ausführung lassen sich mit dem Pulse-Converter-System Vollast-Betriebswerte erreichen, die jenen der Dreistoßaufladung höchstens bezüglich Spülluftdurchsatz etwas nachstehen. Der Teillastbetrieb und die Beschleunigung der Turbolader bei rascher Lastaufnahme sind zwar etwas weniger vorteilhaft, aber immer noch für die meisten Anwendungen geeignet.

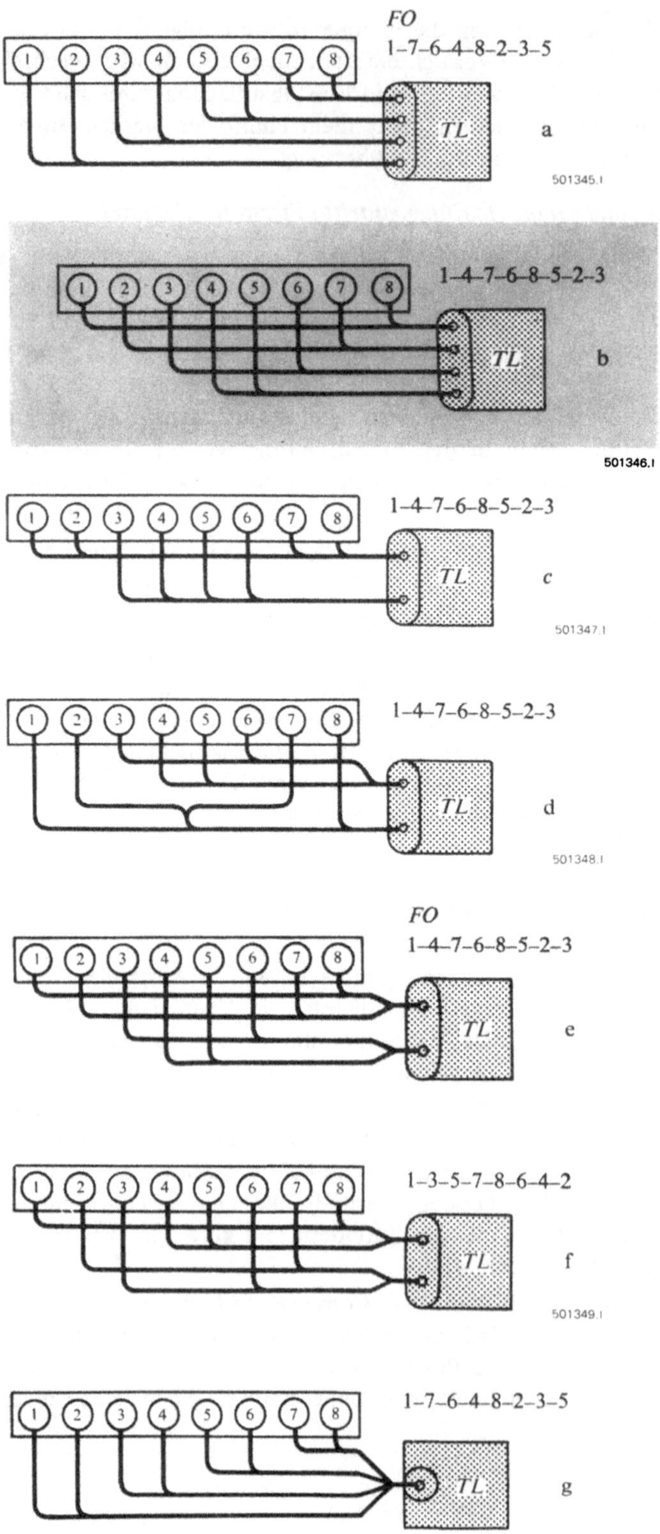
FO
1–7–6–4–8–2–3–5
1 2 3 4 5 6 7 8
TL
a
501345.I
1-4-7-6-8-5-2-3
TL
b
501346.I
1–4–7–6–8–5–2–3
TL
c
501347.I
1–4–7–6–8–5–2–3
TL
d
501348.I
FO
1–4–7–6–8–5–2–3
TL
e
1–3–5–7–8–6–4–2
TL
f
501349.I
1–7–6–4–8–2–3–5
TL
g

Bild 2.9

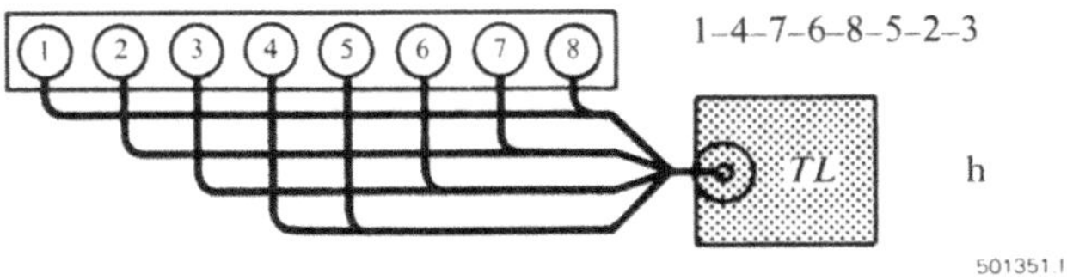

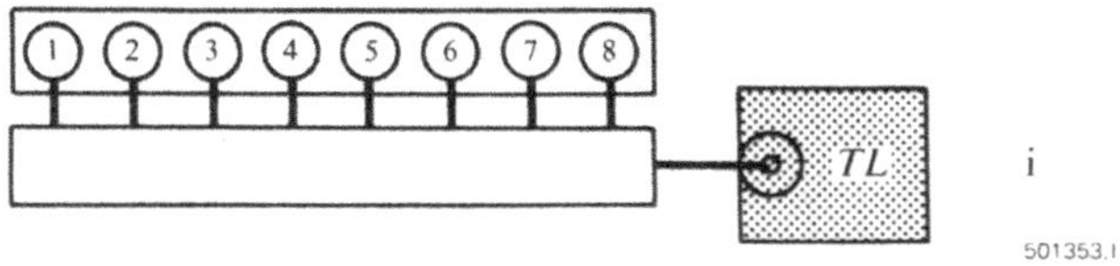

Bild 2.9 (Fortsetzung)
Verschiedene Schemata der Abgasleitungen eines turbo-aufgeladenen 8-Zylinder-Reihenmotors (4-Takt)

2.4.2.3.5 Das Multistoß-System

Mit dem Multistoß-System verfolgt man das Ziel, die Amplituden der zu den Zylindern zurücklaufenden Druckwellen so weit herabzusetzen, daß die Spülung nicht mehr gestört werden kann, auch wenn diese Wellen während der Spülphase an den Auslaßventilen eintreffen. Dieses Ziel soll aber erreicht werden, ohne die von den Zylindern zur Turbine laufenden Druckwellen durch den Multistoß-Converter oder durch Behälter (wie bei der Gleichdruckaufladung) wesentlich abzubauen. Im allgemeinen ist dieses Ziel zu erreichen, wenn mindestens 7 Zylinder über mindestens vier getrennte, enge Abgasleitungen (Stoß-Leitungen) an den gleichen Multistoß-Converter und den gleichen Turbineneintritt angeschlossen werden. Das Multistoß-System läßt sich, im Gegensatz zum Pulse-Converter-System, nicht nur bei 8-Zylinder-Reihen und 16-Zylinder-V-Motoren erfolgreich anwenden (Bilder 2.9g und h, 2.10, 2.11 und 2.12), sondern bei allen Zylinderzahlen von sieben an aufwärts. Der Zündabstand der an eine gemeinsame Stoßleitung angeschlossenen Zylinder kann auch von 360° Kurbelwinkel verschieden sein, wenn die Auslaßzeiten sich nicht wesentlich überschneiden. Auch bezüglich der Steuerzeiten, insbesondere der Ventilüberschneidung, sind weniger Einschränkungen zu beachten. Durch Verlängerung der Spülphase bis in den Ansaughub hinein kann der Luftdurchsatz vergrößert werden, wenn dies z.B. im Hinblick auf die Verwendung von Schweröl nötig ist.

Bild 2.10
MaK-4-Takt-Dieselmotor 8 M 453 AK
Leistung 2 200 kW bei 600 U/min
(p_e = 16,7 kg/cm^2)
Der Motor wird durch einen BBC-Turbolader VTR 321 aufgeladen. Die Aufnahme zeigt die erst teilweise isolierten, von der MaK für optimale Vierstoßaufladung entwickelten Abgasleitungen.

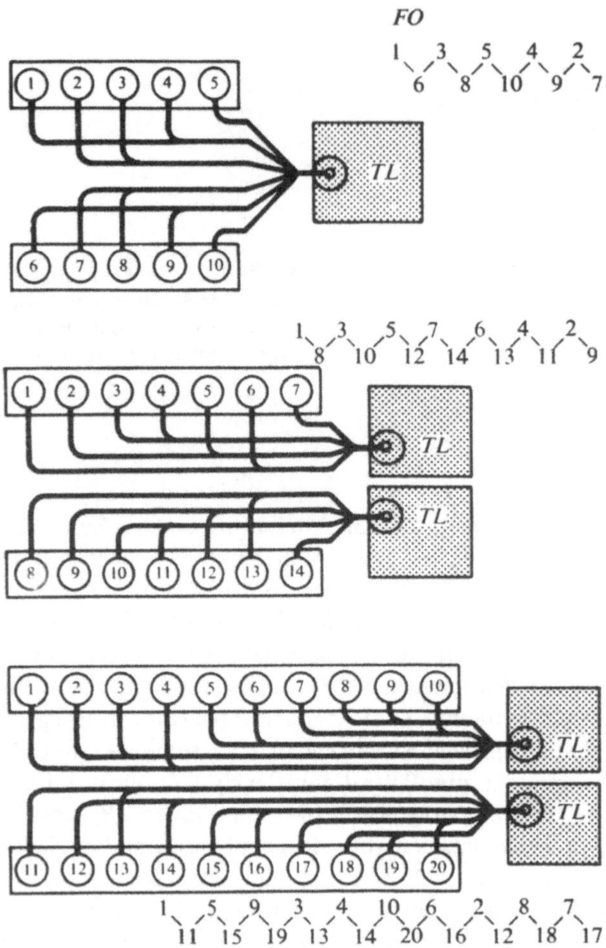

Bild 2.11
Schema der Abgasleitungen für das Multistoß-System bei 4-Takt-V-Motoren mit 10, 14 und 20 Zylindern

Mit dem Multistoß-System ist es möglich, bei hochaufgeladenen Motoren etwa gleich gute Vollastbetriebswerte zu erreichen wie mit der Vierstoßaufladung oder mit dem Pulse-Converter-System. Voraussetzung ist, daß für jeden Fall das am besten geeignete System optimal ausgeführt wird.

Im Teillastbetrieb und Beschleunigungsverhalten der Turbolader stellt das Multistoß-System einen weiteren kleinen Schritt in Richtung Gleichdruckaufladung dar. Dennoch eignet sich die Betriebscharakteristik immer noch sehr gut für die meisten Anwendungen, insbesondere für den Antrieb von Propellern mit fester Steigung.

2.4.2.3.6 Die Gleichdruckaufladung

Die bisher erwähnten Aufladesysteme für Viertaktmotoren erfordern teilweise recht komplizierte Abgasleitungen. Besonders für Motoren mit großer Zylinderzahl ist es meistens schwierig, eine bezüglich Raumbedarf und Wartungsmöglichkeiten befriedigende Anordnung der Abgasleitungen zu finden. Die Gleichdruckaufladung ermöglicht einfachere Abgasleitungen und eine freiere Anordnung der Turbolader, die im Prinzip für alle Zylinderzahlen gleich ist (Bild 2.9i). Trotzdem sind bei den verschiedenen Zylinderzahlen und Zündfolgen Schwierig-

Bild 2.12 GMT-4-Takt-Dieselmotor A 230.20
(Leistung 3 400 kW bei 1200 U/min (p_e = 15,4 kg/cm^2)
Der 20-Zylinder-Motor wird von zwei BBC-Turboladern VTR 321 nach dem Multistoß-System aufgeladen.

keiten wegen Druckschwingungen im Luft- und Abgasreceiver zu erwarten, ähnlich wie sie bei der Multistoßaufladung unter ungünstigen Bedingungen auftreten können.

Bei hochaufgeladenen Motoren sind ungefähr gleiche Vollast-Betriebswerte wie mit dem Multistoß-System erreichbar. Der Betrieb bei Teillast nach Propellergesetz und bei raschen Laständerungen ist dagegen ungünstiger als bei den oben erwähnten Systemen. Dieser Nachteil der Gleichdruckaufladung zeigte sich schon in den Anfängen der Turboaufladung. Mit steigendem Aufladegrad der Motoren und höherem Gesamtwirkungsgrad der Turbolader wird die Gleichdruckaufladung wohl für den Betrieb mit hoher Leistung bei voller Drehzahl günstiger, der Teillastbetrieb auf der Propellerkurve sowie die Beschleunigung des Turboladers bei plötzlicher Belastung des Motors werden aber dabei noch problematischer. Dies trifft zwar auch für die anderen Aufladesysteme zu, jedoch in geringerem Ausmaß.

Eine Verbesserung des Propellerbetriebes erzielt man, wenn Turbolader und Ventilsteuerzeiten für einen Teillast-Betriebspunkt optimiert werden. Bei voller Leistung und Drehzahl ist dann aber der Ladedruck höher, als wenn man Steuerzeiten und Turbolader für den Vollast-Betriebspunkt optimiert, und das maximal erreichbare Druckverhältnis des Laders oder der maximal zulässige Verbrennungsdruck des Motors wird daher schon mit einer geringeren Motorleistung erreicht.

2.4.3 Aufladung von Zweitakt-Dieselmotoren

Beim Zweitaktmotor nimmt der Ladungswechsel nicht wie beim Viertaktmotor einen durch die Kolbenbewegung aufgezwungenen Ablauf. Der Zweitaktmotor saugt die zur Verbrennung benötigte Luft nicht selbst an, sondern sie wird ihm zugeführt. Vom Erfolg der Spülung hängt es ab, ob diese Luft auch nutzbringend verwendet werden kann. Man versucht, mit einer möglichst geringen Frischluftmenge die heißen Gase möglichst vollständig aus dem Zylinder hinauszubringen, mit anderen Worten, eine möglichst große Reinheit der Zylinderladung für die anschließende Verbrennung zu erzielen. Dies läßt sich wohl am einfachsten bei Motoren mit Längsspülung (Gleichstromspülung) erreichen (Bild 2.13). Unter ihnen sind die Motoren mit Auslaßventilen im Zylinderkopf zu nennen und die Motoren der Gegenkolbenbauart, bei denen die Auslaßschlitze durch einen zweiten Kolben gesteuert werden.

Heute sind aber auch die Quer- und vor allem die Umkehrspülung gut erprobt und entwickelt. Es ist bei jeder Art der Spülung damit zu rechnen, daß an der Trennschicht zwischen der eintretenden Frischluft und den auszuspülenden heißen Gasen eine mehr oder weniger ausgeprägte Vermischung der beiden Medien eintritt. Um dennoch den gewünschten Reinheitsgrad der Zylinderladung sicherzustellen, ist ein größerer Gesamtluftdurchsatz nötig, etwa 20...50% mehr als bei der Viertaktmaschine. Als Folge davon liegen die mittleren Abgastemperaturen an Zweitaktmotoren deutlich unter jenen von gleich belasteten Viertaktmotoren. Da der Kolben bei der Zweitaktmaschine nicht die heißen Gase aus dem Zylinder ausstößt, entfällt auch die Ausschiebearbeit des Kolbens, die für die Viertakt-Aufladung von so großer Bedeutung ist. Da diese Möglichkeit beim Zweitaktmotor fehlt, ist es verständlich, daß man alle Anstrengungen unternehmen muß, die Energie der Auspuffgase möglichst weitgehend auszunützen. Nur auf diesem Weg kann ein guter Kraftstoffverbrauch erzielt werden. Diese Forderung gewinnt in Anbetracht des großen Leistungsbedarfes für die Aufladung mit zunehmenden Mitteldrücken immer mehr an Bedeutung. Bild 2.14 veranschaulicht, welche Leistung für die Beschaffung der Spülluft benötigt wird. Bei einem Aufladegrad von 30%, wie er am Anfang der Zweitakt-Aufladung allgemein üblich war, ist hierzu eine Leistung von etwa 10% der Motorleistung erforderlich; bei den heutigen Aufladegraden von 100...150% macht sie aber bis zu 40% der Motorleistung aus. Unabhängig davon, welche Wege bei der Ausnützung der Auspuffenergie eingeschlagen werden, ob das Stoßverfahren oder das Gleichdruckverfahren (Stauverfahren) angewendet wird, spielt der Gesamtwirkungsgrad des Abgas-

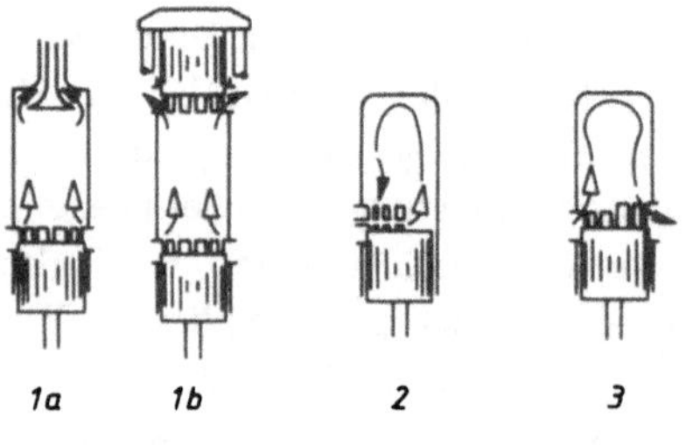

Bild 2.13
Spülsysteme von 2-Takt-Dieselmotoren
1 Längs- oder Gleichstromspülung,
1a) Motoren mit Auslaßventilen
1b) Gegenkolbenmotoren
2 Umkehrspülung,
3 Querspülung.

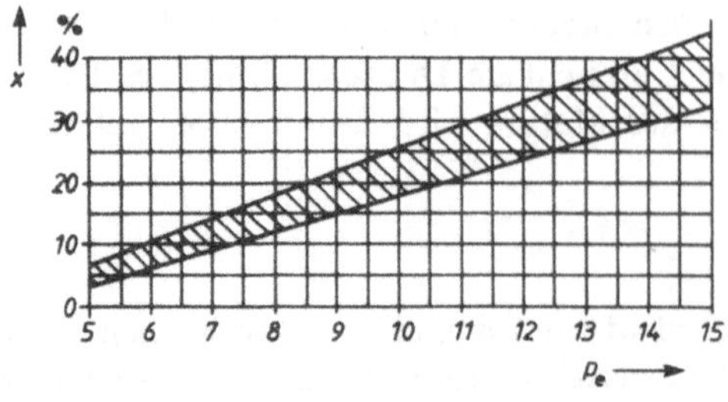

Bild 2.14
Energiebedarf zur Spülluftbeschaffung
x erforderliche Leistung an der Welle des Verdichters in % der Motorleistung,
p_e effektiver Mitteldruck als Maß für den Grad der Aufladung.

turboladers eine hervorragende Rolle. Es mag deshalb einleuchten, daß sich die Zweitakt-Aufladung erst zu dem Zeitpunkt hat durchsetzen können, als einerseits Abgasturbolader mit gutem Wirkungsgrad auf dem Markt verfügbar waren und als andererseits genügend Kenntnisse über den Ladungswechsel bei Zweitaktmoren vorlagen.

Bei den großen Zweitaktmotoren der Kreuzkopfbauweise, wie sie hauptsächlich für den Schiffsantrieb verwendet werden, hat sich die Aufladung vollständig durchsetzen können. Schnellaufende aufgeladene Zweitaktmotoren kleiner Abmessungen gibt es bis jetzt nur wenige. Der Grund liegt vorwiegend bei den Schwierigkeiten, den Spülvorgang bei hohen Motordrehzahlen zu beherrschen. Hohe Turbolader-Wirkungsgrade und moderne Auflade-systeme ermöglichen in Zukunft aber auch, die Situation der schnellaufenden Zweitakt-motoren zu verbessern.

Die Verfahren zur Aufladung von Zweitaktmotoren sind recht vielfältig. Das kommt daher, daß einerseits, wie oben gezeigt wurde, verschiedene Spülarten zur Anwendung gelangen und daß andererseits neben dem Turbolader noch zusätzliche Einrichtungen bei der Beschaffung der Spülluft eingesetzt werden. Man gliedert die Aufladeverfahren nach der Art, wie die Abgasenergie ausgenützt sowie nach der Art, wie die Spülluft beschafft wird.

2.4.3.1 Art der Ausnutzung der Abgasenergie

Man unterscheidet zwischen

1. Stoßbetrieb
2. Gleichdruckbetrieb oder Staubetrieb

2.4.3.1.1 Der Stoßbetrieb

Beim Stoßbetrieb will man einen möglichst großen Teil der bei Öffnungsbeginn des Auslasses in den Zylindergasen vorhandenen Energie in der Turbine des Abgasturboladers nützen. Um dies zu erreichen, werden enge Auspuffleitungen verwendet. Sie werden während der Vorauslaßperiode aufgefüllt; es bildet sich ein verhältnismäßig hoher Druck, der in der Turbine verarbeitet wird. Je kleiner das Volumen der Leitungen, um so weniger Energie geht bei diesem Auffüllvorgang verloren. Dem Wunsch nach einem kleinen Volumen kann durch die Wahl enger Leitungen nur teilweise entsprochen werden. Je kleiner nämlich der Leitungsdurchmesser ist, um so größer werden die Reibverluste und um so langsamer entleert sich der Zylinder; beides ist unerwünscht. Man wird also versuchen, durch geeignete Zusammenfassung der Auspuffleitungen und durch den Anbau der Turbolader nahe an die Zylinder die totale Leitungslänge so klein wie möglich zu halten. Diese Maßnahme darf aber nicht auf Kosten von strömungsgerecht ausgebildeten Leitungsstücken gehen. Es müssen sanfte Krümmer und sorgfältig entworfene Verzweigungen verwendet werden. Andernfalls überwiegen die Strömungsverluste und machen den erstrebten Gewinn wieder zunichte.

Das Ausströmen der Gase aus dem Zylinder in die Auspuffleitung ist zu Beginn der Auslaßperiode mit Drosselverlusten verbunden. Sie sind um so größer, je größer der Unterschied zwischen dem Druck im Zylinder und dem Druck in der Leitung und je kleiner der momentane Strömungsquerschnitt der Auslaßorgane ist. Man muß also den Auslaß möglichst rasch und gleichzeitig möglichst weit öffnen. Diese Forderung ist bei schlitzgesteuerten Motoren leichter zu erfüllen als bei Ventilmotoren.

Um ein Rückschlagen heißer Zylindergase in die Spülluftleitung zu vermeiden, soll der Zylinderdruck im Zeitpunkt, in dem die Einlaßschlitze öffnen, etwa auf den Spüldruck abgesunken sein. Der Auslaß muß also so frühzeitig geöffnet werden, daß diese Forderung erfüllt ist. Weil eine kleine Menge heißer Gase bereits aus dem Zylinder entweichen kann, wenn der oberste Kolbenring die Einlaßschlitze abzudecken beginnt, kann ein vollständig rückschlagfreier Betrieb nur bei Verwendung von Rückschlagventilen am Einlaß erzielt werden.

Ein besonders wichtiges Merkmal des Stoßbetriebes liegt in der Möglichkeit, die der Abgasturbine zugeführte Energie durch die Wahl des Auslaßöffnungszeitpunktes zu beeinflussen. Im selben Maß, wie dadurch die Turbinenleistung verändert werden kann, läßt sich auch das Arbeitsvermögen des Turbolader-Verdichters verändern. Dadurch gelingt es bis zu einem gewissen Grad, den Luftdurchsatz durch den Motor, d.h. die Spülluftmenge, zu steuern. Bei Ventilmotoren läßt sich dies leicht verwirklichen. Öffnet man beispielsweise den Auslaß früher, dann beginnen die Gase den Zylinder unter erhöhtem Druck und bei höherer Temperatur zu verlassen. Der Energieinhalt des Auspuffstoßes wird größer, woraus sich für die Turbine ein direkter Nutzen ergibt. Eine ähnliche Maßnahme läßt sich auch bei Gegenkolbenmotoren verwirklichen. Dort kann der Auslaß früher geöffnet werden, indem die Auslaßschlitze in ihrer Höhe vergrößert werden oder indem die Kurbel für den Auslaßkolben gegenüber der Kurbel für den Einlaßkolben stärker versetzt wird.

Es ist allerdings folgendes zu bedenken, wenn durch früheres Öffnen des Auslasses mehr Energie an die Turbine gebracht werden soll: Da der Druck im Zylinder zu einem früheren Zeitpunkt abzusinken beginnt, geht auch Kolbenarbeit verloren. Vergleicht man nun die verlorene Kolbenarbeit mit der, die der Turbolader in der Lage ist mehr zu verrichten, so findet man, daß dies eine teure Methode ist, um mehr Spülluft zu beschaffen. Immerhin wird man einen etwas erhöhten Kraftstoffverbrauch in Kauf nehmen, wenn es dadurch möglich wird, auf die Mithilfe von Spülpumpen zu verzichten. In der Tat gelingt es bei Ventilmotoren (Burmeister & Wain, Mitsubishi und Stork) und bei Gegenkolbenmotoren (Doxford), die nötige Spülluft über dem ganzen Lastbereich mit Turboladern allein zu beschaffen.

Es ist auch zu erwähnen, daß bei früherem Öffnen des Auslasses die Gase mit erhöhter Temperatur den Zylinder zu verlassen beginnen. Der Wärmeübergang vom Gas an das Material nimmt zu und damit steigt die thermische Belastung der Auslaßorgane.

Aus diesen Betrachtungen ist zu schließen, daß der Methode der Energiedosierung durch früheres Öffnen des Auslasses Grenzen gesetzt sind. Außerdem wird sie bei quer- und umkehrgespülten Motoren, die im Stoßbetrieb aufgeladen sind, auch aus anderen als den eben angeführten Gründen nicht angewendet. Bei diesen Motoren werden die Auslaßorgane (Schlitze) durch die Bewegung des Kolbens gesteuert. Es ergibt sich, wenn man von Motoren mit Nachladeschiebern absieht, ein symmetrisches Steuerdiagramm. Ein frühes Öffnen bringt demnach auch ein langes Offenbleiben des Auslasses nach dem unteren Totpunkt mit sich. Dadurch stellt sich ein späterer Beginn der Kompression ein und oftmals auch ein unliebsames Entweichen der Zylinderladung während der Nachauslaßperiode. In Fällen, in denen die Auspuffleitungen von je drei Zylindern verbunden sind und einem gemeinsamen Turbineneintritt zugeführt werden, bedeutet ein früheres Öffnen des Auslasses auch eine Vergrößerung der Überlappung der Steuerzeiten von zwei nacheinander auslassenden Zylindern (Bild 2.15). Dies bewirkt ein Nachladen, indem der Inhalt der Auspuffleitungen teilweise wieder in den Zylinder zurückgeschoben wird. Ist die Nachladewirkung schwach, so stellt sie ein willkommendes Mittel dar, die Zylinderladung am Entweichen zu hindern. Tritt die Nachladung aber stark in Erscheinung, so ist das eher unerwünscht, da der Zylinderdruck stark erhöht wird und die Ladung durch die Vermischung mit den Leitungsgasen erwärmt wird.

Ein weiteres Merkmal des Stoßbetriebes ist, daß die Umsetzung der Abgasenergie in der Turbine, also deren Wirkungsgrad, verhältnismäßig stark von der Zusammenfassung der Auspuffleitung abhängt.

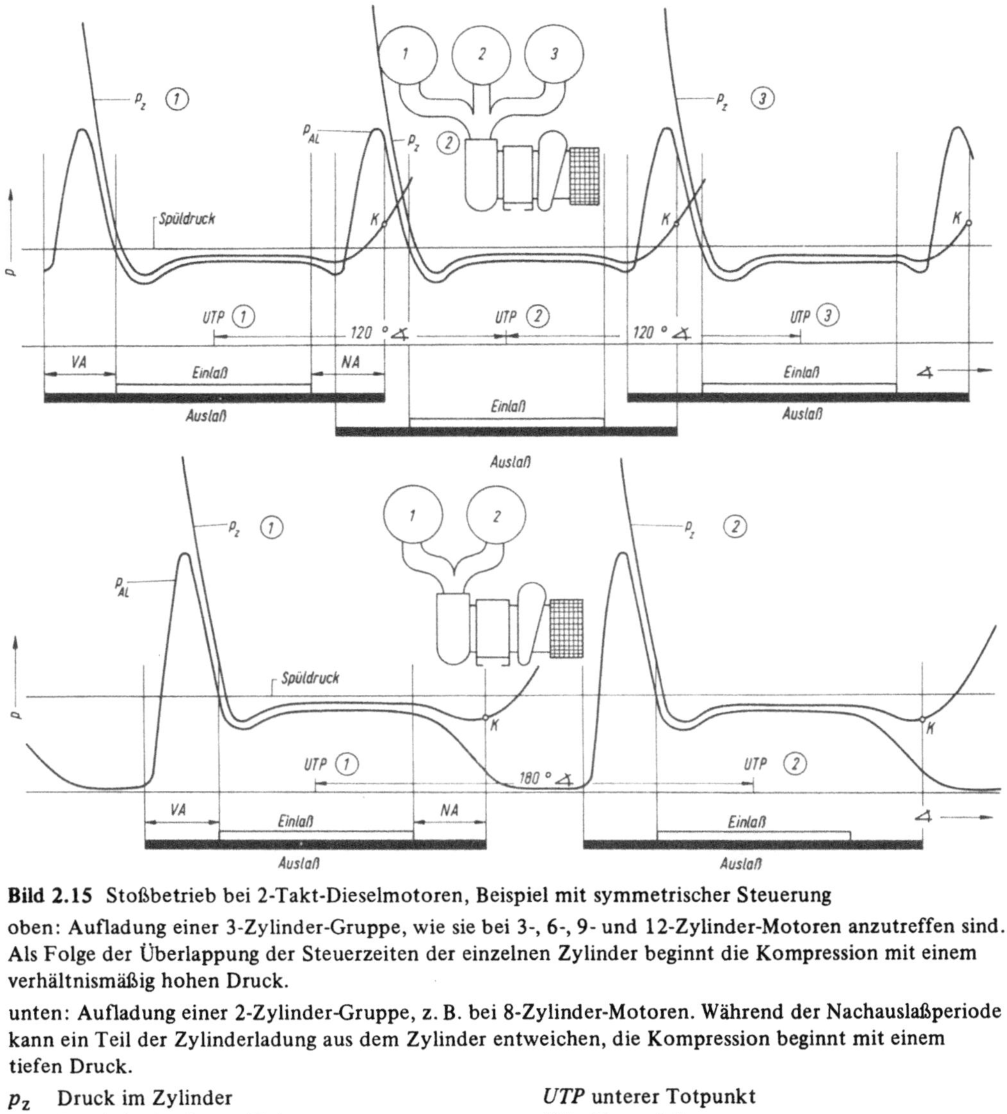

Bild 2.15 Stoßbetrieb bei 2-Takt-Dieselmotoren, Beispiel mit symmetrischer Steuerung

oben: Aufladung einer 3-Zylinder-Gruppe, wie sie bei 3-, 6-, 9- und 12-Zylinder-Motoren anzutreffen sind. Als Folge der Überlappung der Steuerzeiten der einzelnen Zylinder beginnt die Kompression mit einem verhältnismäßig hohen Druck.

unten: Aufladung einer 2-Zylinder-Gruppe, z. B. bei 8-Zylinder-Motoren. Während der Nachauslaßperiode kann ein Teil der Zylinderladung aus dem Zylinder entweichen, die Kompression beginnt mit einem tiefen Druck.

p_Z Druck im Zylinder
p_{AL} Druck in der Auspuffleitung
K Kompressionsbeginn
UTP unterer Totpunkt
VA Vorauslaß
NA Nachauslaß

Als Faustregel gilt: Bei Zweitaktmotoren im Stoßbetrieb dürfen die Auspuffleitungen nur von solchen Zylindern zusammengefaßt und einem gemeinsamen Turbineneintritt zugeführt werden, deren Zündabstand nicht weniger als 120° Kurbelwinkel beträgt. Wäre der Zündabstand kleiner, z.B. nur 45° (8-Zylinder-Motoren) oder 60° (6-Zylinder-Motoren), so würde der Druck in der gemeinsamen Auspuffleitung infolge des Auslaßstoßes des benachbarten Zylinders während der Spülphase ansteigen. Leitungsgase würden in den Zylinder zurückgeschoben, die Spülung würde unterbrochen und der Ladungswechsel könnte nicht vollzogen werden. Wird die Regel über den Zündabstand von 120° beachtet, so können die Auspuffleitungen von je drei nebeneinanderliegenden Zylindern von 3-, 6-, 9- und 12-Zylinder-Motoren zusammengefaßt werden. An solchen 3-Zylinder-Gruppen kann die Abgasenergie in der Turbine mit dem größten Nutzeffekt verarbeitet werden. Ein namhafter Abfall des Turbinenwirkungsgrades muß in Kauf genommen werden, wenn die Leitungen von nur zwei Zylindern auf ein Turbinensegment geführt werden oder wenn es sich gar nur um einen Zylinder handelt. Während der Zeit, da die einzelnen Turbinensegmente nicht mit Gasen beschickt werden, treten Ventilationsverluste auf. Sie sind um so größer, je kleiner der gesamte Beaufschlagungsgrad der Turbine ist. An den Begrenzungen von Turbinensegmenten machen sich Randverluste bemerkbar, die um so bedeutender sind, je größer der jeweilige Unterschied der momentanen Gefälle in den benachbarten Segmenten ist. Neben den Ventilations- und Randverlusten sinkt dadurch der Wirkungsgrad, daß die Turbine im Stoßbetrieb, bedingt durch die dauernde Änderung von Druck und Temperatur an ihrem Eintritt, nicht stets im Bestpunkt betrieben werden kann.

Da sich die genannten Verluste bei 3-Zylinder-Anordnungen nur sehr schwach auswirken, in den anderen Fällen aber bis zu 20% (multiplikativ) ausmachen können, ist es verständlich, daß die Unterschiede in der Qualität der Aufladung bei 3-, 6-, 9- und 12-Zylinder-Motoren einerseits und bei Motoren mit den übrigen Zylinderzahlen andererseits nicht einfach übergangen werden können. Die Motorenbauer gehen verschiedene Wege. Zum Beispiel werden die Motoren, deren Zylinderzahl durch drei dividierbar ist, im Stoßbetrieb aufgeladen, die Motoren mit den übrigen Zylinderzahlen aber im Staubetrieb, oder das Bauprogramm sieht überhaupt nur die Fertigung von 3-, 6-, 9- und 12-Zylinder-Motoren vor. Bei längsgespülten Ventilmotoren besteht die Möglichkeit bei den vorteilhaften 3-Zylinder-Anordnungen, den Auslaß später zu öffnen, um damit einen etwas verbesserten Kraftstoffverbrauch zu erreichen.

2.4.3.1.2 Stau- oder Gleichdruckbetrieb

Beim Staubetrieb werden die Auspuffgase aller Zylinder in eine gemeinsame Auspuffsammelleitung geführt. Diese soll ein genügend großes Volumen aufweisen, um zu vermeiden, daß Druckschwankungen, herrührend von den Auspuffstößen der einzelnen Zylinder, die Spülung anderer Zylinder beeinträchtigen. Treten trotzdem solche Störungen auf, kann die Auspuffsammelleitung in einzelne Abschnitte unterteilt werden, die durch Blendenöffnungen miteinander verbunden sind. Bild 1.32 zeigte das Beispiel eines Großdieselmotors mit Aufladung im Staubetrieb.

Beim Auslaßvorgang werden die Gase auf den Druck in der Sammelleitung entspannt. Der hohe Druck und auch die hohen Temperaturen, die bei Auslaßbeginn im Zylinder noch herrschen, werden im Staubetrieb an der Turbine also nicht ausgenützt. In der Sammelleitung stellt sich ein mittlerer Gaszustand ein. Dadurch kann die Turbine stets im Bestpunkt ihres Wirkungsgradbereiches betrieben werden. Der Umstand, daß die Auspuffstöße in der Turbine nicht ausgenützt werden können, zeichnet den Staubetrieb in dreifacher Hinsicht aus.

a) Die an der Turbine verfügbare Energie reicht bei Teillast zur Beschaffung der Spülluft nicht aus. Es sind also im Staubetrieb neben den Turboladern unter allen Umständen zusätzliche Einrichtungen in Form von Pumpen usw. erforderlich, um den Motor im ganzen Lastbereich zufriedenstellend aufladen zu können.
b) Im Gegensatz zum Stoßbetrieb besteht praktisch keine Möglichkeit, durch Änderung des Auslaßbeginnes die der Turbine zugeführte Energie zu beeinflussen. Dies bedeutet aber, daß der Vorauslaß nur gerade gemäß der Forderung nach rückschlagfreiem Betrieb bemessen werden muß. Der Zylinderdruck soll also zum Zeitpunkt des Einlaßbeginns etwa auf den Spüldruck abgesunken sein.
c) Da sich während des Vorauslasses auch im Verbindungsstück zwischen Zylinder und Auspuffsammelleitung kein nennenswerter Überdruck aufbaut, können die Gase den Zylinder

bedeutend rascher verlassen als im Stoßbetrieb; der Zylinderdruck sinkt schneller ab. Dies ermöglicht, die Vorauslaßperiode kleiner zu bemessen, den Auslaß erst später zu öffnen.

Moderne Motoren verwenden zunehmend den Gleichdruckbetrieb. Die Umstellung von Stoß- auf Gleichdruckbetrieb in Zusammenhang mit Neuentwicklungen und Leistungserhöhungen ist vorwiegend dank verbesserter Turbolader-Wirkungsgrade in dem Bereich 62...65 % bei Druckverhältnissen von über 3,0 möglich.

Ein erhöhter Turbolader-Wirkungsgrad bewirkt:

– daß der Vorauslaß weiter verkleinert werden kann,
– daß bei höherer Last, also im normalen Betriebsbereich, ohne zusätzliche Einrichtungen zur Luftbeschaffung (Spülpumpen usw.) gefahren werden kann.

Beide Maßnahmen ergeben Verbesserungen des Brennstoff-Verbrauchs. Obige Umstellungen wurden bei Sulzer, Burmeister & Wain, MAN und Doxford-Motoren vorgenommen.

2.4.3.2 Die Beschaffung der Spülluft

Neben dem Betrieb mit Turboladern allein werden als zusätzliche Einrichtungen Kolbenpumpen oder andere Verdichter zur Mithilfe bei der Beschaffung der Spülluft bei Teillast herangezogen. Diese *Zusatzverdichter* können *in Serie* oder *parallel* zu den Turboladern geschaltet sein.

2.4.3.2.1 Serienbetrieb

Beim Serienbetrieb werden drei Schaltungen unterschieden: Das *Curtis-Verfahren*, das *Duplex-Verfahren* und die *Sulzer-Schaltung.*

Beim Curtis-Verfahren bildet der Turbolader die erste Stufe und der zusätzliche Verdichter die zweite. Der Turbolader verdichtet die Luft von Atmosphärendruck bis auf etwa 70...95 % des Spüldruckes und fördert sie über einen Ladeluftkühler in eine erste Sammelleitung. Dort wird sie von den Spülpumpen angesaugt, auf Spüldruck verdichtet und in die Spülluftleitung hineingebracht. Bei den Schiffsmotoren von Fiat und den Götaverken handelt es sich bei den Spülpumpen um vom Motor angetriebene Kolbenpumpen. Bei gegebenen Abmessungen dieser Pumpen hängt der Luftdurchsatz in der Hauptachse von der Motordrehzahl und dem Zustand der Luft vor den Pumpen ab. Die Rückkühlung nach der ersten Verdichterstufe, also nach dem Turbolader, erlaubt, bei vorgeschriebenem Luftdurchsatz, die Spülpumpen kleiner zu bemessen.

Beim Duplex-Verfahren wird der Zusatzverdichter vor dem Turbolader eingesetzt. Da er Luft von atmosphärischem Zustand ansaugt, ist das von ihm zu verarbeitende Luftvolumen größer als jenes bei den Spülpumpen im Curtis-Betrieb. Dies erfordert Verdichter mit größerer Kapazität, weshalb bei diesem System keine Kolbenpumpen, sondern meist fremdangetriebene Turboverdichter verwendet werden.

Eine Mehrzahl der modernen hochentwickelten Gleichdruck-Motoren verwenden dieses Duplex-Verfahren. Der Zusatz-Verdichter wird lediglich für Start und Teillast verwendet. Eine relativ kleine Druckerhöhung gegenüber dem Atmosphärendruck (30...50 mbar) ist ausreichend.

Als Beispiel einer Anwendung wird das Aufladesystem von MAN im Bild 2.16 wiedergegeben.

Die von Sulzer an den RD-Motoren verwendete Schaltung (Bild 2.17) ist dadurch gekennzeichnet, daß nur ein Teil der von den Turboladern geförderten Luft durch die Serienpumpen erfaßt wird. Jeder Zylinder besitzt seine eigene Spülpumpe in Form der Kolbenunterseiten.

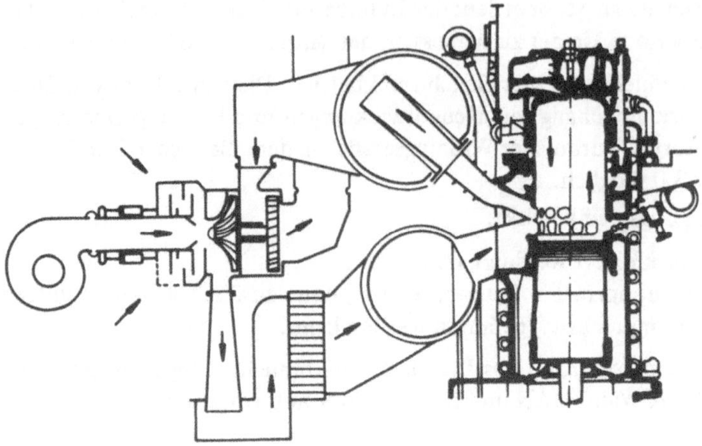

Bild 2.16
M.A.N.-Aufladesystem für 2-Takt-Motoren

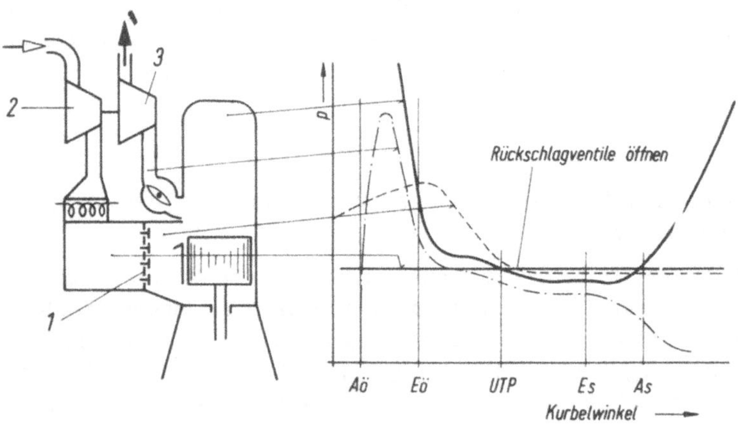

p Druck,
Aö Auslaß öffnet,
Eö Einlaß geöffnet,
UTP unterer Totpunkt,
Es Einlaß schließt,
As Auslaß schließt.

1 Ventile
2 Hochdruckverdichter
3 Abgasturbine

Bild 2.17 Aufladung der Sulzer-RD-Motoren

Der Kompressionsraum dieser Pumpen umfaßt die Einlaßschlitze und ist durch Rückschlagventile mit der für alle Zylinder gemeinsamen Spülluftleitung verbunden. Während des Expansionshubes wird die Luft unter dem Kolben verdichtet. Im Moment, in dem der Kolben die Einlaßschlitze freizugeben beginnt, strömt die Luft in den Zylinder. Der Druck unter dem Kolben sinkt und erreicht etwa im unteren Totpunkt das Niveau des Spüldruckes. Die Rückschlagventile öffnen und die Turboladerluft strömt direkt in den Zylinder und den Kolbenunterseitenraum.

Bei dieser Schaltung erreicht der Spüldruck bei Einlaßbeginn seinen höchsten Wert. Dadurch wird die Spülphase kräftig eingeleitet und dem Rückschlagen heißer Zylindergase in den Spülluftraum wird entgegengewirkt. Der Vorauslaß kann gegenüber einem Betrieb mit konstantem Spüldruck kleiner bemessen werden.

Die neue Generation der Sulzer RND-Motoren verwendet grundsätzlich dasselbe Aufladesystem, aber mit Gleichdruckbetrieb. Ein elektrisches Zusatzgebläse im Curtis-Verfahren findet für Start und Teillast zusätzlich Verwendung. Auch ist die Möglichkeit der Abschaltung der Kolbenunterseiten als Spülpumpe bei höherer Last vorgesehen. Alle drei Maßnahmen tragen zur Verbesserung des Brennstoffverbrauches bei. Bild 4.51 zeigt das Aufladesystem der RND-Motoren.

2.4.3.2.2 Parallelbetrieb

Im Gegensatz zum Serienbetrieb, bei dem die die gesamte Luftmenge nur wenig verdichtet, also mit kleinem Druckverhältnis verarbeitet wird, wird beim Parallelbetrieb nur ein kleiner Teil der Gesamtluftmenge von Atmosphärendruck auf Spüldruck verdichtet, also mit großem Druckverhältnis verarbeitet. Der Serienbetrieb erfordert demnach voluminöse Einrichtungen, im Parallelbetrieb kommt man dagegen mit entsprechend kleinen Zusatzverdichtern aus. Bei den ehemaligen M.A.N-KZ-Motoren handelt es sich dabei um die Kolbenunterseiten.

Der Parallelbetrieb wird heute nicht mehr weiter verfolgt.

3 Bauarten der Dieselmotoren

3.1 Normen

Nachstehend sind die Normen und Richtlinien für Verbrennungsmotoren nach [3.1] wiedergegeben:

	Normen und Richtlinien für Verbrennungsmotoren Titel in den Sprachen der lieferbaren Ausgaben	Standards and Recommendations for Internal Combustion Engines Titles in the languages of the available editions
DIN Normen		
DIN 1940 (Dez. 1976)	Verbrennungsmotoren – Hubkolbenmotoren: Begriffe, Formelzeichen	
DIN 1941 (März 1958) (Vorlage 78)	Abnahmeprüfung von Verbrennungsmotoren	
DIN 6260	Verbrennungsmotoren – Teile für Hubkolbenmotoren	
(Sept. 1973)	Teil 1 – . – Äußerer Aufbau, Begriffe	
(Sept. 1973)	Teil 2 – . – Triebwerk, Begriffe	
(März 1974)	Teil 3 – . – Motorsteuerung; Begriffe	
(Juli 1975 Entwurf)	Teil 4 – . – Kraftstoffeinspritzung, Begriffe	
(Dez. 1976)	Teil 5 – . – Ölfilterung; Ölkühlung; Begriffe	
(März 1974)	Teil 6 – . – Kühlung, Begriffe	
DIN 6261 (Febr. 1976)	Verbrennungsmotoren – Teile für Kreiskolbenmotoren; Äußerer Aufbau, Triebwerk; Begriffe	
DIN 6264 (Febr. 1970)	Verbrennungsmotoren für Schiffsanlagen – Betätigungssinn und Bildzeichen an den Bedienteilen für Drehzahlverstellen und Umsteuern (In Zusammenhang mit ISO 2261)	
DIN 6265 (Aug. 1977)	Verbrennungsmotoren für allgemeine Verwendung – Bezeichnung der Seiten, der Zylinder, der Drehrichtung, der Zündfolge und der Zündleitungen, Benennungen Linksmotor und Rechtsmotor (In Zusammenhang mit ISO 1204, 1205, 2276)	

DIN 6266 (Okt. 1967)	Verbrennungsmotoren – Kühlungsarten, Begriffe und Benennungen	
DIN 6267 (Jan. 1971)	Verbrennungsmotoren – Arten der Ölschmierung; Begriffe	
DIN 6270 (Mai 1970)	Verbrennungsmotoren für allgemeine Verwendung – Leistungsbegriffe, Leistungsangaben, Verbrauchsangaben, Bezugsstand	Internal combustion engines for general application; Definitions of rated, output, rated output data, consumption data, standard operating conditions
Beibl. 1 (Mai 1970)	– . – Umrechnungsfaktoren für Leistung an der Betriebsstelle gegenüber Bezugszustand	– . – Conversion factors for determining the output at the operating site in relation to standard reference condition
Beibl. 2 (Mai 1970)	– . – Umrechnungsfaktoren für den spezifischen Kraftstoffverbrauch an der Betriebsstelle gegenüber Bezugszustand (Wird durch DIN 6271 in Zusammenhang mit ISO 3046/I ersetzt)	– . – Conversion factors for the specific fuel consumption at the operating site in relation to reference condition
DIN 6271 (März 1977 Entwurf)	Hubkolben-Verbrennungsmotoren – Normbezugsbedingungen und Angaben über Leistungs-, Kraftstoff- und Schmieröl verbrauch (In Zusammenhang mit ISO 3046/I)	
DIN 6273 (Febr. 1973)	Verbrennungsmotoren für allgemeine Verwendung – Indizierventile	
DIN 6274 (März 1971)	Verbrennungsmotoren für allgemeine Verwendung – Druckluftbehälter mit Ventilkopf, 38 mm Durchgang, Zusammenstellung	
DIN 6275 (April 1970)	Verbrennungsmotoren für allgemeine Verwendung – Druckluftbehälter für Betriebsdruck bis 30 kp/cm^2	
DIN 6276 (April 1971)	Verbrennungsmotoren für allgemeine Verwendung – Ventilköpfe für Druckluftbehälter 38 mm Durchgang	
DIN 6281 (Mai 1975 Entwurf)	Stromerzeugungsaggregate mit Kolbenkraftmaschinen – Anschlußmaße für Generatoren und Kolbenkraftmaschinen	
VDMA-Einheitsblätter		
VDMA 6280	Stromerzeugungsaggregate mit Kolbenkraftmaschinen Teil 1 – . – Ausführungsbegriffe Teil 2 – . – Begriffe für Drehzahlverhalten Teil 4 – . – Richtwerte für das Drehzahl- und Spannungsverhalten Teil 5 – . – Leistungsauslegung und Leistungsschilder	

ISO-Standards		
ISO 1204		Reciprocating internal combustion engines – Designation of the direction of rotation
ISO 1205		Reciprocating internal combustion engines – Designation of the cylinders
ISO 2261		Reciprocating internal combustion engines – Hand operated control devices – Standard direction of motion in connection with DIN 6264
ISO 2276		Reciprocating internal combustion engines – Definition of right-hand and left-hand single bank engines
ISO 2710		Reciprocating internal combustion engines – General definitions
ISO 3249		Reciprocating internal combustion engines – Definitions of locations on an engine
ISO 3046/I	In Zusammenhang mit DIN 6271	Reciprocating internal combustion engines: Performance – Part I: Standard reference conditions and declarations of power, fuel consumption and lubricating oil consumption in connection with DIN 6271
ISO 3046/II (Okt. 1977)		Reciprocating internal combustion engines: Performances – Part II: Testmethods
ISO 3046/III (Mai 1977) Entwurf)		Reciprocating internal combustion engines: Performance – Part III: Test measurements
ISO 3046/IV (Mai 1977) Entwurf)		Reciprocating internal combustion engines: Performance – Part IV: Speed governing

CIMAC-Recommendations	Empfehlungen für die Abnahmeprüfung von Dieselmotoren	CIMAC Recommendations for Diesel Engine acceptance Tests CIMAC Recommendations of measurement for the overall noise of reciprocating engines CIMAC Recommendations for Supercharged Diesel Engines Part I: Engine De-rating on Account of Ambient conditions CIMAC Recommandations for Supercharged Diesel Engines Part II: Engine Acceptance Tests – Appendix E to CIMAC-Recommendations for Diesel Engine Acceptance Test
	DIN-Normen und ISO-Standards können bezogen werden bei: Beuth Verlag GmbH Burggrafenstraße 4–7 D–1000 Berlin 30 CIMAC Recommendations können bezogen werden bei: International Council on Combustion Engines 10, Avenue Hoche F–75382 Paris Cedex 08	DIN-Normen and ISO-Standards may be obtained from: Beuth Verlag GmbH Burggrafenstraße 4–7 D–1000 Berlin 30 CIMAC Recommendations may be obtained from: International Council on Combustion Engines 10, Avenue Hoche F–75382 Paris Cedex 08

SI-Einheiten für den Verbrennungsmotorenbau

	Größe	SI-Einheit	Weitere Einheiten und Vorsätze, die auch angewendet werden können	Einheiten, die nach dem Gesetz zukünftig nicht mehr zugelassen sind	Umrechnungen und Bemerkungen
1	2	3	4	5	6
1.	*Länge, Fläche, Volumen*				
1.1	Länge	m	km, mm, μm	μ	0,001 mm = 1 μm
1.2	Flähce	m^2	mm^2, cm^2		Nicht mehr zugelassene Abkürzungen: qm, qdm, qcm, qmm
1.3	Volumen	m^3	dm^3, l, cm^3, mm^3		Nicht mehr zugelassene Abkürzungen: cbm, cdm, ccm, cmm
2.	*Winkel*	rad	°		$1\ \text{rad} = \frac{180°}{\pi}$
3.	*Masse*				
3.1	Masse	kg	Mg, t, g, mg, μg		
3.2	Dichte	kg/m^3	g/cm^3, kg/dm^3		
3.3	spez. Volumen	m^3/kg	m^3/Mg		
3.4	Massenträgheitsmoment (Massenmoment 2. Grades) (Schwungmoment)	kgm^2	Mgm^2		
4.	*Zeit*				
4.1	Zeitdauer	s	d, h, min, ms		
4.2	Frequenz	Hz			1 Hz = 1/s
4.3	Geschwindigkeit	m/s	km/h		$1\ \text{km/h} = \frac{1}{3{,}6}\ \text{m/s}$
4.4	Drehzahl	1/s	1/min		
4.5	Beschleunigung	m/s^2			
4.6	Winkelgeschwindigkeit	rad/s			
4.7	Winkelbeschleunigung	rad/s^2			
4.8	Volumenstrom	m^3/s			
4.9	Massenstrom	kg/s			
4.10	Impuls	Ns			
4.11	Drehimpuls	Nsm			$1\ \text{Nsm} = 1\ \text{kg}\,\text{m}^2/\text{s}$

5.	*Kraft, Energie, Leistung*				
5.1	Kraft	N	MN, kN, mN	dyn, p, kp, Mp	$1\ N = 1\ kg \cdot m/s^2$, $1\ kp = 9{,}80665\ kgm/s^2 = 9{,}80665\ N$; $1\ dyn = 10^5\ N$ $1\ N = \frac{1}{9{,}80665}\ kp = 0{,}101971621\ kp$
5.2	Druck (von Fluiden)	(N/m^2)	bar, mbar	atm, at, Torr, mm Ws, mm Hg	$1\ bar = 10^5\ N/m^2 = 10\ N/cm^2$; $1\ kp/cm^2 = 1\ at$ (Techn. Atm) $= 0{,}980665\ bar$ $1\ bar = \frac{1}{0{,}980665}\ kp/cm^2 = 1{,}01971621\ kp/cm^2 = 1{,}01971621\ at$ $1\ Torr = \frac{1{,}01325}{0{,}760}\ mbar = 1{,}33322368\ mbar$, $1\ mbar = \frac{0{,}760}{1{,}01325}\ Torr = 0{,}75006168\ Torr$
5.3	Spannung	(N/m^2)	N/mm^2		
5.4	E-Modul	(N/m^2)	N/mm^2		
5.5	Kerbschlagzähigkeit	J/m^2	J/mm^2, J/cm^2		
5.6	Energie, Arbeit, Wärmemenge	J	MJ, kJ, kWh	cal, erg, PSh	$1\ cal = 4{,}1868\ Ws = 4{,}1868\ J$; $1\ J = 1\ Ws = \frac{1}{4{,}1868}\ cal = 0{,}2388459\ cal$
5.7	Leistung	W	kW, MW	PS kpm/s	$1\ PS = 75\ kpm/s = 75 \cdot 9{,}80665\ Nm/s = 0{,}7354987\ kW$ $1\ kW = \frac{1}{0{,}73549875}\ PS = 1{,}359621617\ PS$
5.8	Drehmoment	Nm(J)			$1\ Nm = 1\ J = 1\ Ws$; $9{,}80665\ Nm = 1\ kpm$
6.	*Viskosimetr. Größen*				
6.1	dyn. Viskosität	(Pa s)	Ns/m^2, mNs/m^2	Poise	$1\ Poise = \frac{1}{10}\ Ns/m^2 = \frac{1}{10}\ Pa\ s$
6.2	kinem. Viskosität	m^2/s	mm^2/s	Stoke	$1\ Stoke = \frac{1}{10000}\ m^2/s$
6.3	Oberflächenspannung	N/m	mN/m		
7.	*Temperatur, Wärme*				
7.1	Temperatur	K	°C		0 C = 273,15 K; °C nur für Temperaturangaben nicht für zusammengesetzte Einheiten
7.2	Temp. Differenz	K	°C		
7.3	Temp. Leitfähigkeit	m^2/s			
7.4	Entropie, Wärmekapazität	J/K	kJ/K		
7.5	spez. Entropie	J/kgK	kJ/kgK		
7.6	Wärmeleitfähigkeit	W/Km			
7.7	Wärmeübergangs-koeffizient	$W/(Km^2)$			
7.8	Heizwert	J/kg, J/m^3	kJ/kg, kJ/m^3	kcal/kg, $kcal/m^3$	
8.	*Stoffmenge*				
8.1	Stoffmenge	mol	kmol		
8.2	molare Masse	kg/mol	g/mol		
8.3	Stoffmengenkonzen-tration, Molarität	mol/m^3	$kmol/m^3$		
9.	spez. Kraftstoffverbrauch	kg/J	g/kWh	g/PSh	
10.	Leistungsgewicht	kg/W	kg/kW	kg/PS	

Die nachstehende Aufstellung gibt einen allgemeinen Überblick über die SI-Einheiten und den Zusammenhang zwischen abgeleiteten und Basiseinheiten:

Die für die Basisgrößen festgesetzten Basiseinheiten des internationalen Einheitensystems (SI)

Basisgröße	Basiseinheit	Symbol
Länge	Meter	m
Masse	Kilogramm	kg
Zeit	Sekunde	s
elektr. Stromstärke	Ampere	A
thermodynamische Temperatur oder Kelvintemperatur	Kelvin	K
Lichtstärke	Candela	cd

The basic units of the basic classes of the international systems of units

Basic class	Basic unit	Symbol
Length	meter	m
Mass	kilogram	kg
Time	second	s
Electric current	ampere	A
Thermodynamic temperatur or Kelvin temperatur	kelvin	K
Light intensity	candela	cd

Die atomphysikalischen Einheiten

Größe	atomphysikalische Einheit	Symbol
Stoffmenge	Mol	mol
Teilchenmasse	atomare Masseneinheit	u
Energie	Elektronenvolt	eV

Atomic-physical units

Class	Unit	Symbol
Quantity of matter	mol	mol
Particle mass	atomic unit of mass	u
Energy	electron volt	eV

Die abgeleiteten Einheiten

Größe	SI-Einheit	Symbol
	Minute	min
Zeit	Stunde	h
	Tag	d
Frequenz	Hertz	Hz
Kraft	Newton	N
Druck, mechanische Spannung	Pascal Bar	Pa bar
dyn. Viskosität	Pascalsekunde	Pas
Energie, Arbeit, Wärmemenge	Joule	J
Leistung, Energiestrom, Wärmestrom	Watt	W
elektr. Spannung, Potentialdifferenz	Volt	V
elektr. Widerstand	Ohm	Ω
elektr. Leitwert	Siemens	S
Elektriziätsmenge, Ladung	Coulomb	C
Temperatur	Grad Celsius	°C

Derived units

Class	SI unit	Symbol
	minute	min
Time	hour	h
	day	d
Frequency	hertz	Hz
Force	newton	N
Pressure, mechanical stress	pascal	Pa
Dynamic viscosity	pascal second	Pas
Energy, work, heat quantity	joule	J
Power, energy flow, heat current	watt	W
Voltage, potential difference	volt	V
Electric resistance	ohm	Ω
Electric conductance	siemens	S
Quantity of electricity, charge	coulomb	C
Temperature	celsius degree	°C

Die dezimalen Vielfachen und Teile der Einheiten

Faktor	Einheit	Symbol	Faktor	Einheit	Symbol
10^{12}	Tera	T	10^{-1}	Dezi	d
10^{9}	Giga	G	10^{-2}	Zenti	c
10^{6}	Mega	M	10^{-3}	Milli	m
10^{3}	Kilo	k	10^{-6}	Mikro	μ
10^{2}	Hekto	h	10^{-9}	Nano	n
10^{1}	Deka	da	10^{-12}	Pico	p
			10^{-15}	Femto	f

Decimal multiples and parts of the units

Factor	Unit	Symbol	Factor	Unit	Symbol
10^{12}	tera	T	10^{-1}	deci	d
10^{9}	giga	G	10^{-2}	centi	c
10^{6}	mega	M	10^{-3}	milli	m
10^{3}	kilo	k	10^{-6}	micro	μ
10^{2}	hecto	h	10^{-9}	nano	n
10^{1}	deca	da	10^{-12}	pico	p
			10^{-15}	femto	f

Zusammenhang zwischen den abgeleiteten Einheiten und den Basiseinheiten
Relation between derived units and basic units

1 min = 60 s

1 h = 60 min = 3600 s

1 d = 24 h = 1440 min = 86400 s

1 Hz = 1/s

1 N = 1 kgm/s²

$$1\ \mathrm{Pa} = 1\ \mathrm{N/m^2} = 1\ \frac{\mathrm{kgm}}{\mathrm{s^2}}\ \frac{1}{\mathrm{m^2}} = 1\ \frac{\mathrm{kg}}{\mathrm{s^2 m}}$$

$$1\ \mathrm{bar} = 10^5\ \mathrm{N/m^2} = 10^5\ \frac{\mathrm{kgm}}{\mathrm{s^2}}\ \frac{1}{\mathrm{m^2}} = 10^5\ \frac{\mathrm{kg}}{\mathrm{s^2 m}}$$

$$1\ \mathrm{Pas} = 1\ \mathrm{Ns/m^2} = 1\ \frac{\mathrm{kgm}}{\mathrm{s}}\ \frac{1}{\mathrm{m^2}} = 1\ \frac{\mathrm{kg}}{\mathrm{ms}}$$

$$1\ \mathrm{J} = 1\ \mathrm{Ws} = 1\ \mathrm{Nm} = 1\ \frac{\mathrm{kgm}}{\mathrm{s^2}}\ \mathrm{m} = 1\ \frac{\mathrm{kgm^2}}{\mathrm{s^2}}$$

$$1\ \mathrm{W} = 1\ \mathrm{J/s} = 1\ \mathrm{Nm/s} = 1\ \frac{\mathrm{kgm}}{\mathrm{s^2}}\ \mathrm{m}\ \frac{1}{\mathrm{s}} = 1\ \frac{\mathrm{kgm^2}}{\mathrm{s^3}}$$

$$1\ \mathrm{V} = 1\ \mathrm{W/A} = 1\ \frac{\mathrm{J}}{\mathrm{sA}} = 1\ \Omega\mathrm{A} = 1\ \frac{\mathrm{Nm}}{\mathrm{As}} = 1\ \frac{\mathrm{kgm}}{\mathrm{s^2}}\ \mathrm{m}\ \frac{1}{\mathrm{sA}} = 1\ \frac{\mathrm{kgm^2}}{\mathrm{s^3 A}}$$

$$1\ \Omega = 1\ \mathrm{V/A} = 1\ \mathrm{W/A^2} = \frac{\mathrm{J}}{\mathrm{sA^2}} = \frac{\mathrm{Nm}}{\mathrm{sA^2}} = 1\ \frac{\mathrm{kgm}}{\mathrm{s^2}}\ \mathrm{m}\ \frac{1}{\mathrm{sA^2}} = 1\ \frac{\mathrm{kgm^2}}{\mathrm{s^3 A^2}}$$

1 S = 1/Ω

1 C = 1 As

Arbeit, Energie, Wärme / Work, energy, heat

1 Nm	= 1,0000	J
1 Ws	= 1,0000	J
1 dyn cm	$= 1{,}0000 \cdot 10^{-7}$	J
1 erg	$= 1{,}0000 \cdot 10^{-7}$	J
1 Dyn m	= 1,0000	J
1 kpm	= 9,8067	J
1 kcal	$= 4{,}1868 \cdot 10^{3}$	J
1 kWh	$= 3{,}6000 \cdot 10^{6}$	J
1 Psh	$= 2{,}6478 \cdot 10^{6}$	J
1 Btu	$= 1{,}0551 \cdot 10^{3}$	J
1 Chu	$= 1{,}8991 \cdot 10^{3}$	J
1 ftpdl	$= 4{,}2139 \cdot 10^{-2}$	J
1 ftlbf	= 1,3558	J
1 hphr (britisch)	$= 2{,}6845 \cdot 10^{6}$	J
1 therm	$= 1{,}0551 \cdot 10^{8}$	J

Ausdehnungskoeffizient (volumetrisch)
Coefficient of expansion (volumetric)

1 g/cm³ °C	= 1,0000 · 10³	kg/m³ K
1 lb/ft³ °C	= 1,6018 · 10	kg/m³ K
1 lb/ft³ °C	= 2,8833 · 10	kg/m³ K

Beschleunigung / Acceleration

1 ft/s²	= 3,0480 · 10⁻¹	m/s²

Dichte / Density

1 grain/ft³	= 2,2884 · 10⁻³	kg/m³
1 lb/ft³	= 1,6018 · 10	kg/m³
1 lb/UK gal	= 9,9779 · 10	kg/m³
1 lb/US gal	= 1,1983 · 10²	kg/m³

Druck, mechanische Spannung
Pressure, mechanical stress

1 bar	= 1,0000 · 10⁵	Pa
1 at	= 9,8067 · 10⁴	Pa
1 kp/cm²	= 9,8067 · 10⁴	Pa
1 atm	= 1,0133 · 10⁵	Pa
1 Torr	= 1,3332 · 10²	Pa
1 mm Hg (1 mm Qs)	= 1,3332 · 10²	Pa
1 mm WS	= 9,8067	Pa
1 dyn/cm²	= 1,0000 · 10⁻¹	Pa
1 pdl/ft²	= 1,4881	Pa
1 lbf/ft²	= 4,7880 · 10	Pa
1 pdl/in²	= 2,1429 · 10²	Pa
1 inwater	= 2,4909 · 10²	Pa
1 ft water	= 2,9891 · 10³	Pa
1 inHg (*l* in mercury)	= 3,3866 · 10³	Pa
1 lbf/in² (oder psi)	= 6,8948 · 10³	Pa
1 ton f/in²	= 1,5444 · 10⁷	Pa

Enthalpie, spezifische / Enthalpy, specific

1 kcal/kg	= 4,1868 · 10³	J/kg
1 Btu/lb	= 2,3260 · 10³	J/kg
1 Chu/b	= 4,1868 · 10³	J/kg

Fläche / Area

1 in²	= 6,4516 · 10⁻⁴	m²
1 ft²	= 9,2903 · 10⁻²	m²
1 yd²	= 8,3613 · 10⁻¹	m²
1 acre	= 4,0469 · 10³	m²
1 mile²	= 2,5900 · 10⁶	m³

Geschwindigkeit / Speed

1 ft/hr	= 8,4667 · 10⁻⁵	m/s
1 ft/min	= 5,0800 · 10⁻³	m/s
1 ft/s	= 3,0480 · 10⁻¹	m/s
1 mile/hr	= 4,4704 · 10⁻¹	m/s

Kalorische Größen, volumenbezogene
Calorific quantities, referred to volume

1 kcal/m³	= 4,1868 · 10³	J/m³
1 Btu/ft³	= 3,7260 · 10⁴	J/m³
1 Chu/ft³	= 6,7067 · 10⁴	J/m³
1 therm/ft³	= 3,7260 · 10⁹	J/m³

Kraft / Force

1 kp	= 9,8067	N
1 dyn	= 1,0000 · 10⁻⁵	N
1 Dyn	= 1,0000	N
1 pdl	= 1.3825 · 10⁻¹	N
1 lbf	= 4,4482	N
1 ton f	= 9,9640 · 10³	N

Länge / Length

1 A	= 1,0000 · 10⁻¹⁰	m
1 μ (micron)	= 1,0000 · 10⁻⁶	m
1 in	= 2,5400 · 10⁻²	m
1 ft = 12 in	= 3,0480 · 10⁻¹	m
1 yd = 3 ft = 36 in	= 9,1440 · 10⁻¹	m
1 thou	= 2,5400 · 10⁻⁵	m
1 mile (statute)	= 1,6094 · 10³	m
1 mile (nautical)	= 1,8533 · 10³	m
1 rod = 1 perch = 5,5 yd	= 5,292	m
1 chain	= 2,0117	m
1 furlong	= 2,0117 · 10²	m

Leistung, Wärmefluß / Power, heat current

1 mkp/s	= 9,8065	W
1 kcal/h	= 1,1630	W
1 erg/s	= 1,0000 · 10⁻⁷	W
1 PS	= 7,3548 · 10²	W
1 m³ atm/h	= 2,8150 · 10	W
1 ft lbf/min	= 2,2597 · 10⁻²	W
1 ft lbf/s	= 1,3558	W
1 ft pdl/s	= 4,2139 · 10⁻²	W
1 Btu/hr	= 2,9308 · 10⁻¹	W
1 Chu/hr	= 5,2754 · 10⁻¹	W
1 hp (britisch)	= 7,4570 · 10²	W
1 ton refrigeration	= 3,5169 · 10³	W
1 therm/hr	= 2,9308 · 10⁴	W

Masse / Mass

1 kps²/m	= 9,8065	kg
1 grain	= 6,4800 · 10^{-5}	kg
1 lb	= 4,5359 · 10^{-1}	kg
1 ton (short) = 20 cwt brit.	= 9,0714 · 10^{2}	kg
1 ton (long) = 20 cwt UK	= 1,0160 · 10^{3}	kg

Massenstrom / Mass flow

1 lb/hr	= 1,2600 · 10^{-4}	kg/s
1 ton/day (short)	= 1,0500 · 10^{-2}	kg/s
1 ton/day (long)	= 1,1760 · 10^{-2}	kg/s
1 ton/hr (short)	= 2,5200 · 10^{-1}	kg/s
1 ton/hr (long)	= 2,8224 · 10^{-1}	kg/s

Massenstromdichte / Density of mass flow

1 lb/hr ft²	= 1,3562 · 10^{-3}	kg/m² s
1 kg/hr ft²	= 2,9900 · 10^{-3}	kg/m² s
1 lb/sft²	= 4,8824	kg/m² s

Temperatur / Temperature

°C = (°C + 273,15) K

°F (Fahrenheit) $= \frac{5}{9}(°F - 32) + 273,15$ K

1 °R (Rankine) $= \frac{5}{9}$ K

Temperaturdifferenz / Temperature difference

1 °C = 1 K

1 °F $= \frac{5}{9}$ K

1 °R $= \frac{5}{9}$ K

Viskosität, dynamische / Viscosity, dynamical

1 kps/m²	= 9,8065	Pas
1 kph/m²	= 3,532 · 10^{-4}	Pas
1 Poise = 1 g/cm s	= 1,0000 · 10^{-1}	Pas
1 lb/ft hr	= 4,1338 · 10^{-4}	Pas
1 kg/ft hr	= 9,1134 · 10^{-4}	Pas
1 lb/fts	= 1,4882	Pas

Viskosität, kinematische / Viscosity, kinematical

1 Stoke = 1 cm²/s	= 1,0000 · 10^{-4}	m²/s
1 dm³/hr in	= 1,0936 · 10^{-5}	m²/s
1 ft²/hr	= 2,5806 · 10^{-5}	m²/s
1 ft²/s	= 9,2903 · 10^{-2}	m² s

Volumen / Volume

1 in³	= 1,6387 · 10^{-5}	m³
1 ft³	= 2,8317 · 10^{-2}	m³
1 yd³	= 7,6455 · 10^{-3}	m³
1 Us gal	= 3,7853 · 10^{-3}	m³
1 UK gal	= 4,5460 · 10^{-3}	m³
1 Us bushel (dry)	= 3,5239 · 10^{-2}	m³
1 UK bushel (dry)	= 3,6369 · 10^{-2}	m³
1 barrel (petroleum US)	= 1,5898 · 10^{-1}	m³
1 lube oil barrel	= 2,0819 · 10^{-1}	m³
1 gill	= 1,1829 · 10^{-4}	m³
1 register ton = 100 ft³	= 2,8317	m³
1 quater = 8 UK bushels = 32 pecks = 64 Uk gallons = 256 quarts = 512 pints	= 2,9095 · 10^{-1}	m³

Volumen, spezifisches / Volume, specific

1 ft³/kg	= 2,8317 · 10^{-2}	m³/kg
1 ft³/lb	= 6,2428 · 10^{-2}	m³/kg

Volumenstrom / Volume flow

1 ft³/hr	= 7,8658 · 10^{-6}	m³/s
1 ft³/min = 1 cu min	= 4,7195 · 10^{-4}	m³/s
1 ft³/s = 1 cu sec	= 2,8317 · 10^{-2}	m³/s
1 US gal/hr	= 1,0515 · 10^{-6}	m³/s
1 UK gal/hr	= 1,2628 · 10^{-6}	m³/s
1 barrel/day (petroleum US)	= 1,8401 · 10^{-6}	m³/s
1 US gal/min	= 6,3089 · 10^{-5}	m³/s
1 UK gal/min	= 7,5766 · 10^{-5}	m³/s
1 mgd = 10^6 UK gal/day	= 5,2617 · 10^{-2}	m³/s

Wärmedurchgangskoeffizient
Heat transition coefficient

1 kcal/m² h °C	= 1,1630	W/m² K
1 cal/m² s °C	= 4,1868 · 10^{4}	W/m² K
1 kcal/ft² hr °C	= 1,2518 · 10	W/m² K
1 Btu/ft² hr °C	= 5,6785	W/m² K
1 Chu/ft² hr °C	= 5,6783	W/m² K

Wärmeleitfähigkeit / Thermal conductivity

1 kcal/m h °C	= 1,1630	W/mK
1 cal/cm s °C	= 4,1868 · 10^{2}	W/mK
1 Btu/ft² hr (°F/in)	= 1,4423 · 10^{-1}	W/mK
1 Btu/ft hr °F	= 1,7308	W/mK
1 Chu/ft² hr °C	= 1,7308	W/mK

Wärmekapazität, spezifische / Thermal capacity, specific

1 kcal/kg °C	$= 4{,}1868 \cdot 10^3$	J/kgK
1 cal/g °C	$= 4{,}1868 \cdot 10^3$	J/kgK
1 Btu/lb °F	$= 4{,}1868 \cdot 10^3$	J/kgK
1 Chu/lb °C	$= 4{,}1868 \cdot 10^3$	J/kgK

Wärmestromdichte, Heizflächenbelastung

Heat current density, surface power density

1 kcal/m²h	$= 1{,}1630$	W/m²
1 kcal/ft² hr	$= 1{,}2518 \cdot 10$	W/m²
1 cal/cm² s	$= 4{,}1868 \cdot 10^4$	W/m²
1 Btu/ft² hr	$= 3{,}1546$	W/m²
1 Chu/ft² hr	$= 5{,}6784$	W/m²

Beispiel

Der Wärmeübergangskoeffizient $\alpha = 200 \dfrac{\text{BTU}}{\text{ft}^2\ \text{hr}\ {}^\circ\text{F}}$ ist in die Einheiten des SI-Systems umzurechnen.

Example

The heat transition coefficient $\alpha = 200 \dfrac{\text{BTU}}{\text{ft}^2\ \text{hr}\ {}^\circ\text{F}}$ is to be converted into units of the SI systems.

Lösung / Solution:

a) über die Umrechnung der Basiseinheiten

a) via conversion of basic units

$1\ \text{Btu} = 1{,}0551 \cdot 10^3\ \text{J}$	$1 = 1{,}0551 \cdot 10^3\ \text{J/Btu}$
$1\ \text{ft} = 3{,}0480 \cdot 10^{-1}\ \text{m}$	$1 = 3{,}0480 \cdot 10^{-1}\ \text{m/ft}$
$1\ \text{hr} = 3600\ \text{s}$	$1 = 3600\ \text{s/hr}$
$1\ {}^\circ\text{F} = \frac{5}{9}\text{K}$	$1 = \frac{5}{9}\text{K}/{}^\circ\text{F}$

$$\alpha = 200 \frac{\text{Btu}}{\text{fr}^2\ \text{hr}\ {}^\circ\text{F}}\ 1{,}0551 \cdot 10^3 \frac{\text{J}}{\text{Btu}} \frac{1}{(3{,}0480 \cdot 10^{-1})^2} \frac{\text{ft}^2}{\text{m}^2}$$

$$\frac{1}{3600} \frac{\text{hr}}{\text{s}} \frac{9}{5} \frac{{}^\circ\text{F}}{\text{K}} = 1135{,}7 \frac{\text{J}}{\text{m}^2\ \text{sK}} = 1135{,}7 \frac{\text{W}}{\text{m}^2\text{K}}$$

b) aus dem angegebenen Umrechnungsfaktor

b) from the indicated conversion factor

$$1 \frac{\text{Btu}}{\text{ft}^2\ \text{hr}\ {}^\circ\text{F}} = 5{,}6785\ \text{W/m}^2\ \text{K}$$

$$1 = 5{,}6785 \frac{\text{W}}{\text{m}^2\ \text{K}} \frac{\text{ft}^2\ \text{hr}\ {}^\circ\text{F}}{\text{Btu}}$$

$$\alpha = 200 \frac{\text{Btu}}{\text{ft}^2\ \text{hr}\ {}^\circ\text{F}}\ 5{,}6785 \frac{\text{W}}{\text{m}^2\ \text{K}} \frac{\text{ft}^2\ \text{hr}\ {}^\circ\text{F}}{\text{Btu}}$$

$$\alpha = 1135{,}7 \frac{\text{W}}{\text{m}^2\ \text{K}}$$

Dieselmotoren sind Hubkolben-Verbrennungsmotoren mit innerer Verbrennung, sie sind Wärmekraftmaschinen, die durch periodische Verbrennung von Kraftstoff in einem oder mehreren Zylindern, in denen sich Arbeitskolben bewegen, nutzbare Energie abgeben. Die hiermit zusammenhängenden Grundbegriffe sind in DIN 1940 festgelegt. Als Ottomotoren werden Verbrennungsmotoren bezeichnet, in denen die Verbrennung des verdichteten Kraftstoff-Luft-Gemisches durch zeitlich gesteuerte Fremdzündung eingeleitet wird. Demgegenüber bezeichnet man Verbrennungsmotoren als Dieselmotoren, wenn der in den Verbrennungsraum eingespritzte flüssige Kraftstoff sich an der Luftladung entzündet, nachdem diese im wesentlichen durch die Verdichtung auf eine für die Einleitung der Zündung hinreichend hohe Temperatur gebracht worden ist.

Man unterscheidet:

- *Dieselmotoren mit direkter Einspritzung*, bei denen der flüssige Kraftstoff direkt in den nicht unterteilten Verbrennungsraum eingespritzt wird;
- *Vorkammer-Dieselmotoren* mit unterteiltem Verbrennungsraum, bei dem der Kraftstoff in eine mit dem Arbeitszylinder über eine oder mehrere enge Öffnungen in Verbindung stehende Vorkammer eingespritzt wird;
- *Wirbelkammer-Dieselmotoren* mit unterteiltem Verbrennungsraum, bei dem der Kraftstoff in eine mit dem Arbeitszylinder durch eine verhältnismäßig weite Öffnung in Verbindung stehende Kammer eingespritzt wird. Dabei wird beim Verdichtungsvorgang eine gerichtete Luftbewegung erzeugt;
- *Luftspeicher-Dieselmotoren* mit unterteiltem Verbrennungsraum, bei dem der Kraftstoff unmittelbar in den Zylinderhauptraum eingespritzt wird und nur von hier aus in den Luftspeicher gelangen kann.
- Je nachdem man mehrere flüssige Kraftstoffe oder auch Gas verbrennen will, unterscheidet man *Vielstoffmotoren* und *Diesel-/Gasmotoren.*

3.2 Motoren für allgemeine Verwendung

Man unterscheidet Dieselmotoren nach ihren Bauformen. Bauformen nach Triebwerksausführung sind: *Tauchkolbenmotoren* und *Kreuzkopfmotoren.*

Tauchkolbenmotoren sind Motoren, bei denen jede Pleuelstange unmittelbar am Arbeitskolben angelenkt ist. Der Arbeitskolben überträgt seitliche Kräfte aus der jeweiligen Pleuelstangenstellung auf die Zylinderwände. Bild 3.1 stellt das Schnittbild eines modernen mittelschnellaufenden Tauchkolben-Dieselmotors dar.

Kreuzkopfmotoren sind Verbrennungsmotoren, bei denen die seitlichen Kräfte aus den jeweiligen Pleuelstangenstellungen auf Führungen übertragen werden, die sich außerhalb des Zylinders befinden. Bild 3.2 gibt das Schnittbild eines M.A.N.-Kreuzkopfmotors wieder, der sowohl im Schiffs- als auch im stationären Betrieb einsetzbar ist.

Nach der Wirkungsweise unterscheidet man *einfachwirkende* und *doppeltwirkende* Motoren; bei letzteren wird der Arbeitskolben von beiden Seiten abwechselnd von Verbrennungsgasen beaufschlagt. In *Doppelkolbenmotoren* arbeiten zwei Kolben in einem Zylinder; bei *Gegenkolbenmotoren* bewegen sich diese gegenläufig.

Nach der Lage der Zylinderachsen unterscheidet man *stehende, liegende* und *hängende* Motoren. Bei hängenden Motoren liegen die Arbeitszylinder tiefer als die zugehörige Kurbelwellenachse.

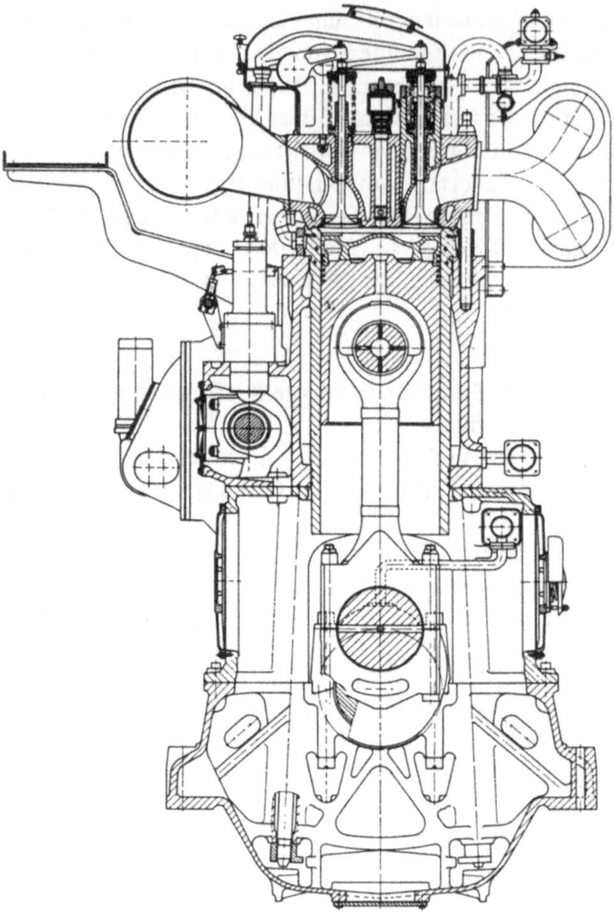

Bild 3.1

Schnitt durch einen MaK-Reihenmotor M601

d = 580 mm
s = 600 mm
n = 425 min^{-1}
c_m = 8,5 m/s
Zylinderleistung 920 kW
p_e = 16,7 bar
$p_e \cdot c_m$ = 142 m bar/s

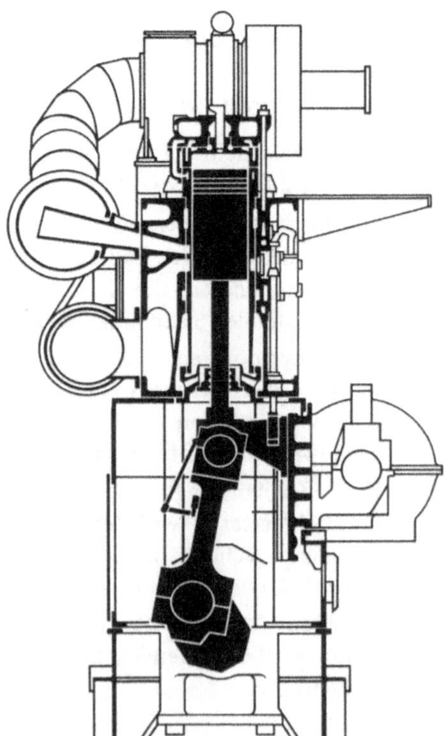

Bild 3.2

M.A.N.-Kreuzkopfmotor KSZ 52/105 B

d = 520 mm
s = 1050 mm
n = 183 min^{-1}
c_m = 6,4 m/s
p_e = 13 bar
Zylinderleistung 885 kW

Nach der Zylinderanordnung unterscheidet man *Reihenmotoren* und *V-Motoren.* Bei den V-Motoren sind die Zylinderreihen in zwei Ebenen angeordnet, die miteinander einen Winkel einschließen und deren Schnittlinie durch die Kurbelwellenachse geht oder parallel zu ihr liegt.

Für Verbrennungsmotoren zur allgemeinen Verwendung erfolgt die Bezeichnung der Seiten, der Zylinder, der Drehrichtung, der Zündfolge sowie ggf. der Zündleitungen und die Benennung Linksmotor oder Rechtsmotor nach DIN 6265. Diese Norm stimmt sachlich mit entsprechenden internationalen ISO-Normen überein. Die wesentlichen Bezeichnungen richten sich nach Standort und Blickrichtung eines Beobachters, der in Kurbelwellenrichtung so steht, daß er auf den Kupplungsflansch des Motors blickt. Hieraus ergeben sich die im Bild 3.3 dargestellten Bezeichnungen. Die Motorenzylinder werden von der Kupplungsseite aus gezählt. Bei V-Motoren wird die linke Seite mit A und die rechte Seite mit B gekennzeichnet. Aus der Beobachterposition ergibt sich auch die Drehrichtung Links- bzw. Rechtslauf.

Die Benennungen Linksmotor und Rechtsmotor ergeben sich aus der Lage der Abgasseite eines Motors ebenfalls vom Standort des Beobachters aus. Beim Linksmotor liegt also beim Blick auf die Kupplungsseite die Abgasseite links. Eine Unterscheidung in Links- bzw. Rechtsmotor ist im allgemeinen nur bei Einreihenmotoren möglich.

In den VDMA-Einheitsblätter – VDMA 6280 – sind Ausführungsbegriffe für Stromerzeugungsaggregate mit Kolbenkraftmaschinen sowie zugehörige Begriffe für das Drehzahlverhalten und für das Spannungsverhalten und Leistungsauslegung festgelegt.

In den sicherheitstechnischen Regeln des kerntechnischen Ausschusses KTA 3702.1 sind die speziellen Anforderungen an die Auslegung von Notstrom-Erzeugungsanlagen in ortsfesten Kernkraftwerken unter Einbezug moderner Überlegungen der Zuverlässigkeitstechnik geregelt.

Die Normbezugsbedingungen von Leistung und Kraftstoffverbrauch sind nach DIN 6271 bzw. ISO 3046/I folgende:

Luftdruck	p_r	=	1000 mbar
Lufttemperatur	T_r	=	300 K (27 °C)
relative Luftfeuchtigkeit	ϕ_r	=	60 %
Ladeluft-Kühlmitteltemperatur	T_{cr}	=	300 K (27 °C) oder 350 K (77 °C)

Für die Festlegung der Betriebsleistung (Service power) soll die Leistung angegeben werden, die ein Motor unter Berücksichtigung der Umgebungs- und Betriebsbedingungen am Aufstellungsort abgeben kann. Dabei sind zu berücksichtigen: Umgebungsbedingungen, Verwendungszweck, Zeit zwischen den erforderlichen Überholungen, Art und Umfang der vorgeschriebenen Wartungsarbeiten und Angaben über den betrieblichen Einsatz.

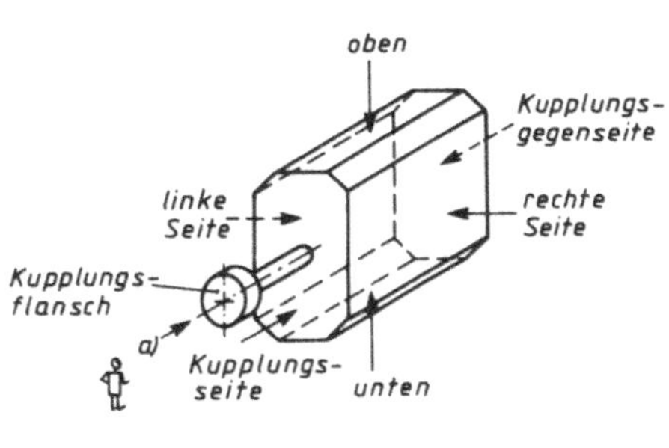

Bild 3.3 Norm-Seitenbezeichnungen

3.3 Schiffsmotoren

Betätigungssinn und Bildzeichen an Bedienteilen für Drehzahlverstellen und Umsteuern von Verbrennungsmotoren für Schiffsanlagen richten sich nach DIN 6264. Durch diese Norm soll erreicht werden, daß auf allen Schiffen Einheitlichkeit besteht und dadurch die Gefahr falschen Betätigens vermeiden wird.

Da bei Motoren, die auf Schiffen mit uneingeschränktem Fahrtbereich zum Einsatz kommen, die Umgebungsbedingungen entsprechend dem Fahrtbereich wechseln, sind für die Fest-

Dieselmotoren allgemeiner Leistungsdefinition (nach ISO 3046/I)

P = Dauerleistung
10% überlastbar für 1 Std. innerhalb 12 Betriebsstunden

Bezugszustand:

Lufttemperatur:	300 K (27°C)
Luftdruck:	1 bar
Kühlwassertemperatur vor Ladeluftkühler:	300 K (27°C)

Leistungsbereiche für Schiffshauptmotoren

- P = MCR = Maximum Continuous Rating (blockierte Leistung)
- I = Betriebsbereich für Dauerbetrieb
- II = Betriebsbereich vorübergehend zugelassen, z. B. beim Beschleunigen, Manövrieren (torque limit)
- FP = Auslegungsbereich für Festpropeller (Bild 1)
- VP = Auslegungsbereich für Verstellpropeller mit Kombinator (Bild 2)

Bezugszustand:

Lufttemperatur	318 K (45°C)
Luftdruck	1 bar
Kühlwassertemperatur vor Ladeluftkühler:	305 K (32°C)

General definition of Diesel engine ratings (acc. to ISO 3046/I)

P = continuous rating
10% overload capacity for 1 hour within 12 operating hours

Reference conditions:

Air temperature:	300 K (27°C)
Air pressure:	1 bar
Cooling water temperature before charge-air cooler:	300 K (27°C)

Engine power ranges of marine propulsion engines

- P = MCR = Maximum Continuous Rating (fuel stop power)
- I = operating range for continuous service
- II = operating range temporarily admissible, e. g. during acceleration, manoeuvring (torque limit)
- FP = design range for fixed-pitch propeller (Fig. 1)
- VP = design range for controllable-pitch propeller with combinator (Fig. 2)

Reference conditions:

Air temperature	318 K (45°C)
Air pressure	1 bar
Cooling water temperature before charge-air cooler	305 K (32°C)

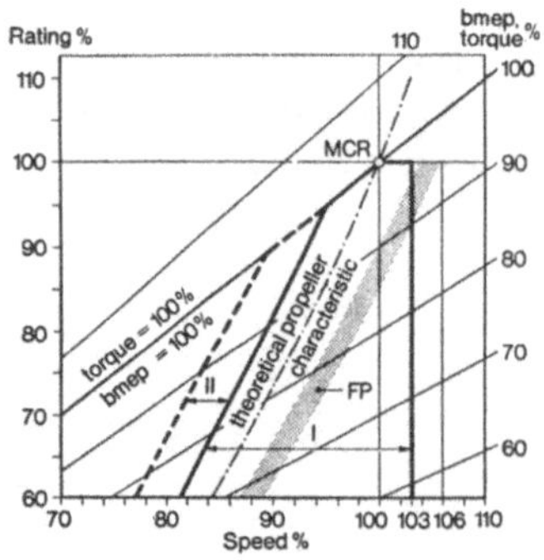

Bild 1: Schiffshauptmotoren mit Festpropeller
Fig. 1: Marine propulsion engines with fixed-pitch propeller

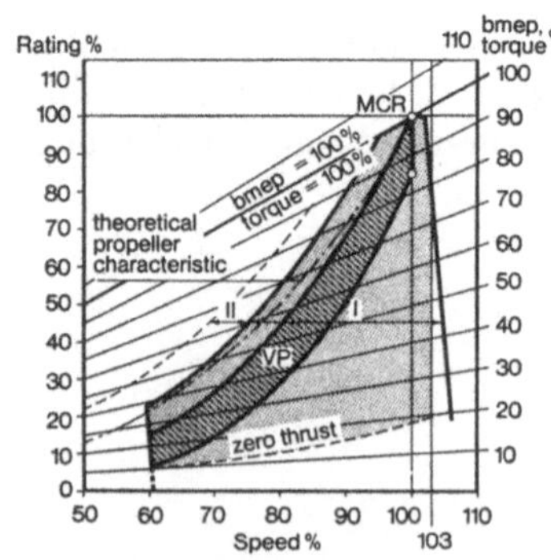

Bild 2: Schiffshauptmotoren mit Verstellpropeller
Fig. 2: Marine propulsion engines with controllable-pitch propeller

Bild 3.4 Leistungsdefinition für Dieselmotoren

legung der Betriebsleistung folgende Bezugsbedingungen als Umgebungsbedingungen zugrunde zu legen:

Luftdruck	p_r	= 1000 mbar
Lufttemperatur	T_{ra}	= 318 K (45 °C)
relative Luftfeuchtigkeit	ϕ_r	= 60 %
Ladeluft-Kühlmitteltemperatur (Meerwasser)	T_{cra}	= 305 K (32 °C)

Dauerleistung, Maximum Continous Rating-MCR, ist dabei die größte Leistung, die der Motor bei zugehöriger Nenndrehzahl und festgelegten Bezugsbedingungen unter Durchführung der vom Motorenhersteller vorgeschriebenen Wartungsarbeiten in der Zeit zwischen den erforderlichen Überholungen dauernd abgeben kann. Bei Schiffshauptmotoren wird die Motorenleistung in der Regel auf die Dauerleistung begrenzt, so daß im Betrieb eine Überleistung nicht abgegeben werden kann.

Für Motoren, die in Hauptantriebsanlagen von Schiffen zum Einsatz kommen, sollen in Form eines Diagramms alle Leistungsbereiche angegeben werden, in denen der Motor unter Betriebsbedingungen im Dauer- und Kurzzeitbetrieb betrieben werden kann. Vergleiche hierzu Bild 3.4 (aus M.A.N Diesel Engine Programme).

Schrifttum

[3.1] Deutsche Verbrennungsmotoren'78, 15. Auflage 78 , Maschinenbau-Verlag Frankfurt/Main.

4 Energieumsetzung im Dieselmotor

4.1 Thermodynamische Grundlagen

Mit den nachstehenden thermodynamischen Grundlagen sollen qualitative Einsichten in das Wesen der Dieselmotoren vermittelt werden. Als einfaches Beispiel wurde ein unaufgeladener Viertaktmotor betrachtet.

4.1.1 Der „vollkommene" Motor

4.1.1.1 Definition des vollkommenen Motors

Definition: Idealmaschine, die unter möglichst gleichen Bedingungen wie die wirkliche Maschine arbeitet, jedoch keine Verluste hat, soweit sich diese theoretisch überhaupt vermeiden lassen. Dadurch wird die Bestimmung des theoretisch günstigsten Arbeitsverfahrens ermöglicht.

Voraussetzungen für den vollkommenen Motor: Zur Erzielung möglichst gleicher Bedingungen, sowie zur Vereinfachung der rechnerischen Untersuchungen:

1. Gleiches Luftverhältnis wie die wirkliche Maschine, jedoch vollständige und vollkommene Verbrennung. Reine Ladung ohne Restgas.
2. Kein Wärmeübergang zwischen Ladung und Zylinderwand.
3. Die Verbrennung erfolgt nach vorgeschriebenen Gesetzen:
   a) *Gleichraumverbrennung* (Annäherung an Ottomotor),
   b) *Gleichdruckverbrennung* (Annäherung an langsamlaufenden Dieselmotor mit Druckluft-einspritzung),
   c) *Gemischte Verbrennung mit gegebenem Höchstdruck* (Seiliger-Prozeß, Annäherung an Dieselmotor mit Druckeinspritzung).
4. Der Ladungswechsel (Füllung und Auspuff) erfolgt verlustlos.
5. Luft und Verbrennungsgase werden als Idealgase behandelt.
6. Zum Beginn der Verdichtung ist bei nichtaufgeladenen Maschinen der Zylinder mit Luft von 1 bar, bei aufgeladenen von entsprechendem Aufladedruck gefüllt. Die Temperatur beträgt stets 20 °C.

Bedeutung der Buchstaben:

D	Kolbendurchmesser in m	
s	Kolbenhub in m	
n	Drehzahlen in min^{-1}	
n_a	Anzahl der Arbeitsspiele je min	
V_1	Volumen des gesamten Zylinders in m^3;	v_1 in m^3/kg
V_h	Hubvolumen eines Zylinders in m^3;	v_h in m^3/kg
V_H	Hubvolumen aller Zylinder in m^3;	v_H in m^3/kg
$V_c = V_2$	Kompressionsvolumen in m^3;	v_c in m^3/kg
$V_z = V_3$	Volumen am Ende der Wärmezufuhr in m^3;	v_z in m^3/kg

$\epsilon = \dfrac{V_h + V_c}{V_c}$ Verdichtungsverhältnis bzw. Verdichtungsgrad

Q_1 zugeführte Wärmemenge in kJ bzw. kJ/kg

Q_2 abgeführte Wärmemenge in kJ bzw. kJ/kg

W_v Arbeit der vollkommenen Maschine in kJ/kg

P_v Leistung der vollkommenen Maschine in kW

$\eta_v = \dfrac{Q_1 - Q_2}{Q_1} = \dfrac{W_v}{W_{max}}$ Wirkungsgrad der vollkommenen Maschine

$W_{max} = Q_1$ in kJ/kg

p_1, p_2, p_3, p_4 usw. Druck in bar

T_1, T_2, T_3, T_4 usw. absolute Temperatur in K

t_1, t_2, t_3, t_4 usw. Temperatur in °C

c_p spezifische Wärme für p = const. in kJ/kgK

c_v spezifische Wärme für v = const. in kJ/kgK

$\kappa = c_p/c_v$ Exponent der adiabatischen Zustandsänderung

n Exponent der polytropischen Zustandsänderung

$\psi = p_z/p_c$ Druckverhältnis (Drucksteigerungsverhältnis bei Dieselmotoren)

$\rho = V_z/V_c$ Einspritzverhältnis (bei Dieselmotoren)

λ_v Verbrennungsluftverhältnis $= m_z/m_{min} = \dfrac{m_z \cdot 60 \cdot n_a}{L_{min} \cdot B}$

$L_{min} = L_0$ Theoretischer Luftbedarf (Mindestluftmenge der vollständigen Verbrennung) in kg/kg

B stündlicher Kraftstoffverbrauch in kg/h

b spezifischer Kraftstoffverbrauch in g/kWh

H_u unterer Heizwert in kJ/kg

s Entropie in kJ/kg K

S Entropie in kJ/K

i Enthalpie in kJ/kg

I Enthalpie in kJ

u innere Energie in kJ/kg

U innere Energie in kJ

d Dichte in kg/m^3

m_z tatsächliche Luft menge in kg/Arbeitsspiel im Zylinder vor der Zündung

m_{min} theoretische Luftmenge in kg/Arbeitsspiel; die für eine vollkommene Verbrennung je Arbeitsspiel erforderliche Mindestluftmenge

4.1.1.2 **Das Gleichraumverfahren** (Bild 4.1)

Die Verbrennung erfolgt schlagartig im oberen Totpunkt des Kolbens, wobei der Druck von p_2 auf p_3 steigt.

Drucksteigerung: $\psi = \dfrac{p_3}{p_2} = \dfrac{p_z}{p_c}$ $\quad p_z = p_{max}$

Gegeben: Anfangszustand p_1; T_1 und V_1
Verdichtungsverhältnis ϵ
Zugeführte Wärme Q_1

Zu bestimmen: die Zustände in den Punkten 2, 3, und 4 sowie der Wirkungsgrad η_v

a) *Verdichtung:*

$$p_1 \cdot V_1^\kappa = p_2 \cdot V_2^\kappa; \quad p_2 = p_1 \cdot \left(\frac{V_1}{V_2}\right)^\kappa = p_1 \cdot \epsilon^\kappa;$$

$$V_2 = \frac{V_1}{\epsilon}; \quad T_2 = T_1 \cdot \frac{p_2 \cdot V_2}{p_1 \cdot V_1} = T_1 \cdot \frac{\epsilon^\kappa}{\epsilon} = T_1 \cdot \epsilon^{\kappa-1}$$

$$p_1 \cdot V_1 = m \cdot R \cdot T_1; \quad p_2 \cdot V_2 = m \cdot R \cdot T_2$$

b) *Verbrennung:*

$Q_1 = m \cdot c_v \cdot (T_3 - T_2)$ in kJ

$Q_1 = c_v \cdot (T_3 - T_2)$ in kJ/kg (für 1 kg Luft)

$\psi = T_3/T_2 = p_3/p_2$

$$T_3 = \frac{Q_1}{c_v} + T_2$$

$$T_3 = \psi \cdot T_2 = T_1 \cdot \psi \cdot \epsilon^{\kappa-1}$$

$$p_3 = \psi \cdot p_2 = p_1 \cdot \psi \cdot \epsilon^\kappa$$

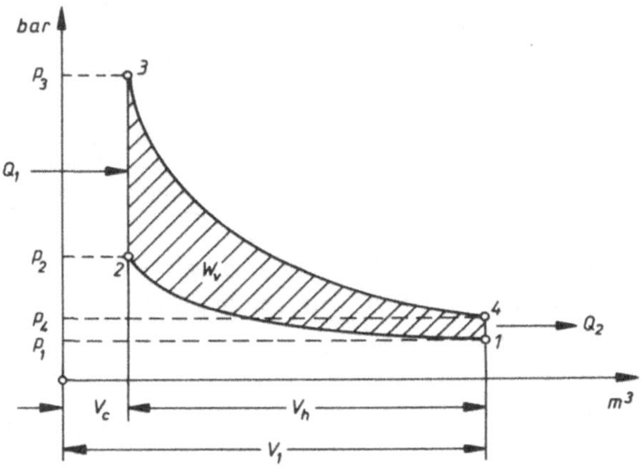

Bild 4.1
Gleichraum-Verfahren

c) *Expansion:*

$$p_3 \cdot V_2^\kappa = p_4 \cdot V_1^\kappa; \quad p_4 = \frac{p_3}{\epsilon^\kappa} = p_1 \cdot \psi$$

$$T_4 = \frac{T_3}{\epsilon^{\kappa-1}} = T_1 \cdot \psi$$

d) *Auspuff:*

$Q_2 = m \cdot c_v \cdot (T_4 - T_1)$ in kJ vor Druckausgleich

$Q_2 = m \cdot c_p \cdot (T_4' - T_1)$ in kJ nach Druckausgleich

$$c_p \cdot (T_4' - T_1) = c_v \cdot (T_4 - T_1)$$

mit T_4 Temperatur vor Druckausgleich

T_4' Temperatur nach Druckausgleich

$$T_4' - T_1 = \frac{T_4 - T_1}{\kappa} = T_1 \cdot \frac{\psi - 1}{\kappa}$$

$$T_4' = T_1 \cdot \left(1 + \frac{\psi - 1}{\kappa}\right)$$

e) *Wirkungsgrad:*

$$\eta_v = \frac{Q_1 - Q_2}{Q_1} = 1 - \frac{Q_2}{Q_1} = 1 - \frac{c_v\,(T_4 - T_1)}{c_v\,(T_3 - T_2)}$$

$$= 1 - \frac{T_4/T_1 - 1}{T_3/T_1 - T_2/T_1}$$

$$= 1 - \frac{\psi - 1}{\psi \cdot \epsilon^{\kappa-1} - \epsilon^{\kappa-1}}$$

$$\eta_v = 1 - \frac{1}{\epsilon^{\kappa-1}}$$

Im Gleichraumverfahren ist der Wirkungsgrad *nur* vom Verdichtungsverhältnis ϵ abhängig, d.h. bei allen Belastungen gleich groß (Bild 4.2). Starke Zunahme von η_v bis $\epsilon = 9$. Daher Verwendung von hochklopffesten Kraftstoffen für Hochleistungs-Ottomotoren:

für Benzin-Motor $\epsilon_{max} = 7$,
für Benzol-Motor $\epsilon_{max} = 8$,
für Gas-Motor $\epsilon_{max} = 10$.

Darstellung im T,S-Diagramm: (Gleichraumverfahren) (Bild 4.3)

Q_1 = Fläche $S_{1,2} - 2 - 3 - S_{3,4}$
Q_2 = Fläche $S_{1,2} - 1 - 4 - S_{3,4}$ bzw.
Q_2 = Fläche $S_{1,2} - 1 - 4' - S_{4'}$
W_v = Fläche $1 - 2 - 3 - 4 - 1$

$$\Delta s = c_v \cdot \ln\left(\frac{T_3}{T_2}\right) = c_v \cdot \ln\left(\frac{T_4}{T_1}\right) = c_v \cdot \ln\psi$$

$$\Delta s' = c_p \cdot \ln\left(\frac{T'_4}{T_1}\right)$$

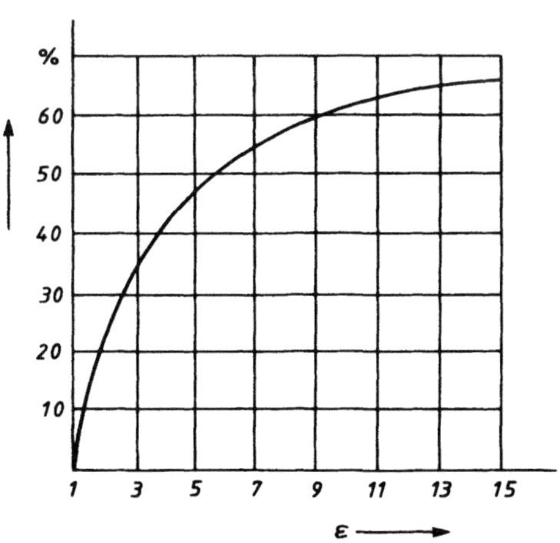

Bild 4.2 $\eta_v = f(\epsilon)$ für Gleichraum-Verfahren

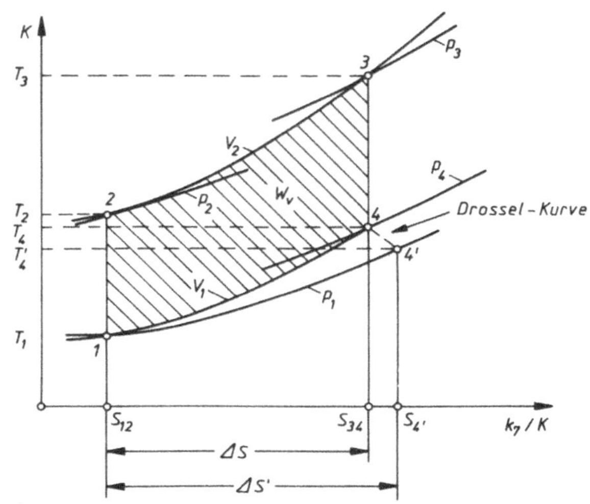

Bild 4.3 Gleichraum-Verfahren im *T, S*-Diagramm

Theoretische Arbeit:

per 1 kg Ladeluft:

$$W_v = Q_1 \cdot \eta_v \qquad \text{in kJ/kg bzw. kWs}$$

wobei

$$Q_1 = \frac{H_u}{\lambda_v \cdot L_{min}} \qquad \text{in kJ/kg ist}$$

Theoretische Motorleistung:

$$P_v = B \cdot H_u \cdot \eta_v \cdot \frac{1}{C} \qquad \text{in kW}$$

$$C = 3600 \text{ kJ/kWh} = 3600 \text{ s/h}$$

4.1.1.3 Das Gleichdruckverfahren (Bild 4.4)

Die Kraftstoffzufuhr wird so geregelt, daß der Druck während der Verbrennung konstant bleibt, wobei das Volumen von V_c auf V_z wächst.

Einspritzverhältnis: $\rho = \frac{V_z}{V_c} = \frac{V_3}{V_2}$ (auch Belastungsfaktor genannt)

Gegeben: Anfangszustand p_1; T_1 und V_1
Verdichtungsverhältnis ϵ
Zugeführte Wärme Q_1

Zu bestimmen: die Zustände in den Punkten 2, 3 und 4 sowie der Wirkungsgrad η_v

a) *Verdichtung:* (wie im Gleichraumverfahren)

$$p_2 = p_1 \cdot \epsilon^{\kappa};$$

$$T_2 = T_1 \cdot \epsilon^{\kappa-1};$$

$$V_2 = \frac{V_1}{\epsilon}$$

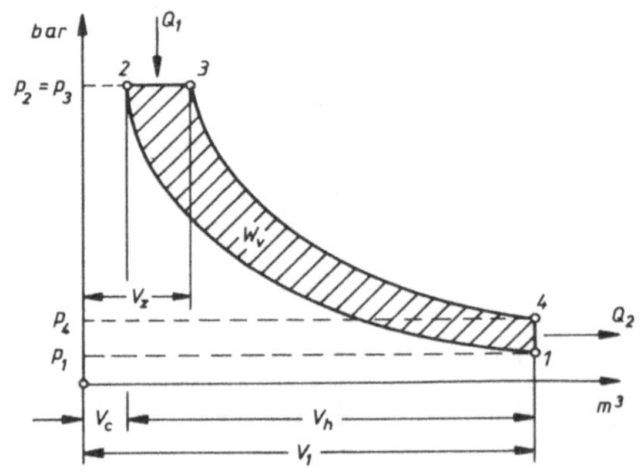

Bild 4.4 Gleichdruck-Verfahren

b) *Verbrennung:*

$$Q_1 = c_p \cdot (T_3 - T_2) \qquad \text{in kJ/kg}$$

$$\rho = \frac{V_3}{V_2} = \frac{T_3}{T_2}; \qquad V_3 = \rho \cdot V_2 = \rho \cdot \frac{V_1}{\epsilon}$$

$$T_3 = \frac{Q_1}{c_p} + T_2 = \rho \cdot T_2 = T_1 \cdot \rho \cdot \epsilon^{\kappa-1}$$

$$p_3 = p_2 = p_1 \cdot \epsilon^{\kappa}$$

c) *Expansion:*

$$p_4 = p_2 \cdot \left(\frac{V_3}{V_1}\right)^{\kappa} = p_1 \cdot \epsilon^{\kappa} \cdot \frac{\rho^{\kappa}}{\epsilon^{\kappa}} = p_1 \cdot \rho^{\kappa}$$

$$\frac{p_4}{p_1} = \frac{T_4}{T_1}; \qquad T_4 = T_1 \cdot \rho^{\kappa}$$

d) *Auspuff:*

$$Q_2 = c_v \cdot (T_4 - T_1) = c_p \cdot (T_4' - T_1) \quad \text{in kJ/kg}$$

$$T_4' - T_1 = \frac{T_4 - T_1}{\kappa} = T_1 \cdot \frac{\rho^\kappa - 1}{\kappa}$$

$$T_4' = T_1 \cdot \left(1 + \frac{\rho^\kappa - 1}{\kappa}\right)$$

e) *Wirkungsgrad:*

$$\eta_v = 1 - \frac{Q_2}{Q_1} = 1 - \frac{c_v \cdot (T_4 - T_1)}{c_p \cdot (T_3 - T_2)}$$

$$= 1 - \frac{T_4/T_1 - 1}{\kappa \cdot (T_3/T_1 - T_2/T_1)}$$

$$= 1 - \frac{\rho^\kappa - 1}{\kappa \cdot (\rho \cdot \epsilon^{\kappa-1} - \epsilon^{\kappa-1})}$$

$$\eta_v = 1 - \frac{1}{\epsilon^{\kappa-1}} \cdot \frac{\rho^\kappa - 1}{\kappa \cdot (\rho - 1)}$$

Der Wirkungsgrad nimmt, wie beim Gleichraumverfahren, mit zunehmendem Verdichtungsverhältnis zu. Da ρ mit steigender Belastung zunimmt, jedoch ρ^κ schneller wächst als ρ, nimmt der Wirkungsgrad mit zunehmender Belastung ab (Bild 4.5).

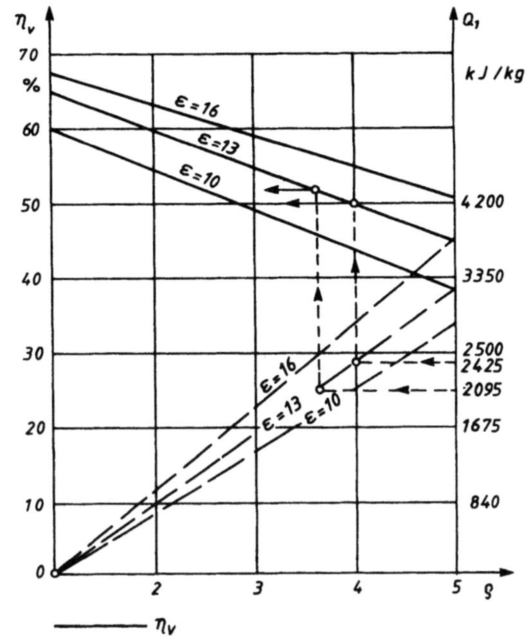

Bild 4.5 $\eta_v = f(\epsilon, \rho)$ für Gleichdruckverfahren

Für Dieselmotoren $\epsilon = 12 \dots 16$

Werte für ρ: bei Leerlauf: $\rho = 1{,}5$
bei Vollast: $\rho = 3$;

zum Beispiel: bei $\epsilon = 13$ ergibt eine Belastung von $Q_1 = 2425$ kJ/kg, ein Einspritzverhältnis $\rho = 4$ und einen Wirkungsgrad von $\eta_v = 50\,\%$

oder bei $Q_1 = 2095$ kJ/kg
und $\epsilon = 13$ ist $\eta_v = 52\,\%$.

Darstellung im T, S-Diagramm:
(Gleichdruckverfahren) (Bild 4.6)

Q_1 = Fläche $S_{1,2} - 2 - 3 - S_{3,4}$

Q_2 = Fläche $S_{1,2} - 1 - 4 - S_{3,4}$ bzw.

Q_2 = Fläche $S_{1,2} - 1 - 4' - S_{4'}$

W_v = Fläche $1 - 2 - 3 - 4 - 1$

$$\Delta s = c_p \cdot \ln\left(\frac{T_3}{T_2}\right) = c_v \cdot \ln\left(\frac{T_4}{T_1}\right) = c_p \cdot \ln \rho$$

$$\Delta s' = c_p \cdot \ln\left(\frac{T_4'}{T_1}\right)$$

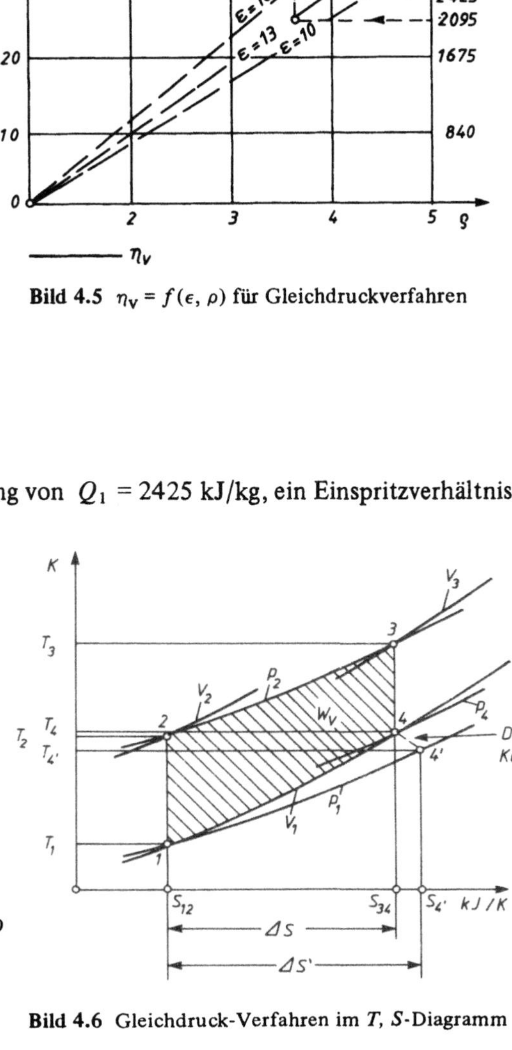

Bild 4.6 Gleichdruck-Verfahren im T, S-Diagramm

4.1.1.4 Der Seiliger Prozeß (Bild 4.7)

Die Verbrennung erfolgt zuerst im Gleichraum bis zu einem vorgeschriebenen Höchstdruck. Der Rest des Kraftstoffes verbrennt im Gleichdruck.

Druckverhältnis: $\psi = \frac{p_{2'}}{p_2} = \frac{p_z}{p_c} = \frac{T_{2'}}{T_2}; \quad p_3 = p_{2'}$

Einspritzverhältnis: $\rho = \frac{V_3}{V_{2'}} = \frac{V_z}{V_c} = \frac{T_3}{T_{2'}}; \quad V_{2'} = V_2$

Gegeben: Anfangszustand p_1; T_1 und V_1
Verdichtungsverhältnis ϵ
Höchstdruck p_z
Zugeführte Wärme Q_1

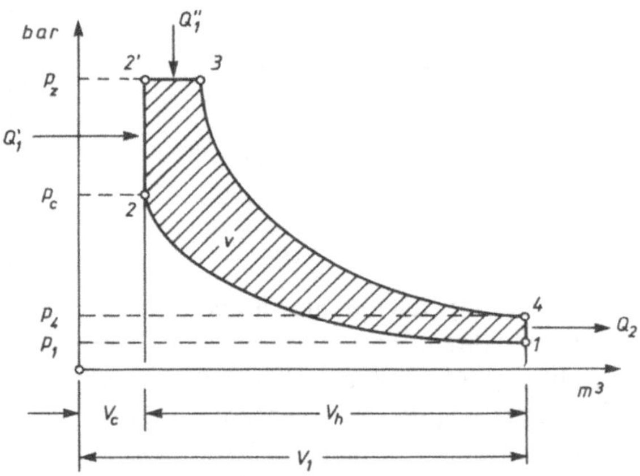

Bild 4.7
Der Seiliger-Prozeß

Zu bestimmen: die Zustände in den Punkten 1, 2, 2', 3 und 4 sowie der Wirkungsgrad η_v

a) *Verdichtung:* (wie im Gleichraumverfahren)

$$p_2 = p_1 \cdot \epsilon^\kappa; \quad T_2 = T_1 \cdot \epsilon^{\kappa-1};$$

$$V_2 = \frac{V_1}{\epsilon}$$

b) *Verbrennung:*

$$Q_1' = c_v \cdot (T_{2'} - T_2) \quad \text{in kJ/kg}$$

$$Q_1'' = c_p \cdot (T_3 - T_{2'}) \quad \text{in kJ/kg}$$

$$Q_1 = Q_1' + Q_1'' \quad \text{in kJ/kg}$$

$$Q_1' = c_v \cdot (T_1 \cdot \psi \cdot \epsilon^{\kappa-1} - T_1 \cdot \epsilon^{\kappa-1})$$

$$Q_1' = c_v \cdot T_1 \cdot \epsilon^{\kappa-1} \cdot (\psi - 1)$$

$$T_{2'} = T_2 \cdot \psi = T_1 \cdot \psi \cdot \epsilon^{\kappa-1}$$

$$p_{2'} = p_2 \cdot \psi = p_1 \cdot \psi \cdot \epsilon^\kappa$$

$$V_{2'} = V_2 = \frac{V_1}{\epsilon}$$

$$Q_1'' = Q_1 - Q_1'$$

$$T_3 - T_{2'} = \frac{Q_1''}{c_p} = \frac{Q_1 - Q_1'}{c_p}$$

$$p_3 = p_{2'} = p_1 \cdot \psi \cdot \epsilon^{\kappa}$$

$$\rho = \frac{T_3}{T_{2'}} = \frac{Q_1 - Q_1'}{c_p \cdot T_{2'}} + 1$$

$$T_3 = T_{2'} \cdot \rho = T_1 \cdot \psi \cdot \rho \cdot \epsilon^{\kappa-1}$$

$$V_3 = V_2 \cdot \rho = V_1 \cdot \frac{\rho}{\epsilon}$$

c) *Expansion:*

$$p_3 \cdot V_3^{\kappa} = p_4 \cdot V_4^{\kappa} \qquad V_4 = V_1; \quad V_3 = V_1 \cdot \frac{\rho}{\epsilon}$$

$$p_1 \cdot \psi \cdot \epsilon^{\kappa} \cdot \frac{\rho^{\kappa}}{\epsilon^{\kappa}} \cdot V_1^{\kappa} = p_4 \cdot V_1^{\kappa} \qquad p_3 = p_1 \cdot \psi \cdot \epsilon^{\kappa}$$

$$p_4 = p_1 \cdot \psi \cdot \rho^{\kappa}$$

$$\frac{p_4}{p_1} = \frac{T_4}{T_1}$$

$$T_4 = T_1 \cdot \psi \cdot \rho^{\kappa}$$

d) *Auspuff:*

$$c_v \cdot (T_4 - T_1) = c_p \cdot (T_{4'} - T_1)$$

$$T_{4'} - T_1 = \frac{T_4 - T_1}{\kappa} = \frac{\psi \cdot \rho^{\kappa} \cdot T_1 - T_1}{\kappa}$$

$$T_{4'} = T_1 \cdot \left(\frac{\psi \cdot \rho^{\kappa} - 1}{\kappa} + 1\right)$$

e) *Wirkungsgrad:*

$$\eta_v = 1 - \frac{Q_2}{Q_1} = 1 - \frac{Q_2}{Q_1' + Q_1''}$$

$$= 1 - \frac{c_v \cdot (T_4 - T_1)}{c_v \cdot (T_2' - T_2) + c_p \cdot (T_3 - T_2')}$$

$$= 1 - \frac{T_4/T_1 - 1}{T_2'/T_1 - T_2/T_1 + \kappa \cdot (T_3/T_1 - T_2'/T_1)}$$

$$= 1 - \frac{\psi \cdot \rho^{\kappa} - 1}{\psi \cdot \epsilon^{\kappa-1} - \epsilon^{\kappa-1} + \kappa \cdot (\rho \cdot \psi \cdot \epsilon^{\kappa-1} - \psi \cdot \epsilon^{\kappa-1})}$$

$$= 1 - \frac{\psi \cdot \rho^{\kappa} - 1}{\epsilon^{\kappa-1} \cdot [\psi - 1 + \kappa \cdot \psi\,(\rho - 1)]}$$

$$\eta_v = 1 - \frac{1}{\epsilon^{\kappa-1}} \cdot \frac{\psi \cdot \rho^{\kappa} - 1}{\psi - 1 + \kappa \cdot \psi \cdot (\rho - 1)}$$

für Gleichdruckverfahren: $\psi = 1: \quad \eta_v = 1 - \frac{1}{\epsilon^{\kappa-1}} \cdot \frac{\rho^{\kappa} - 1}{\kappa \cdot (\rho - 1)}$

für Gleichraumverfahren: $\rho = 1: \quad \eta_v = 1 - \frac{1}{\epsilon^{\kappa-1}}$

Der Wirkungsgrad nimmt wie beim Gleichraumverfahren und Gleichdruckverfahren bei zunehmendem ϵ zu. Ebenso nimmt er, wie beim Gleichdruckverfahren, mit zunehmendem ρ, also zunehmender Belastung ab. Da er jedoch bei zunehmendem ψ und gleichbleibender Belastung ρ abnimmt, verbessert sich der Wirkungsgrad bei zunehmendem Druckverhältnis ψ (Bild 4.8).

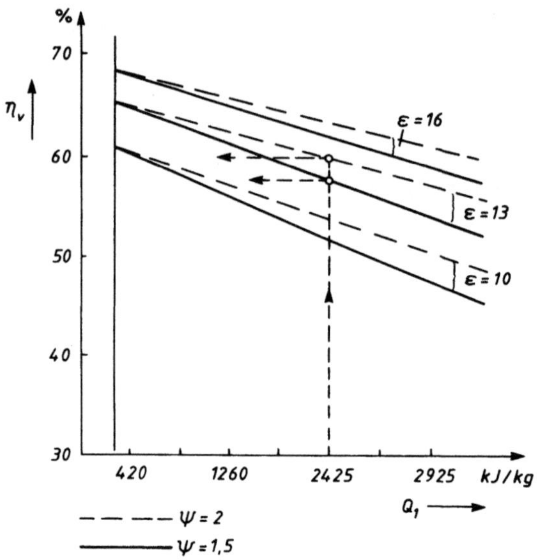

Bild 4.8
$\eta_V = f(\epsilon, \psi$ und $\rho)$ für Seiliger-Prozeß

Beispiel: Bei $Q_1 = 2425$ kJ/kg und $\epsilon = 13$ ist bei einem Druckverhältnis $\psi = 1{,}5$ der Wirkungsgrad $\eta_V = 57{,}5\,\%$; bei $\psi = 2$ ist $\eta_V = 60\,\%$.

Darstellung im T,S-Diagramm (Seiliger-Prozeß) (Bild 4.9)

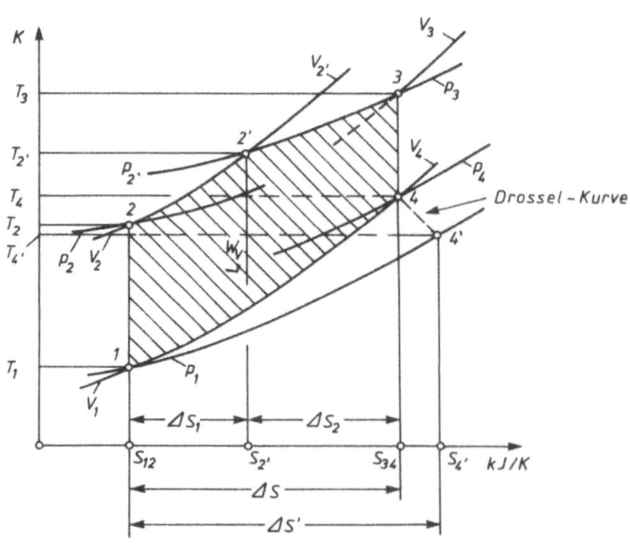

Bild 4.9
Der Seiliger-Prozeß im *T, S*-Diagramm

$Q_1' \;=$ Fläche $S_{1,2} - 2 - 2' - S_{2'}$

$Q_1'' \;=$ Fläche $S_{2'} - 2' - 3 - S_{3,4}$

$W_v \;=$ Fläche $1 - 2 - 2' - 3 - 4$

$Q_2 \;=$ Fläche $S_{1,2} - 1 - 4 - S_{3,4}$ oder

$Q_2 \;=$ Fläche $S_{1,2} - 1 - 4' - S_{4'}$

$$\Delta s = \Delta s_1 + \Delta s_2 = c_v \cdot \ln\left(\frac{T_{2'}}{T_2}\right) + c_p \cdot \ln\left(\frac{T_3}{T_2}\right) = c_v \cdot \ln\left(\frac{T_4}{T_1}\right)$$

$$\Delta s' = c_p \cdot \ln\left(\frac{T_{4'}}{T_1}\right)$$

Aufgabe:

a) Bestimme η_v eines 4-Takt Dieselmotors, der mit einem Verdichtungsverhältnis $\epsilon = 11$ und einem Höchstdruck $p_z = 60$ bar bei einem Luftverhältnis $\lambda_v = 2$ arbeitet.

b) Wie verändert sich η_v bei gleichem Höchstdruck, aber $\epsilon = 14$.

Kraftstoffdaten: $H_u = 42\,000$ kJ/kg
$L_{min} = 14{,}3$ kg/kg$_B$
$c_v = 0{,}716$ kJ/kg K
$c_p = 1{,}005$ kJ/kg K

Anfangszustand: $p_1 = 1$ bar; $t_1 = 20\,°C$

a) $$Q_1 = \frac{H_u}{\lambda_v \cdot L_{min}} = \frac{42\,000 \text{ kJ/kg}}{2 \cdot 15{,}3 \text{ kg/kg}_B} = \underline{1470 \text{ kJ/kg}}$$

$$\epsilon = 11; \quad \epsilon^{\kappa-1} = 11^{0,4} = 2{,}61; \quad \epsilon^{\kappa} = 11^{1,4} = 28{,}8$$

$$Q_1' = c_v \cdot (T_{2'} - T_2);$$

$$T_2 = T_1 \cdot \epsilon^{\kappa-1} = 293 \text{ K} \cdot 2{,}61$$

$$T_2 = \underline{765 \text{ K}}$$

$$p_2 = p_1 \cdot \epsilon^{\kappa} = 1 \text{ bar} \cdot 28{,}8$$

$$p_2 = \underline{28{,}8 \text{ bar}}$$

$$\psi = p_3/p_2 = \frac{60 \text{ bar}}{28{,}8 \text{ bar}} = 2{,}08$$

$$T_{2'} = \psi \cdot T_2 = 2{,}08 \cdot 765 \text{ K}$$

$$T_{2'} = \underline{1590 \text{ K}}$$

$$Q_1' = 0{,}716 \text{ kJ/kg K} \cdot 825 \text{ K} = \underline{590 \text{ kJ/kg}}$$

$$Q_1'' = Q_1 - Q_1' = \underline{880 \text{ kJ/kg}}$$

$$T_3 = \frac{Q_1''}{c_p} + T_{2'} = \frac{880 \text{ kJ/kg}}{1{,}005 \text{ kJ/kg K}} + 1590 \text{ K} = \underline{2460 \text{ K}}$$

$$\rho = T_3/T_{2'} = \frac{2460 \text{ K}}{1590 \text{ K}} = 1{,}55; \quad \rho^{\kappa} = 1{,}55^{1,4} = 1{,}848$$

$$\eta_v = 1 - \frac{1}{\epsilon^{\kappa-1}} \cdot \frac{\psi \cdot \rho^\kappa - 1}{\psi - 1 + \kappa \cdot \psi \cdot (\rho - 1)}$$

$$= 1 - \frac{1}{2{,}61} \cdot \frac{2{,}08 \cdot 1{,}848 - 1}{1{,}08 + 1{,}4 \cdot 2{,}08 \cdot 0{,}55}$$

$$= 1 - \frac{2{,}84}{2{,}61 \cdot 2{,}68} = 1 - 0{,}413$$

$$\eta_v = \underline{0{,}587}$$

b) mit $\epsilon = 14$; $\epsilon^{\kappa-1} = 14^{0,4} = 2{,}86$; $\epsilon^\kappa = 14^{1,4} = 40$;

$$T_2 = T_1 \cdot \epsilon^{\kappa-1} = 293\,\text{K} \cdot 2{,}86 = \underline{840\,\text{K}}$$

$$p_2 = p_1 \cdot \epsilon^\kappa = 1\,\text{bar} \cdot 40 = \underline{40\,\text{bar}}$$

$$\psi = p_3/p_2 = \frac{60\,\text{bar}}{40\,\text{bar}} = 1{,}5$$

$$T_{2'} = T_2 \cdot \psi = 840\,\text{K} \cdot 1{,}5 = \underline{1260\,\text{K}}$$

$$Q_1' = c_v \cdot (T_{2'} - T_2) = 0{,}716\,\text{kJ/kg K} \cdot 420\,\text{K}$$

$$Q_1' = \underline{301\,\text{kJ/kg}} \qquad Q_1'' = Q_1 - Q_1 = (1470 - 301)\,\text{kJ/kg}$$

$$Q_1'' = \underline{1169\,\text{kJ/kg}}$$

$$\rho = T_3/T_{2'} \qquad T_3 = \frac{Q_1''}{c_p} + T_{2'}$$

$$= \frac{1169\,\text{kJ/kg}}{1{,}005\,\text{kJ/kg K}} + 1260\,\text{K}$$

$$T_3 = \underline{2420\,\text{K}}$$

$$\rho = \frac{2420\,\text{K}}{1260\,\text{K}} = 1{,}92; \qquad \rho^\kappa = 2{,}49$$

$$\eta_v = 1 - \frac{1}{2{,}86} \cdot \frac{1{,}5 \cdot 2{,}49 - 1}{0{,}5 + 1{,}4 \cdot 1{,}5 \cdot 0{,}92}$$

$$= 1 - \frac{2{,}75}{2{,}86 \cdot 2{,}49} = 1 - 0{,}385$$

$$\eta_v = \underline{0{,}615}$$

Das heißt, bei gleichem Höchstdruck verändert sich der Wirkungsgrad bei Veränderung von ϵ nur geringfügig.

4.1.1.5 Zusammenstellung der Zustandsänderungen (Tabelle 4.1)

Tabelle 4.1 Zustandsänderungen der Idealverfahren

Gleichraum

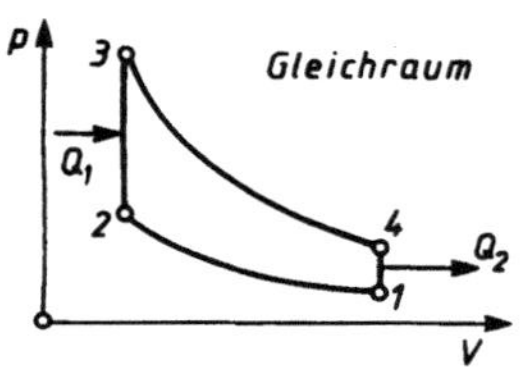

Gleichdruck

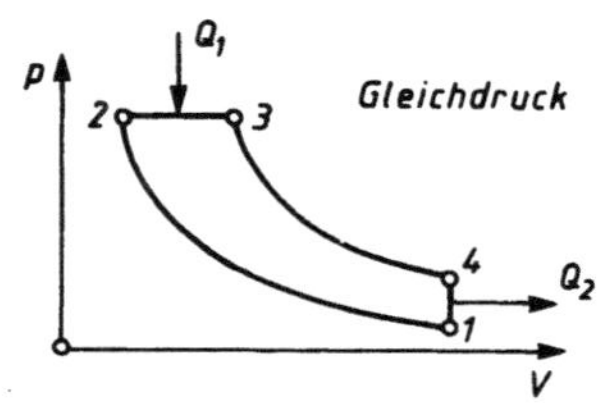

Seiliger

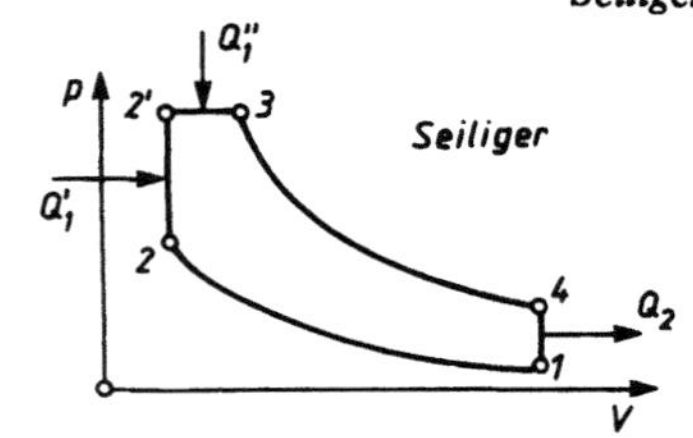

	Gleichraum			Gleichdruck			Seiliger		
	p	T	V	p	T	V	p	T	V
1.	p_1	T_1	$V_1 = \frac{R \cdot T_1}{p_1}$	p_1	T_1	$V_1 = \frac{R \cdot T_1}{p_1}$	p_1	T_1	$V_1 = \frac{R \cdot T_1}{p_1}$
2.	$p_1 \cdot \epsilon^\kappa$	$T_1 \cdot \epsilon^{\kappa-1}$	V_1/ϵ	$p_1 \cdot \epsilon^\kappa$	$T_1 \cdot \epsilon^{\kappa-1}$	V_1/ϵ	$p_1 \cdot \epsilon^\kappa$	$T_1 \cdot \epsilon^{\kappa-1}$	V_1/ϵ
2'.	–	–	–	–	–	–	$p_1 \cdot \psi \cdot \epsilon^\kappa$	$T_1 \cdot \psi \cdot \epsilon^{\kappa-1}$	V_1/ϵ
3.	$p_1 \cdot \psi \cdot \epsilon^\kappa$	$T_1 \cdot \psi \cdot \epsilon^{\kappa-1}$	V_1/ϵ	$p_1 \cdot \epsilon^\kappa$	$T_1 \cdot \rho \cdot \epsilon^{\kappa-1}$	$V_1 \cdot \frac{\rho}{\epsilon}$	$p_1 \cdot \psi \cdot \epsilon^\kappa$	$T_1 \cdot \psi \cdot \rho \cdot \epsilon^{\kappa-1}$	$V_1 \cdot \frac{\rho}{\epsilon}$
4.	$p_1 \cdot \psi$	$T_1 \cdot \psi$	V_1	$p_1 \cdot \rho^\kappa$	$T_1 \cdot \rho^\kappa$	V_1	$p_1 \cdot \psi \cdot \rho^\kappa$	$T_1 \cdot \psi \cdot \rho^\kappa$	V_1
	$\psi = \frac{p_3}{p_2} = \frac{T_3}{T_2} = \frac{Q_1}{c_v \cdot T_2} + 1$			$\rho = \frac{V_3}{V_2} = \frac{T_3}{T_2} = \frac{Q_1}{c_p \cdot T_2} + 1$			$\psi = \frac{p_3}{p_2} = \frac{T_2'}{T_2} = \frac{Q_1'}{c_v \cdot T_2} + 1$ $\rho = \frac{V_3}{V_2} = \frac{T_3}{T_2'} = \frac{Q_1''}{c_p \cdot T_2'} + 1$		
	$\eta_v = 1 - \frac{1}{\epsilon^{\kappa-1}}$			$\eta_v = 1 - \frac{1}{\epsilon^{\kappa-1}} \cdot \frac{\rho^\kappa - 1}{\kappa \cdot (\rho - 1)}$			$\eta_v = 1 - \frac{1}{\epsilon^{\kappa-1}} \cdot \frac{\psi \cdot \rho^\kappa - 1}{\psi - 1 + \kappa \cdot \psi \cdot (\rho - 1)}$		

Zusammenfassung:

1. Der Wirkungsgrad der vollkommenen Maschine verbessert sich bei allen Verbrennungsverfahren mit Erhöhung des Verdichtungsverhältnisses.
2. Bei gleichen Verdichtungsverhältnissen ergibt das Gleichraumverfahren den besten, das Gleichdruckverfahren den schlechtesten Wirkungsgrad.
3. Der Wirkungsgrad des Gleichraumverfahrens ist von der Belastung unabhängig. Bei den anderen Verfahren verschlechtert er sich mit wachsender Belastung.
4. Der Seiliger-Prozeß ergibt bei gleichbleibendem Zünddruck und wachsendem Verdichtungsverhältnis nur geringfügige Verbesserungen des Wirkungsgrades.

4.1.1.6 Prozesse mit vollständiger Expansion und Weiterentwicklung

Mit Berücksichtigung einer vollständigen Expansion auf den Anfangsdruck p_1 (einer Abgasturbine) ergibt sich für den Gleichraumprozeß:

$$\eta_v = 1 - \frac{1}{\kappa}\,\frac{1}{\epsilon^{\kappa-1}}\,\frac{\rho^{1/\kappa}-1}{\rho-1}$$

und für den Gleichdruckprozeß:

$$\eta_v = 1 - \frac{1}{\epsilon^{\kappa-1}},$$

d.h. der gleiche Wirkungsgrad wie beim Gleichraumprozeß mit Expansion auf V_1.

Den vorstehenden Wirkungsgradbezeichnungen für den „Idealmotor" ist zu entnehmen, daß η_v mit zunehmendem Kompressionsverhältnis ϵ steigt. Der Einfluß des Einspritzverhältnisses bzw. Belastungsfaktors ρ und damit der Prozeßtemperaturen ist bei allen Vergleichsprozessen unterschiedlich. η_v-Gleichraum ohne vollständige Expansion und η_v-Gleichdruck mit vollständiger Expansion sind von den Prozeßtemperaturen unabhängig, während η_v-Gleichraum mit vollständiger Expansion mit größerem ρ, d.h. steigenden Prozeßtemperaturen etwas zunimmt und η_v-Gleichdruck mit zunehmender Belastung abnimmt. Gleichdruckprozesse sind im Prinzip ungünstiger als Gleichraumprozesse.

Bei diesem Sachverhalt wird verständlich, wenn weiter nach Wegen zur Verbesserung von η_v gesucht wird. Einen Ansatz hierzu liefern Überlegungen von A. Pocrnja [4.8]:

Verbrennungsmotor mit Wärmerekuperator und Außenkompression

Bild 4.10 zeigt das Prinzip einer Vorrichtung zur Energieerzeugung bestehend aus einem Verbrennungsmotor, einem Wärmerekuperator und einer Abgasturbine, die den Luftkompressor antreibt.

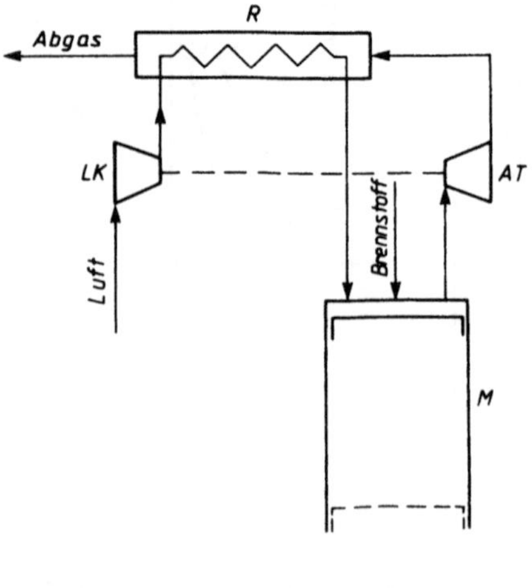

Bild 4.10

Prinzipschema des Verbrennungsmotors mit Außenkompression und Wärmerekuperator [4.8]

LK Luftkompressor (ein- oder mehrstufig mit Zwischenkühlung)
R Wärmerekuperator
M Motor
AT Abgasturbine

Die Umgebungsluft wird vom Kompressor angesaugt und in einer oder mehreren Stufen mit Zwischenkühlung auf Enddruck komprimiert. In einem nachgeschalteten Wärmerekuperator tritt die komprimierte Luft in Wärmetausch mit den entspannten drucklosen Verbrennungsgasen. Über ein Ventil wird die im Rekuperator erwärmte komprimierte Luft in den Arbeitsraum eines mehrzylindrigen, in zwei Takten arbeitenden Kolbenmotor eingelassen. Nach Schließung des Einlaßventils wird der Brennstoff in den Brennraum eingedüst, das entstandene Gemisch gezündet, verbrannt und arbeitsverrichtend entspannt, wobei sich der Kolben bis zur unteren Totlage bewegt. Im nachfolgenden Takt, bei Kolbenbewegung von der unteren bis zu der oberen Totlage, werden die Verbrennungsgase über ein Auslaßventil aus dem Arbeitsraum des Motors ausgeschoben und in eine Abgasturbine eingeleitet, wo sie weiter auf annähernd Umgebungsdruck arbeitsverrichtend entspannt werden. Der Hubraum und damit der Druck und die Temperatur am Ende der Expansion im Motor werden so gewählt, daß die nachgeschaltete, den Kompressor antreibende Abgasturbine die gesamte Kompressionsarbeit decken kann. Nach der Entspannung in der Abgasturbine werden die Verbrennungsgase in den Rekuperator eingeleitet, wo sie sich in Wärmetausch mit der komprimierten Luft bis nahezu auf deren Eintrittstemperatur in den Rekuperator abkühlen. Die restliche in den Verbrennungsgasen enthaltene Wärme kann noch z.B. zu Heizzwecken genutzt werden, bevor die Verbrennungsgase endgültig in die Atmosphäre ausgeschoben werden.

Die in Bild 4.10 dargestellte Vorrichtung kann auch als offener Gasturbinenprozeß aufgefaßt werden, bei dem die stationäre Brennkammer durch einen Verbrennungsmotor ersetzt wird, wobei der Motor allein die Nutzarbeit liefert, während die Turbine den Eigenbedarf an Kompressionsarbeit deckt. Gegenüber einer konventionellen Gasturbine, oder auch einer Kombination von Gas- und Dampfturbine, ergibt sich dadurch ein uneinholbarer Vorteil, der darin besteht, daß die Temperatur der Verbrennungsgase am Ende der Expansion im Motor so hoch sein darf, wie die Spitzentemperatur bei konventionellen Gasturbinen vor Beginn der Expansion.

Die wesentlichen Vorteile gegenüber den konventionellen Verbrennungsmotoren liegen dagegen einerseits in der Wärmerekuperation und andererseits in der mehrstufigen Außenkompression, die eine beträchtliche Verringerung der Kompressionsarbeit gestattet. Darüber hinaus führt die Außenkompression in einer Strömungsmaschine zu einer wesentlichen Steigerung der volumetrischen Leistung im Motor (kleines Leistungsgewicht) und infolgedessen zu einer relativen Verringerung des Wärmeverlustes an die Außenkühlung.

Bild 4.11 zeigt den idealen Verlauf im T,S-Diagramm von vier verschiedenen Vergleichsprozessen, die mit Hilfe einer Vorrichtung nach Bild 4.10 durchgeführt werden können. Die Prozesse I und Ia für kleinere Kompressionsdruckverhältnisse (in praktischer Anwendung für Fahrzeugantriebe geeignet) verlaufen wie folgt: Einstufige adiabate Kompression von 1 bis 2, isobare Anwärmung im Rekuperator von 2 bis 2′, isobare (Prozeß I) bzw. isochore (Prozeß Ia) Wärmezufuhr im Arbeitsraum des Motors von 2′ bis 3, adiabate Expansion im Motor sowie in der Abgasturbine von 3 bis 4 und schließlich Abkühlung im Rekuperator auf der Isobare p_1 von 4 bis 5, wobei $T_3 = T_2$ erreicht wird. Die Prozesse II und IIa für große Kompressionsdruckverhältnisse (stationäre Anlagen) unterscheiden sich prinzipiell von dem Prozeß I und Ia nur durch die isotherme Kompression von 1 bis 2 bei sonst analogem Verlauf. Anstelle der isothermen Kompression kann auch die Abkühlung der anzusaugenden Luft von 1 bis 1′ mit anschließender adiabater Kompression von 1′ bis 2 gedacht werden (gestrichelte Linien in Bild 4.11), da der theoretische Energieaufwand für diese Abkühlung und Kompression per definitionem der isothermen Kompressionsarbeit bei Umgebungstemperatur T_1 gleichzusetzen ist.

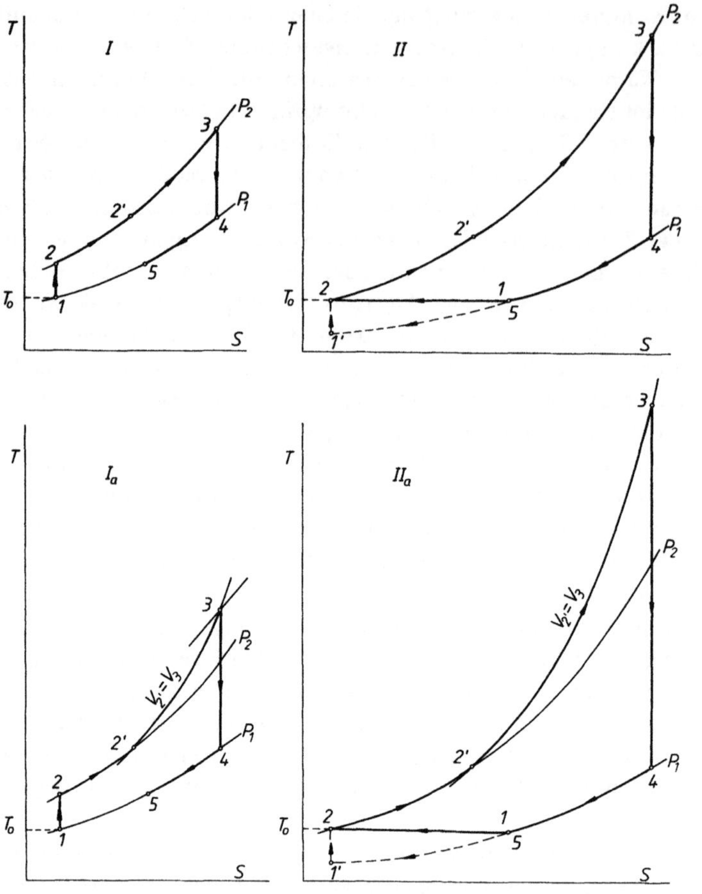

Bild 4.11 „Idealer" Verlauf der nach Bild 4.10 durchführbaren Prozesse im *T, S*-Diagramm [4.8]
links: Prozesse für kleines Kompressionsdruckverhältnis
rechts: Prozesse für großes Kompressionsdruckverhältnis

Prozeß I: adiabate Kompression, isobare Wärmezufuhr
Prozeß Ia: adiabate Kompression, isochore Wärmezufuhr
Prozeß II: isotherme Kompression, isobare Wärmezufuhr
Prozeß IIa: isotherme Kompression, isochore Wärmezufuhr

Für alle in Bild 4.11 dargestellten Prozesse ist es charakteristisch, daß die nicht umgewandelt e Wärmemenge gleich der Kompressionsarbeit ist; d.h., sie ist bei gegebenem Kompressionsdruckverhältnis konstant und somit unabhängig von der zugeführten variablen Wärmemenge. Im Falle der Prozesse II und IIa entspricht die nicht umgewandelte Wärme dem theoretisch möglichen Minimum. Sie ist gleich der Anergie der zugeführten Wärme, die ihrerseits genau die isotherme Kompressionsarbeit bei Umgebungstemperatur wiedergibt. Je höher die Spitzentemperatur T_3 im Prozeß ist, desto größer werden die zugeführte Wärmemenge und die Nutzarbeit, während die Verlustwärme gleich bleibt. Das heißt, die gesamte Verlustwärme des Prozesses wird hier gleich am Anfang des Zyklus während der Kompression von 1 bis 2 als notwendige Opfergabe an das Naturgesetz abgeführt, so daß im weiteren Prozeßverlauf kein Verlust mehr entsteht.

Es leuchtet ohne weiteres ein, daß der Prozeß IIa den theoretisch bestmöglichen Prozeß zur Umwandlung der Verbrennungswärme in mechanische Arbeit darstellt.

Die jeweiligen Wirkungsgrade der Prozesse in Bild 4.11 können – analog wie bei den idealen Prozessen von konventionellen Motoren – als Funktion von Kompressionsverhältnis ϵ und Belastungsfaktor ρ aus nachfolgenden Ausdrücken berechnet werden.

Prozeß I

Aus

$$\eta_v = 1 - \frac{Q_{51}}{Q_{2'3}} = 1 - \frac{c_p\,(T_5 - T_1)}{c_p\,(T_3 - T_{2'})} = 1 - \frac{T_5 - T_1}{T_3 - T_{2'}}$$

folgt wegen $T_5 = T_2$ und $T_{2'} = T_4$

$$\eta_v = 1 - \frac{T_2 - T_1}{T_3 - T_4} = 1 - \frac{T_2}{T_3}\,\frac{1 - \frac{T_1}{T_2}}{1 - \frac{T_4}{T_3}}$$

und mit $\frac{T_2}{T_1} = \frac{T_3}{T_4} = \epsilon^{\kappa-1}$ sowie $\frac{T_3}{T_2} = \rho$

$$\eta_v = 1 - \frac{1}{\rho}$$

Prozeß Ia

Aus

$$\eta_v = 1 - \frac{Q_{51}}{Q_{2'3}} = 1 - \frac{c_p\,(T_5 - T_1)}{c_v\,(T_3 - T_{2'})}$$

folgt analog wie beim Prozeß I, aber mit

$$\frac{T_3}{T_4} = \left(\frac{T_2}{T_1}\right)^{\kappa} = \epsilon^{\kappa(\kappa-1)}$$

durch Substitution der Wirkungsgrad

$$\eta_v = 1 - \frac{\kappa}{\rho}\,\frac{\epsilon^{1-\kappa} - 1}{\epsilon^{\kappa(1-\kappa)} - 1}$$

Prozeß II

Weil die Nutzarbeit bei isothermer Kompression bei Umgebungstemperatur T_1 gleich der Exergie E_Q der zugeführten Wärme $Q_{2'3}$ ist, gilt mit $T_2 = T_4$

$$\eta_v = \frac{W_v}{Q_{23}} = \frac{E_Q}{Q_{2'3}} = \frac{E_Q}{c_p\,(T_3 - T_{2'})} = 1 - \frac{T_1}{T_3 - T_4}\ln\frac{T_3}{T_4}$$

mit $\frac{T_3}{T_4} = \left(\frac{p_2}{p_1}\right)^{\kappa-1/\kappa T_2} = \epsilon^{\kappa-1}$ und $\frac{T_3}{T_1} = \rho$ ergibt sich die Umwandlung

$$\eta_v = 1 - \frac{1}{\rho}\,\frac{\epsilon^{\kappa-1}\ln\epsilon^{\kappa-1}}{\epsilon^{\kappa-1} - 1}$$

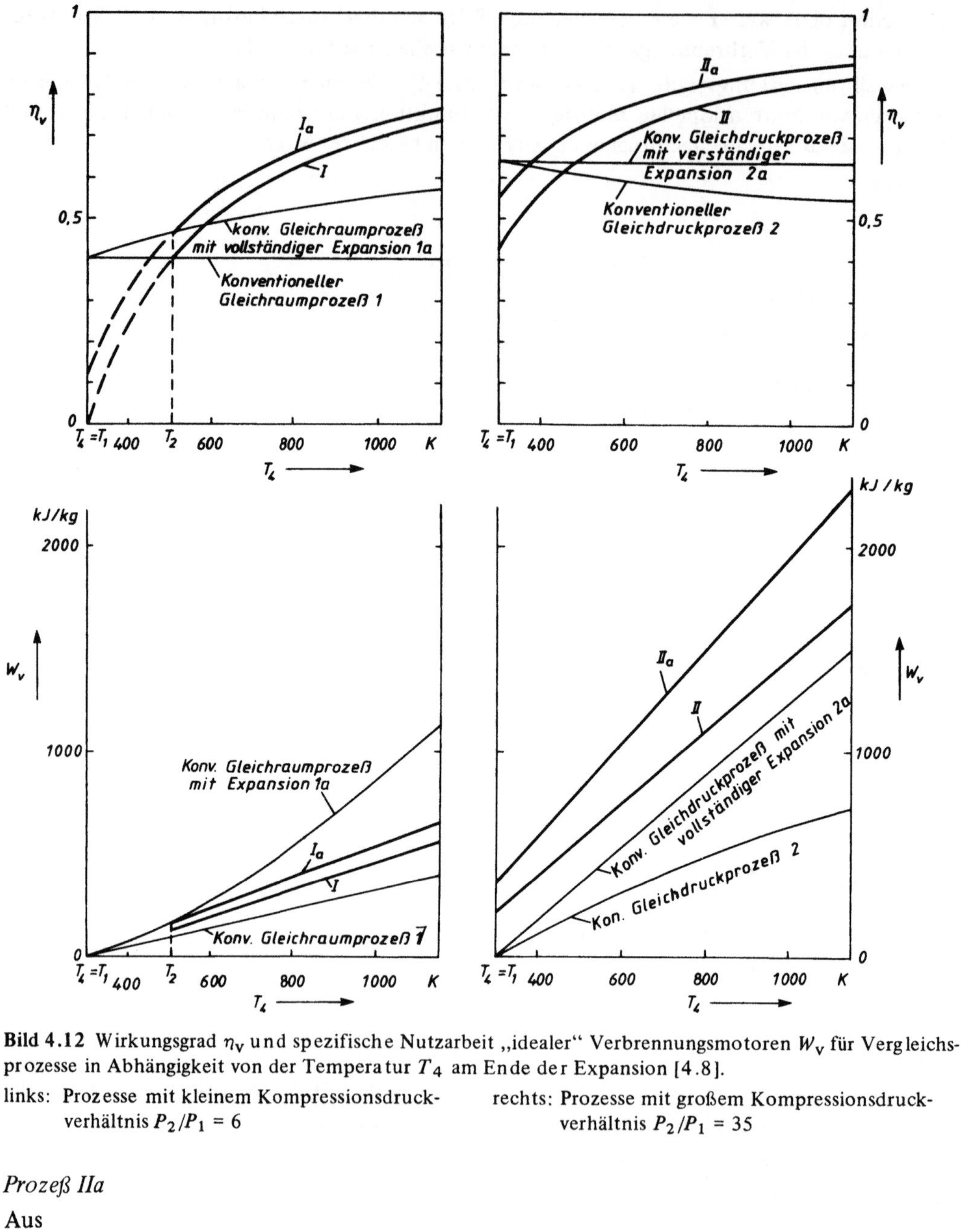

Bild 4.12 Wirkungsgrad η_v und spezifische Nutzarbeit „idealer" Verbrennungsmotoren W_v für Vergleichsprozesse in Abhängigkeit von der Temperatur T_4 am Ende der Expansion [4.8].
links: Prozesse mit kleinem Kompressionsdruckverhältnis $P_2/P_1 = 6$
rechts: Prozesse mit großem Kompressionsdruckverhältnis $P_2/P_1 = 35$

Prozeß IIa

Aus

$$\eta_v = \frac{W_v}{Q_{2'3}} = \frac{E_Q}{Q_{2'3}} = \frac{E_Q}{c_v\,(T_3 - T_{2'})} = 1 - \frac{T_1}{T_3 - T_4}\ln\frac{T_3}{T_4}$$

folgt analog wie beim Prozeß II, aber mit

$$\frac{T_3}{T_4} = \left(\frac{p_2}{p_1}\right)^{\kappa - 1} = \epsilon^{\kappa(\kappa - 1)}$$

der Wirkungsgrad

$$\eta_v = 1 - \frac{1}{\rho} \frac{\epsilon^{\kappa(\kappa-1)} \ln \epsilon^{\kappa(\kappa-1)}}{\epsilon^{\kappa(\kappa-1)} - 1}$$

In Bild 4.12 sind die Wirkungsgrade und die spezifischen Nutzarbeiten aller bisher betrachteten idealen Prozesse in Abhängigkeit von der Temperatur T_4 am Ende der Expansion dargestellt. Für die Prozesse 1, 1a, I und Ia wurde bei diesem Vergleich das Kompressionsdruckverhältnis $P_2/P_1 = 6$ und für die Prozesse 2, 2a, II und IIa das Verhältnis $P_2/P_1 = 35$ gewählt.

Wie aus Bild 4.12 ersichtlich, verhalten sich alle in Bild 4.11 dargestellten Prozesse erwartungsgemäß so, wie sie sich auch verhalten sollen; sie sind um so besser, je höher das Temperaturniveau der zugeführten Wärme liegt und je niedriger die Umgebungstemperatur ist. Unter den Vergleichsprozessen der konventionellen Motoren dagegen steigt langsam nur der Wirkungsgrad des Prozesses 1a, bei den Prozessen 1 und 2a bleibt der Wirkungsgrad konstant, während er beim Prozeß 2 mit steigenden Prozeßtemperaturen sogar zurückgeht.

Es bleibt noch die Frage offen, in welchem Sinne der Vergleich der Wirkungsgrade durch Abweichungen vom „idealen" Prozeßverlauf beeinflußt wird. Um diese Frage zu beantworten, wurden nochmals die Prozesse 2a und II mit idealem und „realem" Verlauf durchgerechnet und miteinander verglichen. Die „realen" Prozesse unterscheiden sich von den idealen nur durch die Wirkungsgrade von jeweils $\eta = 0{,}9$ für die Kompression und Expansion. Beim Prozeß II, der anstelle der isothermen eine mehrstufige Kompression mit Zwischenkühlung aufweist, wurde außerdem ein Druckverlust in den Kühlstufen von jeweils 0,15 bar sowie eine mittlere Temperaturdifferenz im Wärmerekuperator von 30° berücksichtigt. Es ergibt sich, daß hier die Arbeit der Abgasturbine bei Expansion von Zustand 4′ auf der Isochore V_1 bis Zustand 4 ausreicht, um den gesamten Arbeitsaufwand für die Kompression und eine Kühlung der Kompressorstufen bis 5 °C (Kaltwassersatz) zu decken.

Den Verlauf der „realen" Prozesse 2a und II im *T,S*-Diagramm zeigt Bild 4.13.

In Tabelle 4.2 sind die Ergebnisse des Vergleichs unter Vernachlässigung der Wärmeverluste an die Außenkühlung zusammengefaßt.

Wie der Tabelle zu entnehmen ist, verschlechtert sich durch Abweichung vom idealen Prozeßverlauf, sowohl hinsichtlich des Wirkungsgrades als auch der Nutzarbeit, der Prozeß 2a in stärkerem Maße als Prozeß II. Dazu ist noch zu berücksichtigen, daß die Temperatur vor Beginn der Kompression (Zustand 1) bei konventionellen Motoren, im Gegensatz zu den vorgeschlagenen Prozessen, nicht der Umgebungstemperatur entspricht, sondern wegen der Schadraumwirkung viel höher liegt, was zu einer weiteren Verschlechterung des Prozesses führt. Außerdem wäre auch der Wärmeverlust an die Außenkühlung bei konventionellen Motoren relativ größer. Daraus ist zu schließen, daß der Vergleich wirklich realer Prozesse noch deutlicher zugunsten der Motoren mit Außenkompression und Wärmerekuperator ausfallen würde, als der Vergleich idealer Prozesse nach Bild 4.12. Das gilt sowohl für den Wirkungsgrad als auch in noch höherem Maße für die spezifische Nutzarbeit.

Nach den Ergebnissen in Bild 4.13 und Tabelle 4.2 ist anzunehmen, daß es schon in naher Zukunft möglich sein wird, zwei Drittel der Verbrennungswärme in mechanische Arbeit umzuwandeln.

Die Vorrichtung nach Bild 4.10 zur Durchführung des Prozesses besteht aus Komponenten, die bei offenen Gasturbinen und Verbrennungsmotoren, d.h. bei billigsten Kraftwerken Anwendung finden. Deshalb als auch wegen der vergleichsweise höheren spezifischen Lei-

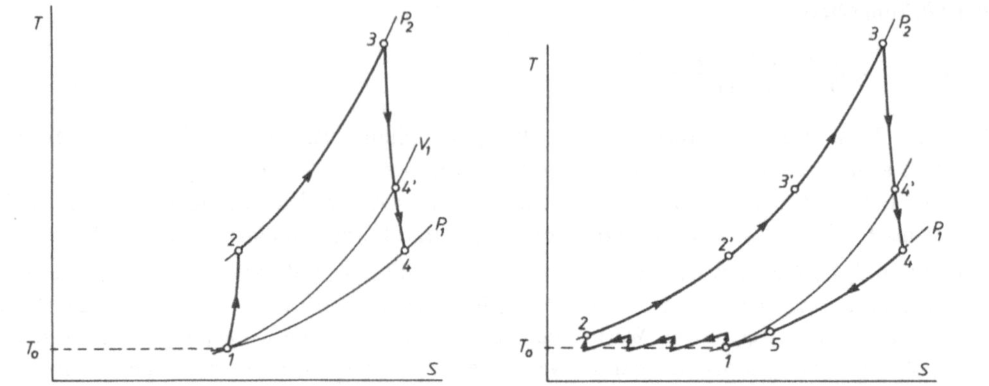

Bild 4.13 Verlauf der Prozesse 2a und II mit realer Kompression und Expansion im *T, S*-Diagramm [4.8]

Tabelle 4.2

			Prozeß 2a		Prozeß II	
			ideal	„real"	ideal	„real"
Luftmenge		(kg)	1	1	1	1
Kompressionsdruckverhältnis		p_2/p_1	35	35	35	35
Temperaturen und Drücke (K) (bar)	Zustand 1	T_1/p_1	303/1	303/1	303/1	303/1
	Zustand 2	T_2/p_2	836,8/35	896,2/35	303/35	372/35
	Zustand 2'	T_2'/p_2'			823,1/35	857,6/35
	Zustand 3	T_3/p_2	2273/35	2153,5/35	2273/35	2153,5/35
	Zustand 4'	T_4'/p_4'	1227,5/4,05	1273/4,201	1130,8/3,04	1273/4,201
	Zustand 4	T_4/p_4	823,1/1	887,6/1	823,1/1	887,6/1
	Zustand 5	T_5/p_5			303/1	402/1
resultierende Arbeitsbeträge (kJ)	Motor	W_M	535,1	312,1	1147,5	884,6
	Abgasturbine	W_{AT}	385,4	363,7	309,2	387,2
	Luftkompressor	W_{LK}			309,2	377,2
	Kältemaschine (Kaltwassersatz)	W_{KM}				10
	Nutzarbeit	$W = W_M + W_{AT} - (W_{LK} + W_{KM})$	920,5	675,8	1147,5	884,6
zugeführte Wärme Q		(kJ)	1443,0	1263,2	1456,7	1302,0
rekuperierte Wärme Q_R		(kJ)			522,5	487,8
Verlustwärme (Abwärme) Q_o		(kJ)	522,5	587,4	309,2	417,4
Wirkungsgrad $\eta = W/Q$		(%)	63,8	53,5	78,8	67,9
Exergie der zugeführten Wärme E_Q		(kJ)	1138,8	996,3	1147,5	1021,7
exergetischer Wirkungsgrad $\eta_E = W/E_Q$		(%)	80,8	67,8	100	86,6

stungen der vorgeschlagenen Prozesse, ist ein entsprechend niedriger Investitionskostenaufwand zu erwarten.

Die Außenkompression bietet noch einen wichtigen praktischen Vorteil, nämlich die Möglichkeit, einen großen Teil der teuren Brennstoffwärme durch Wärme beliebiger Herkunft zu substituieren, wobei der Prozeß auf kontinuierliche Verfügbarkeit dieser Wärme nicht angewiesen ist. So könnte beim Prozeß II in Bild 4.13 die erwärmte komprimierte Luft aus dem Rekuperator (Zustand 2′), bevor sie in den Arbeitsraum des Motors eingelassen wird, durch äußere Wärmezufuhr auf eine Temperatur (Zustand 3′) gebracht werden, die der Temperatur am Ende der Expansion im Motor bzw. am Eintritt in die Abgasturbine (Zustand 4′) entspricht. Da der Kompressor nicht unbedingt von der Abgasturbine angetrieben werden muß, könnte auch eine anderweitige Wärme von beliebigem Temperaturniveau auf dem Weg über Energie- oder Dampferzeugung (thermische Kompression) genutzt werden, um die Kompressionsarbeit zu decken oder teilweise zu ersetzen. Darüber hinaus ist es möglich, durch Kühlung der Saugluft vor den Kompressorstufen mit Hilfe einer Kältemaschine die Kompressionsarbeit zu verringern.

Bild 4.14 zeigt das Prinzipschema einer stationären Anlage mit einigen Maßnahmen zur Leistungssteigerung des Prozesses, bei Substitution eines Teils der Brennstoffwärme. Diese Maßnahmen sind: Kompressorzwischenkühlung, thermische Kompression (Wasserverdampfung auf Kosten der Kompressionswärme), indirekte Beheizung der komprimierten Luft vor dem Einlassen in den Motorraum und Nutzung der Abwärme zu Heizzwecken.

Bei Ausnutzung aller Möglichkeiten zur Substitution der Wärme und Energie kann die Nutzbarkeit wesentlich größer sein als die im Arbeitsraum des Motors verbrauchte Brennstoffwärme!

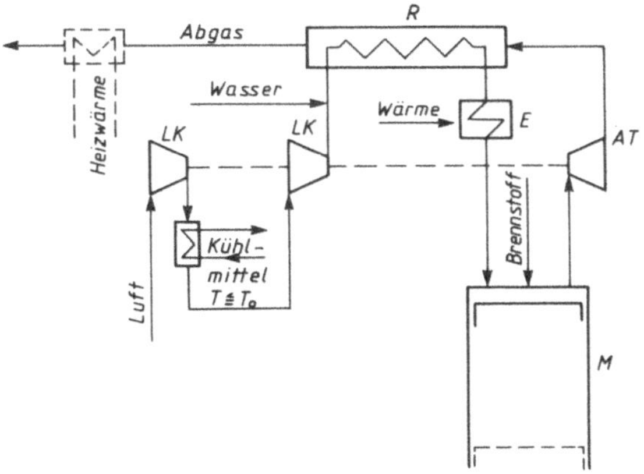

Bild 4.14
Prinzipschema einer stationären Anlage mit einigen Vorkehrungen zur Leistungssteigerung des Prozesses [4.8]

4.1.2 Der „wirkliche" Motor

4.1.2.1 Die „innere oder indizierte" Arbeit

Unterschiede zwischen vollkommener und wirklicher Maschine:

1. Füllung nicht mit reiner Luft, sondern vermischt mit Abgasresten (bei 2-Takt von besonderer Bedeutung).
2. Anfangszustand der Ladung nicht mit Außenzustand übereinstimmend, weil Drosselung und Erwärmung beim Ansaugen.

3. Verbrennungsverlauf mit dem theoretischen nicht übereinstimmend.
4. Unvollkommene Verbrennung.
5. Wärmeaustausch zwischen Ladung und Zylinderwand.
6. Arbeitsverlust beim Ladungswechsel.
7. Ladung und Verbrennungsgas keine Idealgase.

Der Einfluß dieser Unterschiede wird in Folgendem bei den verschiedenen Hüben eines unaufgeladenen Viertaktmotors untersucht.

4.1.2.2 Der Ansaughub (Bild 4.15)

Der „Volumetrische Wirkungsgrad":

$$\eta_{vol} = \frac{V_f}{V_h} = \frac{\text{tatsächliches Ansaugevolumen}}{\text{theoretisches Ansaugevolumen}}$$

Der „Liefergrad"

$$\lambda_l = \frac{m_z}{m_{th}} = \frac{V_f \cdot p_a \cdot T_1}{V_h \cdot p_1 \cdot T_a} \quad \text{mit} \quad m_z = \frac{V_f \cdot p_a}{R \cdot T_a}$$

$$\lambda_l = \eta_{vol} \cdot \frac{p_a}{p_1} \cdot \frac{T_1}{T_a} \quad \text{und} \quad m_{th} = \frac{V_h \cdot p_1}{R \cdot T_1}$$

Mittlere Werte für $\lambda_l = 0{,}70 \ldots 0{,}90$.

Der Liefergrad λ_l ist abhängig von:

a) *Drehzahl:* mit zunehmender Drehzahl im allgemeinen Abnahme von λ_l, weil größere Drosselverluste (Bild 4.16).

Bei richtiger Einstellung der Steuerzeiten des E. V. eventuell Aufladung durch Trägheit der einströmenden Luftsäule und Verbesserung des Liefergrades.

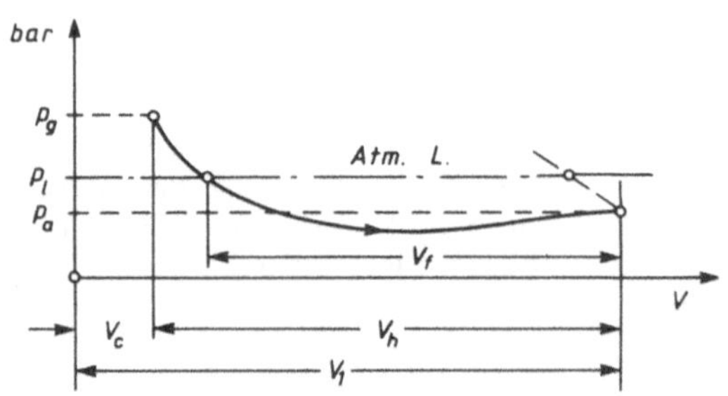

Bild 4.15

Ansaughub beim Viertaktspiel

V_h Hubvolumen in l
V_f wirkliches Ansaugevolumen in l
p_1 Außendruck in bar
T_1 Außentemperatur in K
p_g Abgasenddruck in bar
p_a Ansaugeenddruck in bar
T_a Ansaugeendtemperatur in K

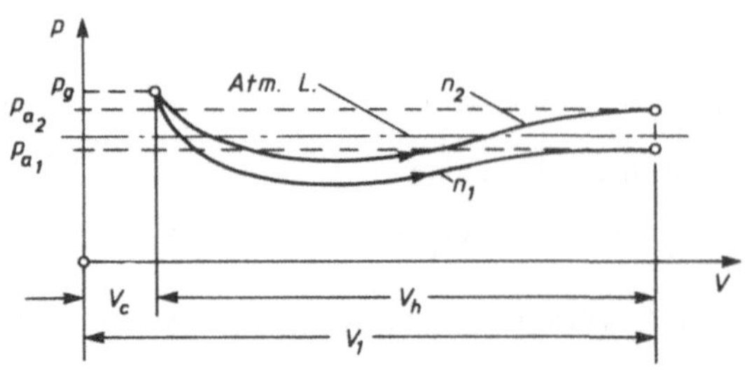

Bild 4.16

Ansaughub bei geänderter Drehzahl

p_{a_1} Ladedruck bei Drehzahl n_1
p_{a_2} Ladedruck bei Drehzahl n_2

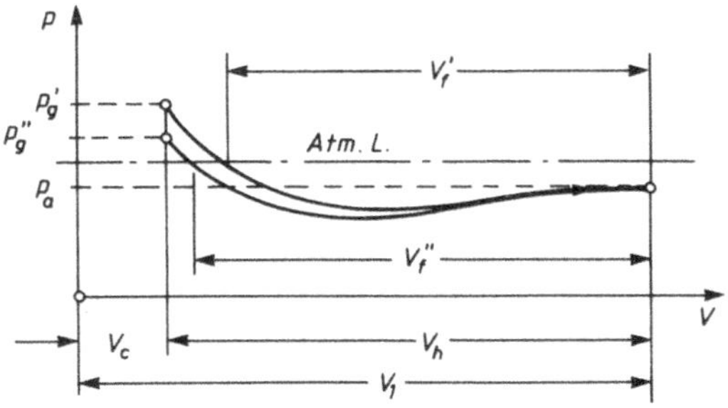

Bild 4.17

Ansaughub bei geänderter Belastung
V_f' Ladevolumen bei Vollast
p_g' Abgasenddruck bei Vollast
V_f'' Ladevolumen bei Leerlauf
p_g'' Abgasenddruck bei Leerlauf

b) *Belastung:* mit zunehmender Belastung Abnahme von λ_l, weil höherer Abgasenddruck und Abgasreste mit höherem CO_2-Gehalt und höherer Temperatur (Bild 4.17).

c) *Kühlung:* bei zunehmender Kühltemperatur Abnahme von λ_l, weil höhere Temperatur T_a der Ladeluft. (Luftgekühlte Motoren haben schlechten Liefergrad).

Da theoretisch der ganze Zylinderraum V_1 mit Luft gefüllt werden kann, können Liefergrade $\lambda_l > 1$ auch ohne Aufladung eintreten.

Man bezieht daher λ_l auch oft auf den Gesamtzylinderraum, es ist dann

$$\lambda_l' = \frac{V_f}{V_1} \cdot \frac{p_a}{p_1} \cdot \frac{T_1}{T_a} \quad \text{und} \quad \eta_{vol}' = \frac{V_f}{V_1}$$

$$\lambda_l' = \eta_{vol}' \cdot \frac{p_a}{p_1} \cdot \frac{T_1}{T_a}$$

Aufgabe: Bestimme den Liefergrad λ_l einer Dieselmaschine.

Gegeben:	Außendruck:	p_1 = 1,033 bar
	Außentemperatur:	t_1 = 20 °C
	Verdichtungsverhältnis:	ϵ = 14
Gemessen:	Ladevolumen:	$V_f = 0{,}9 \cdot V_h$
	Ladetemperatur:	t_a = 60 °C
	Ladeenddruck:	p_a = 0,95 bar

$$\eta_{vol} = \frac{V_f}{V_h} = 0{,}9; \quad \eta_{vol}' = \frac{V_f}{V_1} = \frac{V_f}{V_h \cdot \frac{\epsilon}{\epsilon - 1}} = 0{,}9 \cdot \frac{13}{14}$$

$$\eta_{vol}' = 0{,}84$$

$$\lambda_l = \eta_{vol} \cdot \frac{p_a}{p_1} \cdot \frac{T_1}{T_a} = 0{,}9 \cdot \frac{0{,}95}{1{,}033} \cdot \frac{293}{333} = \underline{\underline{0{,}727}}$$

$$\lambda_l' = \eta_{vol}' \cdot \frac{p_a}{p_1} \cdot \frac{T_1}{T_a} = 0{,}84 \cdot \frac{0{,}95}{1{,}033} \cdot \frac{293}{333} = \underline{\underline{0{,}68}}$$

Bestimmung von λ_l aus dem Luftverhältnis λ_v:

Da die Messung von V_f, t_a und p_a schwierig und ungenau ist, ist auch die sich daraus ergebende Berechnung von λ_l ungenau. λ_l läßt sich jedoch durch Messung des Kraftstoffverbrauches und der Abgasanalyse sehr genau bestimmen. (Nur bei unaufgeladenen 4-Takt-Motoren)

$$\lambda_l = \frac{m_z}{m_{th}} = \frac{B \cdot \lambda_v \cdot L_{min}}{V_h \cdot d_L \cdot \frac{n}{2} \cdot 60},$$

wobei

$$\lambda_v = \frac{k_{1\,max}}{k_1}$$

oder

$$\lambda_v = \frac{n'}{n' - \frac{79}{21} \cdot o}$$

ist, mit

n' N_2-Gehalt der trockenen Abgase in % und
o' O_2-Gehalt der trockenen Abgase in %.

Ferner gilt:

B stündlicher Kraftstoffverbrauch in kg/h,
L_{min} Mindestluftbedarf in kg/kg,
λ_v Luftverhältniszahl
V_h Gesamthubvolumen in m^3
d_L Luftdichte in kg/m^3

4.1.2.3 Der Kompressionshub (Bild 4.18)

Bei der vollkommenen Maschine wird adiabatische Verdichtung angenommen. In Wirklichkeit ist sie polytropisch, und zwar zuerst unter Wärmeaufnahme der kalten Luft von den wärmeren Zylinderwänden ($n > \kappa$), dann unter Wärmeabgabe der heißen Luft an die gekühlten Zylinderwände ($n < \kappa$). Außerdem treten Druckverluste durch Undichtigkeiten des Kolbens auf. Um die gewünschte Verdichtung zu erhalten, muß der Kompressionsraum kleiner als theoretisch ausgeführt werden.

Der mittlere Polytropenexponent der Verdichtung beträgt $n \sim 1{,}34$ bis $1{,}39$ und ist abhängig von Kühlung und Drehzahl.

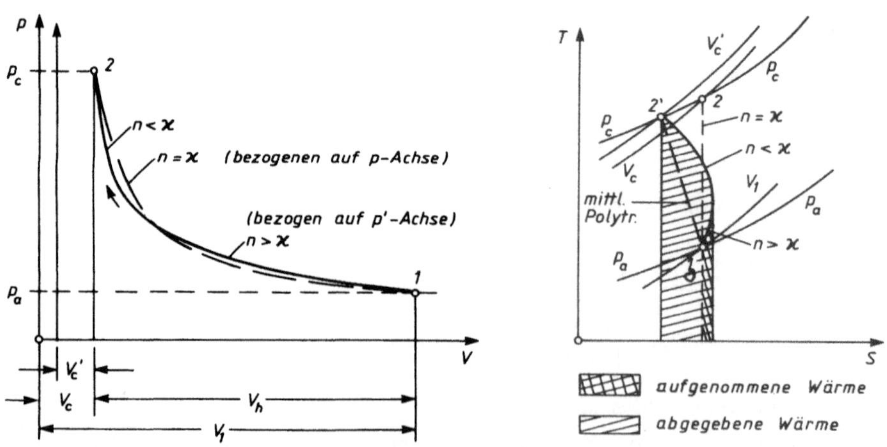

Bild 4.18 Kompressionshub

theoretischer Verlauf der Verdichtung bei V_c (n = κ = 1,4)
wirklicher Verlauf der Verdichtung bei V_c' ($n_{mittel} < \kappa$)

p_a Anfangsdruck in bar — — V_c theoretisches Kompressionsvolumen in m^3
p_c Kompressionsdruck in bar ——— V_c' wirkliches Kompressionsvolumen in m^3

Bestimmung des mittleren Polytropenexponenten n:

Gegeben:	Hubvolumen	V_h
Gemessen:	Anfangsdruck	p_a in bar
	Enddruck	p_c in bar
	Kompr.-Vol.	V_c in m^3

$$p_a \cdot (V_h + V_c)^n = p_c \cdot V_c^n$$

$$n = \frac{\lg p_c - \lg p_a}{\lg (V_h + V_c) - \lg V_c}$$

$$n = \frac{\lg p_c - \lg p_a}{\lg \epsilon}$$

mit

$$\epsilon = \frac{V_h + V_c}{V_c}$$

Verdichtungs-Endtemperatur

$$T_c = T_a \cdot \epsilon^{n-1}$$

Aufgabe: Es ist der mittlere Polytropenexponent n und die Verdichtungsendtemperatur T_c einer Dieselmaschine zu bestimmen.

Gegeben:	Hubvolumen	V_h	= 60 ℓ
Gemessen:	Anfangsdruck	p_a	= 0,98 bar
	Enddruck	p_c	= 40 bar
	Kompr.-Vol.	V_c	= 4,3 ℓ
	Anfangstemp.	t_a	= 50 °C

$$\epsilon = \frac{V_h + V_c}{V_c} = \frac{60 + 4{,}3}{4{,}3} = \underline{\underline{14{,}9}}$$

$$n = \frac{\lg p_c - \lg p_a}{\lg \epsilon} = \frac{\lg 40 - \lg 0{,}98}{\lg 14{,}9} = \underline{\underline{1{,}37}}$$

$$T_c = T_a \cdot \epsilon^{n-1} = 323\ \text{K} \cdot 14{,}9^{0{,}37} = \underline{\underline{875\ \text{K}}}$$

Aufgabe:

Die Verdichtungsendtemperatur ist bei obigem Motor auf $t_c' = 550$ °C herabzusetzen. Bestimme das neue Verdichtungsverhältnis und den geänderten Kompressionsraum V_c'.

Gegeben:	Hubvolumen	V_h = 60 ℓ ;	$n = 1{,}37$
Gefordert:	Endtemperatur	t_c' = 550 °C	

$$T_c' = T_a \cdot \epsilon'^{n-1};$$

$$\lg \epsilon' = \frac{\lg T_c' - \lg T_a}{n-1}$$

$$= \frac{\lg 823 - \lg 323}{0{,}37}$$

$$\lg \epsilon' = 1{,}095$$

$$\epsilon = \underline{\underline{12{,}5}}$$

$$\epsilon' = \frac{V_h + V_c'}{V_c'}$$

$$V_c' = \frac{V_h}{\epsilon' - 1} = \frac{60}{11{,}5}\ ℓ = \underline{\underline{5{,}22\ ℓ}}$$

4.1.2.4 Der Verbrennungs- und Expansionshub

Das Gleichraum-Verfahren (Bild 4.19)

Durch Nachbrennen und Wandkühlung steigt der Druck während der Verbrennung nicht bis zum theoretisch berechneten. Während der Expansion wird anfänglich noch Nachbrennen stattfinden. Daher Wärmezufuhr ($n < \kappa$). Nachher Wärmeabgabe an die gekühlten Zylinderwände ($n > \kappa$).

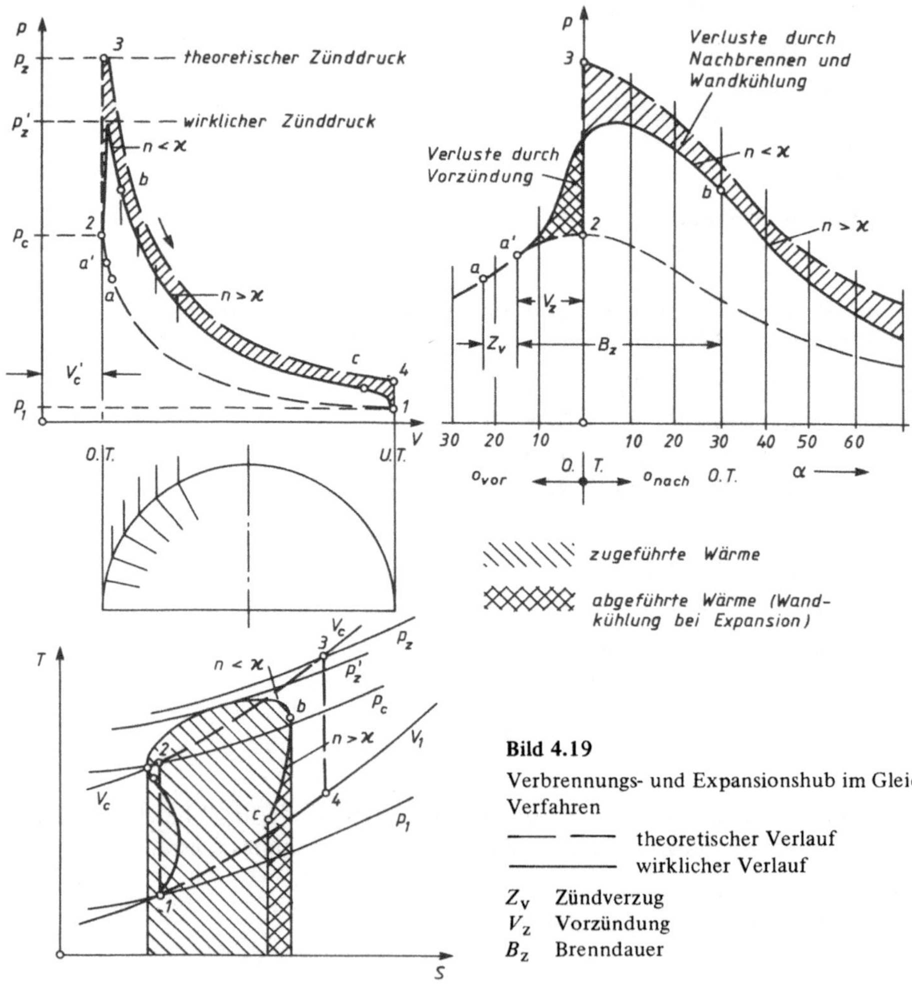

Bild 4.19
Verbrennungs- und Expansionshub im Gleichraum-Verfahren

— — theoretischer Verlauf
—— wirklicher Verlauf

Z_V Zündverzug
V_Z Vorzündung
B_Z Brenndauer

Das Gleichdruck-Verfahren (Bild 4.20)

Die Förderung des Kraftstoffes beginnt 15 ... 30° v.o.T. (Punkt *a*), erst nach einem gewissen Zündverzug ($a' - a''$) beginnt die Verbrennung. Auch nachdem der Einspritzvorgang beendet ist (Punkt *b*), dauert die Verbrennung noch an (Punkt *c*). Bis dahin Wärmezufuhr, daher $n < \kappa$, dann Wärmeabgabe an Zylinderwände ($n > \kappa$).

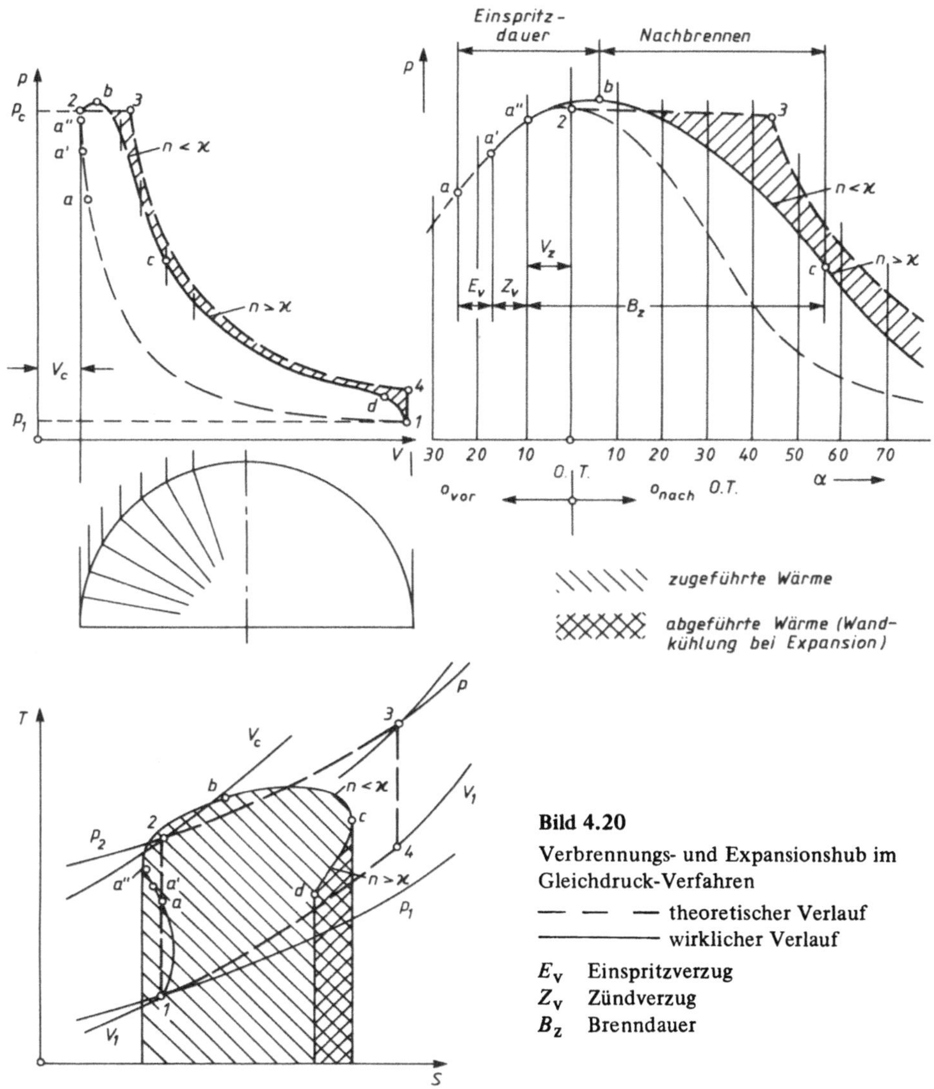

Bild 4.20

Verbrennungs- und Expansionshub im Gleichdruck-Verfahren

— — — theoretischer Verlauf

——— wirklicher Verlauf

E_V Einspritzverzug

Z_V Zündverzug

B_z Brenndauer

Der Seiliger-Prozeß (Bild 4.21)

Durch Frühzündung vermehrte Verdichtungsarbeit. Durch Spätzündung vermehrtes Nachbrennen und größere Wandverluste.

Die Einspritzdauer ist von der Belastung abhängig. Daher relativ größere Nachbrennverluste bei Vollast und relativ größere Vorzündungsverluste bei Leerlauf.

Die Wandkühlungsverluste nehmen relativ mit abnehmender Belastung und Drehzahl zu, weil für die kleinere Wärmemenge eine gleiche Kühlfläche und für gleiche Wärmemenge mehr Zeit zur Verfügung steht.

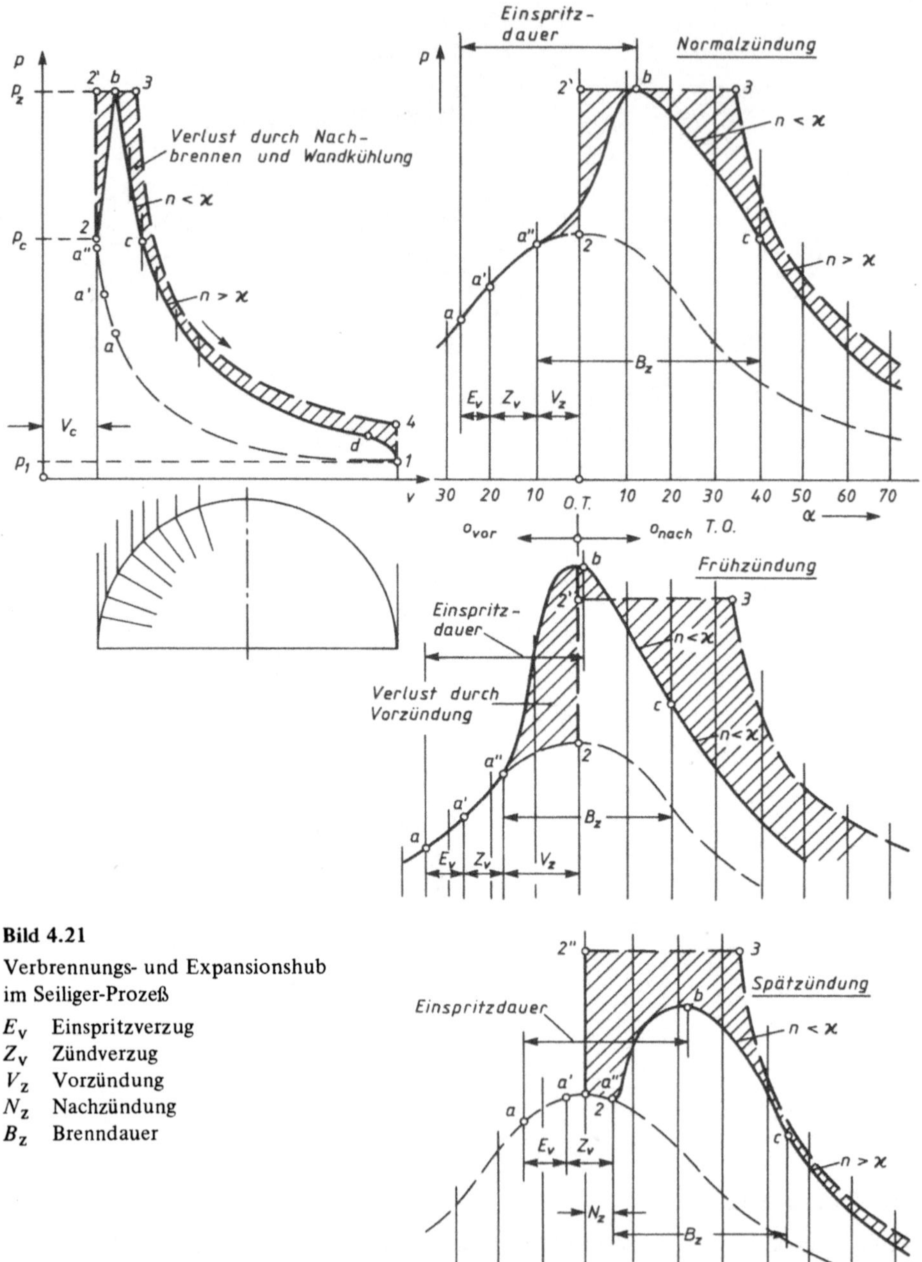

Bild 4.21
Verbrennungs- und Expansionshub im Seiliger-Prozeß

E_V Einspritzverzug
Z_V Zündverzug
V_Z Vorzündung
N_Z Nachzündung
B_Z Brenndauer

4.1.2.5 Der Auspuffhub (Bild 4.22)

Da der Ausschubenddruck im Punkte *d* bei Vollast größer ist als bei Leerlauf, ist das wirkliche Füllvolumen V_f bei Vollast kleiner als V_f bei Leerlauf. Daher kleinerer volumischer Wirkungsgrad η_{vol} und Liefergrad λ_l bei Vollast als bei Leerlauf.

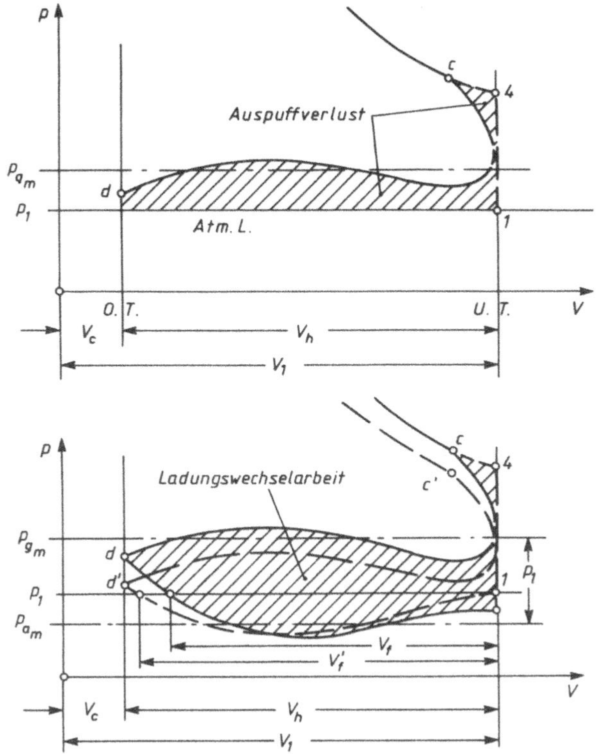

Bild 4.22 Auspuffhub

Im Punkte *c* Öffnen des Abgasventils und Absinken des Gasdruckes bis U.T. Durch Widerstand des Abgasventils und der Abgasleitung, Überdruck im Zylinder während des Ausschiebens.

Ausschubarbeit:

$$W_g = V_h \cdot (p_{g_m} - p_1)$$

p_{g_m} mittlerer Abgasdruck
p_1 Atm.-Druck
V_h Hubvolumen
——— Vollast
— — Leerlauf

Der Abgasdruck nimmt mit abnehmender Belastung ab, daher auch die gesamte Ladungswechselarbeit (Ansauge- + Ausschubarbeit).

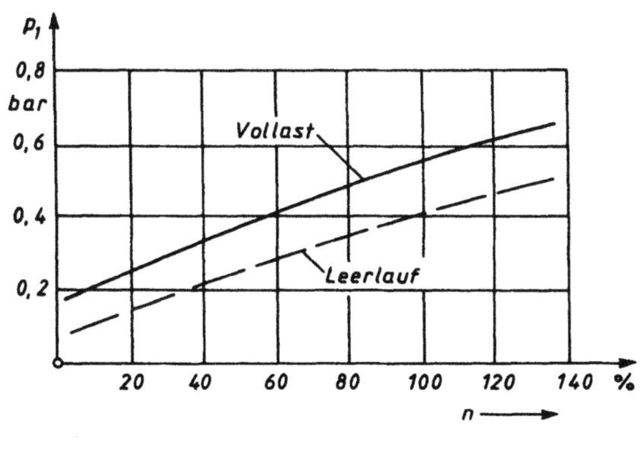

Bild 4.23

Mittlerer Ladungswechseldruck in Abhängigkeit von Belastung und Drehzahl

Auch bei zunehmender Drehzahl nimmt die Ladungswechselarbeit stark zu.

Der mittlere Ladungswechseldruck beträgt $p_1 = p_{g_m} - p_{a_m}$ (Bild 4.23).

Mittelwerte:

p_1 = 0,05 bar bei Leerlauf und niedriger Drehzahl,

p_1 = 0,6 bar bei Vollast und hoher Drehzahl.

Verluste durch Ladewechsel 2 ... 6 % der zugeführten Wärme.

4.1.2.6 Zusammenfassung

Die Verluste der inneren oder indizierten Arbeit, gegenüber der verlustlosen, vollkommenen Maschine, setzen sich zusammen:

1. Aus den *Kühlverlusten* durch Abgabe von Wärme an die Zylinderwände. Diese sind bei geringer Belastung prozentual größer als bei hoher Belastung, weil bei gleicher Kühlfläche weniger Wärme zugeführt wird. Sie nehmen auch bei abnehmender Drehzahl zu, weil mehr Zeit zur Wärmeabgabe zur Verfügung steht.
2. Aus den *Verbrennungsverlusten* durch *Vorzündung* und *Nachbrennen*. Erstere wachsen relativ einerseits bei geringer Belastung und Drehzahl, letztere bei großer Belastung und hoher Drehzahl.
3. Aus den *Verbrennungsverlusten* durch *unvollkommene Verbrennung*. Eine solche tritt praktisch bei Dieselmotoren nur bei Überlastung der Maschine ein, weil diese stets mit großem Luftverhältnis arbeitet. Bei Ottomotoren, die meist mit geringem Luftverhältnis arbeiten und Drehzahlregelung durch Drosselung der Luft vornehmen, können diese Verluste, besonders bei Leerlauf und Vollast beträchtlich werden.
4. Aus den *Ladungswechselverlusten,* die durch Drosselung beim Ein- und Auslaß, Voröffnen und Nachschließen der Ventile entstehen. Sie nehmen sowohl bei zunehmender Belastung als auch zunehmender Drehzahl zu.
5. Aus den *Strömungsverlusten* durch innere Reibung der Ladeluft und Abgase. Sie spielen nur bei hoher Drehzahl eine Rolle.

4.1.3 Wirkungsgrade

4.1.3.1 Der Gütegrad η_g (Bild 4.24)

Der Gütegrad ist das Verhältnis der inneren Arbeit (bzw. Leistung) zur Arbeit (bzw. Leistung) der vollkommenen Maschine.

$$\eta_g = \frac{W_i}{W_v} = \frac{P_i}{P_v} = \frac{\eta_i}{\eta_v},$$

Mittelwerte bei Vollast $\eta_g = 75 \dots 85\,\%$.

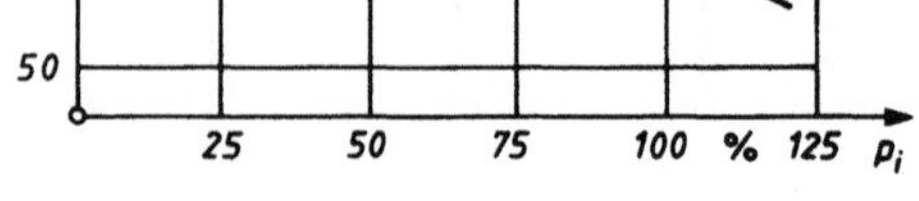

Bild 4.24
Gütegrad in Abhängigkeit von Belastung und Drehzahl

Der Gütegrad ist demnach ein Maß für sämtliche inneren Verluste, die rund 20 % der Leistung der vollkommenen Maschine betragen. Im allgemeinen ist der Gütegrad bei mittlerer Belastung und mittlerer Drehzahl am günstigsten und nimmt bei Leerlauf etwas, bei Überlast stark ab.

4.1.3.2 Der innere oder indizierte Wirkungsgrad η_i (Bild 4.25)

Dieser Wirkungsgrad ist das Verhältnis des Wärmewertes der inneren Arbeit zur zugeführten Wärme. Da η_v vom Leerlauf bis Vollast ca. 10 % abnimmt, hingegen η_g um ca. denselben Betrag zunimmt, ist η_i *zwischen Leerlauf* und *Vollast annähernd konstant* und nimmt erst bei Überlast stärker ab.

Bild 4.25
Wirkungsgrade in Abhängigkeit von Belastung

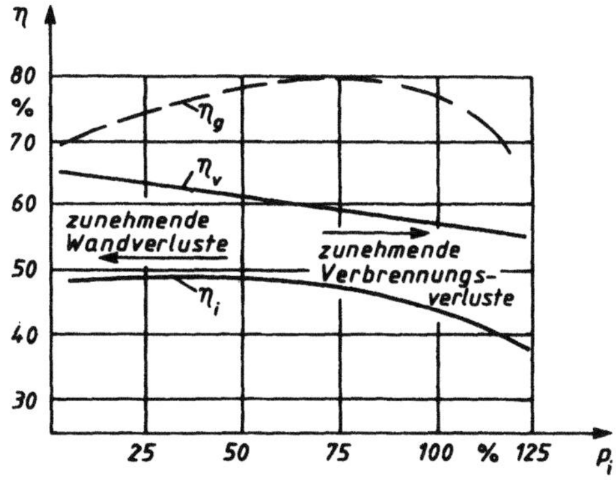

$$\eta_i = \frac{W_i}{Q_1} = \frac{P_i \cdot C}{B \cdot H_u}, \quad C = 3600 \text{ kJ/kWh}$$

$$\eta_v = \frac{W_v}{Q_1} = \frac{P_v \cdot C}{B \cdot H_u}$$

$$P_i = P_v \cdot \eta_g$$

$$\eta_i = \eta_v \cdot \eta_g$$

η_i ist ferner, wie der Gütegrad η_g bei mittlerer Drhzahl am günstigsten und nimmt sowohl bei geringer als auch hoher Drehzahl ab. Mittlere Werte für Vollast: $\eta_i = 40 \dots 50\,\%$.

Der mittlere indizierte Druck p_i (Bild 4.26)

Fläche des Indikatordiagramms:

$$F = \int_0^l h \cdot dl = h_m \cdot l \quad \text{in mm}^2;$$

$$h_m = \frac{F}{l} \quad \text{in mm};$$

Federmaßstab: f in mm/bar;

Mittlerer indizierter Druck: $p_i = \dfrac{F}{l \cdot f}$ bar.

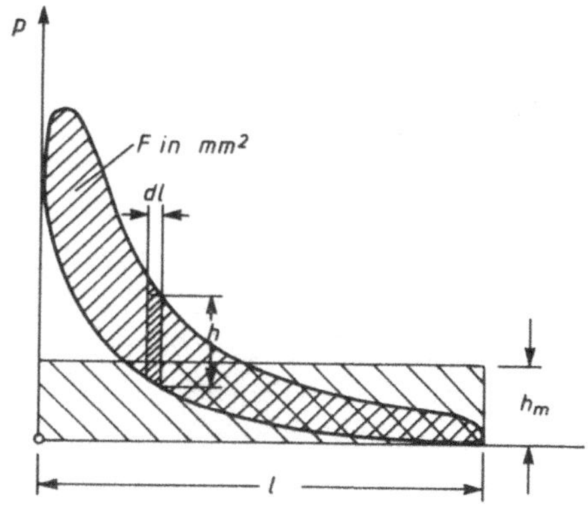

Bild 4.26 Ableitung des mittleren Druckes

Der mittlere Kolbendruck ist der auf die Kolbenfläche wirkend gedachte konstante Druck als Verhältnis der Arbeit eines Arbeitsspiels zum Hubraum

$$p = \frac{P \cdot \kappa}{n \cdot V_H}$$

κ = 600 für Zweitaktmotoren,

κ = 1200 für Viertaktmotoren, wenn P in kW, n in min^{-1}, und V_H in dm^3 bzw. l gesetzt werden.

Bestimmung der indizierten Leistung

$$P_i = z \cdot \frac{A_k \cdot p_i \cdot s \cdot n}{\kappa} \quad \text{in kW}.$$

Mit $z \cdot A_k \cdot s = V_H$, deren Gesamthubvolumen in l ist

$$P_i = \frac{V_H \cdot p_i \cdot n}{\kappa} \quad \text{in kW}.$$

z Zylinderzahl

A_k Kolbenfläche in dm² $(\ldots \frac{\pi \cdot D^2}{4})$

p_i mittlerer indizierter Druck in bar

s Hub in dm

n Umdrehungen in min^{-1}

Mittlere Werte für p_i bei 4-Takt ohne Aufladung:

Vollast: $p_i = 6{,}5 \ldots 8$ bar (vorübergehend 20 % überlastbar)
Leerlauf: $p_i = p_R = 1{,}0 \ldots 2$ bar.
p_R mittlerer Druck zur Überwindung der mechanischen Verluste.

4.1.3.3 Die „effektive" oder Nutzarbeit und die Leistungen

Die innere Arbeit wird nicht vollständig an die Motorwelle abgegeben, sondern verringert sich um die *„mechanischen Verluste"*. Diese bestehen aus:

1. Der *Kolbenreibung,* die den größten Teil der Reibungsarbeit ausmacht, besonders bei den Tauchkolbenmaschinen, bei denen der Kolben durch die Normalkraft an die Zylinderwand gedrückt wird. Da die mittlere Normalkraft bei zunehmender Belastung zunimmt und auch der Kolbendurchmesser bei stärkerer Erwärmung wächst, nimmt die Reibungsarbeit durch Kolbenreibung bei zunehmender Belastung zu.
2. Der *Lagerreibung* sämtlicher bewegten Teile des Motors. Da es sich, bei modernen Maschinen, zum größten Teil um reine Flüssigkeitsreibung handelt, ist die Lagerreibung von der Belastung unabhängig, bleibt also pro Umdrehung nahezu konstant.
3. Dem *Arbeitsbedarf der Hilfsantriebe,* wie Steuerung, Kraftstoff- und Schmierölpumpe, Kühlwasserpumpe, Gebläse usw. Auch dieser Arbeitsbedarf wird von der Belastung nahezu unabhängig sein, bleibt also auch per Umdrehung nahezu konstant.

Es ist

$$P_i = P_e + P_R \quad \text{in kW}$$

mit

P_i innere Leistung

P_e Nutzleistung

P_R Leistung zur Überwindung der mechanischen Verluste.

Da die mechanischen Verluste pro Umdrehung, unabhängig von der Belastung, nahezu konstant bleiben, gilt angenähert:

$$\frac{P_R}{n} = \frac{P'_R}{n'}$$

also

$$P'_R = P_R \cdot \frac{n'}{n}$$

für veränderliche Drehzahl;

Für konstante Drehzahl gilt:

$$P'_R = P_R \, .$$

Der „mittlere effektive oder Nutzdruck" p_e (auch *pme* bzw. *mep*):

Die Nutzleistung kann man sich durch einen mittleren Druck entstanden denken, der auf den Kolben wirkt und die mechanischen Verluste bereits berücksichtigt.

Dann ist

$$P_e = z\frac{A_k \cdot p_e \cdot s \cdot n}{\kappa} \text{ in kW}$$

oder

$$P_e = \frac{V_H \cdot p_e \cdot n}{\kappa} \text{ in kW}$$

bzw. auch

$$P_e = p_e \cdot n \cdot C,$$

worin $C = V_n/\kappa$

$$p_e = P_e \frac{\kappa}{z \cdot A_k \cdot s \cdot n} \text{ in bar}$$

oder

$$p_e = P_e \cdot \frac{\kappa}{V_H \cdot n} \text{ in bar}$$

Mittelwerte für p_e bei 4-Takt Motoren *ohne* Aufladung:

Vollast p_e = 5,5 ... 6,5 bar (vorübergehend 20 % überlastbar)
Leerlauf p_e = 0

Es ist

$$p_e = p_i - p_R \text{ in bar.}$$

p_R mittlerer Druck zur Überwindung der mechanischen Verluste pro Arbeitshub.

Da die mechanische Verlustarbeit pro Umdrehung unabhängig von der Belastung konstant ist, muß auch p_R = konst. sein.

Zum Vergleich: Werte für aufgeladene Motoren, Baujahr 1981/82:

mittelschnellaufende Viertakt-Motoren p_e = 14 ... 21 bar
langsamlaufende Zweitakt-(Groß-)Motoren p_e = 11 ... 15 bar.

Mittelwerte für Viertakt-Motoren:

p_R für Tauchkolbenmaschinen 1,0 ... 1,4 bar,
p_R für Kreuzkopfmaschinen 0,9 ... 1,3 bar.

Im Durchschnitt

$$p_R \approx 1{,}3 \text{ bar.}$$

In Wirklichkeit nimmt p_R bei zunehmender Belastung etwas zu (Bild 4.27).

Leerlaufleistung

$$P_R = \frac{V_H \cdot p_R \cdot n}{\kappa} \text{ in kW.}$$

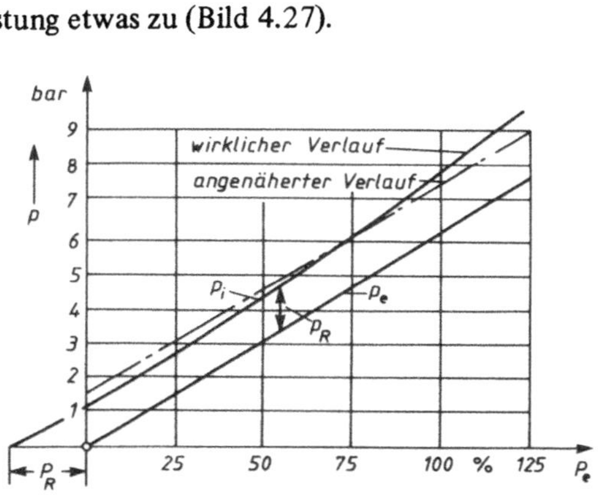

Bild 4.27
Bestimmung der Reibungsleistung P_R aus p_i und p_R

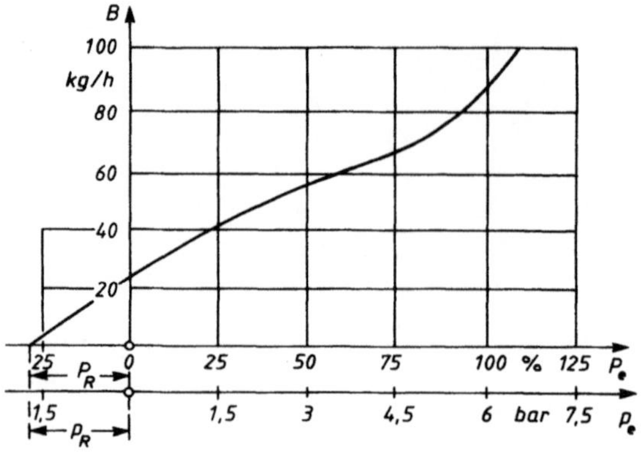

Bild 4.28
Bestimmung der Reibungsleistung P_R aus dem stündlichen Kraftstoffverbrauch B

Graphische Bestimmung von P_R und p_R aus dem stündlichen Kraftstoff-Verbrauch (Bild 4.28)

Der Kraftstoffverbrauch wird für verschiedene Belastungen bestimmt. Durch Schnitt der Verlängerung mit der X-Achse ergibt sich P_R und p_R.

In Bild 4.28 ist $P_R = 30\,\%$ von P_e und $p_R = 1{,}75$ bar.

4.1.3.4 Der „mechanische Wirkungsgrad" (Bild 4.29)

Der „mechanische Wirkungsgrad" η_m ist das Verhältnis der effektiven Arbeit (bzw. Leistung) zur inneren Arbeit (bzw. Leistung)

$$\eta_m = \frac{P_e}{P_i} = \frac{P_e}{P_e + P_R}$$

$$\eta_m = \frac{p_e}{p_i} = \frac{p_e}{p_e + p_R}$$

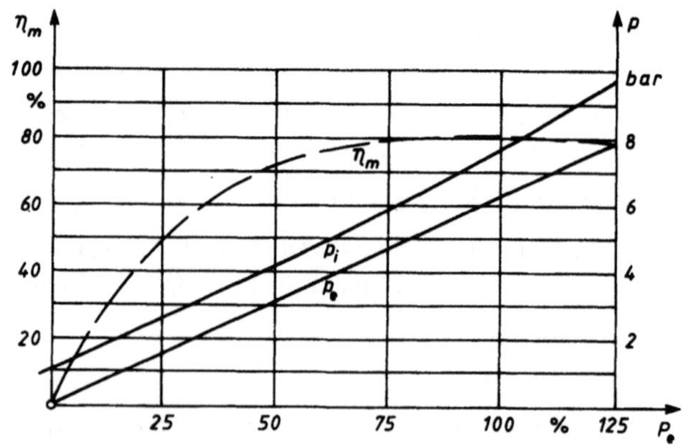

Bild 4.29
Mechanischer Wirkungsgrad in Abhängigkeit der Belastung

Mittlere Werte für Vollast bei Viertaktmotoren:

η_m für Tauchkolbenmaschinen 0,80 ... 0,85
η_m für Kreuzkopfmaschinen 0,83 ... 0,88.

Im Durchschnitt

$$\eta \approx 0{,}83\,.$$

Der Verlauf von η_m bei verschiedenen Belastungen ergibt sich aus dem Verlauf von p_e und p_i. Der mechanische Wirkungsgrad ist bei Vollast am günstigsten, nimmt bei Überlast etwas, bei geringer Belastung jedoch stark ab und wird bei Leerlauf gleich Null.

4.1.3.5 Der „effektive Wirkungsgrad" (Nutzwirkungsgrad) Bild 4.30)

Der effektive Wirkungsgrad η_e ist das Verhältnis des Wärmewertes der effektiven Arbeit (bzw. Leistung) zur zugeführten Wärme.

$$\eta_e = \frac{P_e \cdot C}{B \cdot H_u}$$

$$\eta_e = \frac{P_i \cdot C}{B \cdot H_u} \cdot \eta_m$$

$$\eta_e = \eta_i \cdot \eta_m$$

$$\eta_e = \eta_v \cdot \eta_g \cdot \eta_m$$

$$C = 3600 \text{ kJ/kWh.}$$

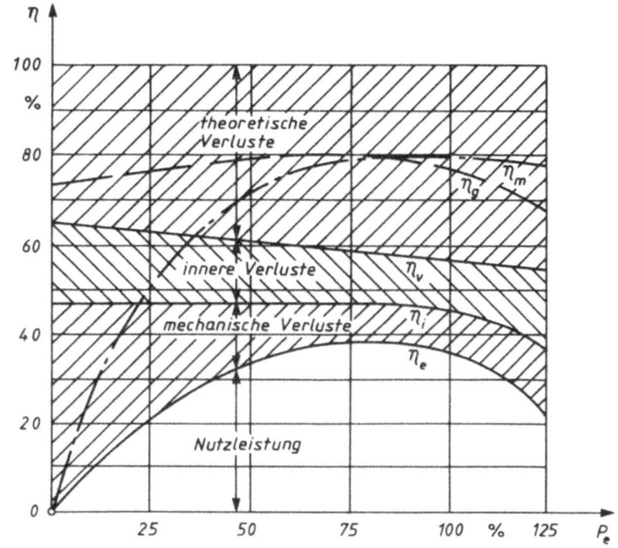

Bild 4.30
Wirkungsgrade und Verluste abhängig von der Belastung

Mittlere Werte von η_e bei Vollast (ohne Aufladung):

η_e = 25 % normale Vergasermotore, Glühkopfmotore
η_e = 30 % hochkomprimierte Vergasermotore, Gasmaschinen, Semidiesel
η_e = 37 % schnellaufende 4-Takt-Diesel, kleine 2-Taktmotoren
η_e = 40 % und höher für Großdiesel

Dieselmotoren mit Baujahr 1982/83 erreichen mit Aufladung als

Mittelschnelläufer η_e = 47 ... 48 %,
langsamlaufender Großdiesel $\eta_e \cong 50$ %.

Der Verlauf von η_e bei Belastungsänderung ergibt sich aus η_i und η_m.

Der effektive Wirkungsgrad η_e ist zwischen 3/4 und Vollast am günstigsten und nimmt sowohl bei Überlast als auch bei geringen Belastungen ab, um bei Leerlauf gleich Null zu werden. Z. B.:

Bei Halblast beträgt

die Nutzleistung	33 %
der mechanische Verlust	14 %
der innere Verlust	15 %
der theoretische Verlust	38 %

der zugeführten Wärme.

4.1.4 Der Kraftstoffverbrauch

Die Wirtschaftlichkeit der Motoren wird häufig durch den Kraftstoffverbrauch gekennzeichnet. Man unterscheidet den

stündlichen Kraftstoffverbrauch	B in kg/h
effektiven spezifischen Kraftstoffverbrauch	b_e in g/kWh
indizierten spezifischen Kraftstoffverbrauch	b_i in g/kWh

$$b_e = \frac{B}{P_e} \quad \text{bzw.} \quad b_i = \frac{B}{P_i}$$

Beziehung zwischen spezifischem Kraftstoffverbrauch und Wirkungsgrad

$$P_i = \frac{B \cdot H_u}{C} \cdot \eta_i \quad \text{bzw.} \quad P_e = \frac{B \cdot H_u}{C} \cdot \eta_e$$

$$B = \frac{P_i \cdot C}{\eta_i \cdot H_u} \quad \text{bzw.} \quad B = \frac{P_e \cdot C}{\eta_e \cdot H_u}$$

$$C = 3600 \text{ kJ/kWh}$$

$$b_i = \frac{3600}{\eta_i \cdot H_u} \quad \text{bzw.} \quad b_e = \frac{3600}{\eta_e \cdot H_u}$$

$$\frac{b_i}{b_e} = \frac{\eta_e}{\eta_i} = \eta_m \quad \text{bzw.} \quad b_i = b_e \cdot \eta_m ,$$

d. h. der spezifische Kraftstoffverbrauch ist dem entsprechenden Wirkungsgrad umgekehrt proportional.

Mittlere Werte von b_e bei Vollast für H_u = 4200 kJ/kg:

normale Benzinmotoren und Glühkopfmotoren	b_e = 340 g/kWh
hochkomprimierte Benzinmotoren und Semidiesel	b_e = 285 g/kWh
schnellaufende Dieselmaschinen und 2-Takt-Motoren	b_e = 240 g/kWh
Großdieselmotoren	b_e = 205 g/kWh und weniger.

Moderne Dieselmotoren mit Aufladung erreichen b_e = 170 ... 190 g/kWh.

Den Verlauf von b_e und b_i bei veränderlicher Belastung zeigt Bild 4.31. Dieser ergibt sich aus dem Verlauf von η_i und η_e.

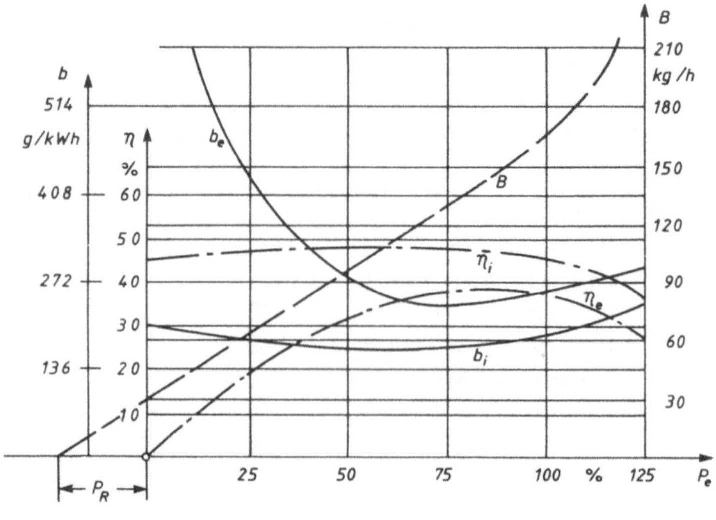

Bild 4.31
Kraftstoffverbrauch abhängig von der Belastung

b_e ist zwischen 3/4 und Vollast am günstigsten, nimmt bei Überlast etwas, bei geringen Belastungen stark zu.

b_i ist zwischen Leerlauf und 3/4 Last angenähert konstant und nimmt bei höheren Belastungen zu.

Der spezifische Kraftstoffverbrauch bei veränderlicher Drehzahl ist bei gleichem mittleren Druck nicht konstant, sondern meist bei einer mittleren Drehzahl am günstigsten, weil die Verluste durch Nachbrennen, unvollkommene Verbrennung und Ladungswechsel bei hoher Drehzahl, hingegen die Kühlverluste und die durch Vorzündung bei niedriger Drehzahl zunehmen (Bild 4.32).

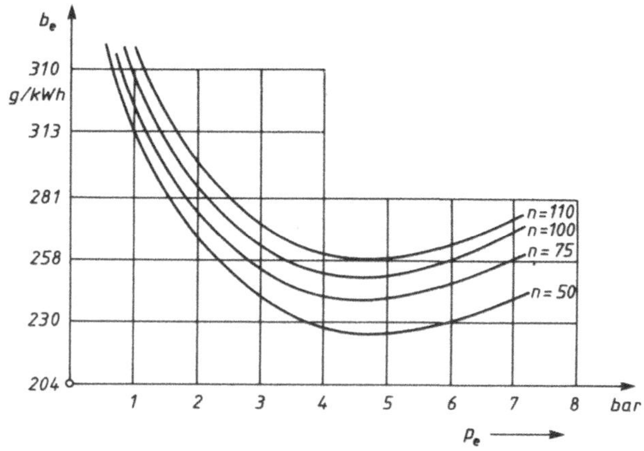

Bild 4.32
Kraftstoffverbrauch abhängig von der Drehzahl

Die Kraftstoffkennflächen (Bild 4.33)

Die Kurven gleichen Kraftstoffverbrauches ergeben als Funktion der Drehzahl und des mittleren Druckes Schichtlinien der *Kraftstoffkennfläche*. Die Leistungen ergeben sich ebenso als Funktion von Drehzahl und mittlerem Druck als Hyperbeln. ($p_e \cdot n$ = konst.).

Diese Darstellung ermöglicht, für jeden mittleren Druck und jede Drehzahl die zugehörige Leistung und den Kraftstoffverbrauch zu finden, z. B.:

p_e = 6 bar, 4-Takt-Motor ohne Luftladung
n = 100 %
P_e = 100 %
b_e = 256 g/kWh

der geometrische Ort aller p_e für konstante Kraftstoffförderung pro Hub (gleiche Füllung) ergibt sich aus der Beziehung

$p_e \cdot b_e$ = konst.

4.1.5 Beziehungen zwischen η_m, B und b_e bei verschiedenen Belastungen bei stationären Maschinen (n = konst.)

p_R und η_i werden als konstant angenommen werden.

Gegeben: P_e; B bei Vollast; P_e, B' bei Teillast,

Gesucht: η_m

$$\eta_m = \frac{P_e}{P_i} = \frac{P_e}{P_e + N_R};$$

$$B = P_i \cdot b_i = (P_e + P_R) \cdot b_i$$

$$B' = P_i' \cdot b_i' = (P_e' + P_R') \cdot b_i'$$

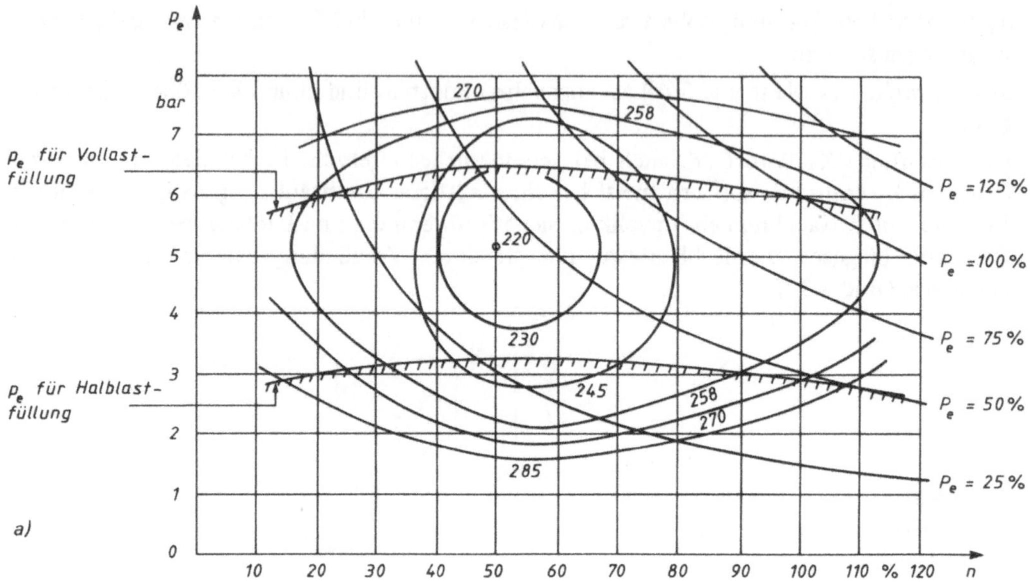

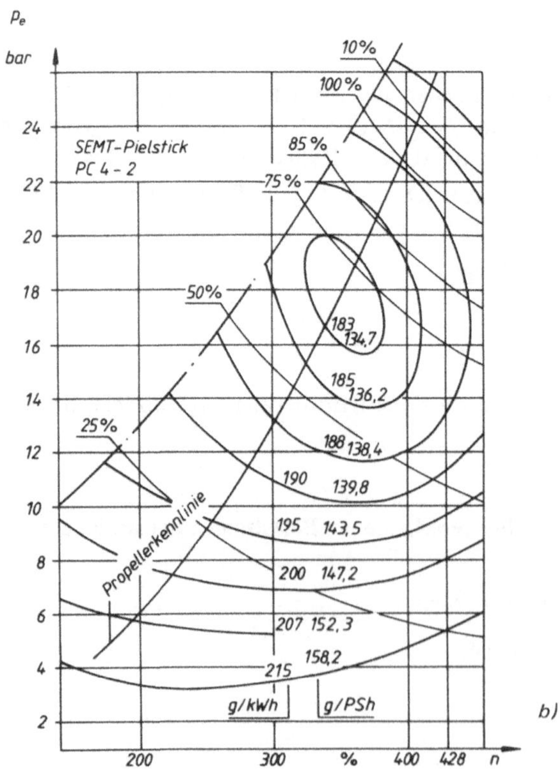

Bild 4.33a, b
Kraftstoffverbrauchs-Kennflächen

Wenn η_i = konst., dann ist $b_i = b_i'$, und
wenn p_R= konst., dann ist $P_R = P_R'$

also

$$\frac{B}{B'} = \frac{P_i}{P_i} = \frac{P_e + P_R}{P_e' + P_R}; \text{ somit } P_R = \frac{P_e \cdot B' - P_e' \cdot B}{B - B'}$$

folglich

$$\eta_m = \frac{P_e \cdot B - P_e \cdot B'}{P_e \cdot B - P_e \cdot B' + P_e \cdot B' - P_e' \cdot B}$$

$$\eta_m = \frac{P_e \cdot (B - B')}{B \cdot (P_e - P_e')}.$$

Mit

$$B = P_e \cdot b_e; \quad B' = P_e' \cdot b_e'$$

wird

$$\eta_m = \frac{P_e \cdot (1 - \frac{B'}{B})}{P_e - P_e'} = \frac{P_e \cdot (1 - \frac{P_e \cdot b_e'}{P_e \cdot b_e})}{P_e - P_e'}$$

$$\eta_m = \frac{P_e - P_e' \cdot \frac{b_e'}{b_e}}{P_e - P_e'}$$

Aufgabe: An einem Motor wurde gemessen:

bei Belastung P_e = 1000 kW ein stündlicher Kraftstoffverbrauch B = 230 kg/h
P_e' = 500 kW ein stündlicher Kraftstoffverbrauch B' = 136 kg/h

Bestimme den mechanischen Wirkungsgrad η_m bei P_e = 735 kW

b_e = 0,230 kg/kWh;
b_e' = 0,272 kg/kWh.

$$\eta_m = \frac{P_e \cdot (1 - B'/B)}{P_e - P_e'}$$

$$\eta_m = \frac{1000 \text{ kW} \cdot (1 - \frac{136 \text{ kg/h}}{230 \text{ kg/h}})}{1000 \text{ kW} - 500 \text{ kW}} = \underline{\underline{0{,}824}}$$

bzw.

$$\eta_m = \frac{P_e - P_e' \cdot \frac{b_e'}{b_e}}{P_e - P_e'}$$

$$\eta_m = \frac{1000 \text{ kW} - 500 \text{ kW} \cdot \frac{0{,}272 \text{ kg/kWh}}{0{,}230 \text{ kg/kWh}}}{1000 \text{ kW} - 500 \text{ kW}} = \underline{\underline{0{,}824}}$$

4.1.6 Verhalten des Motors bei Schraubenantrieb

Die Antriebsleistung P_e ändert sich bei Schraubenantrieb im Bereich mittlerer Drehzahlen angenähert proportional der 3. Potenz der Drehzahl.

$$\frac{P_1}{P_2} = \left(\frac{n_1}{n_2}\right)^3;$$

mit

$$P_1 = \frac{V_H \cdot p_{e1}\, n_1}{\kappa} \quad \text{und} \quad P_2 = \frac{V_H \cdot p_{e_2}\, n_2}{\kappa}$$

wird

$$\frac{P_1}{P_2} = \frac{p_{e_1} \cdot n_1}{p_{e_2} \cdot n_2} = \left(\frac{n_1}{n_2}\right)^3$$

folglich

$$\frac{p_{e_1}}{p_{e_2}} = \left(\frac{n_1}{n_2}\right)^2 .$$

Der mittlere Effektivdruck p_e ändert sich angenähert proportional dem Quadrat der Drehzahl. Ferner ist

$$M_{d_1} = \frac{P_1}{n_1} \quad \text{und} \quad M_{d_2} = \frac{P_e}{n_2}$$

folglich

$$\frac{M_{d_1}}{M_{d_2}} = \frac{P_1}{P_2} \cdot \frac{n_2}{n_1} = \left(\frac{n_1}{n_2}\right)^2 .$$

$$\frac{M_{d_1}}{M_{d_2}} = \left(\frac{n_1}{n_2}\right)^2 .$$

Das mittlere Drehmoment M_d ändert sich ebenfalls angenähert proportional dem Quadrat der Drehzahl.

Angenommen, p_R ist konstant (Reibungsarbeit pro Umdrehung konst.), dann gilt

$$\frac{P_R}{n} = \frac{P'_R}{n'}$$

folglich

$$P'_R = P_R \cdot \frac{n'}{n} .$$

Die mechanische Verlustleistung P_R ändert sich angenähert proportional der Drehzahl.

Leistungen und Mitteldrücke in Abhängigkeit von der Drehzahl bei Schraubenantrieben Bild 4.34)

Besonders geeignet zur Darstellung des Verhältnisses eines Motors bei Schraubenantrieb ist die Kraftstoff-Kennfläche, indem in dieselbe die Kurve des verwendeten Propellers eingetragen wird (s. auch Bild 4.33b).

Beziehung zwischen η_m, B und b_e bei Schraubenantrieb (n = veränderlich, wenn p_R und η_i als konstant angenommen werden.

Gegeben: P_e, B bei Vollastdrehzahl n und
B' bei Teillastdrehzahl n'

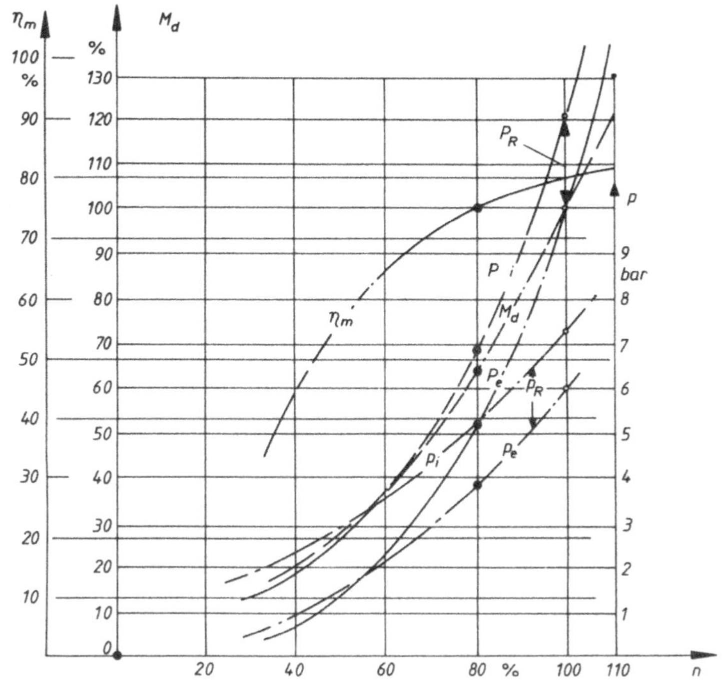

Bild 4.34
Leistungsdaten bei Schraubenantrieben. Z. B.: Bei Abfall der Drehzahl von 100 % auf 80 % sinkt p_e von 6 bar auf 3,8 bar.
M_d von 100 % auf 64 %,
P_e von 100 % auf 52 %,
η_m von 80 % auf 75 %,
$P_R = P_i - P_e$ von 20 % auf 17,6 %.
$p_R = p_i - p_e$ bleibt konstant.

Gesucht: η_m

$$B = (P_e + P_R) \cdot b_i ; \; B' = (P'_e + P'_R) \cdot b'_i ;$$

für η_i = konstant ist $b_i = b'_i$; folglich

$$\frac{B}{B'} = \frac{P_e + P_R}{P'_e + P'_R} ;$$

für p_R = konstant $P'_R = P_R \cdot \frac{n'}{n}$; somit

$$B \cdot P'_e + B \cdot P'_R = B' \cdot P_e + B' \cdot P_R$$

$$B \cdot P'_e + B \cdot P_R \cdot \frac{n'}{n} = B' \cdot P_e + B' \cdot P_R$$

$$P_R \cdot \left(B' - B\frac{n'}{n}\right) = B \cdot P'_e - B' \cdot P_e$$

$$= B \cdot P_e \cdot \left(\frac{n'}{n}\right)^3 - B' \cdot P_e$$

$$= P_e \cdot \left[B \cdot \left(\frac{n'}{n}\right)^3 - B'\right]$$

$$P_R = \frac{P_e \cdot B \left[\left(\frac{n'}{n}\right)^3 - \frac{B'}{B}\right]}{B \cdot \left(\frac{B'}{B} - \frac{n'}{n}\right)} = \frac{P_e \cdot \left[\left(\frac{n'}{n}\right)^3 - \frac{B'}{B}\right]}{\frac{B'}{B} - \frac{n'}{n}}$$

$$\eta_m = \frac{P_e}{P_e + P_R} = \frac{\frac{B'}{B} - \frac{n'}{n}}{\left(\frac{n'}{n}\right)^3 - \frac{n'}{n}} = \frac{\frac{n'}{n} - \frac{B'}{B}}{\frac{n'}{n} - \left(\frac{n'}{n}\right)^3} .$$

Mit

$$\frac{B'}{B} = \frac{P_e \cdot b'_e}{P_e \cdot b_e} = \left(\frac{n'}{n}\right)^3 \cdot \frac{b'_e}{b_e}$$

wird

$$\eta_m = \frac{\frac{n'}{n} \cdot \left[1 - \left(\frac{n'}{n}\right)^2 \cdot \frac{b'_e}{b_e}\right]}{\frac{n'}{n} \cdot \left[1 - \left(\frac{n'}{n}\right)^2\right]}$$

$$\eta_m = \frac{1 - \left(\frac{n'}{n}\right)^2 \cdot \frac{b'_e}{b_e}}{1 - \left(\frac{n'}{n}\right)^2}.$$

Aufgabe: Bestimme den mechanischen Wirkungsgrad bei Vollast, wenn gegeben sind:

$P_e = 1470$ kW bei $n = 500\ \text{min}^{-1}$
$B = 340$ kg/h bei $n = 500\ \text{min}^{-1}$
$B' = 194$ kg/h bei $n' = 400\ \text{min}^{-1}$

$$\frac{n'}{n} = 0{,}8$$

$$\eta_m = \frac{0{,}8 - \frac{194\ \text{kg/h}}{340\ \text{kg/h}}}{0{,}8 - 0{,}8^3} = \frac{0{,}8 - 0{,}571}{0{,}8 - 0{,}512} = \underline{\underline{0{,}795}}$$

oder

$$b_e = \frac{B}{P_e} = \frac{340\ \text{kg/h}}{1470\ \text{kW}} = \underline{\underline{0{,}231\ \text{kg/kWh}}}$$

$$b'_e = \frac{B'}{P'_e} = \frac{B'}{P_e} \cdot \left(\frac{n}{n'}\right)^3 = \frac{194\ \text{kg/h}}{1470\ \text{kW}} \cdot \left(\frac{500\ \text{min}^{-1}}{400\ \text{min}^{-1}}\right)^3 = \underline{\underline{0{,}258\ \text{kg/kWh}}}$$

$$\eta_m = \frac{1 - 0{,}8^2 \cdot \frac{0{,}258\ \text{kg/kWh}}{0{,}231\ \text{kg/kWh}}}{1 - 0{,}8^2} = \underline{\underline{0{,}795}}$$

4.1.7 Literleistung und Leistungsmasse

Die Literleistung ist die Nutzleistung pro Liter des Gesamthubvolumens.

$$P_{Lit} = \frac{P_e}{V_H}\ ;\quad P_e = \frac{V_H \cdot p_e \cdot n}{\kappa}$$

$$P_{Lit} = \frac{p_e \cdot n}{\kappa} \quad \text{in kW/}\ell$$

Die Literleistung hängt nur vom mittleren Druck und von der Drehzahl ab.

Die Literleistung kann auch durch die mittlere Kolbengeschwindigkeit c_m und den Hub s ausgedrückt werden.

$$P_{Lit} = \frac{p_e \cdot n}{\kappa}\ ;\quad n = \frac{c_m \cdot 30}{s}\ :$$

$$P_{Lit} = \frac{p_e \cdot c_m \cdot 30}{\kappa} \quad \text{in kW/}\ell$$

Richtwerte für P_{Lit}:

langsamlaufender Großdieselmotor	1,5 ... 3 kW/ℓ
Mittelschnelläufer	4,5 ... 8 kW/ℓ
Schnelläufer	9,5 ... 15 kW/ℓ ,

d. h. bei gleicher Kolbengeschwindigkeit nimmt die Literleistung mit zunehmendem Hub ab. Hochleistungsmotore werden daher mit kleinem Hubverhältnis k ausgeführt, wobei

Hubverhältnis:	$k = s/D$	ist,
für Langsamläufer ist	$k = 1{,}5$	bis 2 und mehr
für Schnelläufer ist	$k = 1{,}0$	bis 1,2

Großes Hubverhältnis gibt günstigen Verbrennungsraum; geringeres Kolbenspiel, daher bessere Abdichtung; lange Kolben, daher geringeren Flächendruck; bei 2-Takt-Maschinen relativ geringere Länge der Spül- und Auspuffschlitze (Bild 4.35).

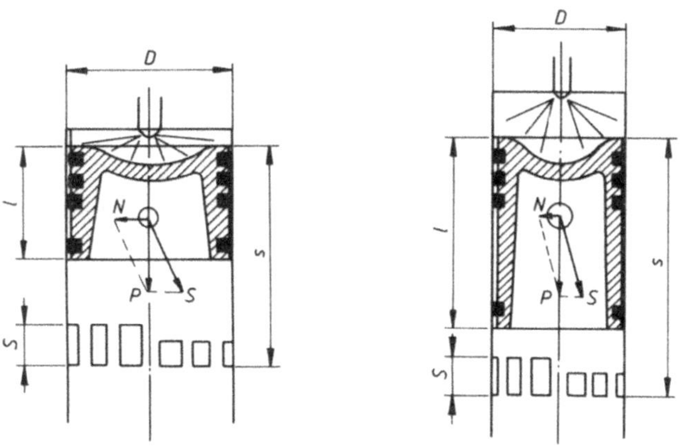

Flacher, schlechter Verbrennungsraum, schlechte Kolbendichtung, großer Flächendruck, lange Spülschlitze, geringere Kolbengeschwindigkeit.

Guter Verbrennungsraum, gute Kolbendichtung, geringer Flächendruck, kurze Spülschlitze, große Kolbengeschwindigkeit.

Bild 4.35
Kolbenbauart und Flächendruck für Tauchkolben

Flächendruck des Kolbens: $p = \dfrac{N}{l \cdot D}$

4.1.8 Mittlere Kolbengeschwindigkeit

Die mittlere Kolbengeschwindigkeit c_m hängt hauptsächlich von der Art des Betriebes, für den die Maschine bestimmt ist und der geforderten Lebensdauer ab.

$$c_m = \frac{n \cdot s}{30} \quad \text{in m/s,}$$

mittlere Werte:	für schweren Dauer Vollastbetrieb (Handelsschiffe, Pumpenwerke usw.)	$c_m < 9$ m/s
	für vorübergehenden Vollastbetrieb (Kriegsschiffe, Borddynamos usw.)	$c_m < 12$ m/s
	für Hochleistungsmaschinen (Schnellboote, Flugzeuge usw.)	$c_m < 15$ m/s

Das Produkt

$$c_m \cdot p_e = c_m \cdot p_i \cdot \eta_m$$

soll als Kennwert der Leistungsintensität des Motors oder als „Ausnutzungsgrad" des Arbeitszylinders bezeichnet werden. Dieser Kennwert ist einer der treffendsten Kriterien des Motors, da er nicht nur die Ausnutzung des Arbeitszylinders in bezug auf die erzielten p_e und c_m, sondern indirekt auch dessen Wärmebelastung ($c_m \cdot p_i$) kennzeichnet. Kennwerte $c_m \cdot p_e$ bei ausgeführten Motoren s. Bild 1.34.

Die *Leistungsmasse* m_s ist die Masse des Motors mit notwendigen Nebenbetrieben pro kW Nutzleistung.

$$\text{Leistungsmasse } m_s = \frac{m}{P_e} \text{ in kg/kW.}$$

Für aufgeladene Maschinen großer Leistung gilt:

für Großdiesel $m_s = 35$ kg/kW
für Mittelschnelläufer $m_s = 15$ kg/kW.

Eine geringe Leistungsmasse wird erreicht:

1. durch möglichst große Literleistung,
2. durch gedrängte Bauweise (Blockkonstruktion),
3. durch Entlastung der Gußteile von Zugkräften durch Zuganker,
4. durch Verwendung hochwertigen Materials (Stahlguß- oder geschweißte Stahlkonstruktion) und Leichtmetall.

Der Schnelläufigkeitsgrad

Die Drehzahl und die mittlere Kolbengeschwindigkeit geben, einzeln genommen, keine erschöpfende Vorstellung von der Schnelläufigkeit eines Motors. Unter dem Schnelläufigkeitsgrad versteht man das Produkt

$$\frac{c_m \cdot n}{100} = \frac{s \cdot n^2}{3000}.$$

Er besteht also aus zwei Hauptgrößen, von denen die eine die Drehzahl n und die andere die eigentliche Schnelläufigkeit c_m kennzeichnet. Der Kennwert $c_m \cdot n$ kennzeichnet gleichzeitig die dynamische Intensität des Motors, da die Massenkräfte, die die Drehzahl nach oben begrenzen, sich direkt proportional dem Quadrat der Drehzahl n^2 und der 1. Potenz des Kolbenhubes s ändern, d. h. also dem Produkt $s \cdot n^2$ entsprechen.

Der Kennwert $\frac{c_m \cdot n}{100}$ ist bei

langsamlaufenden Motoren	6 ... 40
mittelschnellen Motoren	35 ... 150
schnellaufenden Motoren	90 ... 400.

Die Spülzahl

Ein weiterer Kennwert der Schnelläufigkeit eines Motors ist die sog. „*Spülzahl*" $D \cdot n$, die zur Bewertung des Spülverfahrens bei 2-Takt-Motoren häufig angewendet wird. Die Spülzahl

$$D \cdot n = D \cdot \frac{30 \cdot c_m}{s} \cong \frac{c_m}{k}$$

ist bei einem gegebenen Hub-Bohrungs-Verhältnis $k \sim \frac{s}{D}$ proportional der mittleren Kolbengeschwindigkeit c_m.

Der Kennwert $D \cdot n$ beträgt bei

langsamlaufenden Motoren	60 ... 125
mittelschnellen Motoren	150 ... 200
schnellaufenden Motoren	200 ... 350,

worin die Zylinderbohrung in m einzusetzen ist.

4.1.9 Die Wärmebilanz

Die Wärmebilanz hat die Aufgabe, die zugeführte Wärme möglichst weitgehend in Nutzarbeit und die verschiedenen Verluste aufzuteilen, um diese so weit wie möglich zu verringern.

4.1.9.1 Rohbilanz

Direkt bestimmt werden können

1. Nutzarbeit bzw. deren Wärmewert:	Q_e	in kJ/h
2. Kühlwasserverlust:	Q_W	in kJ/h
3. Abgasverlust:	Q_A	in kJ/h
4. Restverlust:	Q_R	in kJ/h

$$Q_1 = Q_e + Q_W + Q_A + Q_R$$

1. *Bestimmung der Nutzarbeit*

a) Messung des Drehmoments M_d mittels Bremsen oder Dynamometer und daraus Berechnung der Leistung:

$$P_e = M_d \cdot n \quad \text{in kW}.$$

b) Messung der elektrischen Leistung mittels Antrieb eines Dynamos und daraus Berechnung der Leistung:

$$\text{für Gleichstrom:} \quad P_e = \frac{P_{Gen.}}{\eta_{Gen.}} = \frac{U \cdot I}{1000 \cdot \eta_{Gen.}} \quad \text{in kW}$$

$$\text{für Drehstrom:} \quad P_e = \frac{P_{Gen.}}{\eta_{Gen.}} = \frac{U \cdot I \cdot \sqrt{3} \cdot \cos\varphi}{1000 \cdot \eta_{Gen.}} \quad \text{in kW}$$

mit

$\eta_{Gen.}$	Wirkungsgrad des Generators
$\cos\varphi$	Leistungsfaktor
U	Spannung in Volt
I	Stromstärke in Ampere.

2. *Bestimmung des Kühlwasserverlustes* (Bild 4.36)

$$Q_W = m_W \cdot (t_{W_2} - t_{W_1}) \cdot c_W \quad \text{in kJ/h}$$

mit

m_W	Kühlwassermenge in kg/h
t_{W_1}	Eintrittstemperatur des Kühlwassers
t_{W_2}	Austrittstemperatur des Kühlwassers
c_W	spezifische Wärme in kJ/kg K des Kühlwassers

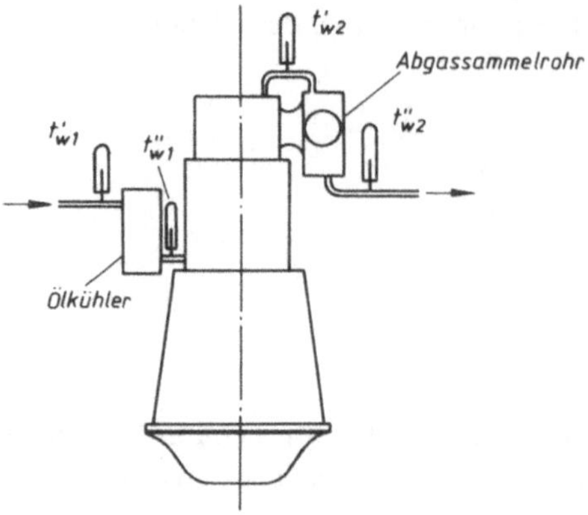

Bild 4.36

Meßstellen zur Bestimmung der Kühlverluste

t'_{w1} Kühlwassertemperatur vor Ölkühler
t''_{w1} Kühlwassertemperatur vor Motorzylinder
t'_{w2} Kühlwassertemperatur nach Motorzylinder
t''_{w2} Kühlwassertemperatur nach Abgassammelrohr

Bei Durchflußkühlung und Umlaufkühlung mit Rückkühlung des Schmieröls und Auspuffkühlung kann der Kühlwasserverlust noch weiter unterteilt werden. Dann ist

Schmierölkühlung: $Q_{w_1} = m_w \cdot (t''_{w_1} - t'_{w_1})\, c_w$ in kJ/h
Zylinderkühlung: $Q_{w_2} = m_w \cdot (t'_{w_2} - t''_{w_1})\, c_w$ in kJ/h
Abgaskühlung: $Q_{w_3} = m_w \cdot (t''_{w_2} - t'_{w_2})\, c_w$ in kJ/h

$Q_w = Q_{w_1} + Q_{w_2} + Q_{w_3}$ in kJ/h

3. *Bestimmung des Abgasverlustes*

a) *durch freie Wärme*

Überschlagformel nach Siegert:

$$Q_{Af} = \frac{0{,}55\,(t_A - t_1)}{k_1 + k_2} \cdot \frac{B \cdot H_u}{100} \text{ in kJ/h}$$

mit

t_A Abgastemperatur in °C
t_1 Außentemperatur in °C
k_1 CO_2-Gehalt der trockenen Abgase in %
k_2 CO - Gehalt der trockenen Abgase in % ;

genaue Bestimmung:

$$Q_{Af} = m_A \cdot c_{pA} \cdot (t_A - t_1) \text{ in kJ/h}$$

mit

G_A Abgasmasse in kg/h
c_{pA} mittlere spezifische Wärme der Abgase in kJ/kg K.

Abgasmenge:

$$m_A = m_L + B \text{ in kg/h}$$

mit

m_L Luftverbrauch in kg/h.

Da die Abgaszusammensetzung der Kraftstoffe bei gleichem Luftüberschuß ziemlich gleichmäßig ist, kann c_{pA} aus Tabellen oder Diagrammen für den herrschenden Luftüberschuß und die Abgastemperatur entnommen werden.

b) *durch gebundene Wärme*

Überschlagformel nach Brauß

$$Q_{Ag} = \frac{48 \cdot k_2}{k_1 + k_2} \cdot \frac{B \cdot H_u}{100} \quad \text{in kJ/h;}$$

genaue Bestimmung

$$Q_{Ag} = B \cdot V'_w \cdot k_2 \cdot 128 \quad \text{in kJ/h}$$

mit V'_w trockenes Rauchgasvolumen in Nm^3/kg_{Br} ;

mit genügender Genauigkeit:

$$V'_w = \lambda_v \cdot L_{min} \quad \text{in } Nm^3/kg_{Br}$$

mit

λ_v Luftüberschußzahl

L_{min} Mindestluftbedarf in Nm^3/kg_{Br}

4. *Bestimmung des Restverlustes*

Der Restverlust kann direkt nicht bestimmt werden, sondern ergibt sich durch Abzug der übrigen Verluste von der zugeführten Wärme.

$$Q_R = Q_1 - (Q_w + Q_A) \quad \text{in kJ/h}$$

4.1.9.2 Wärmeschaubilder

Durch Bestimmung der Rohbilanz für verschiedene Belastungsstufen erhält man ein Schaubild der Wärmeverteilung. Hierbei werden die Wärmemengen entweder auf die Nutzleistung bezogen, oder in % der zugeführten Wärmemenge ausgedrückt.

a) *Wärmeverteilung bezogen auf die Nutzleitung* $q = \frac{Q}{P_e}$ *in* kJ/kWh (Bild 4.37)

Hierbei ist die nutzbare Wärme:

$$q_e = \frac{Q_e}{P_e} = 3600 \text{ kJ/kWh;}$$

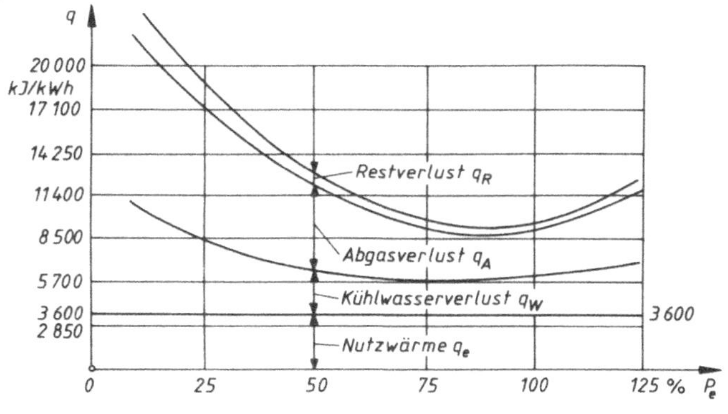

Bild 4.37
Wärmeschaubild – Wärmeverteilung bezogen auf Nutzleistung

z. B. ergibt sich bei Halblast folgende Wärmeverteilung:

zugeführte Wärme:		q_1	= 12 500 kJ/kWh
hiervon	Nutzwärme:	q_e	= 3 600 kJ/kWh
	Kühlw.-Wärme:	q_w	= 2 960 kJ/kWh
	Abgaswärme:	q_A	= 5 460 kJ/kWh
	Restverlust:	q_R	= 540 kJ/kWh

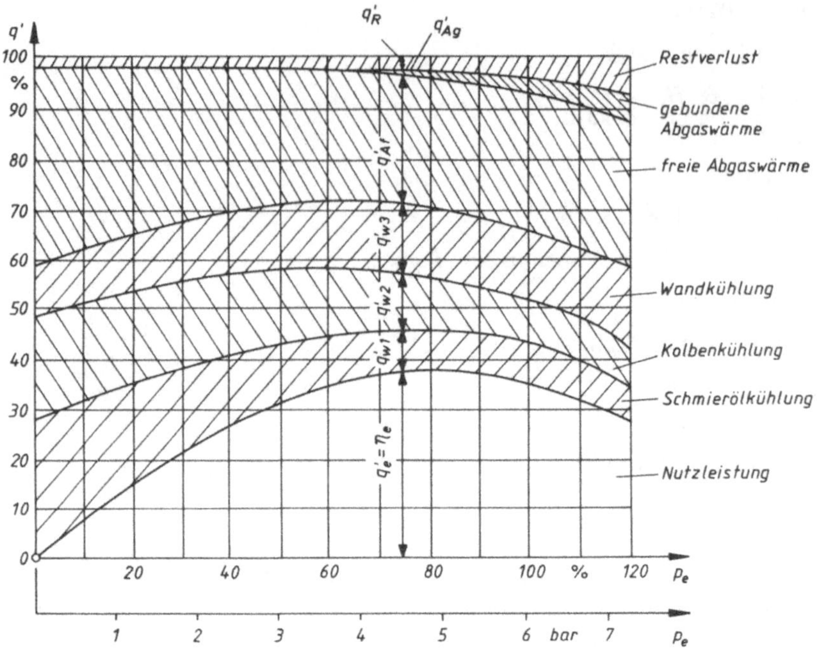

Bild 4.38 Wärmeschaubild – Wärmeverteilung bezogen auf zugeführte Wärme

b) *Wärmeverteilung in % der zugeführten Wärme* $q' = \frac{Q}{B \cdot H_u} \cdot 100$ *in %* (Bild 4.38)

Gemäß Bild 4.38 gilt bei 3/4 Belastung:

$q'_e = \eta_e = 36\,\%$
$q'_w = 34\,\%$
$q'_A = 27\,\%$
$q'_R = 3\,\%$

4.1.9.3 Feinbilanz

Die Rohbilanz ergibt noch kein klares Bild über die Ursache der einzelnen Verluste. Eine weitere Unterteilung derselben wird durch Berechnung und Berücksichtigung des theoretischen Wirkungsgrades und des inneren Wirkungsgrades erreicht.

Wärmestrombild oder „Sankey"-Diagramm (Bild 4.39)

Beispiel:

Zugeführte Wärme	q'_1	= 100 %
theoretische Arbeit	η_v	= 60 %
daraus: theoretischer Wärmeverlust	q'_2	= 40 %
freie Abgaswärme	q'_{Af}	= 25 %
Abgaswärme im Kühlwasser	q'_{w1}	= 10 %
daraus: Strahlungsverlust	q'_s	= 5 %
Indizierte Arbeit	η_i	= 45 %
Wandkühlung	q'_{w2}	= 10 %

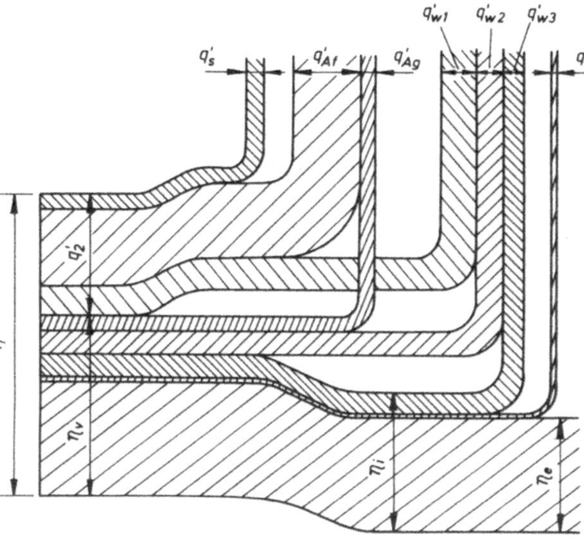

Bild 4.39
Wärmestrombild

daraus: gebundene Abgaswärme und Nachbrennen	$q'_{Ag} = \ \ 5\,\%$
Effektive Arbeit	$\eta_e \ = 35\,\%$
Schmierölkühlung	$q'_{w3} = \ \ 8\,\%$
daraus: Hilfsantriebe	$q'_H \ = \ \ 2\,\%$

Die zugeführte Wärme q'_1 läßt sich aufteilen in die theoretische Arbeit η_v und den theoretischen Wärmeverlust q'_2. Dieser setzt sich zusammen aus dem Strahlungsverlust q'_s, der freien Abgaswärme q'_{Af} und der Abgaskühlung q'_{w1}. Die theoretische Leistung ergibt durch Abzug der inneren Verluste durch gebundene Wärme q'_{Ag} und durch Wandkühlung q'_{w2} die innere Arbeit η_i. Aus dieser verbleibt der Arbeitsbedarf der Hilfsantriebe q'_H durch Abzug der Schmierölkühlung q'_{w3} und der Nutzleistung η_e. Es muß demnach in Übereinstimmung mit der Rohbilanz sein:

gesamter Abgasverlust: $q'_A = q'_{Af} + q'_{Ag} = 25 + 5 = 30\,\%$

gesamter Kühlverlust: $q'_w = q'_{w1} + q'_{w2} + q'_{w3} = 10 + 10 + 8 = 28\,\%$

gesamter Restverlust: $q'_R = q'_s + q'_H = 5 + 2 = 7\,\%$

$= 65\,\%;\ \eta_e = 35\,\%$

Die Summe: $\eta_e + q'_A + q'_w + q'_R = 100\,\%$

4.1.9.4 Einige Daten über die Wärmeverteilung in modernen Dieselmotoren

Als Beispiel für Großdieselmotoren für die Schiffahrt und stationären Anlagen seien Daten des M.A.N./B & W Großmotors L-GB einer Typenreihe mit 13500 ... 40400 kW im Konstantdruck aufgeladener, langsamlaufender Kreuzkopf-2-Takt-Dieselmotoren bei Verwendung ungekühlter Turbolader bei Vollast und ISO-Umgebungsbedingungen angeführt:

mittlere Abgastemperatur hinter Turbolader

für Zylinderdurchmesser	450/550/670/800/900 mm	295 °C ± 15°
für Zylinderdurchmesser	350 mm	283 °C ± 15°

hierbei beträgt die spezifische Abgasmenge

für $D = 450 \ldots 900$ mm 8,42 kg/kWh ± 5 %
für $D = 350$ mm 8,00 kg/kWh ± 5 %.

Die untere Toleranzgrenze gehört für die Abgastemperaturen zur oberen Toleranz der Abgasmengen und umgekehrt. Unterhalb 70 % Last steigen die Abgastemperaturen bei Festpropellerbetrieb kaum, bei Konstantdrehzahl-Betrieb um 5° bei 50 % Last an.

Die spezifischen Abgasmengen steigen ebenfalls unter etwa 80 % Last bei Festpropellerbetrieb um 10 % und bei Konstant-Drehzahlbetrieb um 12 % bei 50 % Last.

Die abzuführenden und für Vorwärmzwecke bei Bedarf noch nutzbaren Kühlwasserwärmen betragen für diesen Maschinentyp bei $D = 900$ mm ungefähr:

aus dem Ladeluftkühler 0,3 kW/kW;
aus dem Ölkühler 0,9 kW/kW und
aus dem Frischwasser-Rückkühler 0,19 kW/kW.

Für einen Mittelschnelläufer großer Leistung von 7290 kW als 6-Zylinder-Reihenmotor bis 21870 kW als 18-Zylinder-V-Motor vom Typ SEMT-Pielstick PC4 werden folgende Angaben gemacht:

Kühlwasser-Abwärme von 75 ... 85 °C	195 kW/Zylinder
Schmieröl-Abwärme	96 kW/Zylinder
Abgaswärme mit Abgasturbolader-Austrittstemperatur von 365 °C	865 kW/Zylinder

Die Zylinderleistung beträgt hierbei 1215 kW, $p_e = 23$ bar bei 400 min^{-1} bzw. $p_e = 21{,}5$ bar bei 428 min^{-1} (Generator-Antrieb), $p_{max} = p_z = 135$ bar.

4.2 Motorische Verbrennung

4.2.1 Heiz- und Einspritzgesetz

Beim Idealmotor, wie er in Abschnitt 4.1.1 vorgestellt wurde, beginnt die Verbrennung (Wärmezufuhr) „ideal“ genau in der oberen Totpunktstellung (*OT*) des Kolbens. Im allgemeinen Fall des Seiliger-Prozesses erfolgt dabei die Verbrennung im ersten Abschnitt schlagartig bei konstantem Volumen (isochor), im zweiten Teil bei konstantem Druck (isobar) (vgl. hierzu Bild 4.7).

Der Verlauf der Verdichtung und auch der der Expansion werden wesentlich vom Verdichtungsverhältnis ϵ beeinflußt.

Im wirklichen Dieselmotor und Motorenbetrieb werden Verdichtungs- und Expansionsverlauf von Wärmeaustauschvorgängen mit den Brennraumwänden beeinflußt. Der Brennablauf selbst wird durch das Heizgesetz und die Art der Gemischbildung geregelt.

Das Heizgesetz

$$dQ/d\alpha = f(\alpha)$$

drückt die Wärmefreisetzung bei der Verbrennung in Abhängigkeit vom Kurbelwinkel α aus. Im Bild 4.40 sind zwei Heizgesetzmäßigkeiten eingetragen:

- Im Fall I verbrennt viel Kraftstoff schon vor *OT* (Frühzündung) mit steilem Druckanstieg pro Grad Kurbelwinkel ($dp/d\alpha > 3{,}5$ bar) verbunden mit starkem Zündgeräusch (Klopfen).
- Im Fall II beginnt die Verbrennung langsam ($dp/d\alpha < 3{,}5$ bar).

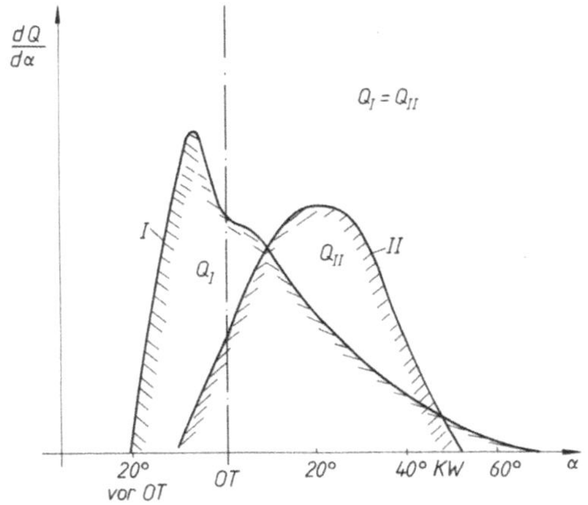

Bild 4.40
Heizgesetz

Das Heizgesetz ergibt sich aus dem Einspritzgesetz

$$dB_E/d\alpha = f(\alpha),$$

wobei B_E die Einspritzmenge je Arbeitsspiel ist. Das Einspritzgesetz wird vom Konstrukteur durch die Wahl der Abmessungen des Einspritzsystems bestimmt.

Die Verbrennung im Dieselmotor läßt sich nach Ricardo in drei Stufen einteilen:

Stufe 1:

Verzögerungsstufe oder Zündverzug; Kraftstoff wird in den Zylinder eingespritzt, es erfolgt aber noch keine Entzündung bzw. die Entzüdnung ist noch örtlich eng begrenzt. Der Zündverzug, d.h. die Zeit vom Beginn des Einspritzens bis zur Vollentzündung ist abhängig

a) von der Art des Kraftstoffs,
b) von der Temperatur und dem Druck der hochverdichteten Luft,
c) von der Feinheit der Zerstäubung.

Zu a): In erster Linie beeinflußt die Art der Bindung der Kohlenwasserstoffe im Kraftstoff die Größe des Zündverzugs; dieser ist bei kettenförmiger Bindung geringer als bei ringförmiger. Neben anderem ist auch der Wasserstoffgehalt und der Zündpunkt des Kraftstoffs von Einfluß auf den Zündverzug. Die Cetanzahl eines Kraftstoffes dient zur Beurteilung der Zündwilligkeit von Dieselölen; sie wird in einem Versuchsdieselmotor bestimmter Abmessungen für den zu untersuchenden Kraftstoff festgestellt. Die Cetanzahl gibt an, wieviel Prozent des leichtzündenden Cetans ($C_{16}H_{34}$) dem schwerer zündenden Methylnaphthalin zugesetzt werden muß, um dieselbe Zündwilligkeit zu erreichen, die der zu untersuchende Kraftstoff im Versuchsmotor hat. Die Cetanzahl soll dann für schnellaufende Diesel über 37, bei guten Dieselölen rund 45 betragen.

Zu b): Hoher Druck verkürzt wegen größerer Sauerstoffkonzentration den Zündverzug, ebenso wird der Zündverzug um so kleiner, je höher die Temperatur der verdichteten Luft über dem Zündpunkt des Dieselöls liegt.

Zu c): Feine Zerstäubung verkürzt den Zündverzug, weil das kleinste Tröpfchen für die Initialzündung am geeignetsten ist.

Die erste Stufe schließt ab mit der Bildung eines Flammenkerns. Für einen bestimmten Kraftstoff und bestimmte Betriebsverhältnisse ist der Zündverzug in Sekunden gemessen konstant, nicht aber in Abhängigkeit vom Kurbelwinkel bzw. von der Drehzahl. Je größer die Drehzahl ist, um so mehr Kurbelwinkelgrade entfallen auf die gleiche Zündverzugszeit.

Stufe 2:

Diese Stufe, auch ungesteuerte Verbrennung genannt, umfaßt die mechanische Ausbreitung der Kernflamme über den Hauptteil des Verbrennungsraums. Die Geschwindigkeit der Flammenausbreitung und damit auch der Druckanstieg sind von der Wirbelung abhängig. Die Zeit für die Dauer dieser zweiten Stufe kann durch erhöhte Wirbelung verkürzt werden. Die Höhe des Druckanstiegs ist abhängig von der Menge des bis jetzt eingespritzten Kraftstoffs und von seiner Verteilung in der Verbrennungsluft.

Der Druck am Ende der zweiten Stufe hängt demnach ab von:

a) der Länge des Zündverzugs (bezüglich Kurbelwinkelgraden abhängig von Motordrehzahlen), und wegen der Menge des während Stufe 1 eingespritzten Kraftstoffs auch von
b) der Geschwindigkeit der Kraftstoffeinspritzung,
c) der Temperatur und dem Druck der hochverdichteten Luft,
d) der Feinheit der Zerstäubung und Gleichmäßigkeit der Verteilung.

Stufe 3:

In dieser Stufe, der sogenannten gesteuerten Verbrennung, verbrennt jetzt der restliche Kraftstoff sofort nach Verlassen der Düse. Weitere Druckerhöhung bzw. die Druckhaltung richten sich je nach Kraftstoffnachschubgeschwindigkeit. Diese Stufe läßt sich durch Variation der Einspritzgeschwindigkeit durchaus beherrschen. Bild 4.41 zeigt den Druckverlauf der motorischen Verbrennung in Abhängigkeit vom Kurbelwinkel α.

Bei gegebenem Kraftstoff ist der Zündverzug Z_V in °KW um so größer, je größer die Drehzahl ist; je größer andererseits Z_V, um so höher ist auch der Höchstdruck. Der Höchstdruck ist demnach also um so höher, je größer die Drehzahl ist.

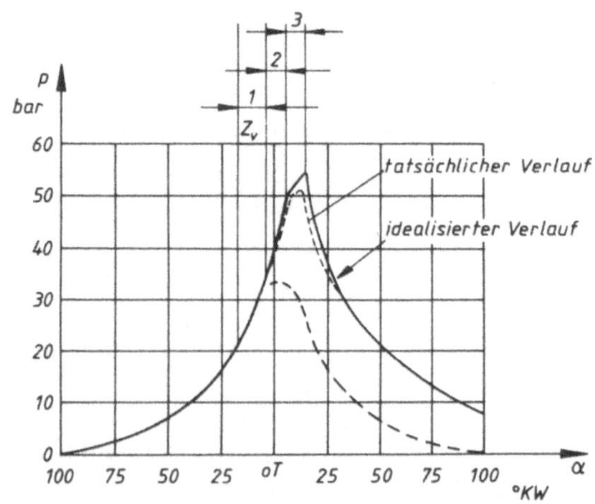

Bild 4.41

Verbrennungsdruckverlauf als Funktion des Kurbelwinkels

Stufe 1: Zündverzug
Stufe 2: Entflammung = Ungesteuerte Verbrennung
Stufe 3: Verbrennung = Gesteuerte Verbrennung

Weitere Einflüsse auf die Stufen 1 bis 3:

Zu Stufe 1: Je niedriger der Zündpunkt des Kraftstoffs liegt und je größer der Unterschied zwischen Zündpunkt und der Temperatur der verdichteten Luft ist, desto kürzer wird der Zündverzug. Eine Zumischung von Amylnithrat zum Dieselkraftstoff verkürzt Z_V.

Eine Vergrößerung des Verdichtungsverhältnisses ϵ ergibt höhere Verdichtungsendtemperatur und damit kleinere Z_V, außerdem wird dabei die Dichte der Luft größer und die Mischung der Luft mit dem Brennstoff inniger. Das Verdichtungsverhältnis ϵ läßt sich berechnen zu

$$\epsilon = \frac{V_h + V_c}{V_h} .$$

Hierin bedeuten V_h das Hubvolumen und V_c das Verdichtungsvolumen, ϵ liegt für Dieselmaschinen zwischen 12 und 16.

Je höher der Verdichtungsenddruck wird, um so weniger stark wächst der Zünddruck über den Verdichtungsdruck hinaus.

Steigendes ϵ ergibt auch größeres Expansionsverhältnis und damit einen besseren Wirkungsgrad; dieser Vorteil wird aber meistens durch größere Reibung und größere Wärmeverluste zum großen Teil aufgehoben. Der Zündverzug ist bei wärmerer Maschine kleiner als bei kalter.

Zu Stufe 2: Wie schon angeführt erfolgt die Flammausbreitung um so schneller, je größer, heftiger und ungeordneter die Wirbelung ist – um so stärker wird aber auch der Druckanstieg in dieser Stufe, was u.U. zu hartem Motorgang Anlaß geben kann. Der harte Gang läßft sich durch Verringern des Zündverzuges oder durch einen Beginn des Einspritzens bei verhältnismäßig geringem Einspritzdruck bzw. durch beide Maßnahmen mildern. In beiden Fällen ist nämlich dann während der Stufe 2 möglichst wenig Kraftstoff im Zylinder, so daß dann der Druckanstieg entsprechend geringer wird.

Zu Stufe 3: Die Kraftstoffzufuhr muß konstruktiv so eingerichtet werden, daß diese Stufe 3 den Hauptabschnitt der Verbrennung bildet, weil Stufe 3 durch mechanische Hilfsmittel beherrschbar ist.

Es ist nötig, daß Druck und Temperatur während der zweiten Stufe soweit steigen, daß die Verbrennung in der dritten Stufe sofort nach Verlassen der Düse einsetzt. Eine möglichst hohe Relativgeschwindigkeit zwischen Kraftstofftröpfchen und Luft ist erreichbar durch hohe Einspritzdrücke und damit hohe Anfangsgeschwindigkeit der Tröpfchen. Ein zu hoher Einspritzdruck setzt aber wegen feinerer Zerstäubung die Anfangsgeschwindigkeit der Tröpfchen herab und erschwert eine genaue Regelung der Einspritzzeit und der Zumessung des Kraftstoffs.

Während sich die vorstehenden Ausführungen auf die reine Strahlzerstäubung bezogen, spielen sich beim Vorkammer-Verfahren die 1. und 2. Stufe in der Vorkammer ab. Beim Druchströmen der Vorkammerdüse werden der Luft, dem Kraftstoff und den Verbrennungsprodukten der 1. und 2. Verbrennungsstufe viel höhere Geschwindigkeiten erteilt, als bei der rein mechanischen Strahlzerstäubung. Vorkammerdüsen mit mehreren Löchern ermöglichen die Verteilung des Kraftstoffluftgemischs über den ganzen Verbrennungsraum. Andererseits entsteht durch Drosselung in den Bohrungen der Vorkammerdüse ein Verlust an Arbeitsfähigkeit, wodurch Wirkungsgrad und Leistung absinken.

Eine andere Lösung ist im Wirbelkammer- und Luftspeicherverfahren gefunden, bei denen Kraftstoff quer zur Luftbewegung eingespritzt wird. Die Luftgeschwindigkeit ist dabei proportional der Drehzahl, was günstig ist.

Wenn auch angenommen werden kann, daß durch den Konstrukteur alle Maßnahmen zur Erreichung einer günstigen motorischen Verbrennung getroffen sind, soll der Betriebsmann doch dafür sorgen, daß an den vorgegebenen Verhältnissen nichts geändert wird. Schon anscheinend geringfügige Änderungen verursachen häufig ungünstige Betriebsverhältnisse. Aus diesem Grunde ist das richtige Arbeiten von Kraftstoffpumpen und Ventilen durch Indizieren der Motoren laufend zu überwachen. Zu dem eben Gesagten sei noch ein Beispiel angeführt:

An einer grundüberholten Maschine zeigte ein Zylinder sehr harten Gang. Eine Nachkontrolle ergab, daß die Steuerdaten der Pumpe und der Ventile genau die gleichen waren wie bei den anderen Zylindern. Erst nach vielen vergeblichen Untersuchungen stellte sich heraus, daß die Kraftstoffdruckleitung von der Pumpe zum Ventil bei einer Überholung durch ein

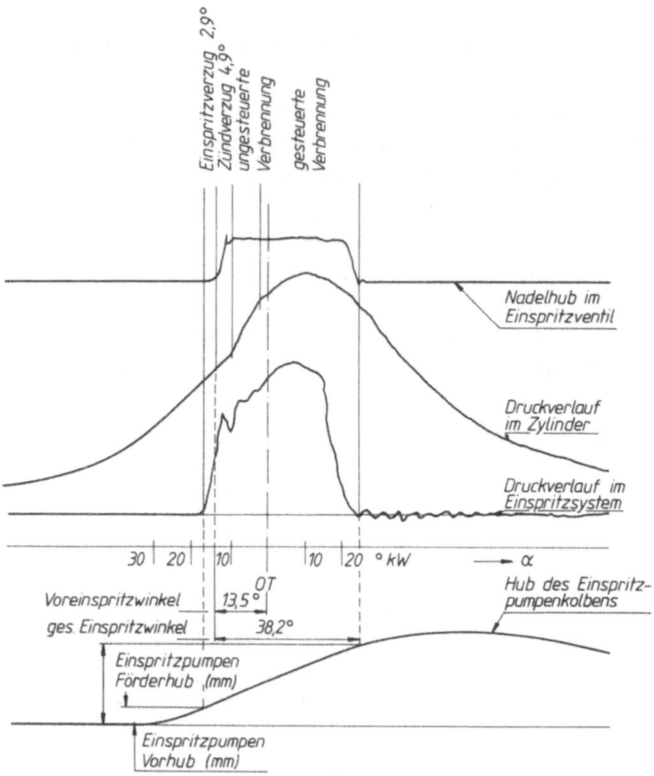

Bild 4.42

Beispiel für den Einspritz- und Verbrennungsablauf in einem mittelschnellaufenden Dieselmotor

neues Rohr mit gleichem Außendurchmesser, aber mit einem um einen halben Millimeter größeren Innendurchmesser ausgewechselt war. Diese geringe Abweichung hatte genügt, die Verhältnisse der Verbrennung besonders in der 2. Stufe so stark zu ändern, daß starkes Klopfen die Folge war.

Am Beispiel für den Einspritz- und Verbrennungsverlauf in einem mittelschnellaufenden Dieselmotor sollen die Verhältnisse noch einmal dargestellt werden [4.1] (Bild 4.42).

Die zeitliche Größe des Einspritzverzuges wird praktisch durch die Länge, Stärke und durch die Materialbeschaffenheit des Kraftstoffdruckrohres als auch durch die Kraftstoffüllung dieses Rohres beeinflußt. Der Kraftstoff wird zunächst um ein gewisses Maß zusammengedrückt, wobei sich gleichzeitig die Kraftstoffdruckleitung ausdehnt. Das Auffüllen dieser beiden Volumen ergibt praktisch den Einspritzverzug.

Nach Einsatz der Zündung und mit Beginn der Verbrennung steigt der Druck im Zylinder zunächst steil an. In dieser sogenannten ungesteuerten Verbrennungsperiode verbrennen der während des Zündverzuges und der momentan eingespritzte Kraftstoff. Der spezifische Druckanstieg soll in dieser Phase 3,5 bar/°KW nicht überschreiten (siehe hierzu Bild 4.43).

Ein steilerer Druckanstieg bedeutet in jedem Falle eine bessere Ausnutzung des Kraftstoffes. Je eher der Kraftstoff verbrannt ist, um so eher beginnt die Expansion und um so niedriger wird der Druck beim Öffnen der Auslaßventile sein. Jedoch bringt ein allzu steiler Druckanstieg eine gefährliche Erhöhung der mechanischen Belastung des Triebwerkes mit sich, so daß hier Grenzen gesetzt sind.

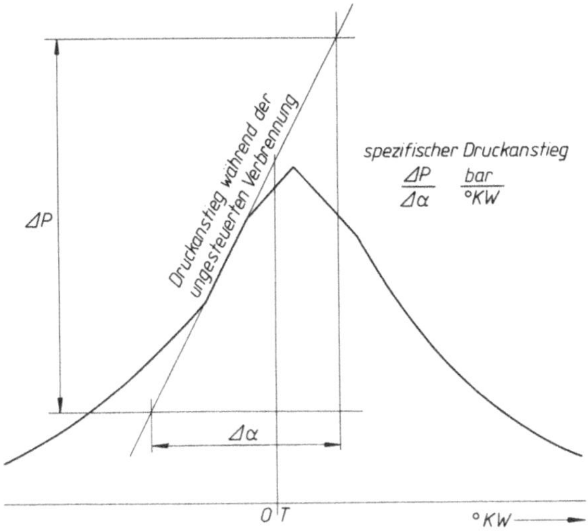

Bild 4.43
Spezifischer Druckanstieg während der ungesteuerten Verbrennung

Die Verbrennungsdrucklinie verläuft dann im weiteren Verlauf flacher. Hier verbrennt der restlich eingespritzte Kraftstoff sofort ohne nennenswerten Zündverzug. Diese Periode wird als „gesteuerte" Verbrennung bezeichnet. Der Druckanstieg ist hier durch die Form des Kraftstoffnockens zu beeinflussen. Unter Berücksichtigung des während dieser Periode zu vernachlässigen Zündverzuges wird mittelbar nach Ende der Einspritzung auch die Verbrennung beendet sein. Die Expansion beginnt anschließend.

Die durch die Verbrennung vor *OT* entstehenden Gasdrücke wirken bremsend auf die Kolbenbewegung und müssen verständlicherweise durch Energie aus der Schwungmasse des Motors überwunden werden. Jedoch ist dieser Energieverlust nicht so groß, wie ein durch späteres Zünden (z.B. im *OT*) entstehender Abgasverlust.

Die Triebwerksbelastung ist bei zu früh einsetzender Zündung besonders groß, weil Druck und damit Temperatur der komprimierten Luft noch niedrig liegen und dadurch ein größerer Zündverzug und ein steilerer Druckanstieg bei der „ungesteuerten" Verbrennung eintreten.

Praktische Hinweise

Es ergeben sich grundsätzlich folgende aus der Einstellung des Kraftstoff-Einspritzsystems resultierende Zustände (Bild 4.44):

Bild 4.44
Früh-, Spät- und Normalzündung

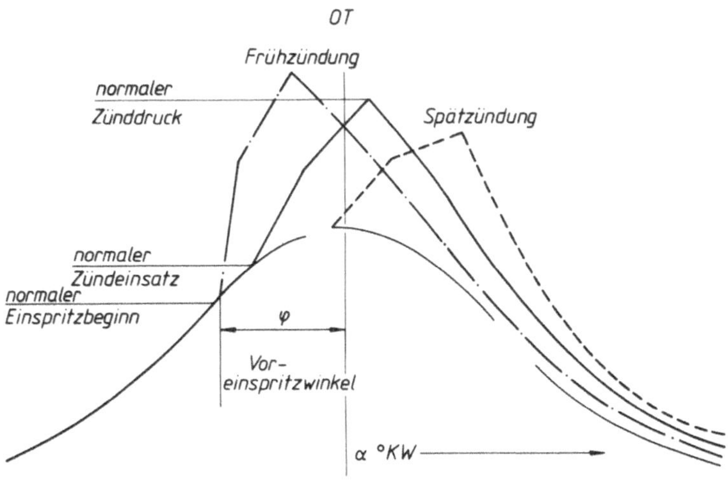

1. normale Zündung gekennzeichnet durch: Zünddruck und Abgastemperatur gemäß Prüfstandprotokoll;
2. Frühzündung gekennzeichnet durch: höheren Zünddruck, niedrigere Abgastemperatur;
3. Spätzündung gekennzeichnet durch: niedrigen Zünddruck, höhere Abgastemperatur.

Die günstigste Einstellung wurde auf dem Prüfstand vorgenommen. Sie belastet weder durch unnötig hohen Zünddruck, noch durch einen zu hohen spezifischen Druckanstieg bei Beginn der Zündung oder zu hohe thermische Belastung das Material des Motors. Die vom Hersteller vorgenommene Einstellung sollte nur nach Rücksprache mit demselben geändert werden. Das bedeutet im einzelnen:

1. Stopp-, Leerlauf- und Vollastfüllungen aller Zylinder sollen mit dem im Prüfprotokoll angegebenen Werten übereinstimmen.
2. Der Vorhub der Einspritzpumpen soll den vorgeschriebenen Wert besitzen.
3. Die Stellung der Kraftstoffnocken soll nicht verändert werden.
4. Nach längerer Betriebszeit auftretender Verschleiß in den Antriebsteilen für die Einspritzpumpen sollte mit dem Vorhub ausgeglichen werden.

4.2.2 Gemischbildung

Die Oxidation (Verbrennung) des flüssigen Kraftstoffs, d.h. die Verbindung seiner brennbaren Bestandteile mit dem Sauerstoff der Luft, geht über Zwischenprodukte vor sich. Einen wesentlichen Einfluß auf die Reaktions-, d.h. die Verbrennungsgeschwindigkeit, üben Druck und Temperatur aus. Im Dieselmotor erfolgt aufgrund der hohen Temperaturen im Verbrennungsraum – bei Beginn des Einspritzens $\approx 575\ ^\circ C$, nach Einsetzen der Verbrennung örtlich Spitzentemperaturen von $\approx 2100\ ^\circ C$ – im allgemeinen keine Verdampfung des Kraftstoffes unter anschließender Vermischung mit der Verbrennungsluft. Zumindest ist dies nicht in größerem Umfang der Fall. Die Kraftstoffmoleküle zerfallen schon vorher. Der im Verhältnis zur Geschwindigkeit, in der dieser Vorgang abläuft, zu langsam zuströmende Sauerstoff wird, bevor noch eine homogene Mischung entstehen kann, in einer Reihe von Selbstentzündungen verbraucht. Übrig bleibt ein Skelett von Kohlenstoffmolekülen, das kaum noch Zeit findet, restlos zu oxidieren. Diese Erscheinungen verursachen die bekannten Zündgeräusche im Dieselmotor und das Auftreten von Ruß und Koks trotz hohen Luftüberschusses.

Die Vorgänge laufen etwa wie folgt ab:

1. Einspritzen des flüssigen Kraftstoffes in die verdichtete Luft,
2. Vermischung mit der heißen Luft,
3. Verdampfung bei hoher Temperatur in Gegenwart von Sauerstoff,
4. unkontrollierte Selbstentzündung von Kraftstoffanteilen mit niedriger Entzündungstemperatur, Erhöhung der Kohlenstoffkonzentration im brennbaren Restanteil,
5. Verbrennung mit anfangs hoher Reaktionsgeschwindigkeit, die zum Ende hin zunehmend geringer wird.

Auf verschiedenen Wegen, die man bei der Entwicklung von Einspritzverfahren und bei der Gestaltung der Brennräume beschritt, gelang es, die unerwünschten Nebenerscheinungen zumindest soweit zu beherrschen, daß heute ein Dieselmotorenbetrieb mit zufriedenstellenden Wirkungsgraden und angemessenen Laufzeiten möglich ist.

Die vorstehende Art der Gemischbildung wird als luftverteilende Einspritzung bezeichnet. Als wandverteilende Einspritzung erfolgt die Gemischbildung, wenn der Kraftstoff als Flüssigkeitsfilm auf eine realtiv kühle Brennraumwand aufgetragen wird. Nach diesem Verfahren arbeitet z.B. das Meurer-Verfahren der M.A.N. Durch Anwendung des M-Verfahrens konnte der Anteil des Kraftstoffes, der infolge unkontrollierter Selbstentzündung verbrennt, entscheidend gesenkt werden. Dieser Umstand wirkte sich unter anderem auch in einer Verminderung der Motorengeräusche aus. Leider konnte das Verfahren bisher nur bei kleineren Motoren mit Erfolg Anwendung finden. Bild 4.45 zeigt den Kolben eines nach dem M.A.N.-M-Verfahren arbeitenden Motors. Das Einspritzen des Kraftstoffes erfolgt durch eine Zweilochdüse in den Mittenkugelbrennraum. Infolge des beim Ansaughub erzeugten Luftwirbels wird der Kraftstoff auf der Kugeloberfläche filmartig verteilt, er verdampft und verbrennt geräuscharm. Durch den Schlitz im Pleuelauge wird von innen Kühlöl gegen den Kolbenboden gespritzt.

Um einen Vergleich des Ablaufes der Verbrennungsvorgänge nach dem herkömmlichen und dem neuen Verfahren zu gestatten, werden im folgenden die Verbrennungsphasen des M-Verfahrens aufgeführt:

1. Einspritzung des flüssigen Kraftstoffes:
   a) rd. 5 % in die verdichtete Luft, dabei Verbrennung wie beim herkömmlichen Dieselmotor (siehe oben);
   b) rd. 95 % auf die Kolbenwandung (Kugelbrennraum);
2. Verdampfung bei niedriger Temperatur unter Luftmangel (langsame Voroxidation);
3. Vermischung von Kraftstoffdampf mit Luft;
4. Fremdzündung durch glühende Kohlenstoffteilchen aus der 5 %-Zone;
5. Verbrennung vor Eintritt der Selbstentzündung.

Bild 4.45
M.A.N.-M-Verfahren, Brennraumgestaltung

4.2.3 Entwicklung der Einspritzverfahren

Schon *Rudolf Diesel* versuchte, durch hohen Pumpendruck eine möglichst wirksame Zerstäubung des Kraftstoffes zu erreichen. Die technischen Mittel waren jedoch im letzten Jahrzehnt des vorigen Jahrhunderts zu unvollkommen, um befriedigende Ergebnisse erzielen zu können. Handelt es sich doch um Drücke von mehreren hundert bar, gegen die Pumpenkolben und Kraftstoffnadelventil dichthalten müssen. Diese Schwierigkeiten wurden endgültig erst in den zwanziger Jahren dieses Jahrhunderts durch die verfeinerte Bearbeitungstechnik überwunden. Bis dahin war man darauf angewiesen, den Kraftstoff mit Hilfe von Druckluft einzublasen und zu zerstäuben. Die Erzeugung der Druckluft mit 50 ... 70 bar im Verdichter kostete aber 8 ... 10 % der Motorenleistung. Durch die Einführung der reinen Druckzerstäubung ergaben sich wesentlich günstigere Verhältnisse und die mechanischen Wirkungsgrade konnten durch das Fortfallen des Verdichters für die Erzeugung von Einblasluft erheblich verbessert werden. Nachdem das Problem der Druckzerstäubung selbst für die größten Motoren gelöst ist und veraltete, ursprünglich noch mit Luftzerstäubung arbeitende Dieselmotoren in verschiedener Weise auf Druckzerstäubung umgestellt wurden, findet dieses Verfahren keine Anwendung mehr.

So gut der Kraftstoff durch die Druckluftzerstäubung mit der Verbrennungsluft verwirbelt wurde, so schwierig war diese Aufgabe bei der Druckzerstäubung zu lösen, da die Kraftstoffmenge pro Arbeitshub und deshalb auch die Durchwirbelungsenergie sehr gering sind.

Den differenzierten Anforderungen des Dieselmotorenbetriebes hinsichtlich Leistung (Größe) und Drehzahl entsprechend haben sich eine Reihe verschiedener Verfahren für Einspritzung und Verwirbelung mit der Verbrennungsluft in der Praxis eingeführt und bewährt.

1. Direkteinspritzung, auch Strahlzerstäubung genannt,
2. Vorkammerverfahren,
3. Wirbelkammerverfahren,
4. Luftspeicherverfahren.

Die Verfahren werden in Abschnitt 5.5 gemeinsam mit den Einspritzorganen behandelt.

4.2.4 Spülverfahren in Zweitaktmotoren

4.2.4.1 Spülverfahren

Die Qualität der Verbrennung im Zweitaktmotor hängt von der Intensität der Spülung ab. Unter Spülung versteht man die Vorgänge des Ladungswechsels innerhalb des Motors, d.h. die Entfernung der Abgase und die Füllung des Zylinders mit frischer Verbrennungsluft. Nur wenn die Abgase in ausreichendem Maße aus dem Zylinder entfernt werden, so daß eine ausreichende Füllung mit Frischluft möglich ist, kann eine vollkommene Verbrennung stattfinden.

Die hauptsächlichen Spülverfahren, die heute bei Zweitakt-Dieselmotoren angewendet werden, sind die *Gleichstromspülung*, die *Querstromspülung* und die *Umkehrspülung*. In Bild 4.46 ist die Wirkungsweise dieser Spülverfahren und einiger Varianten schematisch dargestellt.

Kenngrößen für den Ladungswechsel:

Luftdurchsatzgrad (Luftaufwand) $\lambda_a = \frac{m_g}{m_{th}}$;

hierin ist m_g der Ladungseinsatz in kg je Arbeitsspiel, d.h. die gesamte während eines Arbeitsspiels durch den Zylinder geförderte Luftmenge und m_{th} die theoretische Ladung je Arbeitsspiel in kg beim Füllen des geometrischen Hubraumes mit Luft vom Außenzustand oder vom Zustand beim Einlaß.

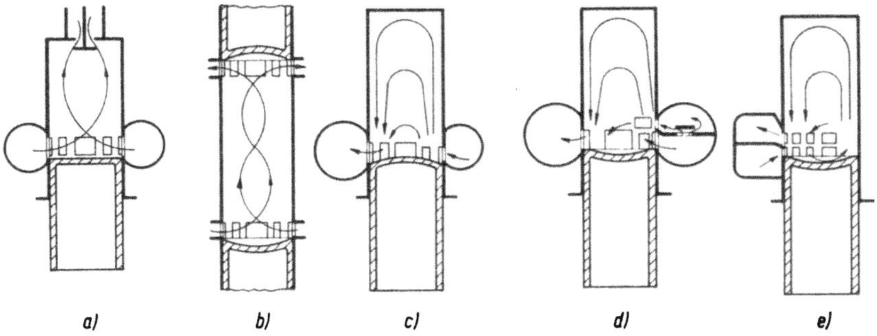

Bild 4.46 Spülverfahren für 2-Takt-Motoren
a) Gleichstromspülung mit ventilgesteuertem Auslaß,
b) Gleichstromspülung im Gegenkolbenmotor,
c) Querstromspülung,
d) Querstromspülung mit Nachladung,
e) Umkehrspülung.

Spülgrad $\lambda_s = \dfrac{m_z}{m_z + m_r}$

hierin ist m_Z die Frischluftladung je Arbeitsspiel in kg vor der Zündung und m_r die Restgasmenge je Arbeitsspiel in kg, d.h. der nach dem Schließen des Auslasses im Arbeitszylinder verbliebene Abgasrest.

Fanggrad (Ladegrad) $\lambda_z = \dfrac{m_z}{m_g}$

Spülzahl $D \cdot n$ siehe Abschnitt 4.1.8.

4.2.4.2 Gleichstromspülung

Bei der Gleichstromspülung steuert man den Abgasstrom gewöhnlich durch ein oder mehrere nockenbetätigte Ventile (Bild 4.46a). Die Spülschlitze sind über den ganzen Zylinderumfang verteilt so angeordnet, daß bei Kolbenstellung in UT der volle Durchflußquerschnitt freigegeben wird. Die Spülluft strömt durch sie in den Zylinder und schiebt dabei die Abgase vor sich her durch die Auslaßventile ins Auspuffrohr.

Die Spülluft durchquert den Zylinder also nur in einer Richtung, von unten nach oben. Beim Eintritt überstreicht sie die Decke des Kolbens und kühlt ihn dadurch.

Durch tangentiale Anordnung der Spülschlitze gerät die Luft in eine zusätzliche Zirkulation, die über den Verdichtungsvorgang hinaus bis zur Einspritzperiode erhalten bleibt, so daß eine gute Durchwirbelung von Luft und Kraftstoff erreicht wird. Mit Hilfe von Auslaßventilen, deren Steuerung nicht – wie bei Auslaßschlitzen – von der Kolbenstellung abhängt, ist ein Schließen vor Beendigung der Spülperiode möglich. Dadurch kann die Zylinderfüllung auf den vollen Spüldruck – gewöhnlich 0,1 ... 0,2 bar – gebracht werden, was eine erhöhte Zylinderleistung zur Folge hat. Die Intensität der Spülung wird durch das frühere Schließen des Auslasses nicht beeinträchtigt. Nachteilig ist aber der konstruktive Aufwand, den eine Ventilsteuerung erfordert. Besonders die kompliziertere Ausführung des Deckels, bedingt durch die Unterbringung der Ventile, bereitet häufig Schwierigkeiten, da dieses Bauteil bei Zweitaktmotoren hohen thermischen Belastungen unterworfen ist.

Die Gleichstromspülung mit ventilgesteuertem Auslaß eignet sich vorwiegend für langhubige Motoren mit geringer Drehzahl. Die Gleichstromspülung wird weiterhin bei Gegenkolbenmotoren angewandt (Bild 4.46b). Der Auslaß erfolgt bei diesen durch Schlitze von großem Querschnitt, die über den ganzen Umfang des oberen Zylinderendes verteilt sind. Die Steuerung des Abgasstromes übernimmt der obere Arbeitskolben, die der Spülluftzufuhr nach erfolgter Entspannung der Abgase der untere. Die Spülschlitze am unteren Ende des Zylinders haben geringe Durchflußquerschnitte. Sie sind so angeordnet, daß die Spülluft nicht senkrecht in den Zylinder eintritt, sondern unter einem bestimmten Winkel zur Tangente an den Umfang, bei dem sich in Versuchen eine optimale Wirkung ergab. Durch diese Maßnahme überlagert man der Translationsströmung eine Zirkulation, so daß die Luft im Zylinder unter schraubenförmiger Bewegung die Abgase vor sich her zum Auslaß hinausschiebt. Gewöhnlich werden die Schlitze zur Verbesserung der Spülung auch noch nach oben angeschrägt. Die Spülung der Gegenkolbenmotoren zeichnet sich durch eine große Intensität aus, da die glatte Zylinderröhre den Abgasen keine Möglichkeit bietet, sich an irgendeiner Stelle zu halten. Die kräftige Durchwirbelung von Kraftstoff und Verbrennungsluft aufgrund der zuvor erläuterten Luftbewegung führt zu einer vollkommenen Verbrennung.

Bild 4.47 zeigt das für alle Burmeister & Wain-2-Takt-Motoren angewandte Gleichstrom-Spülsystem (uniflow scavenging system). Die aufgeladene Spülluft wird vom Lader des Turboladeraggregats geliefert, zwischengekühlt und tritt dann durch die unteren Spülschlitze in den Arbeitszylinder. Die Spülschlitze geben der Spülluft einen Drall. Die Abgase verlassen den Zylinder durch ein im Zylinderdeckel zentral angeordnetes Auslaßventil, das bei modernen B & W-Motoren hydraulisch gesteuert wird. Bild 4.48 stellt einen 2-Takt-Motor B & W K 90 GF dar; seine Hauptdaten sind d = 900 mm, s = 1800 mm, für Dauerbetrieb p_e = 11,0 bar, n = 110 min^{-1}, Zylinderleistung 2285 kWe.

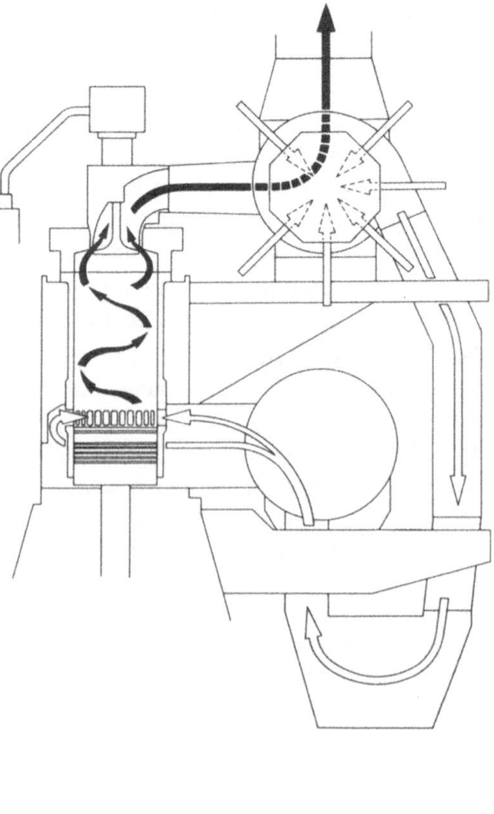

Bild 4.47
Burmeister & Wain Gleichstromspülung

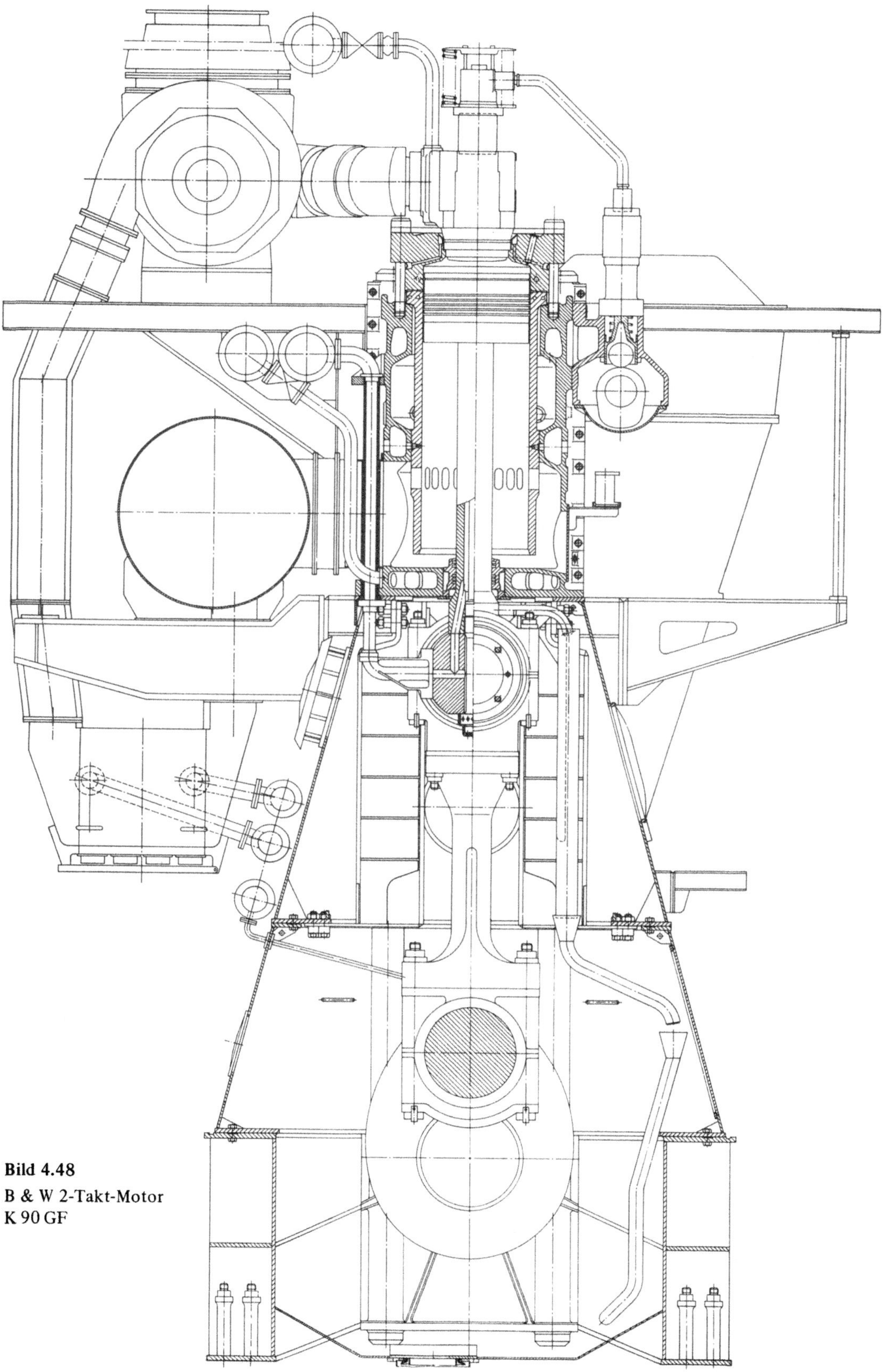

Bild 4.48
B & W 2-Takt-Motor
K 90 GF

4.2.4.3 Querstromspülung

Die Querstromspülung weist eine andere Anordnung der Schlitze auf. Die Auspuffschlitze nehmen etwa zwei Drittel des Zylinderumfanges ein, während im restlichen Drittel die niedrigeren Spülschlitze untergebracht sind (Bild 4.46c). Die geringere Höhenabmessung der Spülschlitze ermöglicht eine Entspannung der Abgase vor dem Spüllufteintritt. Sie sind leicht nach oben geschrägt. Zu Beginn ihrer Öffnung nimmt daher der Luftstrom unter Wirkung des Aufstauens an der Kolbenwand seinen Weg steil nach oben zum Deckel und von dort zu den Auslaßschlitzen. Mit zunehmender Öffnung der Schlitze verringert sich die Steigung des Spülstromes und die Spülluft gelangt auf immer kürzer werdenden Wegen quer durch den Zylinder zum Auslaß. Bei der Umlenkung des Luftstromes im Bereich des Zylinderdeckels entstehen Toträume, in denen sich Abgasreste halten können. Zudem wird die Spülerpiode beendet, ehe die Auslaßschlitze geschlossen sind. Der Druck der Füllung liegt also unter dem Spülluftdruck. Die Spülung ist unvollkommen.

Bei der Querstromspülung müssen die Spülluftanteile, denen der Ladungswechsel im oberen Teil des Zylinders obliegt, nahezu den doppelten Hubweg zurücklegen. Dieser Umstand führt naturgemäß zu einer Beschränkung des Hubes der Motoren, bei denen dieses Spülverfahren mit Erfolg eingesetzt werden kann. Die unterschiedlichen Weglängen der Spülluftteilchen erfordern zudem einen größeren Luftaufwand als bei der Gleichstromspülung und erschweren eine genaue Ermittlung und Deckung des Spülluftbedarfs. Die Folge ist das Abströmen beträchtlicher Luftmengen durch den Auslaß.

Die Querstromspülung der Grandi Motori Trieste (GMT) (Bild 4.49) ist durch Spülschlitze (1) gekennzeichnet, deren Höhe größer ist als die der Auslaßschlitze (2). Hilfs- und Hauptspülschlitze sind hier also zusammengezogen worden. Die Sperrvorrichtung (Rückschlagklappen), die ein Entweichen der Abgase in den Spülluftaufnehmer verhindern soll, muß sich daher auf den gesamten Zuflußquerschnitt erstrecken.

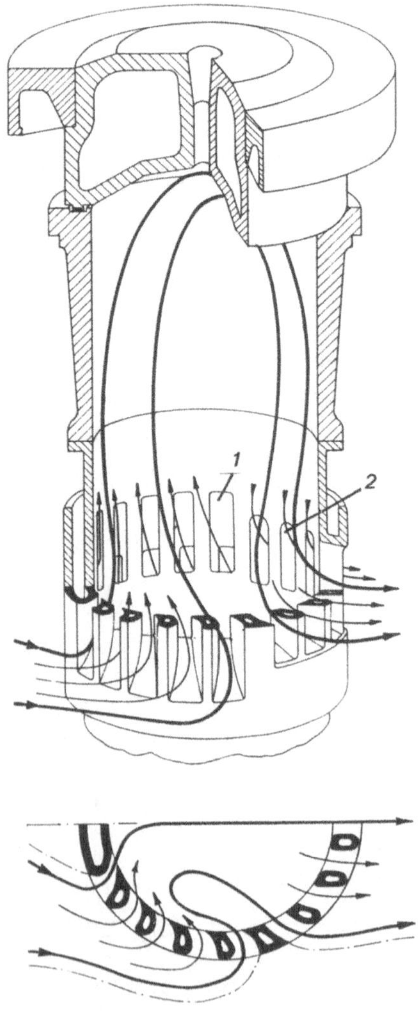

Bild 4.49
Querstromspülung der GMT

Die Rückschlagklappen sind aus dem Motorquerschnitt in Bild 4.50 unter R ersichtlich.

Auch die Sulzer-Zweitaktmotoren in Kreuzkopfbauart RND bzw. RND-M verwenden ein modifiziertes Querspülsystem. Die Spülluft wird durch Turbolader geliefert – *T* in Bild 4.51. Sie wird im Ladeluftkühler K gekühlt und gelangt dann in den unteren Teil des allgemeinen Spülluftaufnehmers A1. Über Rückschlagklappen strömt dann die Luft in die Räume unter den Kolben U. Während des Kolbenniedergangs wird die Spül- bzw. Ladeluft weiter verdichtet und über Rückschlagklappen in separate Spülluftaufnehmer für jeden Zylinder A2 gedrückt. In diesen bauen sich entsprechende Spülluftdrücke auf, die jeweils bei Freigabe der Spülschlitze durch die Arbeitskolben die Spülung einleiten. Beim Manövrieren und bei niedriger Teillastfahrt versorgt ein elektrisches Zusatzgebläse den Motor mit zusätzlicher Spülluft über Kanal A3, um rauchfreien Manöver- bzw. Teillastbetrieb zu ermöglichen. Die Abgase gehen in einen Sammler S wodurch sich für die Abgasturbine Staubetrieb = Constant pressure operation ergibt.

Die Auslaßschlitze sind radial angeordnet, während die Spülschlitze so gestaltet sind, daß die Luft unter einem bestimmten Winkel zur Tangente an den Zylinderumfang einströmt. Auf

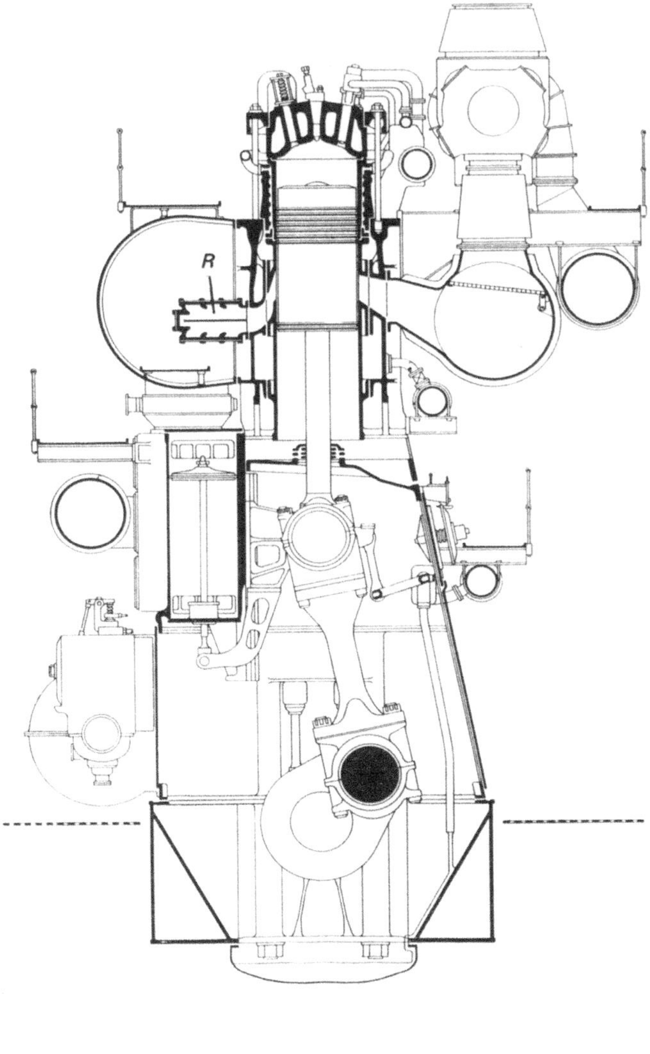

Bild 4.50
GMT-Dieselmotor 1060 S

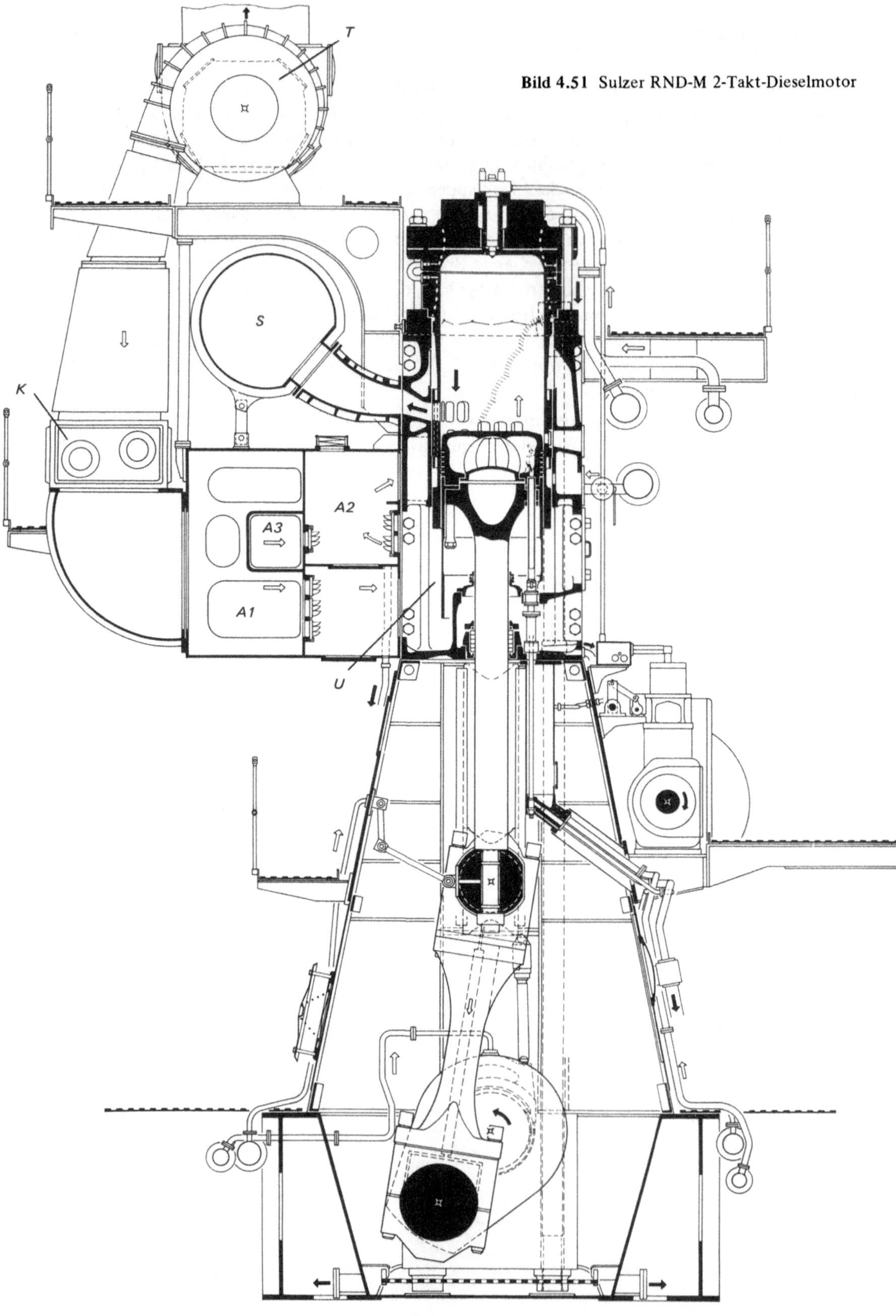

Bild 4.51 Sulzer RND-M 2-Takt-Dieselmotor

diese Weise überlagert man der Luftströmung eine Zirkulation, die eine intensivere Spülung bewirkt. Die Stege zwischen den Schlitzen enthalten Hohlräume, die von Kühlwasser durchflossen werden. Gekühlte Stege verringern die thermische Belastung in diesem Bereich, was besonders bei höheren Aufladegraden wichtig ist. Außerdem bleiben bei Schwerölbetrieb die Schlitze sauber.

4.2.4.4 Umkehrspülung

Das Schema der älteren Ausführung dieses Spülsystems, das im Dieselmotorenbau vorwiegend von M.A.N. angewandt wurde, zeigt Bild 4.46e. Der Zylinder ist auf etwa 60 % seines Umfanges mit zwei übereinander angeordneten Reihen von Schlitzen annähernd gleicher Höhe versehen. Die obere Reihe dient dem Auslaß, die untere der Spülung. Diese kann also erst einsetzen, wenn der Kolben die Auslaßschlitze in vollem Umfang freigegeben hat. Die leicht nach unten geneigte Lage der Spülkanäle läßt den Luftstrom zunächst über den Kolbenboden hinwegstreichen. Beim Auftreffen auf die gegenüberliegende Zylinderseite, die nicht mit Schlitzen versehen ist, richtet der Spülstrom sich auf, steigt nach oben, wird am Deckel umgelenkt und kehrt die Abgase vor sich herschiebend zur Ausgangsseite zurück.

Das Umkehrspülsystem wurde von der M.A.N. in der Vergangenheit zunächst für Schwerölbetrieb weiterentwickelt, dann den Erfordernissen der Aufladung angepaßt. Diese Entwicklung muß in der Gesamtentwicklung bis zum heutigen Großdiesel-Motorenbau gesehen werden.

Die mittleren effektiven Drücke änderten sich bei M.A.N-Zweitaktmotoren erstmalig 1910 beim Übergang von ortsfesten auf Schiffsmotoren [4.2], 1923 dann durch wesentlich verbesserte Spülung. Erst 1945 kam mit dem Nachladeschieber eine weitere Steigerung von Mitteldruck und Zünddruck. Etwa seit 1954 brachte dann Abgasturbo-Aufladung mit Rückkühlung der Ladeluft höhere Verdichtungsanfangsdrücke ohne höhere Bauteiltemperaturen im Arbeitsspiel. Nun konnten die Mittel- und Zünddrücke auf ihre heutigen Werte ansteigen. Parallel mit dieser Entwicklung wurde das gesamte Spülsystem immer wieder verbessert und stellt einen Entwicklungsstand mit großer Einfachheit dar, wobei im Dienst-Betriebsbereich keine Kolbenunterseiten und keine Hilfsgebläse benötigt werden.

Bild 4.52 zeigt den einfachen Aufbau des Spülsystems bei KSZ A und B M.A.N.-Motoren. Das Vorgebläse *V* wird nur bei Manöverbetrieb zugeschaltet; es wird ab 50 % Last automatisch durch den Ladedruck abgeschaltet.

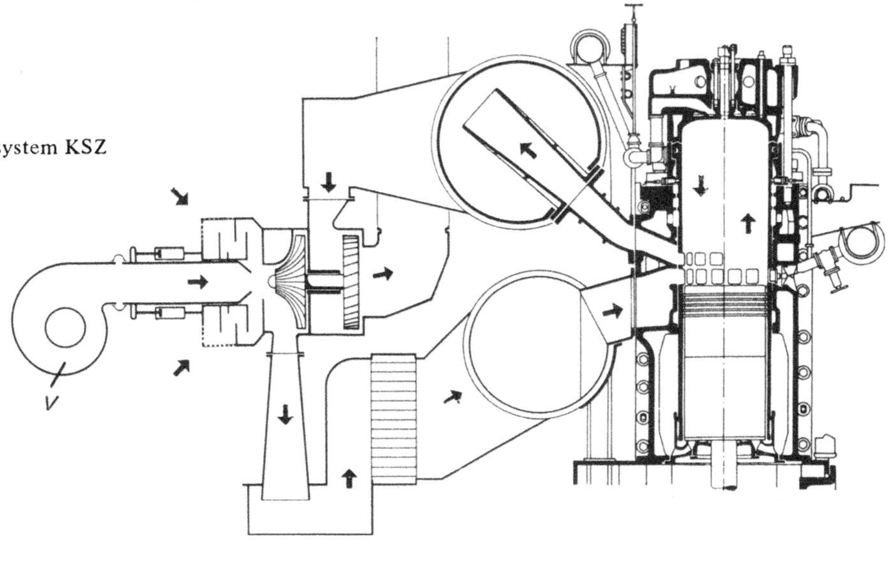

Bild 4.52
M.A.N. Spülsystem KSZ

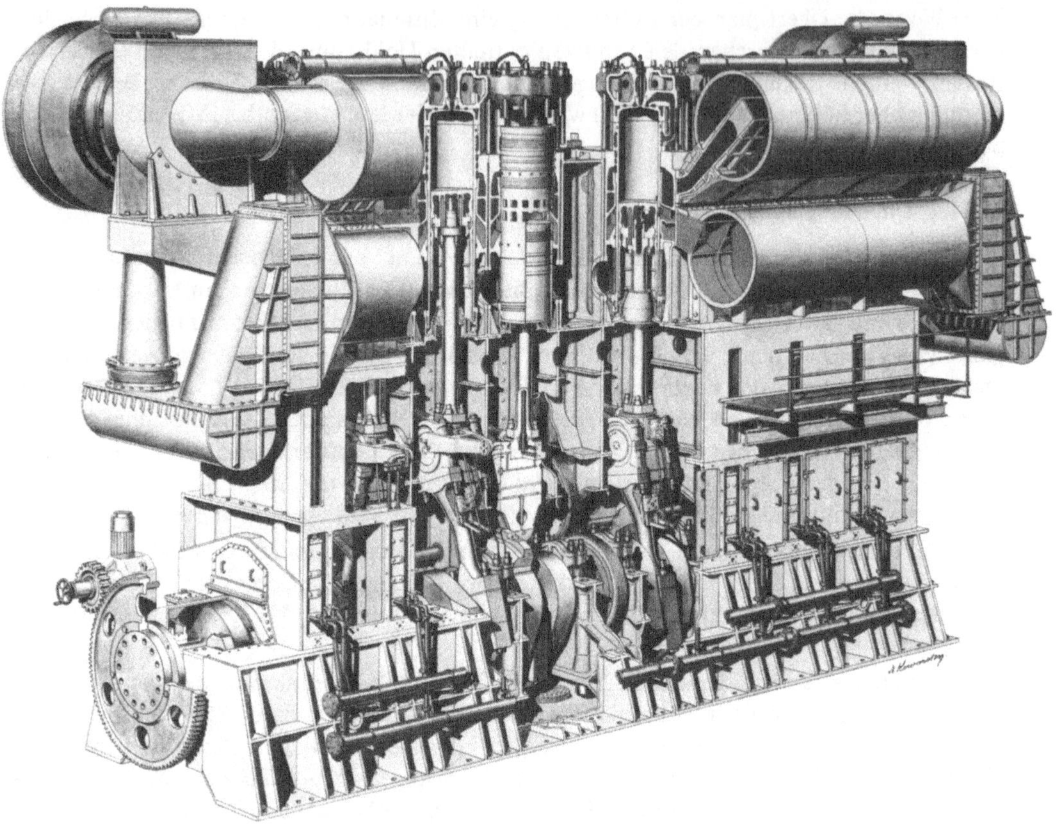

Bild 4.53 M.A.N.-Motor KSZ 90/160 B/BL im Längsschnitt – hierzu s. a. Bild 4.54

Bild 4.53 zeigt einen M.A.N.-Motor KSZ B/BL im Längsschnitt in der Langsamversion 90/160 BL mit folgenden Hauptdaten: $d = 900$ mm, $s = 1600$ mm, $p_e = 14{,}5$ bar, $c_m = 5{,}9$ m/s, $n = 110\ \text{min}^{-1}$, Zylinderleistung 2700 kWe. Bild 4.54 stellt den zugehörigen Querschnitt dar.

4.2.5 Spülverfahren für 4-Takt-Dieselmotoren

Auch Viertaktmotoren arbeiten mit Spüleffekt, wenn sie aufgeladen werden. Die Spülung erfolgt während der Ventilüberschneidung: Auslaßventil noch geöffnet – Einlaßventil schon offen. Das Spülverfahren ist dabei eng mit dem Aufladeverfahren verknüpft. Eine interessante Lösung soll hier vorgestellt werden [4.4], da sie eine Besonderheit darstellt. Der zugehörige MWM-Motor ist bereits in Bild 1.36 gezeigt.

Die Schwierigkeiten, Motoren mit 8 und 16 Zylindern im Zweistoßverfahren aufzuladen, sind bekannt. Pulseconverter, Multistoß, Vierstoß und Stauaufladung sind Lösungen, die heute im Motorenbau mehr denn je diskutiert und auch angewendet werden. Um die Vorteile der Stoßaufladung – insbesondere die gute Beschleunigungsfähigkeit – für den 510/511-Motor zu erhalten, entschied sich MWM für die Multistoßaufladung.

Hierbei gibt es zwei mehr konstruktive als verfahrenstechnische Schwierigkeiten. Die Führung von vier Abgasleitungen für jede Zylinderreihe zwingt oft zu einem heillosen Drunter und Drüber, um die Anschlüsse an die Zusammengehörenden Zylinder herzustellen.

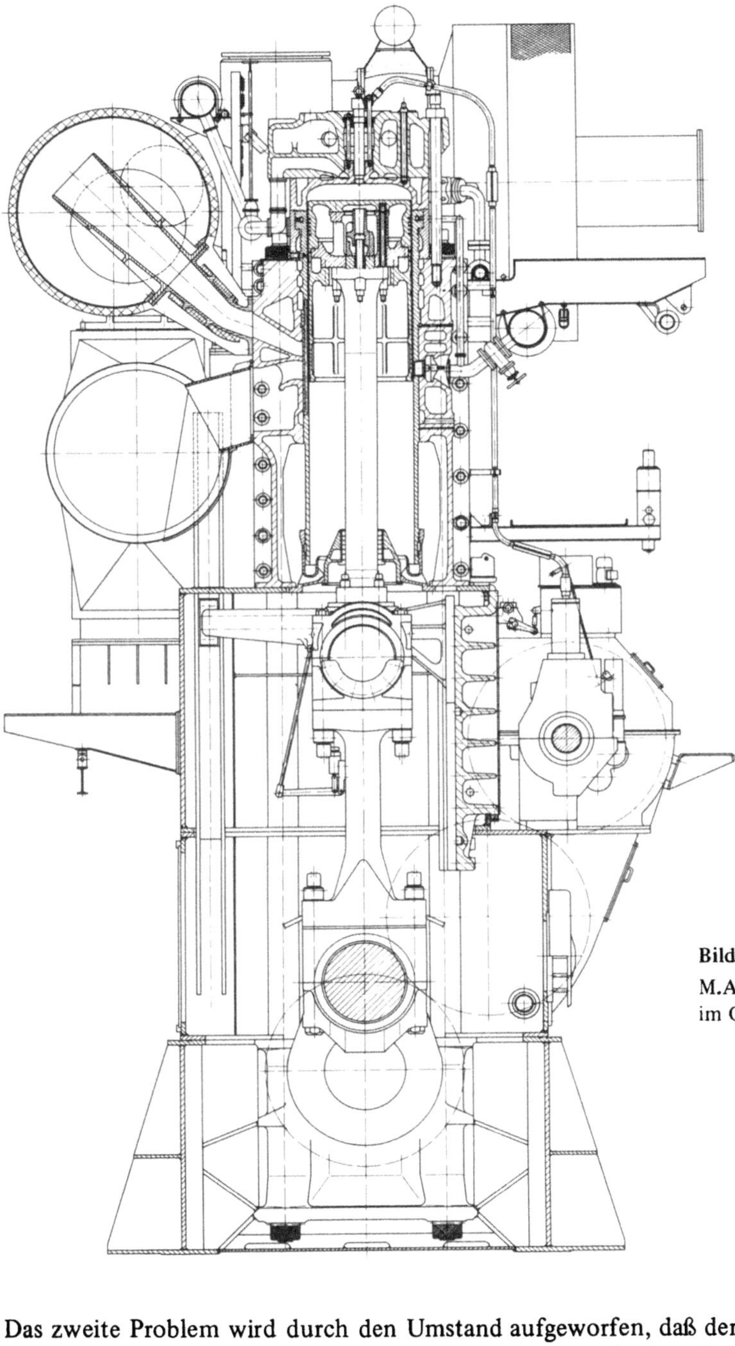

Bild 4.54
M.A.N.-Motor KSZ 90/160 B/BL im Querschnitt

Das zweite Problem wird durch den Umstand aufgeworfen, daß der Multistoßconverter relativ lang sein muß, um die vier Kanäle mit kleinem Winkel gegeneinander zusammenführen zu können. Hierbei macht der 8-Zylinder-Reihenmotor wegen seiner kleineren Baulänge im Verhältnis zum 16-Zylinder-V-Motor die größeren Schwierigkeiten.

Die MWM-Lösung darf wohl als eine konstruktive Besonderheit betrachtet werden. Die Leitungen beim Reihen- und V-Motor sind in streng quadratischer Anordnung verlegt (Bild 4.55).

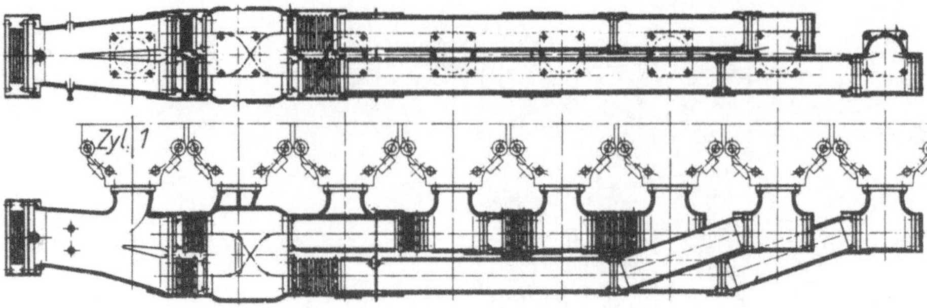

Bild 4.55 Abgasleitung des Motors MWM TBD 510-8 mit Multi-Stoßaufladung

Alle Anschlüsse der Zylinder Nr. 3 bis 8 sind beim Reihenmotor gleich und symmetrisch gestaltet. Beim V-Motor ist dies wegen der größeren Entfernung des Rohrbündels zu den Zylinderköpfen nicht möglich. Sie sind durch kurze Rohrstücke und Kompensatoren miteinander verbunden. Der notwendige Diagonalwechsel der Leitungen, um Zylinder Nr. 1 mit 8 und 2 mit 7 zu verbinden, wird in Höhe des Zylinders Nr. 2 durch eine kurze Spiralwendel in gegossener Ausführung bewirkt. Der Anschluß von Zylinder 2 führt unmittelbar in die Wendel. Der Multistoßconverter beginnt neben Zylinder Nr. 1, dessen Anschluß beim Reihenmotor über einen Krümmer direkt in den von Zylinder 8 herkommenden Kanal des Converters mündet. Beim V-Motor ist vor dem Converter ausreichend Platz für die Einmündung des Krümmers Nr. 1. Um die gleiche Turboladeranordnung wie beim 6-Zylinder-Motor mit 3 übereinander liegenden Leitungen verwenden zu können, wurde der Multistoßconverter unsymmetrisch ausgeführt, was bei seiner großen Länge ohne aufladetechnische Nachteile möglich war.

Ladungswechselmessungen an den entsprechenden Zylindern zeigen dies sehr deutlich. Bild 4.56a gibt die Ladungswechselschleife des 1. Zylinders am 6-Zylinder-Motor wieder, Bild 4.56b die des 16-Zylinder-Motors, Zylinder Nr. A2.

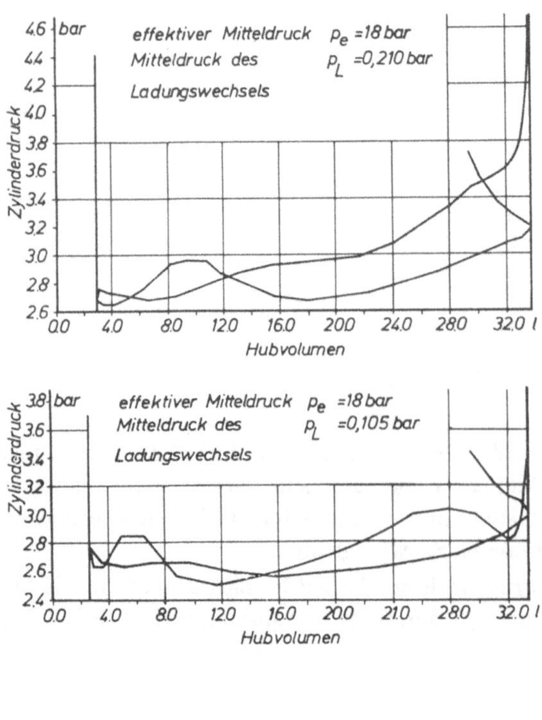

a) Ladungswechselschleife des Motors TBD 510-6, Zyl. 1 mit Dreistoßaufladung

b) Ladungswechselschleife des Motors TBD 511-V16, Zyl. A2 mit Multistoßaufladung

Bild 4.56
Ladungswechselschleifen des MWM-Motors TBD 510-6 bzw. 511-V16

Der Mitteldruck der Ladungswechselschleife beim Dreistoßverfahren liegt mit $p_L = -0{,}210$ bar bei einem Mitteldruck von 18 bar in allgemein bekannter Größenordnung.

Erstaunlich niedrig dagegen fällt der entsprechende Wert bei Multistoßaufladung mit $p_L = -0{,}105$ bar aus. Wegen des großen Turbinenquerschnittes und der gut abgestimmten Beschleunigungsstrecke im Converter ist die Reflektionswelle klein. Damit wird die Entleerung des Zylinders sehr gut unterstützt und die Ausschubarbeit niedrig gehalten. Die günstigen Reflexionsbedingungen an Converter und Turbine kommen auch den weiter entfernt liegenden Zylindern zugute, ohne daß die Restwellen aus den anderen Strängen entscheidende Störungen verursachen.

Die kompakte Anordnung der Abgasrohre erlaubte eine besondere Isolierung und Abdeckung des Rohrbündels beim V-Motor (Bild). Der gesamte V-Raum ist mit einer aus leicht demontierbaren Elementen zusammengesetzten Isolierung abgedeckt und ausgekleidet. Sie besteht aus einem Blechmantel mit einer innen angebrachten Isolierschicht. Die Rohre selbst sind nicht isoliert. Die Sicherheitsforderungen der Klassifikationsgesellschaften nach Oberflächentemperaturen unter 200 °C werden mit dieser Lösung ohne Schwierigkeiten beherrscht.

4.3 Kenngrößen in Diagrammen und Motorcharakteristiken

4.3.1 Kennlinien

Zur Bewertung technisch-wirtschaftlicher Eigenschaften von Motoren werden Betriebswerte über unabhängigen Variablen in Kennlinien dargestellt. Für ortsfeste Motoren mit konstanter Drehzahl trägt man z.B. Kraftstoffverbräuche und Wirkungsgrade über der Leistung, dem Drehmoment oder dem mittleren effektiven Druck auf und erhält damit eine Belastungscharakteristik wie in Bild 4.57a. Die dargestellten Betriebswerte beziehen sich auf ISO-Bedingungen, vgl. Abschnitt 3.2 und Heizwert des Kraftstoffs von 42000 kJ/kg. Bild 4.57b zeigt die entsprechende Darstellung bei Betrieb nach Propellerkurve, d.h. bei veränderlicher Drehzahl. Wie schon im Abschnitt 4.1.3.3 angegeben, stellt sich die Nutzleistung dar zu

$$P_e = \frac{V_H \cdot p_e \cdot n}{k} \quad \text{in kW},$$

wobei V_H in dm³ (ℓ), p_e in bar, n in min^{-1} und $K = 600$ für Zweitakter bzw. $K = 1200$ für Viertakter einzusetzen ist.

Für die Betrachtung eines einzelnen Motors ist V_H konstant und kann in die Motorkonstante mit einbezogen werden: $V_H/K = C$, damit erhält C die Einheit kW min/bar und die Werte $V_H/600$ für Zweitakter und $V_H/1200$ für Viertakter. Hiermit wird

$$P_e = p_e \cdot n \cdot C.$$

Unter der Annahme, daß Mitteldrücke bei gleichbleibender Kraftstoffmenge je Arbeitsspiel drehzahlunabhängig sind, wird die Nutzleistung eines Motors proportional der Drehzahl sein; die Kennlinie der Leistung $p_e = f(\text{n})$ würde eine Gerade. Tatsächlich ist die Kennlinie für P_e leicht gekrümmt, wie aus Bild 4.57b ersichtlich. Hierin spiegelt sich vor allem der Einfluß des Liefergrads und des mechanischen Wirkungsgrades.

Das Drehmoment M_d und der mittlere Nutzdruck p_e ändern sich in Abhängigkeit von der Drehzahl nach dem gleichen Gesetz, denn beide sind proportional dem Verhältnis P_e/n.

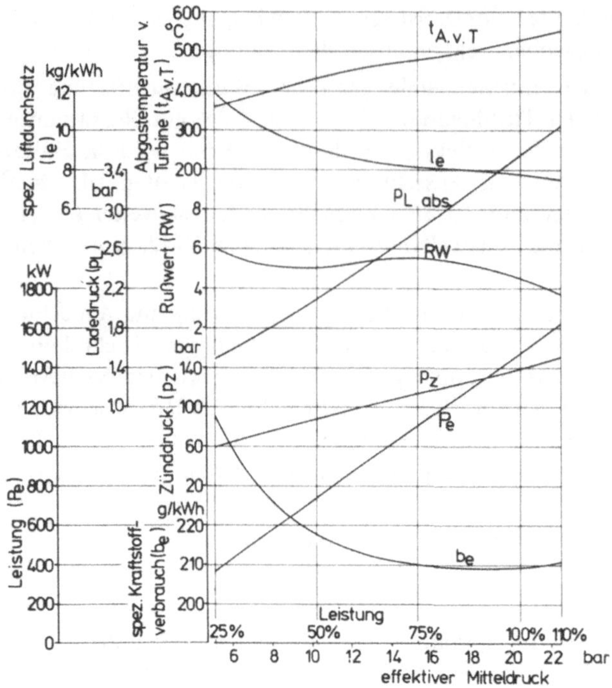

a) für Generatorbetrieb bei 750 1/min

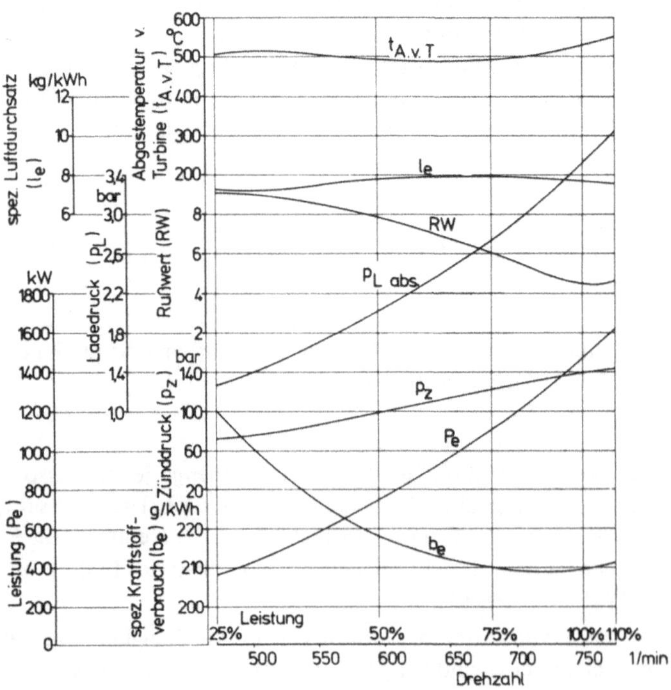

b) für Betrieb nach der Propellerkurve

Bild 4.57 Betriebswerte für den M.A.N.-Versuchsmotor 32/36 für Generatorbetrieb und für Betrieb nach Propellerkurve

Aus der in Abschnitt 4.1.4 abgeleiteten Beziehung zwischen Wirkungsgrad und Kraftstoffverbrauch

$$b_e = \frac{3600}{\eta_e \cdot H_u} = \frac{3600}{\eta_i \cdot \eta_m \cdot H_u}$$

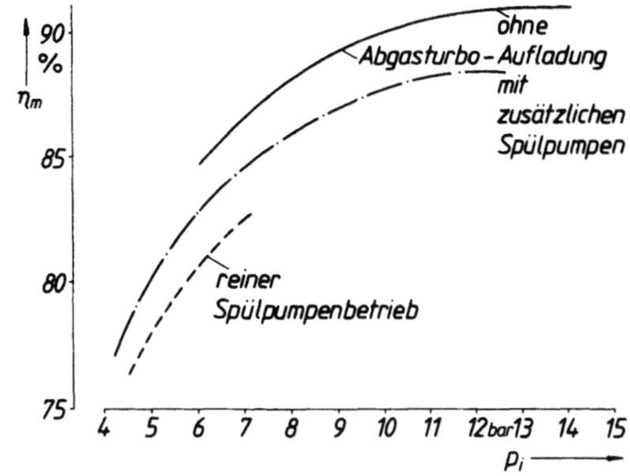

Bild 4.58
Mechanischer Wirkungsgrad in Abhängigkeit vom mittleren indizierten Druck

ergibt sich, daß der spezifische Kraftstoffverbrauch umgekehrt proportional dem Nutzwirkungsgrad bzw. dem Produkt aus η_i und η_m ist (siehe Bild 4.31).

Ein typisches Beispiel für Kennliniendarstellung stellt der mechanische Wirkungsgrad über dem Mittelwert dar; dabei wird der Einfluß des Ladeluftsystems am Beispiel der M.A.N.-KZ-Motorenentwicklung [1.6] deutlich (Bild 4.58).

4.3.2 Kennflächen (Kennlinienfelder)

In Kennlinienfeldern lassen sich Beziehungen zwischen mehr als zwei Betriebswerten darstellen, wie z. B. in Bild 4.33. Bild 4.59 stellt das vereinfachte Kennfeld für den M.A.N.-Motor K8SZ90/160B/BL dar. Das Kennfeld erlaubt einen Vergleich der Langsamlaufversion mit der Standardausführung. Mit dem langsamer laufenden Motor läßt sich über den unmittelbar angetriebenen ebenfalls langsamer laufenden Schiffspropeller eine größere Propulsionsgüte und damit ein besserer Gesamtwirkungsgrad der Antriebsanlage erreichen.

Bild 4.60 zeigt das Kennfeld eines modernen Schnelläufers der MTU-Baureihe 1163 mit $s = 280$ mm, $d = 230$ mm [4.5].

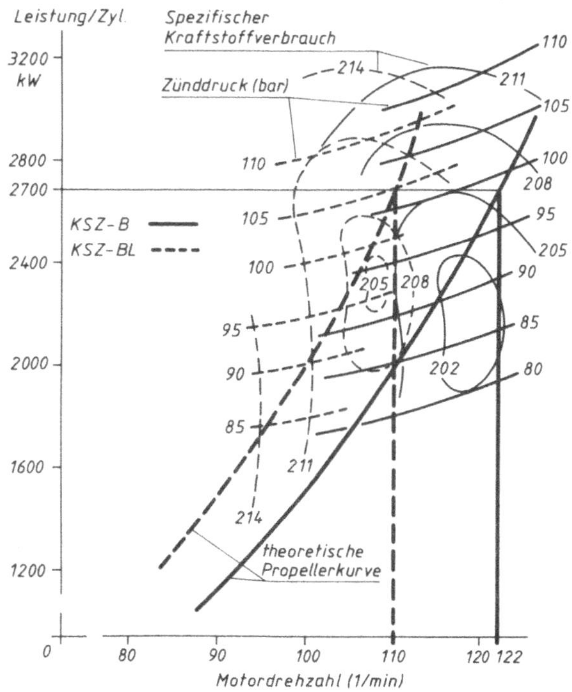

Bild 4.59
Kennfelder M.A.N. KSZ 90/160 B/BL

Bezugszustand:

Lufttemperatur	318 K (45 °C)
Luftdruck	1 bar
Kühlwassertemperatur vor Ladeluftkühler	305 K (32 °C)
Spezifischer Kraftstoffverbrauch ohne Toleranz	(g/kWh)

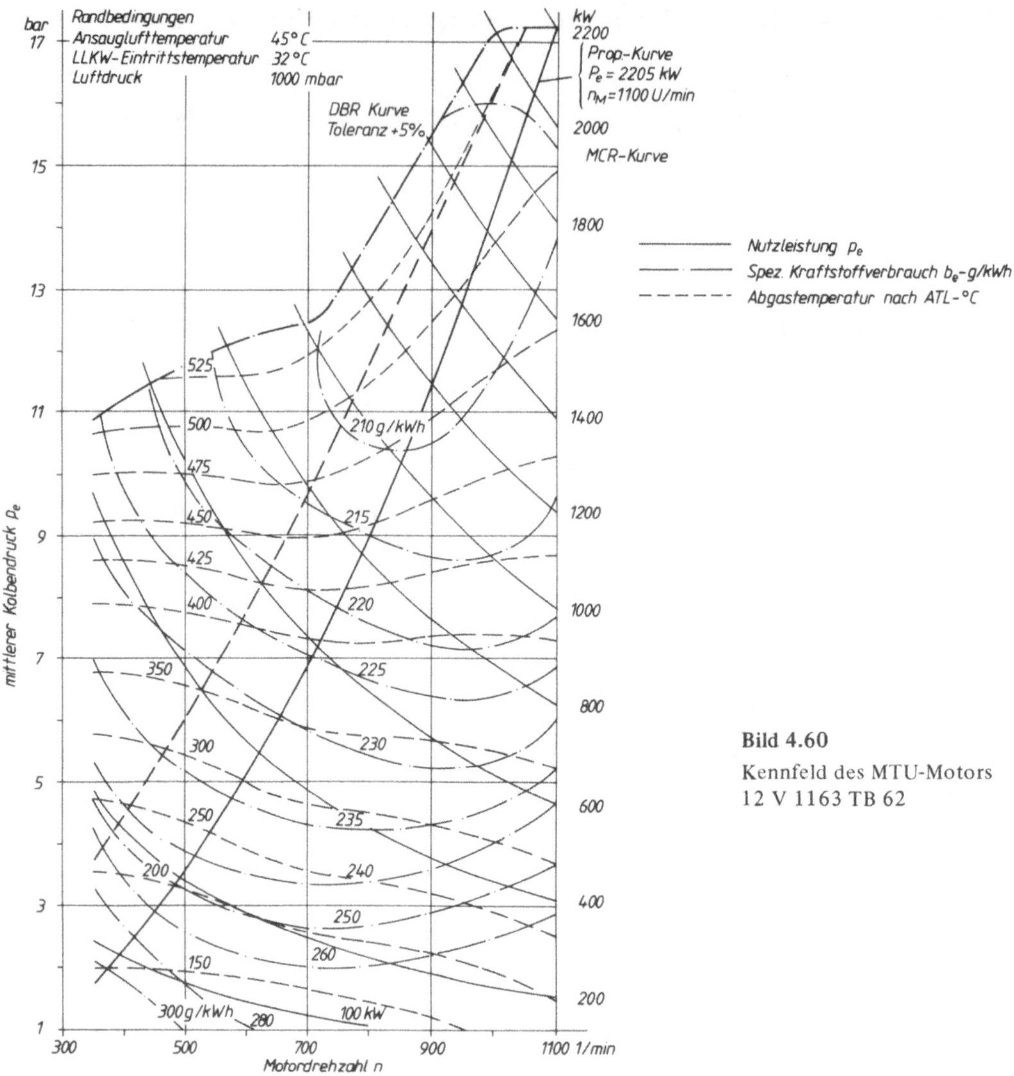

Bild 4.60
Kennfeld des MTU-Motors 12 V 1163 TB 62

4.3.3 Wärmedaten von Motoren

s. hierzu auch Abschnitt 4.1.9.4

Einen Überblick über die in einem Dieselmotor abzuführenden Wärmemengen gibt Tabelle 4.3 am Beispiel von M. A. N.-Großmotoren mit Entwicklungsstand 1966 und 1979.

4.4 Auslegung von Dieselmotoren

Die Bezugsbedingungen für die Leistung und Verbrauchsangaben von ortsfesten und Schiffsmotoren sind in den Abschnitten 3.2 und 3.3 angegeben, ebenso die Definition der Dauerleistung. Bei der Auslegung der Dieselmotoren für bestimmte Verwendungszwecke müssen aber weitere Einflüsse beachtet werden, damit ein langjähriger Motorenbetrieb mit hoher Verfügbarkeit und angemessenem Instandhaltungsaufwand gesichert wird.

Tabelle 4.3 Wärmedaten von M.A.N.-Großmotoren mit M.A.N.-Lader

		KZ 70/120 E	KSZB 70/125	KZ 78/155 E	KSZB 78/125	KZ 86/160 E	KSZ 90/160
Frischwasser	*Abzuführende Wärme* kJ/kW						
	Zylinder, Turbolader	1169	1112	1083	1026	1026	941
	Kolben	456	342	371	331	371	331
	Düsen	11,5	11,5	11,5	11,5	11,5	11,5
Seewasser	Zylinder, Turbolader	1169	1112	1083	1026	1026	941
	Kolben	456	342	371	331	371	331
	Düsen	11,5	11,5	11,5	11,5	11,5	11,5
	Luftkühler	884	1254	884	1254	912	1254
	Schmieröl	68	114	68	114	68	114
Frischwasser	*Temperaturen* °C						
	Zylinder Eintritt/Austritt	58/65	55/68	58/65	55/68	58/65	55/68
	Turbolader Kolbenkühlung	58/65	61/68	58/65	61/68	58/65	61/68
	Düsenkühlung	40/42,5	40/44	40/43	40/44	40/43	40/44
	Zulässige Erwärmung						
	Zylinder + Turbolader	7	12	7	13	7	13
	Kolben	7	7	7	7	7	7
	Düsen	2,5	4	3	4	3	4
Seewasser	Ölkühler Eintritt/Austritt	32/34	32/34	32/34	32/34	32/34	32/35
	Rückkühler	32,5/45	1)	32,6/45	1)	32,6/45	1)
	Luftkühler	32/38	32/46	32/34	32/46	32/36	32/46
	Zulässige Erwärmung Rückkühler1)						
	Ölkühler	13	13	13	13	13	13
	Luftkühler	10	14	12	14	14	14
Schmieröl	Eintr. a. Motor	42	42	42	42	42	42
	Austr. a. Motor	46,5	41	47	51	47	51
Stand:		1966	1979	1966	1979	1966	1979

1) Andere Kühlerschaltung als bei KZ-Motoren.

4.4.1 Auslegung von ortsfesten Dieselmotoren

Hier liegt das Schwergewicht im Kraftwerksbetrieb. Vor allem in Erdöl-Förderländern und ihren Anrainern kommt den Dieselkraftwerken hohe Bedeutung zu. So wurde die stationäre Stromversorgung mit Dieselmotoren besonders durch die Entwicklung mittelschnellaufender Motoren mit Schwerölbetrieb zu einer Alternative zu Dampfkraftwerken, vor allem wenn häufig Teillasten verlangt werden.

Die Leistungsauslegung von Dieselmotoren zum Antrieb von Drehstrom-Synchron-Generatoren hat für die Erzeugung der Wirkleistung zu erfolgen, während Generatoren und Leitungen wegen der Stromwärmeverluste für die Scheinleistung auszulegen sind. Die Scheinleistung stellt für die Generatoren die Nennleistung dar.

Generatornennleistung $P_{GN} = \sqrt{3} \cdot I \cdot U$ in kVA;
Generatorwirkleistung $P_{GW} = \sqrt{3} \cdot I \cdot U \cdot \cos\varphi$ in kW,
hierin I = Gesamtstrom in A
U = Spannung im Dreileitersystem in V
$\cos\varphi$ = Leistungsfaktor = ~ 0,8 (bei rein ohmscher Belastung = 1).

Damit wird die Dieselantriebsleistung

$$P_e = \frac{P_{GN} \cdot \cos\varphi}{\eta_{Gen}} \text{ in kW}$$

und mit $\eta_{Gen} = 0{,}93$

$$P_e = P_{GN} \cdot 0{,}86 \text{ in kW.}$$

Dieser Berechnung ist eine angemessene Antriebsreserve zuzuschlagen.

Die größte Bedeutung für die Auslegung kommt der Konstanthaltung der vom Dieselaggregat zu liefernden Frequenz, 50 Hz bzw. 60 Hz, zu. Durch genügend große Schwungmassen läßt sich die Forderung erfüllen.

Kleinste Netze sind z.B. die von Notstromanlagen zu versorgenden Teilnetze in Krankenhäusern, auf Flugplätzen und in der Industrie. Hierbei übernimmt ein Einzelnotstromaggregat die Ersatzlieferung von Strom für eine meistens nicht sehr lange Ausfallzeit der Hauptversorgung. In Kernkraftwerken kommen hierzu besondere Sicherheitsforderungen, die nur durch redundante Mehrmotorenanlagen erfüllt werden können.

„Inselnetze" sind begrenzte größere Netze, z.B. auf einer Insel, in abgelegenen Siedlungen oder auch an Bord von Schiffen. Hierzu eignen sich Dieselkraftwerke mit Mehrmotorenanlagen besonders, weil sie sich jeder Teillast optimal anpassen können. Eine Energie-Erzeuger-Automatik kann die Stromerzeugung dem Bedarf anpassen.

Lastkollektiv und Spitzenlast des Verbrauchernetzes bestimmen die Auslegung der zu wählenden Diesel-Generatoraggregate. In einer E-Bilanz überprüft man eine gewählte Auslegung. Dies gilt auch für Schiffsbordnetze. Tabelle 4.4 zeigt eine solche E-Bilanz.

Im Hinblick auf die Netzfrequenz ist die Drehzahl eines Aggregats von der Polpaarzahl der Generatoren abhängig. Es gilt die Beziehung:

$$f = \frac{PP \cdot n}{60} \text{ in Hz.}$$

Hierin ist PP Anzahl der Generatorpolpaare,
n Motoren- bzw. Generatordrehzahl in min^{-1},
f Frequenz in 1/s = Hz.

Tabelle 4.4 E-Bilanz für ein Containerschiff mit 31590 tdw, P_e = 24000 kW Antrieb (Bremer Vulkan)

Gruppe	Verbraucher	Ges. Anschluß wert kW	See Betrieb kW	Revier- fahrt kW	Lösch Betrieb kW	Ruhe kW
	Nennleistungen					
I	Hilfsaggregate für den Maschinenbetrieb	1168,0	403,9	485,2	297,0	253,0
II	Hilfsaggregate für den Schiffsbetrieb	142,8	76,57	68,47	103,47	8,47
III	Klimaanlage, Wohnraum- lüfter, E-Heizung	374,3	309,3	309,3	309,3	237,3
IV	Wirtschaftseinrichtungen	178,57	138,37	138,37	138,37	162,37
V	Decksmaschinen	609,5	137,5	211,0	133,5	114,0
VI	Laderaumlüftung	49,6	43,5	43,5	6,1	–
VII	Beleuchtung	91,0	81,0	81,0	91,0	81,0
VIII	Sonstige Verbraucher	42,2	37,0	37,0	17,0	17,0
IX	Ladekühlanlage	486,6	213,4	333,4	197,4	197,4
A	Gesamtanschlußwert	3142,57	1440,54	1707,24	1293,14	1070,54
	Voraussichtliche Leistungsspitzen					
I	Hilfsaggregate für den Maschinenbetrieb		363,5	436,7	267,3	227,7
II	Hilfsaggregate für den Schiffsbetrieb		53,6	47,9	72,4	6,0
III	Klimaanlage, Wohnraum- lüfter, E-Heizung		309,3	309,3	309,3	237,3
IV	Wirtschaftseinrichtungen		69,2	69,2	69,2	81,2
V	Decksmaschinen		82,5	126,6	80,0	68,4
VI	Laderaumlüftung		43,5	43,5	6,1	–
VII	Beleuchtung		65,0	65,0	72,8	65,0
VIII	Sonstige Verbraucher		18,5	18,5	8,5	8,5
IX	Ladekühlanlage		213,4	333,4	197,4	197,4
B	Erforderliche Betriebsleistung		1218,5	1450,1	1083,0	891,5
	Gleichzeitigkeitsfaktor aus B und A		0,84	0,85	0,84	0,83
	Stromerzeuger Leistung in kW					
	Wellengenerator					
	Turbogenerator 1500					
	Dieselgenerator 750					
	Dieselgenerator 750					

Dieser Zusammenhang ist in Tabelle 4.5 dargestellt.

Tabelle 4.5

PP	50 HZ	60 HZ
3	1000	---
4	750	900
5	600	720
6	500	600
7	428	514
8	375	450
9	--	400

Die um eine Zeile versetzten Drehzahlen sind ähnlich und kennzeichnen die Synchrondrehzahlen jeweils einer Motorenfamilie [4.6]. Diese werden in ihrem Kolbenhub dann so bemessen, daß sei bei den genannten Synchrondrehzahlen im Bereich günstiger Kolbengeschwindigkeiten liegen. Bild 4.61 zeigt, daß dabei 6 Familien mit folgenden Kolbenhüben entstehen:

Tabelle 4.6

Hub s in mm	Drehzahl in min^{-1}
280 ... 300	900 u. 1000
380	720 u. 750
450	600
520	500 u. 514
600	428 u. 450
660	375 u. 400

Da der Zylinderdurchmesser mittelschnellaufender Dieselmotoren etwas kleiner als der Hub sein soll, um einen günstigen Brennraum für Schwerölverbrennung zu erhalten, ergeben sich für Generatorantriebsmotoren typische Zylinderabmessungen in Abhängigkeit von der Synchrondrehzahl.

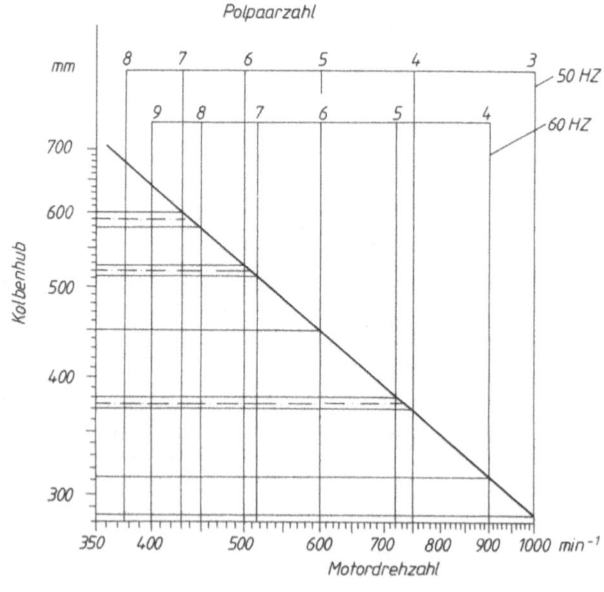

Bild 4.61
Kolbenhübe s in Abhängigkeit von Synchrondrehzahlen für Generatorantriebsmotoren

Dauerleistung und eingestellte Leistung eines Dieselmotors für Generatorantrieb

Die *Dauerleistung* ist die Leistung, die der Motor dauernd innerhalb der wartungsfreien Intervalle zwischen zwei geplanten Instandhaltungsmaßnahmen abgeben kann, wobei die Umgebungsbedingungen berücksichtigt werden müssen. Diese für den Schiffshauptantrieb zugeschnittene Definition kann nicht ohne Ergänzungen für Generatorantriebsmotoren übernommen werden, denn im Generatorbetrieb sind kurzzeitige Lastspitzen oberhalb der Dauerleistung nicht vermeidbar.

Im Falle plötzlicher Belastung erleidet ein Generatorsatz mit normalgroßer Drehmasse einen Drehzahl- und Frequenzeinbruch, weil die Lastaufnahmegeschwindigkeit des Dieselmotors trotz der Stoßaufladung relativ träge ist. Während die Aufladung des Dieselmotors beschleunigt wird, zieht das Netz Energie aus der Schwungmasse der Anlage, wodurch die Drehzahl fällt. Da die Drehzahl einer der leistungsbestimmenden Faktoren des Dieselmotors ist, kann bei verminderter Drehzahl die volle Leistung nur durch ein Drehmoment sichergestellt werden, das über 100 % liegt. Besonders beim Starten großer Elektromotoren, die ihrerseits schwere Arbeitsmaschinen treiben, können Drehzahleinbrüche nicht vermieden werden, deshalb ist es verständlich, daß Generatorantriebsmotoren freie Drehmomentreserven haben müssen.

Überlicherweise wird die Füllung des Motors bei 110 % Leistung blockiert, wodurch ein Spitzendrehmoment von 110 % erreichbar ist. Dieses Spitzenmoment stellt nicht nur sicher, daß die Maximalleistung auch bei leicht reduzierter Drehzahl erreichbar ist, sondern auch, daß die Anlage rasch aus dem Drehzahleinbruch wieder herauskommt.

Die Dauerleistung wird somit nicht wie im Schiffsbetrieb auf 100 % eingestellt, sondern die Füllung ist bei Nenndrehzahl so blockiert, daß der Motor 110 % der Dauerleistung abgeben kann. Entsprechend der Belastungsweise eines Generatorantriebsmotors wird unterstellt, daß diese Maximalleistung nur im Bereich kurzzeitiger Lastspitzen gefahren werden muß. Die Grundlast darf maximal auf 100 % der Dauerleistung ansteigen (Bild 4.62).

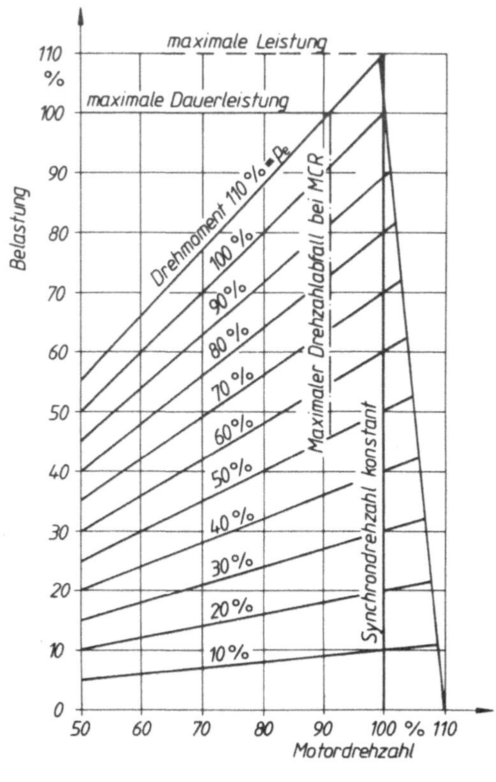

Bild 4.62

Belastung von Generatorantriebsmotoren in Abhängigkeit von der Drehzahl

Leistungsreduktion infolge Umgebungsbedingungen

Die Motoren werden beim Hersteller auf normale Umgebungsluftbedingungen abgestimmt und zwar in Meereshöhe. Weichen die Umgebungsbeidngungen am Aufstellungsort erheblich von diesen Werten ab, so kann eine Reduktion der Dauerleistung erforderlich werden.

Für ortsfeste Generatormotoren müssen deshalb im Projektstadium bereits folgende vier Einflüsse für die Bestimmung der Dauerleistung am Ort berücksichtigt werden:

- erhöhte Umgebungslufttemperaturen,
- erhöhte Kühlwassertemperaturen,
- verminderte Umgebungstemperaturen,
- Aufstellungshöhe.

Erhöhte Umgebungslufttemperaturen

Die Temperatur der vom Turbolader angesaugten Umgebungsluft beeinflußt die erforderliche Arbeit, die der Lader zum Verdichten dieser Luft benötigt. Hohe Ansaugtemperaturen erfordern eine höhere Verdichtarbeit als niedrige. Da dem Verdichter nur die konstante Arbeit der Abgasturbine zur Verfügung steht, wird wärmere Luft weniger hoch verdichtet als kältere, d.h., der Ladedruck fällt mit zunehmender Ansaugtemperatur ab. Mit dem abfallenden Ladedruck verringern sich die Luftmengen in den Zylindern, die Spülluftmengen und die Kompressionsdrücke, was dazu führt, daß die thermische Belastung des Motors und die Abgastemperaturen ansteigen.

Zum Schutz vor thermischer Überbelastung muß deshalb bei erhöhten Ansaugtemperaturen eine Leistungsreduktion durchgeführt werden. Wichtig ist allein die Ansaugtemperatur des Turboladers, die sowohl höher als auch niedriger als die Umgebungslufttemperatur sein kann. Um die Aufwärmung des Maschinenraumes zu vermeiden, wird überlicherweise die Außenluft direkt dem Lader zugeführt (Bild 4.63).

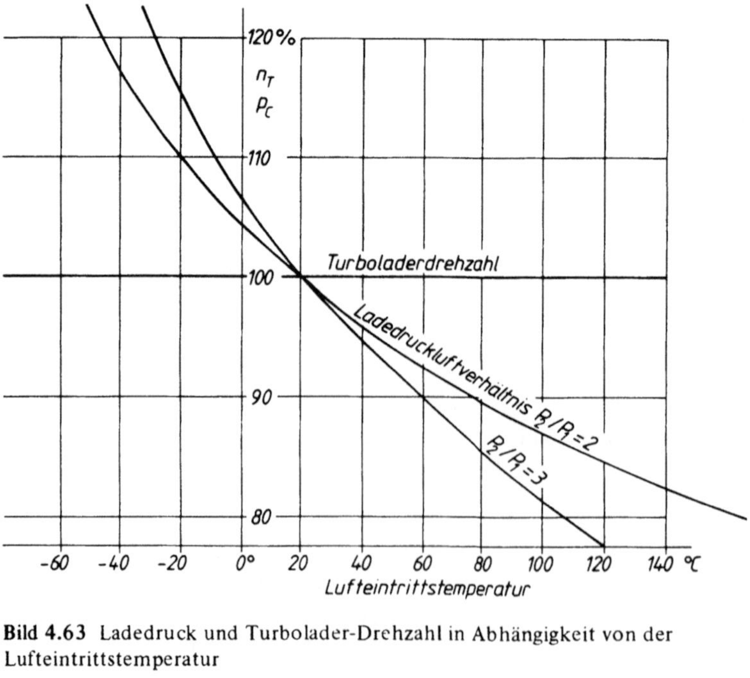

Bild 4.63 Ladedruck und Turbolader-Drehzahl in Abhängigkeit von der Lufteintrittstemperatur

Erhöhte Kühlwassertemperaturen

In Gegenden mit hohen Umgebungslufttemperaturen liegen überlicherweise auch hohe Wassertemperaturen vor; z.B. Schiffsbetrieb in den Tropen. Das ist insofern günstig, weil warme Luft wegen der üblichen realtiven Luftfeuchtigkeit nach der Verdichtung nicht so stark zurückgekühlt werden darf wie kalte Luft der gleichen relativen Luftfeuchtigkeit. Die Ladeluftkühler der Dieselmotoren sind serienmäßig in der Weise bemessen, daß bei einer See- oder Rohwassertemperatur von 32 °C in etwa die für Tropenbedingungen optimale Ladelufttemperatur von 55 ... 58 °C erreicht wird.

Besonders in wasserarmen Gebieten muß jedoch mit höheren Rohwassertemperaturen gerechnet werden, weil die Motorenanlagen hier üblicherweise mit geschlossenen Kühlwassersystemen im Kreislauf betrieben werden.

Die Kühlwasserwärme dieser geschlossenen Systeme wird entweder in Radiatoren oder in Kühltürmen abgeführt. Da die Radiatoren die Kühlwasserwärme an die Umgebungsluft abgeben müssen, kann die Wassertemperatur bei Radiatorkühlung nie unter die Temperatur der Umgebungsluft abgesenkt werden. Um den Bau- und Kostenaufwand der Radiatoren in vernünftigen Grenzen zu halten, muß mit einer Kühlwassertemperatur für die Ladeluftkühlung gerechnet werden, die um 5 °C über die Umgebungslufttemperatur liegt.

Wird unter diesen Bedingungen eine Wassertemperatur über 32 °C erwartet, so muß dies zusätzlich bei der Leistungsreduktion berücksichtigt werden, indem der Umgebungslufttemperatur noch die Differenz Rohwassertemperatur – 32 °C zuaddiert wird. Das bedeutet für die Radiatorkühlung, daß die Leistungsreduktion zum Schutz vor thermischer Motorüberlastung schon bei 36 °C Lufttemperatur beginnen muß.

Da Kühltürme eine Rückkühlung des Wassers auch unter die Temperatur der Umgebungsluft gestatten, ist der Kühlturm besonders bei sehr hohen Umgebungslufttemperaturen dem Radiator weit überlegen. Da im Kühlturm Wasser verdunstet, findet nicht nur ein Wärmeaustausch an die Luft statt, sondern dem Wasser wird zusätzlich Verdampfungsenergie entzogen. Gute Kühltürme senken die Kühlwassertemperatur bis zu 12 °C unter die Umgebungslufttemperatur ab. Deshalb ist bei Kühlturmkühlung im Regelfall eine Leistungsreduktion erst oberhalb von 45 °C Umgebungslufttemperatur erforderlich.

Zu beachten ist bei der Kühlturmkühlung, daß ständig ein gewisser Wasseranteil aus dem System verdunstet, dessen Mineralien und Härtebildner aber zurückbleiben. Auch wenn der Wasserverlust laufend ergänzt wird, härtet das Wasser im Kreislauf ständig auf und muß entsprechend der Kühlwasservorschrift behandelt werden.

Verminderte Umgebungstemperaturen

Eine Leistungsreduktion kann jedoch auch dann erforderlich werden, wenn die Umgebungsluft sehr kalt ist, direkt von außen angesaugt wird und nicht in dem Maschinenraum oder sonstigen Einrichtungen vorgewärmt werden kann. Was bei der Tageshitze im Sommer ein erheblicher Vorteil ist, kann im Winter oder nachts auch Nachteile für den Motor haben.

Genau entgegengesetzt wie bei erhöhten Temperaturen der Ansaugluft vermindert sich die erforderliche Verdichterarbeit des Turboladers bei kalter Luft, d.h. daß bei konstantem Arsbeitsangebot am Lader eine höhere Verdichtung dieser Luft erfolgt. Die Ladedrücke steigen bei abnehmender Ansaugtemperatur an. Die thermische Belastung des Motors geht zwar erheblich zurück, aber die Kompressionsenddrücke steigen wegen des erhöhten Ladedrucks an. Um den gleichen Betrag, um den der Kompressionsenddruck ansteigt, steigt auch der Zünddruck des Motors an, so daß niedrige Ansaugtemperaturen eine erhöhte mechanische

Belastung des Motors bewirken. Damit die mechanische Belastung in zulässigen Grenzen bleibt, kann entweder die Ansaugluft vorgewärmt oder aber die überschüssige Ladeluft abgeblasen werden. Bestehen diese beiden Möglichkeiten nicht oder ist es unvermeidlich, daß der Lader die kalte Luft direkt ansaugt, so kann eine Leistungsreduktion erforderlich werden.

In diesem Zusammenhang ist es sinnlos, ja sogar schädlich, die kalte Ansauglufttemperatur durch eine erhöhte Ladelufttemperatur zu kompensieren, weil der Turbolader dann pumpen würde. Da sich der Betriebspunkt des Laders ohnehin der Pumpgrenze annähert, wenn die Ansaugluft kälter wird, würde eine erhöhte Ladelufttemperatur eine zusätzliche Verlagerung des Betriebspunktes zur Pumpgrenze bewirken.

Aufstellungshöhe

Mit zunehmender Aufstellungshöhe vermindert sich die Dichte der Ansaugluft, die Luft wird „dünner" und der Turbolader dreht leichter. Bei konstanter Leistung und gleichen Temperaturen steigt die Drehzahl des Turboladers an und der Ladedruck vor dem Motor fällt (Bild 4.64). Da die Drehzahl des Turboladers in Grenzen gehalten werden muß, wird in großen Aufstellungshöhen eine Leistungsreduktion zum Schutz des Laders vor mechanischer Überlastung erforderlich. Der fallende Ladedruck in großen Höhen bedeutet einen Anstieg der thermischen Motorbelastung und muß ebenfalls ähnlich dem Einfluß erhöhter Umgebungslufttemperaturen bei der Leistungsreduktion mit berücksichtigt werden.

Bei niedrigen Außenlufttemperaturen wird der Abfall des Ladedruckes jedoch durch den Einfluß der kalten Ansaugluft kompensiert.

Im Bild 4.65 sind die Umweltbedingungen der Leistungsreduktion zusammengefaßt. Obwohl sich nicht alle Motoren bezüglich der einzelnen Einflüsse gleich verhalten, weil sie entweder noch Zünddruckreserven, Drehzahlreserven im Turbolader oder aber auch Unterschiede im thermischen Verhalten aufweisen, kann dieses Diagramm eine Orientierungshilfe bei der Projektierung sein. Im Zuge der ständigen Anpassung der Aufladung und der leistungsbezogenen Dimensionierung der Bauteile sind die Abweichungen der Motoren untereinander nicht hoch.

Beim Umgang mit dem Reduktionsdiagramm sei noch einmal daran erinnert, daß die genaue Kenntnis des Lastkollektives für die Auslegung der Dieselmotoren von großer Wichtigkeit ist. Werden beispielsweise die niedrigen Ansaugtemperaturen nur nachts auftreten, wenn ohnehin Kleinstlast im Kraftwerk gefahren wird, ergibt sich möglicherweise diese Bedingung

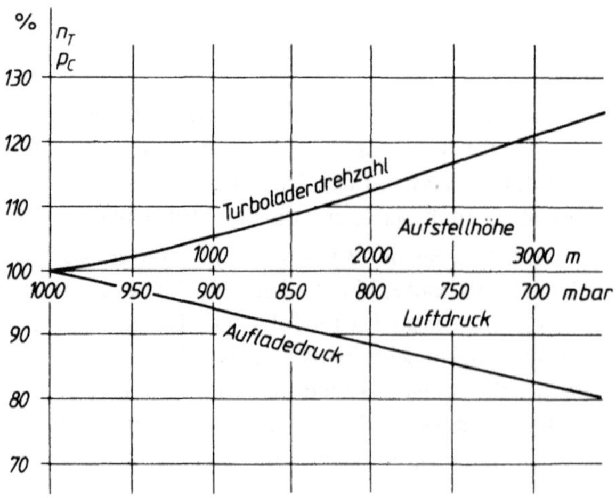

Bild 4.64

Turboladerdrehzahl und Aufladedruck in Abhängigkeit von der Aufstellhöhe von Motoren

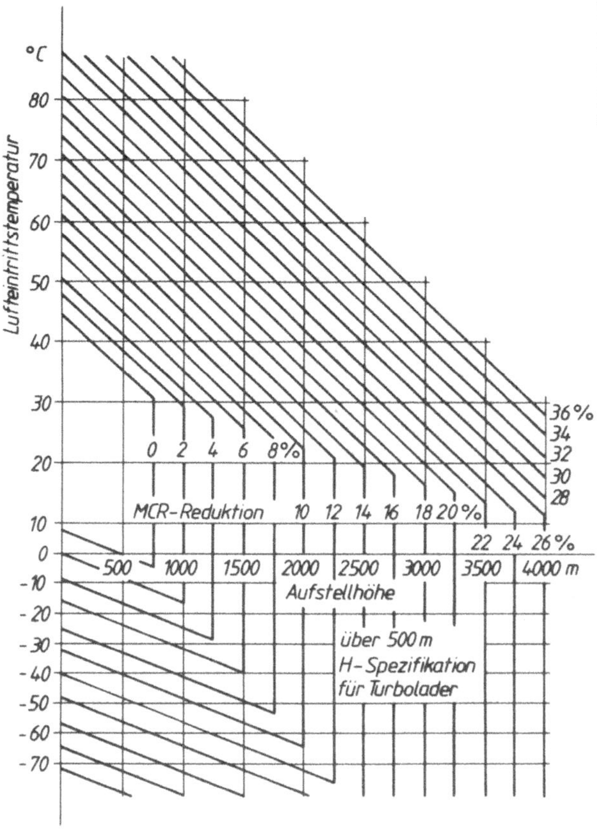

Bild 4.65
Reduktion der MCR-Motorenleistung für Ladedruckverhältnisse von 2,5 ... 3 in Abhängigkeit von Umgebungstemperatur und Aufstellhöhe für mittelschnellaufende Dieselmotoren

der Leistungsreduktion von selbst, so daß sie bei der Einstellung des Motors gar nicht berücksichtigt zu werden braucht.

Ähnlich kann es bei den erhöhten Ansaugtemperaturen sein. Zeigt das Lastkollektiv um die Mittagszeit, in dem Zeitraum der größten Hitze, daß die Spitzenleistung gar nicht gefordert ist, dann kann die Zahl der aktiven Generatorsätze so gewählt werden, daß die Leistungsreduktion sich vor Ort automatisch ergibt.

Abgesehen von diesen Besonderheiten sollte jedoch im Regelfall die Maximalleistung beim Motorenhersteller für die Bedingungen am Ort eingestellt werden.

Bei aufgeladenen Motoren mit Ladeluftkühler kann es vorkommen, daß die verdichtete Luft im Ladeluftkühler unter den Taupunkt ihrer enthaltenen Feuchtigkeit gekühlt wird, so daß Wasser ausscheidet.

Tropenluft einer Temperatur von 45 °C und einer relativen Luftfeuchtigkeit von 80 % kann 50 g Wasser pro Kilogramm Luft tragen, während dieselbe Luft im Ladeluftkanal bei ebenfalls 45 °C und 1,5 bar Überdruck nur noch 25 g Wasser pro kg Luft trägt. Die übrigen 25 g Wasser regnen im Ladeluftkanal ab. Um dies zu vermeiden, muß die Ladelufttemperatur auf 58 °C angehoben werden. Meistens geht die Lufttemperaturerhöhung mit einer Erhöhung der Rohrwassertemperatur einher, so daß automatisch die Ladelufttemperatur in den Tropen angehoben wird. Die Ladeluftkühler sind jedoch in der Fläche so groß bemessen, daß sie bei 32 °C Wassertemperatur eine Rückkühlung auf etwa 55 °C gestatten und somit auf 60 % relative Luftfeuchtigkeit und 1,5 bar Ladedruck abgestimmt sind. Bei höheren Drücken und bei höherer relativer Luftfeuchtigkeit ist es deshalb nicht auszuschließen, daß Kondenswasser ausfallen wird. Dieses muß aus Verschleißgründen am Motor durch Ladelufttemperaturerhöhung vermieden werden. Sollte bei extremen Verhältnissen dabei die Abgastemperatur nach Turbine über 420 °C ansteigen, ist auch hier eine Leistungsreduktion vorzunehmen.

Das physikalische Verhalten der Luft zeigt Bild 4.66.

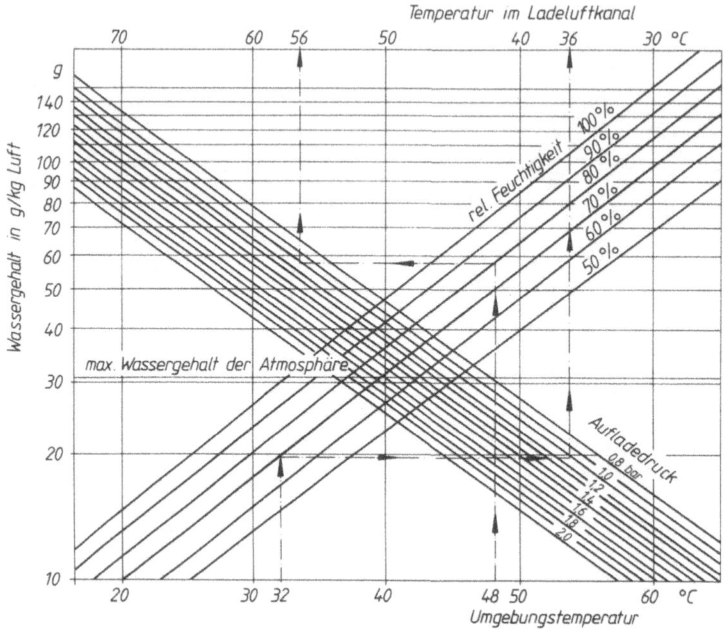

Bild 4.66 Abhängigkeit des Wassergehalts von Luft, von Eintrittszustand und Aufladedruck

Start des Aggregates

Der Start eines Generatorsatzes erfolgt automatisch oder von Hand, indem der Dieselmotor ähnlich einer Kolbendampfmaschine mit Druckluft auf Zünddrehzahl gebracht wird. Danach setzt die innere Verbrennung des eingespritzten Kraftstoffes ein, und der Motor beginnt aus eigener Kraft hochzulaufen. Da während der Verbrennung ein Teil der freiwerdenden Wärme in die Brennraumwände eindringt, beginnt nach dem Start des kalten Motors eine Wärmewelle in die Wände der Kolben, Laufbuchsen, Zylinderdeckel und Ventile zu laufen. Je intensiver die Beheizung von der Brennraumseite ist, desto steiler ist der Temperaturgradient vor dieser Wärmewelle. Da Temperaturunterschiede in metallischen Werkstoffen bei behinderter Dehnung Wärmespannungen erzeugen, kann diese Wärmewelle zu erheblichen inneren Spannungen führen. Diese Wärmespannungen sind um so höher, je schlechter die Wärmeleitfähigkeit bzw. je größer der Wärmeausdehnungskoeffizient des Materials und je intensiver die Beheizung auf der Feuerseite ist. Extrem spröde Werkstoffe reagieren auf diesen plötzlichen Wärmeeinfall wie Glas und reißen unvermittelt. Duktile Werkstoffe, wie sie im Dieselmotorenbau unerläßlich sind, erleiden unter Thermoschockbeanspruchung einen Lastwechsel im Zeitfestigkeitsbereich, d.h. je intensiver die Belastung ist, desto seltener kann das Bauteil sie ertragen.

Bei Dieselmotoren, die häufig gestartet werden müssen, und das ist bei Generatormotoren ja der Fall, muß der Erwärmungsvorgang von der Brennraumseite mäßig erfolgen. Obwohl in den letzten Jahren hervorragende Werkstoffe auch für Zylinderdeckel und Laufbuchsen entwickelt wurden, ist es im Hinblick auf die sehr hohe Lebenserwartung dieser wichtigen Teile zu rechtfertigen, „Low cycle fatigue" zu vermeiden. Dieses ist am besten dadurch zu erreichen, daß der Erwärmungsvorgang in mehrere kleine Wärmewellen unterteilt wird oder aber langsam innerhalb einer Mindestzeit gesteigert wird.

Die Wärme muß dem Bauteil am besten so langsam zugeführt werden, daß innerhalb von einer zulässigen Temperaturdifferenz die brennraumseitige und die wasserseitige Wand gleichmäßig aufgeheizt werden. Eine erhebliche Abmilderung der Wärmespannungen wird deshalb durch Kühlwasservorwärmung erreicht. Das Bauteil hat wasserseitig bereits eine relativ hohe Temperatur, so daß eine entsprechend wesentlich höhere Wärmewelle vom Brennraum her eindringen kann, als wäre das Bauteil kalt.

Die Vorwärmung ist somit um so wirkungsvoller, je höher die Temperatur des Kühlwassers ist. Motoren, die ganz besondere Anforderungen an die schnelle Belastbarkeit stellen, wie z.B. Notstromaggregate, müssen deshalb auf Kühlwasserbetriebstemperatur vorgewärmt sein. Dies hat zudem den Vorteil, daß die Laufbuchse im unteren Bereich auf Betriebsmaß aufgeweitet ist und daß der schnell beheizte Kolben nicht klemmen oder fressen kann, wenn er schneller als die Buchse wächst.

Für eine hohe Lebensdauererwartung werden trotz Vorwärmung unterschiedliche Startbedingungen erforderlich.

Normalstart

Der Normalstart ist ein ständig wiederkehrender Start eines Aggregates innerhalb einer Mehrmotorenanlage, der mehrmals täglich erfolgen kann. Ähnlich wie im Schiffsbetrieb wird davon ausgegangen, daß dies innerhalb der Lebensdauer eines Motors ca. 10^4 mal geschieht. Obwohl die Zeitfestigkeit für 10^4 Lastwechsel bei Gußwerkstoffen 50 ... 100 % über der Dauerfestigkeit liegt, sollte, um jedes Risiko zu meiden, eine Anwärmphase nach dem Start eingehalten werden.

Schnellstart

Der Start eines Notstromaggregates hat in einer möglichst kurzen Zeit zu erfolgen, damit bei Netzausfall die wichtigsten Verbraucher den kürzestmöglichen Stromausfall erleiden. Da dieses kein sich ständig wiederholender Vorgang ist, kommen erheblich weniger Lastwechsel zustande, mit Sicherheit weniger als 10^4. Die Zeitfestigkeit für diese Lastspielzahl liegt erheblich höher, so daß der Belastungsvorgang um so schneller erfolgen darf, je seltener er eintritt. Die kleinen Motoren können wegen ihrer geringen Bauteilwandstärken schneller auf Vollast gebracht werden als die größeren.

Das Bild 4.67 zeigt die Belastungsgeschwindigkeit bei Normalstart und bei Schnellstart in Abhängigkeit vom Zylinderdurchmesser als typisches Größenmaß eines Motors. Bei diesem Diagramm ist zu beachten, daß für die Lastaufschaltung in der dargestellten Weise die Nenndrehzahl im Generatorsatz erreicht sein muß.

Da die Zeit von dem startauslösenden Ereignis bis zum Erreichen der Nenndrehzahl weitgehend von der Schwungmasse des Aggregates, aber auch von schalt- und regeltechnischen Einflüssen abhängig ist, muß diese Hochlaufzeit gesondert berücksichtigt werden. Für normale Schwungmassen ist mit einer Hochlaufzeit des Motors vom effektiven Startbeginn bis

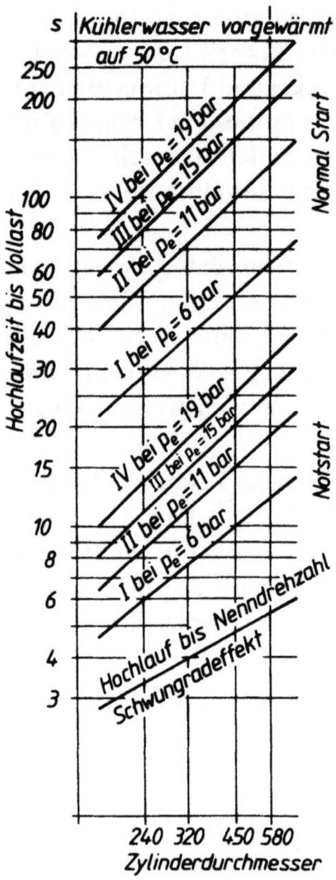

Bild 4.67
Abhängigkeit der Hochlaufzeit vom Zylinderdurchmesser

Nenndrehzahldurchgang etwa mit 4...6 Sekunden zu rechnen. Die Last kann dann entweder kontinuierlich oder in Stufen, wie sie die einzelnen p_e Linien zeigen, gesteigert werden.

Ein p_e von 6 bar, d.h. Aufladung Null, kann der Motor unverzüglich annehmen. Die folgenden Lastaufschaltungen zu den Mitteldrücken 11 bar, 15 bar und Vollast müssen um die angegebene Zeit versetzt erfolgen. Dieses hat besonders beim Notstart den Grund, daß die Aufladung sich innerhalb dieser Zeitversetzung an die jeweils höhere Leistung anpassen und daß der Motor die folgenden Laststufen besser annehmen kann.

In diesem Zusammenhang ist der Hinweis wichtig, daß der Notstart in dieser Weise nicht in das Routineprogramm einer Check-Liste gehört, weil unnötig viele Lastwechsel entstehen und der Motor im ernsten Bedarfsfall bereits latente Ermüdungen in seinen Bauteilen erlitten haben könnte. Der Notstart soll nur in Notfallen erfolgen, weil dann die Zuverlässigkeit über viele Jahre erhalten bleibt.

Der Einsatz von Dieselmotoren im Kraftwerksbetrieb ist nicht auf mittelschnellaufende Dieselmotoren beschränkt. In Grundlast-Kraftwerken werden auch langsamlaufende Zweitakt-Kreuzkopf-Dieselmotoren, wie sie für die Schiffahrt gebaut werden, eingesetzt. Die Investitionskosten solcher Großmotoren-Kraftwerke liegen zwar um 40 ... 50 % höher als bei der Verwendung von Mittelschnelläufern; die Kraftstoffkosten liegen jedoch wegen der Möglichkeit der Verbrennung extrem schlechter Kraftstoffqualitäten niedriger.

Ebenso werden für Generatorantriebe und hier besonders als Notstromdiesel auch Schnelläufer mit Drehzahlen über 1000 min^{-1} verwendet. Die Leistung eines Dieselmotors ist, wie schon abgeleitet, das Produkt aus Mitteldruck, Hubvolumen, Zylinderzahl und Drehzahl. Daraus folgt, daß sich für eine gegebene Leistung bei hoher Drehzahl eine kleine Maschine ergibt. Dieser Vorteil wirkt sich unmittelbar im Gewicht und Volumen aus; das gilt sowohl für den Dieselmotor selbst als auch für die angetriebene Maschine. Schwerölbetrieb ist allerdings mit hochtourigen Dieselmotoren nicht möglich.

4.4.2 Auslegung von Schiffsantriebsmotoren [4.7]

4.4.2.1 Allgemeine Auslegungsgesichtspunkte

Bestimmend für die Auslegung der Antriebsleistung ist die für das Schiff geforderte Geschwindigkeit unter festgelegten Bedingungen. Maßgeblich hierfür sind der Schiffswiderstand und der Gütegrad der Propulsion. Das Betriebsverhalten des Motors wird somit durch das Betriebsverhalten des Schiffes bestimmt. Zu untersuchen ist also zunächst das Betriebsverhalten des Schiffes unter den vom Reeder gestellten Bedingungen, und dann ist der Motor hinsichtlich seiner Leistung entsprechend auszuwählen. Weiterhin ist das Betriebsverhalten des Motors auf das Betriebsverhalten des Schiffes abzustimmen, d.h., die Kennfelder von Schiff und Motor sind zu überlagern.

Der Schiffswiderstand ändert sich im Betrieb durch Erhöhung der Rauhigkeit und Bewuchs der Außenhaut, durch Verschlechterung des Propellerwirkungsgrades und durch Seegangs- und Windeinfluß.

Auslegungskriterien bei Auslegung nach DIN 6271 bzw. ISO 3046/I (s. Abschnitt 3.3 und Bild 3.4)

Der Leistungsauslegung sollte eine Untersuchung vorausgehen, die mindestens folgende Fragen beantwortet:

1. Mit welcher bleibenden Erhöhung der Rauhigkeit ist zu rechnen?
2. Mit welcher Widerstandserhöhung durch Bewuchs ist zwischen zwei Dockungen zu rechnen?
3. Unter welchen Wetterbedingungen soll das Schiff seine Geschwindigkeit beibehalten?
4. Soll mit einer konstanten Schiffsgeschwindigkeit, konstanten Motordrehzahl oder einer mittleren Durchschnittsgeschwindigkeit des Schiffes gerechnet werden?
5. Wird eine Geschwindigkeitsverminderung bis zur nächsten Dockung zugelassen?
6. Wie verhält sich der Motor bei vom Betriebspunkt bei Dauerleistung abweichenden Bedingungen?
7. Welcher Leistungsverlust des Motors ist bis zur Überholung zu erwarten?
8. Soll eine Geschwindigkeitsreserve vorgesehen werden?
9. Soll der Motor eine Leistungsreserve haben?

Festlegung der Leistung

Es wird davon ausgegangen, daß die zur Erfüllung der Probefahrtsbedingungen erforderliche Leistung ermittelt ist. (Geschwindigkeit des Schiffes, saubere Außenhaut, beladenes Schiff, vereinbarte Wetterbedingungen). Zu entscheiden ist, in welchem Verhältnis die installierte Leistung P_0 zu der Leistung P steht, die zur Erfüllung der Probefahrtsbedingungen erforderlich ist. Mit R_{s0} als Schiffswiderstand unter Probefahrtsbedingungen ergibt sich der Schiffswiderstand im Betrieb zu

$$R_s = R_{s0} + \Delta R$$

In ΔR seien alle zur Widerstandserhöhung beitragenden Faktoren enthalten.

Vom Standpunkt der Leistungsauslegung ist es zweckmäßiger, den Mehrbedarf an Leistung ΔP zu betrachten. Mit

$$P = \frac{R_{s0} \cdot V_{s0}}{\eta_{prop.} \cdot \eta_m}$$

R_{s0} Schiffswiderstand unter Probefahrtsbedingungen,
V_{s0} Probefahrtsgeschwindigkeit,
$\eta_{prop.}$ Gütegrad der Propulsion, auch η_D genannt

als für die Erfüllung der Probefahrtsbedingungen erforderlichen Leistung, und ΔP als Mehrbedarf an Leistung im Betrieb ergibt sich die zu installierende Leistung P_0 zu

$$P_0 = P + \Delta P = P + \Delta P_1 + \Delta P_2 + \Delta P_3 .$$

ΔP_1 ist der Leistungsmehrbedarf zur Abdeckung aller Einflüsse unter 1. bis 6., die den Einfluß des Schiffes auf den Motor darstellen, $\Delta P_1 \geqq 15\ \%$.

ΔP_2 ist der Leistungsverlust des Motors bis zur Überholung, wenn der Motorenhersteller die Dauerleistung nicht nach ISO 3046/1 bzw. DIN 6271 garantiert, $\Delta P_2 \geqq 3\ \%$.

ΔP_3 ist die Leistungsreserve, $\Delta P_3 \geqq 10\ \%$.

Das Verhältnis von erforderlicher Leistung zu installierter Leistung wird allgemein:

$$P = P_0 - \Delta P$$

$$\frac{P}{P_0} = 1 - \frac{\Delta P}{P_0}$$

$$\frac{P}{P_0} = A_i \quad \text{mit} \quad A_i = 1 - \frac{\Delta P}{P_0}.$$

Das Leistungsverhältnis A_i soll angeben, in welchem Verhältnis die zur Erfüllung der Probefahrtsbedingungen erforderliche Leistung zur installierten Leistung steht. Im Diagramm M GI-01 (Bild 4.68) sind die Leistungsverhältnisse A_1, A_2, A_3 für verschiedene Auslegungsbedingungen angegeben.

A_1-Leistung

Die vereinbarte Geschwindigkeit wird unter Probefahrtsbedingungen bei Nennleistung und Nenndrehzahl des Motors erreicht, Leistungsverhältnis A_1. Es ist keine Leistungsreserve für den Betrieb vorhanden. $\Delta P = 0$ folglich $P/P_0 = A_1 = 1{,}0$.

Diese Auslegung ist nicht empfehlenswert. Der Motor kann bei Widerstandserhöhung weder die Schiffsgeschwindigkeit noch seine Drehzahl halten, ohne in den Überlastbereich zu gelangen. Er wird während seiner ganzen Lebensdauer mit reduzierter Drehzahl gefahren. Betrieb bei 100 % Füllung auf der Linie $A_1 - B_1$. Durch einen solchen Betrieb besteht bei höher aufgeladenen Motoren die Gefahr thermischer Überlastung. Wird dadurch Verringerung der Füllung erforderlich, tritt ein zusätzlicher Drehzahl- und damit Geschwindigkeitsverlust auf. Betrieb auf der Linie $A_1 - B_2$.

A_2-Leistung

Die vereinbarte Geschwindigkeit wird beim Leistungsverhältnis A_2 erreicht. Der Motor hat noch eine bestimmte Leistungsreserve. Die Leistungsreserve deckt aber den Mehrbedarf an Leistung (ΔP_1 - ΔP_3) nur zum Teil. Es kann nur eine bestimmte Zeit innerhalb einer Dock-

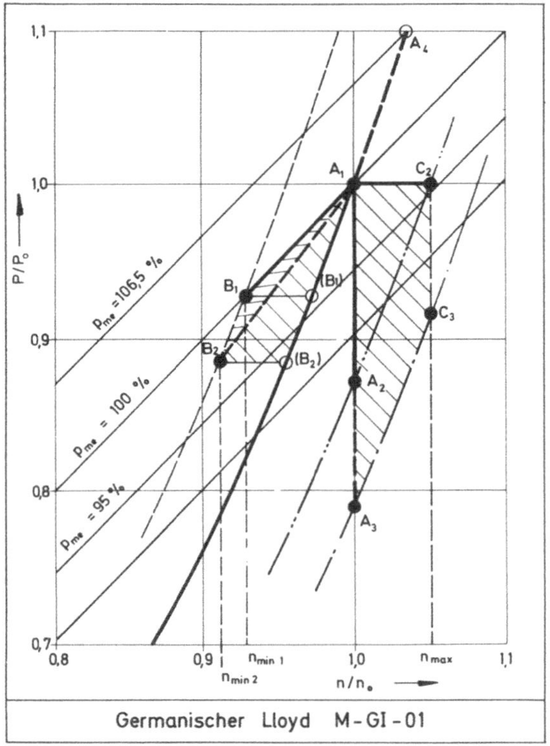

Bild 4.68 Auslegung der Antriebsleistung von Motorschiffen

Auslegung der Antriebsleistung (Festpropeller)

(1) *Bezugsleistung* (P_0: installierte Leistung)

I P_0 = Dauerleistung „A" nach DIN 6270 – veraltet (t_L = 20 °C, p_0 = 736 Torr, φ = 60 %, t_w = °C) ☐

II P_0 = Dauerleistung bezogen auf: z. B. ISO t_L = °C, p_0 = Torr, φ = %, t_w = °C ☐

(2) *Einsatzbedingungen* (N: erforderliche Leistung)

a Seegang, Wind ΔN = max. % ☐

b Schiffskörper, Bewuchs, Propeller ΔP = max. % ☐

c $n_{min\,1}$ = U/min bei p_{me} = 100 % ($A_1 \rightarrow B_1$) ☐

d $n_{min\,2}$ = U/min bei p_{me} = % ($A_1 \rightarrow B_2$) ☐

1 $P = A_1 \cdot P_0$ ($A_1 \rightarrow B_{1;2}$) ☐

2 $P = A_2 \cdot P_0$ ($A_2 \rightarrow A_1 \rightarrow B_{1;2}$; $C_2 \rightarrow A_1 \rightarrow B_{1;2}$) ☐

3 $P = A_3 \cdot P_0$ ($A_3 \rightarrow A_1$; $C_3 \rightarrow A_1$) ☐

vorgesehene Auslegung: [A] [A = 0,]

Schiffsname : . . . . Bauwerft : . . . .

Motortype : . . . . Bau Nr. : . . . .

Leistung N_0 = ... PS bei n_0 = ... U/min periode mit Nenndrehzahl gefahren werden, dann oder frühzeitig bei ungüstigen Wetterbedingungen ergibt sich eine Drehzahlverringerung. Der Betrieb erfolgt auf der Linie A_2 - A_1 - $B_{1/2}$.

Zur Erzielung einer guten Druchschnittsgeschwindigkeit kann ggf. zeitweise im Rahmen des Zulässigen mit erhöhter Drehzahl gefahren werden. Betrieb im Feld A_1 - A_2 - C_2. Ein solcher Betrieb ist noch dann als sinnvoll anzusehen, wenn am Ende der Dockperiode die Propellerkurve für beladenes Schiff so durch B_1 oder B_2 geht, daß die Kurve für Ballastzustand ca. durch A_1 geht. (Fragen des Wulstbuges ausgeklammert). Es könnte dann während der übrigen Zeit im Ballastzustand erforderlichenfalls mit leicht erhöhter Drehzahl auf der Linie A_1 - C_2 gefahren werden.

A_3-Leistung

Die vereinbarte Geschwindigkeit wird für abgeladenes Schiff unter Probefahrtsbedingungen bereits beim Leistungsverhältnis A_3 erreicht. Es steht eine Leistungsreserve zur Verfügung, die es gestattet, die Nenndrehzahl bzw. die Geschwindigkeit im Rahmen der vorgesehenen Bedingungen konstant zu halten. Der Betrieb findet auf der Linie A_3 - A_1 bzw. im Feld A_1 -A_3 - C_3 - C_2 statt. Ein solcher Betrieb, der für den Motor am schonendsten ist, empfiehlt sich für Schiffe, die an einen bestimmten Fahrplan gebunden sind.

Probefahrtsvereinbarungen

Aus den verschiedenen Möglichkeiten der Auslegung der Antriebsleistung geht hervor, daß dem Leistungsnachweis auf der Probefahrt bestimmte Grenzen gesetzt sind. Nachgewiesen werden kann bei richtiger Auslegung immer nur, welche Leistung dem Motor vom Propeller abverlangt wird, nicht welche Leistung er imstande wäre aufzubringen.

Wird die Vollastleistung bei Nenndrehzahl auf der Probefahrt (umgerechneter Ballastzustand) erreicht und somit nachgewiesen, ist die Anlage mit der nicht zu empfehlenden „A_1-Leistung" ausgelegt. Erfolgt der Leistungsnachweis bei einer Drehzahl $n/n_0 < 1,0$, ist der Propeller falsch ausgelegt. Der Nachweis der Vollastleistung bei einer Drehzahl $n/n_0 > 1,0$ ergibt auch keinen Aufschluß, da der Motor dann mit einem $p_e < 100\,\%$ gefahren wird, wenn die Auslegung richtig erfolgt ist.

Allgemein kann gesagt werden, daß der gelungene Nachweis der Vollastleistung auf der Probefahrt in der Regel der sicherste Nachweis für eine nicht empfehlenswerte Auslegung der Anlage ist oder aber keine Aufschlüsse über den Motor gibt, wenn die Füllung $< 100\,\%$ ist.

Es wird daher empfohlen, sich auf der Probefahrt darauf zu beschränken, den Nachweis zu fordern, daß die vereinbarte Geschwindigkeit des Schiffes erreicht wird, ohne daß der Motor das auf n/n_0 bezogene Leistungsverhältnis A_2 bzw. A_3 überschreitet. Nachzuweisen ist also nicht die installierte Leistung, deren Nachweis auf dem Prüfstand zu erfolgen hat, sondern die „A_2-Leistung" bzw. „A_3-Leistung".

4.4.2.2 Auslegungsbeispiel nach [4.9]

Unter Verwendung von Kenndaten von B & W- bzw. M.A.N/B & W-Großmotoren sei die Auslegung solcher Motoren dargestellt:

Nach dem Leistungsdiagramm (Bild 4.69) für einen Motor L 80GFCA (d = 800 mm, s = 1950 mm, p_e = 13,0 bar, n = 106 min^{-1}, c_m = 6,9 m/s, Zylinderleistung 3060 PSe bzw. 2250 kW, b_e = 137 g/PSh bzw. 187 g/kWh für MCR-Auslegung) fallen der maximale Zylinderdruck, der Zünddruck p_z, und der mittlere effektive Druck p_e bei Teillast, und der spez. Kraftstoffverbrauch b_e zeigt eine etwas fallende Tendenz mit einem Minimum bei etwa 80 % Last.

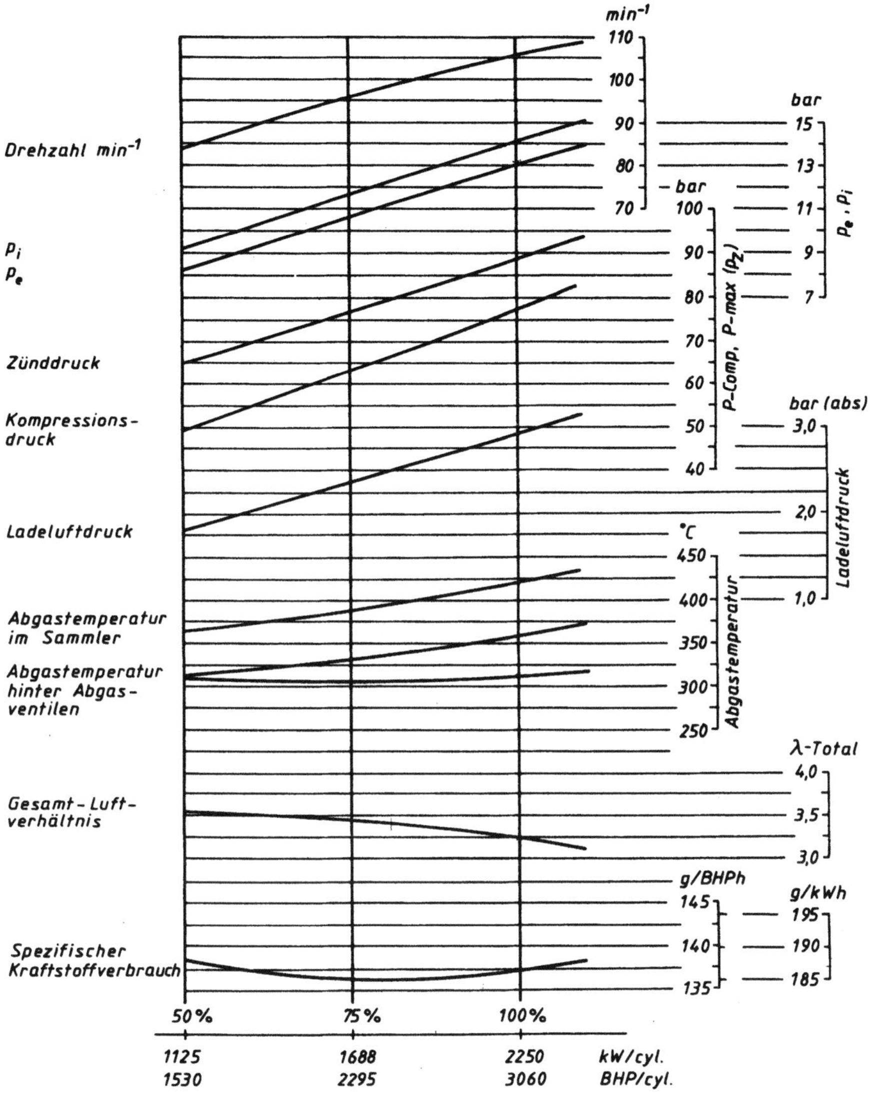

Bild 4.69 Leistungsdiagramm für B & W-Motor L 80 GFCA (Langhubversion des in Bild 4.48 dargestellten Motors)

Für eine gewählte Maschine und Turboladerbestückung ist der thermische Wirkungsgrad η_e proportional dem Verhältnis p_z/p_e; hierin drückt sich vor allem der Einfluß des Gleichraumverbrennungsanteils aus. p_z wird um so höher als der Gleichraumverbrennungsanteil steigt. Kann man andererseits den für die Konstruktion als optimal zulässig angesetzten $p_{z\,max}$-Wert auch bei der Teillast aufrechterhalten, so wird η_e im Teillastbereich verbessert werden und b_e entsprechend reduziert. η_e und b_e sind ja, wie in Abschnitt 4.1.4 abgeleitet, durch die Beziehung $b_e = 3600/(\eta_e \cdot H_u)$ verbunden.

Für ein vorgegebenes Schiff verbessert geringere Propellerdrehzahl die Propulsionsgüte.

Die erforderliche Antriebsleistung zur Erreichung einer bestimmten Schiffsgeschwindigkeit bei Verwendung von Motoren im Direktantrieb mit unterschiedlichen Drehzahlen läßt sich darstellen zu

$$P_1 \cong P_2 \left(\frac{n_1}{n_2}\right)^\alpha$$

bei konstanter Schiffsgeschwindigkeit, hierbei ist

$\alpha \sim 0{,}3$ für völlige Schiffe, wie Tanker, Bulkcarrier o.ä. und
$\alpha \sim 0{,}2$ für schlanke Schiffe, wie Containerschiffe, Kühlschiffe o.ä.

Niedrigere Propellerdrehzahl zur Verbesserung der Propulsion erfordert aber einen größeren Propellerdurchmesser, um optimalen Propellerwirkungsgrad zu erreichen.

Der Propulsionsgütegrad η_{Prop} bzw. η_{D} ist mit dem Propellerwirkungsgrad durch die Beziehung

$$\eta_{\mathrm{D}} = \eta_{\mathrm{P}} \frac{1-t}{1-w} = \eta_{P_0} \cdot \eta_{\mathrm{R}} \cdot \eta_{\mathrm{H}}$$

verbunden (vgl. hierzu [4.10]. Hierin ist η_{P} der Wirkungsgrad des Propellers am Schiff

$$\eta_{\mathrm{P}} = \eta_{\mathrm{P}_0} \cdot \eta_{\mathrm{R}},$$

wobei η_{P0} den Wirkungsgrad des „freifahrenden" Propellers und η_{R} den Anordnungsgütegrad am Schiff darstellt ($\eta_{\mathrm{R}} \sim 1$).

Der Quotient $\frac{1-t}{1-w}$ stellt den Schiffseinflußgrad η_{u} dar; hierin ist t die Sogziffer ($t = 0{,}2$ für Frachter, $t = 0{,}20 \ldots 0{,}30$ für Tanker). t resultiert aus der Druckabsenkung am Hinterschiff, was durch Sog zu einer Vermehrung des Schiffswiderstandes führt.

Mit w wird die Nachstromziffer bezeichnet. Am Schiff entsteht ein Nachstrom, wodurch die Anströmgeschwindigkeit des Wassers in den Propeller kleiner als die Schiffsgeschwindigkeit wird. w hat für den Frachter etwa den Wert 0,3. Da der Nachstrom stark durch die Völligkeit $c_{\mathrm{B}}(\delta)$ bestimmt wird, kann man setzen: $w = 0{,}75 \cdot c_{\mathrm{B}} - 0{,}24$ für Völligkeiten $0{,}5 \leq c_{\mathrm{B}} \leq 0{,}8$, $c_{\mathrm{B}}(\delta)$ für schlanke Schiffe $= 0{,}50 \ldots 0{,}56$; für sehr völlige Schiffe (Supertanker z.B.) $0{,}8 \ldots 0{,}85$.

c_{B} oder δ ist der Völligkeitsgrad der Verdrängung; es wird das Volumen des Unterwasserschiffs mit dem umschriebenen Rechteckquader verglichen, somit ist

$$c_{\mathrm{B}}(\delta) = \frac{V}{L \cdot B \cdot T},$$

worin L die Länge des Schiffs in der Schwimmwasserlinie, B die Schiffsbreite und T der Tiefgang ist.

Optimaler Propellerwirkungsgrad η_{P_0} bzw. η_{P} erfordert großen Propellerdurchmesser. Durch Tiefgangsbeschränkung und die erforderliche „clearance" zur Außenkontur des Hinterschiffs können hier Grenzen gesetzt sein, η_{P} und damit η_{D} zu optimieren. Wenn im Entwurfsstadium Einzelheiten noch nicht bekannt sind, kann man für Vergleichsbetrachtungen in der obigen Beziehung $P_1/P_2 \cong (n_1/n_2)^\alpha$ für $\alpha = 0{,}25$ setzen.

Um nun günstiges Teillastverhalten zu erreichen, muß p_{z} über einen möglichst großen Lastbereich konstant gehalten werden. Hierfür werden die Kraftstoffpumpenlunger mit einer „oberen" Schrägkante versehen. Bild 4.70 zeigt zunächst eine Ausführung, wie sie dem Leistungsdiagramm in Bild 4.69 zugrundeliegt. Der Plunger ist in der untersten Stellung darge-

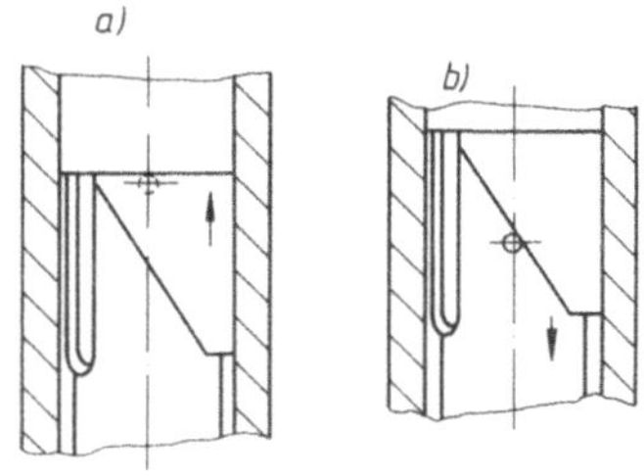

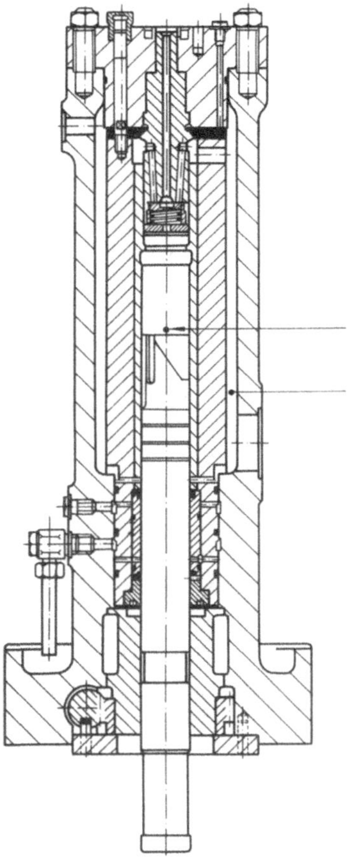

Bild 4.70

Kraftstoffpumpenplunger und Wirkungsweise

a) Kolbenplunger geht aufwärts. Bohrung zum Außenraum geschlossen. Der Aufbau des Kraftstoffdruckes von Einspritzventil beginnt.
b) Plunger geht wieder abwärts. Bohrung zum Außenraum wird durch die Schrägkante freigegeben. Der Druck zwischen Kraftstoffpumpe und Einspritzventil sinkt auf Vorpumpendruck ab.

stellt. In dieser Stellung wird der Raum über dem Plunger durch ein Saugeventil und die beiden Verbindungsbohrungen zum Außenraum, die in dieser Plungerstellung freiliegen, mit Kraftstoff gefüllt, den eine Vorpumpe (booster) anliefert. Wenn beim Aufwärtsgang des Plungers die Bohrungen überlaufen werden, beginnt der Druckanstieg zwischen Pumpe und Einspritzventil (Stellung a) in Bild 4.70); die Einspritzung beginnt, wenn dieser Druck die Einspritzventilfedereinstellung überwindet, sie endet bei Stellung b). Durch die Drehung des Plungers wird die Einspritzmenge pro Arbeitsspiel gesteuert. Die Lage des Plungers im unteren Wegpunkt zur Lage der Bohrungen bestimmt den Einspritzbeginn. Durch Auswechseln von Zwischenlageblechen zwischen Pumpengehäuse und Pumpenzylinder läßt sich das Lageverhältnis und damit der Einspritzbeginn manuell verändern.

Die in den Hauptabmessungen den L-GFCA Motoren gleichenden neueren L-GB/GBE-Motoren verfügen über die Möglichkeit der automatischen Einstellung eines optimalen Zünddrucks durch lastangepaßten Einspritzbeginn. Hierzu erhält der Kraftstoffpumpen-Plunger eine weitere Steuerkante (Bild 4.71). Solange sich die Verbindungsbohrungen im Kraftstoffpumpenzylinder sich im schraffierten Bereich befinden, liefert die Pumpe Kraftstoff mit hohem Druck. Beim Überlaufen der unteren Schrägkante endet die Förderung. Der Einspritzbeginn wird durch die obere Schrägkante so geregelt, daß die Einspritzung bei kleiner Förderung, d.h. kleinerer Last, zunächst früher, erfolgt, wodurch p_z konstant bleibt. Erst bei noch niedrigeren Lasten sinkt dann auch p_z.

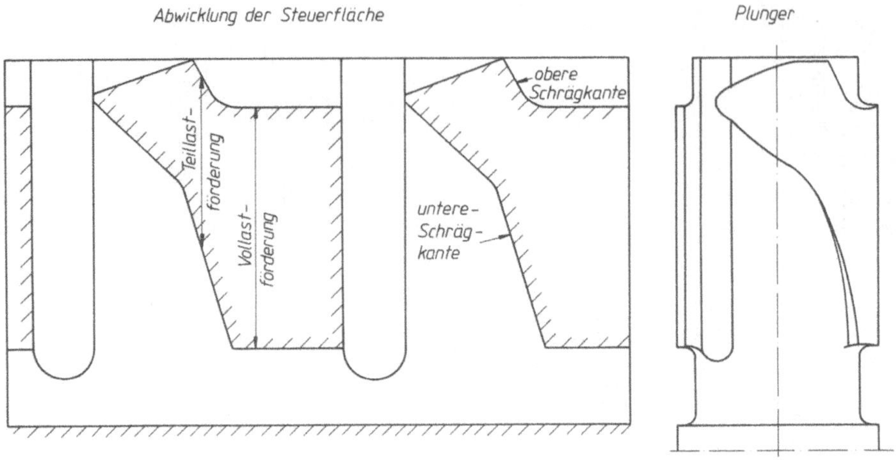

Bild 4.71 Weiterentwickelter Plunger mit Abwicklung für M.A.N./B & W-Motoren L-GB/GBE

Moderne Dieselmotoren sollen sich den Antriebserfordernissen flexibel anpassen können, wobei das Verlangen nach Kraftstoff-Wirtschaftlichkeit häufig im Vordergrund steht.

Großdieselmotoren, wie die hier betrachteten B & W-Motoren, erlauben energiesparende Betriebsweisen und Leistungen unter Maximum Continous Rating – MCR, (siehe auch Abschnitt 3.3) und in einem Drehzahlbereich von 82 ... 100 % ihrer Nenndrehzahl, so daß eine Werft oder Anlagenindustrie eine optimale Anpassung an einen Bedarfsfall vornehmen kann. Die Grenzen werden vom Motorenhersteller angegeben, z.B. wie in Bild 3.4 oder wie hier in Bild 4.72.

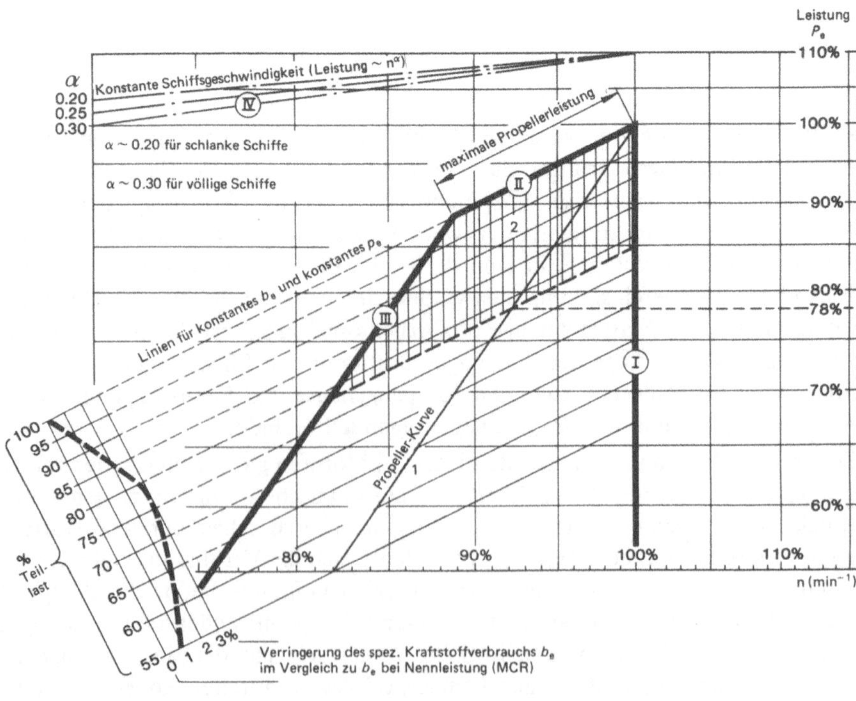

Bild 4.72 Auslegungsdiagramm für M.A.N./B & W-Motoren L-GB/GBE

Nach dem Propellergesetz (s. auch Abschnitt 4.1.6) gilt

$$P_e \cong P_D \sim v^3 \sim n^3 ,$$

weil im oberen Betriebsbereich $v \sim n$. Hierin sind P_e die vom Motor abgegebene Leistung, P_D die vom Propeller aufgenommene Leistung, v die Schiffsgeschwindigkeit und n die Motordrehzahl.

Nach Abschnitt 4.1.3.3 war $P_e = p_e \cdot n \cdot C$. Nach Abschnitt 4.1.6 gilt

$$P_{e_1}/P_{e_2} = (n_2/n_1)^3 .$$

Somit gilt auch

$$\frac{p_{e_1} \cdot n_1}{p_{e_2} \cdot n_2} = \left(\frac{n_2}{n_1}\right)^3 ; \text{ d.h. } \frac{p_{e_1}}{p_{e_2}} = \left(\frac{n_2}{n_1}\right)^2 .$$

Allgemein also $p_e \sim n^2$.

Im Auslegungsdiagramm 4.72 stellt Kurve 1 die Propellerkurve nach dem Propellergesetz dar; die Kurven 2 sind Linien für konstante b_e proportional den Linien für konstante p_e. Die Kurven erscheinen wegen der logarithmischen Maßstäbe auf den Bezugsachsen als Geraden.

Mit abnehmender Drehzahl n und bei konstant bleibendem effektivem Mitteldruck p_e muß die Leistung proportional mit der Drehzahl abnehmen. Daher verlaufen die Teillastkurven parallel zu den p_e-Linien. Auf der Propellerkurve schneiden sich die Leistungslinien der rechten Abzisse mit den zahlengleichen Teillastleistungen.

Mit konstantem Zünddruck innerhalb des Flexibilitätsbereichs repräsentieren die Linienkonstanten effektiven Mitteldrucks und die Teillastlinien gleichzeitig auch Linien konstanten spezifischen Kraftstoffverbrauchs b_e.

Als Nennleistung = nominale MCR sei die Leistung bei 100 % Leistung und 100 % Drehzahl bezeichnet. Die Grenzen in der Auslegung sind wie folgt begründet: Die Höchstdrehzahl I ist durch die auftretenden Beschleunigungskräfte im Triebwerk begrenzt. Im allgemeinen wird eine Höchstdrehzahl von bis 103,5 % der Nenndrehzahl zugelassen. Die obere Grenze = maximale Propellerleistung (II) entspricht dem 100 % p_e-Wert. Für Zweitaktmotoren mit Gleichstromspülung folgen die thermischen Beanspruchungen der den Verbrennungsraum begrenzenden Bauteile etwa proportional dem p_e bei abnehmender Drehzahl. Die angegebene Grenze ist deshalb berechtigt. Die Grenze III stellt eine Festpropellerkurve dar, bei der die Lagerbelastungen an Grenzen stoßen. Links von der Kurve III ist auch noch Betrieb möglich, dann aber mit geringerem p_z.

Bild 4.73 gibt einen Überblick über die auftretenden Lagerbelastungen ohne und mit automatischer Konstanthaltung von p_z. Im Diagramm mit n als Abzisse und der Lagerbelastung als Ordinate nehmen die Gaskräfte im Fall b) $p_z \neq$ konstant mit kleineren Drehzahlen im Verhältnis der Zünddruckabnahme ab; das gleiche gilt für die Beschleunigungskräfte, und zwar sinken diese proportional n^2. Bei Kolbenstellung im oberen Totpunkt (OT) wirken die Gaskräfte nach unten, während die Beschleunigungskräfte aufwärts gerichtet sind, so die Triebwerklager entlastend.

Im Fall a) für p_z = konstant wird deutlich, daß die Lagerbelastungen mit abnehmender Drehzahl und abnehmender Leistung zunehmen. Aus diesem Grund wird die Fahrweise mit konstantem p_e bzw. konstantem p_e und p_z auf 82 % vom n_{100} begrenzt. Im Diagramm 4.72 ist die untere Grenze für Betrieb mit konstantem Zünddruck p_z gestrichelt eingetragen, hierzu gehören 78 % Teillast. Die Verbesserung des spezifischen Kraftstoffverbrauchs ist im linken Teil des Auslegungsdiagramms Bild 4.72 angegeben. Sie wird, wie schon beschrieben, durch

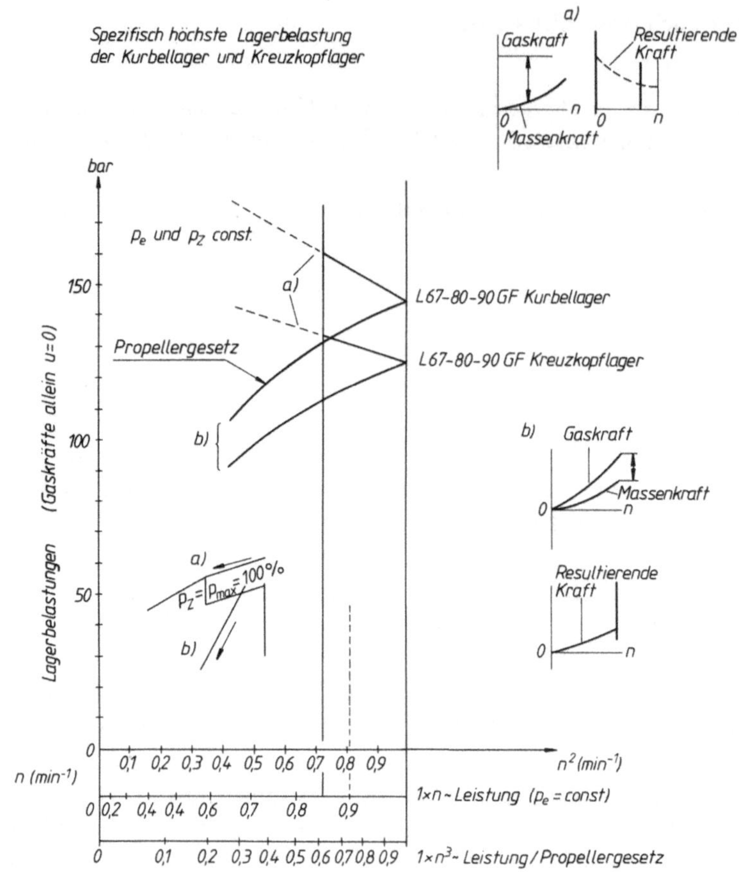

Bild 4.73
Lagerbelastungen

die Konstanthaltung von p_Z erreicht. Ein bei Teillast steigendes Verhältnis p_Z/p_e ergibt besseren thermischen Wirkungsgrad und damit niedrigeren Kraftstoffverbrauch b_e.

Die strichpunktierten Linien IV im oberen Diagrammbereich geben den Zusammenhang von Leistung und Drehzahl für konstante Schiffsgeschwindigkeit bei unterschiedlichen Schiffsformen an.

Für einen MCR-Punkt innerhalb der Grenzen des Auslegungsdiagramms 4.72 im schraffierten Bereich wird der abzulesende spezifische Kraftstoffverbrauch mit üblicher Toleranz von 3 % garantiert. Die Garantie bezieht sich auf den für MCR gewählten Punkt, für den insbesondere der Turbolader dann optimal ausgelegt wird. Für Teillasten im Verhältnis zum gewählten MCR-Punkt können die übrigen Verbrauchskurven nur als Anhalt dienen.

Ein weiterer wichtiger Faktor für den Motorenbetrieb ist das Verhältnis p_Z/p_C. Gute Voraussetzungen für ein befriedigendes Laufverhalten der Kolbenringe sind bei $p_Z/p_C = 1{,}5$ gegeben, wie Prüfstandsversuche und praktischer Betrieb erwiesen. In Bild 1.30 wird der den Kraftstoffverbrauch reduzierende Einfluß der Konstanthaltung von p_Z nochmals deutlich.

Für eine gewählte Propellerkurve sind die Grenzen für Dauerbetrieb der Maschine durch das Belastungsdiagramm nach Bild 4.74 gegeben, entweder mit einer maximalen Propellerleistung als 100 %, d.h. im Schnittpunkt der gewählten Propellerkurve mit der Linie II in Bild 4.72, der Linie $p_e = p_{e\max}$ oder durch den Punkt in Bild 4.72, wo die gewählte Propellerkurve die

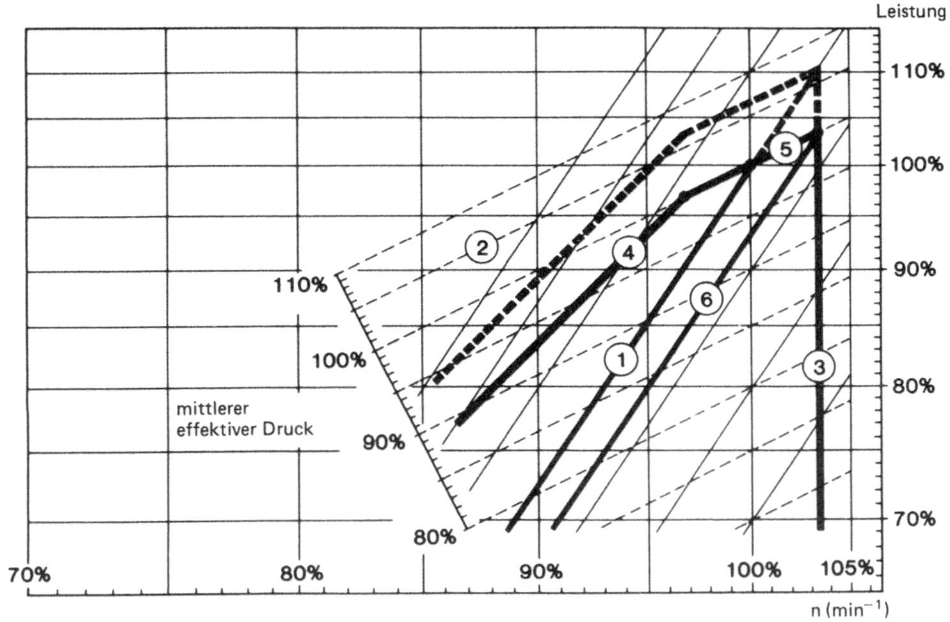

Bild 4.74 Belastungsdiagramm

Linie I, die die höchste Drehzahl für die Maschinenauslegung als 100 % ausweist, schneidet. Wird eine kleinere Dauerleistung als die nominale Dauerleistung MCR mit entsprechend niedriger bemessenem Propeller und entsprechender Welle sowie kleineren Hilfsmaschinen spezifiziert, so kann später die volle MCR-Leistung nicht ausgefahren werden.

Das Belastungsdiagramm nach Bild 4.74 stellt den Zusammenhang von Leistung, Drehzahl und mittlerem effektivem Druck für einen nach Bild 4.72 gewählten Auslegungsfall dar.

1. Die Linien parallel zur Linie 1 zeigen die Leistungsaufnahmen für einen vorgegebenen Propeller unter bestimmten Betriebsbedingungen. Die Propellerkurve 1 durch MCR ergibt die Maschinenbelastung, die ggf. auf dem Prüfstand gefahren wird.
2. Die Linien 2 stellen Linien konstanten Mitteldrucks dar.
3. Die Drehzahlgrenze, Linie 3, bei 103,3 % sollte nicht überschritten werden, ausgenommen während der Probefahrt, wo bis zu 106 % erlaubt werden können. Etwaige kritische Drehzahlen im Wellenleistungssystem können aber evtl. solche Drehzahlsteigerung verbieten.
4. Die Punkte auf Linie 4 stellen für die zugehörigen Drehzahlen die Leistungen bzw. p_e-Werte dar, die normalerweise eine sichere Luftversorgung für die Verbrennung im Zylinder noch garantieren.
5. Die Obergrenze für Dauerbetrieb ist durch die Linie 5 gekennzeichnet, gleichlaufend mit $p_e = 100$ %
6. In den meisten Anwendungsfällen werden zufriedenstellende Betriebsverhältnisse mit einem 2 ... 3 % leichtlaufenden Propeller für voll beladenes Schiff und saubere Außenhaut erreicht (Linie 6). Bei Außenhautbewuchs wird der Schiffswiderstand größer und damit der Leistungsbedarf für den Propeller, so daß die Propellerkurve in den Dockzwischenperioden nach links wandert. Der Bereich zwischen der Linie 4 – 5 und der gestrichelten Linie ist nur für begrenzte Zeit verfügbar, z. B. für eine Stunde innerhalb von 12 Stunden.

7. Wenn eine Kombination des gewählten MCR-Punkts und der Grenzen im Belastungsraum einen Dauerbetrieb im Bereich links von der Linie III im Auslegungsdiagramm nach Bild 4.72 erforderlich macht, dann muß der Zünddruck manuell herabgesetzt werden, um unzulässige Triebwerklager-Belastungen zu vermeiden. Solche Zustände können bei extremem Bewuchs der Außenhaut auftreten, und wenn der Propeller schwergängiger läuft als seinem Entwurf entspricht. Ist ein Generator angehängt, muß die vom Generator aufgenommene Leistung mit eingerechnet werden.

Beispiel

Nach Werftberechnung ist für ein Projekt eine Dienstleistung von 24 300 PS (17 861 kW) bei 95 min^{-1} einschließlich sea margin für Wettereinfluß und Schiffsrauhigkeit usw., d.h. incl. ΔP_1 nach Abschnitt 4.4.2.1 erforderlich. Die Hinterschiffsform erlaubt noch eine Drehzahlreduzierung um 10 min^{-1} auf $n = 85\ \mathrm{mm}^{-1}$. Ein angehängter Wellengenerator von 1800 kW (2450 PS) soll eingeschlossen sein. Als „engine margin", d.h. Leistungsreserve, $\Delta P_2 + \Delta P_3$ nach Abschnitt 4.4.2.1 für spätere Alterung usw. sollen 10 % berücksichtigt werden.

Die maximale Propellerkurve wird als Ausgangskurve für einen Motor 8 L 90 GBE gewählt (Bild 4.75); die Serviceleistung liegt dann mit 17 493 kW (23 800 PS) bei 88 min^{-1}. Sodann wird die Generatorleistung zuaddiert und man erhält den Punkt 17 493 kW + 1800 kW = 19 293 kW (23 800 PS + 2450 PS = 26 250 PS) bei 88 min^{-1}. MCR wird auf Linie II gefunden zu 22 248 kW (30 270 PS). Somit beträgt die Service-Leistung $\frac{19\,293}{22\,248} \cdot 100 = 87\,\%$ und die „engine margin" 13 %.

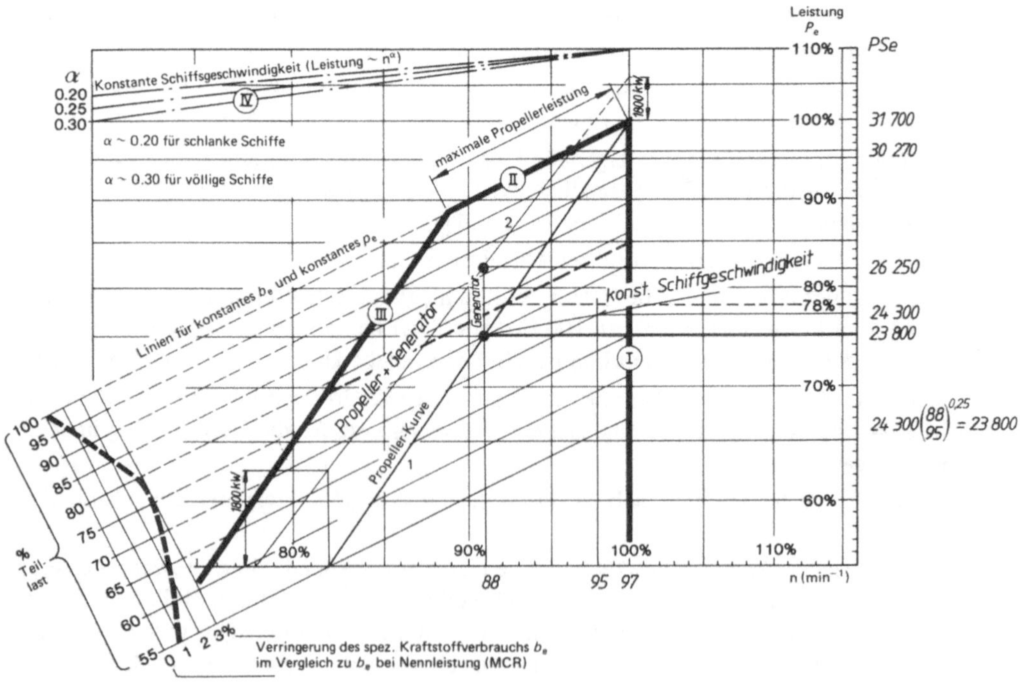

Bild 4.75 Auslegungsbeispiel

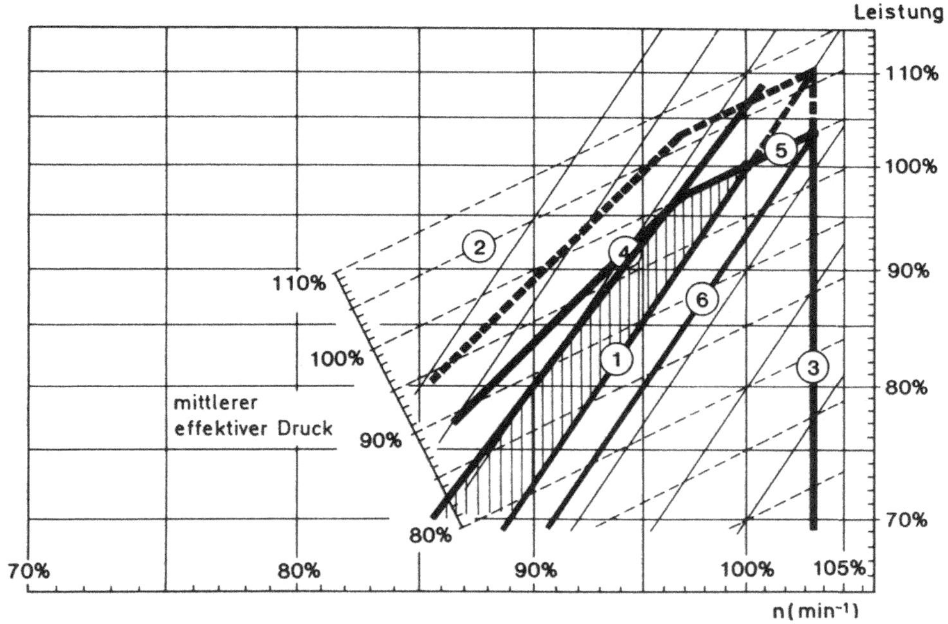

Bild 4.76 Belastungsdiagramm für Beispiel

Wird nun der Propeller 3 % leichtgängiger ausgeführt, so repräsentieren die Kurven etwa den Zustand mit mittlerem Außenhautbewuchs vor einem Docken. Diesen Zustand zeigt das zugehörige Belastungsdiagramm in Bild 4.76. Der Leistungsbereich einschließlich Generatorleistungsbedarf ist senkrecht schraffiert gekennzeichnet, er liegt im zulässigen Bereich für Dauerbetrieb.

Schrifttum

[4.1] *Krause, H.*, Die Verbrennung im idealen und wirklichen Motor, MaK-Toplaterne Nr. 29, Kiel, Febr. 1974

[4.2] *Häfner, R.*, Die Zukunft des M.A.N.-Schiffsdieselmotors, SMM-Report, Hamburg 1978, Hamburg Messe und Congreß GmbH

[4.3] *Häfner, R.*, Der neue M.A.N.-4-Takt-Dieselmotor L/V 32/36 mit 370 kW/Zylinder, Motortechn. Zeitschrift, 39. Jahrg. Nr. 2/78

[4.4] *Rau, B.*, Betriebs- und Versuchsergebnisse von Dieselmotoren der MWM-Typenreihe 510/511, Motorrechn. Zeitschrift, 38. Jahrg. Nr. 11/77

[4.5] *Beer/Günther*, MTU-Dieselmotor 1163 als Hauptantrieb, Z. Schiff und Hafen, 31. Jahrg. Nr. 5/79

[4.6] *Schacht, H.-J.*, Power stations using medium speed diesel generators to provide economical electricity production, MaK power News, Nr. 2 April 78

[4.7] *Gütschow, G.*, Grundlagen des Schiffmaschinenbaus (Motorschiffe) GL-Verlag Hamburg, 2. Ausgabe 1972

[4.8] *Pocrnja, A.*, Energieerzeugung aus Wärme, Linde Berichte aus Technik und Wissenschaft Nr. 50/81

[4.9] B & W-Druckschrift: Layout of B & W Diesels

[4.10] *Alte/Matthiesen*, Schiffbau kurz gefaßt, Schiffahrtsverlag „Hansa“, Hamburg 1980

5 Gestaltung von Motoren

5.1 Äußerer Aufbau

5.1.1 Motorengestell – Motorengehäuse

Das Motorengestell ist der tragende Teil eines Motors. Über das Gestell erfolgt der Ausgleich der inneren Kräfte eines Motors. Für *Zweitaktmotoren* in Kreuzkopfbauweise war bis etwa 1976 die Bauart üblich, wie sie in den Bildern 1.25 und 1.26 dargestellt ist; die Ständerbauweise.

Die neue Entwicklung zeigen die Bilder 1.27, 4.53 und 4.54 am Beispiel von Motoren der M.A.N. Augenfälligstes Merkmal ist der Aufbau des Motors aus kastenförmigen Längsträgern in Verbindung mit einer hohen einwandigen Grundplatte und hohen gegossenen Zylindermänteln. Bei Motoren mit Zylinderdurchmesser > 70 cm ist der Längsträger des Gestells horizontal geteilt (Bild 1.27). Eine hohe Steifigkeit, wie sie durch die Kastenbauweise vorgegeben ist, trägt dazu bei, die vom Doppelboden des Schiffes vorgegebenen Deformationen allmählich abzubauen. Innerhalb des Motors treten keine plötzlichen Krümmungsänderungen oder Knickpunkte auf. Die Kurbelwellenlagergasse wird sowohl bei innerer als auch äußerer Krafteinleitung nur gering und dabei stetig deformiert. Der als Einzelzelle betrachtete Gestellabschnitt pro Zylinder bleibt sehr formstabil, ohne daß es bei den von außen aufgezwungenen Verformungen zu unzulässig hohen Spannungskonzentrationen kommt. Das vorliegende Steifigkeitsverhalten vermindert die Gefahr von unkontrollierbaren Kantenträgern der Wellenlager. Ein positiver Einfluß ist auf das Kolbenlaufverhalten zu erwarten, da die Zylinderbuchsen an den Einspannstellen von außen her nur gering verformt werden und die gleichmäßig runde Form erhalten bleibt. Sie ist eine gute Voraussetzung für geringe Verschleißwerte. Diese Abhängigkeiten sind seit langem bekannt und ein erster allgemein angewandter Schritt war die Einführung der hohen Grundplatte. Mit diesem ersten Schritt hat der Motorenhersteller die Schaffung geeigneter Steifigkeitsverhältnisse nicht mehr ausschließlich dem Schiffbauer überlassen, dem er bis dahin nur sagen konnte, daß das Schiffsfundament in jedem Falle so steif wie möglich sein sollte. Mit der hohen Grundplatte wurde gleichzeitig die Gestaltung des Doppelbodens vereinfacht. Die Unterbrechung ist überflüssig geworden, wie sie bis dahin durch die Form der Ölwanne notwendig war.

Mit dem Gestellaufbau aus Kästen wird ein weiterer Schritt in Richtung Steifigkeitserhöhung getan. Bei einer aus A-Ständern aufgebauten Maschine, z. B. einer K8SZ 90/160 A ist die Grundplatte zu ca. 60 % für die Gesamtsteifigkeit des Motors verantwortlich (vgl. Bild 1.25). Bei z. B. einer K8SZ 90/160 B-Maschine (vgl. Bilder 4.53 und 4.54) trägt die Grundplatte nur noch mit ca. 17 % zur Gesamtsteifigkeit des Motors bei. Das Steifigkeitsverhältnis KSZ-B zu KSZ-A am Beispiel einer 8-Zylinder-Maschine 90/160 ist 4 : 1. Die Zahlen zeigen, wie weit durch den neuen Gestellaufbau der Selbstschutz des Motors gegen äußere Verformung verbessert werden konnte. Damit wird auf die Erfordernisse des Schiffbaues eingegangen, der infolge des Kostendrucks zu hohen Materialausnutzungen, großen Plattenfeldabmessungen und damit verformungsweicheren Konzepten gezwungen wird. Für den Schiffbauer sind zahlenmäßige Angaben über die vom Motor vorgegebenen Steifigkeiten von Bedeutung. Der kastenförmige Aufbau des Motors ist den bekannten Berechnungsmethoden mit einigen Einschränkungen zugänglich.

Bei KSZ-B/BL-Motoren ist infolge des Prinzips des Gestellkastens die Anzahl der Dichtflächen im Vergleich zu den früheren Lösungen deutlich reduziert, wodurch die Außenfläche des Motors sauber und der Aufwand für Abdichtarbeiten gering gehalten wird.

Die Montage im Schiff ist bei diesem Motor besonders einfach. Der Aufbau aus Einzelbauteilen und kleineren Komponenten ist lohnintensiv. Werften mit schwereren Krananlagen setzen vollständige oder mittig, vertikal geteilte Motoren ein. Hier ist es im wesentlichen unbedeutend, ob der Motorenaufbau aus A-Ständern oder aus Kastenträgern durchgeführt ist. Bei einer Auflösung in Moduls bietet der Kastenträger Vorteile und damit besteht die Möglichkeit auch für Werften ohne Gantry-Krane vormontierte Kolli einsetzen zu können. Die einzelnen Kästen können mit den Innenbauteilen z. B. Kreuzkopf, Pleuelstangen usw. vormontiert, im Maschinenraum aufeinandergesetzt und durch die Zuganker und Schrauben an den Auflageflächen verbunden werden.

Bei *Mittelschnelläufern* kann man bei Übergang auf zugbelastbaren Sphäroguß auf Zuganker verzichten, wie das Beispiel des größten MWM-Motors D 510/D 511 (vgl. Bild 1.36) zeigt. Die Kurbelwelle ist „untergehängt". Die Gaskräfte werden durch tragende Wände von den Zylinderdeckelschrauben zur Grundlagerung geleitet. Diese ist mit steifen Lagerbügeln aus Sphäroguß versehen und querverspannt, wodurch auch die horizontalen Komponenten der Lagerkräfte auf das Gehäuse übertragen werden.

Das Merkmal der SEMT-Pielstickmotoren in der Gehäusebauweise ist die Schweißkonstruktion (Bild 5.1) ohne Zuganker. Die Zylindereinheiten aus Wassermantel, Laufbuchse und Zylinderdeckel werden einzeln aufgesetzt. Für die Motoren PC 3 gilt:

$s = 520$ mm, $d = 480$ mm, $p_e = 19{,}3$ bar,

$n = 428 \ldots 470\ \text{min}^{-1}$ und eine Zylinderleistung von 700 kW.

5.1.2 Zylinderdeckel – Zylinderköpfe

Die konstruktive Gestaltung der Zylinderdeckel wird stark von den mechanischen und thermischen Belastungen beeinflußt. Am Beispiel eines mittelschnellaufenden Viertaktmotors soll dies nach [5.1] aufgezeigt werden.

Ein Zylinderkopf wird im wesentlichen durch die Vorspannkräfte der Zylinderkopfschrauben, durch den Zünddruck und durch das Aufheizen des Brennraumbodens belastet. Alle diese Belastungen steigen mit höher werdender spezifischer Leistung. Der Zünddruck wächst proportional dem Mitteldruck p_e; die Vorspannkräfte der Zylinderkopfschrauben steigen mit dem Zünddruck; die Wärmemenge, die durch den Brennraumboden an das Kühlwasser übergeht und die etwa 2 % der Gesamtwärme ausmacht, erhöht sich mit der Leistung. Die thermische Beanspruchung des Brennraumbodens wird verursacht durch die unterschiedlichen Temperaturen auf der Gas- und Kühlwasserseite, verbunden mit einer Behinderung der Wärmeausdehnung durch die benachbarten kühleren Wände.

Die wasserseitige Oberflächentemperatur kann bei Brennraumböden als nahezu konstant angesehen werden. Das hängt mit der Besonderheit des Wärmeübergangs von der Wand an das vorbeifließende Kühlwasser zusammen. Bei den hohen Wärmestromdichten in den Brennraumböden moderner Dieselmotoren kommt es an der kühlwasserseitigen Wand zu einer intensiven Blasenverdampfung mit starken Pulsationsströmungen beim Aufbau und Ablösen der Dampfblasen. Bei dieser Art der Wärmeübertragung ist die Wandtemperatur

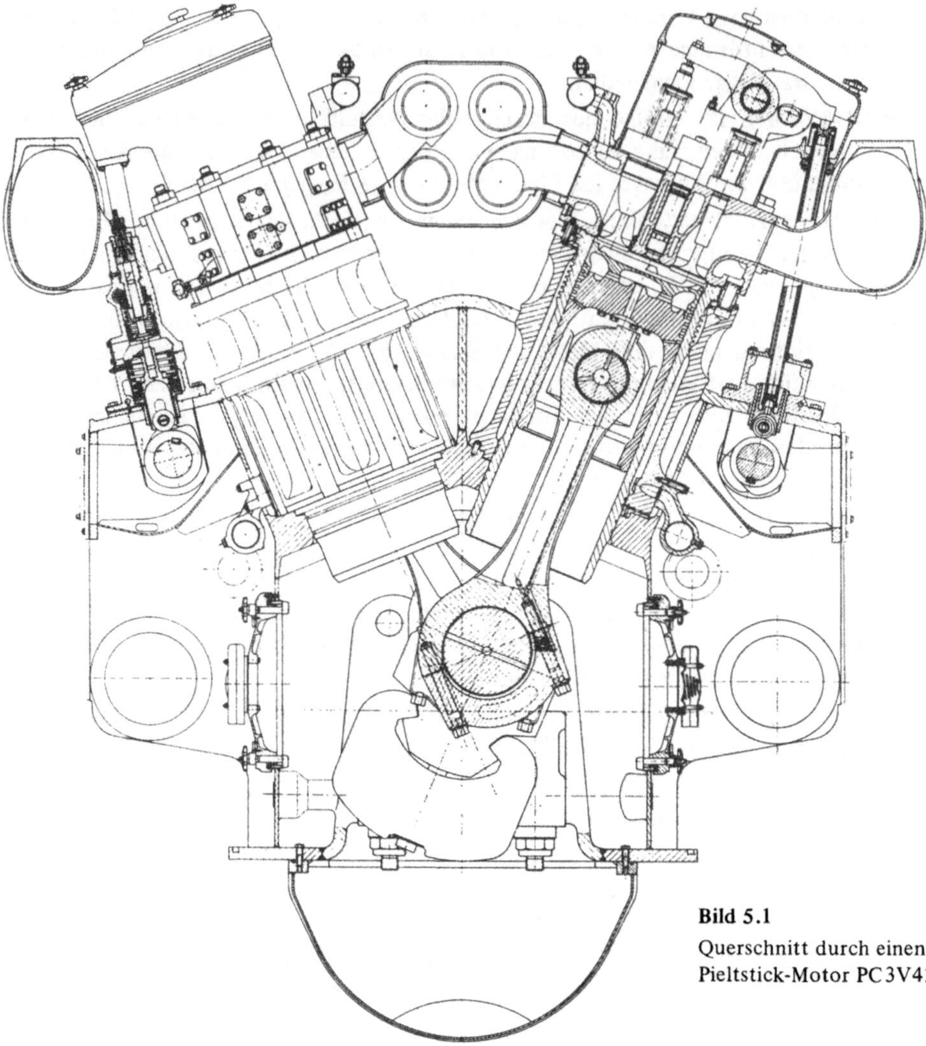

Bild 5.1
Querschnitt durch einen SEMT-Pielstick-Motor PC3V42

im wesentlichen von der Sättigungstemperatur des Dampfes und damit vom Druck im Kühlsystem abhängig.

Geht man mit diesen Erkenntnissen in das Rechenmodell einer beheizten, einseitig gekühlten und in der Ausdehnung behinderten Platte (Bild 5.2), so läßt sich der Verlauf der Spannungen abhängig von der gasseitigen Wandtemperatur für unterschiedliche Werkstoffe ermitteln. Werden diese Spannungen mit den im Druckbereich zulässigen Werten verglichen, so erhält man Grenztemperaturen t_a, bis zu denen die gerechnete Platte gefahrlos aufgeheizt werden könnte. Eine direkte Übertragung der Rechenergebnisse auf einen Brennraumboden wäre sicher umstritten. Übertragbar sind aber die Relationen zwischen den unterschiedlichen Zylinderkopfwerkstoffen [5.2], [5.3].

Wenn die auf der Kühlwasserseite vorhandenen Wandtemperaturen und die auf der Gasseite zulässigen Wandtemperaturen relativ eng begrenzt sind, so bleibt bei steigender Wärme-

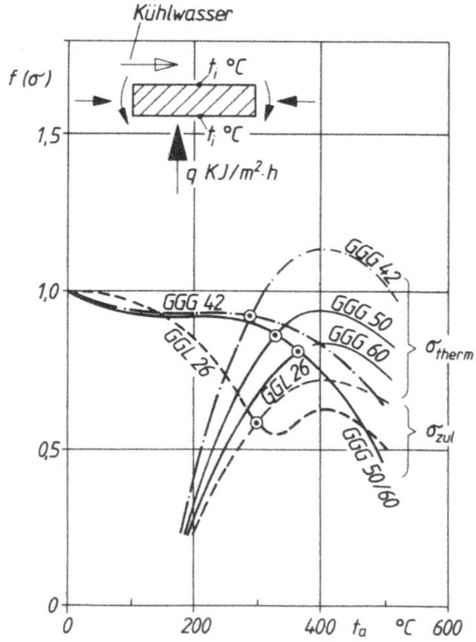

Bild 5.2
Rechenmodell einer beheizten Platte

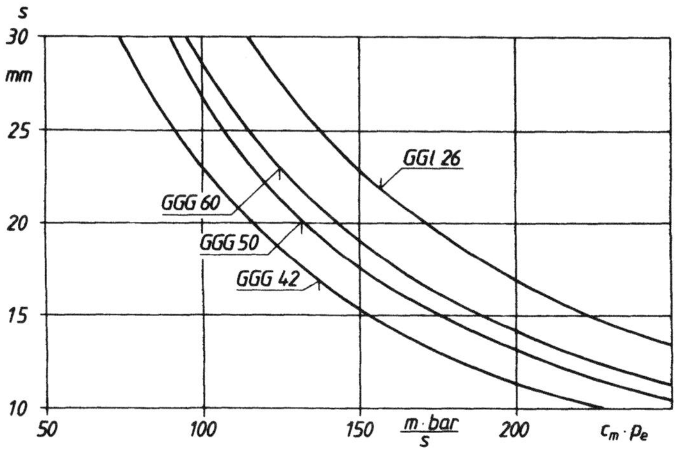

Bild 5.3
Wanddicke als $f(c_m \cdot p_e)$

stromdichte nur die Möglichkeit, die Wanddicke s des Brennraumbodens zu verringern. In Bild 5.3 ist die Abhängigkeit der Wanddicke von dem Produkt $c_m \cdot p_e$, d. h. von der Wärmebelastung des Motors, für verschiedene Werkstoffe dargestellt. Danach müssen Brennraumböden aus Sphärogußeisen dünnwandiger ausgeführt werden als Graugußböden. Der Grund ist in den unterschiedlichen Eigenschaften beider Werkstoffe zu suchen. Bild 5.3 zeigt aber auch, daß überhöhte Wärmestromdichten zu überhöhten Wandtemperaturen auf der Gasseite des Brennraumbodens führen müssen. Die Folge sind Anrisse, die von der gasseitigen Oberfläche ausgehen.

Während die Brennraumböden mit steigender Kolbenflächenleistung dünnwandiger ausgeführt werden müssen, erhöht sich die mechanische Belastung durch den ebenfalls steigenden Zünddruck. Bei der Suche nach Lösungen, die diesen widersprüchlichen Forderungen gerecht werden, stehen dem Konstrukteur heute Berechnungsverfahren zur Verfügung, die ihm Einblick in das Verhalten komplizierter Bauteile geben.

Ein Beispiel für die Berechnung von Spannungen und Verformungen nach der Finite-Element-Methode bieten die Bilder 5.4a und b, in denen der Schnitt durch den Zylinderkopf im Bereich der Ein- und Auslaßventile dargestellt ist. Dieser Schnitt erfaßt den kritischen Übergang der Ein- oder Auslaßkanalwand in den Brennraumboden.

Bild 5.4a zeigt den Zylinderkopf unter Vorspannung durch die Zylinderkopfschrauben. Die Verformungen sind durch Vergleiche mit den dünn unterlegten, unverformten Konturen zu erkennen. Im Übergang zwischen Kanalwand und Brennraumboden kommt es zu geringen Zugbeanspruchungen.

In Bild 5.4b wirkt zusätzlich der Zünddruck. An dem beschriebenen Übergang kommt es zu einer beträchtlichen Erhöhung der Zugspannungen. Die Auswirkung des Zünddrucks wird an dieser Stelle dadurch verstärkt, daß die am Ventilteller wirkenden Gaskräfte konzentriert über den Ventilsitz in den Brennraumboden eingeleitet werden. Besonders gefährdet sind hier Zylinderköpfe aus Grauguß wegen ihrer geringen Belastbarkeit im Zugspannungsbereich. Ganz erheblich höhere Sicherheiten bieten dagegen Zylinderköpfe aus Sphärogußeisen.

Ein weiteres Ziel der Zylinderkopfentwicklung besteht darin, den Verbrennungsraum mit möglichst geringer Vorspannkraft abzudichten und die Wechselbeanspruchung an der Zylinderkopfdichtung klein zu halten. Die zur Lösung dieses Problems notwendigen Kenntnisse über die partiellen Nachgiebigkeiten von Bauteilen liefern die Berechnungen nach der Finite-Element-Methode.

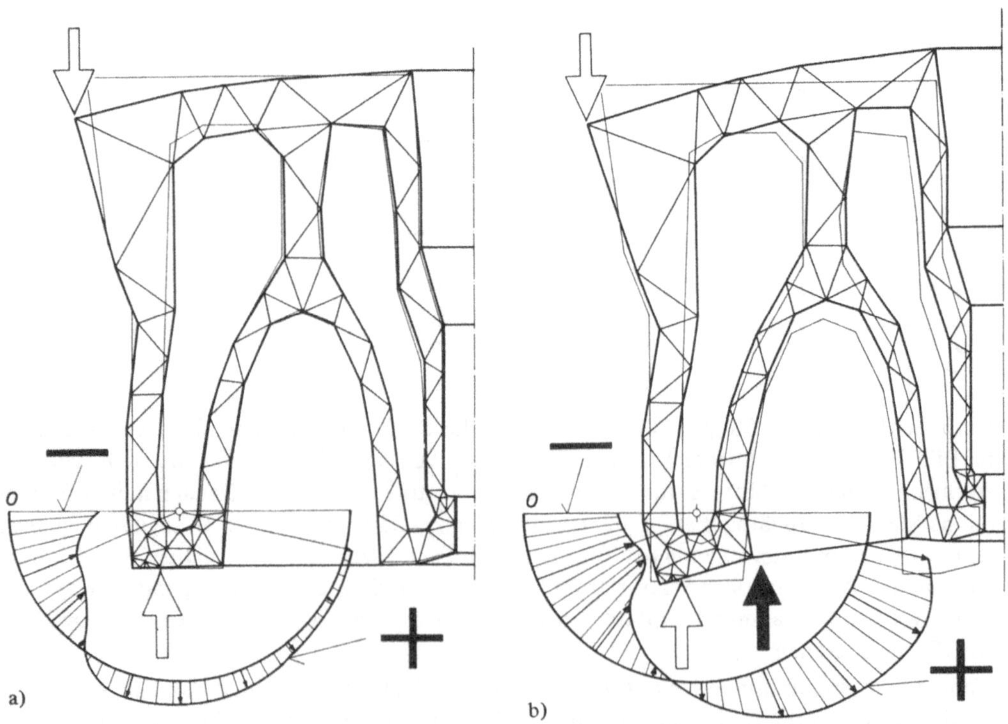

Bild 5.4 Finite-Element-Methode für die Berechnung von Zylinderköpfen

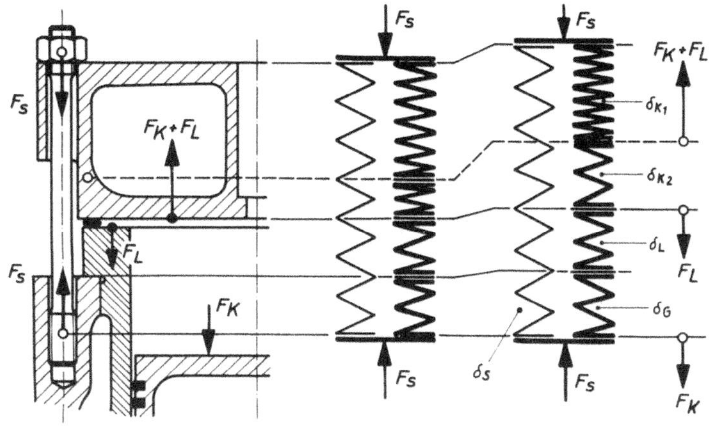

Bild 5.5
Zylinderkopfverspannung

Bild 5.5 zeigt einen Zylinderkopfverband und daneben zwei Ersatzsysteme parallel und in Serie geschalteter Federn. Sie stellen das elastische Verhalten der Bauteile unter Vorspannung (links) und unter Vorspannung und Gasdruck (rechts) dar. Die jeweils linke Feder entspricht der Zylinderkopfschraube (δ_S); die rechten Federn ersetzen Zylinderkopf (δ_{K_1}, δ_{K_2}), Zylinderrohrkragen (δ_L) und Kurbelgehäuse (δ_G). Unter Vorspannung pressen die Zylinderkopfschrauben die übrigen Teile zusammen. Kurbelgehäuse, Zylinderrohrkragen und Zylinderkopf sind in Serie geschaltet und arbeiten parallel zur Schraube.

Der Zünddruck wirkt auf die gesamte Fläche des Brennraumbodens ($F_K + F_L$), auf die Stirnfläche des Zylinderrohrs (F_L) und auf den Kolben (F_K). Dabei fällt im rechten Federsystem auf, daß der Kraftangriff ($F_K + F_L$) innerhalb des Zylinderkopfbereiches liegt und daß die Teilfeder δ_{K_2} des Zylinderkopfes unter Zünddruck entlastet wird. Analysiert man die gerechneten Druckspannungsverläufe in Zylinderköpfen, so findet man oberhalb der Zylinderkopfdichtung tatsächlich Zonen, die unter Gasdruck entlastet werden. Will man die Wechsellast an der Zylinderkopfdichtung verringern, so muß man die Nachgiebigkeiten δ_{K_2} möglichst groß machen.

Bild 5.6 stellt das Rechenmodell eines konventionellen Zylinderkopfes ohne Zwischenboden dar. Eingezeichnet sind Bereiche gleicher Druckspannungen. Mit dunkler werdender Schraffur steigt das Niveau der Druckspannungen an. Das linke Bild zeigt den Zylinderkopf unter Vorspannung; das rechte Bild gilt für Vorspannung und Gasdruck.

Vergleicht man in beiden Bildern das Druckspannungsniveau in der Außenwand, so stellt man nur in einem kleinen Bereich oberhalb der Zylinderkopfdichtung eine Entlastung unter Zünddruck fest. Das bedeutet eine geringe Nachgiebigkeit δ_{K_2}. Eine solche Konstruktion erfüllt nicht die eingangs gestellte Forderung.

In Bild 5.7 wird der Brennraumboden durch eine kegelstumpfförmige Wand abgestützt. Hier werden unter der Wirkung des Zünddrucks die Druckspannungen im gesamten unteren Teil der Außenwand abgebaut. Im abstützenden Kegel nehmen dagegen die Druckspannungen zu. Die Vergrößerung der Nachgiebigkeit δ_{K_2} wird bei dieser Konstruktion durch eine Trennung der „Kraftleitwege" für die Vorspannkräfte und Gaskräfte erreicht. Durch die gute Abstützung wird eine dünnwandige Ausführung des Brennraumbodens möglich. Ein so gestalteter Zylinderkopf erfüllt also die Forderungen nach hoher thermischer und mechanischer Belastbarkeit.

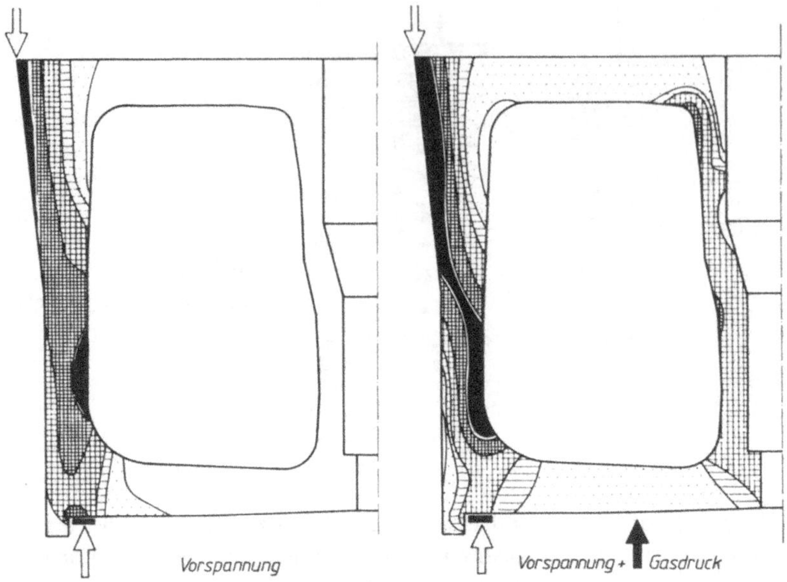

Bild 5.6 Spannungen im Zylinderkopf ohne Zwischenboden

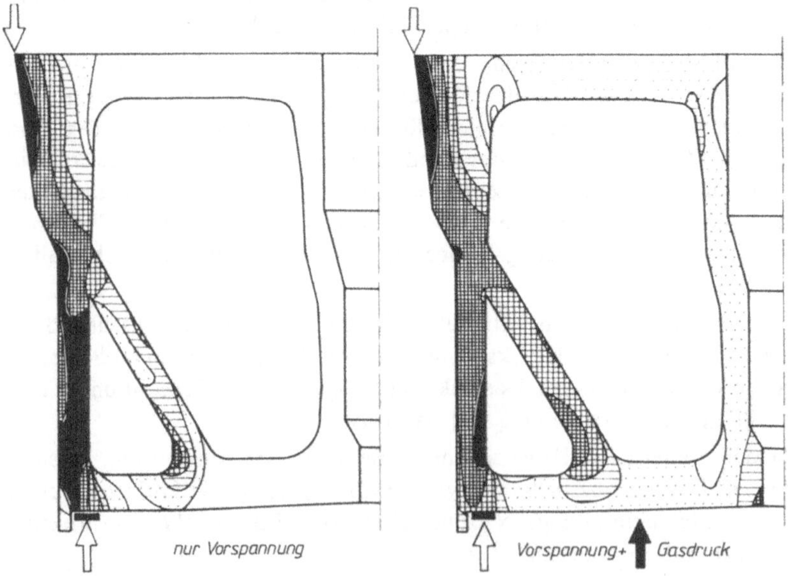

Bild 5.7 Spannungen im Zylinderkopf mit Zwischenboden

Bei größeren Abmessungen z. B. in 2-Takt-Großdieselmotoren ist es zweckmäßig, das Prinzip der Funktionstrennung konsequent durchzuführen. Ein Bauteil übernimmt dabei die mechanischen Beanspruchungen, ein anderes die thermischen. Zur Beherrschung der thermischen Beanspruchung werden dünnwandige, intensiv gekühlte Bauteile eingesetzt, während die mechanischen Kräfte über im wesentlichen auf Druck beanspruchte Stützkörper weitergeleitet werden. Als Beispiel sei der Zylinderkopf der M.A.N KSZ-B-Motoren angeführt (Bild 5.8). Den dünnwandigen Boden aus warmfestem Stahl (1) stützt ein in sich steifer Körper (2) aus Grauguß ab. Die Vorspannung zwischen Haube und Boden, die zur Vermeidung von Mikrobewegungen erforderlich ist, wird durch die Zylinderkopfschrauben (3) und eine innere Stiftschraubenreihe (4) erreicht. Alle Kontaktflächen sind kraftflüssig miteinander verbunden.

Um bei den Brennraumwänden für hochbelastete große Dieselmotoren eine intensive Kühlung bei ausreichender mechanischer Festigkeit zu erreichen, wurde die Idee der Zweitakt-Umkehrspülung auf senkrecht zur Wand angebrachte Kühlbohrungen angewendet, die außermittig durch einen eingespritzten Kühlwasserstrahl beaufschlagt werden. Dadurch entsteht eine sogenannte „jetgekühlte Wabe", die als neues Konstruktionselement für die Brennraumwände und Kolbenböden Anwendung findet. Bild 5.9 stellt den Zylinderkopf mit strahlgekühlten Waben am äußeren Rand für den M.A.N KSZ 52/105 B-Motor dar.

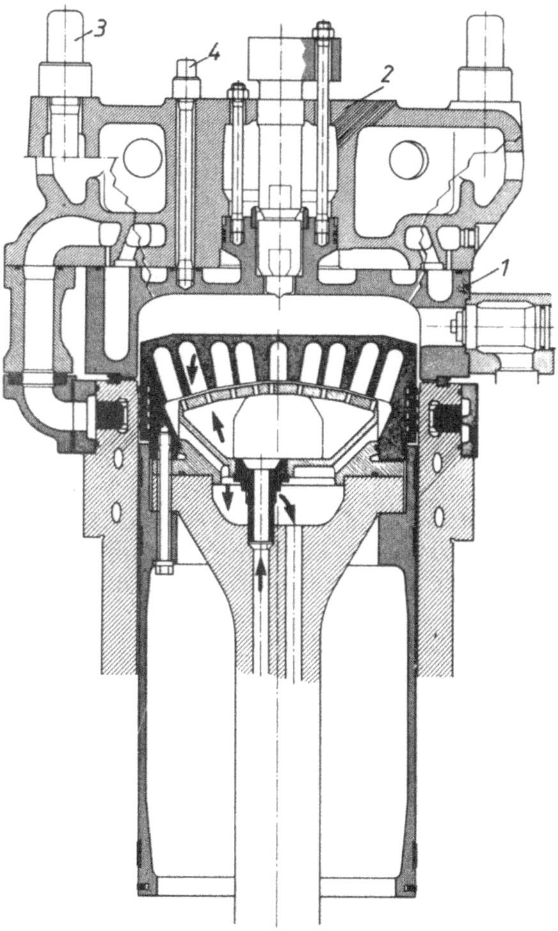

Bild 5.8
M.A.N.-KSZ-B-Zylinderdeckel

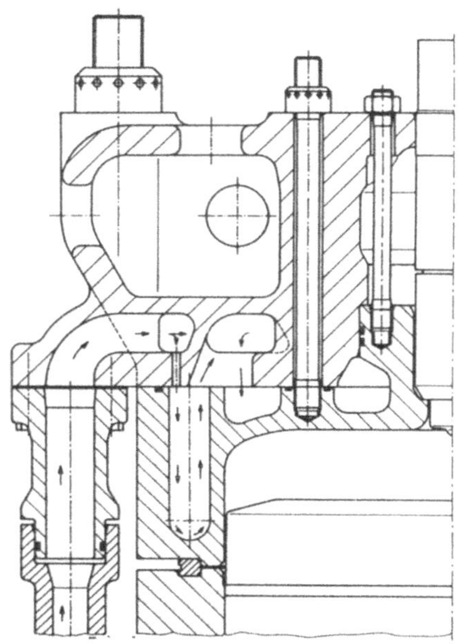

Bild 5.9 Wabengekühlter Zylinderkopf für M.A.N.-Motor KSZ 52/105 B

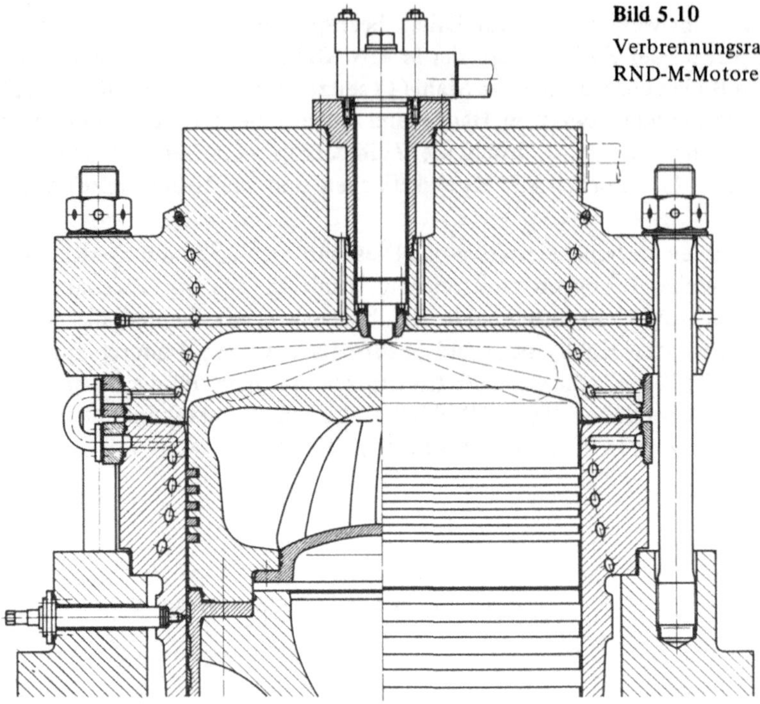

Bild 5.10
Verbrennungsraumgestaltung bei Sulzer RND-M-Motoren

Ein anderes Mittel zur Erzielung intensiver Kühlung ist die sogenannte Bohrungskühlung. Sie wird z. B. von Sulzer sowohl für den oberen Laufbuchsenteil als auch für den Zylinderdeckel angewendet (Bild 5.10). Der Zylinderdeckel wird hierbei aus Stahl hergestellt. Die dabei erreichten Temperaturen auf der Brennraumseite liegen niedriger als bei früheren Konstruktionen und die mechanischen und thermischen Sicherheitsfaktoren konnten deutlich gesteigert werden.

5.1.3 Laufbuchsen

Ähnliche Gesichtspunkte wie für den Zylinderkopf und den Kolbenboden gelten auch für die Laufbuchse als drittes den Brennraum bildendes Bauelement. Eine Analyse der Belastungen für die Laufbuchse zeigt, daß diese mit den ihr übertragenen Aufgaben gegen das Grundprinzip, jedem Bauteil möglichst nur eine Funktion zuzuordnen, verstößt [5.5].

Erstens hat die Laufbuchse die Aufgabe, den Kolben besonders im 4-Takt-Motor bei seiner oszillierenden Bewegung zu führen. Das erfordert gute Gleiteigenschaften, gewisse Ölspeicherfähigkeit in der Mikrooberfläche und bei zeitweisem Ölmangel beschränkte Notlaufeigenschaften. Der Nachweis dieser Fähigkeiten kann nur durch einen Versuchslauf erfolgen, wenn man nicht auf einen bewährten Werkstoff zurückgreifen kann.

Eine zweite Funktion ist die radiale Eingrenzung des Brennraums, womit der Laufbuchse ein ganzes Bündel zusätzlicher Belastungen auferlegt wird. Gegen den Zünddruck muß die Buchse zunächst einmal dauerfest ausgelegt sein. Das wäre, wenn nicht die thermischen Belastungen hinzukämen, durch ausreichend dicke Wände leicht möglich. Jedoch muß durch die Laufbuchse Wärme aus dem Verbrennungsprozeß abfließen, die Wandungen sind also innen heiß und außen kalt. Je größer nun die Temperaturdifferenz zwischen innen und außen ist, um so stärker wird die von den warmen inneren Partien verlangte Wärmedehnung durch die kalten äußeren behindert. Behinderte Wärmedehnungen haben möglicherweise erhebliche Spannungen zur Folge. Diese Wärmespannungen werden um so größer, je höher der erforderliche Wärmedurchsatz (steigender Mitteldruck), je schlechter die Wärmeleitfähigkeit des Werkstoffs und je länger die Wärmetransportwege (dicke Buchsenwandungen) sind.

An dieser Stelle ist noch ein Randproblem zu erwähnen, das keineswegs vernachlässigt werden darf: Korrosion. Die Brennraumseite der Buchse ist dabei gering gefährdet, dafür die Wasserseite um so mehr. Versucht man, auch die Aggressivität des Kühlwassers durch Zugabe von chemischen Inhibitoren oder auch Korrosionsschutzölen zu unterbinden, so gestaltet sich dieses Problem mit zunehmenden Wandtemperaturen immer schwieriger. Bei Kühlwasserdrücken von 3 ... 4 bar sollte die Wandtemperatur nicht über 120 °C steigen, weil sich darüber hinaus Dampf bildet. Die Dampfblasen begünstigen die Korrosion in erheblichem Maße, was eine empfindliche Schwächung des Bauteils zur Folge haben kann.

Doch zurück zu den Wärmespannungen. Bei deren Beurteilung muß unbedingt der spätere Einsatz des Motors mit einbezogen werden. Jedesmal, wenn der Motor abgestellt wird, gehen die Wärmespannungen zu Null. Es muß also sichergestellt sein, daß der Werkstoff diese Spannungsamplituden ertragen kann. Nun ist es nicht erforderlich, ihn dagegen auf Dauerfestigkeit auszulegen, denn mit Sicherheit werden im Gegensatz zu den Zündlastwechseln keine 10^6 thermischen Lastwechsel erfolgen. Im Extremfall müßten ca. 10^4 Lastwechsel, wie sich leicht nachrechnen läßt, einkalkuliert werden, z. B. bei einem Fährschiff mit kurzen Fahrzeiten um 4 h. Bei einer angenommenen Buchsen-Verschleißgrenze von 100 000 Betriebsstunden erfolgen also in dieser Zeit $100\,000/4 = 2{,}5 \cdot 10^4$ thermische Lastwechsel.

Es ist also möglich, den Temperaturlastwechseln die Zeitfestigkeit von 10^5 Lastspielen zugrunde zu legen. Gegenüber der Dauerfestigkeit bedeutet das einen Gewinn an zulässiger Spannung von mindestens 20 %. Dieser Prozentsatz ist naturgemäß werkstoffabhängig, 20 % stellt die untere Grenze dar. Aus Erfahrung weiß man jedoch, daß auf einigen Anlagen Langzeitbrüche auftreten, obwohl die meisten der Motoren problemlos laufen. Diese anlagenspezifische Erscheinung ist häufig nur durch einen erheblich gestörten Betriebszustand zu erklären, z. B. durch Kaltwasserschocks bei defekten Reglern. Weil sich derartige Umstände nicht eindeutig verhindern lassen, müssen sie ebenfalls durch zusätzliche Sicherheiten ihre Berücksichtigung finden.

Ein weiterer Lastwechsel ist der Montagelastwechsel, der noch zu den schnellen Zündbelastungen und den in unregelmäßiger Reihenfolge auftretenden thermischen Belastungen hinzukommt. Er wird vornehmlich durch die Häufigkeit von Kolben- und Kolbenringüberholung und bei Zylinderdeckeln ohne Ventilkörbe durch die Überholungsintervalle der Ventile bestimmt und wird selten 100 erreichen.

Aus den vorgehenden Betrachtungen gehen also drei Lastgruppen hervor:

1. Zündlastwechsel $> 2 \cdot 10^6$,
2. thermische Lastwechsel $10^4 \ldots 10^5$,
3. Montagelastwechsel 10^2.

Für die Berechnung interessiert besonders [5.6] der obere Bundbereich mit seinen Einspannungsproblemen zwischen Zylinderdeckel und Zylindergehäuse sowie den dortigen Kühlungsfragen. Die entscheidende Frage ist, bei welcher Zylinderleistung reicht noch die alte klassische Ausführung mit einfachem Kragen und bis unter den Sitz im Zylindergehäuse

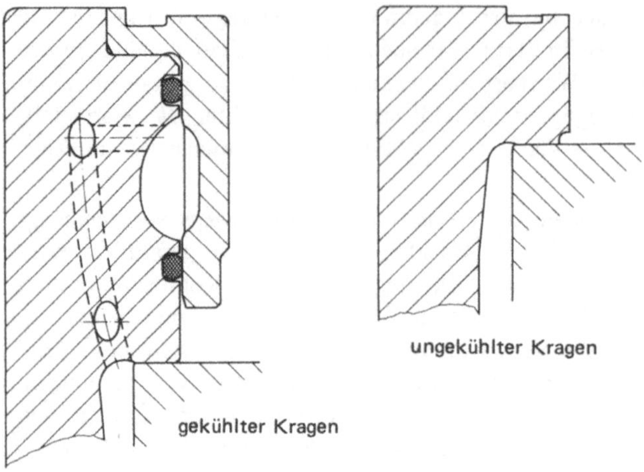

Bild 5.11
Laufbuchsenbund

hochgezogener Wasserkühlung aus und ab wann ist die innere Kühlung des Kragens durch Kühlwasserbohrungen oder Kanäle erforderlich (Bild 5.11). Sehr erfreulich ist, daß die geometrischen Konturen dieser Buchsenpartie einfach und die Gesetze für die Wärmeaufnahme und -ableitung mit ihren physikalischen Koeffizienten relativ gut erforscht sind. So ist das Kräftespiel zwischen mechanischen und thermischen Belastungen relativ treffsicher mit der Methode der Finiten Elemente rechnerisch zu erfassen. Im Endergebnis hat sich folgendes herauskristallisiert:

Bis zu Mitteldrücken von 18 bar ist die einfache Ausführung ohne Kühlbohrungen im Kragen dann noch brauchbar, wenn die Mantelkühlung bis unter den Auflagesitz des Kragens im Zylindergehäuse hochgezogen ist, wenn der Übergang von der Buchsenwand in den Kragen ausreichend ausgerundet ist und wenn der Kräftefluß vom Zylinderdeckeldichtring über den Kragen in die Gehäuseauflage stetig verläuft. Dabei muß der Kühlwasserringraum unter der Hohlkehle 10 ... 12 mm breit sein, damit der volle Kühlwasserstrom die Hohlkehle bestreicht und eventuelle Luft-Dampf- oder Gasblasenansammlungen wegspült. Als Werkstoff reicht ein optimierter Schleuderguß. Diese Aussagen gelten bis zu einem Kolbendurchmesser von 450 mm und beruhen auf umfangreichen Untersuchungen bei der MaK-Maschine M 552 AK.

Bei größeren Laufbuchsendurchmessern mit dickeren Wandungen und stärkerem Kragen wird jedoch eine innere Kühlung durch Bohrungen oder Kanäle nicht zu umgehen sein. Die bekannten Motoren größerer Abmessungen zeigen es.

Eine andere Lösung fand bei MWM im Motortyp 510/511 (s. Bild 1.36) Anwendung. Der Schnitt durch Zylinderkopf und Zylinderoberteil eines Reihenmotors 1 BD 510-6 ist in Bild 5.12 dargestellt. Die Auflage der Zylinderbüchse ist im Gegensatz zu den meisten anderen Konstruktionen sehr tief heruntergezogen, so daß sich zwischen der Auflage und dem Zylinderkopf ein schmaler sehr intensiv gekühlter Bereich ergibt (Bild 5.13). Die Strömungsgeschwindigkeit im unteren Kühlraum der Zylinderbüchse ist relativ gering, entsprechend der geringen dort abzuführenden Wärme. Die Strömung ist im wesentlichen nach oben gerichtet. Im oberen Kühlraum, in dem naturgemäß eine sehr große Wärmemenge abzuführen ist, ist die Strömungsgeschwindigkeit hoch. Die Strömung ist tangential gerichtet. Größe und Richtung der Kühlwasserübertritte wurden in der Konstruktionsphase des Motors am Plexiglasmodell sehr sorgfältig optimiert. Jede Wirbelbildung und der Kurzschluß zwischen Ein- und Auslaßkanälen sind sorgfältig vermieden worden. Es ist damit gelungen, eine konstruktiv einfache

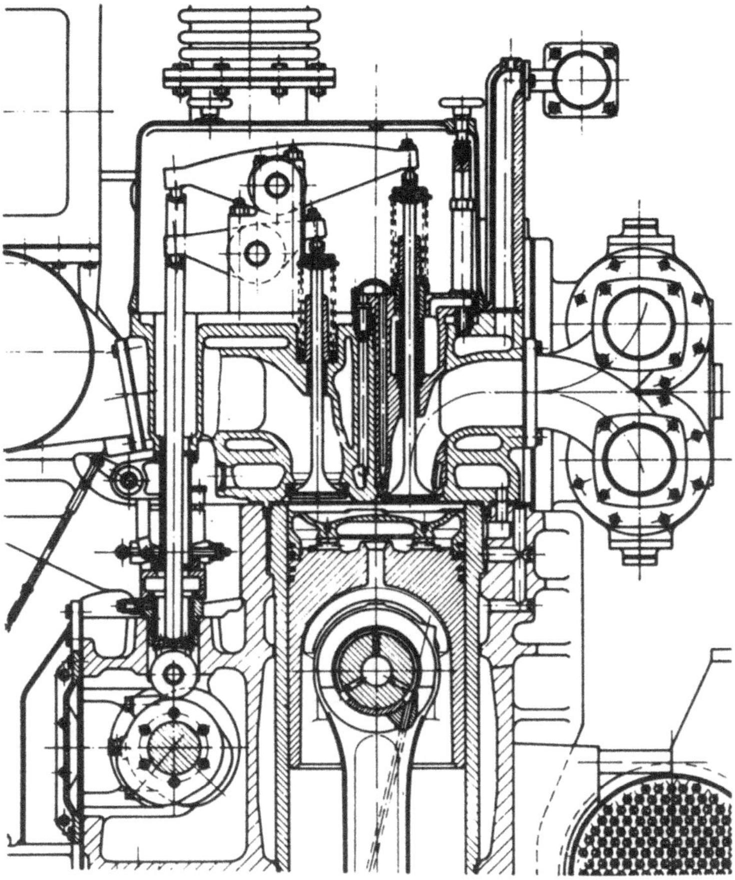

Bild 5.12
Schnitt durch Zylinderoberteil für MWM-Motor TBD 510-6

und fertigungstechnisch günstige Lösung zu schaffen, die bezüglich der Kühlwirkung anderen Lösungen, z. B. bohrungsgekühlten Büchsen oder solchen mit getrenntem Kühlmantel mindestens gleichwertig ist.

Die Forderung nach ausreichender Festigkeit, gleichmäßiger Deformation und wirksamer Kühlung führte zu unterschiedlichen konstruktiven Lösungen in Beispielen von Sulzermotoren (Bild 5.14) [1.9].

Der Zylindereinsatz des AS25-Motors wird von einem symmetrischen Wasserleitmantel unterstützt. Diese besondere Konstruktion gewährleistet eine gleichmäßige Lastverteilung am Umfang während des Vorspannens und erlaubt die Verwendung von nur vier Schrauben für das Festziehen des Zylinderdeckels. Die ringförmige Abstützung ergibt auch eine symmetrische Verformung des Zylindereinsatzes. Dadurch werden optimale Laufbedingungen für die Kolbenringe und deren Dichtigkeit erzielt. Für die größeren Z40/48- und 65/65-Motoren mußte das vor Jahrzehnten von Sulzer entwickelte Bohrungskühlungssystem angewendet werden, um die mit zunehmender Dicke der Brennraumwände auftretenden thermischen Probleme zu beherrschen. Hier wird das Wasser dicht an die Brennraumwand-Oberfläche herangeführt. Die maßgebenden Temperaturen der Laufflächen des Zylindereinsatzes werden auf diese Weise auf dem erforderlichen niedrigen Niveau gehalten, und zwar unabhängig von der Wanddicke des Einsatzes.

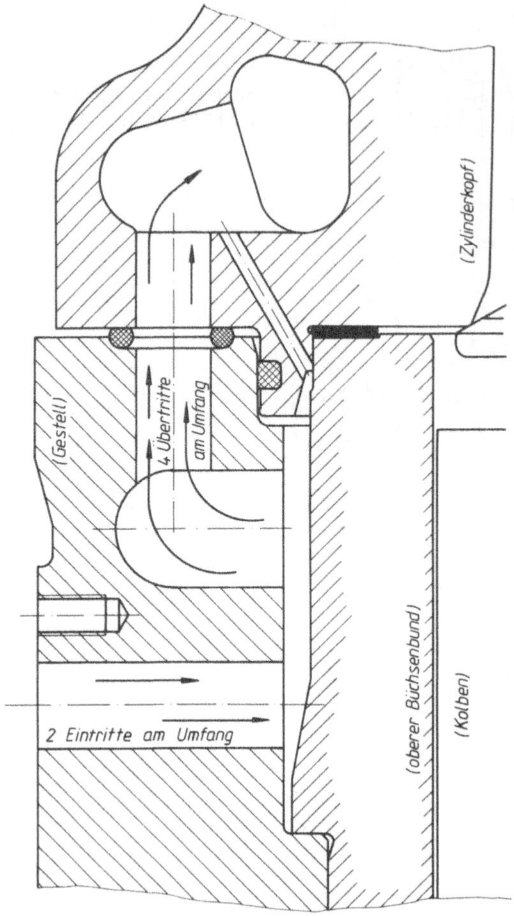

Bild 5.13
Schematischer Schnitt durch die Wasserführung am oberen Buchsenbund zu Bild 5.11

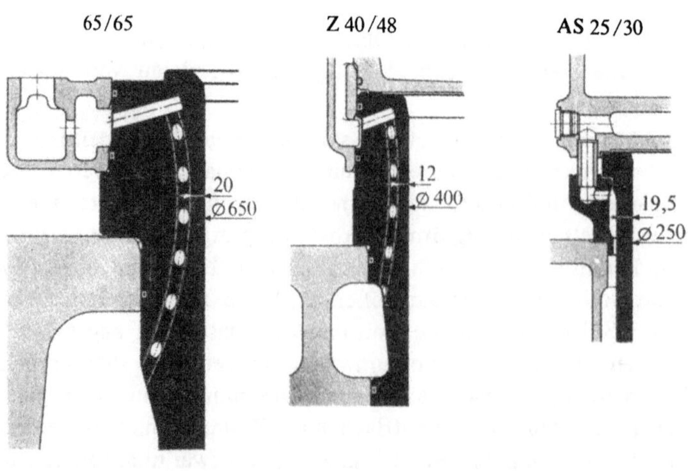

Bild 5.14 Vergleich von Zylindereinsatzkonstruktionen

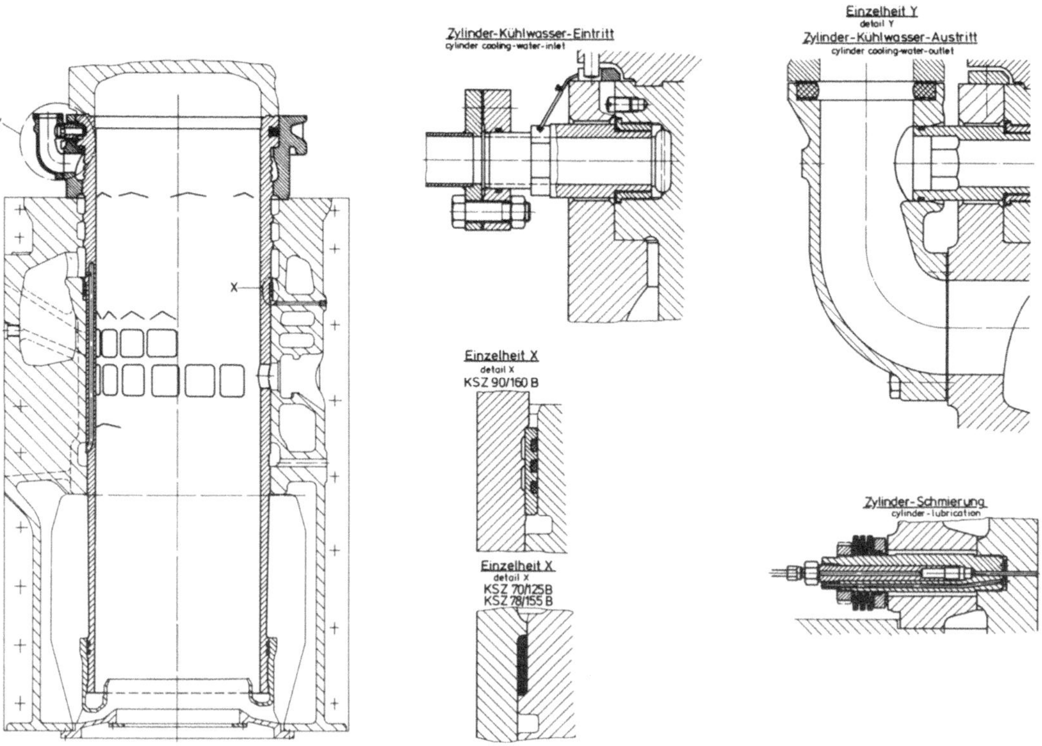

Bild 5.15 Zylinderlaufbuchse M.A.N. KSZ 90/160 B/BL

Bohrungskühlung von Laufbuchsen für 2-Takt-Großdieselmotoren zeigten bereits die Bilder 5.8 und 5.10. Die Bilder 5.15 und 5.16 zeigen M.A.N-Ausführungen mit Stützring für KSZ-Motor 90/160 B/BL (Funktionstrennung) und mit Bohrungskühlung für KSZ-Motor 52/105 B/BL.

5.2 Triebwerke

Für Hubkolbenmotoren, deren Gleitbahndruck über einen Kreuzkopf übertragen wird, besteht das Triebwerk aus der Kurbelwelle und je Zylinder aus einer Pleuelstange, dem Kreuzkopf, einer Kolbenstange und aus dem Arbeitskolben, wie aus den Bildern 1.8, 1.16, 1.25, 1.32, 3.2, 4.48, 4.50, 4.51, 4.53 und 4.54 zu ersehen ist.

Bei mittelschnellaufenden Dieselmotoren wird der Gleitbahndruck unmittelbar vom Kolbenbolzen über den Kolben auf die Laufbuchse übertragen. Die Pleuelstange greift im Kolben am Kolbenbolzen an, wie in den Bildern 1.36, 1.37, 1.38, 1.42, 1.48, 3.1 und 5.1 deutlich wird.

In Bild 5.17 sind die für die Berechnung der Kinematik des Kurbeltriebs benutzten Abmessungen eingetragen. Die Kurbelwelle rotiert mit praktisch konstanter Winkelgeschwindigkeit ω. Der Kolben dagegen führt auf seinem Weg vom oberen Totpunkt OT zum unteren Totpunkt UT und umgekehrt eine zunächst beschleunigte dann verzögerte Bewegung aus. Das obere Ende der Pleuelstange folgt dieser ungleichförmigen Bewegung, während das untere Ende mit ω = konstant umläuft.

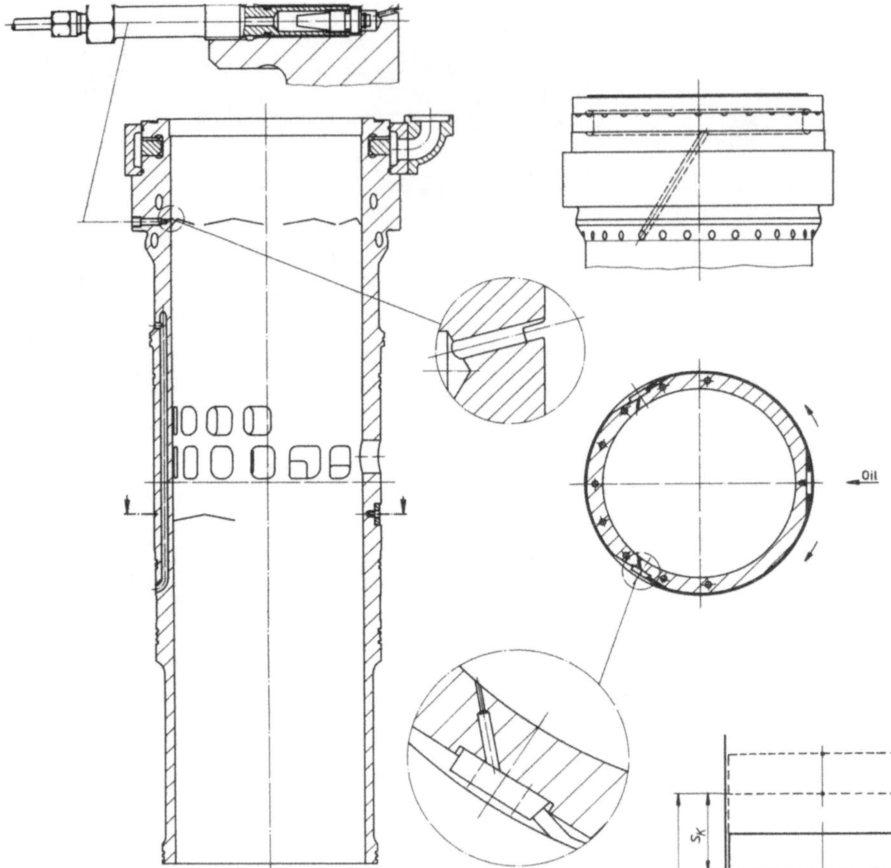

Bild 5.16 Zylinderlaufbuchse M.A.N. KSZ 52/105 B/BL

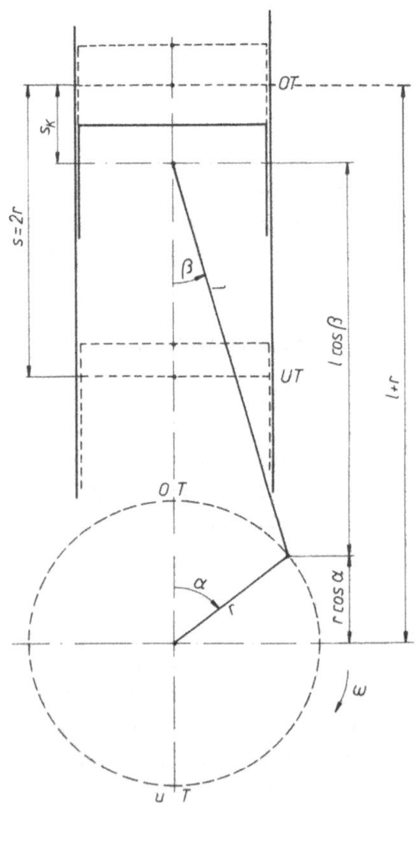

Bild 5.17
Skizze zum Kurbeltrieb

Der Kolbenweg s ist durch die Beziehung

$$s = l + r - (l\cos\beta + r\cos\alpha)$$

zu beschreiben. Die Beziehung läßt sich auf α zurückführen. Führt man dann noch das Pleuelverhältnis $\lambda = r/l$ ein, so erhält man

$$s_K = r(1 - \cos\alpha + l(1 - \sqrt{1 - \lambda^2 \sin^2\alpha}.$$

Als Näherungsgleichung ergibt sich

$$s_K = r(1 - \cos\alpha \pm \frac{\lambda}{2}\sin^2\alpha).$$

Das untere Vorzeichen gilt für den Fall des Kolbenweges von UT nach OT, wenn s_K und α von der UT aus gemessen werden.

Die mittlere Kolbengeschwindigkeit $c_m = \frac{s \cdot n}{30}$ mit Kolbenhub s in m, Drehzahl n in min^{-1} und c_m in m/s wurde schon in Abschnitt 4.1.8 als Vergleichsgröße behandelt. Die wirkliche Kolbengeschwindigkeit ergibt sich aus

$$c_K = \frac{ds_K}{dt} = \frac{ds_K}{d\alpha} \cdot \frac{d\alpha}{dt} = \frac{ds_K}{d\alpha} \cdot \omega .$$

Die Differenzierung der Näherungsgleichung für s_k führt zur wirklichen Kolbengeschwindigkeit

$$c_K = \omega r \left(\sin\alpha \pm \frac{\lambda}{2}\sin 2\alpha\right)$$

und durch nochmaliges Differenzierungen zur Kolbenbeschleunigung

$$a_K = \frac{dc_K}{dt} = \frac{dc_K}{d\alpha} \cdot \frac{d\alpha}{dt} = \frac{dc_K}{d\alpha} \cdot \omega$$

$$a_K = \omega^2 r(\cos\alpha \pm \lambda\, 2\alpha).$$

Als Funktion des Kolbenweges läßt sich die Kolbenbeschleunigung durch eine Näherungskonstruktion nach Bild 5.18 gewinnen. Die Kolbenbeschleunigung wird dabei durch eine Parabel angenähert. Die Genauigkeit genügt für $\lambda = 0{,}26$, d. h. für alle hier betrachteten Motoren. Man trägt zunächst in OT den Wert für $a_{max} = \omega^2 r(1 + \lambda)$, d. h. für $\alpha = 0°$ auf und dann in UT den Wert $a = \omega^2 r(1 - \lambda)$ für $\alpha = 180°$. Dann verbindet man A mit B und findet den Schnittpunkt C auf der s_K-Abzisse. Unter C trägt man die Hilfsstrecke $3\,\omega^2 r\lambda$ an und verbindet D mit A und B. Die Strecken $\overline{AD}$ und $\overline{DB}$ werden in gleichviele Abschnitte eingeteilt, die unter sich gleich lang sind. Nach Numerierung wie in Bild 5.18 verbindet man gleichgekennzeichnete Punkte miteinander und erhält so die Hüllkurve für die gesuchte Parabel $a = f(s_K)$.

Als Kräfte im Kurbeltrieb wirken Gaskräfte im Zylinder und den Massen und ihren Beschleunigungen entsprechende Massenkräfte. Die Gaskräfte lassen sich errechnen zu

$$F_G = A_K \cdot p_ü ;$$

A_K Kolbenfläche, $p_ü = p_G - p_b$ Überdruck, p_G Gasdruck des Zylinderinhalts, p_b Druck auf der Kolbenunterseite = Atmosphärendruck. Für Festigkeitsrechnungen wird $p_ü = p_z = p_{max}$ eingesetzt, worin p_z der Zünddruck ist. Gaskräfte erzeugen keine nach außen wirkende Kräfte, da sich alle Kräfte durch den Kraftfluß in der Maschine ausgleichen.

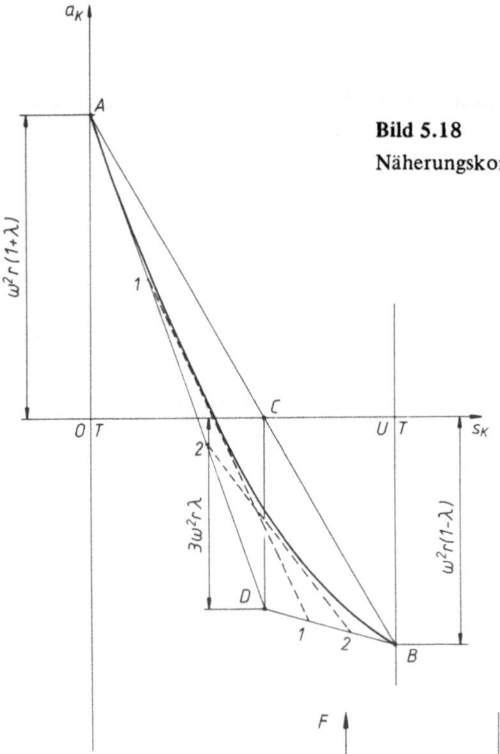

Bild 5.18
Näherungskonstruktion für die Kolbenbeschleunigung

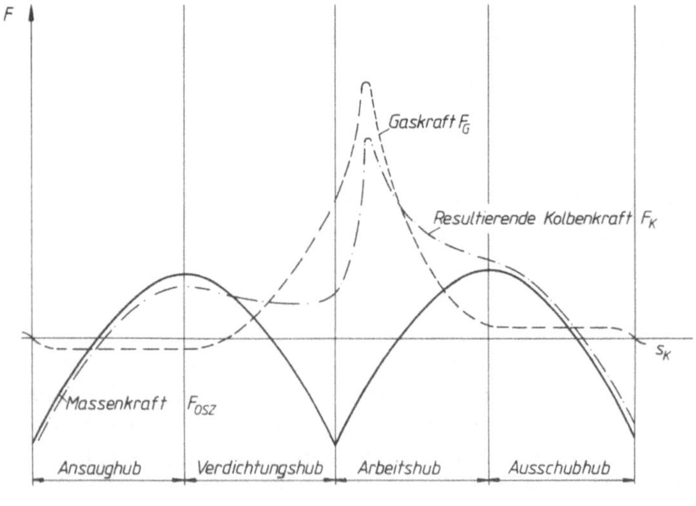

Bild 5.19
Resultierende Kolbenkraft, vektoriell aus Gaskraft und Massenkraft zusammengesetzt, am Beispiel eines 4-Takt-Motors ohne Aufladung

Die Massenkräfte der hin- und hergehenden (oszillierenden) Teile des Triebwerks (Kolben, ggf. Kolbenstange und Kreuzkopf und oszillierender Teil der Pleuelstange) folgen dem Verlauf der auftretenden Beschleunigungen a_K.

Die oszillierenden Massenkräfte bewirken wie die Gaskräfte Lager- und Gleitbahnkräfte, Drehmoment und Kippmoment bzw. auf die Lagerflächen verteilt Lager- und Gleitbahnpressungen. Im wesentlichen wirken die Massenkräfte den Gaskräften entgegen, so daß die Lagerdrücke niedriger, die Gestängebeanspruchungen kleiner und das Drehmoment sowie Kippmoment gleichmäßiger werden. Die Summe aus F_G und F_{osz} ergibt nach Bild 5.19 die resultierende Kolbenkraft F_K. Siehe auch hierzu Bild 4.73.

Lagerpressungen, Gestängebeanspruchungen und Ungleichförmigkeiten sind bei niedriger Drehzahl, d. h. praktisch fehlender entlastender Massenkraft und hohen Gaskräften, am größten, werden mit schneller laufender Maschine kleiner, um mit weiter steigender Drehzahl dann die Massenkräfte überwiegen zu lassen. Diese sind dann die Hauptbeanspruchungen des Gestänges im Betrieb. Bei schnellaufenden Motoren müssen deshalb die oszillierenden Massen so leicht wie möglich gehalten werden. Maßnahmen hierzu: Leichtmetallkolben, hohle Kolbenbolzen, auf Massenersparnis gerichtete Pleuelstangenquerschnitte unter Verwendung hochbelastbarer Stähle. Soweit wie in Bild 5.19 ein Richtungswechsel von F_K auftritt, wird hierdurch Schalendruckwechsel in Gestängelagern auftreten, wodurch die Schmierung erleichtert wird.

Die Massenkräfte der rotierenden Teile (Kurbelzapfen, Kurbelwange und rotierender Teil der Pleuelstange) werden durch konstante Fliehkräfte gebildet. Die Aufteilung der Pleuelstange nach oszillierendem und rotierendem Anteil erfolgt nach der Schwerpunktlage, die durch Auswiegen oder Rechnung bestimmt werden kann (Bild 5.20).

Ist l_1 der Schwerpunktabstand vom oberen Pleuellager und l_2 der vom unteren Lager (Kurbellager), so wird

$$m_{\mathrm{Pl\,osz}} = m\,l_1/l \qquad \text{und} \qquad m_{\mathrm{Pl\,rot}} = m\,l_2/l\,.$$

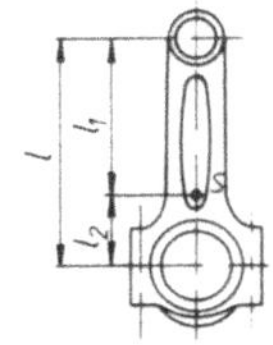

Bild 5.20
Aufteilung der Masse einer Pleuelstange eines Tauchkolbenmotors

Die rotierenden Massenkräfte ergeben sich dann zu

$$F_{\mathrm{rot}} = m_{\mathrm{rot}} \cdot r \cdot \omega^2 = (m_z \cdot 2\,m_w + m_{\mathrm{Pl\,osz}})\,r\,\omega^2\,;$$

m_{rot} Summe der rotierenden Massen eines Kurbeltriebs, m_z Masse des Kurbelzapfens, m_w Masse einer Kurbelwange auf Schwerpunkt der Wange bezogen.

Die oszillierenden Massen-Kräfte sind

$$F_{\mathrm{osz}} = m_{\mathrm{osz}} \cdot a_K$$
$$F_{\mathrm{osz}} = m_{\mathrm{osz}} \cdot r \cdot \omega^2\,(\cos\alpha \pm \lambda\cos 2\alpha),$$

für eine Tauchkolbenmaschine:

$$F_{\mathrm{osz}} = (m_K + m_{\mathrm{Pl\,osz}})\,r\,\omega^2\,(\cos\alpha \pm \lambda\cos 2\,\alpha),$$

m_K Kolbenmasse incl. Kolbenringe und Kolbenbolzen.

Die Kräfte im Triebwerk eines Dieselmotors lassen sich aus Gaskräften und Massenkräften vektoriell nach Bild 5.19 zusammensetzen und dann nach Bild 5.21 zerlegen. Die Kolbenkraft F_K wird im Kolbenbolzen (in Kreuzkopfmotoren im Kreuzkopf) in eine Gleitbahn-Normalkraft N und in eine Pleuelstangenkraft S zerlegt:

$$N = F_K \cdot \tan\beta$$
$$S = \frac{F_K}{\cos\beta}\,.$$

Die Normalkraft muß in Kreuzkopfmaschinen von der Gleitbahn, in Tauchkolbenmotoren von der Zylinderwand (Laufbuchse) aufgenommen werden. Durch entsprechende Konstruktion wird dafür gesorgt, daß auftretende Flächenpressungen zulässige Werte nicht überschreiten.

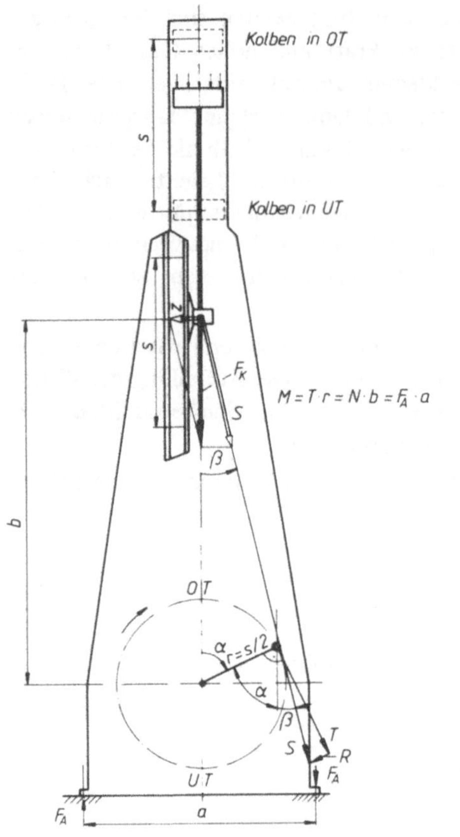

Bild 5.21
Kräftezerlegung im Kurbeltrieb

Aus der Pleuelkraft $S = F_K/\cos\beta$ läßt sich die Pleuelstangenbeanspruchung berechnen; sie wird ihrerseits in Mitte Kurbelzapfen = Mitte der unteren Pleuellagerbohrung in die Radialkraft R und die Tangentialkraft T zerlegt:

$$R = S\cos(\alpha+\beta) = F\,\frac{\cos(\alpha+\beta)}{\cos\beta}$$

$$T = S\sin(\alpha+\beta) = F\,\frac{\sin(\alpha+\beta)}{\cos\beta}\,.$$

Durch die Tangentialkraft wird das Drehmoment $M = T\cdot r$ bewirkt. Die graphische Darstellung $\mathrm{T} = \mathrm{f}(\mathrm{r}\cdot\alpha)$ wird als Tangentialkraftdiagramm (Drehkraftdiagramm) bezeichnet. Der Verlauf der Tangentialkraft über dem Kurbelweg $\mathrm{r}\cdot\widehat{\alpha}$ ist bestimmend für die Schwungradberechnung.

Das Drehmoment ist das Nutzdrehmoment des Motors; die entsprechende Leistung ergibt sich zu $P_\mathrm{i} = M\cdot\omega$. Diese ist um die Reibungsleistung größer als die effektiv vom Motor abgegebene (s. hierzu auch Abschn. 4.1.3.3). Das den Motor abstützende Moment ergibt sich gemäß Bild 5.21 zu $N\cdot b$ bzw. $F_\mathrm{A}\cdot a$, hierin ist F_A die erforderliche Gegenkraft in der Motoraufstellung, die ein Kippen des Motors verhindert.

Zur Aufstellung eines Drehkraftdiagramms bedient man sich am einfachsten einer graphischen Methode.

Dabei wird von den Gaskräften aus einem Indikatordiagramm nach Abschnitt 4.1.3.2 bzw. Bild 4.26 und den oszillierenden Massenkräften ausgegangen. Im Indikatordiagramm ist der Gasdruck im Zylinder über dem Kolbenweg aufgetragen. Da die Gaskräfte das Produkt aus dem veränderlichen Gasüberdruck im Zylinder und der konstanten Kolbenfläche darstellen, kann man aus einem Indikatordiagramm durch entsprechende Änderung des Ordinatenmaßstabs ein Gaskraft-Weg-Diagramm erhalten. Ist z. B. der Druckmaßstab im Indikatordiagramm 1 cm $\hat{=}$ 5 bar = 50 N/cm^2, dann wird bei einer Kolbenfläche von 100 cm^2 der Kraftmaßstab 1 cm $\hat{=}$ 5000 N.

In das Gaskraftdiagramm wird dann die oszillierende Massenkraft mit umgekehrtem Vorzeichen eingetragen, damit man die Resultierende aus beiden Kräften unmittelbar als Differenzstrecke zwischen Gaskraft- und Massenkraftkurve abgreifen kann. Die Massenkraftkurve erhält man, wie in Bild 5.18 gezeigt, mit dem Unterschied, daß Beschleunigungen jeweils mit der konstanten oszillierenden Masse multipliziert werden, d. h. in OT wird $m_{osz} \cdot r \cdot \omega^2 (1 + \lambda)$ aufgetragen und in UT

$$m_{osz} \cdot r \cdot \omega^2 (1 - \lambda).$$

In Bild 5.22 ist ein Beispiel für die graphische Methode der Ableitung eines Drehkraftdiagramms wiedergegeben. Für einen Mehrzylindermotor erhält man ein Gesamtdrehkraft-Diagramm durch Aufzeichnung der unter sich gleichen Diagramme unter Berücksichtigung der Kurbelversetzung und anschließenden (graphischen) Summenbildung. Wie man sieht, ist die Tangentialkraft und damit das Drehmoment für einen Ein-Zylinder-Motor stark schwankend. Für einen Mehrzylindermotor wird das Drehmoment gleichmäßiger. Wird von der angetriebenen Arbeitsmaschine ein gleichförmiges Drehmoment verlangt, so wird der Drehkraftverlauf durch eine Schwungmasse, Schwungrad, geglättet. Das Schwungrad wirkt dabei als ein ausgleichender Energiespeicher. Als Ungleichförmigkeitsgrad wird bezeichnet

$$\delta = \frac{\omega_{max} - \omega_{min}}{\omega_m}.$$

ω_{max}, ω_{min} und ω_m beziehen sich auf ein Arbeitsspiel.
ω_m wird errechnet zu

$$\omega_m = 2\pi n.$$

Der zulässige Ungleichförmigkeitsgrad δ beträgt etwa nach Erfahrung für

Drehstromgeneratoren	1/300,
Fahrzeugmotoren	1/200,
Pumpen	1/25.

Läßt man das Massenträgheitsmoment der Kurbelwelle unberücksichtigt, so gilt eine einfache Beziehung für das Massenträgheitsmoment des Schwungrades:

$$\Theta = \frac{\omega_m^2 \cdot \delta}{E}$$

Die im Schwungrad zu speichernde Energie E kann aus dem Drehkraftdiagramm ermittelt werden. Hierzu wird durch Ausplanimetrieren der durch den Drehkraftverlauf gebildeten Flächen (schraffiert in Bild 5.22) eine Rechteckfläche mit der Höhe der mittleren Drehkraft T_m gebildet. Der schraffierte Flächeninhalt entspricht übrigens der Fläche des zugehörigen Indikatordiagramms, denn beide Flächen stellen die indizierte Arbeit W_i eines Arbeitsspiels dar.

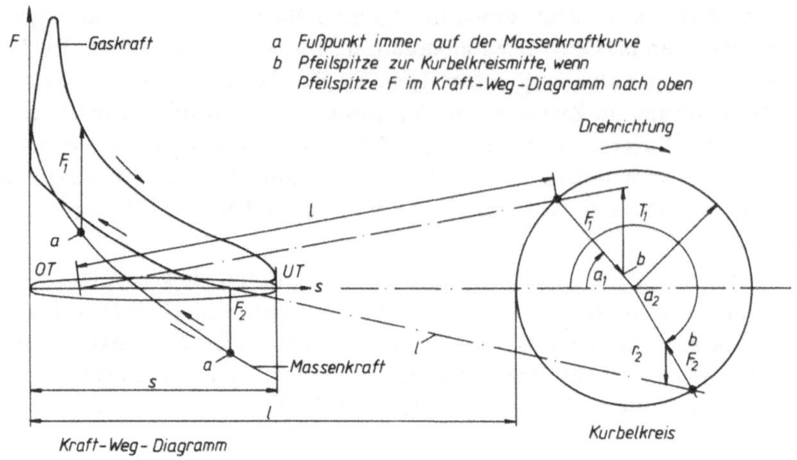

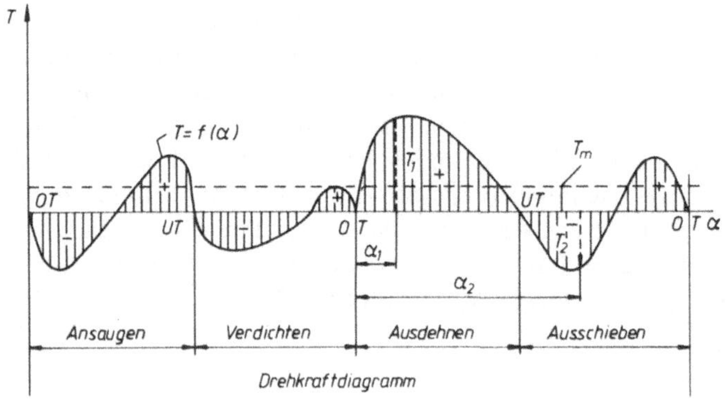

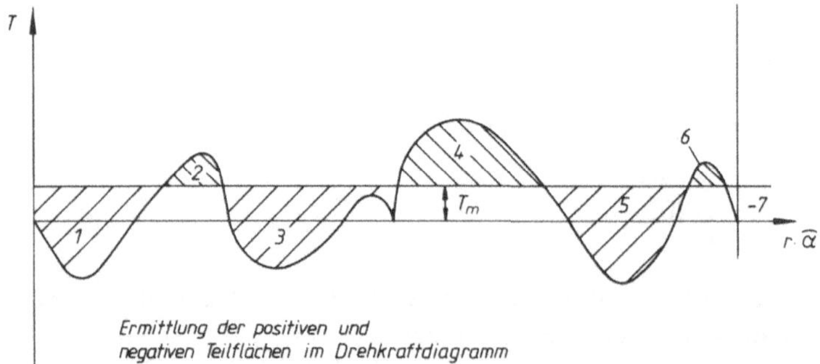

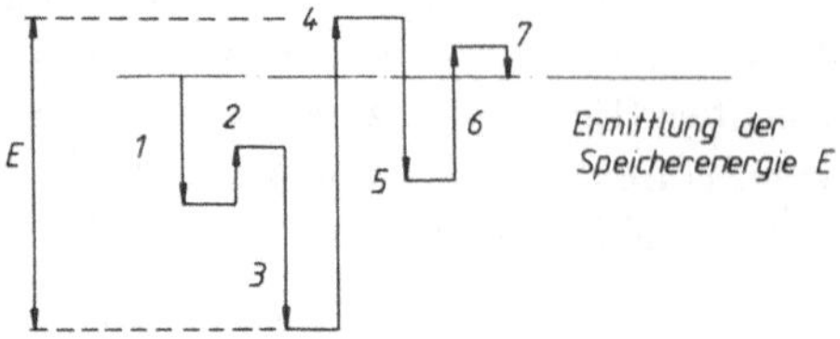

Bild 5.22
Graphische Ableitung eines Drehkraftdiagramms für einen unaufgeladenen 4-Takt-Motor

Deshalb gilt auch für Viertaktmotoren mit z Zylindern

$$T_m = \frac{p_i \cdot A_K \cdot z}{2\pi}$$

und für Zweitaktmotoren

$$T_m = \frac{p_i \cdot A_K \cdot z}{\pi} .$$

Nach Eintragung der mittleren Drehkraft in das Drehkraftdiagramm werden alle Flächen ober- und unterhalb der mittleren Drehkraft wiederum ausgemessen (ausplanimetriert) und die Flächenteile maßstabgerecht als Pfeile aufgetragen, um so schließlich wie in Bild 5.22 die Energie E zu erhalten.

Für Schiffsantriebsmotoren kann die Tabelle in Bild 5.23 einen Anhalt für die zu erwartenden Drehmomentschwankungen geben. Die Werte gelten für unaufgeladene bzw. mäßig aufgeladene Motoren, sie wachsen mit steigender Aufladung. Sie gelten im übrigen für regelmäßige Zündabstände [5.7].

Zyl.-zahl	mittl. Dreh-moment	einfachwirkender Viertakt		einfachwirkender Zweitakt		doppeltwirkender Zweitakt	
		maximal	minimal	maximal	minimal	maximal	minimal
3	1	~ + (4,2 bis 4,7)	~ − (1,5 bis 1,9)	~ + 5,06	~ − 0,85	~ + 1,76	~ + 0,45
4	1	~ + (2,3 bis 2,5)	~ − (0,4 bis 0,7)	~ + 2,42	~ − 0,19	~ + 2,18	0
5	1	~ + 3,6	~ − 1,2	~ + 1,89	~ + 0,14	~ + 1,34	~ + 0,78
6	1	~ + (1,8 bis 2)	0	~ + 1,54	~ + 0,50	~ + 1,38	~ + 0,68
7	1	~ + 2,4	~ − 0,39	~ + 1,34	~ + 0,69	~ + 1,13	~ + 0,88
8	1	~ + 2,15	~ − 0,05	~ + 1,27	~ + 0,82	~ + 1,17	~ + 0,88
9	1	~ + 1,9	~ + 0,11	~ + 1,17	~ + 0,87	~ + 1,06	~ + 0,97
10	1	~ + 1,7	~ + 0,32	~ + 1,08	~ + 0,92	~ + 1,08	~ + 0,99
12	1	~ + 1,5	~ + 0,6	~ + 1,04	~ + 0,98	~ + 1,04	~ + 0,98

Bild 5.23 Drehmomentenschwankung im Schiffsdieselmotor

5.3 Massenausgleich

Während sich die Gaskräfte durch den Kraftfluß innerhalb der Maschine ausgleichen, so daß hieraus keine nach außen wirkende Kraft entsteht, können die Massenkräfte des Triebwerks auf das Motorenfundament wirken und dort den Aufstellungsort, Gebäude oder Fahrzeug (Schiffskörper), zu gefährlichen Resonanzschwingungen anregen, wenn nicht für Massenkraft- und/oder Massenmomentausgleich gesorgt wird. Massenkräfte der rotierenden Massen treten wie im vorigen Abschnitt erläutert als konstante Fliehkräfte auf, während Massenkräfte der oszillierenden Massen periodisch in der Zylinderachse mit einem Verlauf nach Bild 5.19 entstehen.

Rotierende Massenkräfte lassen sich durch Gegengewichte an den Kurbelwangen (Kurbelschenkeln) ausgleichen. Die Massenkräfte der oszillierenden Triebwerkteile $F_{osz} = m_{osz} \cdot r \cdot \omega^2 (\cos\alpha + \lambda \cos 2\alpha)$ werden zweckmäßig in Massenkräfte 1. Ordnung, d. h. mit dem Kosinus des Kurbelwinkels sich ändernd, und solche 2. Ordnung, d. h. mit $\cos 2\alpha$ sich ändernd, zerlegt:

$$F_{osz\,1} = m_{osz} \cdot r \cdot \omega^2 \cos\alpha$$

$$F_{osz\,2} = m_{osz} \cdot r \cdot \omega^2 \lambda \cos 2\alpha .$$

Durch Gegengewichte lassen sich Massenkräfte der oszillierenden Teile, die ja in der Zylinderachse wirken, zwar ausgleichen; jedoch entstehen dabei horizontalkomponenten nach Bild 5.24. Die horizontale Massenkraft F_{H1} ist unerwünscht; man gleicht durch Gegengewichte daher meistens nur 50 % der Massenkraft 1. Ordnung aus.

Für Mehrzylindermotoren werden einzelne Massenkräfte der Zylinder errechnet und dann zu Resultierenden zusammengesetzt. Die Form der Kurbelwelle ist dabei durch die Wahl der gegenseitigen Kurbelversetzungen bestimmend für das Ergebnis. Die Bilder 5.25 und 5.26

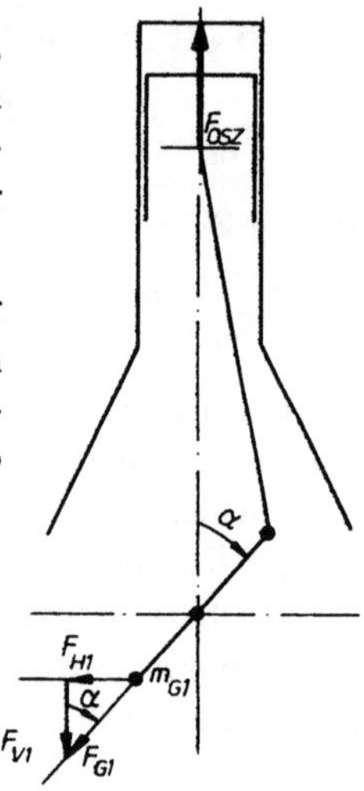

Bild 5.24
Skizze zur Zerlegung der Gegengewichtskraft, horizontal und vertikal

Zyl.-Zahl	Kurbelstern	Äußere Kräfte			Äußere Momente			Bemerkungen
		rotier.	1. Ordg.	2. Ordg.	rotierend	1. Ordnung	2. Ordnung	
3	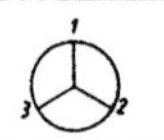	0	0	0	$\sqrt{3} \cdot F_{rot} \cdot l$	$\sqrt{3} \cdot F_1 \cdot l$	$\sqrt{3} \cdot F_2 \cdot l$	
4	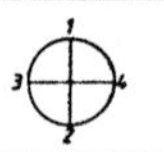	0	0	0	$\sqrt{2} \cdot F_{rot} \cdot l$	$\sqrt{2} \cdot F_1 \cdot l$	$4 \cdot F_2 \cdot l$	
4	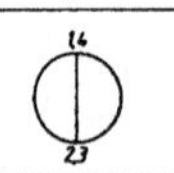	0	0	$4 \cdot F_2$	0	0	0	
5	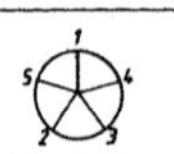	0	0	0	$0{,}449 \cdot F_{rot} \cdot l$	$0{,}449 \cdot F_1 \cdot l$	$4{,}98 \cdot F_2 \cdot l$	
6	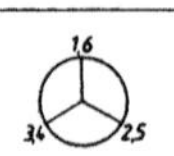	0	0	0	0	0	0	
7	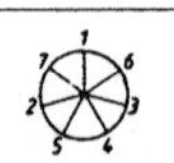	0	0	0	$0{,}267 \cdot F_{rot} \cdot l$	$0{,}267 \cdot F_1 \cdot l$	$1{,}0 \cdot F_2 \cdot l$	
8	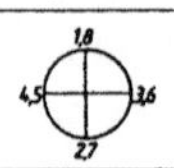	0	0	0	0	0	0	
9	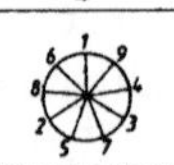	0	0	0	$0{,}92 \cdot F_{rot} \cdot l$	$0{,}92 \cdot F_1 \cdot l$	$1{,}28 \cdot F_2 \cdot l$	
10	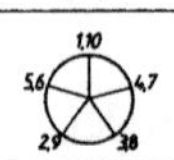	0	0	0	0	0	0	
11	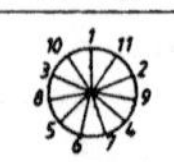	0	0	0	$0{,}153 \cdot F_{rot} \cdot l$	$0{,}153 \cdot F_1 \cdot l$	$0{,}382 \cdot F_2 \cdot l$	
12	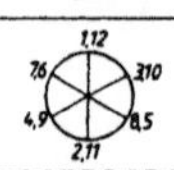	0	0	0	0	0	0	

Bild 5.25 Auswahl der wichtigsten Kurbelversetzungen für 4-Takt-Motoren

Zyl.-Zahl	Kurbelstern	Äußere Kräfte			Äußere Momente			Bemerkungen
		rotier.	1. Ordg.	2. Ordg.	rotierend	1. Ordnung	2. Ordnung	
3		0	0	0	$\sqrt{3} \cdot F_{rot} \cdot l$	$\sqrt{3} \cdot F_1 \cdot l$	$\sqrt{3} \cdot F_2 \cdot l$	
4		0	0	0	$\sqrt{2} \cdot F_{rot} \cdot l$	$\sqrt{2} \cdot F_1 \cdot l$	$4 \cdot F_2 \cdot l$	
5	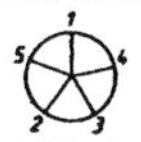	0	0	0	$0{,}449 \cdot F_{rot} \cdot l$	$0{,}449 \cdot F_1 \cdot l$	$4{,}98 \cdot F_2$	
6		0	0	0	0	0	0	ergibt große Drehmoment-schwankung
6		0	0	0	$0{,}89 \cdot F_{rot} \cdot l$	$0{,}89 \cdot F_1 \cdot l$	$1{,}74 \cdot F_2 \cdot l$	Vorteilhaft für doppeltwirkende Zweitaktmaschinen. Vermeidet Doppelzündungen
6	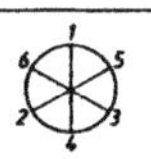	0	0	0	0	0	$3{,}464 \cdot F_2 \cdot l$	
7	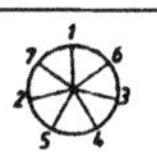	0	0	0	$0{,}267 \cdot F_{rot} \cdot l$	$0{,}267 \cdot F_1 \cdot l$	$1{,}0 \cdot F_2 \cdot l$	
8	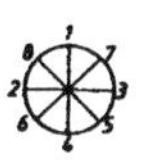	0	0	0	$0{,}448 \cdot F_{rot} \cdot l$	$0{,}448 \cdot F_1 \cdot l$	0	
9	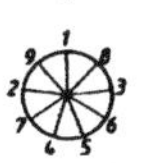	0	0	0	$0{,}194 \cdot F_{rot} \cdot l$	$0{,}194 \cdot F_1 \cdot l$	$0{,}548 \cdot F_2 \cdot l$	
10		0	0	0	0	0	0	ergibt große Drehmoment-schwankung
10		0	0	0	0	0	$0{,}898 \cdot F_2 \cdot l$	
12		0	0	0	0	0	0	

Bild 5.26 Auswahl der wichtigsten Kurbelversetzungen für 2-Takt-Motoren

zeigen den Einfluß der wichtigsten Kurbelversetzungen für Reihen-Viertakt- und Zweitaktmotoren. In den Tabellen bedeuten l den Zylinderabstand, F_{rot} die rotierende Massenkraft wie in Abschnitt 5.2 abgeleitet und F_1 und F_2 die Größtwerte der oszillierenden Massenkräfte $F_{osz\,1}$ und $F_{osz\,2}$ für $\alpha = 0$; d. h. $\cos 0 = 1$ und $\cos 2 \cdot 0 = 1$.

Die Massenmomente entstehen trotz durchweg ausgeglichener Massenkräfte dadurch, daß die Kräfte in verschiedenen Zylinderebenen auftreten.

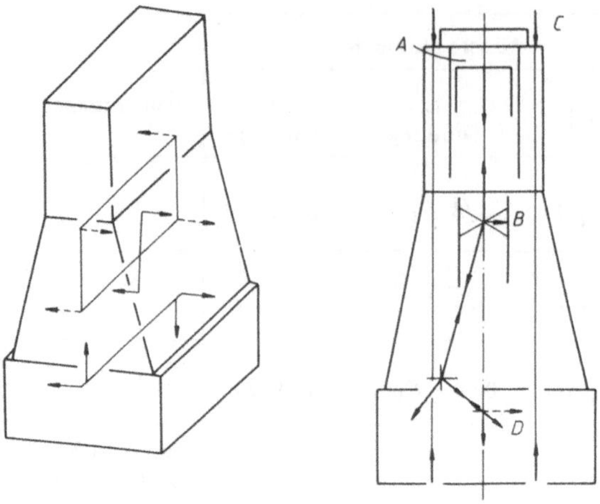

Bild 5.27
Kräfte und Momente an einem 2-Takt-Großdieselmotor

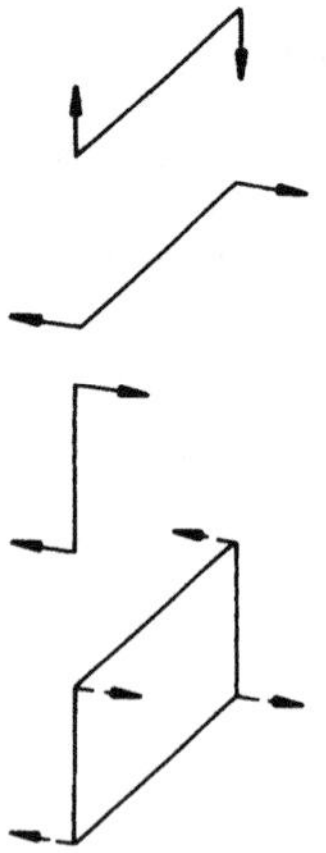

Massenmoment 1. Ordnung, vertikal, 1 ~/Umdrehung
Massenmoment 2. Ordnung, vertikal, 2 ~/Umdrehung

Massenmoment 1. Ordnung, horizontal, 1 ~/Umdrehung

Gleitbahnmoment, vertikal, z ~/Umdrehung

Gleitbahnmoment, horizontal, z ~/Umdrehung

A = Gasdruck
B = Gleitbahnkraft
C = Zugankerkraft
D = Grundlagerkraft

Wie in den Tabellen ersichtlich, gibt es für einige Zylinderzahlen mehrere Kurbelversetzungsmöglichkeiten, die durch die Kurbelsterne dargestellt sind. Ein Kurbelstern stellt die Stirnansicht der Kubelwelle dar.

Ein Massenausgleich in der behandelten einfachen Form setzt voraus, daß Kurbelwelle und Kurbelgehäuse starr sind, sich der Motor gleichförmig dreht, Reibungswiderstände vernachlässigbar sind und mitbewegte Massen der Steuerung und etwa angehängter Aggregate nicht zu berücksichtigen sind.

Bild 5.27 gibt einen Überblick über Kräfte und Momente an einem großen Zweitaktmotor; als Zahlenbeispiel dienen in den Bildern 5.28 und 5.29 die Werte für die Motorenreihe M.A.N/B & W L90GB. Diese Motorenreihe hat $d = 900$ mm, $s = 2180$ mm, $n = 97\ \text{min}^{-1}$, $p_e = 15$ bar, Zylinderleistung $P_e = 3365$ kW, $p_{max} = p_z = 105$ bar, $b_e = 180$ g/kWh.

5.4 Drehschwingungen

Durch die unregelmäßige Drehkraft der Hubkolbenmotoren kann es zur Resonanz mit dem drehschwingungsfähigen System der Kurbelwelle mit ihren Massen kommen, wenn der Takt der erregenden Drehkraft mit dem der Eigenschwingung des Drehschwingungssystems

Zylinderzahl	n Upm min^{-1}	Äußere Kräfte und Momente			
		Massenmoment 1. Ordnung		Massenmoment 2. Ordnung	freie Massenkräfte
		Horizontal kNm	Vertical kNm	kNm	kN
4	97	1285	1285	2424	0
5	97	409	409	3018	0
6	97	0	0	2099	0
7	97	650	650	380	0
8	97	169	169	0	0
9	97	856	856	685	0
10	97	823	823	0	0
11	97	522	522	393	0
12	97	0	0	0	0

Kurbelwelle: halbgebaut

Umrechnung für andere Drehzahlen

$$M = \left(\frac{n}{n_{\text{Tafel}}}\right)^2 \cdot M_{\text{Tafel}}$$

Bild 5.28 Massenkräfte und Massenmomente am Motor M.A.N./B & W L 90 GB

Zylinderzahl	4	5	6	7	8	9	10	11	12
V-Momente kNm	$Z = 4$ 1717 $Z = 8$ 260 $Z = 12$ 91	$Z = 5$ 1513 $Z = 10$ 127	$Z = 6$ 1041 $Z = 12$ 136	$Z = 7$ 743	$Z = 8$ 519	$Z = 9$ 318	$Z = 10$ 254	$Z = 11$ 282	$Z = 12$ 271
H-Momente kNm									
$Z = 1$	700	222	0	353	92	456	444	280	0
$Z = 2$	573	713	496	90	0	162	0	93	0
$Z = 3$	246	866	2088	2095	2649	3175	1733	230	2214
$Z = 4$	0	91	700	2434	808	1008	0	3120	1400
$Z = 5$	202	0	0	89	2170	711	4275	3324	0
$Z = 6$	327	37	0	58	0	1490	0	1905	3430
$Z = 7$	71	249	0	25	x	56	498	772	0
$Z = 8$	0	152	106	22	0	28	0	40	212
$Z = 9$	24	x	199	x	x	25	x	x	212
$Z = 10$	48	0	41	144	0	x	0	x	0
$Z = 11$	x	x	0	145	184	x	x	x	0
$Z = 12$	0	53	0	x	43	194	0	x	0

Z = ~/Umdrehung bei p_e = 15 bar und 97 min^{-1}

x = klein, < 20 kNm

Bild 5.29 Gleitbahnmomente am Motor M.A.N./B & W L 90 GB übereinstimmt. Dann können große Schwingungsausschläge auftreten, die bis zum Bruch führende Drehbeanspruchungen ergeben. Resonanz muß also vermieden werden.

Durch eine Schwingungsrechnung, die von allen Motorenherstellern für ihre Motoren und auch für die ganze Motorenanlage: Motor, ggf. Getriebe, Wellenleitung, Arbeitsmaschine (Generator, Schiffspropeller o. ä.) durchgeführt wird, werden u. a. die Eigenschwingungsform, die kritischen Drehzahlen, die zu Resonanz führen können, die Schwingungsausschläge (Amplituden) und die Schwingungs-Zusatz-Drehbeanspruchungen (Torsionsspannungen) ermittelt.

Das einfachste drehschwingungsfähige System besteht aus einer einseitig eingespannten, drehelastischen Welle und einer Masse am freien Ende mit dem Abstand l von der Einspannstelle. Die Drehelastizität der Welle wird durch die Drehfederkonstante c ausgedrückt:

$$c = \frac{I_p \cdot G}{l},$$

I_p polares Trägheitsmoment der Welle, $I_p = \frac{\pi d4}{32}$, d Wellendurchmesser in mm, G Schubmodul des Werkstoffs, $G = 8{,}14 \cdot 10^6$ N/cm², l Länge der federnden Welle in cm. Für Stahl ist demnach $c = 8{,}14 \cdot 10^6 \frac{F_p}{l}$ in kg cm²/s² bzw. $c = 8{,}14 \cdot 10^4 \frac{I_p}{l}$ in Nm. Die Drehfederkonstante entspricht dem Drehmoment, das die Welle um den Winkel arc $\varphi = 1$ verdreht.

Wird die Massenscheibe in Bild 5.30 aus ihrer Ruhelage gedreht und dann losgelassen, so führt das System Welle-Scheibe Dreheigenschwingungen ν_e in 1/s mit den Schwingungsamplituden A aus, die an der Einspannstelle zu Null werden. Diese Stelle heißt Schwingungsknoten. Die Amplituden der Eigenschwingung verlaufen sinusförmig; man kann sie sich durch einen umlaufenden Vektor **A** erzeugt vorstellen. Die Umlauffrequenz ist dann die

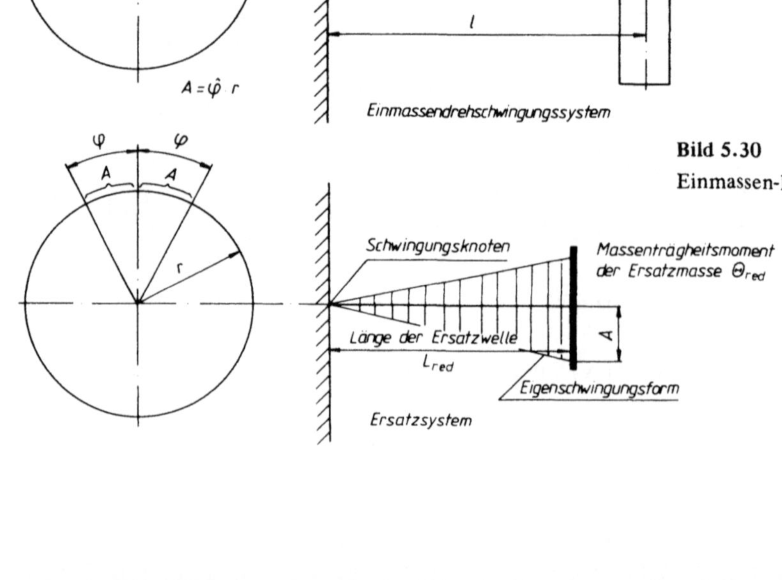

Bild 5.30
Einmassen-Drehschwingungssystem

Eigenkreisfrequenz $\omega_e = 2\pi\nu_e$ in 1/s. Die Eigenkreisfrequenz ω_e wird in der Mechanik für das beschriebene System berechnet zu $\omega_e = \sqrt{c/\Theta}$, hierin ist Θ das Massenträgheitsmoment der Scheibe z. B. in kgm^2 bzw. Nms^2 und c die Federkonstante dann in Nm, so daß sich für ω_e die Einheit 1/s ergibt.

Wird die Scheibe nach einem Anstoß nicht sich selbst überlassen, sondern z. B. durch ein periodisch veränderliches Kräftepaar oder eine Tangentialkraft mit eigenem Takt eine Drehschwingung erregt, spricht man von einer erzwungenen Schwingung. Das System schwingt dann mit der Erregerfrequenz ν_{err} bzw. in der Erregerkreisfrequenz $\Omega = 2\pi\nu_{err}$. Für $\Omega = \omega_e$ liegt Resonanz vor, wobei sich die Amplituden aufschaukeln. Durch innere Dämpfung des Systems werden die Amplituden nicht unendlich groß. Dämpfungsarbeit wird dabei in Wärme verwandelt.

In Bild 5.31 ist der Einfluß der Dämpfung dargestellt. Zwischen der voreilenden Erregerkraft und der Schwingung liegt ein Phasenwinkel δ der für den Resonanzfall $\Omega/\omega_e = 1$ gleich 90° wird.

Bei der fremderregten, gedämpften Schwingung wachsen die Amplituden solange, bis die Dämpfungsarbeit gleich der zugeführten Erregerenergie ist. Als Erregerkräfte wirken die aus Gas- und Massenkräften herrührenden Drehkräfte (Tangentialkräfte) dargestellt im Drehkraftdiagramm wie in Bild 5.22. Durch harmonische Analyse (nach Fourier) lassen sich die Drehkräfte in sinusförmige Teilkräfte zerlegen, die dann ihrerseits die fremderregten sinusförmigen Drehschwingungen verursachen. Die harmonischen Teilkräfte werden (Harmonische) nach der Ordnungszahl bezeichnet, die angibt, wieviel mal eine Harmonische je Kurbelwellenumdrehung schwingt. Die Erregerfrequenz einer Harmonischen wird berechnet zu

$$\nu_{err} = i \cdot n,$$

mit n Motordrehzahl in min^{-1} und i Ordnungszahl der Harmonischen, und entsprechend

$$\Omega_i = 2 \cdot \pi \cdot \nu_{err} = 2 \cdot \pi \cdot i \cdot n = i \cdot \omega.$$

Für die Berechnung von Mehrmassensystemen wird ein Ersatzmodell mit (reduzierten) federungslosen Massen und (reduzierten) masselosen Wellenstücken gebildet, das die gleichen Drehschwingungseigenschaften wie das wirkliche System hat. Für diese Umformung und die weitere Rechnung darf auf die einschlägige Fachliteratur, z. B. [5.9] verwiesen werden.

Mit dem Ersatzmodell wird ein Rechnungsgang für die Berechnung der Eigenschwingungszahlen durchgeführt, der sich auch gut für Rechnerprogrammierung und -einsatz eignet. Resonanzgefahr läßt sich dann durch Vergleich der Eigenfrequenzen mit den Erregerfre-

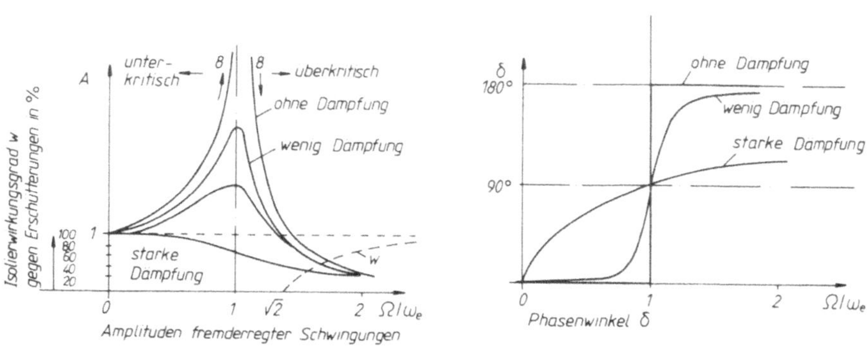

Bild 5.31 Fremderregte Amplituden und Phasenwinkel

quenzen beurteilen. Kritische Drehzahlen n_{kr} sind dann die, bei der Resonanz zwischen Ω_i und ω_e besteht. Es gilt

$$n_{kr} = \frac{n_e}{i} = \frac{\omega_e \cdot (30/\pi)}{i} = \frac{\nu_e \cdot 60}{i} \text{ in min}^{-1} .$$

Hierin ist, wie oben festgelegt, i die Ordnungszahl der Harmonischen. Für Zündungen in gleichen Abständen, gleichmäßig arbeitende Zylinder und sehr steife Kurbelwellen kommen nur Ordnungszahlen für haupterregende Harmonische vor; diese treten auf für i = Anzahl der Zündungen je Umdrehung und Vielfache davon (wegen der Oberschwingungen).

Ein 6-Zylinder-Viertaktmotor mit $n = 600\ \text{min}^{-1}$, d.h. $\omega = \pi \cdot n/30 = 62{,}8\ \text{s}^{-1}$ hat 3 Zündungen je Umdrehung und demnach

$$\begin{aligned}
i &= 3 \quad & \Omega_3 &= 3\,\omega = 188{,}4\ \text{s}^{-1}\\
i &= 6 \quad & \Omega_6 &= 6\,\omega = 376{,}8\ \text{s}^{-1}\\
i &= 9 \quad & \Omega_9 &= 9\,\omega = 565{,}2\ \text{s}^{-1}\\
i &= 12 \quad & \Omega_{12} &= 12\,\omega = 753{,}6\ \text{s}^{-1}
\end{aligned}$$

usw.

Bei Mehrzylinder-Motoren mit fedriger Kurbelwelle können auch Ordnungen als ganzzahlige Vielfache der halben Anzahl der Zündungen je Umdrehung auftreten, im vorigen Beispiel also auch $i = 1{,}5;\ 4{,}5;\ 7{,}5$ usw.

Nicht alle kritische Drehzahlen führen zu extremen Kurbelwellenbeanspruchungen, da für größere Kurbelwellenamplituden eine ausreichende Energiezufuhr erforderlich ist, um die Dämpfung zu überwinden. Maßgeblich für die Energiezufuhr sind die Stärke der Erregerharmonischen, die Größe der Amplitude der Kurbelwelle am Angriffspunkt der Tangentialkraft, der Phasenwinkel zwischen der Harmonischen und der Amplitude.

Bei Mehrmassensystemen können Schwingungsformen mit mehreren Knoten auftreten, maximal gleich der Anzahl der schwingenden Massen minus 1, wobei die Massen unterschiedlich gegeneinander schwingen. Eine Schwingung mit 1 Knoten wird als Schwingung I. Grades bezeichnet usw. Für Kurbelwellenbeurteilung spielen im allgemeinen nur die Schwingungen I. und II. Grades eine Rolle.

Beim Entwurf einer Kurbelwelle sollte ihre Eigenfrequenz I. Grades über den Erregerfrequenzen 1. und 2. Ordnung liegen. Diese betragen für

Zweitaktmotoren $\Omega_1 = \frac{\pi}{30} \cdot n \cdot z$ und $\Omega_2 = \frac{\pi}{15} \cdot n \cdot z$

Viertaktmotoren $\Omega_1 = \frac{\pi}{60} \cdot n \cdot z$ und $\Omega_2 = \frac{\pi}{30} \cdot n \cdot z$.

An einem Beispiel aus [5.9] sei der Zusammenhang nochmals aufgezeigt: Vierzylinder-Zweitaktmotor mit 4 Zündungen/Umdrehung

Haupterregerordnungen i_H = 4 8 12 ...

Nebenerregerordnungen i_N = 2 6 10 ...

$$\omega_{e_I} = 71\ \text{s}^{-1} \qquad n_{e_I} = 71\,\frac{30}{\pi}\ \text{min}^{-1} = 678\ \text{min}^{-1}$$

$$\omega_{e_{II}} = 165\ \text{s}^{-1} \qquad n_{e_{II}} = 165\,\frac{30}{\pi}\ \text{min}^{-1} = 1575\ \text{min}^{-1} .$$

Damit ergeben sich als kritische Drehzahlen

		I. Grades	II. Grades
„Hauptkritische"	4. Ordnung	678/4 ≈ 170	1575/4 ≈ 394
	8. Ordnung	678/8 ≈ 85	1575/8 ≈ 197
	12. Ordnung	678/12 ≈ 57	1575/12 ≈ 131
„Nebenkritische"	2. Ordnung	678/2 = 339	1575/2 ≈ 788
	6. Ordnung	678/6 = 113	1575/6 ≈ 263
	10. Ordnung	678/10 ≈ 68	1575/10 ≈ 158

In diesen kritischen Drehzahlen soll kein Dauerbetrieb erfolgen; schnelles Durchfahren ist jedoch erlaubt, weil Schwingungsausschläge Zeit zum „Aufschaukeln" benötigen.

Große Resonanzausschläge bei und in der Nähe (s. Bild 5.31) von kritischen Drehzahlen können umgangen werden durch Vermeiden der Resonanz infolge Verlegen der Betriebszahl, bei Schiffen durch Änderung der Propellersteigung oder durch schnelles Durchfahren kritischer Bereiche. Bei ferngesteuerten Schiffsantriebsanlagen (Automation) wird dies in die Fernsteuerautomatik eingebaut. Kritische Drehzahlbereiche werden als Sperrbereiche auf dem Motorendrehzahlanzeiger gekennzeichnet.

Resonanz kann natürlich auch durch Verlegen der Eigenschwingungszahl vermieden werden, und zwar durch Änderung der Schwungmassen, der Wellendurchmesser, der Wellenlängen, durch federnde Kupplungen o. ä. Große Resonanzausschläge können auch durch Änderung der Kurbelfolge oder Zündfolge, durch Wahl eines günstigen V-Winkels bei V-Motoren, durch Änderung der Zylinderzahl, durch andere Propellerflügelzahl bei Schiffen usw. abgebaut werden. Schließlich besteht auch die Möglichkeit des Anbaus von Schwingungstilgern oder Schwingungsdämpfern.

Für eine überschlägige Schwingungsrechnung von Anlagen kann man häufig auf ein Zwei-Massen-Ersatzsystem zurückgreifen. Ein solches System kann nur eine Schwingungsform mit 1 Knoten ausbilden, also nur Schwingungen I. Grades ausführen (Bild 5.32).

Für Schiffsanlagen mit Direktantrieb werden dabei alle Motormassenträgheitsmomente mit der des Schwungrades im Schwungrad vereinigt. Den Motor-Gesamt-Drehmassen (Kurbelkröpfungen + rotierender Anteil der Pleuelstange + 50 % der oszillierenden Massen) schwingt die Propellermasse einschließlich Zuschlag für mitbewegtes Wasser entgegen. Es gilt dann die 2-Massen-Beziehung

$$\omega_e = \sqrt{c \frac{\Theta_1 + \Theta_2}{\Theta_1 \cdot \Theta_2}} \; .$$

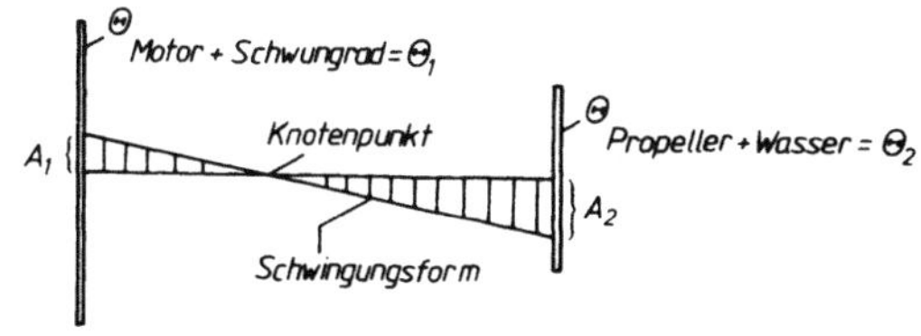

Bild 5.32
Zweimassen-Drehschwingungssystem

Nach dieser Beziehung kann man genau genug rechnen, wenn die reduzierte Länge Schwungrad-Propeller größer als der 6-fache reduzierte Zylinderabstand ist. Die Motormassenträgheitsmomente bezogen auf die Drehachse der Kurbelwelle Θ_1 erhält man vom Motorenhersteller, das des Propellers mit Wasserzuschlag Θ_2 vom Propellerhersteller. Die Länge der Welle, Motor-Propeller, braucht bei einem Zwei-Massen-Drehsystem nicht reduziert zu werden, wenn es sich um einen Wellenstrang mit praktisch gleichbleibendem Durchmesser einer Vollwelle handelt.

Beispiel: 6 Zyl. 4-Taktmotor für Schiffsantrieb

Massenträgheitsmoment (Schwungmoment) des Motorschwungrades incl. eingebauter Kupplung $\Theta_S = 120\ \text{kgm}^2$;

6 Massenträgheitsmomente im Motor (6 Zyl.) $= 6 \cdot 15\ \text{kgm}^2 = 90\ \text{kgm}^2 = \Theta_M$;

Massenträgheitsmoment (Schwungmoment) des Propellers $= 142\ \text{kgm}^2 + 25\,\%$ Wasserzuschlag $= \Theta_p = 142 \cdot 1{,}25\ \text{kgm}^2 = 178\ \text{kgm}^2$;

reduzierte Länge eines Zylinderabstandes 34,8 cm bezogen auf $d = 187{,}3$ mm;

Wellendurchmesser (Motor-Propeller) $d_w = 230$ mm, Wellenlänge $l = 5500$ mm.

Zunächst wird die Drehfederkonstante berechnet:

$$c = \frac{I_p \cdot G}{l} = \frac{\pi \cdot d_w^4 \cdot G}{32 \cdot l} = \frac{\pi \cdot 23^4 \cdot 8{,}14 \cdot 10^4}{32 \cdot 550}\ \text{Nm} = 406{,}4 \cdot 10^4\ \text{Nm}$$

$$\Theta_1 = \Theta_S + \Theta_M = (120 + 90)\ \text{kgm}^2$$

$$\Theta_2 = \Theta_p = 178\ \text{kgm}^2$$

$$\omega_e = \sqrt{406{,}4 \cdot 10^4\ \frac{210 + 178}{210 \cdot 178}}\ \text{s}^{-1} = 205\ \text{s}^{-1}$$

$$\text{n}_e = \omega_2\ \frac{30}{\pi} = 1809\ \text{m}^{-1}\,,$$

daraus folgt

$$n_{\text{kr}\,3} = 603\ \text{min}^{-1}$$

$$n_{\text{kr}\,6} = 302\ \text{min}^{-1}\,.$$

Eine genaue Durchrechnung mit allen Einzelabständen im Motor und etwas unterschiedlichen Durchmessern der Drucklagerwelle und Propellerwelle ergibt

$$n_e = 1755\ \text{min}^{-1}\,,$$

d. h., der Fehler für n_e beträgt rd. 3 % für die Überschlagsrechnung gegenüber der genauen Schwingungsrechnung.

Die auf $d = 187{,}3$ mm reduzierte Länge der Wellenleitung folgt aus

$$\frac{G \cdot I_p}{l} = \frac{G \cdot I_{p\,\text{red}}}{l_{\text{red}}}$$

zu

$$l_{\text{red}} = \frac{I_{p\,\text{red}} \cdot l}{I_p} = \frac{18{,}7^4 \cdot 550}{23^4}\ \text{cm} = 240\ \text{cm},$$

d. h., die reduzierte Länge der Wellenleitung beträgt das 240/34,8 = 6,9fache der reduzierten Länge eines Zylinderabstands, was zur Verwendung der 2-Massen-Formel berechtigte.

Neben den Drehschwingungen treten auch axiale Schwingungen im Wellensystem einer Dieselmotorenanlage auf. Die axiale Eigenfrequenz wird im wesentlichen durch die Massen an der Kurbelwelle und die Steifigkeit der Kurbelwelle infolge der Abmessungen der Kurbelwangen, der Kurbelfolge, den Spielen der Grundlager und durch die Steifigkeit des Drucklagers bedingt, während die Wellenleitung zur Arbeitsmaschine (Schiffspropeller) und diese selbst wenig Einfluß auf die Schwingungsform haben.

Die Erregung von Axialschwingungen im Kurbelwellensystem rührt teilweise von Drehschwingungen, von harmonischen Radial-Komponenten der Gas- und Massenkräfte auf den

Kurbelzapfen und vom Schiffspropeller her. Auch solche Schwingungen werden mit Computerhilfe gerechnet.

Für einen 10-Zylinder-Zweitakt-Schiffsmotor läßt sich zeigen, daß sich für eine Zündfolge 1-9-4-6-3-10-2-7-5-8 eine axiale Amplitude von $7{,}1 \cdot 10^{-3}$ cm für die 5. Ordnung ergibt und für die Zündfolge 1-9-4-7-2-10-3-6-5-8 eine Amplitude von $6{,}3 \cdot 10^{-3}$ cm.

5.5 Motorensteuerung

Unter dem Begriff der *Motorensteuerung* faßt man bei Verbrennungskraftmaschinen gewöhnlich die Teile zusammen, die den Gaswechselvorgang steuern, z. B. beim Dieselmotor den periodischen Austausch der Verbrennungsgase gegen Frischluft bewirken, sowie die Einrichtung zur Drehzahl- und/oder Leistungssteuerung.

5.5.1 Steuerungseinrichtungen und Steuerung des Gaswechsels bei Vier- und Zweitaktmotoren

Beim Viertaktmotor erfolgt die Steuerung dieser Vorgänge durch *Ventile* – man verwendet fast ausschließlich federbelastete Tellerventile –, die von Kurvenscheiben, den Nocken, angetrieben werden.

Bei Zweitaktmotoren wird der Gaswechselvorgang häufig durch den Arbeitskolben gesteuert, der die Mündungen der entsprechenden Kanäle – die Schlitze – in bestimmtem periodischem Rhythmus freigibt bzw. verschließt. Vielfach rüstet man Zweitaktmotoren auch zusätzlich mit einem Ventilmechanismus aus, der dann den Abgasstrom steuert (s. Abschnitt 4.2.4.2).

5.5.1.1 Konstruktive Ausbildung der Ventilantriebe

Die Nocken werden auf einer parallel zur Kurbelwelle gelagerten Welle, der Nocken- oder Steuerwelle, angeordnet und entsprechend befestigt. Bei kleineren Motoren werden Nockenscheiben und Welle in einem Stück gefertigt. Motoren mit mehreren Ein- und Auslaßventilen je Zylinder werden manchmal mit zwei Nockenwellen, eine für die Steuerung der Einlaß-, die andere für die Betätigung der Auslaßventile, ausgerüstet. Da Verschleiß an den Nockenerhebungen zu Änderungen der Steuerzeiten führt, werden die Laufflächen gehärtet.

Bei Dieselmotoren, deren hoher Verdichtungsgrad kleine Verbrennungsräume und somit hängende Ventile erfordert, unterscheidet man zwei grundsätzliche Möglichkeiten der Anordnung für die Nockenwelle. Die untenliegende Nockenwelle betätigt die Ventile über Stoßstangen und Kipphebel, die obenliegende nur über Schwinghebel. Die getriebetechnisch günstigste Ausführungsart ist die direkte Betätigung des Ventils, evtl. über eine mit dem Schaft verbundene Führungsbuchse. Diese Anordnung hat jedoch Nachteile konstruktiver und betrieblicher Art, so daß sie nur selten angewandt wird.

Durch eine Umdrehung der Nockenwelle wird jedes Ventil einmal betätigt. Dementsprechend stimmt deren Drehzahl beim Zweitaktmotor (mit Auslaßventilen) mit der Kurbelwellendrehzahl überein. Bei Viertaktmotoren dagegen läuft sie mit der halben Motordrehzahl um.

Der Antrieb der Nockenwelle muß unter genauer Einhaltung der entsprechenden Übersetzung (1 : 1 bzw. 2 : 1) zwangsläufig erfolgen. Wegen der Parallellage von Kurbel- und Steuerwelle werden *Stirnräder* oder *Rollenkettengetriebe* verwendet. Seltener ist der Antrieb über eine senkrechte oder schräg liegende Zwischenwelle unter Anwendung von Kegelrad- bzw. Schraubradpaarungen.

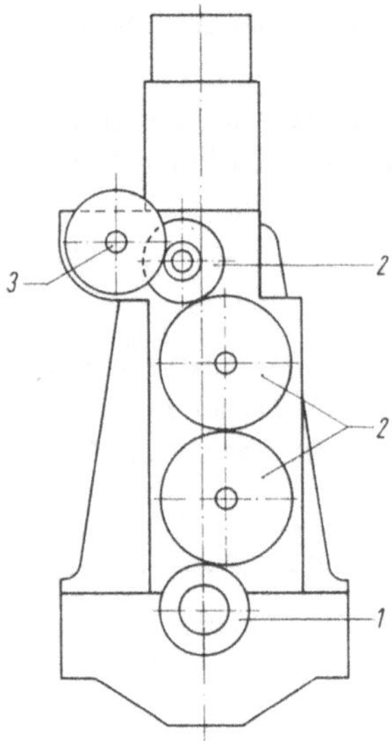

Bild 5.33
Steuerwellenantrieb durch Stirnräder
1 Stirnrad auf der Kurbelwelle,
2 Zwischenräder,
3 Stirnrad auf der Nockenwelle.

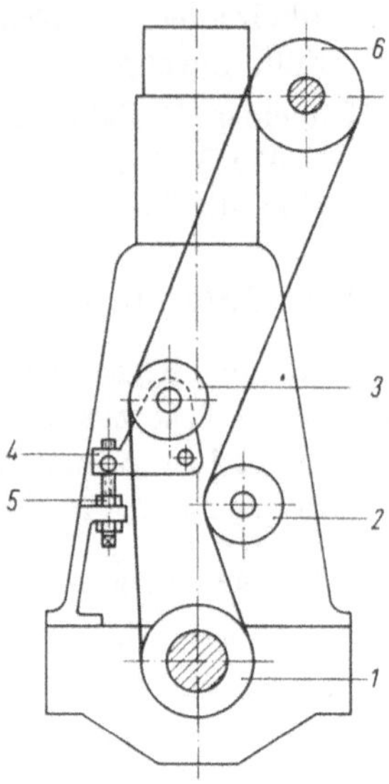

Bild 5.34
Steuerwellenantrieb durch Rollenkette
1 Kettenrad auf der Kurbelwelle,
2 Zwischenrad,
3 Spannrad,
4 Spannblock,
5 Stellschraube,
6 Kettenrad auf der Nockenwelle.

Bild 5.33 zeigt den Antrieb einer am Fuß des Zylindermantels gelagerten Nockenwelle eines Viertaktmotors (Übersetzung 2 : 1) über Stirnräder. Bei einer obenliegenden, d.h. am Zylinderkopf angeordneten Steuerwelle, wird man in vielen Fällen den Antrieb über eine Rollenkette, wie ihn (Bild 5.34) für einen Zweitaktmotor (Übersetzung 1 : 1) zeigt, bevorzugen. Den Vorteilen, die Kettenantriebe bezüglich der Überbrückung großer Achsabstände aufweisen, stehen als Nachteile die infolge des Ungleichförmigkeitsgrades und der Fliehkraft auftretenden Schwingungen (Schlagen der Kette) und die Abhängigkeit des exakten Gleichlaufes der Kurbel- und Nockenwelle von einer belastungsabhängigen Spannung der Kette gegenüber. Als Kettenspanner eignen sich daher vorwiegend Vorrichtungen, die die Kettenspannung jeweils selbsttätig auf den gewünschten Wert einstellen. Bei Vorhandensein eines Druckölsystems werden hydraulisch betätigte Kettenspanner dieser Aufgabe am besten gerecht. Als Spanner finden Stahlbänder mit aufgesetzten Gummiprofilen, bei längeren Ketten zweckmäßiger Spannräder Verwendung, die in jedem Falle im unbelasteten Trum angeordnet werden.

Zur Vermeidung bzw. Verminderung der Ausschläge durch Schwingungserscheinungen, die bei längeren Ketten ein beachtliches Maß annehmen können, müssen Schwingungsdämpfer eingebaut werden. Schon die Anordnung von Zwischenrädern (2 in Bild 5.34) vermindert die Ausschläge. Bei größeren Achsabständen wird man dagegen lange Schienen verwenden müssen, deren aufgesetztes Gummiprofil den Rollen der Kette als Führung dient.

Beim Auswechseln einer Steuerkette ist darauf zu achten, daß Ketten, sofern sie nicht vorgereckt geliefert werden, in der ersten Zeit ihres Einsatzes besonders große Verlängerungen aufweisen. Diesem Umstand ist bei Verwendung mechanischer Spanner (Bild 5.34, Pos. 3, 4, 5), die für wenig wechselnde Betriebszustände durchaus geeignet sind, entsprechende Aufmerksamkeit zu schenken.

Das auf der Nockenwelle sitzende Kettenrad (6 in Bild 5.34) wird in der Regel zweiteilig ausgeführt – Zahnkranz und Nabenkörper getrennt. Beide Teile sind miteinander verschraubt. Mit Hilfe von Langlöchern am Zahnkranz können sie relativ zueinander verdreht werden. Auf diese Weise kann eine Korrektur der gegenseitigen Stellung von Kurbelwelle und Nockenscheiben bei Veränderungen infolge von Lagerabnutzung und Kettenverschleiß bzw. -längung vorgenommen werden. Vielfach verwendet man Doppelrollenketten oder zwei unabhängige Ketten nebeneinander, die so dimensioniert sind, daß jeweils eine davon in der Lage ist, den auftretenden Belastungen standzuhalten. Bei den Ketten handelt es sich durchweg um Spezialausführungen, deren Aufbau geringe Reibung und somit unbedeutenden Verschleiß garantiert.

Viertaktmotoren sind im Zylinderdeckel mit Ein- und Auslaßventilen ausgerüstet. Bei modernen Motoren sind es zur Verbesserung der Gaswechselvorgänge oft mehrere für einen Zylinder. So besitzt beispielsweise die Zylindereinheit des Maybach-MD-Motors sechs konzentrisch angeordnete Ventile, drei Einlaß- und drei Auslaßventile.

Bei Zweitaktmotoren gibt es Bauarten, die den Abgasstrom durch ein oder mehrere Auslaßventile je Zylinder steuern, während die Spülung von unten über Spülkanäle erfolgt, die den Zylinder ganz umgeben. Bei den übrigen Bauarten vollzieht sich der Gaswechsel durch Auslaß- und Spülschlitze und wird vom Kolben gesteuert.

Die Betätigung der Ventile wird über ein kinematisches Getriebe, einen sogenannten Mechanismus, erreicht, dessen Antrieb der Nockenwelle obliegt. Einzelheiten eines solchen Steuermechanismus bei obenliegender Nockenwelle zeigt Bild 5.35. Die drehende Bewegung der Nockenscheibe (1) wird durch den auf der Hebelwelle (8) gelagerten Kipphebel (9) in eine

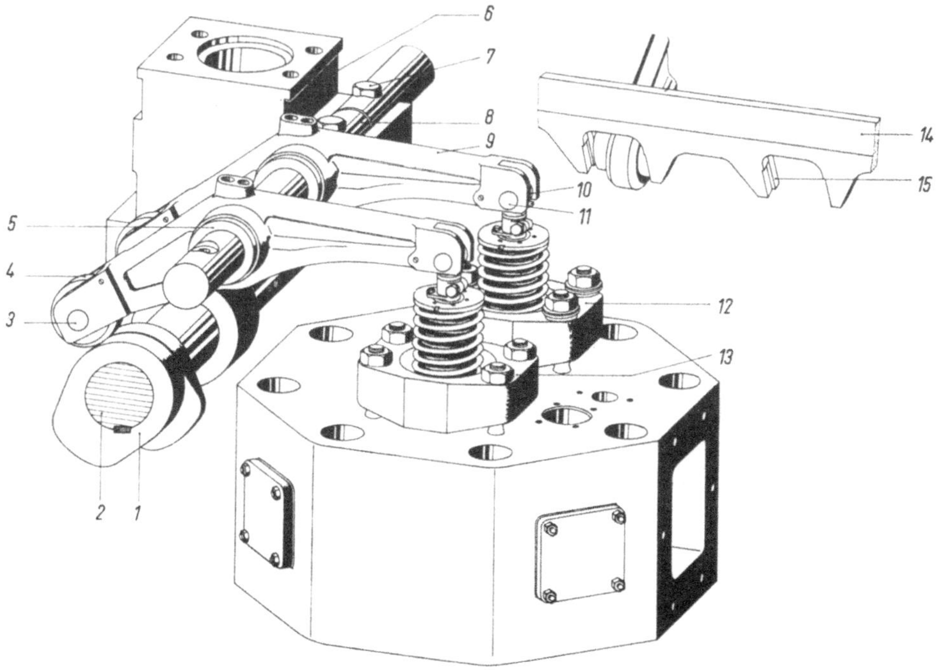

Bild 5.35 Ventilantrieb

1 Einlaßnocken,
2 Steuerwelle,
3 Bolzen,
4 Antriebsrolle,
5 Stellring,
6 Pumpenbank
7 Sechskantschraube,
8 Hebelachse,
9 Steuerhebel,
10 Rolle,
11 Bolzen,
12 Auslaßventil,
13 Einlaßventil,
14 Führungsblech,
15 Gleitstück.

Schwingbewegung umgeformt. Die Übertragung vom Kipphebel auf das Ventil, das in seiner Führung ja nur geradlinig verschoben werden kann, erfolgt in den meisten Fällen kraftschlüssig. Man ordnet dabei ein Zwischenglied (Kugelzapfen, Rolle, Daumen o. a.) an, das die geringfügigen Seitenbewegungen ausgleichen kann. Der Kraftschluß bedingt, daß nur die Öffnung des Ventils vom Mechanismus, der Schließvorgang jedoch durch die Ventilfeder bewirkt wird.

In Bild 5.36 ist der erweiterte Mechanismus bei untenliegender Nockenwelle dargestellt. Der Kipphebel (5) wird hierbei von einer Stoßstange (13) angetrieben, die während des Betätigungsvorganges über eine Rolle mit der Nockenscheibe in kraftschlüssiger Verbindung steht. Die Lage der Stoßstange wird im betrachteten Beispiel durch eine Führung (15/16) fixiert.

Die Lagerung der Kipphebel auf der Hebelwelle (3) ist bei umsteuerbaren Motoren gewöhnlich exzentrisch ausgeführt, um beim Umsteuern die Stoßstange von der Nockenscheibe abheben zu können.

Bei formschlüssiger Verbindung von Kipphebel und Ventilschaft sowie Kipphebel und Stoßstange werden diese Glieder beim Schließvorgang von der Ventilfeder bewegt. Besteht dagegen nur eine kraftschlüssige Verbindung zwischen Ventil und Kipphebel, so wird diese vielfach beim Schließen von einer Zugfeder zwischen Zylinderdeckel und Stoßstange aufrechterhalten. So ergibt sich nach Ablauf der Rolle von der Nockenerhebung zwischen beiden ein gewisses Spiel, die sogenannte Rollenlose. Diese muß vorhanden sein, damit einmal die Ventilfeder das Ventil (12) völlig schließen kann und zum anderen eine unnötig starke Belastung der Rollenlagerung, die zum Heißlaufen und Fressen führen könnte, vermieden wird. Der Betrag des Spieles bei kaltem und warmem Motor ist in der Betriebsanleitung angegeben. Die genaue Einstellung durch Verstellen des Druckstückes und der Klemmhülse (Bild 5.36, Pos. 31 und 33) mit Hilfe einer Fühlerlehre muß sorgfältig vorgenommen werden, da die Glieder des Steuermechanismus im Betrieb aufgrund der Erwärmung Längenänderungen erfahren, die in der Regel das Ventilspiel verringern. Nähere Angaben über die Einstellung der Ventilsteuerung macht Abschnitt 5.5.1.2.3. Die Ausführung der Ventilsteuerung, wie sie Bild 5.36 darstellt, findet im Prinzip bei der Mehrzahl der Viertaktmotoren Anwendung. Auf Abweichungen wird im weiteren Verlauf der Ausführungen eingegangen.

5.5.1.2 Ventile

Die gebräuchlichste Ventilform ist das *Tellerventil* (Bild 5.37). Der Teller, dessen Umfang mit einer kegelförmigen Dichtfläche versehen ist, wird durch Feder- und Gasdruck in den entsprechend bearbeiteten Ventilsitz gepreßt und stellt so eine einwandfreie Abdichtung zwischen den Ansaug- bzw. Auslaßkanälen und dem Zylinder sicher. Ventile werden gewöhnlich aus einem Stück geschmiedet. Der kräftig dimensionierte Schaft dient der Führung der Hubbewegung in einer Buchse und ermöglicht zudem bei der ungeteilten Ausführung eine ausreichende Wärmeabfuhr vom thermisch hochbeanspruchten Teller. Als Werkstoffe für die Ventile werden vorwiegend warmfeste Stähle, Chrom-Silicium-Stähle für Einlaßventile und Chrom-Nickel-Stähle für Auslaßventile, bzw. hochwertiger Grau- oder Stahlguß verwendet. In manchen Fällen, besonders bei schnellaufenden Motoren und solchen, die mit Schweröl betrieben werden, panzert man die Dichtungsflächen mit Hartmetall oder Stelliten, um den Verschleiß in Grenzen zu halten und so höhere Standzeiten zu erreichen. Als Material für die Ventilsitze finden Sonderbronzen, hochwertiger Grauguß, warmfeste Stähle und bei Schnelläufern kleinerer Bauart auch Hartmetall Verwendung.

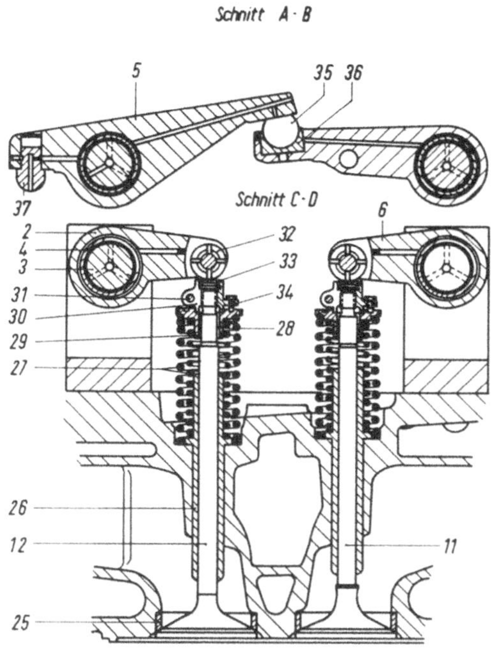

Bild 5.36

Ein- und Auslaßventile mit Antrieb

1 Abdeckkappe,
2 Steuerhebel,
3 Hebelachse,
4 Lagerbüchse,
5 Zwischenhebel,
6 Steuerhebel,
7 Deckel,
8 Schmieranschluß,
9 Lagerbock,
10 Zylinderdeckel,
11 Auslaßventil,
12 Einlaßventil,
13 Stoßstange,
14 Deckel,

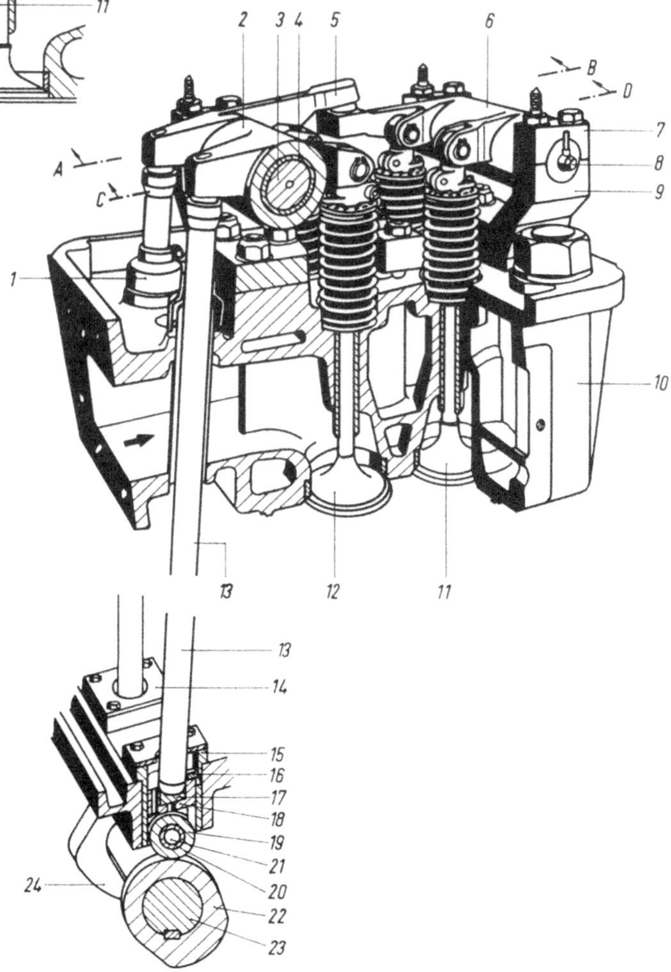

15 Stößelführung,
16 Gleitstein,
17 Kugelpfanne,
18 Rollenstößel,
19 Antriebsrolle,
20 Büchse,
21 Bolzen,
22 Einlaßnocken,
23 Steuerwelle,
24 Auslaßnocken,
25 Ventilsitzringe,
26 Ventilführung,
27 Ventilfeder,
28 Gleitfeder,
29 Federteller,
30 Klemmstück,
31 Klemmschraube,
32 Rolle,
33 Druckstück,
34 Sechskantschraube,
35 Kugel,
36 Kugelpfanne,
37 Kugelbolzen.

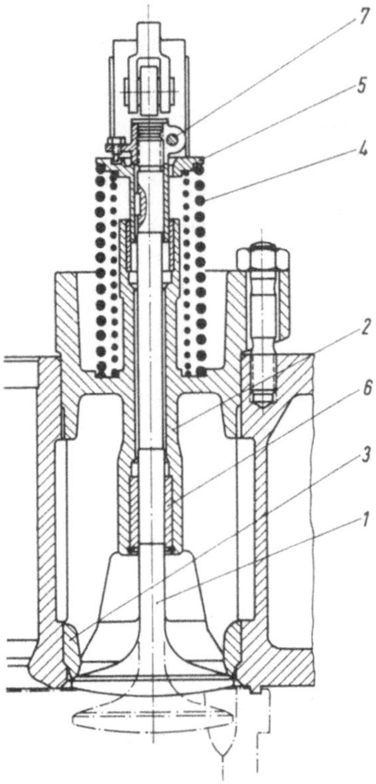

Bild 5.37

Einlaßventil des M.A.N.-4-Takt-Motors GV 52/74

1 Ventilschaft,
2 Ventilgehäuse,
3 Ventilsitz,
4 Ventilfedersatz,
5 Druckteller,
6 Führungsbuchse,
7 Klemmstück.

Bei besonders starker thermischer Belastung, also vorwiegend bei den Auslaßventilen hochbeanspruchter Motoren, verwendet man gelegentlich zur Verbesserung der Wärmeabfuhr vom Teller eine Natriumfüllung im Schaft.

5.5.1.2.1 Einlaßventil

Das nur bei Viertaktmotoren anzutreffende Einlaßventil steuert die Zufuhr der Verbrennungsluft. Es muß so ausgebildet werden, daß es einen ausreichenden Durchtrittsquerschnitt, der im wesentlichen von den Abmessungen und der Gestaltung des Tellers sowie von der Größe des Hubes bestimmt wird, freigibt. Optimale Ansaugverhältnisse werden durch geringe Ansaugunterdrücke und einen entsprechend hohen Füllungsgrad im Zylinder gekennzeichnet. Die entstehenden Unterdrücke werden durch Reibungs- und Drosselverluste im Ansaugsystem verursacht. Die konstruktive Folgerung aus dieser Tatsache ist die Ausführung kurzer Ansaugwege mit möglichst geringen Querschnittsverminderungen. Nachteilig wirkt sich in dieser Hinsicht auch das für die Verschleißminderung erforderliche Vorschalten einer Filterreinigung zur Reinigung der angesaugten Luft aus.

Da die Größe des Ventils, begrenzt durch die Einbauverhältnisse und die Höhe der Massenkräfte, gewisse Werte nicht übersteigen kann, ordnet man vielfach mehrere Einlaßventile für einen Zylinder an, um möglichst gute Füllungsgrade zu erzielen. Wie bereits in Kap. 2 erwähnt, ist die Leistung eines Motors unter anderem vom Füllungsgrad bzw. vom Ansaugdruck abhängig. Auf die Möglichkeit der Aufladung wird in Abschnitt 2.4 eingegangen.

Bild 5.37 zeigt die Anordnung eines Einlaßventils im Zylinderdeckel. Ein Gußgehäuse (2) nimmt den Ventilschaft (1) auf und sorgt mit Hilfe einer eingepreßten Buchse (6) für eine saubere Geradführung der Hubbewegung. Der Ventilsitz (3) ist ein Teil des Gehäuses und dient auch der Führung und Abdichtung desselben im Zylinderdeckel.

Die angesaugte Frischluft bewirkt aufgrund ihrer niedrigen Temperatur eine Kühlung von Ventil und Gehäuse. In der Regel stellen sich dadurch im Betrieb Temperaturverhältnisse ein, die eine zusätzliche Kühlung von außen durch Wasser bzw. von innen durch die schon erwähnte Natriumfüllung überflüssig machen.

Im oberen Teil des Ventilgehäuses (2) ist die Ventilfeder (4) angeordnet. In vielen Fällen ist es aus Gründen der Raumersparnis erforderlich, die gewünschte Federkraft durch zwei parallel geschaltete Schraubenfedern – einen sogenannten Federsatz – aufzubringen. Die ineinander gesteckten Federn sollen dabei gegensinnige Windungsrichtungen besitzen, damit beim Bruch einer Feder eine Störung der Funktion der anderen durch Verklemmen mit den Reststücken vermieden wird. Der Druckteller (5), der durch das Klemmstück (7) am Schaft befestigt ist, stellt die Verbindung zwischen Federsatz und Ventil her. Wie schon erläutert, verrichtet der Federsatz die Schließarbeit und sorgt – unterstützt durch den Gasdruck – für ein einwandfreies Dichten am Ventilsitz.

Hat das Einlaßventil (Bild 5.37) ein besonderes Gehäuse, das in einer Aufnahmebohrung des Deckels (Kanone) befestigt ist, so kann der Ausbau bei Instandsetzungsarbeiten nach Entfernung der Kipphebel ohne Schwierigkeiten durchgeführt werden.

Bei kleineren Motoren werden die Ventile im Deckel geführt (siehe Bild 5.36). Der Ventilausbau ist dann erst nach Abnahme des Deckels möglich.

Bei guter Schmierung der Führungen treten Störungen an Einlaßventilen äußerst selten auf, da die thermische Belastung infolge der Kühlung durch die angesaugte Luft keine extremen Werte annimmt. Wird jedoch ein Ventil undicht, so erwärmt es sich stark durch die heißen Verbrennungsgase, die dann in die Ansaugkanäle dringen. Mit zunehmender Verschlechterung der Abdichtung geht die Kompression zurück und infolge Mangels an Frischluft treten rauchende Verbrennung und schließlich Zündaussetzer auf.

5.5.1.2.2 Auslaßventil

Das Auslaßventil, das außer bei Viertaktmotoren auch bei verschiedenen Ausführungen von Zweitaktmotoren eingebaut wird, dient der Steuerung des Abgasstromes. Es gleicht bezüglich Größe und Ausführung im wesentlichen dem zuvor besprochenen Einlaßventil. Im Gegensatz zu diesem ist es jedoch stets der Einwirkung heißer Abgase ausgesetzt, so daß, zumindest bei Motoren größerer Leistung, eine Kühlung erforderlich wird. Bei dem in Bild 5.38 dargestellten Auslaßventil erfolgt diese mit Wasser. Das Kühlwasser wird dem mit Hohlräumen versehenen Ventilkorb (1) zugeführt und fließt nach dem ebenfalls gekühlten Abgasrohr ab.

Der als Einzelteil gefertigte Ventilsitz (2), der ebenso wie der Ventilteller starker Verschleißbeanspruchung unterliegt, wird durch den Ventilkorb (1) in den Zylinderdeckel gepreßt. Er kann so bei Instandsetzungsarbeiten leicht ausgewechselt werden.

Wichtig beim Auslaßventil ist eine gute Wärmeleitung vom Teller zum Schaft, die durch entsprechende Dimensionierung des Schaftquerschnittes gesichert werden kann. Vom Schaft wird die Wärme dann über die Führungsbuchse und die Gehäusewandungen an das Kühlwasser abgegeben.

Auch beim Auslaßventil strebt man einen möglichst großen Hub an, um durch reichliche Durchflußquerschnitte die Drosselverluste, die beim Ansaugvorgang zu erhöhten Restgasanteilen im Zylinder führen, zu vermindern. Damit das Ventil, das im oberen Totpunkt ja noch nicht geschlossen hat, nicht den Kolben berührt, muß häufig die Kolbendecke mit

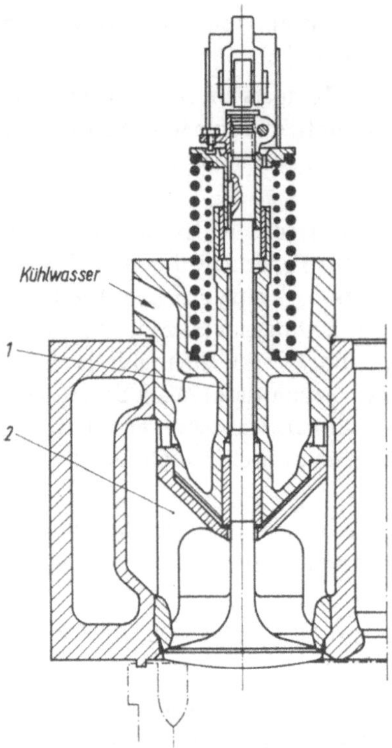

Bild 5.38
Auslaßventil des M.A.N.-4-Takt-Motors GV 52/74
1 Ventilkorb,
2 Auswechselbarer Ventilsitz.

Aussparungen, d. h. Vertiefungen, versehen werden. Die Anordnung mehrerer Auslaßventile zur Verbesserung der Ausstoßvorgänge findet in ähnlicher Ausführung wie bei den Einlaßventilen vielfach Anwendung.

Angesichts der hohen Betriebstemperaturen erfordert das Auslaßventil wärmebeständigen Werkstoff bester Qualität. Der Beobachtung des Abgassystems ist größte Aufmerksamkeit zu schenken, um bei Ventilschäden rechtzeitig eine Überholung durchführen zu können. In der Regel sind Undichtigkeiten am Ventilsitz, die durch Wärmeverzug des Schaftes oder Rückstandsablagerungen an den Dichtflächen verursacht werden, Ausgangspunkte größerer Schäden. Besonders bei Verwendung minderwertiger Kraftstoffe bzw. bei schlechter Verbrennung sowie bei relativ hohem Ölanteil im Verbrennungsraum treten infolge von Koksablagerungen an den Sitzflächen örtlich Undichtigkeiten auf. Durch diese Ritzen treten beim Verbrennungsvorgang Feuerstrahlen in die Abgaskanäle über. Dies führt zu thermischen Beanspruchungen, denen der Werkstoff an Sitz und Teller nicht mehr gewachsen ist. Zunächst treten nur begrenzte Zerstörungen auf, durch die die Undichtigkeit jedoch rasch zunimmt. Die Verdichtung nimmt ab, der Motor beginnt zu rauchen. Während des Ansaugvorganges werden Abgase aus der Auspuffleitung zurückgesaugt, der Luftmangel vergrößert sich. Die Zerstörungen am Ventil erreichen innerhalb kurzer Zeit ein Ausmaß, das den Arbeitsablauf im Zylinder zum Erliegen bringt.

Das Rauchen des Motors – ein Zeichen unvollkommener Verbrennung – ist wohl am Auspuff zu erkennen, doch kann man nicht ohne weiteres feststellen, von welchem Zylinder es herrührt. Man kann den Schaden lokalisieren, indem man die an jedem Auslaßventilstutzen angebrachten Hähne bzw. die Indikatorhähne an den Zylindern der Reihe nach öffnet. Am gesuchten Zylinder tritt der Feuerstrahl nicht rein, sondern mit Rauch vermischt aus. Indikatorhähne darf man nur kurzzeitig öffnen, da sich sonst der Sitzkegel festsetzt oder durch Verbrennen der Kanten undicht wird. Man kann auch Papier vor die Hahnöffnungen halten, auf dem sich bei unvollkommener Verbrennung der unverbrannte Kraftstoff abzeichnet.

Schlechtes Dichten der Ventile kann aber auch durch Korrosion verursacht werden. Besonders bei Stillstand können Säuren – vorwiegend Schwefelsäure (H_2SO_4) –, die sich aus Verbrennungsrückständen unter Zutritt von Kondenswasser bilden, die Dichtflächen durch Anfressen zerstören.

Besitzt das Auslaßventil ein eigenes Gehäuse, so darf man beim Einsetzen in den Deckel die Flanschschrauben nicht zu stark anziehen, damit die Dehnung bei Erwärmung nicht zum Verzug des Gehäuses führt. Günstig ist in dieser Hinsicht die Verwendung eines Drehmomentschlüssels, da dieser nicht nur die Einhaltung bestimmter Werte, sondern vor allem auch einen gleichmäßigen Anzug aller Schrauben ermöglicht. Die entsprechenden Werte für die Anzugmomente findet man gewöhnlich in den Anleitungen des Motorenherstellers. Nach Erwärmung im Betrieb wird der Anzug kontrolliert und gegebenenfalls korrigiert.

Da Gehäuseverzug zum Klemmen des Ventilschaftes führen kann, werden mitunter auch konstruktive Maßnahmen getroffen, um die Wärmedehnungen zu kompensieren. Zu nennen wären die Zwischenschaltung federnder oder elastischer Glieder und die Verwendung formelastischer Schrauben.

Gleitende Teile – Schaft, und bei Führung der Federdruckplatte auch der Federtellerkolben – paßt man beim Auslaßventil zweckmäßig mit Spiel ein. Dies sollte so bemessen sein, daß auch bei extremen Betriebsbedingungen ein Klemmen, das aufgrund der unterschiedlichen Dehnungseigenschaften der Werkstoffpaarung auftreten kann, verhütet wird. Gleichzeitig wird dadurch die Schmierstoffzufuhr erleichtert. Eine sparsame Schmierung mit dünnflüssigem Öl (evtl. auch mit einer Mischung aus Kraftstoff [Dieselöl] und Öl) ist angeraten, da sich an dem heißen Ventilschaft Krusten bilden können, die die Hubbewegung stark beeinträchtigen. Gewöhnlich vermag die Ventilfeder gegen diesen Widerstand das Ventil nicht mehr völlig zu schließen. Die Folgen sind die gleichen wie bei Undichtigkeiten an den Sitzflächen infolge Rückstandsablagerung. Ermüdete oder gebrochene Ventilfedern sind, sofern keine Sichtkontrolle möglich ist, am Schlagen des Ventiles zu erkennen. Da die gleiche Erscheinung auch beim Hängen der Ventile infolge verschmutzter oder trockener Führungen auftritt, sollte man zunächst Öl zuführen. Dauert das Schlagen an, so muß man die Feder nachspannen oder erneuern. Auslaßventile können bei den hohen Temperaturen leicht in den Kanonen festbrennen, so daß ein Ausbau auf Schwierigkeiten stößt. Die Anwendung von Gewalt ist dann in jedem Falle zu vermeiden. Man baut zuerst das Einlaßventilgehäuse aus, legt einen Stahl- oder Bronzeklotz auf den Kolben unter das Auslaßventil und drückt damit das Gehäuse durch vorsichtiges Törnen des Motors heraus.

Hohe Standzeiten und hinreichende Zuverlässigkeit der Ventile bei Verwendung schlechter Kraftstoffe sind seit Jahren bei den Konstrukteuren von mittelschnellaufenden Dieselmotoren das zentrale Entwicklungsziel [5.10]. Die Herstellung der Ventile konzentrierte sich bisher auf Spezialfirmen, die im Laufe der Jahre zwar einen hohen Fertigungsstand erreichten, deren produktbezogene Forschung und Entwicklung infolge ihres großen zeitlichen wie räumlichen Abstandes zu den Ereignissen in der Praxis jedoch oft zu wünschen übrig ließ. Die folgerichtige Entscheidung war für Krupp MaK, eine eigene Ventilfertigung aufzubauen, weil nunmehr die gegenseitige Beeinflussung von Entwicklung, Fertigung und Versuch optimal, gewissermaßen unter einem Dach durchgeführt werden kann.

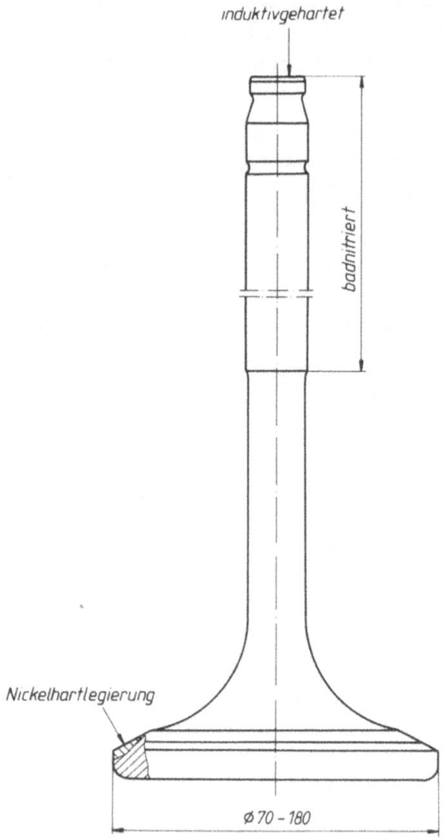

Bild 5.39
MaK-Auslaßventil für Schwerölbetrieb

Da für die Verarbeitung von Hartlegierungen eine hochentwickelte Technologie zur Verfügung stand, konnte die Fertigung von Anfang an mit einer leistungsfähigen Schweißmaschine ausgestattet werden, die eine genaue Einhaltung eines einmal vorgeschriebenen Verfahrens ermöglicht. Da hiermit zunächst jedoch nur der Einstieg bis zum damaligen Stand der Technik erfolgen konnte, wurde umgehend eine produktbegleitende Entwicklungsgruppe geschaffen, deren Aufgabe darin besteht, die noch vorhandenen Wissenslücken um das Maschinenelement „Ventil" weiter zu verringern.

Schwerpunktmäßig wurde die Eigenfertigung Anfang 1979 für die Motorenbaureihe M 551/552 mit 600 kW/Zylinder begonnen, da hier die meisten Schwerölerfahrungen und Erprobungsmöglichkeiten vorhanden waren. Zwischenzeitlich ist auch die Fertigung für die Baureihen M 453 und M 601 angelaufen. Das Ventil (Bild 5.39) ist aus X 45 Cr Si 9 V hergestellt und erhält eine mehrlagig aufgetragene Sitzpanzerung aus einer korrosionsbeständigen Nickelhartlegierung. Das Schaftende wird bis zur unteren Abstreifkante badnitriert. Dadurch wird ein ausgezeichnetes Laufverhalten in der Führungsbuchse bei gleichzeitigem Korrosionsschutz erreicht, außerdem werden Mikroverschweißungen unter der Klemmkonusverbindung vermieden.

Neben der sorgfältigen Kontrolle der zur Fertigung vorgesehenen Rohlinge werden während der Vor- und Fertigbearbeitung der Panzerung mehrere Zwischenkontrollen eingeschaltet, um rechtzeitig Ventile mit Fehlstellen (hauptsächlich Schweißporen) auszusondern. Durch

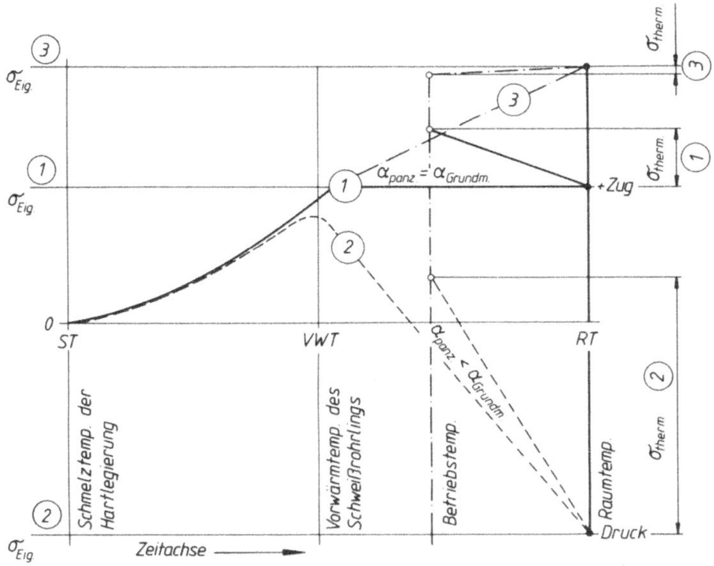

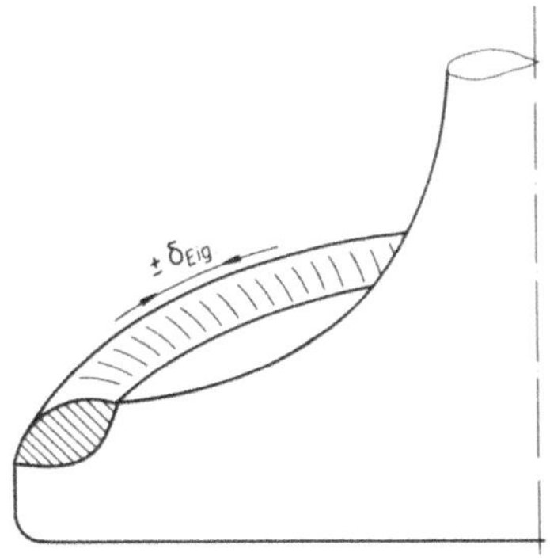

① Normaler Kohlenstoffstahl mit $\alpha_{panz} = \alpha_{Grundm.}$ Nach Erreichen der Vorwärmtemperatur (VWT) ändern sich die Spannungsverhältnisse bis zum Erreichen der Raumtemperatur (RT) nicht mehr.

② Austenitischer Stahl mit $\alpha_{panz} < \alpha_{Grund}$. Nach Erreichen der VWT baut sich in der Panzerung eine Druckspannung auf, da das Grundmaterial sich stärker zusammenzieht.

③ Normaler Kohlenstoffstahl mit $\alpha_{panz} > \alpha_{Grundm}$. Nach Erreichen der VWT steigt die Zugeigenspannung in der Panzerung, da diese sich infolge ihres größeren Wärmeausdehnungskoeffizienten das Bestreben hat, sich stärker zusammenzuziehen.

Bild 5.40
Spannungsaufbau in der Panzerung nach dem Schweißen und bei Erreichen der Betriebstemperatur im Motor für Auslaßventil

ein spezielles Wärmebehandlungsverfahren ist es bereits seit 1979 gelungen, die naturgemäß vorhandenen Zugeigenspannungen (siehe Kurve 1 in Bild 5.40) weitgehend abzubauen bzw. in Druckspannungen umzuwandeln. Darüber hinaus werden alle Ventile während der Endkontrolle durch einen besonderen Temperaturgang im Bereich der Panzerung einmalig mit etwa 3 mal höheren Zugspannungen belastet, als später durch den wirklichen Betriebstemperaturgang erwartet werden. Die Höhe der so aufgebrachten Zugbeanspruchung liegt fast im Bereich der zulässigen Zugbeanspruchung der Hartlegierung, so daß als Folge alle Ventile, die Fehlstellen in der Panzerung oder noch eine zu hohe Eigenspannung besitzen, ausfallen.

Der Erfolg dieser, auf umfangreiche und leider auch teure Vorversuche beruhende Prüfmethode ist überzeugend: Von den bisher in 1979 und 1980 über 100 in den Einsatz gebrachten Ventilen sind nur 3 Ventile ausgefallen. Eigene Zwischenkontrollen nach 2000 h und 4000 h lassen bereits heute die Aussage zu, daß alle Ventile aus dieser Fertigung, die den Gütevorstellungen entsprechen, ein Überholintervall von 1 Jahr, d. h. mindestens 6000 Betriebsstunden, sicherstellen. Die Grenze der Lebensdauer dürfte durch die Unterseitenkorrosion bestimmt werden.

Es gibt heute eine Reihe Panzerungswerkstoffe (Hartlegierungen), die hervorragende Warmhärte und Hochtemperaturkorrosionsbeständigkeit besitzen, aber während des Betriebes zu

Rissen neigen. Wenn man die Problematik näher analysiert, stellt man fest, daß die wirklichen Beanspruchungsverhältnisse eines Ventiles kaum bekannt sind, zumal es sich nicht um einen „einfachen" Werkstoff, sondern um einen Verbundwerkstoff aus Grundmaterial und Panzerwerkstoff handelt, der außer durch betriebsbedingte Spannungen noch durch Eigenspannungen beansprucht werden kann. Eigenspannungen kann man leider am fertigen Ventil heute noch nicht messen, so daß die Situation besteht, daß ein Bauteil im Motor verwendet wird, über dessen Lebenserwartung keine hinreichende Aussage gemacht werden kann.

Die Eigenspannung

Über die Entstehung der Eigenspannung bei der Fertigung und über den thermischen Lastwechsel gibt Bild 5.40 Auskunft. Während der Abkühlphase von der Schmelztemperatur der Hartlegierung auf die Vorwärmtemperatur des Schweißrohteils bauen sich infolge der Schrumpfung Eigenspannungen in der Panzerung aus, deren Höhe in erster Linie vom Erstarrungsverhalten und den thermischen Eigenschaften der aufgebrachten Hartlegierung abhängt. Der weitere Verlauf der Eigenspannungen beim Abkühlvorgang auf Raumtemperatur hängt dann sehr stark von den Eigenschaften des Grundmaterials ab. Die Werkstoffkombination ① führt zu den niedrigsten Zugeigenspannungen bei Raumtemperatur, wohingegen ③ den niedrigsten thermischen Lastwechsel ermöglicht. Die Kombination ② ergibt zwar bei Raumtemperatur meistens Druckspannung, hat aber gleichzeitig den höchsten thermischen Lastwechsel. Aus heutiger Sicht ist daher ① oder ③ zu bevorzugen.

Der thermische Lastwechsel (low cycle)

Jedesmal, wenn der Motor auf Betriebstemperatur gebracht wird, tritt wegen des Temperaturunterschiedes von Tellermitte zum Außenrand in der Panzerung eine zyklische Schwellbeanspruchung in Richtung Erhöhung der Zugspannung auf. Dieser Spannungsausschlag hängt stark von der Größe des linearen Wärmeausdehnungskoeffizienten des Grundmaterials ab. Kohlenstoffstähle mit niedrigem Wärmeausdehnungskoeffizienten verhalten sich günstiger als z. B. austenitische Stähle. Bild 5.41 zeigt z. B. die Spannungsverteilung in einem Ventil aus Kohlenstoffstahl als Folge der ungleichen Temperaturverteilung im Teller. Die errech-

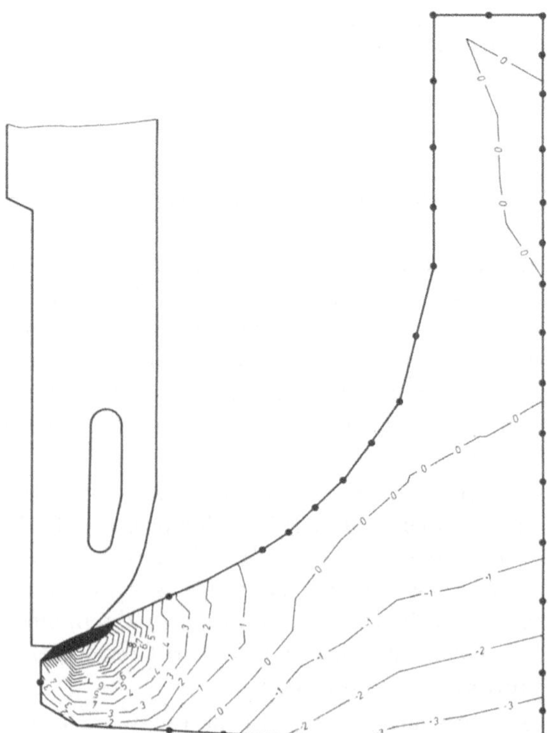

Bild 5.41
Spannungsverlauf in der Ventilspindel auf Grund der Temperaturverteilung

neten 160 N/mm^2 stellen eine zyklische Schwellbeanspruch dar, die durchaus im Bereich der Zeitfestigkeit der Panzerung liegen darf, falls die Lebensdauer des Ventils z. B. durch die Korrosion bestimmt wird. Es muß nur sichergestellt sein, daß das Ventil vor Erreichen der kritischen Lastspielzahl durch eine vorgeschriebene vorbeugende Wartung ausgetauscht wird.

Der mechanische Lastwechsel (high cycle)

Durch den Zünddruckeinfluß tritt im Bereich der Panzerung eine zyklische Schwellbeanspruchung mit der Frequenz der halben Motordrehzahl auf, Bild 5.42 zeigt die entsprechende Tellerverformung. Die Größenordnung dieser Beanspruchung muß in jedem Fall kleiner als die zulässige Dauerwechselfestigkeit der jeweiligen Hartlegierung bzw. des Verbundwerkstoffes sein, da die kritische Lastwechselzahl bei einem normalen Mittelschnelläufer spätestens nach 200 Betriebsstunden erreicht wird. Aus dieser Tatsache kann man sehr stark vermuten, daß der high cycle wohl kaum eine Rolle für die Rißbildung spielt, sondern daß hierfür eher die Überlagerung von Eigenspannung und niederfrequenter Wärmespannung verantwortlich ist.

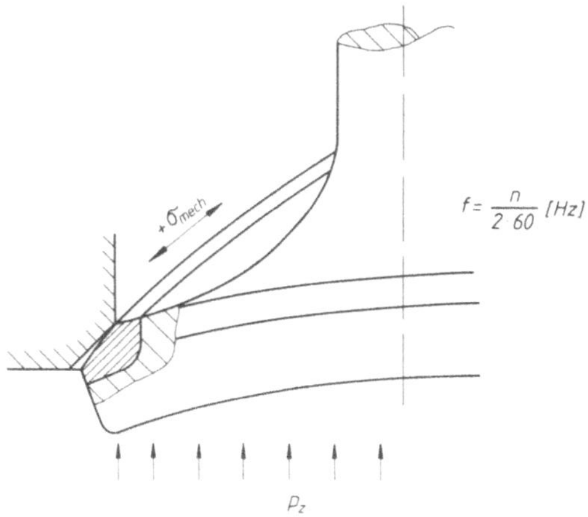

Bild 5.42
Mechanischer Lastwechsel am Auslaßventil

Der thermische "high cycle"

Bedingt durch den instationären Wärmefluß wird die Ventilpanzerung zyklisch aufgeheizt und gekühlt (Bild 5.43). Die hierbei auftretende hochfrequente Schwellbeanspruchung dürfte aller Voraussicht nach auch von untergeordneter Bedeutung sein.

5.5.1.2.3 Einstellung der Ventilsteuerung

Aufgrund der hohen Drücke, die innerhalb sehr kurzer Zeiträume zur Wirkung kommen, sind beim Dieselmotor Einstellarbeiten an der Ventilsteuerung mit ganz besonderer Genauigkeit auszuführen.

In regelmäßigen Abständen muß das Ventilspiel überprüft werden. Es kann mit einer Fühlerlehre zwischen Stoßstangenrolle und Nockenscheibe bzw. Kipphebel und Ventilschaft (oder Druckstück) gemessen werden (Bild 5.44). Die Einstellung erfolgt durch Verändern der Stellung des Klemmstückes (Bild 5.36, Pos. 31). Das vorgeschriebene Ventilspiel soll einerseits gewährleisten, daß das Ventil auch bei Wärmedehnungen von Stoßstange und Schaft einwandfrei schließen kann, und andererseits eine übermäßige Beanspruchung von Lager- und Gleitstellen des Mechanismus vermeiden. Zu großes Ventilspiel vermindert den Öffnungswinkel und den Hub der Ventile, was zu Leistungsabfall führt (Bild 5.45).

Das Ventilspiel wird in der Regel zunächst bei kaltem Motor nach den in der Betriebsanleitung angegebenen Werten eingestellt. Bei Erwärmung des Mechanismus im Betrieb

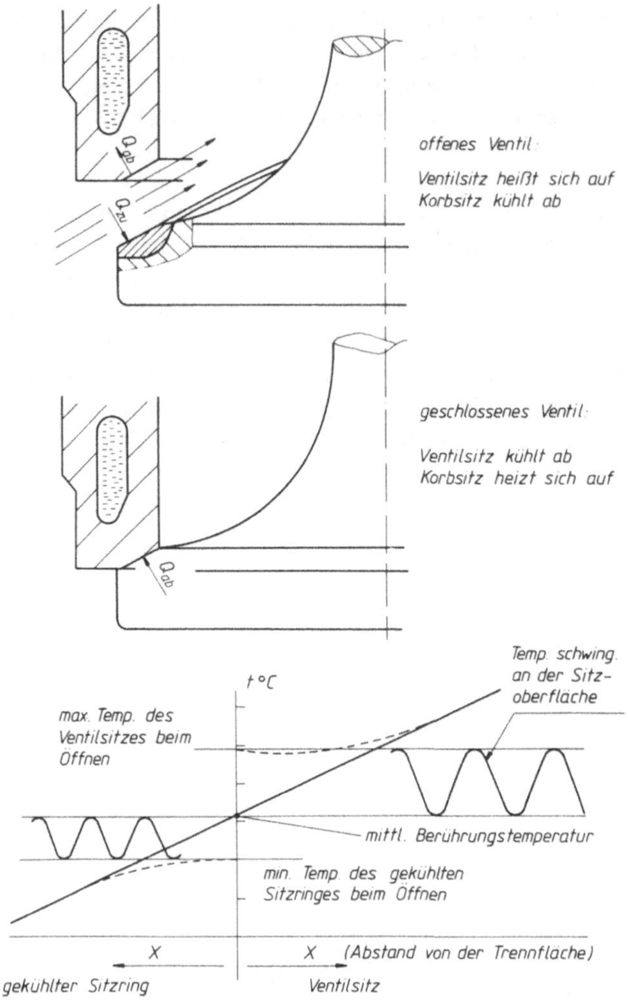

Bild 5.43
Thermische high cycles am Auslaßventil

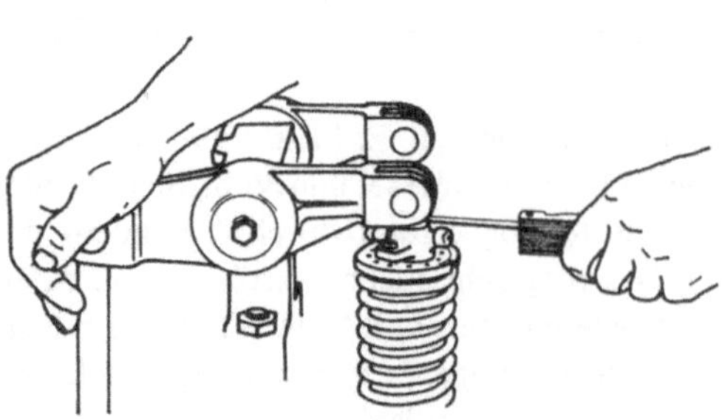

Bild 5.44 Prüfen des Ventilspiels an einem M.A.N.-Motor

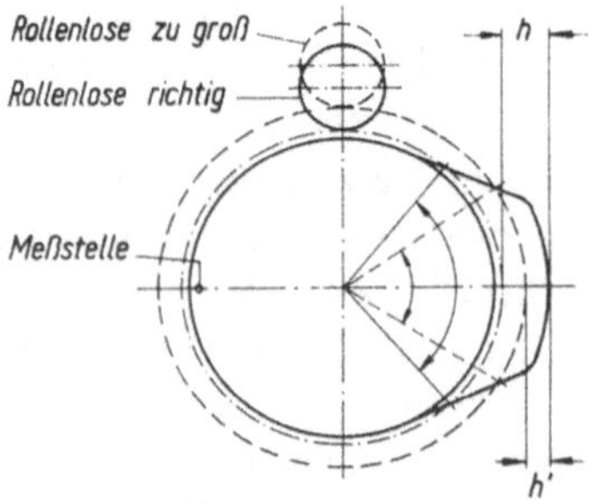

Bild 5.45 Einfluß der Spieleinstellung auf den Öffnungswinkel und Ventilhub

verkleinert es sich. Messungen des Spieles zwischen Rolle und Nockenscheibe sollten immer bei der gleichen Stellung der Nockenscheibe vorgenommen werden, da die Scheiben nicht absolut genau gefertigt werden können. Die entsprechende Stelle kennzeichnet man zweckmäßigerweise durch eine seitliche Markierung mit dem Körner (Bild 5.45).

Die Wärmedehnung von Stoßstange und Schaft ist von deren Länge und den Temperaturen, denen sie ausgesetzt sind, abhängig. Da durch unterschiedliche Zustände am warmen Motor verschiedene Größen des Spieles an den einzelnen Ventilen auftreten können, sollten in jedem Fall bei Betriebstemperatur eine Nachprüfung und gegebenenfalls Korrekturen durchgeführt werden. Spielwerte für den Betriebszustand findet man ebenfalls in der Betriebsanleitung.

Wird das Ventil über ein Rollenglied betätigt, so kann man sich auch während des Betriebes davon überzeugen, ob eine ausreichende Rollenlose vorliegt. Kann man die Rolle festhalten, wenn sie über den Grundkreis der Nockenscheibe läuft, so ist genügend Spiel vorhanden.

Ein Beispiel aus der Praxis soll die Notwendigkeit dieser Überprüfung verdeutlichen. Die Messung des Ventilspieles (der Rollenlose) an den Auslaßventilen eines Vierzylindermotors ergab folgende Werte:

Zylinder	I	II	III	IV
bei kaltem Motor	0,9 mm	0,9 mm	0,9 mm	0,9 mm
bei warmem Motor	0,5 mm	0,45 mm	0,3 mm	0,5 mm
Unterschied	0,4 mm	0,45 mm	0,6 mm	0,4 mm

Das vorgeschriebene Spiel bei warmem Motor ist 0,5 mm. Also muß am Ventil des Zylinders III die Einstellung korrigiert werden.

In manchen Fällen kann auch eine Kontrolle der Ventilöffnungszeiten notwendig werden. Auf dem Prüfstand des Motorenherstellers werden die Eröffnungs- und Schließzeitpunkte auf einen Grad Kurbelwinkel genau festgestellt.

Die ermittelten Werte werden in der Betriebsvorschrift aufgeführt. Die Öffnungszeiten werden auch vielfach in Steuerdiagrammen angegeben. In einem solchen Diagramm trägt man das Arbeitsspiel eines Zylinders in Abhängigkeit vom Kurbelwinkel α auf und vermerkt die Ventilöffnungsintervalle, in manchen Fällen auch die Einspritzperioden. Grundsätzlich gibt es zwei Möglichkeiten der Darstellung: das Kreis- und das Linien-(Wellen-)diagramm. Die letztgenannte Form des Steuerdiagrammes für einen Viertakt- und einen Zweitaktmotor zeigt Bild 5.46.

Die Ermittlung bzw. Überprüfung der Öffnungs- und Schließwinkel nimmt man an der Schwungscheibe vor. Auf dieser befinden sich vom Hersteller angebrachte Marken für die Kolbentotpunktlagen der einzelnen Zylinder. Ein am Motorengestell angebrachter Zeiger gestattet an der Schwungscheibe die Bestimmung beliebiger Kolbenstellungen für jeden Zylinder.

Gewöhnlich mißt man den Ventilöffnungsbogen, d.h. den Weg, den ein Punkt am Umfang der Schwungscheibe während der Öffnungsperiode zurückgelegt hat. Durch einfache Umrechnung erhält man daraus den entsprechenden Drehwinkel, der durchlaufen wurde.

Es gilt

$$\frac{\text{Länge des Bogens am Umfang } b}{\text{Umfang der Schwungscheibe } U} = \frac{\text{gesuchter Winkel } \alpha^\circ}{360^\circ}$$

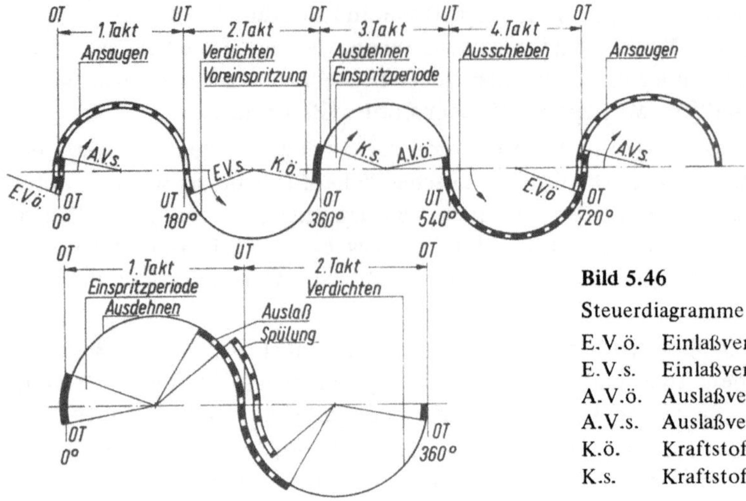

Bild 5.46

Steuerdiagramme für 2- und 4-Takt-Motor

E.V.ö.	Einlaßventil öffnet
E.V.s.	Einlaßventil schließt
A.V.ö.	Auslaßventil öffnet
A.V.s.	Auslaßventil schließt
K.ö.	Kraftstoffeinspritzventil öffnet
K.s.	Kraftstoffeinspritzventil schließt

Beispiel: Schwungscheibendurchmesser $D_s = 1900$ mm.
Welcher Bogen entspricht einem Grad Kurbelwinkel?

$$\frac{b}{U} = \frac{\alpha^\circ}{360^\circ}; \quad U = D_s \pi.$$

$$b = U \frac{\alpha^\circ}{360^\circ} = D_s \pi \frac{\alpha^\circ}{360^\circ} = 1900 \text{ mm}\, \pi \frac{1^\circ}{360^\circ} \approx 16{,}6 \text{ mm}.$$

Der Öffnungszeitpunkt der Ventile ist erreicht, wenn die Rolle auf der Nockenscheibe aufsetzt und sich nicht mehr drehen läßt. Enthält der Ventilmechanismus kein Rollenglied, so muß der Zeitpunkt des Aufsetzens des Kipphebels auf den Schaft bzw. das Druckstück bestimmt werden. Schließzeitpunkt ist der Augenblick des Abhebens der entsprechenden Glieder.

Zur Ermittlung der Öffnungs- bzw. Schließwinkel wird die Strecke vom Zeiger bis zur benachbarten Totpunktlage für den betrachteten Zylinder am Umfang der Schwungscheibe gemessen. Aus diesem Maß wird mit der oben angeführten Gleichung der jeweilige Winkel berechnet.

Beispiel: Für ein Auslaßventil wird auf einer Schwungscheibe von $D_s = 1900$ mm Durchmesser ein Bogen $b = 520$ mm von der Öffnungsstellung zur *OT*-Marke gemessen. Wie groß ist der Voröffnungswinkel des Ventils?

$$\frac{b}{U} = \frac{\alpha^\circ}{360^\circ}; \quad U = D_s \cdot \pi.$$

$$\alpha = 360^\circ \frac{b}{D_s \pi} = 360^\circ \cdot \frac{520 \text{ mm}}{1900 \text{ mm} \cdot \pi} \approx 31{,}3^\circ.$$

Die Ermittlung der Öffnungszeiten von Ein- und Auslaßventilen erfolgt in normaler Betriebsstellung, für die Bestimmung der Anlaßventilöffnung muß auf „Anlassen" umgeschaltet werden.

Aus Bild 5.46 ist zu ersehen, daß das Öffnen und Schließen der Ventile nicht in den Totpunktlagen erfolgt. Die Verschiebung gegenüber diesen Punkten wird durch das Anstreben optimaler Verhältnisse beim Ansaugen und Ausschieben bedingt. Im betrachteten Beispiel schließt das Einlaßventil 23° Kurbelwinkel nach *UT*, also erst zu Beginn des Verdichtungshubes, während das Auslaßventil schon vor Beginn des Ausschubhubes, 18° vor *UT*, öffnet.

Eine ähnliche Verschiebung der Öffnungs- und Schließzeiten (Ventilüberschneidungszeit) wird man bei unaufgeladenen Viertaktmotoren beobachten können.

Genauen Aufschluß über das richtige Arbeiten des Motors und damit auch über die richtige Einstellung der Ventilsteuerung und der Einspritzung vermittelt das Indikatordiagramm. Auf diese Möglichkeit zur Überprüfung der Vorgänge im Motorenzylinder wird in Abschnitt 6.6 eingegangen.

5.5.2 Kraftstoffeinspritzvorrichtung und Steuerung bzw. Regelung des Einspritzvorganges

Aufgabe der Kraftstoffeinspritzvorrichtungen ist es, eine bestimmte Kraftstoffmenge zum richtigen Zeitpunkt in zerstäubtem Zustand in den Zylinder zu bringen. Eine zweckmäßige Gestaltung des Verbrennungsraumes soll dann die innige Mischung des Kraftstoffnebels mit der Verbrennungsluft ermöglichen, so daß eine vollkommene Verbrennung stattfinden kann. Um eine Vorstellung von den Schwierigkeiten zu vermitteln, die den genannten Forderungen entgegenstehen, soll an dieser Stelle die Größenordnung der Zeiträume ermittelt werden, die für die geschilderten Vorgänge zur Verfügung stehen.

Betrachten wir zunächst einen Dieselmotor mit der Drehzahl $n = 180\ \text{min}^{-1}$. Der Einspritzvorgang möge innerhalb eines Kurbelwinkels $\alpha_E = 18^\circ$ erfolgen.

$$\text{Einspritzzeit } t_E = \frac{\text{Einspritzwinkel } \alpha_E{}^\circ}{360^\circ \cdot \text{Drehzahl}},$$

$$t_E = \frac{\alpha_E{}^\circ}{360^\circ \cdot n} = \frac{18^\circ}{360^\circ \cdot 120}\ \text{min} = \frac{18^\circ \cdot 60\,\text{s}}{360^\circ \cdot 120} = 0{,}025\ \text{s}.$$

Bei diesem ausgesprochenen Langsamläufer stehen also nur 25 ms für das Einspritzen, Verdampfen, Vergasen, Zünden und Verbrennen des Kraftstoffes zur Verfügung. Untersuchen wir in dieser Hinsicht einen schnelläufigeren Motor mit $n = 600\ \text{min}^{-1}$ und einem Einspritzwinkel $\alpha_E = 40^\circ$ Kurbelwinkel, so ergibt sich eine Einspritzzeit

$$t_E = \frac{\alpha_E{}^\circ}{360^\circ \cdot n} = \frac{40^\circ \cdot \text{min}}{360^\circ \cdot 600} = \frac{40^\circ \cdot 60\,\text{s}}{360^\circ \cdot 600} \approx 0{,}011\ \text{s}.$$

Daraus ist zu ersehen, daß die Beherrschung der Einspritzung und Verbrennung um so schwieriger wird, je höher die Drehzahlen liegen.

Über die Gemischbildung und Entwicklung der Einspritzverfahren siehe die Abschnitte 4.2.2 und 4.2.3.

5.5.2.1 Einspritzung

5.5.2.1.1 Aufbau und Wirkungsweise der Einspritzventile

Im Prinzip besitzt ein Einspritzventil folgenden Aufbau: In ein Gehäuse aus hochwertem Stahl wird eine Ventilnadel so sauber eingeschliffen, daß sie gegen den hohen, mehrere hundert Atmosphären betragenden Druck dichthalten kann. Darüber hinaus muß sich die Nadel leicht bewegen lassen, damit sie den Druckimpulsen der Kraftstoffpumpe präzise folgen kann. Gegen den Verbrennungsraum dichtet sie mit einem Kegelansatz im Sitz des Nadelgehäuses (Bild 5.47, Pos. 6) ab.

Man unterscheidet nach Anzahl der Bohrungen – je nach Größe des Motors eine bis neun – Einloch- und Mehrlochdüsen. Für kleinere Motoren führt man Nadelgehäuse und Düsenplatte in einem Stück aus und bezeichnet sie als Düsenkörper (Bild 5.48, Pos. 11). Bekannt sind die von der Firma Bosch hergestellten Düsenelemente (kurz „Düsen“ genannt), die in verschiedenen Ausführungen geliefert werden (Bilder 5.49 und 5.50). Zu erwähnen wäre besonders neben den Ein- und Mehrlochdüsen die Zapfendüse (Bild 5.50b). Bei dieser ist die Nadel unterhalb des Dichtungskegels mit einem zylindrischen Ansatz versehen, der die relativ große Bohrung im Düsenkörper bis auf einen ganz schmalen Ringspalt ausfüllt. Durch diesen wird der Kraftstoff beim Öffnen des Ventils – Abheben der Nadel vom Sitz – gedrückt und dabei zerstäubt. Die Funktion des Nadelventils läßt sich an Hand der Bilder 5.50 und 5.48 gut erläutern. Durch die seitlich angeordnete Bohrung im Düsenkörper gelangt der von der Pumpe kommende Kraftstoff in einen Ringkanal. Der in diesen Kanal ragende Teil der Nadel besitzt eine kegelförmige Verjüngung, so daß sich dem Druck der Kraftstoffpumpe für die Hubbewegung eine nutzbare Angriffsfläche bietet, die der Kreisringfläche aus den beiden Kegeldurchmessern entspricht. Von oben wird die Nadel durch eine Feder (7 in Bild 5.48) belastet, deren Vorspannung vom Druck im Ringkanal überwunden werden muß, wenn die Nadel abheben soll. Über eine Einstellschraube (4 in Bild 5.48) läßt sich die Federspannung variieren, so daß eine Einstellung des Öffnungs- d. h. des Abspritzdruckes auf ± 1 bar möglich wird.

Im Interesse des raschen Ansprechens des Ventils auf die Druckimpulse der Pumpe ist es zweckmäßig, die Nadel mit geringen Abmessungen auszuführen, damit die Massenkräfte gering bleiben.

Die Düsenbohrungen führt man so kurz und den Bohrungsraum unterhalb des Sitzes so klein wie möglich aus, damit dort nach Schluß des Ventils nur eine geringe Kraftstoffmenge verbleiben kann. Dadurch wird die Gefahr des Nachtropfens eingeschränkt. In feinen Bohrungen kann sich nämlich der Kraftstoff aufgrund der Adhäsion halten. Nachtropfen, das auch durch undichte Nadelsitze verursacht werden kann, führt zum Nachbrennen, Verqualmen und Verkoken des zu spät und mangelhaft zerstäubt in den Zylinder gelangten Kraftstoffes.

Die Kraftstoffventile größerer Motoren werden in der Regel durch Wasser oder Öl gekühlt. Man vermeidet dadurch das Einsetzen der Verbrennung in der Nähe des Düsenkopfes, an einer Stelle also, an der der Kraftstoffstrahl noch nicht genügend aufgelöst ist. Eine Verbrennung kann dort nur in unvollkommener Form erfolgen, da nicht genügend Verbrennungsluft hinzutritt; Verqualmen und Verkoken sind die Folge. Ausgelöst werden diese Erscheinungen bei ungekühlten Ventilen durch starke Erwärmung des Kraftstoffes im Einspritzventil. Durch Kühlung wird die Temperatur des austretenden Kraftstoffes geringer gehalten und die Zündung findet erst in einiger Entfernung vom Düsenkopf statt, wo der Strahl sich schon stärker aufgelöst und mit der Verbrennungsluft vermischt hat. Man erreicht also durch Kühlung eine vollkommenere Verbrennung und vermeidet ein Verschmutzen der Düsen durch Koksansatz.

Bild 5.47 zeigt ein gekühltes Kraftstoffventil. Nadelführung (4) und Düse (7) werden durch eine Überwurfmutter mit dem Gehäuse verbunden. Das Ventil wird durch kräftige Stiftschrauben in den Kegelsitz der Aufnahmebohrung (Kanone) im Zylinderdeckel gedrückt. Die entsprechenden Dichtflächen trägt die Überwurfmutter. Die Kühlung erfolgt durch Wasser, das durch die Leitung (1) zufließt, in dem von der Überwurfmutter gebildeten Kühlraum Nadelführung und Düseneinsatz umspült und durch eine zweite Bohrung im Gehäuse austritt. Eingesetzte Dichtungen sollen verhindern, daß Kühlwasser in den Zylinder gelangt. Hinzuweisen wäre hierbei noch auf die Leckölabführung (2). Damit der Kraftstoff, der durch die Nadelführung hindurchgetreten ist, nicht zu einer Druckbildung im Federraum führt, ist der als Einstellschraube ausgebildete Federdruckbolzen mit Bohrungen versehen,

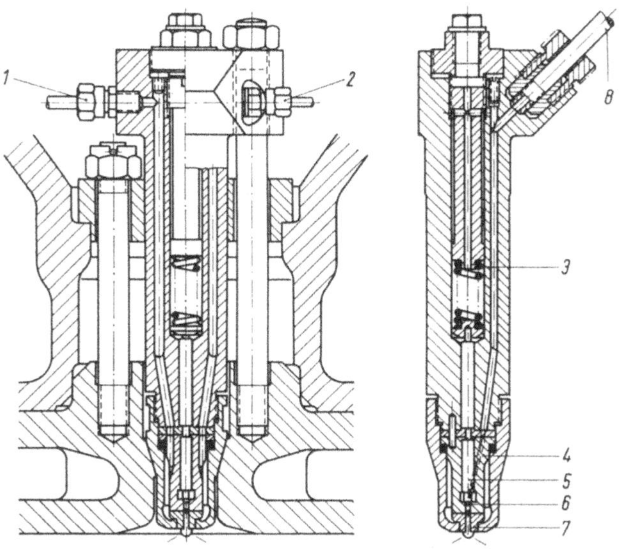

Bild 5.47
Gekühltes Kraftstoff-Nadelventil
1 Kühlwasserzulauf,
2 Leckölablauf,
3 Feder,
4 Nadelführung,
5 Düsennadel,
6 Nadelsitz,
7 Düse,
8 Kraftstoffzufluß.

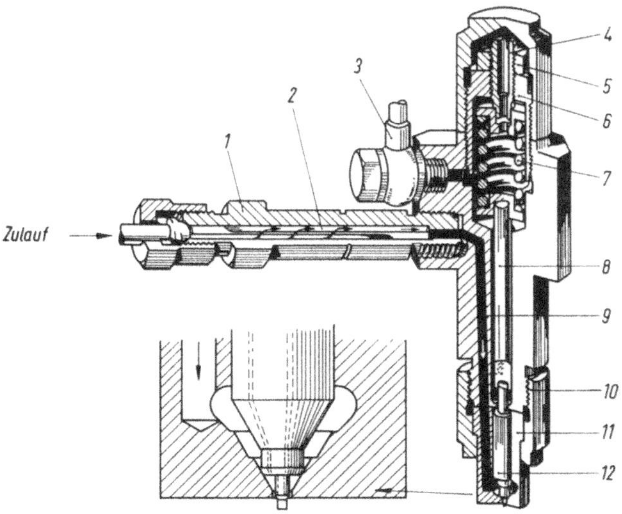

Bild 5.48
Boschdüsenhalter
1 Druckrohrstutzen,
2 Stabfilter,
3 Leckölanschluß,
4 Einstellschraube,
5 Gegenmutter,
6 Schraubverschluß,
7 Druckfeder,
8 Druckbolzen,
9 Zulaufbohrung,
10 Überwurfmutter,
11 Düsenkörper,
12 Düsennadel.

die dem Lecköl den Abfluß in die Leitung (2) ermöglichen. Druck im Federraum würde den Abspritzdruck des Ventils verändern und so die rechtzeitige Einspritzung und die einwandfreie Zerstäubung in Frage stellen. Brennstoffzufuhr, Nadelbetätigung und Ausbildung des Düseneinsatzes entsprechen den schon geschilderten Beispielen.

Das in Bild 5.48 dargestellte Bosch-Einspritzventil findet vorwiegend Verwendung bei Motoren kleiner und mittlerer Leistung. Eine Kühlung ist daher gewöhnlich nicht erforderlich. Der Düsenkörper (11) (siehe auch die Bilder 5.49 und 5.50) wird durch eine Überwurf-

Bild 5.49
Bosch-Düsenelement

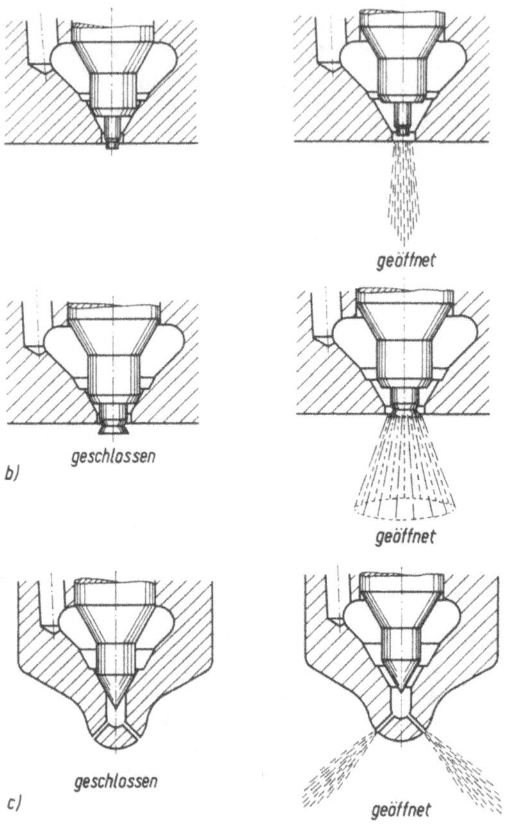

Bild 5.50
Boschdüsen

a) Zapfendüse (DN ...), zylindrisches Spritzzapfenende (schmaler Strahl),
b) Zapfendüse (DN ...), kegeliges Spritzzapfenende (breiter Strahl),
c) Lochdüse (DL ...)

mutter (10) an die plangeschliffene Gehäuseunterkante gedrückt. Die von der Ventilfeder (7) aufgebrachte Schließkraft wird über Druckteller und Druckbolzen (8) auf die Nadel (12) übertragen. Der Abspritzdruck kann durch Änderungen der Federspannung mittels Einstellschraube (4) sehr genau eingestellt werden. Kraftstoff, der durch die Nadelführung hindurchtritt und über die Druckbolzenbohrung in den Federraum gelangt, wird von dort über Leitungsanschluß (3) abgeführt. Die Kraftstoffzufuhr erfolgt über einen in das Gehäuse geschraubten Druckrohrstutzen (1). Dieser wird bei Verwendung von Mehrlochdüsen, deren feine Bohrungen leicht zum Verstopfen neigen, mit einem Stabfilter ausgerüstet, der selbst kleinste Verunreinigungen zurückhält.

In das Bosch-Kraftstoffventil können die in Bild 5.50 gezeigten Düsenausführungen eingebaut werden. Einlochdüsen werden vorwiegend in Vorkammer- und Luftspeichermotoren benutzt, während Zapfen- und Mehrlochdüsen hauptsächlich bei Direkteinspritzung Anwendung finden.

Meistens ordnet man im Deckel *ein* Kraftstoffventil an, in besonderen Fällen aber auch zwei oder mehrere, beispielsweise in doppeltwirkenden Motoren auf der Unterseite. Das Ventil sitzt normalerweise in der Mitte des Deckels (Bilder 5.1, 5.8 und 5.10), damit der Kraftstoff möglichst gleichmäßig auf den Verbrennungsraum verteilt werden kann.

Neben den bisher betrachteten Kraftstoffeinspritzventilen verwendete man früher bei sehr kleinen Maschinen ein Einspritzorgan, das man aufgrund der fehlenden Schließelemente (Nadel und Feder) als „offene" Düse bezeichnete. Ihr Aufbau war denkbar einfach: ein Stahlröhrchen, das an dem in den Zylinder weisenden Ende ein oder zwei Düsenbohrungen besaß, durch die der Kraftstoff eingespritzt und zerstäubt wurde. Die Schließfunktion übernahm das Druckventil der Kraftstoffpumpe. Nachteilig wirkte sich aus, daß die Einspritzung aufgrund der Trägheit der vom Düsenkopf bis zum Pumpendruckventeil anstehenden Flüssigkeitssäule nicht in scharf begrenzten Zeiträumen erfolgen konnte. Dazu wurde auch die Zerstäubung zum Ende des Vorganges hin zunehmend unvollkommener, während andererseits immer die Gefahr des Nachtropfens bestand, sofern die Düsenbohrungen nicht so fein waren, daß sich der Kraftstoff in ihnen aufgrund der Adhäsion halten konnte. Man verwendet daher heute nur noch „geschlossene" Düsen.

Störungen an Kraftstoffventilen werden vorwiegend durch ungenügend gereinigten Kraftstoff (siehe Abschnitt 6.1) hervorgerufen. Die sehr feinen Düsenbohrungen, die beispielsweise in Mehrlochdüsen zu finden sind, können schon durch sehr geringe Verunreinigungen verstopft werden. Verstopfungen beeinträchtigen die Zerstäubung und vermindern dadurch die Qualität der Verbrennung. Die gleichen Erscheinungen treten auf, wenn die Düsenbohrungen vom Verbrennungsraum her durch Koksansatz verschmutzen.

In beiden Fällen kann unter Umständen das schlagartige Einstellen der Höchstleistung an der Kraftstoffpumpe zu einer Beseitigung der Verstopfungen führen. Bringt diese Maßnahme jedoch keinen Erfolg, so muß das Ventil ausgebaut und eingehend überprüft werden. Dies geschieht am besten durch „Abdrücken" der Kraftstoffventile mit einer besonderen Abspritzpumpe oder einer dafür hergerichteten Reservekraftstoffpumpe. Dabei ist die Federspannung der Ventile so einzustellen, daß sich der richtige Abspritzdruck ergibt, der am Ventilkörper eingeschlagen oder in der Betriebsvorschrift angegeben ist. Der austretende Kraftstoffstrahl ist zu beobachten und die Güte der Zerstäubung zu beurteilen. Dabei muß man besonders auf etwaiges Nachtropfen der Kraftstoffdüse achten, da diese Erscheinung Nachbrennen mit schlechtem Ausbrand, Anstieg der Verbrennungstemperatur und Verkoken des Verbrennungsraumes, der Düse, der Kolbenringe sowie der Auslaßventile zur Folge hat. Nachtropfende Ventile müssen eingeschliffen werden. Sollte dies nicht mehr möglich sein oder nicht zum Erfolg führen, so wechselt man Nadel und Nadelführung aus. Bei Mehrlochdüsen empfiehlt es sich, den austretenden Kraftstoffstrahl ein vorgehaltenes Papier durchschlagen zu lassen, um erkennen zu können, ob alle Düsenbohrungen offen sind.

Beim Abspritzen und Papiervorhalten dürfen die Hände nicht in den Bereich der Kraftstoffstrahlen kommen, da sonst die aus der Düse tretenden Kraftstofftröpfchen tief in die Haut eindringen. Dies führt zu schwer heilenden Entzündungen!

5.5.2.1.2 Direkteinspritzung (Strahlzerstäubung)

Bei Direkteinspritzung wird der Kraftstoff durch ein oder mehrere Ventile direkt in den mit verdichteter Verbrennungsluft gefüllten Verbrennungsraum eingespritzt. Eine gute Zerstäubung erfordert in diesem Falle einen hohen Pumpendruck und zweckmäßigerweise den Einsatz von Mehrlochdüsen mit Bohrungen, deren Durchmesser im Bereich 0,25 ... 1,00 mm liegen. Um Verstopfungen zu vermeiden, darf nur sorgfältig gefilterter Kraftstoffe verwendet werden.

Es kommt beim Einspritzen infolge des Druckunterschiedes zwischen den Drücken in der Einspritzleitung und im Zylinder zu einer Expansion und Auflösung des Strahles in feine Tröpfchen. Die Strahlen sollen sich in Form eines Kegelmantels ausbreiten. Pumpendrücke von 300 ... 700 bar, bei Schweröl bis 1000 bar, bewirken in der Regel eine zufriedenstellende Zerstäubung und einen ausreichenden Durchschlagsweg des Strahles in der verdichteten Verbrennungsluft. Da der Verdichtungsdruck bei Motoren verschiedener Größe etwa gleiche Werte besitzt, ist praktisch nur der erforderliche Durchschlagsweg, der von den Abmessungen des Verbrennungsraumes abhängt, bestimmend für den Einspritz- und damit auch für den Pumpendruck.

Der erforderliche Pumpendruck wächst also mit der Motorengröße. Bei Motoren mit Bohrungen über 700 mm muß die Ausflußgeschwindigkeit an der Düsenbohrung 350 m/s überschreiten, damit der Strahl auch in die äußeren Teile des Verbrennungsraumes durchschlagen kann. Dieser Wert entspricht einer Druckdifferenz zwischen Einspritzleitung und Zylinder von mindestens 550 bar.

Die Drücke werden durch die kräftige Ausbildung der relativ kleinen Kraftstoffpumpe gut beherrscht, denn die Dichtung des Pumpenkolbens gegen den hohen Druck kann durch Einschliff in eine Buchse so ausgeführt werden, daß sie allen Anforderungen genügt. Die Druckleitung zwischen Pumpe und Ventil muß Wanddicken besitzen, die einmal den hohen Drücken gewachsen sind und zum anderen starke elastische Formänderungen – das sogenannte „Atmen" der Leitung – unmöglich machen. Unter „Atmen" versteht man das Aufweiten und Dehnen bei Druckanstieg und das Zusammenziehen bei Druckentlastung, einen Vorgang also, der sich äußerst ungünstig auf Einspritzung und Zerstäubung auswirkt.

Die Pumpe darf bei den meisten Bauarten nur während der Einspritzperiode drücken und muß daher durch einen Nocken betätigt werden, der eine auf die Kurbel des zugehörigen Zylinders abgestimmte Stellung erhält. Das Kraftstoffventil wird dann automatisch durch den Pumpendruck betätigt.

Aus Bild 5.51 ist zu ersehen, daß die aus der Mehrlochdüse austretenden Kraftstoffstrahlen bei ruhender Verbrennungsluft nicht zu einer gleichmäßigen Verteilung der Kraftstoffteilchen im Verbrennungsraum führen können.

In Motoren mit Strahlzerstäubung wird der Kraftstoffstrahl beim Austritt aus den Bohrungen der Düsenplatte durch die schon erwähnte Vergrößerung seines Volumens aufgelöst. Die schlagartig erfolgende Umformung von Druck- in Geschwindigkeitsenergie unterstützt diesen Vorgang. Auch die Reibung zwischen den Kraftstoffteilchen und der verdichteten Verbrennungsluft trägt zur kegelförmigen Ausbildung des Strahles bei, begrenzt aber dessen Ausdehnung ebenfalls. Bei der Schnelligkeit, mit der sich die Verbrennungsvorgänge abspielen, ist aufgrund der ungenügenden Vermischung mit einer unvollkommenen Verbrennung zu rechnen, die sich im Rauchen des Motors äußert. Daher muß der Verbrennungsluft eine wirbelförmige Bewegung erteilt werden, so daß sie die Kraftstoffteilchen über den ganzen Verbrennungsraum verteilen kann. Wie man diese Aufgabe in der Praxis löst, soll an Hand einiger ausgeführter Beispiele gezeigt werden.

Bild 5.51

Verteilung des aus einer Mehrlochdüse austretenden Kraftstoffs

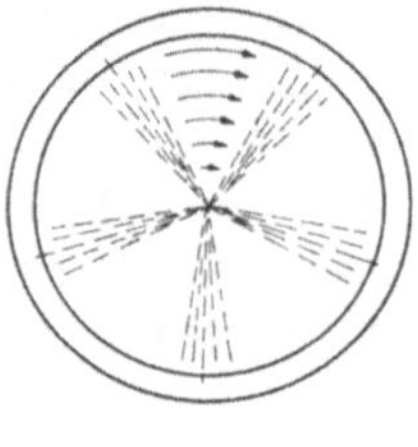

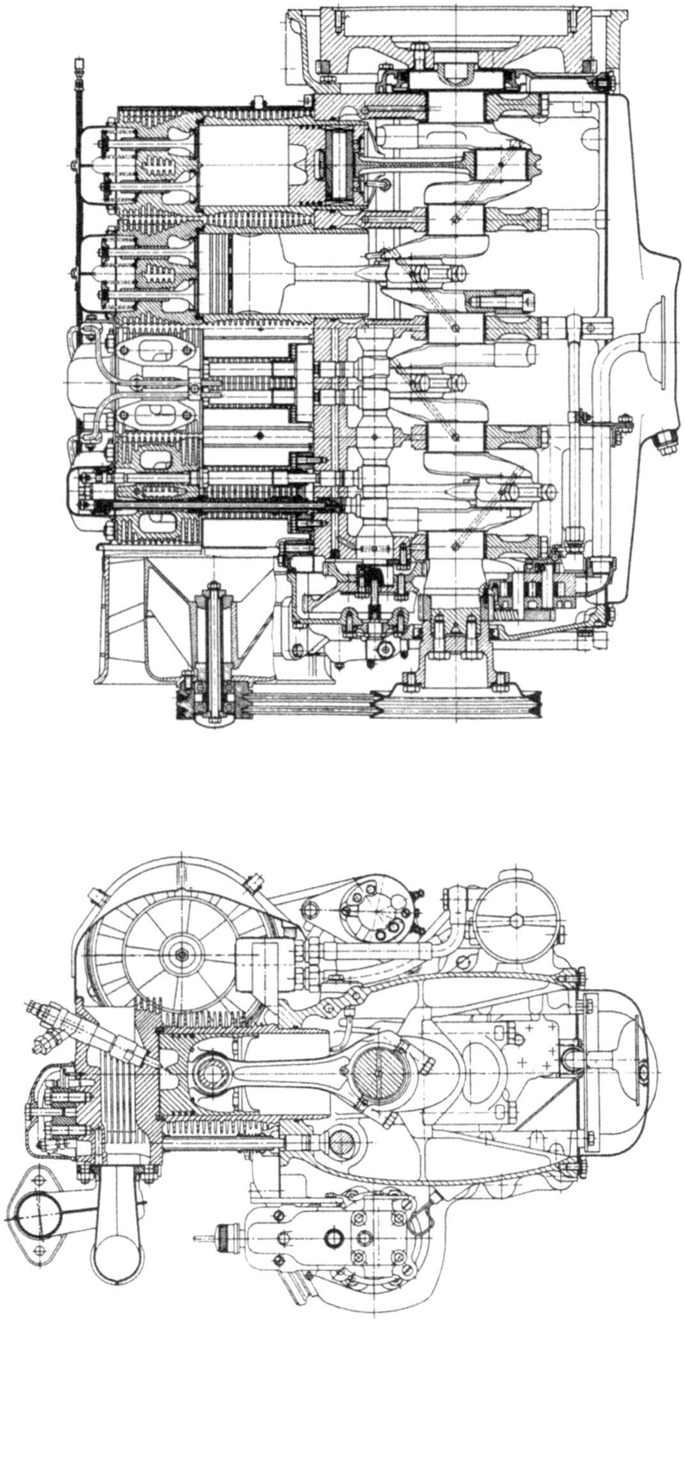

Bild 5.52 MWM-Dieselmotor

Der in Bild 5.52 dargestellte Dieselmotor besitzt einen Verbrennungsraum, der von einer parabolisch geformten Vertiefung im Kolbenboden und der ebenen Fläche des Zylinderdeckels begrenzt wird. Der Kraftstoff wird durch eine Mehrlochdüse unter einem Winkel von etwa 45° eingespritzt. Der Strahl kann sich dadurch besser auflösen und auch in die äußeren Teile des Brennraumes vordringen. Die Vertiefung im Kolbenboden enthält am Ende des Ansaughubes etwa ein Zehntel des im Zylinder befindlichen Luftvolumens. Beim Verdichtungshub wird die den Hubraum anfüllende Luft mit beachtlicher Geschwindigkeit (der Kolben besitzt eine mittlere Kolbengeschwindigkeit von etwa 7 m/s) in die Kolbenbodenvertiefung gedrängt. Dadurch bilden sich Strömungen und Wirbel aus, die auch die Einspritz- und Verbrennungsperiode hindurch erhalten bleiben, so daß eine gute Verwirbelung der Kraftstoffteilchen mit der Verbrennungsluft erfolgen kann. Die Verbrennung in allen Teilen des Verdichtungsraumes hat eine ziemlich gleichmäßige thermische Beanspruchung des Kolbenbodens zur Folge. Aus diesem Grunde kann man Kolben derartiger Motoren auch bei größeren Zylinderleistungen ohne Wasser- oder Ölkühlung arbeiten lassen. Graugußkolben können in diesem Falle bis zu einem Durchmesser von 460 mm, Leichtmetallkolben sogar bis 570 mm Durchmesser ohne Kühlung auskommen.

In größeren Motoren erhält der Verbrennungsraum meist die Gestalt eines flachgedrückten Ellipsoids, wobei sowohl Deckel als auch Kolbenboden entsprechende Vertiefungen aufweisen. In kleineren Motoren führt man Deckel und Kolbenboden eben aus, so daß der Verbrennungsraum die Form einer Zylinderscheibe von geringer Höhe besitzt. Die hohen Drehzahlen, die bei diesen Motorengrößen üblich sind, verursachen von sich aus eine ausreichende Wirbelbildung.

Bei Viertaktmotoren kann man geeignete Luftströmungen auch dadurch erzeugen, daß man das einseitig sitzende Einlaßventil mit einem Wirbelschirm versieht. Bild 5.53 zeigt ein solches Ventil und das Stromlinienbild der dadurch hervorgerufenen Strömung. Beim Zweitaktmotor kann man ähnliche Effekte durch tangential angeordnete Spülschlitze erreichen.

Da die Hübe sehr rasch aufeinander erfolgen, hält die Luftbewegung über den Verdichtungshub hinaus bis in die Einspritzperiode hinein an und sorgt so für eine gute Verteilung der Kraftstoffteilchen.

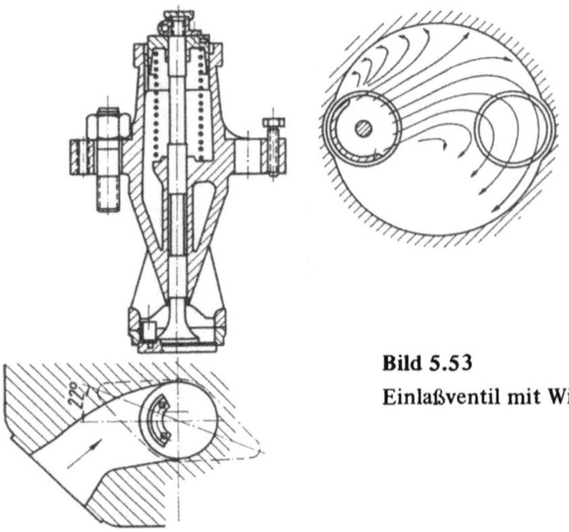

Bild 5.53
Einlaßventil mit Wirbelschirm

5.5.2.1.3 Vorkammerverfahren

Beim Vorkammerverfahren wird der Verdichtungsraum in den von Kolben und Deckel begrenzten Teil und die im Zylinderdeckel untergebrachte Vor- und Zündkammer aufgegliedert. Letztere umfaßt etwa 20 ... 30 % des gesamten Verdichtungsvolumens und steht durch eine weite Bohrung mit dem übrigen Teil des Verdichtungsraumes in Verbindung (Bild 5.55). Die Gestalt des Verdichtungsraumes und der Vorkammer weist etwa ebenso viele Ausführungsformen auf, wie es Fabrikate gibt. Das Arbeitsprinzip ist aber überall das gleiche.

Das Vorkammerverfahren ist im Grunde genommen ein besonderes Wirbelverfahren. Geht man davon aus, daß die Vorkammer 25 % des gesamten Verdichtungsrauminhaltes, der etwa 7 % des Hubvolumens ausmacht, besitzt, so befinden sich bei Beginn der Verdichtung (Kolbenstellung im unteren Totpunkt) rund 1,7 % der Verbrennungsluft in der Vorkammer. Am Ende des Verdichtungshubes enthält die Vorkammer dann 25 % des angesaugten Luftvolumens, d. h. die Luftmenge in der Vorkammer hat sich auf den etwa 14fachen Betrag erhöht. Das in Bild 5.54 gezeigte Indikatordiagramm gibt Aufschluß über den Druckverlauf in Abhängigkeit vom Kolbenweg, und zwar stellt die ausgezogene Linie den Verlauf im Raum zwischen Kolbenboden und Zylinderdeckel, die gestrichelte den in der Vorkammer dar.

Man sieht, daß bis fast zum oberen Totpunkt der Verdichtungsdruck in der Vorkammer immer etwas hinter dem im eigentlichen Verdichtungsraum zurückbleibt. Das ist ein Zeichen für das Überströmen, das auch während der Einspritzung des Kraftstoffes in die Vorkammer (Bild 5.55) unter Wirbelbildung der Luft noch andauert.

Bis zu der im oberen Totpunkt erfolgenden Zündung vermischen sich dadurch in der Vorkammer Kraftstoff und Luft gut. Die Verbrennung setzt zunächst nur in der Vorkammer ein. Der Druck steigt daher dort erheblich über den im übrigen Teil des Verbrennungsraumes an (siehe Vorkammerdruckverlauf in Bild 5.54). Infolgedessen setzt ein Rückströmen der Gase in den eigentlichen Verbrennungsraum ein, das unter Bildung kräftiger Wirbel vonstatten geht. Da die Verbrennungsluft in der Vorkammer schnell erschöpft ist, vergast der restliche Kraftstoff in der jetzt stark erhitzten Kammer und wird in diesem Zustand durch die Rückströmbewegungen in den anderen Teil des Verbrennungsraumes mitgerissen. Dort vollzieht sich dann der Hauptteil der Verbrennung. Durch das Vergasen des Kraftstoffes in der Vorkammer nach Aufbrauchen der Luft wird in dieser stets – mit Ausnahme des Augenblickes, in dem die Zündung im eigentlichen Verbrennungsraum einsetzt – ein höherer Druck herrschen. Das ist auch noch nach Beendigung der Verbrennung der Fall, da sich die Gase im Zylinderraum unter Abwärtstreiben des Kolbens schneller entspannen, als dies in der Vorkammer möglich ist.

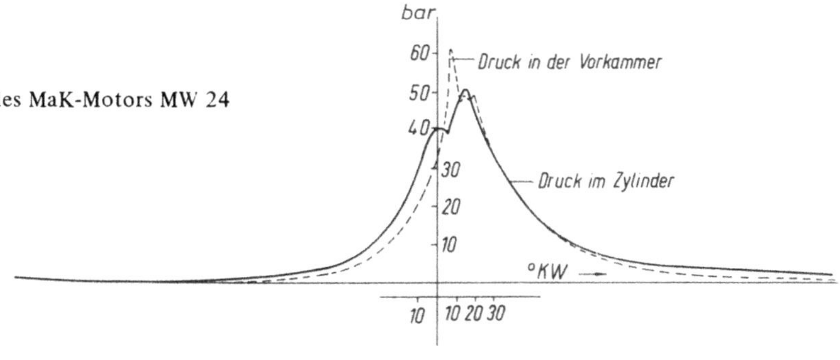

Bild 5.54
Oszillogramm des MaK-Motors MW 24

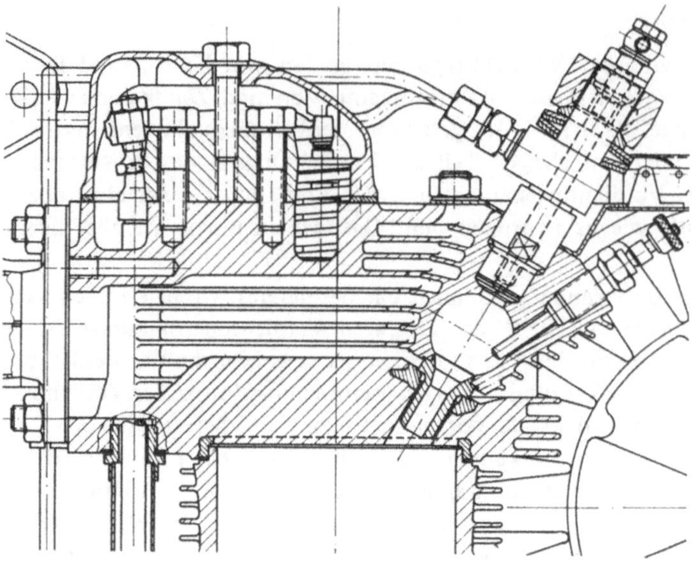

Bild 5.55
MWM-Vorkammer-Dieselmotor AKD 107

Die nach Ausschub der Abgase im Zylinder verbleibenden Restgase werden in der folgenden Verdichtungsperiode vorwiegend in die Vorkammer, die ja den obersten Teil des Zylinders darstellt, hineingedrückt. Im folgenden Beispiel soll untersucht werden, welchen Anteil die Restgase am Vorkammerinhalt unter bestimmten Voraussetzungen haben können.

Die Vorkammer soll, entsprechend den vorstehenden Ausführungen, am Ende des Verdichtungshubes 25 % der angesaugten Luftmenge enthalten. Nimmt man einen Verdichtungsgrad von 1 : 14 an, so befinden sich zu Beginn des Verdichtungshubes 15 Teile Luft im Zylinder. Der Restgasanteil soll 1 Teil von den genannten 15 betragen.

Nach erfolgter Verdichtung enthält die Vorkammer:

$$\frac{25}{100} \cdot 15 \text{ Teile} = 3{,}75 \text{ Teile.}$$

Zieht man davon den Restgasanteil ab, verbleiben

$$3{,}75 \text{ Teile} - 1 \text{ Teil} = 2{,}75 \text{ Teile Verbrennungsluft.}$$

Die Füllung der Vorkammer besteht dann entsprechend zu

$$\frac{2{,}75}{3{,}75} \cdot 100\,\% \approx 73{,}5\,\% \text{ aus Verbrennungsluft.}$$

Diese Menge genügt, um die erste Verbrennung zu unterhalten und so das Vergasen zu ermöglichen.

Die Vorkammer ist kein Glühkopf, sie wird im Gegenteil gekühlt, wie Bild 5.55 zeigt. Sie wird daher nur bei Dieselmotoren verwendet, deren Verdichtung im Hinblick auf eine kräftige Luftströmung und eine gute Zündung in der mit Restgasen reichlich durchsetzten Verbrennungsluft der Vorkammer auf 40 ... 45 bar gesteigert wird (Bild 5.54). Bei kalten Motoren wird wegen der Kühlung der Vorkammer bei manchen Motoren die Zündtemperatur nicht sicher erreicht. Solche Motoren erhalten deshalb Starthilfen durch elektrische Anlaß-Vorglüh-Spiralen oder einschraubbare Anlaßzündpatronen.

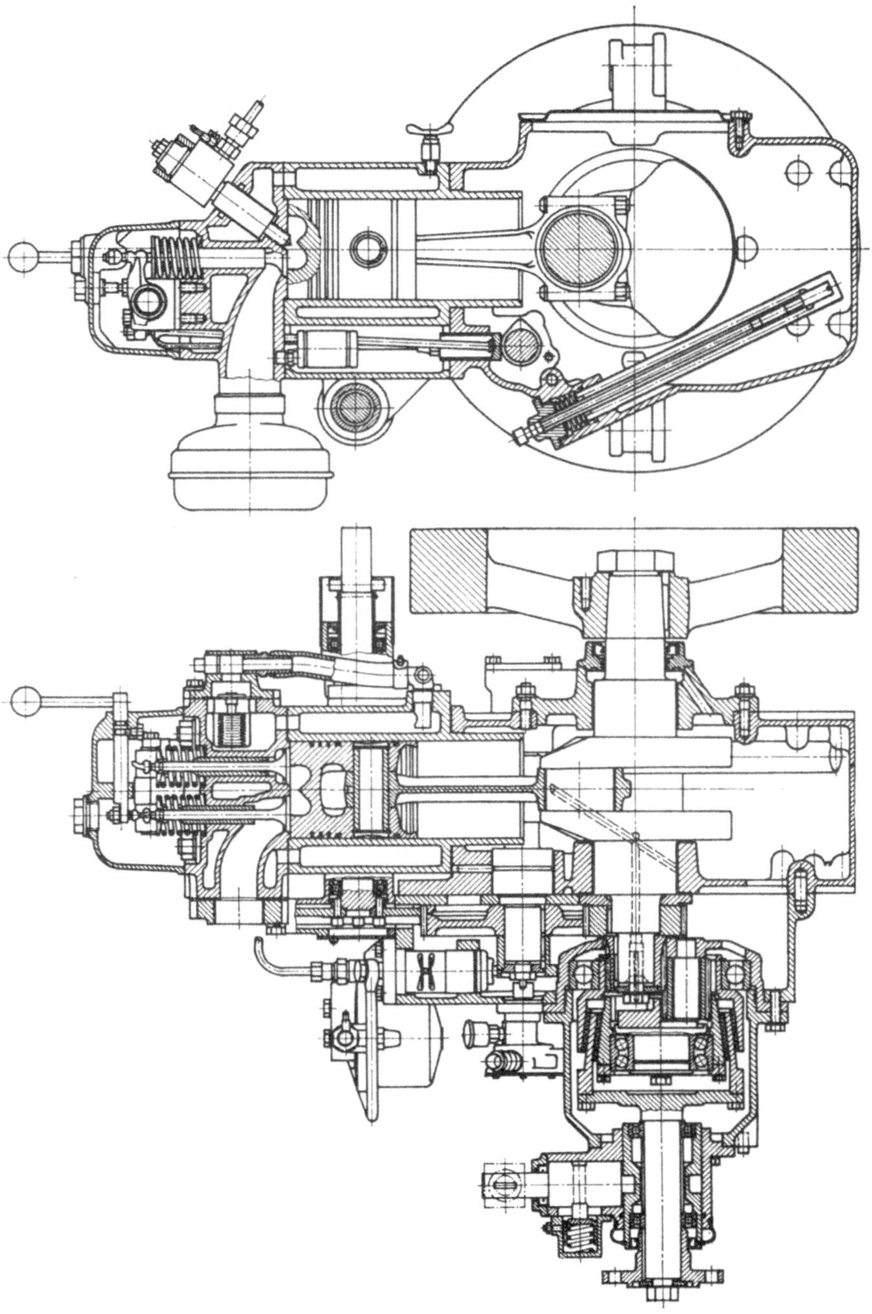

Bild 5.56 Penta-Bootsmotor MD 1

In den Bildern 5.55 und 5.56 sind aus der großen Anzahl der Vorkammerbauarten einige wiedergegeben. Der Einspritzdruck liegt niedriger als in Motoren mit Direkteinspritzung, und man kann Einlochdüsen mit verhältnismäßig großer Austrittsbohrung verwenden. Eine Verstopfung dieser Regelbohrung tritt seltener als bei den für die Strahlzerstäubung erforderlichen Feinbohrungen auf, so daß der Kraftstoff nicht so fein gefiltert zu werden braucht. Der Lauf des Vorkammermotors ist aufgrund der niedrigeren Spitzendrücke weicher als der eines Motors mit direkter Einspritzung.

Man führt hauptsächlich kleinere Motoren als Vorkammermotoren aus. Bild 5.55 stellt einen luftgekühlten MWM-Viertakt-Kleindieselmotor mit schräg liegender Vorkammer dar, der viel als Einbaumotor verwendet wird. Motoren unter 15 kW (20 PS) Zylinderleistung arbeiten mitunter im Zweitaktverfahren, da dieses eine sehr einfache konstruktive Ausbildung gestattet. Das einfache Spülsystem der kleinen Zweitakt-Vorkammermotoren ermöglicht keine so gute Kraftstoffausnutzung wie bei entsprechenden Viertaktmotoren. Sie liegt jedoch um etwa 20 % günstiger als bei Glühkopfmotoren, die aus diesem Grunde mehr und mehr vom Dieselmotor verdrängt werden.

Einen Anhalt für den Kraftstoffverbrauch in Motoren mit 37 ... 74 kW (50 ... 100 PS) Zylinderleistung bietet folgende Tabelle an Hand praktischer Durchschnittswerte:

Motorart	Spezifischer Kraftstoffverbrauch b_e in g/kWh
Zweitakt-Vorkammermotor	270
Viertakt-Vorkammermotor	240 ... 260
Motor mit Strahlzerstäubung	230

5.5.2.1.4 Einspritzverfahren und Unterteilung des Verbrennungsraumes bei Kleindieselmotoren

Bei kleinen Motoren ist es unter Umständen schwierig, einen für die richtige Strahlausbreitung geeigneten Verbrennungsraum zu schaffen. Bei dessen Gestaltung hat man die Wahl zwischen innerer und äußerer Unterteilung. Bei einer inneren Unterteilung wird der Verdichtungsraum, und damit im wesentlichen auch der Verbrennungsraum, in den Kolben verlegt und der Kraftstoff direkt eingespritzt. Bild 5.56 stellt als Beispiel einen Pentabootdiesel MD 1 (5 PS, 2000 min^{-1}, $D = 79{,}37$ mm, $S = 90$ mm, Verdichtungsverhältnis $\epsilon = 18$) dar.

Bei einer äußeren Unterteilung wird der Hauptteil des Verdichtungsraumes in den Zylinderdeckel verlegt. In Bild 5.57 sind hierfür einige typische Vertreter dargestellt: Nachkammerverfahren, Luftspeicherverfahren, Wälzkammerverfahren und Wirbelkammerverfahren. Sinn dieser Verfahren ist eine gute Vermischung des Kraftstoffstrahles mit der Verbrennungsluft. Beim Nachkammerverfahren wird eine Wirbelbildung durch die beim Arbeitshub aus der Nachkammer (2) ausströmende Luft besorgt, während die Strahlausbreitung im Hauptverdichtungsraum (1) erfolgt. In die Nachkammer (2) tritt also kein Kraftstoff. Auch beim Luftspeicherverfahren gelangt in den vom Hauptbrennraum abgeteilten Luftspeicher kaum Kraftstoff. Nachkammer bzw. Luftspeicher umfassen bis ca. 30 % des Gesamtverdichtungsraumes. Die aus der Nachkammer bzw. dem Luftspeicher ausströmende Luft bewirkt zwar eine gute Durchwirbelung des Zylinderinhaltes; diese Luftzufuhr zum Brennraum erfolgt jedoch verhältnismäßig spät, so daß die Verbrennung verzögert wird, was höhere Abgasverluste und damit einen ungünstigen Kraftstoffverbrauch zur Folge hat.

Dieser Nachteil wird beim Wälz- und Wirbelkammerverfahren vermieden.

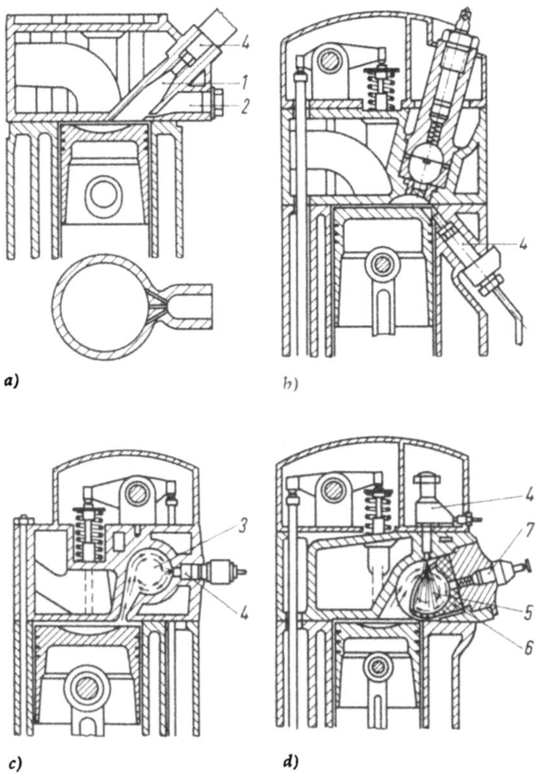

Bild 5.57 Gestaltung des Verbrennungsraums bei Kleindieselmotoren

a) Nachkammerverfahren,
b) Luftspeicherverfahren,
c) Wälzkammerverfahren,
d) Wirbelkammerverfahren,

1 Hauptverdichtungsraum,
2 Nachkammer,
3 Wälzkammer,
4 Kraftstoffventil,

5 Wirbelkammer,
6 Glühschale,
7 Glühkerze.

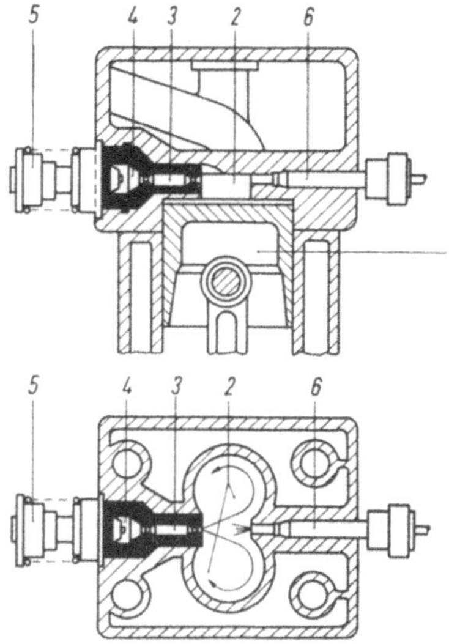

Bild 5.58 Lanova-Verfahren

1 Kolben,
2 Verbrennungskammer,
3 Luftspeicher 1,
4 Luftspeicher 2,
5 Abschaltventil,
6 Kraftstoffventil.

Eine Sonderform des Luftspeicherverfahrens stellt das Lanovaverfahren dar. Bild 5.58 zeigt, daß hierbei das Kraftstoffventil (6) und die hintereinandergeschalteten Luftspeicher (3 und 4) einander gegenüber in der Einschnürung der die Brennkammer (2) bildenden Deckelaussparung angeordnet sind. Durch die Form der Brennkammer (2) wird ein Doppelwirbel erzeugt, der die Vermischung von Luft und Kraftstoff fördert. Man kann das Lanovaverfahren auch als Vereinigung von Vorkammer- und Luftspeicherverfahren auffassen, denn der durch eine Einlochdüse eingespritzte Kraftstoff wird teilweise bis in den Luftspeicher (3) geschleudert. In diesem erfolgt eine vorkammerartige Verbrennung, während der zweite Speicherraum (4) als Nachkammer wirkt. Beim Anlassen eines Lanovamotors kann die Speicherkammer (4) durch ein Abschaltventil (5) geschlossen werden, so daß der Verdichtungsraum entsprechend verkleinert wird, wodurch die für die Anfangszündungen notwendigen höheren Verdichtungstemperaturen auftreten.

5.5.2.2 Kraftstoffpumpen

Dieselmotoren rüstet man für jeden Zylinder mit einer Kraftstoffpumpe aus. Bei kleineren Mehrzylindermotoren können die Einzelpumpen zu einem Block zusammengefaßt werden. Für kleine schnellaufende Dieselmotoren bis 1,4 l Zylinderinhalt und mit Drehzahlen bis 5000 min^{-1} wurde von der Fa. Bosch auch eine Verteilereinspritzpumpe mit Hubkolbenregler entwickelt. Diese Pumpe hat nur einen Kolben und dazu einen Verteiler für 3, 4, 6 Zylinder. Doppeltwirkende Motoren erhalten zwei Kraftstoffpumpen pro Zylinder, eine für die Ober-, die andere für die Unterseite des Kolbens.

Die Kraftstoffpumpen der Motoren mit Strahlzerstäubung müssen bei den meisten Ausführungen Drücke von 300 ... 700 bar erzeugen. Die normale Kraftstoffpumpe ist so kräftig ausgeführt, daß sie dieser Aufgabe bei den kleinen Fördermengen ohne weiteres gerecht wird. Eines der wichtigsten Probleme – die Dichtung des Kolbens gegen die hohen Drücke – wird mit den Mitteln der heutigen Technik durch Einschliff in eine Stahl- oder Graugußbuchse vollkommen gelöst.

Der Antrieb der Pumpen erfolgt vorwiegend durch Nockenscheiben (Bilder 5.59 und 5.60). In umsteuerbaren Motoren müssen daher im allgemeinen für jede der Pumpen zwei Nockenbahnen vorgesehen werden, die den Ablauf der Förderung der jeweiligen Betriebsart – Vorwärts- oder Rückwärtslauf – entsprechend dem Arbeitsspiel des Motors anpassen. Die Nockenscheiben werden entweder auf der Hauptnockenwelle angebracht, oder es wird eine besondere Nockenwelle für die Betätigung der Kraftstoffpumpen und Anlaßsteuerschieber angeordnet, deren Antrieb ebenfalls von der Kurbelwelle erfolgt.

Die Leistung des Dieselmotors ist von der Menge des zugeführten Kraftstoffes abhängig. Die Art, in der die Fördermenge der Kraftstoffpumpen der Belastung des Motors entsprechend geregelt wird, ist ein Unterscheidungsmerkmal, das eine Aufgliederung der Kraftstoffpumpenausführungen in drei Gruppen gestattet.

Schrägnockenpumpen

Der Antrieb der Pumpe erfolgt durch eine axial verschiebbare Nockenwelle. Diese ist mit Scheiben versehen, deren Erhebungskurven zusätzlich eine stetige Zunahme in axialer Richtung aufweisen. Eine Axialverschiebung der Welle hat in diesem Falle eine stufenlose Änderung des Pumpenkolbenhubes von Null- auf Vollförderung zur Folge. Zudem ergibt sich die Möglichkeit, auch die Zeitpunkte des Förderbeginns und -endes durch entsprechende Ausführung des Betätigungswinkels, d. h. der Erstreckung der Erhebungskurve, zu beeinflussen. Der Anwendungsbereich dieser Pumpenform unterliegt aufgrund unvermeidlicher Mängel in der Ausführung – axiale Belastung des Stößels, ungünstige Berührungsverhältnisse zwischen Rolle und Nockenscheibe usw. – einer starken Beschränkung.

Überströmkolbenpumpen (Bilder 5.60 und 5.66)

Bei dieser Ausführung bleibt der Förderhub unverändert. Die Nutzförderung wird jedoch durch Entlastung des Pumpendruckraumes über ein Ventil begrenzt. Während der Öffnung dieses Ventils fördert die Pumpe über ein Leitungssystem in den Saugraum zurück. Man unterscheidet hierbei zwei Ausführungsformen:

a) Begrenzung des Nutzförderhubes durch Öffnung des Saugventils in bestimmtem Umfang zu Beginn des Druckhubes und somit ein Verschieben des Förderbeginns und/oder

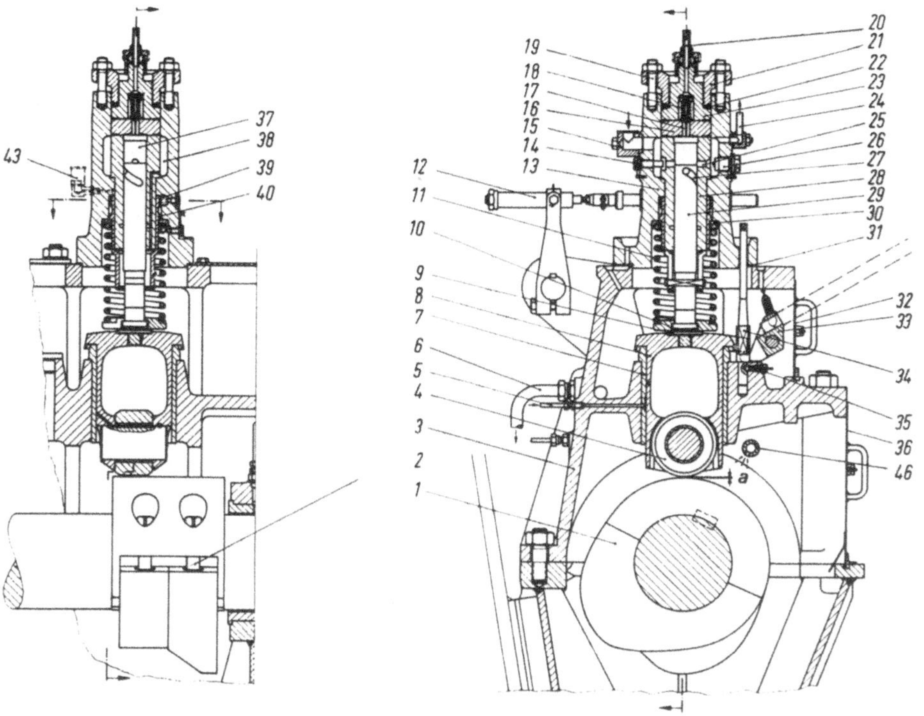

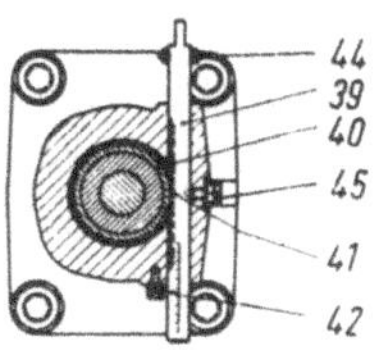

Bild 5.59 M.A.N.-Kraftstoffpumpe

1 Brennstoffnocken,
2 Stellschraube,
3 Antriebsgehäuse,
4 Antriebsrolle,
5 Anschluß für Schmieröl,
6 Anschluß für Leckbrennstoff,
7 Führungsbüchse,
8 Führungskolben,
9 Druckplatte,
10 Federteller,
11 Druckfeder,
12 Zwischenglied,
13 Pumpengehäuse,
14 Fixierschraube,
15 Saugleitung,
16 Zwischenplatte,
17 Druckventilkegel,
18 Einsatzstück,
19 Stiftschraube,
20 Druckleitung,
21 Druckflansch,
22 Dichtung,
23 Ventilträger,
24 Entlüftungsleitung,
25 Saugbohrung,
26 Prallschraube,
27 Steuernut,
28 Stempelführung,
29 Pumpenstempel,
30 Federteller,
31 Beilagen,
32 Verschalung
33 Aufpumphebel,
34 Bolzen,
35 Arretierung,
36 Verschalung,
37 Druckraum,
38 Saugraum,
39 Regelstange,
40 Regelhülse,
41 Markierung,
42 Zeiger,
43 Öler,
44 Stellring,
45 Fixierschraube,
46 Spritzdüse.

b) Begrenzung des Nutzförderhubes durch Öffnung eines zusätzlich angeordneten Überströmventils in bestimmtem Umfang zum Ende des Druckhubes und somit ein Verschieben des Förderendes.

Drehkolbenpumpen (Bilder 5.59, 5.61 und 5.65)

Die Kolben dieser Pumpen sind mit sogenannten Schrägkanten versehen (Bild 5.61). Durch Verdrehen der Kolben kann die Stellung der Schrägkanten zur Rückströmbohrung so geändert werden, daß der Nutzförderhub den jeweiligen Anforderungen angepaßt wird.

In den beiden folgenden Abschnitten sollen Kraftstoffpumpen der beiden letztgenannten Formen behandelt und Einzelheiten der Regelung besprochen werden.

5.5.2.2.1 Kraftstoffpumpen mit Überströmregelung

Die Pumpenfördermenge bei jedem Druckhub wird hierbei durch Beeinflussung des Saugventils bzw. durch entsprechendes Öffnen des Überströmventils geregelt. Die Pumpe liefert bei voll ausgenutztem Druckhub meist erheblich mehr Kraftstoff als der Motor für Normalvollastbetrieb benötigt. Sie wird deshalb bei geringen Undichtigkeiten noch genug fördern, andererseits aber auch einer Überlastung des Motors genügen können. Bei normaler Vollast wird der Druckhub meist nur zu etwa 70 % ausgenutzt. Das Saug- oder Aufstoßventil wird daher vom Beginn des Druckhubes bis zu einer Kolbenstellung offengehalten, von der ab durch den restlichen Hubweg die nötige Kraftstoffmenge gefördert werden kann. Solange das Ventil offensteht, drückt der Kolben den angesaugten Kraftstoff wieder in die Saugleitung zurück. Soll der Motor stoppen, so wird das Ventil während des ganzen Druckhubes offengehalten (Nullförderung). Bei Regulierung mit Hilfe des Saugventils wird der Förderbeginn von dessen Öffnungszeit während des Druckhubes bestimmt. Die Beendigung der Einspritzung (Förderende) liegt dagegen bei dieser Ausführung immer an einem bestimmten Punkt des Kurbelweges.

Bei Stellung des Hebels der Handregelung auf „Normal“ ist die eingespritzte Menge auf Normallast abgestimmt.

Wird das Saugventil überhaupt nicht (oder nur kurze Zeit) während des Druckhubes geöffnet, so steigt die Pumpenleistung auf das Höchstmaß, und es liegt Voll- oder Überlastbetrieb des Motors vor.

Wie schon gesagt, überschreitet die Pumpenleistung bei voller Ausnutzung des Druckhubes meist selbst das für Überlast zulässige Maß, so daß auch bei dieser Einstellung das Saugventil im allerersten Teil des Druckhubes noch offengehalten werden muß.

Man findet diese Art der Regelung vorwiegend bei älteren Motoren mit veränderlicher Drehzahl (auf Schiffen, in Triebwagen usw.). Läuft nämlich der Motor langsamer, also mit verminderter Leistung, so wird auch der Voreinspritzwinkel, der für Zerstäubung und Vergasung des Kraftstoffes nötig ist, langsamer durchfahren, d. h. die Zeit, die für diese Vorgänge zur Verfügung steht, nimmt bezogen auf den Voreinspritzwinkel zu. Bliebe der Kraftstoffeinspritzbeginn der gleiche, so könnte es Frühzündung geben. Die Pumpe regelt jedoch die diesem Betriebszustand des Motors entsprechende Fördermenge durch längeres Offenhalten des Saugventils zu Beginn des Druckhubes. Dadurch wird der Voreinspritzwinkel verringert und die Zündung im oberen Totpunkt gewährleistet. In vielen Fällen wird diese Verstellung des Einspritzzeitpunktes jedoch nicht den Anforderungen genügen, so daß man auch bei dieser Regelung eine zusätzliche Verstellmöglichkeit vorsehen muß, wie sie bei Einsatz von Drehkolbenpumpen und Pumpen mit Überströmventilen in Motoren mit veränderlicher Drehzahl üblich ist.

Bei Motoren mit gleichbleibender Drehzahl (z. B. für Generatorantrieb) wird der Voreinspritzwinkel immer in gleichbleibenden Zeiträumen durchfahren. Deshalb regelt man hier die Einspritzung gegen Ende des Pumpendruckhubes, indem man z. B. zur Verringung der Leistung das Überströmventil vor dem Hubende öffnen läßt.

Als Beispiel soll eine Kraftstoffpumpe der MWM beschrieben werden (Bild 5.60): In dem aus Stahl gefertigten Pumpengehäuse sind die für Förderung und Regelung erforderlichen Elemente so eingesetzt, daß ihr Austausch ohne Schwierigkeiten erfolgen kann.

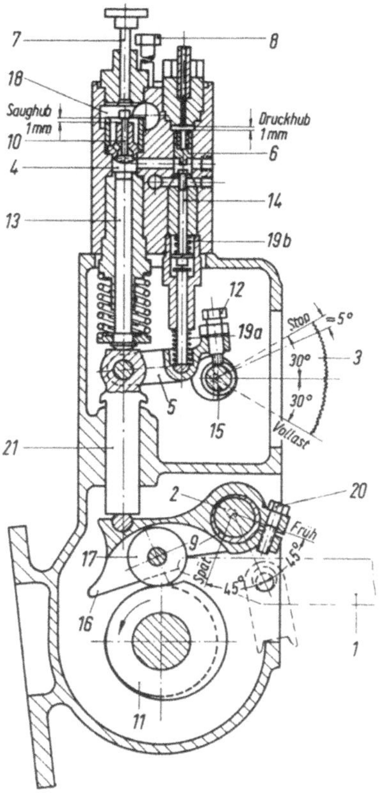

Bild 5.60
Kraftstoffpumpe

1 Handhebel, Vorpumphebel,
2 Regelwelle für den Zündpunkt,
3 Einstellsegment,
4 Kraftstoffdruckraum,
5 Regelhebel,
6 Druckventil,
7 Stößel,
8 Entlüftungsschraube,
9 Exzenterbuchse,
10 Saugventil,
11 Nockenscheibe,
12 Einstellschraube,
13 Pumpenkolben,
14 Regel- oder Ausstoßventil,
15 Regelwelle mit Exzenter für die Pumpenleistung,
16 Rollenlenker,
17 Rolle,
18 Kraftstoffsaugraum,
19 Federn für Ausstoßventil,
20 Klemmschraube
21 Schubstempel

Betrachten wir zunächst die Antriebs- und Regelungsmechanismen. Die Antriebsnockenscheibe (11) besitzt eine asymmetrische Erhebungskurve, die dem Pumpenkolben (13) eine rasche Aufwärtsbewegung (Druckhub) erteilt und den von der Federkraft eingeleiteten Saughub mit mäßiger, nahezu gleichförmiger Geschwindigkeit ablaufen läßt. Die auf der Scheibe laufende Rolle (17) ist in einem Schwinghebel (16) gelagert, der mit einer Klemmverbindung (Klemmschraube [20]) auf dem Exzenter (9) der Verstellwelle (2) befestigt ist. Das Verdrehen der Verstellwelle ändert die gegenseitige Lage von Rolle und Nockenscheibe und ermöglicht so eine genaue Einstellung des Förderbeginns. Diese Vorrichtung ersetzt also die Anordnung einer verstellbaren Nockenscheibe. Die Bewegungsübertragung vom Schwinghebel auf den Pumpenkolben (13) erfolgt über einen Schubstempel (21), der im Schwinghebel in einer Kugelpfanne gelagert ist. Durch diese wird eine von der Schwingbewegung des Hebels unbeeinflußte geradlinige Bewegung des Stempels ermöglicht. Der Vorpumphebel (1), der unter den Schwinghebel greift, gestattet das Betätigen des Pumpenkolbens von Hand bei Entlüftung von Pumpe und Einspritzsystem.

Am oberen Ende des Schubstempels (21) ist ein Regelhebel (5) angelenkt, der sich auf der Gegenseite über die Einstellschraube (12) an einem Exzenter der Regelwelle (15) abstützt. Durch diesen Regelhebel wird das Überströmventil (14) betätigt und damit die Fördermenge der Pumpe bestimmt. Die Einstellung kann vom Bedienungsstand aus über den an der Regelwelle (15) befestigten Kraftstoffregelhebel erfolgen. Durch ein Kerbzahnsegment (3), in das ein entsprechendes Gesperre des Regelhebels eingreift, ist eine genaue Einstellung der gewünschten Kraftstoffmenge in einem Bereich möglich, der am Einstellsegment zwischen

„Stop“ und „Vollast“ 60° umfaßt. Das Einstellintervall beträgt etwa 2°. Die Regelwelle (15) steht mit allen Kraftstoffpumpen des Motors in Verbindung.

Bewegt sich der Pumpenkolben (13) abwärts, so öffnet das Saugventil (10) und der Kraftstoff wird vom Saugraum (18) in den Druckraum (4) und den Pumpenzylinder gesaugt. Zu Beginn des Druckhubes schließt das Saugventil und das Druckventil (6) öffnet. Der Kraftstoff wird über die Druckleitung zum Einspritzventil gedrückt. Entsprechend der Stellung des Kraftstoffregelhebels wird das Überströmventil (14) durch Hebel (5) nach erfolgter Förderung der gewünschten Ksaftstoffmenge aufgestoßen, und die Pumpe fördert während des restlichen Hubes in den Saugraum (18) zurück.

Das Saugventil (10) arbeitet ohne Federbelastung. Ventil und Sitz bilden ein Bauelement, das in das Gehäuse eingeschraubt wird. Auch das Pumpenelement – Buchse mit eingeschliffenem Kolben (13) – und das Überströmventil (14) stellen geschlossene Bauteile dar, die man ins Gehäuse einsetzen kann. Das federbelastete Druckventil (6) dagegen dichtet in einem Sitz, der ins Gehäuse eingearbeitet ist.

Die Betätigung des Überströmventils (14) erfolgt über einen im Ventilgehäuse eingeschliffenen Druckstift, der mit dem Ventilkegel fest verbunden ist und einen im Regelhebel (5) kugelpfannengelagerten Stößel. Durch die beiden Druckfedern (19a und b) wird eine kraftschlüssige Verbindung zwischen Ventilkörper und Regelhebel gesichert. Während des Nutzförderhubes ergibt sich zwischen Druckstift und Stößel ein Spiel, das ein sicheres Schließen des Ventilkegels gewährleistet.

Die Entlüftungsschraube (8) ermöglicht das Ablassen von Luft aus dem Pumpensaug- und -druckraum, wobei jedoch mit Hilfe des Stößels (7) das Saugventil (10) geöffnet werden muß.

5.5.2.2.2 Drehkolbenpumpen mit Schrägkantenregelung

Die bekannteste Vertreterin einer Drehkolbenpumpe mit Schrägkantenregelung dieser Gruppe ist die Bosch-Kraftstoffpumpe, die als Einzelpumpe (Bild 5.61) oder als geschlossenes Aggregat für mehrere Zylinder geliefert wird.

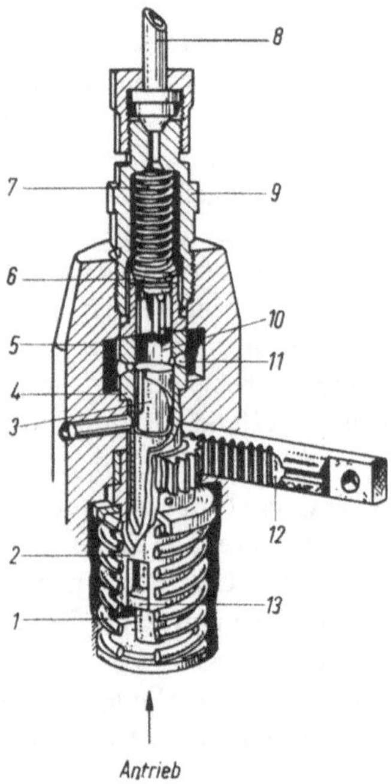

Bild 5.61
Bosch-Kraftstoffpumpe
1 Kolbenfeder,
2 Regelhülse,
3 Kolben,
4 Zylinder,
5 Saugraum,
6 Druckventil,
7 Ventilfeder,
8 Druckleitung,
9 Druckrohr-Anschluß,
10 Druckraum,
11 Steuerbohrung,
12 Regelstange,
13 Kolbenfahne (Mitnehmer).

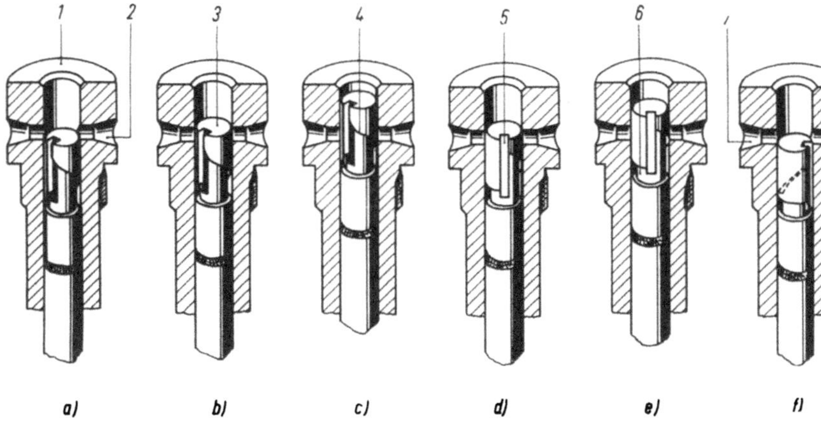

Bild 5.62 Nutzförderhub in Abhängigkeit von der Kolbenstellung bei einer Bosch-Kraftstoffpumpe

1 Zylinder,
2 Steuerbohrung,
3 Kolben,
4 schräge Steuerkante,
5 Längsnut,
6 Ringnut,
7 Zulaufbohrung.

Die Pumpe besitzt kein Saugventil, sondern nur eine Zulaufbohrung (11), die vom Pumpenkolben (3) seiner Hubstellung entsprechend verdeckt oder freigegeben wird. Der im Pumpenzylinder (4) eingeschliffene Kolben (3) ist am oberen Ende mit Aussparungen versehen, die im Pumpenzylinder einen Hohlraum bilden. Dieser steht über eine senkrechte Nut (siehe Bild 5.62, Pos. 6) im Kolben mit dem Saug- und Druckraum oberhalb des Kolbens in Verbindung. Der Kolbenfuß faßt mit einem steigartigen Ansatz in die Schlitze einer Hülse, die mit einem Zahnkranz versehen ist. Über die Regelzahnstange (12) ist ein Verdrehen der Hülse und damit auch des Pumpenkolbens möglich. Durch eine derartige Drehung wird, wie aus Bild 5.62 zu ersehen ist, die Stellung der Schrägkante zur Rückströmbohrung geändert. Der Hubweg des Kolbens ist von der Erhebung der Nockenscheibe abhängig und läßt sich daher nicht verändern. Die Regelung der Fördermenge je Hub erfolgt durch die Schrägkante, die entsprechend den jeweiligen Betriebsbedingungen den Nutzförderhub durch Freigabe der Rückströmbohrung beendet. Während des restlichen Hubweges wird dann der Kraftstoff über ein Leitungssystem in den Saugraum der Pumpe zurückgefördert. Bild 5.62 zeigt die Kolbenstellungen, d.h. die Lage der Schrägkanten bei Voll-, Teil- und Nullförderung. Aus Bild 5.63, das eine Abwicklung des Kolbenoberteiles mit der Schrägkante (2) darstellt, ist

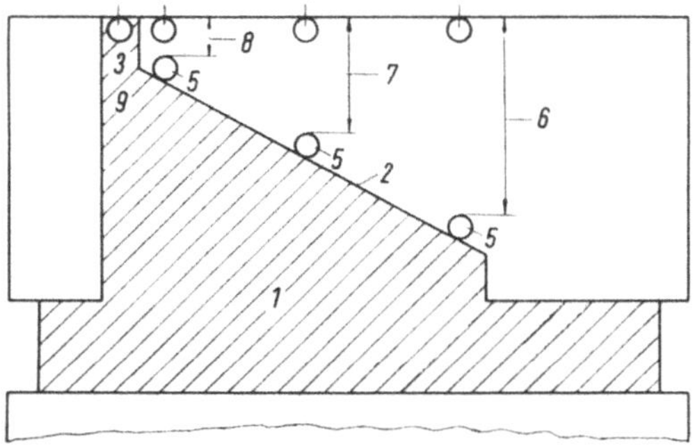

Bild 5.63

Abwicklung des Regelkopfes eines Pumpenkolbens

1 Anfräsung des Kolbens,
2 Schrägkante,
3 Durchlaßnute,
4 Stellung der Ablaufbohrung bei Beginn des wirksamen Förderhubes,
5 Beginn der Öffnung der Ablaufbohrung beim Ende des wirksamen Förderhubes entsprechend der Kolbenstellung,
6 Förderhub für Vollast,
7 Förderhub bei Teillast,
8 Förderhub bei Leerlauf,
9 Nullförderung.

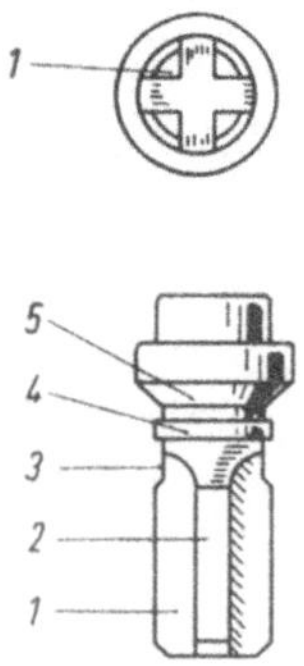

Bild 5.64
Druckventil der Bosch-Kraftstoffpumpe
1 Längsnut
2 Schaft
3 Ringnut
4 Führung
5 Ventilkegel

die gegenseitige Lage zwischen dieser und der Rückströmbohrung (4) sowie die Größe des Nutzförderhubes für die in Bild 5.62 gezeigten Kolbenstellungen zu entnehmen.

Die Zulaufbohrung wird bei jeder möglichen Stellung von Nut und Schrägkante während des Druckhubes vom Kolbenmantel verschlossen. Die Rücklaufbohrung wird dagegen von der Schrägkante nach Zurücklegung eines bestimmten Hubweges, der von der Drehung des Kolbens abhängt, freigegeben. Der Kraftstoff kann dann aus dem Druckraum oberhalb des Kolbens durch die senkrechte Nut und den im Kolben ausgesparten Raum in die Rückströmleitung gelangen.

Vielfach wird der Zahnkranz an der Drehhülse einzeln gefertigt und auf die Hülse geklemmt. Dadurch können Korrekturen am Verdrehmechanismus vorgenommen werden.

Das Druckventil (Bild 5.64) der Boschpumpe bedarf besonderer Erwähnung. Durch seine Ausführungsform wird das Nachtropfen der Einspritzdüsen weitgehend unterbunden. Unterhalb des Dichtkegels (5) trägt der in einer Kreuzstegführung endende Schaft einen zylinderförmigen Ansatz (4) von geringer Höhe, der in die Durchgangsbohrung eingeschliffen ist. Sinkt der Druck im Pumpenzylinder nach Freigabe der Rückströmbohrung, so beginnt die Ventilfeder (siehe Bild 5.61, Pos 7), das Druckventil zu schließen. Dabei sperrt der zylindrige Ansatz sofort den Ventildurchgang. Nach weiterem Druckabfall schließt das Ventil dann völlig durch Absenken auf den Sitz. Dies hat aber eine geringfügige Vergrößerung des Volumens im Einspritzsystem zur Folge, das zu einem raschen Absinken des Druckes und damit zum sofortigen Schließen des Einspritzventiles führt. Auf diese Weise wird ein Nachtropfen mit ungenügender Zerstäubung ausgeschlossen.

Den vollständigen Aufbau einer M.A.N-Einspritzpumpe zeigt Bild 5.59. Der Antrieb erfolgt über einen Schubkolben (8). Dieser trägt an einem Ende die auf der Nockenscheibe laufende Rolle. Der Schubkolben kann auch mit Hilfe des Vorpumphebels von Hand betätigt werden.

5.5.2.2.3 Verstellung des Voreinspritzwinkels

Der Betrieb des Motors im Teillastbereich mit verminderter Drehzahl erfordert neben der Regulierung der Pumpenfördermenge auch eine Verstellung des Einspritzbeginns. Der Zeitraum, der für Zerstäubung, Verdampfung und Vergasung des Kraftstoffes zur Verfügung steht, wird von der Drehzahl des Motors und der Lage des Förderbeginns vor dem oberen Totpunkt bestimmt. Um Früh- oder Spätzündung zu vermeiden, muß man bei Änderung der Drehzahl gewöhnlich auch den Zeitpunkt des Einspritzbeginns verstellen und so dem Kraftstoff eine dem jeweiligen Betriebszustand angepaßte Zeit zur Aufbereitung geben.

Eine Verstellvorrichtung für diesen Zweck wurde bei der Besprechung der MWM-Kraftstoffpumpe (siehe Bild 5.60) erläutert. In vielen Fällen – besonders bei häufigem Wechsel der Drehzahl – ist es jedoch lästig, die Einstellung der Fördermenge und des Förderbeginns an verschiedenen Hebeln durchzuführen. Außerdem können dabei auch Schwierigkeiten bezüglich der Abstimmung der beiden Einstellungen zueinander auftreten.

Eine wesentliche Vereinfachung der Bedienung bei gleichzeitiger Verbesserung der Anpassung an jeden Betriebszustand erreicht man durch den Einsatz von Kraftstoffpumpen mit automatischer Einspritzverstellung (s. z. B. Bild 5.65).

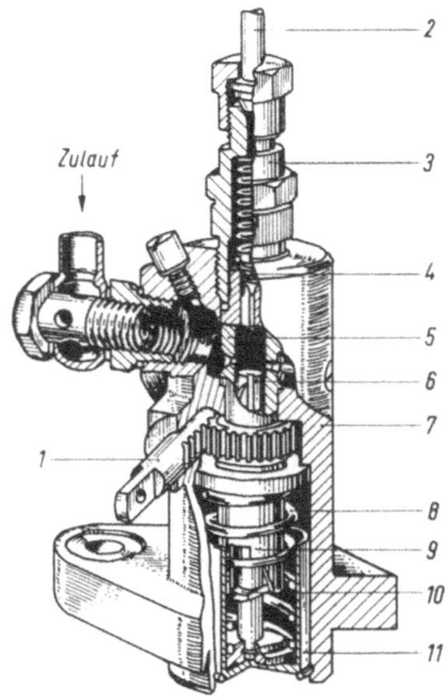

Bild 5.65
PF-Pumpe im Schnitt

1 Regelstange,
2 Druckleitung,
3 Druckrohr-Anschluß,
4 Druckventil,
5 Zylinder,
6 Kolben,
7 Gehäuse,
8 Kolbenfeder,
9 Regelhülse,
10 Kolbenfahne (Mitnehmen),
11 Führungshülse.

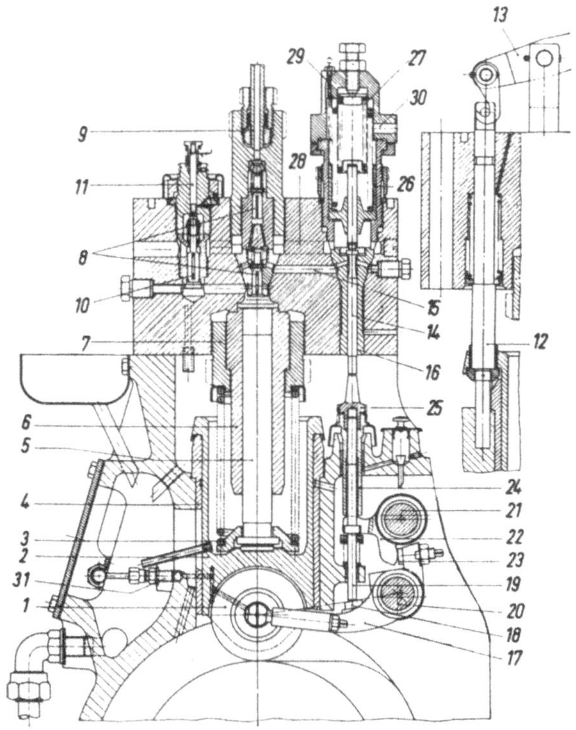

Bild 5.66 M.A.N.-Kraftstoffpumpe mit automatischer Voreinspritz-Regelung

1 Antriebsrolle,
2 Rollenführung,
3 Feder,
4 Führungsbüchse,
5 Pumpenstengel,
6 Stempelführung,
7 Mutter,
8 Druckventil,
9 Brennstoff-Druckleitung,
10 Saugventil,
11 Abstellstift,
12 Abstellbolzen,
13 Handhebel,
14 Überströmventil,
15 Kanal,
16 Einsatz,
17 Hebel,
18 Druckplatte,
19 Stößel,
20 Nachregulierwelle,
21 Vorregulierwelle,
22 Daumenhebel,
23 Druckstück,
24 Stößelführung,
25 Stößelkopf,
26 Pufferkolben,
27 Feder,
28 Bohrung,
29 Kontrollstift,
30 Anschluß für Leckbrennstoff,
31 Schmieranstrich.

Bild 5.66 zeigt eine Einspritzpumpe der Firma M.A.N. Im Gegensatz zu den bisher betrachteten Pumpen mit Überströmregelung kann hier das Überströmventil auch zu Beginn des Druckhubes geöffnet werden. Es können also sowohl Förderbeginn als auch Förderende in gewünschtem Umfang geregelt werden. Welle 21 regelt den Einspritzbeginn, Welle 20 das Förderende.

Bei der in Bild 5.66 gezeigten Pumpe wird also gleichzeitig mit der Verstellung der Fördermenge automatisch auch der richtige Zeitpunkt für das Einspritzen eingestellt.

Bild 5.67 soll die Änderung von Förderbeginn und Förderende graphisch veranschaulichen. Für die Nullförderung möge der Punkt M auf der Nockenbahn gelten. Bei kleiner Leistung muß beispielsweise die Fördermenge F_1 eingespritzt werden. Dazu gehört nach der Abbildung ein Voreinspritzwinkel von $\alpha_1 = 8°$. Bei einem Zweitaktmotor mit einer Drehzahl $n = 125\ \text{min}^{-1}$ entspricht das einer Zeit für die Aufbereitung des Kraftstoffes vor der Verbrennung von

$$t = \frac{\text{Voreinspritzwinkel}\ \alpha}{360° \cdot \text{Drehzahl}\ n} = \frac{8° \cdot \text{min}}{360° \cdot 125} = \frac{8° \cdot 60\ \text{s}}{360° \cdot 125} \approx 0{,}01\ \text{s}.$$

Diese zum Aufbereiten erforderliche Zeit wird hauptsächlich von der Art des Kraftstoffes bestimmt und kann für alle Drehzahlen als annähernd konstant angesehen werden. Beträgt nun bei Vollastbetrieb die Drehzahl $n = 270\ \text{min}^{-1}$, so muß der Voreinspritzwinkel bei gleicher Aufbereitungszeit den Wert

$$\alpha_2 = 360° \cdot t \cdot n = 360° \cdot \frac{1}{100}\ \text{s} \cdot 270 \frac{1}{\text{min}} = \frac{360°}{100}\ \text{s} \cdot \frac{270}{60\ \text{s}} \approx 16°$$

besitzen.

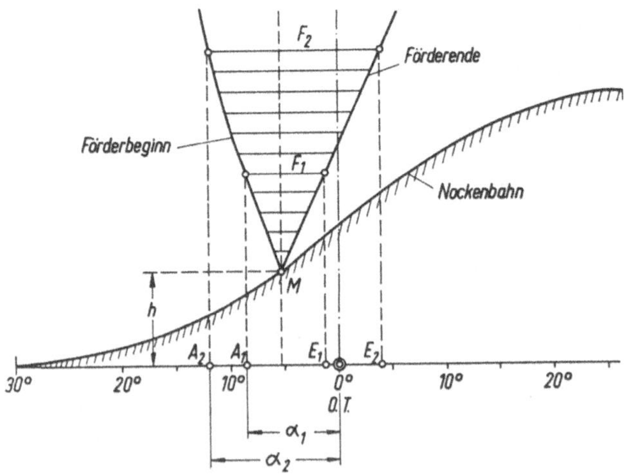

Bild 5.67
Veränderung des Voreinspritzwinkels

Bei Verdoppeln der Drehzahl muß also auch der Voreinspritzwinkel verdoppelt werden.

Der Punkt M auf der Nockenbahn kann mit Hilfe der Regulierschraube (23) (Bild 5.66) verschoben werden. Die in Bild 5.67 angegebene Höhe h entspricht der Dicke eines Kontrollpaßbleches, das die Herstellerfirma der Pumpe liefert. Legt man dieses Paßblech zwischen Nockengrundkreis und Rolle, so wird der Pumpenkolben um den Hubweg h angehoben.

Kraftstoffe verschiedener Herkunft besitzen gewöhnlich unterschiedliche Zündeigenschaften. Hat man beispielsweise einen leicht zündenden Kraftstoff verwendet und dafür einen Voreinspritzwinkel eingestellt, der dieser Eigenschaft angepaßt war, so muß man bei Umstellung auf einen schwer zündenden Kraftstoff einen größeren Voreinspritzwinkel wählen. Die Verstellung kann an der betrachteten Pumpe leicht durch Veränderung der Regulierschraubenstellung ausgeführt werden.

Bei der Einstellung schließt man in der Regel einen Kompromiß zwischen guter Kraftstoffausnutzung, also größerer Wirtschaftlichkeit, verbunden mit Frühzündung, die sich in einer erhöhten Triebwerksbelastung auswirkt, und einer günstigeren Belastung des Triebwerkes, verbunden mit einer schlechteren Ausnutzung des Kraftstoffes.

Die Schrägkantenregelung, deren bekannteste Form die Bosch-Kraftstoffpumpe darstellt, gestattet in der Ausführung des Bildes 5.61 nur eine Fördermengenregulierung, bei der das Ende der Einspritzung verändert wird.

Die Regelung des Einspritzbeginns kann erst durch Einbau eines Zwischenhebels wie bei der Überströmventilregelung (siehe Bild 5.66) oder durch Abschrägung der oberen Kraftstoffpumpenstempelkante (Bild 5.68) erreicht werden. Diese Pumpen, die von der Firma Bosch in höchster Präzision hergestellt werden, gehören heute zu den verbreitetsten Pumpen. Die in Bild 5.65 gezeigte Pumpe, deren Kolben mit oberer Schrägkante ausgeführt ist, bewirkt automatisch bei kleinerer Fördermenge das zur niedrigeren Drehzahl gehörige spätere Einspritzen.

Für Motoren mit konstanter Drehzahl, z. B. Hilfsdiesel, kommen naturgemäß Pumpen ohne Schrägkante an der Kolbendruckfläche zur Anwendung.

Bei Motoren, deren Kraftstoffpumpen weder mit einer automatischen noch mit einer mechanischen von Hand zu betätigenden Vorrichtung für die Verstellung des Förderbeginns ausgerüstet sind, muß der entsprechende Voreinspritzwinkel durch Verstellung der Kraftstoffnockenscheibe eingestellt werden (Bild 5.69).

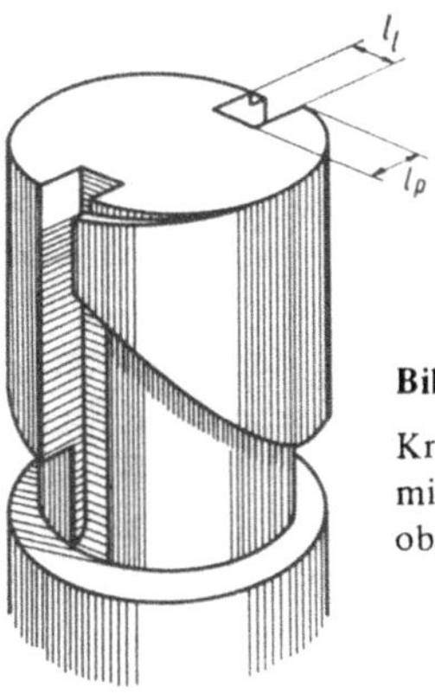

Bild 5.68
Kraftstoff-Pumpenkolben mit zusätzlicher oberer Schrägkante

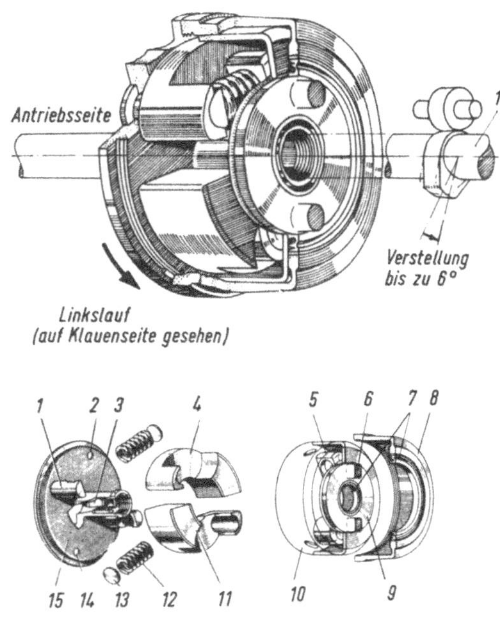

Bild 5.69 Kraftstoffpumpen-Antrieb

1 Lagerbolzen,
2 Entlüftungsschraube,
3 Rundmutter,
4 Fliehgewicht,
5 Mitnehmerbolzen,
6 Kuppelklaue,
7 Dichtringe,
8 Gehäuse,
9 Antriebsflansch,
10 Lagerkapsel,
11 Kurvenbahn,
12 Schraubenfeder,
13 Einlegscheibe,
14 Fetteinfüllschraube,
15 Kuppelflansch,
16 Nockenwelle (Einspritzpumpe)

Zu diesem Zwecke wird die Nockenscheibe vielfach geteilt ausgeführt. Der Halbring ohne Erhebungskurve ist mit einer Keilnut versehen und wird mit dem anderen Teil durch zwei Schrauben verbunden. Die Führung der Schrauben in dem vom Keil in seiner Lage fixierten Ringteil bzw. im Nockensegment wird so gestaltet, daß durch unterschiedliche Einschraubtiefe eine radiale Verschiebung des Nockensegmentes erreicht werden kann (Ausführung ähnlich der in Bild 5.59 gezeigten). Die Grobeinstellung kann unter Beobachtung des Laufverhaltens des Motors durchgeführt werden. Neigt der Motor zu stoßartigem Lauf, so ist das ein Zeichen für Frühzündung. Der Voreinspritzwinkel wurde also zu groß gewählt. Man geht dann zweckmäßig Grad um Grad zurück, bis der ruhige Lauf des Motors anzeigt, daß der richtige Punkt erreicht ist. Die Feineinstellung erfolgt am besten mit Hilfe einer indikatorischen Untersuchung.

Eine neue Entwicklung zur Einspritzanpassung an Last und Drehzahl siehe Abschnitt 4.4.2.2 mit den Bildern 4.70 und 4.71.

5.5.2.2.4 Einstellung und Überprüfung der Einspritzpumpen

Alle Kraftstoffpumpen eines Motors sollen gleiche Förderleistung haben. Zur Kontrolle löst man die Druckleitung an den Kraftstoffventilen und dreht alle Pumpen gleich oft durch, wobei die geförderten Kraftstoffmengen in Meßgläsern aufgefangen werden. Zuvor muß man durch „Vorpumpen" sicherstellen, daß die Kraftstoffpumpen „entlüftet" sind und ordnungsgemäß fördern. Alle Pumpen sollen dann bei gleicher Anzahl der Umdrehungen und gleicher Fördereinstellung gleiche Mengen fördern. Die Einstellung der Fördermenge ist bei den verschiedenen Pumpenarten unterschiedlich.

Die Einstellung der MWM-Kraftstoffpumpe (siehe Bild 5.60) erfolgt am besten nach dem Nullförderungspunkt. Zunächst wird die Kurbel des betreffenden Zylinders in Drehrichtung so lange bewegt, bis sie beim Verdichtungshub etwa 90° vor dem oberen Totpunkt steht. Den Kompressionshub erkennt man beim Viertaktmotor daran, daß Ein- und Auslaßventile geschlossen sind und die Pumpenrolle (17 in Bild 5.60) kurz vor dem Beginn der Erhebungskurve der Nockenscheibe steht.

Die Motorensteuerung legt man auf „Betrieb", die Kraftstoffeinstellung auf „Vollast". Wenn man bei dieser Stellung der Pumpe mit dem Handhebel vorpumpen will, so läßt sich der Kraftstoffpumpenkolben nicht bewegen (d. h., die Pumpe ist „hart"). Das stark federbelastete Kraftstoffventil gibt nicht nach und der Handhebel ist zu schwach, um den Gegendruck zu überwinden. Man versucht nun unter gleichzeitigem langsamem Drehen der Regulierwelle (15) von Vollast- auf Stopstellung weiterzupumpen. Kurz vor Erreichen der Nullage muß sich der Handhebel (1) ohne nennenswerten Widerstand niederdrücken lassen. Das ist ein Zeichen dafür, daß das Überströmventil zu öffnen beginnt und die Förderung zum Einspritzventil beendet ist, d. h., die Nutzfördermenge ist gleich Null.

Liegt dieser Nullpunkt ziemlich weit von der Stoplage entfernt, so erhält der Zylinder zu wenig Kraftstoff und seine Leistung liegt zu niedrig. In diesem Falle muß die Einstellschraube (12) etwas herausgedreht werden, bis der Nullpunkt die richtige Lage erreicht. Ist andererseits bei Kraftstoffeinstellung auf „Stop" die Pumpe bei Betätigung des Handhebels noch „hart", dann fördert sie zu viel, und die Regelschraube (12) muß etwas hineingedreht werden, bis der Handhebel (1) nachgibt. Fördert im Betrieb die eine oder andere Pumpe selbst bei „Stop" noch etwas, so läßt sich dies beim Auslaufen des Motors durch Abhören der Zündung feststellen und durch Nachregulieren der betreffenden Pumpe sofort beheben.

Bei der betrachteten Pumpe besteht eine weitere Möglichkeit der Feststellung des Nullförderstoppunktes darin, daß man den Regulierhebel (5) vorn am Sitz der Schraube (12) von Hand anhebt und fühlt, ob das Überströmventil (14) noch geschlossen ist. Man kann dabei genau den Unterschied in der Spannung der beiden beim Öffnen anzuhebenden Federn (19a) und (19b) feststellen. Das Überströmventil hat geöffnet, wenn die obere Feder (19b) gerade angehoben ist.

Auf diese Weise muß jede Pumpe für sich eingestellt werden. Spiel im Gestänge verändert mit der Zeit die Pumpeneinstellung, wodurch Abweichungen zwischen den Leistungen der einzelnen Zylinder auftreten können. In einem solchen Falle müssen die Kraftstoffpumpen überprüft und gegebenenfalls neu eingestellt werden. Zuvor muß man sich jedoch vergewissern, daß keinerlei Fehler am Motor vorliegen (Undichtigkeit an Kolben und Ventilen, Kraftstoffpumpenelementen oder -ventilen), die ebenfalls zu verminderten Zylinderleistungen führen können.

Unabhängig von der Handregulierung wird die Pumpenleistung auch noch vom Fliehkraftregler beeinflußt. Dieser ist durch Gestänge mit einem Doppelhebel verbunden, der ebenfalls auf das Saug- oder Überströmventil einwirken kann. Bei Überschreitung der zulässigen Drehzahl wird das Saug- oder Überströmventil dann vom Regler automatisch geöffnet. Für die Hebeleinstellung wird die Reglerhülse, an der das Betätigungsglied für den Hebel angeschlossen ist, bis auf etwa 3 mm an den höchsten Ausschlag herangerückt. Dann soll bei innerer Totpunktlage des Pumpenkolbens der Hebelarm den Anschlagbund am Ventilstempel gerade so berühren, daß ein dahintergehaltenes Licht durchschimmert. Kommt man bei der Überprüfung zu diesem Ergebnis, so ist die Nullstellung für den Regler richtig fixiert, und der Motor kann nicht durchgehen.

Bei Boschpumpen (siehe z. B. Bild 5.61) wird der Zahnkranz auf der Kolbendrehhülse meist als Klemmstück ausgebildet (in der Abbildung ist das nicht der Fall). Die dadurch mögliche Änderung der gegenseitigen Lage beider Teile kann für Korrekturen der Fördermenge (und somit der Zylinderleistung) genutzt werden. Stimmt ein Zylinder in seiner Leistung nicht mit den übrigen überein, so löst man die Klemmschraube durch eine Öffnung in der Wandung des Pumpengehäuses, verdreht Hülse und Kolben und zieht das Klemmstück anschließend wieder fest. Der Betrag der Verdrehung zur Erhöhung oder Verminderung der Fördermenge ist außerordentlich gering. Zur Erleichterung der Einstellarbeiten sind Klemmstück und Hülse mit Markierungsstrichen versehen, so daß bei einiger Erfahrung die notwendige Verdrehung abgeschätzt werden kann. Sind Zahnkranz und Hülse aus einem Stück gefertigt, so sind je nach Bauart entweder die Zahnstange oder ein damit unmittelbar verbundener Hebel verstellbar ausgeführt. Man hat also auch dann die Möglichkeit, die Leistung eines jeden Zylinders für sich einstellen zu können.

Bei Verwendung von sauberem Dieselkraftstoff treten kaum Störungen an der Kraftstoffpumpe auf. Sollte doch einmal ein Pumpenelement (Pumpenkolben und -zylinder) undicht werden, so wechselt man es gegen ein neues aus, denn Nachschleifen hat keinen Sinn.

Ist der Kraftstoff verunreinigt, muß man damit rechnen, daß die Pumpenventile in ihrer Funktion behindert werden.

Undichte Saug- und Überströmventile vermindern die Nutzfördermenge und damit die Zylinderleistung. Undichte Druckventile beeinträchtigen den Saughub und sind die Ursache für schlechte Zerstäubung und Nachtropfen an den Düsen. Ventile kann man mit feiner Schleifpaste einschleifen. Diese muß jedoch nach Beendigung der Arbeit mit Hilfe von Kraftstoff sorgfältig entfernt werden. Man verwende grundsätzlich keine Putzwolle oder fasernde Tücher, da gerade Textilfasern oft die Ursache für undichte Ventile sind.

Erhöhtes Spiel im Antriebsmechanismus und im Regelgestänge führt zur Änderung des Förderzeitpunktes und der Fördermenge. Es muß daher sofort nach Feststellung beseitigt werden.

Die Überprüfung der Kraftstoffpumpen auf einwandfreien Zustand der Elemente, Ventile und Dichtungen erfolgt mit Hilfe von Druckluft. Man führt diese am Druckstutzen ein, nachdem zunächst das Druckventil und das Saugrohr bzw. die Saugraumentlüftungsschraube entfernt wurden (bei Überströmpumpen). Auf diese Weise kann man Kolben, Saug- und Überströmventil sowie Abdichtungen und Verschraubungen kontrollieren. Undichte Stellen kann man am Geräusch der durchtretenden Luft erkennen. Das Auftragen von Seifenwasser bewährt sich besonders bei der Überprüfung von Gehäuse und Verschraubungen. Zur Prüfung des Druckventils wird dieses eingesetzt und die Druckraumentlüftung geöffnet. Wenn kein Sausen an der Entlüftung zu hören ist, dichtet das Ventil einwandfrei.

5.5.2.2.5 Elektronische Einspritzung

Eine moderne Möglichkeit der automatischen Anpassung der Einspritzung an Last und Drehzahl sowie an die unterschiedlichen Kraftstoffqualitäten wurde bei der M.A.N Augsburg geschaffen und zunächst für Zweitakt-Großmotoren entwickelt. Die Gedanken wurden inzwischen international aufgenommen und werden in Zukunft sicher weltweit weiterentwickelt.

An den Betriebskosten von Dieselmotoren, sowohl für Schiffsantriebe als auch von Dieselkraftwerken, nehmen die Kraftstoffkosten einen zunehmenden Anteil ein. Die Gesamtwirtschaftlichkeit ist also durch Senkung des Kraftstoffverbrauchs entscheidend zu beeinflussen. In zunehmendem Maße werden durch „Crack"-Prozesse in neueren Raffinerien immer mehr leichtbrennbare Anteile des Rohöls gewonnen, so daß die Qualität des für Dieselmotoren verbleibenden Schwerölrestes mit seinen Zünd- und Verbrennungseigenschaften immer schlechter werden wird. Auch die wieder zugemischte leichtflüssige Komponente kann die Verbrennung stark beeinflussen.

Mit der Entwicklung der elektronischen Einspritzung und der damit gegebenen Möglichkeit der freien Wahl und Anpassung der verschiedenen Einspritzparameter gelingt es, diese Problematik jetzt und in Zukunft zu beherrschen.

Elektronische Einspritzung führt zum anpassungsfähigen Motor. Es ist möglich, die Einflüsse der verschiedenen Umgebungsbedingungen wie Ansauglufttemperatur, Spülllufttemperatur oder geänderte Kraftstoffqualität auf die Betriebswerte weitgehend zu eliminieren. Dies kann entweder durch abgespeicherte Kennlinien oder durch manuelle Einstellung am Gerät selbst erfolgen.

Wenn bisher beim mechanischen Einspritzsystem die optimale Auslegung nur für einen Betriebspunkt, in der Regel für Vollast, möglich war, so können mit der elektronischen Einspritzung verschiedene Parameter wie Zünddruck, Einspritzdruck und Einspritzdauer über den gesamten Lastbereich auch für unterschiedliche Betriebsbedingungen angepaßt werden.

Der Einfluß auf den Kraftstoffverbrauch durch einen angepaßten Einspritz- und Zünddruckverlauf im Lastbereich 50 % ist in Bild 5.70 bis 100 % dargestellt. So gelingt es, im von Schiffen meist genutzten Fahrbereich zwischen 75 % und 85 % eine Verbrauchsverbesserung von ca. 5 g/kWh (ca. 3,7 g/PSh) zu erreichen.

Einstellung günstiger Betriebswerte durch die elektronische Einspritzung. Für den praktischen Betrieb erlaubt das elektronische Einspritzsystem folgende Anpassungs- bzw. verbesserte Betriebsmöglichkeiten:

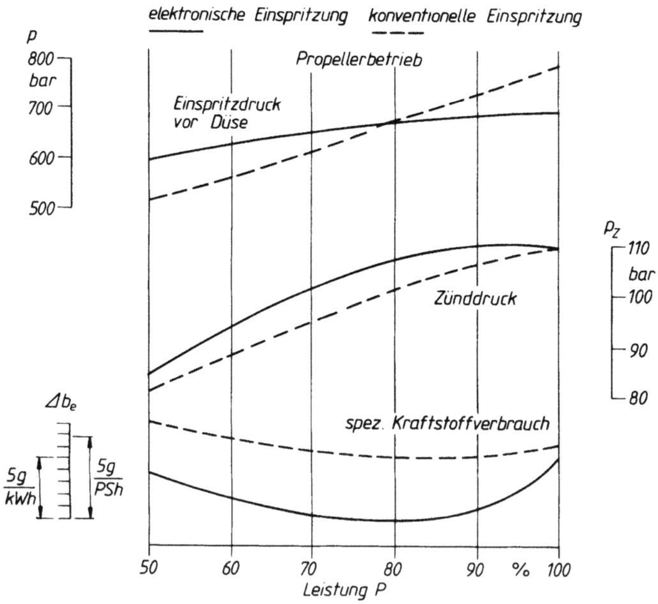

Bild 5.70

Einfluß des elektronisch angepaßten Einspritz- und Zündverlaufs auf den spezifischen Kraftstoffverbrauch

- Anpassung des Einspritzsystems an die verschiedensten Betriebspunkte, z. B. Ballastfahrt, Schlechtwetterfahrt, von der Propellerkurve bis zur konstanten Drehzahl,
- Anpassung an verschiedene Kraftstoffe, an deren Zündverzug, Cetanzahl und Brenngeschwindigkeit,
- Anpassung an verschiedene Umgebungsbedingungen, z. B. Tropen- oder Winterbetrieb,
- Anpassung an schnelle Leistungs- und Drehzahländerungen ohne wesentliches Überregulieren, z. B. austauchender Propeller bei starkem Seegang,
- Absenkung der kleinsten Betriebsdrehzahl, z. B. bei Manövern oder Kanalfahrt. So ist eine Erweiterung des Betriebsdrehzahlbereiches von bisher ca. 1 : 4 auf ca. 1 : 6 möglich.

Dadurch eröffnen sich für den Dieselmotor erhebliche Vorteile. Die wichtigsten sind:

- Verminderung des Kraftstoffverbrauchs,
- Verwendung schlechter Qualitäten einschließlich der zukünftigen Kraftstoffe,
- Verminderung der Umweltbelastung,
- Verbesserung der Betriebsführung.

Aufbau der elektronischen Einspritzung. Der Aufbau der elektronischen Einspritzung ist schematisch in Bild 5.71 dargestellt. Daraus können folgende Bauglieder zusammengefaßt werden

- elektronischer Regler,
- Druckerzeugungseinheit, bestehend aus Hochdruckpumpe und Druckbehälter einschließlich der erforderlichen Druckregel- und Sicherheitsventile,
- elektrohydraulisch gesteuertes Einspritzventil,
- Servokreislauf- und Servoventil.

Der elektronische Regler regelt und steuert im Hinblick auf optimale Betriebswerte (Kraftstoffverbrauch, Abgastrübung, Abgasemission usw.) den Einspritzzeitpunkt, den Einspritzdruck und abhängig von der geforderten Motordrehzahl und Motorleistung die Einspritz-

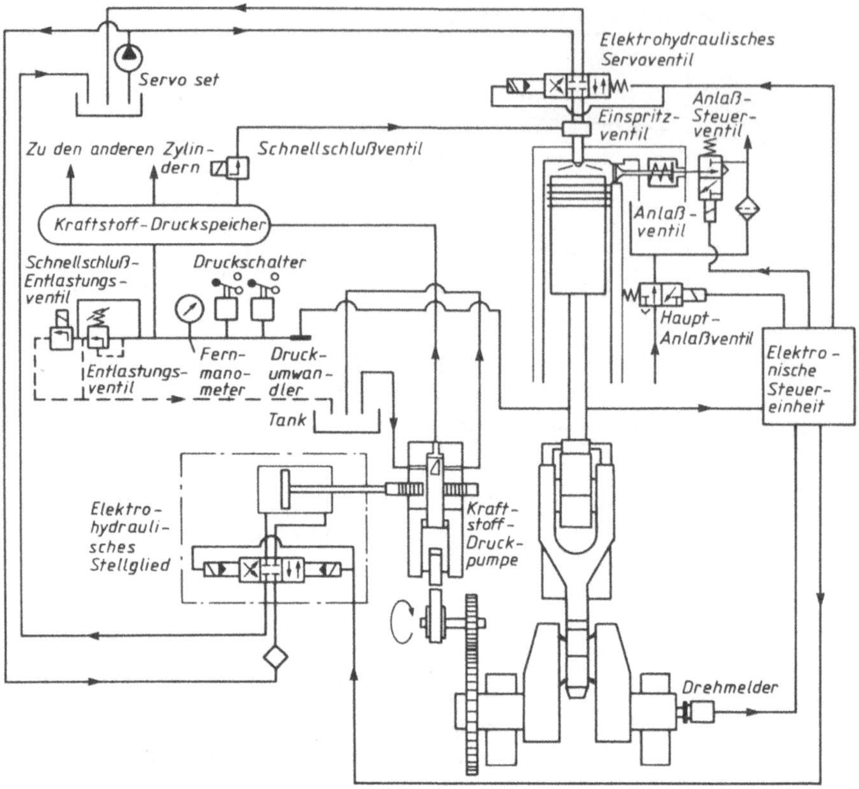

Bild 5.71 Aufbau einer elektronischen Einspritzung

dauer. Diese Einspritzparameter können manuell oder auch durch entsprechend weitere Bausteine automatisch den jeweiligen Umgebungsbedingungen und auch der Kraftstoffqualität (Viskosität) während des Motorbetriebs ohne Änderungen am Einspritzsystem angepaßt werden.

Die Soll-Drehzahl sowie verschiedene Fahrkommandos wie Anlassen, Umsteuern und Stopp-Manöver werden dem elektronischen Regler über den Fahrhebel bzw. die Fernsteuerautomatik eingegeben. Ferner sind für den gesamten Betriebsbereich und für verschiedene Betriebsbedingungen am Prüfstand ermittelte Kennlinien sowie Zündfolge und Zündabstand fest einprogrammiert.

Über einen Drehmelder werden die Motordrehzahl und der Kurbelwinkel als Regelgröße ermittelt.

Mit den sich aus dem Soll-Ist-Vergleich ergebenden Werten für Einspritzdauer und Einspritzzeitpunkt wird über elektrische Impulse ein zweistufiges elektrohydraulisches Servoventil angesteuert. Dieses wiederum steuert über das die 2. Stufe bildende Vier-Wege-Ventil und den Servokreislauf das Kraftstoffeinspritzventil an. Zwei Ventilsysteme werden betätigt.

Vor dem eigentlichen Kraftstoffventil ist in einer Baueinheit ein Vorschaltventil angeordnet, womit die Zuströmung des Kraftstoffes vom Speicher zum Düsenvorraum und die Druckentlastung des Düsenvorraums in der Nichteinspritzphase gesteuert wird. Außerdem wird bei einer Störung an der Düsennadel die Kraftstoffzufuhr eng in Menge und Zeit begrenzt.

Der erforderliche Kraftstoffdruck wird mit einer aus den bewährten Elementen von Kraftstoffeinspritzungen bestehenden Mehrzylinder-Hochdruckpumpe, die von der Kurbelwelle angetrieben wird, erzeugt. Durch die Zwischenschaltung eines Hochdruckspeichers wird im gesamten System ein nahezu statischer Druck erreicht.

Da für die gesamte Einspritzdauer der jeweils optimale Einspritzdruck zur Verfügung steht, sind die vom konventionellen Einspritzsystem bekannten Spitzendrücke nicht erforderlich. Das System arbeitet mit einem maximalen Betriebsdruck von 700 bar. Die Regelung der Einspritzpumpen und Überwachung des Einspritzdrucks erfolgt ebenfalls durch den elektronischen Regler.

Da bei Anwendung des elektronischen Einspritzsystems der bisherige Steuerungsantrieb und die Steuerwelle mit Kraftstoffpumpen entfällt, entfällt auch der von der Steuerwelle angetriebene Anlaßsteuerschieber und somit die Steuerung der Anlaßventile. Dies übernimmt ebenfalls der elektronische Regler, der phasengerecht die Magnetventile der Anlaßventile und des Hauptanlaßventils ansteuert. Dies bietet noch den Vorteil, daß durch exaktere Ansteuerung (es entfallen die Verzögerungen, die sich durch Ent- und Belüftung der Steuerleitungen ergaben) mit einem minimalen Luftverbrauch auszukommen ist.

Der elektronische Regler baut auf den Erfahrungen des Automobilbaues auf. Der elektronische Regler bildet das Gehirn der elektronischen Einspritzung und wurde von der ROBERT-BOSCH GMBH in Zusammenarbeit mit M.A.N für Dieselmotoren entwickelt.

Das Kernstück bildet ein Mikroprozessor, wobei durch die Anwendung der Mikrocomputertechnik nicht nur die in der Vergangenheit bekannten Temperatur- und Drifterscheinungen vermieden werden konnte, sondern eine erhebliche Funktionserweiterung erreicht wurde. Dieser Mikrocomputer verarbeitet alle Eingangssignale (derzeit im wesentlichen Istdrehzahl, Solldrehzahl, Winkelstellung der Kurbelwelle und Ist-Kraftstoffverbrauch), übernimmt die Funktion des PI-Reglers und liefert die Ausgangssignale zur Ansteuerung der Endstufen für Einspritz- bzw. Servoventile und des Anlaßventils sowie für die verschiedenen Anzeigen. Durch die im Mikrocomputer einspeicherbaren Kennlinien für den Einspritzzeitpunkt in Abhängigkeit von verschiedenen Betriebsbedingungen kann durch Variation des Einspritzzeitpunktes für jeden Betriebspunkt der optimale Zünddruck und damit Kraftstoffverbrauch eingestellt werden. So kann ein Motor ohne Umbauten sowohl im Tropenbereich als auch in gemäßigten Zonen mit dem jeweils optimalen Kraftstoffverbrauch betrieben werden.

Sicherheit aller wesentlichen Funktionen im elektronischen System. Für ein Einsatz im Schiffsbetrieb sind die Sicherheit, Zuverlässigkeit und Verfügbarkeit dieses Systems von entscheidender Bedeutung. Es sind deshalb alle wesentlichen Teile des Systems in doppelter Ausführung vorhanden und werden auch gleichzeitig betrieben. Zwar ist nur immer ein System aktiv im Regelkreis eingeschaltet, ein zweites System läuft aber gleichzeitig mit und kann automatisch oder durch manuellen Eingriff die Aufgabe des ersten Systems jederzeit praktisch verzögerungslos übernehmen. Beide Systeme sind durch eine Reihe von Vorkehrungen zur Selbstüberwachung ausgerüstet, z. B. Zyklus- und Programmüberwachung. Zusätzlich übernimmt eine separate Überwachungsschaltung weitere Überprüfungen. Ein Reservesystem wird mitgeliefert.

Ein Drehmelder mit einer Auflösung von 0,35° Kurbelwinkel ist Basis genauer Steuerung. Die Erfassung der Kurbelwellenstellung und der Motorendrehzahl wird mit dem in der Maschinensteuerungstechnik seit langem bewährten Prinzip des Drehmelders in einer technisch weiterentwickelten Ausführung, nämlich dem schleifringlosen Drehmelder, durchgeführt, der am freien Motorende montiert ist. Besonders vorteilhaft ist, daß hier keine verschleißanfälligen Teile benötigt werden. Trotzdem ist die erforderliche Ermittlung der Kurbelwellenstellung im Stillstand und bei laufendem Motor mit sehr hoher Genauigkeit möglich. Eine Auflösung etwa 0,35° Kurbelwinkel ist gegeben.

Baukastenprinzip bei der Hochdruckpumpe und doppelte Wege am Hochdruckspeicher. Für die Druckerzeugung werden einige wenige Kraftstoffpumpen verwendet, die aus den bewährten Elementen bestehen. Sie sind kupplungsseitig am Gestell angebaut und werden von der Kurbelwelle über ein Zahnradpaar und Doppelnocken angetrieben. Für die komplette Baureihe vom KEZ 52/105 bis zum KEZ 90/190 kann die gleiche Pumpengröße verwendet werden; es ist mit maximal 6 Pumpen bei einem Motor mit ca. 35 000 kW auszukommen. Die Übersetzung des Pumpenantriebs wird dabei von Motorgröße zu Motorgröße so variiert, daß die Pumpen jeweils mit ihrer Auslegungs-Drehzahl angetrieben werden.

Die Förderung des Kraftstoffs in den Hochdruckspeicher erfolgt über zwei unabhängige Drucksysteme, wobei jeweils die Hälfte der Kraftstoffpumpen über ein Druckrohr fördert. Dadurch ist sichergestellt, daß auch bei Ausfall eines Druckrohres oder einer Pumpe, Kraftstoff zur Verfügung steht. Der Hochdruckspeicher ist ein Rohrbehälter mit Dampfbegleitheizung und üblicher Wärmeisolierung. Die Druckspeicherung und Glättung der Förderpulsationen erfolgt einfach und über die Kompressibilität des Kraftstoffes.

In zwei unmittelbar reagierenden Servostufen von „mA" *auf* 100 bar *Steuerdruck.* Das zweistufig arbeitende Servoventil bildet das Bindeglied zwischen dem elektronischen Regler und dem hydraulisch gesteuerten Einspritzventil. Es verwandelt elektrische Signale im „mA"-Bereich ganz schnell in hydraulische Kräfte von einigen Tausend Newton um. Diese präzise Steuerung ist an den in Bild 5.72 gezeigten Druckverläufen im Servoventil und im Düsensackloch zu erkennen. In Bild 5.73 ist schematisch die Wirkungsweise des Servoventils dargestellt.

In der ersten Verstärkungsstufe wird eine Prallplatte von beiden Seiten durch Ölstrahlen beaufschlagt, die aus Regeldüsen austreten. Entsprechend dem Widerstand, der an den Regeldüsen aufgebaut wird, wirkt auf beiden Seiten des Steuerkolbens ein entsprechender Öldruck. Die Prallplatte ist direkt mit dem beweglichen Anker des Stellmagneten verbunden. Wird nun durch ein elektrisches Signal vom elektronischen Regler die Prallplatte ausgelenkt, so verändert sich proportional der Strömungswiderstand an den Düsen. Auf einer Seite des Steuerkolbens sinkt also der Öldruck, auf der anderen steigt er.

Sofort folgt der Steuerkolben der Kraft aus dem Differenzdruck. Er bewegt sich und gibt die Steueröffnungen der zweiten Stufe frei. Aber seine Bewegung ist begrenzt. Eine an Anker und Prallplatte befestigte Feder bewirkt nach einem bestimmten Weg eine Kraft an der Prallplatte, die größer ist als die dort wirkende Kraft des Magneten. Die Prallplatte bewegt sich etwas, der Differenzdruck sinkt etwas: Ein stabiles Kräftegleichgewicht stellt sich ein, bis die Kraft des Magneten geändert wird. Dann aber folgt der Steuerkolben sofort, bis wieder Kraftgleichgewicht herrscht. Er folgt in seinen Bewegungen also direkt in Größe und Polarität (+ oder −) dem Eingangssignal am Magneten! Der Steuerkolben selbst trägt die Steuerkanten eines Vier-Wege-Ventils. Es werden jeweils zwei Wege freigegeben oder bei Signal „Null" geschlossen. Über den Ausgang „A" wird die eigentliche Steuerung des Einspritzvorgangs vorgenommen. Bei geöffnetem Ausgang „A" wird Kraft zum Hubkolben des Nadelventils gegeben. Die Zeit zwischen Öffnen und Schließen des Ausganges „A" bestimmt die Einspritzdauer und damit die Einspritzmenge am Nadelventil. Über den Ausgang „B" wird das Vorschaltventil betätigt. Es öffnet früher und schließt später als das Nadelventil.

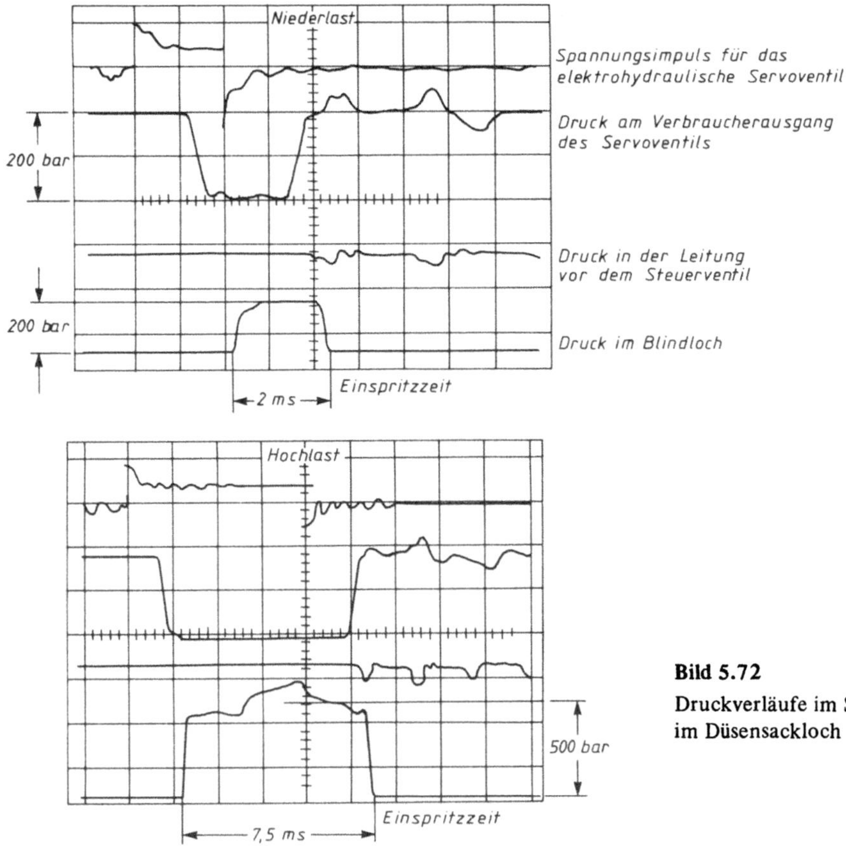

Bild 5.72
Druckverläufe im Servoventil und im Düsensackloch

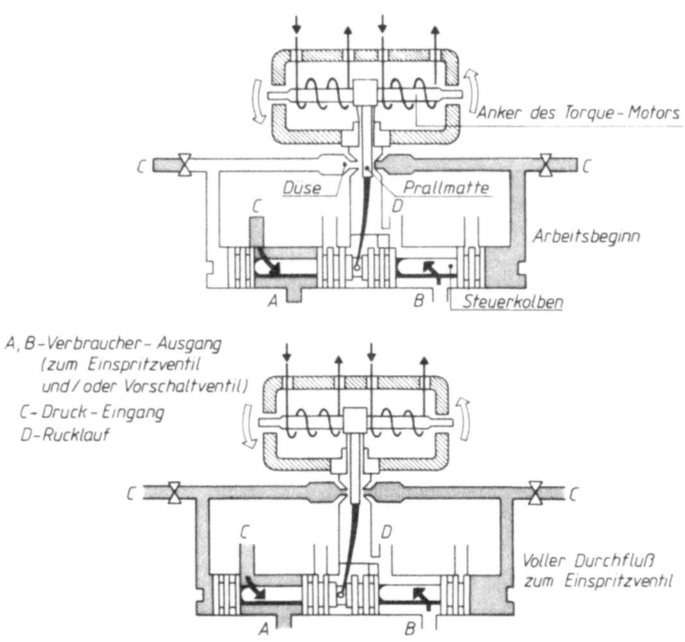

Bild 5.73
Wirkungsweise des Servoventils

Der erforderliche Servoöldruck von 200 bar wird über zwei Pumpenaggregate erzeugt, wobei eine Pumpe als „stand-by"-Aggregat geschaltet ist und bei Ausfall der aktiven Pumpe automatisch zugeschaltet wird. Für die Umschaltphase bzw. bei einem „black out" stellt ein Gas-Druckspeicher die Druckölversorgung für mindestens 3 Minuten sicher.

Die Qualität des Servoöls wird durch Kühler und Filter innerhalb der für die Funktion der Servoventile erforderlichen Grenzwerte gehalten. Die Steueröltemperatur wird über einen Thermostaten geregelt. Druckregelventile steuern den Öldruck. Die maximale Temperatur, das Mindestniveau im Tank und der Mindest-Öldruck werden überwacht, letzteres im Ingenieur- und Stopp-Alarm. Für jedes Servoventil, das auf jedem Einspritzventil aufgebaut ist, ist aus Sicherheitsgründen eine eigene Versorgungsleitung vorgesehen.

Einspritz-Verlauf (Bild 5.74). Wenn das Einspritzventil geschlossen bleiben soll, steht der Servoöldruck von Ausgang B des Servoventils auf dem Kolben 2 des Vorschaltventils 3 an, wodurch das Vorschaltventil geschlossen ist und kein Kraftstoff vom Kraftstoffspeicher zum Düsenvorraum gelangen kann. Gleichzeitig ist der Ausgang A des Servoventils drucklos und damit auch der Raum unter dem Steuerkolben 5 der Düsennadel. Durch den konstant auf den Druckkolben 4 des Nadelventils wirkenden Kraftstoffdruck wird das Nadelventil geschlossen gehalten. Vom elektronischen Regler bekommt das Servoventil das Signal zum Wechsel des Druckanschlusses vom Ausgang B zum Ausgang A. Zuerst wird der Ausgang B druckentlastet und das Vorschaltventil wird durch den Kraftstoffdruck geöffnet, Kraftstoff unter Einspritzung kann zum Düsenvorraum strömen. Steht am Ausgang A Servoöldruck an, hebt der Steuerkolben 5 die Düsennadel an, die Einspritzung kann beginnen. Für das Einspritz-Ende erhält das Servoventil vom elektronischen Regler wiederum das Signal zum Wechsel des Druckanschlusses vom Ausgang A zum Ausgang B. Zuerst wird der Ausgang A druckentlastet. Hierdurch wird auch der Raum unter dem Steuerkolben druckentlastet und der Kraftstoffdruck über dem Druckkolben 4 schließt das Einspritzventil. Steht am Ausgang B Servoöldruck an, wird das Vorschaltventil geschlossen, der Düsenvorraum also für die

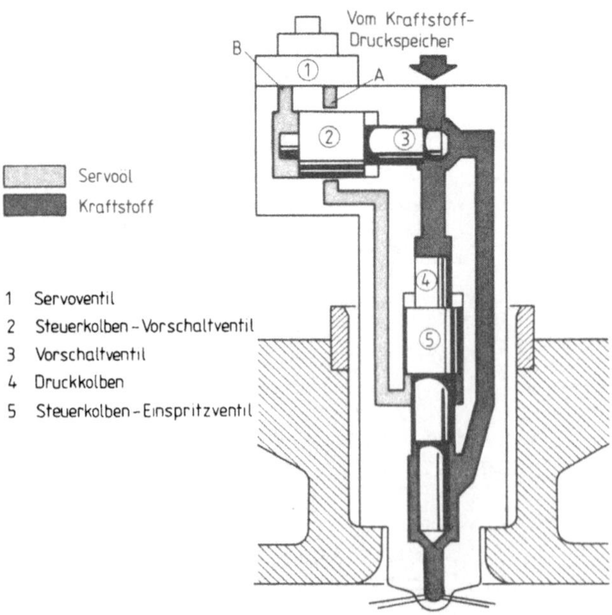

Bild 5.74
Wirkungsweise des Einspritzventils

ganze Periode des Nichteinspritzens druckentlastet. Mit dem elektro-hydraulischen Servoventil als Vorsteuerventil vor dem Einspritzventil ist man in der Lage, mit kleinen elektrischen Steuerleistungen im Milliwatt-Bereich die großen hydromechanischen Leistungen, die zur Betätigung der Nadelhubbewegung im Milli-Sekundenbereich notwendig sind, mit hoher Präzision zu steuern.

5.5.2.2.6 Zündfolge

Bei der Wahl der Zündfolge sind mehrere Gesichtspunkte maßgeblich. Man strebt einen Kompromiß zwischen gutem Dreh- und Drehschwingungsverhalten, möglichst vollständigem Massenausgleich und günstigen Hauptlagerbelastungen an. Im allgemeinen werden gleichmäßige Zündabstände, d. h. gleiche Winkel zwischen den Kurbeln in den Zündtotpunkten, gewählt. Lediglich bei Mehrreihenmotoren, z. B. V-Motoren, werden ggf. ungleichmäßige Zündabstände zur günstigen Beeinflussung der erregenden Drehkräfte in bestimmten Drehzahlbereichen vorgesehen. Die Zündabstandsänderung erfolgt durch die Wahl des Gabelwinkels der Zylinderachsen für Viertaktmotoren kleiner als $720/z$. Die Kurbelwelle bleibt hierbei symmetrisch.

Für Mehrzylinderreihenmotoren wählt man häufig die Zündfolge „geradzahlig steigend – ungeradzahlig fallend", z. B. für einen Sechszylinder-Motor 2-4-6-5-3-1, beim Achtzylinder-Motor 2-4-6-8-7-5-3-1; dann erhält man Kleinstwerte für die nebenerregenden Harmonischen (vgl. hierzu Abschnitt 5.4). Die haupterregenden Harmonischen werden hierdurch nicht beeinflußt.

Bei Viertaktmotoren ergibt die beschriebene Zündfolge bei symmetrischer Kurbelwelle günstigen Massenausgleich (vgl. Bild 5.25) und günstiges Drehschwingungsverhalten (Bild 5.75);

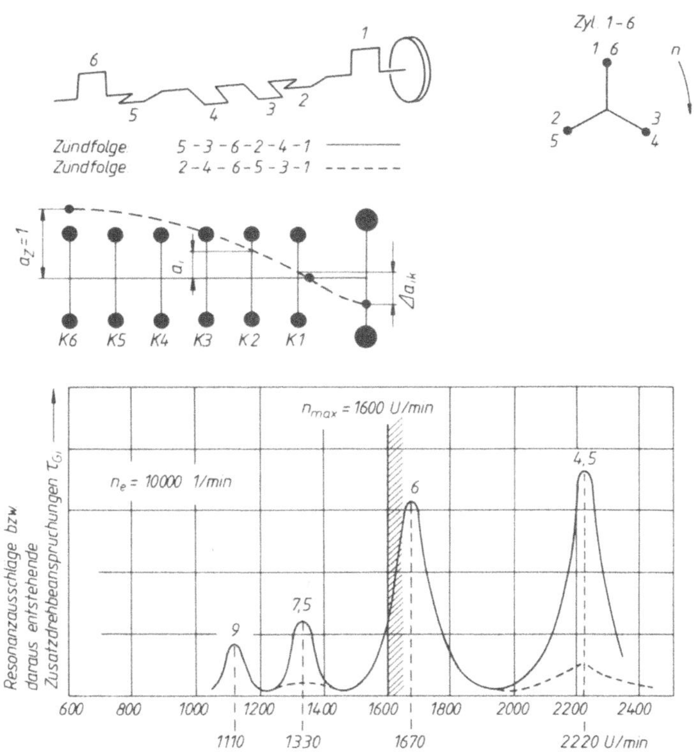

Bild 5.75
Schwingungsschema und Resonanzbild eines 6-Zylinder-4-Takt-Motors – Einfluß der Zündfolge

ähnliches gilt für Zweitaktmotoren (s. Bild 5.26). In Bild 5.75 ist der Einfluß der Zündfolge für einen schnellaufenden 6-Zylinder-Viertakt-Motor dargestellt [5.11]. Die Zündfolge 2-4-6-5-3-1 ist offensichtlich günstiger, da die Nebenkritische 7,5. Ordnung geringere Zusatzdrehbeanspruchung τ_G ergibt; die Hauptkritische 6. Ordnung liegt außerhalb des Betriebs-Drehzahl-Bereichs.

5.5.3 Anlaßvorrichtungen und Steuerung des Anlaßvorganges

5.5.3.1 Anlaßverfahren

Man unterscheidet grundsätzlich zwei Verfahren für das Anlassen von Verbrennungsmotoren:

1. Der Motor wird durch ein Zusatzaggregat auf eine Drehzahl gebracht, die den Beginn der Arbeitsspiele gewährleistet. Als Zusatzaggregate finden E-Motoren, pneumatisch oder hydraulisch betätigte Motoren und Turbinen Anwendung. In der Regel greifen sie über Ritzel in einen Zahnkranz auf der Schwungscheibe ein. Zur Erzielung höherer Momente wird in manchen Fällen noch ein Vorgelege dazwischengeschaltet. Da das an der Schwungscheibe aufgebrachte Moment normalerweise nicht nur Trägheitswiderstände überwinden, sondern auch Verdichtungsarbeit verrichten muß, entlastet man vielfach die Zylinder während des Beschleunigungsvorganges mit Hilfe sogenannter Dekompressionsventile. Bei Erreichen einer für den Anlaßvorgang günstigen Drehzahl werden diese Ventile geschlossen und der Motor kann aufgrund der mittlerweile gespeicherten Drehenergie verdichten und zünden.

   Eine andere Möglichkeit besteht im „Aufziehen" einer Schwungmasse, die dann bei einer bestimmten Drehzahl mit der Kurbelwelle gekuppelt wird. Durch Absinken der Schwungmassendrehzahl wird dem Motor Energie für das Verdichten und Zünden vermittelt. Der Vorteil dieser Ausführung liegt in dem relativ geringen Leistungsbedarf, da das Aufziehen der Schwungmasse sich über größere Zeiträume erstrecken kann als es beim direkten Anlassen möglich wäre.

   Im Prinzip lassen sich alle genannten Formen unter dem Begriff: *Anlassen von außen* zusammenfassen. Zu erwähnen wäre in diesem Zusammenhang auch das Anlassen von Hand, das bei kleinsten Motoreneinheiten angewendet werden kann. Da die erforderlichen Antriebsmomente von der Masse der translatorisch und den Massenträgheitsmomenten der drehend beschleunigten Teile und von der Beschleunigung selbst abhängen, wird das Anlassen von außen von gewissen Motorengrößen an unwirtschaftlich. Man greift dann auf ein zweites Verfahren zurück:

2. Der Motor wird durch Aufbringen ausreichender Druckkräfte in den Zylindern angelassen. In diesem Falle wird den Zylindern zu Beginn des Arbeitshubes hochgespannte Druckluft zugeführt. Diese Methode findet vorwiegend Anwendung bei größeren Motoren, aber auch umsteuerbare Motoren kleinerer Leistung werden mit Vorrichtungen für diese Art des Anlassens ausgerüstet. Man könnte dieses Verfahren analog zur Definition des ersten als *Anlassen von innen* bezeichnen.

5.5.3.2 Anlassen mit Druckluft

Die hochgespannte Anfahrluft wird den Zylindern aus einem Druckluftbehälter über Anlaßventile im rechten Augenblick zugeleitet. Da der Zeitpunkt des Einströmens entscheidend für den Anlaßvorgang ist, müssen diese Ventile in Abhängigkeit von der Kolbenstellung gesteuert werden.

Die einfachste Ausführung dieser Art stellt das handbetätigte Anlaßventil dar. Es kommt nur bei kleinen Motoren, die keine Umsteuervorrichtungen besitzen, zur Anwendung. Man rüstet hierbei nur einen Zylinder mit einem Anlaßventil aus. Der Kolben dieses Zylinders muß zum Anlassen auf den Beginn des Arbeitshubes, d.h. einige Grad Kurbelwinkel nach *OT* gestellt werden. Durch Hebeldruck öffnet man das Anlaßventil und die einströmende Luft setzt den Motor in Gang. Genügt dieser erste Druckluftstoß dem Motor nicht fürs Anspringen, so muß der Vorgang nach erneutem Einstellen des Kolbens wiederholt werden. Ein Unterstützen des Anlaufes durch weitere Druckluftstöße ist in diesem Falle nicht möglich, da das Erfassen der richtigen Öffnungszeitpunkte des Ventiles auf Schwierigkeiten stößt.

Erheblich günstigere Verhältnisse ergeben sich bei Verwendung von Anlaßventilen, die von einem Nockentrieb mit entsprechenden Übertragungsmechanismen gesteuert werden. Man spricht in diesem Falle von direkt gesteuerten Ventilen. Der Anlaßwinkel, d.h. der Drehwinkel der Kurbelwelle während der Öffnungszeit des Anlaßventils, erstreckt sich bei Anordnung eines Ventils über 100 ... 140° Kurbelwinkel. Sind mehrere Zylinder mit einem Anlaßventil ausgerüstet, so richtet sich der Anlaßwinkel nach der Anzahl der Zylinder und der Kurbelanordnung. Auch die Art der Motorenausführung – umsteuerbar oder nicht umsteuerbar – spielt in diesem Zusammenhang eine Rolle. Die Öffnungszeiten der nacheinander betätigten Ventile sollen sich um etwa 10° Kurbelwinkel überschneiden, damit in jeder Kurbelstellung das sichere Anspringen des Motors gewährleistet ist. Die Öffnung erfolgt während des Arbeitshubes, und zwar beginnt sie im oberen Totpunkt oder einige Grad Kurbelwinkel nach *OT*. Bei Direktsteuerung des Anlaßventiles führt man die Nockenkurve nicht symmetrisch zu ihrer Mittellinie aus. Man gibt ihr vielmehr am Anfang eine ziemlich große Steigung, so daß die volle Vertilöffnung sehr schnell erreicht wird. Der Abfall der Erhebungskurve erfolgt dann annähernd gleichmäßig. Auf diese Weise ermöglicht man einen kräftigen Druckluftstoß am Anfang und reduziert den Luftverbrauch zum Ende des Hubes hin beträchtlich.

Die verbreitetste Form der Betätigung von Anlaßventilen ist durch den Einsatz von Druckluft gekennzeichnet. Es handelt sich dabei um eine mittelbare Steuerung, bei der die Druckluftversorgung der Öffnungsorgane über nockenbetätigte Steuerventile erfolgt. Diese Art des Anlassens wird schon bei Motorenleistungen von 150 kW an bevorzugt, bei Motoren größerer Leistung mit Umsteuervorrichtung wird sie heute allgemein angewendet. Gewöhnlich bleibt die Öffnung des Ventils in diesem Falle in vollem Umfang über den ganzen Anlaßwinkel hinweg bestehen.

Bei umsteuerbaren Zweitaktmotoren kann man schon von drei Zylindern an mit einer guten Manövrierfähigkeit rechnen, wenn man davon ausgeht, daß der Anlaßwinkel immer etwa 10° über dem Versetzungswinkel der Kurbeln nacheinander zündender Zylinder liegen muß. Durch diese Maßnahme wird das Überwinden der Totpunktlagen wesentlich erleichtert. Bei dieser Überlegung ist zu beachten, daß der maximale Anlaßwinkel vom Kurbelweg beim Arbeitshub begrenzt wird, also immer kleiner als 180° Kurbelwinkel sein muß. Viertaktmotoren müssen daher mindestens sechs Zylinder besitzen, um die gleichen Eigenschaften ausweisen zu können. Da entsprechend der erforderliche Anlaßwinkel bei geringerer Kurbelversetzung abnimmt, ist der Bedarf an Druckluft zum Anlassen beim Viertaktmotor größer als beim Zweitaktmotor.

Zur Einschränkung des Luftverbrauches verwendet man deshalb bei Direktsteuerung der Anlaßventile die schon erwähnten unsymmetrischen Nocken oder führt die Erhebungskurve in zwei Teilen aus. Der eine Teil öffnet das Ventil voll und ermöglicht so einen kräftigen Druckluftstoß. Der zweite, auf den umgeschaltet wird, wenn der Motor sich dreht, verringert die Öffnung des Ventiles und sorgt so dafür, daß der Motor mit reduziertem Luftverbrauch auf die Drehzahl gebracht wird, bei der auf „Betrieb" geschaltet werden kann. Geringerer Luftaufwand ist auch für das einwandfreie Zünden beim Anfahren von Vorteil. Durch Expansion der Druckluft im Zylinder sinkt ihre Temperatur stark ab. Es erfolgt also eine kräftige Innenkühlung, die das Erreichen der erforderlichen Zündtemperaturen erschwert.

Auch bei mittelbar gesteuerten Anlaßvorrichtungen besteht grundsätzlich die Möglichkeit, den Druckluftstrom durch Verminderung der Durchschnittsquerschnitte an den Ventilen zu verringern. Allerdings wird hierzu ein größerer konstruktiver Aufwand erforderlich sein.

5.5.3.3 Anlaßvorrichtungen

Zunächst soll der Aufbau eines mechanisch gesteuerten Anlaßventiles, wie es Bild 5.76 darstellt, erläutert werden. Das aus Grauguß gefertigte Ventilgehäuse wird in der Aufnahmebohrung des Zylinderdeckels (Kanone) durch einen kegelförmigen Ansatz bzw. bei geraden Anlageflächen durch Zwischenlegen eines Kupferringes abgedichtet. Die zum Dichten erforderliche Flächenpressung wird von den Flanschschrauben aufgebracht. Ventilkegel und Schaft stellt man in einem Stück aus hochwertigem Stahl her. Die Tellerfläche des Kegels versieht man vielfach mit Sackbohrungen, um beim Einschleifen zwischen Ventil und Werkzeug eine formschlüssige Verbindung zu erhalten. Am Schaft des Ventiles befestigte Stege sorgen im unteren Teil des Gehäuses für eine einwandfreie Geradführung der Hubbewegung. Die Stege sind so in Kreuzform angeordnet, daß sie die durch den Stutzen zuströmende Anlaßluft nur geringfügig drosseln. Oberhalb der Lufteintrittsöffnung ist der Schaft mit einem Kolben versehen, dessen Außendurchmesser dem der Austrittsbohrung entspricht. Die bei geschlossenem Ventil von der Anfahrluft mit etwa 30 bar Druck beaufschlagten

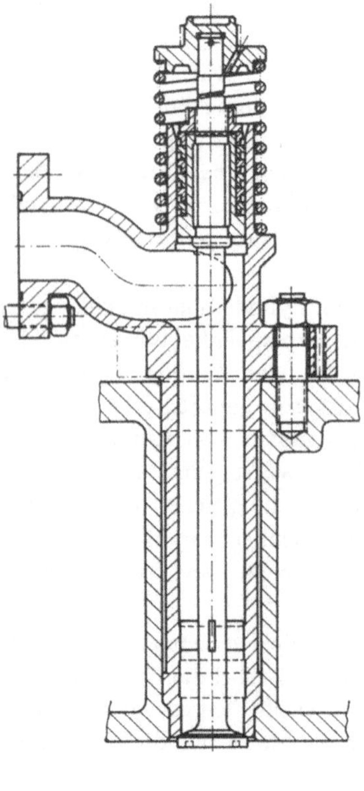

Bild 5.76
Mechanisch gesteuertes Anlaßventil

Kreisringflächen von Kolben und Ventilkegel besitzen dementsprechend gleiche Größe. Dadurch heben sich die entgegengesetzt gerichteten Druckkräfte auf. Die Hubbewegung kann so mit großer Genauigkeit durch geringe Kräfte eingeleitet werden und für das Schließen benötigt man nur eine schwache Feder, die sich durch geringen Raumbedarf auszeichnet. Der Ventilschluß erfolgt dabei weich unter weitgehender Schonung von Sitz und Kegel. Der Entlastungskolben hat außerdem die Aufgabe, ein Entweichen der Anfahrluft nach außen zu unterbinden. Zu diesem Zwecke muß er in der Gehäusebohrung eingeschliffen werden oder, wie bei größeren Ausführungen üblich, mit Dichtringen (Bild 5.76) versehen werden. Die Ventilfeder wird von einem zylindrischen Gehäuseansatz geführt und übt die Schlußkraft über einen am Ende des Schaftes befestigten Druckteller auf das Ventil aus. Das Gehäuse muß mit eingebautem Ventil in den Zylinderdeckel eingesetzt werden. Dabei ist auf gleichmäßigen Anzug der Stiftschrauben zu achten. Da der Gehäuseflansch auf dem Zylinderdeckel nicht zur Anlage kommt, kann ungleicher Anzug einen Verzug des Gehäuses und damit ein Verklemmen des Ventilschaftes bewirken.

Anlaßventile in der Art des eben Besprochenen findet man häufig bei nicht umsteuerbaren Motoren und Motoren kleinerer Leistung mit Umsteuervorrichtung. Sie werden mechanisch, d.h. durch Nockentriebe mit entsprechenden Übertragungsmechanismen, gesteuert bzw. betätigt.

Bei pneumatischer Betätigung versieht man das Ventil zum Öffnen mit einem einseitig beaufschlagten Schubkolbenzylinder.

Die für die Ventilbetätigung benötigte Druckluft wird über ein besonderes Steuerorgan – in der Regel ein nockenbetätigter Schieber – zugeführt. Dieser Schieber beaufschlagt bzw. entlüftet den Schubkolbenzylinder entsprechend den vorgeschriebenen Anlaßzeiten. Bild 5.77

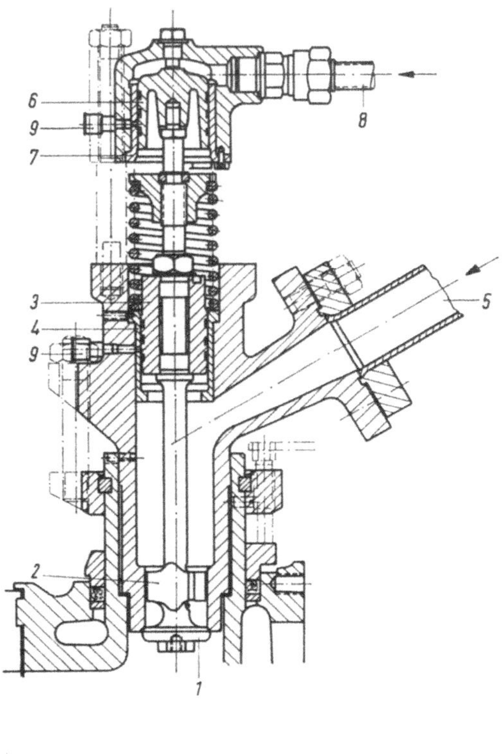

Bild 5.77

Anlaßventil mit Steuerluftbetätigung

1 Ventilkegel,
2 Spindelführungskreuz,
3 Druckausgleichskolben,
4 Kolbenlaufbuchse,
5 Eintritt der Anlaßluft,
6 Schubkolben,
7 Einsatzbuchse,
8 Eintritt der Druckluft vom Steuerschieber,
9 Kolbenschmiervorrichtung.

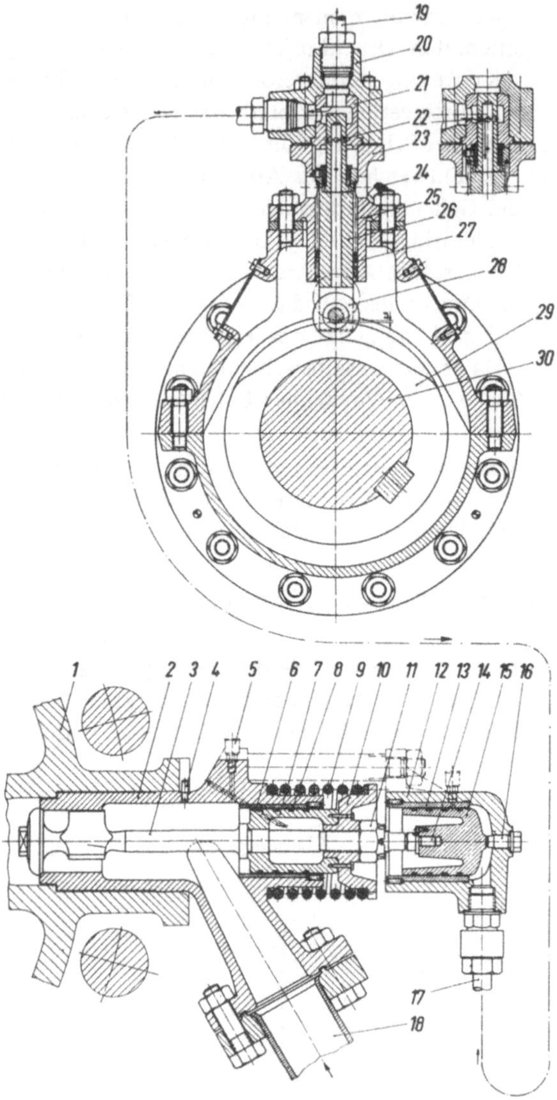

Bild 5.78
Anlaßsteuerschieber
1 Zylinderdeckel,
2 Ventilgehäuse,
3 Ventilkegel,
4 Schaftschraube,
5 Fettbüchse,
6 Büchse,
7 Führungskolben,
8 Dichtringe,
9 Druckfeder,
10 Federteller,
11 Kronenmutter,
12 Zylinder,
13 Büchse,
14 Schraube,
15 Steuerkolben,
16 Sechskantschraube,
17 Steuerluftleitung,
18 Anlaßleitung,
19 Luftleitung,
20 Deckel,
21 Bundbüchse,
22 Entlüftungsbohrung,
23 Gehäuse,
24 Drehöler,
25 Feder,
26 Steuerschieber,
27 Büchse,
28 Rolle,
29 Anlaßnocken,
30 Steuerwelle.

zeigt ein pneumatisch betätigtes Anlaßventil der Firma M.A.N. In Bild 5.78 ist der zugehörige Anlaßsteuerschieber dargestellt. Das Anlaßventil gleicht in seinem Aufbau prinzipiell dem im vorstehenden behandelten. Das Schließen des Ventiles wird auch hier durch die Ventilfeder bewirkt. Hinzuweisen wäre auf die Einsatzbuchsen (Bild 5.77, Pos. 4 und 7), die als Laufflächen für Schub- und Entlastungskolben dienen, und die Anstiche (9) für deren Schmierung.

Der Steuerschieber (Bild 5.78) ist umsteuerbar und hat infolgedessen zwei Nocken auf der Steuerwelle.

Bei Gleichlauf von Kurbel- und Anlaßsteuerwelle (Zweitaktverfahren) ergibt sich im betrachteten Beispiel ein Anlaßwinkel von rund 140°. Die Kurvenvertiefung steuert den Anlaßvorgang.

Die Steuerung erfolgt in Abhängigkeit von der Kolbenstellung. Sie leitet die Ventilöffnung einige Grad Kurbelwinkel nach *OT* beim Arbeitshub ein. Die Luft zur Betätigung der Anlaßventile wird ebenso wie die Anlaßluft dem Anlaßdruckluftbehälter entnommen. Ihr Druck liegt in der Regel unter dem Verdichtungsenddruck im Zylinder, beispielsweise mit 30 bar gegenüber rd. 45 bar. In manchen Fällen wird der Druck für die Schubkolbenbetätigung auch in einem Reduzierventil vermindert. Die Vorspannung der Ventilfedern und die Querschnitte der Schubkolben werden so bemessen, daß das Anlaßventil als Rückschlagventil wirken kann. Es öffnet unter Druck der Betätigungsluft erst dann, wenn der Druck im Zylinder diesen unterschreitet. Das Rückströmen heißer Verdichtungsluft in die Anfahrluft ist somit ausgeschlossen, solange das Ventil dicht ist.

Das An- und Abschalten der Druckluftversorgung der Anlaßvorrichtungen vom Sammelbehälter her erfolgt meist am Bedienungsstand. Durch das Bedienungshandrad wird das Hauptanlaßventil betätigt, das der Druckluft nur während des Anlaßvorganges den Weg zu den Anlaßvorrichtungen freigibt, bei Stellung auf „Stop" und „Betrieb" jedoch das gesamte System gegenüber der Atmosphäre entlüftet. Ein von der Firma M.A.N konstruiertes Hauptanlaßventil zeigt Bild 5.79. In einem Führungszylinder (2) kann ein federbelasteter Kolben (1) von seinem kegelförmigen Sitz aus senkrechte Hubbewegungen ausführen. Bei der Stellung des Bedienungshandrades auf „Stop" und „Betrieb" ruht der Kolben unter dem Druck der über Leitung (3) zuströmenden Steuerluft in seinem Sitz und sperrt so den Durchtritt der Druckluft vom Behälter [Leitung (4)] zur Anlaßleitung (5). In dieser Stellung öffnet er über eine Druckstange ein federbelastetes Ventil (6), das die Verbindung zwischen der Anlaßluftleitung (5) und der Außenluft über Leitung (7) herstellt. Die Feder des Entlüftungsventils (6) besitzt eine stärkere Vorspannung als die des Ventilkolbens (1). Stellt man

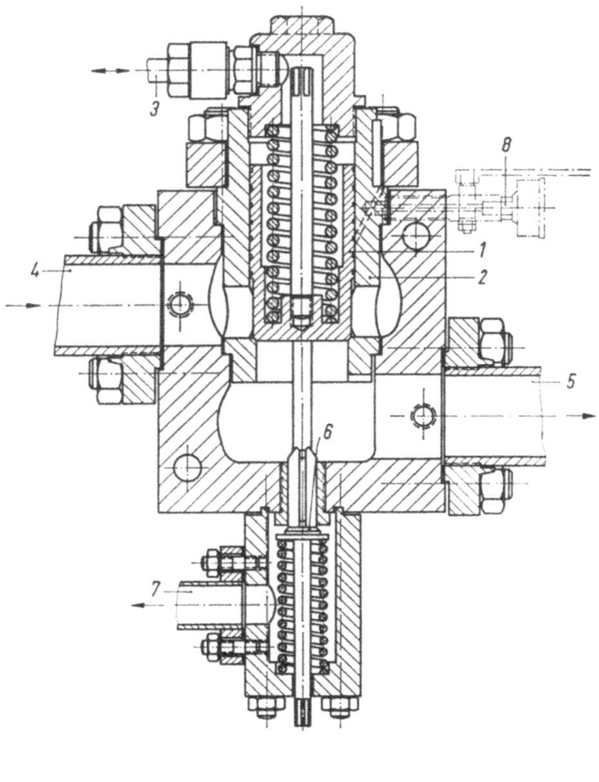

Bild 5.79

Hauptanlaßventil

1 Ventilschieber,
2 Schieberführungsbuchse mit Sitz,
3 Leitung für Beaufschlagung bzw. Entlüftung der Steuerschieber,
4 Anlaßluft vom Luftgefäß,
5 Luft zu den Anlaßventilen und Steuerschiebern,
6 Entlüftungsventil für Anlaßventile und Steuerschieber,
7 Entlüftungsleitung,
8 Schmiergefäß für den Ventilschieber.

das Bedienungsrad auf „Anlassen", so wird der Druck auf den Ventilkolben über Leitung (3) auf Atmosphärendruck reduziert und die stärkere Feder schließt das Entlüftungsventil (6) unter gleichzeitiger Freigabe des Durchganges von Leitung (4) nach Leitung (5). Die Druckluft kann jetzt ungehindert zu den Anlaßorganen strömen.

Die Anlaßvorrichtung eines Motors größerer Leistung ist in Bild 5.80 dargestellt. Sie soll aufgrund gewisser Abweichungen gegenüber den zuvor betrachteten Ausführungen kurz besprochen werden. Der Antrieb des Steuerorgans wird über eine Schraubradpaarung von der Kurbelwelle abgeleitet und erfolgt über eine Vertikalwelle (2), die am oberen Ende eine Plankurvenscheibe (1) trägt. Diese rotiert unter einem Stahlgehäuse, in dem kreisförmig ebensoviele Steuerventile (3) angeordnet sind, wie der Motor Anlaßventile besitzt. Sie sind der Kurbelstellung der zugeordneten Zylinder entsprechend zueinander versetzt. Beim Anlaßvorgang werden die Steuerventile über den Drucklufteintrittskanal (10) beaufschlagt, wodurch die Rollen (12) die Kurvenscheibe berühren. Bei Einlauf einer Rolle in eine Vertiefung der Scheibe wird der Steuerventilkolben durch Druck auf die Differenzfläche (untere druckbelastete Projektionsfläche des Ventilkolbens (3) in Höhe des Kanals (10) ist größer als die obere) nach unten geschoben, die Entlüftungsbohrungen (9) werden von der Gehäuse-

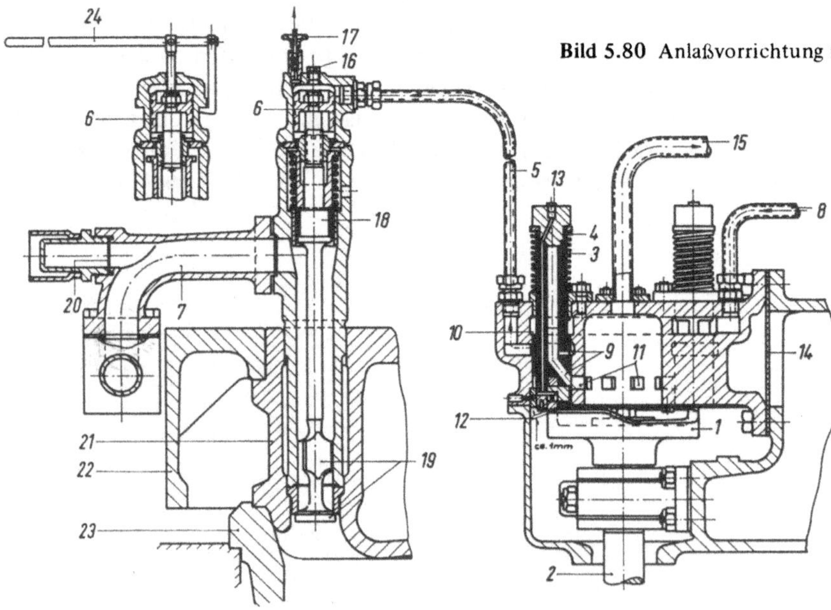

Bild 5.80 Anlaßvorrichtung mit Steuerschieber

1 Nockenscheibe mit Einfallnocken,
2 Nockenwelle,
3 Anlaßsteuerschieber,
4 Schieberfeder,
5 Luftleitung vom Steuerschieber zum Schubkolben,
6 Schubkolben für Anlaßventil,
7 Anlaßluftleitung,
8 Anlaß-Steuerluftleitung,
9 Kanäle für Luftsteuerung,
10 Lufteintrittskanal,
11 Entlüftungskanal,
12 Steuerschieberrolle,
13 Schieber- und Rollenschmierung,
14 Paßscheibe,
15 Entlüftung,
16 Verschlußschraube,
17 Schmierung,
18 Druckausgleichskolben,
19 Anlaßventilkegel mit Führungskreuz,
20 Brechplatte,
21 Zylinderdeckel,
22 Deckelpreßring,
23 Zylinderlaufbuchse,
24 (oben links) Gerät zur Gangbarmachung des Schubkolbens und Anlaßventiles

wand verdeckt. Gleichzeitig wird die Leitung (5) zum Schubkolben (6) des Anlaßventils freigegeben, dieses öffnet und Anlaßluft kann in den Zylinder strömen. Beim Auslaufen aus der Vertiefung auf den Scheibenrand wird der Druckluftstrom zum Öffnungszylinder unterbrochen und dieser über Leitung (5), die Bohrungen (9) im Steuerkolben (3), den Entlüftungskanal (11) und Leitung (15) gegen Atmosphäre geschaltet. Das Anlaßventil schließt unter Einwirkung der Federkraft. Steht die Motorensteuerung auf „Stop" oder „Betrieb", so wird die Druckluftzufuhr über die Leitungen (7) und (8) gesperrt, die Feder (4) zieht den Steuerkolben (3) in die obere Endlage und hebt dadurch die Rolle (12) von der Kurvenscheibe (1) ab. Das Anlaßventil ist gegen Atmosphäre geschaltet und bleibt geschlossen.

Zur Dämpfung der Anlaßgeräusche läßt man die gemeinsame Entlüftungsleitung (15) für Steuerventil und Öffnungszylinder in den Spülluftaufnehmer münden. Bei Hängen eines Anlaßventiles, das zu einem Druckstau in dem mit der Anlaßluftleitung verbundenem Leitungssystem des Steuerorgans führt, oder im Falle einer Ölexplosion in der Außenluftleitung kann sich die Luft bei Überschreiten des zulässigen Druckes durch Heraussprengen der Brechplatten (2) den Weg in die Atmosphäre bahnen. Außerdem befinden sich auch noch Brechplatten an den Enden der durchgehenden Anlaßluftleitung.

Für die Schmierung von Steuerkolben und Rolle ist ein Nippel (13) mit angeschlossenen Bohrungen vorgesehen. Die Versorgung des Öffnungszylinders mit Schmierstoff erfolgt über eine aufgesetzte Vorrichtung (17). Bei Schwergängigkeit des Anlaßventils besteht nach Herausnahme der Verschlußschraube (16) die Möglichkeit, ein Gerät (24) anzusetzen, mit dem man von Hand Öffnungsbewegungen durchführen kann, um unter Schmierung eine Beseitigung der Widerstände zu erreichen. Unterhalb der Plankurvenscheibe ist die vertikal verlaufende Welle (2) geteilt und an den Enden mit Kegelrädern versehen. Die Verbindung wird über ein schwenkbar angeordnetes Kegelradpaar hergestellt (die Anordnung entspricht der eines Fahrzeugausgleichgetriebes, mit dem Unterschied, daß die Halterung der Ausgleichräder nicht umlaufen kann). Durch Schwenken des Kegelradpaares um den Umsteuerwinkel kann man die Stellung des Anlaßsteuerorgans der jeweils gewünschten Drehrichtung des Motors anpassen.

5.5.3.4 Überwachung und Wartung der Anlaßvorrichtungen

Das Anlaßventil tritt nur beim Anfahren des Motors, bei umsteuerbaren Motoren darüber hinaus noch während der Manöver, in jedem Falle jedoch nur für kurze Zeit in Tätigkeit. Da es bei Betrieb des Motors höchsten Temperaturen ausgesetzt ist, kann es sich leicht festsetzen, wenn das an den Sitzflächen und Führungen befindliche Öl verkrustet oder sich Rost bildet. Man sollte daher mechanisch gesteuerte Anlaßventile vor jedem Anlaßvorgang mittels eines Schlüssels oder eines anderen geeigneten Gerätes anlüften und auf ihre Gangbarkeit prüfen. In der Auslaß-, Ansaug- und Spülperiode lassen sie sich, sofern sie in Ordnung sind, leicht bewegen. Undichte Anlaßventile erkennt man am Warmwerden der Anlaßluftleitung. Schließt ein Ventil beim Anlassen nicht, so kann das je nach dem Grad der Undichtigkeit mehr oder weniger schwerwiegende Folgen haben. Zunächst sinkt der Druck in den Anlaßluftgefäßen, da dann während aller Takte Luft von hoher Spannung in den Zylinder gelangt. Bei Viertaktmotoren tritt ein Luftstrom aus dem Ansaugstutzen heraus. In der Verdichtungsperiode können so hohe Drücke auftreten, daß bei Versagen der Sicherheitsventile der Motor beschädigt werden kann. Der Anlaßventilkegel gibt nur einen relativ geringen Querschnitt frei, so daß sich der hohe Verdichtungsdruck nicht schnell genug nach der Anlaßluftleitung hin ausgleichen kann. In solchen Fällen kann sich die Pleuelstange verbiegen, oder es entstehen Anrisse in der Welle. Andererseits kann die infolge hoher Verdichtung stark erhitzte

Luft ins Anlaßventilgehäuse und in die Luftleitung dringen und das bei Vorhandensein von Öl entstehende Schmieröl-Luft-Gemisch entzünden. Die Konzentration des Sauerstoffes ist hier etwa 30mal so hoch wie in der Atmosphäre. Die folgende Explosion kann unter Umständen Gehäuse und Rohr zerstören. Man sichert sich gegen diese Auswirkungen durch den Einbau von Sprengplatten (siehe Bild 5.80).

Das Anlassen ist für den Motor ein ungünstiger Vorgang, da sich die Druckluft während der Expansion im Motorenzylinder stark abkühlt, während gleichzeitig für das Einsetzen der Zündung und das Anspringen des Motors eine hohe Temperatur verlangt wird. Durch die sich abkühlende Luft können in warmen Motoren auch Wärmespannungen entstehen, die zu Rißbildungen führen. Es ist deshalb wichtig, die Hauptmotorenanlage am Ende der Seereise vor dem ersten Manöver, z. B. kurz vor der Übernahme des Lotsen, eine gewisse Zeit reduziert zu fahren, damit die Betriebstemperatur des Motors absinkt. Schiffs- und Maschinenleitung müssen auf Motorschiffen in dieser Beziehung gut zusammenarbeiten. Auch wenn beim Lotsenmanöver keine Rückwärtsfahrt nötig ist, so empfiehlt es sich doch, vor Einfahrt ins Revier ein Rückwärtsmanöver durchzuführen, um sich von der einwandfreien Funktion der Umsteuer- und Anlaßvorrichtungen zu überzeugen. Springt ein Motor nicht an, so hilft auch ein mehrfaches Wiederholen des Anlaßvorgangs nicht, da der Motor durch das Einströmen und Expandieren der Anlaßluft immer weiter auskühlt, wodurch die Wahrscheinlichkeit des Anspringens weiter herabgesetzt wird. Zudem wird bei den meisten Motoren schon während des Anlassens Kraftstoff eingespritzt, so daß die Zylinder nach mehrmaligem erfolglosen Anlassen schließlich mit Kraftstoff überflutet sind und aus diesem Grunde schwerer zünden.

Läßt sich ein Motor nicht in Gang bringen, so kann das

a) an Fehlern in den Anlaßorganen selbst liegen. Springt er trotz Anlaßbewegung nicht an, so kann die Ursache
b) mangelhafte oder ganz fehlende Kraftstoffeinspritzung bzw.
c) trotz erfolgter Kraftstoffeinspritzung nicht stattfindende Zündung sein.

Nachstehend sollen die hauptsächlichsten Fehlerquellen zu a) untersucht werden:

1. Der Anlaßventilkegel bzw. der Betätigungskolben des Anlaßventils bleibt hängen oder ist undicht. Das Hängenbleiben hat seine Ursache im Ansatz von Schmutzteilchen oder in der Rostbildung durch mitgerissenes Kondenswasser aus den Flaschen (deshalb Durchblasen vor den Manövern).

   Auch Rußteilchen, die durch kleine Undichtigkeiten der Anlaßventile in die Anlaßleitung bis zu den Schaltkegeln und Steuerkolben vorgedrungen sind (vgl. Bild 5.86), können derartige Störungen im Anlaßsystem hervorrufen.

2. Der Steuerkolben im Anlaßluftverteiler kann festsitzen. Bei kleineren Motoren sind die Anlaßluftverteiler der einzelnen Zylinder häufig in einem Bauteil, dem Anlaßluftverteilstern, vereinigt (Bild 5.81). Beim Anlaßvorgang strömt nach Betätigung des Hauptanlaßventils Druckluft durch den Ringkanal auf die einzelnen Steuerkolben, die hierdurch unter Überwindung der Federspannung, durch die sie vorher nach außen gedrückt wurden, nun nach innen auf die Nockenscheibe gepreßt werden. Derjenige Steuerkolben, der jeweils in den abgeflachten Teil der Nockenscheibe (negativer Nocken) gelangt, gibt durch diese Bewegung der Anlaßluft den Weg zum zugehörigen Zylinder frei, so daß jetzt Druckluft auf den Kolben des Anlaßventils treffen kann und dieses öffnet.

   Diese kleinen Steuerschieber im Verteilerstern sollen besonders bei längerer Seereise in nicht zu großen Zeitabständen leicht eingefettet werden, damit sie nicht anrosten. Gutes

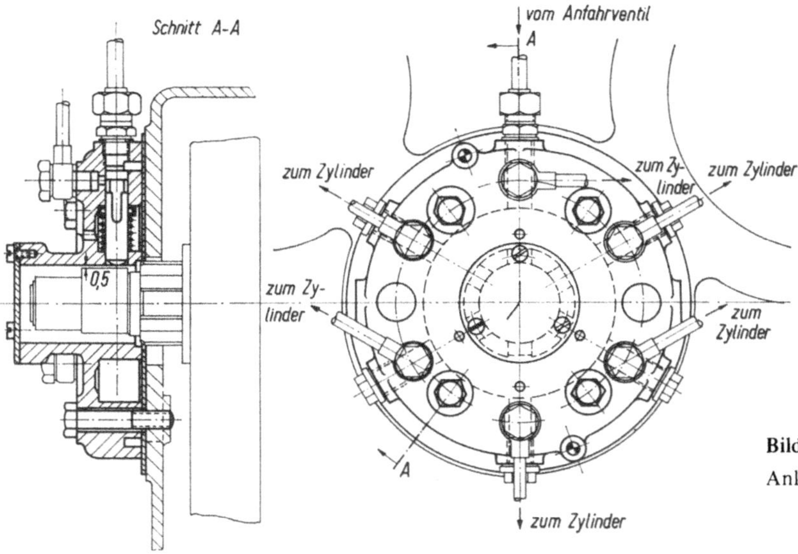

Bild 5.81
Anlaßluftverteiler

Entwässern der Luftflaschen verringert die Gefahr des Mitreißens von Kondenswasser in die Anlaßluftleitung und damit die Gefahr der Rostbildung. Die Anlaßluftleitung zwischen dem Hauptanlaßventil am Fahrstand und den Anlaßventilen sollte ebenfalls immer ein Entwässerungsventil enthalten, das mit Ausnahme des Anlaßvorganges stets offengehalten wird. Vor dem Anlassen – nach Stillstand des Motors – bläst man durch diese Entwässerung beim „Herumschlagen" des Propellers ebenfalls durch. Undichte Anlaßventile erkennt man im Betrieb durch Dunsten an den beschriebenen Entwässerungsvorrichtungen und am Warmwerden der Anlaßluftleitung.

3. Der Anlaßluftdruck kann zu gering sein bzw. bei Anlagen mit Druckminderventil zwischen Luftflaschen und Motor kann das Reduzierventil unklar oder falsch eingestellt sein.
4. Bei Motoren mit elektrischen Anlassern kann die Verbindung der Anlasserkabel lose (Schmoren der Anschlüsse) oder der Akkumulator nicht genügend aufgeladen sein. Es ist besonders auf eine gute metallische Verbindung zwischen den Anschlußklemmen und den Polen der Batterie zu achten. Klemmen und Pole müssen durch Vaseline vor Korrosion geschützt werden. Liegt Spannung am Anlasser, ohne daß er läuft, bzw. bewegt der laufende Anlasser den Motor nicht, so ist der Eingriff des Anlasserritzels im Schwungrad zu überprüfen. Dies gilt in entsprechender Form auch für Hilfsdiesel, die statt des elektrischen Anlassers eine kleine Luftturbine als Anlaßmotor haben (Werkspoor).
5. Die Einstellung der Steuerdaten der Anlaßventile (bei direkt nockengesteuerten Anlaßventilen) oder die der Steuerluftverteiler (bei luftbetätigten Anlaßventilen) kann falsch sein.

5.5.4 Umsteuerung und Manövriereinrichtungen

Schiffe, deren Antrieb nicht über ein Wendegetriebe erfolgt und die auch nicht mit einer Umsteuerschraube ausgerüstet sind, müssen Motoren besitzen, deren Drehrichtung für die Rückwärtsfahrt umgekehrt werden kann. Der Einsatz von Wendegetrieben beschränkt sich im allgemeinen auf kleinere Einheiten, deren Antriebsleistung unter 735 kW (1000 PS) liegt.

Die verbreitetste Form, Rückwärtsmanöver durchzuführen, ist ganz offensichtlich die Drehrichtungsumkehr der Motoren. Dazu sind Aggregate und Vorrichtungen erforderlich, die die Steuerung des Gaswechsels, der Kraftstoffeinspritzung und selbstverständlich auch des Anlaßvorganges dem geänderten Betriebsablauf anpassen. Die gebräuchlichste Ausführung dieser Art ist durch axial verschiebbare Steuerwellen gekennzeichnet, die für jede Betätigungsstelle mit zwei nebeneinander liegenden Nockenscheiben ausgerüstet sind. Die eine Scheibe bewirkt die Steuerung bei Vorwärtsfahrt, die andere bei Rückwärtsfahrt. Die Umsteuerung erfolgt durch axiale Verschiebung der Steuerwellen. Die Nocken werden in beiden Fällen in gleicher Form ausgeführt, denn sie sollen ja die gleichen Öffnungswinkel für die Ventile bzw. die gleiche Betätigungsdauer der Kraftstoffpumpen und den gleichen Anlaßwinkel gewährleisten. Der geänderten Drehrichtung entsprechend sind sie jedoch zueinander um einen bestimmten Winkel – den Umsteuerwinkel – versetzt angeordnet.

Die Ermittlung dieses Umsteuerwinkels soll am Beispiel eines Auslaßventiles in einem Viertaktmotor erläutert werden. So kann die Fragestellung lauten: Um welchen Winkel müssen die Nockenscheiben für Vorwärts- und Rückwärtsfahrt auf der Steuerwelle zueinander versetzt angebracht werden, wenn das Ventil 40° Kurbelwinkel vor *UT* öffnet und 20° nach *OT* schließt? Man beachte: Bei Viertaktmotoren läuft die Kurbelwelle doppelt so schnell um wie die Nockenwelle. Kurbelwinkel verhalten sich also zu Nockenwinkeln wie 2 : 1.

Für den Gesamtöffnungswinkel gilt:

$$\alpha_{\text{ÖK}} = 40^\circ + 180^\circ + 20^\circ = 240^\circ \text{ Kurbelwinkel,}$$

$$1 \text{ Hub} \mathrel{\hat{=}} 0{,}5 \text{ Umdrehungen} \mathrel{\hat{=}} 180^\circ \text{ Kurbelwinkel.}$$

An der Nockenwelle ergibt sich

$$\alpha_{\text{ÖN}} = \frac{240^\circ}{2} = 120^\circ \text{ Nockenwinkel.}$$

Der Anfangspunkt der Nockenerhebungskurve liegt bei Kurbelstellung in *OT* (Bezugsstellung) um

$$\alpha_{1\text{N}} = \frac{180^\circ}{2} - \frac{40^\circ}{2} = 70^\circ \text{ Nockenwinkel}$$

in Vorwärtsdrehrichtung versetzt.

Der Mittelpunkt der Erhebungskurve befindet sich dann in einer um

$$\alpha_{\text{MN}} = 70^\circ + \frac{120^\circ}{2} = 130^\circ \text{ Nockenwinkel}$$

versetzten Lage.

Bei Kurbelstellung in *OT* muß also der Halbierungspunkt der Erhebungskurve des Rückwärtsnocken um den gleichen Winkelbetrag, aber in entgegengesetzter Richtung verschoben, liegen.

Der Gesamtumsteuerwinkel – der Winkel, der von beiden Nockenhalbierungslinien eingeschlossen wird – beträgt also:

$$\alpha_{\text{UN}} = 2 \cdot 130^\circ = 260^\circ \text{ Nockenwinkel.}$$

5.5.4.1 Ausführungen von Umsteuervorrichtungen

Die axiale Verschiebung der Steuerwellen, die jeweils den für die gewünschte Drehrichtung vorgesehenen Nocken in Einsatzstellung bringt, erfolgt bei modernen Motoren durch hydraulisch oder pneumatisch betätigte Servoaggregate.

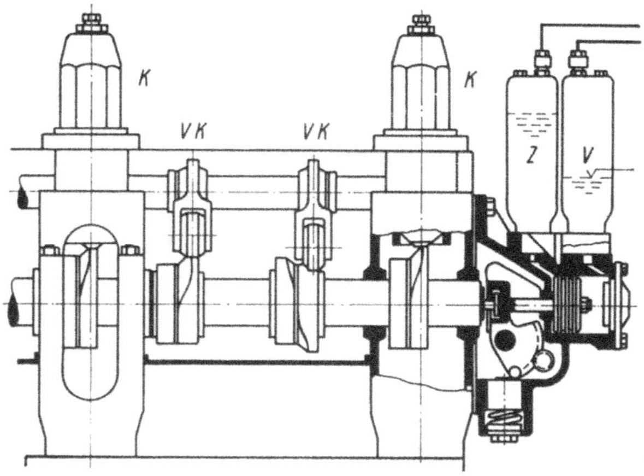

Bild 5.82
Steuerwelle mit Schrägnocken
Z Druckölbehälter für Schaltung auf Rückwärtsbetrieb,
V Druckölbehälter für Schaltung auf Vorwärtsbetrieb

Bei kleinen Motoren verschiebt man die Nockenwelle, ohne die Abtriebsglieder von den Scheiben abzuheben. Dazu versieht man die Nockenscheiben mit seitlichen Abschrägungen, um die Rollen und Hebel vor Beschädigungen zu schützen und den Kraftaufwand für den Verschiebevorgang zu vermindern.

Bild 5.82 zeigt die mit Schrägnocken versehene Steuerwelle eines M.A.N-Viertaktmotors, die durch einen druckölbeaufschlagten Scheibenkolben verschoben wird. In der Mitte zwischen den Kraftstoffpumpen liegen die Nockenscheiben für die Betätigung von Ein- und Auslaßventil.

Da bei dieser eben geschilderten Art der Verschiebung die Übertragungsmechanismen und die Steuerorgane (z. B. die Ventile) mitbewegt werden müssen, läßt sie sich in der Regel bei größeren Motoren aufgrund des starken Anwachsens der Verstellkräfte nicht mehr anwenden. Man vermindert dann die Verschiebewiderstände durch Abheben der Rollen und Hebel von den Nockenscheiben. Die Vorrichtung für das Abheben wird mit der für die Nockenwellenverschiebung durch Sperrglieder zwangsläufig so gekoppelt, daß ein Verschieben der Nockenwelle nur möglich ist, wenn alle Abtriebsglieder abgehoben sind. Auf diese Weise vermeidet man Schäden an den Steuermechanismen.

Das Abheben wird gewöhnlich durch exzentrische Lagerung der Kipphebel ermöglicht, die exzentrisch auf der gemeinsamen Hebelwelle sitzen. Durch Drehen dieser Welle um 180° können die Kipphebel um die doppelte Exzentrizität angehoben werden. Die Stoßstangen werden dann durch die Zugfedern von den Nocken abgehoben. Eine zweite Möglichkeit besteht bei untenliegender Nockenwelle, also bei Antrieb der Ventile über Stoßstangen im Abheben durch ein Verdrehen der Lenkerwelle. Bild 5.83 zeigt das Schema einer für diesen Zweck geschaffenen Vorrichtung, bei der die Lenkerwelle die Form einer Kurbelwelle besitzt. Der Abhebevorgang kann bei kleineren Motoren von Hand erfolgen. Bild 5.35 stellt den dafür erforderlichen Hebelmechanismus am Beispiel eines Ventiltriebes mit obenliegender Nockenwelle dar. Bei größeren Motoren verwendet man für diese Aufgabe hydraulisch oder pneumatisch betriebene Drehkolbenmotoren. In vielen Fällen werden zusätzlich Dämpfungsglieder – beispielsweise Flüssigkeitsdämpfer – angeordnet, die eine stoßfreie Betätigung gewährleisten.

Das Abheben der Übertragungglieder für die Anlaßventile wird ebenfalls durch deren exzentrische Lagerung ermöglicht, während die Rollen der Einspritzpumpen meist durch Daumenrollen abgehoben werden.

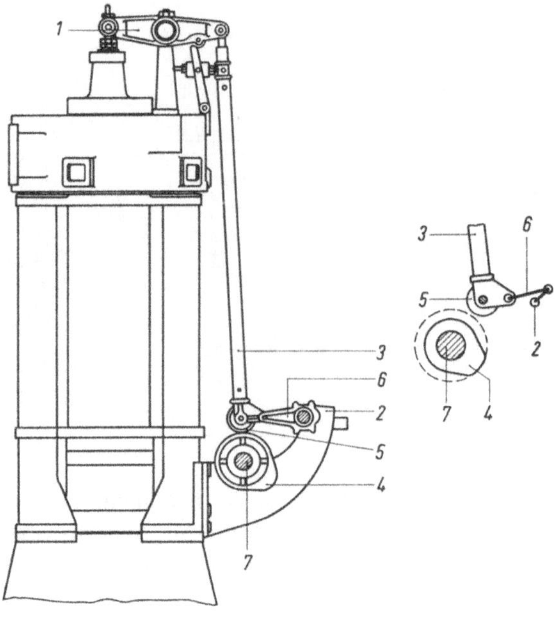

Bild 5.83

Schema des Ventiltriebes mit Vorrichtung zum Abheben der Stoßstange beim Umsteuervorgang

1 Kipphebel,
2 Lenkerwelle,
3 Stoßstange,
4 Nocken,
5 Rolle,
6 Lenker,
7 Nockenwelle

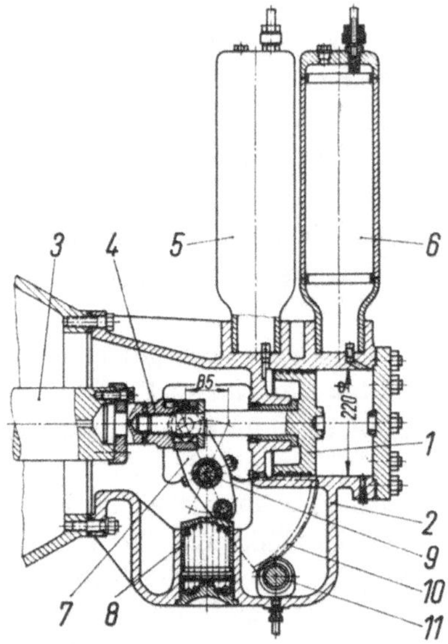

Bild 5.84

Servoaggregat für Steuerwellenverschiebung

1 Schubkolben,
2 Zylinder,
3 Steuerwelle,
4 Kupplung,
5 Umsteuergefäß,
6 Umsteuergefäß,
7 Haltehebel,
8 Federkolben,
9 Hebelwelle,
10 Zahnsegment für Handumsteuerung,
11 Ritzel

Aus Bild 5.84 kann man den Aufbau und die Funktion der Vorrichtung zur Steuerwellenverschiebung an einem M.A.N-Zweitaktmotor KZ 78/140 ersehen.

Der von beiden Seiten beaufschlagte Differentialkolben (1) wird durch Öl betätigt, das in den beiden Umsteuergefäßen (5 und 6) abwechselnd unter Druck gesetzt wird. Das Öl fungiert nur als nahezu inkompressibles Übertragungsmedium, der Druck wird pneumatisch aufgebracht. Die Kolbenstange ist über die Kupplung (4) mit der Steuerwelle (3) verbunden. An der Kupplung ist ein Hebel (7) angelenkt, der fest mit der Hebelwelle (9) verbunden ist und über eine am anderen Ende angebrachte Rolle mit dem federbelasteten Dämpfungs- und Arretierungskolben (8) in Berührung steht. Das Zahnsegment (10), das ebenfalls auf der Hebelwelle befestigt ist, kann durch Ritzel (11) von Hand betätigt werden und ermöglicht so, z. B. bei Instandsetzungsarbeiten die mechanische Verschiebung der Steuerwelle, deren beide Endlagen durch Anschläge fixiert sind.

Die gezeichnete Lage des Kolbens entspricht der „Vorwärts"-Stellung der Steuerwelle. Die Verschiebung auf „Rückwärts"-Stellung vollzieht sich wie folgt: Umsteuergefäß (5) wird

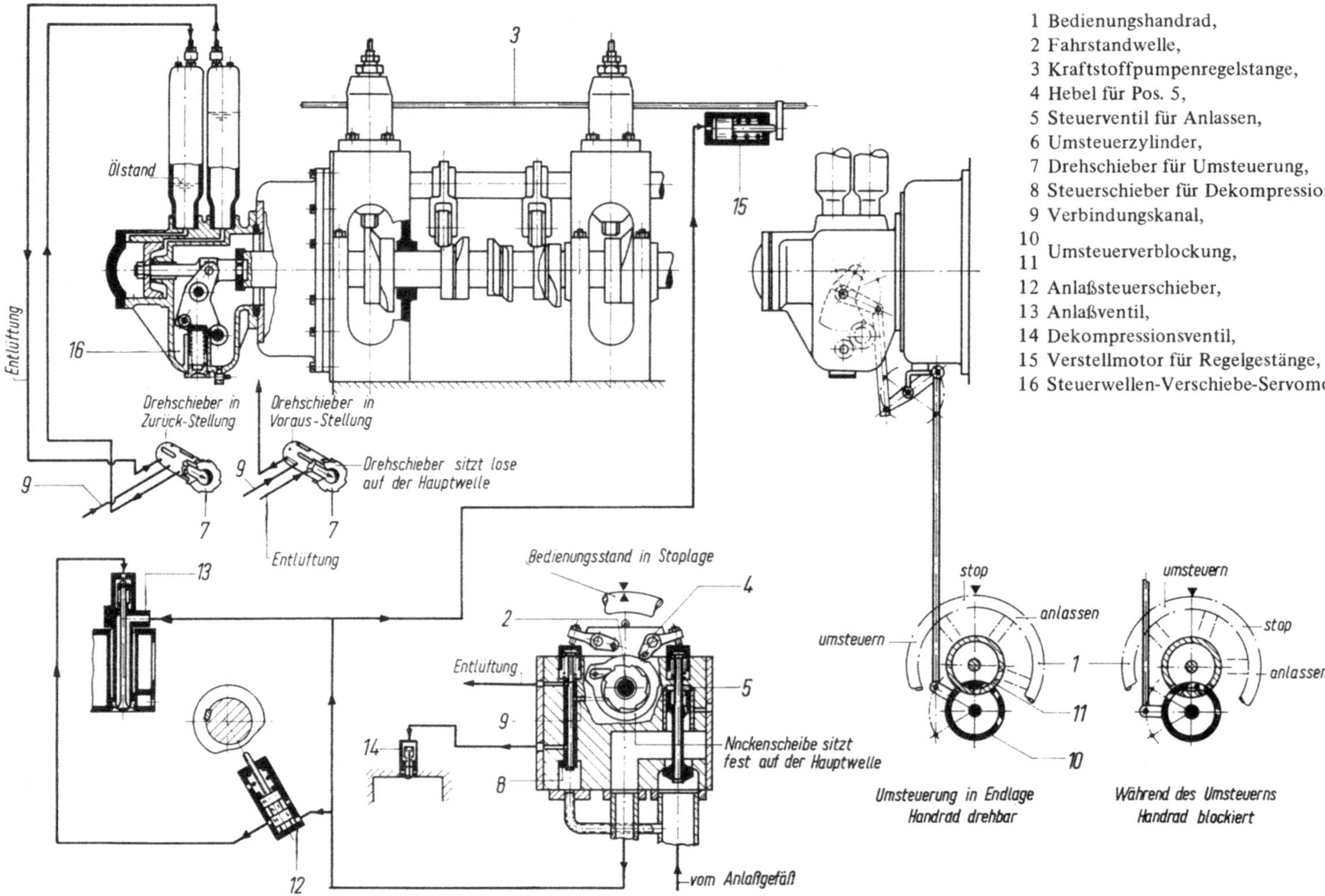

1 Bedienungshandrad,
2 Fahrstandwelle,
3 Kraftstoffpumpenregelstange,
4 Hebel für Pos. 5,
5 Steuerventil für Anlassen,
6 Umsteuerzylinder,
7 Drehschieber für Umsteuerung,
8 Steuerschieber für Dekompression,
9 Verbindungskanal,
10, 11 Umsteuerverblockung,
12 Anlaßsteuerschieber,
13 Anlaßventil,
14 Dekompressionsventil,
15 Verstellmotor für Regelgestänge,
16 Steuerwellen-Verschiebe-Servomotor.

Bild 5.85 Schema des Bedienungsstandes für Umsteuerung mit Schrägnocken mit Druckluft beaufschlagt. Gleichzeitig wird die Druckluftleitung zu Umsteuergefäß (6) entlüftet. Das Öl wird in den linken Raum des Zylinders gepreßt und verschiebt den Kolben (1) nach rechts. Dabei wird das im rechten Zylinderraum befindliche Öl in das Umsteuergefäß (6) rückgefördert. Der Hebel (7) führt bei der Axialverschiebung des Kolbens (1) eine Schwingbewegung aus, die eine Betätigung des federbelasteten Kolbens (8) zur Folge hat. In der Endstellung rechts wird die Steuerwelle durch Arretierung des Hebels (7) vom Federkolben (8) gehalten.

Bild 5.85 zeigt schematisch einen Bedienungsstand mit Schaltelementen für den Umsteuervorgang. Die Steuerwelle ist hier mit Schrägnocken ausgerüstet. Die Vorrichtung zur Steuerwellenverschiebung (16) entspricht der eben besprochenen. Die Steuerung der Druckluft, die den Verschiebevorgang einleitet, obliegt dem Drehschieber (8), der lose auf der Hauptwelle (2) des Bedienungsaggregates sitzt. Durch Drehen des Bedienungshandrades (1) von „Stop“ auf „Umsteuer“ wird der Schieber über ein mit der Hauptwelle fest verbundenes Klinkengesperre um 45° verdreht. Dadurch werden jeweils die Druckluftleitungen so beaufschlagt bzw. entlüftet, daß der gewünschte Vorgang ablaufen kann. Die benötigte Druckluft wird dem Anlaßdruckbehälter entnommen und gelangt über den Steuerschieber (8) und den Verbindungskanal (9) in den Drehschieber, von wo sie zum entsprechenden Umsteuergefäß weitergeleitet wird. Ein Parallelabzweig führt vom Steuerschieber (8) zu den Dekompressionsventilen (14) in den Zylinderdeckeln, die den Verdichtungsvorgang in den Zylindern unterbinden, bis der Motor die zum Anspringen erforderliche Drehzahl erreicht hat.

Der Anlaßvorgang wird im vorliegenden Falle vom Bedienungsaggregat aus gesteuert. Die vom Anlaßdruckbehälter kommende Druckluft muß zunächst das Steuerventil (5) passieren. Dieses wird bei Drehung des Handrades auf „Anlassen“ durch die fest mit der Hauptwelle verbundene Nockenscheibe über den Hebel (4) geöffnet und gibt den Weg zu den Anlaßorganen frei. Die Druckluft beaufschlagt jetzt die Anlaßventile (13), die Anlaßsteuerschieber (12) und schiebt über den Verstellzylinder (15) das Regelgestänge der Kraftstoffpumpen auf „Vollast“.

Die nockengesteuerten Anlaßsteuerschieber geben bei entsprechender Scheibenstellung Druckluft auf die Steuerteile der Anlaßventile und öffnen damit der Anlaßluft den Weg zu den entsprechenden Zylindern.

Bild 5.86 zeigt als weiteres Beispiel den Schaltplan der Elemente für die Umsteuerung und das Anlassen eines Mak-Motors. Die Steuer- und Betätigungsorgane werden in diesem Falle mit Druckluft von reduzierter Spannung beaufschlagt.

5.5.4.2 Manövrier-Einrichtungen

Bild 5.87 stellt das Schema für M.A.N-KZ-Motoren für manuelles Mövrieren dar. Von einem Handrad (Schaltrad) (25) werden über eine Welle (27) mit Nockenscheiben (2) Steuerluftventile (19) und (21) für die Manövriereinrichtung gesteuert. Ihre Funktionen sowie die der Ventile (16) und (2), (12) und (5) sind im rechten oberen Teil des Schemas erläutert. Die Funktion des Handrads ist dort ebenfalls in einem Steuerdiagramm erklärt. Zunächst erfolgt das Umsteuern, dann das Anlassen. In der 2. Hälfte des Bereiches „Anlassen“ wird allmählich Brennstoff bis zu einer mäßigen Füllung zugeschaltet. Die Einrichtung (16)/(17) verhindert ein Anlassen, wenn das Schaltwerk (Törnmaschine) noch eingerückt ist.

Durch Weiterdrehen des Handrades nach Erreichung des Bereiches „Brennstoff“ werden keine Steuervorgänge mehr ausgelöst, sondern es wird nur noch die Brennstoffzufuhr vermehrt. Dabei bewegt die Kurbel am hinteren Ende der Handradwelle das Regelgestänge,

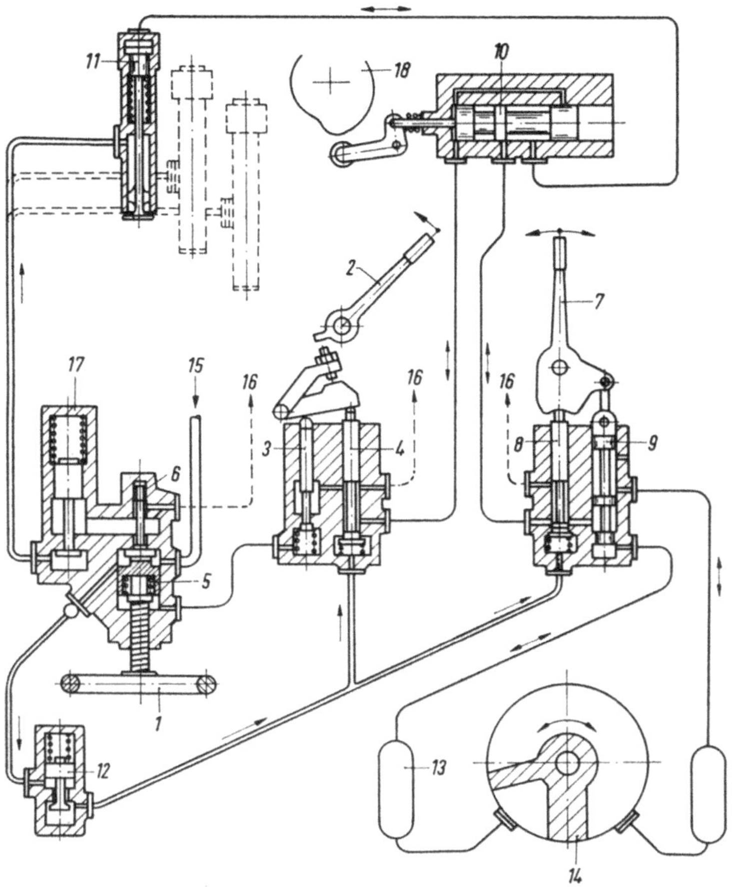

Bild 5.86 Schema der Anlaß- und Umsteuervorrichtung eines MaK-Motors

1 Hauptanlaßventil-Handrad,
2 Anlaßhebel,
3 Entlüftungsschieber für Hauptanlaßventil im Anlaßblock,
4 Entlüftungsschieber für Anlaßsteuerschieber im Anlaßblock,
5 Hauptanlaßventilschieber, im Hauptanlaßventil,
6 Hauptanlaßventil-Entlüftungsschieber im Hauptanlaßventil,
7 Umsteuerhebel,
8 Verblockungsschieber im Umsteuerblock,
9 Steuerschieber im Umsteuerblock,
10 Anlaßsteuerschieber,
11 Anlaßventil,
12 Druckminderventil für Steuerluft,
13 Druckbehälter für Dämpfungsöl,
14 Umsteuerservomotor,
15 Von Anlaßluftflasche,
16 Entlüftungen,
17 Anlaß-Reduzierventil,
18 Anlaßnocken.

das durch eine Zugfeder immer auf Vollfüllung gezogen wird und damit die Regelstangen an den Einspritzpumpen (31) verstellt. In der Stellung, die der befohlenen Fahrtstufe entspricht, wird das Handrad über seinen Griff, der gleichzeitig zum Arretieren dient, festgehalten. Daß Drehzahlsteigerungen nur allmählich durchgeführt und nicht durch ruckweise Verdrehung des Handrades erzwungen werden sollen, gehört zu den selbstverständlichen Geboten des Motorbetriebes. Der über 120° reichende Bereich „Brennstoff" ermöglicht

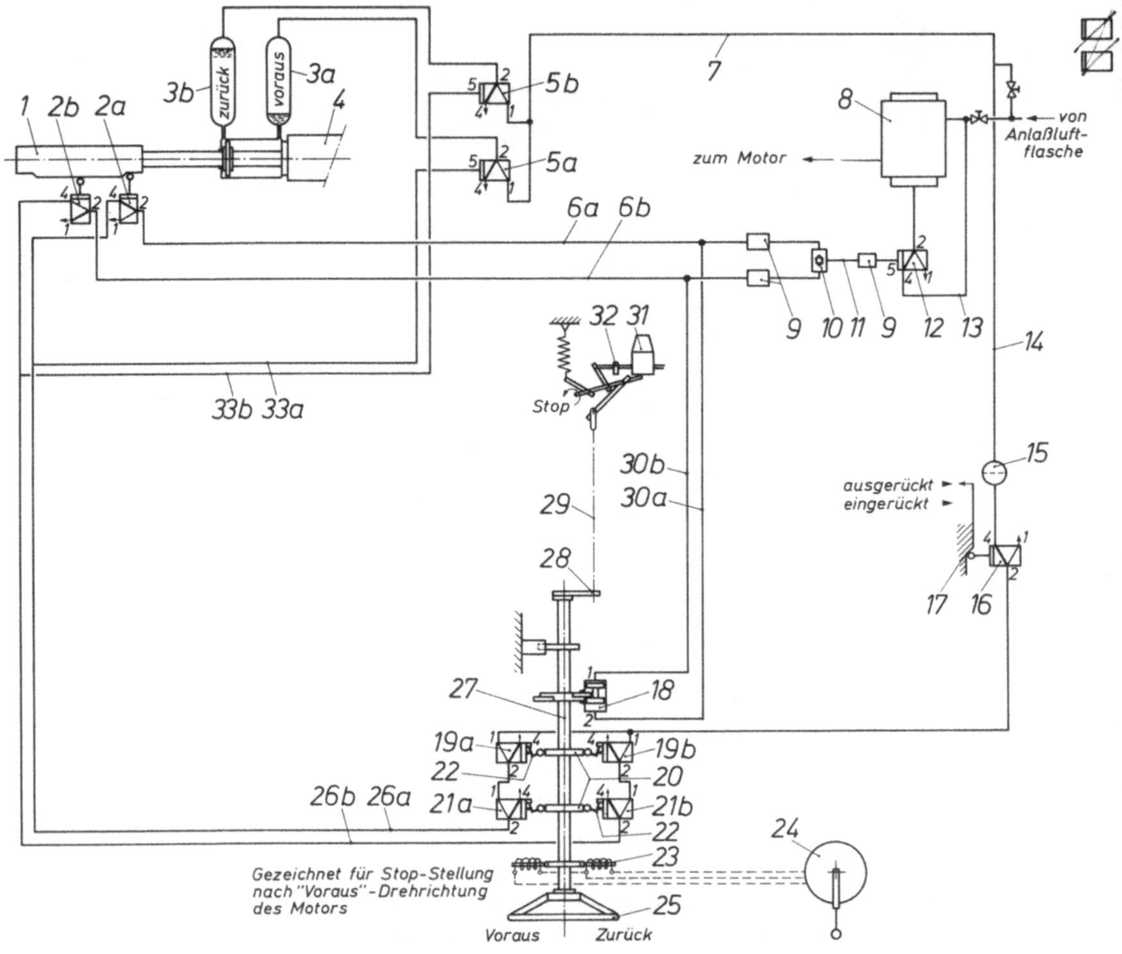

Bild 5.87 Schema der Manövriereinrichtung für M.A.N.-KZ-Motoren

1 Endlagensicherung (Umsteuervorrichtung)
2 Steuerluftventil (Endlagensicherung)
3 Umsteuerflasche
4 Umsteuervorrichtung, ähnlich Bild 5.84
5 Steuerluftventil (Umsteuervorrichtung)
6 Steuerluftleitung
7 Umsteuerluftleitung
8 Hauptanlaßventil, ähnlich Bild 5.79
9 Schnellöseventil
10 Doppelrückschlagventil
11 Anlaßsteuerleitung
12 Steuerluftventil (Hauptanlaßventil)
13 Belüftungsleitung
14 Zuströmleitung
15 Luftfilter
16 Steuerluftventil (Schaltwerk)
17 Schaltwerk (Törnmaschine)
18 Umsteuerblockierung
19 Steuerluftventil (Manövriereinrichtung)
20 Nockenscheibe
21 Steuerluftventil (Manövriereinrichtung)
22 Knickhebel
23 Elektromagnetische Verblockung
24 Maschinentelegraph
25 Handrad
26 Steuerluftleitung (Umsteuerung)
27 Handradwelle
28 Kurbel
29 Regelgestänge
30 Blockierleitung
31 Einspritzpumpe wie Bild 5.59
32 Füllungsanschlag
33 Steuerluftleitung

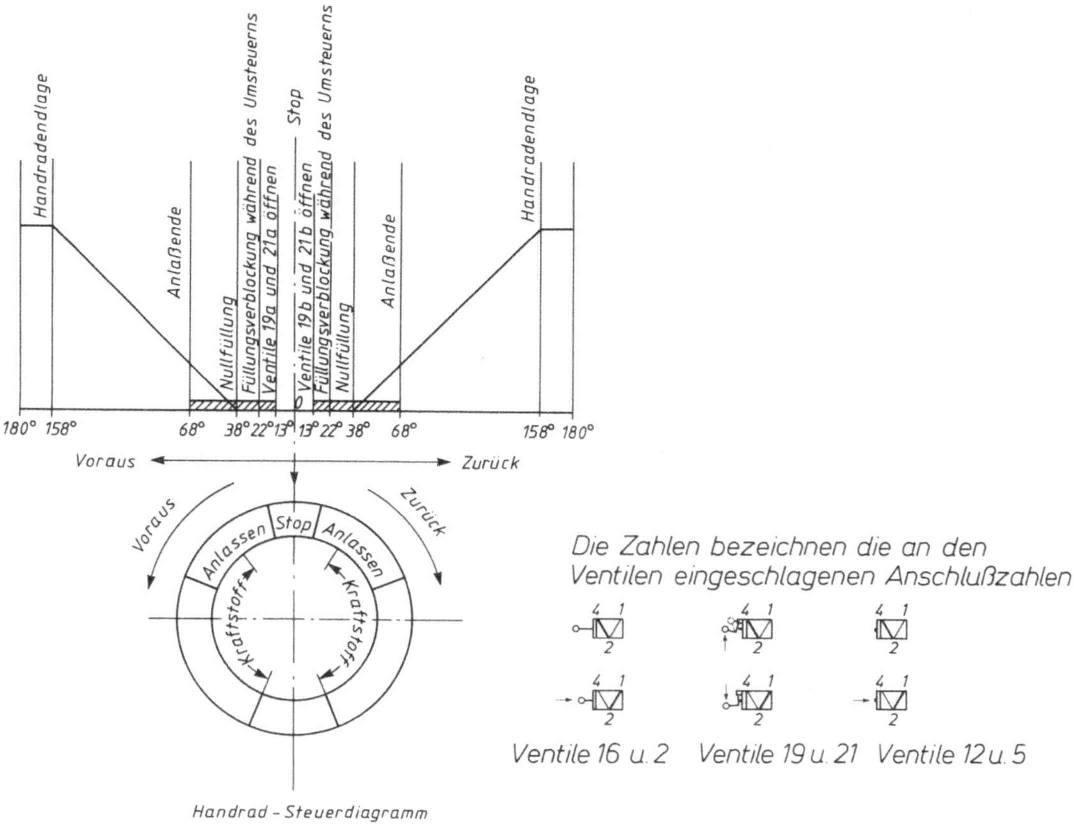

Bild 5.87 (Fortsetzung)

eine Steigerung der Füllung bis zu deren Höchstwert. Die Steuerung der Kraftstoffpumpe (31) ist in Bild 5.88 herausgezeichnet. Die Teil-Nr. (15) entspricht Teil-Nr. (28) in Bild 5.87, es entsprechen Nr. (16) der Nr. (29), Nr. (14) der Nr. (25) von Bild 5.87.

Handmanövrierte Zweitakt-Kreuzkopf-Motoren haben im allgemeinen nur einen Sicherheitsregler nach Bild 5.89. Der Sicherheitsregler greift in Bild 5.88 über einen Servomotor (Verstärker) (12) und über das Gestänge (11), (10), (9) an die Regulier-(Steuer-)Welle an. In Bild 5.89 ist der Servomotor (7) unmittelbar an den Si-Regler angebaut.

5.5.4.2.1 Sicherheitsregler (Bild 5.89)

Der Sicherheitsregler schützt den Motor vor einer unzulässigen Drehzahlsteigerung, indem er bei einer Überschreitung der normalen Drehzahl um 10 % die Kraftstoffüllung verringert. Normalerweise wird der Motor durch Füllungseinstellung am Handrad des Bedienungsstandes geregelt. Nur wenn im Seegang der Propeller ganz oder teilweise austaucht, muß der Regler eingreifen.

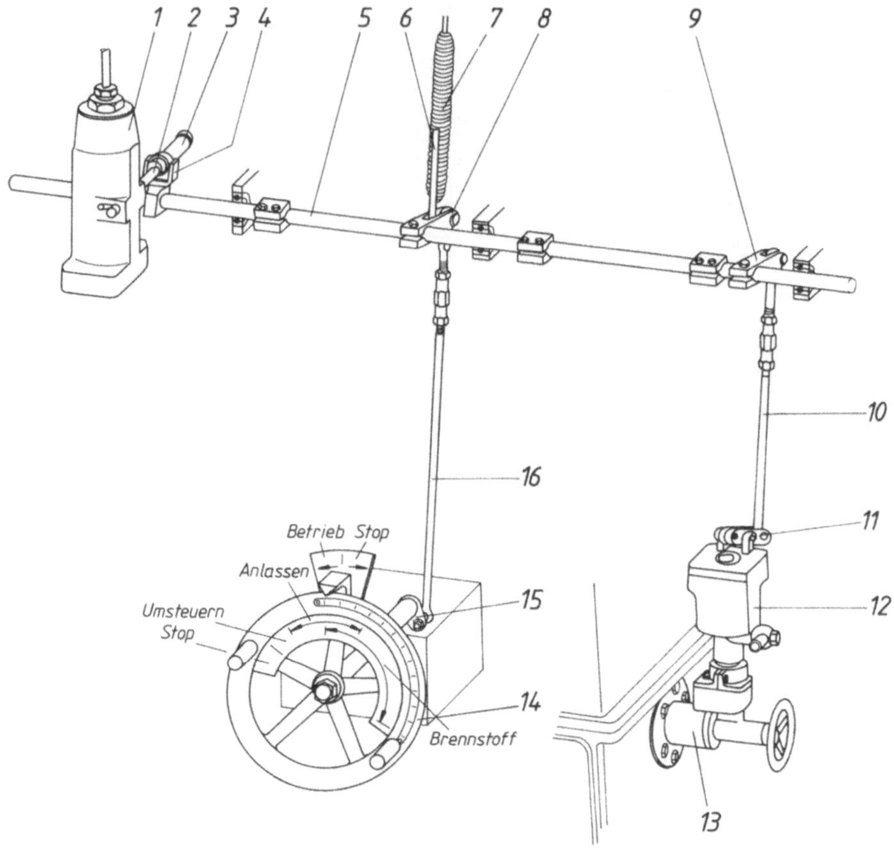

Bild 5.88 Steuergestänge der Kraftstoffpumpe für M.A.N.-KZ-Motoren

1 Einspritzpumpen
2 Regelstange
3 Zwischenglied
4 Gabelhebel
5 Regulierwelle
6 Verbindungsstange (Zylinderschmierpumpen)
7 Zugfeder
8 Hebel
9 Hebel
10 Stange
11 Doppelhebel
12 Servomotor
13 Sicherheitsregler
14 Handrad
15 Kubel
16 Verbindungsstange

Als normaler Fliehkraftregler in waagerechter Anordnung an den Steuerungsantrieb angeschlossen, beträgt seine Drehzahl ein Mehrfaches der Motordrehzahl. Eine weitere Steigerung der Empfindlichkeit wird dadurch erreicht, daß der Regler den Steuerschieber eines Servomotors betätigt, der die eigentliche Verstellkraft für das Regelgestänge der Einspritzpumpen aufbringt.

Die Reglerwelle (36) mit den beiden schwenkbaren Schwunggewichten (34) wird durch das Zahnrad (37), das in eines der oberen Räder des Steuerungsantriebes eingreift, angetrieben. Um Ungleichförmigkeiten auszugleichen, ist in die Verbindung zwischen dem Zahnrad (37)

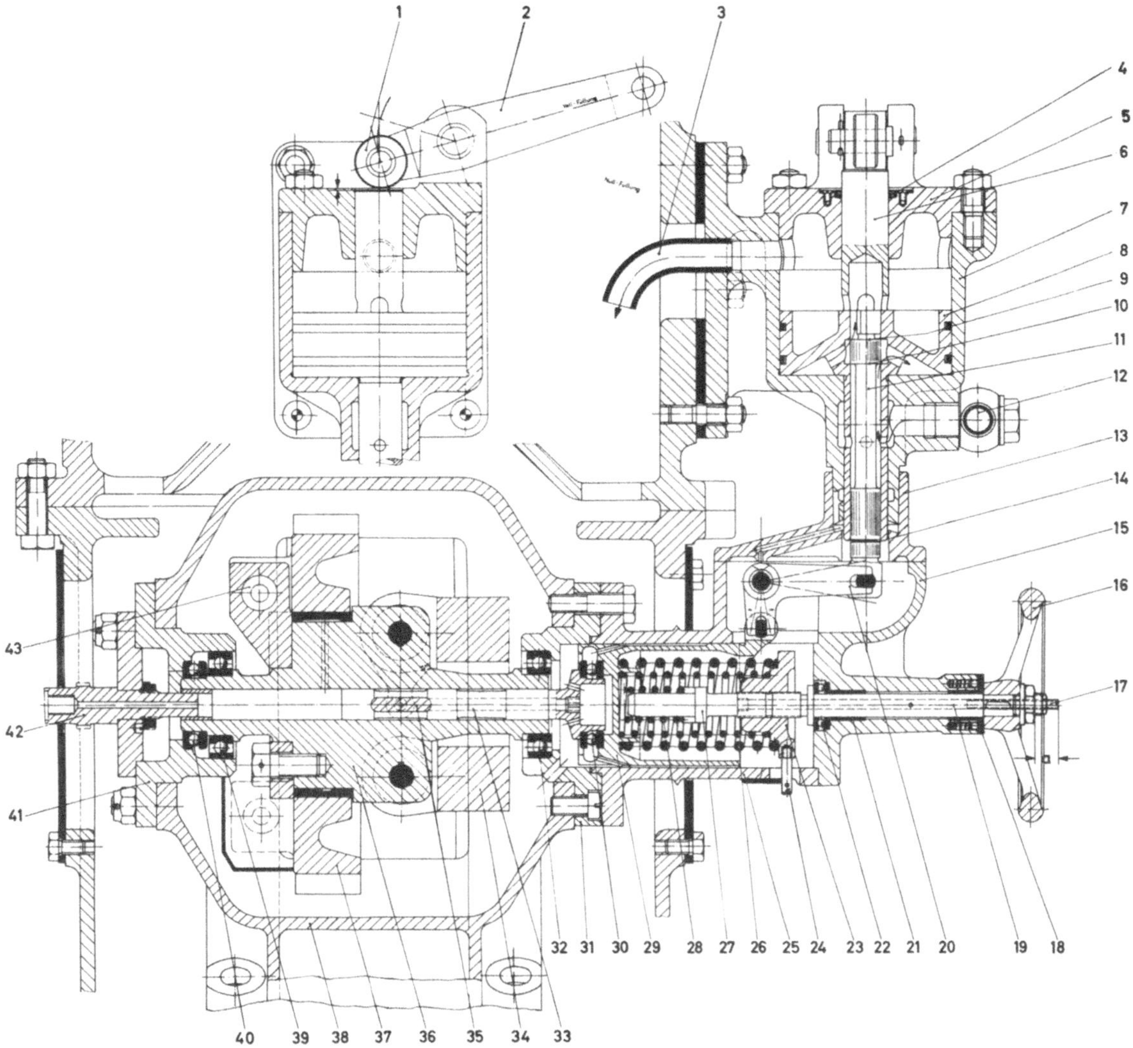

Bild 5.89 Sicherheitsregler und Servomotor für M.A.N.-KZ-Motoren

1 Rolle
2 Doppelhebel
3 Ablaufrohr
4 Dichtring
5 Gehäusedeckel
6 Druckstück
7 Servomotorgehäuse
8 Kraftkolben
9 Steuerkante
10 Steuerkante
11 Steuerschieber
12 Steuerschieber
13 Deckel (zweiteilig)
14 Markierung
15 Gehäuse
16 Handrand
17 Gewindespindel
18 Arretierung
19 Verstellwelle
20 Winkelhebel
21 Buchse
22 Axiallager
23 Federteller
24 Schaftschraube
25 Federgehäuse
26 Druckfedern
27 Bolzen
28 Pufferfeder
29 Reglermuffe
30 Axiallager
31 Zwischenflansch
32 Kugellager
33 Reglerspindel
34 Schwunggewicht
35 Querkeil
36 Reglerwelle
37 Zahnrad
38 Reglergehäuse
39 Kugellager
40 Axiallager
41 Flansch
42 Schmieranschluß
43 Federkupplung

und der Reglerwelle (36) die elastische Federkupplung (43) eingebaut. Die Reglerwelle ist beiderseits in Kugellagern (32 und 39) gelagert und auf der Antriebsseite durch ein Axiallager (40) abgestützt. Über den Querkeil (35) stehen die Schwunggewichte mit der Reglerspindel (33) in kraftschlüssiger Verbindung. Von dieser wird die Verstellbewegung über das Axiallager (30) auf die federbelastete Reglermuffe (29) übertragen, deren Bewegung über den Winkelhebel (20) auf den Servomotor weitergeleitet wird.

Mit der Spannung der Federn (26) wird die Drehzahl eingestellt, bei der der Regler zu arbeiten beginnt, und zwar durch Verdrehen des am Bedienungsstand angeordneten Handrades (16) über die Verstellwelle (19). Sie verschiebt den Federteller (23), der durch eine Schaftschraube (24) in einem Schlitz des Federgehäuses (25) gegen Verdrehen gesichert wird. Die Stellung dieser Schaftschraube läßt die Drehzahl erkennen, bei der der Regler in Tätigkeit tritt. Sie wird daher bei der Erprobung im Werk oder während der Probefahrt des Schiffes für diejenige Einstellung markiert, bei der der Regler aus der vollen Drehzahl zu arbeiten beginnt. Die Arretierung (18) fixiert das Handrad (16) in der eingestellten Stellung.

Die kleine Pufferfeder (28) dient zur Dämpfung des Regelvorganges, wenn der Regler bei plötzlicher Entlastung bis auf die Nullfüllung der Einspritzpumpen herunterregelt. Sie soll indessen erst kurz vor Erreichen der Nullfüllung wirksam werden und dementsprechend erst kurz vor dem vollen Hub der Reglermuffe auf Spannung kommen. Ihre Einstellung mit Hilfe der Gewindespindel (17) erfolgt am besten bei starkem Seegang. Einmal richtig eingestellt, darf an der Pufferfeder nichts mehr verstellt werden. Es besteht sonst die Gefahr, daß der Regler nicht mehr völlig auf Nullfüllung herunterregelt, wenn die Feder vorzeitig wirksam wird. Die endgültige Einstellung der Gewindespindel sollte ausgemessen und unter den Einstelldaten im Abnahmeprotokoll festgehalten werden (Maß „a“).

Die Reglerwelle ist an die Druckschmierung angeschlossen. Durch Bohrungen wird das Öl zur Lagerung des Zahnrades (37) und zu den Schwunggerwichten (34) geleitet. Ein Teil strömt zum Axiallager (30) und läuft durch Bohrungen im Gehäuse (38) ab. Die Kugellager auf der Antriebsseite und die Reglermuffe (29) werden durch Spritzöl geschmiert.

5.5.4.2.2 Servomotor (Bild 5.89)

Da die Kraft der Reglergewichte bei Drehzahlüberschreitung nicht ausreichen würde, das Regelgestänge der Einspritzpumpen in Richtung Nullfüllung zu bewegen, also die Füllung zu verringern, ist zur Kraftverstärkung ein Servomotor angebaut. Dieser enthält einen von der Reglermuffe bewegten Steuerschieber, der einen Kraftkolben steuert. Der Kraftkolben übt eine seinem Durchmesser und dem Öldruck entsprechende Kraft auf das Regelgestänge aus.

Die Reglermuffe (29) greift in den Winkelhebel (20) ein, der den Steuerschieber (11) betätigt. Der Schieber gleitet im unteren Hals des Kraftkolbens (8) und steuert mit den Kanten (9) und (10) das Öl unter dem Kolben. Dieser ist in das Gehäuse eingepaßt und mit 2 Kolbenringen abgedichtet. Das Druckstück (6) gleitet in einer Bohrung des Deckels und ist oben gegen Schmutz abgedichtet. Es überträgt die Bewegung des Kraftkolbens über die Rolle (1) auf den Hebel (2) des Regelgestänges. Das Drucköl tritt beim Zulauf (12) in das Gehäuse ein und läuft durch den Ablauf (3) nach dem Steuerungsantrieb ab.

Die Wirkungsweise des Sicherheitsreglers zusammen mit dem Servomotor ist folgende: Bei Überschreitung der eingestellten Drehzahl bewegen sich die Schwunggewichte des Reglers nach außen und drücken über die Reglerspindel, die Reglermuffe und den Winkelhebel den Steuerschieber des Servomotors nach oben. Hierdurch öffnet die Steuerkante (10) den Ringkanal im Kolben, Drucköl strömt unter diesen und drückt ihn nach oben. Beim Aufwärtsgang hebt der Kolben das Druckstück und stellt über den Hebel (2) das Regelgestänge der Einspritzpumpen in Richtung „Nullfüllung“. Die durch den Schieber eingeleitete Bewegung des Kraftkolbens kommt zum Stillstand, wenn der Kolbenhub demjenigen des Steuerschiebers entspricht, weil dann die Steuerkante (10) den Ölzufluß unter den Kolben unterbricht. Bei ganz plötzlicher auftretender Drehzahländerung kann der Kraftkolben so weit hochgedrückt werden, daß er den Motor auf Leerlauffüllung stellt.

Bei der eintretenden Drehzahlverringerung gehen die Schwunggewichte wieder zusammen, der Steuerschieber wird nach unten geholt, die Steuerkante (9) stellt die Verbindung zwischen Ölzulauf (12) und -ablauf (3) her und der Kraftkolben wird durch die Zugfeder des Kraftstoff-Regelgestänges nach unten gedrückt.

5.5.4.2.3 Wartung

Bei stärkerem Seegang läßt man üblicherweise den Regler durch Entspannen der Federn in einem niedrigeren Drehzahlbereich arbeiten. In diesem Bereich dürfen natürlich weder Schwingungen an der Wellenleitung, am Motor oder im Schiff auftreten, noch sollen die Turbolader ins „Pumpen“ geraten. Für den Übergang auf normale Bedingungen muß die Schaftschraube des Federtellers wieder auf die normale Markierung eingestellt werden. Mit einer niedrigeren Federspannung ließe sich nicht die volle Drehzahl erreichen. Die Gewindespindel für die Pufferfeder muß in der einmal als richtig eingestellten Stellung verbleiben bzw. nach einer Überholung wieder auf diese eingestellt werden (siehe Maß „a“).

Da der Regler im normalen Betrieb nicht arbeitet, jedoch beim Überschreiten der eingestellten Drehzahl mit Sicherheit funktionieren soll, sind Regler und Servomotor häufiger zu überprüfen. Dies kann bei laufendem Motor geschehen, indem man ab und zu kurzzeitig die Reglerfedern entspannt, bis sich im Regelgestänge eine leichte Bewegung bemerkbar macht. Auf diese Weise werden die Regelorgane leichtgängig erhalten. Soll die Beweglichkeit des Steuerschiebers überprüft werden, so baut man den zweiteiligen Deckel (13) aus, entspannt die Reglerfedern vollständig und entfernt den Winkelhebel (20). Läßt sich der Schieber im Kolben nicht leicht von Hand bewegen, so ist er auszubauen und gängig zu machen. Auch das Druckstück (6) sollte regelmäßig auf leichte Gängigkeit kontrolliert werden.

Die Wartung des Reglers und des Servomotors beschränkt sich auf Kontrollarbeiten, da der Servomotor selbstschmierend und der Regler an die Druckschmierung angeschlossen ist. Der Antrieb des Reglers benötigt keine besondere Wartung. Indessen soll die drehelastische Federkupplung bei Überholungsarbeiten kontrolliert und evtl. gebrochene Federn ausgetauscht werden. Für die zugehörigen Druckschrauben ist im Werkzeug ein Steckschlüssel mitgeliefert. Sie sind so weit anzuziehen, bis sie durch den darüberliegenden Splint gesichert werden können.

Die richtige Stellung des Steuerschiebers im Kraftkolben, die Voraussetzung für das einwandfreie Arbeiten des Servomotors ist, kann daran erkannt werden, daß im Ruhezustand die Markierung (14) an der unteren Führung des Schiebers mit Unterkante Kolbenhals übereinstimmt. Sie entspricht der eingestellten Ursprungslage der Reglermuffe, die also immer wieder einzustellen ist, wenn Abnützungen am Regler Nacharbeiten oder Auswechslungen erforderten.

Der Ölfilter in der Zulaufleitung zum Servomotor ist öfters zu kontrollieren.

5.5.5 Sicherheitsventile am Zylinder

Im allgemeinen rüstet man nur umsteuerbare Motoren mit Sicherheitsventilen aus. Sie sollen das Auftreten unzulässig hoher Drücke verhindern und so den Motor vor Schäden bewahren. Vorwiegend treten sie beim Anfahren auf, wenn den Zylindern zu große Kraftstoffmengen zugeführt wurden, die bei Zündung explosionsartig verbrennen. Die durch die Anlaßluft stark erhöhte Sauerstoffkonzentration im Zylinder begünstigt diesen Vorgang.

Das Sicherheitsventil ist ein direkt federbelastetes Ventil, das entweder in einer Aufnahmebohrung des Zylinderdeckels (Kanone) untergebracht oder mitunter auch in der Zylinderwand in Höhe des Verbrennungsraumes angeordnet ist. Der Öffnungsdruck sollte den normalen Zylinderdruck um nicht mehr als 10 bar übersteigen.

Eine regelmäßige Funktionskontrolle ist erforderlich, da sich aufgrund der seltenen Inanspruchnahme leicht Schwergängigkeit einstellt.

5.6 Fundamentgestaltung

5.6.1 Allgemeines

Freie Massenkräfte und freie Massenmomente treten als Erregende nach außen auf; sie wirken derart an den bewegten Massen eines Motors, daß die starren Teile des Motors sich so bewegen, daß der Gesamtschwerpunkt des Motors in Ruhe bleibt. Die Bewegung des Motorenaufbaus übt dadurch nach außen Kräfte und Momente aus.

Bei ortsfesten Anlagen wird eine unausgeglichene Maschine auf ein starres Fundament Wirkungen ausüben, hierbei kann eine große mittragende Fundamentmasse beruhigend wirken. Auch hier gilt, daß der Gesamtschwerpunkt des Systems: Motor – Fundament in Ruhe gehalten wird. Ausschlägen der relativ kleinen Motormasse entsprechen dabei kleine Ausschläge einer großen Fundamentmasse. Hierbei kann es jedoch zur Aufschaukelung der Ausschläge kommen, wenn die Eigenschwingungszahl des Fundaments mit der Frequenz freier Massenkräfte oder Massenmomente übereinstimmt. Fundamentschwingungen übertragen sich dann störend in die Umgebung, z. B. auch als Bodenschall. Erregungen 2. Ordnung stimmen mit ihrer höheren Frequenz häufiger mit der relativ hohen Eigenschwingungszahl von Fundamentblöcken überein als solche der 1. Ordnung. Ähnliche Überlegungen gelten auch für die Anregung von Teilen des Schiffskörpers.

In ortsfesten Anlagen und auch auf Schiffen werden häufig kleinere Motoren, z. B. Generatoraggregate, auf Gummifedern (Schwingmetall) aufgestellt. Gummifederelemente federn und dämpfen zugleich [5.13]; die Dämpfung spielt besonders bei Resonanz eine Rolle (vgl. hierzu Bild 5.31). In diesem Zusammenhang wird ein Isolierungswirkungsgrad W definiert:

$$W = \frac{(\Omega/\omega_e)^2 - 1}{(\Omega/\omega_e)^2 - 1} \cdot 100 \text{ in } \%.$$

Die isolierende Wirkung ist also in erster Linie eine Frage der Abstimmung $\Omega : \omega_e$. Je größer der Isolierwirkungsgrad sein soll, um so weicher muß die Federung sein.

Man stellt zweckmäßig das ganze Aggregat auf einen Rahmen und baut diesen dann auf Gummilagerung auf. Stellt man nur den Antriebsmotor auf Gummifedern, so muß zwischen Motor und Generator eine elastische Kupplung angeordnet werden. In jedem Fall aber muß ein gummigelagertes Aggregat über elastische Rohrverbindungen mit äußeren Rohrleitungen verbunden werden (Bild 5.90).

Bild 5.90 Aufstellung eines Generator-Aggregats auf Gummifedern – 1620 kVA Bordaggregat mit MWM-Dieselmotor TBD 441 V12, ähnlich Bild 1.36.

Für Schiffs-Hauptmotorenlagerungen verwendet man meistens Schräglagerungen, die den Vorteil haben, daß die Eigenschwingungszahlen des federgelagerten Systems gegenüber geraden Lagerungen bedeutend kleiner werden. Dadurch erhält man Lagerungen ohne Resonanz, d. h. ohne Sperrgebiet für die Drehzahl, $\Omega \gg \omega_e$ (überkritisch) (vgl. Bild 5.31). Außerdem werden bei Schräglagen des Schiffes Verkantungen vermieden.

Die Fundamentgestaltung ortsfester Anlagen wird im Zusammenhang mit Dieselmotoren in stationären Kraftwerken in Abschnitt 8.2 näher beschrieben.

Die Fundamentierung von Schiffsdieselmotoren wurde sehr ausführlich bereits 1954 in [5.7] behandelt, als mit steigender Drehzahl der Dieselmotoren und Einführung von Leichtbauweisen im Schiffbau, u. a. Schweißung statt Nietung, dieser Frage mehr Aufmerksamkeit zugewendet werden mußte.

Zur Beurteilung der Gefährlichkeit von Erregungen aus Antriebsmaschine und/oder Propeller werden die Schiffseigenfrequenzen berechnet. Hierfür gibt es Computerprogramme. In erster Linie werden die vertikalen Schiffsbiegeschwingungen einschließlich ihrer Schwingungsformen berechnet, dann die Amplitudengröße und die Frequenz der Erregung. Als Beispiel sei das Eigenbiege-Schwingungsverhalten eines 50000 t Bulkcarriers in Ballastfahrt in Bild 5.91 dargestellt. Für Schiffe stellt die Schwingungsform mit 2 Knoten den niedrigsten Grad dar und wird deshalb mit I. Grad bezeichnet.

Im Bild 5.92 sind die Amplituden der erzwungenen Schwingungen im Betriebsdrehzahl-Bereich an Vorderkante Deckshaus dargestellt. Kurve c gibt die Amplituden infolge der über die Wellenlager in den Schiffskörper eingeleiteten Propellerwechselkräfte und Momente wieder; Kurve b beruht auf der Erregung durch die hydrodynamischen Druckkräfte auf die Außenhaut, Kurve a stellt die Summenkurve dar.

Die ablesbaren vertikalen Amplituden im Nenndrehzahl-Bereich von 0,014 ... 0,023 mm sind nach Erfahrung nicht zu beanstanden. Aus der Schwingungsform ist ableitbar, daß eine verti-

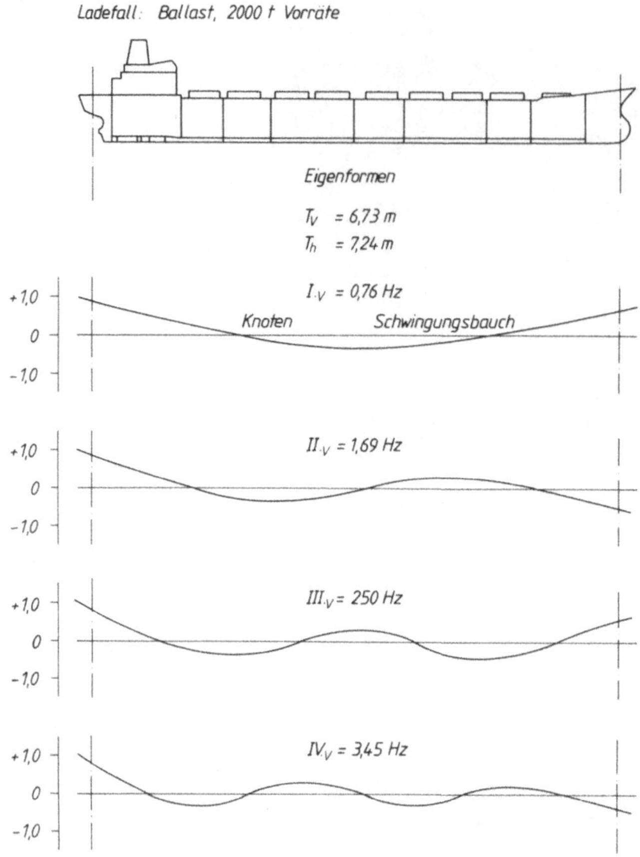

Bild 5.91
Schiffs-Eigen-Biegeschwingungsverhalten am Beispiel eines 50000 t-Massengutfrachters

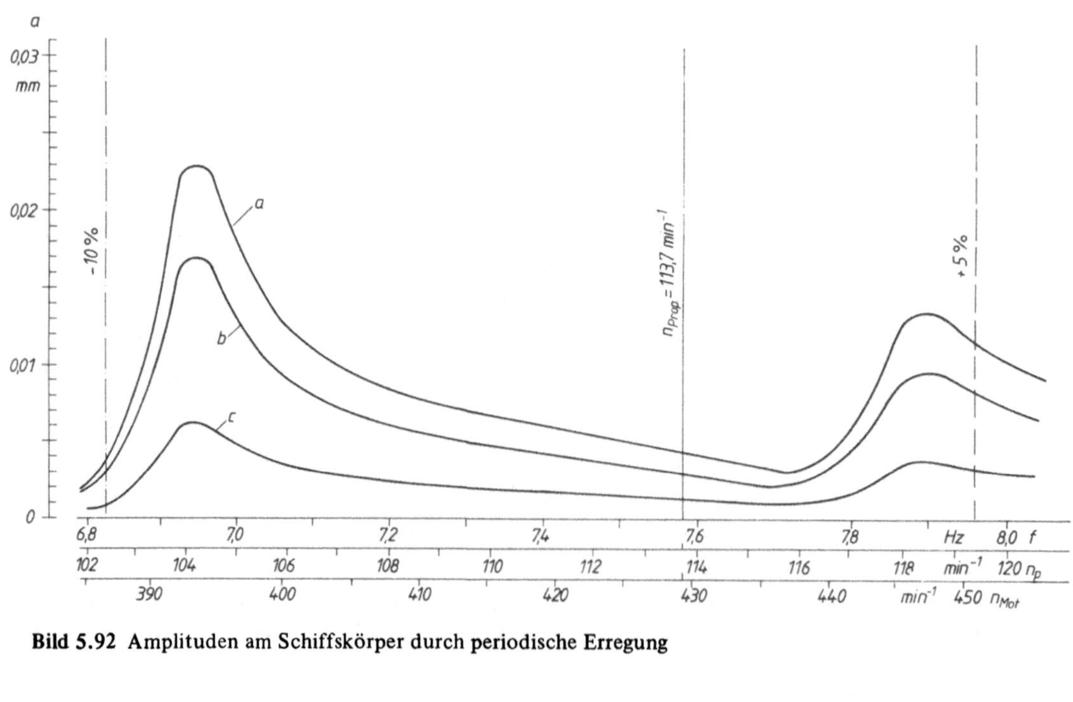

Bild 5.92 Amplituden am Schiffskörper durch periodische Erregung

kale Amplitude an Vorkante Deckshaus auf dem Brückendeck eine horizontale Längsamplitude von etwa 0,07 mm hervorrufen kann.

Ganz allgemein gilt auch hier wieder, daß Störungen nur auftreten, wenn die Frequenzen der Erregungen aus Propeller und/oder Hauptmotoren sowie Seeschlag mit den Eigenschwingungen des ganzen Schiffes (siehe Bild 5.92) bzw. von größeren Bauteilgruppen, wie Deckshäusern (Bild 5.93 aus [5.14]) übereinstimmen. Die physikalische Begründung ist ähnlich der bei Drehschwingungen (siehe Bild 5.31).

Im Bereich der Schiffstechnik ist die Dämpfung meist klein. Die Resonanzfrequenzen müssen daher beachtet werden. Deshalb fordern die Bauvorschriften der deutschen Klassifikationsgesellschaft für Schiffe, Germanischer Lloyd, daß störende Frequenzen im Drehzahlbereich der Hauptantriebsanlage von 90 ... 105 % Betriebsdrehzahl zu vermeiden sind. Dies gilt sowohl für Schwingungserscheinungen des ganzen Schiffes als auch für Teilgruppen. Als Anhalt für eine Bewertung von Schwingungen kann das ISO-Diagramm in Bild 5.94 dienen.

Messungen an Bord von Schiffen können Rechnungen sinnvoll ergänzen und bei Auftreten der Schwingungen Grundlagen für Abhilfe liefern.

Der Massenausgleich spielt je nach Lage der Maschine im Schiff eine unterschiedliche Rolle. Im Schwingungsbauch der Schiffsschwingung (vgl. Bild 5.91) soll man keinen Antriebsmotor mit freien Massenkräften, im Schwingungsknoten keine Maschine mit freien Massenmomenten aufstellen. Ist eine Maschine nicht biegesteif, dann können auch innere Momente von Bedeutung werden; das gleiche gilt bei unterschiedlichen Zylinderbelastungen, diese rufen bei Viertakt-Motoren 0,5. Ordnungen und bei Zweitakt-Motoren 1. Ordnungen hervor, was zu Getriebeklappern, u. U. auch zur Überbeanspruchung einer bei Viertakt-Motorenanlagen meistens vorgesehenen elastischen Lastkupplung führen kann.

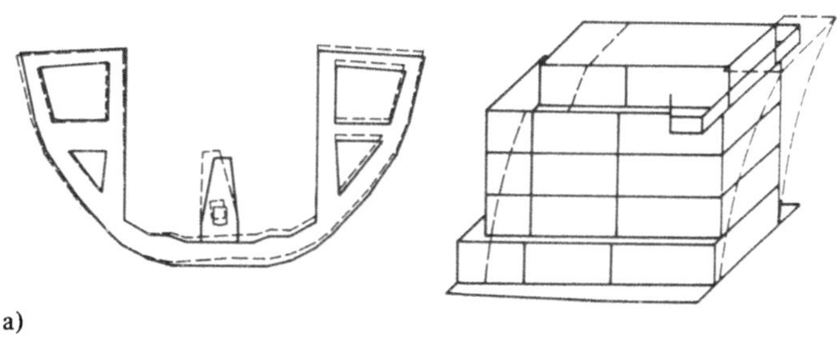

a)

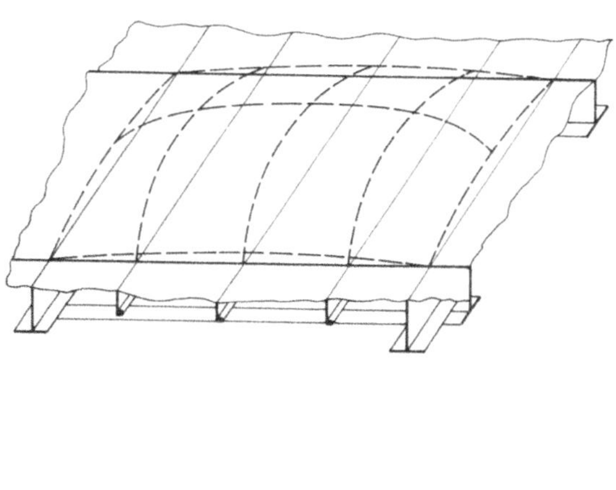

Bild 5.93
Teilgruppenschwingung auf Schiffen
a) Komponentenschwingungen
b) lokale Schwingungen

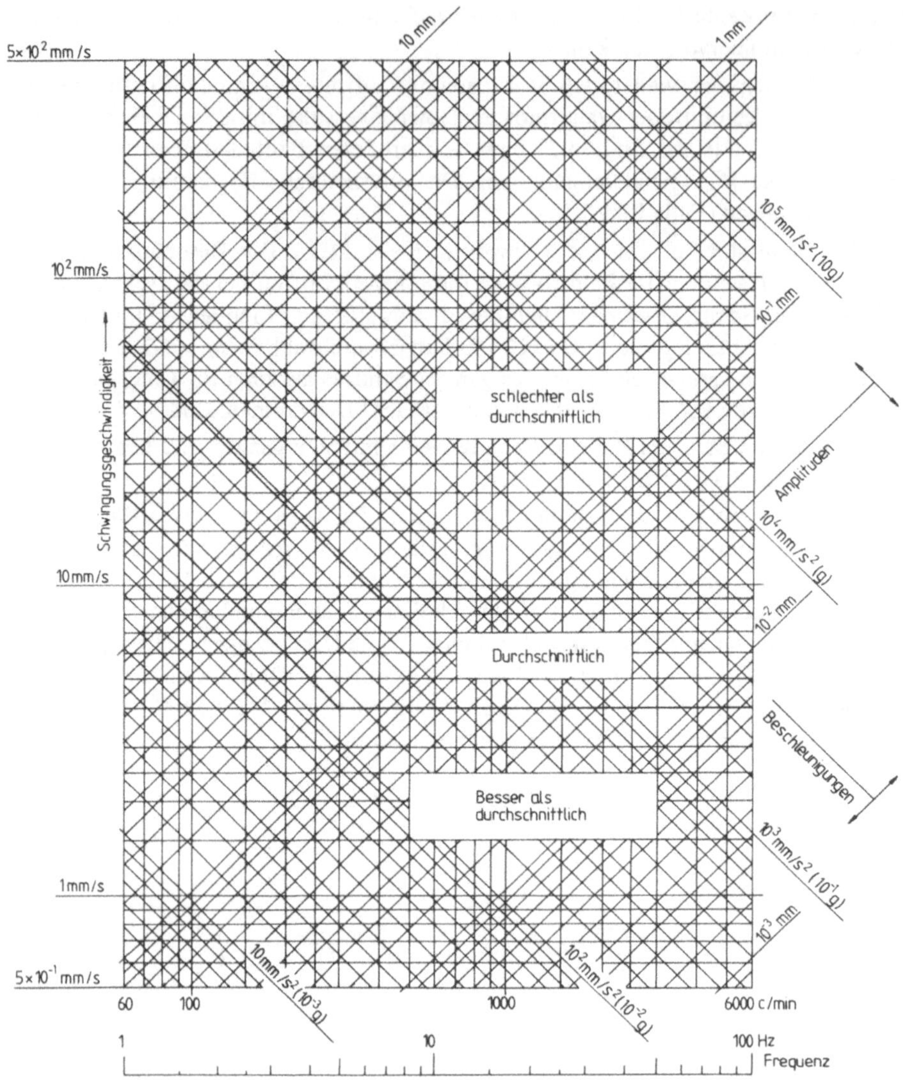

Bild 5.94 ISO-Beurteilungsdiagramm für Schwingungen

5.6.2 Ausführung der Schiffsmotorenfundamente nach [5.7]

5.6.2.1 Durchbiegungen des Maschinenfundaments

Von weitaus größerer Bedeutung als die Bewegung, herrührend von den Massenkräften, sind insbesondere bei vielzylindrigen Maschinen die, welche von den inneren Momenten verursacht werden und welche die Fundamente und die Motoren durchzubiegen versuchen. Diese inneren Momente sind zwar in sich vollkommen ausgeglichen, so daß sie nach außen hin nicht in Erscheinung treten, wenn das Fundament und der Motor, wie in der Theorie des Massenausgleiches zunächst angenommen wird, so steif sind, daß die auftretenden Kräfte von einem zum anderen Zylinder ohne Durchbiegung übertragen werden. Bei der heutigen Bauweise der Motoren und Fundamente, die mit möglichst wenig Gewicht ausgeführt werden sollen, um eine größere Ladefähigkeit des Schiffes zu erreichen, sind der Motor und auch das Fundament nicht als absolut steif anzusehen. Infolgedessen rufen diese inneren Momente je nach Steifigkeit von Motor und Fundament Durchbiegungen hervor. Das Fundament einschließlich des darauf befindlichen Motors muß deshalb so steif ausgebildet werden, daß Durchbiegungen in größerem Maße nicht auftreten können. Die Durchbiegungen in vertikaler Richtung sind infolge des großen Trägheitsmomentes von stehenden Motoren ohne Bedeutung. Es treten in der Praxis meist Horizontalquerbewegungen auf, da die Maschine in Querrichtung nicht so steif ausgebildet ist. Aus diesem Grunde sind die inneren Momente der rotierenden Teile, die Horizontalquerdurchbiegungen in Höhe der Kurbelwelle verursachen, besonders zu beachten. Deshalb muß zur Vergrößerung der Quersteifigkeit das Fundament zum Tragen mit herangezogen werden. Damit die Maschine fest mit dem Fundament verbunden ist, wird der zusätzliche Einbau von Stoppern empfohlen, die sowohl an beiden Enden wie in der Mitte die Querbewegungen auffangen, aber eine Längsdrehung der Maschine gestatten. Selbstverständlich ist es Aufgabe der Motorenfirma, durch entsprechende Wahl der Kurbelversetzung diese inneren Momente (selbst auf Kosten des Massenausgleiches) möglichst klein zu halten. Diese inneren Momente spielen eine um so größere Rolle, je mehr Zylinder die Maschine besitzt, d. h. je länger die Maschine baut. Bei 3- bis 5-Zylindermaschinen sind die Auswirkungen von inneren Momenten weniger zu befürchten. Um die Durchbiegungen klein zu halten, muß auch das Trägheitsmoment des mittragenden Fundamentes in Querrichtung groß sein. Es soll deshalb breit, d. h. nach den Seiten weit ausladend gebaut sein.

5.6.2.2 Biegeschwingungen des Motorenfundaments

Für die Erstellung der Motorenfundamente, besonders bei Großmotoren, sind die Fragen über die Biegeschwingungen gegenüber den bisher genannten Gesichtspunkten von größter Bedeutung. Das System Motor einschließlich schiffbaulichem Fundament stellt ein schwingungsfähiges System dar, das bestimmte Eigenschwingungszahlen besitzt, die von der Konstruktion und dem Material abhängig sind. Wird eine Resonanz dieser Eigenschwingungszahl durch die Gleitbahndrücke des Motors erregt, so treten besonders starke Biegeschwingungen auf, die den Motor (einschließlich schiffbauliches Fundament) verbiegen. Außerhalb der Resonanz sind diese Bewegungen unbedeutend. Je nach Schwingungsgrad sind verschiedene Bezeichnungen üblich. So wird die Schwingung, bei der sich alle Massen des Motors gleichzeitig horizontal quer bewegen, gleichsinnige Biegeschwingung genannt. Dreht sich die Maschine dagegen um eine, etwa durch den Schwerpunkt gehende Vertikalachse, d. h., die größten Ausschläge treten an den Enden in entgegengesetzter Richtung auf, und die Mitte der Maschine bleibt in Ruhe, so spricht man von einer Biegeverdrehschwingung. Bei dem nächsthöheren Schwingungsgrad wird die Maschine durch die Schwingungen durchgebogen, und zwar derartig, daß die Enden der Maschine nach einer Seite schwingen, während die Mitte der Maschine sich nach der anderen Seite durchbiegt. In diesem Falle spricht man von einer Durchbiegeschwingung. Dieser Schwingungsgrad liegt meistens so hoch, daß er in den seltensten Fällen auftritt. Stimmt die Frequenz der Erregung mit der Eigenschwingungszahl überein, so spricht man von Resonanz oder kritischer Drehzahl der Biegeschwingung. In diesem Falle treten die größten Ausschläge auf. Nun ist aber durch die Drehzahl die Frequenz, durch die Kurbelversetzung die Größe der Erregung gegeben, so daß es, um kritische Drehzahlen zu vermeiden, nur möglich ist, die Eigenschwingungszahl des schwingungsfähigen Systems Motor mit schiffbaulichem Fundament so hoch zu legen, daß in Frage kommende

Resonanzgebiete über der maximalen Betriebsdrehzahl liegen. Dieses geschieht am besten durch möglichst leichte aber steife Konstruktion der Motoren, durch Verwendung von Stahl in Schweißkonstruktion statt Gußeisen, durch zweckmäßige Gestaltung der Fundamente und durch gute Befestigung des Motors auf dem schiffbaulichen Fundament sowie gute Verbindung des Fundaments mit dem Schiffskörper.

5.6.2.3 Aufstellung der Motoren in Schiffen

Als höchster Grundsatz für die Aufstellung der Motoren in Schiffen muß gelten, daß die Kräfte, die vom Motor über das Fundament auf den Schiffskörper übertragen werden, durch „auf Zug" beanspruchte Bleche oder Träger direkt auf den Schiffskörper übergeleitet werden. Dabei soll möglichst keines der verwendeten Elemente auf Biegung beansprucht werden. Ein Element, das auf Biegung beansprucht wird, ergibt eine größere Elastizität des Systems Motor mit Fundament, wodurch die Biegungseigenfrequenzen dieses schwingungsfähigen Systems tiefer gelegt werden und Resonanzen in den Betriebsbereich fallen können. Außerdem werden weiche Systeme leichter zu Schwingungen angestoßen und führen größere Bewegungen aus als solche, welche größere Steifigkeit besitzen. Beispiel siehe Bild 5.95.

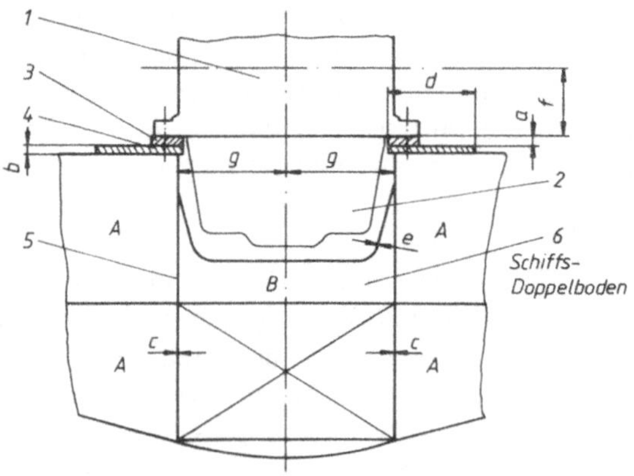

Bild 5.95

Beispiel eines Motorenfundamentquerschnitts für die Aufstellung eines MWM-Reihen-4-Takt-Motors

1 Motor
2 Ölwanne
3 Unterlegplatte
4 Topp-Platte, bearbeitet
5 Längsträger
6 Querblech

Leistung kW	Drehzahl min^{-1}	Typ	A	B	a	b	c	d	e	f	g
2061	750	D 510- 6	14	14	40	35	20	400	14 × 140	360	550
2760	750	D 510- 8	16	16	40	40	22	450	16 × 150	360	550
4122	750	D 511-12	16	16	50	45	22	500	15 × 150	360	830
5520	750	D 511-16	16	16	50	45	22	550	16 × 159	360	830

5.6.2.4 Befestigung des Motors auf dem schiffbaulichen Fundament

Vor allen Dingen ist der Befestigung des Motors auf dem Fundament größte Beachtung zu schenken. Die Befestigung geschieht normalerweise auf einer Toppplatte, die auf senkrechten Blechstegen befestigt wird. Die Toppplatte soll nach Möglichkeit bearbeitet sein, damit ein sattes Aufliegen der Unterlagplatten gewährleistet ist. Diese Unterlagplatten müssen so groß

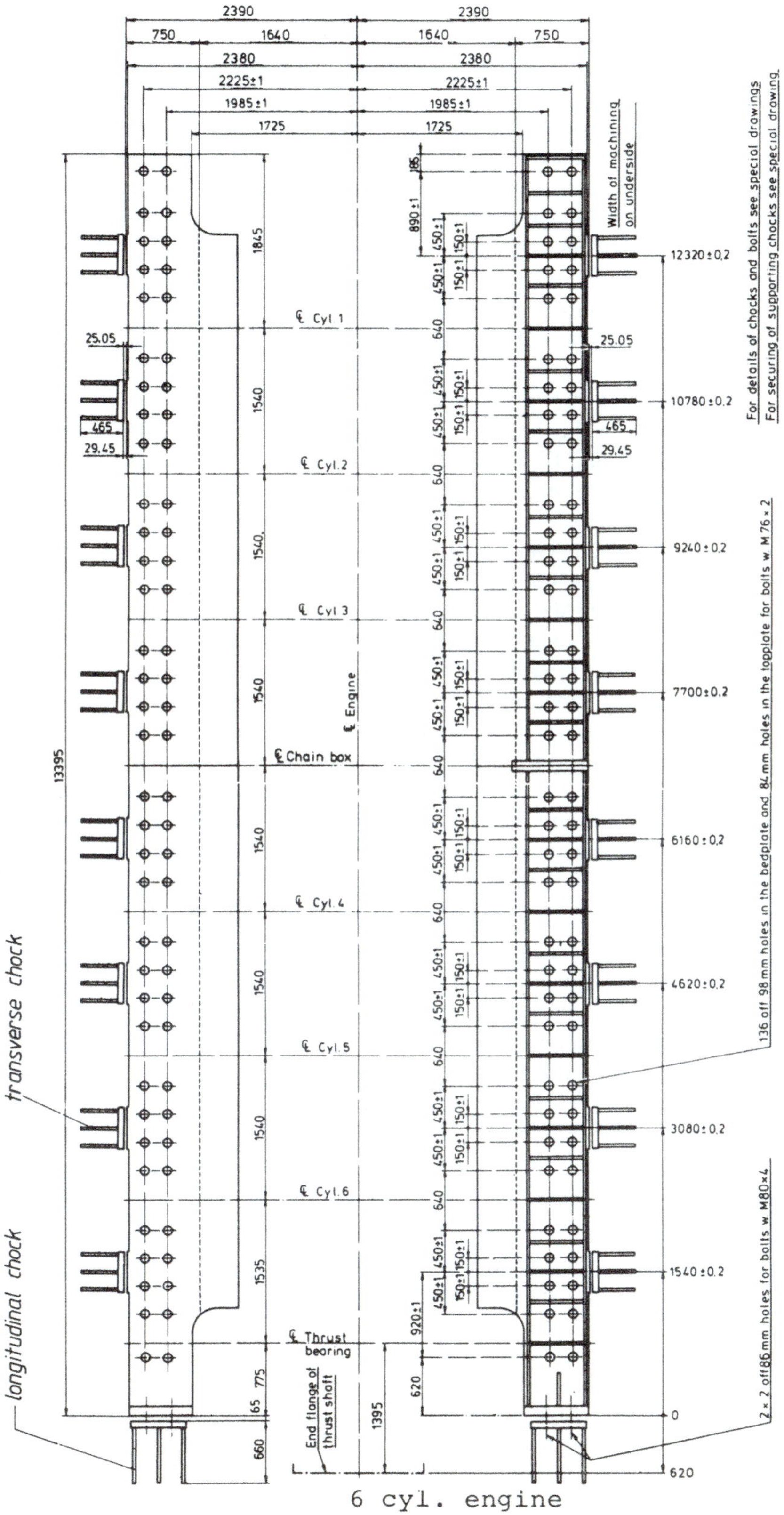

Bild 5.96 Fundamentschraubenplan für Großdieselmotor M.A.N./B & W L 90 GB/GBE

sein, das sie die senkrechten Blechstege, die von der Toppplatte nach abwärts gehen, überdecken, außerdem müssen sie den gesamten Motorfuß abstützen. Die Paßstücke müssen aus einheitlichem Material, Stahl oder Stahlguß sein. Die Auflageleiste unter dem Fuß in Längsrichtung des Motors muß vollkommen mit Paßstücken ausgefüllt sein. Es kann unter mehrere Befestigungsschrauben ein Paßstück gelegt werden. Je größer die Unterteilung, um so leichter ist die Paßarbeit. Keinesfalls dürfen hohle Paßstücke aus Guß oder Stahlguß mit geringer Auflagfläche verwendet werden. Derartige Paßstücke arbeiten sich mit der Zeit in die Motorgrundplatte und in die Toppplatte ein, wodurch die Vorspannung der Befestigungsschrauben aufgehoben wird. Die Schrauben werden locker. Die Paßstücke müssen auf der ganzen Fläche tragen. Besonders auf der dem Motor zugekehrten Seite ist ein sattes Tragen notwendig. Keilförmige Ausführung, die nur ein Tragen auf der Außenseite ergibt, ist für die Fundamentierung sehr ungünstig und zu verwerfen. Abgesehen davon, daß hierdurch die Motorgrundplatte verspannt wird, ist die Elastizität bei unsachgemäßer Paßarbeit wesentlich größer. Risse in der Grundplatte und Resonanzen im Betriebsbereich sind oft die Folge davon. Eine zu große Höhe der Paßstücke wirkt sich ebenfalls nachteilig auf die Steifigkeit und damit auf die Lage der Biege-Resonanzen aus. Die Höhe soll zur tragenden Breite 1/3 bis 1/4 nicht übersteigen. Es ist ebenfalls nicht richtig, die Toppplatte oder den Motorfuß keilförmig zu hobeln, damit das Einpassen der Unterlagstücke erleichtert wird. Derartige Ausführungen sind für die Ausrichtung des Motors wohl bequem, für die Standfestigkeit der Maschine aber von Nachteil. Weiter ergibt eine kleine Verschiebung des Paßstückes Unterschiede in der Höhe, die keine eindeutige Auflage des Motors gewährleisten. Das Gleiche gilt von den häufig zur rascheren Ausrichtung verwendeten Doppelkeilpaßstücken, die nach Ausrichtung durch Punktschweißung gesichert werden. Diese Unterlagen liegen nie sauber, sowohl auf der Toppplatte wie am Motorfuß, an. Außerdem besteht die Gefahr des Verschiebens bei gesprengter Sicherung, was infolge der Vibrationen nach längerem Betrieb erfolgen kann. Man wird vorteilhaft solche Doppelkeilunterlagen zur ersten Ausrichtung verwenden und diese gegen die einteiligen, biegungssteifen endgültigen Platten vor Inbetriebnahme der Anlage austauschen.

Werftseitig zu erstellende Motorenfundamente sollten in der Planungsphase immer vom Motorenhersteller verbindlich begutachtet werden.

Bild 5.96 zeigt die Anordnung der Fundamentschrauben für einen 6-Zylinder-M.A.N/B & W-Motor L 90 GB/GBE nach Bild 1.32. Die Werft muß mit dem Motorenhersteller absichern, daß die Fundamentschrauben nach Bild 5.96 nicht mit schiffbaulichen Unterbauten im Doppelboden, z. B. mit den Bodenwrangen, kollidieren. Keineswegs dürfen Bodenwrangen usw. für die Durchführung von Fundamentschrauben freigeschnitten werden. Bild 5.97 zeigt die Ausführung der zugehörigen Toppplatte und der Fundamentschrauben als Dehnschrauben. Die englische Beschriftung ist international üblich und daher beibehalten.

Statt Paßstücke zu setzen, kann man heute auch den „Paß-Raum“ mit Spezial-Kunststoff, der von den Klassifikationsgesellschaften zugelassen sein muß, ausgießen.

Bild 5.98 zeigt die Seitenstopper und Bild 5.99 die Längsstopper, deren Lage aus Bild 5.96 ersichtlich ist. M.A.N/B & W empfiehlt, Toppstützen seitlich oben am Zylinderblock anzubringen, um Vibrationen im oberen Motorenbereich einzuschränken. Durch solche Stützen wird das System: Motor, Fundament, Schiffskörper im Bereich der Maschine steifer und die Frequenz entsprechend soweit erhöht, daß keine Resonanzgefahr mit Motorenerregungen mehr besteht. Die Toppstützen in Bild 5.100 werden durch Reibungsglieder mit dem Schiffsverband verbunden, damit bei Außenhautkollisionen in diesem Bereich keine Kippkräfte auf den Motor übertragen werden. In der Zusammenstellung nach Bild 5.101 ist die Lage der Toppstützen angegeben. Das Bild gibt im Zusammenhang mit den angegebenen Maßen einen Überblick über den Platzbedarf einer Großmotorenanlage.

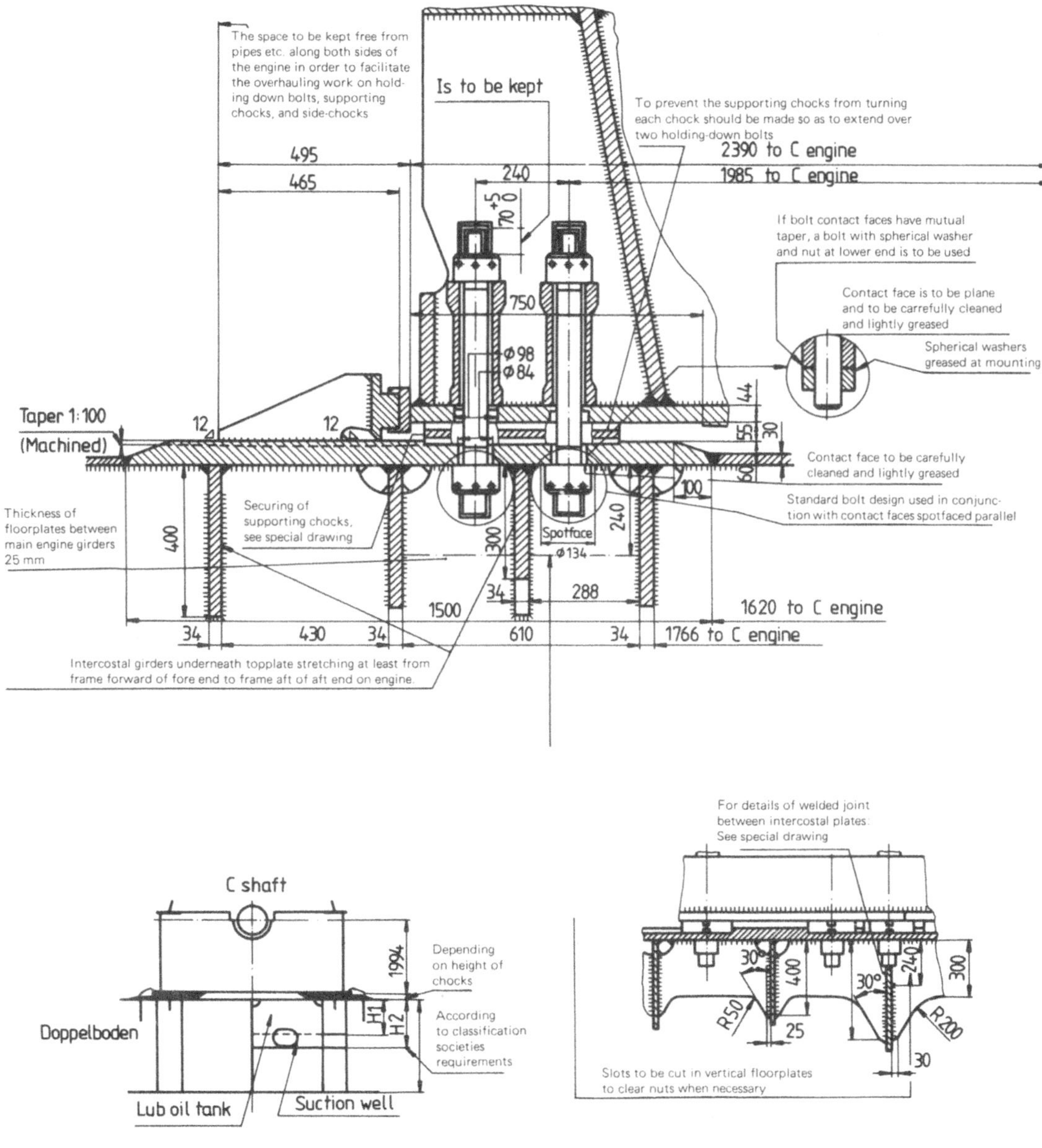

Bild 5.97 Topp-Platte und Fundamentschrauben zu Bild 5.96

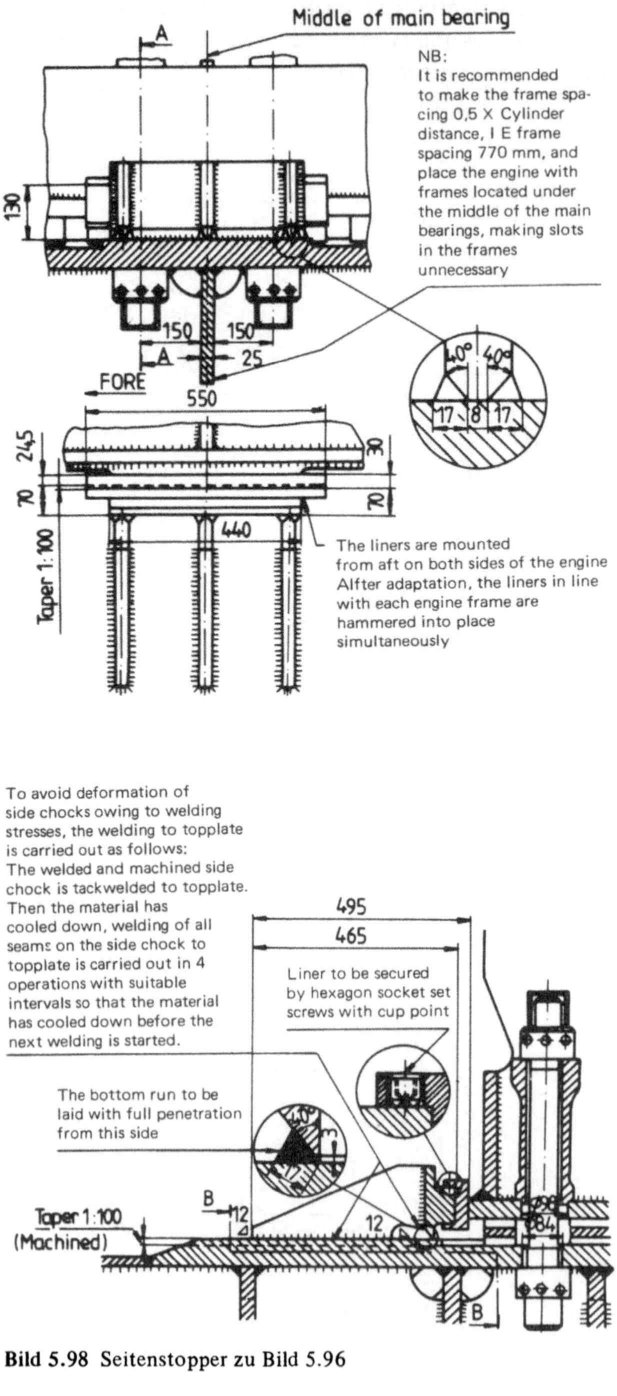

Bild 5.98 Seitenstopper zu Bild 5.96

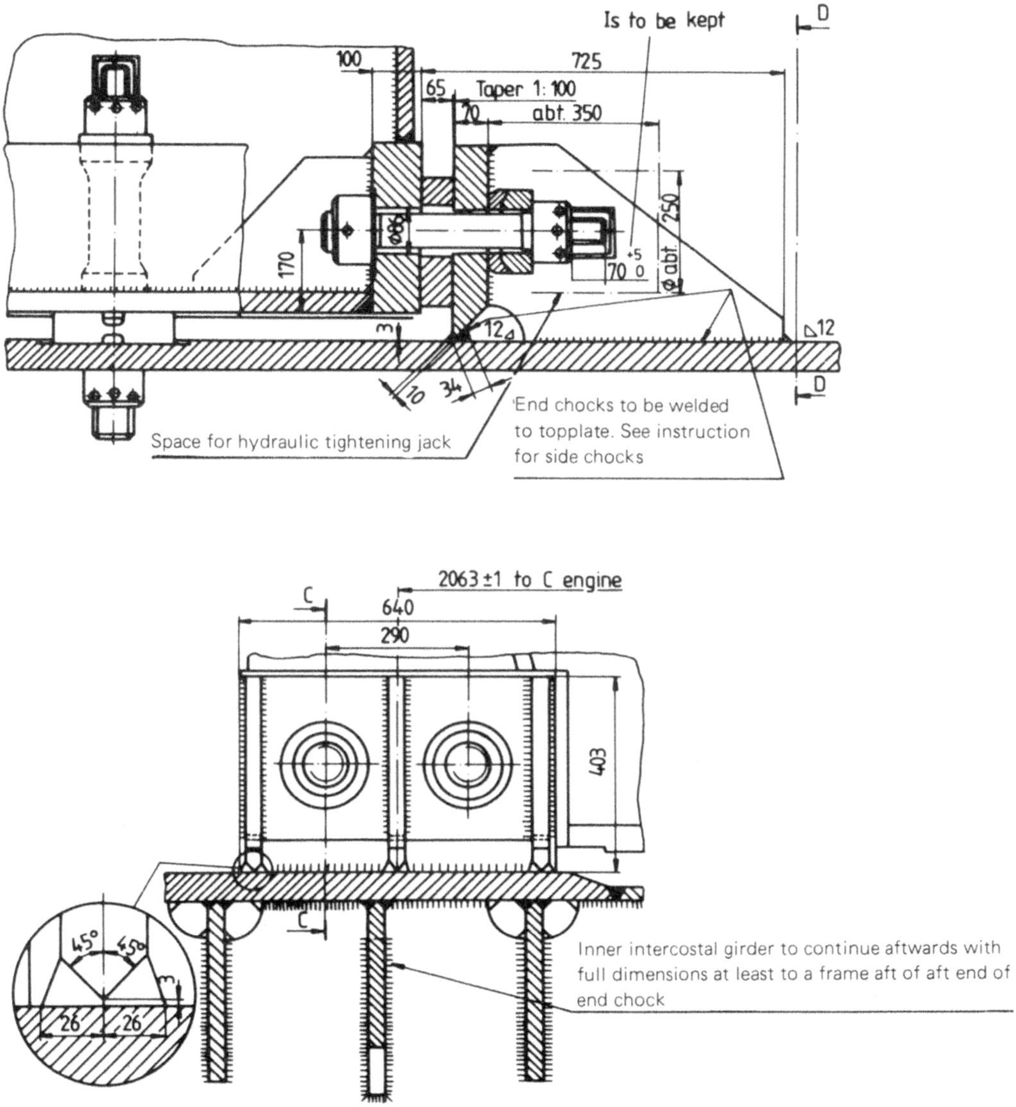

Bild 5.99 Längsstopper zu Bild 5.96

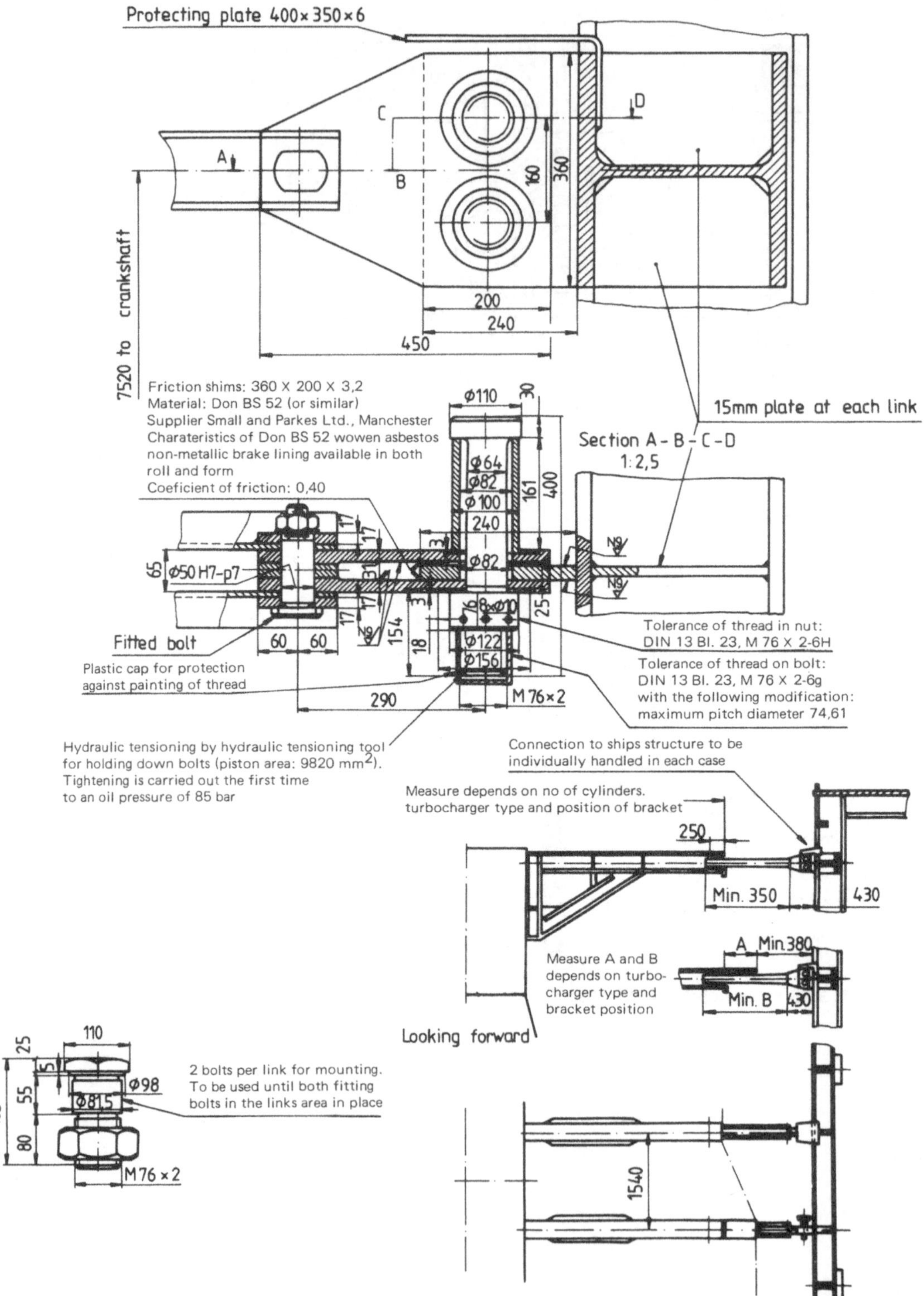

Bild 5.100 Topp-Stützen für Motor M.A.N./B & W L 90 GB/GBE

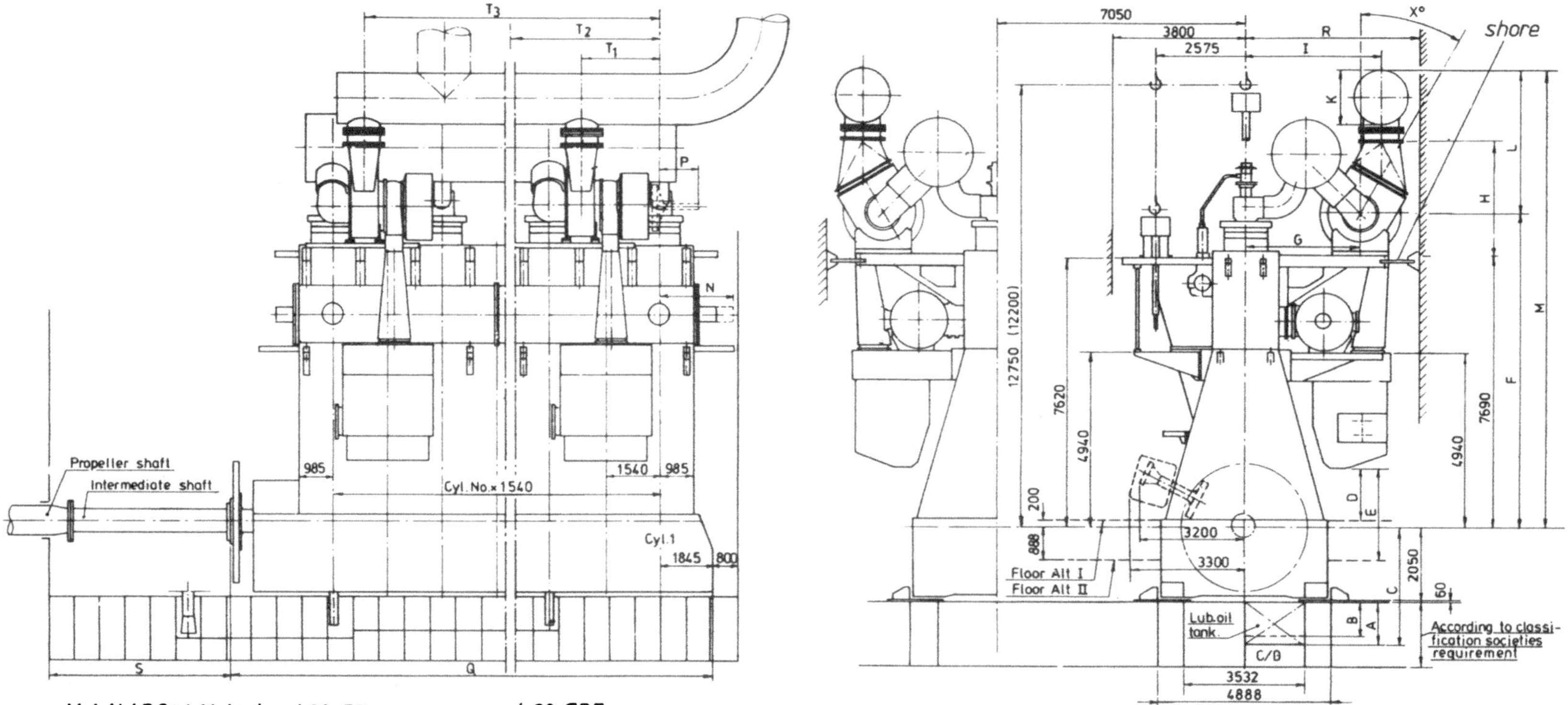

M.A.N/B&W Motortyp	L90 GB	L 90 GBE
d =	900 mm	900 mm
s =	2180 mm	2180 mm
h =	97 min	97 min
p_e =	15,3 bar	13 bar
P_e =	33,36 kW/Zyl.	21200 kW/Zyl.

Bild 5.101 Platzbedarf für M.A.N./B & W-Dieselmotor L 90 GB/GBE

Schrifftum

[5.1] *Stadler, H.:* Die Betriebsgrenzen aufgeladener Dieselmotoren und ihre Auswirkung auf die Auslegung von Schiffsantrieben. S. a. Schiff u. Hafen, 29. Jahrg. Nr. 10/77.

[5.2] *Irmler, G.:* Wärmespannungen in Zylinderköpfen für 4-Takt-Motoren. VDI-Forschungsheft 5495.

[5.3] *Reifferscheid, J.:* Über den Einfluß höherer Temperaturen auf die Festigkeitseigenschaften von ferritischem und perlitischem Gußeisen mit Kugelgraphit. Gießerei, Techn.-wissenschaftl. Beihefte, 15. Jahrg. Nr. 4/63.

[5.4] *Häfner/Lindner:* Strahlgekühlte Waben – Ein neues M.A.N-Konstruktionselement für Brennraumwände. MTZ – Motortechn. Zeitschr., 38. Jahrg. Nr. 6/77.

[5.5] *Vöge, E.:* Entwicklung und Berechnung von Laufbuchsen des MaK-Motors M 552. MaK-Motorentechnik, Kiel, Heft 22.

[5.6] *Lembcke, H.-R.:* Mittelschnellaufende 4-Takt-Dieselmotoren. MaK-Motorentechnik, Kiel, Heft 16.

[5.7] *Biber, W.:* Über die Fundamentierung von Schiffs-Dieselmotoren. M.A.N-Dieselmotorennachrichten, Nr. 27.

[5.8] *Haug, K.:* Die Drehschwingungen in Kolbenmaschinen. Springer Verlag, Berlin/Göttingen/Heidelberg.

[5.9] *Krämer, O.:* Bau und Berechnung von Verbrennungsmotoren. Springer Verlag, Berlin/Göttingen/Heidelberg, 4. Aufl.

[5.10] *Siebert, W.:* Auslaßventile für zukünftige Schweröle. Berichtsheft 5. Info-Tagung des Instituts für Schiffsbetriebsforschung Flensburg 1980.

[5.11] *Bensinger/Meier:* Kolben, Pleuel und Kurbelwelle bei schnellaufenden Verbrennungsmotoren. Konstruktionsbücher 6, Springer Verlag Berlin/Göttingen/Heidelberg.

[5.13] *Göbel, E. F.:* Berechnungen und Gestaltung von Gummifedern. Springer Verlag Berlin/Göttingen/Heidelberg.

[5.14] *Pleß, E.:* Schwingungs- und Festigkeitsprobleme in Fahrt befindlicher Schiffe. Veröffentlichung Germ. Lloyd Hamburg.

6 Betrieb von Dieselmotoren

6.1 Kraftstoffe – Kraftstoffsysteme

6.1.1 Kraftstoffe

6.1.1.1 Herkunft – Herstellung

Ausgangsstoff für alle Mineralölprodukte ist das *Rohöl*. Rohöle bestehen aus komplexen Mischungen vieler Stoffverbindungen, die hauptsächlich aus Kohlenstoff (C) und Wasserstoff (H) aufgebaut sind [6.1].

Unter sehr unterschiedlichen geographischen Bedingungen und im Verlaufe langer Zeiträume haben die Verbindungen von Kohlenstoff- und Wasserstoffatomen zu einer Vielzahl verschiedener Kohlenwasserstoffe geführt. Viele der im Rohöl enthaltenen unterschiedlichen Verbindungen konnten schon ermittelt und ihre chemische und physikalische Struktur bestimmt werden. Andere sind mit dem heute bekannten Analyseverfahren noch nicht identifizierbar.

Die Raffination von Mineralölprodukten wäre einfacher, wenn die Rohöle außer Kohlenstoff und Wasserstoff nicht auch noch andere Elemente enthalten würden. In den meisten Rohölen sind Schwefel, Sauerstoff und Stickstoff sowie Spuren metallischer Elemente, z.B. Nickel und Vanadium, vorhanden; doch kann man generell sagen, daß Kohlenstoff bzw. Wasserstoff jeweils etwa 85 bzw. 12 Gewichtsprozent ausmachen.

Man kann Kohlenwasserstoff-Verbindungen zu Gruppen, die sich chemisch etwa gleich verhalten, zusammenfassen, z.B.

Paraffine = Kettenförmige, gesättigte Kohlenwasserstoffe,
Olefine = Kettenförmige, ungesättigte Kohlenwasserstoffe,
Naphthene = Ringförmige, gesättigte Kohlenwasserstoffe,
Aromaten = Ringförmige Kohlenwasserstoffe mit Benzolkern.

Bei der Destillation sieden die Kohlenwasserstoff-Verbindungen bei Temperaturen, die jeweils charakteristisch für die jeweiligen Moleküle sind. In der Regel kann man sagen, je größer die Anzahl der Kohlenstoffatome in einem Molekül ist, desto höher ist der Siedepunkt. Im Rohöl sind Kohlenwasserstoffe aller obigen Gruppen in allen Siedelagen enthalten. Je nach Anteil der vorherrschenden Gruppe spricht man von paraffinischen, napthenischen oder gemischtbasischen Rohölen; Erdöle, in denen Olefine oder Aromaten vorherrschen, gibt es nicht.

6.1.1.1.1 Kettenförmige Struktur

Die Strukturformeln verschiedener Moleküle paraffinbasischer Erdöle (Erdöle mit vorwiegend *kettenförmiger Struktur*) zeigen folgende Anordnungen:

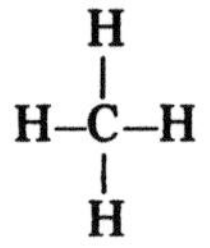

Summenformel CH_4
Methan (gasförmig)

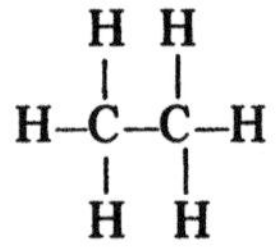

Summenformel C_2H_6
Äthan (gasförmig)

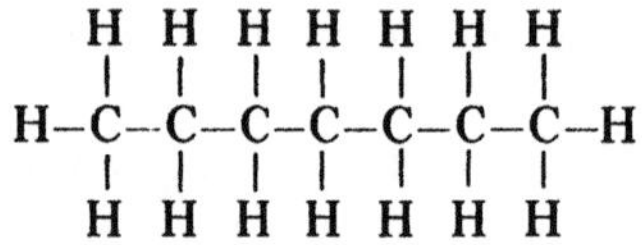

Summenformel C_7H_{16}
Heptan (flüssig)

Der Heizwert und die Dichte werden wie schon erwähnt vom Verhältnis des Wasserstoffanteiles zum Kohlenstoffanteil beeinflußt. Der Heizwert nimmt mit wachsendem Betrag dieses Verhältnisses zu, die Dichte ab.

Das äußerst leicht entzündbare Methan, dessen H/C-Verhältniswert 4 beträgt, hat also einen höheren Heizwert und eine geringere Dichte als die beiden anderen als Beispiel genannten Verbindungen Äthan und Heptan (Bestandteil des Benzins), bei denen die Verhältniswerte 3 und 16/7 sind.

Eine schwere Verbindung des Erdöls, das Hexakontan (fest), enthält in einem Molekül 60 C-Atome und 122 H-Atome. Der H/C-Verhältniswert beträgt also nur wenig mehr als 2. Seine Dichte ist schon bedeutend größer als die der vorgenannten Gruppierungen, sein Heizwert geringer. Die Art der Gruppierung von H- und C-Atomen im Erdöl und in dem ihm verwandten Braunkohlenteer, die sich mit der allgemeinen Summenformel C_nH_{2n+2} beschreiben läßt, nennt man *kettenförmige Verbindung*.

Im Erdöl sind über hundert verschiedene Gruppierungen enthalten. Es setzt sich aus spezifisch leichten, mittleren und schweren Verbindungen zusammen. Durch Verdampfung in einem besonderen Apparat kann man die einzelnen Gruppen trennen und sie durch Abkühlung wieder zu Flüssigkeit kondensieren. Man erhält zunächst Öle von geringer Dichte und hohem Heizwert, bei denen der Wasserstoff den Kohlenstoff stark überwiegt, wie in den drei ersten Beispielen gezeigt wurde. Bei höheren Temperaturen verdampfen schwerere Verbindungen und schließlich bei noch mehr erhöhter Temperatur die schwersten entzündlichen Verbindungen von geringerem Heizwert. Diese Art der Trennung von Ölen verschiedener Heizwerte und verschiedener Dichte nennt man *fraktionierte* (unterteilte) *Destillation*.

Man gewinnt im Siedebereich:

50 ... 150 °C	Leichtbenzin,	atmosphärische Destillation
150 ... 200 °C	Schwerbenzin,	
200 ... 250 °C	Petroleum (Leuchtöl),	
250 ... 350 °C	Gasöl, Dieselöl (Dieselkraftstoffe),	
über 350 °C	Schmieröle (Spindel-, Maschinen-, Zylinderöle) bzw. Vakuumschweröl.	Vakuumdestillation

Es verbleibt schließlich ein Destillationsrückstand, den man gegebenenfalls zu Bitumen verarbeiten kann.

Aus der Braunkohle erhält man den Braunkohlenteer, der wie das Erdöl ebenfalls Kohlenstoff und Wasserstoff in kettenförmiger Verbindung enthält. Aus ihm werden nacheinander gewonnen:

Braunkohlenbezin,
Solaröl (Leuchtöl),
Paraffinöl,
Braunkohlenteeröl,
Hartasphalt und Pech (feste Rückstände).

Aus dem Paraffinöl wird das Paraffin soweit wie möglich herausgezogen. Das aufbereitete Produkt ist Gasöl, d.h. Dieselkraftstoff. Gasöl und Dieselöl werden also aus dem Erdöl durch Verdampfen und Niederschlagen der Dämpfe bei bestimmten Temperaturen gewonnen. Einen Überblick über die Verdampfung und die stufenweise Kondensation des Erdöls zeigt Bild 6.1. Es besteht durchaus die Möglichkeit, daß man in den Bunkerstationen der Welt Dieselkraftstoffe verschiedener chemischer Zusammensetzung bunkert. Die Zusammensetzung richtet sich nach den Fundorten. Ein Dieselkraftstoff, der aus Venezuela-Erdöl (naphtenbasisch, d.h. von vorwiegend ringförmiger Struktur) entstanden ist, hat eine andere Zusammensetzung als ein Kraftstoff, der aus dem Mittleren Osten (paraffinbasisch, d.h. von vorwiegend kettenförmiger Struktur) stammt.

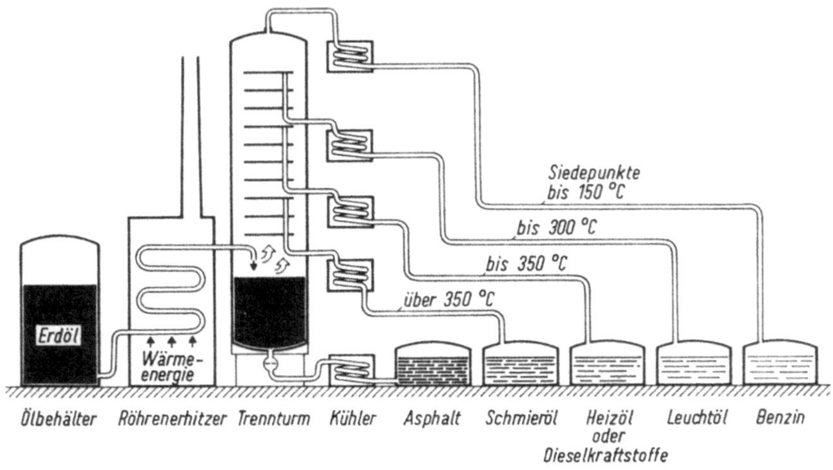

Bild 6.1 Fraktionierte Destillation des Erdöls

6.1.1.1.2 Ringförmige Struktur

Wesentlich anders sind die Atombindungen von Kohlenstoff und Wasserstoff im Steinkohlenteer, der z.B. durch trockene Destillation bei der Verkokung der Steinkohle gewonnen wird und in naphtenbasischen Erdölen. Dabei treten u.a. Moleküle mit folgenden Atomgruppierungen auf:

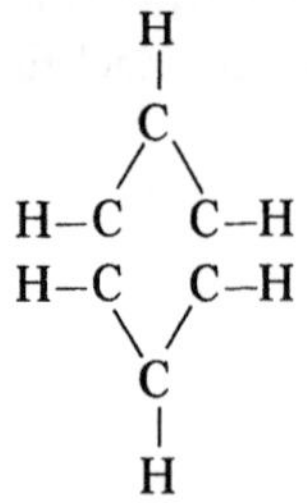

Benzol
C_6H_6

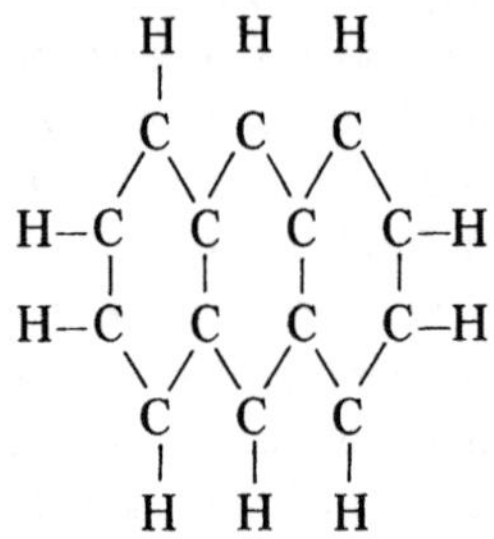

Anthrazen
$C_{14}H_{10}$

Die leichteste Verbindung, das Benzol C_6H_6, hat 6C- und 6H-Atome, also nur einen H/C-Verhältniswert von 1, was bei den kettenförmigen Verbindungen überhaupt nicht vorkommt. Anthrazen $C_{14}H_{10}$ hat bei 14 Atomen Kohlenstoff nur noch 10 Atome Wasserstoff, also weniger energiereichen Wasserstoff als Kohlenstoff. Daher besitzen Kraftstoffe dieser Struktur – man nennt sie *ringförmig*, da die Bindungen der C-Atome in der Strukturformel einen Ring bilden – einen geringeren Heizwert als die Kraftstoffe kettenförmiger Struktur.

Aus Steinkohlenteer werden gewonnen:

bis 170 °C { Benzol, Naphtalin

200 ... 320 °C { Karbolöl (Mittelöl), Anthrazenöl, Kreosotöl } Schweröle; Rückstand: Pech

Ein Gemisch von Karbolöl, Kreosot- und Anthrazenöl ist das Steinkohlenteeröl, das als Dieselmotorenkraftstoff verwendet werden kann.

Aus Stein- und Braunkohle, ihren Teeren und den schweren Rückständen des Erdöls lassen sich somit durch chemische Verfahren, also auf synthetischem Wege, Benzine, Diesel- und Schmieröle gewinnen.

6.1.1.1.3 Kohlehydrierung

Das *Bergius-Verfahren* (Kohlehydrierung) ermöglicht die Herstellung von Kraft- und Schmierstoffen unmittelbar aus Stein- und Braunkohle. Die rohen Brennstoffe werden gemahlen, mit schweren Ölrückständen zu einer Paste gemischt und dann bei einem Druck von 200 bar und einer Temperatur von 400 ... 450 °C mit Wasserstoff behandelt. Dabei zerfallen die großen Moleküle der Kohlensubstanz und nehmen gleichzeitig, mit Hilfe von *Katalysatoren*,

Wasserstoff auf; es entstehen Moleküle mit einem höheren Wasserstoffgehalt. Katalysatoren sind Stoffe, die man fein verteilt unter die umzuwandelnde Masse mischt, um eine optimale Prozeßführung zu erreichen. Sie selbst unterliegen keiner Umwandlung, sondern regen nur die Anlagerung des Wasserstoffes an den Kohlenstoff an. Katalysatoren sind z.B. Molybdän, Wolfram o.ä. in Verbindung mit Metalloiden, das sind Sauerstoff, Stickstoff, Arsen, Fluor u.ä. Es gibt ihrer Hunderte. Man muß jedoch die herausfinden, die die wirtschaftlichste Durchführung des Verfahrens gewährleisten.

Der gesamte Prozeß zur Gewinnung von Benzinen erfordert zwei Arbeitsgänge. In der ersten Umwandlungsstufe, der *Sumpfphase*, gewinnt man Öle, die bei etwa 250 ... 350 °C kondensieren, also dem Dieselkraftstoff entsprechen. Hieran schließt die zweite Umwandlungsstufe, die *Gasphase*, an. In ihr erhält man durch weitere Wasserstoffanlagerung Leichtöl.

Ein zweites deutsches Verfahren zur Herstellung synthetischer Öle ist das von *Fischer-Tropsch*. Grundstoffe sind hier Koks und Braunkohle, die mit Wasserdampf in Wassergas überführt werden. Dieses wird gewaschen, gereinigt und einem Ofen zugeleitet, in dem unter geringem Druck und mäßiger Temperatur die Hydrierung unter Mitwirkung von Katalysatoren vor sich geht. Die Lenkung der Umwandlung in Kraft- und Schmierstoffe ist hier leichter als bei der katalytischen Hochdruckhydrierung der BASF (Bergius-Verfahren). Die Ausbeute beim Fischer-Tropsch-Verfahren beträgt aber nur etwa 80 % des eingebrachten Rohmaterials gegenüber mehr als 90 % beim Bergius-Verfahren. Außerdem sind beim Fischer-Tropsch-Verfahren die Katalysatoren stärkerer Veränderung unterworfen, so daß sie schneller ersetzt werden müssen.

Die oben genannten Verfahren wurden inzwischen verbessert und dem Stand der Technik angepaßt.

6.1.1.1.4 Fördergebiete

Die Verschiedenartigkeit der Rohölprovenienzen aus den Hauptfördergebieten und einige typische Analysedaten dieser Rohöle zeigt Tabelle 6.1.

Tabelle 6.1 Ausgewählte Rohölprovenienzen

Fördergebiet		Iran (Agha Jari)	Arabien (Berri)	N-Afrika (Zelten)	Venezuela (Tia Juana)	Nordsee (Ekofisk)
Dichte/15 °C	g/ml	0,853	0,851	0,833	0,865	0,847
Schwefel	Gew.%	1,35	1,70	0,25	1,1	0,2
Dampfdruck Reid/ 37,8 °C	bar	0,5	0,35	0,45	0,3	0,3
Viskosität/4,4 °C	cSt	18,2	13,8	8,3	9,8	–
Viskosität/37,8 °C	cSt	5,8	5,4	3,6	7,5	5,5
Pour Point	°C	- 20	- 25	+ 2	- 30	- 7
Conradson Test	Gew.%	3,5	3,7	1,8	5,8	1,6
Neutralisierungszahl	mgKOH/g	0,05	0,02	0,10	0,50	0,21
Gase-Anteil C_1-C_5	Vol.%	5,2	5,2	5,8	0,9/2,0	3,7
Provenienz		Paraffine	Paraffine	Paraffine	Naphtene	Paraffine

Da normalerweise keine Ölgesellschaft über alle zu den jeweiligen Raffinationsprozessen erforderlichen Rohöle verfügt, hat sich daraus ein weltweites, kompliziertes logistisches Verbundsystem zur Rohölversorgung entwickelt. Trotz der hiermit verbundenen Versorgungserschwernisse zur Sicherstellung einer kontinuierlichen Belieferung der Raffinerien mit den

benötigten Rohölqualitäten hat sich besonders in Krisenzeiten gezeigt, daß durch die Erfahrung und Flexibilität der großen internationalen Ölgesellschaften bis jetzt ein Abfahren von Raffinerien aufgrund eines Mangels an Einstandsprodukt verhindert werden konnte.

6.1.1.1.5 Rohölverarbeitung

Aufgabe und Ziel der Erdöl-Raffination ist die Herstellung marktgerechter Mineralölprodukte aus dem Grundstoff Rohöl zur

- qualitativen Bedarfsdeckung,
- quantitativen Bedarfsdeckung

unter wirtschaftlich optimalen Verarbeitungsbedingungen. Dies erfordert ein hohes Maß an Flexibilität der Raffinerien, um bei unterschiedlichsten Einflüssen kontinuierlich produzieren zu können.

Entsprechend der Rohölzusammensetzung und den Marktanforderungen an die Fertigprodukte werden je nach Typ der Raffinerie unterschiedliche Verarbeitungsverfahren oder Kombinationen von mehreren Verfahren gewählt, um eine optimale Ausbeute zu erzielen. Die Grundelemente der Raffiniertechnik sind:

Verarbeitungsanlagen zur

- Destillativen Auftrennung des Rohöls in gewünschte Siedebereiche (Hydroskimmer),
  - GAS/LPG, Virgin Naphta, Mitteldestillat, Schweres Heizöl, Schmieröl,
- Steigerung der Qualität der gewonnenen Kohlenwasserstoff-Verbindungen,
  - Sweetening, Hydrofining, Reformieren, Laugung,
- Veränderung der rohölspezifischen Ausbeutepalette,
  - Thermo-/Cat.-Cracker, Visbreaker, Hydrocracker.

Raffinierprozesse

Sweetening: Süßungsverfahren zur Geruchsverbesserung mittels Katalysatoren,

Hydrofining: Katalytische Wasserstoffbehandlung zum Zweck der Schwefelentfernung und Olefinabsättigung für die Produkte,
– Virgin Naphta, Turbofuel-1/B, Mitteldestillate, Schweres Heizöl,

Reforming: Qualitätsveredelung zur Erzeugung hochklopffester Kraftstoffkomponenten. Verfahren unterscheiden sich durch Art des Katalysators, Anordnung des Katalysatorbettes, Betriebsbedingungen: Platforming – Powerforming – Hydroforming, z.B. Powerforming:
a) Umwandlung von Naphtenen in Aromaten,
b) Umwandlung von Paraffinen in Iso-Paraffine und Aromaten,
c) Verringerung der N-Paraffine durch Cracken.

Cracken bedeutet die Aufspaltung der großen Kohlenwasserstoffmoleküle in kleine mit Änderung der Molekülstruktur zur Produktion hochoktaniger Kraftstoffkomponenten, zur Erzeugung spezieller Rohstoffe für die Petrochemie oder zur Umwandlung des bei der Vakuumdestillation anfallenden Destillats (Vakuumschweröl, Siedebeginn über 350 °C) in leichtere Destillate.

Man unterscheidet Visbreaking oder Thermisches Cracken durch Wärmebehandlung bei 480 °C (Einsatzprodukt: Rückstandsöl) und katalytisches Cracken mit Molekülspaltung durch staubförmigen Fließbett-Katalysator bei Reaktionstemperaturen von 500 ... 600 °C (Einsatzprodukt: Vakuumschweröl) oder mit Festbett-Katalysator und H_2-Anreicherung bei 140 bar und 420 °C (Einsatzprodukt Vakuumschweröl).

Die Crackverfahren gewinnen zunehmende Bedeutung als Folge des nach der Rohölkrise gestiegenen Bedarfs an Vergaserkraftstoffen und Destillaten im Vergleich zu Rückstandölen.

Die Ausbeute der einzelnen Produkte bei der Destillation hängt von der Zusammensetzung der verwendeten Rohöle ab. In Tabelle 6.2 werden Beispiele für die reine destillative Auftrennung bzw. bei zusätzlicher Anwendung des katalytischen Crackverfahrens angegeben.

Tabelle 6.2 Rohölausbeuten

Crackverfahren		Hydroskimming			Catalytic Cracking		
Rohöl		Safaniya	Arabien Light	Brega	Safaniya	Arabien Light	Brega
Gas/LPG	Gew.%	2,3	1,8	2,1	4,5	4,5	4,5
Virgin Naphta	Gew.%	13,3	18,3	22,3	19,3	25,7	29,0
Mitt. Dest.	Gew.%	29,7	37,3	40,9	37,8	47,4	49,8
Heizöl S	Gew.%	20,7	42,6	34,7	3,2	21,0	15,4
Bitumen	Gew.%	34,0	–	–	34,0	–	–
Koks	Gew.%	–	–	–	1,2	1,4	1,3
		100,0	100,0	100,0	100,0	100,0	100,0

Die Eigenschaften der Fertigprodukte hängen von Rohölherkunft- und -zusammensetzung ab.

Qualitätsmerkmal	Beispiel
1. naphthenbasisch	Tia Juana, Bachaquero
paraffinbasisch	Kuwait, Arabian Light, Nordsee
2. hochschwefelig	Kuwait, Safaniya (Arabien Heavy), Arabien Light
schwefelarm	Brega, Arzew, Nigerian, Nordsee
3. reich an Destillat	Arzew, Brega, Murban, Nordsee
arm an Destillat	Safaniya, Iranian, Bachaquero
4. bitumenfähig	Safaniya, Bachaquero, Tia Juana, Kuwait

In der Praxis werden die Einzelkomponenten aus den Rohölen in den Raffinerien gemischt, um die Fertigprodukte gemäß den vorgegebenen Spezifikationen herzustellen.

Metalle wie Nickel, Vanadium, Eisen u.a. liegen im Rohöl vorwiegend als Metall-Kohlenwasserstoffkomplexe vor, andere Metalle wie Kalium und Natrium vorwiegend als Salz. Ihr Gehalt variiert je nach Rohölherkunft. Die wasserlöslichen Metallverbindungen (vorwiegend Natrium- und Kaliumverbindungen) lassen sich teilweise entfernen; jedoch gibt es kein wirtschaftlich vertretbares Verfahren, um die nur in Öl löslichen Metallverbindungen zu beseitigen. Metallverbindungen zeigen sich in den schwereren Destillaten; jedoch befindet sich der größte Teil in den Rückständen der Destillationskolonnen.

Typische Analysedaten von Bunker Fuel Oils, aus Rückständen verschiedener Raffinerieprozesse hergestellt und mit einer Mitteldestillatkomponente auf Spezifikationsviskosität eingestellt, sind aus Tabelle 6.3 zu ersehen.

Tabelle 6.3 Typische Analysedaten für Schiffahrts-Bunker-Öle (Bunker Fuel Oil)

Land		Iran	Arabien	Afrika	Venezuela
Dichte/15 °C	g/ml	0,959	0,949	0,933	0,956
Schwefel	Gew.%	2,8	2,8	0,7	2,1
Viskosität/50 °C	cSt	175	140	160	385
Pour Point	°C	+ 12	± 0	+ 2,1	- 9
Flammpunkt	°C	77	136	118	74
Conradson Test	Gew.%	8,8	7,1	4,7	11,0
Asche	Gew.%	0,03	0,01	0,03	0,08
MNI (Asphaltene)	Gew.%	3,7	3,5	1,7	7,0
Sedimente H.F.	Gew.%	0,03	0,01	0,03	0,05
Vanadium	mg/kg	49	44	70	350

6.1.1.1.6 Bezeichnung der Kraftstoffe – Normung in Deutschland

Erst 1953/1954 wurde eine Industrie-Norm für Begriffe, Sorten und Mindestanforderungen erarbeitet. Bewußt wurde von der amerikanischen Sortenklassifizierung mittels Ziffern abgewichen. Da die Engländer bereits die Anfangsbuchstaben des Alphabetes benutzten, wurden in Deutschland die Anfangsbuchstaben der Viskositätsstufen zur Kennzeichnung gewählt. Das Normblatt DIN 51 603 wurde im Mai 1955 als Entwurfsfassung der Öffentlichkeit vorgelegt. Entsprechend einer Feststellung im Titel der DIN 51 603 gelten die dort behandelten Heizölbezeichnungen und Mindestanforderungen *nicht* für die Seeschiffahrt. Inzwischen sind für Ende der 80iger Jahre internationale Kraftstoff-Qualitäts-Normen zu erwarten, die besonders für die Schiffahrt von Bedeutung sind.

6.1.1.1.7 Umstellung auf SI-Einheiten in der Schiffahrt

Aufgrund internationaler Vereinbarungen verwenden alle Mineralölgesellschaften nur noch die metrischen SI (System International d'Unites) Einheiten. In der Bundesrepublik sind nach dem „Gesetz über Einheiten im Meßwesen" vom 2.7.1969 und der dazugehörigen Ausführungsverordnung vom 5.7.1970 für die Einführung einzelner Maßeinheiten gewisse Übergangsfristen eingeräumt worden, die jedoch spätestens am 31.12.1977 ausgelaufen sind. Damit sind ab 1.1.1978 in Deutschland nur noch SI-Einheiten gültig. Die Umstellung auf SI-Einheiten erfolgt in Anlehnung an die internationale ISO-Empfehlung ISO/R 1000 (entsprechend DIN 1301).

Leider konnte aufgrund von Einsprüchen nicht für alle Brennstoffe im Gegensatz zu den Industrieschmierstoffen eine einheitliche Bezugstemperatur festgelegt werden. Man einigte sich darauf, daß für alle Mitteldestillate (Marine Gas Oil und Marine Diesel Oil) die Viskositäts-Bezugstemperatur 40 °C beträgt, während sie für alle Rückstandsöle (Intermediate Fuels und Bunker Fuel Oil) bei 50 °C liegt.

Bei den Schiffahrtsbunkerfirmen wird die Gruppe der Intermediate Fuels, deren Bezeichnungen bisher auf der Viskosität in Redwood Sekunden No. 1 bei 100 °F basierten, umbenannt unter Zugrundelegung der kinematischen Viskosität in Centistokes in mm^2/s bei 50 °C. Außer geringfügigen Angleichungen in der Viskosität wegen der unterschiedlichen Viskositätsangaben in Redwood No. 1 und Centistokes ergeben sich aus der Umstellung auf SI-Einheiten keine Qualitätsänderungen.

6.1.1.1.8 Schiffahrtsbrennstoffe

Die verwirrende Terminologie bei Schiffahrtsbrennstoffen ist darauf zurückzuführen, daß weder einheitliche Normen noch allgemein anerkannte Bezeichnungen für sie vorliegen. Im

Laufe der letzten 25 Jahre haben sich aber international folgende 4 Klassen von Brennstoffen als handelsübliche Produkte eingeführt.

1. Marine Gas Oil,
2. Marine Diesel Oil,
3. Intermediate Fuel Oils,
4. Bunker Fuel Oil.

Diese Produkte werden weltweit aufgrund fehlender Normung unter vielen ähnlichen oder anderen Bezeichnungen vermarktet:

Marine Gas Oil	Marine Diesel Gas Oil, Marine Diesel Medium, Bunker Gas Oil, Schiffahrts-Gasöl,
Marine Diesel Oil	Marine Diesel Fuel, Bunker Diesel Oil, Schiffahrts-Dieselöl, Diesel Fuel Oil,
Intermediate Fuel	Marine Intermediate Fuel, Thin Bunker Fuel Oil, Medium Marine Fuel Oil, Light Marine Fuel Oil, Bunker Schweröl, Schweröl,
Bunker Fuel Oil	Marine Bunker Fuel, Marine Boiler Fuel Oil, Bunker C Fuel, Bunker Heizöl, Masut – Mazut – Mazout.

6.1.1.1.9 Spezifikationen (ASTM-BS-Hersteller)

Aufgrund der Internationalität des Schiffahrtsgeschäftes und des Fehlens einer weltweiten Normung, aber auch durch die wesentlichen Impulse, die der Weltschiffahrt durch die englisch sprechenden Länder gegeben wurden, haben sich eigentlich nur die als der Praxis am nächsten kommenden amerikanischen ASTM-Spezifikationen und die British Standards durchgesetzt. Die zur Zeit gültigen Spezifikationen sind zusammengefaßt in

ASTM D 975-74 für Dieselmotorenbrennstoff bzw.
ASTM D 396-73 für Kesselheizöl und
BS 2869: 1970.

Von beiden Institutionen sind die Anforderungen an Destillat-Brennstoffe sehr klar umrissen, es bestehen jedoch gewisse Unterschiede in den Spezifikationen. Als Beispiel mögen die in Tabelle 6.4 aufgeführten Vergleichsdaten der Anforderungen für Marine Diesel Oils dienen. Hierbei ist zu bemerken, daß die

Class B 1 bzw. No. 2-D einen Brennstoff wie Marine Diesel Oil vom Typ Destillat,
Class B 2 bzw. No. 4-D einen Brennstoff wie Marine Diesel Oil vom Typ Mischöl

darstellen. Unter Mischöl ist hier zu verstehen, daß z.B. eine Gasölkomponente mit einem Anteil an Bunker Fuel Oil vermischt ist. Dies beruht vorwiegend darauf, daß es teilweise in Tankräumen gelagert oder transportiert wird, die vorher mit Bunker Fuel Oil oder Inter-

mediate Fuels gefüllt sein können, ohne daß danach eine Zwischenreinigung durchgeführt wurde. Weltweit ist der Anteil der „B2"-Qualität in den letzten Jahren zurückgegangen.

Tabelle 6.4 Anforderungen an Marine-Diesel-Oil

Spezifikation		BS 2869 class B1	BS 2869 class B2	ASTM D 975–74 No. 2-D	ASTM D 975–74 No. 4-D
Viskosität	cSt/40 °C	bis 13	bis 13	1,9 ... 4,1	5,5 ... 24
Koksrückstand, Ramsbottom	Gew.% max.	0,25	1,5	–	–
Koksrückstand von 10 % Rückstand	Masse % max.			0,35	–
Cetanzahl	min.	35	–	40	30
Flammpunkt P.M.g.T	°C min*	66	66	52	53
Wasser	Vol.% max.	0,1	0,25	0,05 Vol.% max. (Wasser und Sedimente)	0,50 Vol.% max. (Wasser und Sedimente)
Sedimente	Gew.% max.	0,02	0,05		
Asche	Gew.% max.	0,01	0,01	0,01	0,10
Schwefel	Gew.% max.	1,5	1,8	0,5	2,0

*) Für die Seeschiffahrt gilt seit 1972 ein Flammpunkt von min. 60 °C (ASTM D-93 Pensky-Martins Closed Tester)

Weitere Angaben siehe Tabelle 6.3, Bunkeröl für die Seeschiffahrt.

Wie vorher schon erwähnt, wird bei der Sortenbezeichnung der einzelnen Kraftstoffqualitäten dem internationalen Charakter des Schiffahrtsgeschäftes Rechnung getragen, d.h. es werden fast ausschließlich Bezeichnungen in englischer Sprache verwendet. Zwei Produktgruppen stellen die Basis aller Schiffahrtskraftstoffe dar und zwar

- Mitteldestillate und
- Rückstandsöle.

Destillate

Zur Gruppe der Mitteldestillate gehören

- Marine Gas Oil und
- Marine Diesel Oil.

Marine Gas Oil ist ein seinen chemisch/physikalischen Daten mit dem an Tankstellen vertriebenen Dieselkraftstoff und mit dem für den Hausbrand angebotenen Heizöl EL in etwa gleichzustellen. Die etwas höhere Dichte und das etwas höhere Siedeende resultieren aus einem längeren Destillatschnitt.

Marine Diesel Oil ist fast ausschließlich ein Schiffahrtskraftstoff und wird so gut wie gar nicht im Inlandsmarkt vertrieben. Das Produkt ist in ca. 95 % aller Fälle ebenfalls ein reines Destillat und wird nur vereinzelt, wie bereits erwähnt, geringfügig mit schweren Produkten vermischt. Entsprechend unterscheidet man zwischen 2 Produkten, nämlich:

1. Marine Diesel Oil (Typ Destillat),
2. Marine Diesel Oil ("Blended Type").

Die korrespondierenden Mindestanforderungen nach British Standard BS 2896: 1970 wären hiernach Class B1 und B2 (siehe auch Tab. 6.4).

In Übereinstimmung mit den weltweit gültigen Sicherheitsbestimmungen, die von Klassifikationsgesellschaften, Schiffssicherheitsbehörden und anderen Institutionen herausgegeben wurden, sollen die Produkte einen Flammpunkt im geschlossenen Tiegel von mindestens 60 °C aufweisen.

"Special Marine Diesel Oils", die z.B. in Schiffahrtsgasturbinen eingesetzt werden, unterliegen sowohl noch strikteren Spezifikationen als auch besonderen Sauberkeitsvorschriften beim Umschlag und Transport, ähnlich denen der Turbo Fuels.

Rückstandsöle

Als Rückstandsöle bezeichnet die Mineralölindustrie alle schweren, schwarzen Brennstoffe, von denen in der Schiffahrt das *Bunker Fuel Oil* und die gesamte Palette der *Intermediate Fuels* eingesetzt werden. Diese beiden Produktgruppen stellen den weitaus überwiegenden Anteil der Brennstoffe bzw. Kraftstoffe für die Seeschiffahrt.

Mischkraftstoffe

Die als Mischkraftstoffe zu bezeichnenden Intermediate Fuels entwickelten sich in ihrer Sortenvielfalt analog zur fortschreitenden Motorenentwicklung. Mit der Verbesserung der Aufbereitungsanlagen, der Einspritzsysteme und der motorischen Verbrennung konnte schrittweise auf immer höhere Viskositäten gegangen werden. Die hiermit verbundenen preislichen Vorteile bei der Kraftstoffbeschaffung lagen klar auf der Hand.

Schwerpunktmäßig kann man feststellen, daß primär folgende Viskositäten in den 2 Typen von Schiffsmotorenanlagen zum Einsatz kommen:

Kreuzkopfmotoren	bis 380 cSt/50 °C,
Große Mittelschnelläufer	bis 180 cSt/50 °C,
Kleine Mittelschnelläufer	bis 60 cSt/50 °C.

Marktbeobachtungen lassen erkennen, daß in Zukunft Kraftstoffe höherer Viskosität eingesetzt werden, und zwar für Kreuzkopfmotoren über ca. 380 cSt/50 °C und für große Mittelschnelläufer um ca. 240 cSt/50 °C. Bei kleineren Mittelschnelläufern wird sicherlich überall dort ein höherviskoser Kraftstoff Anwendung finden, wo es anlagebedingt (Tankvorwärmung) möglich ist.

Als Komponenten für die Herstellung von Intermediate Fuels wurden von verantwortungsbewußten Mineralöllieferanten nur solche Rückstandsöle (Bunker Fuel Oils) und Mitteldestillate (Marine Gas Oil bzw. Marine Diesel Oil) verwendet, die in den Raffinerien den vollständigen Herstellungsprozeß durchlaufen haben.

Das Bunker Fuel Oil, anfallend als schweres Heizöl, sollte möglichst aus dem gleichen "crude run" stammen, aus dem auch die als Mischkomponenten verwendeten Mitteldestillate anfallen. Durch die Fahrweise der Raffinerien stehen zur Herstellung von Bunker Fuel Oil Rückstandskomponenten aus unterschiedlichen Prozessen zur Verfügung, die in der Raffinerie mit einer Destillatkomponente so aufgemischt werden, daß die firmeninternen Viskositätsspezifikationen getroffen werden. Der Mischvorgang erfolgt im sogenannten "Line Blending"-Verfahren. Es obliegt der Verantwortung der Raffinerie, die Mischungsstabilität zu gewährleisten.

Die zur Aufmischung von Intermediate Fuels verwendeten Destillate stehen ohnehin als Fertigprodukte bei den großen Ölgesellschaften zur Verfügung.

Die eigentliche Herstellung der Intermediate Fuels erfolgt entweder auf den Verladestellen und Bunkerstationen oder an Bord von Bunkerleichtern, die mit Mischanlagen ausgerüstet sind. Im Gegensatz zu vielen „Jobber-Gesellschaften" erfolgt die Mischung von Intermediate

Fuels fast ausschließlich mit elektronisch geregelten, vollautomatischen Mischanlagen, in denen aufgrund der Konstruktion und Komponentensteuerung ein Höchstmaß an Mischungsstabilität erreicht wird. Ein großes Verantwortungsbewußtsein und detaillierte Sachkenntnis sind neben der erforderlichen Laborausrüstung von Seiten des Verladestellenpersonals erforderlich, um die Qualität und Homogenität der ausgelieferten Brennstoffe sicherzustellen.

Das vereinzelt immer wieder vorkommende Problem der Entmischung von Schwerölen hat vielfach seine Ursache in unzureichenden Mischanlagen oder in der bisweilen anzutreffenden Praxis, die Komponenten in Leichtern aufeinander zu pumpen und anschließend die Homogenität durch Umpumpen zu erzielen. Häufig wird auch der Temperatur der Eingangskomponenten zu wenig Beachtung geschenkt.

Als weiteres Problem wurde schon vielfach die sogenannte Unverträglichkeit von Brennstoffen und hier primär von Mischungen angesprochen. Hierunter versteht man im allgemeinen eine Ausfällung von asphaltartigen Produkten, was bereits im Schiffstank oder im Separator geschehen kann. Messen kann man diese Unverträglichkeiten mit dem sogenannten "Sediment by Hot Filtration"-Test. In diesem Labortest werden nur die trockenen, d.h. nicht in n-Heptan löslichen, Bestandteile ausgefiltert. Bei Intermediate Fuels sollte eine Höchstgrenze von 0,15 Gew.% nicht überschritten werden.

In diesem Zusammenhang sei erwähnt, daß besonders leichte Intermediate Fuel Mischungen, d.h. mit hohem Miteldestillatanteil, aus naphthen- oder asphaltbasischen Einstandsprodukten kritisch hinsichtlich Unverträglichkeit sein können, wenn nicht äußerste Sorgfalt in der Auswahl der Basisprodukte geübt wird.

Im Rahmen einer Studie wurden vor einigen Jahren Intermediate Fuel Mischversuche mit Komponenten aus dem karibischen Raum durchgeführt. Die hieraus resultierenden Werte sind in Bild 6.2 dargestellt. Als Grundregel sollte danach festgelegt werden, daß bei allen Mischungen von Intermediate Fuels der Anteil an schwerer Komponente, d.h. Bunker Fuel Oil, niemals unter 50 % liegen sollte.

Auch ist, wenn immer technisch und logistisch möglich, Marine Diesel Oil als Destillatkomponente vorzuziehen, um die Zündeigenschaften der Mischung der georderten Qulität entsprechend so optimal wie möglich einstellen zu können. Der Grund liegt darin, daß bei Ver-

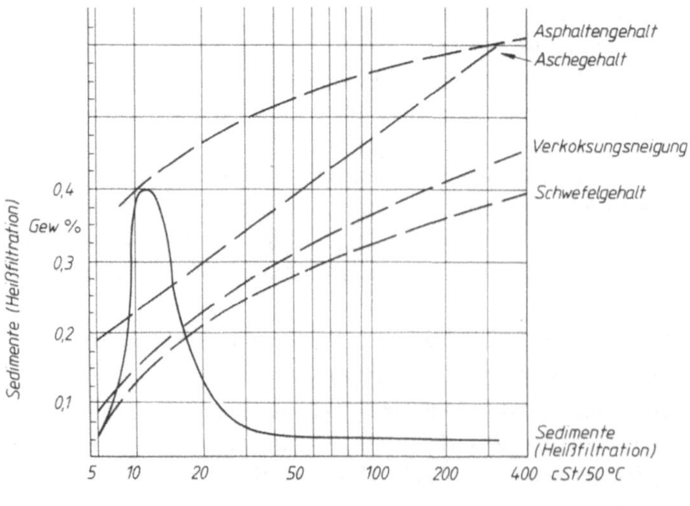

Bild 6.2
Beispiel für die Änderung von Brennstoffeigenschaften mit der Mischviskosität (Esso)

wendung von Marine Gas Oil sich der Anteil der leichten Komponente, bedingt durch die geringere Viskosität des Marine Gas Oils, entsprechend veringert.

Eine Ausnahme vom Vorhergesagten kann lediglich die Aufmischung von IF-30 in Westeuropa sein, wenn aus Gründen der Kältespezifikation (upper pour point unter −3 °C) und der Verfügbarkeit von Bunker Fuel Oil mit relativ hohem Stockpunkt (ca. 16 ... 24 °C) die Qualitätsvorgabe für IF-30 nur unter Verwendung von Marine Gas Oil eingehalten werden kann.

Als Beispiel für Mischungsverhältnisse bei verschiedenen Eingangskomponenten mögen die aus Bild 6.2 zu entnehmenden Werte dienen.

6.1.1.1.10 Zukünftige Entwicklungen auf dem Brennstoffmarkt für die Schiffahrt

Die Energiekrise 1973/74 verdeutlichte besonders die durch politische Ereignisse bedingte Abhängigkeit ganzer Industrien und so auch der Seeschiffahrt vom Mineralöl. Sie hat auch der Wirtschaftlichkeitsbetrachtung des Schiffsbetriebs im Hinblick auf die Brennstoffkostenentwicklung einen völlig neuen Stellenwert gegeben. Da auch in Zukunft nicht mit einer wesentlichen Stabilisierung des Preisniveaus für Schiffahrtsbetriebsstoffe in Anbetracht weltweiter Kosteneskalationen zu rechnen ist, stellt sich nach wie vor die Herausforderung an Schiffsmaschinenhersteller und Betreiber, die Voraussetzungen zum sparsamen Umgang mit einem knapper werdenden Energieträger zu schaffen. Sinnvolle Ausnutzung der eingesetzten Energie trägt zum gesamtvolkswirtschaftlichen Erfolg bei und ist die Basis zur Wettbewerbsfähigkeit auf den Weltmärkten. Moderne Schiffsantriebsanlagen mit verbesserten thermischen Wirkungsgraden und geringerem spezifischen Brennstoff- bzw. Kraftstoffverbrauch schaffen erst die Voraussetzung für den Reeder, wirtschaftlich optimale Betriebsergebnisse zu erzielen.

Kraftstoffeinsparungen großen Stils sind bereits in den letzten Jahren von vielen Reedern mit den in Fahrt befindlichen Anlagen vorgenommen worden, und zwar durch Reduzierung der durchschnittlichen Reisegeschwindigkeit ("slow steaming"). Aus der Propellerkurve ergibt sich überschlägig

$$\frac{P_1}{P_2} = \frac{B_1}{B_2} = \left(\frac{n_1}{n_2}\right)^3 = \left(\frac{v_1}{v_2}\right)^3 .$$

P Leistung in kW, B Kraftstoffverbrauch in t/Tag, n Propellerdrehzahl in mm^{-1}, v Geschwindigkeit in kn.

Aus dem nachfolgenden Beispiel läßt sich die Kraftstoffeinsparung erkennen.

Beispiel: Schiff normale Fahrt (Nennleistung 8000 kWe)

P_1 = Betriebsleistung 7350 kWe	B_1 = 38 t/Tag
n_1 = 136 min^{-1}	v_1 = 21,5 kn
Etmal = 516 sm (theor.)	

Bei angenommener *Reduzierung* um *25 %*, ausgehend von gefahrener Leistung (7350 kWe), werden nach Basisformel folgende Werte ausgewiesen:

P_2 = 5500 kWe	B_2 = 28,5 t/Tag
n_2 = 124 min^{-1}	v_2 = 19,5 kn
Etmal = 468 sm (theore.)	

Ergebnis: Bei *Geschwindigkeitsreduzierung um 10 %* ergibt sich *Kraftstoffeinsparung von 25 %.*

Anmerkung: Durch *verlängerte Reisedauer*, bezogen auf eine *bestimmte Distanz*, beträgt die echte *Ersparnis pro Reise 17 %.*

Weitere vielschichtige Probleme werden in den nächsten Jahren zweifellos mit zunehmender Tendenz von Einfluß auf die zukünftige Qualität von Schiffahrtsbrennstoffen sein. Durch das wachsende Umweltbewußtsein in allen hochindustrialisierten Ländern wird von Seiten der Regierungen in immer stärkerem Maße der Einsatz von niedrigschwefelhaltigen Industriebrennstoffen zur Reinhaltung der Luft vorgeschrieben. Es wird erwartet, daß in Zukunft der Schwefelgehalt möglicherweise noch niedriger limitiert wird als bisher. Da die Verfügbarkeit von niedrigschwefeligen Heizölen begrenzt ist, sind besonders in den USA, Japan und Westeuropa umfangreiche Raffineriebauvorhaben angelaufen, um verfahrenstechnische Anlagen zur Entschwefelung von Rückstandsölen zu erstellen. Alle diese Verfahren sind kostenintensiv, und es ist vorauszusehen, daß sich Preisdifferenzen von ca. 10 % für Brennstoffe mit 1,0 % Schwefel und darunter ergeben werden.

Da im Schiffahrtsbereich auch für die nächsten Jahre keine drastischen Begrenzungen des Schwefelgehaltes für Brennstoffe vorauszusehen sind, wird ein großer Teil der Brennstoffe mit relativ hohem Schwefelgehalt in diesem Sektor zum Verkauf gelangen. Es ist daher zu erwarten, daß diese Rückstandsöle aus Entschwefelungs- und Konversionsanlagen in Zukunft hinsichtlich ihrer in Verbrennungsmotoren oder Kesselanlagen notwendigen Eigenschaften eher schlechter als besser werden.

Kurzfristiger Ausblick

Schweröl ist in der Regel eine Mischung von Rückstandsöl mit Destillat. Die Mischkomponenten stammen aus der atmosphärischen bzw. Vakuumdestillation und in Zukunft in immer größerem Umfang aus anderen Raffinerieverfahren, wie Visbreaker oder katalytischen Crackanlagen.

Auf Anfragen der M.A.N. haben Mineralölfirmen die Grenzwerte in Tabelle 6.5 für Schweröle im Zeitraum bis 1985 und ab 1985 genannt. Schweröle bis zu diesen Grenzwerten können in M.A.N.-Zweitakt-Kreuzkopfmotoren eingesetzt werden, wenn die Dichte 0,99 nicht überschreitet. Die Analysenwerte in Tabelle 6.5 beziehen sich auf das Schweröl wie es von den Mineralölfirmen geliefert wird.

Tabelle 6.5

	Einheit	gültig bis 1985		gültig bis 1985		
		ESSO	SHELL	ESSO	BP	SHELL
Dichte	g/ml 15 °C	0,99	0,99	–	0,99	–
Viskosität	mm²/s/50 °C (cSt/50 °C)	480 ... 500	460	600	600	600
	sec.Redw. *l*/100 °F	4800	4500	6000	6000	6000
Koksrückstand nach Conradson	Gew.%	20	16,5	20	22	20
Asphalt	Gew.%	10,5	–	14	–	–
Schwefel	Gew.%	5,0	4,5	5,5	5	5
Vanadium	mg/kg	500	–	550 ... 600	–	–
Asche	Gew.%	0,1	0,1	0,15 ... 0,2	0,2	0,15
Wasser	Vol.%	1,0	1,0	1,0	1,0	1,0
Sediment	Gew.%	0,25	0,25	0,25	0,25	0,25
Flammpunkt min.	°C	60	60	60	60	60
Pourpoint (Stockpunkt) max.	°C	30	24	30	30	30

Die Analysenwerte in Tabelle 6.6 für Schweröl für mittelschnellaufende Viertaktmotoren (M.A.N.) beziehen sich auf das Schweröl, wie es von den Mineralölfirmen geliefert wird.

Tabelle 6.6

	Einheit	Standard	Richtwert [1]	1985: Grenzwert
Dichte/15 °C	g/ml	ASTM-D-1298	0,97	0,99
Viskosität bei 50 °C	mm^2/s (cSt)	ASTM-D-445	180	420
bei 100 °F	sec.Redw. I		1500	4000
Koksrückstand nach Conradson	Gew.%	ASTM-D-189	9	15
Asphalt	Gew.%	IP 143	< 2/3 Conradson	
Schwefel	Gew.%	ASTM-D-1551	3	4
Asche	Gew.%	ASTM-D-482	0,07	0,1
Vanadium	mg/kg	ASTM-D-1548	–	300
Natrium	mg/kg	ASTM-D-1318	< 1/3 Vanadium	
Wasser	Vol.%	ASTM-D-95	–	1,0
Sediment	Gew.%	ASTM-D-473	–	0,25
Flammpunkt min.	°C	ASTM-D-93	60	
Pourpoint (Stockpunkt)	°C	ASTM-D-97	–	
Cetanzahl der dünnflüssigen Mischkomponente min.		ASTM-D-976	40	35

[1]) Die Richtwerte ergeben sich aus Betriebserfahrungen von mehr als 20 Jahren. Die Beachtung der Richtwerte kann man mit guter Wirtschaftlichkeit des Betriebes rechnen.

6.1.1.2 Untersuchung von Kraftstoffen

Üblicherweise werden Kraftstoffproben in Laboratorien untersucht und analysiert. Einige Tests sind von allgemeiner Bedeutung und dienen der Spezifizierung; andere sind zur Beurteilung von Einzelfragen wichtig. Zu den ersteren gehören: Dichte, Viskosität, Flammenpunkt und Wassergehalt. Cetanzahl und Destillationsrate werden besonders für Destillate bestimmt.

Die Untersuchung des Kraftstoffes ist für jeden Motorenbetrieb, aber ganz besonders für den Schiffsbetrieb wichtig, da hier die Bezugsquellen häufig wechseln und die Kraftstoffe oft von verschiedenartiger Zusammensetzung sind. Sie muß vorgenommen werden, um die Motoren vor Schaden zu bewahren. Den endgültigen Aufschluß über die Brauchbarkeit eines Kraftstoffes gibt der Betrieb.

6.1.1.2.1 Entnahme von Kraftstoff- und Schmierölproben

Bei der Entnahme von Proben ist mit peinlicher Sauberkeit zu verfahren, weil Verunreinigungen, die während der Entnahme in die Probemenge gelangen, bei der Untersuchung ein falsches Bild über den tatsächlichen Zustand des Kraftstoffes oder des Öles geben würden. Bei Lieferungsuntersuchungen kann dadurch Anlaß zu unberechtigten Beanstandungen und bei Betriebsuntersuchungen Anlaß zu unwirtschaftlichen Maßnahmen, wie unnötiger Auswechslung noch brauchbarer Öle, gegeben werden.

Bei der Probeentnahme sind vor allen Dingen Feuchtigkeit, Gewebefasern, Staub und dgl. sorgsam fernzuhalten.

Prüfgefäße sowie die sonstigen zu benutzenden Geräte sind (außer bei Bodenproben) mit demselben Öl, von dem die Probe genommen werden soll, auszuspülen.

Die Art der Probeentnahme richtet sich nach dem Zweck, der mit der Untersuchung verfolgt wird. Soll z.B. die allgemeine Beschaffenheit einer Ölfüllung geprüft werden, wird die Probe bei laufender Maschine aus dem umlaufenden Öl, etwa am Ölkühler entnommen. Dabei läßt man zunächst etwas Öl ablaufen, damit etwaige Verunreinigungen in der Entnahmeleitung fortgespült werden. Soll dagegen das Öl auf abgesetzte Verunreinigungen (feste Fremdkörper, Wasser, Ölruß und dgl.) geprüft werden, so wird ohne vorheriges Ablassen von Öl eine Bodenprobe genommen. Beim Kraftstoff verfährt man ähnlich (Entnahme hinter der Förderpumpe oder Bodenprobe).

6.1.1.2.2 Dichte und Heizwert

Für jede *Verbrennung* ist Sauerstoff (O) erforderlich. Dieser ist mit Stickstoff (N) vermischt in der Luft vorhanden. Die Luft besteht, wenn man den geringfügigen Anteil von Edelgasen vernachlässigt, aus ca. 79 Volumen-% Stickstoff (N_2)[1] und 21 Volumen-% Sauerstoff (O_2). Sauerstoff (O_2) ist schwerer als Stickstoff (N_2), daher enthalten 100 Massen-% Luft 76,7 Massen-% Stickstoff und 23,3 Massen-% Sauerstoff. Stickstoff ist nicht brennbar. Verbrennt man Kohlenwasserstoffe in Luft, so nimmt nur der Sauerstoff an der Reaktion teil. Der Stickstoff bildet den größten Teil der Abgase. Diese werden in der Regel mit einer Temperatur abgeführt, die über der der Umgebung liegt und ist daher die Ursache von Energieverlusten.

Alle Stoffe bestehen aus *Grundstoffen* (*Elementen*), die in Form einer oder mehrerer Verbindungen in ihnen enthalten sind. Dieselkraftstoffe setzen sich aus verschiedenen Arten von *Kohlenwasserstoffverbindungen* zusammen.

1 kg Kohlenstoff entwickelt bei vollständiger Verbrennung mit Sauerstoff ($C + O_2 = CO_2$) eine Wärmemenge von etwa 33 500 kJ, 1 kg Wasserstoff ($H_2 + \frac{1}{2} O_2 = H_2O$) dagegen eine solche von rund 125 000 kJ. Je mehr Wasserstoff also in 1 kg Brennstoff enthalten ist, desto höher ist dessen *Heizwert H*. Erdöl und das ihm ähnliche paraffinarme aus Braunkohlenteer gewonnene Produkt enthält etwa 82 ... 86 % C und 10 ... 16 % H, neben geringen Teilen beigemengten Sauerstoffes, Schwefels, Stickstoffes und Wassers. Der aus Steinkohlenteer gewonnene Kraftstoff setzt sich dagegen aus etwa 89 % C, 7 % H und einem geringen Prozentsatz von Beimengungen zusammen. Die zuerst genannte Gruppe von Kraftstoffen besitzt daher auch einen höheren Heizwert von rd. 42 000 kJ/kg gegenüber etwa 37 500 kJ/kg bei dem aus Steinkohlenteer gewonnenen Kraftstoff.

Wasserstoff hat das Atomgewicht 1, Kohlenstoff 12 und Sauerstoff 16. Je mehr Wassserstoff also ein Kraftstoff enthält, desto geringer wird seine Dichte sein.

Unter der Dichte ρ[2] versteht man den Quotienten aus der Masse und dem Volumen

$$\rho = \frac{m}{V}.$$

Sie wird in g/cm^3, kg/dm^3 oder t/m^3; 1 dm^3 $\approx$ 1 *l*. Die Dichte ist zahlenmäßig gleich der Masse der Volumeneinheit.

Mit Hilfe einer einfachen Zahlenwertgleichung kann man aus der Dichte näherungsweise den Heizwert *H* eines Kraftstoffes berechnen.

---

[1]) Stickstoff und Sauerstoff kommen in der Luft nicht atomar, sondern in Form von zweiatomigen Molekülen vor.

[2]) Vielfach wird auch das Formelzeichen *d* (density) anstelle von ρ verwandt.

Sie lautet:

$$H = 27\,600\,\frac{\text{kJ}}{\text{kg}} + \frac{12\,550\,\frac{\text{kJ}}{\text{dm}^3}}{\rho}.$$

Beispiel: Ein Kraftstoff hat die Dichte $\rho = 0{,}87\ \text{kg/dm}^3$. Wie groß ist sein Heizwert H?

$$H = 27\,600\,\frac{\text{kJ}}{\text{kg}} + \frac{12\,550\,\frac{\text{kJ}}{\text{dm}^3}}{0{,}87\,\frac{\text{kg}}{\text{dm}^3}} = 27\,600\,\frac{\text{kJ}}{\text{kg}} + 14\,280\,\frac{\text{kJ}}{\text{kg}} = 41\,880\,\frac{\text{kJ}}{\text{kg}}.$$

Die Kenntnis der Dichte ist für die Berechnung der Masse des gebunkerten Kraftstoffes erforderlich. Steht beispielsweise ein Bunkerraum von $200\ \text{m}^3$ zur Verfügung, so kann bei einer Dichte von $0{,}85\ \text{t/m}^3$ eine Kraftstoffmasse von $m = V \cdot \rho = 200\ \text{m}^3 \cdot 0{,}85\ \text{t/m}^3 = 170\ \text{t}$ untergebracht werden. Während der Kraftstoffübernahme muß neben der Dichte auch die Temperatur gemessen werden, um die temperaturabhängige Änderung der Dichte berücksichtigen zu können (siehe Abschnitt 6.1.1.1.4). Die Dichte wird auf 15 °C bezogen. Liegt die Meßtemperatur höher (niedriger), so werden je Grad Temperaturdifferenz im Mittel $0{,}0007\ \text{kg/dm}^3$ (t/m^3) zugezählt (abgezogen). Für genaue Berechnungen verwende man die Korrekturtabelle des Normblattes DIN 51 757, Tafel 1.

Beispiel: Bei 32 °C wird eine Dichte von $\rho = 0{,}85\ \text{t/m}^3$ gemessen, wie groß ist die Dichte bei 20 °C?

$$\rho_{20\,°\text{C}} = \rho_{32\,°\text{C}} + \frac{(32\,°\text{C} - 20\,°\text{C})}{°\text{C}}\,0{,}0007\,\frac{\text{t}}{\text{m}^3} = 0{,}8584\,\frac{\text{t}}{\text{m}^3}.$$

Es werden $200\ \text{m}^3$ Kraftstoff bei 32 °C übernommen. Die Dichte bei 20 °C wird von der Bunkerstation mit $\rho_{20\,°\text{C}} = 0{,}85\ \text{t/m}^3$ angegeben. Wieviel Tonnen werden infolge der höheren Temperaturen weniger gebunkert, d.h. zuviel bezahlt?

$$\rho_{32\,°\text{C}} = \rho_{20\,°\text{C}} - \frac{(32\,°\text{C} - 20\,°\text{C})}{°\text{C}}\,0{,}007\,\frac{\text{t}}{\text{m}^3} = 0{,}85\,\frac{\text{t}}{\text{m}^3} - 0{,}0084\,\frac{\text{t}}{\text{m}^3} \approx 0{,}841\,\frac{\text{t}}{\text{m}^3},$$

$$m = V(\rho_{20\,°\text{C}} - \rho_{32\,°\text{C}}) = 200\ \text{m}^3 \cdot 0{,}0084\,\frac{\text{t}}{\text{m}^3} = 1{,}68\ \text{t}.$$

Umrechnung englisch-amerikanischer Einheiten

Masse

Maßeinheit	pound lb	short ton	long ton	Kilogramm kg	Tonne t
pound lb	1	0,0005	0,000446	0,4536	0,000454
short ton	2000,0	1	0,8929	907,2	0,9072
long ton	2240,0	1,120	1	1016,0	1,0160
Kilogramm kg	2,205	0,0011	0,000984	1	0,001
Tonne t	2205,0	1,102	0,9842	1000,0	1

Volumen

Maßeinheit	U.S. gallon	U.S. barrel	Imperial gallon	cubic foot cb.ft.	Liter *l*	Hektoliter hl
U.S. gallon	1	0,0238	0,8327	0,1337	3,785	0,0379
U.S. barrel	42,0	1	34,973	5,6146	159,0	1,5898
Imperial gallon	1,2	0,0286	1	0,1605	4,546	0,0455
cubic foot	7,480	0,1781	6,2288	1	28,32	0,2832
Liter	0,2642	0,0063	0,2199	0,0353	1	0,01
Hektoliter	26,418	0,63	21,998	3,5316	100,0	1

Temperatur

Umrechnungsgleichungen von °C in °F (Grad Fahrenheit) und umgekehrt:

$$\vartheta = \left\{1{,}8\,\frac{\vartheta}{°C} + 32\right\}\,°F; \qquad \vartheta = \left\{\frac{5}{9}\left[\frac{\vartheta}{°F} - 32\right]\right\}\,°C.$$

Dichte

Umrechnungsgleichungen von kg/dm³ in Grad A.P.I. [1]) und umgekehrt:

Maßeinheit	$\frac{\text{pound}}{\text{gallon}}$	$\frac{\text{long ton}}{\text{cubic foot}}$	$\frac{\text{long ton}}{\text{gallon}}$	$\frac{\text{long ton}}{\text{barrel}}$	$\frac{\text{long ton}}{\text{m}^3}$
$1\,\frac{\text{kg}}{\text{dm}^3} = 1\,\frac{\text{t}}{\text{m}^3}$	8,345	0,0271	0,0037	0,15616	0,984
Maßeinheit	$\frac{\text{pound}}{\text{cubic foot}}$	$\frac{\text{short ton}}{\text{cubic foot}}$	$\frac{\text{short ton}}{\text{gallon}}$	$\frac{\text{short ton}}{\text{barrel}}$	$\frac{\text{short ton}}{\text{m}^3}$
$1\,\frac{\text{kg}}{\text{dm}^3} = 1\,\frac{\text{t}}{\text{m}^3}$	62,43	0,0304	0,00378	0,15866	1,10
Maßeinheit	$1\,\frac{\text{pound}}{\text{gallon}}$	$1\,\frac{\text{long ton}}{\text{cubic foot}}$	$1\,\frac{\text{long ton}}{\text{gallon}}$	$1\,\frac{\text{long ton}}{\text{barrel}}$	$1\,\frac{\text{long ton}}{\text{m}^3}$
$\frac{\text{kg}}{\text{dm}^3}$ oder $\frac{\text{t}}{\text{m}^3}$	0,1198	35,882	268,4	6,3899	1,016
Maßeinheit	$1\,\frac{\text{pound}}{\text{cubic foot}}$	$1\,\frac{\text{short ton}}{\text{cubic foot}}$	$1\,\frac{\text{short ton}}{\text{gallon}}$	$1\,\frac{\text{short ton}}{\text{barrel}}$	$1\,\frac{\text{short ton}}{\text{m}^3}$
$\frac{\text{kg}}{\text{dm}^3}$ oder $\frac{\text{t}}{\text{m}^3}$	0,01602	32,071	239,683	5,7056	0,9072

Bemerkung: gallon = U.S. gallon

[1]) A.P.I. = American Petroleum Institute.

$$n = \left\{\frac{141{,}5}{\dfrac{\rho}{\text{kg}/\text{dm}^3}} - 131{,}5\right\}\,°\text{A.P.I.}; \qquad \rho = \left\{\frac{141{,}5}{131{,}5 + \dfrac{n}{°\text{A.P.I.}}}\right\}\frac{\text{kg}}{\text{dm}^3}.$$

Dichtebestimmung

Man füllt die Probemenge in einen Standzylinder und führt das Aräometer (Bild 6.3) mit dem entsprechenden Meßbereich langsam ein. Dabei muß man darauf achten, daß es nicht zu tief eingetaucht wird, da bei Benetzung des herausragenden Teiles der Skala zu niedrige Werte erhalten werden. Am Schwimmkörper haftende Luftbläschen müssen durch vorsichtiges Drehen des Aräometers entfernt werden, da sonst zu hohe Werte gefunden werden.

Zieht sich die Flüssigkeitsoberfläche an dem schwimmenden Aräometer etwas in die Höhe, so bleibt dies unberücksichtigt. Man liest an dem Teilstrich ab, der in Höhe des ebenen Flüssigkeitsspiegels liegt. Bei undurchsichtigen Ölen wird 1 Teilstrich unter dem letzten sichtbaren Teilstrich angegeben.

Außerdem liest man an dem im Aräometer eingebauten Thermometer die Temperatur des Öles ab. Die Dichte wird auf die Bezugstemperatur 15 °C umgerechnet. Lag die Meßtemperatur niedriger (höher), so wird für jeden Temperaturgrad im Mittel 0,0007 t/m³ oder 0,0007 kg/dm³ abgezogen (zugezählt). Die genauen Korrekturwerte findet man in DIN 5157, Tafel 1.

Die Dichte wird bis zur dritten Stelle hinter dem Komma angegeben.

Heizwert

Man unterscheidet zwischen *Verbrennungswärme* (*oberer Heizwert*) und *Heizwert* (*unterer Heizwert*). Beide differieren um die Verdampfungswärme des im Kraftstoff vorhandenen bzw. bei der Verbrennung entstehenden Wassers. Bei der Bestimmung des oberen Heizwertes soll dieses Wasser bei 20 °C flüssig vorliegen, für die Berechnung des unteren Heizwertes legt man bei 20 °C dampfförmigen Zustand zugrunde. Der Heizwert wird in kJ/kg angegeben.

Für Wärmeberechnungen bei Motoren wird der untere Heizwert verwendet.

Die Heizwertbestimmung wird zur Überwachung der Kraftstoffeigenschaften von den Lieferfirmen durchgeführt, die gewöhnlich gewisse Mindestwerte garantieren. Das Prüfungsverfahren ist nach DIN 51 708 genormt.

Einheit der Wärmemenge ist in Großbritannien und in den USA die British Thermal Unit (BTU). 1 BTU ist die Wärmemenge, die m = 1 lb (0,454 kg) Wasser um $\Delta = 1$ °F ($\frac{5}{9}$ °C) erwärmt.

$$Q = m \cdot c_w \cdot \Delta\vartheta; \qquad 1\ \text{BTU} = 0{,}454\ \text{kg} \cdot 4{,}187\ \frac{\text{kJ}}{\text{kg}\ °\text{C}} \cdot \frac{5}{9}\ °\text{C} = 1{,}055\ \text{kJ}$$

$$1\ \text{BTU} = 1{,}055\ \text{kJ}; \qquad 1\ \text{kJ} = 0{,}95\ \text{BTU}.$$

Einheit des Heizwertes:

$$\frac{\text{BTU}}{\text{pound}} = \frac{\text{BTU}}{\text{lb}}$$

$$1\ \frac{\text{BTU}}{\text{pound}} = 2{,}323\ \frac{\text{kJ}}{\text{kg}}; \qquad 1\ \frac{\text{kJ}}{\text{kg}} = 0{,}43\ \frac{\text{BTU}}{\text{lb}}$$

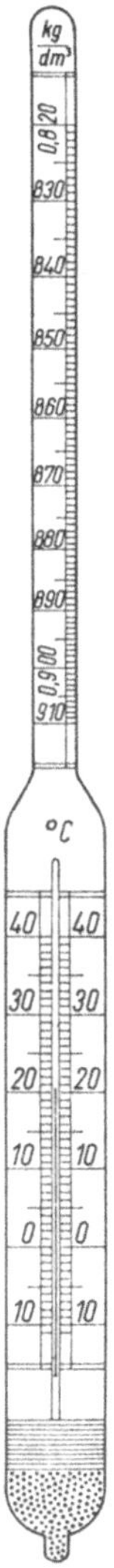

Bild 6.3
Aräometer

Beispiel: Der Heizwert eines Kraftstoffes wird mit 18 050 BTU/lb angegeben. Welchen Betrag hat er in der Einheit kJ/kg?

$$H = 18\,050 \cdot 1\ \text{BTU/lb} = 18\,050 \cdot 2{,}323\ \text{kJ/kg} = 42\,000\ \text{kJ/kg}.$$

Ähnlich dem bereits angegebenen Zusammenhang zwischen Heizwert und Dichte gilt für BTU/lb: Unterer Heizwert $H_u = 22\,320 - 3780\,\rho^2 - 1080$ BTU/lb.

6.1.1.2.3 Viskosität

Die Viskosität ist für den Motorenbetrieb wichtig. Sie nimmt mit Erwärmung ab. Das temperaturabhängige Viskositätsverhalten von Kraftstoffen hat sowohl für die Pumpbarkeit als auch für die Zerstäubungsgüte an der Kraftstoffdüse Bedeutung.

Die Viskosität oder Zähigkeit ist die Eigenschaft einer Flüssigkeit, der Verschiebung zweier benachbarter Schichten einen vom Geschwindigkeitsgefälle abhängigen Widerstand entgegenzusetzen (Aufnahme von Schubspannungen). Die *dynamische Viskosität* ist der Proportionalitätsfaktor zwischen Schubspannung und Geschwindigkeitsgefälle. Sie ist eine *Stoffkonstante*, die nur von Druck und Temperatur abhängig ist. Der Quotient aus der dynamischen Viskosität und der Dichte, der für technische Strömungsvorgänge von maßgebender Bedeutung ist, wird *kinematische Zähigkeit* genannt. Die Maßeinheit der kinematischen Zähigkeit ist das Centistokes (cSt).

$$1 \text{ cSt} = 1 \text{ mm}^2/\text{s}.$$

Die Bestimmung erfolgt nach ASTM D-445 oder IP71.

Gute Erfahrungen konnten im Bordbetrieb mit dem Schnellviskosimeter von *Dallwitz-Wegner* gesammelt werden. In dem Prüfgerät (Bild 6.4) wird das Öl durch eine Schnecke in ein Meßrohr gefördert. Die Steighöhe im Meßrohr ist ein Maß für die Viskosität. Beigefügte Meßskalen ermöglichen eine direkte Ablesung des Ergebnisses in der gewünschten Maßeinheit (cSt). Das Gerät kann mit drei verschiedenen Geschwindigkeiten betrieben werden, wodurch sich drei Meßbereiche ergeben. Eine stufig verstellbare elektrische Heizvorrichtung sowie ein Wassermantel ermöglichen die Einhaltung der gewünschten Prüftemperaturen in weiten Grenzen.

Viskositätsangaben werden bei MGO und MDO auf 40 °C, bei IF und BFO auf 50 °C bezogen, damit etwa im Kraftstoff enthaltene Waxanteile die Viskosität nicht verfälschen. Bild 6.5 gibt einen Überblick über das temperaturabhängige Viskositätsverhalten von Kraftstoffen.

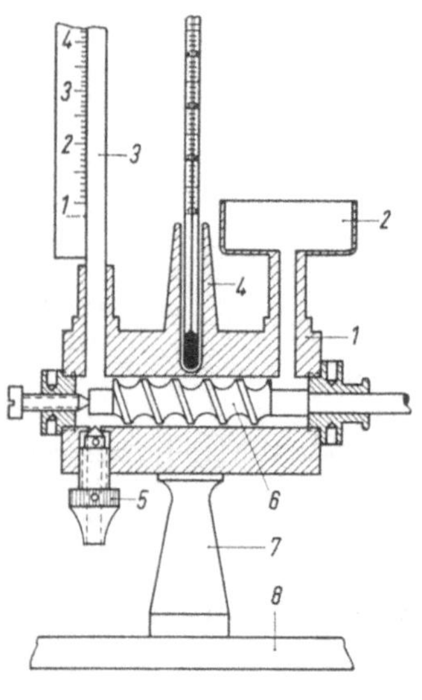

Bild 6.4
Schnellviskosimeter nach *Dallwitz-Wegner*
1 Gehäuse
2 Ölgefäß
3 Meßrohr
4 Rohrstutzen
5 Ablaßventil
6 Förderschnecke
7 Säule
8 Grundplatte

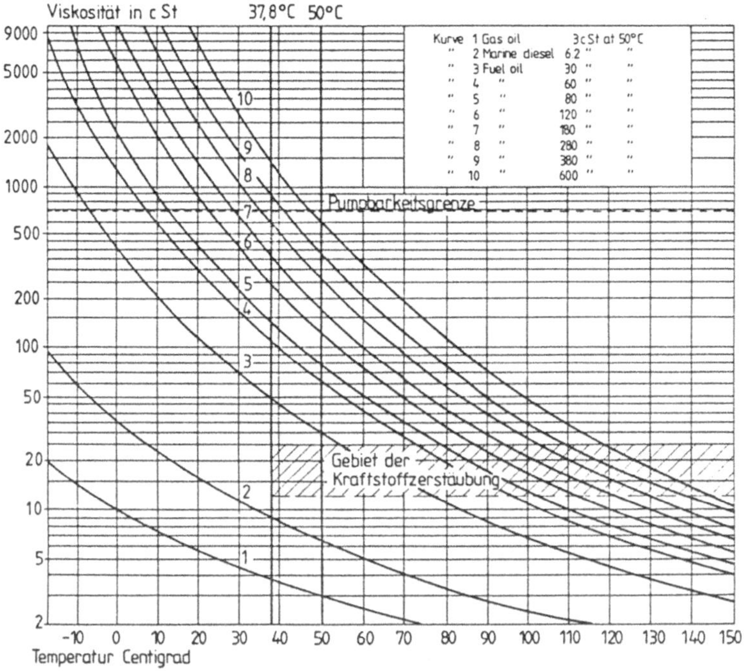

Bild 6.5 Viskositäten für Schiffahrt-Brennstoffe

Das schraffierte Gebiet stellt den Bereich für die Kraftstoffzerstäubung in den Kraftstoffdüsen der Motoren dar.

6.1.1.2.4 Flammpunkt

Man versteht unter dem Flammpunkt die Temperatur, bei der sich soviel Gas aus dem Kraftstoff ausscheidet, daß eine herangeführte Flamme hell aufflammt, dann aber wieder zurückgeht. Der *Flammpunkt* ist also das *Maß für die Feuergefährlichkeit* des Kraftstoffes. Seine genaue Kenntnis ist für den Betriebsleiter oder Schiffsingenieur besonders wichtig, weil davon die Sicherheit des Schiffes bzw. die des Unterbringungsortes abhängt.

Man unterscheidet zwei Prüfverfahren, das im *offenen Tiegel* und das im *geschlossenen Apparat*. Beim ersten Verfahren (nach *Marcusson*, DIN 51 584) wird ein die Probe enthaltender offener Porzellantiegel in einem Sandbad erhitzt. Bei Annäherung an die Flammpunkttemperatur wird bei jedem Grad Temperaturanstieg eine Zündflamme über die Tiegeloberfläche bewegt. Sobald die Entflammung eintritt, wird die Öltemperatur abgelesen und gegebenenfalls nach Berichtigung (DIN 51 584) als Flammpunkt vermerkt. Das Verfahren ist ziemlich ungenau, weil die durch Erwärmung über der Oberfläche des Kraftstoffes zirkulierende Luft einen Teil der aufsteigenden Gase entführt und so der Entzündung entzieht. In geschlossenen Kraftstofftanks ist das aber nicht möglich. Hier wird der Flammpunkt daher erheblich niedriger liegen.

Aus diesem Grunde ist das zweite Verfahren, durchgeführt im geschlossenen Flammpunktprüfer nach *Pensky-Martens* (siehe Bild 6.6), genauer und zuverlässiger (DIN 51 758). Die Probe wird in einem geschlossenen Metalltiegel durch ein Heißluftbad erwärmt. Dabei wird sie mit einem eingebauten Rührer fortlaufend gerührt. Der anfänglich raschere Temperaturanstieg in der Probe soll bei Annäherung an den Flammpunkt 3,5 ± 0,5 °C/min betragen.

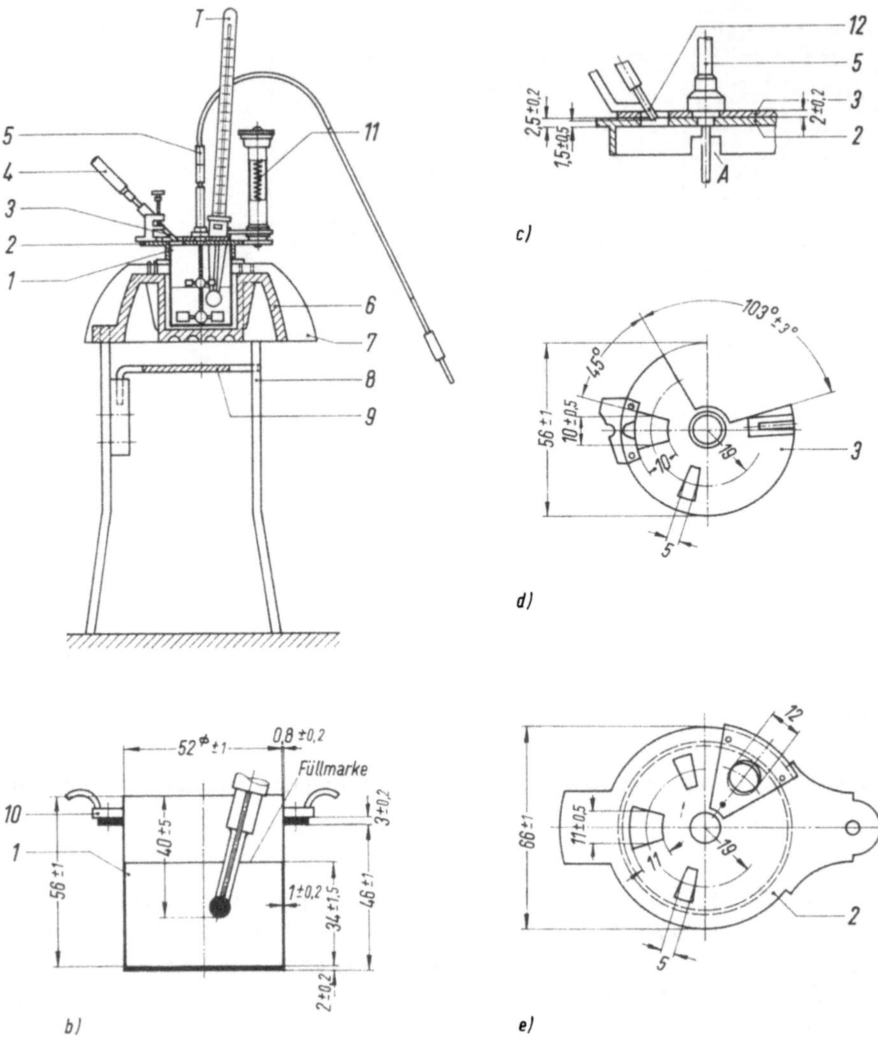

Bild 6.6 Flammpunkt-Prüfgerät nach Pensky-Martens
a) Gesamtansicht, b) Prüfgefäß (1), c) Verschlußdeckel (2) mit Drehschieber (3), d) Drehschieber (3), e) Verschlußdeckel (2)

Nach jedem vollen Grad Temperaturanstieg wird eine kleine Zündflamme in eine zugleich geöffnete Deckelaussparung kurzzeitig eingesenkt und schnell wieder daraus hervorgezogen. Das wird so lange fortgsetzt, bis eine Entflammung auf der Oberfläche des Tiegelinhaltes beobachtet wird. Die zugleich abgelesene Temperatur der Probe ist nach Berücksichtigung des Luftdruckes der gesuchte Flammpunkt.

Das Prüfgefäß (1) (Bild 6.6a) aus Messing, das im unteren Drittel mit einer Füllmarke (Ausdrehung) versehen ist, dient zur Aufnahme der Flüssigkeitsprobe; es wird durch den Verschlußdeckel (2) (Einzelheiten siehe Bilder 6.6c und e) abgeschlossen, der den Drehschieber

(3) (Einzelheiten siehe Bilder 6.6c und d), die Zündvorrichtung (4), das Rührwerk (5) und das Thermometer T trägt. Das Prüfgefäß (1) wird in ein Luftbadgefäß (6) aus Stahl eingehängt, das durch einen Blechmantel (7) verkleidet und auf einem Stativ (8) befestigt ist, in dem sich das Drahtnetz (9) befindet.

Der Verschlußdeckel (2) aus Messing hat einen Rand, der genau auf das Prüfgefäß (1) paßt und dieses gut abschließt. Die beiden Aussparungen A (Bild 6.6c) des Deckelrandes greifen über die beiden am Prüfgefäß (1) befestigten Zungenhalter (10) (Bild 6.6b) und verhindern dadurch ein Drehen des Deckels auf dem Prüfgefäß. Der Deckel hat drei schlitzartige Aussparungen (Bild 6.6e), ebenso hat die auf dem Deckel liegende Platte des Drehschiebers (Bild 6.6d) zwei Aussparungen, die mit zwei Aussparungen des Deckels in Form und Abmessungen annähernd übereinstimmen.

Auf dem Deckel (2) ist die Feder (11) (Bild 6.6a) befestigt, die die Platte des Drehschiebers so gegen einen Anschlag drückt, daß die Aussparungen des Deckels und der Platte in der Ruheperiode nicht übereinanderliegen; das Prüfgerät ist verschlossen. Beim Spannen der Felder (11) wird die Platte des Drehschiebers mit einem Führungsstift gegen einen zweiten Anschlag gedreht; die Deckelaussparungen und die Aussparungen der Platte liegen dann übereinander, und es entstehen entsprechende Öffnungen (Meßperiode).

Gleichzeitig wird mittels der Zündvorrichtung (4) (Bild 6.6a) beim Spannen der Feder (11) die Tülle (12) (Bild 6.6c) für die Zündflamme mit der Spitze in die mittlere Deckelaussparung gesenkt, so daß die Flamme in den Dampfraum des Prüfgefäßes (1) eintaucht.

Die Rührvorrichtung (5) besteht aus einem Stahlstab von ≈ 3 mm Dicke und zwei zweiflügeligen Propellern. Sie ist in der Mitte des Deckels drehbar befestigt (Bild 6.6c) und reicht senkrecht in das Prüfgefäß fast bis auf den Boden hinein. Der untere große Propeller läuft in der Flüssigkeit, der obere Propeller im Dampfraum über der Flüssigkeit.

Die Prüfflüssigkeit wird durch eine Gasflamme erwärmt, die unter das Drahtnetz (9) gestellt wird. Es ist darauf zu achten, daß die Flamme nicht unmittelbar mit Teilen des Prüfgefäßes in Berührung kommt; der Boden und die Wand des Luftbades (6) sollen ungefähr dieselbe Temperatur haben.

Wenn ein Kraftstoff geprüft werden soll, muß der Behälter von früheren Kraftstoffresten gesäubert und mit trockener Luft gut ausgeblasen werden, um ihn frei von Dämpfen zu machen, die sich z.B. beim Reinigen mit Benzin bilden können.

Nach gesetzlichen Vorschriften soll der Flammpunkt des Kraftstoffes über 60 °C liegen. Im allgemeinen erreicht er bei guten Kraftstoffen 75 ... 120 °C. Man kann nun fragen, wie es kommt, daß durch fraktionierte Destillation gewonnene Kraftstoffe Gase bei so niedriger Temperatur bilden können, wo die Kraftstoffe doch eigentlich nur Bestandteile enthalten sollen, die erst bei 300 °C und höheren Temperaturen verdampfen. Bei der Destillation bleiben infolge von Adhäsion (Anhaftungsvermögen) immer ganz geringe Reste leicht siedender Bestandteile des Petroleumäthers und der Benzine mit den schweren Teilen in Mischung. Diese sind es, die den Flammpunkt soweit herabdrücken.

6.1.1.2.5 Brennpunkt

Der Brennpunkt ist diejenige Temperatur, bei der so viel Gas aus dem Kraftstoff entweicht, daß das herangeführte Flämmchen nach dem Aufflammen nicht zurückgeht, sondern hell weiterbrennt. Er liegt etwa 20 ... 50 °C höher als der Flammpunkt. Dieser bleibt aber für die Feuergefährlichkeit stets maßgebend, da der Kraftstoff in den Tanks eine so große Oberfläche besitzt, daß die recht beachtlichen aufsteigenden Gasmengen durch die verhältnismäßig große bei Entzündung entstehende Wärmemenge zum Weiterbrennen gebracht werden.

6.1.1.2.6 Cetan-Zahl und Dieselindex, Zündpunkt

Die Zündfähigkeit des Kraftstoffs ist für die motorische Verbrennung wichtig. Erfolgt die Zündung und damit der Verbrennungseinsatz zu zögend, so wird die während der Zündverzugszeit eingespritzte Kraftstoffmenge größer. Die dann plötzlich einsetzende Verbrennung erfaßt diese größere Menge und ergibt ungesteuert einen hohen Druckanstieg pro Zeiteinheit und damit den typischen „Diesel-Knock", das Zündeinsatzgeräusch. Diese Verhältnisse sind von besonderer Bedeutung für schneller laufende Dieselmotoren, die mit Tankstellen-Dieselkraftstoff und mit Destillaten wie Gasöl betrieben werden.

Zur Beurteilung des Zündverhaltens dient die Cetan-Zahl. Diese wird in einem Prüfmotor bestimmt, der vergleichsweise mit reinem Cetan und -Methyl-Naphthalin betrieben wird, bis sich das gleiche Zündverhalten wie beim Testkraftstoff ergibt. Ein Kraftstoff mit gleichem Zündverhalten wie Cetan würde die Cetan-Zahl 100 erhalten, ein solcher mit gleichem Verhalten wie Methyl-Naphtalin erhielte die Nr. 0.

Da man nicht immer einen Motorprüftest zur Bestimmung der Cetanzahl durchführen kann oder will, behilft man sich mit dem "Calculated Cetane Index – CCI –". Er ist allerdings für Gasöle, die große Anteile von Isoparaffin oder thermisch gecrackter Komponenten enthalten unbrauchbar. Der CCI wird berechnet zu:

$$CCI = 244{,}4 - 321{,}3A + 0{,}291B,$$

wobei A und B die API-Dichte bzw. die Temperatur in °F sind, bei der 50 % in der Siedeanalyse überdestilliert sind.

Eine andere Möglichkeit, das Zündverhalten zu beurteilen, ist die Bestimmung des Dieselindex. Dieser beruht darauf, daß die Zündfähigkeit von der Kohlenwasserstoff-Zusammensetzung abhängt, wobei die n-Paraffine die Zündwilligkeit erhöhen, aromatische und naphtenische Bestandteile diese mindern:

$$\text{Dieselindex} = (\text{Anilinpunkt } [°\text{F}] \times \text{API-Dichte})/100.$$

Der Anilinpunkt ist die niedrigste Temperatur, bei der gleiche Volumen des Kraftstoffs und des Anilins gerade mischbar sind. Der Test basiert auf der Tatsache, daß aromatische Kohlenwasserstoffe sich vollständig mit Anilin bei verhältnismäßig niedriger Temperatur mischen, während Paraffine dafür höhere Temperaturen benötigen. So zeigt ein hoher Anilinpunkt hohen Paraffinanteil an, was die Zündfähigkeit begünstigt. Das Umgekehrte gilt für die Dichte, wobei niedrige Dichte ebenfalls hohen Paraffinanteil und damit gute Zündfähigkeit bedeuten. Der Dieselindex gibt Zahlenwerte, die etwas über den Cetanzahlen liegen.

Zündpunkt

Unter dem Zündpunkt versteht man diejenige Temperatur, bei der die Selbstentzündung des Kraftstoffes unter atmosphärischem Druck eintritt. Er wird dadurch festgestellt, daß man Kraftstoff auf eine erhitzte Platte auftropfen läßt, deren jeweilige Temperatur man mißt.

Der Zündpunkt ist für den Betrieb des Dieselmotors wichtig. Er liegt bei bewährten Destillaten des paraffinbasischen Erdöls und der Braunkohle bei 350 ... 400 °C, bei dem bedeutend schweren Steinkohlenteeröl und Kraftstoff aus naphtenbasischem Erdöl mit den schwer zerlegbaren Molekülen ringförmiger Bindung dagegen bei 550 ... 600 °C. Um diese Zündtemperatur im Dieselmotor zu erreichen, bedarf es einer Kompression der Verbrennungsluft auf Drücke von 36 bar und darüber.

6.1.1.2.7 Siedeverhalten

Das Siedeverhalten prüft man im Labor mit einem Gerät, das Bild 6.7 zeigt. In den Glaskolben (1) werden 100 cm³ Dieselkraftstoff gefüllt und bis zum Sieden erhitzt. Die Kraftstoffdämpfe verflüssigen sich in einem Kühler (2 und 3) und werden in Meßgefäßen aufgefangen. Man führt also eine Destillation durch. Die Untersuchung des Siedeverhaltens geht nun so vor sich, daß man beginnend mit dem ersten Tropfen, der aus dem Kühlerende fällt, in den Meßgefäßen die Mengen auffängt, die jeweils bei einer Temperaturzunahme des siedenden Kraftstoffes von 10 °C den Kühler verlassen. Man kann diese Meßwerte in Form einer Kurve auftragen, die z.B. für ein Gasöl den in Bild 6.8 gezeigten Verlauf hat. Die Siedekennzahl ist das arithmetische Mittel aus den Temperaturen, bei denen 5 %, 15 %, 25 %, 35 % bis 95 % des Kraftstoffes überdestilliert waren. Diese Zahl beträgt bei dem in Bild 6.8 dargestellten Kraftstoff rund 290.

Die Siedekurve eines guten Dieselkraftstoffes soll innerhalb des schraffierten Bereiches der Kurven in Bild 6.8 verlaufen. Liegt eine Siedekurve höher, so deutet das auf schwere Bestandteile im Kraftstoff hin. Diese verbrennen langsam. Liegt die Siedekurve unterhalb des schraffierten Feldes, so enthält der Kraftstoff sehr viel leichte Bestandteile, die weniger zündwillig sind. Benzin besteht beispielsweise vorwiegend aus leichten Bestandteilen. Daher zündet es nicht so gut und muß im Ottomotor (Vergasermotor) durch Fremdzündung zur Verbrennung gebracht werden. Die leichten Bestandteile verbrennen schlagartig, sie verpuffen, wobei hohe Druckspitzen entstehen. Eine solche Verbrennung ist im Dieselmotor unerwünscht.

Von einem guten Dieselkraftstoff erwartet man, daß bei 350 °C 75 % der Probemenge überdestilliert sind. Die *Siedekennzahl* soll bei etwa 255 liegen. Ein höherer Wert deutet auf viele schwersiedende Bestandteile, ein niedrigerer auf viele leichter siedende Bestandteile hin.

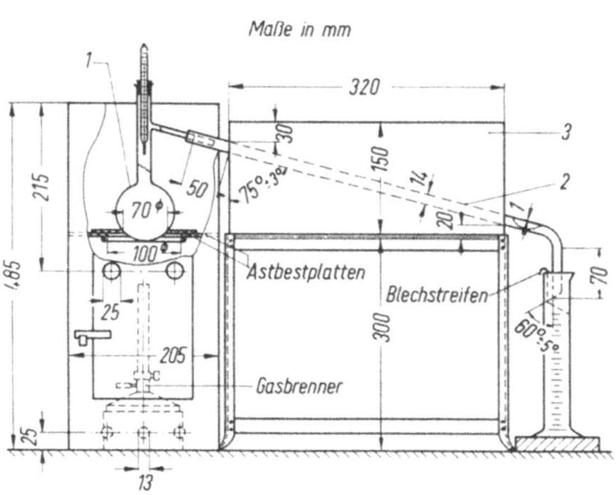

Bild 6.7 Apparatur zur Siedeanalyse von Dieselkraftstoff (nach DIN 51 752)
1 Leyboldkolben B nach DIN 12 363, 2 Kühlerrohr (Messing), 3 Kühlbad

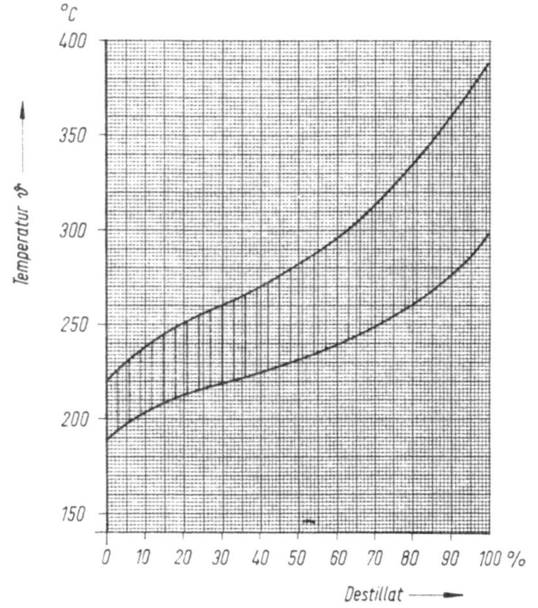

Bild 6.8 Siedeverlauf von Gasöl

Schwere Kraftstoffe beginnen bei hohen Temperaturen zu cracken, weshalb man dann keine vollständige Siedeverhaltensprüfung durchführen kann. Schiffahrtskraftstoffe werden nach ASTM D 86, DIN 51 751, bzw. IP 123 in ähnlichen Apparaten wie Bild 6.7 untersucht.

6.1.1.2.8 Koks und Asche

Bei schlechter Verbrennung des Kraftstoffes, z.B. durch ungenügende Zerstäubung und unzureichende Vermischung mit Verbrennungsluft oder infolge ungünstiger chemischer Zusammensetzung des Kraftstoffes, entsteht ein schwarzer Rückstand, der *Koks*. Anfangs schmierig, setzt er sich in den Kolbenringnuten an und erstarrt dort lackartig. Er behindert die Beweglichkeit der Kolbenringe oder setzt sie ganz fest. Dies führt zur Verminderung der Verdichtung im Zylinder und in vielen Fällen zum Bruch der Ringe. Auch die Ventile verschmutzen, werden dadurch undicht, und es kann infolge Luftv[illegible] und damit mangelhafter Verdichtung zum Aussetzen der Zündung kommen.

Koks und Asche werden durch den *Conradson-Test* bzw. *Ramsbotton-Test* erfaßt Dazu dient das Prüfgerät nach Bild 6.9. In einen Porzellantiegel (1) wird eine kleine genau ausgewogene Kraftstoffmenge gefüllt. Unter vorgeschriebenen Versuchsbedingungen (um Vergleichsmöglichkeit der Ergebnisse zu garantieren) wird die Kraftstoffprobe vergast. Die Gase werden außerhalb des Tiegels verbrannt. Im Tiegel verbleiben die nichtflüchtigen Bestandteile: Koks und Asche. Die Rückstandsmenge im Tiegel wird nach dem Erkalten gewogen und auf die Einwaage bezogen. Das Resultat wird in Prozent angegeben. Ein hoher Wert ist ein Zeichen dafür, daß der Kraftstoff zum *Verkoken*, d.h. zur Koksbildung an den Kraftstoffdüsen und im Brennraum neigt. Bei einem guten Dieselkraftstoff darf der Conradson-Test nicht mehr als 1,5 % Rückstände aufweisen, Marine Bunker Fuels können Werte bis 16 % aufweisen.

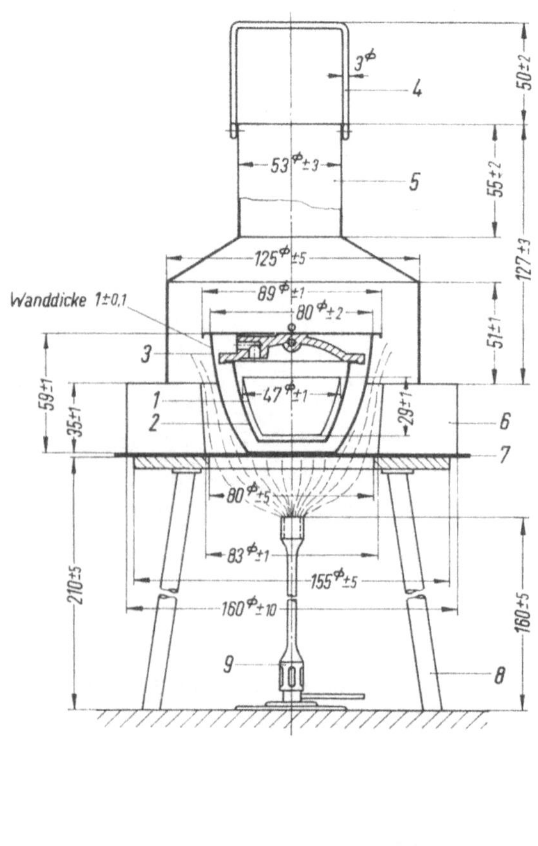

Bild 6.9
Prüfgerät für Conradson-Test nach DIN 51 551
1 Prozellantiegel
2 Blechtiegel
3 Blechtiegel, mit Sand gefüllt
4 Drahtbrücke
5 Stahlblechhaube
6 Hohlkörper
7 Dreieck mit Tonröhrchen
8 Dreifuß
9 Mékerbrenner

Die Aschebestimmung erfolgt in anderen Testen. Wird der Rückstand weiter erhitzt, bis er verbrennt, so bleibt schließlich nur noch der unverbrennliche Bestandteil, die *Asche*, übrig. Sie ist gefährlicher als der Koks, da sie wie Schmirgel wirkt und eine schnelle Abnutzung der Kolbenringe, Zylinderlaufflächen und Ventilsitze verursacht. Der Aschegehalt eines guten Kraftstoffes soll 0,05 % nicht übersteigen. In der Regel wird dieser Wert jedoch erheblich unterschritten. Einige Werte siehe in Tabelle 6.3 im Abschnitt 6.1.1.1.

6.1.1.2.9 Mechanische Beimengungen

Beimengungen von Sand (besonders in Erdölen), Staub, Rostblättchen und Schmutz aus Rohrleitungen und Tanks bezeichnet man als mechanische Beimengungen. Sie wirken ebenso verschleißfördernd wie Asche. Zur Untersuchung verdünnt man das Öl im Probierglas, z.B. mit Benzol, um die Durchsichtigkeit zu erhöhen. Man läßt es einige Zeit ruhig stehen, wobei die Verunreinigungen zu Boden sinken. Einige sehr gute Erdöle, z.B. aus Borneo oder Persien, werden häufig undestilliert, aber gut gereinigt als Kraftstoff verwendet. Solche Kraftstoffe müssen natürlich besonders sorgfältig auf mechanische Verunreinigungen geprüft werden.

6.1.1.2.10 Wassergehalt

Völlig wasserfreien Kraftstoff gibt es nicht. Der Wassergehalt sollte jedoch 1 % nie übersteigen. Man prüft den Kraftstoff daraufhin, indem man beispielsweise eine größere Probe mehrere Tage stehen läßt, so daß das freie Wasser zu Boden sinkt. Ferner kann man eine Kraftstoffprobe im Probierglas erhitzen. Beginnt das Öl bei 100 °C zu stoßen und zu spritzen, so ist der Wassergehalt unzulässig hoch. Eine weitere Untersuchungsmöglichkeit ergibt sich durch Zufügen von Calciumcarbid. Enthält der Kraftstoff Wasser, so entwickeln sich Gasbläschen. Auch Anilinfarbstoffe eignen sich als Reagenzien für die Untersuchung. Kraftstoff wird durch sie nicht gefärbt, wohl aber das beigemengte Wasser.

6.1.1.2.11 Säuregehalt (Xylol-Methode)

Erd- und Braunkohlenöle sind im allgemeinen frei von organischen Säuren, pflanzliche und tierische Öle dagegen nicht. Eine Untersuchung mit blauem Lackmuspapier oder mit alkoholischer Lackmuslösung, die sich bei Säuregehalt rot färben, genügt. Es dürfen nur geringe Spuren von Säure vorhanden sein, da sonst der Kraftstoff manche Metalle (Buntmetalle, Zink usw.) angreift.

6.1.1.2.12 Schwefelgehalt

Besonders Mexiko-, Texas- und Braunkohlenöle enthalten Schwefelbeimengungen. Schwefel macht den Kraftstoff dickflüssiger und bindet erdige Beimengungen. Bei der Verbrennung verbindet sich der Schwefel (S) mit Sauerstoff zu dem ungefährlichen Schwefeldioxid (SO_2). Dieses reagiert mit Wasser, das an kalten Stellen der Auslaßleitung aus den Abgasen kondensiert, unter Bildung von schwefliger Säure (H_2SO_3), die durch Oxydation in Schwefelsäure (H_2SO_4) übergeht. Schwefelsäure ist eine starke Säure, die Metalle angreift.

Der Gehalt an Schwefel kann nur im chemischen Laboratorium durch Analyse festgestellt werden. Er ist je nach Fundort des Erdöles verschieden groß. Durch Raffination des gewonnenen Gasöls wird der Schwefelgehalt heruntergedrückt. Früher durfte ein guter Dieselkraftstoff höchstens einen Schwefelgehalt von 1 % besitzen. Heute ist man mit dieser Grenze schon höher gegangen. Dafür gibt es zweierlei Gründe:

a) ein Dieselkraftstoff mit ganz geringem Schwefelgehalt wird zu tragbaren Preisen auf dem Weltmarkt nicht mehr angeboten;

b) die Verbrennung im Zylinder wird trotz höheren Schwefelgehaltes heute besser beherrscht als früher.

Weitaus unangenehmer als die vielleicht mögliche Bildung von Schwefelsäure ist bei Vorhandensein von Schwefel im Kraftstoff die Ausfällung von Hartasphalt und die Bildung von Koks und Asche während der Verbrennung. Der Anfall dieser unerwünschten Stoffe ist häufig um so größer, je höher der Schwefelgehalt ist. Hartasphalt führt zum Verkleben der Kolbenringe, zum Verschmieren der Auslaßschlitze und Kolbenringe. An den Stellen höchster Temperatur ist die Abnutzung am größten. Bei hohen Schwefelgehalt (etwa 5 %) sind daher das Dichten der Kolben und die Güte der Lufterneuerung bald in Frage gestellt. Das führt bei Dieselmotoren schließlich zum Ausfall der Eigenzündung.

Bis etwa 4 % Schwefelgehalt im Kraftstoff können langsam- bis mittelschnellaufende Dieselmotoren „verkraften", da geeignete basische Zylinderschmieröle zur Verfügung stehen, die Säuren aus der Schwefelverbrennung neutralisieren. Wichtig ist dabei, daß die berührten Motorenteile über dem Taupunkt von Wasser und SO_2 gehalten werden.

6.1.2 Unterbringung und Behandlung von Kraftstoffen

6.1.2.1 Gestaltung, Anordnung und Wartung der Kraftstofftanks

Der Kraftstoff wird im allgemeinen in großen Behältern – in Tanks – untergebracht. Diese werden mit Entlüftungsrohren versehen, die bei der Füllung das Entweichen der verdrängten Luft und im gefüllten Zustand den Abzug der sich bildenden Gase ermöglichen sollen und darüber hinaus noch als Überlauf dienen. Die Beschickung erfolgt durch ein besonderes Füllrohr, die Entnahme durch ein Saugrohr. Im Maschinenbereich liegende Tanks sind an ein Überlaufsystem angeschlossen. Zur Erleichterung der Überprüfung und Reinigung wird jeder Tank mit einem Mannloch versehen. Die Kontrolle der Füllmenge wird mit Hilfe eines Peilstabes vorgenommen bzw. durch Anbringung entsprechender Vorrichtungen (Schaugläser) oder Meßgeräte ermöglicht. Bei Verwendung elektrischer Meßeinrichtungen kann durch den Einsatz von Fernanzeigegeräten der Füllstand aller Tanks von zentraler Stelle aus überwacht werden.

Sind die Tanks niedrigen Temperaturen ausgesetzt, so müssen Heizvorrichtungen installiert werden, damit der Kraftstoff in ausreichend flüssigem Zustand gehalten werden kann. Üblicherweise werden diese Vorrichtungen (Rohrschlangen für die Beschickung mit Heißwasser oder Dampf u.ä.) am Boden der Tanks angebracht. In manchen Fällen genügt es auch, das Saugrohr im Tank zu erwärmen. Doppelbodentanks für Schweröl mit Dampfbeheizung erhalten $\approx 0{,}1\ m^2$ Heizfläche pro $1\ m^3$ Tankraum, Hochbunker im Motorenraum $\approx 0{,}07\ m^2/m^3$. Nach den Vorschriften der *Klassifikationsgesellschaften* soll auf Schiffen der Kraftstoffvorrat nicht ausschließlich in Doppelbodentanks gebunkert werden. Etwa 10 % sollen in Hochtanks, möglichst mittschiffs untergebracht werden, damit das Schiff im Notfall immer noch einen gewissen Kraftstoffvorrat behält. Der Inhalt der Doppelbodentanks ist zuerst aufzubrauchen, da er bei Kollision und Grundberührung stärker gefährdet ist als der Inhalt der Hochtanks. Sollte letzterer aus irgendeinem Grunde zur Versorgung der Motoren verwendet werden, bevor die Bestände im Doppelboden erschöpft sind, so sind die Hochtanks sofort wieder durch Umpumpen zu füllen. Die Hochtanks sind mit Bodenventilen ausgerüstet, so daß Wasser und Sinkstoffe abgelassen werden können.

In größeren Landbetrieben und auf Schiffen verwendet man sogenannte *Setz-* oder *Tagestanks*. Das sind mindestens zwei Tanks, die im allgemeinen den Kraftstoffbedarf eines Betriebstages aufnehmen können. Sie werden im Motorenraum untergebracht und oft so hoch eingebaut, daß der Kraftstoff den Einspritzpumpen zufließt. Ihre Ausstattung entspricht der der Vorratstanks: Füllrohr, Überlaufrohr, Entlüftungsrohr, Füllstandsanzeiger, Mannloch. Die Mündung des Pumpenzulaufrohres liegt etwas über dem Behälterboden, damit sich Wasser und Sinkstoffe absetzen können. Für das Ablassen sind Ventile oder Hähne vorgesehen.

Um bei einem Brand im Motorenraum den Zulauf zu den Kraftstoffpumpen von einem außerhalb des Motorenraumes gelegenen Ort stoppen zu können, schaltet man in das Pumpensaug- bzw. Pumpenzulaufrohr ein Schnellschlußventil ein.

Die Tagestanks werden aus den Vorratstanks gespeist. Sie werden abwechselnd in Betrieb genommen. Dadurch erhalten Wasser und Verunreinigungen Zeit, sich abzusetzen. Die Tagestanks sind regelmäßig in kürzeren Abständen zu entwässern. Darüber hinaus ist für eine turnusmäßige innere Reinigung Sorge zu tragen, da abgesetzte Sinkstoffe normalerweise bei einer kurzen Entwässerung nicht ablaufen. Auch die Vorratstanks sind von Zeit zu Zeit zu entwässern und nach Leerung innen zu reinigen. Diese Reinigung ist auf jeden Fall dann durchzuführen, wenn anschließend eine andere Kraftstoffsorte gebunkert werden soll. Fallen bei der regelmäßig durchgeführten Entwässerung der Tagestanks Wassermengen an, die über das normale Maß hinausgehen, so sind die Vorratstanks, aus denen der Kraftstoff übernommen wurde, auf Undichtigkeiten zu untersuchen.

Besonders das Eindringen von Seewasser in den Kraftstoff bei Leckage der Doppelbodentanks kann zu schweren und nachhaltigen Betriebsstörungen führen. Begünstigt durch die ständigen Bewegungen des Schiffes vermischt sich das Salzwasser im Verlauf längerer Zeit innig mit dem Kraftstoff und bildet eine Emulsion, deren Brechen weder in den Setztanks noch durch Erwärmen oder Schleudern möglich ist. Lediglich die Anwendung bestimmter Zusätze führt zur Trennung. Aus diesem Grunde muß man auch auf Schiffen, deren Doppelbodenzellen abwechselnd als Kraftstoff- und als Ballasttanks dienen, die Tankreinigung mit größter Sorgfalt durchführen.

Bei der Verbrennung einer salzhaltigen Kraftstoff-Wasser-Emulsion bildet das Salz einen Bestandteil der Asche, die wie eine Schmirgelmasse wirkt, so daß der mechanische Verschleiß an den Zylinderlaufbahnen und Kolbenringen stark erhöht wird. Die Verschmutzung der Einspritzventile beeinträchtigt die einwandfreie Zerstäubung des Kraftstoffes und ruft Nachtropfen und Strahlablenkung hervor. Bei Zweitaktmotoren verengen die Ausscheidungen die Schlitzquerschnitte, bei Viertaktmotoren führen sie zu undichten Ventilen und somit zu Durchschlägen in das Ansaug- bzw. Auspuffsystem, sowie schließlich zum Aussetzen der Zündung aufgrund ungenügender Verdichtung.

Nach den Unfallverhütungsvorschriften der Seeberufsgenossenschaft (UVV) dürfen Tanks nur betreten werden, wenn mit einem Gasspürgerät Gasfreiheit festgestellt wurde; zum Nachweis der Gasfreiheit läßt man sich zweckmäßig ein entsprechendes Zeugnis eines vereidigten Chemikers ausstellen.

Kraftstofftanks dürfen niemals mit offenem Licht betreten werden, sondern nur mit Sicherheitslampen oder besonders geschützten elektrischen Handlampen, damit vorhandene Gase nicht zur Explosion gebracht werden. Aus dem gleichen Grunde sollten Wartungs- und Instandsetzungsarbeiten nur mit Spezialwerkzeugen (z.B. Werkzeugen aus Berylliumbronze) vorgenommen werden, bei denen kein Funkenschlag auftreten kann.

Vor dem Begehen müssen die Tanks gut durchgelüftet bzw. mit Druckluft ausgeblasen werden, da das Einatmen der Gase zu schweren Gesundheitsschäden führen kann. Bei Doppelbodenzellen muß das Durchlüften wegen der Verspantung besonders sorgfältig und gründlich durchgeführt werden. Wenn erforderlich, müssen Tanks vorher mit Dampf und/oder Wasser, evtl. unter Zusatz von Chemikalien, gereinigt werden.

Der im Tank arbeitende Mann soll durch ein Tau mit einer außerhalb stehenden Aufsichtsperson verbunden sein und sich zudem noch mit dieser unterhalten. Nur so hat man die Gewähr, daß Vergiftungserscheinungen, die sehr schnell zur Bewußtlosigkeit führen, sofort bemerkt und rechtzeitig Gegenmaßnahmen ergriffen werden können.

Zur Reinigung darf nur Putzmaterial verwendet werden, das nicht fasert, da anderenfalls Verstopfungen in Leitungen, Pumpen und Filtern auftreten können.

6.1.2.2 Vorrichtungen zur Kraftstoffreinigung; Wirkungsweise und Wartung

Der wirtschaftliche und weitgehend störungsfreie Betrieb der Motoren erfordert die Bereitstellung eines Kraftstoffes, dessen Gehalt an unerwünschten Beimengungen so gering wie möglich gehalten wird. In erster Linie sind es Wasser und mechanische Verunreinigungen, die dem Kraftstoff durch geeignete Vorrichtungen entzogen werden müssen, bevor er in die mit höchster Genauigkeit gefertigten Elemente der Einspritzanlage und in die Zylinder gelangt. Durch das Abscheiden der mechanischen Verunreinigungen wird außerdem der Gehalt des Kraftstoffes an unbrennbaren Bestandteilen – der Aschegehalt – vermindert. Da die Ascheteilchen zusammen mit den Koksanteilen eine stark verschleißfördernde Schmirgelmasse bilden, wirkt sich die Verringerung des Aschegehaltes günstig auf die Lebensdauer der Kolben, Laufbuchsen, Kolbenringe und Ventile aus.

Im wesentlichen sind es drei Verfahren, die zur Erfüllung der genannten Aufgabe herangezogen werden.

1. Abscheidung der Fremdstoffe unter Einfluß der *Schwerkraft* in den Tanks, speziell in den Setztanks,
2. Abscheidung der Fremdstoffe unter Einfluß der *Zentrifugalkraft* in sogenannten Separatoren,
3. Abscheidung der Fremdstoffe durch *Filter*.

Voraussetzung für die Anwendbarkeit der beiden erstgenannten Verfahren ist ein merklicher Unterschied zwischen der Dichte der Fremdstoffe und der des Kraftstoffes.

Das Absetzen von Fremdstoffen in Setztanks und ihre Entfernung aus diesen wurde im Vorstehenden schon erwähnt. Daher soll im folgenden die Wirkungsweise und Wartung der Vorrichtungen für die Kraftstoffreinigung nach den beiden letztgenannten Verfahren erläutert werden.

6.1.2.2.1 Separatoren

Im Prinzip ist der Separator eine mit hoher Drehzahl umlaufende Trommel, in der der Kraftstoff durch die auftretenden Fliehkräfte von den Beimengungen höherer Dichte getrennt wird. Sein Einsatz empfiehlt sich nicht nur bei Schwerölbetrieb, sondern ist auch bei Verwendung von Gas- und Dieselölen als Kraftstoff von Vorteil.

Der Separator wird üblicherweise in die Fülleitung der Tagestanks geschaltet und übernimmt mit einer angehängten Zahnradpumpe zugleich auch die Förderung des Kraftstoffes von den Vorratstanks zu den Tagestanks. Kraftstoffe werden meist ohne Wasserzusatz geschleudert, da sonst die Gefahr einer Emulsionsbildung besteht. Die Frischwassermenge, die man vor Beginn des Schleudervorganges in die Trommel füllt, übt lediglich eine Sperrfunktion aus. Das Wasser legt sich bei Betrieb des Separators an die Außenwand der Schleudertrommel und zwingt so den spezifisch leichteren Kraftstoff, den Raum im Innern des Trommelkopfes einzunehmen und aus dem dichter an der Drehachse liegenden Kanal mit höher angeordneter

Ausflußmündung auszutreten. Das Sperrwasser hindert so den Kraftstoff daran, in ungereinigtem Zustand durch den Wasser- oder Schlammabfluß zu entweichen. Nur Beimengungen mit höherer Dichte können in den wassergefüllten Raum vordringen. Sie verbleiben im Sperrwasser oder setzen sich an der Trommelaußenwand fest.

Zähflüssige Kraftstoffe müssen vor dem Separieren zur Herabsetzung ihrer Viskosität erwärmt werden, so daß, besonders bei Schwerölbetrieb, eine Anwärmanlage vorgeschaltet werden muß. Gewöhnlich weist Schweröl bei Temperaturen von 70 ... 95 °C die für die Schleuderreinigung erforderliche Dünnflüssigkeit auf. Separatoren werden sowohl zur Abscheidung von Wasser und Fremdstoffen (Trennen, Bild 6.10) als auch zur alleinigen Fremdstoffabscheidung (Klären, Bild 6.11) eingesetzt. Für den Trennvorgang wird der Innendurchmesser der Wasserscheibe so gewählt, daß sich die Trennzone etwa in der Mitte der Steigkanäle befindet. Das Wasser steigt aufgrund seiner höheren Dichte außen auf, der Kraftstoff innen am Einsatz.

Schmutzteilchen und Wasseranteile treffen auf die Unterseiten der Teller und gleiten von dort in den Schlammraum, wo sich der dickflüssige Schlamm absetzt, während das Wasser abfließt. Der Kraftstoff wird durch die Steigkanäle gleichmäßig dem Tellereinsatz zugeführt. Beim Klärvorgang wird kein Wasser abgeschieden, der Ablauf des Reinigungsprozesses in den Tellern ist jedoch derselbe.

Anlagen mit mehreren Separatoren in der Trenn- und Klärstufe schaltet man oft so, daß jede Gruppe wahlweise verwendet werden kann. Die Beschickung erfolgt durch eine gemeinsame

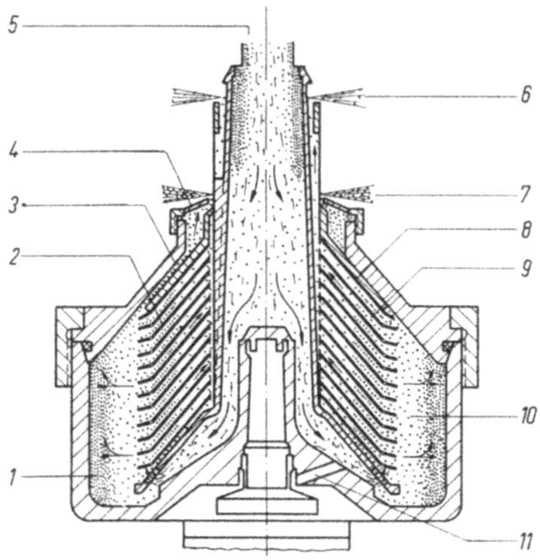

Bild 6.10 Separator in Trennschaltung mit Wasserabscheidung
1 Schlammraum,
2 Steigekanäle,
3 Wasserkanäle,
4 Wasserscheibe,
5 Schmutzöleintritt,
6 Reinölaustritt,
7 Wasseraustritt,
8 Abschlußteller,
9 Reinölzone,
10 Wasserzone,
11 Trommelentleerung

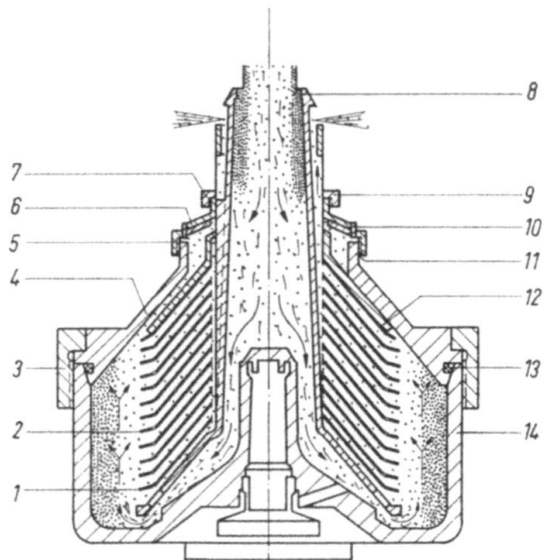

Bild 6.11 Separator in Trennschaltung ohne Wasserabscheidung
1 Abschlußteller,
2 Tellereinsatz,
3 Trommel-Verschlußring,
4 Trommeldeckel,
5 Wasserscheiben-Verschlußring,
6 Gummiring,
7 Druckring,
8 Verteiler,
9 Gewindering,
10 Verschlußscheibe,
11 Gummiring,
12 Scheideteller,
13 Gummiring,
14 Trommelmantel.

Zuleitung mit gleichen Zulaufblenden, wodurch eine einfache und übersichtliche Anordnung erreicht wird.

Bei Verwendung von Schweröl-Separatoren mit normaler Trommel hat sich in der Praxis die Anordnung von zwei Trennseparatoren (siehe Bild 6.10) und einem nachgeschalteten Klärseparator (siehe Bild 6.11) gleicher Größe bewährt. Man kann so bei Verschmutzung eines Trennseparators auf den anderen umschalten und die Trommelreinigung bei passender Gelegenheit durchführen. Wartungs- und Instandsetzungsarbeiten können ohne Unterbrechung des Betriebes ausgeführt werden.

Heute werden praktisch nur selbstentschlammende Separatoren eingesetzt. Die Selbstreinigung der Trommel erfolgt so schnell, daß der Betrieb praktisch nicht unterbrochen wird. Das Separiervermögen der Trommel wird niemals gestört. Bei Verminderung des Durchsatzes kann man in einer Stufe alle ausschleuderbaren Schmutzstoffe entfernen. Die wirtschaftlichste Größe der Reinigungsanlage (Bild 6.12) ergibt sich bei Auslegung für laufende Separierung des Kraftstoffbedarfs, d.h. bei 24-Stunden-Betrieb des Separators. Durch Parallelschaltung mehrerer selbstentschlammender Separatoren läßt sich die Anlage jedem Kraftstoffverbrauch anpassen. Die Installation eines Reserveseparators ermöglicht den Wechselbetrieb und gestattet die zeitweilige Umschaltung auf Dieselölreinigung.

Die Trommel des selbstreinigenden Separators entspricht in ihrer Wirkungsweise der Trommel in der Normalausführung, sie trennt und klärt also ebenfalls durch eingebaute Teller (Bild 6.13). Beide Flüssigkeitsphasen, Kraftstoff und Wasser, treten frei aus der Trommel in die Auffanghaube aus.

Die Einrichtung zur Selbstentschlammung der mit Feststoffen gefüllten Trommel arbeitet mit einem einfachen Topfschieber, der unter Ausnutzung des durch Rotation erzeugten Steuerflüssigkeitsdruckes die Entleerungsschlitze am Trommelrand öffnet und schließt (siehe Bild 6.13). Dieser Topfschieber bewegt sich unabhängig vom Schleudergutdruck zwangsläufig bis in die Endstellung. Dadurch werden die Entleerungsschlitze stets vollständig geöffnet. Der Schlammausstoß erfolgt dann schlagartig bei rotierender Trommel. Es bedarf nur weniger Handgriffe, um die Selbstreinigung der Trommel bei voller Drehzahl ablaufen zu lassen. In den Bildern 6.14a, b und c wird dieser Vorgang gezeigt und erläutert.

Der Verbrauch an Steuerwasser beträgt je Entschlammung ca. 3 ... 5 ℓ. Während des Laufes ist keine Wasserzugabe erforderlich.

Vor Zuführung von Kraftstoff-Wasser-Gemischen ist die Trommel zunächst mit einer bestimmten Wassermenge zu füllen, um den äußeren Flüssigkeitsverschluß herzustellen.

Die Innenteile können leicht aus der Trommel herausgenommen werden. Unterhalb des Trommelbodenteiles befinden sich keine Steuerungselemente. Dieses Teil kann daher immer auf der Spindel sitzen bleiben. Empfindliche Einbauteile wie Schrauben, Bolzen, Ventile, Federn usw. fehlen. Die Hauptdichtung liegt am Rande des Trommeldeckels und ist leicht zugänglich. Das Gewinde des über dem Trommeldeckel angeordneten Verschlußringes ist gegen das Eindringen von Schmutz geschützt.

Die Anpassung an unterschiedliche Dichten des Kraftstoffes erfolgt durch das Einsetzen von Wasserscheiben, deren Innendurchmesser der jeweiligen Dichte angepaßt sind: kleiner Innendurchmesser bei hoher Dichte, großer Innendurchmesser bei niedriger Dichte.

Die Trommel läßt sich leicht für Klärung umrüsten. Anstelle der Wasserscheiben wird eine Verschlußeinrichtung eingelegt, die den zweiten Austritt abschließt. In dieser Ausführung eignet sich das Gerät besonders für die Klärung wasserfreier Kraftstoffe.

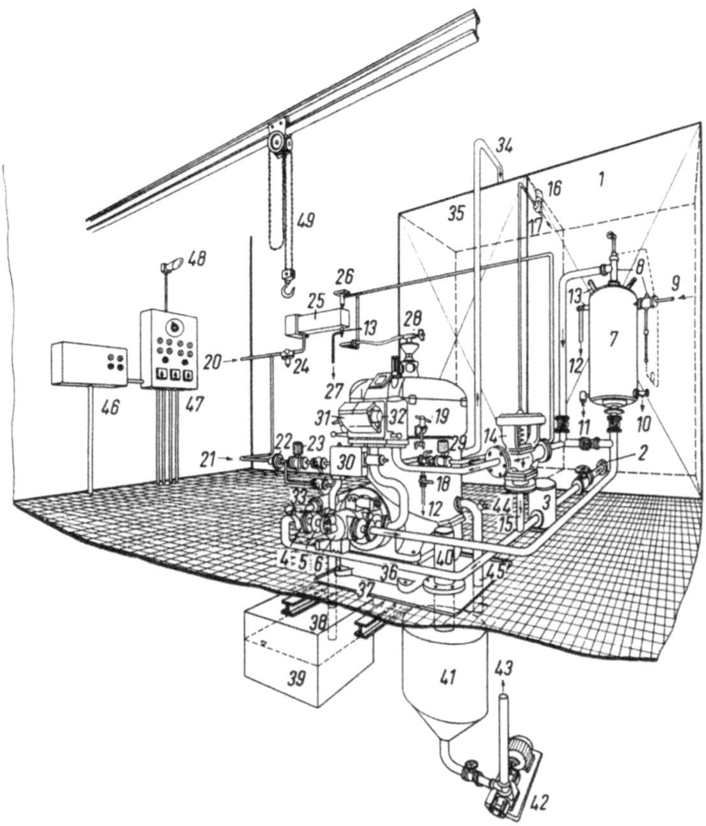

Bild 6.12 Schema einer Westfalia-Schweröl-Reinigungsanlage mit selbstentschlammendem Separator und Automatik

1 Schmutzöltank,
2 Schmutzöl-Zulauf,
3 Vorsieb,
4 Einstellblende,
5 Ausgleichkörper,
6 Zahnrad-Doppelpumpe,
7 dampfbeheizter Ölvorwärmer,
8 automatischer Temperaturegler,
9 Dampf-Eintritt,
10 Entleerungs- bzw. Entlüftungshahn,
11 Kondensat-Ablauf,
12 Lecköl zum Überlauftank,
13 Sicherheitsventil,
14 3-Weg-Ventil,
15 Schmutzöl-Rücklauf zur Pumpe,
16 Preßluft-Magnetsteuerventil für Ölzulauf,
17 Preßluft-Eintritt (Druck 1,5 bis 2 bar
18 Haubenentleerung,
19 Separator,
20 Wasser-Zulauf,
21 Steuerwasser-Zulauf (Druck 1,5 bis 3 bar),
22 Schmutzfilter für Steuerwasser,
23 Steuerwasser-Anschluß mit Magnetventil und Bypass,
24 Druckreduzierventil (falls Wasserdruck größer als zul. Betriebsdruck des Erhitzers),
25 Elektro-Wassererhitzer,
26 Thermostat,
27 Wasser zur Bilge,
28 Zusatzwasser-Anschluß mit Reguliereinrichtung,
29 Wasser-Anschluß mit Magnetventil (Füllen, Spülen, Verdrängen),
30 Störungsmelder,
31 Schaukasten für Reinöl- und Wasserablauf,
32 Schauglas-Beleuchtung,
33 Rückschlagventil in Reinölleitung,
34 Feinöl-Ablauf,
35 Reinöltank,
36 Fundamentplatte,
37 Wanne,
38 Schmutzöl zum Überlauftank,
39 Überlauftank,
40 Schlammablauf mit Schaukasten,
40a Schmutzwasser-Ablauf,
41 Schlammtank,
42 Schlammpumpe,
43 Schlamm (Öl-Wasser-Schlamm-Gemisch),
44 Schaudeckel am Steuerwasser-Ablauf,
45 Steuerwasser-Ablauf,
46 Motor-Steuerung,
47 Ventil-Steuerung,
48 Signal,
49 Hebezeug.

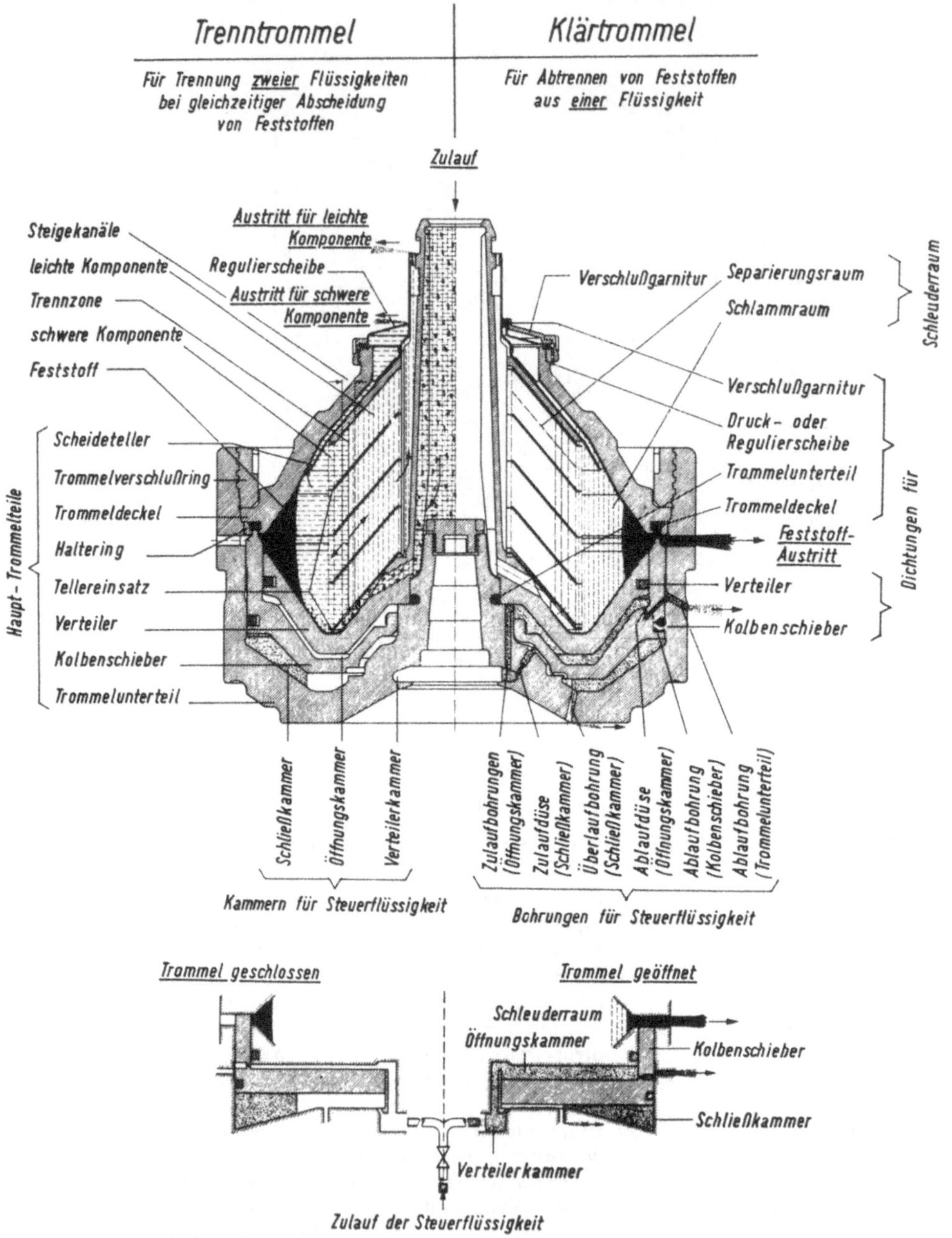

Bild 6.13 Aufbau eines selbstreinigenden Separators

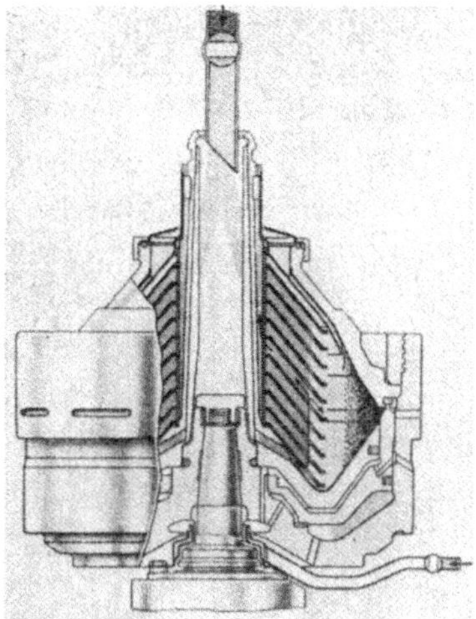

a)

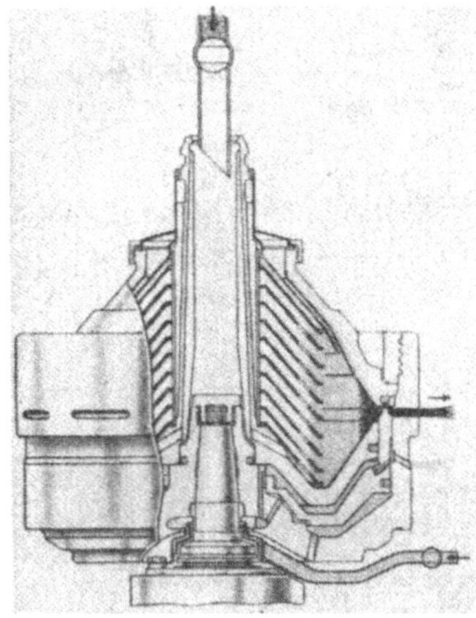

b)

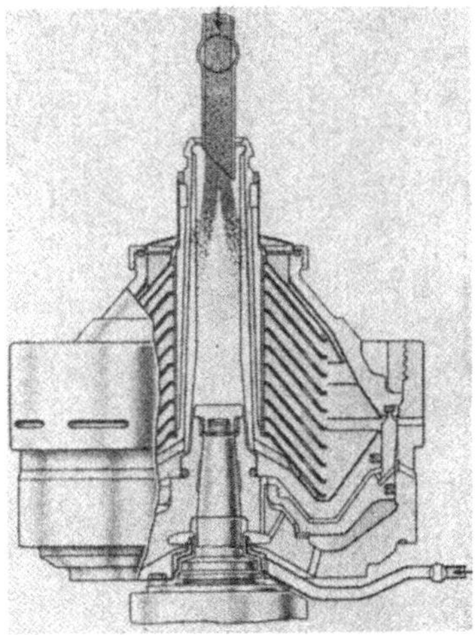

c)

Bild 6.14
Trommelreinigung

a) Wenn der Trommelschlammraum mit Feststoffen gefüllt ist, wird der Schleudergut-Zulauf abgestellt und das Steuerwasser-Ventil für einige Sekunden geöffnet. b) Die Druckkammer über dem Kolbenschieber füllt sich mit Steuerwasser. Der Kolbenschieber wird rasch nach unten gedrückt, gibt die seitlichen Entleerungsschlitze frei und die gesamte Trommelfüllung tritt aus. c) Nach Absperren des Steuerwasser schließt sich die Trommel automatisch, da sich der Druckraum über dem Kolbenschieber durch eine Bohrung entleert und der Steuerwasserdruck unter dem Kolbenschieber diesen wieder anhebt. Zunächst wird die Trommel mit Wasser gefüllt. Dadurch wird ein Flüssigkeitsverschluß hergestellt, der den Auslauf z. B. von Öl am Wasseraustritt verhindert. Die Separierung kann dann nach Öffnen des Schleudergutzulaufes erneut beginnen.

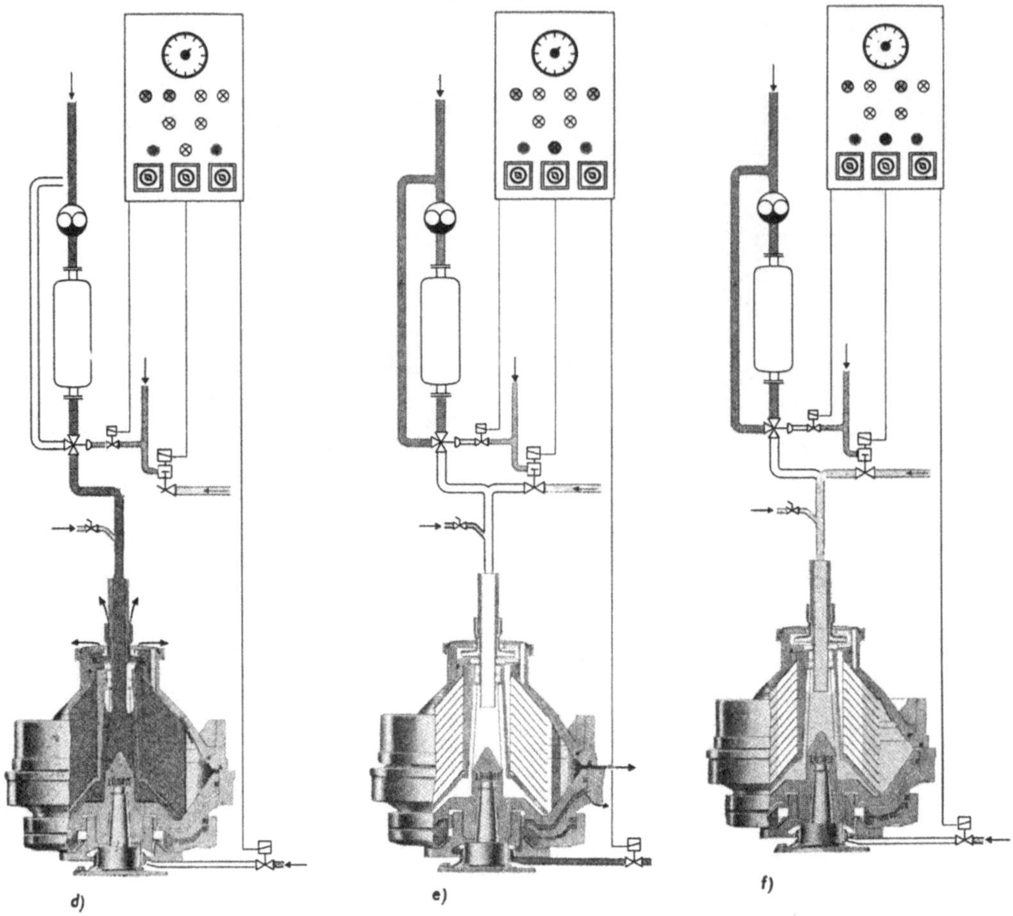

Fortsetzung Bild 6.14

d) Das Bild zeigt den Separierungsvorgang, Schmutzöl wird mittels der Zubringerpumpe durchden Vorwärmer geleitet und der Trommel zugeführt. Gleichzeitig wird tropfenweise heißes Wasser zugesetzt, um den Wasserverschluß in der Trommel zu sichern. e) Das zweite Schema zeigt die Trommel bei der Entschlammung. Um diesen Vorgang einzuleiten, wird das Dreiwegeventil (im Schmutzölzulauf) umgeschaltet, damit das Schleudergut nicht mehr der Trommel zuläuft, sondern mittels einer Pumpe im Kreislauf geführt wird. Nach einer kurzen Wartezeit befindet sich in der Leitung zwischen Dreiwegeventil und Trommel kein Öl mehr. Nun wird entweder das in der Trommel befindliche Schleudergut (z. B. Schmieröl) durch Zugabe von Wasser aus der Trommel verdrängt oder es wird ohne vorherige Verdrängung (z. B. bei Schweröl) durch Öffnen des Magnetventils Steuerflüssigkeit in die Verteilerkammer geschickt, worauf die Trommel entschlammt. Das Zusatzwasser tropft unterdessen weiter in der Trommel. f) Nach dem Entschlammen wird die Trommel zunächst mit Wasser aufgefüllt, um den Wasserverschluß zu bilden. Danach wird das Dreiwegeventil im Zulauf umgeschaltet, so daß das Öl wieder der Trommel zufließt. Sind sogenannte Spulentschlammungen notwendig (bei stark verschmutzten Ölen), wird mehrere Male Wasser in die Trommel geleitet und entschlammt. Der Wahlschalter „Spülen" des Steuergerätes wird entsprechend bedient. Anschließend kann die Separierung erneut beginnen.

Bei Schwerölanlagen wählt man häufig den Dauerseparierbetrieb mit einem selbstentschlammenden Separator, der vom Setztank zum Tagestank fördert und diesen laufend gefüllt hält. Zum Setztank ist ein Überlauf vorhanden. Der Setztank wird bei diesem System von Zeit zu Zeit aus den Vorratsbunkern nachgefüllt. Dieses einfache System hat den Vorteil, daß der aus dem Tagestank den Verbrauchern zufließende Kraftstoff mehrmals im Kreislauf separiert wurde.

6.1.2.2.2 Filter

Filter sind Hohlraumsysteme von unterschiedlichem inneren Aufbau. Das selbst undurchlässige Material des Filters enthält in einer durch die Ausführung bedingten Verteilung unregelmäßig orientierte Poren, Spalten oder Maschenebenen wechselnder Größe und Gestalt.

Die Abscheidung der Fremdstoffe am oder im Filter beruht auf verschiedenartigen Effekten. Genannt seien hier nur: *Siebung, Adsorption, Aufprall, Ablagerung* in Toträumen und *Bindung* an Stoffe, die ihrerseits durch Adhäsion am Filtermaterial haften, z.B. Öl im Luftfilter. Für die Filterung von Kraftstoffen verwendet man Siebe, Filzscheiben, Spaltfilter und Papierfilter. Aufgrund der geringfügigen Dichteunterschiede zwischen Kraftstoff und Beimengungen und der höheren Zähigkeit des Kraftstoffes entfällt die bei Luftfilterung bestehende Möglichkeit, unter Ausnutzung des Aufpralleffektes die Reinigung mit Porenquerschnitten zu erreichen, die größer als die Fremdstoffteilchen sind. Die Poren- bzw. Spaltweite muß also etwa gleich der abzuscheidenden Korngröße sein.

Der Reinigungsvorgang wird im wesentlichen von der Filterstruktur, der Teilchengröße, der Beschaffenheit und der Konzentration der Verunreinigungen sowie von der Durchflußgeschwindigkeit bestimmt. Dabei ist zu berücksichtigen, daß sich im Betrieb die Filterwirkung aufgrund der Porenquerschnitts- bzw. Spaltweitenverkleinerung durch Schmutzstoffansatz erhöht. Gleichzeitig wächst aber auch der Durchflußwiderstand, d.h. der Druckunterschied zwischen Zufluß- und Abflußstutzen des Filters. Mißt man diesen Druckabfall mit einem Differenzmanometer, so erhält man einen Wert, der Rückschlüsse auf den Verschmutzungsgrad des Filters zuläßt.

Bei der Feinreinigung sollten Fremdkörper, deren Teilchengröße den Betrag des Passungsspieles in den Pumpenelementen und Einspritzdüsen übersteigt, nach Möglichkeit ausgeschieden werden, um deren Verschleiß in Grenzen zu halten.

Eine Verstopfung der feinen Bohrungen im Düsenendstück bzw. Verunreinigungen im Sitz der Düsennadel können die Umsetzung von Druck in Geschwindigkeit ungünstig beeinflussen und die einwandfreie Vernebelung des Kraftstoffes in Frage stellen. Verschmutzte Düsen neigen zum Nachtropfen. Es kann auch eine Ablenkung des Einspritzkegels auftreten, wodurch der Kraftstoff auf Flächen mit niedriger Temperatur trifft, wo er kondensiert und verkokt.

Für die Reinigung von Gasöl genügt im allgemeinen ein umschaltbares Doppelfilter mit Siebeinsätzen und ein nachgeschaltetes *Spaltfilter* (Bild 6.15), die beide in der Leitung vom Tagestank zum Motor angeordnet werden.

Das Spaltfilter, dem die Aufgabe der Feinreinigung obliegt, säubert sich bei Drehung der Plattenwalze selbsttätig, so daß lediglich von Zeit zu Zeit der angefallene Schlamm abgelassen werden muß.

Die beiden Filter des umschaltbaren Doppelaggregates müssen dagegen täglich abwechselnd gereinigt werden. Nach vollzogener Reinigung ist das Filter wieder zu füllen und zu entlüften, so daß es jederzeit zugeschaltet werden kann.

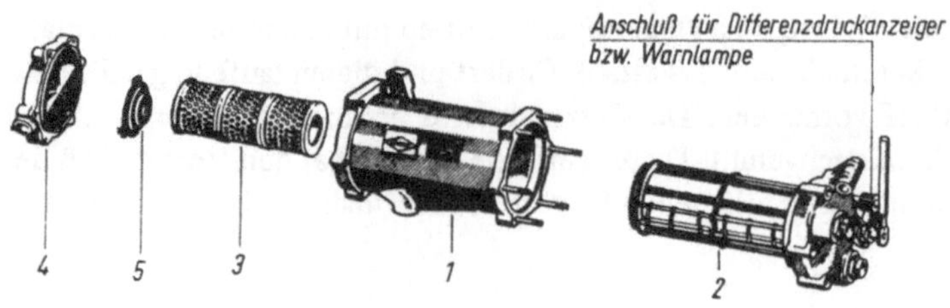

1 Filtergehäuse,
2 Spaltfilterspule,
3 Kunstgewebe-Einsatz,
4 Gehäuseboden,
5 Dichtungshalter

Bild 6.15 Kombinierter Spaltfilter

Bei Verwendung von Dieselöl und Schweröl als Kraftstoff sind für die Reinigung erhöhte Aufwendungen erforderlich. Durch entsprechende Konstruktion und Ausführung verlängert man den Aufenthalt des Kraftstoffes im Filter und intensiviert so die Reinigungswirkung. Auch der Einsatz anderer Filtermaterialien – textile Stoffe, Papier u.ä. – tragen zur Erhöhung des Reinheitsgrades bei. Eine bei Schwerölbetrieb vielfach angewendete Ausführung stellt der Turbulofilter der Deutschen Werft, Hamburg (Bild 6.16) dar.

Mehrfache Umlenkung durch Prallbleche (2), schräge Wände (3), Fallrohre (4) und die Trennwand (6) erhöhen die Zeit, die der bei (1) eintretende Kraftstoff für das Durchfließen der Filtereinrichtung benötigt, und ermöglicht einen verstärkten Absatz von Schmutzstoffen an den Einbauten.

Vor dem Eintritt (7) in das Tuchfilter (8) passiert der Kraftstoff eine Heizvorrichtung (5), in der durch Erwärmung die Zähigkeit herabgesetzt wird (sehr wichtig für Schwerölbetrieb). Durch die Umschalthähne (9) kann der Kraftstoffstrom bei Reinigung des Filtereinsatzes direkt in den Austritt (10) bzw. in ein Reservefilter geleitet werden. Entlüftungsanschlüsse (11), Reinigungsöffnungen (12) und Entwässerungshähne (13) gewährleisten einwandfreien Betrieb und leichte Wartung.

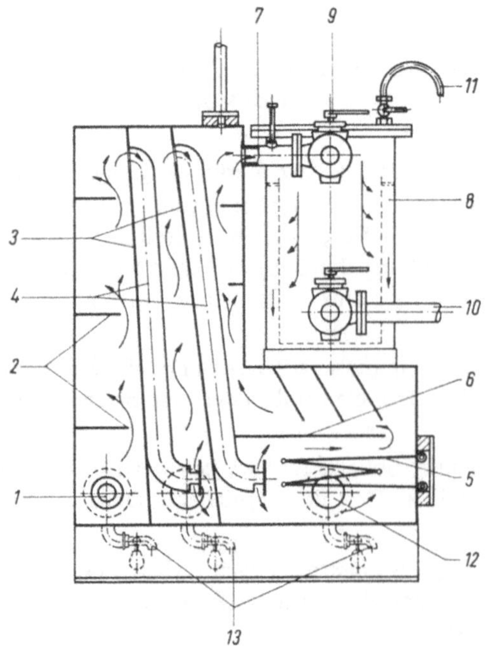

Bild 6.16
Turbulo-Filter
1 Kraftstoffeintritt,
2 Prallbleche,
3 Trennwände,
4 Fallrohre,
5 Heizung,
6 Umlenkwand,
7 Übertritt,
8 Tuchfilter,
9 Umgehungshahn für Tuchfilter,
10 Kraftstoffaustritt,
11 Entlüftung,
12 Reinigungsöffnung,
13 Schmutzablaßhähne

Selbsttätige Rückspülfilter werden in automatisierten Maschinenanlagen installiert. Sie bestehen aus mehreren Filterzellen, die bei Verschmutzung mit Hilfe eines elektrischen Steuersystems, das auf den steigenden Differenzdruck anspricht, einzeln vom Versorgungsnetz getrennt werden können. Die verschmutzten Zellen werden rückläufig durch sauberen Kraftstoff gereinigt oder durch Preßluft saubergeblasen und stehen dann wieder in Bereitschaft.

Rückspülfilter

Boll-Rückspülfilter (Bild 6.17) waren zur Zeit ihrer Entwicklung und sind auch heute noch ein echter Fortschritt in der Filtertechnik. Sie bieten ein automatisches Entfernen der ausgefilterten Rückstände aus dem Flüssigkeitskreislauf ohne Betriebsunterbrechung. Bei diesen Filtern geschieht das Reinigen der eingebauten Siebeinsätze automatisch durch Rückspülung

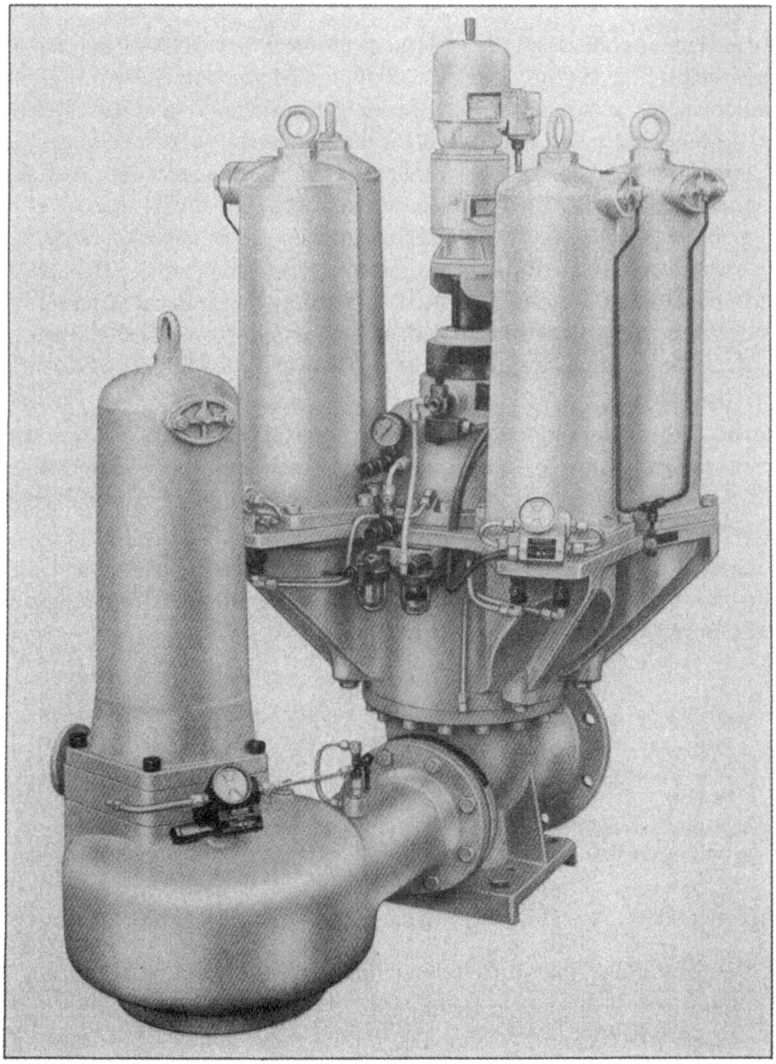

Bild 6.17 Rückspülfilter mit Spülölaufbereitung (Boll + Kirch)

im Gegenstrom mittels Eigen- und Fremdmedium, ohne daß eine Betriebsunterbrechung eintritt. Das Boll-System der Rückspülung gibt die Gewähr dafür, daß mit Sicherheit die ausgefilterten Rückstände konsequent aus dem Filter bzw. dem Flüssigkeitskreislauf entfernt werden. Der Rückspülvorgang wird nach Verschmutzung der Siebeinsätze mit Hilfe von Differenzdruck-Schaltern ausgelöst, dabei öffnet sich ein Schlammablaßventil, durch das der Schmutz in einen Sammelbehälter abgeleitet wird.

Die Art der Rückspülung, die Wahl der Filterausführung und die Bestimmung der Filtergröße sind im wesentlichen vom zu filternden Medium, der Filtereinheit, der Schmutzart, dem Schmutzanteil sowie dem jeweiligen Verwendungszweck abhängig.

Für die Filterung von Brennstoff und Schmieröl werden vorzugsweise automatische und vollautomatische Rückspülfilter verwendet, bei denen die Siebkerzen mit Druckluft gereinigt werden; die Umschaltung und der Rückspülvorgang werden beim vollautomatischen Rückspülfilter elektrisch gesteuert.

Mit einem Zusatzgerät zu seinen vollautomatischen Rückspülfiltern hat Boll & Kirch ein anstehendes Filterproblem gelöst: die Aufbereitung des Spülöls. Bis vor kurzem wurde dieses Spülöl in einem Sammelbehälter aufgegangen, vom Separator aufbereitet und dem Reinöltank wieder zugeführt. Boll & Kirch hat ein Spülölaufbereitungsgerät entwickelt, das unmittelbar an den Rückspülfilter angeflanscht wird. Dieses Gerät besteht aus dem Auffangbehälter, einem Patronenfilter und der Überwachungseinrichtung. Der Auffangbehälter ist so dimensioniert, daß er bei der Rückspülung einer Filterkammer die anfallende Schmutzölmenge bequem aufnehmen kann. Nach Rückspülung der Filterkammer wird durch Nachblasen mit Rückspülluft das Schmutzöl aus dem Auffangbehälter durch den Patronenfilter gedrückt. Durch das Aufbereitungsgerät wird die Verlegung einer Schlammablaßleitung und der Einbau eines Schlamm-Sammelbehälters überflüssig. Hierdurch ergibt sich eine nicht unbeträchtliche Kostenersparnis.

Der Spülölfilter ist bestückt mit international erhältlichen Wegwerf-Filterpatronen mit großem Schmutzspeicher-Vermögen; die Notwendigkeit ihrer Erneuerung wird durch einen speziellen Differenzdruckanzeiger angezeigt. Je nach Ölverschmutzung werden Patronenstandzeiten zwischen einem bis drei Monaten erzielt.

Durch Kombination eines Rückspülfilters mit einem Wasserabscheider erhält man eine Filtrator-Anlage wie im Bild 6.18. Ein Filtrator kann als Alternative oder als Ergänzung zum Separator wie in Bild 6.19 verwendet werden.

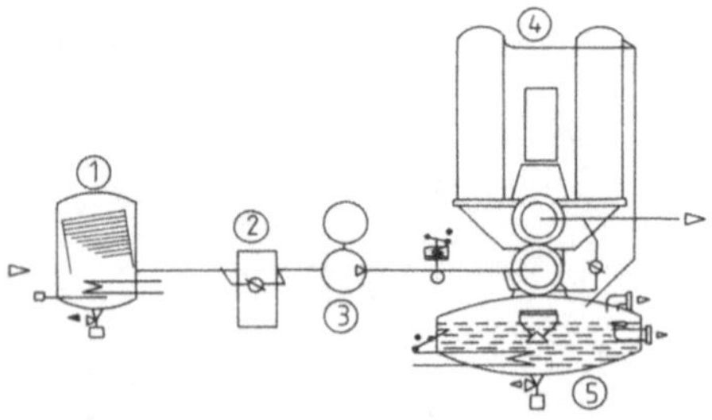

Bild 6.18 Filtrator
1 Wasserabscheider
2 Pumpenschutzfilter
3 Pumpe
4 Automat, wie Bild 6.17
5 Absetzbehälter

6.1.2.3 Beispiel für Kraftstoffsystem eines Mittelschnelläufers mit Schwerölbetrieb

Bild 6.19 stellt das Kraftstoffsystem für einen Krupp Mak-Motor M 601, wie in Bild 3.1, für Betrieb mit Schweröl bis etwa 400 cSt/50 °C dar. Die Bunkertanks auf Schiffen liegen bei Viskosität des Bunkeröls unter 400 cSt/50 °C im Doppelboden. Bei noch höheren Viskositäten, die eine höhere Vorwärmung des Kraftstoffs schon im Bunkertank verlangen, sollte

Bild 6.19
Kraftstoffsystem für MaK-Motor M 601

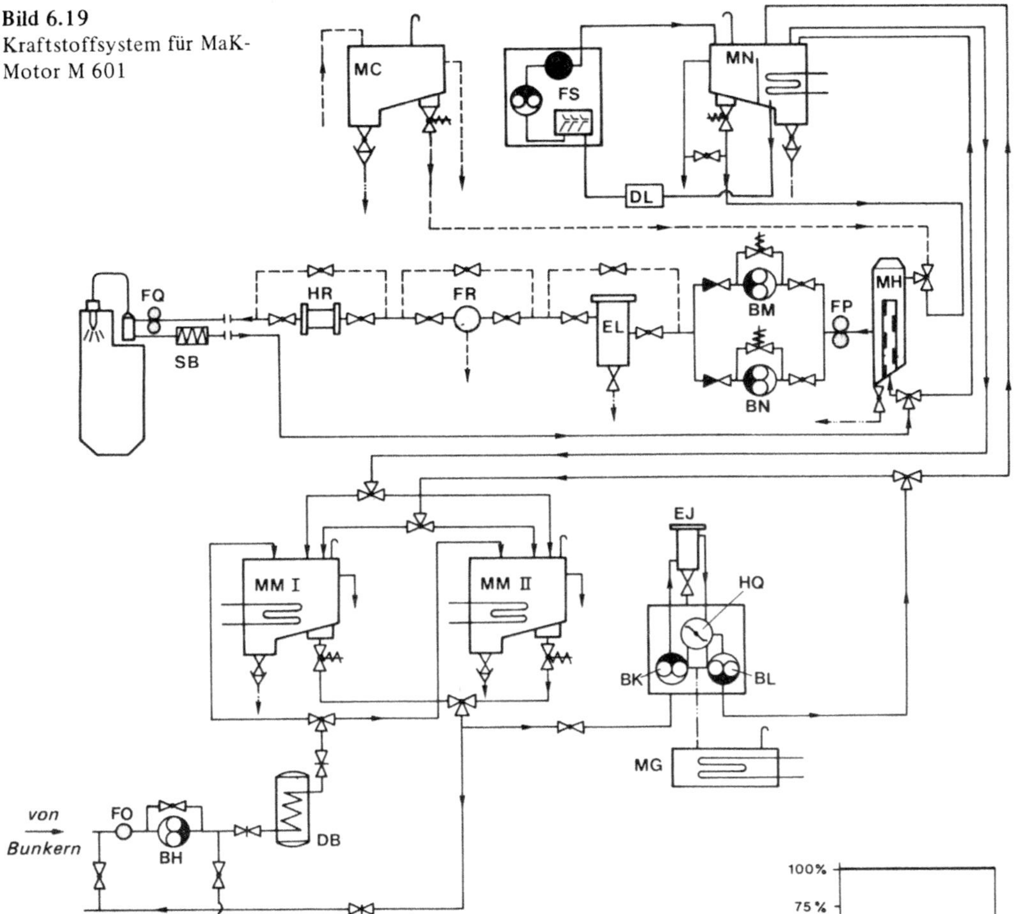

BH Förderpumpe
BK
BL Separatorpumpen
BM Kreislaufpumpe
BN Kreislaufpumpe (Reserve)
DB Vorwärmer
DL Vorwärmer
EJ Vorwärmer
EL Endvorwärmer
FO Schutzfilter
FP Vorfilter
FQ Feinfilter
FR Automatisches Rückspülfilter
FS Filtrator
HQ Separator
HR Viskositätsregler
MC Tagestank (Dieselöl)
MG Schlammtank
MH Mischrohr
MM Setztank I + II
MN Tagestank (Schweröl)
SB Druckhalteventil

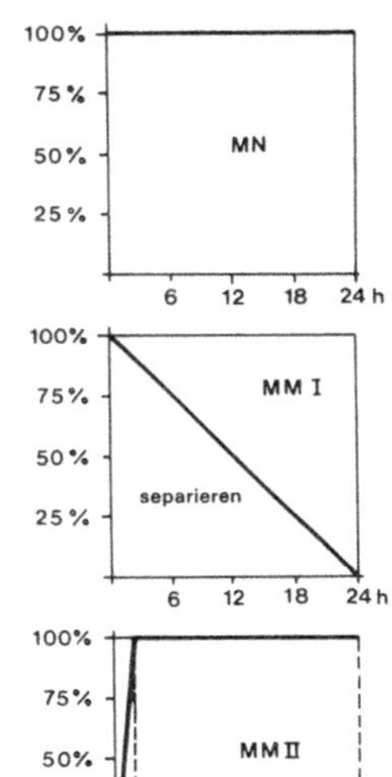

Maximale Durchflußgeschwindigkeiten in Kraftstoffleitungen:

Freier Ablauf	$\leqslant$0,5 m/s
Pumpenseiten	
Sog	$\leqslant$1 m/s
Druck	$\leqslant$2,5 m/s

man einen zentralen Bunkertank oberhalb des Doppelbodens in der Nähe oder am Maschinenraum wählen, um den Heizbedarf für den Tank und die Rohrleitungen in Grenzen zu halten.

Auslegung von Schwerölanlagen (zu Bild 6.19)

Die nachfolgenden Erläuterungen basieren auf der Auswertung von Betriebserfahrungen mit Schwerölanlagen. Abweichungen von den Auslegungsempfehlungen sind durchaus möglich, sollten jedoch im Auftragsfalle mit dem Motorenhersteller (siehe Abschnitt 6.2.2.1) diskutiert werden. Die optimale Einspritzviskosität von 9,5 ... 12 cSt muß bei Verwendung aller Kraftstoffqualitäten in jedem Falle eingehalten werden. Wegen technischer Daten, siehe Tabelle 6.9 in Abschnitt 6.2.2.

Vorratstank (ML)

Er ist im Schiff normalerweise im Doppelboden angeordnet. Die minimale Kraftstofftemperatur liegt damit bei −3 °C. Eine Bunkerheizung ist erforderlich. Heizmedien sind Dampf, Heißwasser oder Thermalöl.

Grobfilter (FO)

Einfach- oder Doppelfilter mit einer Maschenweite von ca. 2 mm schützt nachfolgende Förderpumpe.

Förderpumpe (BH)

Sie fördert Kraftstoff vom Vorrats- zum Setztank. Da sie oft zum Trimmen verwendet wird, sollte sie so groß wie möglich sein, jedoch mindestens den Setztank (Inhalt für 1 Tagesverbrauch) in 2 h auffüllen, um eine ausreichende Setzzeit zu erreichen.

Die Fördermenge BH' (m^3/h) bei Setztankkapazität für 24 h beträgt

$$BH' = 2{,}6 \cdot \frac{P_e\,(\mathrm{kW})}{100}\,.$$

Die Förderhöhe liegt zwischen 5 bar und 10 bar in Abhängigkeit von Kraftstoffviskosität und Leitungswiderständen. Manometrische Saughöhe bei Zahnradpumpen (Einsatz bis 80 cSt/50 °C) beträgt maximal 0,4 bar, bei Schraubenspindelpumpen max. 0,6 bar.

Anwärmer (DB)

Die Anwärmung des Schweröls während des Auffüllens ermöglicht früheren Beginn der Absetzzeit. In Abhängigkeit von der Fördermenge BH' und den wärmetechnischen Daten der Anwärmer ergibt sich folgende Auslegung für die Beheizung mit Zylinderkühlwasser:

Heizfläche (m^2) = $BH' \cdot 2{,}4$
zuzuführende Wärmemenge MJ/h = $BH' \cdot 105$
Wasserbedarf (70 ... 75 °C) (m^3/h) = $BH' \cdot 8{,}5$
Anwärmung im Wärmetauscher auf max. 65 °C.

Setztank (MM)

Er dient zum Brechen von Emulsionen unter Temperatureinfluß und zur Schlammabscheidung. Bei Schweröl $\leqslant$ 80 cSt/50 °C ist keine Tankbeheizung erforderlich, wenn nach Unterschreitung der Mindesttemperatur durch Umpumpen über Anwärmer DB die erforderliche Setztanktemperatur wiederhergestellt wird. Sonst sind Heizeinrichtungen vorzusehen.

Kraftstoff cSt/50 °C	Temperatur normal	minimal
⩽ 80	60	50
80 ... 180	70	60
> 360 ... 420	85	80

Zu empfehlen ist eine Heizfläche, die das Aufheizen auf 90 °C ermöglicht. Setztanks sind allseitig zu isolieren und mit einem Schlammablaß auszurüsten. Im Schwerölbetrieb bis 180 cSt/50 °C gewährleistet ein einzelner Setztank mit einer Kapazität von ca. 30 h eine ausreichende Absetzzeit und Sicherheit bei Betriebstörungen. Das Setztankvolumen beträgt für 30 h in m³:

$$\frac{6{,}7 \cdot P_e\,(\mathrm{kW})}{1000}.$$

Für den Schwerölbetrieb ⩾ 180 cSt/50 °C sind 2 Setztanks mit einer Kapazität von je 24 h vorzusehen (siehe Schema): Setztankvolumen für 2 × 24 h in m³

$$2 \cdot \frac{5{,}4 \cdot P_e\,(\mathrm{kW})}{1000}.$$

Separator (HQ)

Der dargestellte Ablauf ist bei Einsatz der erforderlichen Steuerung und Überwachung im wachfreien Betrieb durchführbar.

Kraftstoff cSt/50 °C	max. Separatorbeaufschlagung (% Nennleistung)	Beaufschlagungsfaktor *x*
⩽ 80	45	2,22
80 ... 180	40	2,5
> 360 ... 420	20	5

Basierend auf einer Separierzeit von 22 h/Tag ergibt sich folgende Separatornennleistung in *l*/h

$$HQ' = x \cdot 0{,}24 \cdot P_e\,(\mathrm{kW}).$$

Ein Stand-by-Separator wird z.B. umrüstbar – nach Bedarf für Kraftstoff oder Schmieröl empfohlen. Für Kraftstoff 360 ... 420 cSt muß die Möglichkeit der Parallelschaltung gegeben sein, um bei Bedarf die Separatorbeaufschlagung auf 10 % reduzieren zu können.

Vorwärmer für Separator

Der Kraftstoff wird mit Hilfe des Vorwärmers von Setztanktemperatur auf optimale Separiertemperatur gebracht.

Kraftstoff cSt/50 °C	Setztanktemperatur	Aufwärmung	Separiertemperatur	Sicherheit
⩽ 80	60 °C	30 °C	80 °C	10 °C
80 ... 180	70 °C	30 °C	90 °C	10 °C
> 360 ... 420	85 °C	30 °C	100 °C	15 °C

Elektrovorwärmer (EJ) Heizleistung (kW) $= \frac{3{,}6 \cdot P_e\,(\mathrm{kW})}{1000}$.

Der Vorwärmer ist zeitlich vor der dazugehörigen Pumpe abzuschalten, um ein Vercracken des Kraftstoffes zu vermeiden. Die Heizflächenbelastung soll nicht größer sein als 0,8 W/cm^2 sein. Der Einbau von Elektrovorwärmen hat möglichst senkrecht zu erfolgen, um entschlammen zu können. Dadurch werden Verkokungen an den Oberflächen der Heizeinsätze vermieden.

Dampfvorwärmer (DK)

Heizmedium ist Sattdampf mit 4, 6, 8 bar, vollständige Kondensation wird angenommen, der Dampf geht durch die Rohre mit der angenommenen Wärmedurchgangszahl
$K = 290 \ldots 410$ W/cm^2 °C.

Heizfläche (m²) = $f_1 \cdot P_e$ (kW)/100 000			
Kraftstoff cSt/50 °C	f_1 Dampfdruck (bar)		
	4	6	8
≤ 80	8,6	7,0	6,5
80 ... 180	12,6	9,6	8,4
> 360 ... 420	–	–	18,3

$$\text{Dampfbedarf (kg/h)} = \frac{7{,}2 \cdot P_e\,(\text{kW})}{1000}\,.$$

Die Vorwärmer sind zu isolieren.

Tagestank (MN)

Der Sammelbehälter des aufbereiteten Kraftstoffes, gleicht Unregelmäßigkeiten in Aufbereitungsanlage bzw. Ruhezeiten während des Absetzvorganges aus. Bei Schweröl ≤ 80 cSt/50 °C ist keine Tankbeheizung erforderlich, wenn nach Unterschreitung der Mindesttemperatur durch Separierung der Kraftstoff auf die erforderliche Temperatur gebracht wird.

Kraftstoff cSt/50 °C	Tagestanktemperatur normal (°C)	minimal (°C)
≤ 80	60	60
80 ... 180	70	60
> 360 ... 420	90	70

Der Tagestank sollte mindestens für einen Tagesverbrauch ausgelegt werden, um seiner Funktion gerecht zu werden. Er ist entweder allseitig zu isolieren oder im Setztank unterzubringen. Dadurch wird über 50 % der Isolierfläche gespart und die Wärmeabgabe verringert.

Filtrator (FS)

Er dient der Wasserabscheidung und der Überwachung der Separiergüte. Bunkerfuel kann eine Dichte > 1 haben und dadurch Schwierigkeiten beim Separieren machen.

Additivbevorratung

Der Einsatz von Kraftstoffadditiven wird nicht empfohlen. Sollten dennoch Additive verwendet werden, ist deren Kraftstoffverträglichkeit sicherzustellen.

Mischrohr (MH)

Es mischt den warmen Rücklaufkraftstoff vom Motor mit dem aus dem Tagestank nachfließenden Schweröl und dient zur Entlüftung sowie Entgasung des Kraftstoffkreislaufs.

Mischrohrvolumen MH (l) = 0,03 · P_e (kW).

Mischrohre ohne Isolierung sind von der MaK lieferbar in den Größen 100 l und 200 l. Eine Isolierung (Beheizung) ist in jedem Fall vorzunehmen.

Vorfilter (FP)

Es schützt die nachfolgende Kreislaufpumpe vor groben Verunreinigungen. Das Vorfilter ist ein umschaltbares Doppelfilter mit einer Maschenweite von 0,5 mm.

Kreislaufpumpen (BM, BN)

Sie sind grundsätzlich als Aggregat ausgebildet, damit der Kraftstoff auch bei stehendem Motor im Kreislauf umgewälzt und auf Betriebstemperatur gehalten werden kann.

Motorleistung	Fördermenge BM, BN
< 2450 kW	BM = 1,2 + 0,21 · P_e (kW)/1000 m³/h
⩾ 2450 kW	BM = 0,7 · P_e (kW)/1000 m³/h

Förderhöhe = 5 bar.

Die Fördermengen sind so gewählt, daß beim Spülen des Automatikfilters die Brennstoffversorgung des Motors gewährleistet ist. Normalerweise ist die Kreislaufpumpe als Zahnradpumpe bis 180 cSt/50 °C ausgeführt, darüber hinaus ist eine Schraubenspindelpumpe emphehlenswert.

Endvorwärmer (EL)

Der Endvorwärmer bringt Kraftstoff auf Einspritzviskosität (Bild 6.20).

Kraftstoff cSt/50 °C	Temperatur nach EL °C	Leitungsverlust °C	Temperatur vor Düse °C	Aufwärmung in EL °C
30	95	10	85	45
55	105	10	95	55
80	115	10	105	65
120	125	10	115	75
180	135	10	125	85
360 ... 420	160	10	150	105

In der Auslegung wird davon ausgegangen, daß ca. $\frac{1}{3}$ der Fördermenge verbraucht wird und somit neu von Tagestank- auf Endtemperatur erwärmt werden muß. Bei $\frac{2}{3}$ der Rücklaufmenge muß nur der geschätzte Verlust in den Leitungen von ca. 20 °C ersetzt werden.

Elektroendvorwärmer (EL)

$$\text{Heizleistung (kW)} = \frac{f_2 \cdot P_e\,(\text{kW})}{1000}.$$

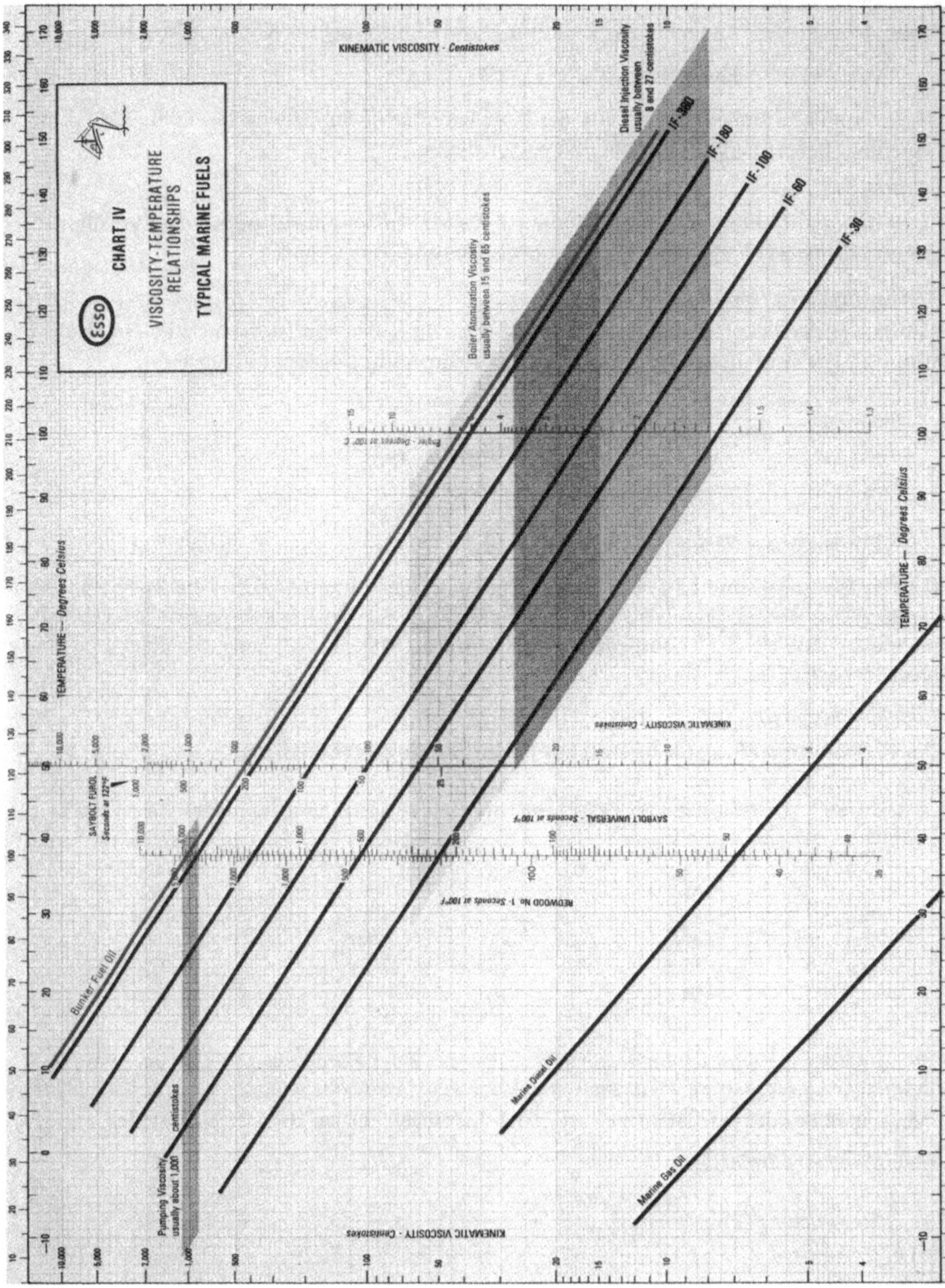

Bild 6.20 Viskositäts-Temperatur-Blatt für Kraftstoffe mit Grenzen

Kraftstoff cSt/50 °C	30	55	80	120	180	360 ... 420
f_2	10	11	12	13	15	18

Der Vorwärmer ist zeitlich vor der dazugehörigen Pumpe abzuschalten, um ein Vercracken des Kraftstoffes zu vermeiden. Die Heizflächenbelastung soll nicht größer als 0,8 W/cm² sein. Der Endvorwärmer sollte senkrecht eingebaut werden.

Dampfendvorwärmer (DJ)

Heizfläche (m²) = $f_3 \cdot P_e$ (kW)/1000
Dampfbedarf (kg/h) = $f_4 \cdot P_e$ (kW)/1000

Kraftstoff cSt/50 °C	Dampfdruck (bar)					
	f_3			f_4		
	4	6	8	4	6	8
30	0,5	0,4	0,3	17,6	18	18,3
55	0,6	0,5	0,4	19,6	20,1	20,5
80	0,8	0,6	0,5	21,7	22,2	22,6
120	–	0,8	0,7	–	24,3	24,8
180	–	1,2	0,9	–	26,5	26,9
360 ... 420	–	–	2,1	–	–	32,1

Heizmedium ist Sattdampf von 4, 6, 8 bar, vollständige Kondensation wird angenommen. Der Dampf wird durch Rohre geführt, die angenommene Wärmedurchgangszahl ist $K = 240 \ldots 310$ W/cm² °C.

Soweit in der Tabelle der Viskosität keine Dampfdrücke zugeordnet sind, läßt die Differenz zwischen Sattdampf- und Kraftstofftemperatur eine entsprechende Vorwärmung nicht zu. Die Vorwärmer sind zu isolieren.

Automatisches Rückspülfilter (FR)

Das Filter (Bypass-Filter nicht erforderlich) muß bei wachfreiem Betrieb immer vorgesehen werden. Es verlängert das Reinigungsintervall des am Motor angebauten Doppelfilters (FQ). Maschenweite 34 Mikron.

Viskositätsmeß- und Regeleinrichtung (HR)

Eine solche Einrichtung ist bei allen Kraftstoffviskositäten erforderlich, um die optimale Viskosität 9,5 ... 12 cSt an den Einspritzpumpen zu gewährleisten.

Bei Viskositäten bis 43 cSt/50 °C kann in Verbindung mit dem elektrischen Endvorwärmer eine Temperatur-Regeleinrichtung vorgesehen werden.

Kraftstoff-Feinfilter (FQ)

Dies ist ein Doppelfilter (umschaltbar), das am Motor angebaut ist. Maschenweite 34 µm. Es wird ab 180 cSt/50 °C beheizt.

Teillastbetrieb mit Schwerölmotoren

Bei Schwerölmotoren ist es notwendig, den Teillastbetrieb mit Schweröl zeitlich zu begrenzen. Diese Einschränkung ist erforderlich, da bei geringer Motorenbelastung im kälteren Brennraum die Verbrennung unvollständig ist, und daher erhebliche Mengen fester Verbrennungsrückstände anfallen.

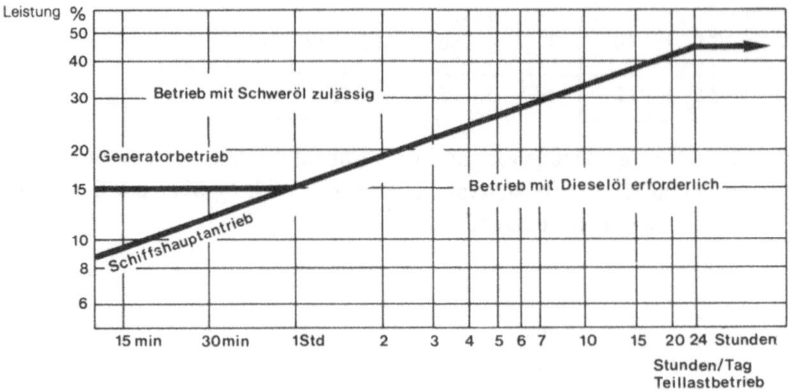

Bild 6.21 Täglich zulässiger Teillastbetrieb in % der Nennleistung für Schweröl

Größtenteils werden zwar die Rückstände mit dem Abgasstrom ausgeblasen; ein Teil bleibt jedoch im Motor, weil sie am Ölfilm der Laufbuchse anhaften oder mit dem Durchblasegas in die Kolbenringpartie eindringen. Innerhalb der Ringpartie wird die Bildung fester Ablagerungen durch das Schmieröl weitgehend verhindert, die im Öl aufgenommenen Verbrennungsrückstände führen aber zu einem erhöhten Schmutzanteil im Schmierölkreislauf, der bei längerem Betrieb mit Kleinstlast so stark werden kann, daß die Spülintervalle der Automatikfilter auf wenige Minuten zurückgehen.

Wird der Motor nach längerem Betrieb mit sehr geringer Belastung schnell wieder auf Volllast gefahren, so preßt die sich ausdehnende Kolbenkrone die Ablagerungen im Feuerstegspiel zwischen Kolben und Laufbuchse ein und der Schmierfilm auf der Laufbuchse wird zerstört.

Kolben und Ringlauf sind in dieser Hochlaufphase gefährdet und in gravierenden Fällen können sich Ring- und Kolbenfresser ereignen. Aus diesen Gründen ist der Teillastbetrieb mit Schweröl nur mit Einschränkung erlaubt (Bild 6.21). Bei dem Umgang mit dieser Grenzkurve ist zu beachten, daß zwischen 45 % und 100 % Grundlast der Schwerölbetrieb dauernd zugelassen werden kann.

Fällt die Grundlast beispielsweise auf 30 % ab, so muß nach etwa 7 Stunden die Last entweder wieder deutlich über 45 % ansteigen, oder der Betrieb muß auf Dieselöl umgestellt werden. Bei 20 %-iger Grundlast ist bereits nach 2 Stunden auf Dieselöl umzuschalten, oder die Last muß für die verbleibenden 22 Stunden über 45 % ansteigen.

Noch kleinere Belastungen sind bei Schiffshauptantrieb nur im Schwerölbetrieb von Pier zu Pier zu erwarten. Der Teillastbetrieb mit Generatorsätzen sollte unter 15 % der Nennleistung nicht vorkommen, weil die Abschaltung einzelner Stromerzeuger möglich ist (siehe auch Bild 6.21).

6.1.2.4 Beispiel für Kraftstoffsystem eines Großdieselmotors (Zweitaktkreuzkopf)

Bild 6.22 stellt das Kraftstoffsystem für einen M.A.N./B & W-Motor L 90 GB/GBE, wie in Bild 1.32, für Betrieb mit Schweröl bis 600 cSt/50 °C dar. Der Feinfilter soll eine maschenweite (Fineness) von 50 μm (0,050 mm) haben und für einen Betriebsdruck von 10 bar und eine Betriebstemperatur von 150 °C konstruiert sein. Druckabfall bei reinem Filter max. 0,1 ... 0,2 bar; Filterreinigung bei einem Differenzdruck von max. 0,5 bar. Der Filter soll bei einer Viskosität von 10 ... 15 cSt betrieben werden. Die Leitungsschaltung am Motor selbst ergibt sich aus Bild 6.23. Das Kraftstoffsystem und die Kraftstoffbereitung stimmen im übrigen mit Bild 6.19 überein. Auch für Zweitaktmotoren-Anlagen kann der zusätzliche einbau eines Filtrators empfohlen werden. Dieser übernimmt dann bei Reihenschaltung mit Separatoren folgende 3 wichtigen Funktionen:

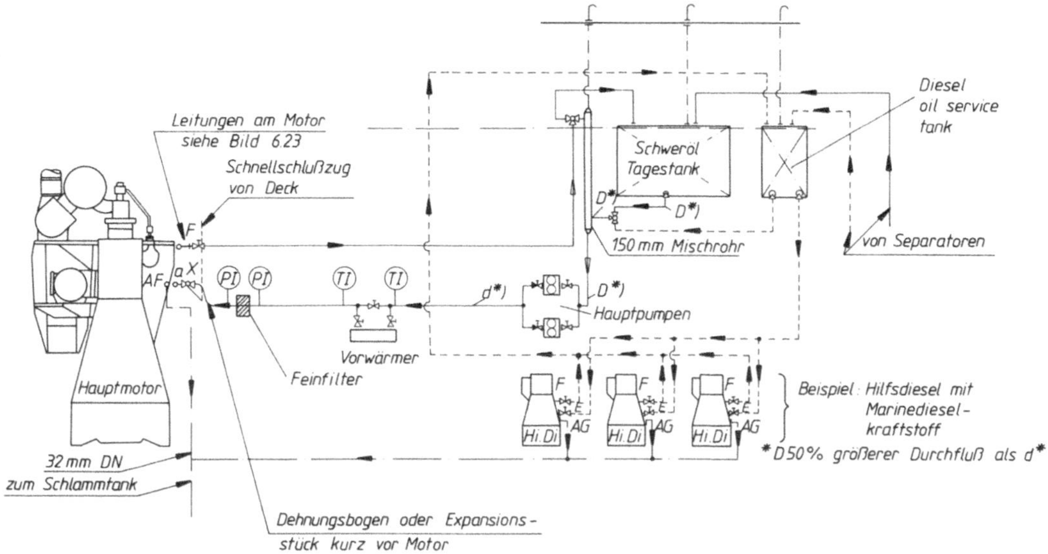

Bild 6.22 Kraftstoffsystem für 2-Takt-Großdieselmotor

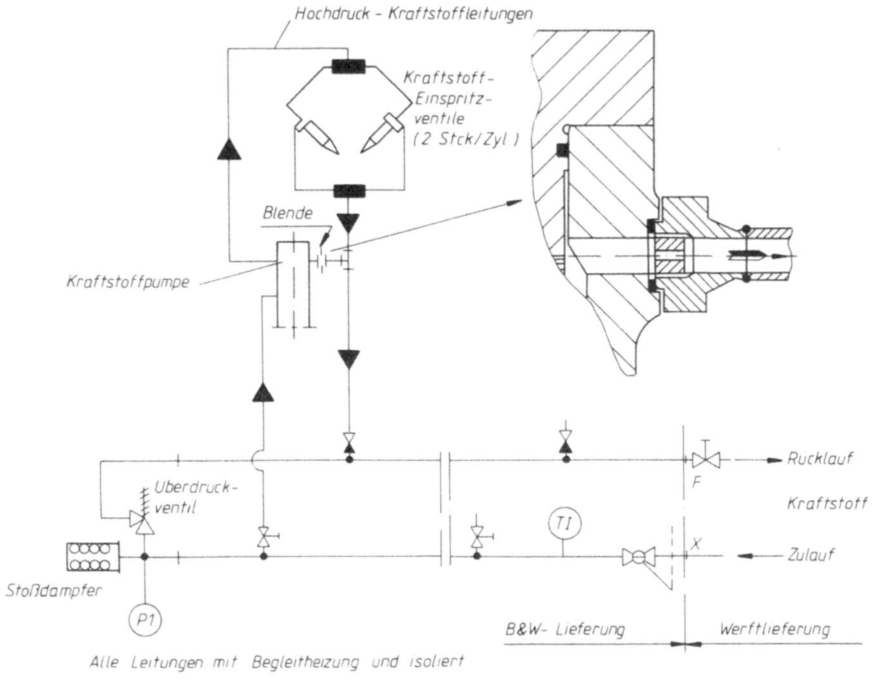

Bild 6.23 Kraftstoffsystem an M. A. N/B & W-Motoren L90 GB u. ä.

1. Austrag von Feststoffen und Wasser bei Separatorstörung und/oder bei Feststoffdichten < 1;
2. Gesamtaufbereitung des Kraftstoffs bei Separatorausfall;
3. Überwachung der Separatoren durch Messung der Spülhäufigkeit des Filtrators.

6.2 Schmieröl – Schmierölsysteme

6.2.1 Schmieröl

6.2.1.1 Schmierung [6.2]

Durch *Schmierung* sollen Reibung, Verschleiß und die Zerstörung von Oberflächen relativ zueinander bewegter Festkörper verringert werden. In Dieselmotoren wird durch sachgemäße Lagerschmierung erreicht, daß einerseits die Reibung sehr niedrig ist und andererseits keine Oberflächenschäden an Wellen und Lagerschalen auftreten.

Flüssigkeitsschmierung

In diesem Schmierungsbereich überträgt eine unter Druck stehende Flüssigkeit die gesamte Kraft zwischen zwei Lagerflächen. Der Flüssigkeitsdruck kann extern oder aber durch die Relativbewegung der lasttragenden Oberflächen erzeugt werden. Lager, in denen der größte Teil des Flüssigkeitsdrucks von einer äußeren Quelle erzeugt wird, werden als hydrostatische Lager bezeichnet. Lager, in denen der gesamte Flüssigkeitsdruck innerhalb des Lagerspalts durch die Relativbewegung der Oberflächen erzeugt wird, sind hydrodynamische Lager.

Die vollständige Kraftübertragung durch einen Flüssigkeitsdruck setzt ausreichend dicke Flüssigkeitsfilme voraus, um ein Berühren der Oberflächen durch die größten Schmutz- oder Verschleißpartikel im Ölfilm oder die höchsten Stellen der Lageroberflächen zu unterbinden. Dementsprechend wird in der folgenden Diskussion der hydrodynamischen Schmierung der Mindestfilmdicke eine größere Bedeutung zugeordnet als der Reibung.

Hydrostatische Schmierung

In Bild 6.24 werden verschiedene Reibpaarungen gezeigt, in denen Flüssigkeitsschmierung vorherrschen kann. In Gleitlagern, Wälzlagern und Verzahnungen wird der Schmierstoff in einen sich verengenden Spalt zwischen den Oberflächen gezogen. Die Bewegungsrichtung ist im Bild durch Pfeile gekennzeichnet. Das Mitschleppen des Schmierstoffs resultiert aus der Oberflächenbewegung sowie dem viskosen Widerstand des Schmierstoffs gegen Scheren. Weil der Spalt zwischen den Oberflächen zunehmend enger wird, muß ein Teil des von den Oberflächen mitgeschleppten Schmierstoffs herausgepreßt werden. Diesem Beiseitedrücken des

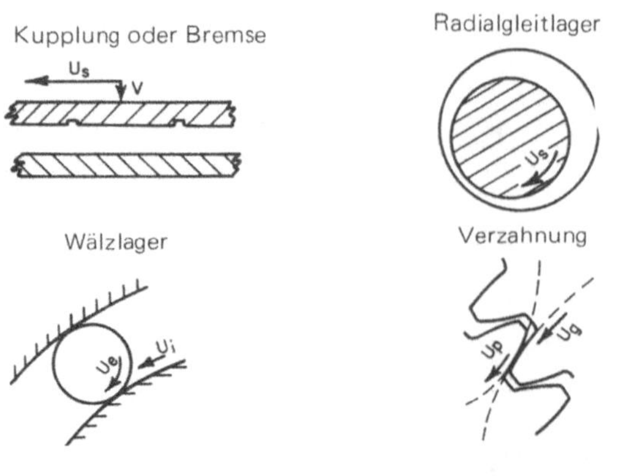

Bild 6.24
Beispiele für Reibpaarungen

Schmierstoffs werden viskose Kräfte entgegengesetzt. Auf diese Weise nimmt der im Flüssigkeitsfilm aufgebaute Druck allmählich zu, bis der Schmierstoff den Bereich der engsten Spaltweite erreicht. Der durch diesen Mechanismus erfolgte Druckaufbau wird als hydrodynamischer Druck bezeichnet. Ganz analog kann ein hydrodynamischer Druck durch viskose Kräfte innerhalb eines Schmierstoffilms zwischen zwei parallelen Oberflächen aufgebaut werden, wenn diese in paralleler Richtung gegeneinander bewegt werden. Während im zuerst genannten Fall von einer Keilwirkung gesprochen wird, handelt es sich hier um einen sog. Quetscheffekt. Beispiele für den zuletzt genannten Druckaufbau findet man in geschmierten Kupplungen und Bremsen oder in den Pleuellagern einer Kolbenmaschine, aber auch in der Metallumformung, wenn der Schmierstoff zwischen Werkzeug und Werkstück unter Druck steht.

Hydrodynamische Schmierung

Um ein Gleichgewicht zu der auf die Lageroberfläche wirkenden Kraft zu schaffen, muß der hydrodynamische Druck über eine ausreichende Fläche verteilt sein. Verringert sich der Spalt zwischen zwei Lagerflächen nur langsam in der Bewegungsrichtung, jedoch über eine längere Strecke, erfolgt der Druckaufbau über einen großen Bereich, so daß bereits die relativ geringen Spitzendrücke erhebliche Belastungen übertragen können. Wenn der Spalt sich hingegen sehr schnell in der Bewegungsrichtung verringert, wird die Fläche für die hydrodynamischen Druckaufbau durch die Lagergeometrie begrenzt und/oder es steht nur ungenügend Schmierstoff zur Aufrechterhaltung eines kompletten Ölfilms zur Verfügung. In diesem Fall können bereits geringe Kräfte, die auf das Lager wirken, hohe Öldrücke hervorrufen. In vielen Lagerungen reichen die hydrodynamischen Drücke aus, die Lageroberflächen um Beträge elastisch zu verformen, die größer als die Mindestfilmdicke sind. In diesem Fall erlaubt die elastische Deformation ein größeres Lasttragevermögen, indem der hohe Druck über eine viel größere Fläche verteilt wird. Dieser Vorgang wird durch den Begriff „Elastohydrodynamische Schmierung" beschrieben. Häufig reichen die Drücke im Schmierfilm aus, die Viskosität des Schmierstoffs zu erhöhen und somit die Mindestfilmdicke heraufzusetzen.

Mindestfilmdicke

Die Mindestfilmdicke in hydrodynamischen Lagern nimmt mit dem Produkt aus Schmierstoffviskosität η und Oberflächengeschwindigkeit U zu und verringert sich mit steigender Lagerbelastung W. Für den Mechanismus des hydrodynamischen Druckaufbaus ist die effektive Schmierstoffviskosität im sich verengenden Spalt von größerer Bedeutung als die Viskosität des zugeführten Öls und bestimmt somit die Mindestfilmdicke. Bild 6.25 zeigt die berechnete Mindestfilmdicke als Funktion des Ausdruckes

$$\frac{\text{Viskosität} \cdot \text{Geschwindigkeit}}{W} = \frac{\eta \cdot U}{W}$$

für ein Gleitlager. Für dieses klassische Lagerbeispiel wurde zur Ermittlung der Viskosität die Öltemperatur am Lagerauslaß verwendet, da auf diese Weise eine bessere Übereinstimmung zwischen experimentellen und theoretischen Ergebnissen erzielt wurde. Bild 6.26 zeigt gemessene und berechnete Filmdicken als Funktion des Produktes aus Viskosität und Geschwindigkeit in hochbelasteten elastohydrodynamischen Kontakten, wie sie zwischen zwei Rollen auftreten. In elastohydrodynamischen Lagerungen wird die Schmierstoffviskosität auf die Temperatur des Lagermaterials am Spalteingang bezogen. Man erkennt, daß diese beiden grundlegenden Lagergeometrien (z.B. Wälzelement und Gleitlager) unterschiedliche Bereiche für Mindestfilmdicke und die Reibung ergeben. In klassischen hydrodyna-

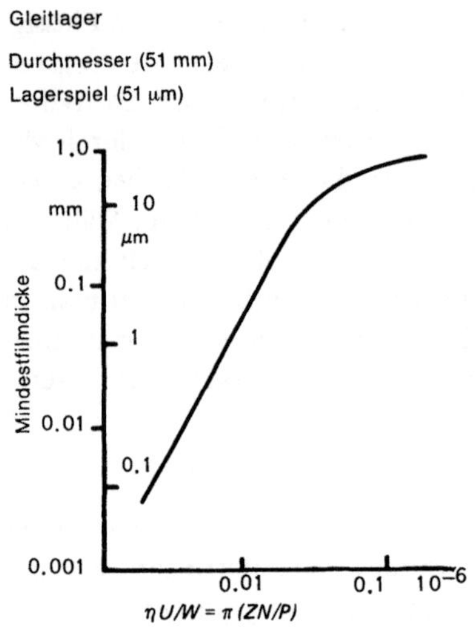

Bild 6.25
Mindestfilmdicke in Abhängigkeit vom Ausdruck $\eta U/W$ für hydrodynmaische Radial- und Axial-Gleitlager

Bemerkung: Zur Kennzeichnung des Zusammenhangs zwischen Reibungszahl und hydrodynamischer Filmdicke wird oft der Ausdruck ZN/P verwendet. Hierin bedeuten: Z Schmierstoffviskosität, N Drehzahl und P spezifische Belastung. Für gleiche Einheiten gilt $\eta U/W = \pi ZN/P$

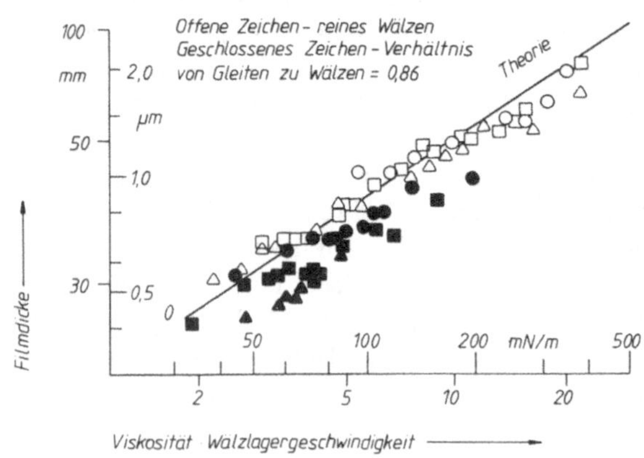

Bild 6.26
Filmdicke als f (Viskosität × Geschwindigkeit für Wälzkontakte)

mischen Gleitlagern ergeben sich Werte für die Filmdicke gewöhnlich zwischen 2,5 µm und 7,6 µm. In elastohydrodynamischen Kontakten, wie z.B. in Wälzlagern oder zwischen den Zahnflanken von Getrieben, werden Filmdicken in dem Bereich zwischen 0,025 ... 7,6 µm bestimmt. Theoretisch hängt die Filmdicke im Bereich der Elastohydrodynamik weniger von der Belastung ab als bei der klassischen hydrodynamischen Schmierung, die sich auf starre Oberflächen bezieht. Die Reibungszahlen für elastohydrodynamische metallische Lagerungen liegen gewöhnlich zwischen 0,01 und 0,1, während jene im Bereich der klassischen hydrodynamischen Lager meistens zwischen 0,001 und 0,01 liegen.

Lagertemperatur

Die Lagertemperatur ist eine außerordentlich wichtige Größe, weil steigende Temperaturen zu niedrigeren Schmierfilmdicken, zu verringertem Ermüdungswiderstand weicher Lagermaterialien (z.B. Weißmetall) und zu verringerter oxidativer und thermischer Beständigkeit organischer Lagermaterialien (Elastomere und Bindewerkstoffe) führen. Da die Lagertemperatur vor allem von der Verteilung der Reibungsenergie im Lager abhängt, spielt die Reibung eine große Rolle. In hydrodynamischen Lagern ist die Reibung eine Folge des viskosen Scherens des Schmierstoffs. Die Scherung des Schmierstoffs erfolgt, wenn er in den sich verengenden Lagerspalt gezogen wird und wenn Gleiten auftritt.

Reibungszahl

Bild 6.27 zeigt die Reibungszahl als Funktion des Produktes aus Viskosität und Geschwindigkeit dividiert durch die Belastung für hydrodynamische Radial- und Axiallager. Bei elastohydrodynamischen Lagerungen, wie in Wälzlagern oder Getrieben, werden die Reibungszahlen oft als „Traction-Koeffizienten" bezeichnet. In solchen elastohydrodynamischen Lagerungen führt der Anstieg der Schmierstoffviskosität unter hohen Drücken und die getrennten Einflüsse der Gleit- und Rollgeschwindigkeiten zu komplizierteren Abhängigkeiten für die Reibung.

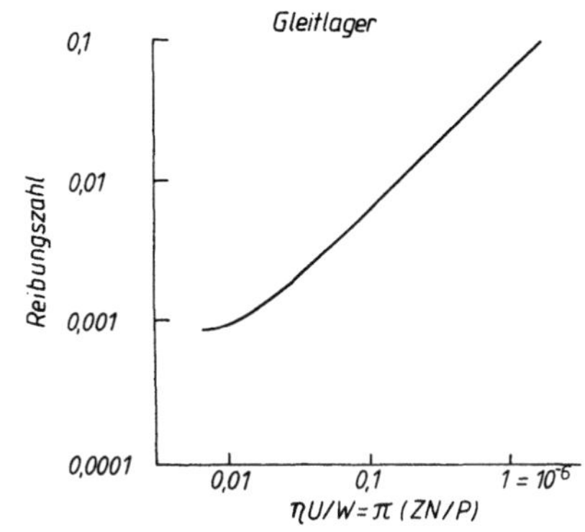

Bild 6.27
Reibungszahl in Abhängigkeit von Viskosität, Geschwindigkeit und Belastung für hydrodynamische Radial- und Axiallager

Allgemein kann festgestellt werden, daß eine steigende Gleitgeschwindigkeit zu einer zunehmenden Verschwendung der viskosen Energie führt und mit höheren Lagertemperaturen verbunden ist. Höhere Temperaturen verringern jedoch die Schmierstoffviskosität. Bei niedrigen Gleitgeschwindigkeiten wird durch den Effekt der Geschwindigkeit auf die Filmdicke die Verringerung der Viskosität mehr als kompensiert, so daß die Mindestfilmdicke mit der Geschwindigkeit größer wird. Bei sehr hohen Gleitgeschwindigkeiten kann sich ein umgekertes Ergebnis einstellen, wonach die Mindestfilmdicke mit zunehmender Geschwindigkeit abnimmt. Das Ergebnis dieser Zusammenhänge ist, daß die maximale Mindestfilmdicke bei einer bestimmten Geschwindigkeit erreicht wird. Diese maximale Mindestfilmdicke sowie die Geschwindigkeit, bei der sie erreicht wird, hängt von der betreffenden Lagerung, der Temperaturregelung, den Betriebsbedingungen sowie von den Schmierstoffeigenschaften ab.

Grenzreibung

Der andere Extremfall der Schmierung, nämlich die Grenzschmierung, tritt dann auf, wenn innerhalb des Schmierstoffs zwischen den Lagerflächen kein hydrodynamischer Druck entsteht.

Zum Verständnis der Grenzschmierung muß erwähnt werden, daß die Lageroberflächen durch Rauheitsspitzen gekennzeichnet sind, die im Vergleich zu molekularen Dimensionen groß sind. Bei besonders gut bearbeiteten Oberflächen können diese Rauheitsspitzen im Bereich von 0,025 μm liegen, während sie bei rauhen Oberflächen zwischen zehn- und mehreren hundertmal größer sind. In Bild 6.28 wird am Beispiel einer geschmierten Lagerung eine typische Oberflächenrauheit dargestellt, als die willkürliche Verteilung von Rauheitsspitzen und Rauheitstälern mit unterschiedlichen Höhen, Abständen und Neigungen. Steht kein hydrodynamischer Druck zur Verfügung, muß die gesamte Kraft zwischen den Lageroberflächen von den Rauheitsspitzen aufgenommen werden.

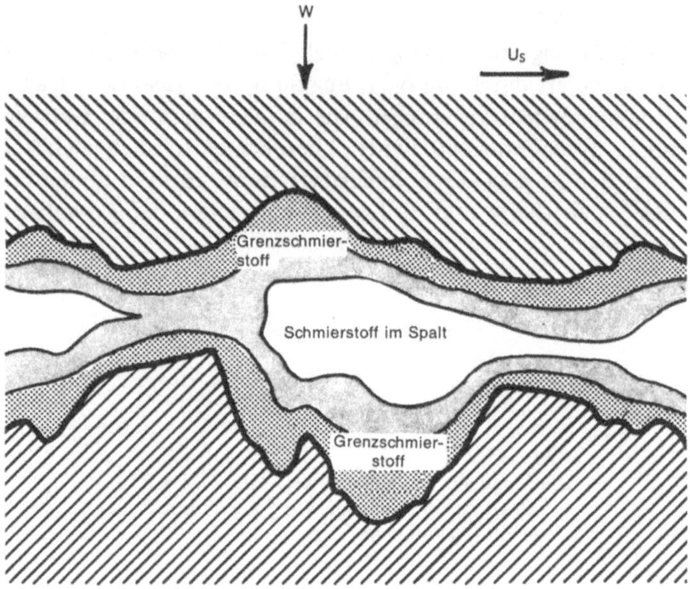

Bild 6.28
Geschmierte Oberfläche

Grenzschmierstoffe

Das Verstehen der Grenzschmierung setzt darüber hinaus das Wissen voraus, daß die Lageroberflächen gewöhnlich von „Grenzschmierstoffilmen" bedeckt sind, wie es schematisch ebenfalls in Bild 6.28 gezeigt wird. Diese Filme oder Schichten trennen das Grundmaterial der Lagerungen. Indem sie abgeschert werden, werden Reibung, Verschleiß und Oberflächenschäden in Grenzen gehalten.

Mischreibung

Diese tritt bei Lagern auf, deren Arbeitsbedingungen keine Flüssigkeitsschmierung aufbauen.

Filmdickenparameter

Unter diesem Parameter versteht man das Verhältnis der berechneten hydrodynamischen Filmdicke zur Summe der Oberflächenrauheiten. Er kann aber auch als das Verhältnis der Filmdicke zur Größe der Verunreinigungspartikel im Schmierstoff definiert werden. In den Kennwert für die Oberflächenrauheit gehen die Rauheitswerte beider Oberflächen ein. Ausgedrückt als CLA- oder RMS-Wert kann für die höchsten Stellen einer Oberfläche in der Regel der dreifache Wert der gemessenen Rauheit angenommen werden. Somit ist für eine volle hydrodynamische Schmierung ein Filmdickenparameter Λ erforderlich, der größer als etwa 3 oder 4 ist. Hydrodynamische Radial- und Axiallager werden oft auf einen Λ-Wert von 10 ausgelegt. Allerdings arbeiten auch zahlreiche hydrodynamische Axiallager mehr oder weniger kontinuierlich mit Λ-Werten von etwa 1. In Wälzlagern aber auch in anderen Maschinenelementen, wie Verzahnungen und Nocken-Stößelsystemen, treten gewöhnlich Λ-Werte von < 3 auf. Manchmal ergeben sich sogar Werte von etwa 0,1.

Bei Filmdickenparametern von < 3 oder 4 können sowohl hydrodynamische als auch Grenzschmierungseinflüsse beobachtet werden. Wie man aus Bild 6.29 entnehmen kann, beeinflussen bei geschätzten Filmdickenparametern von unter 1 zwar hydrodynamische Effekte bei Anwesenheit von Verschleißschutzadditiven in Hydraulikölen den Verschleiß, aber nicht bei Zugabe von Korrosions- und Oxidationsinhibitoren.

Bild 6.29
Hydrodynamischer Effekt bei der Grenzschmierung am Beispiel der Hydrauliköle

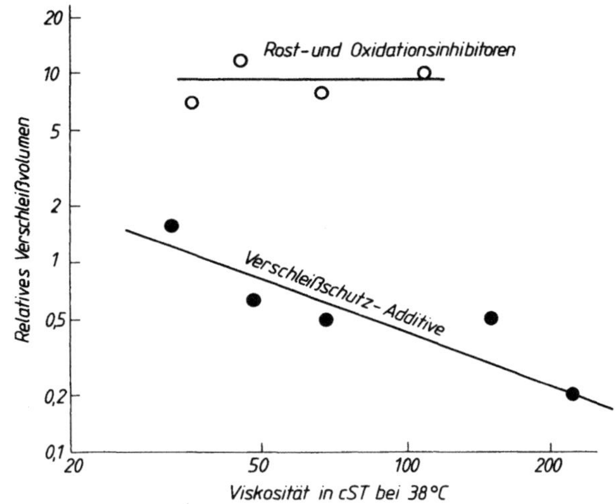

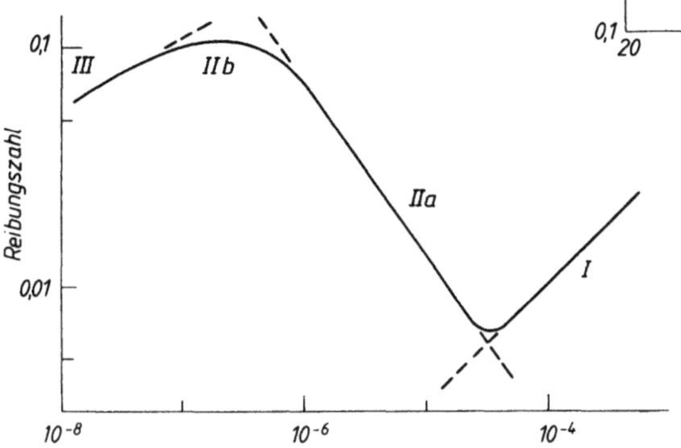

Bild 6.30
Reibungszahl in Abhängigkeit vom Ausdruck $\eta U/W$ für hydrodynamische Schmierung (konstante Werte für das Verhältnis von Gleiten zu Wälzen und für die Belastung; veränderliche Geschwindigkeit)

Der Filmdickenparameter bietet oft ein zuverlässigeres Maß für den Schmierungszustand als die oft verwendete Abhängigkeit der Reibungszahl von der η U/W-Kurve. In Bild 6.30 wird dies am Beispiel der Reibungszahlen gezeigt, die für ein unveränderliches Gleit-/Wälzverhältnis bei einer gegebenen Last für reine hydrodynamische Bedingungen berechnet wurden (z.B. Λ größer als 3 oder 4). Während der Betrieb I der klassischen hydrodynamischen Schmierung entspricht, entsprechen die Bereiche II und III der elastohydrodynamischen Schmierung und stimmen mit den experimentellen Ergebnissen überein. Offensichtlich würde man zu einer Fehlinterpretierung gelangen, wenn man, wie üblich, den Bereich IIa der Mischschmierung und den Bereich IIb der Grenzschmierung zuordnen würde. Somit ermöglicht die Abhängigkeit der Reibung als Funktion von η U/W keine eindeutige Einordnung des Schmierungszustands.

In schnellaufenden Maschinenanlagen sind Schmierungsfehler oft das Resultat thermischer Instabilitäten. Als Beispiel sei jede Lagerung angegeben, in der die Reibungszahl als Resultat senkender Werte für η U/W ansteigt (siehe Bereich IIa in Bild 6.30). Ein Absinken von η U/W infolge einer höheren Temperatur oder einer höheren Belastung führt zu einem Anstieg der Reibung und damit zu einem weiteren Anstieg der Temperatur. Falls die zusätzliche Wärme im Lager verbleibt, erreicht die Temperatur infolge der höheren Reibung ein höheres Niveau, wobei Λ infolge der Viskositätssenkung mit der steigenden Temperatur kleiner wird. Falls die zusätzliche Wärme nicht entsprechend abgeleitet werden kann, führen die Reibenergieverluste infolge des Temperaturanstiegs zu einem weiteren Anstieg der Reibungszahl, wodurch auch die Temperatur ansteigt. Der Temperaturanstieg wiederum bedingt eine zusätzliche Verringerung des Filmdickenparameters und (wenn Λ kleiner als

3 oder 4 ist) erhöht die Intensität der Wechselbeziehungen zwischen den beiden Oberflächen. Überschreitet diese Intensität einen Grenzwert für das Lasttragevermögen im Bereich der Grenzschmierung, kommt es zu einem schnellen Schaden der Lagerung. Lasttrage-Additive der entsprechenden „Extreme-Pressure-Typen" helfen dabei, diesen thermischen Effekt in den Griff zu bekommen.

Schmierungsschäden in langsam laufenden Maschinenelementen sind oft das Ergebnis von Verschleiß. In diesen Fällen werden Schmierstoffe eingesetzt, die normalerweise „Anti-Verschleiß"- und/oder „Schmierfähigkeits"-Wirkstoffe enthalten. Solche Additive setzen den Verschleiß herab. Darüber hinaus lassen diese Additive einen relativ hohen gegenseitigen Kontakt der beiden Oberflächen zu, ohne daß es zu einem plötzlichen Anstieg des Verschleißes kommt.

Ganz allgemein kann man sagen, daß unabhängig von der Geschwindigkeit eine Vergrößerung des Filmdickenparameters die Intensität der Oberflächenkontakte herabsetzt. In Tabelle 6.7 werden verschiedene Maßnahmen zur Vergrößerung des Filmdickenparameters unter verschiedenen Bedingungen vorgeschlagen. Im wesentlichen kann der Filmdickenparameter durch eine oder mehrere der folgenden Maßnahmen erhöht werden: Höhere Schmierstoffviskosität in der Lagerung. Zuführung ausreichender Schmierstoffmengen, Vermeidung von Verunreinigungen, die größer sind als die hydrodynamische Filmdicke.

Tabelle 6.7 Möglichkeiten zur Vergrößerung des Filmdickenparameters[1]

Bedingungen	niedrige Geschwindigkeit	hohe Geschwindigkeit
Reibungswärme	Erhöhung der Viskosität Erhöhung der Schmierstoffströmung	Verbesserung der äußeren Kühlung Optimierung der Schmierstoffzufuhr, der Viskosität und der Strömung für minimale Lagertemperatur
Fremderwärmung	Erhöhung der Schmierstoffströmung Optimierung der Viskosität für minimale Lagertemperatur Verringerung der Fremderwärmung	
niedrige Temperaturen	Verringerung der Viskosität Erhöhung der Temperatur Erhöhung der Schmierstoffströmung zu den Reibflächen	
hohe Lagerbelastungen	Erhöhung der Viskosität	Verbesserung der äußeren Kühlung Optimierung der Schmierstoffströmung und der Viskosität für minimale Lagertemperatur
Verunreinigungen (Staub, Verschleißteilchen)	Entfernung und/oder Verhinderung ihrer Entstehung Erhöhung der Viskosität	

1) Zur Verringerung von Verschleiß und Oberflächenschäden können entweder der Filmdickenparameter vergrößert und/oder Grenzreibungszusätze in Schmierstoff angewendet werden, wie Extrem-Pressure- und Verschleißschutz-Additive oder Additive überhaupt, die eine Verbesserung der Schmierfähigkeit bewirken.

Schmierstoffviskosität

Die Erhöhung der Schmierstoffviskosität auf den Lageroberflächen setzt einen Gleichgewichtszustand zwischen den direkten Effekten einer erhöhten Schmierstoffviskosität am Lagereingang der Schmierstoffzufuhr sowie dem Wärmetransportvermögen durch eine erhöhte Schmierstoffströmung mit den indirekten Effekten der Eingangsviskosität und der Schmierstoffströmung auf die Temperaturen der Reibflächen voraus. Dies bedeutet, daß durch eine höhere Eingangsviskosität des Schmierstoffs die Viskosität im Lager nur dann herausgesetzt wird, falls die erhöhte Schmierstoffbewegung und/oder die Lagerreibungsverluste auf der Oberfläche und der niedrigere Wärmetransport durch den Schmierstoff nicht die Lagertemperaturen merklich heraufsetzen. Ganz analog wirkt sich eine erhöhte Schmierstoffströmung nur dann in einer höheren Filmdicke aus, wenn die erhöhten Durchwirbelungsverluste und/oder Lagerreibungsverluste nicht zusätzlich die Lagertemperatur erhöhen. Mit anderen Worten ist ein Ausbalancieren oder Optimieren der Eingangsviskosität und/oder der Strömung für jene Fälle erforderlich, wo der Wärmehaushalt besonders beachtet werden muß. Sehr häufig ist dies bei sehr hohen Geschwindigkeiten der Fall, oder wenn Fremderwärmung die Lagertemperaturen beeinflussen kann. Immer dann, wenn die Beachtung des Wärmehaushalts wichtig ist, muß der Schmierstoff eine ausreichende Widerstandsfähigkeit gegen Ablagerungsbildung auf den Wärmeübergangsflächen besitzen. Daher sind Oxidationsinhibitoren im Schmierstoff ebenso erforderlich wie manchmal auch Detergent- und Dispersant-Additive.

Die beiden Bereiche, niedrige Geschwindigkeit und hohe Geschwindigkeit, die gewöhnlich zur Beschreibung des Betriebszustands herangezogen werden, müssen näher definiert werden. Der Geschwindigkeitsbereich bei einer gegebenen Eingangsgeschwindigkeit hängt von einer Reihe weiterer Lagerfaktoren, wie Größe, Belastung, Konstruktion, Werkstoff und seinen Eigenschaften, Temperatur, Schmierstoff und Schmierstoffzuführung ab.

Verschleiß und Oberflächenschäden sind größtenteils das Ergebnis unmittelbaren Festkörperkontakts. Grenzschmierungsadditive vom Typ der Verschleißschutz- und EP-Wirkstoffe können den Verschleiß senken und das Lasttragevermögen heraufsetzen. Die gegenwärtigen Kenntnisse von der Grenzschmierung erfordern eine Auswahl der Additive für einen gegebenen Anwendungsfall auf der Grundlage experimenteller Untersuchungen. Durch die Erhöhung des Filmdickenparameters an jeder Reibstelle wird das Ausmaß der direkten Festkörperkontakte verringert und der Bedarf an im Grenzreibungsgebiet wirksamen Additiven vermindert. Die Grundlagen der hydrodynamischen Schmierung bieten Richtwerte für die Erhöhung der Filmdickenparameter in den verschiedensten Anwendungen.

Diese grundlegenden Zusammenhänge lassen sich auf alle Typen von Lagern anwenden. Hierzu gehören Radial- und Axialgleitlager, Wälzlager, Verzahnungen und Nocken/Stößelsysteme.

In der Industrie werden verschiedene Wege beschritten, diese Bereiche zu klassifizieren. Hierzu gehören die Wellendrehzahl oder Oberflächengeschwindigkeit in Gleitlagern, die Wälzkreisgeschwindigkeit oder das Verhältnis von Gleit- zu Wälzgeschwindigkeit in Verzahnungen, das Produkt aus Lagerbohrungsdurchmesser und Wellendrehzahl oder die Oberflächengeschwindigkeit der Wälzelemente in Wälzlagern. Jede dieser Möglichkeiten zur Klassifizierung des Geschwindigkeitsbereichs bietet für besondere Anwendungsfälle ihre Vorteile.

Die grundlegenden Zusammenhänge der Schmierungen lassen erkennen, daß die Belastung in den meisten Lagerungen teilweise durch einen hydrodynamischen Druck und teilweise durch den direkten Kontakt der Reibflächen übertragen wird. Der Filmdickenparameter Λ

ist dabei ein Maß für den durch Hydrodynamik getragenen Lastanteil. Dabei erlaubt er eine eindeutigere Aussage als die üblicherweise verwendete Abhängigkeit zwischen Reibungszahl und dem Ausdruck $\eta\ U/W$.

6.2.1.2 Die Schmierung der Dieselmotoren

Moderne Dieselmotoren sind gekapselt. Grund-, Kurbel-, Kolbenbolzen- bzw. Kreuzkopflager, Gleitbahnen und Kolben werden mit Drucköl geschmiert. In manchen Fällen wird dieses Öl auch zum Kühlen der Kolben verwendet.

6.2.1.2.1 Schmieröle

Betrachtungen zur Auswahl des Schmieröles

Bei *Umlaufschmierung* wird das Öl ständig umgewälzt. Da der Förderdruck und somit der Leitungsbedarf der Ölpumpe praktisch von den Reibungsverlusten im Schmiersystem bestimmt wird, ist es zweckmäßig, bei Umlaufschmierung ein dünnflüssiges Öl, d.h. eines von geringer Viskosität, zu wählen. Ein gutes nicht legiertes Umlaufschmieröl soll eine Dichte von 0,91 ... 0,92 kg/dm^3 bei 15 °C haben, eine Viskosität von 37 ... 53 cSt bei 50 °C und einen Flammpunkt von mindestens 175 °C (im offenen Tiegel) aufweisen.

Der Stockpunkt soll bei allen Ölen unter -5 °C liegen. Im allgemeinen wird man das Schmieröl am zweckmäßigsten den Vorschlägen des Motorenherstellers entsprechend auswählen.

Man unterscheidet Schmieröle auch nach ihrer Stabilität. Stabile Öle sind solche, bei denen sich der Zündpunkt unter dem Einfluß von Zeit, Sauerstoff- und Temperatureinwirkung, wie sie die Betriebsbedingungen bieten, nur wenig verändert, instabil nennt man ein Öl, dessen Zündneigung unter diesen Umständen schnell anwächst. Zwei Schmieröle können in ungebrauchtem Zustand bei der Untersuchung gleiche Eigenschaften bezüglich Dichte, Viskosität und Zündpunkt zeigen, im Betrieb aber derart voneinander abweichen, daß das stabile Öl tatsächlich das allein brauchbare ist. Bei Kolbendurchschlägen, z.B. in Tauchkolbenmaschinen kann bei instabilem Öl sehr leicht eine Kurbelgehäuseexplosion eintreten, während ein stabiles Öl sie zumindest erschwert. Außerdem nimmt ein instabiles Öl bei Zylinderschmierung leicht an der Verbrennung teil. Es kommt zum Trockenlaufen der Flächen und zu Betriebsstörungen. Im allgemeinen ist ein Öl um so stabiler, je höher sein Zündpunkt liegt. Ein gutes Zylinderöl soll 83 ... 115 cSt/50 °C und einen Flammpunkt von minestens 200 °C aufweisen. Beim Einsatz von Heizöl als Kraftstoff muß die Auswahl des Zylinderöles besonders sorgfältig vorgenommen werden.

Die Erfahrungen, die im Laufe der Jahre bei den Bemühungen um die Lösung des Problems von überhohem Zylinderverschleiß bei der Verwendung von Schwerölen (Heizölen) gesammelt werden konnten, führten zu der Erkenntnis, daß ein Dieselmotoren-Zylinderöl folgende Eigenschaften besitzen muß:

1. Es muß die sauren Verbrennungsprodukte in einem solchen Ausmaß neutralisieren, daß:
   a) der Verschleiß bei Verwendung von Schweröl genauso niedrig liegt wie bei normalem Dieselkraftstoff, und daß
   b) der Verschleiß so niedrig liegt wie mit anderen Schmiermitteln, unbeschadet, welchen Typs oder Aufbaues diese sind.
2. Es muß die Kolben, Zylinder und Schlitze sauber und frei von Rückständen halten.
3. Es muß die Schaugläser der Schmierapparate klar durchsichtig halten, so daß sich ein häufiger Wechsel der Flüssigkeit erübrigt.

4. Es muß die Schmierölzuführungsleitungen und Rückschlagventile rückstandsfrei halten.
5. Es muß mit der gleichen Verbrauchseinstellung verwendet werden können, wie dieses bei normalen Schmierölen üblich ist.
6. Es muß mit den bisher bekannten normalen Dieselmotorenschmierölen mischbar sein.
7. Es darf keine harten Verbrennungsprodukte bilden, durch die Maschinenteile verletzt werden können.
8. Es darf mit Wasser keine stabile Emulsion bilden, weder in den Vorratstanks noch für den Fall einer Leckage in der Kurbelwanne.
9. Es muß eine Korrosion der Kolben und Ventile durch Asche, die bei hohen Temperaturen durch die Komponenten des Schweröles hervorgerufen werden könnte, verhüten.
10. Es muß sich bei der Lagerung unter allen Bedingungen, die auch bei einem handelsüblichen Dieselmotorenschmieröl vorausgesetzt werden können, als absolut stabil erweisen.
11. Es muß hohe Haftfähigkeit und Druckbeständigkeit besitzen.

Schmierstoff-Parameter für optimale Betriebsergebnisse

	Gutes Grundöl
Lasttragevermögen	niedriger Ölverbrauch
thermische Stabilität	Oxidationsstabilität
Hochtemperatur-Detergierwirkung	alkalische Reserve
geringe Ascheablagerungen	Wasserabscheidevermögen
Korrosionsschutz	angemessener Preis

6.2.1.2.2 Verhalten des Schmieröles im Betrieb

Wie aus der Erläuterung des Aufbaues der Kraftstoffe hervorging, setzt sich das Schmieröl aus den schwerer zerlegbaren Molekülen der Kohlenwasserstoffe zusammen. Daher sind Koks- und Aschegehalt höher als bei gutem Kraftstoff. Die Koks- und Rußbildung tritt besonders stark auf, weil durch das Haften an den Wandungen keine innige Vermischung der Ölmoleküle mit der Verbrennungsluft stattfinden kann. Die Folgen wurden schon erwähnt. Je weniger Öl also mitverbrennt, desto besser. Das heißt aber: *nicht mehr schmieren, als unbedingt nötig!*

Schmieröl, das durch fraktionierte Destillation bzw. Kondensation gewonnen wurde, muß raffiniert werden, d.h., es muß sorgfältig von chemisch unbeständigen, verharzenden oder dunkelfärbenden Anteilen gereinigt werden. Die Reinigungsmethode besteht meist in einer Laugung mit Alkalien oder Erdalkalien zur Neutralisierung von organischen Säuren, besonders Naphtensäuren. Die Raffination mit reiner Schwefelsäure dient der Entfernung von Begleitstoffen, die zur Alterung oder Verharzung neigen. Diese Stoffe bilden im Betrieb unter Einwirkung von Luftsauerstoff Rückstände und Säuren.

Bei Schmier- und Spezialölen, die in Dieselmotoren, Turbinen und Zahnradgetrieben hohen Anforderungen genügen müssen, werden verschiedene Öle nicht nur gemischt, um eine geeignete Viskosität zu erreichen, sondern um sie auch durch Zusatzstoffe (Additives) weiter zu verbessern. Diese sollen die Alterungsbeständigkeit, das Viskositäts-Temperatur-Verhalten, die Druckaufnahmefähigkeit und die Schmierfähigkeit günstig beeinflussen, die Schaumbildung unterbinden und die Widerstandsfähigkeit gegenüber hohen Temperaturen sowie die Emulsionsfestigkeit (d.h. den Widerstand gegen die Vermischung mit Wasser) erhöhen.

Unter Alterung versteht man eine Verschlechterung der Schmiereigenschaften, die zu Betriebsstörungen und Motorenschäden führen kann. Ölkoks und Asche, Abrieb von Lagern und bewegten Metallteilen, Rost, Hammerschlag aus Rohren, der Luftsauerstoff und kondensierter Wasserdampf, der in Tauchkolbenmotoren bei Kolbendurchschlägen in den Kurbelraum gelangt, müssen im Umlauf durch Filterung und Ausschleuderung nach Möglichkeit abgeschieden werden. Da das gewöhnlich nicht vollständig gelingt, nimmt das Öl mit der Zeit durch Verbindung mit Luftsauerstoff und Metallen einen sauren Charakter an. Das führt zu Korrosion an metallischen Flächen unter anderen auch an den Zylinderlaufbahnen. Die ins Öl geratenen Metallteilchen wirken als Katalysatoren, d.h., sie fördern die Säurebildung. Dies hat Lackbildung und Verschlechterung der Schmiereigenschaften zur Folge. Am stärksten wirkt sich in dieser Beziehung Kupfer aus. Deshalb sollte dieses Metall im gesamten Schmiersystem nicht verwendet werden.

Metallabrieb, Verunreinigungen, Ölkoks und Wasser führen zur Bildung von Ölschlamm. Durch diesen werden die Ölwege verengt und sogar verstopft. In Zweitaktmotoren kommt es durch Absatz von Schlamm an den Auslaß- und Spülkanälen zu Verengungen und damit zur Verschlechterung der Betriebsbedingungen. Durch die Ölalterung nimmt die Schmierfähigkeit ab, die Viskosität steigt, so daß der Zusammenhang des Ölfilms gestört wird und die Abnutzung der Lager zunimmt.

Die richtige Ausführung der *Ölsammeltanks* und *-leitungen* kann die Auswirkungen der Alterung mindern und ihren Ablauf verzögern. Die Ölwege sollen reichlich bemessen werden und wenige, vor allem keine starken Umlenkungen enthalten. Die Verwendung von Kupfer für die Bauelemente ist zu vermeiden. Wichtig ist eine gute Entlüftung von Tank und Kurbelgehäuse. Beim Sammeltank kommt es auf eine gute Trennung der Mündungen von Ansaug- und Rücklaufleitung an. Nur so kann ein gleichmäßiger Kreislauf des gesamten Ölvorrates gewährleistet werden. Ist eine solche Trennung nicht vorhanden, so besteht die Gefahr, daß sich der Kreislauf auf eine gewisse Teilmenge beschränkt, die aufgrund der höheren Beanspruchung stärker den Alterungserscheinungen unterworfen ist.

Der *Rücklauf* soll über ein geneigtes Leitblech in breitem Strom in einen Überlaufraum führen, der vom Ansaugraum durch eine breite Überlauf- oder Umlenkwand getrennt ist. Oben erhält der Rücklauf eine Entlüftung. Der Tank besitzt Schrägböden, damit sich Wasser und Sinkstoffe auf kleinem Raum sammeln und bequem abgelassen werden können. Die Ablaßhähne müssen im Durchgang reichlich bemessen sein. Im Ansaugraum muß das Öl noch ein eingeschobenes Drahtsieb durchfließen, bevor es zum Ansaugrohr gelangt.

Lackbildung kommt durch die Vereinigung von Schmieröl- und Kraftstoffkoks oder Ruß mit Schmierölharzen, d.h. lackartigen Verbindungen, unter höherer Temperatur zustande. Es entsteht eine zähe Masse, die schließlich, besonders in Kolbenringnuten, fest wird. Das Umlauföl darf deshalb auch nicht zu warm gefahren werden. Im Rücklauf soll die Temperatur 70 °C nicht überschreiten. Dies ist auch nötig, weil das Öl bei höheren Temperaturen Luftsauerstoff aufnimmt und oxidiert. Die Lackbildung setzt die Kolbenringe fest, besonders die oberen. Der Kolbenkörper, der in der Zylinderbuchse ein seinem Durchmesser entsprechendes Spiel haben muß, beginnt infolge der jetzt fehlenden Führung durch die Kolbenringe zu kippen. Am stärksten ist dies bei Tauchkolben durch die Rückschubwirkung der Pleuelstange der Fall. Normalerweise wird die Translationsbewegung des Kolbens durch die sich an die Zylinderlaufbahn legenden Ringe geführt. Die Normalkraft auf die Zylindergleitbahn wird bei beweglichen Ringen von Kolbenmantel übertragen. Die Flächenpressung und damit der Verschleiß sind dabei infolge der großen Berührungsfläche gering. Setzt sich aber ein Kolbenring durch Lackbildung fest, so kann es vorkommen, daß die gesamte Normalkraft von der sehr viel kleineren Berührungsfläche des schmalen Ringes übertragen werden muß. Dies hat erhöhte Flächenpressung, damit stärkeren Verschleiß der Lauffläche und evtl. sogar den Bruch des Ringes zur Folge. Außerdem verschlechtert sich die Abdichtung des Kolbens im Zylinder. Durch legiertes Öl im Zylinder wird die Koksbildung stark vermindert, da das Öl in der Brandzone, soweit es an der Verbrennung teilnimmt, vollkommen verbrennt und die restliche Schicht als reiner Ölfilm erhalten bleibt. Durch Unterbindung der Lackbildung tritt das Verkleben der Ringe nicht mehr auf. Wird bei Verwendung legierter Öle trotzdem Lackbildung beobachtet, so rührt sie vom Koks des Kraftstoffes her.

6.2.1.2.3 HD-Öle – Einphasenöle

Die Schmierung im Dieselmotorenbetrieb wurde zu einer besonders schwierigen Aufgabe, als man dazu überging, Heizöl als Kraftstoff zu verwenden. Da der Preis für das Heizöl mit einem Heizwert von etwa 40 000 kJ/kg bei nur etwa 60 ... 70 % des Preises für ein Dieselöl mit einer Dichte von 0,88 kg/dm^3 und einem Heizwert von 42 000 kJ/kg liegt, war der Anreiz, Heizöl zu verwenden, groß. Während aber bei Verwendung von Dieselöl als Kraftstoff das für die Schmierung benutzte reine Mineralöl ausgezeichnete Eigenschaften aufwies und so wenig Abnutzung auftrat, daß man an eine Verbesserung nicht zu denken brauchte, änderte sich dies grundlegend, als man zum Heizöl als Kraftstoff überging. Der Verschleiß stieg auf das Dreifache des gewohnten Maßes. Ablagerungen an den Spül- und Auslaßkanälen bei Zweitaktmotoren führten zu einer schlechteren Verbrennung und beeinträchtigten die Leistung. Die gesteigerte Verschlammung des Umlauföles und die vermehrte Verschmutzung verursachten einen erhöhten Aufwand an Pflegearbeiten und belasteten den Betrieb erheblich.

Für den Schwerölbetrieb wurden in den letzten Jahren alkalische Schmieröle als Zylinderschmieröl entwickelt, so daß heute auch im Schwerölbetrieb Laufbuchsenstandzeiten wie bei Verbrennung von Dieselöl erreicht werden können. Ziel der Entwicklung neuer Zylinderschmieröle für Großdieselmotoren war es, eine hohe Konzentration alkalisch wirkender Zusätze zur Verminderung des chemisch-korrosiven Verschleißes in das Schmieröl zu bringen. Dabei werden überwiegend naphtenbasische bzw. gemischbasische Grundöle verwendet, weil diese den thermischen Belastungen am besten gewachsen sind und bei Verbrennung nur weiche Rückstände ergeben. Als Maß für die dem Öl verliehene Alkalität gilt die Total Base Number (TBN), d.h. das Vermögen eines Öles, aus Verbrennungsprodukten gebildete Säure zu neutralisieren. Die TBN darf jedoch nicht als Qualitätsmerkmal angesehen werden, da das Schmieröl noch eine Reihe weiterer Eigenschaften aufweisen muß. Die gewünschte hohe Alkalität läßt sich durch Emulsionsöle, Suspensionsöle bzw. Einphasenöle erreichen.

Da zunächst öllösliche alkalische Zusätze nicht verfügbar waren, verwendete man wasserlösliche alkalische Additive in einer wäßrigen Phase und verband diese durch einen Emulgator mit dem Grundöl. Bei Suspensionsölen sind die Träger der Alkalität ungelöst im Grundöl aufgeschwemmt.

Nachdem sich herausgestellt hatte, daß Suspensions- und Emulsionsöle nicht unter allen Bedingungen beständig waren, fanden die Laboratorien der Mineralölindustrie schließlich hochalkalische Zusätze, die sich im Schmieröl völlig lösen lassen und damit die homogenen Einphasenöle ergeben. Solche Einphasenzylinderöle für Dieselmotoren haben TBN bis über 70. Diese von allen großen Mineralölfirmen gelieferten Schmieröle ermöglichen sogar den Betrieb größerer Tauchkolbenmotoren mit Schweröl.

So wurden zur Beherrschung der mit einer ständigen Leistungssteigerung der Motoreneinheiten verbundenen höheren Belastung der Schmieröle zum Einsatz in Tauchkolbenmotoren die HD-Öle entwickelt. HD-Öle sollen überall dort eingesetzt werden, wo entsprechend der Kennzeichnung HD = Heavy Duty schwere Arbeit verrichtet werden muß. Die in den HD-Ölen enthaltenen chemischen Zusätze verbessern nicht nur die Eigenschaften des Grundöls, sondern geben dem Öl weitere bestimmte Eigenschaften, die das Mineralöl selbst nicht aufweist. Nach ihrer Wirkung kann man die Zusätze (Additives) in 5 Gruppen einteilen:

Oxidationsverzögerer (Anti-Oxidants, Inhibitors) verringern die Neigung des Schmieröls, Sauerstoff aufzunehmen. Sie verhindern so weitgehend Veränderungen der Ölmoleküle im Betrieb und damit die Bildung von Asphalt, Schlamm, Lacken und Säuren.

Korrosionsverhinderer (Anti-Corrosives) neutralisieren vorhandene und anfallende Säuren und geben den Motorenteilen einen Schutzfilm gegen Säureangriff, was besonders wichtig bei Verwendung der verhältnismäßig korrosionsanfälligen Bleibronzelager ist.

Viskositätsindex- und *Stockpunkt-Verbesserer* (Viscosity Index Improvers, Pour Point Depressants) ergeben ein wesentlich verbessertes Viskositätstemperaturverhalten (siehe 3.1.10 ... 3.1.12) und setzen den Stockpunkt herab.

Schaumverhinderer (Anti Foam Agents) vermindern die Schaumneigung, die die Sauerstoffaufnahme und damit die Oxidation des Öles begünstigt.

Verteilungsstoffe und *reinigende Mittel* (Dispersants-Detergents) sind die wichtigsten Zusätze. Sie verhindern ein Zusammenfallen von Verbrennungsrückständen und halten sie in Schwebe. Die Rückstände können so nicht an Motorenteilen verschleißmehrend wirken, sondern werden mit dem Altöl abgelassen.

6.2.1.3 Die Untersuchung der Schmieröle

Im Dieselmotor dürfen nur hochwertige, möglichst säurefreie Schmieröle, und zwar Mineralöle (aus Erdöl destillierte oder synthetische Öle) verwendet werden, um Motorenschäden und häufige Reparaturen zu vermeiden. Das aus Erdöl destillierte Schmieröl besteht aus den Gruppen, die nach der Kraftstoffausscheidung zurückbleiben, also bei mehr als 350 °C verdampfen (siehe Bild 6.1). Sein Flammpunkt soll mindestens 175 °C betragen, der Zündpunkt über 400 °C liegen. Für synthetische Schmieröle gilt dasselbe.

Die Bestrebungen gehen dahin, bei Tauchkolbenmotoren ein Einheitsöl sowohl für die Umlauf-, als auch für die Zylinderschmierung zu verwenden. Bei letzterer ist das Öl hohen Temperaturen ausgesetzt. Dies muß berücksichtigt werden, wenn man auf die Erhaltung seiner Schmierfähigkeit besonderen Wert legt. Für die Schmierfähigkeit eines Öles hat man noch keinen eindeutigen Kennwert gefunden. Es müssen daher für ein Schmieröl mehrere Kenndaten vorliegen. Aus der Veränderung dieser Daten im Betrieb kann auf das allmähliche Zurückgehen der Schmierfähigkeit geschlossen werden.

Für HD-Öle kommt noch zur Kennzeichnung der alkalischen Reserve durch Additive die *Total-Basic-Nummer* (TBN) hinzu, sie liegt für moderne Motorenzylinderöle zwischen 40 und 70.

Damit ist die Reihe der Kenndaten eines Öles noch nicht erschöpft, die wesentlichsten sind aber genannt. Einige Spezialisten für Schmierungsfragen lehnen die Beurteilung eines Schmieröles nach den genannten Daten ab und messen nur der Viskosität einige Bedeutung bei. Es sind Bestrebungen im Gange, ganz wenige, neue Begriffe zur Kennzeichnung eines Schmieröles zu schaffen. Bis dahin muß man im Betrieb mit den hergebrachten Begriffen auskommen.

Eine normale Gevrauchsölanalyse sollte umfassen

- Viskosität,
- Flammpunkt, daraus ergibt sich Kraftstoffverdünnung,
- Total Base Number,
- starke Säuren,
- Verunreinigungen,
- Oxidation,
- Wasser,
- Art des Wassers.

Bedeutung der Gebrauchtölprobe [6.3]

In einem Umlaufölsystem können 50 bis 60 t Schmieröl enthalten sein. Als Probe wird jedoch nur 1 ℓ Gebrauchtöl benötigt. Es ist also von wesentlicher Bedeutung, daß die Umlaufölprobe wirklich repräsentativ ist. Dazu muß sie an der richtigen Stelle und in der richtigen Weise gezogen werden. Bild 6.37 zeigt die Schemazeichnung eines typischen Umlaufölsystems. Die geeignetste Stelle ist die Hauptschmierölleitung zwischen Ölkühler und Motor. Wenn die Hauptschmierölleitung horizontal verlegt ist, sollte das Ventil für die Probeentnahme an der Seite der Rohrleitung angebracht sein, damit Ablagerungen, die sich im unteren Rohrteil ansammeln könnten, nicht mitentnommen werden. Vor Entnahme der Probe sollte mindestens 1 ℓ Öl durch das Entnahmeventil gelaufen sein. Der Behälter für die Probe muß sauber und fest verschließbar sein. Angaben über Öltyp, Schiffsname, Datum der Probeentnahme, Motortyp usw. sind zur richtigen Beurteilung der Gebrauchtölanalyse unerläßlich.

6.2.1.3.1 Dichte

Als gesetzliche Dichteeinheit ist Gramm je Milliliter (g/ml) festgelegt[1]. Die Bestimmung der Dichte dient in erster Linie der Errechnung der Masse eines gegebenen Flüssigkeitsvolumens, oft auch der Kennzeichnung eines Produktes. Außer der Dichte ist, wenn nötig, zugleich der Zustand des Stoffes anzugeben (Temperatur, Druck usw. vgl. DIN 1343).

Die Dichte von Flüssigkeiten ist von der Temperatur abhängig, bei Erwärmung sinkt sie, bei Abkühlung steigt sie (siehe auch Abschnitt 6.1.1.2.2). Als normale ***Bezugstemperatur*** für alle Dichteangaben bei Mineralölprodukten ist 15 °C festgelegt.

Die Bestimmung der Dichte ist nach DIN 51 757 genormt. Eine kurze Erläuterung enthält Abschnitt 6.1.1.2.2.

6.2.1.3.2 Flammpunkt und Brennpunkt

Der ***Flammpunkt*** ist die niedrigste Temperatur, bezogen auf einen Druck von 1,01 bar, bei der sich aus dem zu prüfenden Öl unter besonders festgelegten Bedingungen Dämpfe in solcher Menge entwickeln, daß diese mit der über dem Flüssigkeitsspiegel stehenden Luft ein entflammbares Gemisch ergeben (DIN 51 584 und 51 758).

Der ***Brennpunkt*** ist die Temperatur, bei der das Öl nach seiner Entzündung weiter zu brennen imstande ist (in den Normen nicht festgelegt).

Die Flammpunktprüfung liefert ein Maß für die Entflammbarkeit brennbarer Flüssigkeiten durch Fremdzündung und damit unmittelbar ein Maß für die Feuergefährlichkeit. Durch die Prüfung kann auch die Anwesenheit leicht entflammbarer Bestandteile in Flüssigkeiten festgestellt werden.

---

[1]) Im öffentlichen Verkehr ist ein Milliliter einem Kubikzentimeter gleich zu erachten.

Für die Untersuchung von Schmierölen und Dieselkraftstoffen wendet man vorwiegend folgende Verfahren an:

a) Bestimmung des Flammpunktes im offenen Tiegel nach *Marcusson* (DIN 51 584). Anwendung bei ungebrauchten und gebrauchten Ölen mit Flammpunkten über 80 °C. Beschreibung des Verfahrens in Abschnitt 6.1.1.2.4.
b) Bestimmung des Flammpunktes im geschlossenen Tiegel nach *Pensky-Martens* (DIN 51 758). Anwendung für Mineralöle im Bereich von 65 ... 165 °C. Beschreibung des Verfahrens in Abschnitt 6.1.1.2.4.

Fallender Flammpunkt nach *Pensky-Martens* im Gebrauchtöl deutet Kraftstoffverdünnung im Schmieröl an. Kraftstoffleckagen im Schmieröl sind zu finden. Bei Schweröleinbruch ist kaum eine Flammpunktänderung feststellbar. Bei Wassereinbruch in Schmieröl ist eine Flammpunktbestimmung unmöglich, hierzu genügen schon 0,5 % Vol.

6.2.1.3.3 Neutralisationszahl – Total acid Number (TAN) (nicht für HD-Öle)

Die Neutralisationszahl (NZ) (DIN 51 558) in mg KOH/g Öl gibt an, wieviel Milligramm Kaliumhydroxid (KOH) notwendig sind, um die freien Säuren in 1 g Schmierstoff zu neutralisieren. Sie dient dazu, den Gehalt eines Öles an Säuren zu bestimmen, die, insbesondere als wasserlösliche Säuren, den Werkstoff, mit dem Säuren, besonders Naphtensäuren, kommen in fast allen Schmierölen vor. Auch ihr Anteil darf nicht zu hoch liegen.

Der Anstieg der Neutralisationszahl ist ein *Maß für die Alterung* eines Öles, doch läßt deren Höhe allein ohne Kenntnis des Frischöltyps kein Urteil zu. Bei Ölen mit Wirkstoffen, die ebenfalls Alkali verbrauchen, werden die Ergebnisse des Prüfverfahrens durch Einwirkung dieser Zusatzstoffe (Additives) beeinflußt. Legierte Öle weisen daher von vornherein eine erhöhte Neutralisationszahl auf.

Reines Mineral-Schmieröl sollte nicht mehr als 2,5 mg KOH/g benötigen, wenn die Rate schnell steigt. Bei langsamen Anstieg der *NZ* kann das Schmieröl bis 4,0 mg KOH/g in Betrieb bleiben.

Plötzlicher Anstieg der *NZ* (*TAN*) kann auf Leckagen an den Kolben und Stopfbuchsen hinweisen. Bei reinen Mineralölen kann die *VZ* durch Separieren mit Wasserzusatz (Waschen) herabgesetzt werden.

6.2.1.3.4 Total Base Nr. (TBN) (nur für HD-Öle)

Dies ist ein Maß für die einem Schmieröl (Zylinderöl) beigegebene Additivmenge zur Neutralisation von sauren Verbrennungsprodukten. Wenn die *TBN* in Umlaufölen von Mittelschnelläufern (Tauchkolbenmotoren) abnimmt, ist das ein Zeichen, daß die neutralisierende Wirkung geringer ist und mit chemischem Korrosionsverschleiß gerechnet werden muß. Man sollte bei Schwerölbetrieb solcher Motoren eine *TBN* halten, die dreimal so groß wie der Schwefelgehalt des Kraftstoffs ist [6.4]. Für Betrieb mit Dieseldestillat genügt für das Schmieröl *TBN* 8 ... 10, für Schwerölbetrieb *TBN* 25 ... 30. Zylinderschmieröle für langsam laufende Kranzkopf-Dieselmotoren haben bei Schwerölbetrieb eine *TBN* von 60 ... 70 (bis 100).

6.2.1.3.5 Verseifungszahl

Die Verseifungszahl (*VZ*) (DIN 51 559) in mg KOH/g Öl gibt an, wieviel Milligramm Kaliumhydroxid notwendig sind, um die in 1 g Schmierstoff enthaltenen freien Säuren zu neutralisieren und die vorhandenen Ester und Laktone zu verseifen. Auch die Verseifungszahl wird von Additiven beeinflußt.

6.2.1.3.6 Esterzahl

Die Esterzahl ergibt sich durch Abzug der Neutralisationszahl von der Verseifungszahl. Sie macht Aussagen über den Anteil der verseifbaren Ester.

6.2.1.3.7 Aschezahl

Die beim Verbrennen und Glühen eines Schmierstoffes als Sulfat und Oxid zurückbleibende auswägbare Substanz ist die Asche (*Aschezahl*). Sie wird gemessen in g Asche/100 g Öl und in Prozent angegeben. Bei Frischölen ohne Zusätze dient die Bestimmung des Aschegehaltes zur Beurteilung des Reinheitsgrades. Bei gebrauchten Ölen kann der Aschegehalt durch chemische Reaktion der Alterungsstoffe mit Metallen, durch Abrieb und Zutritt von Fremdstoffen größer werden. Der Aschegehalt von Frischölen mit metallorganischen Zusätzen gibt einen Hinweis auf die Menge des verwendeten Zusatzes. Die Bestimmung der Aschezahl von Mineralölen ist in DIN 51 575 genormt.

6.1.2.3.8 Koks (wenig angewandt)

Die Bestimmung des Koksrückstandes nach *Conradson* ist in DIN 51 551 genormt. Der *Conradsontest* gibt Aufschluß über die Neigung eines Öles zur Bildung koksartiger Rückstände bei *Verschwelung* (Verbrennung unter weitgehendem Luftabschluß). Der Prüftiegel ist bei diesem Verfahren abgedeckt, so daß die Dämpfe erst außerhalb des Tiegels abbrennen können. Der nach dem Test im Tiegel verbleibende Rückstand wird in Prozenten der eingesetzten Probemenge angegeben. Bei Zusatz von Wirkstoffen (Additives) kann sich die nach *Conradson* bestimmte Menge der Koksrückstände ändern.

6.1.2.3.9 Stockpunkt

Der Stockpunkt ist die Temperatur, bei der ein Öl bei stetiger Abkühlung in einem vorgeschriebenen Prüfglas durch das eigene Gewicht nicht mehr zum Fließen gebracht wird. Er soll Aufschluß über das Verhalten von Mineralölen bei Abkühlung auf tiefere Temperaturen geben, wie sie beim Lagern, bei Transport und im Betrieb vorkommen. Die Bestimmung erfolgt nach DIN 51 583.

6.1.2.3.10 Viskosität

Ergänzend zum Abschnitt 6.1.1.2.3 ist noch zu bemerken: Früher verwendete man als Maße Englergrad (E), Redwood Nr. 1 Viscosity (70 °F), Einheit: Sekunde (R), und Saybolt-Universal Viscosity (100 °F), Einheit: Sekunde (S). Der Umrechnung der Meßwerte bei 50 °C von Zentistokes auf die alten Maßeinheiten dient die Viskositätsvergleichstabelle 6.8 (siehe auch DIN 51 560).

Die Messung der kinematischen Viskosität ν im physikalischen Maßsystem geschieht in Viskosimetern, in denen man die Durchlaufzeit einer bestimmten Ölmenge durch eine geeichte Kapillare bestimmt. Einwandfreie Viskositätsmessungen lassen sich nur an Flüssigkeiten durchführen, für die die Newtonschen Gesetze gelten, bei denen sich also in der Meßkapillare eine laminare Strömung ausbilden kann. Dies ist teilweise bei Ölen mit hohem Anteil großmolekularer Zusätze nicht mehr der Fall.

Für die Lagerberechnung wird die dynamische Viskosität η gebraucht. Man erhält sie durch Multiplikation der kinematischen Zähigkeit ν mit der Dichte ρ und bezeichnet ihre Einheit mit Poise.

$$\eta = \nu \cdot \rho; \qquad 1 \text{ Poise (P)} = \frac{1\text{ g}}{\text{cms}} = 0{,}1\,\frac{\text{kg}}{\text{ms}}.$$

Tabelle 6.8 Viskositätsvergleichstabelle

cSt	R	S	E	cSt	R	S	E	cSt	R	S	E
2,0	30,76	32,64	1,119	23	96,96	110,4	3,215	140	570,1	647,9	18,43
2,1	31,01	33,00	1,129	24	100,8	114,7	3,335	145	590,4	671,1	19,08
2,2	31,26	33,36	1,139	25	104,6	119,0	3,455	150	610,7	694,2	19,75
2,3	31,51	33,72	1,149	26	108,5	123,4	3,575	155	631,0	717,2	20,40
2,4	31,76	34,08	1,159	27	112,4	127,8	3,695	160	651,4	740,4	21,05
2,5	32,01	34,44	1,169	28	116,3	132,3	3,820	165	671,8	763,4	21,72
2,6	32,26	34,76	1,178	29	120,2	136,7	3,945	170	692,4	786,6	22,38
2,7	32,51	35,08	1,188	30	124,2	141,1	4,070	175	712,6	809,7	23,03
2,8	32,76	35,41	1,198	31	128,1	145,5	4,195	180	733,1	832,9	23,70
2,9	33,01	35,73	1,207	32	132,1	149,9	4,320	185	753,5	856,1	24,35
3,0	33,26	36,05	1,217	33	136,1	154,4	4,445	190	774,0	879,3	25,00
3,1	33,51	36,37	1,226	34	140,0	158,9	4,570	195	794,3	902,5	25,67
3,2	33,76	36,69	1,235	35	144,0	163,4	4,695	200	814,6	925,6	26,32
3,3	34,01	37,01	1,244	36	147,9	167,9	4,825	210	855,2	971,8	27,65
3,4	34,27	37,33	1,253	37	151,9	172,4	4,955	220	896,3	1018	28,95
3,5	34,52	37,65	1,264	38	155,9	176,9	5,080	230	936,9	1065	30,28
3,6	34,77	37,95	1,274	39	160,0	181,4	5,205	240	978,0	1111	31,60
3,7	35,03	38,25	1,283	40	164,0	185,9	5,335	250	1018	1157	32,90
3,8	35,28	38,55	1,291	41	168,0	190,5	5,465	260	1059	1203	34,25
3,9	35,53	38,85	1,300	42	172,0	195,0	5,590	270	1099	1249	35,55
4,0	35,78	39,15	1,308	43	176,1	199,5	5,720	280	1140	1296	36,85
4,5	37,03	40,76	1,354	44	180,1	204,1	5,845	290	1181	1342	38,18
5,0	38,31	42,36	1,400	45	184,2	208,7	5,975	300	1222	1388	39,50
5,5	39,65	43,96	1,441	46	188,2	213,3	6,105	310	1263	1434	40,80
6,0	40,91	45,57	1,481	47	192,2	217,9	6,235	320	1303	1480	42,12
6,5	42,26	47,17	1,521	48	196,3	222,5	6,365	330	1344	1527	43,45
7,0	43,57	48,77	1,563	49	200,3	227,1	6,495	340	1385	1574	44,75
7,5	44,89	50,42	1,605	50	204,3	231,7	6,620	350	1425	1620	46,10
8,0	46,26	52,07	1,653	55	224,6	254,8	7,258	360	1465	1666	47,40
8,5	47,66	53,77	1,700	60	244,8	277,8	7,896	370	1505	1712	48,70
9,0	49,04	55,48	1,746	65	265,2	300,8	8,554	380	1546	1759	50,00
9,5	50,47	57,18	1,791	70	285,5	323,8	9,212	390	1587	1805	51,35
10	51,92	58,88	1,837	75	305,7	347,0	9,870	400	1628	1851	52,65
11	54,94	62,39	1,928	80	326,0	370,2	10,53	450	1832	2082	59,25
12	58,05	66,00	2,020	85	346,3	393,3	11,19	500	2036	2314	65,80
13	61,24	69,70	2,120	90	366,6	416,5	11,85	550	2239	2545	72,40
14	64,50	73,50	2,219	95	386,8	439,5	12,51	600	2443	2777	79,00
15	67,89	77,31	2,323	100	407,3	462,6	13,16	650	2646	3008	85,60
16	71,34	81,21	2,434	105	427,7	485,8	13,82	700	2850	3239	92,20
17	74,80	85,22	2,540	110	447,9	590,0	14,47	750	3054	3471	98,80
18	78,36	89,32	2,644	115	468,2	532,1	15,14	800	3258	3702	105,3
19	82,00	93,43	2,755	120	488,6	555,3	15,80	850	3462	3934	111,9
20	85,66	97,64	2,870	125	509,0	578,5	16,45	900	3666	4165	118,5
21	89,42	101,8	2,984	130	529,3	601,6	17,11	950	3871	4396	125,0
22	93,16	106,1	3,100	135	549,6	624,7	17,76	1000	4074	4628	131,6

Die Werte sind für 50 °C errechnet, sie sind mit ausreichender Genauigkeit verwendbar von ca. + 20 ... + 100 °C.
Für Werte in Zentistokes oberhalb 1000 cSt:

$$\nu\,(\text{cSt}) = 2{,}246 \cdot \nu\,(\text{R}) = 7{,}60 \cdot \nu\,(\text{E}) = 0{,}216 \cdot \nu\,(\text{S})$$

$$\nu\,(\text{E}) = 0{,}0323 \cdot \nu\,(\text{R}) = 0{,}0285 \cdot \nu\,(\text{S})$$

$$\nu\,(\text{R}) = 0{,}881 \cdot \nu\,(\text{S})$$

a

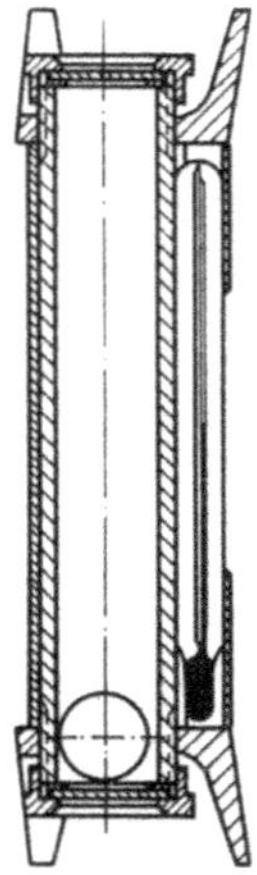
b

Bild 6.31
Tausz-Kugelfallviskosimeter
a) Ansicht
b) Schnitt

Es gibt neben den genannten eine ganze Reihe von Geräten zur Ermittlung der Viskosität. Die meisten dieser Geräte können aber nur im chemischen Laboratorium verwendet werden. Für den Betrieb hat sich das *Kugelfallviskosimeter* nach *Tausz* als geeignet erwiesen (Bild 6.31). Das Gerät besteht aus einem Rohr von etwa 15 mm innerem Durchmesser und 120 mm Höhe. In diesem mit der Ölprobe gefüllten Rohr fällt eine Stahlkugel herab, deren Fallzeit in Sekunden gemessen wird. Dem Gerät sind neben einer Meßanleitung mehrere Tabellen beigegeben, aus denen man von der Fallzeit auf die Viskosität schließen kann.

Für die Untersuchung von Dieselmotorenschmierölen kommen fast ausschließlich die Diagramme „Mineralöle 2" (Bild 6.32) oder „Mineralöle 3" in Frage. Ist z.B. im Tausz-Viskosimeter eine Fallzeit von 22,3 s bei einer Öltemperatur von 37,4 °C gemessen worden, so beträgt die Viskosität nach dem Diagramm „Mineralöle 2" rund 3,42 E/50 °C (siehe Bild 6.32). Hat die Dichte einen von 0,9 kg/dm^3 abweichenden Wert, so muß eine Berichtigung nach der dem Gerät beigegebenen Tabelle vorgenommen werden. Bei Ölen ist die Angabe der Viskosität bei 50 °C üblich.

Nähere Angaben über den Gebrauch der mitgelieferten Auswertungsdiagramme sind der Betriebsanweisung des Gerätes zu entnehmen.

Gute Erfahrungen konnten im Bordbetrieb auch mit dem Schnellviskosimeter von *Dallwitz-Wegner* gesammelt werden, das in Abschnitt 6.1.1.2.3 beschrieben und in Bild 6.4 dargestellt ist.

Im Betrieb wird die Viskosität von Umlaufschmieröl durch Feststoffanteile, Rost und Abrieb, sowie durch Oxidationsprodukte des Öls ansteigen, während Kraftstoff und Wasser zu einem Abfall oder Anstieg führen können. Viskositätsänderungen sollten deshalb TAN-Bestimmungen und Feststoffmessung (in Benzol Unlösliches) sowie Wassergehaltbestimmung begleitet werden, um den Grund für eine Viskositätsänderung herauszufinden. Auch eine Flammpunktbestimmung sollte dann ggf. erfolgen. Besonders Absinken der Viskosität ist von Bedeutung, weil der Schmierfilm dann nicht mehr tragfähig genug sein können. Es sollten nicht mehr als ± 15 % Viskositätsabfall (= 1 SAE-Nr. weniger) gegenüber Neuöl zugelassen werden. Bei Tauchkolbenmotoren mit zusätzlicher Zylinder-Frischöl-Schmierung steigt die Viskosität des Umlauföls im Betrieb meistens etwas an.

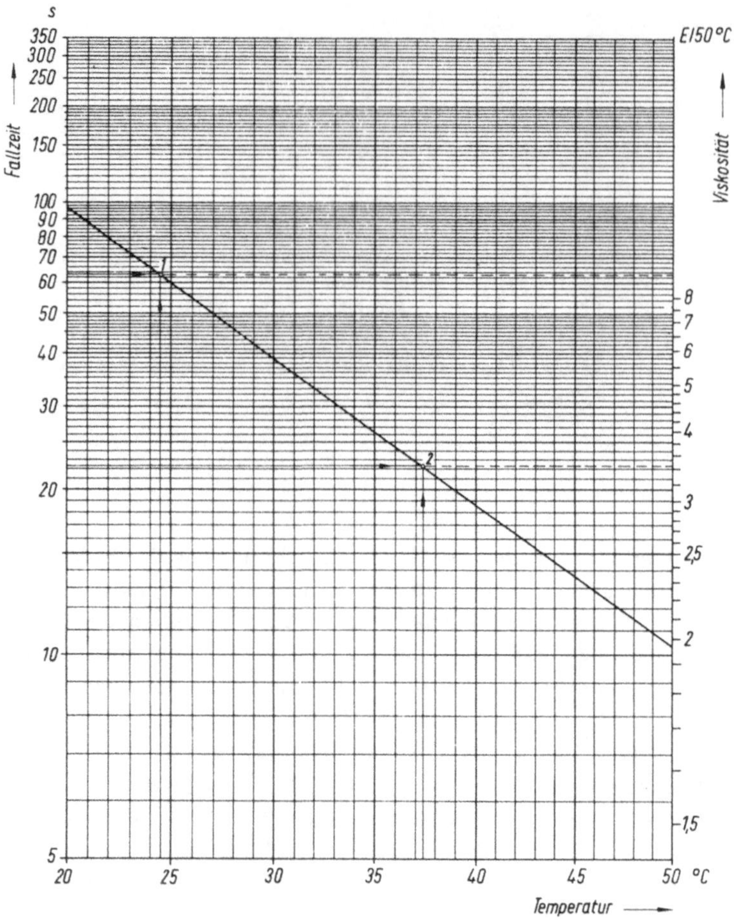

Bild 6.32
Viskositätsblatt für Öl mit der Dichte 0,9

Weltweit ist die Viskositätsklassifikation der "Society of Automative Engineers" (SAE) aus den USA üblich. Hierbei sind die SAE-Nummer mit dem Index W auf °F (−18 °C) und die ohne Index auf 210 °F (99 °C) bezogen. Die Bestimmung erfolgt nach ASTM-D-445

SAE 10 W	entspricht	1300 ... 2600 cSt	bei	− 18 °C
SAE 20 W	entspricht	2600 ... 10500 cSt	bei	− 18 °C
SAE 20	entspricht	5,7 ... 9,6 cSt	bei	99 °C
SAE 30	entspricht	9,6 ... 12,8 cSt	bei	99 °C
SAE 40	entspricht	12,9 ... 16,7 cSt	bei	99 °C
SAE 50	entspricht	16,8 ... 22,7 cSt	bei	99 °C

6.2.1.3.11 m-Wert

Zeichnet man die Viskositäten (Ordinate) eines Öles bei verschiedenen Temperaturen (Abszisse) unter Verwendung doppelt logarithmischen Papieres in ein Koordinatensystem (VT-Blatt nach Ubbelohde-Unstätter, DIN 51 563), so erhält man eine Gerade. Den Tangens des Neigungswinkels dieser Geraden bezeichnet man als *m-Wert*, *Steilheitswert* oder *Richtungskonstante*. Je kleiner der Wert der Richtungskonstante *m* ist, um so geringer ist auch die Neigung der Viskositätstemperaturgeraden und um so günstiger ist das Viskositätstemperaturverhalten (*VT*-Verhalten) des Öles.

Die Richtungskonstanten guter Schmieröle liegen etwa in der Größenordnung von $m = 3{,}5$; Öle mit schlechterem *VT*-Verhalten besitzen *m*-Werte von 4 ... 4,5. Die Grundbegriffe des Viskositätstemperaturverhaltens findet man in DIN 51 563.

6.2.1.3.12 Viskositätspolhöhe VP

Zeichnet mann die *VT*-Geraden verschiedener Viskositäten eines Öles gleicher Herkunft (Provenienz) in das oben erläuterte Koordinatensystem ein, dann schneiden sich diese Geraden außerhalb des Diagramms annähernd in einem Punkt, dem *Pol*. Zeichnet man dazu auch die *VT*-Geraden der Öle verschiedener Viskositäten anderer Herkunft, dann zeigt sich, daß man die Pole durch eine Gerade, die *Polgerade*, verbinden kann. Mit Hilfe einer Gleichung läßt sich nach Bestimmung der Viskositäten eines Öles bei zwei verschiedenen Temperaturen der Schnittpunkt der *VT*-Geraden mit der Polgeraden berechnen und damit ein Wertmaß für das Schmieröl finden.

Die Viskositätspolhöhe liegt gewöhnlich zwischen 1,9 ... 3,5 (niedrige Werte kennzeichnen eine geringe Viskositätstemperaturabhängigkeit) und ist z.B. im Ubbelohde Viskositätstemperaturblatt unter Benutzung der beiden sogenannten Hilfslinien auf einfache Weise zu ermitteln.

6.2.1.3.13 Viskositätsindex VI

Während man zur Beurteilung der Güte eines Öles in bezug auf sein *VT*-Verhalten beim *m*-Wert und der Polhöhe die Viskositätslage zu berücksichtigen hat, soll der *VI*-Wert eine vom Viskositätsbetrag des Öles unabhängige Maßzahl sein.

Der *VI*-Wert ist eine willkürliche empirische Zahl und wurde von den Amerikanern *Dean* und *Davis* entwickelt. Einfache Motorenöle haben einen *VI*-Wert von etwa 90 ... 100, Spezialöle bis zu 160, Maschinenöle etwa 60 ... 90.

Alle *VI*-Werte unlegierter Öle über 100 gelten als gut. Sie sind von der Provenienz der Öle abhängig. Verschiedene Methoden zur Ermittlung des Viskositätsindexes enthält DIN 51563.

6.2.1.3.14 Wassergehalt

Für Laboratoriumsuntersuchungen eignet sich das Verfahren zur Bestimmung des Wassergehaltes durch Destillation (sogenannte *Xylolmethode*) nach DIN 51 582. Es kann bei Mineralölen, deren Verarbeitungsprodukten einschließlich der Schmierfette angewandt werden, sofern der Gehalt an freiem Wasser über 0,1 % liegt. Das in der Probe, enthaltene Wasser wird mit zugesetztem Xylol, d.h. mittels eines Trägerdampfes destilliert und in einer mit Skala versehenen Vorlage kondensiert.

Für die normalen Untersuchungen an Bord eignen sich besser die folgenden Verfahren.

a) Bestimmung des Wassergehaltes nach *Oertel-Pflug*.
Magnesiumsulfat reagiert mit Wasser unter Wärmeabgabe. Rührt man in eine abgemessene Menge eines wasserhaltigen Öles eine bestimmte Menge Magnesiumsulfat ein, so wird ein dem Wassergehalt proportionaler Temperaturanstieg erfolgen. Der Temperaturanstieg ist also ein Maß für den Wassergehalt des Öles.

b) Untersuchung auf Wassergehalt durch *Ausschleudern mit der Handzentrifuge*.
Das Verfahren ist dann mit Erfolg anwendbar, wenn zwischen Öl und Wasser nur eine Mischung, keine Emulsion vorliegt. In manchen Fällen kann man jedoch auch nach Zerstörung der Emulsion durch geeignete Zusätze zu brauchbaren Ergebnissen kommen. Das Verfahren liefert keine genauen Werte!

c) Prüfung von Ölbehältern auf abgesetztes Wasser mit *Wassernachweispaste*.
Man bestreicht einen Stab mit der Paste und führt ihn bis zum Boden in den Tank ein. Nach etwa einer halben Minute zieht man ihn wieder heraus und kann aufgrund der Farbänderung der Paste feststellen, wie hoch das abgesetzte Wasser am Boden des Tanks steht.

Wird im Wassergehalt Salz festgestellt, so ist das Öl durch Seewasser verunreinigt und wirkt somit korrosiv. Reines Mineralöl, z.B. Umlauföl in Kreuzkopfmaschinen, sollte nicht mehr als 0,005 % Gewichtsanteile Salz haben. Salz läßt sich durch Separieren mit Wasserzusatz (Waschen) herausbringen. Für Öle mit Additiven gegen Korrosion können etwa 0,01 % Gewichtsanteile Salz toleriert werden. Im allgemeinen lassen sich Additive-Öle nicht waschen, weil eine Emulsionsbildung stattfindet.

6.2.2 Schmierölsysteme

6.2.2.1 Die Schmierung kleiner und mittlerer Motoren

Das Schmieröl hat die Aufgabe, die Reibung in Lager- und Gleitstellen zu mindern und die dort entstehende Wärme abzuleiten. Es wird daher im allgemeinen in einem besonderen Ölkühler, der vom Kühlwasser durchflossen wird, gekühlt. Der Umlaufölvorrat sammelt sich entweder in einer erweiterten Kurbelwanne oder wird von einer besonderen Pumpe aus der Kurbelwanne in einen Umlaufölbetriebstank gefördert. Diese Förderpumpe ist ebenso wie die Schmieröldruckpumpe an den Motor angehängt. Man verwendet hierfür vorwiegend Zahnradpumpen (Bild 6.33).

Zahnradpumpen fördern nach dem Verdrängungsprinzip kontinuierlich. Sie bestehen gewöhnlich aus zwei miteinander kämmenden Zahnrädern mit Außenverzahnung, die sich mit geringem Spiel in einem dicht anliegenden Gehäuse drehen. Das eine Zahnrad wird angetrieben und nimmt das zweite mit. Auf der Seite, auf der die Zähne außer Eingriff gehen, entsteht Unterdruck, der das Öl ansaugt. Es wird in den Zahnlücken zur gegenüberliegenden

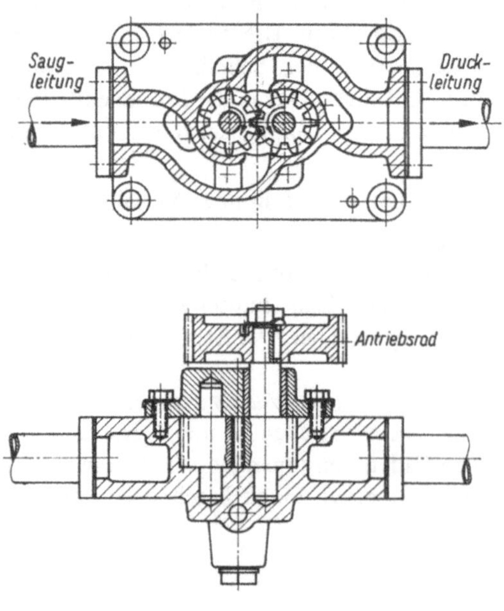

Bild 6.33
Angehängte Zahnradpumpe

Seite transportiert, wo es beim Ineinandergreifen der Zähne verdrängt und auf Förderdruck gebracht wird. Einwandfreier Zustand und richtige Spieleinstellung gewährleisten den gewünschten Förderdruck. Druck- und Saugseite sind meist über ein Drucksteuerventil verbunden. Öffnen desselben vermindert den Druck, Schließen erhöht ihn.

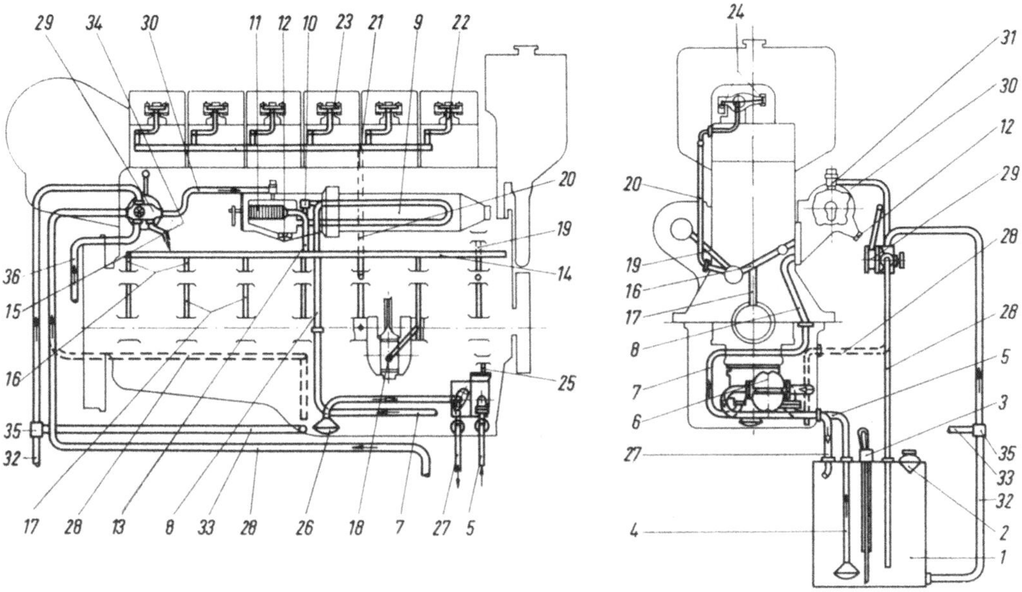

Bild 6.34 Motoren-Schmierölkreislauf des Daimler-Benz-Motors MB 84

1 Daimler-Benz-Vorratsölbehälter 40 l,
2 Öleinfüllstützen,
3 Ölmeßstab mit Entlüftungsfilter,
4 Saugrohr mit Saugkorb,
5 Leitung zur Ölpumpenhauptstufe (35 × 1,5),
6 Ölpumpe,
7 Druckrohr,
8 Leitung zum Schmierölwärmetauscher,
9 Schmierölwärmetauscher,
10 Überdruckventil für Schmierölwärmetauscher und Spaltfilter,
11 Spaltfiltereinsatz,
12 Schlammablaßschraube am Ölfiltergehäuse,
13 Bohrung zum Hauptölrohr,
14 Hauptölleitung,
15 Öldruckmeßstelle,
16 Ölbohrungen zu den Nockenwellenlagern,
17 Ölbohrungen zu den Kurbelwellenlagern,
18 Ölbohrungen in der Kurbelwelle zur Schmierung der Pleuellager
19 Schmierbohrung zum Lager der Einspritzpumpem-Antriebswelle,
20 Druckrohr für Kipphebelschmierung,
21 Verteilerleitung Kipphebelschmierung,
22 Ölbohrungen für Kipphebelschmierung,
23 Ölbohrung zur Schmierung der Kipphebellager,
24 Ölbohrung für Kugelgelenke am Kipphebel,
25 Ölbohrung für Zwischenradlager (Ölpumpenantrieb),
26 Saugkorb mit Saugrohr zur Ölpumpe Rückförderstufe,
27 Druckrohr zum Vorratsölbehälter (35 × 1,5),
28 Saugrohr zur Handvorpumpe (a und b) a = (15 × 1),
29 Handvorpumpe,
30 Druckrohr zum Ölfiltergehäuse (Vorpumpanlage),
31 Rückschlagventil (Vorpumpanlage),
32 Absaugleitung zum Entleeren des Vorratsölbehälters (15 × 1),
33 Absaugleitung zum Entleeren der Ölwanne,
34 Ölablaufleitung,
35 Umschalthahn,
36 Absaugleitung für Getriebeentleerung

Die Druckpumpe versorgt die Schmierstellen des Triebwerks auf folgendem Wege: Ölwanne oder Umlaufölbetriebstank – Zahnradpumpe – Filter (umschaltbarer Doppelfilter [Spaltfilter bzw. Siebfilter]) – Ölkühler – Verteilerleitung im Kurbelgehäuse – Grundlager – hohle Kurbelwelle – Kurbellager – Kolbenbolzenlager. Bild 6.34 zeigt schematisch den Ölkreislauf eines Daimler-Benz-Dieselmotors.

Das aus den Lagerstellen abfließende Lecköl sammelt sich wieder in der Kurbelwanne. Der entstehende Ölnebel und das Spritzöl gelangen auch an die Laufbuchsen und schmieren diese. Besondere Ölabstreifringe an den Arbeitskolben sorgen dafür, daß möglichst wenig Umlauföl in den Verbrennungsraum gelangt. Geringe hier unvermeidliche Verluste bilden den Ölverbrauch der Tauchkolbenmotoren, der für kleine und mittlere Leistungen normalerweise bei etwa 1 ... 2 g/kWh liegt.

Der Öldruck soll nach der Betriebsvorschrift einreguliert werden. Zu hoher Öldruck vergrößert den Schmierölverbrauch und verursacht Kolbenringstecken, rauchende Verbrennung und weitere Folgeschäden. Häufig sind zwei Manometer angebracht, von denen das eine den Öldruck vor dem Filter, das andere den Druck hinter dem Filter anzeigt. Große Differenzen zwischen beiden Meßwerten deuten auf Verschmutzung des Filters hin.

Die Wirtschaftlichkeit des Motorenbetriebes kann dadurch verbessert werden, daß man durch Einschalten eines „Feinfilters" die Laufzeit der Umlaufschmierölfüllung erheblich verlängert. Als Beispiel eines solchen Feinfilters sei hier der CIC-Filter der Fa. Karberg & Hennemann, Hamburg, angeführt. Der Filter eignet sich jetzt auch für HD-Öle, da deren Additive nicht mit ausgefiltert werden.

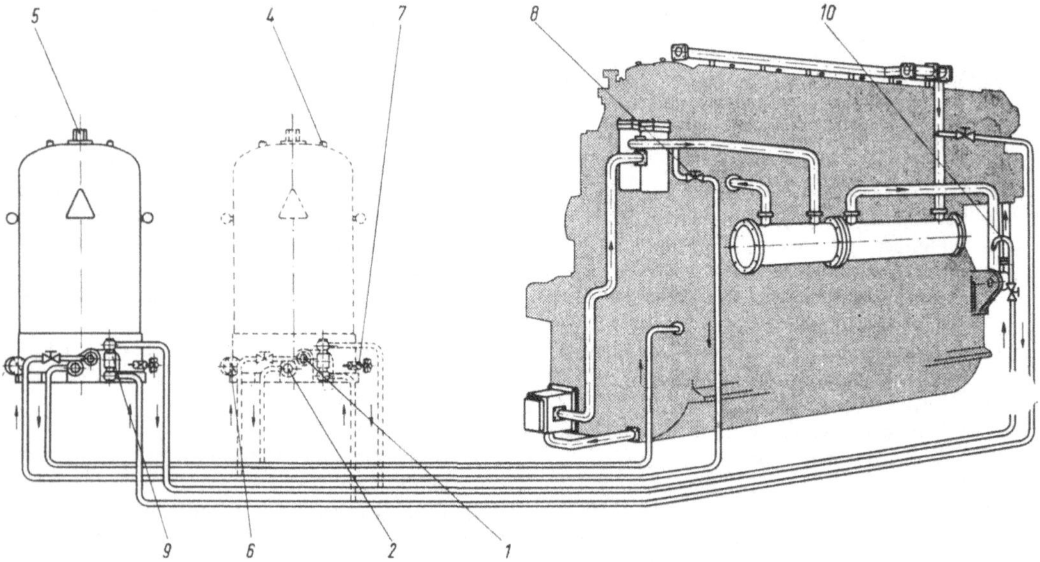

Bild 6.35 CJC-Feinfilter
1 Öl-Eintritt und Durchstoßdüse (3),
2 Öl-Austritt und Rückschlagkugel,
4 Entlüftungsschraube,
5 Kopfmutter,
6 Manometer (Filterdruck),
7 Entleerungsventil,
8 Rückschlagabsperrventil,
9 Wasserheizung Type HDU 27 und 38,
10 Heizwasser-Rückführung,

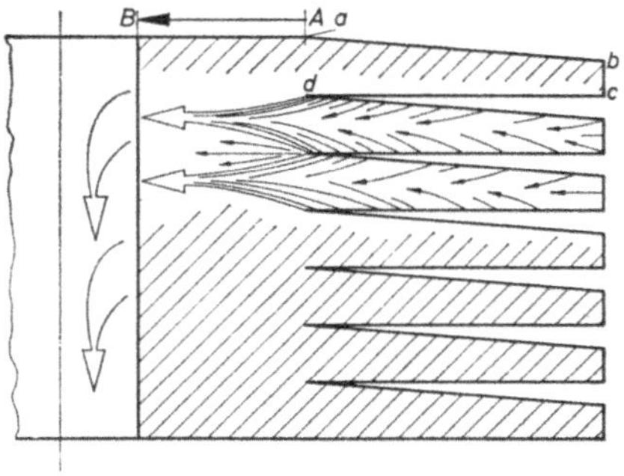

Bild 6.36 Wirkungsweise eines CJC-Filters
a b c d Eintrittsfläche = 8 × Zylinderoberfläche
AB Grundweg des Öles

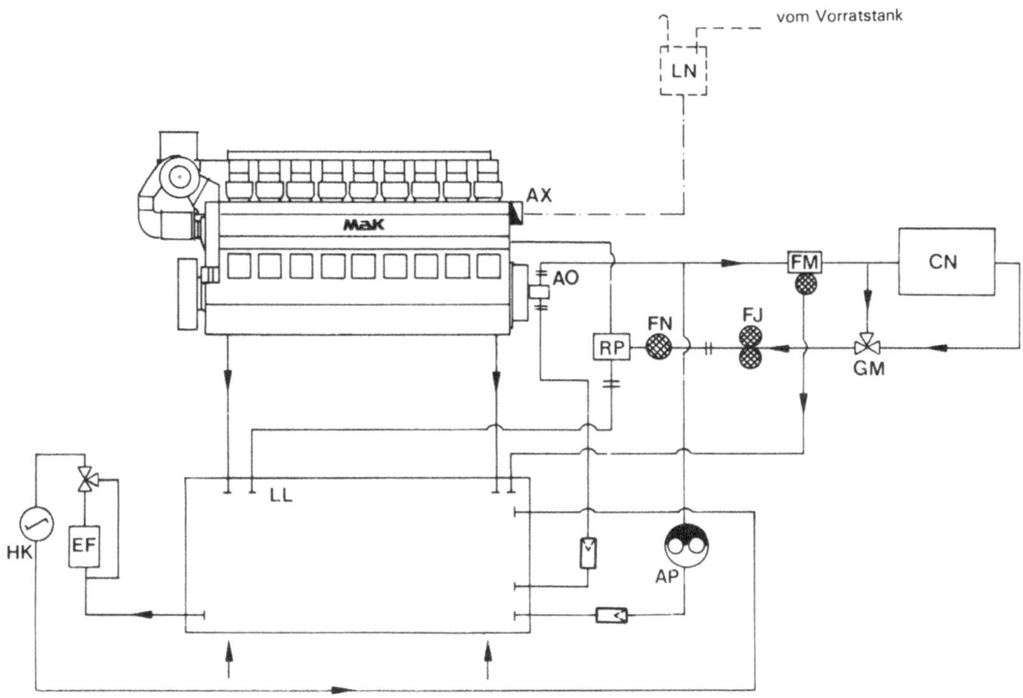

Bild 6.37 Schmierölsystem für MaK-Motor M 601

AO	Druckpumpe (angebaut)	FJ	Feinfilter
AP	Reservedruckpumpe	FM	Automatisches Rückspülfilter
AX	Zylinderöler	FN	Schutzfilter
CN	Kühler	HK	Separator
GM	Regler	LL	Umlauftank
EF	Vorwärmer	LN	Zylinderöltagestank
(Symbol)	Schutzsieb	RP	Öldruckventil

Die Bilder 6.35 und 6.36 zeigen den Aufbau und die Wirkungsweise eines CIC-Filters. In anderen Filtern verwendet man Textilfasereinsätze oder engmaschige Siebscheiben.

Als Beispiel für Motoren mittlerer Leistung diene das Schmierölsystem für einen Krupp Mak Motor M 601, für den in Bild 6.19 auch das Kraftstoffsystem gezeigt wurde (Bild 6.37).

Anforderungen

Zu verwenden sind Schmieröle gemäß Empfehlung des Motorenhersteller. Für Umlauf-, Zylinderöl- und Kipphebelschmierung ist generell Schmieröl SAE 40 vorgeschrieben. Alkalität (TBN) bis 15 mg KOH/g für Dieselölbetrieb, 20...30 mg KOH/g für Schwerölbetrieb.

Tabelle 6.9 Technische Daten für MaK-Dieselmotor 6 M 601

Betriebswerte bei 20 °C, 1 bar	Motordauerleistung	kW	5650	6000
	Motordrehzahl	min^{-1}	400	425/428
	niedrigste Betriebsdrehzahl	min^{-1}	133	150
	Kraftstoff-Verbrauch [1]	g/kWh	196	199
	Schmieröl-Verbrauch [2]	g/kWh	1,4 ... 2	1,4 ... 2
	Luftbedarf	m^3/h	37600	40000
	mittlerer effektiver Druck	bar	17,8	17,8/17,7
	Ladedruck	bar	1,7	1,95
	Kompressionsdruck	bar	74	76
	Zünddruck	bar	121	125
	Abgastemperatur am Zylinder	°C	400	415
	Abgastemperatur nach Turbine	°C	340	350
Kraftstoff	Leistung der angebauten Zubringerpumpe	m^3/h	–	–
	Leistung der separaten Zubringerpumpe [3]	m^3/h	3,0/3,9	3,2/4,2
	Betriebsdruck [3]	bar	3/5	3/5
	Doppel-Vorfilter NW [3], Maschenweite 0,1/0,54 mm	mm	50/50	50/50
	Doppel-Feinfilter; Maschenweite/NW – MDO	mm	0,015/65	0,015/65
	Doppel-Feinfilter; Maschenweite/NW – Schweröl	mm	0,034/65	0,034/65
	Automatik-Filter, Maschenweite [3]	mm	0,015/0,034	0,015/0,034
Düsenkühlung	Inhalt des Umlaufbehälters	m^3	0,24	0,24
	Leistung der Kühlölpumpe	m^3/h	1,5	1,5
	erforderliche Druckhöhe	bar	2	2
	Kühlöl-Eintritts-Temperatur in der Düse	°C	65 ... 75	65 ... 75
	zuzuführende Wärmemenge	kJ/h	selbstregelnd	
	erforderliche Wassermenge von 70 ... 75 °C	m^3/h	8	8
Schmieröl	Leistung der angebauten Rückförderpumpe [10]	m^3/h	–	–
	Leistung der angebauten Druckpumpe [10]	m^3/h	85	90
	Betriebsdruck am Motor	bar	4 ... 4,5	4 ... 4,5
	Ölanschluß an der Saugseite/Druckseite NW	mm	150/125	150/125
	Ölanschluß in der Saugeltg. an der Grundpl. NW	mm	150	150
	Leistung der separaten Rückförderpumpe [10]	m^3/h	105	110
	erforderliche Druckhöhe	bar	3	3
	Leistung der separaten Druckpumpe [10]	m^3/h	78	80
	erforderliche Druckhöhe	bar	8	8
	Doppelfilter [3], Maschenweite 0,04/0,06 mm, NW	mm	150/150	150/150
	Automatikfilter [4], Maschenweite	mm	0,034	0,034
	Temperatur-Regler, NW	mm	125	125
	Inhalt vom Umlauftank/Zylinderöltank	m^3	7,5/0,3	7,5/0,3
	Temperatur vor Motor	°C	50 ... 55	50 ... 55
Kühlwasser (Seewasser)	Leistung der angebauten Seewasserpumpe	m^3/h	–	–
	Betriebsdruck	bar	–	–
	Leistung der separaten Seewasserpumpe	m^3/h	240	260
	erforderliche Druckhöhe	bar	2	2
	erforderliche Seewassermenge für Ladeluftkühler	m^3/h	140	160

Tabelle 6.9 Fortsetzung

Kühlwasser (Frischwasser)	Leistung der angebauten Kreiselpumpe[5]	m³/h	–	–
	Betriebsdruck[6]	bar	–	–
	Leistung der separaten Frischwasserpumpe	m³/h	160	170
	erforderliche Druckhöhe[6]	bar	2,5	2,5
	Frischwasser-Temperatur-Regler, NW	mm	150	150
	Inhalt des Ausgleichbehälters	m³	1,0	1,0
	Frischwasser-Temperatur nach Motor	°C	80 ... 85	80 ... 85
	Frischwasser-Inhalt des Motors	m³	1,3	1,3
Luft	Leistung des angebauten Kompressors	m³/h	–	–
	Ladelufttemperaturregler NW	mm	175	175
	Abgasturboladertype – BBC		VTR 501	VTR 501
	Abgas-Schalldämpfer/Funkenf. NW – Dämpfung nach SBG	dBA-mm	35 ... 800/900	35 ... 900/1000
	Abgas-Schalldämpfer/Funkenf. NW – verminderte Dämpfung[7]	dBA-mm	–	–
	Abgas-Schalldämpfer/Funkenf. NW – ohne besondere Vorschriften	dBA-mm	20 ... 800/900	20 ... 900/1000
Wärmet.	Kühlfläche vom Kombikühler[8]	m²	–	–
	Kühlfläche vom Schmierölkühler[8]	m²	60	60
	Kühlfläche vom Frischwasserkühler[8]	m²	25	25
	Kühlfläche vom Düsenkühlölwärmetauscher	m²	2,6	2,6
abzuführende Wärmemengen	im Ladeluftkühler	MJ/h	6497	7050
	spez. Wärmemenge an Ladeluftkühlung	kJ/kWh	1150	1175
	im Schmierölkühler[10]	MJ/h	2120	2250
	spez. Wärmemenge an Schmieröl[10]	kJ/kWh	375	375
	im Frischwasserkühler[9]	MJ/h	4830	5130
	spez. Wärmemenge an Frischwasser[9]	kJ/kWh	855	855
	Gesamtwärmen im Seewasser/Rohwasser	MJ/h	13447	14430
Rohrleitungen	Kraftstoff-Leitung, NW	mm	60	60
	Seewasser-Saugeleitung, NW	mm	200	200
	Druckluft-Leitung, NW	mm	75	75
	Abgas-Leitung nach Turbine, NW[11]	mm	800/900	900/1000

Anmerkungen

1) Unterer Heizwert des Kraftstoffes 42 700 kJ/kg; Leistung der angebauten Pumpen einbezogen.
2) Kleinerer Wert gilt bei optimalen Betriebsbedingungen.
3) Dieselöl/Schweröl.
4) Schwerölbetrieb: Automatik- und Doppelfilter notwendig.
5) Sollwert, auf den die Fördermenge der Pumpe einzustellen ist.
6) Erforderlicher Frischwasserdruck vor Motor mindestens 2,5 bar.
7) Entspricht auch den SBG-Bestimmungen, wenn Entfernung Abgasaustritt-Brückennock größer 14 m.
8) Ausgelegt für $t_{seew.}$ = 32 °C.
9) Bei Einkreiskühlung: Wärmemenge, die aus Kastengestell und den Zylinderdeckeln abgeführt wird.
10) Rohrschlangenkolben/gebaute Kolben.
11) Siehe Abgasschalldmäpfer.

Schmierölpflege im Schwerölbetrieb

Doppelfilter (umschaltbar, MW siehe Technische Daten, Tabelle 6.9), automatische Rückspülfilter (MW siehe Technische Daten, Tabelle 6.9), Sekundärfilter am Rückspülfilter zu empfehlen.

Separator (Purifikator)

Beaufschlagung erfolgt mit ca. 20 % der Nennleistung, 5fache Umwälzung pro Tag ist anzustreben. Dringend zu empfehlen ist kontinuierliches Separieren mit einem selbstentleerenden Separator. Separierzeit pro Tag: 23,5 Stunden. Nennleistung des Schmierölseparators (HK):

$$HK\,(l/\text{h}) = 1{,}5 \cdot P_e\,(\text{kW}).$$

Vorwärmer für Schmierölseparator

Zur Erwärmung des Schmieröls um ca. 40 °C auf ca. 85 °C.

Elektrovorwärmer (EF)

$$\text{Heizleistung } EF = \frac{5{,}6 \cdot P_e\,(\text{kW})}{1000}\,(\text{kW})$$

Heizflächenbelastung $< 0{,}8$ W/cm².

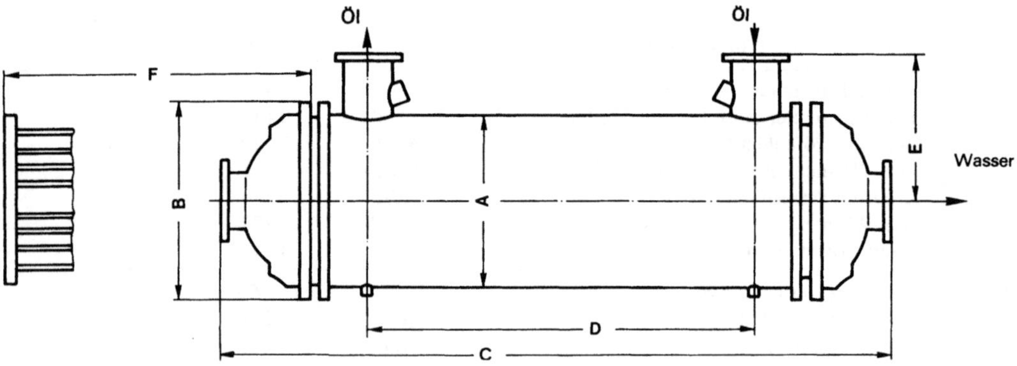

Bild 6.38 Schmierölkühler zu Bild 6.37

Kühlfläche m²	Maße (mm) A	B	C	D	E	F
5,9	267	315	999	579	175	735
8,7	267	315	1336	916	175	1087
12	267	336	2063	1642	240	1820
14	267	336	2063	1642	240	1820
17	324	390	2063	1642	240	1820
20,5	224	390	2063	1642	240	1820
22,5	324	390	2063	1642	240	1820
24	419	480	2115	1570	320	1785
29	419	480	2115	1570	300	1785
33	419	500	2360	1760	340	2035
38	419	500	2960	2360	340	2635
43	419	500	2960	2360	340	2635
50	521	640	2700	2050	375	2260
54	521	640	2700	2050	375	2260
66	521	640	2700	2050	375	2260
74	521	640	2970	2320	375	2530
84	521	640	3300	2550	375	2900

Dampfbeheizter Vorwärmer (DQ)

Heizmedium ist Sattdampf mit $p = 4, 6, 8$ bar. Vollständige Kondensation des Dampfes wird angenommen; Dampf geht durch die Rohre; die Wärmedurchgangszahl ist $k = 360 \ldots 395$ W/m^2 grd.

$$\text{Heizfläche } DQ' = \frac{f_1 \cdot P_e\,(\text{kW})}{1000}\ (\text{m}^2).$$

P	4	6	8	(bar)
f_1	0,29	0,25	0,21	

$$\text{Dampfbedarf } DQ'' = \frac{9{,}5 \cdot P_e\,(\text{kW})}{1000}\ (\text{kg/h}).$$

Pumpen (AO, AP)

Die Hauptpumpe ist am Motor angebaut und bietet damit folgende Vorteile:

- Schutz des Triebwerkes bei Ausfall der Bordnetzspannung,
- geringer Platzbedarf,
- kurze Saugleistung zum Tank,
- Reduzierung der Hilfsmotorenleistung.

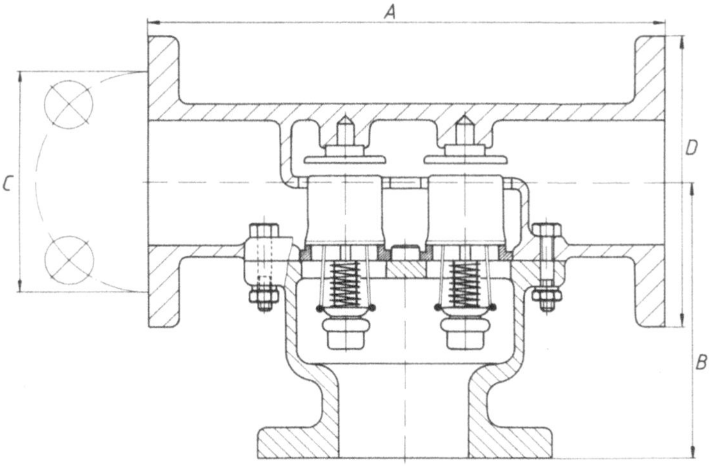

Bild 6.39 Schmieröl-Temperaturregler zu Bild 6.37

Maße (mm)					Masse (kg)	
DN NB	A	B	ϕC	ϕD	GG	Bronze
125	489	241	210	254	80	96
150	489	254	240	285	110	142

Zur Vermeidung von Verspannungen im Pumpengehäuse sollten flexible Rohrverbindungen vorgesehen werden.

Das Reservepumpenaggregat ist für 8 bar Förderdruck auszulegen, wobei die Elektro-Motorleistung der niedrigsten auftretenden Öltemperatur anzupassen ist.

Schmieröltemperaturregler (GM) (s. Bild 6.39)

Temperaturregler werden separat mitgeliefert. Bis zu einer *DN* von 150 werden Regler ohne Hilfsenergie installiert, oberhalb *DN* 150 ist es notwendig, Regler mit Hilfsenergie zu installieren.

Automatischer Rückspülfilter (FM) (s. Bild 6.17)

Im Schwerölbetrieb ist er wegen des hohen Schmutzanfalls zwingend vorgeschrieben. Der automatische Rückspülfilter ist dann der Hauptfilter im Schmierölsystem und scheidet neben dem Separator sämtlichen anfallenden Schmutz aus. Die automatische Rückspülung erfolgt differenzdruckabhängig. Bei Störungen wird ein Alarm ausgelöst. Das Spülöl wird über ein Aufbereitungsfilter zum Schmierölumlauftank (LL) geleitet (freier Ablauf ist erforderlich.

Maschenweite des Rückspülfilters: 34 μm,
Aufbereitungsfilter: Papierpatrone oder Siebfilter.

Kühler (CN) (s. Bild 6.38)

Schmierölkühler werden separat mitgeliefert und vom Motor getrennt installiert. Krupp MaK liefert standardmäßig Röhrenkühler aus folgenden Materialien.

Mantel:	Stahl
Rohre:	Sondermessing 76 (Cu-Zn 20 Al)
Rohrplatten:	Muntzmetall (CuZn 40)
Hauben:	Bronze, Rotguß, Grauguß (für Frischwasser)
Druckverluste:	
ölseitig:	ca. 0,6 bar
wasserseitig:	ca. 0,3 bar

Doppelfilter (FJ) (Bild 6.40)

Das Filter ist mit Siebkerzen und Magneteinsatz ausgerüstet. Der Einbau muß unmittelbar vor dem Motor erfolgen. Bei Reihenmotoren ist es angebaut.

Maschenweite 60 μm.

Zuordnung siehe Technische Daten in Tabelle 6.9. Filterkerzen bedürfen einer regelmäßigen Kontrolle, mindestens alle 1000 h, damit ggf. beschädigte Kerzen ausgewechselt werden können.

Schutzfilter (FN)

Zum Schutz gegen Verschmutzung aus der Leitung zwischen Motor und Doppelfilter (FJ) bzw. gegen Bedienungsfehler bei der Doppelfilterreinigung ist ein Einfachfilter mit einer Maschenweite von 0,2 mm am Motor angebaut.

Schutzsieb für Pumpen

Dieses Sieb ist in der Saugeleitung der Haupt- und Reservepumpe installiert. Der Sieblochdurchmesser beträgt 4 mm.

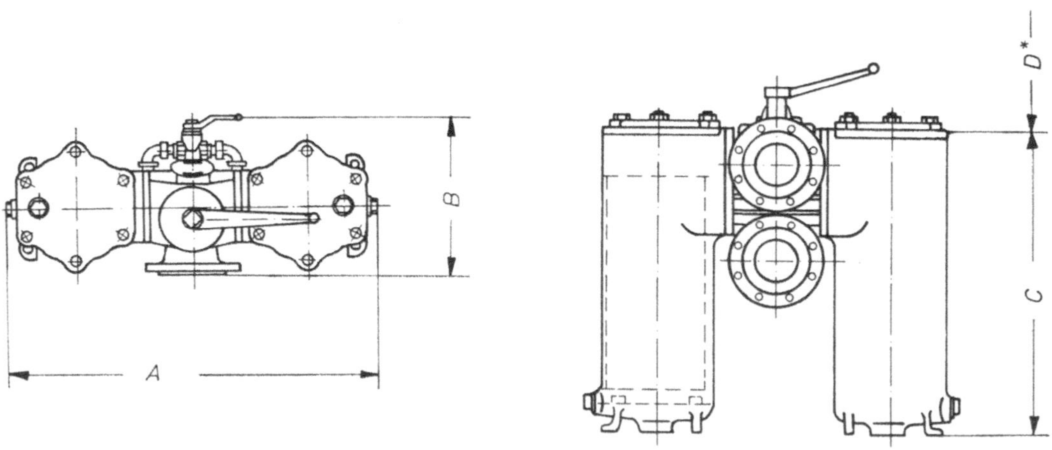

Bild 6.40 Doppelfilter zu Bild 6.37

Flansch nach DIN 2501 ND 10
D* Ausbaumaß für Siebkerzen

Filtertyp	DN	Maße (mm)				Masse (kg)
–	NB	A	B	C	D*	
2.05.5	150	1085	470	770	670	350

Zylinderöltank (LN)

Der Tank ist mindestens 1 m oberhalb des am Motor gebauten Zylinderölers zu installieren. Inhalt ausreichend für 24 Std., ca. 55 *l*/740 kW (1000 PS).

Schmierölumlauftank (LL) (Bild 6.41)

Die normale Schmierölmenge beträgt 1,36 *l*/kW. Ölfüllung max. 80 % des Tankvolumens (wichtig für ausreichende Entgasung, Vermeidung von Rückstau bei Seegang). Empfehlung für die Anordnung der Rohrleitungen für Pumpen und Separatoren siehe Bild 6.41. Höhe der Saugeleitung der Ölpumpe $\geqslant$ 100 mm über dem Tankboden. Rücklauf des Öles vom Motor unterhalb des Ölspiegels.

Saugeleitung des Separators ca. 20 mm über dem Tankboden an der tiefsten Stelle im Tank. Anordnung von Wasserlöchern gemäß Vorschrift der Klassifikationsgesellschaft.

Die Lage der freien Ölabläufe in der Motorgrundplatte ist in Bild 6.41 ersichtlich. Zu empfehlen ist ein Ablauf je Motorende, um bei allen Gattlagen des Schiffes die Grundplatte zu entleeren.

Bei ungenügenden Raumverhältnissen für die Installation des Umlauftanks unterhalb der Grundplatte wird dieser als Hochtank ausgeführt und der Motor mit einer angebauten Rückförderpumpe und einem Reserveaggregat ausgerüstet. (Leistung der Rückförderpumpe siehe technische Daten.)

Bei Anordnung des Schmierölhochtanks $>$ 0,8 m über Kurbelwellenmitte ist der Einbau eines federbelasteten Rückschlagventils in der Saugeleitung der Schmieröldruckpumpe erforderlich.

Volumen Schmierölumlauftank *LL:*

$$LL = \frac{1{,}7 \cdot P_e\,(\mathrm{kW})}{1000}\ \mathrm{m}^3 .$$

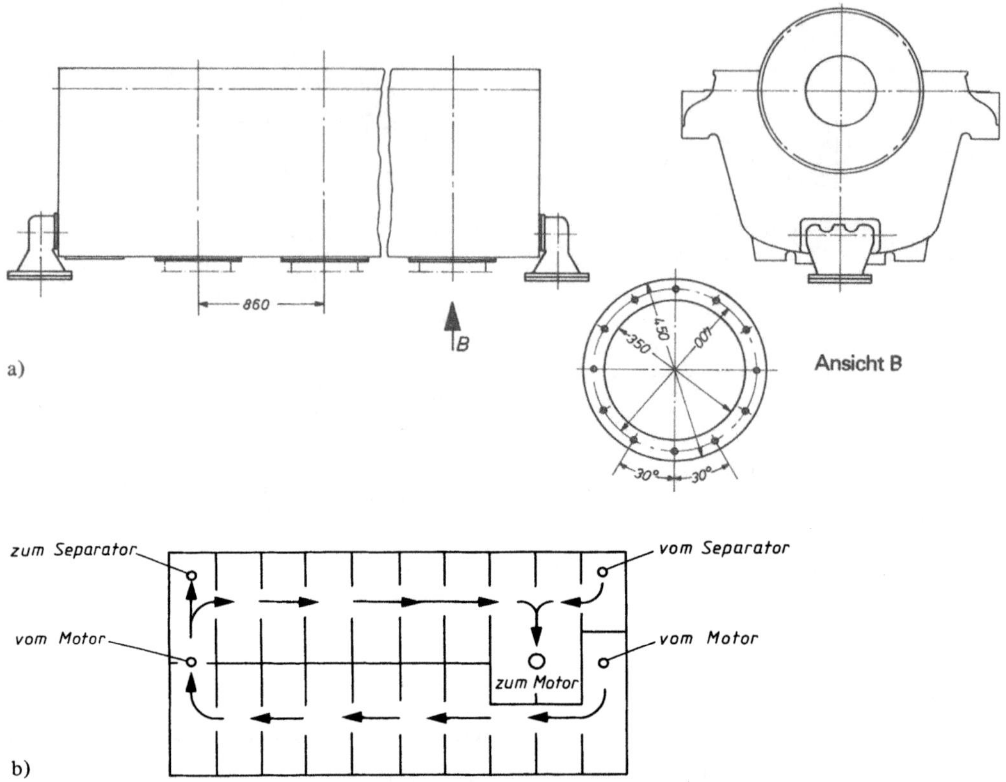

Bild 6.41 Anordnung des Schmierölumlauf-Tanks zu Bild 6.37
Erforderliche Abläufe:
1 × schwungrad- und vorderseitig oder
1 × unter Grundplatte
Schräglage des Motors beachten!
Zwischen Motortrennstelle und Öl-Umlaufbehälter Kompensator vorsehen!
Ablauf unter jedem Zylinder möglich.
Vorschlag für die Auslegung der Schmierölumlauftanks (LL)

6.2.2.2 Die Schmierung großer Motoren

Schmierölsysteme für Großmotoren sind ähnlich angeordnet. Es kann bei großen Zweitakt-Kranzkopfmotoren, Langsamläufer, ein besonderes Filtersystem für Lecköl der Zwischenbodenstopfbuchsen hinzutreten. Bild 6.42 zeigt eine solche Anordnung. Hierdurch können 50 ... 75 kg/Tag an Schmieröl zurückgewonnen werden. Großmotoren haben häufig auch getrennte Nockenwellen-Schmierung wie in Bild 6.43 wieder für das Beispiel des M.A.N/ B & W L 90 GB/GBE-Motors.

6.3 Kühlung der Dieselmotoren

Die Kühlung erstreckt sich auf Zylinder, Zylinderdeckel, Auslaßventile, Auspuffstutzen und -rohre, Schalldämpfer, Kolben, bei größeren Motoren auch auf die Kurbelwellenlager und die Gleitbahnen der Kreuzköpfe. Auch das Umlauföl, die angesaugte Luft und die Aufladeaggregate werden gekühlt.

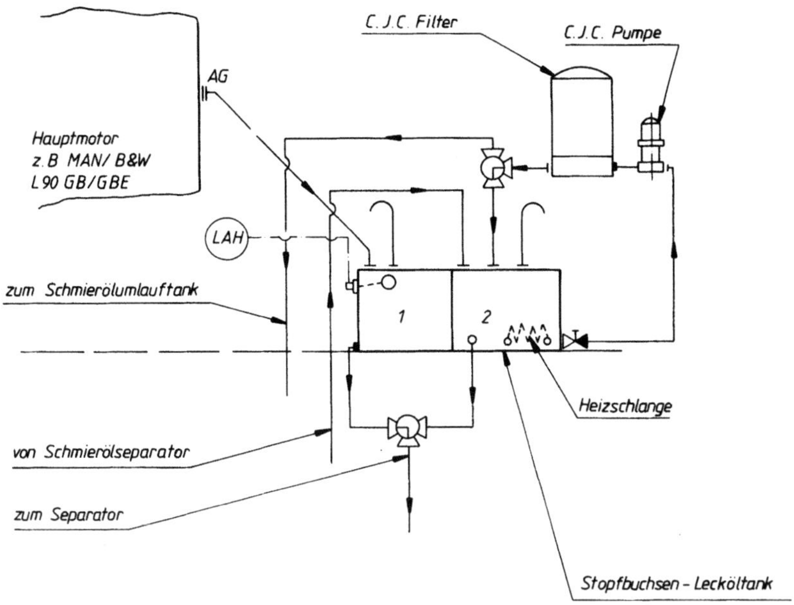

Bild 6.42 Stopfbuchsen-Lecköl-Aufbereitung

Zylinderzahl	CJC-filter type	Min. Kapazität der Tanks		Kapazität der Pumpe
		Tank 1	Tank 2	
4 ... 12	1 × HDU 427/108	1,2 m^3	1,3 m^3	0,2 m^3/h-2 bar

6.3.1 Kühlmittel und Kühlmittelaufbereitung

Stationäre Motoren im Landbetrieb werden vorwiegend mit Süßwasser gekühlt. Man entnimmt das Kühlwasser anliegenden Gewässern, in den weitaus meisten Fällen jedoch dem Versorgungsnetz. Auch in Küstengebieten ist die Verwendung von Seewasser selten. Zur Kühlung von Kolben und Lagern wird des öfteren Öl als Kühlmittel eingesetzt. Bei Schiffsmotoren unterscheidet man grundsätzlich zwischen *Seewasser-* und *Frischwasser-(Süßwasser-) Kühlung.*

Bei Seewasserkühlung muß die Kühlmittelablauftemperatur zur Vermeidung von Rückstandsbildung im System auf ca. 45 °C begrenzt werden. Bei Frischwasserkühlung besteht die Gefahr von Ausscheidungen nicht im gleichen Umfang, so daß man die Motoren mit höheren Kühlmitteltemperaturen betreiben kann. Dies hat folgende Vorteile:

a) *Geringerer Laufbuchsenverschleiß.* Bei kühleren Laufbuchsen schlägt sich ein Teil des eingespritzten Kraftstoffnebels in Form von Flüssigkeitströpfchen an den Wandungen nieder und wäscht den Schmierfilm ab. Dadurch wird die Kolbenschmierung verschlechtert und der Verschleiß steigt.

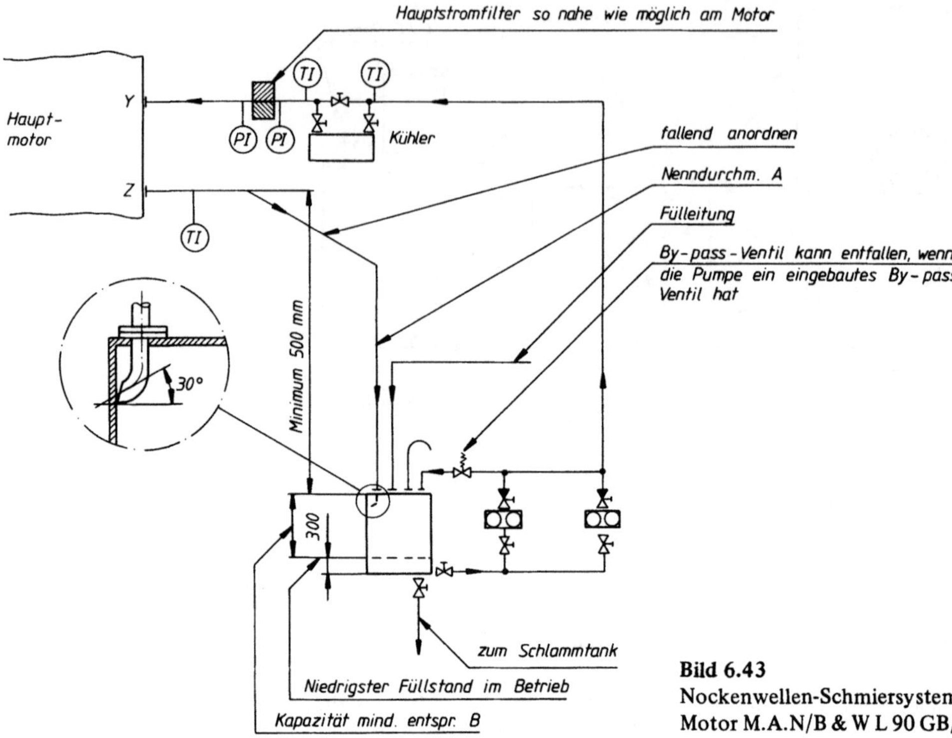

Bild 6.43
Nockenwellen-Schmiersystem für Motor M.A.N/B & W L 90 GB/GBE

Zylinderzahl	A Nenndurchmesser mm	B Kapazität m^3
4 ... 7	100	0,4
8 ... 9	100	0,55
10 ... 12	125	0,75

b) *Schädliche Verbrennungsprodukte*, z.B. Schwefeldioxid (SO_2), *entweichen* bei wärmeren Motoren gasförmig. Bei geringeren Wandungstemperaturen können sie ihren Taupunkt erreichen, beim Schmieröl die Koksbildung fördern oder durch Säurebildung Korrosion hervorrufen.

c) Der *Kraftstoffverbrauch* wärmerer Motoren liegt *niedriger*, die *Wirtschaftlichkeit* somit *höher*.

d) Wärmer gefahrene Motoren *kühlen langsamer aus* und springen aus diesem Grunde besser an.

e) Höhere Kühlwassertemperaturen erlauben günstigeren Wärmerückgewinn für Heizzwecke.

Auf Schiffen wird das als Kühlmittel verwendete Frischwasser in einem geschlossenen Kreislauf geführt und mit Seewasser rückgekühlt. Bei diesem System müssen also nur die Leck- und Verdampfungsverluste durch mitgeführtes Frischwasser ergänzt werden.

Verschmutztes Kühlwasser muß in Filtern, die in ihrer Form den in Abschnitt 6 beschriebenen Ölfiltern gleichen, gereinigt werden. Die Anwendung des *geschlossenen Kühlmittelkreislaufes mit Rückkühlung* wird überall da von wirtschaftlichem Vorteil sein, wo einwandfreies Kühlwasser nicht in ausreichender Menge zu günstigen Bedingungen zur Verfügung steht. Unter einwandfreiem Kühlwasser versteht man Wasser von geringer Härte und geringem Gehalt an Verunreinigungen und gelösten Gasen (CO_2, O_2). Für den Umlauf verwendet man nach besonderen Verfahren aufbereitetes (gereinigtes, enthärtetes und entgastes) Wasser, das in einem besonderen Kühler mit dem in größeren Mengen vorhandenen See- oder Flußwasser rückgekühlt wird. Bei den relativ niedrigen Temperaturen, die in einem solchen Wärmetauscher vorliegen, besteht auch bei hartem und beimengungsreichem Wasser kaum die Gefahr der Rückstandsbildung. Diese Ausscheidungen treten in starkem Maße da auf, wo das Kühlmittel mit geringen Geschwindigkeiten Wandungen von hoher Temperatur umspült, so daß es zur Dampfbildung kommt.

Dem Wasser für Frischwasserkühlsysteme mit Seewasser-Rückkühlung über Wärmetauscher, wie sie bei größeren Schiffsdieselanlagen immer vorgesehen werden, wird *Korrosionsschutzöl* oder ein anderer Inhibitor zum Schutz der Kühlräume gegen Korrosion zugesetzt. Korrosionsschutzöle sind hochwertige Mineralöle mit geeigneten Emulgatoren. Das Mischungsverhältnis beträgt 1 : 100 bis 1 : 200, d. h. 0,5 ... 1 % Ölgehalt im Kühlwasser. Die Überprüfung kann mit dem Prüfgerät zur Bestimmung des Ölgehaltes von wäßrigen Emulsionen durchgeführt werden. Die Meßflasche (Bild 6.44) wird bis zur untersten Strichmarke (Bezeichnung 30) mit der zu untersuchenden Emulsion gefüllt. Dann wird konzentrierte (rauchende) Salzsäure bis zum obersten Strich (Bezeichnung 0) zugegossen. Die Flasche wird verschlossen und der Inhalt kräftig durchgeschüttelt. Durch die Salzsäure wird das Öl von der Emulsion getrennt und steigt nach oben. Wenn sich der untere Teil der Flüssigkeit geklärt hat, kann man die Menge des abgeschiedenen Öles in Prozent an den Teilstrichmarken ablesen.

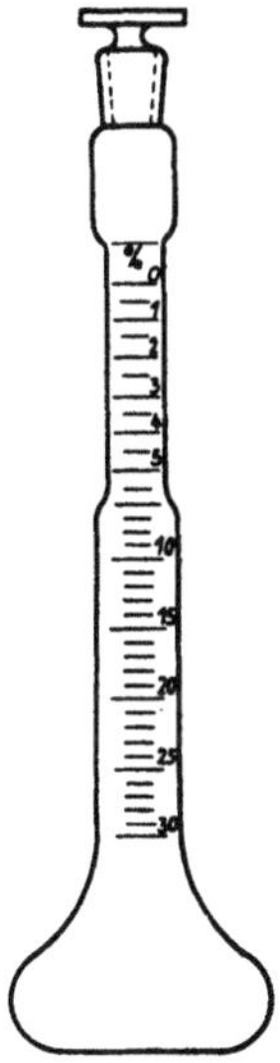

Bild 6.44
Prüfgerät zur Ermittlung des Ölgehalts von Emulsionen

Das Absetzen von Öl an den Wandungen beeinträchtigt die Kühlwirkung, daher muß man dem Kühlwasser geeignete Mittel, z. B. Tel-K, zusetzen, durch die das an den Kühlflächen haftende Öl wieder abgelöst wird. Nach einer solchen Reinigung während des Betriebs wechselt man dann die Kühlerwasserfüllung bei nächster Gelegenheit aus. Bild 6.45 zeigt ein Frischwasserkühlschema. Es handelt sich um ein geschlossenes System, in dem das Kühlwasser weitgehend unter Luftabschluß, d.h. sauerstoffarm, gehalten wird. Lediglich im Expansionstank steht eine sehr kleine Oberfläche mit der Außenluft in Verbindung; überdies findet dort kein Durchfluß statt.

6.3.2 Kühlungssysteme

In Bild 6.45 ist ein Kühlsystem für mittelschnellaufende Dieselmotoren am Beispiel des Mak-Motors M 601 dargestellt; vgl. hierzu auch das Kraftstoffsystem nach Bild 6.19 und das Schmierölsystem nach Bild 6.37.

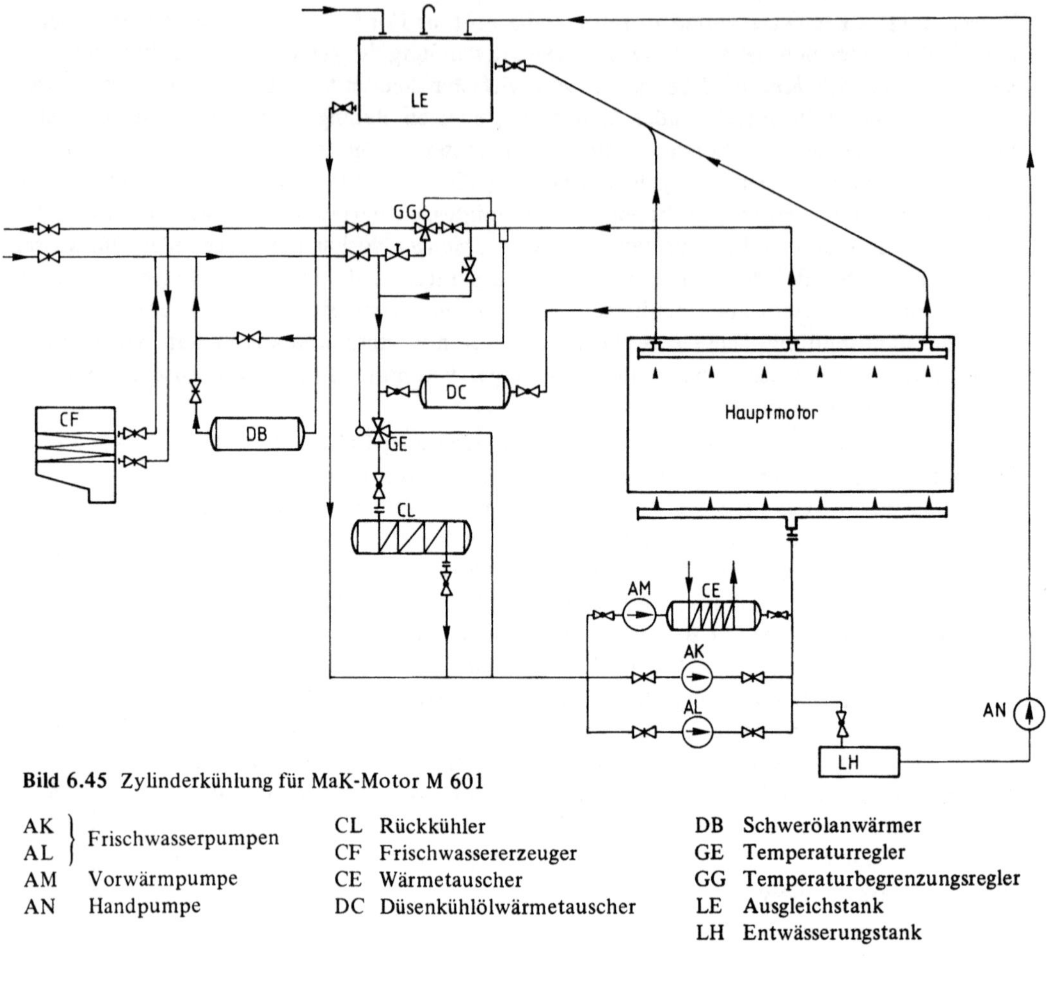

Bild 6.45 Zylinderkühlung für MaK-Motor M 601

AK } Frischwasserpumpen
AL }
AM Vorwärmpumpe
AN Handpumpe
CL Rückkühler
CF Frischwassererzeuger
CE Wärmetauscher
DC Düsenkühlölwärmetauscher
DB Schwerölanwärmer
GE Temperaturregler
GG Temperaturbegrenzungsregler
LE Ausgleichstank
LH Entwässerungstank

Frischwasserausgleichstank (LE)

Er entlüftet das Frischwassersystem und erzeugt einen bestimmten Vordruck auf der Saugseite der Frischwasserpumpe. Die erforderliche Höhe über Mitte Kurbelwelle des Motors beträgt mindestens 4 m. Der Inhalt kann den technischen Daten entnommen werden; bei Doppelanlagen mit gemeinsamem Kühlsystem ist der Inhalt um ca. 50 % zu vergrößern. Um Korrosion und Ablagerungen in den Kühlräumen und Rohrleitungen zu vermeiden, ist dem Kühlwasser ein Korrosionsschutzmittel beizugeben. Bewährt haben sich Korrosionsschutzöle und chemische Zusätze. Chemische Zusätze auf Chromatbasis scheiden aus, wenn Kühlwasser über Leckagen in Trinkwasser eindringen kann (toxisch).

Bemerkung: Für Frischwasserleitungen sind Stahlrohre zu empfehlen, die auch für die Verrohrung am Motor verwendet werden.

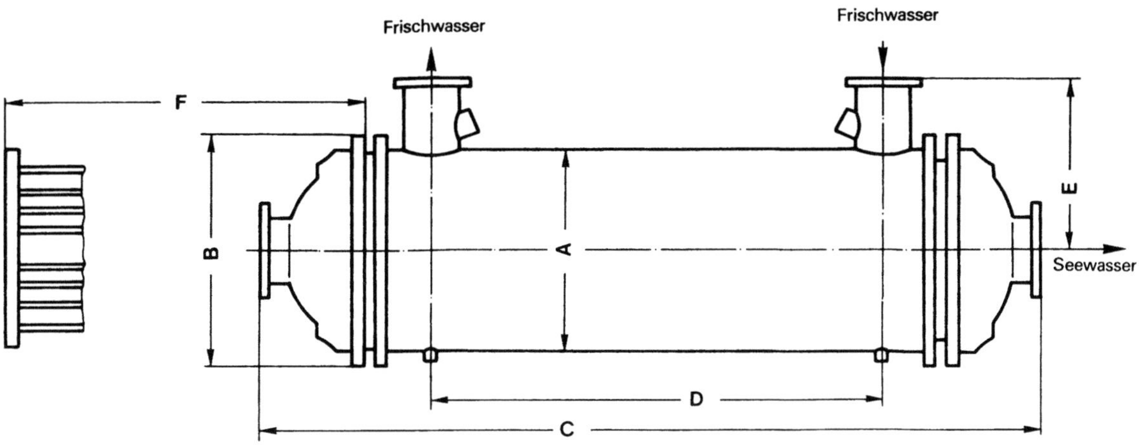

Bild 6.46 Frischwasserkühler zu Bild 6.45

Kühlfläche (m^2)	Maße (mm) A	B	C	D	E	F	Gewicht (ca. kg)
5,9	267	315	999	579	230	748	148
8,0	267	336	1544	1094	240	1300	200
10,0	267	336	1544	1094	240	1300	230
11,0	324	390	1454	1000	240	1210	253
12,0	324	390	1650	1194	235	1395	276
13,0	324	390	1454	1000	240	1210	299
15,0	324	390	1454	1194	235	1395	345
18,0	324	390	1650	1270	340	1545	378
20,0	419	500	1870	1270	340	1545	420
25,0	419	500	1870	1270	340	1545	525
30,0	521	640	1660	1010	375	1220	540
35,0	521	640	1660	1010	375	1220	630
41,0	521	640	1860	1040	375	1420	656
45,0	521	640	1965	1195	375	1530	720
54,0	521	640	2700	1950	375	2260	864

DN der Medien siehe technische Daten, Tab. 6.9

Frischwasserkühler (CL) (Bild 6.46)

Die Motoren der Baureihe M 601 sind mit separaten Frischwasserkühlern auszurüsten. Standardkühler von Krupp MaK sind in den Materialausführungen mit dem Ölkühler identisch. Die Widerstände im Röhrenkühler betragen

frischwasserseitig: ca. 0,4 bar,
seewasserseitig: ca. 0,3 bar.

Frischwasser-Erzeuger (CF)

Frischwasser wird in Vakuum-Verdampfern mit Motorkühlwasser von max. 85 °C erzeugt. Die Ausnutzung der maximal zur Verfügung stehenden Wärmemenge (s. technische Daten) bei Einsatz von Temperatur-Begrenzungsreglern (GG) beträgt ohne Hilfsenergie ca. 70 %, mit Hilfsenergie ca. 90 %.

Täglich ist eine Frischwassermenge für Motoren mit einer spezifischen Frischwasserwärmemenge von ca. 855 kJ/kWh (s. technische Daten) von

$$CF' = f_1 \cdot 8 \cdot \frac{P_e\,(\mathrm{kW})}{1000}\,(\mathrm{m^3/Tag})$$

möglich.

f_1 = 0,7 (GG ohne Hilfsenergie),
f_1 = 0,9 (GG mit Hilfsenergie).

Zylinderkühlung

Die Kühlung von Zylinderbuchsen, Zylinderköpfen, Auslaßventilen und Turboladern wird mit Frischwasser vorgenommen. Empfohlen wird eine Zylinderkühlwasseraustrittstemperatur 80 ... 85 °C.

Die Vorwärmung des Zylinderkühlwassers während der Hafenliegezeit auf ca. 50 °C ist dringend zu empfehlen. Dies ist in jedem Fall eine Vorbedingung für den Pier-zu-Pier-Betrieb mit Schweröl.

Frischwasser-Entwässerungstank (LH)

Dieser wird empfohlen, damit bei Motorreparaturen das abzulassende Zylinderkühlwasser aufgenommen werden kann. Die Größe des Tanks muß entsprechend dem Frischwasserinhalt des Motors laut technischen Daten sein. Mit einer Pumpe (AN) besteht die Möglichkeit, das Wasser dem Kreislauf wieder zuzusetzen. Vorteil: Dem Zylinderkühlwasser brauchen keine neuen Zusätze zugesetzt werden, und ein geringer Frischwasserverbrauch ist zu verzeichnen.

Pumpen

Es werden Zentrifugalpumpen mit Elektromotorantrieb eingesetzt.

Seewasser: selbstansaugend; bei nicht selbstansaugenden Pumpen ist auf gute Entlüftung im Seekasten und geringen Widerstand in der Saugeleitung zu achten, das Pumpenlaufrad sollte unterhalb der Ballastladungslinie liegen. Förderdruck: 2,0 bar.

Frischkühlwasser: nicht selbstansaugend, Förderdruck 2,5 bar (gilt auch für den Niedrigtemperaturkreislauf bei Zentralkühlung). Die vorgenannten Werte sind in jedem Falle auf den Widerstand des gesamten Systems abzustimmen und ggf. zu korrigieren.

Auslegung der Pumpen siehe technische Daten.

Frischwassertemperaturregelung (GE, GG), (Bild 6.47)

Zweckmäßig sind Regler mit Hilfsenergie oberhalb NW 150 (Ausführung siehe Ladelufttemperatur- bzw. Seewasserregler), die separat zu installieren sind. Bei Einmotorenanlagen wird die Austrittstemperatur des Zylinderkühlwassers geregelt. Bei Doppelmotorenanlagen mit gemeinsamem Kühlsystem muß eine Eintrittstemperaturregelung vorgenommen werden (wegen des möglichen Einmotorenbetriebes bzw. bei ungleicher Motorbelastung).

Bei Anlagen mit Zylinderkühlwasserwärmeausnutzung > 40 % ist zur Vermeidung zu niedriger Temperaturen ein Temperaturbegrenzungsregler (GG) erforderlich.

Ladeluftkühler (DN)

Der Kühler ist generell am Motor angebaut. Die erforderliche Seewassermenge ist aus den technischen Motordaten ersichtlich.

Standardmaterial:

Kernrohre	SoMs 76 (CuZn 20 Al)
Kühlrippen	Cu verzinnt
Rohrböden	Muntzmetall
Wasserkammern	Rotguß
wasserseitiger Druckverlust	ca. 0,3 ... 0,4 bar

Bemerkung: Bei Zentralkühlung kann der Ladelufttemperaturregler aufgrund der geregelten Kühlwassereintrittstemperatur entfallen, soweit nicht bei Fähren oder Passagierschiffen besondere Forderungen bezüglich Rauchentwicklung im Teillastbetrieb gestellt werden (Schwerölbetrieb).

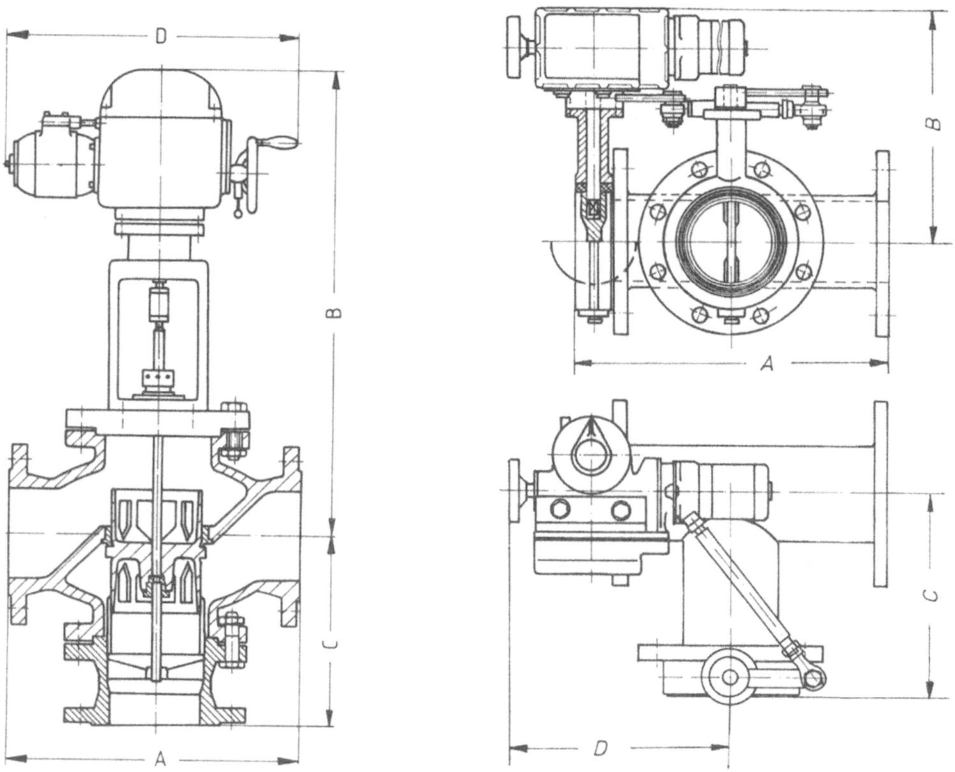

Bild 6.47 Temperaturregler zu Bild 6.45

NW NB	*A*	*B*	*C*	*D*	Gewicht kg	*A*	*B*	*C*	*D*	Gewicht kg
125	400	745	295	460	127	400	455	295	360	65
150	480	770	320	460	159	480	470	320	360	70
175	550	825	385	460	216	550	475	385	360	75
200	600	860	425	460	288	600	555	425	270	90
250	730	895	455	460	396	730	610	455	270	100
300	850	930	530	460	690	850	625	530	270	120

Seewassertemperaturregler (GJ)

Auch bei Verwendung eines Ladelufttemperaturreglers ist ein Seewassertemperaturregler zur Verbesserung des Regelverhaltens zu empfehlen.

Temperaturregler (Bild 6.47)

Temperaturregler werden für Seewasser und Frischwasser ab NW150 mit Hilfsenergie (z.B. Pleiger, Pfannenschmidt) installiert. Abmessungen der Temperaturregler ohne Hilfsenergie (siehe Schmieröltemperaturregler). Durchflußgeschwindigkeit bei Reglern max. 3 m/s $\Delta p \leqslant 0{,}3$ bar.

Installation

Die werftseitig auszuführende Installation von Temperaturreglern mit Hilfsenergie (insbesondere Ladelufttemperaturregler) erfordert besondere Sorgfalt. Der Regler ist durch folgende Maßnahmen vor Vibrationen bzw. Vibrationsschäden zu schützen: Kräftige Halterungen für das Regelventil und angrenzende Rohrleitungen sowie elastische Verbindungen in den Rohrleitungen zum Regelventil (feuerhemmende Gummikompensatoren).

Zentralkühlung

Bei diesem Kühlsystem können alle Wärmemengen des Hauptmotors und des Hilfsbetriebs mit temperaturgeregeltem Frischkühlwasser abgeführt werden. Die Rückkühlung des Frischwassers erfolgt in einem oder mehreren Wärmetauschern aus Titanplatten mittels Seewasser.

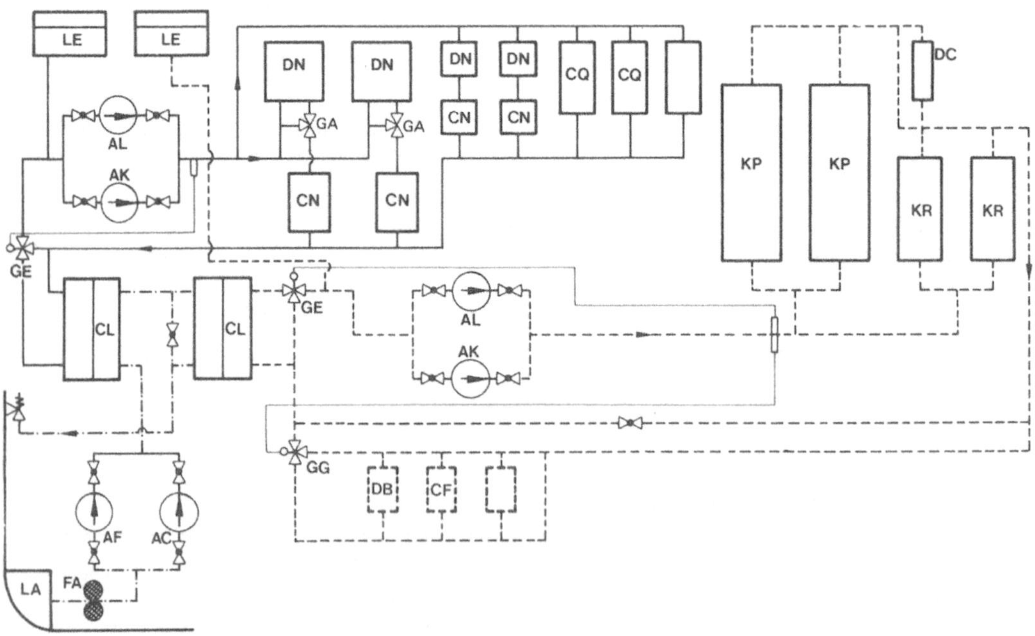

Bild 6.48 Zentralkühlung für MaK-Motor M 601 mit Niedrig- und Hochtemperatur-Kreislauf

AC, AF	Seewasserpumpen	CF	Frischwassererzeuger	– – –	HT Kreis
AK, AL	Frischwasserpumpen	CN	Ölkühler	——	NT Kreis
CL	Zentralkühler	CQ	Getriebeölkühler	–·–·–	Seewasser
		DB	Schwerölanwärmer		
		DC	Düsenkühlölwärmetauscher		

Vorteile der Zentralkühlung: Übersichtliches System mit geringem Reinigungs- und Wartungsaufwand. Geringer Verschleiß an Rohrleitungen und Ventilen und eine konsequente Reduzierung der Instandsetzungskosten, da fast keine Seewasserrohre im ganzen Maschinenraum vorhanden sind. Geringe Investitionskosten für Seewasserleitungen aus hochwertigem Material, Rohrleitungen mit kleinem Durchmesser aus billigerem Material (Stahl) sind verwendbar, da Erosion und Korrosion praktisch nicht anfallen.

Das konstante Temperaturniveau des Frischkühlwassers ermöglicht eine bessere Temperaturregelung der Ladeluft und des Schmieröles für die Haupt- und Hilfsmotoren.

Die Verschmutzung der Ladeluft- und Schmierölkühler wird vermieden.

Ladeluft- und Schmierölkühler werden für Zentralkühlsysteme für eine Kühlwassertemperatur von 38 °C ausgelegt.

Zentralkühlung mit Niedrig- und Hochtemperaturkreislauf (Bild 6.48)

Niedrig- und Hochtemperaturkühler werden seewasserseitig in Reihe geschaltet (Reduzierung der Seewassermenge). Im Niedrigtemperaturkreis werden die Wärmemengen aus Ladeluft-, Schmieröl- und Getriebeölkühler usw. abgeführt. Der Hochtemperaturkühler dient zur Rückkühlung des Zylinderkühlwassers von Haupt- und Hilfsmotoren. Zu empfehlen ist eine Notschaltung der Hilfsmotoren für Ladeluft- und Ölkühler, so daß bei Ausfall des NT-Kühlers zumindest Teillastbetrieb nur mit dem HT gefahren werden kann. Die gesamte Kühlfläche in den Plattenkühlern ist geringer als beim gemischten System. Die Entscheidung zugunsten des einen oder anderen Systems wird sicher von der Möglichkeit der Rohrleitungsverlegung im Maschinenraum abhängig sein.

Zentralkühlung mit 1 Zentralkühler (gemischtes System) (Bild 6.49)

Durch die geringe Temperaturdifferenz zwischen Frisch- und Seekühlwasser wird die Kühlfläche relativ groß und damit teuer. Aus Sicherheitsgründen ist die Aufteilung auf 2 Kühler zu empfehlen, z.B. Parallelschaltung mit je 50 % Kapazität

Zwei-Kreis-Ladeluftkühlung (Bild 6.50)

Besonders hohen Forderungen bezüglich der Abgastrübung im Schweröl-Teillastbetrieb kann durch eine Zwei-Kreis-Ladeluftkühlung begegnet werden.

Vollastbetrieb

Kühlung der Ladeluft erfolgt zwei-flutig mit Hoch- und Niedrigtemperatur-Kühlwasser aus dem Zentralkühl-Kreislauf.

Teillastbetrieb

Abschalten des Niedrigtemperatur-Kühlwassers und Erwärmen bzw. Temperieren der Ladeluft mittels Hochtemperatur-Kühlwasser (Bild 6.51).

Die Kühlsysteme für große Zweitaktmotoren entsprechen im wesentlichen den vorhergehenden Ausführungen. Tabelle 6.10 gibt einen Überblick über die Pumpenkapazitäten, über die anfallenden Wärmemengen (heat dissipation) für die Kühler, die für Wärmerückgewinn im Abgaskessel zur Verfügung stehenden Gasmengen (gas amounts), den Luftbedarf (air consumption of engine), die Größe der Anlaßluftbehälter usw.

Die technischen Daten der Tabelle 6.10 gelten für den Großdieselmotor M.A.N/B & W L90GB, dessen Querschnitt in Bild 1.32 dargestellt ist. Solche techn. Daten werden weltweit in Englisch geboten und verstanden.

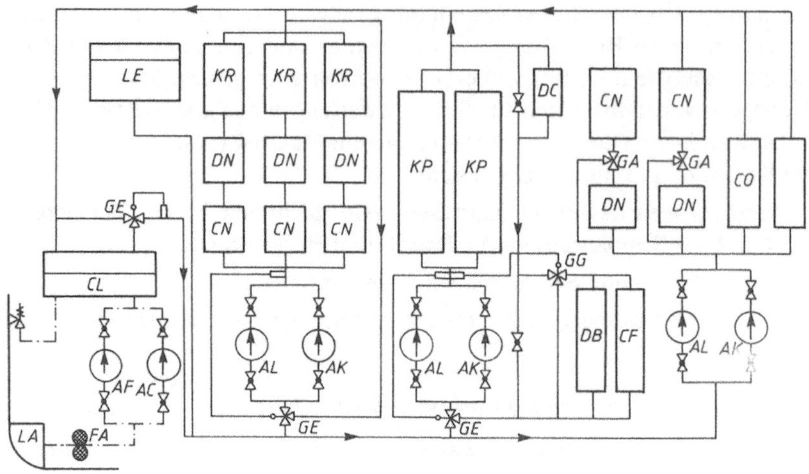

Bild 6.49 Zentralkühlung mit einem Zentralkühler

AC, AF	Seewasserpumpen	DN	Ladeluftkühler
		GA	Ladelufttemperaturregler*
AK, AL	Frischwasserpumpen	GE	Temperaturregler
		GG	Temperaturbegrenzungsregler
CL	Zentralkühler	FA	Seewasserfilter
CF	Frischwassererzeuger	LA	Seekasten
CN	Ölkühler	LE	Ausgleichstank
CQ	Getriebeölkühler	KP	Hauptmotor
DB	Schwerölanwärmer	KR	Hilfsmotor
DC	Düsen Kühlölwärmetauscher		

Hilfsmotoren mit Einkreiskühlung (gemischtes System)

* Einsatz siehe Ladeluftkühler

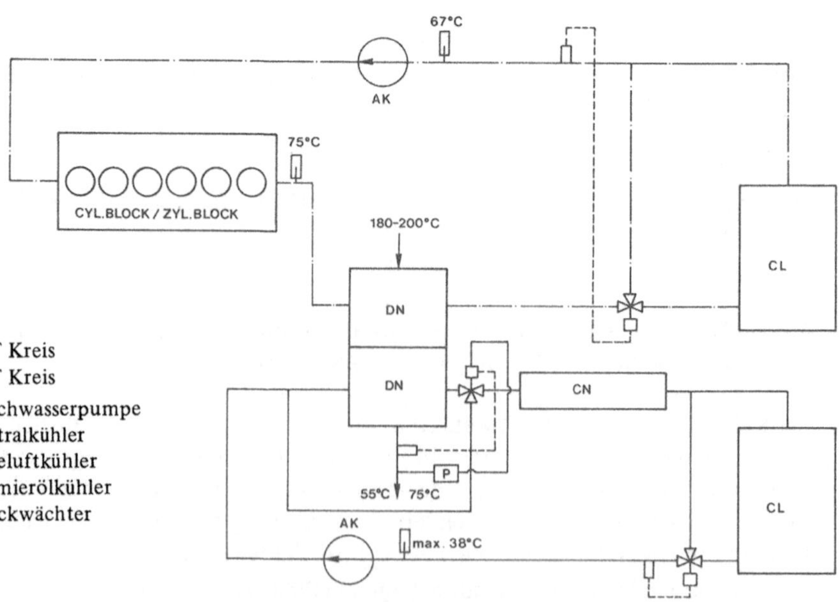

–·–·– HT Kreis
——— NT Kreis

AK	Frischwasserpumpe
CL	Zentralkühler
DN	Ladeluftkühler
CN	Schmierölkühler
P	Druckwächter

Bild 6.50 2-Kreis-Ladeluftkühlung für MaK-Motor M 601

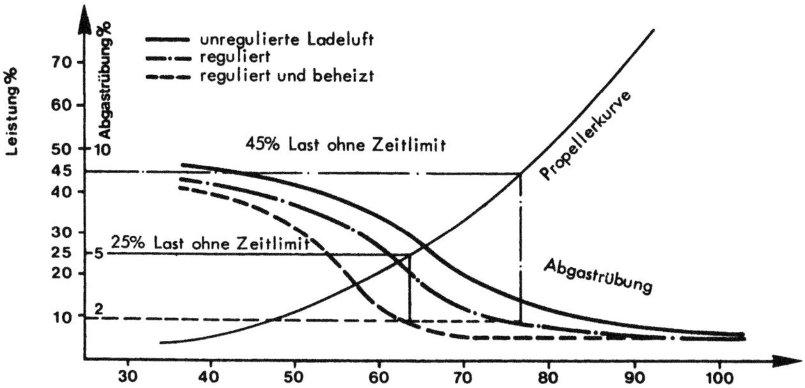

Bild 6.51 Abgastrübung im Schwerölbetrieb bei Teillast in Abhängigkeit von der Ladelufttemperatur

6.4 Anlassen und Anlaßluftsysteme

6.4.1 Anlassen mit Druckluft

Das Anfahren eines Dieselmotors mit Hilfe von Druckluft erfordert vom Bedienungspersonal ein bestimmtes Maß an Geschicklichkeit und Erfahrung. Auch bei selbstätig gesteuerten Anlaßvorrichtungen kann man darauf nicht völlig verzichten. Der Verbrauch an Druckluft und beim Manöverbetrieb auch die Manövrierfähigkeit des Schiffes hängen ja stark von der Wahl des richtigen Zeitpunktes für das Einschalten der Kraftstoffzufuhr ab. Zudem sinkt die Wahrscheinlichkeit des Anspringens mit der Anzahl der Anlaßvorgänge, da die Anlaßluft infolge Drosselung im Anlaßventil und Ausdehnung im Zylinder eine starke Temperaturabnahme erfährt, so daß sich die Zylinderräume abkühlen und die Zündung immer mehr erschweren.

Bei nicht umsteuerbaren Motoren ist gewöhnlich nur die Hälfte aller Zylinder – in vielen Fällen sogar nur einer – mit Anlaßventilen ausgerüstet. Man muß daher vor dem Anlassen das Triebwerk so weit drehen, bis der oder einer der mit Druckluft zu beaufschlagenden Kolben in Drehrichtung eben jenseits des oberen Totpunktes, d.h. im Anfang des Ausdehnungshubes steht. Nach Ausrücken der Drehvorrichtung kann dann die Druckluftzufuhr eingeschaltet werden. Der Motor sollte nach Möglichkeit unbelastet angelassen werden. Anhang auf der Betriebsseite schaltet man, sofern der Betrieb es erlaubt, ab. Das Anspringen des Motors, d.h. das Zünden nach Schaltung auf Kraftstoff und das Laufen durch eigene Kraft erkennt man am Ansteigen der Drehzahl. Gelingt das Anlaßmanöver nicht, so muß es wiederholt werden. Dabei sind die Kraftstoffpumpen bis zum Zünden auf Nullförderung zu stellen, da sich noch vom ersten Versuch her genügend Kraftstoff in den Zylindern befindet. Man vermeidet so heftige, explosionsartige Zündungen mit unzulässigem Druckanstieg.

Kleine nicht umsteuerbare Motoren werden gewöhnlich mit zwei Anlaßflaschen, von denen eine als Reserve gedacht ist, ausgerüstet. Sinkt der Druck durch Erschöpfung des Vorrates in beiden Flaschen unter den erforderlichen Anlaßdruck, so bleibt als letzte Möglichkeit nur noch das Anfahren mit Hilfe von Kohlensäure. In den seltensten Fällen verfügt nämlich eine solche Motorenanlage über einen unabhängigen Verdichter, der schnell genug die fehlenden Luftmengen ersetzen kann. Die Verwendung von Sauerstoff zum Starten ist unzulässig und

Tabelle 6.10 Techn. Daten für MAN/B2W-Motor L 90 GB

Max. cont. rating 97 r/min	Cyl.	4	5	6	7	8	9	10	11	12	p
	kW	13500	16800	20200	23600	27000	30300	33600	37000	40400	bar
Pumps:											
1) Fuel oil booster pump*)	m^3/h	6.0	7.5	9.0	10.5	12.0	13.5	15.0	16.5	18.0	10
Freshwater pump	m^3/h	272	340	408	476	544	612	681	749	817	2-2.5
Seawater pump	m^3/h	450	560	670	800	900	1010	1120	1230	1340	2-2.5
2) Freshwater pump	m^3/h	221	277	332	387	443	498	553	609	664	2-2.5
2) Seawater pump	m^3/h	430	530	630	750	860	950	1060	1160	1260	2-2.5
Main lub. oil pump*)	m^3/h	355	415	480	540	600	665	730	790	850	4.0
Lub. oil for camshaft*)	m^3/h	5.5	6.5	8.0	9.0	10.5	12.0	13.0	14.5	16.0	10.0

Coolers:

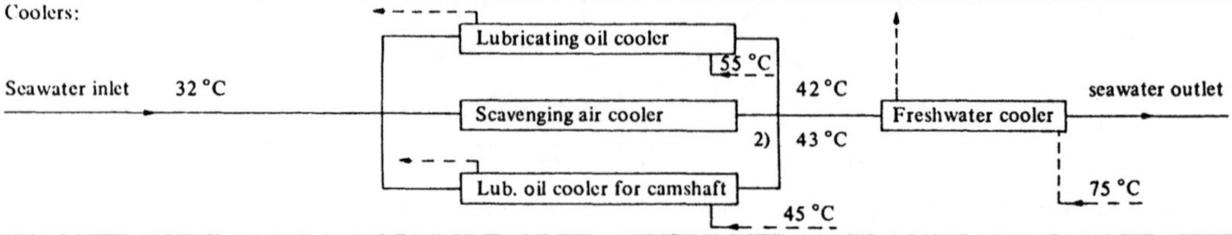

		4	5	6	7	8	9	10	11	12	Δ pmax. bar
Scav. Air Cooler											
Heat dissipation approx.	kW	4200	5200	6200	7300	8400	9300	10400	11400	12400	
Seawater quantity	m^3/h	290	360	430	500	580	650	720	790	860	0.25
Lubricating Oil Cooler											
Heat dissipation approx.	kW	1230	1540	1850	2200	2460	2800	3080	3400	3700	
Lub. oil quantity	m^3/h	355	415	480	540	600	665	730	790	850	0.5
Seawater quantity	m^3/h	158	197.5	237	296.5	316	355.5	395	434.5	474	0.2
2) Seawater quantity	m^3/h	138	167.5	197	246.5	276	295.5	335	364.5	394	0.2
Lub. Oil Cooler Camshaft											
Heat dissipation approx.	kW	10	12	14	17	20	22	24	26	28	
Lub. oil quantity	m^3/h	5.5	6.5	8,0	9.0	10.5	12.0	13.0	14.5	16.0	0.5
Seawater quantity	m^3/h	2.0	2.5	3.0	3.5	4.0	4.5	5.0	5.5	6.0	0.2
Freshwater Cooler											
Heat dissipation approx.	kW	2500	3100	3700	4400	5000	5600	6200	6800	7400	
Freshwater quantity	m^3/h	272	340	408	476	544	612	681	749	817	0.2
Seawater quantity	m^3/h	450	560	670	800	900	1010	1120	1230	1340	0.2
2) Heat dissipation approx.	kW	2000	2500	3000	3500	4000	4500	5000	5500	6000	
2) Freshwater quantity	m^3/h	221	277	332	387	443	498	553	609	664	0.2
2) Seawater quantity	m^3/h	430	530	630	750	860	950	1060	1160	1260	0.2
Pre-heater f. Eng. Fuel Oil	kW	156	195	233	272	311	350	389	428	467	
600 cSt. at 50 °C to be heated from 100 °C to 150 °C											
Exhaust Boiler											Gas
**) Gas amount at < 270 °C / 280 °C2)	kg/h	116600	145100	174400	203800	233200	261700	290200	319500	348800	± 5 %
***) Gas amount at < 285 °C / 295 °C2)	kg/h	113800	141700	170300	199000	227600	255000	283400	312000	340600	Temp. ∓ 15 °C
Air Consumption of Engine At 45 °C and 1.0 bar	m^3/s	29.2	26.3	43.6	51.0	58.4	65.5	72.6	80.0	87.2	
Starting Air System 30 bar											
Reversible Engines											
Receiver capacity (16 starts)	m^3	22	23	23	24	26	27	28	30	32	
Compressor –	m^3/h	2× 330	2× 345	2× 345	2× 360	2× 390	2× 405	2× 420	2× 450	2× 480	
Non-reversible Engines											
Receiver capacity (8 starts)	m^3	15	15	15	16	17	18	19	20	21	
Compressor –	m^3/h	2× 225	2× 225	2× 225	2× 240	2× 255	2× 270	2× 285	2× 300	2× 315	

For external pipe connections we prescribe the following max. velocities:

Lub. oil: 1.8 m/s, F.W. and S.W.: 3.0 m/s, Light fuel oil: 1.0 m/s Heavy fuel oil: 0.6 m/s

Pressure drop of freshwater across engine approx.: 0.8 bar

Allowable back-pressure in exhaust system: 0.03-0.035 bar

*) Pressure based on Δ pmax. across filter: 0.5 bar

Pressure in bar on this list = effective pressure

**) Based on air temperature 20 °C at inlet turbocharger and 18 °C S.W. temperature

***) Based on air temperature 27 °C at inlet turbocharger and 27 °C S.W. temperature (ISO)

In Case the amb. conditions differ from the mentioned values, corrections have to be made.

1) Based on an operation viscosity down to 20 cSt

2) Only for engines with un-cooled turbocharger

höchst gefährlich, da beim Zusammentreffen mit Kraftstoff heftige Explosionen auftreten können. Die Kohlensäure, die infolge der Druckabnahme vom flüssigen in den gasförmigen Zustand übergeht, soll langsam zugeführt werden. Am besten wärmt man dabei das Überströmrohr mit Hilfe einer Lötlampe etwas an. Sofort nach dem Anspringen ist die Kohlensäureflasche zu schließen, und man muß als nächstes für das Auffüllen der Luftflaschen durch den angehängten Verdichter sorgen.

Umsteuerbare Motoren besitzen normalerweise an allen Zylindern Anlaßventile. Vielfach wird auch eine Schaltung der Anlaß- bzw. Manöverorgane in zwei Gruppen angewandt. Auf diese Weise kann nach dem Anlassen aller Zylinder mit Druckluft zunächst nur die eine Gruppe der Zylinder auf „Betrieb" geschaltet werden und erst nach Einsetzen der Zündungen auch die andere. Von der Geschicklichkeit des Bedienenden hängt es ab, ob die Schaltzeitpunkte richtig erfaßt werden und damit Druckluft gespart wird. Der angekuppelte Verdichter wird sofort nach dem Anlassen mit voller Leistung eingesetzt. Sind viele rasch aufeinanderfolgende Manöver duchzuführen, so reicht selbst die Fördermenge eines unabhängigen Verdichters nicht aus, um den Bedarf zu decken. Die Liefermenge des angehängten Verdichters spielt in einem solchen Fall überhaupt keine Rolle. Auch hierbei entscheidet also die Geschicklichkeit, mit der die Manöver ausgeführt werden, über die bis zur Erschöpfung der Druckluftvorräte mögliche Anzahl von Anlaßvorgängen. Um jedoch in dieser Beziehung günstige Voraussetzungen zu schaffen, werden die Vorratsbehälter in der Regel größer ausgeführt, als es die Aufsichtsbehörden vorschreiben.

Moderne Schiffsmotorenanlagen werden heute häufig von der Brücke aus über den Telegraphen automatisch angelassen. Auch die Anlaßluftversorgung wird dann druckabhängig automatisch geregelt.

Zweitaktmotoren mit Doppelwirkung werden gewöhnlich nur auf einer Zylinderseite mit Anlaßventilen ausgerüstet. Die andere wird schon zu Beginn des Anlassens auf Kraftstoff geschaltet.

Umsteuerbare Zweitaktmotoren mit Einfachwirkung versieht man bei mehr als 10 Zylindern nur für die Hälfte der Zylinder mit Anlaßventilen, so daß man auch hier die Möglichkeit hat, den Rest der Zylinder sofort mit Kraftstoff zu versorgen.

Anlaßversager treten auf, wenn ein Anlaßventil in geöffneter Stellung klemmt und infolgedessen hohe Drücke während des Aufwärtshubes auftreten. Die durch das als nächstes öffnende Ventil einströmende Druckluft versucht, den Motor in Drehrichtung weiterzubewegen, vermag aber nicht die Gegenkraft innerhalb des anderen Zylinders völlig zu überwinden, so daß auf dem Wege zum Kräfteausgleich ein Pendeln einsetzt. Starke Geräusche, die von der ausströmenden Luft verursacht werden, und das Abblasen des Sicherheitsventils weisen ebenfalls auf diese Störung hin.

Das Anlassen führt auch dann nicht zum Erfolg, wenn der Anlaßdruck zu gering ist, wenn Einlaß- oder Auslaßventile in geöffneter Stellung klemmen, so daß die Anlaßluft entweichen kann, oder wenn die Schließfeder eines Anlaßventils gebrochen ist. Zündungsversager treten bei zu kaltem Motor und ferner bei Undichtigkeit an den Kolben oder an den Gaswechselventilen auf. Auch ungenügende Verdichtung kann der Grund dafür sein, daß die erforderliche Zündtemperatur nicht erreicht wird. Das gleiche ist der Fall, wenn nicht genügend Kraftstoff vorgepumpt wurde oder derselbe in hohem Maße wasserhaltig ist.

Als nächstes wären die Gründe zu untersuchen, die zum Stehenbleiben des Motors nach den ersten Zündungen führen. Als erstes wäre da ungenügende oder völlig aussetzende Förderung der Kraftstoffpumpen zu nennen. Die Ursache dafür können Lufteinschlüsse im Einspritzsystem, Undichtigkeit der Pumpen, ihrer Saug- oder Druckventile, abgesperrter Kraftstoffzulauf oder falsche Stellung des Kraftstoffregulierhebels sein. Ferner kann sie auf verstopfte Düsenbohrungen zurückzuführen sein. Auch erhebliche Frühzündung, infolge Hängens der Kraftstoffnadeln, Undichtigkeiten am Nadelsitz oder falsche Einstellung der Kraftstoffnocken wären zu erwähnen.

Unterläßt man die regelmäßigen Überprüfungen und Überholungen und widmet man der Wartung nicht genügend Sorgfalt, so muß man durchaus mit derartigen Störungen rechnen.

Nach dem Anspringen öffnet man das Schnüffelventil der ggf. angehängten Kühlwasserpumpe, um sie schnell zum Ansaugen und Fördern zu bringen. Die Manometer auf den Druckseiten des Luftverdichters, der Kühlwasser- und der Schmierölpumpe sind zu beobachten. Die angezeigten Werte lassen erkennen, ob der Motor in ausreichendem Maße von den angehängten Hilfsmaschinen versorgt wird. Erst wenn man sich davon überzeugt hat, werden die unabhängigen Maschinen abgeschaltet. Die unabhängige Kühlwasserpumpe oder die Wasserzufuhr aus einem Netz wurde ja schon nach dem Auffüllen der Kühlräume abgestellt. Eine gewisse Erwärmung des Kühlwassers unterstützt das schnellere Durchwärmen des Motors. Bei Motoren mit unabhängigen Kühlwasserpumpen ist während des Manövrierens die Kühlwassertemperatur laufend von Hand oder durch Regler möglichst konstant zu halten.

In jedem Falle sind die Ablaufstellen des Kühlwassers zu überwachen. Alle auftretenden Störungen sollten vollständig beseitigt werden, bevor der Motor voll belastet wird.

Damit sich der Motor gleichmäßig durchwärmt und sich die Dehnungen aller Teile aufeinander einstellen können, steigert man die Belastung nur langsam. Bei kleineren Motoren geht man innerhalb von 15 min auf Vollast, bei größeren Motoren erstreckt sich dieses Hochverfahren über den doppelten Zeitraum und mehr.

6.4.2 Anlaßluftsystem

In Bild 6.52 erhält man einen Überblick über das Anlaßluftsystem, in diesem Falle wieder für einen M.A.N/B & W-Motor L 90 GB/GBE. Die Hilfsdiesel haben einen eigenen Reserveluftbehälter und für alle Fälle einen kleinen Hilfskompressor. Zwei Manöverluftverdichter sorgen für den Luftersatz bei Manövern; bei modernen Anlagen mit Automatik schalten sie stufenweise bei Druckabfall zu. Einer der großen Anlaßluftbehälter dient als Reserve. Die Klassifikationsgesellschaften verlangen für umsteuerbare Motoren durchweg mindestens 12 Motorstarts jeweils in wechselnder Drehrichtung aus einer Flasche. Aus den Hauptanlaßbehältern wird Steuerluft für Fernbedienungsgeräte und für pneumatische Regler u.ä. entnommen. Ein Manöverluftverdichter oder ein kleinerer Leckluftverdichter sorgt im Dauerbetrieb für den Ersatz des Steuerluftverbrauchs. Statt 2 großer Anlaßluftverdichter können auch mehrere kleinere, dann meistens luftgekühlte Verdichter in entsprechender Stufenschaltung vorgesehen werden.

6.5 Betriebsklarmachen

Man öffnet die Zugangstüren und Deckel am Triebwerksraum und kontrolliert alle Sicherungen. Nach dem Einrücken der Drehvorrichtung werden an ventilgesteuerten Motoren die Ventile mit Hilfe ihrer Hebelmechanismen durch besondere Schlüssel oder Hartholzhebel bewegt, um die Gangbarkeit zu prüfen. Danach wird die Motorensteuerung auf „Anlassen“ gestellt, wobei die Druckluftzufuhr zu den Anlaßvorrichtungen abgesperrt bleibt. Unter Drehung des Motors – zwei volle Umdrehungen bei Viertaktmotoren, eine bei Zweitaktmotoren – wird das Öffnen und Schließen der Ventile sowie die Funktion der Übertragungsglieder beobachtet. Vom Vorhandensein eines ausreichenden Rollenspiels überzeugt man sich

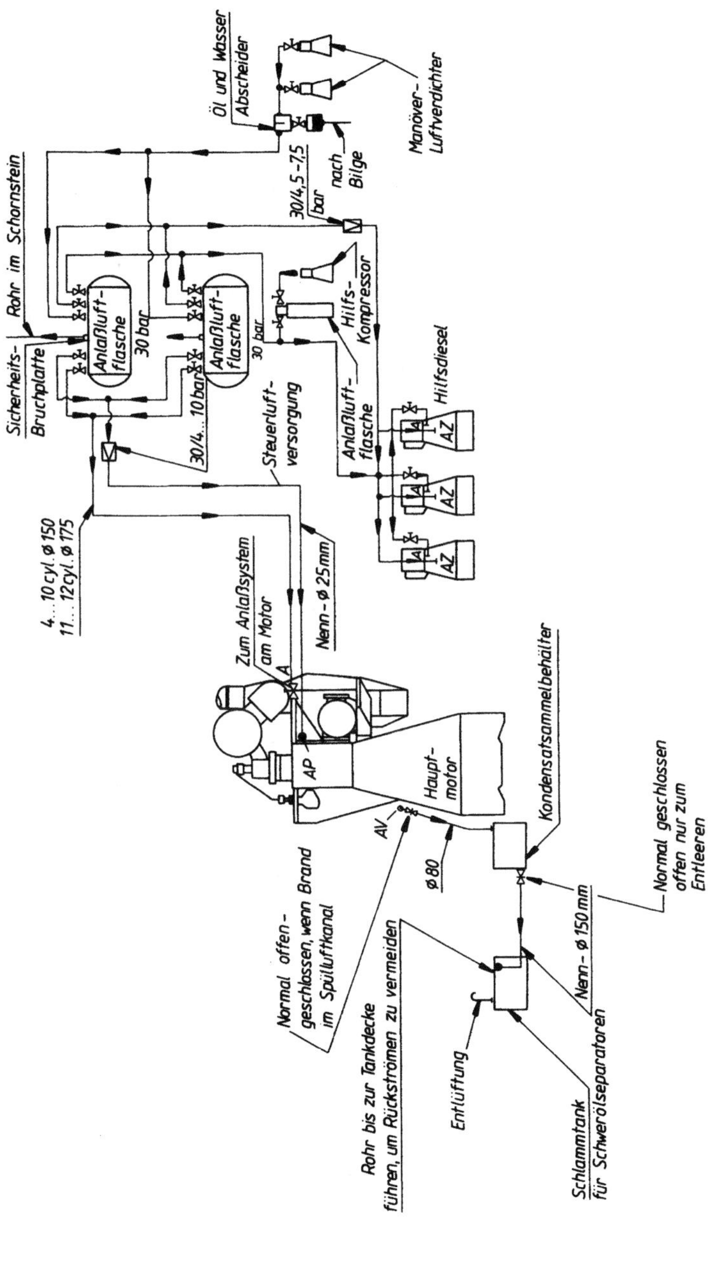

Bild 6.52 Anlaßluftsystem für MAN/B & W-Motor L 90 GB

dabei durch Drehen der Rollen von Hand beim Lauf über die Grundkreise der Nockenscheiben. Die gleiche Kontrolle wird anschließend noch einmal bei Stellung der Motorensteuerung auf „Betrieb" wiederholt. Um die Behinderung der Drehung durch Verdichtungsvorgänge in den Zylindern auszuschalten, werden die Indikatorhöhne geöffnet.

6.5.1 Schmierung

Bei Druck-Umlaufschmierung muß der Sammeltank zu dreiviertel gefüllt sein bzw. der Füllstand in der Ölwanne den Vorschriften entsprechen. Man läßt Wasser und Schlamm, die sich am Boden angesammelt haben, ab und überprüft die Filteranlagen. Hähne und Ventile des Systems werden, soweit erforderlich, geöffnet. Durch Einschalten der motorunabhängigen Schmierölpumpe wird das System auf Druck gebracht und kann auf Dichtigkeit geprüft werden. Man kontrolliert sämtliche umlaufgeschmierten Lager hinsichtlich ihrer Versorgung. Wird an den Lagerseiten beim Törnen des Motors mit der Drehrichtung kein Öl herausgepreßt, so kann auf eine Verstopfung der Schmierbohrungen geschlossen werden. Besondere Beachtung erfordern die Kolbenbolzenlager der Tauchkolbenmotoren, da sie am äußersten Ende des Leitungssystems liegen. Die Überprüfung der ausreichenden Ölversorgung aller Lager muß sehr sorgfältig durchgeführt werden, da in der Regel während des Betriebes infolge des Schließens aller Öffnungen keine Beobachtung mehr möglich ist. Ist der Motor mit ölgekühlten Kolben ausgerüstet, so muß auch dieses Kühlsystem einer Kontrolle unterworfen werden.

Die von Hand zu schmierenden Lager- und Gleitstellen werden versorgt, Ventilspindeln und -druckteller mit Schmieröl oder einer Mischung aus gleichen Teilen Schmieröl und Kraftstoff benetzt. Bei Ringschmierlagern in der Wellenleitung überzeugt man sich von der Beweglichkeit der Ringe und bringt die Ölfüllung auf den vorgeschriebenen Stand. Die Schmierpressen für Zylinder werden aufgefüllt und zur Versorgung der Laufflächen mit Öl von Hand betätigt. Weiterhin müssen alle Staufferbuchsen nachgefüllt und angezogen werden. Die Lager- und Verbindungsstellen der außerhalb des Triebwerksraumes angeordneten Triebe für die Steuer- und Reglerwellen werden gewöhnlich durch Schmiernippel mit Hochdruckfett versorgt. Die Gleitstellen der Verzahnungen und Kurventriebe benetzt man am besten mit Zylinderöl. Bei der Schmierung von Wälzlagern sei man besonders sorgfältig, da hier auch eine zu reichliche Schmierung von Schaden sein kann.

Für Motoren mit getrennter Zylinderschmierung muß ggf. Zylinderöl in den Zylinderöl-Tagestank gepumpt werden, dieser Tank ist dann mit den Druckölern zu verbinden.

6.5.2 Kühlung

Zunächst stellt man die Kühlwasserleitungen an. Auf Schiffen müssen zuvor die Seewasserfilter nachgesehen bzw. bei Frischwasserkühlung die Sammeltanks voll aufgefüllt werden. Dann öffnet man die Entlüftungsventile im Kühlsystem des Motors und der Luftverdichter und füllt mit der unabhängigen Pumpe alle Kühlräume. Die Entlüftungsventile werden geschlossen, wenn das Wasser in vollem Strahl aus ihnen hervortritt. Die Pumpe wird bei Motoren mit angehängten Pumpen abgestellt, nachdem man sich an den einzelnen Ablaufstellen davon überzeugt hat, daß alle zu kühlenden Teile ausreichend versorgt werden. Bei großen Motoren bleiben die Entlüftungen zur Sichtkontrolle auch während des Betriebes geöffnet. Vorhandene Anwärmvorrichtungen, Wärmetauscher auf der Druckseite des Systems oder Vorrichtungen zum Einspeisen von Dampf werden bei geringen Kühlwasserzulauftemperaturen, besonders dann, wenn der gesamte Maschinenraum abgekühlt ist, für eine Erwärmung des Wassers auf 30 ... 40 °C eingesetzt. Diese Temperatur liegt einerseits niedrig genug, um Ausscheidungen zu vermeiden, reicht aber andererseits aus, die Zylinderwände soweit anzuwärmen, daß beim Anlassen die Zündung schnell einsetzt. Kleinere Motoren sind zum Anwärmen der Zylinderräume in der Regel mit elektrischen Glühkerzen ausgerüstet, die die früher verwendeten Papierpatronen völlig verdrängt haben.

6.5.3 Kraftstoffversorgung

Die Kraftstoffverbrauchsbehälter (Tagestanks) füllt man zweckmäßigerweise am Tage vorher auf, um Wasser und Sinkstoffen Zeit zum Absetzen zu geben. Kurz vor Aufnahme des Betriebes werden die Fremdstoffe abgelassen. Nach Überprüfung der Filter wird ein Tank auf die Leitungen zu den Kraftstoffpumpen geschaltet, ggf. die leichte Beweglichkeit der Schwimmer für Zulaufregulierung kontrolliert und das Einspritzsystem entlüftet. Beim Vorpumpen werden die Kraftstoffpumpen auf Vollförderung gestellt, anschließend wieder auf die normale Fördermenge. In jedem Fall muß das Triebwerk in eine Stellung gebracht werden, die in den einzelnen Zylindern ein Arbeiten der Handpumpe gestattet, z.B. Saug- oder Überströmventil der jeweiligen Pumpe dürfen nicht vom Regelgestänge offengehalten werden.

Falls Kraftstoffe hoher Viskosität (Schweröle) verwendet werden, ist gewöhnlich eine Vorrichtung zum Anwärmen des Kraftstoffes durch Dampf oder Thermalöl vorhanden. Über die Ausführung solcher Vorwärmer wurde in Abschnitt 6.1 berichtet.

Durch eine unabhängige Umwälzpumpe wird der Kraftstoff im Kreislauf durch das System gepumpt, um durch mehrfaches Durchströmen der Vorwärmer eine gleichmäßige Erhöhung der Temperatur und damit eine entsprechende Verringerung der Viskosität zu erzielen. Je nach Kraftstoffzähigkeit wärmt man auf Temperaturen im Tagestank zwischen 30 °C und 50 °C und mehr vor.

6.5.4 Druckluftversorgung

Das Öffnen der Ventile in den Druckluftleitungen und das Zuschalten der Druckluftbehälter muß langsam erfolgen, um Luftstöße, die mit Erwärmung verbunden sind, zu vermeiden. Die Behälter sind auf Betriebsdruck zu füllen und zu entwässern. Den Ansaugschieber des ggf. gekuppelten Luftverdichters öffnet man ganz, damit die beim Anfahren verbrauchte Druckluft schnell ergänzt werden kann. Die Ventile auf der Saug- und auf der Druckseite werden hinsichtlich Sauberkeit und Funktionsfähigkeit untersucht.

Die Entwässerungshöhne an den Ölabscheidern öffnet man und schließt sie erst nach dem Anpringen des Motors, um den Kraftbedarf beim Anlaßvorgang nicht wesentlich zu erhöhen. Zusätzliche Verdichter mit Antrieb durch E-Motoren oder Hilfsdiesel, die gewöhnlich bei größeren umsteuerbaren Motorenanlagen benötigt werden, setzt man kurz vor dem Anfahren in Betrieb. Bei Dieselmotorenantrieb wird in der Regel außer dem Verdichter noch ein Generator angeschlossen. Schaltkupplungen machen dann den wechselweisen Einsatz der beiden Arbeitsmaschinen möglich. Bei Automatik-Betrieb erfolgt das Zuschalten druckabhängig.

6.5.5 Unfallverhütung

Die Vorschriften der Seeberufsgenossenschaft sind in allen Punkten genauestens zu beachten. Beim Klarmachen zum Betrieb sollte eine sorgfältige Überprüfung der einzelnen Positionen erfolgen. So muß beispielsweise der Maschinenraum über zwei freie Ausgänge verfügen, die dem Personal bei Ausbruch eines Brandes das Verlassen des Raumes sichern sollen. Schutzgeländer und -bleche sollen überall dort fest angebracht sein, wo ein Abgleiten oder Fallen zu befürchten ist. Die Bodenplatten, Treppenstufen und der Belag der Bedienungsgänge sollen mit wirksamen Gleitschutz versehen sein und ölfrei gehalten werden. Alle beweglichen und vorstehenden Motorenteile müssen durch fest angeordnete Schutzvorrichtungen gegen Berührung abgesichert sein. Die Sperrvorrichtung der Kraftstoffbehälter und die Sicherheitszüge sind regelmäßig auf Gängigkeit zu prüfen. Neben der vorgeschriebenen Anzahl von Feuerlöschern – einer von 45 l Inhalt und für je 735 kW (1000 PS) Motorenleistung einer von 9 l Inhalt, mindestens jedoch zwei – soll eine Kiste mit Sand zur Brandbekämpfung bereitstehen. Darüber hinaus müssen zwei Löschschläuche angeschlossen sein, die bei sofortiger Einsatzbereitschaft jeden Teil des Maschinenraumes mit ihrem Strahl erreichen können.

Die Isolation der elektrischen Anlagen ist in gewissen Zeitabständen auf ihren Zustand zu überprüfen, um Funkenbildung durch Kurzschlüsse auszuschließen.

Leicht entzündliche Kraftstoffe mit Flammpunkten unter 30 °C müssen außerhalb des Maschinenraumes in freier Luft, auf Schiffen an Oberdeck an einem frei zugänglichen Ort gelagert werden.

Auf Holzschiffen muß der Motor in einer leicht zugänglichen und dichten Blechwanne angeordnet werden, die für die Aufnahme von Lecköl vorgeschrieben ist.

6.6 Überwachung der motorischen Kenngrößen

6.6.1 Überprüfung der Arbeitsweise des Motors durch Indizieren

Gewißheit über das richtige Arbeiten des Motors bei günstigster Nutzung der vom Kraftstoff zugeführten Energie kann man sich auf einfache Weise durch Ausführung indikatorischer Untersuchungen verschaffen. Neben einem Vergleich der Arbeitsabläufe in den einzelnen Zylindern und der Erkennung falscher Einstellwerte oder der Auffindung von Störungsquellen ermöglichen Indikatordiagramme auch die Ermittlung der in den Zylindern verrichteten Arbeit.

Da der Dieselmotor aufgrund der hohen Arbeitsdrücke und Temperaturen sowie der äußerst geringen Kraftstoffmengen, die je Arbeitshub eingespritzt werden, Betriebsstörungen gegenüber sehr empfindlich ist, sollten regelmäßig in bestimmten Abständen derartige Untersuchungen vorgenommen werden.

Frühzeitiges Erkennen von Störungen im Arbeitsablauf ermöglicht in den meisten Fällen ein Beheben ohne Betriebsunterbrechung und ist daher von größter Wichtigkeit. Motoren geringerer Leistung werden gewöhnlich nicht mit einem Indiziergestänge ausgerüstet. Trotzdem sollte auch hier ein Indikator vorhanden sein, um handgezogene Diagramme nehmen zu können. Wenn diese auch nicht zur Ermittlung der indizierten Leistung herangezogen werden können, so helfen sie doch, viele Fehler im Betriebsablauf zu erkennen. Allein die Ersparnis an Kraftstoff bei günstigster Einstellung, die mit Hilfe des Indikators ermittelt werden kann, wiegt die Kosten des Geräts in kurzer Zeit auf.

6.6.1.1 Automatische Überwachung von Zünddruck, mittlerem Druck und Leistung

Eine automatische Überwachung des Verbrennungsablaufs der Dieselmotoren in stationären Kraftwerken und an Bord stellt eine erhebliche Verbesserung der laufenden Kontrolle dar. Die hierfür erforderlichen Daten sollen dabei ständig auf Abruf zur Verfügung stehen; außerdem soll eine Überwachungsanlage Alarm bei unzulässigen Abweichungen von den Mittelwerten des Zünddrucks (p_z bzw. p_{max}) und des mittleren indizierten Druckes (p_i bzw. *mip*) auslösen.

Über mehrere Jahre hat sich das ASEA-System Syldet-MIP bewährt, das für 4- und 2-Taktmotoren wie auch für Doppelmotorenanlagen einsetzbar ist. Gemessen bzw. berechnet wer-

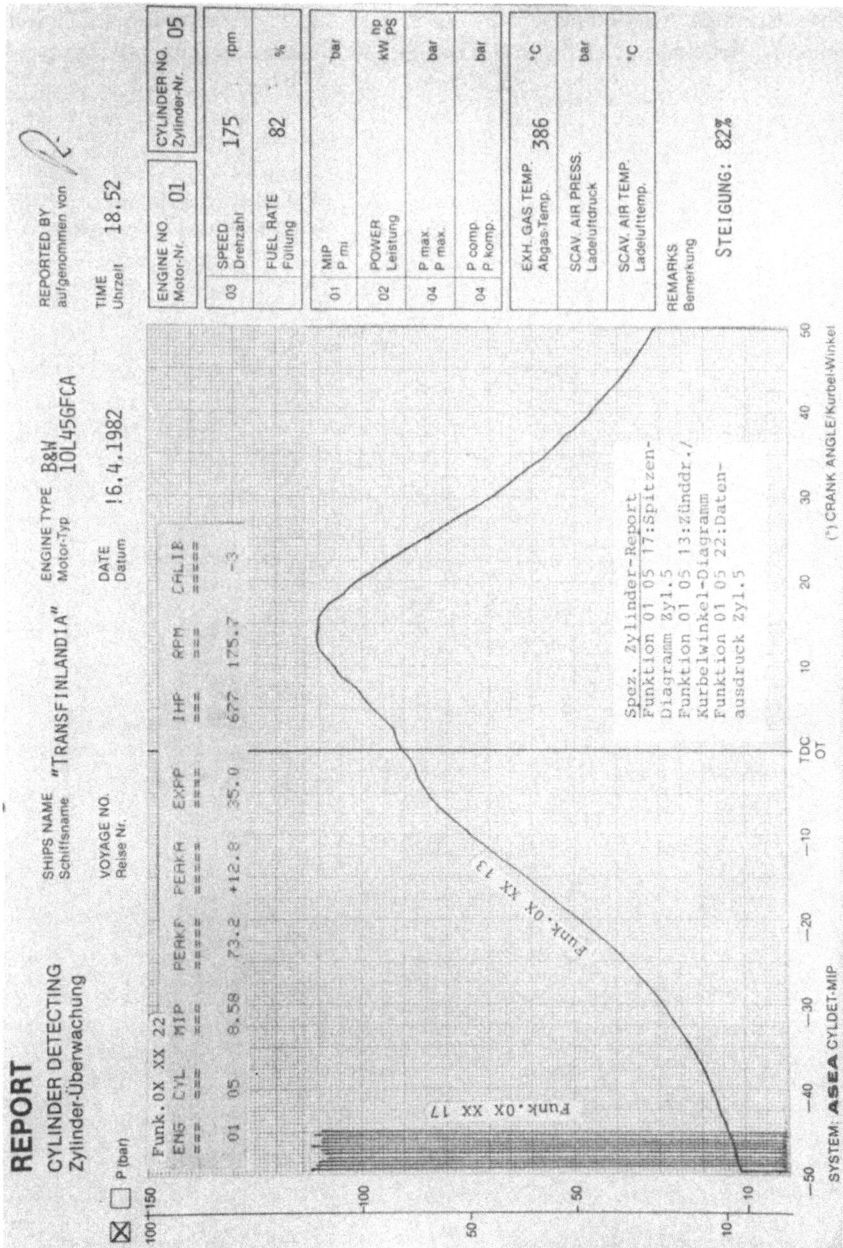

Bild 6.53 Zylinderdruck als $f(\alpha)$ mit Oszilloskop dargestellt

den die Prozeß-Veränderlichen: Zünddruck, mittlerer indizierter Druck, Kompressionsdruck, Drehzahl, Zündzeitpunkt, indizierte Leistung. Die Werte können abgefragt und digital angezeigt werden; außerdem kann ein Zylinderdruckdiagramm über dem Kurvelwinkel von 50° vor OT bis 50° nach OT, (Bild 6.53), oder ein Zünddruckdiagramm mit Oszilloskop oder *x-y*-Schreiber dargestellt werden (Bild 6.54). Die Werte für p_i, P_i, n und p_z sind jeweils Mittelwerte, über 10 Arbeitsbeispiele. Bild 6.55 zeigt eine Gesamtanordnung. Wichtigste Fühler

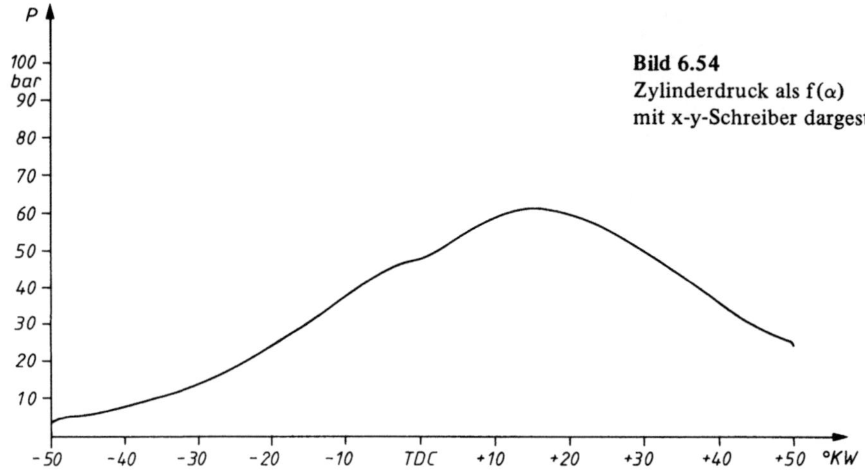

Bild 6.54
Zylinderdruck als f(α) mit x-y-Schreiber dargestellt

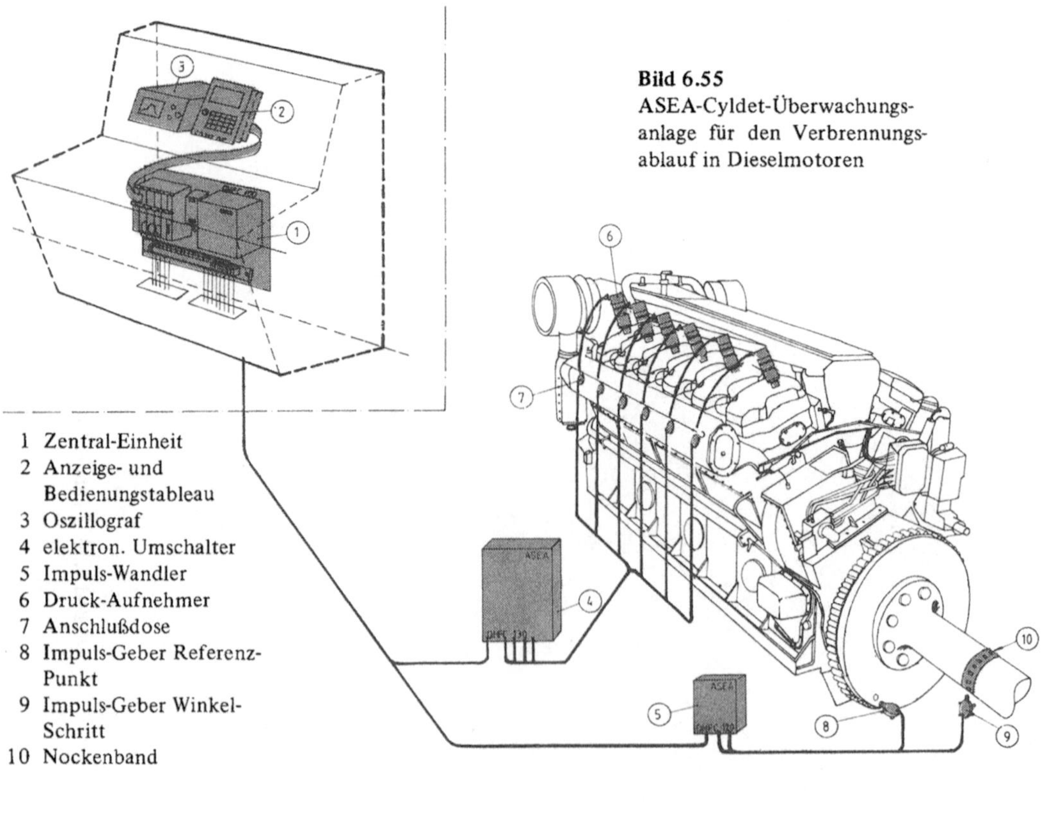

Bild 6.55
ASEA-Cyldet-Überwachungsanlage für den Verbrennungsablauf in Dieselmotoren

1 Zentral-Einheit
2 Anzeige- und Bedienungstableau
3 Oszillograf
4 elektron. Umschalter
5 Impuls-Wandler
6 Druck-Aufnehmer
7 Anschlußdose
8 Impuls-Geber Referenz-Punkt
9 Impuls-Geber Winkel-Schritt
10 Nockenband

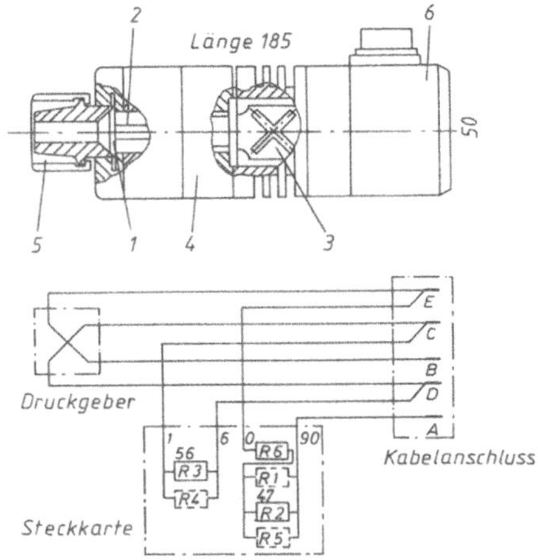

Bild 6.56 Druckfühler für Zylinderüberwachung

1 Membran	4 Wärmeisolierung
2 Druckstange	5 Maihak 27 Verschraubungen
3 PRESSDUKTOR®	6 Anschlußdose

des Systems sind an jedem Zylinder am Indikatorstutzen anzusetzenden Drucksensoren (Cyldet-Pressure Transducer) (Bild 6.56).

Der Verbrennungsdruck wird mit dem Druck-Aufnehmer QGPI 101 gemessen. Dieser Aufnehmer ist für Dauerbetrieb ohne Zusätzkühlung ausgelegt. Er wird an den Indizierhahn am Zylinderkopf angeschraubt. Der Verbrennungsdruck wirkt direkt am Druck-Aufnehmer auf eine Membrane, die diese Kraft mechanisch auf die Kraftmeßdose PRESSDUCTOR im Geber überträgt. In der Kraftmeßdose wird die mechanische Kraft in eine elektrische Meßspannung umgewandelt, die dem Verbrennungsdruck proportional ist. Da es sich bei dieser Übertragungsart des Verbrennungsdruckes um eine Druck- und nicht um eine Weg-Übertragung handelt, bestehen außer an der Membrane keine Verschleißmöglichkeiten.

Kurbelwinkelimpulse werden vom Schwungrad und der Welle über Zahnband und Pulstransmitter abgenommen. Die Kurbelwellenverdrehung zwischen den Zylindern wird durch Justierpotentiometer je Zylinder ausgeglichen. Zündfolge, Hubvolumen, Hub, Pleuelstangen-Kurbelradius-Verhältnis und Meßbereiche werden der Zentralprozeßeinheit für jeden Motor speziell eingegeben. Mit Hilfe dieser Festeingaben und der Veränderlichen p_i und n wird in der Prozeßeinheit die indizierte Leistung P_i/Zyl. berechnet und im Anzeigepanel angezeigt. Die Alarmanlage im Cyldetsystem dient der ständigen Überprüfung der Motorenzylinder. Die Druckfühler der einzelnen Zylinder werden durch ein Festprogramm über den Multiplexer (s. Bild 6.55 Pos. 4) abgefragt. Der Microprozessor in der Zentraleinheit (s. Bild 6.55 Pos. 1) bildet für p_z und p_i Mittelwerte. Überschreiten einzelne p_z- oder p_i-Werte den Mittelwert mehr als eine einstellbare alarmfreie Zone, so wird Alarm ausgelöst und der abweichende Zylinder angezeigt. Es werden nur echte Alarme gemeldet und Fehlmeldungen infolge Betriebsschwankungen unterdrückt. Ein Drucker für Datenerfassung bzw. Störungserfassung kann angeschlossen werden.

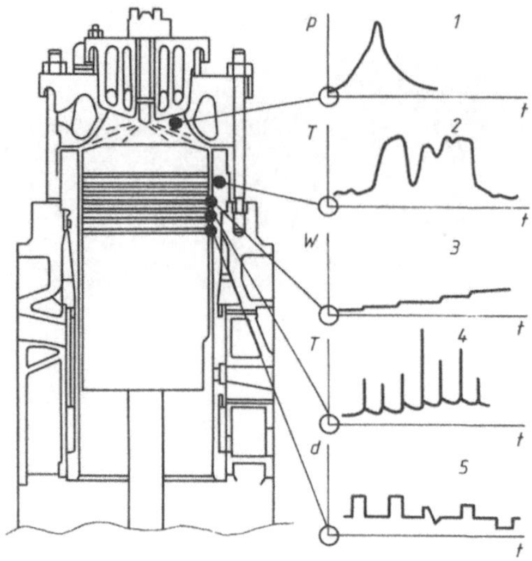

Bild 6.57 Motordiagnose
Zylindermeßpunkte:
1 Zylinderdruck
2 Laufbuchsentemperatur
3 Laufbuchenverschluß
4 Laufbuchsen-Oberflächen-Temperatur
5 Kolbenringzustand

Die automatische Zylinderüberwachung gibt Hinweise für Überholungsarbeiten und vermeidet unnötiges Kolbenziehen. Verbrennungsablaufüberwachung und gleichmäßige Leistungsverteilung auf die Motorenzylinder führen zur Einhaltung optimaler Kraftstoffverbräuche und Instandhaltungsoptimierung.

Das Cyldet-System kann zu einem erweiterten Motordiagnosesystem nach Bild 6.57 ausgebaut werden.

6.6.1.2 Indikatoren

Die Indikatoren müssen sich stets in einwandfreiem Zustand befinden. Zur gegenseitigen Kontrolle, die das Ausscheiden fehlerhaft arbeitender Geräte ermöglicht, nimmt man mit mehreren Indikatoren Diagramme am gleichen Zylinder auf. Zeit sich eine gute Übereinstimmung, dann sind die Instrumente in Ordnung und man vermeidet es, aus falschen Diagrammen unrichtige Schlüsse zu ziehen.

Besondere Vorsicht ist bei der Aufnahme von Schaubildern an normal arbeitenden Zylindern geboten, da Feuerstrahlen in den Indikatorzylinder dringen und dort das Schmieröl verbrennen können. Daher sollten jeweils höchstens zwei Diagramme aufgenommen und dann Zylinder und Kolben des Gerätes gereinigt und abgeschmiert werden.

Einen Indikator für langsamlaufende Dieselmotoren zeigt Bild 6.58. Der über Kanal (1) auf den Indikatorkolben (2) einwirkende Arbeitsdruck des untersuchten Motorenzylinders führt zu einer Verschiebung des Kolbens und der mit ihm fest verbundenen Kolbenstange (3). Durch die an der Kolbenstange befestigte Indikatorfeder (4) wird eine Proportionalität zwischen den auftretenden Drücken und den Bewegungen des Kolbens erzielt. Das an der Kolbenstange angelenkte Schreibgestänge (5) zeichnet den Bewegungsverlauf des Kolbens auf das an der Trommel (6) befestigte Indikatorpapier. Die Trommel kann mittels eines Seilzuges gedreht werden, der entweder vom Indikatorgestänge des Zylinders oder von Hand betätigt wird. Die Federkonstante der Indikatorfeder muß den zu erwartenden Drücken angepaßt werden. Bei Drücken über 30 bar verwendet man gewöhnlich die „1-mm-Feder", bei der 1 bar einer Höhe von 1 mm im Diagramm entspricht.

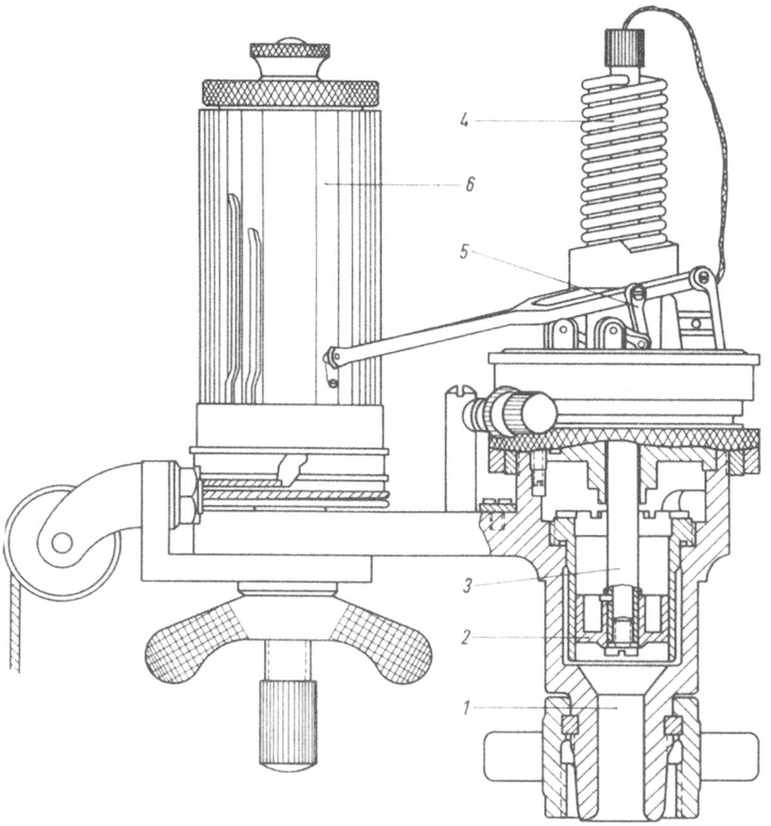

1 Verbindung zum Motorenzylinder,
2 Indikatorkolben,
3 Indikatorkolbenstange,
4 Indikatorfeder,
5 Schubhebelgestänge,
6 Schubtrommel.

Bild 6.58 Indikator für langsamlaufende Dieselmotoren

6.6.1.3 Indikatordiagramme

Indikatordiagramme sind im Prinzip *p, V*-Schaubilder. Aufgrund der Proportionalität zwischen Kolbenweg und Zylindervolumen genügt es, den Druck über dem Kolbenweg anzugeben. Man unterscheidet offene und geschlossene Diagramme danach, ob gleiche Kolbenstellungen bei verschiedenen Hüben die gleichen Abszissenwerte (Kolbenweg) besitzen oder nicht.

6.6.1.3.1 Verdichtungsdiagramme

Das einwandfreie Dichten der den Zylinderraum begrenzenden Teile – Ventile, Kolben usw. – und die richtige Höhe des Verdichtungsdruckes kann man ohne Fremdantrieb bei mehrzylindrigen Motoren nur mit Hilfe eines Indikators überprüfen. Man fährt für diesen Zweck den Motor mit einem oder mehreren Zylindern und nimmt an den übrigen, deren Kraftstoffversorgung abgesperrt ist, Verdichtungsdiagramme. Anschließend läßt man die untersuchten Zylinder den Motor treiben und überprüft nach Absperrung der Kraftstoffzufuhr die restlichen in gleicher Weise. Der Seilzug der Trommel wird dabei nicht eingehängt, sondern langsam von Hand gezogen, so daß sich in fortlaufender Folge eine Reihe von Druckkurven verschiedener Hübe auf dem Papierbelag der Trommel abzeichnet (offene Diagramme, Bild 6.59).

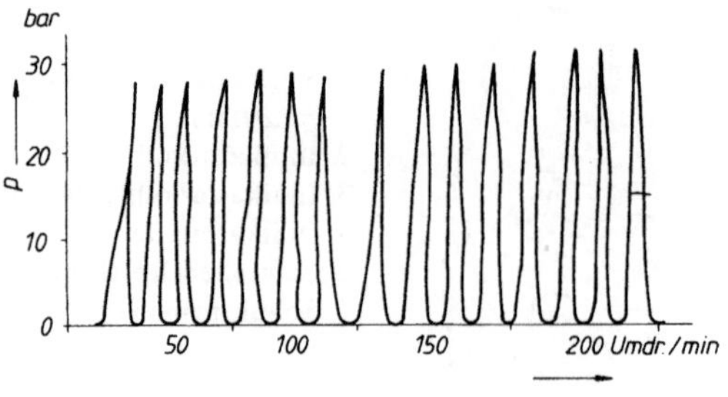

Bild 6.59 Verdichtungsdiagramm

Man läßt den Motor zunächst mit geringer Drehzahl laufen und steigert diese dann stufenweise bis zur Betriebsdrehzahl. Beträgt diese beispielsweise 200 min^{-1}, so beginnt man mit 50 min^{-1}, erhöht dann auf 100 min^{-1}, 150 min^{-1} und schließlich auf 200 min^{-1}. Bei jeder dieser Drehzahlen nimmt man den Druckverlauf für mehrere Hübe auf, so daß das Diagramm am Ende einen guten Vergleich der Verdichtungsenddrücke bei verschiedenen Drehzahlen ermöglicht.

Ein einwandfreier Motor weist mit steigender Drehzahl wachsende Drücke auf, da aufgrund des schnelleren Arbeitsablaufes Lässigkeitsversluste und Verluste durch Auskühlung geringer werden. Die absolute Höhe des Druckes ist ein Kennzeichen für die Größe des Verdichtungsraumes und den Zustand der Kolbenringe und der Ventilsitze.

6.6.1.3.2 Leerlaufdiagramme

Unter den gleichen Voraussetzungen wie bei der im vorstehenden geschilderten Untersuchung kann man auch Leerlaufdiagramme (Bild 6.60) aufnehmen, wenn man den Seilzug der Trommel am Indikatorgestänge einhängt. Dabei ergeben sich geschlossene Diagramme, die von der Verdichtungs- und der Ausdehnungslinie begrenzt werden. Bei einwandfreien Zylindern sollen beide Linien dicht nebeneinander verlaufen. Je weiter sie sich voneinander entfernen, desto größer sind die Verluste durch Undichtigkeiten und Auskühlung.

Verdichtungs- und Leerlaufdiagramme lassen sich auch bei normalem Betrieb, dann natürlich nur für eine Drehzahl, nehmen, indem man einen Zylinder kurz durch Beeinflussung des Saug- oder Aufstoßventils der Kraftstoffpumpe absetzt und untersucht.

6.6.1.3.3 Anfahrdiagramme

Bild 6.61 zeigt ein Luftanlaßschaubild. Der Verdichtungsenddruck übersteigt den Druck der Anlaßluft, der im betrachteten Fall etwa 15 bar beträgt, erheblich, so daß diese erst nach Entspannung der verdichteten Luft einströmen kann. Der Einströmvorgang erstreckt sich fast über den ganzen Hub, wobei jedoch der Druck der Anlaßluft trotz voll geöffneten Ven-

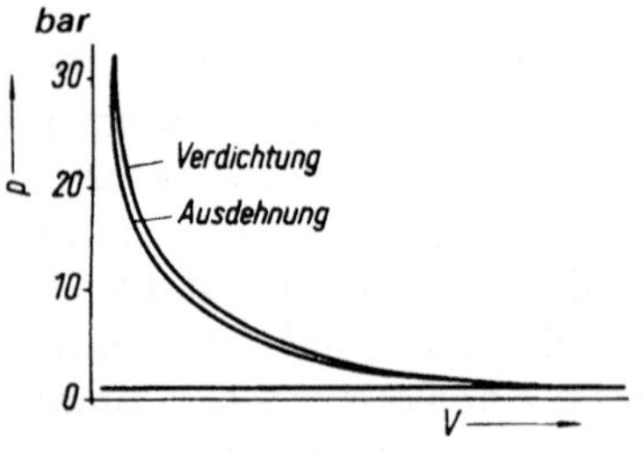

Bild 6.60 Leerlaufdiagramm

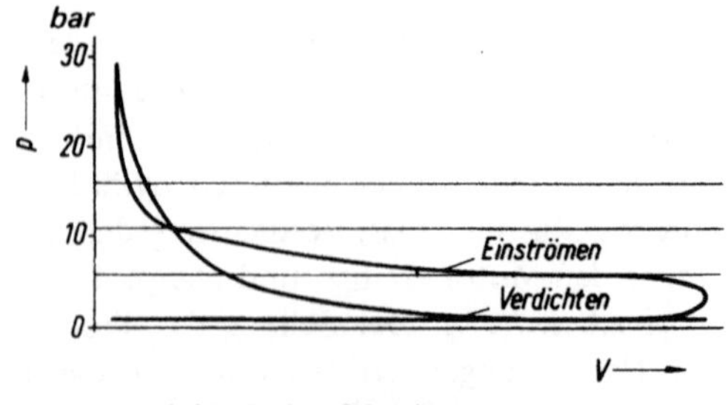

Bild 6.61 Luftanfahrdiagramm

tils beträchtlich abfällt. Dieser Abfall ist auf die Drosselung beim Einströmen durch das mit einem geringen Durchflußquerschnitt ausgeführte Ventil in den großen Zylinder zurückzuführen. Man wählt die Ventilgrößen so klein wie möglich, da einmal die Schwächung des Deckels durch die Ventilkanone und zum anderen die Gefahr des Klemmens oder Festsetzens infolge seltenen Gebrauchs eingeschränkt werden sollen. Bild 6.62 gibt ein über eine Anzahl von Umdrehungen aufgenommenes Anfahrdiagramm wieder. Man kann daraus die Luftanfahrlinie und den Übergang auf Kraftstoffeinspritzung erkennen. Die Diagrammfläche und der Enddruck vergrößern sich schon nach wenigen Zündungen durch die steigenden Zylindertemperaturen.

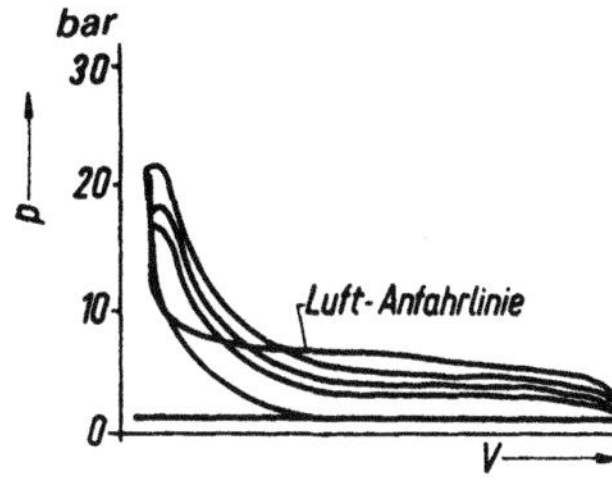

Bild 6.62
Übereinanderliegende Anfahrdiagramme

6.6.1.3.4 Normale und versetzte Arbeitsdiagramme

Die normalen Schaubilder dienen der Ermittlung der im Zylinder verrichteten Arbeit und geben einen Einblick in die Arbeitsweise des Motors. Die Darstellung der Vorgänge beim Ladungswechsel, die sich ja bei geringen Drücken abspielen, kann aufgrund der starken Indikatorfeder, deren Verwendung die hohen Enddrücke vorschreiben, nur ungenügend sein. Bei Viertaktmotoren fallen beispielsweise Ausschiebe- und Ansauglinie praktisch zusammen. Für genaue Untersuchungen dieser Vorgänge müssen daher Schwachfederdiagramme aufgenommen werden, über die im nächsten Abschnitt näheres gesagt wird. Doch auch der Aufzeichnung im Bereich des Spitzendruckes fehlt die für die Auswertung erforderliche Übersichtlichkeit. Das hat seine Ursache in der ungleichförmigen Drehung der Schreibtrommel des Indikators, die von der Bewegung des Motorenkolbens abgeleitet wird. Die Kolbengeschwindigkeit und damit auch die Umfangsgeschwindigkeit der Trommel erreichen ihre Höchstwerte etwa bei der Hälfte des Hubes, während sie über einen relativ großen Bereich in der Nähe der Totpunkte nur äußerst geringe Werte aufweisen (in den Totpunkten selbst sind sie Null). Nun ist es aber gerade der Bereich um den oberen Totpunkt, in dem sich die für die Beurteilung so wichtigen Verbrennungsvorgänge abspielen. Infolge der geringen Trommelbewegung werden sie so dicht zusammengedrängt aufgezeichnet, daß keine Auswertung mehr möglich ist. Man muß daher den Antrieb der Trommel von einem um 60°, 90° oder 120° versetzten Kolben ableiten, damit die Zünd- und Verbrennungsvorgänge infolge der höheren Trommelgeschwindigkeit übersichtlich dargestellt werden (Bild 6.63).

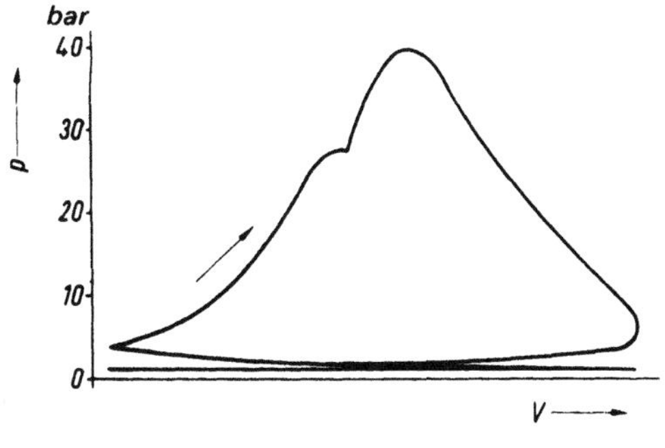

Bild 6.63 Versetztes Arbeitsdiagramm

Bild 6.64 Stellungskupplung

Mit Hilfe der in Bild 6.64 gezeigten Stellungskupplung können geschlossene, um 90° versetzte Diagramme aufgenommen werden. Sie übernimmt bei Kolbenmaschinen ohne Indikatorgestänge nach Anflanschen an ein freies Wellenende den Antrieb der Schreibtrommel. Eine Schaltkupplung ermöglicht stoßfreies An- und Abschalten des Gerätes bei laufendem Motor. Im angekuppelten Zustand kann der Kurbelwinkel des jeweils zu untersuchenden Zylinders an der Teilscheibe eingestellt werden.

6.6.1.3.5 Schwachfederdiagramme

Zur Aufzeichnung der Ladungswechselvorgänge rüstet man den Indikator mit Federn geringerer Richtkraft aus, die einen Maßstab der Diagramme von 5 ... 15 mm je 1 bar ergeben. Infolgedessen wird der Indikatorkolben beim Auftreten höherer Drücke in seiner obersten Stellung verharren, so daß sich dabei im Diagramm eine waagerechte Linie ergibt. Dafür werden die Vorgänge beim Ansaugen und Ausschieben bzw. bei der Spülung vergrößert und dadurch übersichtlicher dargestellt.

Bild 6.65 zeigt das Schwachfederdiagramm eines nicht aufgeladenen Viertaktmotors. Die Aufzeichnung beginnt, nachdem sich der größte Teil des Arbeitshubes vollzogen hat und der Druck soweit abgesunken ist, daß der Indikatorkolben freikommt. Kurz vor dem unteren Totpunkt beginnt das Auslaßventil langsam zu öffnen. Der Druck fällt stärker ab, liegt aber im Hubwechsel noch beträchtlich über dem Atmosphärendruck. Mit einsetzendem Ausschiebehub sinkt er zunächst rasch, hält sich dann aber aufgrund der Ausströmwiderstände bis

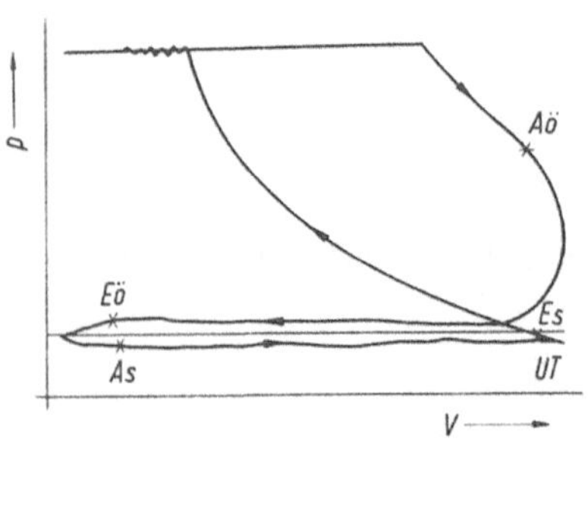

Bild 6.65
Schwachfederdiagramm eines 4-Takt-Motors ohne Aufladung

Aö Auslaß öffnet,
As Auslaß schließt,
Eö Einlaß öffnet,
Es Einlaß schließt.

zum Öffnen des Einlaßventils kurz vor dem oberen Totpunkt etwa 0,1 bar über dem Atmosphärendruck, der erst im Hubwechsel erreicht wird. Bei Beginn des Ansaughubes fällt er weiter ab, erreicht bei Schließen des Auslaßventils einen Wert von rund 0,1 bar unter dem Atmosphärendruck, den er, von gewissen Schwankungen abgesehen, bis zur Beendigung des Hubes beibehält. Zu Beginn des Verdichtungshubes schließt das Einlaßventil, der Druckverlauf schneidet die Linie, die den Atmosphärendruck darstellt und steigt steil an, bis der Indikatorkolben wieder oben anstößt. Die vom Schreibstift aufgezeichneten Schwingungen werden durch den harten Anschlag des Kolbens erregt und durch Vibration des Schreibgestänges verstärkt.

Bei aufgeladenen Motoren liegen Ausschiebe- und Ansauglinie oberhalb der atmosphärischen Linie.

Das in Bild 6.66 dargestellte Schwachfederdiagramm wurde an einem Sulzer-Zweitaktmotor mit Nachladeschlitzen (N) aufgenommen. Die Kanäle zu diesen Schlitzen werden solange von Ringplattenventilen verschlossen gehalten, bis der Spüldruck den Druck im Zylinder überwiegt. Auf diese Weise können keine Abgase in die Spülluftaufnehmer eindringen.

Die im Diagramm von *a* bis *c* verlaufende Entspannungslinie weist im Bereich von *b* bis *c* einen verstärkten Abfall auf, der durch das Einströmen der Abgase in den zwischen Nachspülschlitzen und -ventilen liegenden Kanalraum verursacht wird. In *c* beginnt die steuernde Kolbenkante den Auslaßkanal (*A*) freizugeben. Bis zur Öffnung des Spülkanals (*S*) in *d* hat der Druck fast die Atmosphärenlinie (m ↔ *n*) erreicht und bleibt bis *h* etwa konstant. Von *d* über den unteren Totpunkt *e* bis *f* vollzieht sich das Ausschieben der Abgase durch die auf geringen Überdruck verdichtete Spülluft. Im Bereich zwischen *d* und *e* öffnen die Ringplattenventile den Nachspülkanal (*N*), so daß größere Spülluftmengen eintreten können. In *h* wird der Spülvorgang durch das Schließen des Auslaßkanals (*A*) beendet und der Nachladevorgang auf Spülluftdruck setzt ein. Nach Schließen des Nachspülkanals (*N*) in *k* beginnt die Verdichtung, deren Druckverlauf im Diagramm nur bis zum Anschlag des Indikatorkolbens bei dem in *l* herrschenden Druck aufgezeichnet ist.

Der Kolbenweg von *e* nach *k* macht aber schon einen beträchtlichen Teil des gesamten Hubes aus, so daß die Verdichtungsperiode wesentlich kürzer ausfällt als beim Viertaktmotor, wo sie sich fast über den ganzen Aufwärtshub erstreckt. Dafür besitzt die Zylinderfüllung des Zweitaktmotors bei Verdichtungsbeginn einen Überdruck, der je nach Spüldruck und Spülverfahren zwischen 0,1 bar und 0,25 bar liegt. Die Füllung des Viertaktmotors ohne Aufladung weist dagegen einen Unterdruck auf, so daß die Verdichtungsenddrücke bei beiden doch etwa den gleichen Wert erreichen.

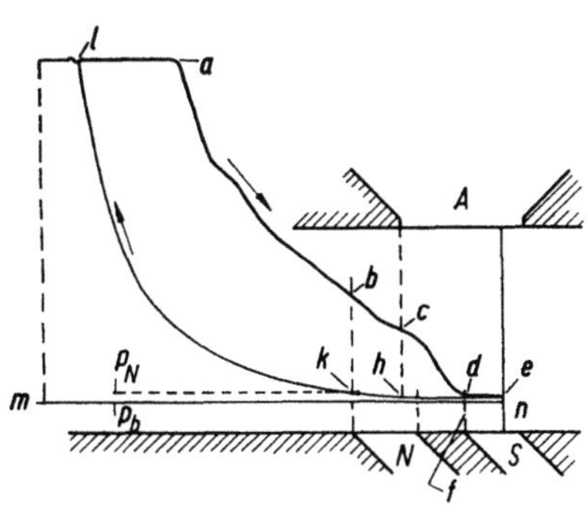

Bild 6.66
Schwachfederdiagramm eines 2-Takt-Motors mit Nachladung

A	Auslaßschlitze,
S	Spülschlitze,
N	Nachladeschlitze,
p_N	erreichter Nachladedruck,
p_b	Umgebungsdruck (barometrischer Druck).

6.6.1.3.6 Regeldiagramme

Die Funktion der Kraftstoffpumpe wird durch Aufnahme eines Regeldiagramms (Bild 6.67) überprüft, das sich durch das Übereinander-Aufzeichnen mehrerer Druckverläufe ergibt, die bei stufiger Änderung der Pumpeneinstellung auftreten. Der Kraftstoffregulierhebel wird dazu von Hub zu Hub um die gleiche Anzahl von Rasten weitergerückt.

Während die Verdichtungslinien praktisch zusammenfallen (geringe Abweichungen sind durch den Anstieg der Zylindertemperatur bedingt), werden die Ausdehnungslinien bei einwandfrei arbeitender Pumpe mit jeder Einstellungsstufe weiter nach oben verschoben, die Spitzendrücke erhöhen sich aber nur geringfügig. Die Diagrammfläche nimmt entsprechend der vergrößerten Kraftstoffzufuhr zu, d.h., die erhöhte Einspritzmenge vermehrt die im Zylinder verrichtete Arbeit. Enthält das Diagramm Unregelmäßigkeiten – Abweichungen von der geschilderten Tendenz – so deutet das auf Funktionsstörungen in der Pumpe, Spiel in den Verbindungsstellen des Gestänges oder bei bestimmten Pumpenausführungen auf falsche Pumpenventil-Betätigung hin.

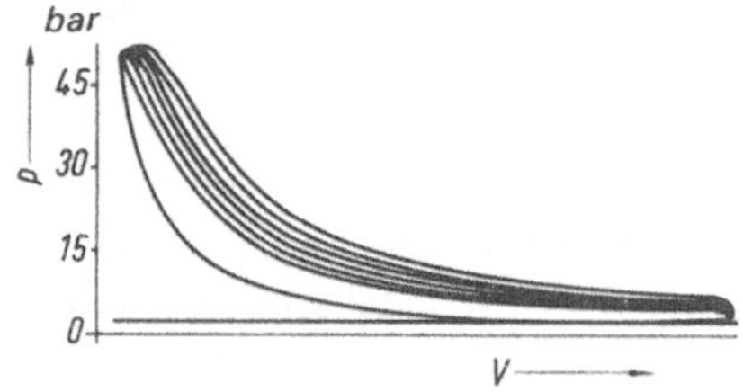

Bild 6.67 Regeldiagramm

6.6.1.3.7 Offene Arbeitsdiagramme

Eine übersichtliche Darstellung der Vorgänge im oberen Druckbereich erhält man durch Antrieb der Schreibtrommel von Hand, so daß die Zünd- und Verbrennungsvorgänge in einem größeren Bereich des Diagramms dargestellt werden. Da die Trommel nur in einer Richtung gedreht wird, ergeben sich offene Schaubilder, die selbstverständlich nicht mehr zur Ermittlung der indizierten Arbeit verwendet werden können. Das Ziehen von Hand gestattet eine Änderung der Trommelumfangsgeschwindigkeit und damit das Variieren der Aufzeichnung des Druckverlaufs in weitem Rahmen.

Man zieht am besten gleichmäßig während des Ablaufes einer Kurbelumdrehung (von *UT* bis *UT*). Besonders bei schnellaufenden Motoren bedarf es einiger Geschicklichkeit, den richtigen Moment für den Beginn des Ziehens zu wählen und eine passende Geschwindigkeit einzuhalten. Als Anhalt für den Ablauf einer Kurbelumdrehung kann die Bewegung der Ventile, der Steuerwelle oder am zweckmäßigsten die des Zugarmes für die Indikatorschnur am Indikatorgestänge dienen. Bei Viertaktmotoren muß man natürlich die Umdrehung erfassen, während deren Ablauf sich Verdichtung und Ausdehnung vollziehen. Das ist nicht immer einfach und erfordert eine beträchtliche Übung.

In Bild 6.68 ist ein offenes, handgezogenes Arbeitsdiagramm eines einwandfrei arbeitenden Vorkammermotors dem normalen gegenübergestellt. Die im Normalschaubild in einem kleinen Bereich aufgezeichnete Kuppe erstreckt sich im handgezogenen Diagramm über einen mehr als fünffach vergrößerten Bildabschnitt. Das Ende der Verdichtung, das Einsetzen und der Verlauf der Verbrennung lassen sich daher genauestens erkennen.

Der Druckanstieg während der Verdichtung vermindert sich gegen Ende des Hubes und erreicht nahezu den Wert Null (annähernd waagerechter Kurvenverlauf bei *a*). Die Ursache liegt auch in den Auswirkungen von Wandungs- und Lässigkeitsverlusten, die bei der in Nähe des Hubwechsels geringen Kolbengeschwindigkeit größere Ausmaße annehmen. In *b* setzt die

Zündung ein. Aufgrund des starken Temperaturanstieges steigt der Druck bis etwa zur Hälfte der Einspritzperiode. Es folgt ein allmählicher Abfall, der durch eine rasche Vergrößerung des Volumens oberhalb des Kolbens bedingt wird. Hinsichtlich der Triebwerksbeanspruchung wäre eine Gleichdruckverbrennung günstiger. Diese läßt sich jedoch nicht erreichen, da die Einspritzung nicht so fein abgestimmt werden kann. Zufriedenstellende Verhältnisse ergeben sich aber schon, wenn der Unterschied zwischen Verdichtungsenddruck und Spitzendruck 3 ... 8 bar nicht übersteigt.

Bei Direkteinspritzung strebt man im Hinblick auf einen günstigen Kraftstoffverbrauch eine rasche Energieumsetzung an. Der Spitzendruck erreicht dabei Werte, die um mehr als 10 bar und bei Schnelläufern um noch größere Beträge über dem Verdichtungsenddruck liegen. Allgemein soll p_z/p_c etwa 1,25 ... 1,35 nicht übersteigen. Bei nicht aufgeladenen Motoren liegen die Spitzendrücke im Bereich von 50 ... 60 bar, wachsen mit dem Grad der Aufladung und weisen heute bei hochaufgeladenen Motoren Werte von weit über 100 bar auf (Bild 6.69). Die geschlossenen Arbeitsdiagramme von Motoren mit Direkteinspritzung verlaufen im Hochdruckbereich spitzer als die von Vorkammermotoren (vergleiche die Bilder 6.68 und 6.69), d.h., es erfolgt eine gemischte Verbrennung, die einer Gleichraumverbrennung nahe kommt. Die Verbrennungsvorgänge sind dabei noch stärker zusammengerückt, so daß gerade hier ein offenes Schaubild zur genauen Beurteilung der Verbrennungsvorgänge wichtig ist.

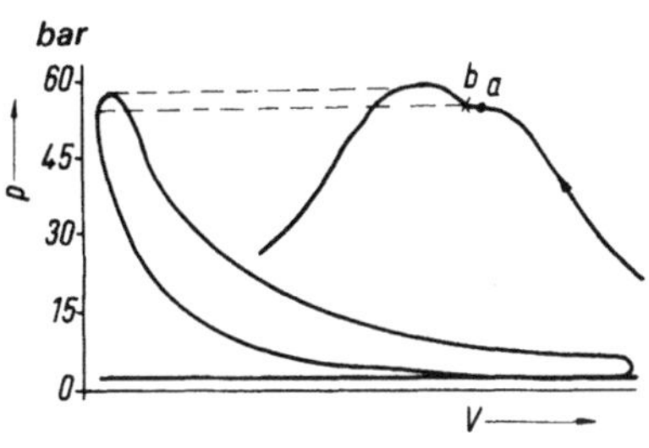

Bild 6.68 Offenes und geschlossenes Arbeitsdiagramm eines Vorkammermotors

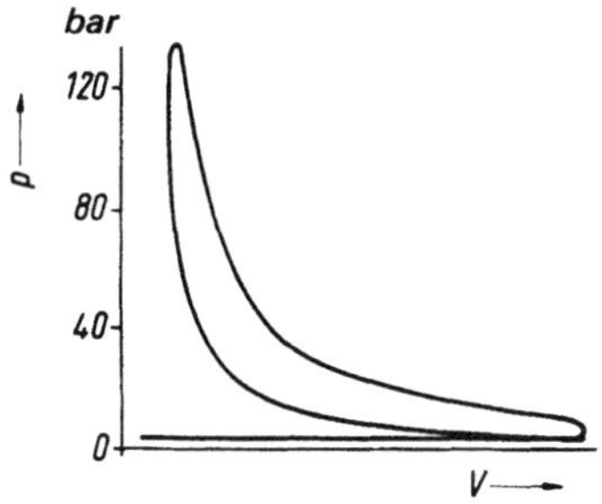

Bild 6.69 Arbeitsdiagramm eines hochaufgeladenen M.A.N-KV-Motors

6.6.1.4 Deutung von Unregelmäßigkeiten in den Diagrammen

6.6.1.4.1 Frühzündung

Die in den Bildern 6.70 und 6.71 gezeigten offenen Druckverläufe weisen nicht den in Bild 6.68 im Bereich von *a* wiedergegebenen Sattel auf. Der Druckanstieg infolge der Verdichtung nimmt also nicht mit Verminderung der Kolbengeschwindigkeit ab, sondern wird durch die

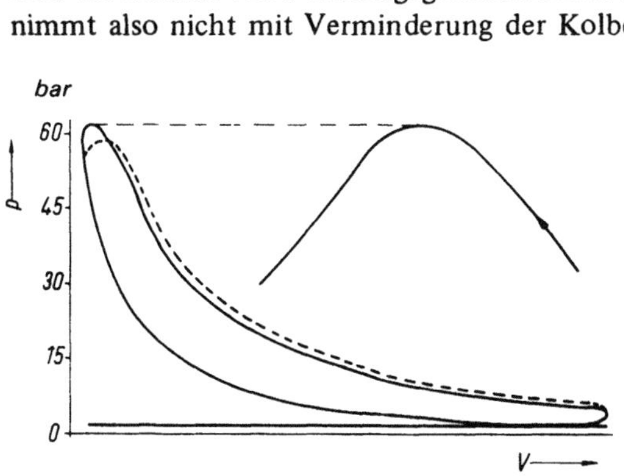

Bild 6.70 Frühzündung

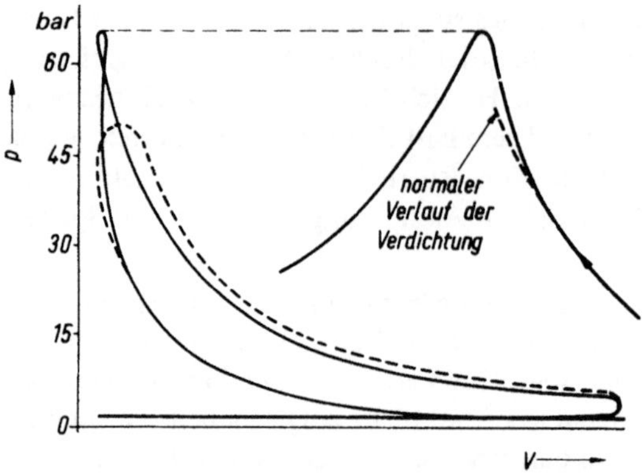

Bild 6.71
Stark verfrühte Zündung

zu früh einsetzende Verbrennung weiter verstärkt. Die Verbrennung bei gleichzeitiger Verdichtung führt zu erhöhten Spitzendrücken. Das normale, geschlossene Schaubild (–) zeigt anstelle des flachen Druckverlaufes (.....) eine mehr oder weniger stark ausgeprägte Spitze.

Die Ursache von zu früher Zündung ist gewöhnlich im Pumpenantrieb zu suchen: zu geringes Rollenspiel oder falsche Stellung des Kraftstoffnockens. Durch Verstellung des Nockens entgegen der Drehrichtung kann der Fehler behoben werden.

Aus Bild 6.71 ist der Druckverlauf bei sehr früh erfolgender Zündung zu ersehen. Der Spitzendruck (–) – er liegt wesentlich höher als der bei Normalbetrieb (.....) – wird noch vor dem oberen Totpunkt erreicht (Durchschleifen des Kurvenzuges). Es findet eine reine Gleichraumverbrennung statt. Das Triebwerk des Motors wird dabei sehr stark beansprucht, der Motor stößt. In diesem Falle muß sofort Abhilfe durch Verstellen des Kraftstoffnockens oder, falls vorhanden, der Vorrichtung zur Einstellung des Förderbeginns geschaffen werden. Der Erfolg dieser Maßnahmen ist durch das Aufnehmen von Diagrammen zu überprüfen.

Häufig tritt Frühzündung bei Umstellung auf einen anderen zündfreudigeren Kraftstoff auf. Bei Übergang auf einen schwerzündenden Kraftstoff muß mit Spätzündung gerechnet werden. Daher sollte man bei jedem Wechsel der Kraftstoffsorte rechtzeitig eine indikatorische Untersuchung des Motors vornehmen.

6.6.1.4.2 Spätzündung

Bild 6.72 läßt die bei Spätzündung auftretenden Vorgänge erkennen. Die verdichtete Luft beginnt sich nach dem Hubwechsel auszudehnen (*a* bis *b*). Der Druckabfall wird durch Wandungs- und Lässigkeitsverluste verstärkt. Im geschlossenen Diagramm ist daher eine Schlei-

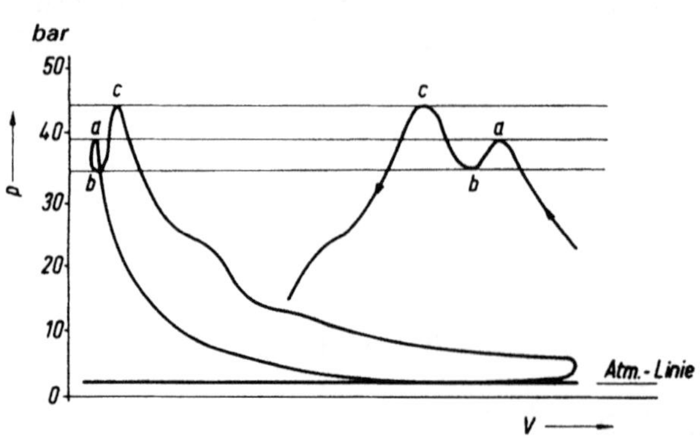

Bild 6.72 Spätzündung

fenbildung, im offenen eine Einsattelung (Kamelhöcker) zu beobachten. Erst in *b* setzen verspätet Einspritzungen und Verbrennung unter Drucksteigerung ein. Bei Spätzündung sinkt infolge der beginnenden Ausdehnung der Verbrennungsluft die Zylindertemperatur, so daß unter Umständen Zündungsversager auftreten können. Die verspätete Verbrennung im Bereich von *b* bis *c*, auch Nachbrennen genannt, führt zu einem Leistungsabfall. Die freiwerdende Energie kann aufgrund des geringeren Resthubes nicht mehr in ausreichendem Umfang genutzt werden. Der Ausdehnungsdruck und die Abgastemperatur liegen daher über den bei Normalbetrieb üblichen Werten. Das Triebwerk klopft und die Abgase weisen eine Dunkelfärbung auf. Zu großes Rollenspiel oder falsche Stellung des Kraftstoffnockens sind die Ursache. Die Korrektur der Nockeneinstellung erfolgt durch Verstellen in Drehrichtung.

6.6.1.4.3 Überprüfung des Zündzeitpunktes

Bild 6.73 gibt übereinander aufgezeichnete Schaubilder wieder, wie sie beim Einstellen des Kraftstoffnockens auftreten. Der Kurvenverlauf *a* weist den niedrigsten Spitzendruck und im Normaldiagramm eine breite Kuppe auf, die auf eine geringe Spätzündung deutet, was der Sattel im offenen Schaubild bestätigt. Die Triebwerksbeanspruchung im Fall *a* ist günstiger als die bei den Druckverhältnissen in Fall *b* und *c* auftretende. Eine noch spätere Zündung würde sich durch Auspufftrübung und steigenden spezifischen Kraftstoffverbrauch bemerkbar machen.

Das Normaldiagramm *b* besitzt eine schlanker und höher auslaufende Kuppe. Im offenen Schaubild zeigt sich der Übergang von der Verdichtung zur Verbrennung, den man bei der Einstellung des Förderbeginns anstreben sollte. Die Mehrbelastung infolge des höheren Spitzendruckes kann das Triebwerk auch im Dauerbetrieb ohne weiteres aufnehmen. Entscheidend ist der gegenüber Einstellung *a* günstigere spezifische Kraftstoffverbrauch.

Bei dem Diagramm *c* erfolgt die Zündung etwas zu früh. Das Normaldiagramm zeigt anstelle der Kuppe fast eine Spitze. Der beträchtlich erhöhte Spitzendruck hat eine zu starke Beanspruchung des Triebwerkes und einen harten Lauf des Motors zur Folge. Der spezifische Kraftstoffverbrauch ist allerdings der niedrigste, der bei den drei Einstellungen erreicht wird.

6.6.1.4.4 Düsenverschmutzung und Verhalten bei Verwendung von Teeröl

In Bild 6.74 sind die geschlossenen und die offenen Diagramme bei Verschmutzung der Düse (*b*) denen bei einwandfrei arbeitenden Motoren (*a*) gegenübergestellt. Verschmutzungen

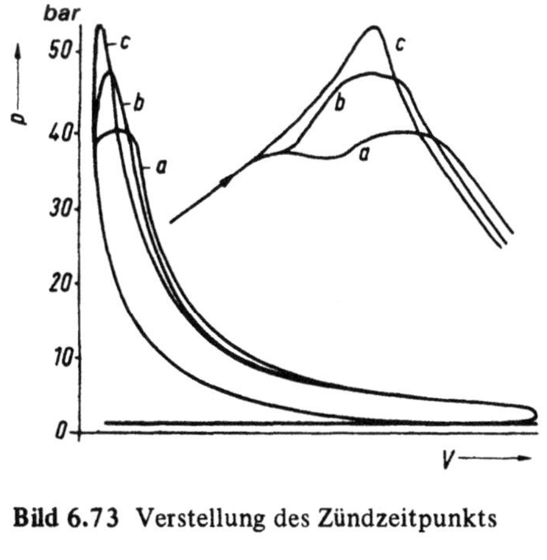

Bild 6.73 Verstellung des Zündzeitpunkts

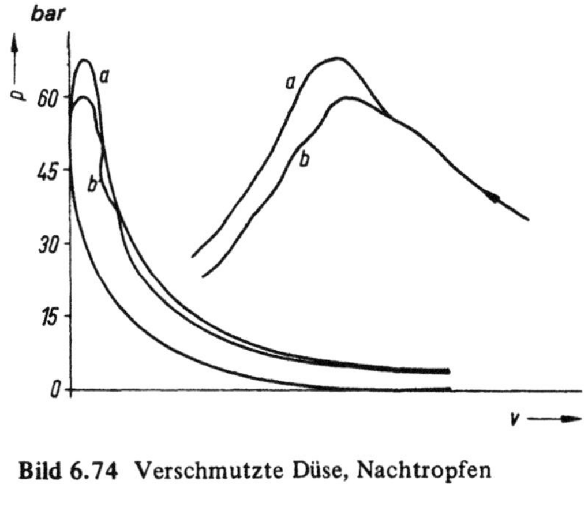

Bild 6.74 Verschmutzte Düse, Nachtropfen

oder teilweise Verstopfen der Düse und die daraus folgende schlechte Zerstäubung äußern sich in stoßweiser und unvollkommener Verbrennung mit Trübung der Abgase. Weder der normale Spitzendruck noch die übliche Leistung (proportional der Fläche des geschlossenen Diagramms) werden erreicht. Ähnliche Erscheinungen kann man auch beim Nachtropfen der Düse beobachten.

Bild 6.75 zeigt ein offenes Diagramm, das an einem mit zündträgem Steinkohlenteeröl betriebenen Motor aufgenommen wurde. Zur Einleitung der Zündung muß dabei im ersten Teil der Einspritzperiode ein zündwilliger Kraftstoff (Gasöl) zugeführt werden. Jeder Zylinder des Motors muß daher mit zwei getrennten Einspritzsystemen ausgerüstet werden. Der anfangs glatte Druckverlauf im Diagramm ergibt sich bei der Verbrennung des Zündöles. Ihm schließt sich ein Bereich stark schwankenden Druckes an infolge der unregelmäßigen Zündung und Verbrennung des Teeröles. Zündöl wird je nach den Eigenschaften des Teeröles und nach den Betriebsbedingungen in Mengen eingespritzt, die zwischen 10 % und 20 % des Teerölverbrauches liegen.

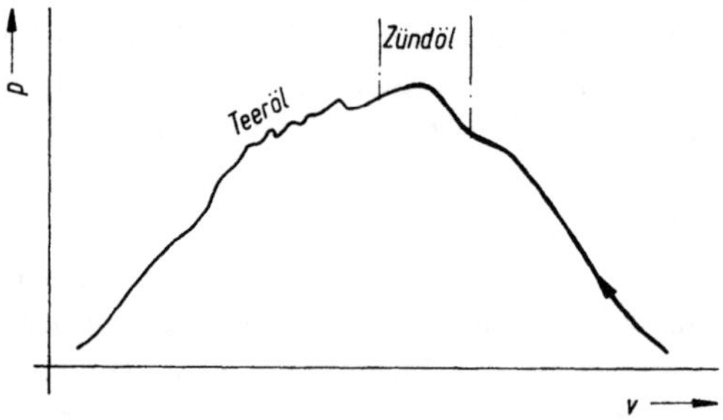

Bild 6.75
Betrieb mit Teeröl unter Verwendung von Zündöl

6.6.1.4.5 Unregelmäßigkeiten im Niederdruckbereich

Schwachfederdiagramme zeigen deutlich Unregelmäßigkeiten des Ladungswechsels aufgrund des stark vergrößernden Diagrammaßstabes. Liegt beispielsweise die Ausschiebelinie eines Viertaktmotors zu hoch, dann sind Querschnittsverminderungen im Auslaßsystem infolge von Verschmutzung die Ursache, wenn nicht der Durchflußquerschnitt des Auslaßventils zu knapp bemessen ist. Eine zu tief verlaufende Ansauglinie weist auf Drosselungen in den Ansaugleitungen oder eine starke Verschmutzung des Luftfilters hin. Der Druck zu Beginn des Verdichtungshubes wird dann die atmosphärische Linie erst später erreichen, so daß eine verringerte Füllung vorliegt und sich der normale Verdichtungsenddruck nicht mehr einstellen kann.

6.6.2 Ermittlung der Betriebsdaten

Ein Maß für die Wirtschaftlichkeit des Motorenbetriebes ist der spezifische Kraftstoffverbrauch. Seine Werte werden weitgehend von der Belastung und der Drehzahl des Motors beeinflußt. Die Kenntnis dieser Abhängigkeit ist von großer Wichtigkeit für die Wahl der günstigsten Betriebsbereiche. Ein lückenloses Bild dieser Verhältnisse gibt das Kernfeld eines Motors (s. Bild 4.33b), aus dem die Verbrauchswerte für alle möglichen Betriebszustände zu entnehmen sind. Durch Eintragung der Bedarfskennlinien kann man leicht den günstigsten Betriebszustand ermitteln. Die Bedarfskennlinien ergeben sich aus der Abhängigkeit des Kraftbedarfes für den Antrieb der gekuppelten Maschinen von der Drehzahl bzw. aus dem Widerstandsgesetz (z.B. Propellergesetz) beim Fahrzeug- oder Schiffsantrieb. Motorenkennfelder werden normalerweise bei der Erprobung des Motors auf dem Prüfstand aufgestellt, da die Bestimmung der effektiven Leistung gewöhnlich ein Abbremsen des Motors mit

Hilfe von Wasserwirbel- oder Wirbelstrombremsen erfordert. Man kann die effektive Leistung aber auch mit Hilfe von Torsionsindikatoren (Verdrehungsmesser) oder Dehnungsmeßstreifen ermitteln, so daß derartige Versuche unter Umständen (mit gewissen Einschränkungen) auch innerhalb des normalen Motorenbetriebes durchgeführt werden können.

In den folgenden Abschnitten sollen die Methoden zur Ermittlung der indizierten Leistung, der effektiven Leistung, der mechanischen Verluste und schließlich des spezifischen Kraftstoffverbrauches kurz erläutert werden.

6.6.2.1 Leistungsermittlung

Man unterscheidet bei Motoren zwischen der *indizierten Leistung*, die sich aus der in den Zylindern verrichteten Arbeit ergibt, und der nach Abzug aller Reibungsverluste sowie des Leistungsbedarfes aller mit dem Motor gekuppelten Hilfsmaschinen für Antriebszwecke verbleibenden *effektiven Leistung*.

Als *mechanischer Wirkungsgrad* ist das Verhältnis der effektiven Leistung (Nutzen) zur indizierten (Aufwand) definiert. Der prozentuale Anteil der mechanischen Verluste – das sind Reibungsverluste und Kraftbedarf der Hilfsmaschinen – ergibt sich als Differenz von 100 % und dem mechanischen Wirkungsgrad (in %). Gewöhnlich bewegen sich die mechanischen Wirkungsgrade im Bereich von 75 bis 85 %.

6.6.2.1.1 Mittlerer indizierter Druck, indizierte Leistung

Die indizierte Arbeit entspricht der vom Druckverlauf begrenzten Fläche im normalen Indikatordiagramm. Bei der Berechnung der indizierten Leistung geht man gewöhnlich von dem indizierten Mitteldruck aus, der sich bei Umwandlung der Diagrammfläche in ein flächengleiches Rechteck als dessen Höhe ergibt. Die Ausdehnung des Rechtecks auf der Kolbenwegachse muß selbstverständlich gleich der des Diagramms sein.

Der Flächeninhalt des Diagramms kann mit Hilfe eines Planimeters ermittelt werden. Zur Ausschaltung von Meßfehlern sollte die Fläche dabei mehrfach umfahren und das Mittel aller Messungen gebildet werden. Der indizierte Mitteldruck p_i kann dann wie folgt berechnet werden:

$$p_i = \frac{\text{Flächeninhalt}\,(\text{mm}^2) \times \text{Diagrammaßstab}\,\left(\frac{\text{bar}}{\text{mm}}\right)}{\text{Kolbenweg}\,(\text{mm})}$$

Eine andere Möglichkeit besteht in der Anwendung der Simpsonschen Regel bzw. der einfacheren Wagenerschen Methode (Bild 6.76). Man teilt dafür die Diagrammlänge l in zehn gleiche Teile h. In den Teilpunkten – Anfangs- und Endpunkt ausgenommen – errichtet man senkrechte Linien und mißt auf ihnen die Ordinaten y_1 bis y_9 ab, d.h. die Längen der innerhalb des Diagramms liegenden Strecken. Die äußeren Ordinaten y_0 und y_{10} werden jeweils im Abstand h/4 vom Anfangs- bzw. Endpunkt aufgetragen. Man erhält also insgesamt elf Ordinaten und kann damit den indizierten Mitteldruck folgendermaßen berechnen:

$$p_i = \frac{\frac{y_0 + y_{10}}{2} + y_1 + y_2 + y_3 + y_4 + y_5 + y_6 + y_7 + y_8 + y_9}{10} \times \begin{array}{c}\text{(Feder-)}\\ \text{Diagrammaßstab}\end{array}$$

Um bei der Berechnung genaue Werte zu erhalten, muß das Ausmessen der Ordinaten bis auf Zehntel Millimeter genau durchgeführt werden. Mit der gewöhnlich an Indikatorkästen ange-

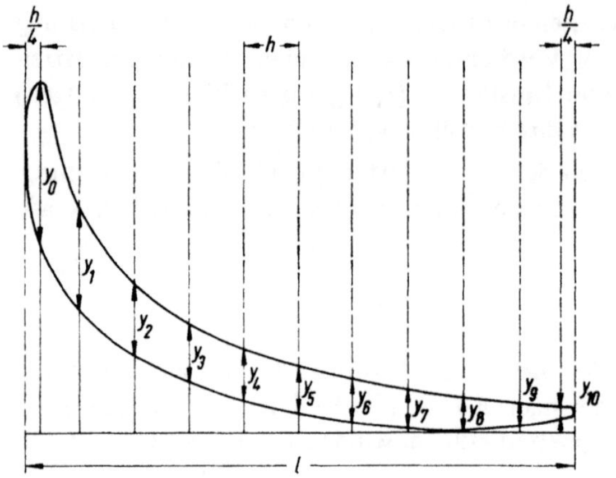

Bild 6.76
Diagrammauswertung nach der Wagener-Methode
Diagrammmaßstab 1 mm ≙ 1 bar

brachten Meßlupe ist dies ohne weiteres möglich. Grundsätzlich sollte die Messung um so genauer erfolgen, je kleiner der Diagrammaßstab ist.

Beispiel: Es wurden gemessen:

$y_0 = 10{,}0$ mm,	$y_4 = 7{,}8$ mm,	$y_8 = 3{,}9$ mm,
$y_1 = 20{,}0$ mm,	$y_5 = 6{,}8$ mm,	$y_9 = 3{,}5$ mm,
$y_2 = 14{,}0$ mm,	$y_6 = 5{,}5$ mm,	$y_{10} = 2{,}0$ mm.
$y_3 = 10{,}2$ mm,	$y_7 = 4{,}7$ mm,	

Mit dem Diagrammaßstab 1 mm ≙ 1 bar errechnet sich:

$$p_i = \frac{\left(\frac{10{,}0 + 2{,}0}{2} + 20{,}0 + 14{,}0 + 10{,}2 + 7{,}8 + 6{,}8 + 5{,}5 + 4{,}7 + 3{,}9 + 3{,}5\right) \text{mm}}{10} \cdot 1 \text{ bar/mm}$$

$$p_i = \frac{82{,}4 \text{ mm}}{10} \cdot 1 \frac{\text{bar}}{\text{mm}} = 8{,}24 \text{ bar.}$$

Die indizierte Leistung bestimmt man mit der Größengleichung (s. auch Abschnitt 4.1.3.2)

$$P_i = \frac{2 \times \text{Kolbenquerschnitt } A \times \text{Hub } s \times \text{Drehzahl } n \times \text{ind. Mitteldruck } p_i \times \text{Zylinderzahl } z}{\text{Taktzahl } i}$$

Taktzahl i

oder der Zahlenwertgleichung

$$P_i = \frac{z}{K} \cdot \frac{A}{\text{dm}^2} \cdot \frac{s}{\text{dm}} \cdot \frac{n}{\text{min}^{-1}} \cdot \frac{p_i}{\text{bar}} \text{ in kW.}$$

K für einfachwirkende Motoren:
$K = 600$ für Zweitaktmotor,
$K = 1200$ für Viertaktmotor.

Für p_i wird hierbei der Mittelwert der in den einzelnen Zylindern gemessenen Drücke eingesetzt.

Der Kolbenquerschnitt errechnet sich aus der Bohrung D zu:

$$A = \frac{D^2 \pi}{4}.$$

Bei doppeltwirkenden Motoren berechnet man am zweckmäßigsten die Leistungen der beiden Zylinderseiten getrennt und addiert sie dann.

Beispiel: An einem Vierzylinder-Viertaktmotor von 360 mm Bohrung und 450 mm Hub wurden an den einzelnen Zylindern bei einer Drehzahl von 180 min^{-1} folgende indizierte Mitteldrücke gemessen:

$$p_{i1} = 6{,}70 \text{ bar}, \quad p_{i2} = 6{,}75 \text{ bar},$$
$$p_{i3} = 6{,}68 \text{ bar}, \quad p_{i4} = 6{,}90 \text{ bar}.$$

Zu bestimmen sind der Mittelwert des Druckes und die indizierte Leistung. Für den Mittelwert des Druckes gilt:

$$p_i = \frac{6{,}70 + 6{,}75 + 6{,}68 + 6{,}90}{4} \text{ bar} \approx 6{,}76 \text{ bar}.$$

Die indizierte Leistung errechnet sich mit

$$A = \frac{D^2 \pi}{4} = \frac{3{,}6^2 \text{ dm}^2 \pi}{4}, \quad i = 4, \quad z = 4$$

$$s = 4{,}5 \text{ dm und } n = 180 \text{ min}^{-1}$$

zu

$$P_i = \left(\frac{4}{1200} \frac{3{,}6^2 \pi}{4} \cdot 4{,}5 \cdot 180 \cdot 6{,}76\right) \text{ kW} \approx 186 \text{ kW}.$$

Bei schnellaufenden Dieselmotoren ist eine Leistungsbestimmung mit Hilfe des Indikators gewöhnlich nicht mehr möglich. In solchen Fällen verwendet man ein Druckmeßgerät (P_i-Peter, Bild 6.77), das zeitbezogene Mitteldrücke anzeigt, im Gegensatz zur Angabe der Druckwerte beim Indikator, die in Abhängigkeit vom Kolbenweg erfolgt.

Ein Vergleich der an verschiedenen Zylindern gemessenen mittleren Zeitdrücke gestattet eine Überprüfung des Motors hinsichtlich der Leistungsübereinstimmung. Eine direkte Ermittlung der absoluten Leistungswerte ist jedoch nicht möglich. Man kann aber für bestimmte Motoren die Abhängigkeit zwischen dem vom P_i-Meter angezeigten Mittelwert des Druckes

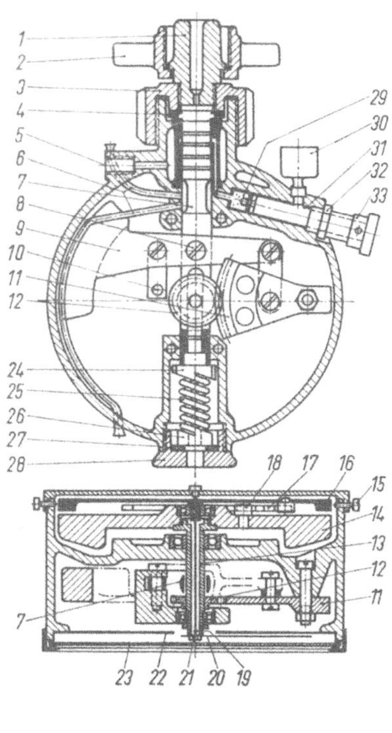

Bild 6.77 Pi-Meter nach Geiger

1 Anschlußkonus
2 Anschlußmutter
3 Sechskantkopf
4 Zylinderbuchse
5 Kühlwasseranschluß
6 Ölabflußrohre
7 Kolbenstange
8 Kupplungsschraube
9 Übertragungshebel mit Gegengewicht
10 Festpunkt im Gehäuse
11 Zahnsegment
12 Zahnrad
13 Achse der Hauptmasse
14 Hauptmasse
15 Feststellschraube für Zusatzmasse
16 Zusatzmasse
17 Spiralfeder
18 Befestigungsschraube
19 Achse der Zusatzmasse
20 Zeiger
21 Zeigermutter
22 Skala
23 Glasdeckel
24 Federkopf
25 Feder
26 Federfuß
27 Zwischenplatte
28 Federfußschraube
29 Rückschlagventil
30 Schmierölgefaß
31 Zylinderbuchse zur Ölpumpe
32 Gewindeeinsatz zur Ölpumpe
33 Stempel zur Ölpumpe

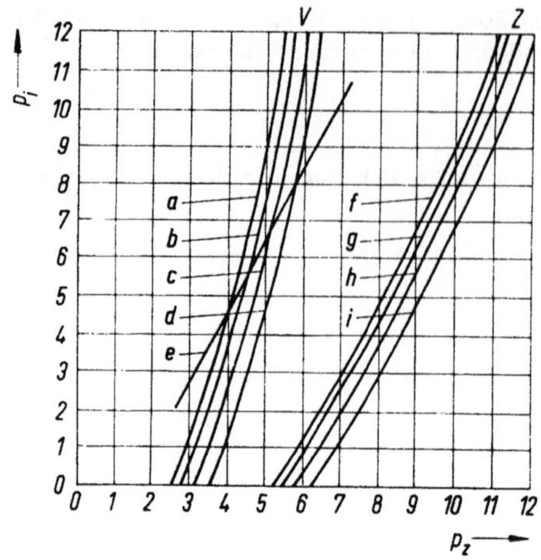

a Kurve für Viertakt-Diesel mit 29 bar Kompressionsdruck
b Kurve für Viertakt-Diesel mit 32 bar Kompressionsdruck
c Kurve für Viertakt-Diesel mit 36 bar Kompressionsdruck
d Kurve mit Viertakt-Diesel mit 41 bar Kompressionsdruck
e Kurve für Viertakt-Diesel mit Aufladung
f Kurve für Zweitakt-Diesel mit 29 bar Kompressionsdruck
g Kurve für Zweitakt-Diesel mit 32 bar Kompressionsdruck
h Kurve für Zweitakt-Diesel mit 36 bar Kompressionsdruck
i Kurve für Zweitakt-Diesel mit 41 bar Kompressionsdruck

Bild 6.78 Abhängigkeit des mittleren indizierten Druckes p_i vom mittleren Zeitdruck p_z

innerhalb eines Arbeitsspieles (eine Umdrehung beim Zweitakter, zwei beim Viertakter) und dem indizierten (Bild 6.78) oder effektiven Mitteldruck bestimmen. Diese Untersuchung wird auf dem Prüfstand für alle Laststufen des Motors durchgeführt. Die Ergebnisse werden graphisch aufgetragen (Bild 6.78), so daß man ausgehend von den im Bordbetrieb gemessenen Werten des mittleren Arbeitsspieldruckes sofort den zugehörigen indizierten bzw. effektiven Mitteldruck ablesen kann. Unter Verwendung der an anderer Stelle aufgeführten Gleichungen läßt sich dann damit die Leistung berechnen.

Auch bei größeren langsamlaufenden Motoren wird dieses Meßverfahren aufgrund der damit erzielbaren Zeitersparnis vielfach angewendet.

Die Wirkungsweise des P_i-Meters nach *Geiger* ist folgende (Bild 6.77): Die Bewegung des vom Arbeitsdruck beaufschlagten Meßkolbens (7) wird durch einen Mechanismus (9, 11 und 12) mit großer Übersetzung auf die Hauptmasse (14) übertragen. Diese steht über eine Spiralfeder (17) mit der Zusatzmasse (16) in Verbindung, an deren Achse (19) der Zeiger (20) befestigt ist. Das ganze System besitzt eine äußerst geringe Eigenfrequenz, so daß sich trotz der hohen Übersetzung Schwankungen des Arbeitsdruckes auch bei geringer Motorendrehzahl kaum auf den Zeiger auswirken. Unterstützt wird dieser Umstand noch durch die Dämpfung durch das im Gehäuse befindliche Öl. Der Zeiger stellt sich daher entsprechend dem mittleren Druck eines Arbeitsspieles ein.

Die niedrigste Drehzahl, bei der das Gerät noch eingesetzt werden kann, beträgt etwa 80 min^{-1}.

Durch Auswechseln der Gegenfeder (25) besteht die Möglichkeit, das Instrument verschiedenen Betriebsverhältnissen anzupassen.

6.6.2.1.2 Effektive Leistung, mittlerer effektiver Druck

Effektive Betriebswerte können nur empirisch genau ermittelt werden. Durch Messung des vom Motor abgegebenen Drehmomentes M_t mit Hilfe von mechanischen oder elektrischen Bremsaggregaten (Pronyscher Zaum, Wasserwirbelbremse, Wirbelstrombremse) und gleichzeitige Bestimmung der Drehzahl erhält man die für die Berechnung der effektiven Leistung P_e erforderlichen Werte.

Es gilt die Größengleichung

$$P_e = M_t \cdot 2 \pi n$$

oder die Zahlenwertgleichung

$$P_e = \frac{M_t}{\text{Nm}} \cdot \frac{n}{\text{min}^{-1}} \cdot 104{,}6 \text{ in kW.}$$

Der mittlere effektive Druck p_e ergibt sich mit der Kolbenfläche A und dem Hub s bei Kenntnis der effektiven Leistung P_e und der Drehzahl n zu

$$p_e = \frac{K}{z} \cdot \frac{\frac{P_e}{\text{kW}}}{\frac{A}{\text{dm}^2} \cdot \frac{s}{\text{dm}} \cdot \frac{n}{\text{min}^{-1}}} \cdot \text{bar}$$

K für einfachwirkende Motoren:
$K =$ 600 für Zweitaktmotoren,
$K =$ 1200 für Viertaktmotoren.
z Zylinderzahl.

Durch Einsetzen der Zahlenwertgleichung für P_e wird

$$p_e = \frac{K \cdot 104{,}6}{z} \cdot \frac{\frac{M_t}{\text{Nm}}}{\frac{A}{\text{dm}^2} \cdot \frac{s}{\text{dm}}} \text{ in bar}$$

Das abgegebene Drehmoment kann auch durch Messung der Formänderung infolge Verdrehung der Welle (oder eines Wellenabschnitts) mit Hilfe eines Torsionsindikators oder durch Einsatz von Dehnungsmeßstreifen bestimmt werden.

Der Verdrehwinkel φ im Bogenmaß einer Welle der Länge l und des polaren Trägheitsmomentes I_p ist der Belastung durch das Drehmoment M_t proportional.

$$M_t = \frac{\varphi \cdot G \cdot I_p}{l}$$

G Gleitmodul, Werkstoffkonstante

Die Verdrehung b am Umfang der Welle (Durchmesser d) ergibt sich mit dem Verdrehwinkel φ zu

$$b = \frac{d}{2} \varphi.$$

Zur Überwachung von Hauptantriebsanlagen auf Schiffen werden Meßanlagen benötigt, die dem Schiffspropeller zugeführten Leistungen bzw. die entsprechenden Drehmomente und Drehzahlen kontinuierlich anzeigen und/oder schreiben sowie ggf. Abweichungen melden. Es gibt verschiedene Meßmethoden, von denen hier stellvertretend die der Fa. Bordmeßtechnik, H. Hoppe, Hamburg, beschrieben werden soll:

Als Maß für das Drehmoment wird die mechanische Verdrehung der Laufwelle zwischen zwei in großem Abstand voneinander liegenden Querschnitten gemessen. Die ***große Meßlänge*** ist das äußere Kennzeichen der Meßanlage, die große Verdrehwinkel liefert. Die Meßlänge soll bei normaler Verdrehbeanspruchung etwa das Zehnfache des Laufwellen-Durchmessers betragen.

Der Verdrehwinkel der Laufwelle wird auf kleine schleifringlose Wechselstrom-Geber übertragen, und zwar mit Hilfe einer Zahnradübersetzung mechanisch und durch die Polzahl der Geber nochmals elektrisch. Beide Übersetzungen sind verlustlos (Bild 6.79). Das Zahnspiel hat wegen stets gleichgerichteter Flankenanlage keinen Einfluß auf die Messung.

- Die *Leistungsanzeige* erscheint als Produkt der beiden Faktoren „Drehzahlspannung und Sinus der Winkelverdrehung".
- Die *Drehmomentanzeige* arbeitet mit dem Strom, der in einem zum Leistungsmeßkreis parallel angelegten Abzweig fließt.
- Die *Umdrehungsanzeige* ist das Spannungsmaß eines einzelnen Gebers.

Bei Motoren, die zur Stromerzeugung eingesetzt werden, kann die effektive Leistung P_e bei Kenntnis des Generatorwirkungsgrades η_G (Gesamtwirkungsgrad) durch Messung der Stromstärke I und der Spannung U ermittelt werden.

$$P_e = \frac{10^{-3}}{\eta_G} \frac{U}{V} \cdot \frac{I}{A} \text{ kW}.$$

Bei Wechselstromgeneratoren muß außerdem noch der Leistungsfaktor $\cos\varphi$ bestimmt werden.

Beispiel: Ein Gleichstromgenerator liefert einen Strom der Stärke $I = 1450$ A bei der Spannung $U = 220$ V. Der Generatorwirkungsgrad beträgt $\eta_G = 0{,}94$. Wie groß ist die effektive Leistung des Antriebsmotors?

$$P_e = \frac{10^{-3}}{0{,}94} \cdot 220 \cdot 1450 \text{ kW} \approx 340 \text{ kW}.$$

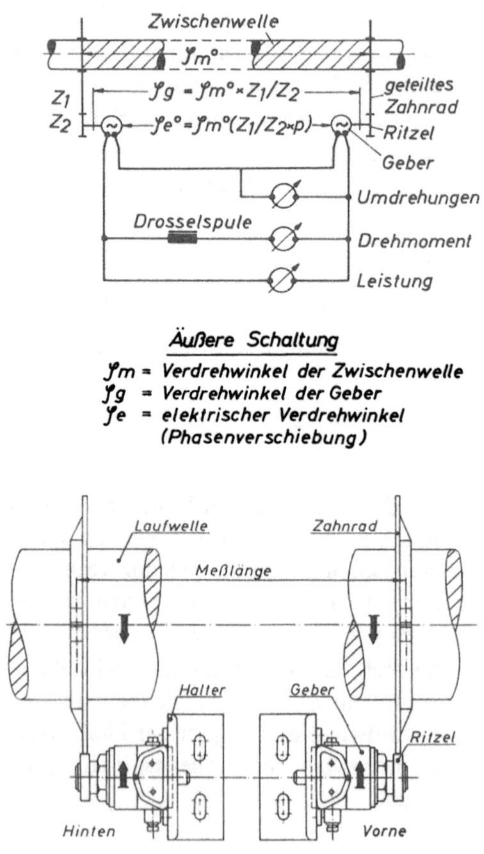

Bild 6.79
Meßsystem für Drehmoment, Drehzahl und Leistung

Welchen Wert besitzt der mittlere effektive Druck, wenn es sich um einen Sechszylinder-Viertaktmotor ($i = 4$; $z = 6$) mit der Bohrung $D = 185$ mm, der Drehzahl $n = 1500\ \text{min}^{-1}$ und dem Hub $s = 0{,}2$ m handelt?

$$p_e = \frac{1200}{z} \frac{\frac{P_e}{\text{kW}}}{\frac{A}{\text{dm}^2} \cdot \frac{s}{\text{dm}} \cdot \frac{n}{\text{min}}},$$

$$A = \frac{D^2 \pi}{4},$$

$$p_e = \frac{1200}{6} \frac{340 \cdot 4}{1{,}85^2 \pi \cdot 2{,}0 \cdot 1500}\ \text{bar} \approx 8{,}44\ \text{bar}.$$

Grundsätzlich haben für die Beurteilung eines Motors nur die effektiven Größen eine Bedeutung.

6.6.2.2 Der spezifische Kraftstoffverbrauch

Der spezifische Kraftstoffverbrauch ist nur dann eine für Wirtschaftlichkeitsbetrachungen wichtige Kenngröße, wenn er bezogen auf die effektive Leistung angegeben wird. Entscheidend für diese Festlegung ist, daß zwischen der indizierten und der effektiven Leistung bei unterschiedlicher Belastung des Motors und darüber hinaus auch bei verschiedener Drehzahl keine Proportionalität herrscht.

Nimmt man in erster Näherung eine lineare Abhängigkeit der mechanischen Verluste von der Drehzahl an, so ist der mechanische Wirkungsgrad stärkeren Änderungen unterworfen, wenn man die Belastung des Motors bei gleichbleibender Drehzahl variiert als wenn dies bei gleichzeitiger Drehzahländerung erfolgt.

6.7 Automation im Motorenbetrieb

Der Wunsch, das Bedienungspersonal von immer wiederkehrenden Überwachungsaufgaben zu entlasten, Personal einzusparen und menschliches Versagen auf diesem Gebiet weitgehend auszuschalten, führt zur Automatisierung des Motorenbetriebs sowohl in stationären als auch in Schiffsanlagen. Der Betrieb soll dabei mit technischen Mitteln so eingerichtet werden, daß der Mensch weder ständig noch in einem erzwungenen Rhythmus für den Ablauf von Vorgängen tätig zu werden braucht. Automatisierungsstufen sind: Mechanisierung eines Programmablaufs, Einsatz von Reglern und schließlich automatische Korrektur eines Programms mit Optimierung. Als Automationsaufgaben im Motorenbetrieb stellen sich:

- *Prozeß- und Anlageüberwachung*
  Hierzu gehören Erfassen von Meßgrößen und Grenzwertkontrollen mit Alarm bei Über- oder Unterschreibung der vorgegebenen Grenzwerte; Protokollieren charakteristischer Daten aus Meßwerten; ggf. auch noch Aufstellen von Betriebsbilanzen.
- *Prozeß- und Anlagenführung*
  Hierzu gehören Programmdurchführung; Programmanpassung bei veränderten Bedingungen; Programmoptimierung.

Als Richtschnur möge dienen: Soviel Automation wie erforderlich, aber nicht mehr als nötig, damit der Rationalisierungszweck erreicht wird. Ein gutes Beispiel hierfür lieferten die Auto-

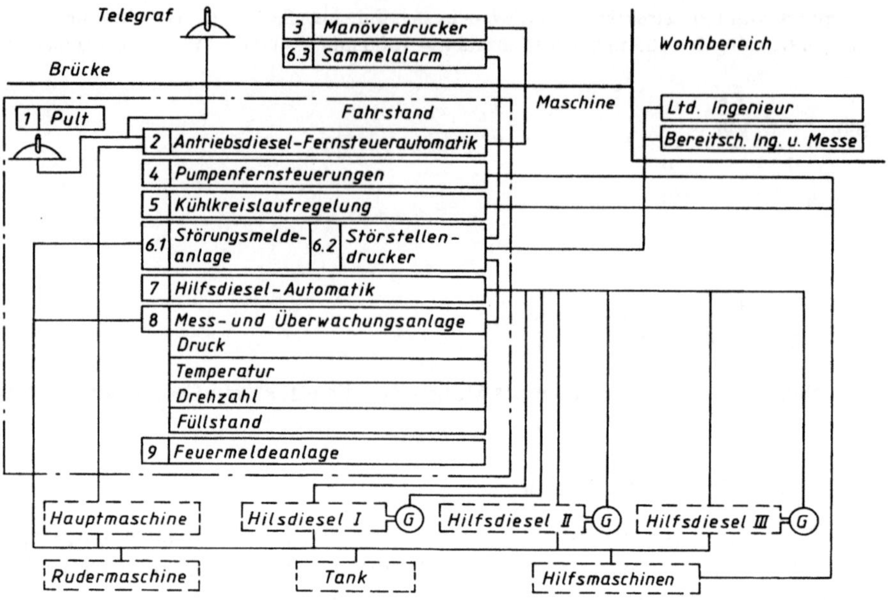

Bild 6.80 Automation im Maschinenbereich des deutschen Mehrzweckfrachters

mationsanlagen auf der Schiffsserie der deutschen Mehrzweckfrachter [6.5]. Bild 6.80 zeigt den Signalflußplan für die Automatisierung im Maschinenbereich der deutschen Mehrzweckfrachter.

Inzwischen geben die Automationsvorschriften den Klassifikationsgesellschaften einen guten Anhalt über das Maß der Meßstellen, Meßorte, Alarm und Programmeingriffe (Tabelle 6.11).

Einige für Mittelschnelläufer typische Überwachungsstellen, die z.T. über den Umfang der Tabelle 6.11 hinausgehen, sind in Bild 6.81 angegeben.

Um den Gesamtumfang einer Dieselmotoren-Automationsanlage in wirtschaftlichen Grenzen zu erhalten, verzichtet man meistens auf eine Gesamtprozeßführung, sondern verwendet dezentrale Regelkreise und zentrale Überwachung. Die Regelungen erstrecken sich dabei auf

- die Motorenleistung und -drehzahl (Fernsteuerung),
- die Zylinderkühlung,
- die Kolbenkühlung,
- die Düsenkühlung,
- das Schmierölsystem,
- die Ladeluft,
- das Anlaß- und Steuerungssystem.

Die Dieselfernsteuerungen für Schiffshauptantriebe sind praktisch Drehzahlregelungen [6.6].

Eine automatische Abwicklung dieser Bedienungsvorgänge bietet über die reine Nachahmung des Menschen hinausgehend die Möglichkeit, den Bedienungsablauf optimal zu steuern. Für die Lösung dieser Aufgabe wurden verschiedene Wege eingeschlagen, die abhängig von der gewählten Hilfsenergie (elektrisch, hydraulisch, pneumatisch) sowie auch abhängig von den einzelnen Dieselmotortypen unterschiedlich sind.

Tabelle 6.11 Erforderliche Überwachungsgeräte für zweitweise unbesetzten Maschinenraum Hauptmotoren

Überw. Medium	Überwachung von	Meßort	Ansprechwert ist	Funktion: Alarm	Funktion: Start Res.-Ppe.	Funktion: Drehz.-Reduz.	Funktion: Autom.-Motorstop	Vorschriften der Klassifikation: AUT 16/24 / GL	AUT / BV	EO / NV	UMS / LRS	ACCU / ABS	IAQ / RINA
Schmieröl	Druck über 70 % n voll	letztes Lager	zu niedrig	o				•	•	•	•	•	•
	Druck	letztes Lager	zu niedrig	o				•	•	•	•	•	•
	Druck	Letztes Lager	zu niedrig		o			•	•	•	•	•	•
	Druck	Letztes Lager	unter Gefahrengrenze				o	•	•	•	•	•	•
	Differenzdruck	vor und hinter Filter	zu hoch	o				•	•	•	•	•	•
	Druck Zylinderschmierung	nach Öler	zu niedrig	o				•	•		•	•	•
	Temperatur	vor Motor	zu niedrig	o					•				
	Temperatur	vor Motor	zu hoch	o				•	•	•	•	•	•
	Temperatur	vor Motor	über Gefahrengrenze			o							
	Rauchgaskonzentration	Kurbelraum	zu hoch	o		o		•	•	•	•	•	
Frischwasser	Druck	vor Motor	zu niedrig	o				•	•	•	•	•	•
	Druck	vor Motor	zu niedrig		o			•	•	•	•		
	Druck	vor Motor	unter Gefahrengrenze			o		•		•	•		
	Temperatur	vor Motor	zu niedrig	o					•				
	Temperatur	nach Motor	zu hoch	o				•	•	•	•	•	•
	Temperatur	nach Motor	über Gefahrengrenze			o		•		•			
Seewasser	Druck	vor Motor	zu niedrig	o				•	•	•			
	Druck	vor Motor	zu niedrig		o				•				
Düsenkühlöl	Druck	vor Motor	zu niedrig	o				•	•	•	•	•	•
	Druck	vor Motor	zu niedrig		o			•	•	•	•		
	Niveau	Umlauftank	zu niedrig	o				•	•	•	•	•	•
	Niveau	Umlauftank	zu hoch	o				•	•	•	•	•	•
Kraftstoff	Druck	vor Motor	zu niedrig	o				•	•	•	•	•	•
	Druck	vor Motor	zu niedrig		o			•	•	•	•		
	Temperatur	vor Motor	zu niedrig	o				•	•	•	•	•	•
	Temperatur (alternativ)	vor Motor	zu hoch	o				•	•	•	•		
	Viskosität	vor Motor	zu hoch	o				•	•	•	•	•	•
	Viskosität	vor Motor	zu niedrig	o				•	•	•	•	•	•
	Niveau	Auffang-Tank	zu hoch	o					•				
Druckluft	Anlaßluftdruck	vor Motor	zu niedrig	o				•	•	•	•	•	•
	Steuerluftdruck	vor Motor	zu niedrig	o				•	•	•	•	•	•
Ladeluft	Temperatur	vor Motor	zu hoch	o				•	•				
	Wasseranfall	Ladeluftkanal	zu hoch	o				•	•				
Abgas	Mittelwertabweichung	je Zylinder	zu hoch	o		o		•	•	•	•	•	•
	Temperatur	nach Turbolader	zu hoch	o		o		•	•	•	•	•	•

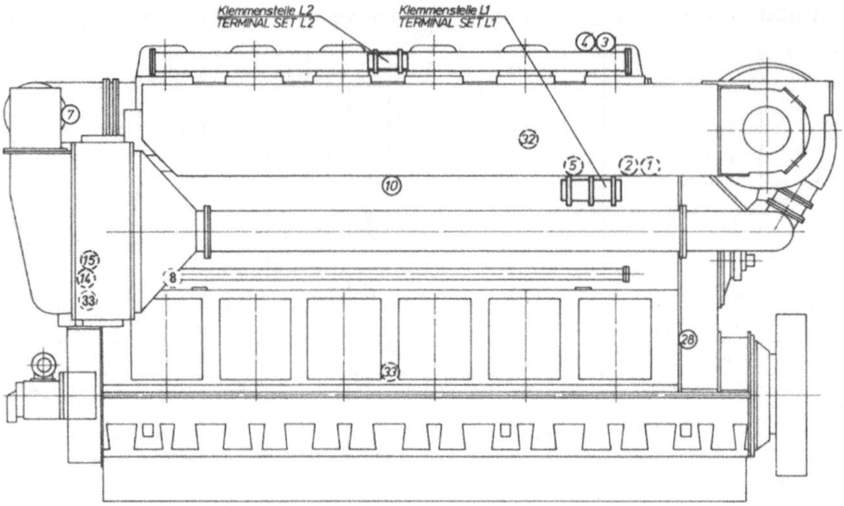

Bild 6.81 Überwachungsgeräte am Motor MaK M 601

Kennziffer		Meßpunkt
1	Kraftstoffdruck vor Motor zu niedrig – Alarm	1.10
2	Kraftstoff vor Motor zu niedrig – Start Reservepumpe	1.11
3	Süßwassertemperatur nach Motor über Gefährdungsgrenze – Alarm und Drehzahlreduzierung	2.4
4	Süßwassertemperatur nach Motor zu hoch – Alarm	2.3
5	Endschalter	3.15
7	Ladelufttemperatur vor Motor zu hoch – Alarm	2.9
8	Zylinderkipphebelschmierung ausgefallen – Alarm und Drehzahlreduzierung	3.2 A
10	Rauchgaskonzentration über Gefährdungsgrenze – Alarm und Drehzahlreduzierung	3.1
14	Schmieröltemperatur vor Motor zu hoch – Alarm	2.1
15	Drehzahlgeber	m 1
28	Kabel für Endschalter an der Törnmaschine	E 44 c
32	Widerstandstemperaturfühler	R 1
33	Wasseranfall Ladeluftkanal zu hoch – Alarm	3.4

Bei den elektrischen Fernsteuerautomatik-Anlagen erfolgt die Übertragung und Ausführung des Kommandos auf rein elektrischem Wege, was zu einer einfachen Montage führt (nur Kabelverlegung, keine Rohrleitungen). Außerdem spielen selbst größere Entfernungen zwischen der Steuerstelle auf der Brücke und der Automatik-Anlage im Maschinenraum für die Befehlsübertragung keine Rolle.

Befehle werden in Form einer Soll-Drehzahl vorgegeben. Dadurch ist es möglich, bezüglich der Befehlsgabe die Maschinentelegraphen-Anlage und die Fernsteuerautomatik so zu kombinieren, daß in beiden Fällen das gleiche Kommandogerät verwendet wird. Das hat betrieblich den Vorteil, daß sowohl bei Maschinentelegraphenbetrieb als auch bei Fernsteuerbetrieb die Befehlsgabe mit dem gleichen Fahrhebel erfolgt. Aus Sicherheitsgründen sind die Maschinentelegraphenanalge und die Fernsteuerautomatik jedoch elektrisch vollkommen voneinander getrennt; es erfolgt nur eine mechanische Kupplung der Geber im Befehlsgerät. Damit ist gewährleistet, daß auch im Störungsfalle keine gegenseitige Beeinflussung erfolgen kann und zwei getrennt funktionsfähige Kommando- bzw. Steueranlagen vorhanden sind.

Die Bedienungseingriffe am Dieselmotor werden unter weitestgehender Beibehaltung und Mitbenutzung des normalerweise am Dieselmotor vorhandenen Steuersystemes vorgenommen. Die Füllungsverteilung erfolgt bei Fernsteuerbetrieb mit Hilfe eines Stellantriebes, der parallel zur Manövriereinrichtung für Handbetrieb direkt am Brennstoff-Reguliergestänge eingreift. Eine derartige Anordnung bietet die Möglichkeit, im Bedarfsfalle ohne besondere Umschaltungen, den Dieselmotor in der normalen Weise von Hand mit dem Manövrierhandrad zu fahren. Für das Umsteuern und Anlassen wird das vorhandene Steuerluftsystem verwendet, das bei Fernsteuerbetrieb mittels Magnetventilen geschaltet wird.

Wie bei normaler Handsteuerung des Dieselmotors erfolgt die Betätigung des Anlaßventiles und der Umsteuerkolben mit Druckluft. Es sind dazu parallel zu den bei Handsteuerung mechanisch betätigten Steuerventilen elektromagentisch betätigte Steuerventile angeordnet.

Mit dem Fernsteuergeber wird der Fernsteuerautomatik die gewünschte Soll-Drehzahl (Propeller-Drehzahl) vorgegeben. Die Automatik prüft die Ausgangsbedingungen – z.B. ob der Dieselmotor steht oder bereits läuft und wenn ja, mit welcher Drehrichtung er läuft, ob die Steuerwelle des Motors in der richtigen Lage ist –. Je nach dem Ergebnis dieser Prüfung entscheidet die Automatik dann selbsttätig über die erforderlichen Bedienungseingriffe am Dieselmotor und führt sie folgerichtig aus. Über eine Rückmeldung wird die Ausführung des Kommandos durch Anzeige der Ist-Drehzahl der Kommandostelle bekanntgegeben.

Erfolgt bei stillstehendem Dieselmotor die Vorgabe einer Soll-Drehzahl im Vorausbereich, so wird zunächst durch folgerichtige Ansteuerung der Magnetventile für die Steuerluft die Steuerwelle in die richtige Lage gebracht. Anschließend öffnet das Hauptanlaßluftventil und der Motor erhält Anlaßluft und beginnt sich zu drehen. Unabhängig von der vorgegebenen Soll-Drehzahl stellt die Automatik mittels des Stellantriebes einen für den Anlaßvorgang erforderlichen Füllstoß ein, der nach dem Anlassen auf eine Mindestfüllung reduziert wird. Bei Nichtanspringen des Dieselmotors wird von der Automatik der Anlaßvorgang bis zu dreimal wiederholt.

Erst nach erfolgtem Anlaßvorgang erfolgt die Beschleunigung des Dieselmotors und das Einregeln auf die vorgegebene Soll-Drehzahl. Um den Beschleunigungsvorgang von der Art und Geschwindigkeit der Sollwert-Vorgabe unabhängig zu machen, ist zwischen dem Sollwertgeber und dem elektronischen Drehzahlregler ein Hochlaufgeber zwischengeschaltet. Dieser Hochlaufgeber gibt den Sollwert entsprechend einem Zeitprogramm verzögert an den elektronischen Drehzahlregler weiter. Mit Hilfe dieses einstellbaren Hochlauf-Zeitprogramms kann das Beschleunigen des Dieselmotors an die Verhältnisse des Schiffes angepaßt werden.

Ein eventuell vorhandener kritischer Drehzahlbereich wird von der Automatik selbsttätig ausgespart und während des Beschleunigungsvorganges rasch durchfahren. Wird bei laufendem Dieselmotor eine Soll-Drehzahl mit entgegengesetzter Drehrichtung vorgegeben, so wird der Dieselmotor von der Automatik unter Beachtung der zulässigen Umsteuerdrehzahl umgesteuert und auf den neuen Drehzahl-Sollwert beschleunigt. Im Gefahrenfall kann durch Betätigung einer besonderen Notmanövertaste das Umsteuern und Hochfahren des Dieselmotors schneller als bei Normalmanövern durchgeführt werden.

Die eingestellte Dieseldrehzahl wird von der Automatik so lange konstant gehalten, bis ein neues Kommando gegeben wird. Die Automatik arbeitet dabei als Drehzahlregler, so daß sich die Verwendung eines eigenen Dieselmotor-Drehzahlreglers erübrigt und nur ein Sicherheitsregler am Motor angeordnet wird.

Es gibt pneumatische, elektro-pneumatische und elektrisch/elektronische Fernsteuerungen. Bild 6.82 stellt die Anordnung einer elektro-pneumatischen Dieselfernsteuerung von Sulzer dar.

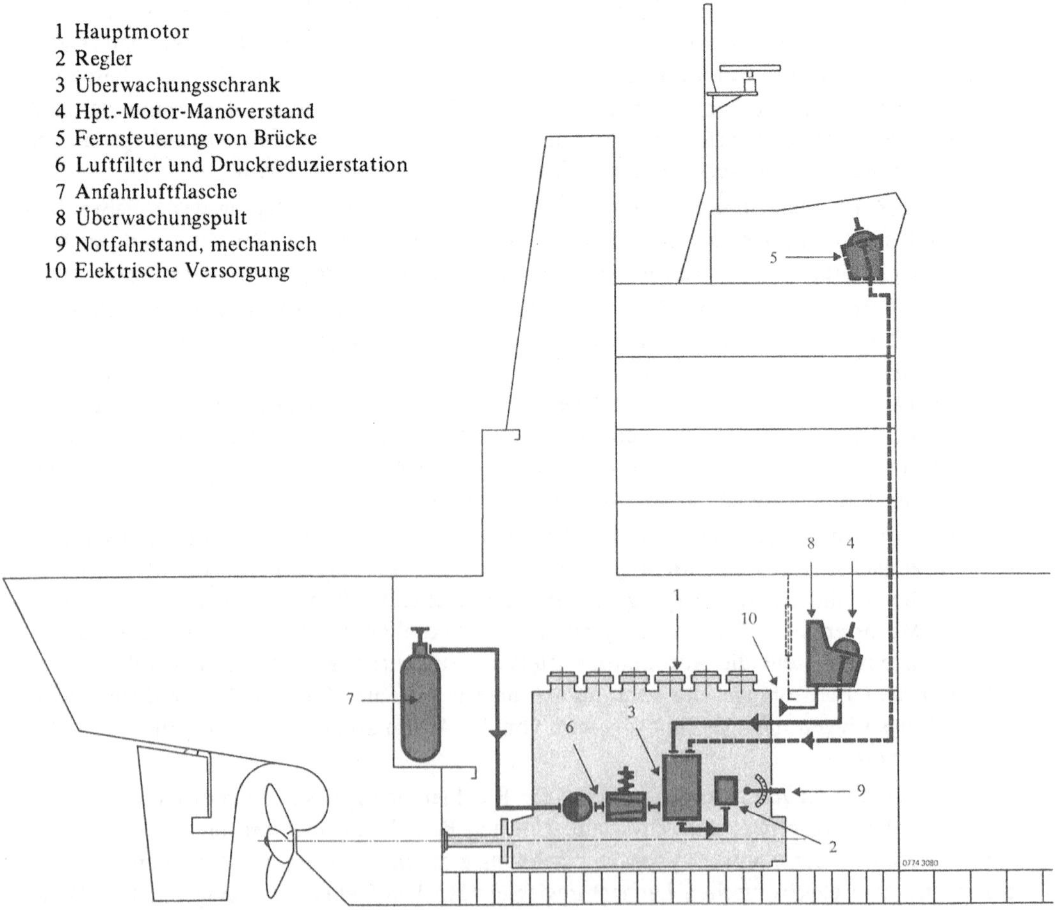

Bild 6.82 Sulzer – Elektro-pneumatische Dieselfernsteuerung

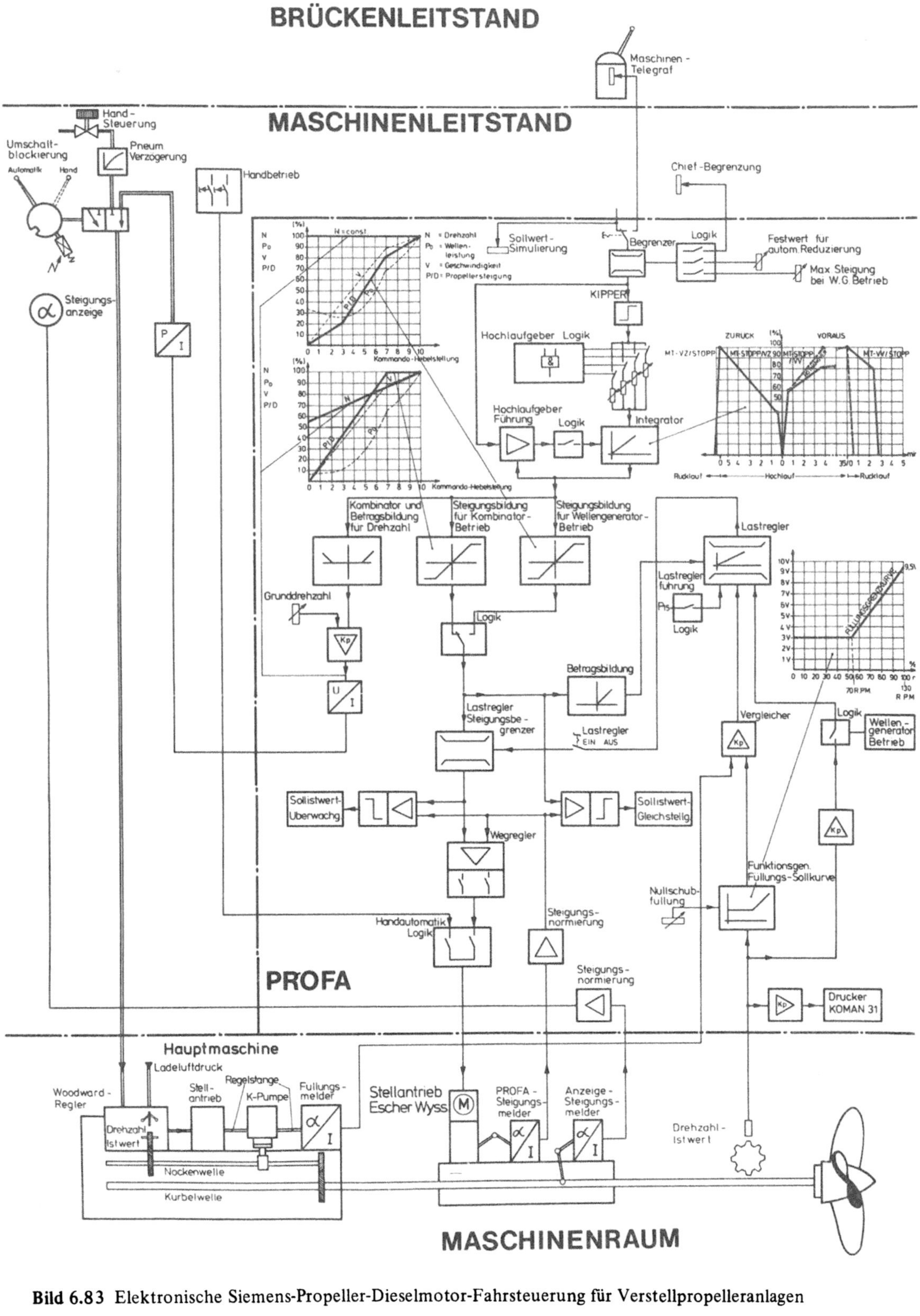

Bild 6.83 Elektronische Siemens-Propeller-Dieselmotor-Fahrsteuerung für Verstellpropelleranlagen

Sehr vielseitig müssen Dieselfernsteuerungen für Verstellpropelleranlagen ausgelegt werden, wenn mit Rücksicht auf einen Wellengenerator im oder reitend auf dem Wellenzug im Seebetrieb mit konstanter Drehzahl gefahren wird, während auf der Revierfahrt Kombinatorbetrieb mit optimaler Zuordnung von Propellerdrehzahl und -steigung realisiert wird.

Bild 6.83 zeigt eine elektronische Propeller-Fahr-Steuerung von Siemens (Profa).

Die Fahrkommandos werden wie bei konventionellem Betrieb durch Auslegen des Kommandohebels der MT-Anlage vorgegeben. Soll die Belastung der Hauptmaschine eingeschränkt werden, kann die interne Signalspannung auf einen gewünschten Bereich von außen her begrenzt werden (Chief-Begrenzung). Ein Notstopp, eingeleitet durch ein von der Fernsteuerautomatik getrenntes Sicherheitssystem, bewirkt eine Steigerungsverstellung auf Null. Beim automatischen Reduzieren werden im Kombinatorbetrieb Steigung und Drehzahl auf fest eingestellte Grenzwerte geregelt. Bei Wellengeneratorbetrieb wird nur der Verstellpropeller reduziert.

Das Hochlaufprogramm wird von der Hauptmaschine und vom Schiff bestimmt und kann am Hochlaufgeber einjustiert werden. Damit ist sichergestellt, daß die Hauptmaschine thermisch nicht überlastet wird und daß Propellersteigung und Hauptmaschinendrehzahl auch beim schnellen Bewegen des Telegrafenhebels immer nur diesem Zeitprogramm entsprechend gesteigert oder vermindert werden.

Bei Kombinatorbetrieb wird über Funktionsgeneratoren ein optimaler Zusammenhang zwischen Drehzahl und Steigung hergestellt. Das Trennen der Funktionsgeneratoren für Drehzahl, Steigung und Konstantdrehzahl (Wellengeneratorbetrieb) erlaubt das unabhängige Einstellen von beliebigen Kurvenformen für jede Einheit. Diese Kombinatorkurven liegen unterhalb der Lastgrenzkurve der Hauptmaschine.

Erhöht man bei fest vorgegebener Drehzahl die Propellersteigung, so könnte der Dieselmotor überlastet werden. Um dies zu verhindern und gleichzeitig die Besatzung von der Aufgabe der ständigen Belastungskontrolle des Dieselmotors zu befreien, wird eine Lastbegrenzungs-Regelung eingesetzt. Diese greift bei jeder beliebigen Drehzahl bei Erreichen der Lastgrenzkurve des Dieselmotors ein und korrigiert die Propellersteigung. Sie schützt den Dieselmotor somit auch bei Beschleunigungsvorgängen des Schiffes vor Überlastung.

Um äußere Einflüsse (unterschiedlicher Tiefgang, Bewuchs oder Alterung des Schiffskörpers usw.) auszugleichen, kann die Lastgrenzkurve bei Aufleuchten der Meldung „Überlast" um ca. ± 5 % korrigiert werden. Außerdem besitzt der Lastregler einen Unempfindlichkeitsbereich, der verhindert, daß die Steigung des Verstellpropellers dauernd kleine Bewegungen ausführt, wenn der Dieselmotor an seiner Füllungsgrenze arbeitet (Seegang). Der Funktionsgenerator für die Füllung wird nach der Lastgrenzkurve des Dieselmotors fest eingestellt und gestattet in Verbindung mit der Kombinatorkurve eine optimale Auslastung des Diesels.

Der elektrische Drehzahl-Sollwert gelangt über einen elektro-pneumatischen Umformer als Steuerluftdruck auf den Eingang des Drehzahlreglers der Hauptmaschine.

Die Regelung der Kühlkreisläufe für Dieselmotoren [6.6]

Die Temperatureinstellung der Kühlmedien von Hand, durch Veränderung der Durchflußmenge am Seewasserkühler, erfordert, insbesondere in der Revierfahrt, einen beträchtlichen Zeitaufwand. Dazu kommt, daß die Temperatureinstellung von Hand nicht zu so konstanten Temperaturwerten führt, wie es für die wirtschaftliche und schonende Fahrweise der Maschine erforderlich ist.

Die automatische Regelung bewirkt damit echt die Einsparung von Arbeitskräften. Da die Regelung besser geeignet ist, die Temperatur auf den vorgegebenen Wert zu halten, wird auch gleichzeitig die Maschine mit den vom Hersteller vorgeschriebenen Temperaturen gefahren. Die eingesetzten Regler haben die Aufgabe, die durch Störungen hervorgerufenen Temperaturabweichungen sicher und schnell auf den vorgegebenen Sollwert zurückzuführen. Unter Störungen werden hier nicht unbedingt fehlerhafte Betriebszustände verstanden, sondern Belastungsänderungen an der Maschine und Seewassereintrittstemperatur-Änderungen.

Für Großdieselmotoren ist die Regelung folgender Kreisläufe üblich geworden:

1. Zylinderkühlwasser,
2. Kolbenkühlwasser,
3. Düsenkühlwasser,
4. Schmieröl,
5. Ladeluft hinter Turbolader (zwei oder drei Regelkreise),
6. Ladeluft Kolbenunterseite.

Daneben werden für den Hilfsbetrieb an den Hilfsdieselmotoren folgende Kreise getrennt für jeden Motor oder gemeinsam geregelt:

7. Kühlwasser,
8. Schmieröl.

Das Konzept eines Regelkreises zeigt Bild 6.84.

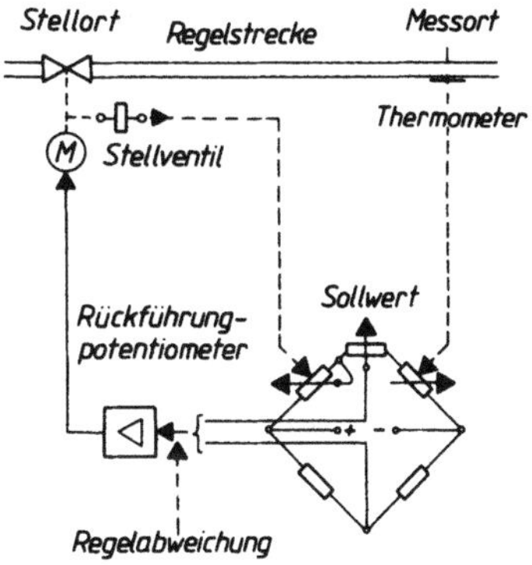

Bild 6.84
Temperaturregelung eines Kühlkreises

Als Temperaturfühler für eine elektrische Regelung werden Widerstandsthermometer mit Platin- oder Halbleitermeßeinssatz als Heißleiter verwendet.

Die verhältnismäßig große Widerstandsänderung bei Temperaturschwankungen gewährleistet eine hohe Ansprechempfindlichkeit.

Als Stellglieder werden Regelventile mit elektrischem Antrieb bei einer elektrischen Regelung verwendet. Die Ventile können als Misch- und auch als Verteilerventil eingesetzt werden. Je nach Verwendungszweck werden die Ausführungsarten gewählt, z.B. wird zur Seewasserregelung ein Ventil mit Kunststoffauskleidung evtl. als Zweiwegeventil eingesetzt. Die Abschaltung in den Endlagen kann durch wegabhängige oder drehmomentabhängige Endschalter vorgenommen werden. Eine Ventilstellungsrückmeldung kann durch eine elektrische Fernübertragung vorgenommen werden, und zwar mit Hilfe eines eingebauten Potentiometers.

Um den Einsatz des richtigen Reglertyps herauszufinden, wurden umfangreiche Untersuchungen durchgeführt, dabei hat sich herausgestellt, daß für die vorgenannten Kreisläufe der Hauptmaschine nur ein proportional-integral wirkender Regler mit Langzeitrückführung in der Lage ist, die Temperatur den Forderungen der Motorenhersteller gemäß konstant zu halten. Beim integralwirkenden Regler ergibt sich der Wert der Stellgröße aus der Größe der

Regelabweichung und ihrer Zeitdauer. Der Wert entspricht also dem Zeitintegral der Regelabweichung. Die Stellgrößenänderungsgeschwindigkeit ist der Regelabweichung verhältnisgleich (Bild 6.85).

Ist eine Regelabweichung vorhanden, so verstellt der Regler das Stellglied zunächst langsam und dann mit zunehmender Regelabweichung immer schneller. Damit ist das Ventil bald mehr verstellt als der Änderung der Abweichung entspricht. Die Regelabweichung wird geringer und verschiebt sich zur anderen Seite, was wiederum eine Betätigung des Stellgliedes in entgegengesetzte Richtung zur Folge hat. Die Stellgliedverstellung erfolgt wieder in dem Maß, daß die Ventilverstellung größer ist als der Regelabweichung entspricht. Das Überschwingen wird zwar mit jeder Periode kleiner, aber das gesamte System pendelt. Nur durch genügend langsame Geschwindigkeiten, die aber evtl. nicht dem Zeitverhalten des Regelkreises entsprechen, lassen sich Überschwingungen vermeiden.

Ein einfaches Mittel, die beim integral wirkenden Regler auftretenden Schwingungen vermeiden und den Regelvorgang zu stabilisieren, stellt die Rückführung dar. Sie besteht darin, daß die Ursache für das Entstehen der Überschwingungen, das ist die zeitliche Verzögerung vom Stellglied zum Meßfühler, überbrückt wird. Die Rückführung führt gewissermaßen eine Meldung, daß der Befehl ausgeführt sei, an das Organ, das die Verstellung ausgeführt hat, zurück, ohne die Folgen der Verstellung abzuwarten.

Ist eine Regelabweichung vorhanden, so entsteht ein Signal, das den Stellmotor anlaufen läßt und das Stellglied verstellt. Zugleich liefert der Rückführgeber eine mit größer werdendem Stellgliedausschlag wachsende Gegenspannung.

Ist diese dann gleich der durch die Regelabweichung entstandenen Spannung, so bleibt der Stellmotor stehen. Je größer die Regelabweichung ist, um so größer ist der Stellgliedausschlag. Durch die Rückführung entsteht also eine Abhängigkeit zwischen diesen beiden Größen, und es ist die Änderung der Stellgröße proportional der Regelabweichung.

Man bezeichnet daher diese Reglerart als proportional wirkende Regler. Da die Rückführung die gleiche Wirkung hat wie bei einem mechanischen Regler eine starre Verbindung vom Meßglied zum Stellglied, nennt man diese Art der Rückführung eine starre Rückführung (Bild 6.86).

Der proportional wirkende Regler setzt also zur Wiederherstellung des Gleichgewichtes stets eine mehr oder weniger große Regelabweichung voraus. Jeder Regelabweichung ist eine bestimmte Lage des Stellgliedes zugeordnet. Der Bereich der Regelabweichung, der noch innerhalb der Endlagen des Stellgliedes liegt, heißt Proportionalbereich. Er ist einstellbar und wird

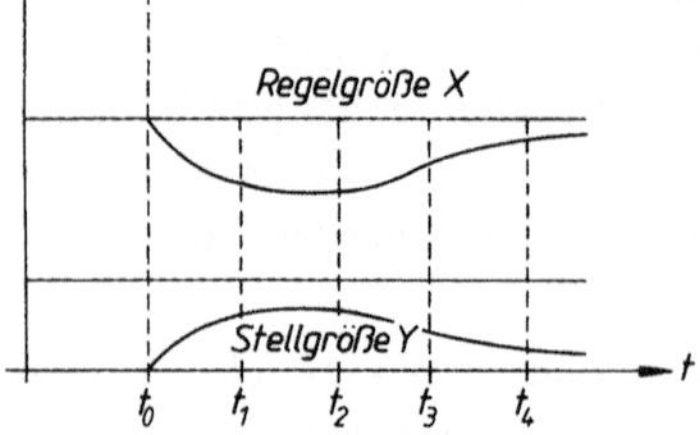

Bild 6.85 Verlauf der Regelgröße und Stellgröße bei einem integral wirkenden Regler

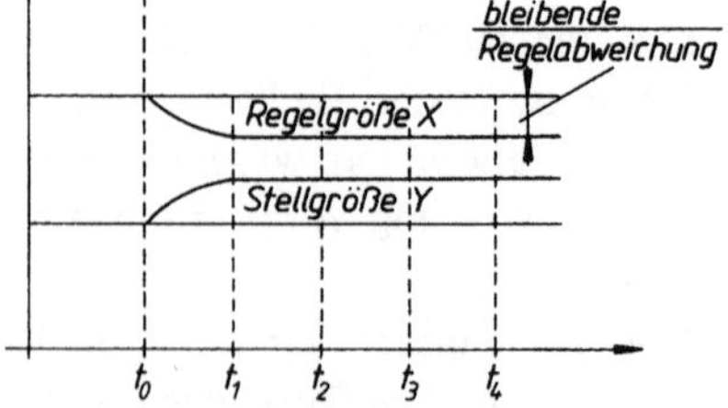

Bild 6.86 Verlauf der Regelgröße und Stellgröße bei einem proportional wirkenden Regler

meist in Prozenten des Meßbereiches ausgedrückt. Je kleiner der Proportionalbereich ist, um so mehr neigt die Regelung zum Schwingen. Je größer der Proportionalbereich ist, desto besser läßt sich eine stabile Regelung erzielen.

Grundsätzlich entsteht bei Anlagen mit proportional wirkendem Regler abhängig von der Belastung der Regelstrecke eine durch den Proportionalbereich des Reglers gegebene bleibende Regelabweichung.

Stellt man die beiden beschriebenen Reglerarten einander gegenüber, so ergibt sich: Der integral wirkende Regler führt die Regelgröße wieder auf den Sollwert, bringt den Regelvorgang aber leicht zum Schwingen. Der proportional wirkende Regler stellt schnell das Gleichgewicht wieder her (stabilisiert), hat aber eine bleibende Regelabweichung zur Folge.

Will man daher bei trägen Regelstrecken sowohl schnell regeln als auch den Sollwert wieder erreichen, so kombiniert man zweckmäßigerweise den proportional wirkenden Regler mit dem integral wirkenden und vereinigt so die Vorzüge beider Regler, also Gleichgewichtsherstellung ohne bleibende Abweichung und ohne Schwingungen (Bild 6.87).

Praktisch kann dies durch die Art der Rückführung erreicht werden. Bei starrer Rückführung ist mit dem Erreichen des Gleichgewichtszustandes keine Wiederherstellung des ursprünglichen Regelwertes verbunden. Bei geänderter Ventilstellung ist das nur möglich, wenn eine Nachgiebigkeit in der Einstellung der vom Rückführgeber gelieferten Gegenspannung dies zuläßt.

Der Regelvorgang verläuft bei einem Regler mit nachgebender Rückführung folgendermaßen Wirkt eine Störgröße ein, so wickelt sich der Vorgang zunächst wie bei einer starren Rückführung ab. Die vom Stellglied gegebene Rückführspannung bewirkt, daß nach einer bestimmten Verstellung des Stellgliedes der Stellmotor zur Ruhe kommt (proportionale Wirkung). Die Rückführspannung verschwindet dann langsam, und zwar in gleichem Maße wie die Regelgröße wieder dem Sollwert zustrebt. Die im Anschluß an die ursprünglich proportionale Wirkung der Rückführung erfolgende weitere Beeinflussung hängt in ihrer Wirkung von der Änderungsgeschwindigkeit der Rückführung ab. Da diese wiederum von der Regelabweichung bestimmt wird, ist jetzt eine integrale Wirkung eingetreten.

Die sogenannte Nachstellzeit Tn, nämlich die Zeit, die der von der Regelstrecke abgeschaltete Regler braucht, um aufgrund seiner Integralwirkung das Stellglied noch einmal den gleichen Stellweg zurücklegen zu lassen, den es bereits aufgrund der Proportionalwicklung zurückgelegt hat, läßt sich variieren.

Für die Temperaturregelung der Kreisläufe an der Hauptmaschine ist nur der proportional-integral wirkende Regler (PI-Regler) verwendbar, da weder ein Schwingen noch eine bleibende Regelabweichung in Kauf genommen werden kann.

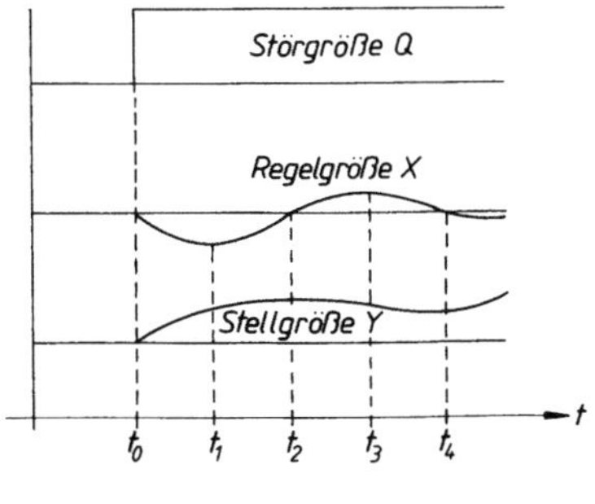

Bild 6.87
Verlauf der Regelgröße und Stellgröße bei einem proportional-integral wirkenden Regler

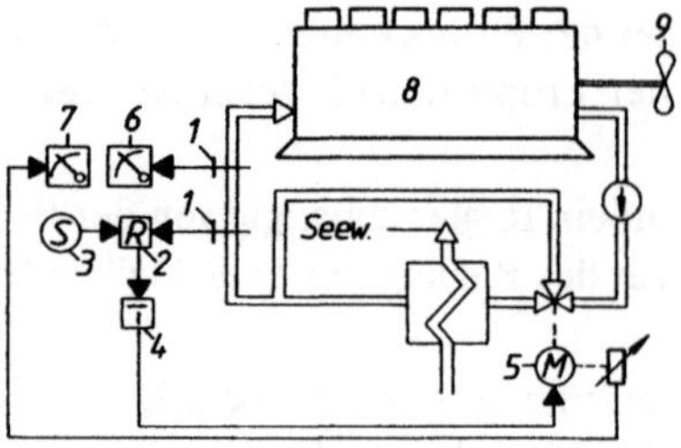

Bild 6.88
Temperaturregelung für Schmieröl

1 Widerstandsthermometer
2 Regler
3 Sollwertsteller
4 Hand/Automatik-Leitgerät
5 Regelventil
6 Temperaturanzeiger
7 Stellungsanzeiger
8 Hauptmaschine
9 Propeller

Das in Bild 6.88 gezeigte Schema veranschaulicht die Wirkungsweise des Reglers in einem Kühlkreislauf. Ein Dreiwegeventil führt einen Teil des Kühlmittels der Maschine durch einen Seewasserkühler, den anderen Teil durch einen Bypaß. Die Seewasserdurchflußmenge durch den Kühler ist konstant. Die Mischtemperatur entspricht der geforderten Sollwerttemperatur.

Interessant ist in diesem Zusammenhang, ob es günstiger ist, die Eintritts- oder die Austrittstemperatur zu regeln. Die Motorenhersteller vertreten zu diesem Problem unterschiedliche Standpunkte.

Wird die Eintrittstemperatur geregelt, wird der Maschine unabhängig von ihrem Belastungszustand eine konstante Temperatur angeboten. Die Austrittstemperatur schwankt dann den Belastungen entsprechend. Das bedeutet, daß bei hohen Laststufen eine thermische Überlastung der Maschinen eintreten kann, wenn der Sollwert nicht entsprechend angepaßt ist.

Regelt man jedoch die Austrittstemperatur, so ist eine thermische Überlastung des Motors nicht möglich, weil die Eintrittstemperatur der Belastung angepaßt wird. Der Nachteil dieser Regelung ist jedoch, daß der Motor verschiedene Temperaturwerte angeboten bekommt. Bei plötzlichen Lasterhöhungen kann das zu einem Temperatursturz am Eingang führen. Außerdem ist durch den langen Transportweg des Kühlwassers vom Stellglied zum Meßfühler eine relativ große Totzeit der Strecke zu erwarten. Die Neigung des Reglers zur Instabilität bei einer großen Totzeit kann nur durch Einstellung geringer Verstärkungsfaktoren und großer Nachstellzeiten unterdrückt werden. Verbunden damit ist bei kurzzeitig folgenden Belastungsänderungen eine relativ große bleibende Regelabweichung.

Aus diesen Gründen empfiehlt es sich, die Eintrittstemperatur zu regeln. Infolge der Verkürzung der Totzeit kann der I-Anteil und die Verstärkung des PI-Reglers bedeutend höher gewählt werden als bei der Austrittsregelung. Selbst bei großen Laständerungen während der Revierfahrt ist eine hohe Temperaturkonstanz am Kühlwassereintritt zu erzielen.

Mit dieser Art der Regelung läßt sich im Revierbetrieb eine maximale Regelabweichung von nur ± 1°C erreichen. Im Seetörn arbeitet die PI-Regelung bis auf ± 0,2 °C konstant. Der Istwert wird nach zweimaligem Überschwingen innerhalb weniger Minuten wieder an den Sollwert herangeführt.

Eine Besonderheit bei den Kreislaufregelungen stellt die Temperaturregelung der Ladeluft dar. Entweder wird im Ladeluftkanal mit mehreren Temperaturfühlern der Mittelwert erfaßt oder es wird jeder Ladeluftkühler für sich geregelt. Die Regelung der Ladelufttemperatur erfolgt auf dem Umweg über den Seewasserzufluß zum Kühler, so daß hier eine Regelstrecke mit sehr langer Totzeit vorliegt.

Beim Stoppen der Hauptmaschine kommen die Turbolader zwangsläufig ebenfalls zum Stillstand und dadurch auch die Luftbewegung im Spülluftkanal. Die Temperaturfühler werden durch die Strahlungswärme der Maschine jedoch soweit erwärmt, daß dadurch der Regler die Ladeluftkühler mit der maximal möglichen Kaltwassermenge beaufschlagen würde.

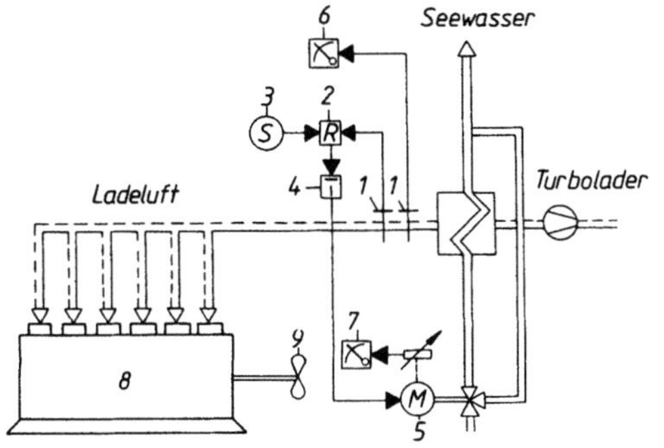

Bild 6.89
Temperaturregelung für Ladeluft (Seewasser)
1 Widerstandsthermometer
2 Regler
3 Sollwertsteller
4 Hand/Automatik-Leitgerät
5 Regelventil
6 Temperaturanzeiger
7 Stellungsanzeiger
8 Hauptmaschine
9 Propeller

Eine einfache Schaltung, die bei jeder Betriebsart der Hauptmaschine wirksam ist, sorgt dafür, daß nach dem Stillsetzen der Hauptmaschine nach einer einstellbaren Zeit das Ventil in die Bypaßstellung gefahren wird, d.h., das Kaltwasser durchströmt dann nicht mehr die Ladeluftkühler. Damit wird verhindert, daß der Taupunkt der Luft innerhalb der Kühler unterschritten wird und in den Ladeluftkühlern erhebliche Mengen von Kondenswasser anfallen.

Die Bilder 6.88 und 6.89 zeigen schematisch die Regelkreise für Schmieröl und Ladeluft. Die Kreise für Kühlwasser sind in gleicher Form wie für Schmieröl aufgebaut.

Zusammenfassend kann gesagt werden, daß die automatische Temperaturregelung an den Kreisläufen der Maschine erhebliche Vorteile mit sich bringt. Es wird echt menschliche Arbeitskraft eingespart und die Maschinen werden schonender gefahren. Bei einer Regelung von Hand läßt sich nicht die hohe Konstanz der Temperaturen erreichen, wie sie ein PI-Regler mit hoher Ansprechempfindlichkeit schafft. Die Regelung wird am besten an der Eintrittsseite vorgenommen.

Energieerzeugerautomatik

Eine wesentliche Voraussetzung für das einwandfreie Arbeiten der meisten Anlagen ist die Sicherstellung einer kontinuierlichen Versorgung mit elektrischer Energie. Bei konventionellen Schiffen hat man bisher bei Störungen an den Bordnetzaggregaten einen vollkommenen „black out“ in Kauf genommen. Während des „black out“ lag der ganze Schiffsbetrieb still, die Notbeleuchtung und einige ganz wichtige Verbraucher wurden von einer Batterie gespeist.

Auch das bei Passagierschiffen vorgeschriebene Notaggregat mit Selbstanlauf bei „black out“ verhindert nicht den Totalausfall der Bordnetzspannung. Anschließend ist es erforderlich, den gesamten Bordbetrieb wieder hochzufahren. Es ist daher der Eingriff des Bordpersonals in diesem Falle unbedingt erforderlich.

Im Rahmen der Bestrebungen, den Maschinenraum zeitweise oder dauernd unbesetzt zu betreiben, ist es erforderlich, hier eine Automatik vorzusehen, die möglichst bei allen vorkommenden Betriebs- und Störungsfällen selbsttätig für die Einschaltung bzw. Abschaltung der erforderlichen Bordnetzaggregate sorgt. Dabei soll der Eingriff der Automatik so frühzeitig erfolgen, daß ein „black out“ nach Möglichkeit vermieden wird.

Diesen Erfordernissen wird die automatische Energieerzeugeranlage gerecht. Sie sorgt selbsttätig bei den unterschiedlichen Belastungsverhältnissen für ausreichende Bereitstellung elektrischer Energie, wodurch ein hohes Maß an Sicherheit erreicht wird. Weiterhin erhöht die

Energieerzeugerautomatik auch die Wirtschaftlichkeit durch Einsparung von Brennstoff und Betriebsstunden, da jeweils nur so viele Aggregate in Betrieb sind, wie es dem Leistungsbedarf der Verbraucher entspricht. Darüber hinaus werden bei Störungen und Unregelmäßigkeiten an der Antriebsmaschine, dem Generator oder im Netz, die entweder die Stromversorgung, die Aggregate oder beides gefährden, alle notwendigen Maßnahmen veranlaßt, um im Grenzfall zumindest die wichtigsten Verbraucher möglichst unterbrechungslos mit elektrischer Energie zu versorgen und gleichzeitig Schäden bzw. eine Ausweitung derselben an den Aggregaten zu verhüten.

6.8 Besondere Betriebszustände

In diesem Abschnitt sollen einige Hinweise zur Beherrschung besonderer Betriebszustände gegeben werden, die sich aus der Praxis ergeben haben.

6.8.1 Überwachung von Kurbelwellen-(Grund-)lagern [6.7]

Die mittelschnellen Motoren verwenden ganz allgemein dünne Lagerschalen, die mit einem Lagermetall auf der Grundlage einer Mischung von Kupfer und Blei beschichtet werden, dem sogenannten „rosa Metall". Dagegen sind die langsamen Zweitaktmotoren mit Lagermetall auf der Grundlage von Zinn und Blei, dem sogenannten „weißen Metall", beschichteten Schalen ausgerüstet. Während das zweite der Qualität der Schmierung gegenüber verhältnismäßig unempfindlich ist, akzeptiert das erste keinerlei Unregelmäßigkeiten bei der Schmierung, oder reagiert empfindlich auf:

- über 0,5 % Wasser im Öl,
- zu geringer Öldruck,
- zu hohe Öltemperatur,
- Luftemulsion in Öl,
- Anwesenheit von Fremdkörpern.

Wenn die Lager einer gewissen Anzahl derartiger Unregelmäßigkeiten ausgesetzt werden, können sie ausfallen und selbstverständlich zu einem sofortigen Ausfall des Motors mit einer langwierigen Reparatur führen. Um derartigen Störungen vorzubeugen, wird empfohlen, alle neuen mittelschnellaufende Motoren mit Thermofühlern auszurüsten, die die Temperatur eines jeden Lagers messen und deren Angaben an eine zentrale Alarmanlage leiten, die auf Bild 6.90 dargestellt ist.

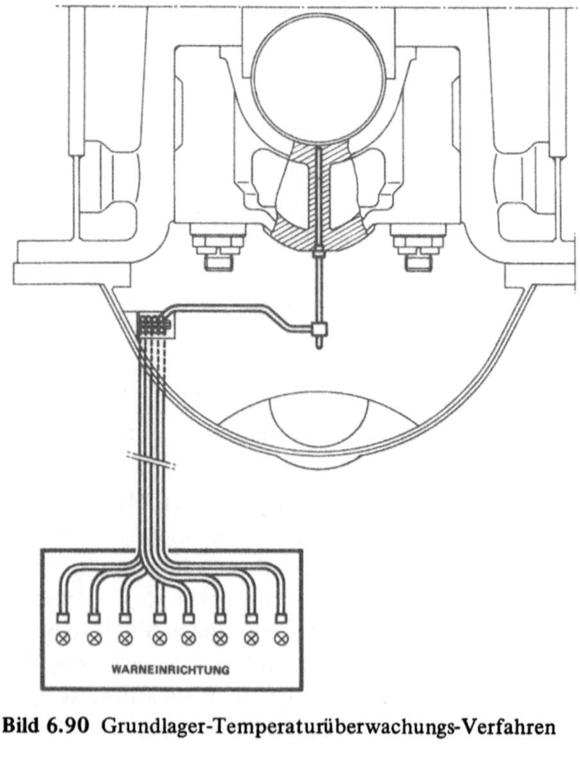

Bild 6.90 Grundlager-Temperaturüberwachungs-Verfahren

6.8.2 Schwerölbetrieb-Empfehlungen von SEMT-Pielstick [6.8]

Qualität	Behandlung	Prüfmittel	Folge einer unzureichenden Behandlung
Dichte über 0,990 bei 15 °C	Die Ölzentrifuge als Ölklärer verwenden. Die Zentrifugen-Hersteller untersuchen die Möglichkeit, das Wasser schwerer zu machen. Neue Informationen sollen bald zur Verfügung stehen.	Dichte vom Ölhersteller bei der Bunkerung angegeben. Prüfung mit Hilfe eines Dichtemessers Es gibt eine Vereinbarung zwischen den Ölherstellern, damit die Dichte unter 0,990 bleibt.	Gefahr, daß sich das Filter infolge des Wassergehalts und der Schlammbildung zusetzt übermäßiger Verschleiß des Einspritzsystems der Kolbenringe und der Zylinderlaufbuchsen infolge des Vorhandenseins von Wasser bzw. von Fremdkörpern Gefahr eines Festfressens des Einspritzsystems infolge des Wassers
Viskosität über 80 cSt bei 50 °C (bis 600 cSt).	Die Schweröl-Vorwärmetemperatur auf 130 ... 135 °C vor Motoreintritt erhöhen. Den Schweröl-Zufuhrdruck auf mindestens 4 bar einstellen. Die Temperatur für das Zentrifugieren auf 95 ... 98 °C einstellen. Eine größere Filterkapazität vorsehen.	Viskosität vom Ölhersteller angegeben. Kontrolle mit Hilfe eines in der Regel im Maschinenraum installierten Viskosimeters	Zusetzen des Filters schlechtes Betriebsverhalten des Einspritzsystems und der Pumpenantriebs infolge eines zu hohen Einspritzdruckes bedingt durch eine unzureichende Ölvorwärmung
Schwefelgehalt über 3,5 % (bis 5 %)	Kontrolle einmal im Monat des Schmieröl-TBNs (nach Norm ASTM D 2896), das bei allen PC-Motoren über 20 liegen muß Ölnachfüllung mindestens einmal in der Woche Bei einem Schmierölverbrauch kleiner als 1,1 g/kW · h, Öl öfters nachfüllen (zweimal in der Woche) damit das TBN möglichst konstant bleibt.	Der Schwefelgehalt wird manchmal vom Ölhersteller angegeben. Die Ölgesellschaften liefern nun TBN-Testkoffer.	Übermäßiger Verschleiß der Zylinderlaufbuchsen Kolbenringe und Kolbenringnuten sowie der Ventilschafte Gefahr von Korrosionsschäden in den Lagern.

Fortsetzung von S. 433

Qualität	Behandlung	Prüfmittel	Folge einer unzureichenden Behandlung
Koksrückstand nach Conradson über 15 % (bis 22 %)	tägliche Kontrolle der Funktionsfähigkeit der Rotocaps sowie des Auslaßventilhubs gleiche Kontrolle nach dem Starten des Motors Reinigung der Turbine des Abgasturboladers mindestens zweimal in der Woche	Möglichkeit einer Information über den Ölhersteller Den von „CHEVRON" entwickelten „test spot" als Bestätigung anwenden[1]).	Verschmutzung der Auslaßkanäle und der Düsenringe, Verklebung der Auslaßventile.
Vanadiumgehalt über 200 ppm	Das Aufladesystem in gutem Zustand halten. Reinigung der Abgasturbolader mit Wasser Gute Wirksamkeit der Ladeluftkühler, um die Auslaßtemperaturen auf einem möglichst niedrigen Niveau zu halten, durch Reinigung der Ladeluftkühler und gute Wasserzufuhr	nur mit Schwerölen stammend aus venezuelischem Rohöl hängt in der Regel von der Bunkerstelle ab: Zentralamerika, Curacao, Azoren ...	Verbrennung der Auslaßventile
Wassergehalt über 0,3 %	Wenn die Öldichte unter 0,990 liegt, die Ölzentrifugen als Reiniger verwenden. Wenn die Dichte über 0,990 und der Wassergehalt unter 3 % liegen, dann Manton-Gaulin bzw. Vickers-Homogenisierer verwenden. Wenn die Dichte über 0,990 und der Wassergehalt über 3 % liegen, dann darf dieses Schweröl nicht verbrannt werden; eventuell kann er mit einem anderen Schweröl vermischt werden, um einen richtigen Wassergehalt zu erreichen.	Kontrolle des Wassergehalts mit Hilfe des „Water Survey Monitors". (Dauerüberwachung) oder der von den Ölgesellschaften gelieferten Testkoffern Die Kontrolle des Seewassergehaltes erfolgt durch den Magnesiumelectrode-Test[2]).	Verschmutzung der Abgaskrümmer und des Düsenringes durch mit Wasser nicht abwaschbare Ablagerungen übermäßiger Verschleiß und Verklebung bzw. Festfressen der Pumpenplunger Korrosion im Einspritzsystem Anlaßschwierigkeiten

Fortsetzung

Qualität	Behandlung	Prüfmittel	Folge einer unzureichenden Behandlung
Gehalt an Katalytischen Teilchen über 30 ppm.	Zentrifugierung bei der höchsten zulässigen Temperatur und mit 20 % des Nenndurchsatzes Die Zentrifugen in Reihe schalten: Als erster der Purifikator, dann der Klärer. Soweit wie möglich die Dichte durch Mischung mit Gasöl senken, um eine Dichte von 2° Engler bei 95 °C zu erreichen.	Messung des Gehalts mit Hilfe des Gerätes Silica Detector der Fa. Shinryo Diesel Service Ltd. oder einfache Prüfung mit zwei Kunststoff-Platten3)	Übermäßiger Verschleiß des Einspritzsystems sowie der Kolbenringe und der Zylinder-Laufbuchsen
Unverträglichkeit	Niemals Schweröle zusammenmischen ohne die Verträglichkeit vorher zu prüfen. Keine Abhilfe im Falle einer Unverträglichkeit. Das Schweröl zurückweisen.	Prüfung nach Norm ASTM D 2781	Zusetzen der Kraftstoff-Filter und Verklebung der Pumpenplunger.

1) Asphaltenen-Gehalt der Marine-Schweröle („Test spot" Chevron)
Diese Methode ist eine Variante des in der Norm ASTM D 2781 beschriebenen Verfahrens (Verträglichkeit) und dient zur Messung des Asphalten-Gehalts zwischen 1 % und 11 %. Das Meßprinzip beruht auf dem der Flecken.

2) Messung des Salzgehaltes des Wassers
Dazu sind ein Gasbrenner (Propangas) und eine Elektrode aus Magnesium notwendig, die im Fachhandel für Chemielabor zu finden sind. Die Elektrode ins Blaue der Falmme bringen und einen Tropfen Schweröl gießen. Die Flamme beobachten. Eine Orangefarbe ist ein Zeichen des Vorhandenseins von Sodium; das Wasser im Schweröl ist also Seewasser.

3) Katalytische Teilchen
Das Vorhandensein von katalytischen Teilchen im Schweröl kann durch einen Abriebtest nachgewiesen werden. Dazu werden zwei transparente Kunststoff-Plättchen etwa von der Größe eines Dias verwendet. Etwas Schweröl dazwischen gießen und die Plättchen mit kleinen Kreisen gegeneinander reiben. Dann das Öl abwischen: Kreisförmige Spuren weisen auf katalytische Teilchen im Schweröl hin.

6.8.3 Parallelbetrieb von Mehrmotoren-Anlagen [6.9]

In diesem Abschnitt wird das Problem der Drehschwingungen von Motoren gegeneinander behandelt. Es ist Aufgabe der Parallellauf-Rechnung, einen schwingungsfreien und damit stabilen Betrieb über den gesamten Arbeitsbereich der Motoren zu gewährleisten.

Der Betrachtung zugrunde gelegt ist eine Anlage entsprechend Bild 6.91. Zwei Motoren arbeiten über drehelastische Kupplungen, Schaltkupplungen und ein Sammel-Untersetzungsgetriebe auf einen gemeinsamen Propeller. Die Anlage stellt damit ein schwingfähiges System dar, in dem beide Motoren gegen den Propeller und die Motoren gegeneinander schwingen

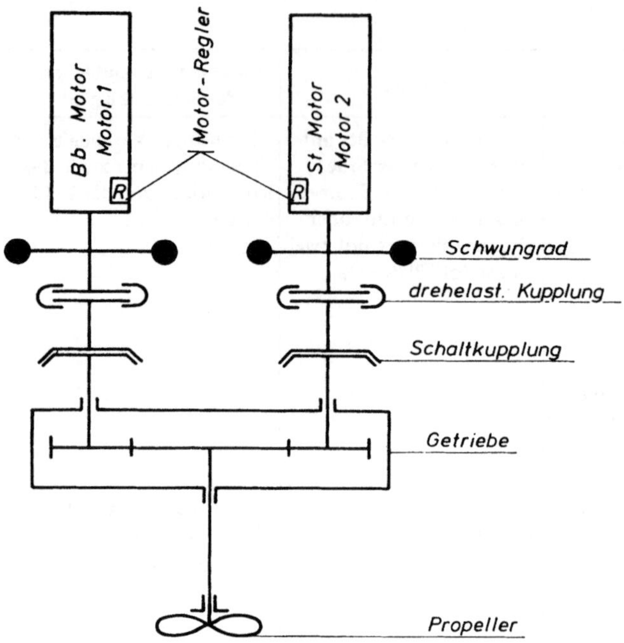

Bild 6.91
Schema einer Doppelmotoren-Anlage

können. Bei der Schwingung Motor gegen Motor, die für den stabilen Parallellauf bestimmend ist, drehen das Getriebe und damit der Propeller mit konstanter Drehzahl. Von dieser Schwingung, die einen Lastaustausch der Motoren mit der Schwingungsfrequenz bewirkt, wird somit die Propellerdrehzahl nicht beeinflußt, es werden jedoch die Kupplungen und das Getriebe zusätzlich beansprucht.

Für die Schwingung Motor gegen Motor kann das Ersatz-Massenschema nach Bild 6.92 der näheren Betrachtung zugrunde gelegt werden. Darin stellen dar:

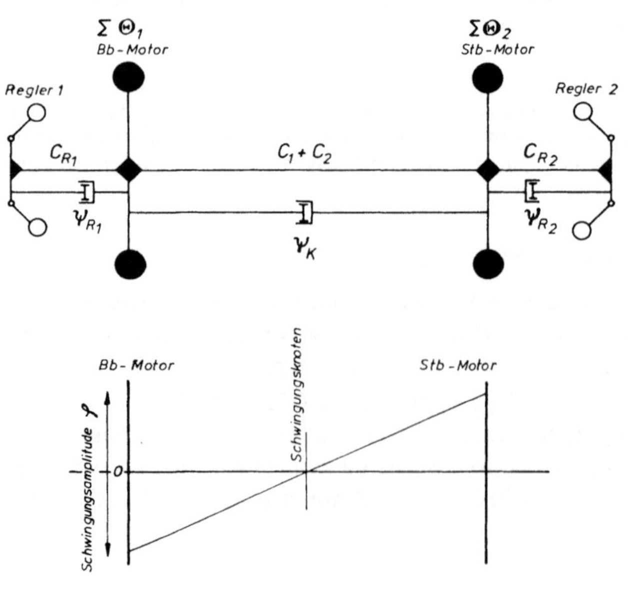

Bild 6.92
Ersatz-Massenschema einer Doppelmotoren-Anlage

Θ_1/Θ_2	Massen der Motoren 1 und 2,
C_1/C_2	Drehsteifigkeit der drehelastischen Kupplungen,
ψK	Dämpfung der drehelastischen Kupplungen,
Θ_1/Θ_2	Massen der Motorregeler,
C_{R1}/C_{R2}	Drehsteifigkeit der drehelastischen Kupplungen der Regler,
ψ_{R1}/ψ_{R2}	Dämpfung der drehelastischen Kupplungen der Regler.

Man muß sich vorstellen, daß das ganze System mit der Motordrehzahl rotiert und dieser Drehzahl überlagert die Motoren gegeneinander schwingen. Diese Schwingung wird von den Motorreglern als momentane Drehzahländerung wahrgenommen. Entsprechend ihren Regulierungseigenschaften reagieren diese mit Stellbewegungen und versuchen durch Änderung der Kraftstoff-Einspritzmenge und damit des Motor-Momentes dieser Schwingung entgegenzusteuern. Sie tragen also eine Drehmoment-Änderung in die Schwingung ein, die das Schwingungsverhalten des Systemes wesentlich beeinflußt. Dabei ist zu berücksichtigen, daß sowohl der mit Trägheit behaftete Regler auf die Schwingung bzw. momentane Drehzahländerung als auch der Motor auf die Stellbewegung des Reglers mit einer Verzögerung und einer Stellgröße bzw. Drehmomentänderung reagieren, die von der Schwingungsfrequenz abhängig ist. Dieses frequenzabhängige Verhalten, im Nachstehenden als Frequenzgang bezeichnet, ist der wesentliche Faktor für die Betrachtung der Schwingung Motor gegen Motor und damit der Parallellauf-Stabilität.

Der Frequenzgang z.B. des Motorreglers ist in Bild 6.94 dargestellt. Wird einem mit konstanter Drehzahl drehenden Regler eine sinusförmige Schwingung bzw. Drehzahländerung erteilt, antwortet dieser mit sinusförmigen Stellbewegungen. Durch die zwangsläufig gegebene Trägheit des Reglers erfolgt die Stellbewegung verzögert mit dem Verzögerungswinkel ϵ_R, der

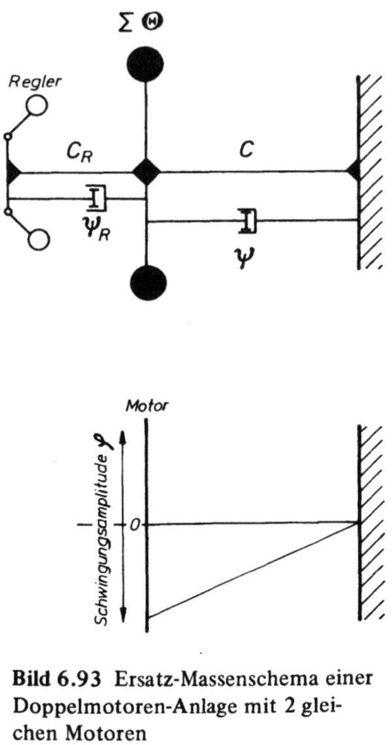

Bild 6.93 Ersatz-Massenschema einer Doppelmotoren-Anlage mit 2 gleichen Motoren

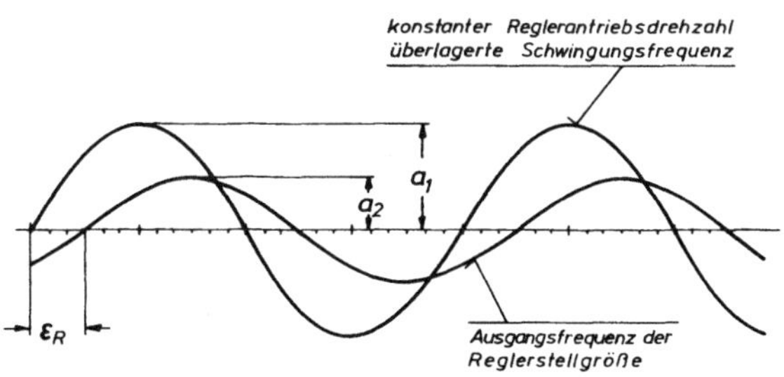

Bild 6.94 Frequenzgang des Motorreglers

ϵ_R	Verzögerungswinkel der Reglerstellbewegung
a_1	Reglerstellgröße bei statischer Drehzahländerung
a_2	Reglerstellgröße bei Drehzahlschwingung
$\frac{a_2}{a_1}$	Amplitudenverhältnis

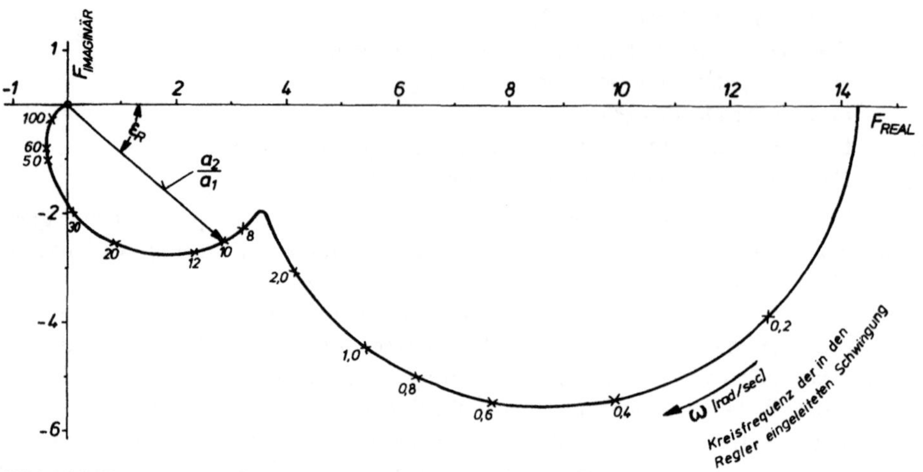

Bild 6.95 Frequenzgang-Diagramm eines Woodward-Reglers PGA

Meßwerk: 100 cpm; μ = 1,0
3 rechteckige Steuerlöcher
Fliehgewichte 196107

Drehzahlfeder 191660
Reglerdrehzahl 1000 min^{-1}
Pufferfeder 19 19 12 (7,2 lb/in)

Nadelventilöffnung 1/4 Gang
Hubausnutzung 73 %
P-Grad = 7 %

entsprechend der Arbeitsweise des Reglers frequenzabhängig ist. Ebenfalls wird der Regler mit einer kleineren Stellgröße a_2 antworten, als sie bei einer entsprechenden statischen Drehzahländerung mit der Stellgröße a_1 auftreten würde. Auch diese Änderung der Stellgröße, nachstehend als Amplitudenverhältnis a_2/a_1 bezeichnet, unterliegt der gleichen Frequenzabhängigkeit. Bild 6.95 zeigt den Frequenzgangverlauf eines für derartige Anlagen eingesetzten Woodward-Reglers der Type PGA 12, der unter Berücksichtigung der Regler-Eigenschaften auf der elektronischen Rechenanlage errechnet ist. Der Winkel des eingezeichneten Vektors ergibt den Verzögerungswinkel ϵ_R und die Größe des Vektors das Amplitudenverhältnis a_2/a_1 bei der entsprechenden Schwingfrequenz.

In der Praxis durchgeführte Kontrollmessungen ergaben eine weitgehende Übereinstimmung mit diesem errechneten Verlauf. Diese Frequenzgang-Ortskurve, die den vollständigen Regler mit seiner Schwungmasse Θ_R, seiner drehelastischen Ankupplung C_R und die Dämpfung ψ_R berücksichtigt, ist also mit dem Frequenzgang des Motors und der Kupplung in die Parallellauf-Rechnung des Gesamtsystems einzubeziehen.

Für eine Betrachtung der Parallellauf-Stabilität der Gesamt-Anlage sei hier mit zwei gleichen Motoren gerechnet. Da dann der Schwingungsknoten der Schwingung Motor gegen Motor entsprechend Bild 6.92 in der Mitte liegt, kann das System entsprechend Bild 6.93 in zwei gleiche Teile aufgespalten werden, die gegen eine starre Befestigung (unendlichgroße Masse) mit der gleichen Schwingungsfrequenz schwingen. Es ist also die Betrachtung einer Seite (Bild 6.93) ausreichend.

Im Bild 6.96 sind die sich dabei ergebenenden Verhältnisse im Vektordiagramm dargestellt. Nehmen wir an, daß der Motor und damit die Masse in der sinusförmigen Schwingung einen Ausschlag von der Größe entsprechend dem Vektor $0-A$ macht. Im Vektordiagramm verläuft die für diesen Schwingungsausschlag gegebene Schwinggeschwindigkeit um 90° voraus entsprechend dem Vektor $0-B$. Ein trägheitsloser Regler würde darauf mit der Stellgröße $0-C$ antworten. Der wirkliche mit Trägheit behaftete Regler antwortet jedoch entsprechend

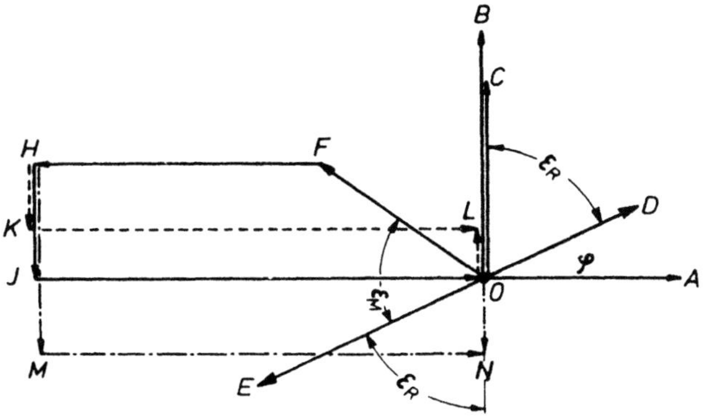

Bild 6.96
Vektoren-Diagramm für Paralell-lauf-Stabilität

der Frequenzgang-Ortskurve mit der um den Verzögerungswinkel ϵ_R verzögerten und dem Amplitudenverhältnis a_2/a_1 verkleinerten Stellgröße $0-D$. Darauf würde ein trägheitsloser Motor mit einer Drehmomentänderung gemäß dem Vektor $0-E$ antworten. Da z.B. eine Vergrößerung der Drehzahl eine Verkleinerung des Motormomentes bewirken würde, ist der Vektor $0-E$ dem Vektor $0-D$ entgegengesetzt gerichtet. Der wirkliche mit Trägheit und damit mit Frequenzgang behaftete Motor antwortet jedoch mit einer Drehmoment-Änderung entsprechend dem Vektor $0-F$, die ähnlich wie beim Regler um den Verzögerungswinkel ϵ_M verzögert und um das Amplitudenverhältnis a_2/a_1 verkleinert ist.

Auf die durch die Schwingung bzw. den Schwingungsausschlag φ verursachte momentane Drehzahländerung (Vektor $0-B$) erfolgt also eine um die Winkel ϵ_R und ϵ_M verzögerte und um die Amplitudenverhältnisse von Regler und Motor verkleinerte Drehmomentänderung, die in die Gesamtschwingung eingetragen wird und diese beeinflußt.

Entgegen dem Schwingungsausschlag $0-A$ antwortet die drehelastische Kupplung mit dem Rückstellmoment $F-H$ und entgegengesetzt der Schwingungsgeschwindigkeit $0-B$ mit dem dämpfenden Moment $H-J$. Schließt sich das Diagramm mit dem Vektor $J-0$, der die Schwingungsenergie aus Schwingungsausschlag, Schwingmasse und Schwingungsgeschwindigkeit darstellt, befindet sich die Anlage an der Stabilitätsgrenze. D.h., eine bestehende Schwingung bleibt ohne wirksame Dämpfung und Aufschaukelung in ihrer Größe bestehen. Bei einer kleineren Dämpfung $H-K$ würde sich z.B. ein Restvektor $0-L$ in Richtung Schwingungsgeschwindigkeit ergeben, der zu einer Vergrößerung der Schwingungsausschläge führt. Zum Abklingen der Schwingung und damit zur Stabilisierung der Anlage wäre z.B. eine größere Dämpfung $H-M$ erforderlich, die den dämpfenden Restvektor $0-N$ entgegen der Schwingungsgeschwindigkeit ergibt.

Auch über ein günstigeres Frequenzverhalten von Motor und Regler ist eine Stabilisierung des Parallellaufs möglich. Während das Frequenzgangverhalten des Motors praktisch nicht beeinflußbar ist, sind für den Regler durch Wahl eines entsprechenden Ausrüstungszustandes gewisse Möglichkeiten gegeben. Da ebenfalls das Verhalten des Reglers für die Drehzahlregulierung des Motors in der gegebenen Anlage zu beachten ist, sind diese Möglichkeiten jedoch begrenzt. Im wesentlichen ist also die Kupplung mit ihrer Dämpfung entsprechend diesen Verhältnissen zu wählen. Die Parallellauf-Rechnung ist damit ebenfalls mit der Drehschwingungsrechnung abzustimmen.

Ein ähnliches Verfahren wird für die Stabilitätsuntersuchung von Einzelmotor-Anlagen mit drehelastischer Kupplung zwischen Motor und Getriebe bzw. Propeller und den Parallelbetrieb von Drehstrom-Aggregaten eingesetzt. Im letzteren Fall ist an Stelle der Daten für die drehelastische Kupplung der aus frequenzabhängigem Rückstellmoment und dämpfendem Moment bestehende Frequenzgang des Generators einzusetzen.

Dieses Berechnungsverfahren, das einer rechnerischen Nachbildung der jeweils gegebenen Anlage entspricht, hat sich im praktischen Einsatz an vielen Anlagen bewährt. Mit der danach durchgeführten Vorausberechnung ist eine auf die jeweilige Anlage bezogene optimale und kostengünstige Abstimmung der Schwungmomente (z. B. Motor-Schwungrad), der Kupplungen und des Motorreglers gegeben. Die durch diese Schwingungen auftretenden zusätzlichen Beanspruchungen für Kupplungen und Getriebe werden mit Sicherheit vermieden bzw. auf ein zulässiges Maß reduziert. Kostspielige Erprobungen und daraus eventuell resultierende Umrüstungen bei der Indienstellung der Anlage sind nicht erforderlich. Es ist jedoch unbedingt erforderlich, daß das Anlagenschema, die Betriebsart der Anlage und die sowohl für die Drehschwingungsrechnung als auch für diese Parallellaufrechnung erforderlichen Unterlagen möglichst frühzeitig beim Motorenhersteller zur Verfügung stehen.

6.8.4 Gleitlagerschäden (s. hierzu besonders [6.10])

Der folgende Text wird auszugsweise aus [6.11] wiedergegeben:

Schäden an Gleitlagern nach langen Betriebszeiten von 10 ... 30 000 h erfolgen im praktischen Betrieb oft ohne ersichtlichen Grund. Die Lager sind gut eingelaufen, die zu beobachtenden Randbedingungen für einen guten Lagerlauf weichen nur unwesentlich von den Ursprungswerten ab, die Lager sind regelmäßig gewartet und inspiziert worden, und trotzdem versagt ein Lager bei einem Betriebszustand, der vorher schon viele hundert Mal über viele Betriebsstunden gefahren worden ist. Nach dem heutigen Stand der Erkenntnisse kann dies nur mit der statistisch größeren Wahrscheinlichkeit eines lang gelaufenen Lagers erklärt werden, daß dieses bei Zusammenballung mehrerer negativer Ursachen nicht mehr genügend selbstheilende Kräfte (Notlaufeigenschaften) besitzt, um mit einer Unregelmäßigkeit (Fremdkörper) so fertig zu werden, daß eine Temperatureskalation (Lagerfresser) unterdrückt wird.

6.8.4.1 Einleitung

Während man beim Wälzlager relativ sicher sein kann, daß dies nach überstandener Einlaufphase die vorausberechnete Lebensdauer klaglos überstehen wird, gibt es bei Gleitlagern über die zu erwartende Lebensdauer wenig Vorausberechenbares. Auch sind die Indizien gering, die den Ausfall des Lagers erahnen oder eine nur noch beschränkte Lebensdauer des Lagers voraussagen lassen.

Dies liegt in erster Linie an der unterschiedlichen Beanspruchungsart der Lager. Während beim Wälzlager Tragfähigkeit und Lebensdauer des Lagers ein Dauerfestigkeitsproblem sind – wenn man durch ausreichende Schmierung den Verschleiß in Grenzen hält –, so sind die Zusammenhänge beim Gleitlager erheblich komplexer. Auch die als Badewannenkurve bezeichnete Verschleißrate (Bild 6.97), wie man sie von Wälzlagern, Zahnrädern, aber auch anderen Maschinenelementen mit Beanspruchungsgrößen im Rahmen der Zeitfestigkeit her kennt, ist beim Gleitlager in der üblichen Form unbekannt, sofern man den steilen Anstieg eines sich anbahnenden Lagerfressers nicht in die vergleichende Betrachtung mit einbezieht (Bild 6.98).

Zeitliche Verschleißanstiege über Minuten, Stunden, Tage oder Wochen können bei einem Gleitlager einen zu erwartenden Lagerfresser signalisieren, brauchen es jedoch nicht. Im Mikrobereich gibt es bei Verbrennungskraftmaschinen fast immer Verschleiß, zumindest bei An- und Abstellvorgängen und beim Umsteuern, aber auch Lastwechsel können Verschleiß-

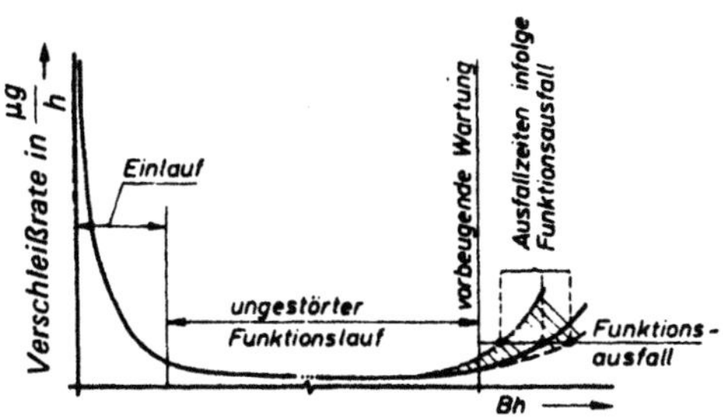

Bild 6.97 Typischer spezifischer Verschleiß eines Maschinenbauteiles, z. B. eines Kugellagers („Badewannenkurve")

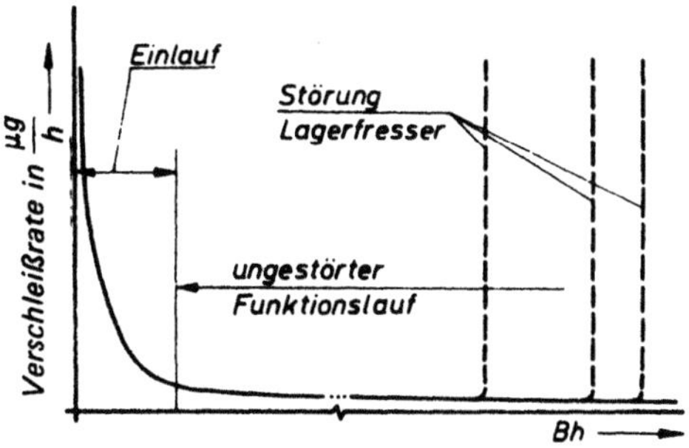

Bild 6.98 Verschleißverhalten eines Gleitlagers mit Einlauf und unvorhersehbarem Lagerfresser, z. B. durch Fremdkörper

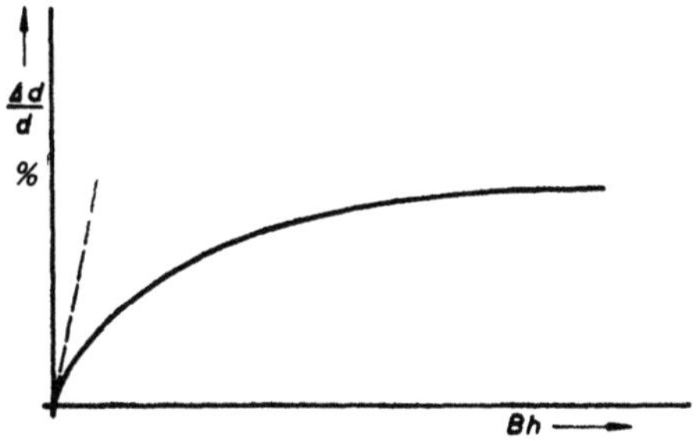

Bild 6.99 Degressive Verschleißkennlinien eines mit umlaufender Last belasteten Lagerzapfens

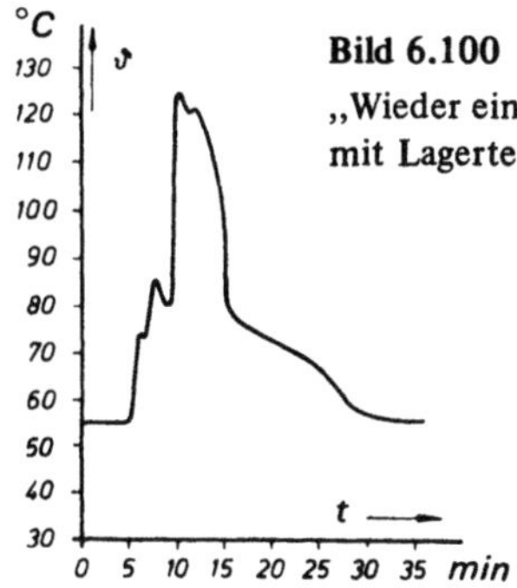

Bild 6.100 „Wieder eingelaufenes Lager" mit Lagertemperaturverlauf

spuren erzeugen. Besäße man meßempfindliche Detektoren für eine kontinuierliche Verschleißmessung, könnte man mit größter Sicherheit Veränderungen infolge der Lager- und Schmieröltemperaturen aber auch des Verschmutzungsgrades des Schmieröls u.a.m feststellen. Da Verschleiß im Gleitlager selbstheilend sein kann, braucht auch langandauernder Verschleiß nicht kritisch zu sein, wenn man eine degressive Verschleißrate erkennt (Bild 6.99). Auch sind den meisten Motorenherstellern Fälle bekannt, bei denen es offensichtlich im Betrieb zu Lagerfressern gekommen sein muß, ohne daß das Bedienungspersonal etwas davon gemerkt hat. Diese Lager hatten sich „wieder eingelaufen" (Bild 6.100). In anderen Fällen haben Heiläufer Brandrisse in den – vornehmlich gehärteten – Laufzapfen der Kurbelwelle erzeugt, die zum Torsionsschwingungsbruch derselben führten, ohne daß äußerlich der Lagerschaden zur Kenntnis genommen wurde. Bekannt sind auch die Biegedauerbrüche von Kurbelwellen infolge verschlissenen Lagermaterials, so daß der Welle die notwendige Untersützung an den Grundlagern fehlte.

Um den Begriff Langzeitlagerschäden zu definieren, bedarf es einiger zusätzlicher Erläuterungen. Es soll sich dabei um den Ausfall eines Gleitlagers nach der Einlauf- und einer schon langen, störungsfreien Betriebsperiode handeln, der ohne ersichtlichen äußeren Eingriff –Schmierölmangel, größere Fremdkörper usw. – sozusagen aus heiterem Himmel den Maschinenbetrieb stoppt. Auch soll es nicht der Lagerschaden eines ungepflegten Veteranen sein, dessen Zusammenbruch man nach den gegebenen Umständen schon lange erwarten konnte. In diesem Sinne kann darunter – je nach Motorengröße – ein Lagerfresser nach

2000 Bh – 5000 Bh – 10 000 Bh – 30 000 Bh verstanden werden, in einer gepflegten Maschine mit sauberem Ölkreislauf, guter Öl- und Filterpflege, auch unter Beachtung der Wartungs- und Inspektionsvorschriften. Es soll also nicht der Lagertausch bei Inspektionen infolge Verschleiß, Borkenkäferbildung oder Kavitation berücksichtigt werden, obwohl diese Erscheinungsformen zum Teil mit an den Langzeitlagerschäden beteiligt sind. Die Untersuchung des Schmieröls nach Fremdstoffen (Schmieröl-Diagnose) ist in der Luftfahrt weitgehend eingeführt. Unter Berücksichtigung gewisser Faktoren ist dieses Mittel auch im Motorenbau anwendbar, wenn auch die Aussagekraft derartiger Untersuchungen nur sehr abgeschwächt wirken kann. In einem Strahltriebwerk gibt es nur wenige, gegeneinander arbeitende Teile (Lagerungen, Dichtungen, Zahnräder), und der Schmierölkreislauf hat mit dem Brennraum kaum Berührungspunkte, während bei der Hubkolben-Verbrennungskraftmaschine sehr viele, zum Teil aus gleichartigen Materialien bestehende Partner gegeneinander reiben und somit nicht exakt differenzierbare Verschleißteile produzieren. Immerhin gibt eine übermäßige Konzentration bestimmter Werkstoffe gute Hinweise auf den Verschleiß und schränkt die Auswahl der als kritisch zu betrachtenden Reibpartner ein.

Im Fall eines Lagers wird man also in erster Linie auf die Elemente Blei, Zinn, Indium, Nickel und Kupfer achten. Da es sich bei der Öldiagnose nicht um ein kontinuierliches Meßverfahren handelt, kann man nur die Veränderungen von Inspektion zu Inspektion feststellen. Bei langlebig kontinuierlich verschleißenden Bauteilen (Kolbenringe, Kolben) ist dies ausreichend, auch wird man einen nicht erkannten Lagerschaden ohne weiteres identifizieren – und somit Folgeschäden, sofern sie nicht schon kritisch verlaufen sind, vermeiden. Kurzzeitig sich anbahnende Veränderungen innerhalb eines Untersuchungsintervalls wie z.B. ein Lagerfresser, wird man jedoch mit dieser Methode nicht erfassen können. Für die Verhinderung bzw. Schadensbegrenzung von Gleitlagerfressern kommen nur kontinuierlich messende Kontroll-, Warn- und Eingriffsvorrichtungen in Frage. Die hohen kinetischen Energien unserer schnellaufenden Motoren erzeugen einen raschen Temperaturanstieg ohne merklichen Drehzahlabfall, zumal bei hochaufgeladenen, vielzylindrigen Maschinen, bei denen nicht einmal die Reibarbeit eines fressenden Kolbens ausreicht, den Motor zum Stillstand zu bringen. Die Methode der Schmierölprobenentnahme ist jedoch geeignet, durch „Markierungsschichten" mit z.B. „exotischen" Elementen, die sich gut analysieren lassen, den Verschleißzustand eines Elementes ohne Zerlegung nach außen hin sichtbar zu machen. Dies hat jedoch nur dann eine Bedeutung, wenn man aus langjähriger Erfahrung weiß oder durch Theorie errechnet, bei welchem Verschleiß ein kritischer Zustand des Bauelementes erreicht wird. Diese Aussage ist eine Stufe schwieriger – unter der auch die „predictive maintenance" leidet – als eine Austauschmaßnahme anläßlich einer periodischen Inspektion, bei der man „vorsorglich" ein Verschleißteil ersetzt, da dies im Verhältnis zu den Montagekosten und noch viel mehr zu eventuellen Schadenskosten sehr billig ist. Die Frage ist ja aber eigentlich, wann man die Montage vornehmen muß – nicht zu früh – wegen der Kosten, nicht zu spät – wegen eventueller Folgen.

6.8.4.2 Gleitlagerverhalten

Wenn man die Abnormität eines Lagerverhaltens erkennen will, muß man sich über die normalen Vorgänge im Lager im klaren sein. Über die Faktoren, die auf das Lagerverhalten Einfluß nehmen, kann man an Hand der Rechnung recht gute Aussagen machen, über den Einfluß in der Rechnung nicht berücksichtigter Randbedingungen bestehen zumindest begründete Vorstellungen über den Stellenwert dieser Parameter:

a) Ermittlung der richtigen Lastgröße und Lastrichtung,
b) Drehzahl,
c) effektives Lagerspiel,
d) wirksame Viskosität des Schmiermittels (Temperatur im Spalt, Momentandruck im Schmierkreil, Relaxationsverhalten, Ausdampfen leichterer Bestandteile, Schmierölverdünnung durch Kraftstoff, Wasserzusätze, Einfluß von Verschmutzung),
e) Erfassung der richtigen Temperatur (Wärmeleitung, Kühlung),
f) Einschätzung der Abweichungen von der Form durch elastische und plastische Verformungen,
g) Lagerspaltfüllung,
h) Oberflächen in Mikro- und Makrogestalt,
i) Verkantung der Lager,
j) Exakter Einbau der Lagerschalen,
k) Aufbau von Kraft- und Arbeitsmaschine (Fundamente),
l) Schmierstoffhomogenität (Luft, Fremdkörper),
m) Einbettungsfähigkeit des Lagerwerkstoffes.

Alle diese Einflußgrößen stehen nicht unabhängig nebeneinander, sie überschneiden sich in ihren Wirkungen oft gegenseitig. Will man jedoch dem Geschehen im Gleitlager nicht hilflos gegenüberstehen, muß man alle von außen erkennbaren und beeinflußbaren Parameter für sich betrachten, um praktikable Aussagen machen zu können.

Zudem kann man feststellen:

Falsch ausgelegte Gleitlager höherer Belastung (Last, Umfangsgeschwindigkeit) fallen kurz nach der Inbetriebnahme wegen Überhitzung aus. Die Schäden sind reproduzierbar, ein ordnungsgemäßer Betrieb in diesen kritischen Betriebspunkten ist zu keiner Zeit gewährleistet.

Der Verschleiß und der Temperaturanstieg sind beim anbahnenden Lagerfresser spontan und progressiv – die Aufheizung des Schmieröls führt zum Zusammenbruch der Schmierschicht, wodurch noch mehr Reibenergie freigesetzt wird. So eskaliert sich der Vorgang bis weit über die Schmelztemperaturen der Gleitlagermetalle und Siedepunkte der Schmieröle (Bild 6.101).

In der Theorie gibt es keine Lagerfresser, da die Tragkraft eines Lagers gegen ∞ geht, wenn der Schmierspalt sich dem Wert Null nähert. Die vorgenannten Abweichungen vom theore-

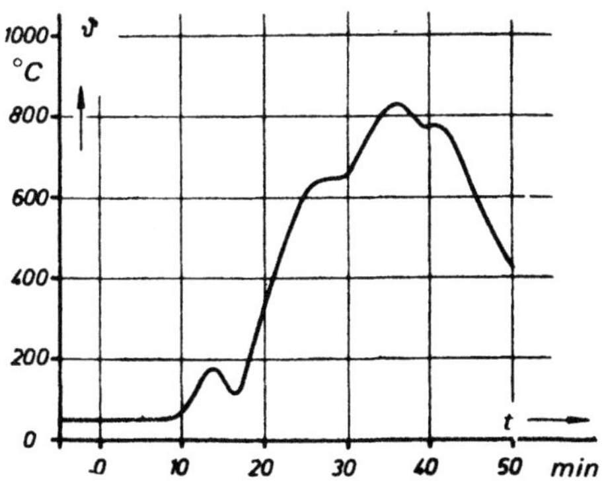

Bild 6.101
Temperaturverlauf eines fressenden Lagers

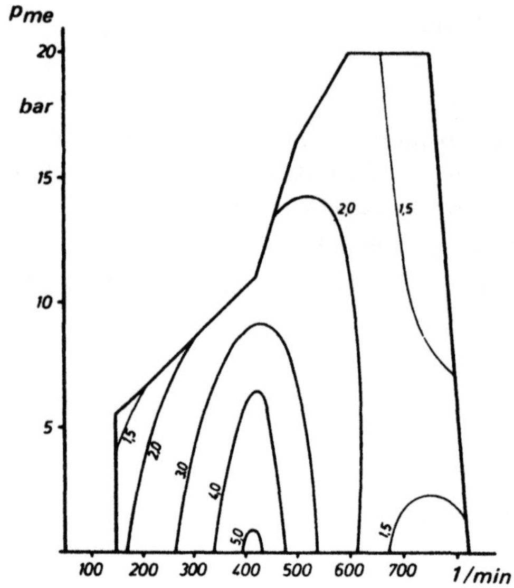

Bild 6.102
Schmierschichtdicken-Kennfeld eines Lagers im Motor

tischen Ansatz, insbesondere die in Form, Gestalt und Oberflächenrauhigkeit, führen jedoch schon bei endlichen Schmierschichtstärken zur Festkörperberührung mit den daraus resultierenden Folgen.

Am Ende der Einlaufphase haben sich Lagerzapfen und Lagerschale so aufeinander eingestellt (abgeschliffen), daß bei allen Betriebszuständen des Motors ein ausreichend dicker Schmierfilm in den Lagern sichergestellt ist. Als kritische Betriebszustände für eine Lagerung sind in der Regel der Volllast- oder Überlastzustand, der hohe Leerlauf und der Betrieb an der Drehmomentengrenze bei stark herabgesetzten Drehzahlen anzusehen, wie man auch aus Bild 6.102 eines Lagerbetriebsdiagrammes entnehmen kann. Es sollte jedoch dabei nicht vergessen werden, daß auf den Prüffeldern besondere Anforderungen an den dritten Partner eines Gleitlagers, an das Schmieröl gestellt werden.

6.8.4.3 Veränderungen am Lager

Ist ein gut eingelaufenes Lager mehrere tausend Stunden anstandslos gelaufen, so trifft ein plötzlicher Lagerfresser den Benutzer wie ein Blitzschlag, da er in der Regel ohne Vorwarnung vor den Trümmern seiner Maschine steht.

Während man bei der Vorausberechnung neuer Lager vor erheblichen Schwierigkeiten steht, das Betriebsverhalten wegen der vielen unter Gleitlagerverhalten genannten Parameter vorauszusagen, kann man es sich bei der Frage nach den Langzeitlagerschäden – zumindest aus der Sicht der theoretischen Zusammenhänge – entweder einfacher machen, denn das Lager ist ja über lange Zeitintervalle zufriedenstellend gelaufen, oder auch schwerer, denn die möglichen Veränderungen gehen nur teilweise als veränderte Randbedingungen in die Theorie ein und ergeben somit keine eindeutige Aussage. So gehört zu dem Wenigen, was wir aus der Grundlagenforschung mit in die Praxis der Gleitlagerschäden nehmen und mit ins Kalkül der Entstehung derartiger Versager einbeziehen müssen, die Erkenntnis, daß wir bei Lagern mit befriedigendem Laufverhalten nicht nur hoch und niedrig belastete Lager, das heißt solche mit dickeren oder dünneren Schmierschichtdicken haben, sondern auch aus der Form der Verlagerungsbahn entnehmen können, wo der Entstehungsherd zu vermuten ist, bei welchen

Lastzuständen, an welchen Lagern usw. Wir können auch etwas über den quantitativen Einfluß von Veränderungen, z.B. veränderten Temperaturen, aussagen und wissen auch, daß es Lager gibt, die bei gleich großen minimalen Schmierschichtdicken durchaus unterschiedlich stark auf Abweichungen und Unregelmäßigkeiten reagieren.

Es ist also wichtig, die Vielzahl möglicher Einflußparameter aus der Theorie her zu erkennen, da nur in Veränderungen dieser Randbedingungen der Schlüssel zur Aufdeckung plötzlich auftretender Lagerschäden liegen kann. So gibt es eine Reihe von Veränderungen, die man theoretisch, das heißt in der Rechnung, nachvollziehen kann, und auch solche, deren Einfluß man zwar qualitativ aber nicht quantitativ verivizieren kann, so daß man mit Abschätzungen zufrieden sein muß.

Um auf Langzeitlagerschäden an Motoren zurückzukommen, muß man generell festhalten, daß bei bekanntgewordenen Langzeitlagerschäden durchaus nicht immer diejenigen Lager gefressen haben, die in einem Motorenverband nach landläufigen Gesichtspunkten auch die höchstbelasteten waren.

Dies besagt aber, daß der Belastungszustand (oder die daraus resultierende theoretische Verlagerungsbahn) nicht das allein zu beachtende Kriterium für den vorzeitigen Ausfall eines Lagers darstellt. In Verbindung mit Fremdkörpern gewinnt die Form der Verlagerungsbahn, eine besondere Rolle. In verstärktem Maße muß man jedoch sein Augenmerk auf Veränderungen der Ausgangsgrößen (Randbedingungen) eines Lagers richten, um den Geschehnissen auf die Spur zu kommen. Die theoretische Betrachtung eignet sich deshalb dazu, weil sie die Einflußgrößen unabhängig voneinander untersuchen kann – was in praxi fast nie der Fall ist – und somit den Kreis der vermutlichen Negativgrößen stark einengt.

6.8.4.4 Filterung des Schmieröls

Ein wesentlicher Unterschied zwischen dem Prüfstandslager im Labor – speziell bei der Lagerforschung – und dem rauheren Betrieb in der Praxis des Motorenbetriebes ist der Reinheitsgrad des Schmieröls. Zwar sollen hier die Filter ihren Dienst tun und nur „sauberes" Öl den Lagern zuführen, doch sollten wir uns bei noch so feiner Filterung nicht vormachen, daß im Rahmen der minimalen Spalte im Lager von 1 ... 4 μm die von allen Motorenbetreibern verwendeten Filter im Grunde nur „Splintfänger" sein können. Wir werden uns damit abfinden müssen, daß immer ein Prozentsatz von Teilen in das Lager kommt, die größer als der engste Spalt sind und somit aktiv Einfluß auf den Verschleiß nehmen, was uns die tragenden Partien eines Lagers auch ohne Festkörperberührung erkennen läßt. Der daraus resultierende Ruf nach feinsten Filtern bis in die Größenordnung der minimalen Schmierschichtdicke geht jedoch an der Praxis vorbei, da doch schon Filter von 30 ... 50 μm Maschenweite zu so hohen Ausscheidegraden führen, daß die viel öfter notwendige Reinigung zu Beanstandungen führt. Ein für die Lagerspalte „sinnvolles" Filter würde bei Schwerölbetrieb zu Filterabmessungen (und Aufwand zur Reinigung) führen, die den Betrieb zumindest unwirtschaftlich machen. So ist der heutige Stand der Technik auch nur ein Kompromiß zwischen dem Notwendigen und dem Machbaren.

Andererseits darf man nach so abwertenden Aussagen über die mögliche Filterwirkung deren Einfluß nicht zu gering einschätzen Mit abnehmender Durchlässigkeit wird nach statistischen Gesichtspunkten die Wahrscheinlichkeit, daß ein „zu großes" Teil oder eine „Ansammlung von zu großen Teilen" den Filter passiert, stark herabgesetzt. Damit wird die Möglichkeit einer Temperatureskalation oder eines übermäßigen Verschleißes überproportional reduziert. Zu diesem Thema gehören natürlich auch größere Fremdkörper, die entweder auf oft wundersamen Umwegen das Filter passieren oder erst nach den Filtern dem Schmierölstrom zugeführt werden.

Der Umgang mit Filtern, d.h. Wartung und Säuberung, ist wegen des Schmutzes ein ungeliebtes, deshalb aber nicht weniger diffiziles Geschäft. Was hier bei Säuberungen oder falschem Zusammenbau einfach mangels Verständnis gesündigt wird, könnte manchen Filter- und Motorenfirmen zu langen Berichten Anlaß geben. Wenn man jedoch dem Betreiber einmal klar macht, durch welche Spalte der Schmierölstrom in den Lagern hindurchgezwängt wird, ist mehr Obacht und Sorgsamkeit schnell zu erreichen. Auch das Reparieren an Rohren und Ölleitungssträngen (Schweißen, Dichten usw.) nach den Filtern wird dann mit mehr Sorgfalt erfolgen.

Letztlich muß man noch zu bedenken geben, ob die viskosimetrische Messung z.B. im Kugelfall-Viskosimeter mit ihren Spalten über 100 μm überhaupt die richtige Aussage über das Viskositätsverhalten des Schmieröls in einem Spalt um 3 μm macht. In einem quasi homogenen Medium, wie man das saubere Schmieröl ansehen mag, gibt es darüber keinen Zweifel der zulässigen Vergleichbarkeit verschiedener Schmieröle. Wenn jedoch erhebliche Mengen von Schwebestoffen unter der Meßspaltgröße in einem Gemisch von Schmieröl und Kraftstoff – im Motor noch mit den in der Probe meist nicht vorhandenen schweren und harten Partikeln – die gleiche Viskosität ergeben wie das Ursprungsöl beim Ölwechsel, so muß man doch die Frage in den Raum stellen, ob dieses Gemenge die gleichen Eigenschaften im Schmierspalt hat wie ein entsprechendes Frischöl. Nun wird – und das muß anerkannt werden – die Gebrauchsfähigkeit eines Schmieröls nicht nur nach der Viskosität beurteilt, doch sind die Kriterien einer Schmierölbeurteilung nur zum geringsten Teil auf die Verwendbarkeit dieses Öls im hydrodynamisch wirksamen Lagerspalt zugeschnitten. Es muß deshalb befürchtet werden, daß ein gebrauchtes, mit Schwebestoffen durchsetztes Schmieröl mit der Meßviskosität wie eines Neuöls ein anderes Trag- und Viskositätsverhalten im engen Spalt hat und damit andere Schmierschichtdicken aufzeigt. Es kann dabei nur von sekundärem Trost sein, daß die Masse der Schwebestoffe, die wir mühsam aus unserem Schmieröl herausfiltern, wegen unzureichender Härte für unsere Lagerungen ungefährlich sind, wissen wir doch nicht, ob sich dadurch eine Art Fremdkörper-Mischreibung einstellt, die infolge erhöhter Reibungszahlen auch ein höheres Temperaturniveau bei höherer Reibleistung einstellt.

6.8.4.5 Revision von Lagern

Um die Liste der Einfluß-Parameter zu vervollständigen, muß noch das Thema „Lagerkontrolle" erwähnt werden. Auf den ersten Blick scheint es paradox, daß dieses doch als positiv zu bewertende Bemühen eines kontrollierten Lagerlaufes auch einen negativen Aspekt auf das Betriebsverhalten eines Gleitlagers haben sollte. Bittere Erfahrungen bezeugen jedoch das Gegenteil, denn sehr viele Lagerfresser erfolgen beim ersten richtigen Vollastbetrieb mit betriebswarmen Motor nach einer wohlgemeinten Lagerrevision. Man muß sich bei dem handling mit Lagerbauteilen über die Schmierspalte im klaren sein, um das richtige Gefühl zu bekommen, wie diffizil man bei der Montage vorgehen muß. Alles, was mit Zwang und Kraft vor sich geht, kann nicht richtig sein und führt gegebenenfalls zu teilplastischen Verformungen der Schale. Das vorgeschriebene Überstandsmaß ist zur Erzeugung einer ausreichenden Anpressung der Lagerschalen im Lagerkörper notwendig. Eine ausreichende Spreizung der Schalenhälften ist erforderlich, um gerade im Bereich der Trennfuge ein gutes stoßfreies Anliegen der Schalen im Lagerkörper zu garantieren. Der Fall einer Lagerschale, das unachtsame Beiseitelegen aber auch die kritische Betriebsbedingung im Motor „temporärer Wärmestoß" sowie unkontrollierte Verbrennung können zu Verformungen führen, die dem menschlichen Auge im Zweifelsfall nicht auffallen, die Gebrauchsfähigkeit aber stark einschränken. In der Regel kann jede Schale, die ausgesprochene Verschleißspuren an der Trennfuge (und nur dort) zeigt, als falsch eingebaut bezeichnet werden. Die Gefahr eines Versatzes liegt in der den Schmierölfaden abschneidenden Wirkung der Stoßkante, die verhindert, daß Schmieröl dorthin gelangt, wo es zur Bildung des Schmierkeils benötigt wird.

Wichtig ist auch die Erkenntnis, daß der irgendwo herumliegende Putzlappen für die Reinigung der Lager-Bauteile das ungeeignete Werkzeug ist. Am gefährlichsten sind schließlich die durch die Montagearbeiten gelösten oder erzeugten Späne und Fremdkörper. Dies gilt natürlich für alle Montagen am Ölkreislauf eines Motors.

Wer sich einmal einige 100-μm-Partikel auf den Schreibtisch legt, wird sich verzweifelt fragen, wie er solche Forderungen nach Reinheit im rauhen Bordbetrieb erfüllen kann. Dennoch muß man sich im klaren sein, daß diese Fremdkörper in den Lagern Spuren hinterlassen werden, wenn man sie nicht wegfiltern, absetzen oder einbetten kann.

Es ist dann lediglich eine Frage der Zeit, wann die Lager bronzefarben schillern und eine Frage der statistischen Wahrscheinlichkeit, wann all jene vorgenannten unglücklichen Zusammenhänge zeitlich so zusammenfallen, daß es zum Kollaps eines Lagers kommen muß.

6.8.4.6 Hypothese

Aus der langjährigen Beobachtung von Lagern und dem Erkennen der Zusammenhänge aus der Theorie muß man zu dem Schluß kommen, daß der typische Langzeitlagerfresser dann an Wahrscheinlichkeit gewinnt, wenn eine *Reihe* ungünstiger Einflüsse zusammenfällt, von denen ein einzelner zur Temperatureskalation nicht ausreicht. Ist *ein* Faktor allein entscheidend (großer Fremdkörper, Ölmangel, Überlast), so führt dies – mit Abstufungen – bei neuen *und* bei länger gelaufenen Lagern zum Lagerfresser.

Der typische Verlauf des Langzeitfressers erscheint hingegen wie eine schleichende Krankheit, – die Symptome verändern sich nur unwesentlich – um dann plötzlich in Form eines Infarktes an die Oberfläche zu brechen, offensichtlich ohne echten Grund, aus heiterem Himmel.

6.8.4.7 Maßnahmen zur Verringerung des Risikos

Die für die Praxis sinnvollen Maßnahmen lassen sich aus dem Vorgenannten ableiten. Alles was dazu dient, den ursprünglichen Zustand der Lagerung möglichst lange zu erhalten oder durch Austausch wieder herzustellen, muß als vorbeugende Maßnahme zur Vermeidung eines eventuellen Lagerschadens gelten.

Als Merksätze könnten dazu dienen:

a) Beachten Sie die Motorkenndaten peinlich. Alle Anzeigen physikalischer Werte verändern sich nicht ohne Grund, Abweichungen von der Sollcharakteristik zeigen eine abnormale Veränderung im Motorzustand an. (Hier machen die unzureichenden Dauerstandsfestigkeiten preisgünstiger Geber und Anzeigeinstrumente oft die größten Sorgen und frustieren durch vielfältigen Ausfall das Bedienungspersonal bis zum Nichtinteresse.)

b) Sorgen Sie dafür, daß alle Parameter, die die Schichtdicke des Schmierfilms beeinflussen, im zulässigen Bereich liegen. (Hier sind es vor allem die Größen, die die Zähigkeit des Schmieröls beeinflussen. Niedere Zufuhrtemperaturen, hohe Drücke zwecks Kühlung, ausreichende Nennzähigkeit gewähren einen zuverlässigen Betrieb).

c) Soll den Lagern etwas Gutes angetan werden und lassen es die anderen Betriebsbedingungen zu, so führen Sie den Lagern ein Schmieröl der höheren Viskositätsklasse zu. (Im Rahmen des Motorenbetriebs sind dem jedoch von Fall zu Fall Grenzen gesetzt. Eventuell ergibt sich ein etwas erhöhter Schmierölverbrauch und ein graduell vergrößerter Brennstoffverbrauch (Reibung), auch kann es zu Anlaßschwierigkeiten bei tiefen Umgebungstemperaturen kommen, auch kann es zu Verkokung von Stegen und Ringen führen.)

d) Filtern Sie das Schmieröl so sorgfältig und fein wie möglich, um so länger wird die Freude am Lager andauern. Vermeiden Sie Filter-Not-Umgebungen, sie werden auch ohne Not genutzt. Je höher die Ansprüche auf Dauerhaltbarkeit und Einsatzbereitschaft der Maschine sind, verwende immer sorgfältigere und zusätzliche Schmierölreinigungseinrichtungen (Zentrifugen, Separatoren).

e) Achten Sie auf den Schmieröldruck hinter dem Filter in Abhängigkeit von der Drehzahl des Motors bei konstanter Zufuhrtemperatur. (Jede Veränderung des Drucks zeigt eine grobe Veränderung der Durchflußmenge (Pumpenschaden) oder des Schluckvermögens (Lagerschaden, Leistungsbruch) an.) Eine regelmäßige Kontrolle dient der Zuverlässigkeit.

f) Reinigen Sie Filter, Zentrifugen und Separatoren sorgfältig, ohne Gewebe, Lamellen usw. zu beschädigen. Achten Sie darauf, daß kein Schmutz in die Sauberseite gerät und daß beim Zusammenbau keine Spalte für ungefilterte Ströme entsteht.

g) Verwenden Sie ein Schmierölleitungssystem, das keine irrtümlichen Schaltungen mit Null-Förderung erlaubt. Legen Sie die Ventile so, daß bei Umschaltungen keine langen toten Ölsäulen in Bewegung gesetzt werden, in dem sich oft geradezu Schmutzpfropfen festsetzen können.

h) Beachten Sie auch den Schmierölkreislauf im Schmierölvorratsbehälter, damit kein Ölschlamm angesaugt wird. Besteht die Möglichkeit, daß sich Schmutz und Schlamm absetzt, sorgen Sie durch einen Vorfilter dafür, daß sich lösende Anteile nicht geballt in den Schmierölkreislauf gelangen. (Zwar wird ein Großteil davon im Motorfilter zurückgehalten, die plötzliche Konzentration der das Filter passierenden Fremdkörper ist jedoch höher als bei einer gleichmäßigen Verteilung und somit auch die mögliche Erzeugung von Reibungs- (Zerspannungs-)energie pro Zeiteinheit.)

i) Sorgen Sie für ausreichende Einbettungsfähigkeit der Lager. (Alle Fremdkörper lassen sich nicht ausfiltern. Die Reinheit des Ölhaushalts verringert jedoch die Verschleißrate beträchtlich, so daß die weiche Drittschicht länger erhalten bleibt. Will man das Risiko erheblich vermindern, tauscht man frühzeitig die Lager.) Lassen Sie bei der Montage äußerste Sorgfalt walten, lassen Sie sich die notwendigen Griffe zeigen und versuchen Sie, nicht nur zu verstehen, worauf es ankommt, sondern auch warum es darauf ankommt.

k) Nach Einbau neuer Lager oder Wiedereinbau gelaufener Lager unterziehe man das Triebwerk einer Einlaufkontrolle unter Beachtung aller Beobachtungsmöglichkeiten. (Es ist kaum möglich, ein Lager wieder in die absolut gleiche Lage zu bringen wie vor der Montage. Auch solchen Lagern muß man wie neuen Lagern wenigstens die Möglichkeit der Selbsthilfe durch Einlauf geben.)

l) Eine Lagertemperaturmeßanlage kann ein wertvolles Beobachtungsinstrument der Lager darstellen. (Da Lager den Wärmetod sterben, ist die Temperaturanzeige das aussagekräftigste Kriterium über den Betriebszustand des Lagers, sofern die Temperaturmeßstelle dicht genug am Schmierspalt liegt. Bei ausreichender Beobachtung der Lagertemperatur ist es bisher immer gelungen, schwere Folgeschäden zu vermeiden.)

m) Schmieren Sie gut und ausreichend lange vor. (Der Anlaufvorgang kann nur über die Mischreibung erfolgen, das motoreigene Schmierölsystem bringt in diesem Moment noch keine Schmierölmenge zum Lager. Je mehr Öl im Lager ist und der Druck auch während des Anlaßvorgangs gehalten wird, desto schneller schwimmt der Zapfen auf, desto geringer ist der Verschleiß des Lagers.)

n) Bemühen Sie sich um peinlichste Sauberkeit bei Reparaturen und Kontrollen im Bereich des Schmierölkreises auf der Sauberseite, d.h. vom Filter bis zum Kolben. Schweißen Sie nie an Rohren, ohne sie anschließend zuverlässig zu reinigen. Vermeiden Sie Späne und Verquetschungen bei Verschraubungen, benutzen Sie nur korrekte Dichtungen.

o) Erneuern Sie im Zweifelsfall ein Lager, es ist billiger als ein Folgeschaden. (Die Schale ist bei den anderen Ausgaben einer Inspektion (Personal, Liegezeit) kein Kostenfaktor mehr.)

p) Überprüfen Sie den Aufbau der Anlage von Zeit zu Zeit oder nach größeren Schäden, um Einwirkungen von außen rechtzeitig zu erkennen.

q) Bemerken Sie Abweichungen, überlegen Sie aufgrund welcher Veränderungen diese auftreten können und gehen Sie Mutmaßungen durch Überprüfung nach, bis der Grund gefunden ist. Erkennen Sie keine Zusammenhänge und sind die Veränderungen bleibend oder reproduzierbar, so verständigen oder befragen Sie einen Sachverständigen oder den Hersteller der Anlage, der Sie gerne beraten wird.

r) Melden Sie im Schadensfall den Hergang anhand der Beobachtungen so korrekt wie möglich. So können die zu Rate gezogenen Spezialisten am ehesten sagen, wie man den Wiederholungsfall vermeiden kann.

s) Wissen Sie den Grund des Schadens, so spielen Sie nicht mit gezinkten Karten. Mit Ihrer Nachtruhe rauben Sie jemand anderem den Schlaf, bis die Sonne es an den Tag bringt.

6.8.5 Hinweise für den schadenfreien Betrieb von Dieselmotoren nach Allianz-Merkblatt Nr. 7, Ausgabe 1981 [6.12]

6.8.5.1 Maßnahmen bei Anlieferung des Motors

Bei Anlieferung des Motors ist eine erste Überprüfung auf Transportschäden sowie auf vollständigen und richtigen Lieferumfang durchzuführen. Zu beachten sind: Angaben auf dem Leistungsschild müssen mit den Bestelldaten übereinstimmen. Abweichungen sofort melden. Betriebsanleitung muß mitgeliefert sein. Falls nicht vorhanden, sofort nachfordern. Sie ist an einem durch Hinweisschilder gekennzeichneten und stets zugänglichen Ort, z.B. im Meisterbüro, aufzubewahren.

Staub und Schmutz mit Lappen oder Industriestaubsauger entfernen. Keine Putzwolle verwenden. Druckluft vermeiden.

Gehäuse, Füße und Auflageflächen auf Verletzungen und Risse durch Schlag oder Stoß untersuchen.

Beim Transport Auflageflächen, z.B. durch Holzunterlage, schützen.

6.8.5.2 Zwischenlagerung des Motors bis zum Einbau

Motor in trockenem, belüftetem Raum bei möglichst gleichbleibender Temperatur lagern (keinesfalls im Freien!). Kokonisierung (luftdichte Verpackung) – wenn vorhanden – erst kurz vor Einbau des Motors entfernen. Mit Wälzlagern ausgerüstete Motoren erschütterungsfrei lagern (kleinste Schwingungen, z.B. durch vorbeifahrende Schienenfahrzeuge und in der Nähe arbeitende Kurbelmaschinen erzeugen Lagerschäden). Zum Schutz Wellenklemmvorrichtungen oder Schwingungsdämpfer verwenden. Abstellplatz so auswählen oder sichern, daß keine Beschädigungen durch vorbeifahrende Transportfahrzeuge eintreten können. Besonders gefährdet sind hervorstehende Teile.

Motor auf Holzunterlage absetzen.

Abgestellten Motor so schützen, daß beim Reinigen des Lagerraumes weder Staub noch Nässe einwirken können. Bleibt Motor einige Zeit außer Betrieb, Kurbelwelle wöchentlich einmal durchdrehen, damit diese ihre Lage ändert; in freie Hohlräume gegen Feuchtigkeitseinwirkung Kieselgelbeutel hängen (Anzahl notieren und bei Entnahme nachzählen!).

Werden Motoren nicht innerhalb von etwa drei Monaten nach Lieferung in Betrieb genommen, so sind die Reinigungs- und Konservierungsanweisungen der Hersteller einzuhalten (s.a. Abschnitt 6.8.5.9).

6.8.5.3 Aufstellung bzw. Einbau des Motors

Die bei der Planung des Aufstellungsortes geschaffenen Betriebsbedingungen sind mitbestimmend für Wirtschaftlichkeit und Lebensdauer. Sorgfältiges und genaues Arbeiten ist dabei besonders wichtig. Grundsätzlich sind bestmögliche Ein- und Ausbau-, Überwachungs- sowie Wartungsmöglichkeit, Belüftung, Fundamentierung, Schwingungsverhalten und Schallisolierung anzustreben.

Einbaumotoren, z.B. für Baumaschinen und Baugeräte, können nach Rücksprache mit dem Motorhersteller von geschultem Personal des Käufers selbst aufgestellt bzw. eingebaut werden. Die Vorschriften der Motorhersteller sind vor allem hinsichtlich der Befestigung genau zu befolgen.

Zur leichteren Wahrnehmung evtl. Garantieansprüche sollen Einbauüberprüfung und Abnahme vom Motorhersteller erfolgen.

Zu beachten ist:

Bei Einbaumotoren Typenbezeichnung kontrollieren.

Schutzdeckel und -stopfen in den Anschlußöffnungen entfernen. Beim Einbau des Motors nur Original-Schrauben und freigegebene Schlauchqualitäten für Kühlflüssigkeits-, Kraftstoff- und Schmierölschläuche verwenden.

Zugehörige Rohrleitungen nach Anweisung des Herstellers anschließen und Verbindungsstellen auf Dichtheit prüfen. Nur neue Dichtungen verwenden. Anschlüsse von Bedienungsleitungen und -gestängen überprüfen.

Bei drehstrombetriebenen elektrischen Anlagen mit Transistorschaltungen auf richtige Polarität achten.

Auf genaues Fluchten von Motor und Kraftübertragungselementen achten (Kurbelwellenatmung messen). Bei Kupplungen mit Gummiteilen als kraftübertragende Federelemente auf deren wirksame Belüftung achten.

Stationäre Dieselmotoren sowie *Schiffsmotoren* sind grundsätzlich durch Monteure oder unter Anleitung von Monteuren der Hersteller aufzustellen.

Fundament, Rohrleitungen für Betriebsstoff, Anlaßluft, Kühlflüssigkeit, Auspuff usw. müssen nach den Zeichnungen bzw. den Angaben der Hersteller angefertigt und verlegt werden. Angaben bezüglich zulässiger Rohrwiderstände (Verbrennungsluft, Auspuff, Kühlflüssigkeit) beachten. Verbrennungsluft nicht in Auspuffrohrnähe ansaugen. Unterwasserauspuff bei Schiffsmotoren besonders beachten (Wasserschlag!).

Starre, elastische oder gemischte Lagerung nach Verwendungszweck und Einbauverhältnissen festlegen. Auswahl elastischer Lagerelemente muß Motorhersteller nach schwingungstechnischen Gesichtspunkten treffen.

Genaue Ausrichtung der einzelnen Aggregate untereinander beachten, z.B. Motor mit Generator oder an Bord Motor mit Getriebe und Propellerwelle.

6.8.5.4 Vorbereitung zur Inbetriebnahme

War der Motor nicht konserviert, so sind nach längerem Stillstand vor der Wiederinbetriebnahme folgende Maßnahmen und Überprüfungen durchzuführen (für die erste Inbetriebnahme gelten diese Hinweise nur zum Teil):

6.8.5.4.1 Kraftstoffanlage

(Tages-)Kraftstofftank gründlich reinigen, Kraftstoffilter ausbauen, entwässern und reinigen, ggf. Einsatz erneuern. Einspritzdüsen ausbauen und überprüfen. Ventile aller Kraftstoffleitungen öffnen. (Tages-)Kraftstofftank mit dem empfohlenen, sauberen Dieselkraftstoff füllen. Kraftstoffleitungen füllen und entlüften. Brennstoff-Einspritzpumpe entlüften.

6.8.5.4.2 Schmieranlage

Kurbelgehäuse, Schmierölkanäle sowie -leitungen, Ölkühler und Schmierölbehälter von Fremdkörpern, Ölschlamm und Wasser säubern.

Siebe und Ventile in der Schmierölansaugleitung reinigen. Schmierölfilter zerlegen, entwässern und reinigen oder Einsatz erneuern. Vorgeschriebenes Schmieröl einfüllen – Ölstand prüfen, wenn nötig, Schmieröl der vorgeschriebenen Sorte in ausreichender Menge nachfüllen.

Vorschmieren und Druckprobe. Nicht an die Druckschmierung angeschlossene Schmierstellen von Hand mit den vorgeschriebenen Schmiermitteln versorgen.

6.8.5.4.3 Kühlanlage

Kühler, Wärmetauscher, Kühlflüssigkeitsräume und -leitungen reinigen. Kühlsystem mit aufbereitetem Wasser füllen.

Kühlflüssigkeitsabsperrventile nach Vorschrift bedienen. Kühlflüssigkeitsräume entlüften, ggf. Kühlflüssigkeit nachfüllen.

Dem Kühlwasser vor erster Inbetriebnahme des Motors unbedingt Korrosionsschutzöl nach Vorschrift des Herstellers zusetzen, da andernfalls bereits begonnene Kavitation bzw. Korrosion an den Zylinderbüchsen und/oder im Zylinderblock u. U. nicht mehr aufzuhalten ist.

Im Winter ist dem Kühlwasser Frostschutzmittel beizufügen, sofern Motor im Freien oder in ungeheizten Räumen arbeitet. Mit Frost ist in Deutschland grundsätzlich von Anfang Oktober bis Ende April zu rechnen.

6.8.5.4.4 Steuerung und Regelung

Nullstellung der Einspritzpumpen und des Regelgestänges überprüfen.

Regelgestänge auf leichten Gang kontrollieren.

Regler auf einwandfreie Funktion prüfen. Ein- und Auslaßventile auf leichten Gang prüfen.

Ventilspiel prüfen. Falls nötig, einstellen.

Bei Schiffsmotoren evtl. Umsteuerung kontrollieren.

6.8.5.4.5 Anlaßanlage

Anlaßanlage mit Druckluft

Anlaßluftflasche gemäß Anordnung der Berufsgenossenschaft prüfen lassen, Anlaßluftdruck prüfen.

Anlaßluftflasche entwässern. Anlaßluftleitung auf Dichtheit prüfen. Steuerkolben und Anlaßventile auf Leichtgängigkeit prüfen.

Spiel zwischen Anlaßnocken und Steuerkolben kontrollieren.

Kontrolle der Anlaßventile auf Dichtheit.

Anlaßanlage mit elektrischem Anlasser

Anlaßbatterie prüfen (Spannung, Ladezustand).

Elektrische Leitungen zum Anlasser überprüfen.

Glühkerzen auf gebrochene Glühspiralen untersuchen.

Funktion der Dekompressionsanlage kontrollieren.

Anlaßanlage mit Startermotor

Startermotor nach den Abschnitten 6.8.5.4.1 bis 6.8.5.4.4 überprüfen und versorgen. Kupplung überprüfen.

Funktionsfähigkeit der Dekompressionsanlage kontrollieren.

6.8.5.4.6 Prüfungen nach kurzer Betriebsunterbrechung

Überprüfen, ob Kühlflüssigkeitsventile in Betriebsstellung stehen. Wenn nötig, Kühlflüssigkeit nachfüllen. Dabei Emulsion nach Betriebsanleitung überprüfen.

Feststellen, ob ausreichende Menge Kraftstoff im Tank und Kraftstoffventil geöffnet. Wenn nötig, Kraftstoff nachfüllen.

Prüfen, ob ausreichende Menge Schmieröl vorhanden und Schmierölversorgung gewährleistet (Druck prüfen). Bei Trockensumpfschmierung Ölstand kurz nach Anlassen des Motors im Ölbehälter prüfen. Bei Messung des Ölstandes mit Meßstab darauf achten, daß dieser auf die Einbaulage des Motors geeicht ist.

6.8.5.5 Probelauf

Dieselmotoren aller Leistungen und Arbeitsverfahren sind nach den Angaben in den Betriebsanleitungen der verschiedenen Hersteller in Betrieb zu nehmen. Falls vorhanden, ist die Kühlwasser-Vorwärmeanlage einzuschalten.

6.8.5.5.1 Kleinere Motoren

Dekompressionsventile öffnen (falls vorhanden). Motoren mit Vorglühung nach Umgebungstemperatur und thermischem Betriebszustand 30 ... 60 s vorheizen.

Motor anlassen. Regelstange auf Vollaststellung. Beim Startvorgang weiterglühen. Dekompressionsventile nach etwa fünf Kurbelwellenumdrehungen schließen.

6.8.5.5.2 Größere Motoren

Indizier-(Dekompressions-)ventile öffnen.

Motor von Hand oder mittels Drehvorrichtung mehrere Male durchdrehen. Drehvorrichtung ausrücken. Motor anlassen.

Regelstange auf reduzierte Last, je nach Betriebsanleitung. Dekompressionsventile nach etwa fünf Kurbelwellenumdrehungen schließen. Motor langsam hochfahren. Anlaßluftflasche wieder auffüllen (mindestens 30 bar).

Anlaßluftflaschenventil fest schließen. Bei Anlagen mit unabhängiger Betriebsstoff-Versorgung (Schiffsmotoren), Kühlflüssigkeits-, Schmieröl- sowie Kraftstoff-Förderpumpe in Betrieb setzen.

6.8.5.5.3 Während des Probelaufes beachten:

Anzeige des Öldruckmanometers. Dichtheit aller Flansch- und Rohrverbindungen.

Anlaßventile (wenn vorhanden) auf Dichtheit kontrollieren (Explosionsgefahr!). Gehäuseentlüftung und Explosionsklappen (wenn vorhanden) kontrollieren.

Funktion aller Einspritzdüsen. Wirksamkeit der Düsenkühlung. Anormale Geräusche.

6.8.5.5.4 Während des Betriebes beachten:

Einlaufvorschriften der Hersteller für neue bzw. grundüberholte Motoren. Belastung entsprechend Kühlflüssigkeits-Temperatur steigern. Bremsprotokoll des Herstellers beachten.

Thermischer Zustand: Abgastrübung und -temperatur. Regelstangenweg. Vermeidung des „gedrückten Betriebes" (Quälen des Motors) beim Schiffsantrieb (thermische Überlastung!). Zeitgerichtes Indizieren. Gleichmäßige Belastung aller Zylinder. Ladeluftdruck und -temperatur. Gegendruck im Auspuffsammelrohr (Rohrwiderstand!). Kühlwasseraustritts-Temperatur.

Bei Direktkühlung (Seewasser) Wasseraustritts-Temperatur $\leqq$ 328 K ($\approx$ 55 °C) (Wassersteinbildung!).

Vermeidung schneller Temperatur- und Lastwechsel (Bahnbetrieb, Umsteuerung von Schiffsmotoren).

Richtige Brennstoffaufbereitung und thermischer Zustand (Taupunktunterschreitung!).

6.8.5.5.5 Während des Abstellens beachten

Belastung und Drehzahl allmählich verringern.

Motor einige Zeit ohne Last laufen lassen.

Motor abstellen.

Bei Großmotoren Kühlflüssigkeits-, Kühlöl- und Schmierölpumpen nach dem Abstellen noch einige Zeit laufen lassen.

6.8.5.6 Schadenverhütung durch Beachtung anomaler Betriebszustände

Störung	Ursache	Abhilfe
1. Motor läßt sich nicht anlassen	*1. Druckluftanlassung.* Anlaßluftflasche drucklos, weil:	
	– nicht nachgefüllt;	Anlaßluftflasche auffüllen.
	– Rohrleitung und/oder Ventile undicht;	Undichtheiten beheben, Anlaßluftflasche auffüllen.
	Anlaßluftmenge zu gering, weil:	
	– Wasser in Anlaßluftflasche;	Anlaßluftflasche entwässern und auffüllen.
	Anlaßventil arbeitet nicht, weil:	
	– Anlaßnockenspiel zu groß;	Spiel einstellen, ggf. Stößelrolle und/oder Stößelnocken erneuern.
	2. Elektrische Anlassung. Anlaßbatterie zu schwach, weil:	
	– zu alt;	Batterie erneuern.
	– Platten beschädigt;	Batterie erneuern.
	– Polklemmen oxidiert, Stromübergang erschwert;	Polklemmen mit heißer Sodalauge reinigen, mit Wasser abspülen und mit Säureschutzfett einfetten. Klemmen fest anziehen, ggf. erneuern.
	– Aufladung zu gering;	vorschriftsmäßig aufladen.
	– zu schnelle Entladung;	Stromübergänge suchen und beseitigen.
	– Batterie überlastet (Winter!);	Motor mit vorgeschriebenem Winteröl in ausreichender Menge versorgen.

Störung	Ursache	Abhilfe
	– Säurestand zu gering;	destilliertes Wasser nachfüllen.
	Anlasseranker dreht sich nicht beim Starten, weil:	
	– Batterie entladen;	vorschriftsmäßig aufladen.
	– Batterie beschädigt;	Batterie erneuern.
	– Batteriepolklemmen locker;	Klemmen fest anziehen.
	– Batteriepolklemmen oxidiert;	Polklemmen mit heißer Sodalauge reinigen, mit Wasser abspülen und mit Säureschutzfett einfetten. Klemmen fest anziehen, ggf. erneuern.
	– Anlasserkabel unterbrochen;	Bruchstelle beseitigen, ggf. Kabel erneuern.
	– Anlasserkabel hat Masseschluß;	Kontaktfehler beseitigen, ggf. Kabel erneuern.
	– Anlaßschalterkontakte verschmutzt;	Kontakte säubern.
	– Anlaßschalterkontakte verschmort;	Kontakte erneuern.
	– Anlasserbürsten verbraucht;	Bürsten erneuern.
	– Anlasserbürsten im Halter festgeklemmt;	Verklemmung beseitigen, ggf. Bürsten erneuern.
	– Kollektor verschmutzt;	Kollektor säubern.
	– Kollektor verschmort;	Anlasser überholen, ggf. erneuern.
	– Anlasserritzel im Zahnkranz klemmt;	Verklemmung beseitigen, ggf. Ritzel erneuern.
	Anlasser rückt nicht ein, weil:	
	– Ritzel verschmutzt;	Ritzel und Zahnkranz säubern.
	– Zahlfläche von Ritzel und/oder Zahnkranz beschädigt;	Beschädigungen beseitigen, ggf. Ritzel und/oder Zahnkranz erneuern.
	– Verschiebeankerwelle verklebt;	Welle säubern und mit vorgeschriebenem Fett schmieren.
	Anlasserritzel rückt nicht aus, weil:	
	– Verschiebeanker-Rückzugfeder beschädigt;	Anlasser überholen, ggf. erneuern.
	– Grat auf Ritzel und/oder Zahnkranz;	Grat entfernen, ggf. betroffene Teile erneuern.
	– Magnetschalter beschädigt;	Magnetschalter überholen, ggf. erneuern.
	– Starterknopf klemmt;	Starterknopf erneuern.
	Anlasser kommt nicht auf Leistung, weil:	
	– Batterie zu schwach;	Batterie prüfen und vorschriftsmäßig aufladen.
	– Motor wegen zähen Schmieröles (Winter!) schwergängig;	Motor mit vorgeschriebenem Winteröl in ausreichender Menge versorgen.
	– Anker wegen defekter Lager anstreift;	Anlasser überholen, ggf. erneuern.
	– Startermotor nicht anspringt;	s. Abschnitt 6.8.5.4.5

Störung	Ursache	Abhilfe
2. Motor springt nicht an	Kraftstoffventil abgesperrt;	Kraftstoffventil öffnen.
	(Tages-)Kraftstofftank leer;	Kraftstoff einfüllen.
	Belüftung Kraftstofftank verstopft;	Verstopfung beseitigen.
	Kraftstoffleitung verstopft;	Leitung reinigen.
	Kraftstoffilter verstopft;	Kraftstoffilter reinigen.
	Kraftstofförderpumpe arbeitet nicht, weil:	
	– Sieb vor Förderpumpe verstopft;	Sieb reinigen.
	– Pumpenkolben verklemmt; – Pumpenkolben verschlissen; – Ventil(e) verschmutzt; – Ventil(e) undicht; – Ventilfeder(n) gebrochen;	Kraftstofförderpumpe überholen oder erneuern.
	Einspritzpumpe fördert nicht, weil:	
	– Wasser im Entwässerungsgefäß vor Einspritzpumpe;	Gefäß reinigen.
	– Luft in der Einspritzpumpe;	Einspritzpumpe entlüften.
	– Pumpenkolben verschlissen;	Einspritzpumpe überholen oder erneuern.
	– Einspritzpumpen-Fördermenge zu gering eingestellt;	richtige Fördermenge einstellen.
	Einspritzpumpe spritzt zu früh oder zu spät ein, weil:	
	– Kupplung verstellt;	Kupplung richtig einstellen.
	– Kupplung verschlissen;	Kupplung überholen oder erneuern.
	– Nocken und/oder Stößelrollen verschlissen;	Einspritzpumpe überholen oder erneuern.
	– Spritzversteller defekt;	Spritzversteller überholen.
	Einspritzdüsen arbeiten nicht, weil:	
	– Druckleitung(en) undicht;	Undichtheit beseitigen.
	– Druckleitung(en) gebrochen;	beschädigte Druckleitung(en) erneuern.
	– Druckleitung(en) nicht entlüftet;	Druckleitung(en) entlüften.
	– Entlüftungsschraube(n) an Düsenhalter(n) nicht geschlossen;	Schraube(n) festziehen.
	– Düsennadeln klemmen;	Düsen auswechseln.
	– Düsen undicht (Sitz verschmutzt oder verschlissen);	Düsensitz(e) nacharbeiten, ggf. Düsen erneuern.
	– Öffnungsdruck zu gering (Einstellschraube(n) gelöst);	Einstellschraube(n) festziehen.
	– Verlust von zuviel Lecköl;	Nadelspiel einstellen, Nadelsitz reinigen.
	Gemisch zündet nicht, weil:	
	– Glühkerze(n) beschädigt;	beschädigte (Glühkerze(n) erneuern.

Störung	Ursache	Abhilfe
	– Glühkerzenkabel gelöst;	Fehler beseitigen.
	– Glühkerzenkabel beschädigt;	beschädigte(s) Kabel erneuern.
	Verdichtung zu gering, weil:	
	– Motorventile hängen;	Ventile gangbar machen, Ursache beseitigen.
	– Motorventile undicht;	Ventile einschleifen, ggf. Sitze nacharbeiten und Ventile erneuern.
	– Ventilfeder(n) gebrochen;	Ventilfeder(n) erneuern.
	– Kolbenringe festgebacken;	Kolbenringe lösen, Ursache beseitigen.
	– Kolbenringe verschlissen;	Kolbenringe erneuern.
	– Zylinderbüchsen verschlissen;	Zylinderbüchsen erneuern.
	– Zylinderkopfdichtung beschädigt;	Dichtung erneuern.
	– Luftklappe nicht geöffnet;	Luftklappe öffnen.
	– Ansaugluftfilter verschmutzt;	Luftfilter reinigen, ggf. erneuern.
3. Motor springt an und bleibt nach kurzer Laufzeit wieder stehen	Kraftstoffventil abgesperrt;	Kraftstoffventil öffnen.
	(Tages-)Kraftstofftank leer;	Kraftstofftank auffüllen.
	Belüftung Kraftstofftank verstopft;	Verstopfung beseitigen.
	Kraftstoffleitung verstopft;	Leitung reinigen.
	Kraftstoffilter verstopft;	Kraftstoffilter reinigen.
	Luft in Einspritzpumpe, weil:	
	– Kraftstoffleitung undicht;	Überwurfmuttern anziehen. Dichtung erneuern. Entlüften.
	– Kraftstoffleitung beschädigt;	Kraftstoffleitung reparieren oder erneuern. Entlüften.
	– Wasser im Entwässerungsgefäß vor Einspritzpumpe;	Gefäß reinigen.
	Kraftstofförderpumpe fördert mangelhaft, weil:	
	– Sieb vor Pumpe verstopft;	Sieb reinigen.
	– Pumpenventil(e) undicht;	Kraftstofförderpumpe überholen oder erneuern.
	– Pumpenkolben klemmt;	
4. Motor erreicht Nenndrehzahl nicht	Regler arbeitet nicht, weil:	
	– Reglerfeder gebrochen;	Reglerfeder erneuern.
	– Regelmuffe klemmt;	Fehler beseitigen.
	Kraftstoffmenge zu gering, weil:	
	– Einspritzpumpe falsch eingestellt;	Einspritzpumpe richtig einstellen.
	– Einspritzpumpenkolben verschlissen;	Einspritzpumpe überholen.
	Kraftstoffzulfuß zu gering;	Kraftstoffleitung überprüfen.
	Einspritzzeitpunkt zu spät;	richtigen Einspritzzeitpunkt einstellen.
	Einspritzpumpenkupplung ausgeschlagen;	Kupplung erneuern.
	Motor überlastet;	Last prüfen, erkannten Fehler abstellen.

Störung	Ursache	Abhilfe
5. Motor kommt auf Überdrehzahl	Reglerstange sitzt fest, weil:	
	– Regler verschmutzt;	Regler reinigen.
	– Öl verharzt;	Regler reinigen.
	– verbogen;	Reglerstange richten.
	Reglerstange verstellt;	Anschlag einstellen.
	Reglerantrieb unterbrochen;	Antriebselemente erneuern.
6. Motorleistung läßt nach	Motor bekommt zu wenig Kraftstoff, weil:	
	– Kraftstoffleitung undicht;	Verschraubungen bzw. Schrauben oder Muttern festziehen. Dichtungen erneuern.
	– Kraftstoffleitung gebrochen;	Kraftstoffleitung reparieren bzw. erneuern.
	– Kraftstoffilter verstopft;	Kraftstoffilter zerlegen, entwässern, reinigen. Nach Betriebsanleitung zusammenbauen.
	– Kraftstofförderpumpe nicht genügend Kraftstoff fördert;	Kraftstofförderpumpe reparieren oder erneuern.
	– Regler der Einspritzpumpe verstellt;	Regleranschlag einstellen.
	– Reglerstange der Einspritzpumpe verstellt;	Regleranschlag einstellen.
	– Einspritzpumpenelemente verstellt; Einspritzpumpenkolben hängen bleiben oder verschlissen, Einspritzpumpenkolbenfeder gebrochen, Druckventil(e) undicht, Druckventilfeder gebrochen;	Einspritzpumpe überholen.
	– Fehler an Einspritzdüsen;	Einspritzdüsen erneuern.
	Ein- und/oder Auslaßventil(e) undicht;	Ventil(e) nachschleifen oder erneuern.
	Ventil(e) verschmutzt;	Ventil(e) reinigen.
	Ventilspiel zu klein;	Ventilspiel einstellen.
	Kolbenringe festgebacken;	Kolbenringe lösen oder erneuern. Kolben mit Ringen erneuern.
	Kolben/Zylinderbüchsen verschlissen;	Kolben/Zylinderbüchsen erneuern.
	Kühlung unzureichend;	Kühlung überprüfen.
	Ladeluft-, Frischwasser-, Seewasserkühler verschmutzt;	Kühler reinigen.
	Schmierung unzureichend;	Ölzustand und -menge überprüfen.
	Luftfilter verschmutzt;	Luftfilter reinigen.
	Auspuffleitung verschmutzt;	Auspuffleitung reinigen.
	Abgasturbolader fördert schlecht, weil:	
	– Verdichter verschmutzt;	Verdichter reinigen.
	– Laufzeug beschädigt;	Laufzeug erneuern.
	– Gehäuse gerissen;	Abgasturbolader austauschen.

Störung	Ursache	Abhilfe
7. Motor läuft unregelmäßig	Regler arbeitet nicht einwandfrei;	Regler überholen.
	Einspritzpumpenkupplung hat zuviel Spiel;	Kupplung nachstellen oder erneuern.
	Einspritzpumpe arbeitet unbefriedigend, weil:	
	– Luft in der Pumpe;	Einspritzpumpe entlüften.
	– Pumpenkolben hängenbleiben;	Einspritzpumpe überholen.
	– Rollenstößel verstellt;	Einspritzpumpe überholen.
	– Rollenstößel abgenutzt;	Einspritzpumpe überholen.
	– Druckventilfeder gebrochen;	Einspritzpumpe überholen.
	– Druckventil klemmt;	Einspritzpumpe überholen.
	– Druckventil undicht;	Einspritzpumpe überholen.
	Zu große Druckunterschiede an den Düsen, weil:	
	– einige Düsen undicht;	Düsen einstellen.
	– Druckfeder im Düsenhalter gebrochen;	Düsenhalter erneuern.
	Einspritzleitung(en) defekt;	Einspritzleitung(en) reparieren oder erneuern. Einspritzleitung(en) entlüften.
	Einspritzleitung(en) undicht;	Überwurfmuttern festziehen. Dichtungen erneuern. Einspritzleitung(en) entlüften.
8. Motor läuft unruhig	Fundamentschrauben locker,	Schrauben festziehen.
	Befestigungselemente bei elastisch gelagerten Motoren beschädigt;	Befestigungselemente erneuern.
	Motorteile (z.B. Ausgleichgewichte) locker;	Motor abstellen, Fehler suchen und beheben.
	Massenausgleich gestört;	Massenausgleich wiederherstellen.
9. Motor klopft regelmäßig stark	Einspritzpumpe spritzt zu früh ein;	Einspritzpumpe einstellen.
	Düsendruck zu gering oder zu hoch;	richtigen Druck einstellen.
	Pleuellager ausgelaufen;	Lagerstelle(n) reparieren.
	Kolbenbolzenbüchse(n) ausgelaufen;	Lagerstelle(n) reparieren.
	Motor hat Glühzündungen, weil:	
	– Verbrennungsräume und Kolbenböden verrußt;	Betriebs- bzw. Einspritzverhältnisse ändern.
10. Motorauspuff raucht schwarz	Düsendruck zu niedrig;	richtigen Druck einstellen.
	Kraftstoff wird unzerstäubt eingespritzt, weil:	
	– Düsennadel klemmt,	Düse erneuern.
	– Schmutz unter dem Sitz der Düse;	Düsensitz reinigen.
	– Düsen verkokt;	Düsen reinigen.

Störung	Ursache	Abhilfe
	Einspritzpumpe spritzt zu spät ein, weil:	
	– Kupplung verstellt;	Kupplung richtig einstellen.
	– Kupplung verschlissen;	Kupplung überholen oder erneuern.
	– Nocken und/oder Stößelrollen verschlissen;	Einspritzpumpe überholen oder erneuern.
	Verdichtung ungenügend;	s. 2.
11. Motor kommt nicht auf Nenndrehzahl und klopft	Kolben heißgelaufen oder gefressen;	Motor sofort abstellen, auseinanderbauen, Ursache beseitigen, beschädigte Teile evtl. reparieren oder erneuern.
12. Motor klopft nach dem Abstellen beim Auslauf	Lager gefressen;	Motor auseinanderbauen, Ursache beseitigen, beschädigte Teile erneuern.
	Lagerschalen lose;	neue passende Lagerschalen einbauen.
13. Öldruck sinkt bei normaler Belastung	Öldruckmesser defekt;	Öldruckmesser erneuern.
	Schmierölmenge zu gering;	vorgeschriebenes Schmieröl in ausreichender Menge nachfüllen.
	Ölfilter verschmutzt;	Ölfilter zerlegen, entwässern und reinigen. Filterpatrone erneuern. Ölfilter mit neuer Dichtung vorschriftsmäßig zusammenbauen.
	Schmierölleitung verstopft;	Ölleitung abbauen, mit Druckluft oder Wasserdampf durchblasen und wieder anbauen. Ölkanäle in Gußteilen auf Durchgang prüfen, ggf. durchblasen.
	Verbindungsstellen der Schmierölleitung undicht;	Verschraubungen bzw. Schrauben oder Muttern festziehen. Dichtungen erneuern.
	Schmierölleitung gebrochen;	Schmierölleitung reparieren oder erneuern.
	Öldruckregelventil falsch eingestellt;	Öldruckregelventil richtig einstellen.
	Öldruckregelventil versagt;	Öldruckregelventil erneuern.
	Schmierölpumpe fördert nicht, weil:	
	– Ölstand zu niedrig;	vorgeschriebenes Schmieröl in ausreichender Menge nachfüllen.
	– Ansaugrohr verstopft;	Ansaugrohr reinigen.
	– Ansaugrohr defekt;	Ansaugrohr erneuern.
	– Zahnräder oder Gehäuse der Ölpumpe verschlissen;	Schmierölpumpe erneuern.
	– Bypass defekt;	Bypass erneuern.

Störung	Ursache	Abhilfe
	Schmierölgüte nicht mehr ausreichend;	Schmieröl (vorgeschriebene Sorte und Menge!) erneuern, außerdem: Schmierölbehälter, Kurbelgehäuse reinigen. Schmierölablaßverschraubung auf festen Sitz prüfen.
	Gleitlager abgenutzt;	Motor neu lagern.
14. Kühlflüssigkeitstemperatur steigt bei normaler Belastung	Kühlflüssigkeitsthermometer defekt;	Kühlflüssigkeitsthermometer erneuern.
	Thermostat defekt;	Thermostat erneuern.
	Kühlflüssigkeitsmangel;	Kühlanlage auf Dichtigkeit prüfen, evtl. Undichtigkeit – beschädigte Dichtungen, gebrochene Kühlflüssigkeitsschläuche, undichte Kühlflüssigkeitspumpenstopfbüchse oder Axialdichtung – beseitigen. Erforderliche Menge aufbereitetes Kühlwasser nachfüllen.
	Kühlflüssigkeitsräume und -leitungen durch Schlamm und/oder Wasserstein verstopft;	Verstopfung durch Spülen oder Beizen beseitigen.
	Kühler und Wärmetauscher innen und/oder außen verunreinigt;	Verunreinigungen durch Abspritzen mit Wasser beseitigen. Ölhaltige Verunreinigungen durch Lösungsmittel entfernen.
	Kühlflüssigkeitspumpe fördert ungenügend, weil:	
	– Keilriemen zu locker;	Keilriemen spannen.
	– Keilriemen defekt;	Keilriemen erneuern.
	– Pumpenwelle gebrochen, Laufrad oder Lager beschädigt;	beschädigte Kühlflüssigkeitspumpe auswechseln.
15. Abgastemperatur steigt bei normaler Belastung	Ungenügende Kühlung;	s. 14.
	Einspritzpumpe fördert zuviel Kraftstoff, weil:	
	– Anschlag für Reglerstange verstellt;	Reglerstange einstellen.
	– Regler verstellt;	Regler einstellen.
	– Pumpenelement-Einstellung verstellt;	Einspritzpumpenelement einstellen.
	Einspritzpumpe spritzt zu spät ein;	richtige Einspritzzeit einstellen.
	Einspritzorgane arbeiten nicht einwandfrei, weil:	
	– Einspritzdruck zu gering;	Einspritzpumpenelement überholen oder erneuern.
	– Einzelne Einspritzdüsen verkokt;	Einspritzdüsen überholen oder erneuern.
	– Düsennadelsitz einzelner Düsen verschmutzt, Düsen tropfen nach;	Einspritzdüsen erneuern.
	Verbrennungsluft-Mangel;	s. 17.

Störung	Ursache	Abhilfe
16. Motorauspuff raucht bläulich	Motor noch kalt;	Motor einige Zeit im Leerlauf betreiben.
	Verdichtung zu gering;	s. 2.
	Motor „überschmiert", weil:	
	– zuviel Schmieröl im Kurbelgehäuse;	Schmieröl ablassen. Untersuchen, ob evtl. Kühlflüssigkeit im Schmieröl; dann Schmieröl erneuern.
	– Motor zu lange im Leerlauf lief.	
17. Motorauspuff rußt und qualmt schwarz	Einspritzpumpe fördert zuviel Kraftstoff, weil:	
	– Anschlag für Reglerstange verstellt;	Reglerstange einstellen.
	– Regler verstellt;	Regler einstellen.
	– Pumpenelement-Einstellung verstellt;	Einspritzpumpe überholen.
	– Einspritzpumpe spritzt zu spät ein;	richtige Einspritzzeit einstellen.
	Einspritzorgane arbeiten nicht einwandfrei, weil:	
	– Einspritzdruck zu gering;	Einspritzpumpe überholen oder erneuern.
	– Einspritzdüsen verkokt;	Einspritzdüsen überholen oder erneuern.
	– Düsennadelsitz verschmutzt;	Einspritzdüsen überholen.
	– Düsen nachtropfen;	Einspritzdüsen erneuern.
	Verbrennungsluft-Mangel, weil:	
	– Lade- bzw. Spüldruck (2-Takt-Motoren) zu gering;	Druck vergrößern.
	– Luftfilter verschmutzt;	Luftfilter reinigen.
	– Ein- bzw. Auslaßventile verschmutzt;	Ventile reinigen.
	– Ein- bzw. Auslaßventile undicht;	Ventile nachschleifen oder erneuern.
	– Ventilspiel zu klein;	Ventilspiel einstellen.
	– Auspuffleitung verschmutzt (schlechte Spülung);	Auspuffleitung reinigen.
	– Motor bzw. einzelne Zylinder überlastet (gedrückter Motor im Schiffsbetrieb);	Ursachen abstellen, Drehzahl erhöhen.
	Abgasturbolader fördert schlecht, weil:	
	– Verdichter verschmutzt;	Verdichter reinigen.
	– Laufzeug beschädigt;	Laufzeug erneuern.
	– Gehäuse gerissen;	Abgasturbolader erneuern.
	Motor wird über Rauchgrenze hinaus belastet;	Belastung verringern.
18. Motorauspuff weiß	Kühlflüssigkeit im Verbrennungsraum, weil:	
	– Zylinderkopfdichtung beschädigt;	Dichtung erneuern.

Störung	Ursache	Abhilfe
	– Zylinderkopf gerissen; – Zylinderbüchse(n) gerissen; – Motor unterkühlt; – Gemisch nicht gezündet hat;	Kopf erneuern. Büchse(n) erneuern. Motor warmlaufen lassen. s. 2.
19. Motor raucht aus Kurbelgehäuse	Kolben/Zylinderbüchsen verschlissen;	Kolben/Zylinderbüchsen erneuern.
	Kolbenringe festgebacken;	Kolbenringe lösen oder erneuern. Kolben mit Ringen erneuern.
	Kolbenboden gerissen;	Kolben/Zylinderbüchse erneuern.
20. Kühlflüssigkeit im Schmieröl	Zylinderkopfdichtung undicht;	Zylinderkopfschrauben festziehen. Zylinderkopfdichtung erneuern.
	Zylinderkopf gerissen;	Zylinerkopf erneuern.
	Zylinderbüchsen-Abdichtung im Kurbelgehäuse undicht;	Dichtung erneuern.
	Zylinderbüchse(n) gerissen;	Zylinderbüchse(n) erneuern.
21. Schmieröl in der Kühlflüssigkeit	Ölkühler undicht;	Ölkühler überprüfen, undichtes Rohr bzw. undichte Rohre mit Holzstopfen abdichten.

6.8.5.7 Schadenverhütung durch Wartung

Leistung, Lebensdauer und Betriebssicherheit der Dieselmotoren hängen weitgehend von einer sorgfältigen Wartung ab, die der Motorhersteller in einer Wartungsanleitung festgelegt hat.

Bei stationären Motoren müssen die Wartungsarbeiten nach den in den Betriebsbüchern aufgeschriebenen Betriebsstunden durchgeführt werden; es empfiehlt sich der Anbau eines Betriebsstundenzählers. Die Zeitintervalle für die einzelnen Wartungsarbeiten sind in der Wartungsanleitung der Motorhersteller festgelegt.

6.8.5.7.1 Planmäßige Wartung

Motor im Stillstand

Kühlflüssigkeit prüfen auf:
vorgeschriebene Menge, Gehalt an Korrosionsschutzöl (Emulsion nach Anleitung prüfen), Frostschutz.

Verlust von Kühlflüssigkeit bedingt steigende Kühlflüssigkeits- und Motortemperatur, sinkende Leistung, Festbacken der Kolbenringe, Kolbenfressen, Reißen der Zylinderköpfe, Versagen der Einspritzdüsen, Erhöhung der Öltemperatur (dadurch Sinken der Schmierfähigkeit).

Fehlende Menge mit aufbereitetem Kühlwasser nachfüllen.

Ölstand prüfen

Motorölmangel bedingt Sinken des Öldrucks, Steigen der Motortemperatur, Festbacken der Kolbenringe, Kolben- und Lagerfressen, Sinken der Motorleistung, Zerstörung von Gummidichtungen. Durch Austreten von Öl an undichten Stellen Verschmutzung der Maschinen und Brandgefahr.

Rechtzeitig Öl wechseln

Wechselfristen und Ölqualität der Betriebsanleitung entnehmen. Zu lange Ölwechselzeiten führen zu starker Ölverschmutzung. Folgen: Starker Verschleiß, Freßgefahr bei Lagern und Kolben, Festbacken der Kolbenringe, Explosionsgefahr.

Kraftstoff

Kraftstoffsystem auf Dichtheit überprüfen, Kraftstoffilter entwässern, reinigen, ggf. Filterpatrone erneuern. Kraftstoff-Aufbereitungsanlage (Schwerölbetrieb) bzw. Separatoren reinigen.

Abgasanlage

Bei undichten Flanschverbindungen, bei gebrochenen oder korrodierten Abgasleitungen besteht durch austretende Abgase in geschlossenen Räumen akute Vergiftungsgefahr. Daher ist die gesamte Abgasanlage, einschl. evtl. vorhandener Kompensatoren regelmäßig auf Dichtheit zu prüfen. Schrauben und Muttern sind auf festen Sitz zu prüfen.

Abgasturbolader überprüfen.

Verbrennungsluftfilter

Durch Verunreinigung entsteht Luftmangel. Filter auf Sauberkeit prüfen, ggf. reinigen oder Filtereinsatz erneuern.

Ansaugleitungen auf Dichtheit prüfen. In staubigem Betrieb Gefahr des vorzeitigen Verschleißes von Kolben/Zylinderbüchsen. Verbindungsschellen besonders beachten.

Nach Betriebsverhältnissen geeignete Ansaugfilter (Trocken-, Naß- oder Ölbadfilter) verwenden.

Hebel und Gestänge

Beschädigte oder verbogene Hebel und Gestänge instand setzen oder erneuern.

6.8.5.7.2 Außerplanmäßige Wartung

Nach längerer hoher Belastung

Motor zum Abkühlen eine Zeitlang im Leerlauf weiterlaufen lassen.

Ölstand kontrollieren, evtl. nachfüllen.

Ölablaßschraube auf festen Sitz prüfen.

Nach Einsatz in staubiger Umgebung

Motor und Kühler äußerlich reinigen (s. Abschnitt 6.8.5.8.1).

Luftfilter reinigen, ggf. Filtereinsatz erneuern.

Unbrauchbar gewordenes Motoröl ablassen, Kurbelgehäuse von Ölschlamm reinigen (s. Abschnitt 6.8.5.8.2), neues Motoröl der vorgeschriebenen Sorte in ausreichender Menge einfüllen. Vorher Ölablaßschraube auf festen Sitz prüfen.

Vor Einsatz bei tiefen Temperaturen

Der Kühlflüssigkeit Frostschutzmittel zugeben.

Motoröl ablassen, Kurbelgehäuse reinigen (s. Abschnitt 8.2); Ölfilter zerlegen und reinigen, ggf. Filterpatrone erneuern; Winteröl der vorgeschriebenen Sorte in ausreichender Menge einfüllen. Vorher Ölablaßschraube auf festen Sitz prüfen. Motor bis zum Erreichen der Betriebstemperatur mit Schwachlast betreiben.

Nach Einsatz bei tiefen Temperaturen

Motor bei Schichtende zum Abkühlen eine Zeitlang im Leerlauf weiterlaufen lassen; nach Erreichen der Leerlauftemperatur abstellen.

Bei *kurzen Pausen* Motor bis zum nächsten Einsatz im Leerlauf weiterlaufen lassen.

6.8.5.8 Schadenverhütung durch Reinigen

Regelmäßiges und richtiges Reinigen trägt wesentlich dazu bei, Schäden an Dieselmotoren einzuschränken. Schäden bzw. ein Schadensbeginn können an einer gereinigten Maschine leichter festgestellt werden.

6.8.5.8.1 Äußere Reinigung

Glatte Flächen mit Putzlappen, stark verölte Stellen mit handelsüblichen Reinigungsmitteln säubern (keine Putzwolle verwenden).

Bei stark verschmutzten, ortsbeweglichen Dieselmotoren (z.B. in Baumaschinen) glatte Flächen und Kühlrippen mit Wasser- oder Dampfstrahl, stark ölige Stellen mit Reinigungsmitteln säubern.

6.8.5.8.2 Innere Reinigung

Kurbelgehäuse

Verbrauchtes Motoröl ablassen (nach Betriebsanleitung); verschmutztes Kurbelgehäuse mit Spülöl reinigen; Magnet an Ölablaßschraube mit suaberem Tuch reinigen; neues Motoröl der vorgeschriebenen Sorte in ausreichender Menge einfüllen. Vorher Ölablaßschraube auf festen Sitz prüfen.

Ölfilter

Filter zerlegen; Deckel mit Waschpetroleum (DIN 51636), Filzfiltersatz mit Petroleum reinigen, Papierfiltereinsatz erneuern.

Kühler

Außenfläche der Röhrchen- oder Wabenkühler nach Bedarf mit Bürste und Wasser reinigen; anschließend mit Luftstrom durchblasen und trocknen.

Kühlflüssigkeitsräume

Motor laufen lassen, bis Kühlflüssigkeit Betriebstemperatur erreicht hat und alle lockeren Wassersteinteilchen aufgewirbelt sind.

Motor abstellen und Kühlflüssigkeit schnell ablassen, Ablaßöffnung wieder schließen.

Kühlanlage mit Gemisch aus 10 % Petroleum und 90 % heißer Sodalösung (60 g Soda je 1 l Wasser) auffüllen; Motor etwa 30 min laufen lassen; Flüssigkeit ablassen; bei Verwendung handelsüblicher Lösungsmittel Gebrauchsanweisung beachten.

Kühlanlage mit suaberem Wasser mehrmals durchspülen; Kühlflüssigkeit auffüllen.

(Tages-)Kraftstofftank

Kraftstoff vollständig ablassen; Hauptventil schließen.

Verschlüsse der Reinigungsöffnungen abschrauben.

Tank innen (besonders tote Ecken) mit Dampfstrahl reinigen, anschließend mit Luftstrom trockenblasen.

Reinigungsöffnungen mit neuen Dichtungen wieder verschließen; Rohrleitungen entlüften.

6.8.5.9 Schadenverhütung durch Konservieren

Bei längerem Stillstand der Dieselmotoren läuft das Motoröl von Zylinderwänden und Kolbenringen ab. Nicht oberflächengeschützte Teile korrodieren (Rost!). So angegriffene Bauteile werden in ihrer Lebensdauer beeinträchtigt. Es können Schäden entstehen. Betriebsmittel verändern sich im Laufe der Zeit durch Zersetzung und Ausscheiden von Beimengungen. Motorbauteile werden angegriffen. Konservierungsmaßnahmen sind deshalb unerläßlich.

6.8.5.9.1 Vor kürzerem Stillstand (einige Wochen)

Um den schützenden Ölfilm zu erhalten, muß der Motor wöchentlich einmal angelassen werden und unter Last warmlaufen (Notstrom-Dieselmotoren!).

6.8.5.9.2 Vor längerem Stillstand (Winterpause)

Ansätze an Motorteilen mit Waschpetroleum (DIN 51636) oder mechanisch entfernen; alle zu konservierenden Teile gründlich reinigen.

Kraftstofftank

Entleeren und mit Gemisch aus 10 % Korrosionsschutzöl und 90 % Dieselkraftstoff füllen. Beide Flüssigkeiten vorher gut mischen. Bei den nachfolgenden Konservierungsmaßnahmen wird der Motor mit dem so aufbereiteten Kraftstoffgemisch betrieben.

Abgasturbolader

Nach Angaben der Hersteller konservieren.

Motorölkreislauf

Motor warmlaufen lassen und abstellen; Motoröl restlos ablassen; Kurbelgehäuse bis zum Normalstand mit Motor-Konservierungsöl füllen (nicht identisch mit Korrosionsschutzöl für Kühlwasser); Ölfiltereinsatz und Filtergehäuse gründlich reinigen und wieder anbauen.

Einspritzpumpe und Drehzahlregler

Öl aus Nockenwellenraum der Einspritzpumpe und aus Drehzahlreglerraum ablassen; Räume mit Konservierungsöl füllen.

Kühlflüssigkeitsräume

Bei Kühlwasser mit Korrosionsschutzöl (nicht identisch mit Motor-Konservierungsöl) Motor 15 ... 20 min im Leerlauf betreiben, dann Kühlflüssigkeit ablassen.

Enthält Kühlwasser kein Korrosionsschutzöl, 2 % Kühlwasser ablassen, gleiche Menge Korrosionsschutzöl einfüllen, Konservierungslauf wie oben; Emulsion ablassen.

Verbrennungsräume und Glühkerzen

Nach Konservierungslauf Glühkerzen bzw. Zündpapierhalter ausbauen; Verbrennungsräume (Vorkammern) und Glühkerzen mit Korrosionsschutz-Motoröl einspülen.

6.8.5.9.3 Entkonservieren

Vor Wiederinbetriebnahme konservierter Dieselmotoren Schäfte der Ventile mit Gemisch aus Petroleum und Motoröl (Mischungsverhältnis 1 : 1) abspülen. Kühlflüssigkeit einfüllen. Nach 50 Betriebsstunden im Motor verbliebenes Korrosionsschutzöl (auch aus Einspritzpumpe und Drehzahlregler) ablassen. Das vorgeschriebene Schmieröl in ausreichender Menge wieder einfüllen. Vorher Ölablaßschraube auf festen Sitz prüfen.

Hinweise der Motorhersteller beachten.

Schrifttum

[6.1] *Breyer, H.*, Brennstoffversorgung Esso AG, Sept. 1970

[6.2] *Fein/Villforth*, Grundlagen der Schmierung, Techn. Veröffentlichung Texaco 1/78

[6.3] *Habermann/Pedersen/Wikström*, Praktische Aspekte der Schmierung von Schiffsdieselmotoren – Aspekte der Gebrauchtölanalyse, Mobil-Symposium Schiffsdieselmotoren, 5.6.1975 Hamburg

[6.4] Lubrication and Fuels in Ships Shell International Trading Comp. London

[6.5] *Mau, G.*, Automatisierung auf Seeschiffen, Z. Automatik u. industrielle Elektronik, 9. Ausgabe 1968/69

[6.6] *Langhans/Damaschke*, Automation des Schiffsbetriebes, Handbuch der Werften Bd. X, Schifffahrtsverlag Hansa Hamburg

[6.7] *Gallois, J.*, Betriebsergebnisse der in der Handelsmarine eingesetzten SEMT-Pielstick Dieselmotoren, Veröffentlichung der SEMT Paris Juni 81, H.P. 526.88.27

[6.8] *Chapuy, I.F.*, SEMT-Pielstick-Motoren und die Entwicklung der Brennstoffe, SEMT-Veröffentlichung H.P. 526.88.27

[6.9] *Hiller, R.*, Parallelbetrieb von Mehrmotorenanalgen MaK-Veröffentlichung Motorentechnik Kiel

[6.10] *Roemer, E.*, Gleitlagerschäden und ihre Verhütung Bericht Nr. 9 der Techn. Akademie Wuppert.

[6.11] *Maaß, H.*, Langzeit-Lagerschäden – Ein Problem der Praxis, Z. Schiff + Hafen, Nr. 1/1978

[6.12] Allianz-Merkblatt Nr. 7, Ausgabe 1981 Vertrieb Allianz Vers.-AG, WBA/TI, Postfach 24, D 8000 München 44

7 Instandhaltung von Dieselmotoren

7.1 Instandhaltung – Gliederung

Instandhaltungsmaßnahmen lassen sich nach einem Vorschlag des Deutschen Kommitees Instandhaltung e. V. nach Bild 7.1 gliedern.

Gliederung der Maßnahmen

Bei Bild 7.1 wurde ein Schema gewählt, das sich aus Ebenen aufbaut, die von oben nach unten mit Ziffern gekennzeichnet sind. Als oberste Gliederungskriterien wurden die Merkmale

- im Betriebszustand,
- im Stillstand

eingesetzt, und die drei Maßnahmen-Bereiche „Inspektion", „Wartung" und „Instandsetzung" erscheinen erst in der nächsten Ebene.

Diese Reihenfolge wird auch der Planer in der Praxis bevorzugen. Er wird von der Zielsetzung ausgehen, daß jede Instandhaltungsmaßnahme möglichst ohne Störung des Betriebsgeschehens durchgeführt werden sollte. Man wird daher solche Maßnahmen bevorzugen, die „im Betriebszustand" durchgeführt werden können.

Immer muß aber die Sicherheit im Vordergrund stehen!

Die Maximierung der Zeitabschnitte, in denen die Anlagen „im Betriebszustand" nutzungsfähig sind, ist ein wichtiges Ziel der Instandhaltungsplanung und bestimmt die Maßnahmewahl. Diese Zielsetzung ist in der vorliegenden Maßnahmen-Gliederung berücksichtigt.

Inspektion, Wartung und Instandsetzung bestimmen die Gliederung der nächsten Ebenen, wobei zunächst die auslösenden Ursachen eingetragen sind, zum Beispiel „zustandsabhängig". Es folgen die Maßnahmen, die direkt an den Betrachtungseinheiten durchgeführt werden, zum Beispiel „vorläufiges Ausbessern".

Alle Maßnahmen müssen mit einer Auswertung beendet werden. Unterbleibt diese Auswertung, so geht nicht nur dem Planer, sondern dem gesamten Instandhaltsbereich wertvolles Informationsmaterial verloren, das für jedes wirtschaftliche und technische Handeln eine wichtige Grundlage ist.

Die Auswertung hat wieder neue Maßnahmen zur Folge, die jedoch mehr planerischer Art sind. Deshalb sind in der 9. Ebene Planungsmaßnahmen enthalten, die zwangsläufig zu Maßnahmen führen, die in den oberen Ebenen angeführt sind. Die Kreise mit den Ziffern geben die Hinweise.

Die Empfehlung berücksichtigt also den Kreislauf von Planung, Durchführung, Auswertung, Planung. Der Fachausschuß des DKIN empfiehlt diese Kreisbetrachtung mit Nachdruck, da sonst die Planung und damit letzthin alle Instandhaltungsaktivitäten bruchstückhaft bleiben.

Die Maßnahmen beziehen sich immer auf eine Betrachtungseinheit. Ist sie redundant aufgebaut, so muß angegeben werden, auf welchen Teil die Maßnahme bezogen werden soll.

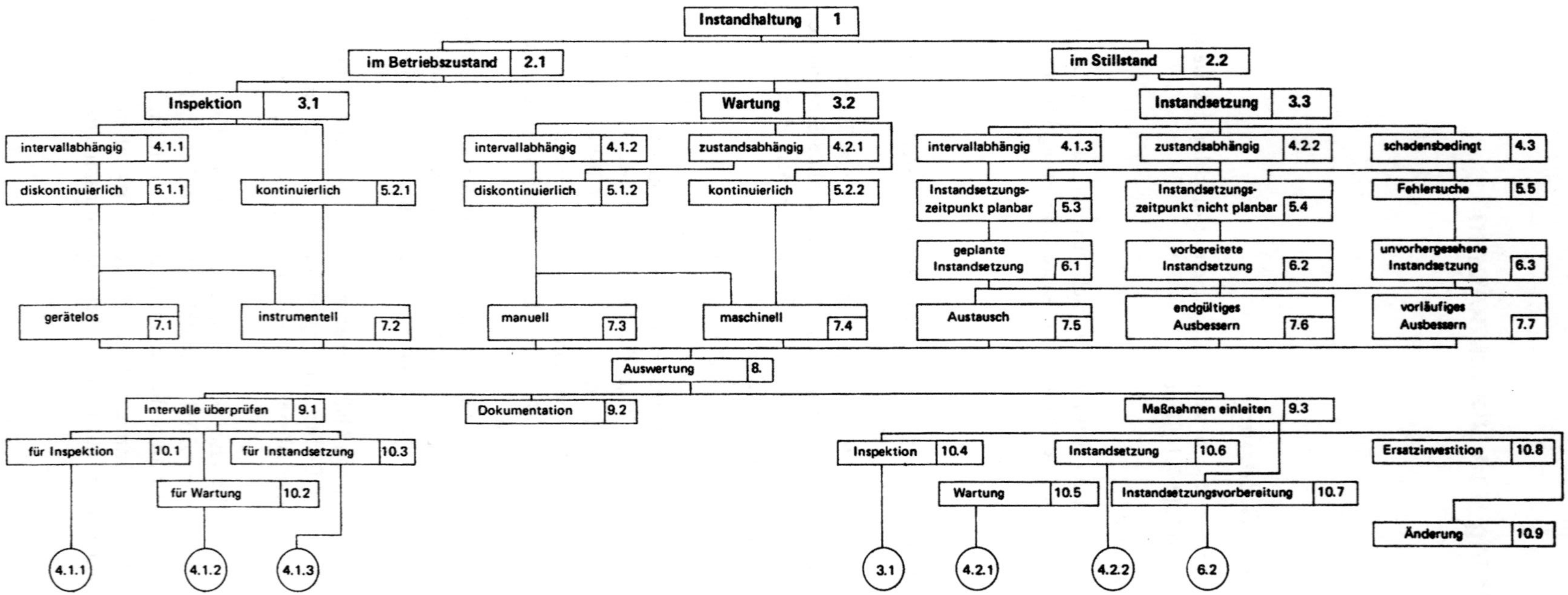

Bild 7.1 Gliederung der Instandhaltung nach [7.1]

Die vorliegende Gliederung gestattet auch die Behandlung spezieller Instandhaltungstätigkeiten, zum Beispiel der Schwachstellen-Ermittlung. Sie lösen Maßnahmen aus, die im vorliegenden Schema enthalten sind. Die Schwachstellen-Ermittlung kann auf verschiedene Art durchgeführt werden. Sie kann beispielsweise mit der kontinuierlichen Inspektion beginnen; die Ergebnisse werden in der Auswertung analysiert und führen zu weiteren Maßnahmen, zum Beispiel Ersatzinvestition. Sie kann aber auch mit der Auswertung von Instandsetzungsberichten beginnen (Schadenshäufigkeit) und zu einem Umbau bzw. Änderung Anlaß geben.

Erklärungen und Definitionen

Die Definitionen, die in DIN 31051, Blatt 1 und Blatt 10, enthalten sind, werden im folgenden nur dann wiederholt, wenn aus der hier vorliegenden Thematik Ergänzungen oder Erklärungen notwendig erschienen.

Instandhaltung (1)[1]

Unter Instandhaltung sind alle Maßnahmen zu verstehen, die zur Erhaltung und Wiederherstellung der Betriebsfähigkeit von technischen Anlagen und Arbeitsmitteln dienen. Nicht unter diesen Begriff fallen also alle Maßnahmen, die nur

- zur Änderung eines Betriebszustandes,
- zur Inbetriebnahme einer Anlage,
- zum Umbau einer Anlage,
- zum Zweck der Durchführung von Betriebsversuchen usw.

durchgeführt werden. Dies gilt auch, wenn die Instandhaltungsabteilung Auftragnehmer oder Auftraggeber ist.

Instandhaltung im Betriebszustand (2.1)

Hierunter sind alle Maßnahmen, die ohne Beeinträchtigung der Funktionserfüllung durchgeführt werden können, zusammengefaßt.

Instandhaltung im Stillstand (2.2)

Hierunter fallen alle Maßnahmen, die die Funktionserfüllung der betreffenden Anlage unterbrechen. Dabei ist es zunächst unerheblich, ob dieser Stillstand

a) zum Zwecke der Maßnahme bewußt herbeigeführt wird (6.1),
b) aus anderen Gründen notwendig bzw. wünschenswert ist (6.1/6.2),
c) unvorhergesehen ist und die Maßnahme auslöst (6.3).

Inspektion (3.1)

Die Inspektion umfaßt alle Aktivitäten, die darauf ausgerichtet sind, den Istzustand einer Betrachtungseinheit zu bestimmen, zu analysieren und zu beurteilen. Diese Maßnahmen erfolgen sowohl bei Betriebsruhe als auch bei laufendem Betrieb. Aktivitäten, die durch Gesetze oder Vorschriften ausgelöst werden und nur einen bestimmten Zustand bestätigen sollen, wie zum Beispiel Abnahme durch den TÜV oder durch Sachverständige, zählen nicht zur Inspektion. Maßnahmen, die bei Instandsetzungen zur Befundaufnahme dienen, gelten nicht als Inspektion, sondern als Teil der Instandsetzung, auch wenn die Instandsetzung nicht vollendet wird, zum Beispiel bei Totalschaden.

[1] Die in ( ) gesetzten Ziffern beziehen sich auf Bild 7.1

Wartung (3.2)

Maßnahmen zur Wartung werden häufig mit Inspektionen verbunden. Der Instandhaltungsplaner muß aber dennoch zwischen beiden Arten unterscheiden, zumal die Auswertung und der anschließende Informationsrückfluß diese Trennung bedingen.

Instandsetzung (3.3)

DIN 31051 definiert die Instandsetzung als Wiederherstellung des Sollzustandes. Oftmals wird dieses Ziel schrittweise erreicht, indem zum Beispiel zunächst eine vorläufige Instandsetzung durchgeführt wird, ehe die endgültige Instandsetzung erfolgt.

Die vorliegende Gliederung berücksichtigt dieses stufenweise Vorgehen, indem der Sollzustand der vorläufigen Instandsetzung ein anderer ist als bei der endgültigen.

Intervallabhängige Instandsetzung (4.1.3)

Die Einleitung von Maßnahmen erfolgt in Abhängigkeit von Zeit, Laufzeit, Durchsatz, Stückzahl oder ähnlichen Parametern, wenn diese ein vorgegebenes Intervall überschreiten.

Zustandsabhängige Instandsetzung (4.2.2)

Die Einleitung von Maßnahmen wird aufgrund des bei der Inspektion festgestellten Istzustandes durchgeführt. Der Zeitpunkt kann aus dem jeweiligen Istzustand oder seinem wahrscheinlichen Verlauf in der nächsten Zukunft (Trend) bestimmt werden.

Schadensbedingte Instandsetzung (4.3)

Die Maßnahme wird erst bei Eintritt des Schadens durchgeführt, kann aber durchaus nach Art und Umfang vorgeplant sein.

Geplante Instandsetzung (6.1)

Maßnahmen, die nach Zeitpunkt, Art und Umfang geplant werden und zur Wiedererlangung der vollen Betriebsfähigkeit ergriffen werden, bevor ein Schaden zum Ausfall führt

a) aufgrund von Erfahrungen (intervallabhängig),
b) bei erkennbar zu erwartender Beeinträchtigung der Funktionsfähigkeit (zustandsabhängig).

Vorbereitete Instandsetzung (6.2)

Maßnahmen, die nach Art und Umfang geplant werden, für die der Zeitpunkt der Durchführung jedoch zunächst offen bleibt.

Unvorhergesehene Instandsetzung (6.3)

Maßnahmen, deren Eintrittszeitpunkt, Art und Umfang vor Ausfall der Anlage nicht bekannt sind.

Gerätelose Inspektion (7.1)

Begutachtung durch Ansehen, Fühlen, Riechen oder Horchen, auch unter Verwendung von Reaktionsmitteln (z. B. Thermofarben) ohne Verwendung von Meßinstrumenten.

Instrumentelle Inspektion (7.2)

Unter Zuhilfenahme von Werkzeugen und Geräten, vorzugsweise Meßwerkzeugen und Meßgeräten.

Manuelle Wartung (7.3)

Durchführung von Hand mit oder ohne Zuhilfenahme von Werkzeugen.

Maschinelle Wartung (7.4)

Durchführung unter Verwendung von fest eingebauten Einrichtungen.

Anwendung des Maßnahmen-Schemas

In der Instandhaltung wird die Planung immer von der Betrachtungseinheit ausgehen, sei es eine Anlage, Teilanlage, Baugruppe, Gebäude, Fahrzeug oder sonstiges Objekt.

Sie hat einen bestimmten Nutzen zu erbringen und muß demnach ein Vermögen haben, diesen Nutzen zu stiften; dieses Vermögen wird Nutzungsvorrat genannt. Verschleiß und viele andere Ursachen bauen den Nutzungsvorrat ab und führen zu einer immer größer werdenden Abweichung zwischen Sollzustand und Istzustand. Diese sogenannte Sollzustandsabweichung (DIN 31051, Blatt 10) klein zu halten, zu verzögern und wieder rückgängig zu machen, ist Ziel der Instandhaltung.

Der Instandhaltungsplaner kann anhand des Maßnahmen-Schemas Alternativen erarbeiten, wie er die gesetzten Ziele wirtschaftlich erreicht. Jede Maßnahme läßt sich durch den Aufwand und den Nutzen bewerten. Maßnahmen im Stillstand können, müssen aber nicht kostspieliger sein.

Beispiel: Eine Nebenanlage durch instrumentelle Inspektion dauernd zu überwachen, ist unter Umständen teurer, als einen gelegentlichen Stillstand für eine vorbereitete Instandhaltung in Kauf zu nehmen.

Bei der Planung ist also zu prüfen, welcher Aufwand anfällt, wenn eine zunächst gewählte Maßnahme durch eine andere ersetzt wird, und ob der damit erzielte Nutzen auch aus der Sicht des Betreibers einen echten Vorteil darstellt. So kann eine zu hoch getriebene Verfügbarkeit, die gar nicht verlangt wird, unwirtschaftlich sein. Der Planer hat dann andere Maßnahmen zu überlegen.

Der Planungsprozeß ist iterativ, d. h., er wird solange wiederholt, bis ein erstes Optimum vorliegt. Nach der Durchführung und Auswertung, die eingeplant sein muß, werden sich Verbesserungsmöglichkeiten ergeben.

7.2 **Instandhaltungspläne**, vgl. hierzu [7.2; 7.3; 7.4; 7.5; 7.6; 7.7]

Instandhaltungspläne können anhand von Betriebshandbüchern anlagenspezifisch von der Betriebsleitung erstellt oder aber auch z. B. vom Institut für Schiffsbetriebsforschung Flensburg auch für Landanlagen bezogen werden. Die meisten Motorenhersteller bieten Instandhaltungspläne für ihre Motoren an, ggf. auch Instandhaltungsverträge.

In vielen Fällen wird ein zeitabhängiger Instandhaltungsplan ausreichen, dessen Arbeitsintervalle dann nach anfallender Erfahrung in größeren Zeitabständen korrigiert werden sollten. Bild 7.2 zeigt einen solchen Instandhaltungsplan und das Beispiel in 7.3, das für die Kontrolle der Zylinderdeckel heranzuziehende Arbeitsblatt 01.12.01. – vgl. hierzu auch die Bilder 1.46 und 1.47. Neben zeitabhängigen Instandhaltungsstrategien mit festen oder nach jeder Instandhaltungsmaßnahme neu berechneten Instandhaltungsintervallen spielen in modernen Überlegungen zustandsbezogene Instandhaltungsstrategien eine Rolle. Für Motoren-Instandhaltung setzt dies das Vorhandensein einer ständigen Zustandsinformation voraus (Condition monitoring), die meistens sehr aufwendig wird.

Instandhaltungsplan für die Motoren MaK M 451/452/453																							
	Zylinderdeckel														Triebwerk								
	Arbeitskarten der Wartungsarbeiten für die Hauptmaschine	Kontrolle Ventilspiele	Kontr. Ventilhebellagerung	Kontr. Ventildrehvorrichtung	Instandsetzung Ventildrehvorrichtungen	Kontr. Ventilführungsspiel	Kontr. Ventile	Kontr. Anlaßventile	Wartung Anlaßventile	Wartung Zylinderdeckel	Kontr. Zylinderdeckel				Triebwerkskontrolle	Kontr. Kurbelwangenatmung	Kontr. Pleuellager	Kontrolle Kurbelwellen-Grundlager	Kontrolle Kolben/Kolbenringe	Erneuern Chromringe	Aufmessen Kolben u. Kolbenringe	Kontr. Kolbenbolzenlager	
	Nr. der Arbeits-karten	01.01.01	01.02.03	01.03.01	01.03.02/12	01.05.01	01.07.01	01.09.01	01.09.02	01.10.01	01.12.01				02.01.01	02.02.01	02.03.01	02.05.01	02.07.01	02.07.02	02.07.03	02.09.01	
Datum	Betriebs-	500	10000	125	5000	5000S	5000S	500	5000	10000	125				1250	1250	5000	500	5000	10000	10000	20000	
	stunden					10000 G	10000 G										10000	Bedf.		15000	15000	Bedf.	
	250			☐☐							☐☐												
	500	☐		☐☐				☐			☐☐							☐					
	750			☐☐							☐☐												
	1000	☐		☐☐				☐			☐☐							☐					
	1250			☐☐							☐☐				☐	☐							
	1500	☐		☐☐				☐			☐☐							☐					
	1750			☐☐							☐☐												
	2000	☐		☐☐				☐			☐☐							☐					
	2250			☐☐							☐☐												
	2500	☐		☐☐				☐			☐☐				☐	☐		☐					
	2750			☐☐							☐☐												
	3000	☐		☐☐				☐			☐☐							☐					
	3250			☐☐							☐☐												
	3500	☐		☐☐				☐			☐☐							☐					
	3750			☐☐							☐☐				☐	☐							
	4000	☐		☐☐				☐			☐☐							☐					
	4250			☐☐							☐☐												
	4500	☐		☐☐				☐			☐☐							☐					
	4750			☐☐							☐☐												
	5000	☐		☐☐	☐	☐	☐	☐	☐		☐☐				☐	☐	☐	☐	☐				
	5250			☐☐							☐☐												

Bild 7.2 Zeitabhängiger Instandhaltungsplan

MaK	Kontrolle Zylinderdeckel	Arbeitsblatt Nr.: **01.12.01**
	MaK M 452/453 AK	Betriebsstunden: **125**

In Verbindung mit Arbeitsblatt: 01.01.01, 01.03.01

Kontrolle

Alle 125 Betriebsstunden ist der Zylinderdeckel durch Besichtigung zu kontrollieren und zu reinigen.

Werkzeuge: Ringschlüssel, Maulschlüssel, Inbusschlüssel.

Hinweis

Undichtigkeiten an den Kraftstoffzuleitungen oder am Einspritzventil müssen behoben werden.

Arbeitsfolge

Nach einer äußerlichen Reinigung den Zylinderdeckel auf Undichtigkeiten kontrollieren. Deckelhaube durch Entfernen der 4 Deckelschrauben abheben. Deckelhaubendichtung kontrollieren und bei Beschädigung erneuern.

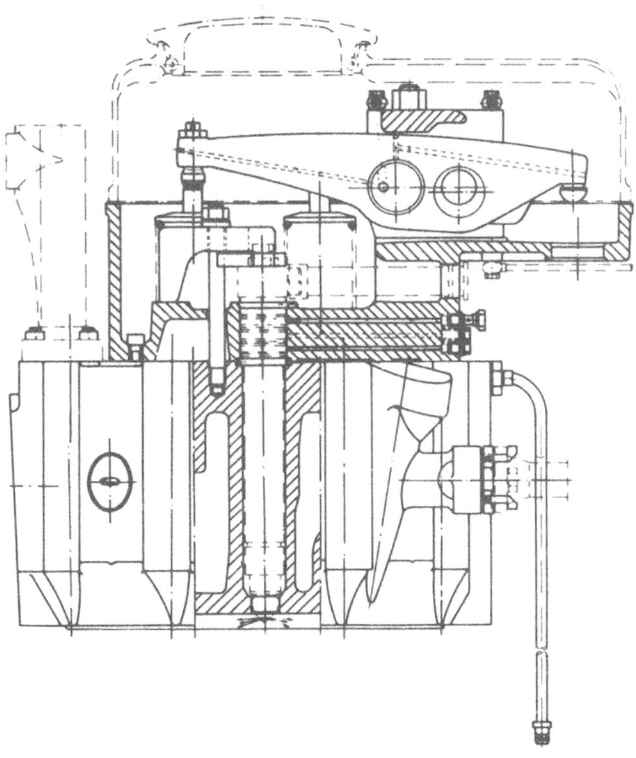

Kontrolle der Ventilhebel

Buchsen und Welle der Ventilhebel auf einwandfreien Zustand untersuchen.

Kontrolle der Ventile

Ein- und Auslaßventilspindeln durch ein Gasöl-Schmieröl-Gemisch (Verhältnis 1 : 1) abschmieren. Das Gemisch ist an die Klemmkegel aufzubringen, von dort kann es an der Ventilspindel zu den Führungsbuchsen gelangen. Ventildrehvorrichtung (Rotocap) auf Funktion durch Sichtkontrolle überprüfen und mit Schmieröl-Gemisch abschmieren. Ventilspiele und Gängigkeit der Ein- und Auslaßventile kontrollieren. Prüfen, ob alle Stoßstangen im Betrieb bei geschlossenem Ventil leicht zu drehen sind.

Äußere Kontrolle des Einspritzventils

Einspritzventil **im** Zylinderdeckel reinigen und auf Leckagen kontrollieren. Leckölleitung auf eventuelles Tropfen kontrollieren.

Bild 7.3 Arbeitsblatt zur Kontrolle der Zylinderdeckel

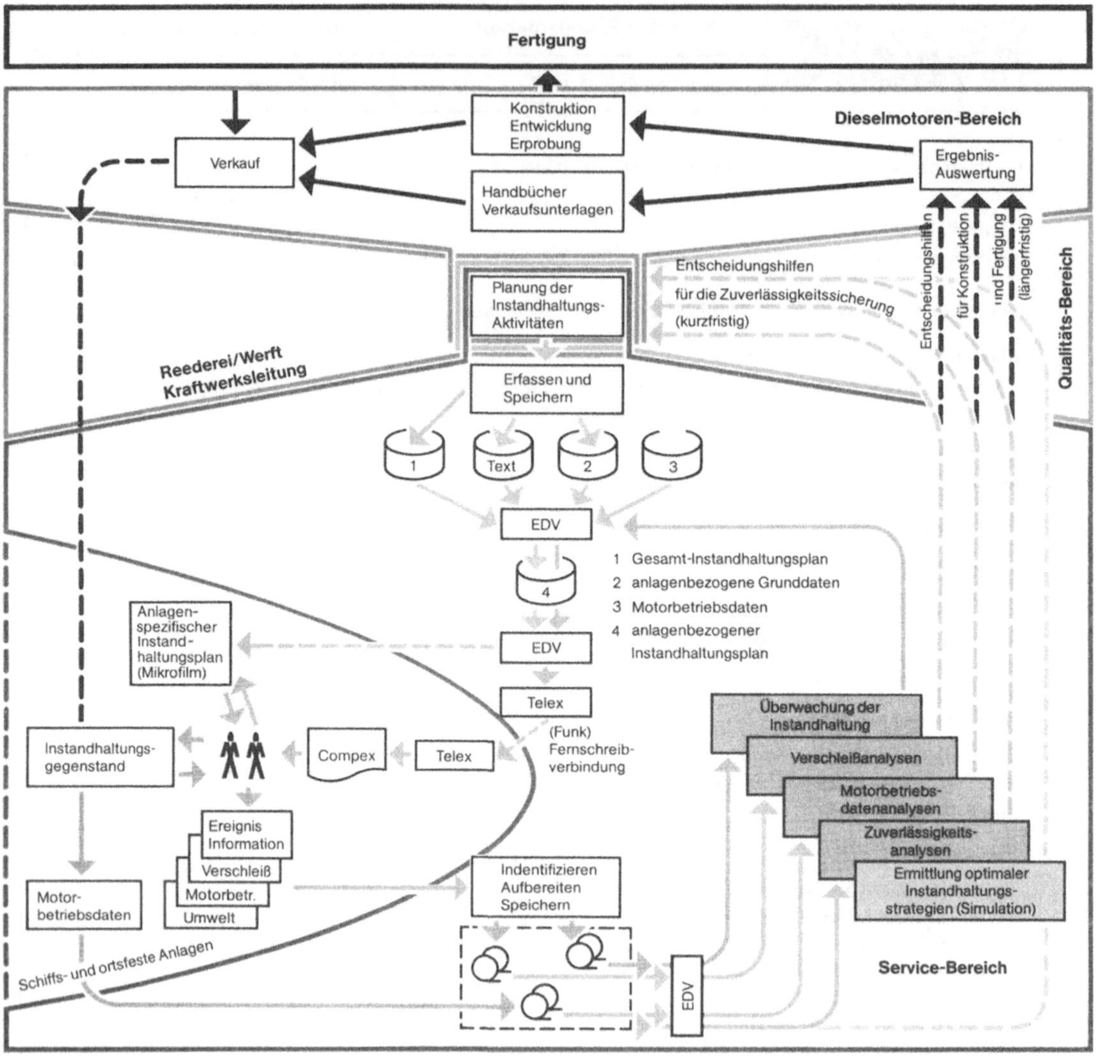

Bild 7.4 Funktionsprinzip des COMPEX-Systems der MAN

Die M.A.N bietet in ihrem COMPEX-System ein Instandhaltungssystem an, das alle Instandhaltungsstrategien erläutert. Bild 7.4 stellt das Funktionsprinzip des EDV-unterstützten Systems dar. In Bild 6.57 war bereits ein Beispiel für das "Condition monitoring" des Systems Kolben-Laufbuchse angedeutet. Ähnlich aufgebaut sind die Diagnose-Systeme von SIEMENS (MEDIAG) und G.E.M.T.-Pielstick.

Die folgende Gegenüberstellung soll erläutern, was mit einem Diagnose-System erreicht werden soll:

Diagnose-System

Nach R. Damaschke (SIEMENS):

Bisher:	*In Zukunft:*
Reparierende Instandhaltung	Geplante Instandhaltung
Zeitabhängige Instandhaltungsplanung	Zustandsgesteuerte Instandhaltungsplanung
Öffnen des gestoppten Motors	Zustandskontrolle bei laufendem Motor
Überwachung durch feste Grenzwerte	Überwachung durch lastabhängig gleitende Grenzwerte
Momentanwertüberwachung	Trendkontrolle
Isolierte Kontrolle einzelner Betriebswerte	Korrelationskontrolle zusammenhängender Betriebswerte

Insbesondere ist dies für den Hauptdieselmotor eines Schiffes interessant, weil hier keine Redundanz vorhanden ist, wenn man von Mehrmotorenanlagen einmal absieht.

Die Motordiagnose teilt sich in 3 Hauptgruppen auf:

1. Die Fehlerfrüherkennung,
2. Langzeit- und Kurzzeit-Trendanalyse,
3. Wartungsoptimierung.

Selbstverständlich sind diese 3 Gruppen miteinander verknüpft, denn die Trendanalyse führt zur Fehlerfrüherkennung an Verschleißteilen, und aus diesen werden die Wartungsintervalle optimiert.

Man geht von Normalbetriebswerten aus, die nach der Schiffsablieferung mit erstmals vollbeladenem Schiff bei der Garantiegeschwindigkeit ermittelt werden. Diese Normalbetriebswerte werden bei der Trendanalyse stets auf die augenblickliche Leistung und Drehzahl des Dieselmotors umgerechnet. In die Berechnung gehen außerdem Druck und Temperatur der Ladeluft sowie der Heizwert des Kraftstoffes ein. Die Trendaufzeichnung der Abweichung von den Normalwerten mit anschließender Hochrechnung gibt damit den Zeitpunkt einer Grenzwertüberschreitung im voraus an und legt den Instandsetzungszeitpunkt entsprechend vorher fest.

Nach herkömmlicher Methode werden zurückliegende Betriebserfahrungen mit ähnlichen Motoren auf ähnlichen Schiffen für die Festlegung der “Time between Overhaul“, kurz TbO genannt, zugrunde gelegt. Das führt z. B. zu Arbeiten an intakten Bauteilen, oder die TbO mußte evtl. wegen Reparatur eines bereits zerstörten Bauteiles verkürzt werden. Auf die tatsächliche Kondition der Maschine wurde keine Rücksicht genommen.

Neben der Früherkennung von Fehlern an Verschleißteilen dient die Motordiagnose auch zur Feststellung von sich allmählich aufbauenden Schäden, die durch äußere Einwirkungen oder durch Überlastung und Mängel in den Luft-, Kraftstoff-, Schmieröl- und Kühlwassersystemen entstehen können. Hier handelt es sich um die Fehlerfrüherkennung von außergewöhnlichen Schäden, da Fehler an Verschleißteilen von vornherein einkalkuliert werden und lediglich der Zeitpunkt des Auftretens im voraus ermittelt werden soll.

Damit kann zusammenfassend festgestellt werden, daß durch die Zustandsdiagnose mit Trendanalyse die Instandhaltungsarbeiten zu sinnvollen Zeitpunkten während der Liegezeiten des Schiffes eingeplant werden können. Die verschleißbedingten Schadensreparaturen werden weitgehend ausgeschlossen. Die seltenen, nicht im voraus erfaßbaren, schweren Schäden werden so frühzeitig erkannt, daß das Schadensausmaß und die Ausfallzeit durch frühzeitige Gegenmaßnahmen auf ein Minimum beschränkt bleiben.

7.3 Wartungshinweise für einfache Motorenanlagen[1])

An der Färbung der Auspuffgase erkennt man bei einem einwandfrei arbeitenden Motor, ob er seine Betriebstemperatur erreicht hat. Dann sind nämlich die Abgase, gegen den hellen Himmel gesehen, fast unsichtbar.

Zur Kontrolle des Betriebes sind die Drücke und Temperaturen in den Versorgungssystemen – Kühlwasser-, Schmieröl-, Kühlöl-, Kraftstoff-, Druckluft- und Ladeluftversorgung – regelmäßig abzulesen und gegebenenfalls zu notieren. Außerdem überzeuge man sich in gewissen Abständen an den sichtbaren Abläufen der Kühlmittel- und Schmierleitungen vom einwandfreien Umlauf.

Angaben über die richtige Funktion und Möglichkeiten zur Behebung häufiger auftretender Störungen sind für die einzelnen Baugruppen des Motors in den vorangegangenen Abschnitten zu finden.

Einige Betriebsstörungen sollen auch hier noch hinsichtlich der Erkennungsmöglichkeiten und der Maßnahmen zu ihrer Behebung näher untersucht werden. Weitere Hinweise findet man in den Betriebsanleitungen, die von den Herstellerbetrieben mitgeliefert werden.

7.3.1 Unregelmäßigkeiten im Betrieb

7.3.1.1 Rauchende Verbrennung

Das Rauchen des Motors, d. h. die Dunkelfärbung der Abgase, sollte sofort an den Auspuffprobierhähnen oder den Indikatorhähnen näher untersucht werden. Zunächst einmal muß festgestellt werden, ob sämtliche Zylinder rauchen oder nur einzelne. Gewöhnlich ist dies beim Öffnen der Hähne durch Sichtkontrolle aller Zylinder leicht zu bestimmen. Man kann aber auch Löschpapier vor die Öffnungen halten, auf dem sich unverbrannter Kraftstoff deutlich abzeichnet. Die Indikatorhähne dürfen für diese Untersuchung nur kurzzeitig geöffnet werden, da durchtretende Feuerstrahlen sonst Ausbrennererscheinungen an den Dichtkegeln hervorrufen bzw. die Führungen beschädigen.

Stellt sich heraus, daß alle Zylinder Rauch entwickeln, d. h. eine schlechte Verbrennung haben, dann sind zuerst die Einstellungen der Kraftstoffpumpen und bei Zweitaktmotoren zusätzlich die Höhe des Spüldruckes zu kontrollieren. Gewöhnlich ist zu hohe Kraftstoffzufuhr bzw. bei Zweitaktmotoren zu geringer Spüldruck, in beiden Fällen also Luftmangel die Ursache. Einwandfreie Motoren werden bei zu hohen Einspritzmengen einen Drehzahlanstieg aufweisen. Es genügt dann, die Kraftstoffzufuhr so weit zu vermindern, bis die Auspuffgase wieder hell werden. Tritt das Rauchen aller Zylinder unter Leistungsrückgang (Drehzahlabfall) auf, so kann die Ursache eine Verengung der Auslaßquerschnitte sein. Ablagerungen von Ruß und Koks bewirken einen hohen Gegendruck beim Ausschieben bzw. Spülen und vermindern dadurch den Füllungsgrad.

Raucht ein einzelner Zylinder, so kann das an mangelhafter Verdichtung, z. B. infolge von Verschleiß bzw. Schäden an dem Kolben oder den Ventilen, liegen.

Ferner kann diese Erscheinung durch Verstopfung der Düsenbohrungen oder Verengung des Einlaßquerschnittes hervorgerufen werden. Mehrlochdüsen leiten nämlich bei Verstopfung einer Bohrung die gesamte Einspritzmenge durch die freien Öffnungen in den Zylinder. Dies hat eine unzureichende Vermischung des Kraftstoffes mit der Verbrennungsluft zur Folge,

---

[1]) Siehe hierzu auch Abschnitt 6.8.5

die trotz theoretisch ausreichenden Luftüberschusses auftritt, da die im Sektor der verstopften Bohrung befindliche Luft die Verbrennung nur unwesentlich unterstützen kann. Verschmutzte bzw. verstopfte Düsenbohrungen können unter Umständen durch stoßweisen Wechsel der Pumpeneinstellung von Voll- auf Nullförderung gereinigt werden.

Bei manchen Viertaktmotoren können Ventile, speziell Einspritzventile, auch während des Motorenbetriebes ausgewechselt werden. Bei Verschmutzung eines Kraftstoffventils wird man dann zunächst die zugehörige Pumpe auf Nullförderung stellen, die Kraftstoff- und Kühlwasseranschlüsse des Ventils lösen und die Ein- und Auslaßventile anlüften. Dies geschieht durch Unterlegen eines passenden Klotzes oder einer besonderen Vorrichtung unter die Kipphebel. Die Öffnung der Ventile soll etwa 10 mm betragen, darf aber nicht zu einer Berührung mit dem Kolben im oberen Totpunkt führen. Durch diese Vorkehrung und das Öffnen des Indikatorhahnes und Sicherheitsventils wird eine Verdichtung innerhalb dieses Zylinders weitgehend unterbunden. Nach vorheriger Verringerung der Motordrehzahl löst man dann die Verschraubungen und hebt das Ventil heraus. Sitzt das Ventil fest in seiner Führung, so kann eine Drehzahlerhöhung das Lösen bewirken. Dabei dürfen aber die Flanschmuttern dem Ventil nur einen geringen Lüftweg gestatten. Das Herausheben und Auswechseln gegen ein Reserveventil muß wegen der Luftstöße des Kolbens sehr schnell erfolgen. Ein solcher Ventilwechsel bei laufendem Motor ist nur dann möglich, wenn er ohne den Ausbau von Teilen erfolgen kann, die für den Betrieb des Motors von Wichtigkeit sind (z. B. Kipphebelwellen usw.). Meist ist dieses Verfahren jedoch nicht anwendbar.

7.3.1.2 Leistungsabfall

Die Drehzahl eines Motors und damit seine Leistung können absinken, wenn ein Hauptlager warm läuft, ein Kolben trocken läuft und frißt oder wenn infolge zu starker Kühlung die Kolben klemmen. Trockenlauf der Kolben macht sich durch Brummen bemerkbar. Sofern die Schmierbohrungen frei sind, schafft eine Erhöhung der Ölmenge für die Zylinderschmierung sofort Abhilfe. Bei Verschmutzung und Verstopfung der Schmierleitungen muß der Motor abgestellt und gereinigt werden.

Das Warmlaufen von Kolben oder großen Lagern ist am charakteristischen Geruch des verschwelenden Öles zu erkennen.

Ein Leistungsabfall tritt auch auf, wenn beispielsweise die Kraftstoffpumpe eines Zylinders aufgrund irgendeines Defektes in ihrer Förderung nachläßt oder der Sitz eines Kraftstoffnadelventils ausschlägt. Verfügt man nicht über eine Indiziervorrichtung, um die Leistungen der einzelnen Zylinder nachzuprüfen, so kann man sich wie folgt helfen:

Angenommen, ein Vierzylindermotor weist einen Leistungsabfall auf. Man sperrt die Kraftstoffzufuhr zu Zylinder I, während die übrigen drei Zylinder mit unveränderter Pumpeneinstellung weitergefahren werden. Nachdem der Motor eine konstante, jetzt reduzierte Drehzahl angenommen hat, schaltet man Zylinder I wieder zu und setzt dafür II ab. Zeigt sich das gleiche Bild, dann wird als nächster Zylinder III abgesetzt. Bei Abschaltung des Zylinders, der die Ursache für den Leistungs- bzw. Drehzahlabfall war, wird die Drehzahl am wenigsten abfallen. Man hat damit die Störung lokalisiert und kann den Schaden nach Untersuchung des Einspritzsystems an diesem Zylinder beheben.

Ungleichmäßiger Lauf und damit schwankende Leistungsabgabe eines Motors sind gewöhnlich auf unregelmäßige Kraftstoffversorgung zurückzuführen. Die Ursache kann starke Verunreinigung des Kraftstoffes durch Wasser bzw. Schlamm, mangelhaftes Schließen von Kraftstoffpumpenventilen (Druck-, Saug- oder Überströmventile) oder Lufteintritt im Pumpensaugteil sein. Nach Überprüfung von Tank und Filtern wird man eventuell die Pumpe reinigen müssen. Saug- bzw. Aufstoßventile bestimmter Pumpenausführungen kann man mit Hilfe der aus dem Gehäuse ragenden Spindeln drehen und so unter Umständen eine Beseitigung der an die Sitzflächen gelangten Verunreinigungen erreichen.

7.3.1.3 Schäden und Störungen im Kühlsystem

Risse auf der Unterseite des Zylinderdeckels, in den Laufflächen der Buchse und bei Wasserkühlung der Kolben auch solche im Kolbenboden haben das Eindringen von Kühlwasser in den Zylinder während der Ausschiebe- und der Ansaugperiode zur Folge. In diesem Teil des Taktablaufes übersteigt nämlich der Druck des Kühlwassers den im Zylinderraum herrschenden Druck. Das infolge der hohen Zylindertemperaturen verdampfende Wasser ist an der Weißfärbung der Abgase zu erkennen. Gelangen größere Wasseranteile in die Verbrennungsluft, so kann die Zündung aussetzen. Während der Verdichtung und Ausdehnung überwiegt gewöhnlich der Druck im Zylinder. Daher treten heiße Gase durch die Risse in die Kühlräume, verdrängen das Wasser und erwärmen es. Die Erhöhung der Wandtemperaturen sowie der Temperaturen im Kühlwasserablauf kann also auf derartige Risse hinweisen. Die Temperaturen sollten deshalb stets sorgfältig beobachtet werden.

Bei Zweitaktmotoren, in deren Zylindern ja nur kurzzeitig geringe Drücke auftreten, wird man kaum mit einem Eindringen von Wasser rechnen müssen. Dafür erfolgt aber eine stärkere Erwärmung von Wandungen und Kühlwasser.

Man sollte zur Vermeidung der erwähnten Folgen grundsätzlich bei jeder Gelegenheit – Kolbendurchsicht, Ventilrevision, Einspritzventilwechsel usw. – die Wandungen des Zylinderraumes sorgfältig untersuchen, um Risse schon im Anfangsstadium erkennen zu können. Den Boden des Deckels kann man ohne Abbau nach sorgfältiger Reinigung mit Petroleum überprüfen, indem man durch die offene Ventilkanone einen Spiegel einführt und für gute Beleuchtung sorgt. Bei Viertaktmotoren treten Deckelrisse meistens zwischen Kraftstoff- und Auslaßventil auf. Erkennt man Risse, bevor sie durchgehen, und kann man die betroffenen Teile nicht sofort auswechseln, dann beugt man einer Rißerweiterung durch Verminderung der Zylinderdrücke durch geringere Kraftstoffzufuhr vor.

Steigt die Kühlwassertemperatur aus anderen Gründen über das zulässige Maß, so muß man mit der Leistung heruntergehen und langsam nachkühlen, da sonst Risse entstehen können.

Geht bei gleichbleibender Kühlpumpenförderung die Abflußtemperatur zurück, ohne daß sich die Ansaugtemperatur ändert, so kann man auf Schmutzablagerung oder Kesselsteinbildung an den Kühlflächen schließen, durch die der Wärmedurchgang wesentlich verschlechtert wird. In diesem Falle muß bei nächster Gelegenheit das Kühlsystem (siehe Abschnitt 7) gründlich gereinigt werden.

7.3.1.4 Klopfen des Motors

Das Klopfen des Triebwerkes wird entweder durch zu frühe bzw. zu späte Zündung, lose Lager oder zu geringen Schmieröldruck, bei Tauchkolbenmotoren auch durch zu großes Kolbenbolzenspiel verursacht. Bei einfachwirkenden Zweitaktmotoren ruft großes Lagerspiel kein Klopfen hervor, da die Lagerbelastung stets in gleicher Richtung erfolgt.

Bei anderen Motoren tritt Lagerklopfen auch infolge Trockenlaufens oder Fressens der Kolben auf.

Schußartiges Stoßen setzt ein, wenn eine Kraftstoffnadel hängenbleibt. Durch Frühzündung während des Verdichtungshubes steigt der Druck im oberen Totpunkt so stark an, daß das Sicherheitsventil abbläst.

Das Kippen der Kolben im Hubwechsel infolge zu großen Spiels macht sich durch ähnliche Geräusche bemerkbar wie das Lagerklopfen.

Das Klopfen eines Luftverdichters wird ebenso wie beim Motor durch Spiel im Triebwerk oder aber durch zu starke Verdichtung, die im Hochdruckteil schon durch zu reichliche Schmierung eintreten kann, verursacht.

Schrifttum

[7.1] Gliederung der Instandhaltungsmaßnahmen – DKIN-Empfehlung Nr. 2, September 1978. Deutsches Komitee Instandhaltung eV, Düsseldorf

[7.2] *Mau, G.:* Betriebssicherheit auf Seeschiffen. Z. Hansa, 109. Jahrg., S. 2295/1972

[7.3] *Gassner, V.:* Therotechnik in der Schiffahrt. Z. Hansa, 109. Jahrg., S. 1903/1972

[7.4] *Gloth/Steinhagen:* Das Programmsystem „Geplante Instandhaltung". Z. Hansa, 112. Jahrg. S. 1439/1975

[7.5] *Pauer, W.:* Zuverlässigkeitstechnik – Ein Werkzeug zur Optimierung des Schiffsbetriebes. Z. Hansa, 109. Jahrg. S. 1557/1972

[7.6] *Siebert, W.:* Geplante Wartung und vorbeugende Instandhaltung von mittelschnellaufenden Dieselmotoren. Z. Hansa, 113. Jahrg. S. 603/1976

[7.7] *v. Maydell, O.:* Reedereigesichtspunkte zur geplanten Instandhaltung und zur Personalstruktur. Z. Hansa, 116. Jahrg., S. 1439/1979

8 Kraftwerksanlagen

8.1 Bauplanung – Umwelt

In den zurückliegenden Jahren – besonders aber seit dem Ölkrisenjahr 1973 – ist weltweit eine Zunahme der Anzahl von mittleren und größeren Dieselkraftwerken zu erkennen. Die Gründe hierfür sind vielschichtig und nicht allein mit dem Ziel, Primärenergie zu sparen, erklärbar.

So gibt es in vielen Regionen der Welt entweder überhaupt noch keine oder noch keine ausreichende Stromversorgung. Aber auch in hochentwickelten Industrieländern gibt es Gebiete, in denen die Stromversorgung nicht sicher ist und damit einen weiteren schnellen Ausbau der dortigen Industrie behindert.

Auch der Wunsch nach umweltfreundlichen Kraftwerken ist bereits hier und dort ein wichtiges Entscheidungskriterium bei der Wahl der Kraftwerksart.

Dieselkraftwerke sind umweltfreundlich, weil sie als dezentrale Anlagen bis ca. 150 MW die Umgebung weniger belasten als große kohle-, öl- oder gasbefeuerte Kraftwerksblöcke. Auch der entscheidend kleinere Primärenergie-Massendurchsatz wegen des wesentlich besseren Wirkungsgrads bei der Energieumwandlung verringert die Umweltbelastung besonders in Ballungsgebieten. Daß das Dieselkraftwerk den heutigen Ansprüchen des Landschaftsschutzes in jeder Form genügen kann, zeigen anschaulich viele bereits ausgeführte Anlagen.

Bei der Entscheidungsfindung stellt sich aber auch die Frage nach der Gesamtbauzeit für das geplante Vorhaben, nach dem erforderlichen Fachpersonal, nach der Verfügbarkeit der Kraftwerksanlage und nach den Investitions- und Betriebskosten.

Zu den künftig wichtigsten Wärmekraftwerksarten zählen:

- Dieselkraftwerke,
- Gasturbinenkraftwerke,
- Kernkraftwerke,
- Dampfkraftwerke,
- Sonnenkraftwerke.

Nach Gegenüberstellung der Vor- und Nachteile dieser Kraftwerksarten mit den Bedarfsfällen und möglichen Zielen kristallisiert sich heute im Regelfall recht schnell heraus, daß das Dieselkraftwerk die wirtschaftlichste Kraftwerksart bis 150 MW ist.

Mit 316 Dieselkraftwerken in Westeuropa und 442 Dieselkraftwerken in Nordamerika (1978) wird auch das oft zu hörende Vorurteil widerlegt, daß Dieselkraftwerke nur eine mögliche Kraftwerksart für Entwicklungsländer sind.

Besonders interessant wird ein Dieselkraftwerk als „Blockheizkraftwerk".

- Die elektrische Energieausbeute liegt bei etwa 35 % der eingesetzten Primärenergie und damit höher als bei allen anderen angewendeten Techniken der Heizkraftkopplung mit Ausnahme der Gas-Dampfturbinen-Kombi-Anlagen mit Nutzwärmeauskopplung.

- Die Energieausbeute ist nicht nur unmittelbar, sondern auch mittelbar günstiger, da bei der dezentralen Aufstellung der Transportaufwand und die Transportverluste kleiner werden.
- Die Teillastwirkungsgrade liegen recht günstig.
- Während bei den meisten Kraftmaschinen das Leistungsgewicht und auch der Preis pro Leistungseinheit mit größer werdender Einheitsleistung eine zum Teil beträchtliche Degression erfährt, gilt dies für Verbrennungsmotoren nicht, im Gegenteil werden hier Maschinen sehr großer Leistungen wieder spezifisch schwerer und teurer.
- Die Modulbauweise ermöglicht einen Betrieb der einzelnen Module durch reinen Ein-Aus-Betrieb bei Nennwirkungsgraden. Es vereinfacht sich damit die Gesamte Steuer- und Regeltechnik. Die Montagezeiten werden sehr kurz. Die Anlagen sind leicht ausbaufähig. Die Auswechselzeiten werden klein und die Ersatzhaltung kann gering werden. Zudem erreicht man durch diese Aufteilung in einzelne Module relativ kleiner elektrischer Leistung vorzugsweise in der Größe von etwa 100 kW sehr günstige Werte der notwendigen Reserveleistung.
- Da es sich bei den Anlagen und ihren einzelnen Komponenten um Serienprodukte handelt, dürfte der Service relativ einfach und Reparaturzeiten relativ klein sein.
- Die Anlagen bieten sich für eine Fernsteuerung an. Ihre Hochlaufzeiten sind sehr kurz.

Obwohl das Prinzip alt ist, stellt seine Verwirklichung heute in zweierlei Hinsicht ein Novum dar. Zum einen tritt der Verbrennungsmotor in einen Bereich ein, der bisher oft eine Domäne der Strömungsmaschinen ist, und zum anderen werden damit Einheitsleistungen realisiert, die im Gegensatz zu den Entwicklungsrichtungen bei den Dampfkraft- und den Gasturbinenanlagen stehen. Schließlich bieten die Verbrennungsmotoren gegenüber den bislang schon eingeführten Techniken der Heizkraftkopplung mit Dampfturbinen und -motoren oder aber auch mit Gasturbinen für manche speziellen Versorgungsfälle eine Reihe von Vorteilen, die kurz umrissen werden sollen:

- Mit diesen Anlagen werden kleine elektrische und thermische Leistungen realisierbar.
- Die Primärenergieausnutzung liegt bei etwa 80 % und dabei in der gleichen Größe, wie bei anderen Techniken.
- Der Eigenverbrauch ist gegenüber dem von Dampfkraftanlagen wesentlich kleiner.
- Die elektrische Energieausbeute liegt bei etwa 35 % der eingesetzten Primärenergie und damit höher als bei allen anderen angewendeten Techniken der Heizkraftkopplung mit Ausnahme der Gas-Dampfturbinen-Kombi-Anlagen mit Nutzwärmeauskopplung.
- Die Energieausbeute ist nicht nur unmittelbar, sondern auch mittelbar günstiger, da bei der dezentralen Aufstellung der Transportaufwand und die Transportverluste kleiner werden.
- Während bei den meisten Kraftmaschinen das Leistungsgewicht und auch der Preis pro Leistungseinheit mit größer werdender Einheitsleistung eine zum Teil beträchtliche Degression erfährt, gilt dies für Verbrennungsmotoren nicht, im Gegenteil werden hier Maschinen sehr großer Leistungen wieder spezifisch schwerer und teurer.
- Die Modulbauweise ermöglicht einen Betrieb der einzelnen Module durch reinen Ein-Aus-Betrieb bei Nennwirkungsgraden. Es vereinfacht sich damit die gesamte Steuer- und Regeltechnik. Die Montagezeiten werden sehr kurz. Die Anlagen sind leicht ausbaufähig. Die Auswechselzeiten werden klein und die Ersatzteilhaltung kann gering werden. Zudem

erreicht man durch diese Aufteilung in einzelne Module relativ kleiner elektrischer Leistung vorzugsweise in der Größe von etwa 100 kW sehr günstige Werte der notwendigen Reserveleistung.

- Da es sich bei den Anlagen und ihren einzelnen Komponenten um Serienprodukte handelt, dürfte der Service relativ einfach und Reparaturzeiten relativ klein sein.
- Die Anlagen bieten sich für eine Fernsteuerung an. Ihre Hochlaufzeiten sind sehr kurz.

Hinsichtlich der Umweltbelastung durch Abwärme bietet das BHKW – Blockheizkraftwerk – einen grundsätzlichen Vorteil gegenüber der getrennten Erzeugung von Strom und Heizwärme. Weil mit der Abwärme der Kraftmaschine geheizt wird, ist die in die Umwelt direkt freigesetzte Abwärme sehr klein. Die Verminderung der Gesamtwärmebelastung der Umwelt entspricht der besseren Kraftstoffausnutzung.

Im Gegensatz zu der günstigen Situation bei der Abwärme wird die Lärmfrage bei BHKW mitunter als Problem angesehen. Verbrennungsmotoren sind von ihrer Anwendung im Kraftfahrzeug her als laute Geräuschquellen bekannt. Bei Stationäranlagen bietet sich jedoch die Möglichkeit einer Geräuschdämmung mit mäßigem Aufwand. Bereits die Verwendung einer 12 cm dicken Beton-Konstruktion mit Schallschluckkulissen für die nötigen Lüftungsöffnungen sowie die Abgasführung ermöglicht eine Einhaltung eines Pegels von 42 dB(A) in der Umgebung, womit der Grenzwert entsprechend der TA-Lärm für die Nacht von 45 dB(A) für gemischt genutzte Wohn- und Gewerbegebiete unterschritten ist. Eine zusätzliche Anwendung einer Motorkapsel aus marktgängigen Elementen gestattet eine Absenkung auf 26 dB(A) und damit weit unter die Nachtwerte der TA-Lärm von 35 dB(A) für Wohngebiete. Es lassen sich so mit mäßigem Bauaufwand strengste Anforderungen erfüllen. Ein BHKW darf aus der Sicht der Lärmbelastung in einer Wohnsiedlung errichtet werden.

Wie steht es nun mit der Umweltbelastung durch Abgasemissionen? Hierzu ist zunächst festzustellen, daß bei der Verbrennung im Motor grundsätzlich die gleichen Schadstoffe wie bei der Verbrennung in Feuerungen entstehen. Es handelt sich um folgende Stoffe bzw. Stoffgruppen:

- Kohlenmonoxid,
- Kohlenwasserstoffe,
- Stickoxide,
- Feststoffe (vor allem Ruß bei flüssigen Brennstoffen),
- Schwefeldioxid.

Es zeigt sich, daß für Kohlenmonoxid und die Kohlenwasserstoffe die Emissionen bei den Verbrennungsmotoren im Durchschnitt zwar höher liegen als bei den Heizungsanlagen und Kraftwerken, daß es jedoch möglich ist, mittlere Emissionen im Heizungsbereich mit Verbrennungsmotoren zu erreichen. Dies trifft für die Emission der Stickoxide nicht zu. Hier liegen die Emissionen der Verbrennungsmotoren erheblich über denen der Hausheizungen. Die Kraftwerksemissionen liegen für NO_x zwischen diesen beiden Bereichen.

BHKW stellen aus energiepolitischer und wirtschaftlicher Sicht eine erstrebenswerte Methode der Energieversorgung dar. Eine Mehrbelastung der Umwelt im Vergleich zu Hausheizungen ist nach dem heutigen technischen Stand im wesentlichen nur durch Stickoxidemissionen zu erwarten. Diese Emissionen sind jedoch noch mit den Vorschriften der TA-Luft vereinbar. Eine Absenkung der Abgasemissionen, insbesondere der Stickoxide, ist bei entsprechendem Aufwand möglich. Aus der Sicht eines ausgewogenen Umweltschutzes dürften sorgfältig ausgelegte BHKW keine Probleme aufwerfen.

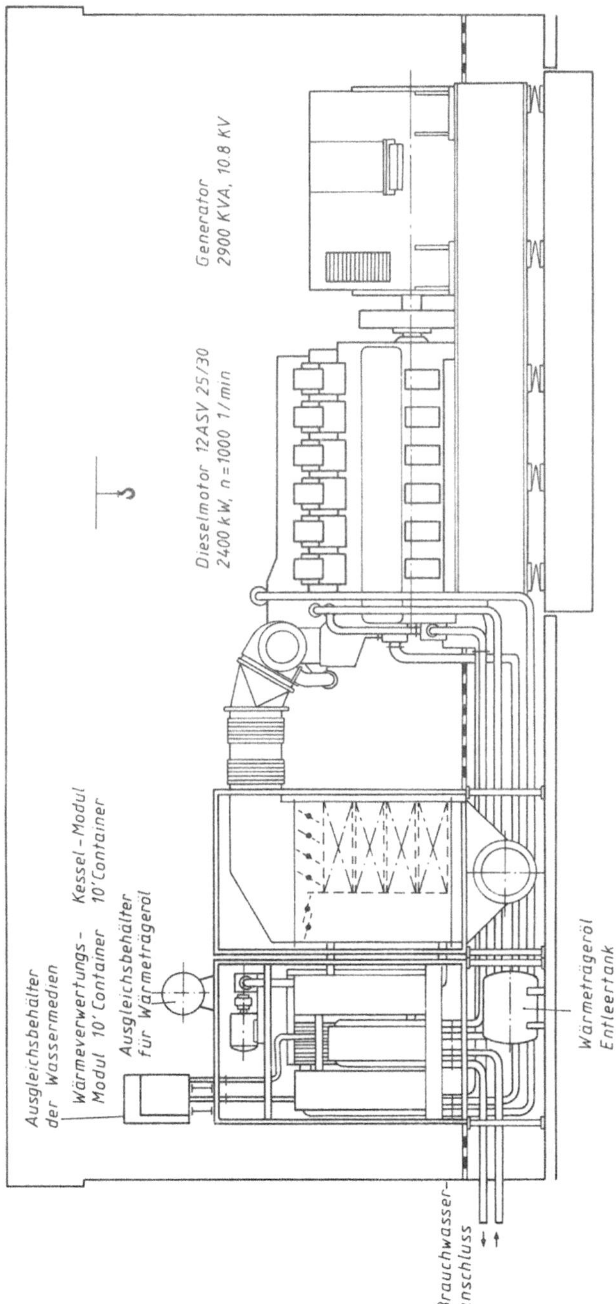

Bild 8.1 MAN-Block-Heizkraftwerk Augsburg 2,3 MW_{el}

Als Beispiel sei das BHKW der M.A.N in Augsburg in Bild 8.1 gezeigt. Das Dieselaggregat besteht aus einem 12-Zylinder-Viertakt-Dieselmotor des Typs ASV 25/30. Die Motorflanschleistung beträgt 2400 kW bei 1000 l/min. Der Motor ist mit dem einlagrigen Drehstrom-Synchrongenerator 2900 kVA, $\cos\varphi = 0{,}8$, Spannung 10,8 kV, gekuppelt. Die elektrische Leistung beträgt 2,3 MW. Die Abwärmen des Dieselmotors können zur Erwärmung des großen Tagesbedarfs an Brauchwasser genutzt werden, das von 12 °C auf 62 °C aufgewärmt werden muß.

Motor und Generator sind auf einem geschweißten Fundamentrahmen zusammengebaut. Das Aggregat ist mit Stahlfederisolatoren elastisch auf dem Fundament gelagert. Ein vereinfachtes Rohrschaltungsschema der Anlage ist in Bild 8.2 wiedergegeben. Neben den normalen Kühlsystemkreisläufen des Motors für Zylinderkühlwasser, Motorenöl und Ladeluft sind insgesamt 3 Wärmeverwertungssystemkreise vorhanden, deren Hauptunterscheidungsmerkmale Vorlauf- und Rücklauftemperaturen sind, und zwar:

a) Geschlossener Wärmeträgeröl-Kreis für die Auskopplung der Abgaswärme. Die Vorlauftemperatur beträgt 180 °C, die Rücklauftemperatur 140 °C. Dieser Wärmeträgerölkreis wurde im Hinblick auf den Schwerölbetrieb des Dieselmotors gewählt, um Taupunktunterschreitung der schwefelhaltigen Abgase mit der Gefahr von Schwefelsäurekorrosion der Kesselrohre zu vermeiden.
b) Geschlossener Wärmeträgerwasser-Kreis für die Auskopplung der Motorkühlwasser- und Motorölwärme. Die Vorlauftemperatur beträgt 90 °C, die Rücklauftemperatur 60 °C.
c) Offener Brauchwasser-Kreis als Verbraucher geschaltet, mit Zulauftemperatur 12 °C, Ablauftemperatur 62 °C. Bei dem Brauchwasser handelt es sich um nicht aufbereitetes, stark kalkhaltiges Wasser.

Mit diesem Schaltungsaufbau wird einerseits den betrieblichen Erfordernissen der Anlage mit Rücksicht auf die Verwendung qualitativ schlechter Kraftstoffe und unaufbereitetem, stark kalkhaltigem Brauchwasser Rechnung getragen. Andererseits eignet sich die Anlage gut zur Demonstration der Variationsmöglichkeit bei der Abwärmeverwertung.

Die Vorteile, die sich durch Verwendung der Kraft-Wärme-Kopplung im vorliegenden Fall beim industriellen Einsatz ergeben, können aus Bild 8.3 abgelesen werden.

Die Energiebilanz weist aus, daß ein Gesamtwirkungsgrad von etwa 80 % erreicht wird, aufgeteilt in 2,3 MW elektrische Leistung und 2,6 MW Wärmeleistung. Die voraussichtlich auftretenden Verluste auf der Wärmeseite und der Eigenbedarf für Pumpen usw. zum Betrieb der Anlage sind darin bereits berücksichtigt.

Bei getrennter Erzeugung oder bei Fremdbezug von Kraft und Wärme ergäbe sich im Vergleichsfall ein Gesamtnutzungsgrad der dabei eingesetzten Primärenergie von rund 49 %. Dabei ist angenommen, daß die elektrische Energie von 2,3 MW im Dampfkraftwerk mit einem Wirkungsgrad von ca. 32 % erzeugt wird und die Wärmeenergie von 2,6 MW von einem ölgeheizten Kessel mit einem Kesselwirkungsgrad von 85 % geliefert wird.

Die BHKW-Einheit des Dieselkraftwerks ist also in der Lage, bei gleichem Primärenergieeinsatz rund 60 % mehr Strom und Wärme in einem vorgegebenen Verhältnis zu liefern, als dies bei Fremdbezug möglich wäre. Jede Einsparung an Primärenergie führt aber zugleich zu einer thermischen Entlastung der Umwelt und auch zu einer Verringerung der Schadstoffemissionen, die sich zwar meßtechnisch erfassen, nicht jedoch in einen geldmäßigen Nutzen transformieren lassen.

Ein weiteres Beispiel stellt das Diesel-Heizkraftwerk Skultuna [8.1] dar.

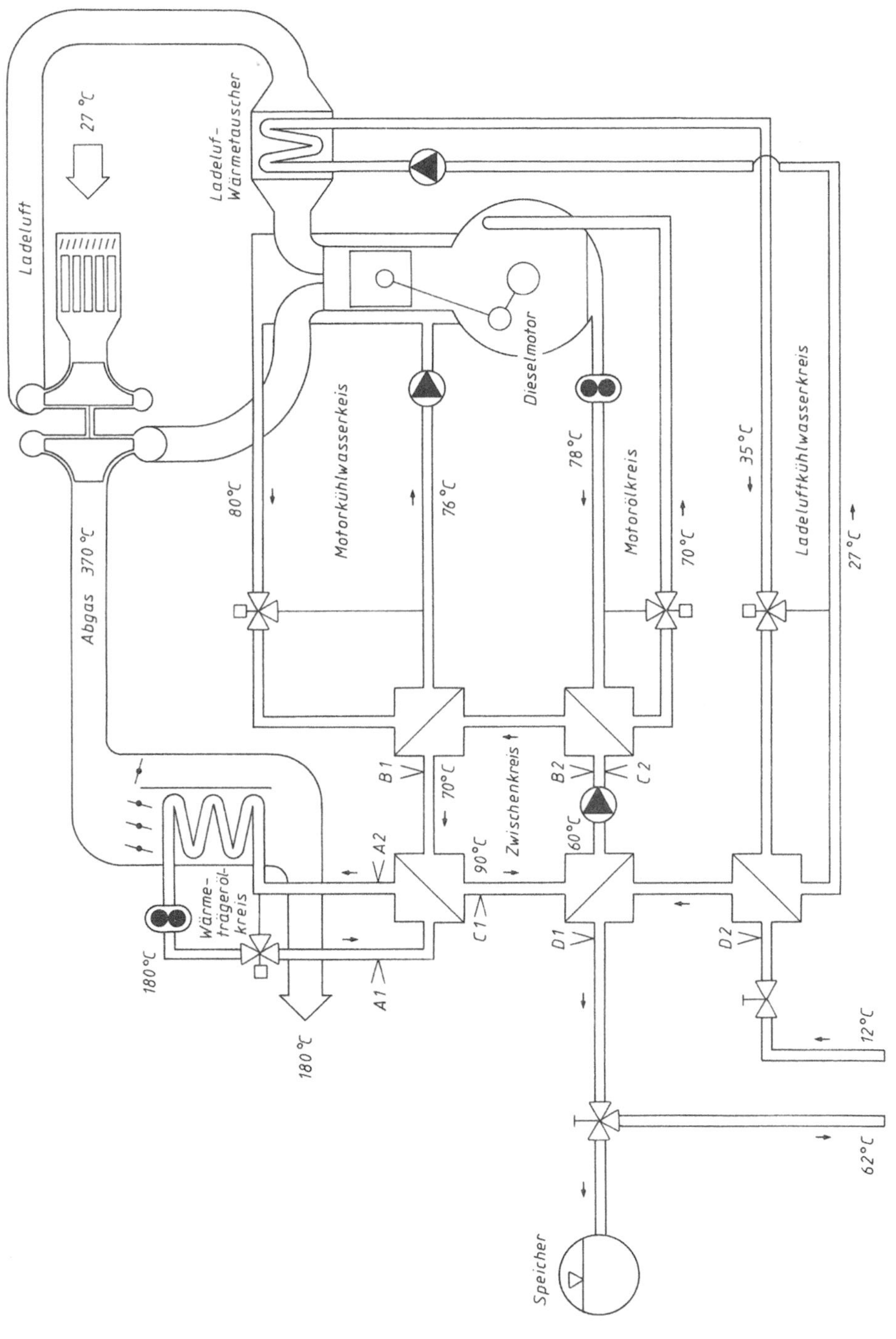

Bild 8.2 Wärme-Verwertungsschema MAN-BHKW Augsburg

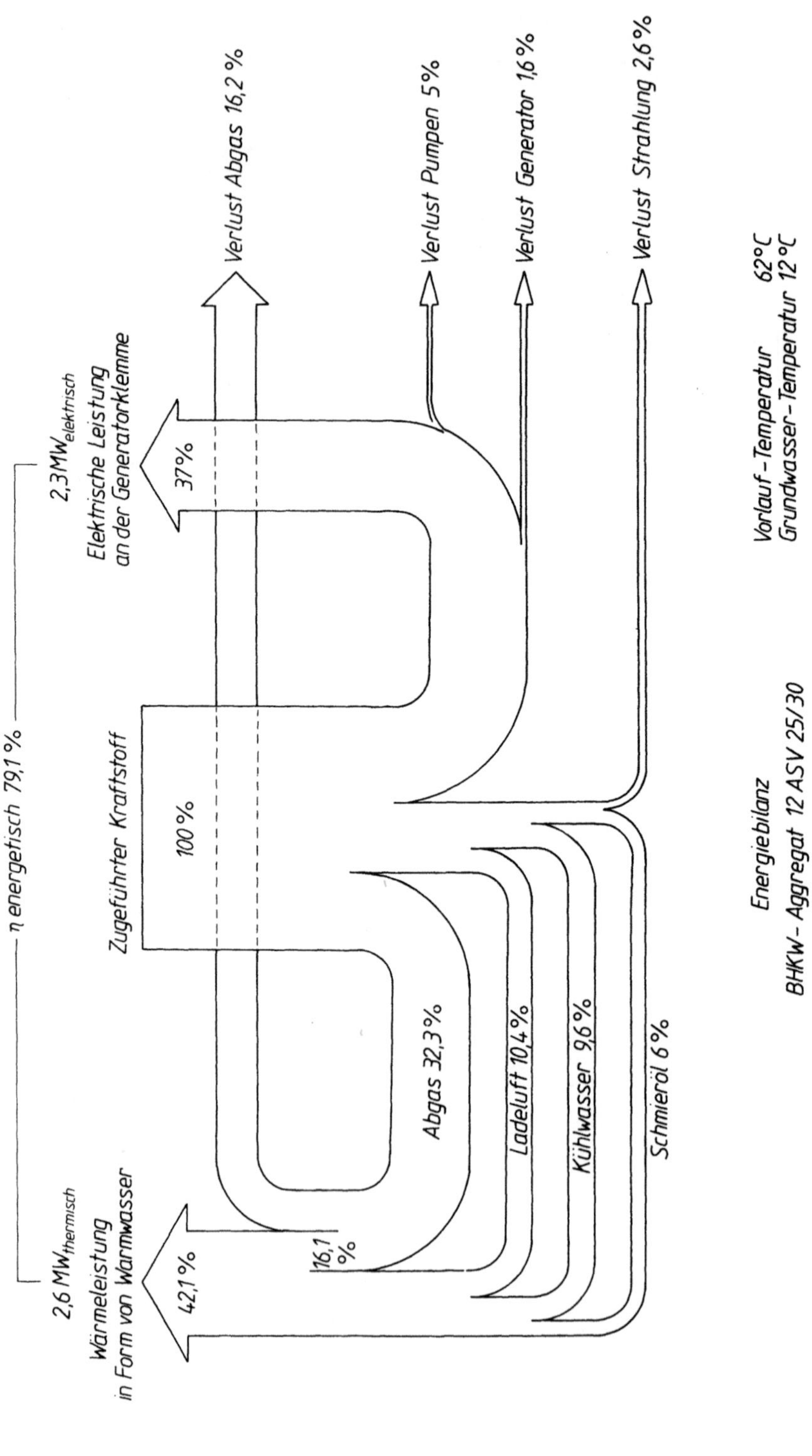

Bild 8.3 Energiebilanz für BHKW

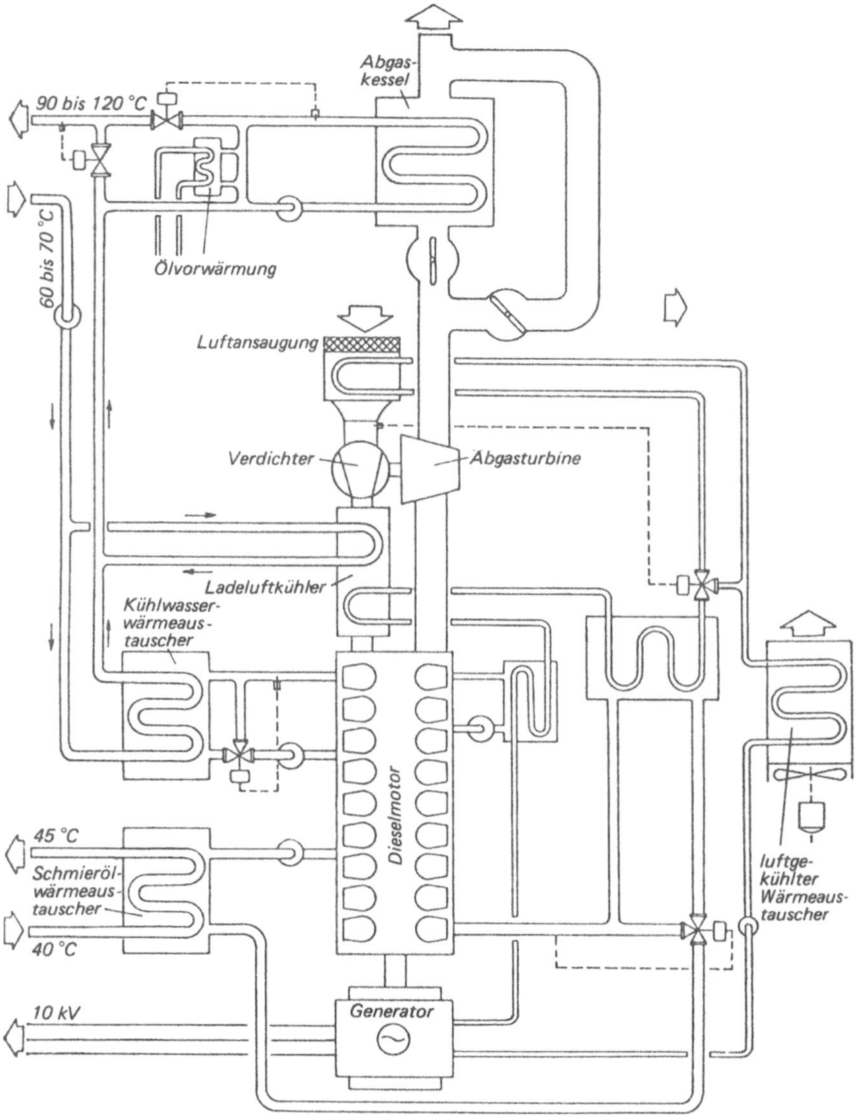

Bild 8.4 Schaltschema der Dieselmotorenanlage Skultuna mit den einzelnen Kühlkreisläufen, der Fernwärme- und der Stromlieferung

Hierzu wurde ein S.E.M.T.-Pielstick-Motor 18 PC 3 V (s. auch Bild 5.1) mit P_e = 12600 KW bei 428 Upm und Schwerölbetrieb eingesetzt. Bild 8.4 zeigt das Schaltschema der Anlage mit den Kreisläufen, der Fernwärme- und Stromlieferung, wozu in Tabelle 8.1 die Ergebnisse des Abnahmeversuches dargestellt sind. Der Betrieb wird von einer Warte in 20 km Entfernung überwacht.

Über die Auslegung von Dieselmotoren in Kraftwerke siehe Abschnitt 4.4.1.

Bild 8.5 stellt den Querschnitt durch ein kleines Dieselkraftwerk mit 2400 kW dar.

Tabelle 8.1 Ergebnisse der Abnahmeversuche aus 1976

Leistung	%	100	90	75	50
Stromleistung (netto)	MW	12,0	11,11	9,11	6,11
Wirkungsgrad bei Stromerzeugung	%	39,9	40,4	40,4	39,4
Rücklauftemperatur des Fernwärmewassers	°C	51	58	60	55
Lufttemperatur vor dem Motor	°C	41	49	41	41
Rauchgastemperatur nach dem Abgaskessel	°C	184	181	173	163
Wärmeleistung					
Mantelkühler	kW	3277	3118	2556	1880
Luftkühler	kW	1835	1430	819	247
Abgaskessel	kW	6531	6099	5049	3548
Schmierölkühler*)	kW	–	490	496	406
Insgesamt	kW	11643	11137	8920	6081
Gesamtwirkungsgrad	%	78,5	80,8	80,8	78,7
Bei möglicher Nutzung von:					
Restliche Schmierölwärme	kW	1141	580	606	510
Restliche Abgaswärme bis 150 °C Abgastemperatur	kW	880	750	460	210
Könnte man einen Gesamtwirkungsgrad erhalten von	%	85,2	85,7	84,7	83,4

*) Während der Versuche konnte nicht die gesamte Wärme aus dem Schmieröl gewonnen werden

8.2 Fundamentierung

Nach [8.2] werden folgende Anforderungen an das Fundament und dessen Gründung gestellt:

1. Fundamentpartien, die mit Maschinenteilen in Verbindung stehen, müssen maßhaltend sein.
2. Die Lage des Fundamentes im Maschinenhaus muß mit der Planung übereinstimmen.
3. Es dürfen nur einwandfreie Baumaterialien verwendet werden.
4. Der Block muß in einem Arbeitsgang hergestellt werden und ein homogenes Betongefüge besitzen. Arbeitsfugen sind nicht zulässig.
5. Das Fundament muß eine ausreichende Eigensteifigkeit aufweisen und die Ausrichtung des Maschinensatzes sicherstellen.
6. Die Druckfestigkeit des Betons soll mindestens 2,5–3,0 kN/cm^2 betragen.
7. Der Verguß der Anker und des Motorfußes oder der darunter befindlichen Konstruktionselemente muß tragfähig und spielfrei sein und den dynamischen Belastungen standhalten.
8. Das Fundament muß so abgedichtet oder geschützt werden, daß kein Öl, Kraftstoff (Zersetzung oder Schädigung des Betons) oder Wasser eindringen kann (z. B. Generatorgrube).
9. Das Fundament muß auf tragfähigem Baugrund gegründet werden und die Aggregatlasten so in den Baugrund leiten, daß
   - möglichst gleichmäßige Bodenpressungen auftreten und damit einer Schiefstellung des Fundaments vorgebeugt wird,
   - der Schwerpunkt der Fundamentgrundfläche auf der Schwerlinie des Systems aus Aggregat (Motor und Generator) und Fundament liegt (Bild 8.6).

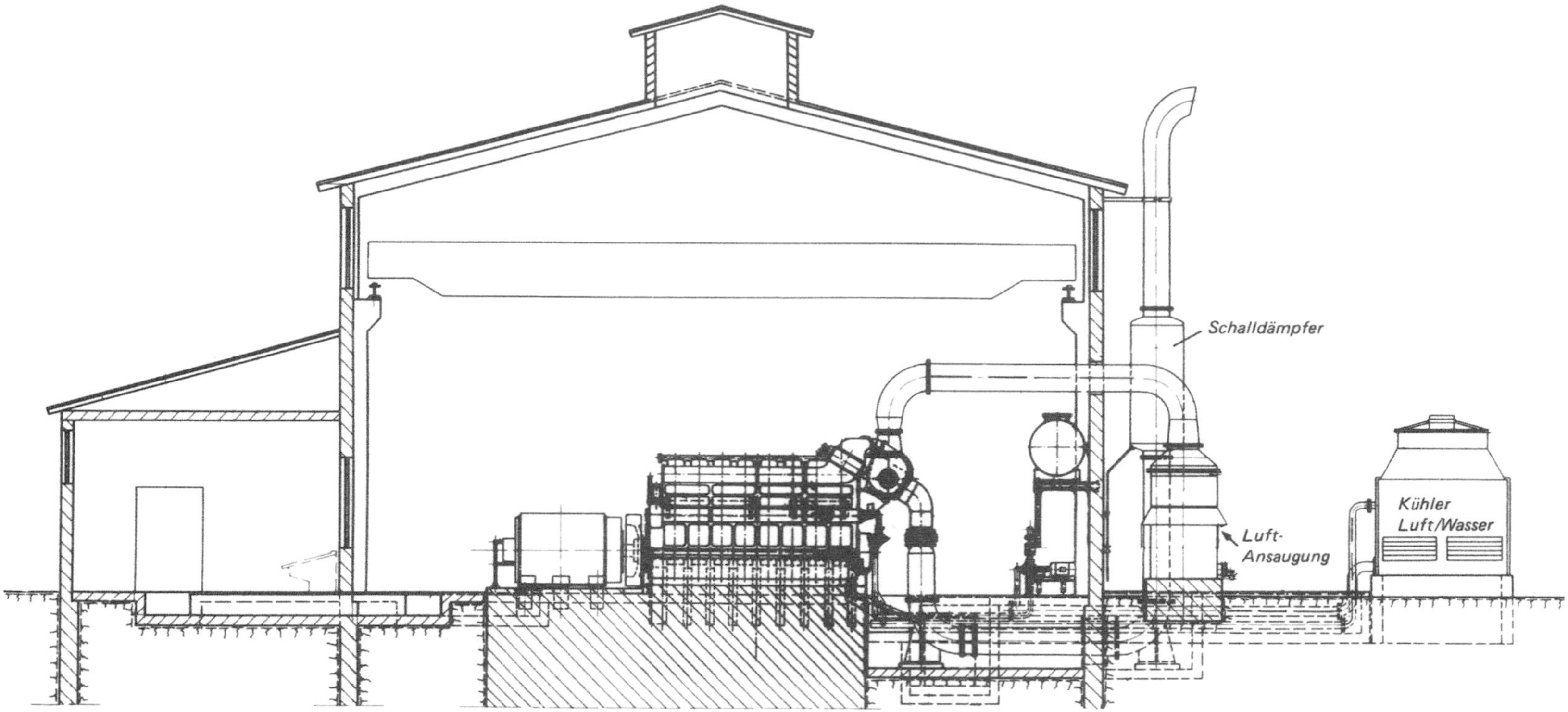

Bild 8.5 MWM-Dieselkraftstation 2400 kW_{el}

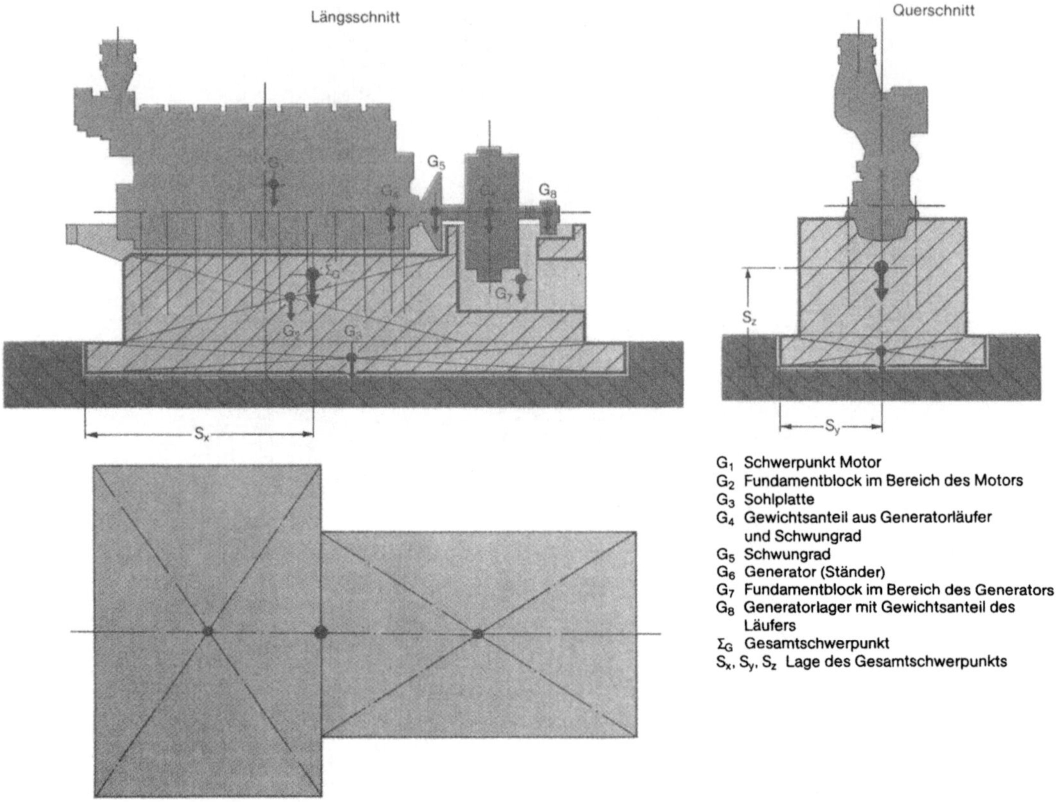

Bild 8.6 Lastschema für ein Fundament

- keine Setzungsunterschiede zwischen Fundament- und Maschinenhaus auftreten. Andernfalls werden die Anschlüsse der Versorgungs- und Entsorgungsleitungen des Motors und die zugehörigen Motoranbauten unzulässig beansprucht,
- keine Schwingungen auf das Gebäude, benachbarte Anlagen oder die Angrenzer übertragen werden. Die Masse und die Federung des Fundamentes müssen daher so abgestimmt werden, daß bei den jeweiligen Baugrundverhältnissen ein ausreichender Abstand zwischen den Erreger- und den Eigenfrequenzen des Systems vorhanden ist. Zwischen dem Motorfundament und dem Gebäude oder dessen Fundamenten sind allseits Fugen anzulegen und offenzuhalten,
- eine ausreichende Sicherheit gegen Auftrieb, Kippen und Gleiten vorhanden ist.

Bei Nichtbeachtung der vorgegebenen Abmessungen und Qualitäten kann die Fundamentabnahme durch den Auftraggeber verweigert werden. Im äußersten Falle führt dies zur Neuerstellung des Fundamentes zu Lasten des Schadensverursachers.

Für die statische und dynamische Berechnung, die konstruktive Gestalt und die Wahl der Materialgüten des Fundamentes ist der mit der Planung beauftragte Bauingenieur verantwortlich. Zur Berechnung müssen dem Bauingenieur bekannt sein:

1. Abmessungen des Aggregates und der maschinenseitig erforderlichen Fundamente,
2. statische und dynamische Aggregatlasten sowie Temperaturbelastungen,
3. Beschaffenheit des Baugrundes, seine Tragfähigkeit und sein Schwingungsverhalten (gilt sinngemäß auch für Pfahlgründungen),
4. Eigenschwingungsverhalten des Fundamentes,
5. Tragvermögen und Schwingungseigenschaften einer evtl. vorhandenen Unterkonstruktion (Gebäudedecke, Balken, Rahmen, Stützen).

Die vom Aggregat (Motor und Generator) ausgehenden Gewichtslasten, Kräfte, Momente und Wärmebelastungen wirken auf den Maschinenfuß, die darunter befindlichen Konstruktionselemente, auf das Fundament und z. T. auch auf den Baugrund ein.

Die statischen Gewichtskräfte des Aggregates werden vom Fundament „**voll**" aufgenommen.

Die dynamischen Lasten bzw. Lastanteile resultieren aus:

- den freien Massenkräften und Massenmomenten,
- den inneren Lagerkräften, die gewisse Verformungen am Motor und damit auch am Fundament erzeugen,
- aus der Drehmomentschwankung,
- aus dem Kurzschlußmoment,
- aus den nicht ausgeglichenen Fliehkräften (nur bei elastischer Aufstellung von Bedeutung),
- aus den Ankerkräften.

Durch die vorgenannten Kräfte und Momente werden im wesentlichen folgende Frequenzen angeregt:

I. Ordnung	=	Drehzahlfrequenz des Motors
II. Ordnung	=	doppelte Drehzahlfrequenz des Motors
Zündfrequenz	=	0,5 × Zylinderzahl einer Zylinderreihe × Drehzahl (bei Viertakt-Motoren)
	=	1,0 × Zylinderzahl einer Zylinderreihe × Drehzahl (bei Zweitakt-Motoren).

Für den Fundamentplaner sind deshalb folgende Leitgrundsätze von Bedeutung:

- Die am Baugrund tatsächlich wirkenden dynamischen Kräfte können bei *starrer Lagerung* nur in grober Annäherung ermittelt werden.
  Bei *elastischer Aufstellung* des Aggregates wirken sich die dynamischen Kräfte und Momente weitgehend nur oberhalb der Federung aus. Das Fundament unterhalb der Federung ist praktisch völlig entstört. (Nur bei einer elastischen Aufstellung des Maschinenfundamentes ist eine exakte Vorausberechnung möglich).
- Die vertikalen Massenkräfte und Momente müssen von der Verschraubung sicher übertragen werden.
- Die horizontalen Massenkräfte müssen durch den Reibschluß der Schraubverbindungen und z. T. durch den Seitenverguß der Konstruktionselemente aufgenommen werden. Werden zur Führung des Motors auf dem Fundament sog. Stopper angebracht, so müssen diese bei betriebswarmem Motor eingestellt werden, damit keine Zwangskräfte in den Motorfuß oder den Grundlagereingriff eingeleitet werden.

  Bedingt durch die Betriebswärme der Anlage, dehnen sich der Motor, der Generator, die Konstruktionselemente unterhalb des Auflagefußes und das Fundament selbst aus. Stahl und Beton haben gleiche Wärmeausdehnungswerte, unterscheiden sich jedoch beträchtlich in der Wärmeleitfähigkeit. Aus diesem Grunde können beim Anfahren der Anlage Relativ-Verformungen auftreten.

Die Sohlplatte ist für alle auftretenden Belastungsfälle durchzurechnen. Dicke, Fläche und Gründung der Sohlplatte sind, anlehend an die Baugrundverhältnisse, vom verantwortlichen Baustatiker festzulegen. Wird das Fundament elastisch gelagert, müssen auch die Punktlasten beim Anheben des Fundamentblockes (für den Einbau der Federisolatoren (mittels Pressen berücksichtigt werden.

Vom Material her unterscheidet man Stahlfundamente und Betonfundamente. Dabei ist Stahlfundament eine Mischkonstruktion aus Stahlfundamentrahmen und Betonunterbau (Bild 8.7). Die obere Partie des Fundamentes besteht entweder aus einem Stahlrahmen oder Stahltisch, der untere Teil aus Beton. Je nach Baugrund und Örtlichkeit kann die „Unterkonstruktion" unterschiedliche Formen aufweisen. Bild 8.7 zeigt einige Beispiele mit Stahlfundamentrahmen.

Diesel-Generator-Aggregate auf Stahlfundamentrahmen stellen betriebsfertige Einheiten dar, die in vielen Fällen fertig montiert zum Versand kommen. Diese Diesel-Generator-Einheiten können heute ein Gewicht von über 500 N erreichen. Die Fundamentrahmen müssen deshalb sehr biege- und torsionssteif gestaltet werden.

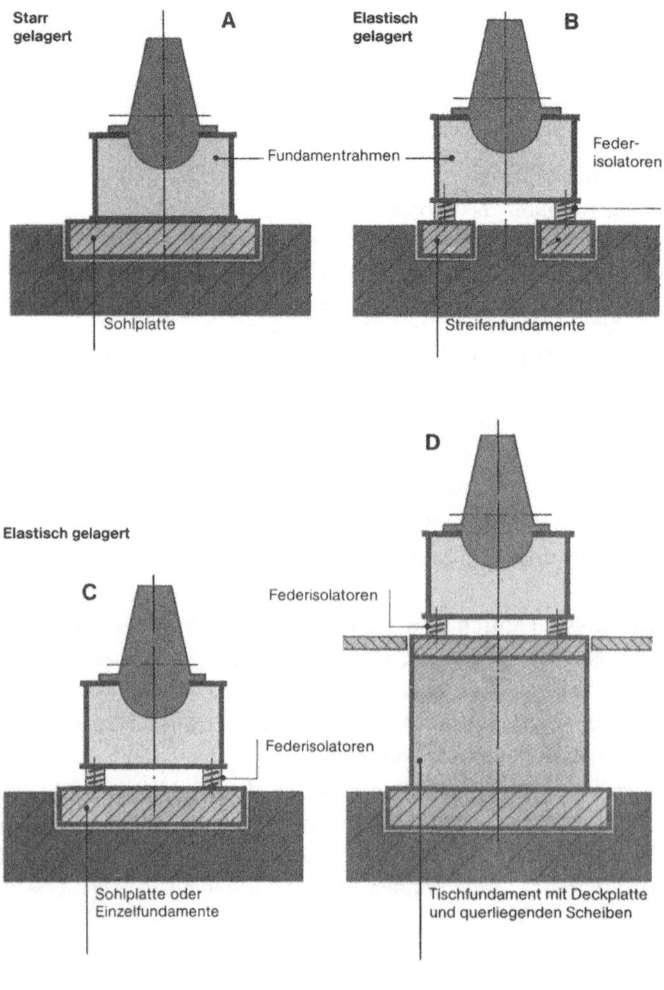

Bild 8.7
Stahlfundamente

Bild 8.8 stellt Möglichkeiten für Betonfundamente dar, während Bild 8.9 Ausführungsformen für elastisch gelagerte Maschinensätze zeigt. Als Beispiel sei die Bewehrung eines Stahlbetonfundamentes für einen elastisch aufgestellten Maschinensatz in Bild 8.10 wiedergegeben.

Beton kann im wesentlichen nur auf Druck beansprucht werden. Die Zugkräfte im Fundament müssen daher daher von der Stahlarmierung aufgenommen werden. Ferner muß die Armierung die beim Abbinden des Betons entstehenden Schwindspannungen gleichmäßig verteilen, damit sich keine gefährlichen Risse bilden können.

Schwindrisse können sich unter der Einwirkung der Schwingungen auch vergrößern und verbreitern und zur Zerstörung des Fundamentblockes führen, wenn die Armierung mangelhaft ist. Die Stahlarmierung muß deshalb sorgfältig und ausreichend über den ganzen Fundamentblock verteilt werden (siehe Bild 8.10).

Maschinenfundamente müssen in der Regel mit Bewehrungsmatten aus Stäben mit mindestens 12 ... 16 mm Durchmesser und mit einer Maschenbreite von 60 ... 80 cm in allen drei Richtungen bewehrt werden; an allen Außenflächen des Betonfundamentes sind zusätzliche Matten mit einer Maschenweite von 30 ... 40 cm anzuordnen.

Kleinere Abstände an kritischen Stellen sind nicht ausgeschlossen. Die tatsächlichen Querschnitte und Abstände der Bewehrung muß der verantwortliche Baustatiker festlegen.

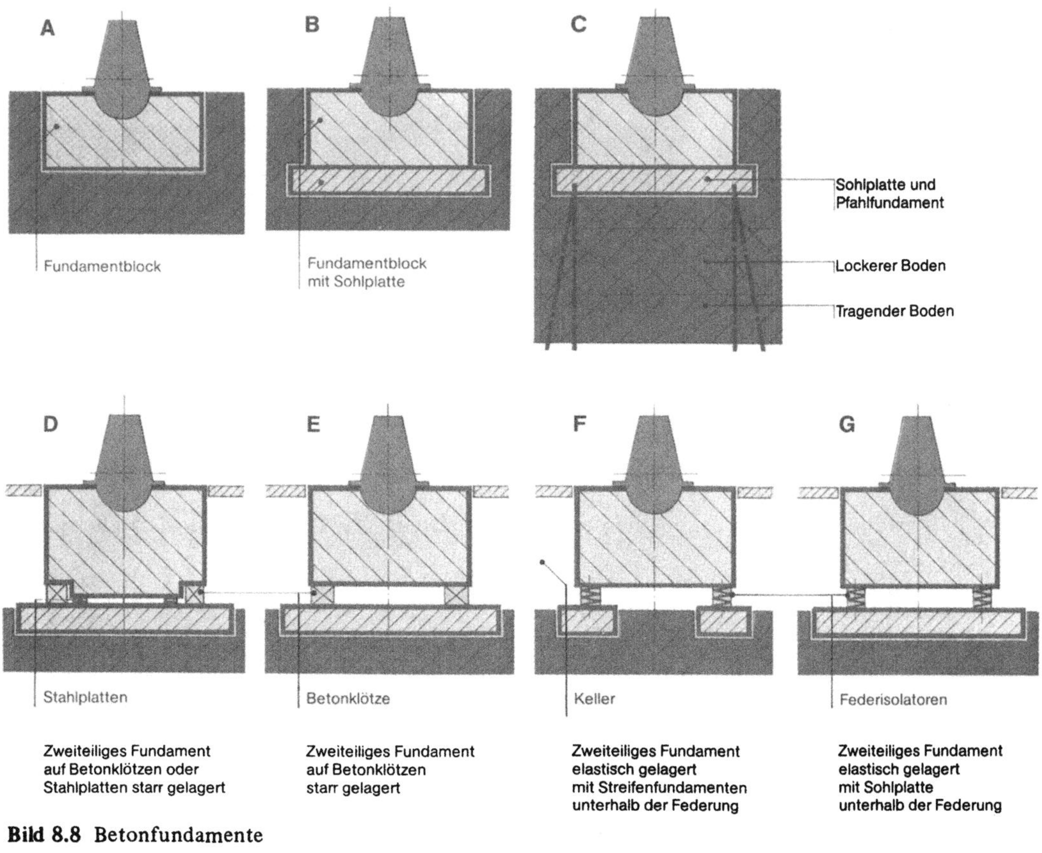

Bild 8.8 Betonfundamente

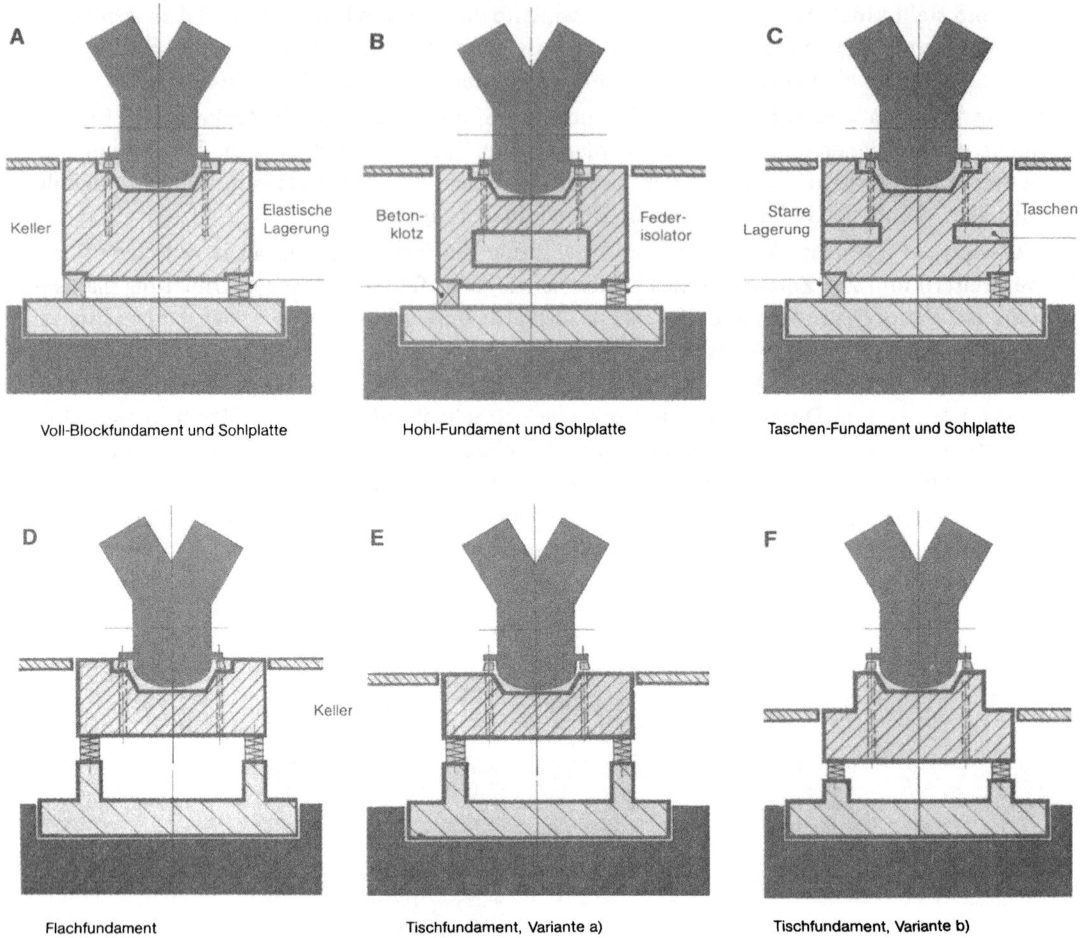

Bild 8.9 Elastisch aufgestellte Maschinensätze

Richtwerte über die Bewehrungsmengen pro m³ festen Beton:

- bei großen Blockfundamenten für langsamlaufende Zweitakt-Dieselmotoren: 50 ... 60 kg/m³,
- bei zweiteiligen Blockfundamenten für mittelschnellaufende Viertakt-Dieselmotoren: 70 ... 80 kg/m³,
- bei Stahlbetontischfundamenten 100 ... 120 kg/m³.

Voraussetzung für eine einwandfreie Lagerung des Fundamentes ist ein guter, tragfähiger Boden.

Aufgeschüttetes Material ist als Fundamentauflage nicht ohne weiteres geeignet. Infolge Lasteinwirkung wird der Boden zusammengedrückt. Er darf sich auf keinen Fall so verformen, daß das Fundament gefährlich abgesenkt, gekippt oder verschoben wird. Gegebenenfalls ist der Boden im Gründungsbereich des Fundamentes künstlich zu verdichten oder auszutauschen.

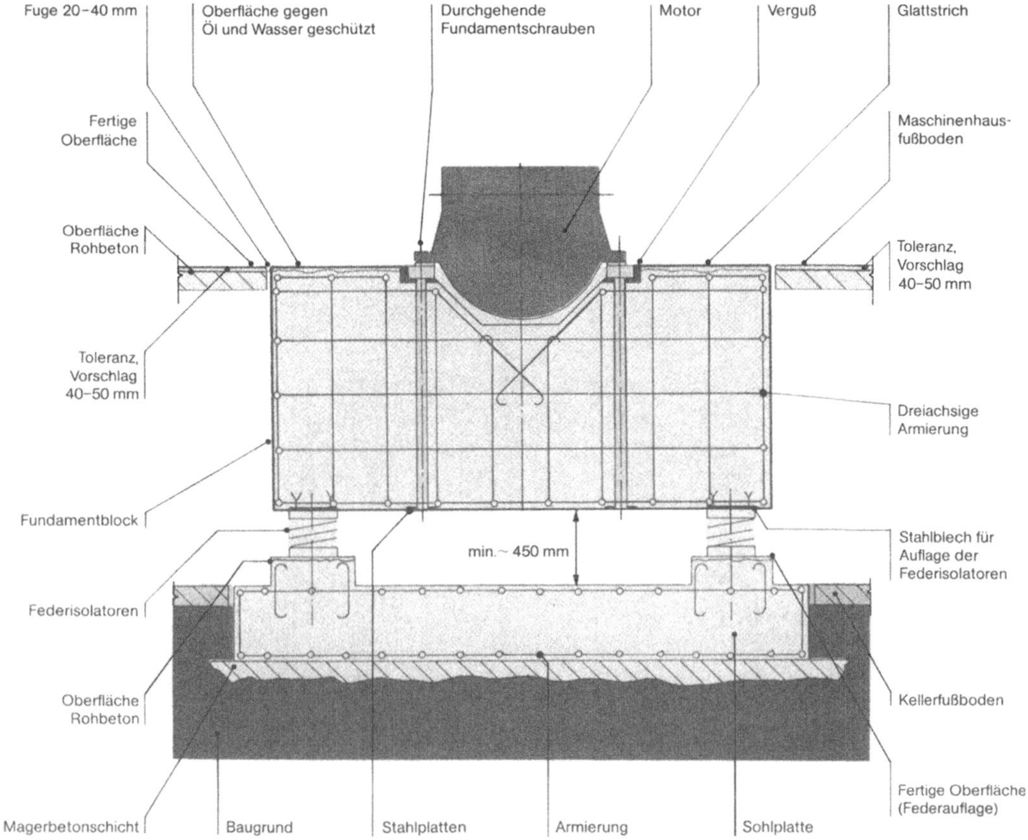

Bild 8.10 Anordnung der 3-achsigen Armierung im Fundamentblock

Die vom Motor über das Fundament in den Boden eingeleiteten Schwingungen können dessen Eigenschaften beeinflussen. Der Statiker sollte daher über den Baugrund und dessen Verhalten bei statischen und dynamischen Einwirkungen genau informiert sein.
Die Gründungssohle muß frostfrei sein und mindestens 0,8 m unter Geländeoberkante liegen. Ggf. muß Grundwasser-Auftrieb berücksichtigt werden. Bild 8.11 gibt einen Anhalt über den spezifischen Betoneinsatz in m^3 pro t Aggregat für starr gelagerte Stahlbetonfundamente.

Der Motor wird entweder mit durchgehenden Fundamentschrauben oder mit einzubetonierenden Fundamentankern auf dem Fundament befestigt. Der Vorteil der durchgehenden Fundamentschraube liegt in der größeren Dehnlänge und in der Austauschbarkeit (Bild 8.12).

Fundamentanker, die einbetoniert werden sollen, sind in der Regel nicht länger als ihr 20facher Durchmesser. Der Anker (Bild 8.13) darf aber dennoch nur im unteren Bereich einbetoniert werden. Der Hals muß dabei mit einer Gummihülse geschützt werden, so daß er nach dem Verguß axial wie auch lateral beweglich ist.

Damit die Horizontalbewegungen des Motors sicher aufgenommen werden und der Motor vom Fundament nicht abhebt, muß die Verschraubung mit einer bestimmten Verspannung angezogen werden. Die Kräfteverhältnisse in der Schraube bzw. Motorunterpassung werden in den Verspannungsschaubildern dargestellt (Bild 8.14).

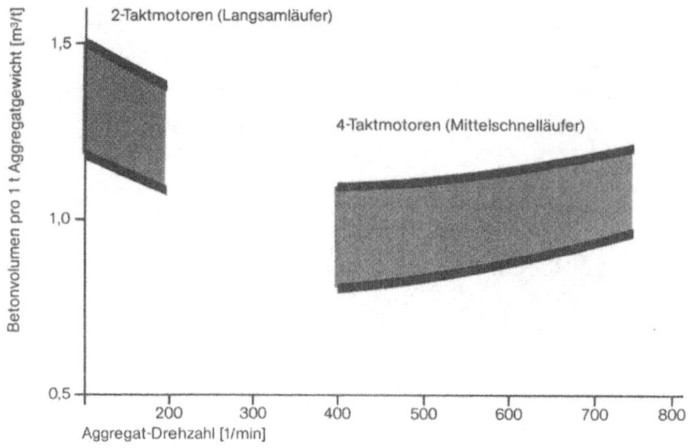

Bild 8.11
Spezifischer Betoneinsatz in m^3/t Aggregatgewicht für starre Lagerung (Anhalt)

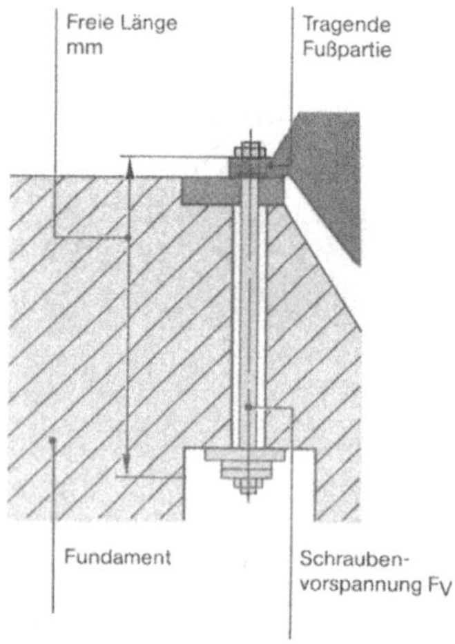

Bild 8.12 Durchgehende Fundamentanker

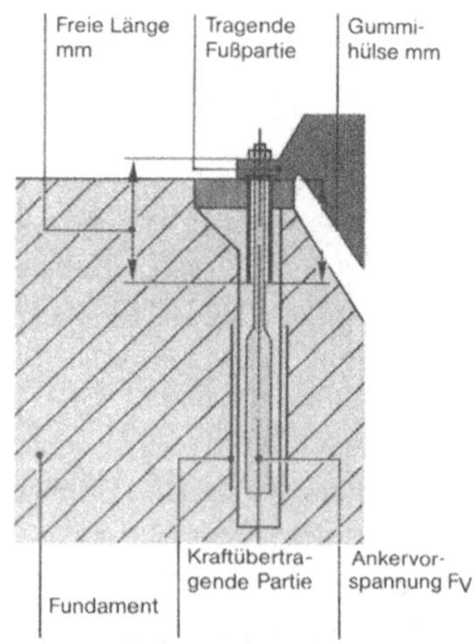

Bild 8.13 Fundamentanker mit Mörtelvergruß im Ankerloch

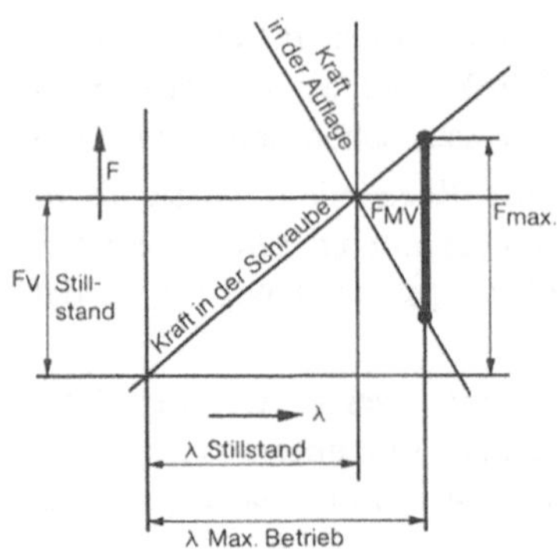

F_V Schraubenvorspannung

$F_{max.}$ Max. Kraft in der Schraube

F_{MV} Vertikale Massenkraft

λ Dehnung in der Schraube

Bild 8.14
Verspannungs-Schaubild der Fundamentschraube

8.3 Kühlung

Während kleine Aggregate mit Ventilatorkühlung nach Bild 8.15 ausgeführt werden können, erhalten größere Anlagen indirekte Kühlung mit Wärmetauscher nach Bild 8.16. Bei dieser Kühlung handelt es sich um ein 2-Kreis-System mit einem in sich geschlossenen, aber normalerweise mit der Atmosphäre in Verbindung stehenden Primärkreislauf auf Motorseite und einem offenen System rohwasserseitig. Die Motorkühlwasserwärme wird hier indirekt über den Wärmetauscher dem Sekundärwasser = Rohwasser übertragen, wobei sich dieses, je nach Wassertemperatur, Anlagenauslegung und Motorbelastung, um 10 ... 30 °C erwärmt.

Bei Verwendung von Süßwasser ist die Qualität des Rohwassers von untergeordneter Bedeutung. Aggressives Wasser dagegen, z. B. Seewasser, verlangt korrosionsbeständige bzw. kunststoffbeschichtete Werkstoffe für Kühler, Rohwasserleitungen und Pumpen. Mit Rücksicht auf Verschmutzung der Kühlerrohre soll möglichst sauberes Wasser verwendet werden. Wird dieses einem Fluß entnommen, empfiehlt es sich, ein großes Becken oder einen Filter zwischenzuschalten, damit sich im Wasser schwebende Schmutzteilen absetzen können.

Der Motorkreislauf hat keinen nennenswerten Wasserverbrauch; es sind lediglich Verdunstungsverluste zu ersetzen, sofern das System offen ist und mit der Atmosphäre in Verbindung steht. Demgegenüber tritt auf der Rohwasserseite doch ein beachtlicher Verbrauch auf. Bei Maschinen mit Ladeluftkühlung kann der Verbrauch erheblich höher liegen. Genaue Verbrauchsangaben können hier erst nach Durchrechnung des Kühlsystems gemacht werden.

Falls die örtlichen Verhältnisse einen größeren Wasserverbrauch nicht zulassen, besteht die Möglichkeit, durch Einbau größerer, aufwendiger Spezialkühler den Rohwasserdurchsatz in gewissem Maße zu reduzieren. Abgesehen davon führt auch die Aufstellung von Rückkühlanlagen, z. B. Kühlturm- oder Spritzdüsenanlagen, zu einer Wassereinsparung. Die Verbrauchs-

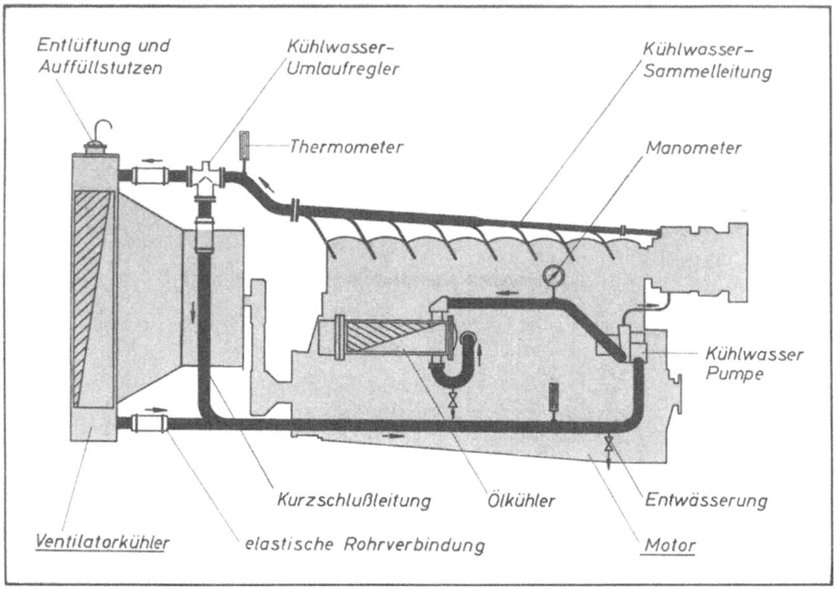

Bild 8.15 Ventilatorkühlung

zahlen sind hier abhängig von der Lufttemperatur, der relativen Luftfeuchte, der Wasserqualität (Salzgehalt) und dem Wärmeumsatz.

Wichtig ist, daß beim Betrieb der Anlage das Rohwasser mit Druck vor den Kühlern ansteht. In der Anordnung nach Bild 8.16 genügt ein Wasserdruck vor den Kühlern von ca. 1,5 bar.

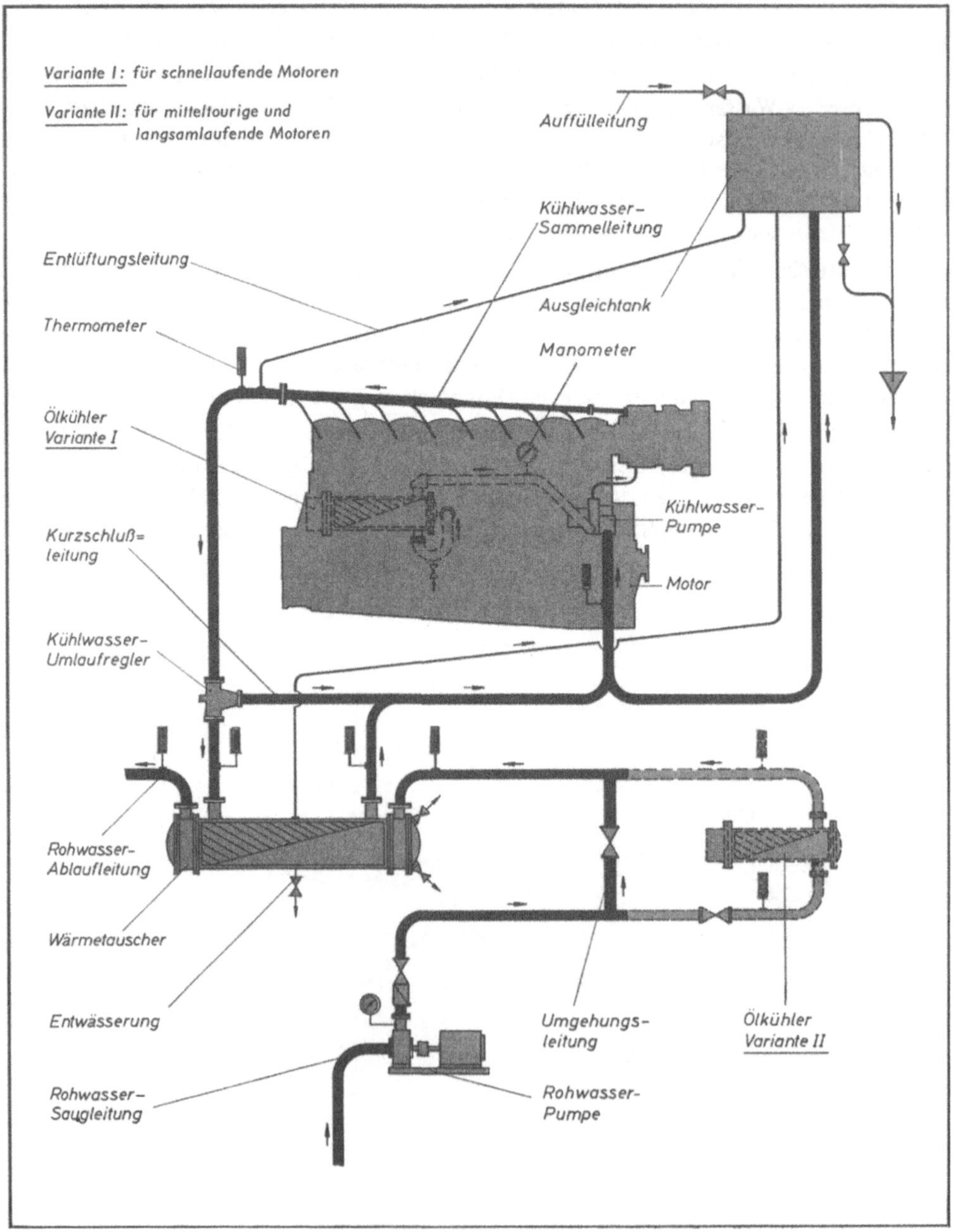

Bild 8.16 Schema für Wärmetauscherkühlung

Systeme mit nachgeschalteten Kühlturm- oder Spritzdüsenanlagen sind mit höheren Drücken zu fahren. Der zusätzlich aufzubringende Druck beträgt hier nach Erfahrung:

bei Kühlturmanlagen 0,4 ... 0,8 bar je nach Kühlturmauslegung,
bei Spritzdüsenanlagen 0,8 ... 1,4 bar.

In diesen Werten ist die Terrainhöhe nicht berücksichtigt. Zur Auslegung der Kühler und der Einbauten wie Regler, Schlauchverbindungen usw. sind die zu erwartenden Wasserdrücke und Druckunterschiede zu berücksichtigen.

Im allgemeinen begrenzt man den Kühlwasserdruck im Motor und im Ladeluftkühler mit 3 bar bzw. 2,5 bar. Wärmetauscher und Ölkühler werden im Bedarfsfall auch für höhere Drücke geliefert.

Für die Bemessung der Kühlwasser-Druckleitungen und -Saugleitungen können in erster Annäherung folgende Werte angesetzt werden:

Wassergeschwindigkeit in Druckleitungen	2 ... 3 m/s
Wassergeschwindigkeit in Saugleitungen (in geschlossenen Systemen)	1,3 ... 2 m/s
Wassergeschwindigkeit in Saugleitungen (in offenen Systemen)	0,7 ... 1,3 m/s

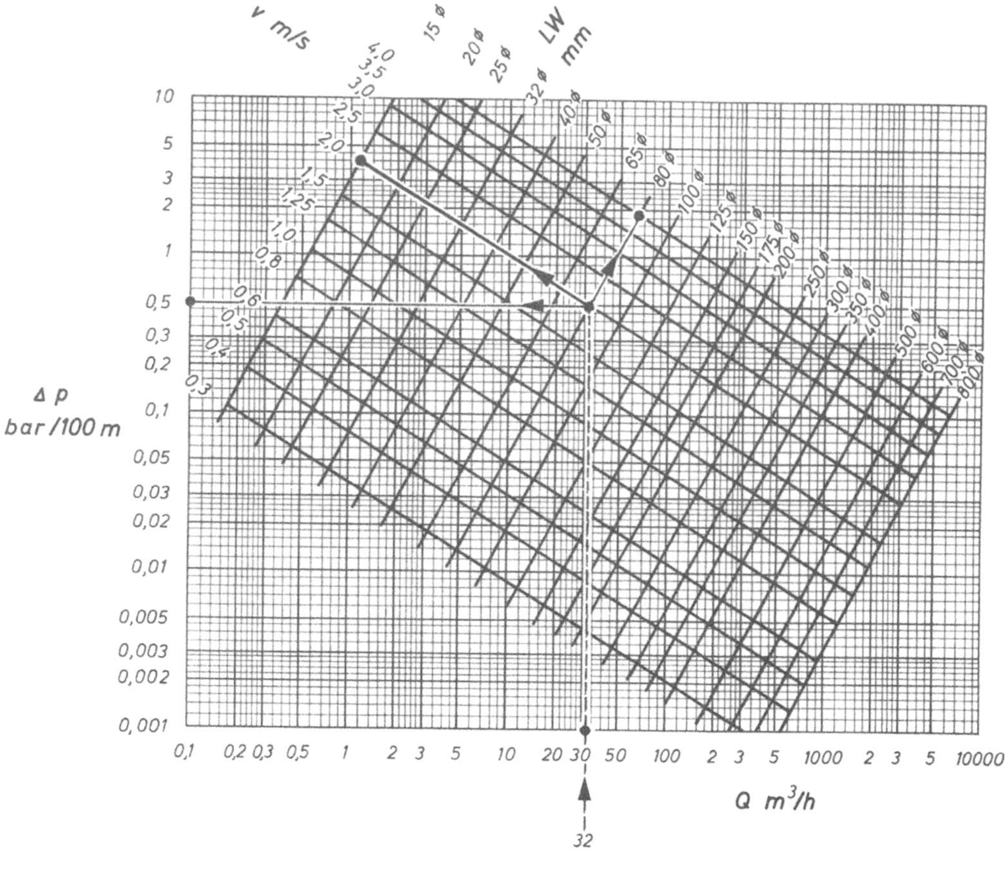

Bild 8.17 Strömungswiderstände in Rohrleitungen bei Förderung von kaltem Wasser oder Flüssigkeiten gleicher Zähigkeit

Saugleitungen in offenen Systemen sind grundsätzlich den örtlichen Verhältnissen anzupassen und werden daher erst bei der Planung hinsichtlich des Querschnittes und der Führung festgelegt.

In Anlehnung an die vorstehenden Richtwerte für Wassergeschwindigkeiten können die Rohr-Nennweiten und Rohrwiderstände aus Diagramm Bild 8.17 herausgegriffen werden. Dieses Diagramm hat Gültigkeit für neue, glatte Stahlrohre und Förderung von Wasser mit einer Temperatur von 10 °C oder Flüssigkeiten gleicher Viskosität. Bei höheren Temperaturen sind Korrekturen erforderlich.

Bauseitig sind alle Maßnahmen zu treffen, die eine sichere Rohwasserversorgung bzw. Rohwasserableitung garantieren und eine Entleerung des Systems ermöglichen. Bei Anlagen mit Fernstart- oder Automatik-Betrieb muß das Rohwasser der Pumpe zulaufen, andernfalls sind selbstansaugende Pumpen aufzustellen. Es besteht natürlich auch die Möglichkeit, das Rohwasser einer Druckleitung (Netzwasser) zu entnehmen.

Der Schmierölkühler wird entweder vom Motorkühlwasser oder vom Rohwasser beaufschlagt.

8.4 Abwärmeverwertung

An einem Beispiel des Dieselkraftwerks „Bastia" soll auf die Abwärmeverwertung in Landanlagen hingewiesen werden [9.4].

Die Verwendung eines organischen Mediums anstelle von Wasser wurde für Landanlagen ins Auge gefaßt und kann in Zukunft auch für die Schiffahrt eine annehmbare Lösung darstellen. Bild 8.18 zeigt das Schema einer Landanlage, in der dieses Verfahren eingesetzt wird.

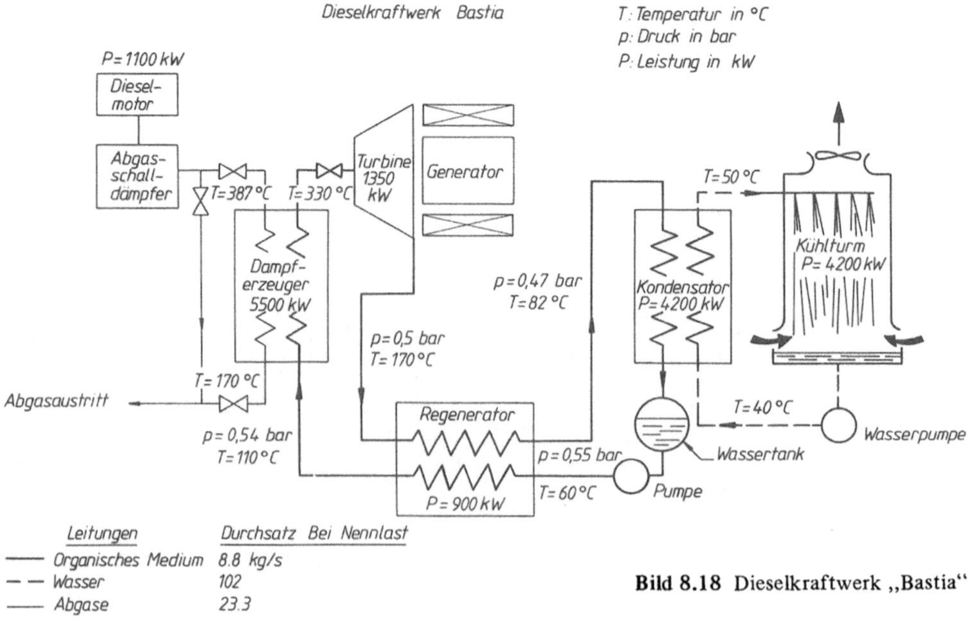

Bild 8.18 Dieselkraftwerk „Bastia"

Schrifttum

[8.1] *Hahn, R.:* Diesel-Heizkraftwerk Skultuna bei Västerås (Schweden). Z. Brennstoff-Wärme-Kraft, Jahrg. 30, Nr. 11/78.

[8.2] *Seibel/Mayer:* Fundamente für Dieselmotoren im Kraftwerksbau. M.A.N-Druckschrift D, 2365227.

9 Schiffsantriebsanlagen

9.1 Zusammenwirkungen von Motor, Propeller und Schiff

Auf die wesentlichen Zusammenhänge der Auslegung wurde bereits in Abschnitt 4.4.2.1 hingewiesen. Daraus folgt, daß Schiffsantriebsanlagen nur in bester Zusammenarbeit von Schiffbauer, Propeller- und Motorenhersteller konzipiert werden sollten. Dabei ist nicht zu vergessen, daß bei Schiffsneubauten dem bestellenden Reeder große Verantwortung für die Forderung der die Schiffsantriebsleistung bestimmenden Daten, hier vor allem der Schiffsgeschwindigkeit, zufällt. Besonders in Zeiten hoher Kraftstoffkosten kommt es darauf an, keine überhöhten Geschwindigkeitsforderungen zu stellen. Auch für die Festlegung der Hauptabmessungen eines Schiffes: Länge, Breite, Tiefgang und Seitenhöhe hat die Geschwindigkeit erheblichen Einfluß [9.1]. Bei Optimierungsrechnungen für die Geschwindigkeit kommt es auf die speziellen wirtschaftlichen Verhältnisse an: Wettbewerb oder nicht und auf die technischen Randbedingungen: konstante Schiffsgröße oder konstante Transportkapazität.

Unter den vielfältigen Wechselbeziehungen zwischen Schiff und Maschine spielt die Kopplung über den Propeller die größte Rolle [9.2]. Die Kenndaten des Propellers und des Schiffswiderstandes bestimmen für ein gegebenes Kennfeld der Antriebsanlage die abgegebene Leistung und die Drehzahl, da zwischen Antrieb und Abtrieb Gleichgewicht herrschen muß [9.3]. Die propellerbedingte Wechselleistung erstreckt sich aber auch auf das dynamische Verhalten der Antriebsanlage, da der mitschwingende Propeller Wechselkräfte und Momente auf die Welle ausübt, die in ihrer Wirkung als Dämpfung und Vergrößerung der Propellermasse aufgefaßt werden können (vgl. hierzu auch Abschnitt 5.4).

Die Frage Ein- oder Mehrmotorenanlage stellt sich dann nicht, wenn durch die Eigenart des Schiffstyps niedrige Maschinenräume, z. B. bei Fährschiffen, Roll-on/Roll-off-Schiffen u. ä., verlangt werden, die den Einbau von mittelschnellaufenden, niedrig bauenden Tauchkolbenmotoren erfordern.

In anderen Fällen muß aufgabenspezifisch untersucht werden, ob Langsamläufer oder Mittelschnelläufer zu wählen sind. Die Erfahrung hat gezeigt, daß wegen der erforderlichen Überwachung und Instandhaltung eine nicht zu große Zylinderzahl zu wählen ist. Aus diesem Grund sind in den letzten Jahren auch mittelschnellaufende Viertaktmotoren in Tauchkolbenbauweise mit Zylinderleistungen von 900 ... 1200 kW entwickelt worden, mit denen dieser Forderung entsprochen werden kann. Schwerölbetrieb ist sowohl mit der langsamlaufenden Kreuzkopf-Zweitaktmaschine als auch mit dem Mittelschnelläufer möglich, wenn auch beim Großzweitaktmotor eine bessere Trennung von Verbrennungsraum und Kurbelraum gegeben ist. Im niedrigsten spezifischen Kraftstoffverbrauch liegen die Langhub-Zweitakt-Großdieselmotoren an der Spitze. Bei einem schiffsbezogenen Vergleich muß jeweils die ganze Anlage in Betracht gezogen werden: Masse, Preis, Raumbedarf, Kraftstoffverbrauch, Schmierölverbrauch, Hilfsanlagenbedarf, Abwärmeverwertung, Wartungsaufwand, Wartungsfreundlichkeit, Ersatzteilbedarf und -kosten usw. Bild 9.1 zeigt als Beispiel den Maschinenraumplan für die 1981 in Dienst gestellten Produktentanker der Reederei E. Jacob, Flensburg, „Brigitte" und „Tanja Jacob". Die Fahrautomatik war bereits in Bild 6.83

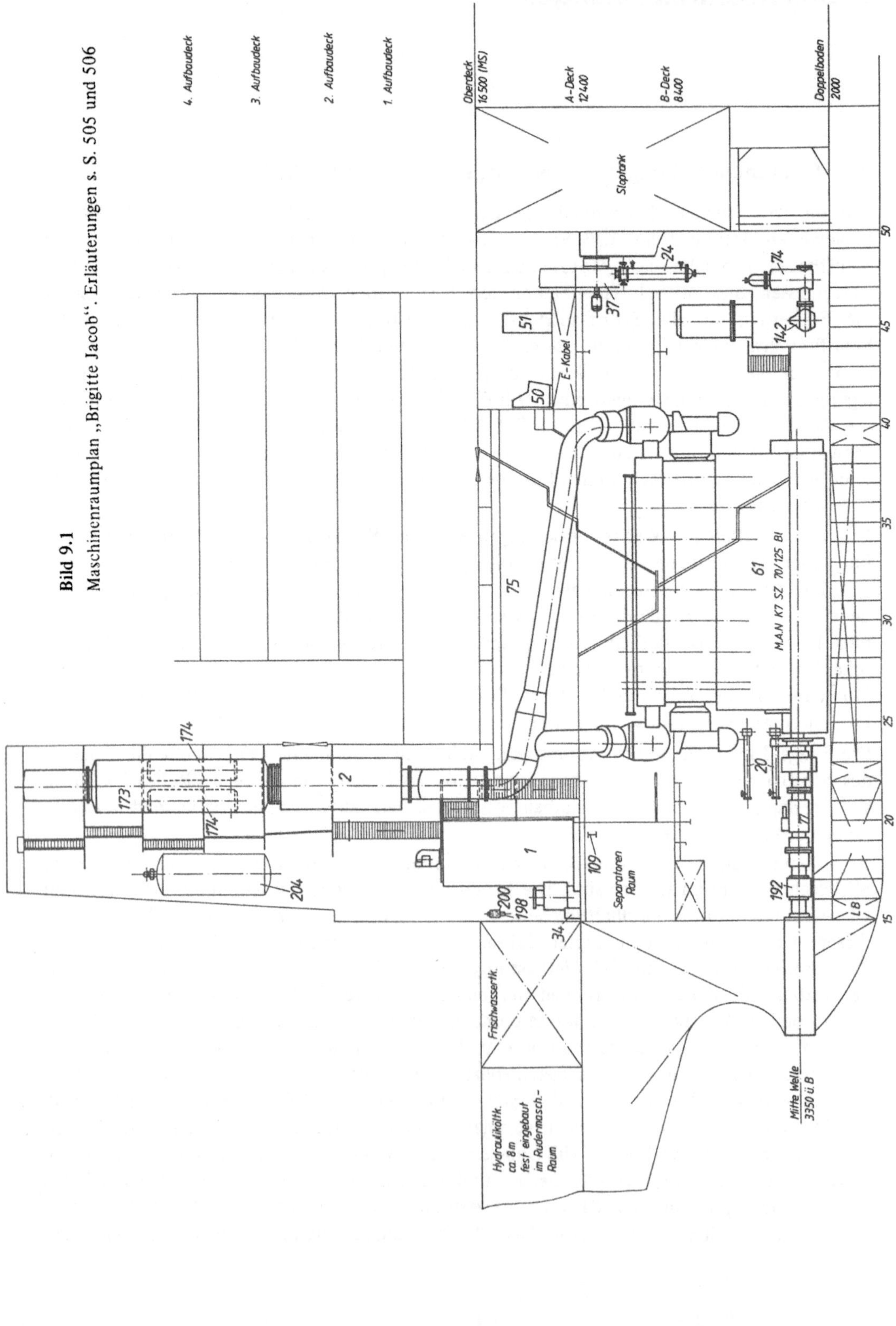

Bild 9.1
Maschinenraumplan „Brigitte Jacob". Erläuterungen s. S. 505 und 506

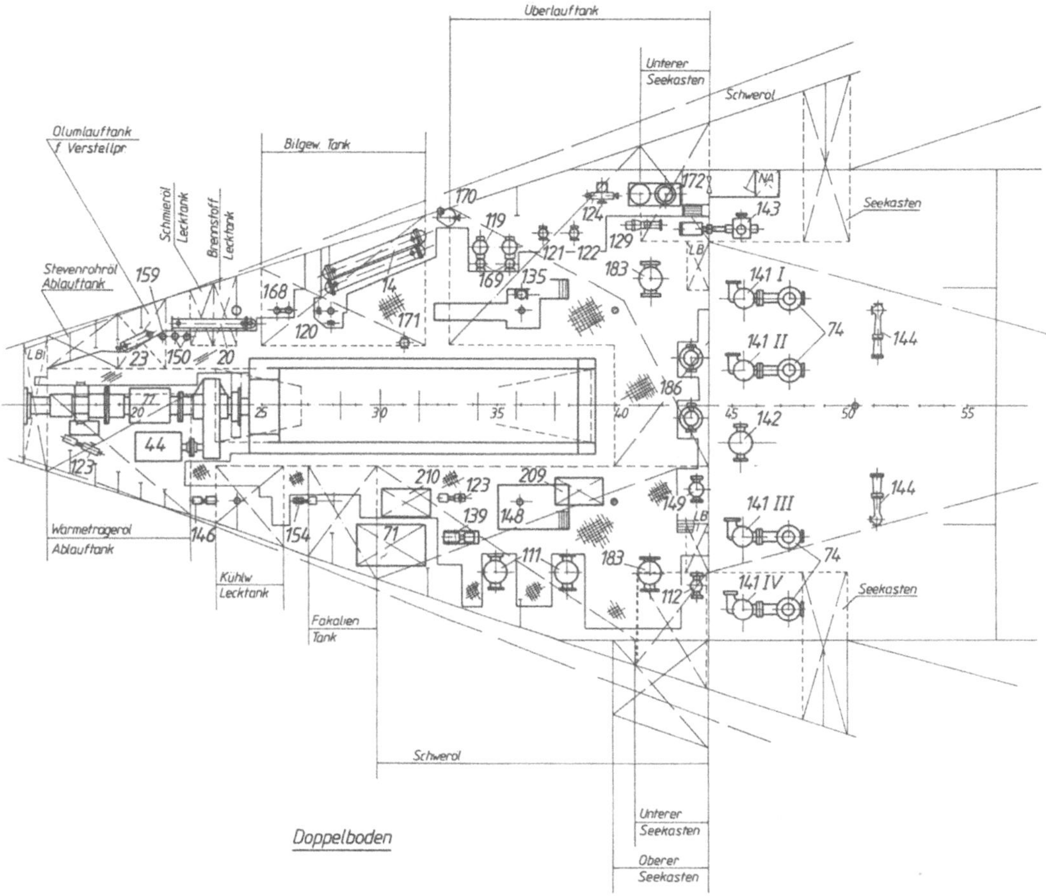

Bild 9.1 (Fortsetzung)

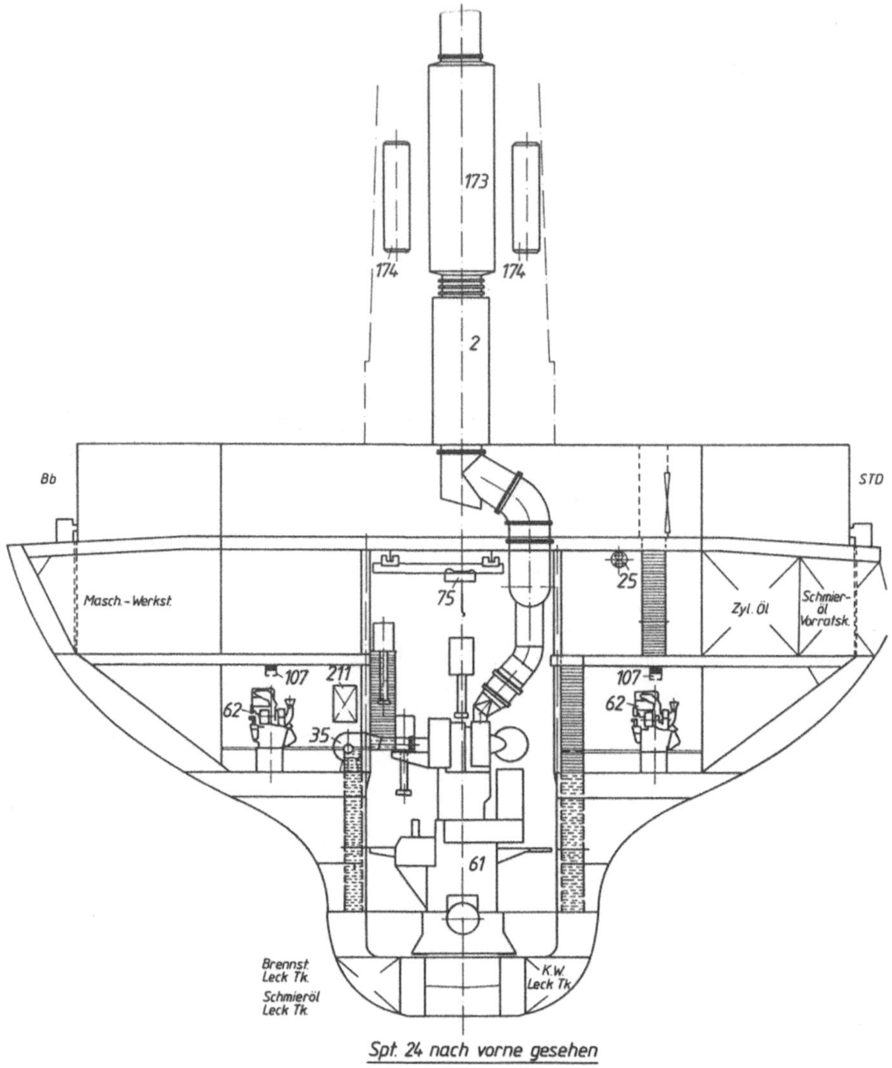

Bild 9.1 (Fortsetzung)

Erläuterungen zu **Bild 9.1** Maschinenraumplan „Brigitte Jacob"

Pos.	Kurz. Zeich.	Anz.	Benennung	Leistung	
1	B 1	2	Heizkessel für Wärmeträgeröl	500 000 kcal/h	200...150°C
2	B 2	1	Abgaskessel für Wärmeträgeröl	100 000 kcal/h	200...150°C
3	C 1	2	Anlaßluftkompressor	$90 m^3/h$ 30 bar	1750 U/min
4	C 2	1	Steuerluftkompressor	$97 m^3/h$ 9 bar	1750 U/min
5	C 3	1	Arbeitsluftkompressor	$97 m^3/h$ 9 bar	1750 U/min
6	C 4	2	Kompressor für Proviantkühlung		
7	C 5	1	Kompressor für Klimaanlage		
8	C 6				
9	C 7	1	Kolbenbelüftungskompressor	$81 m^3/h$ 6 bar	
10	E 1	2	Zentralkühler (Platten)	$385 m^3/h$	2710 kW
11	E 2	1	F.W.-Kühler für Kolbenk. HM (Pl.)	$140 m^3/h$	1005 kW
12	E 3	1	F.W.-Kühler für Düsenk. HM (Rö.)	$9 m^3/h$	33 kW
13	E 4	2	F.W.-Kühler für Zylinderk. HM (Pl)	$130 m^3/h$	1921 kW
14	E 5	2	Schmierölk. HM (Rö.)	$52.5 m^3/h$	170 kW
15	E 6	1	Vorwärmer Zylinderkühlwasser HM	$260 m^3/h$	342 kW
16	E 7	2	Vorwärmer Schwerölsep. S 1	$3{,}75 m^3/h$	60 auf 98°C
17	E 8	1	Vorwärmer Dieselölsep. S 2	$2{,}40 m^3/h$	25 auf 60°C
18	E 9	1	Vorwärmer Schmierölsep. S 3	$4{,}40 m^3/h$	45 auf 85°C
19	E 10		E-Durchlauferhitzer Separatoren		6 kW
20	E 11	2	Schwerölendvorwärmer	$6{,}8 m^3/h$	180 kW
21	E 12	1	Verdampfer	20 t/24 h	
22	E 13	1	Warmwasserbereiter f. Ms 3	500 l 6 bar	18 kW
23	E 14	1	Ölkühler f. Verstellprop.-Anlage		
24	E 15	2	Tankwaschvorwärmer	$210 m^3/h$	300 kW
25	E 17	1	Kondensator m. Sammler		
26	E 18	2	Schwerölendvorwärmer f. Hi-Ke		
27					
28					
29					
30					
31					
32					
33	F 1	4	Maschinenraum-Zulüfter		
34	F 2	1	Separatorenraum-Ablüfter		
35	F 3	2	Vorgebläse für HM		
36					
37	F 5	2	Ablüfter für Pumpenraum		
38	F 7	2	Inertgasgebläse	$5000 m^3/h$	20000 bar
39					
40					
41					
42					
43	G 1	4	Generator für M 2	1088 kVA	720 U/min
44	G 2	1	Wellengenerator	1360 kVA	1200 U/min
45	G 3	1	Notgenerator für M4	98 kW	1800 U/min
46					
47					
48					
49					
50	I 1	1	Maschinenfahrpult		
51	I 2	1	Hauptschalttafel		
52	I 3	5	Regelschränke		
53	I 4	1	Notschalttafel		
54					
55					

Pos.	Kurz. Zeich.	Anz.	Benennung	Leistung	
56					
57					
58					
59					
60					
61	M 1	1	Hauptmaschine	10640 kW	130 U/min
62	M 2	4	Hilfsdiesel	960 kW	720 U/min
63	M 3				
64	M 4	1	Notdiesel	96 kW	1800 U/min
65					
66					
67					
68					
69					
70	Ms 1	1	Inertgasanlage	5000 m^3/h	15000 bar
71	Ms 2	1	Fäkalienanlage	43 Pers./d	
72	Ms 3				
73	Ms 4	1	Müllverbr. Anlage	50 kg/h Müll	30 kg/h Schlamm
74	Ms 5	1	Vac-Strip-Anlage		
75	Ms 6	1	Hebezeug HM		
76	Ms 7	1	UV-Entkeimungsanlage		
77	Ms 8	1	Hydraul. Anlage für Verstellpropeller		
78	Ms 9	1	Druckölstation	120 bar	
79	Ms 10	1			
80	Ms 11				
81	Ms 12				
82	Ms 13				
83	Ms 14				
84	Ms 15				
85	Ms 16	1	Proviantkühlanlage		
86	Ms 17	1	Klimaanlage Aufbau		
87	Ms 18	1	Klimaschrank MSR		
88	Ms 19				
88	Ms 20				
90	Ms 21	1	Drehmaschine	1,5 m × 0,25 m	
91	Ms 22	1	Säulenbohrmaschine	bis 30 mm	
92	Ms 23	1	Doppelschleifmaschine	ϕ 200 × 30 mm	
93	Ms 24	1	Laufkatze E-Werkstatt		
94	Ms 25				
95	Ms 26	1	Werkbank Masch.-Werkstatt		
96	Ms 27	1	Werkbank E-Werkstatt		
97	Ms 28	5	Schraubstock		
98	Ms 29				
99	Ms 30				
100	Ms 31				
101	Ms 32				
102	Ms 33				
103	Ms 34				
104	Ms 35				
105	Ms 36	1	Schweißtisch		
106	Ms 37	1	Wellenhebeeinrichtung		
107	Ms 38	4	Laufkatze für Hilfsdiesel		
108	Ms 39	1	Laufkatze für Masch.-Werkstatt		
109	Ms 40	1	Laufkatze für Separatoren		
110	Ms 44	1	Laufkatze zur Montag-Luke		

gezeigt. Der nichtumsteuerbare M.A.N-Hauptmotor K7SZ 70/125 BL mit 10640 kW bei $n = 130\,\text{min}^{-1}$ entspricht im Aufbau den Bildern 4.53 und 4.54. In Bild 9.2 ist eine Mehrmotorenanlage für das deutsche Polarforschungsschiff „Polarstern" dargestellt.

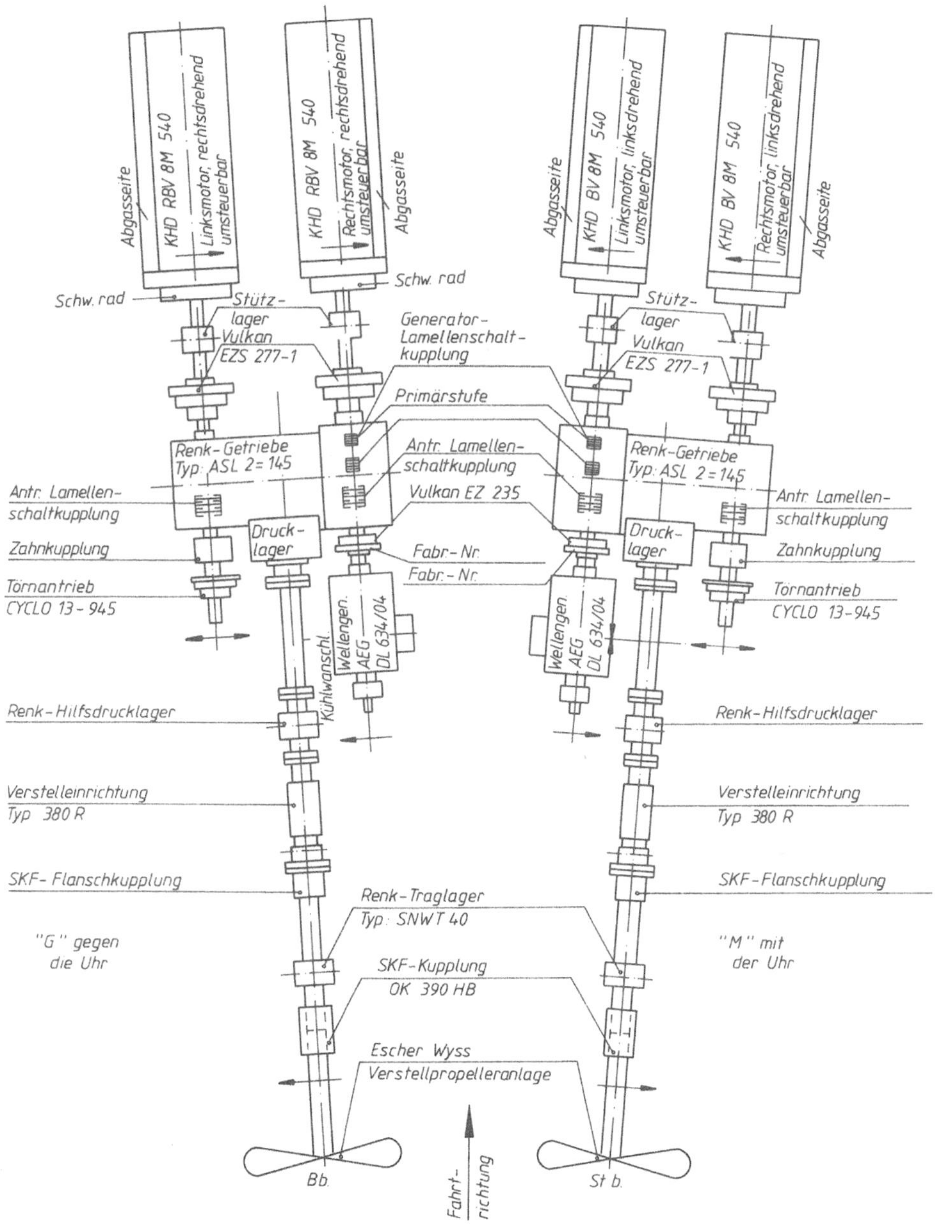

Bild 9.2 Maschinenraumplan Polarforschungsschiff „Polarstern"

9.2 Abwärmeverwertung und E-Bedarfsdeckung

Der ständige Anstieg des Kraftstoffpreises veranlaßt Reeder und Kraftwerke nach Möglichkeiten zu suchen, durch Abwärmeverwertung, d. h. bessere Kraftstoffausnutzung, einen Ausgleich zu schaffen. Die Verwendung der Abgaswärme zur Dampferzeugung oder Thermalölaufheizung für Heizzwecke ist schon lange Stand der Technik für größere Schiffe. Für moderne Schiffe ist beim jeweiligen Projekt zu prüfen, ob Abgaswärme „verstromt" werden soll. Das bedeutet aber, daß ein großer Teil des Heizwärmebedarfs, für Schwerölaufheizung beispielsweise, nicht aus der Abgas-Abwärme, sondern aus dem Kühlwasser der Motorenanlage genommen werden muß. Es entsteht dabei ein kompliziertes *Wärmerückgewinnsystem.* Damit die aus Abgas-Abwärme gewinnbare elektrische Energie ausreicht, sind große Anstrengungen zur Herabsetzung des Elektrobedarfs zu machen, z. B. *Scoopkühler* zur Einsparung des Elektrobedarfs der Seekühlwasserpumpen. In Abschnitt 4.1.9.4 wurden bereits einige Hinweise über die für Weiterverwendung der zur Verfügung stehenden Wärmemengen gemacht. Ungekühlte Abgasturbolader ergaben eine höhere Abgastemperatur als gekühlte Turbinen, weshalb sie für Abgaswärmeverwertung günstiger sind. Man kann auch daran denken, einen kleinen Teil der Abgase eines Motors an den Abgasturboladern vorbeizuleiten und zur Aufheizung des Abgasstroms hinter Turbinen zu verwenden, so bei M.A.N/B & W-Großmotoren. Je mehr Kraftstoffenergie im Motor in mechanische Energie umgesetzt wird, d. h. je höher der effektive Wirkungsgrad und je niedriger der spezifische Kraftstoffverbrauch wird, um so weniger Abwärme steht naturgemäß zur weiteren Ausnutzung zur Verfügung. Bild 9.3 zeigt die einfache Abgaswärmeausnutzung für Heizzwecke, während Bild 9.4 das System für Heizzwecke und Stromerzeugung darstellt. Bild 9.5 zeigt ein Wärmeflußdiagramm nach B & W, in dem ein zweiteiliger Ladeluftkühler vorgesehen ist, dessen erster Teil zur Wärmeverwertung beiträgt. Hinzutreten muß die Ausnutzung der Zylinderkühlwasser-Abwärme; dies wird um so erfolgreicher sein, als das Temperaturniveau auch in diesem Bereich angehoben wird.

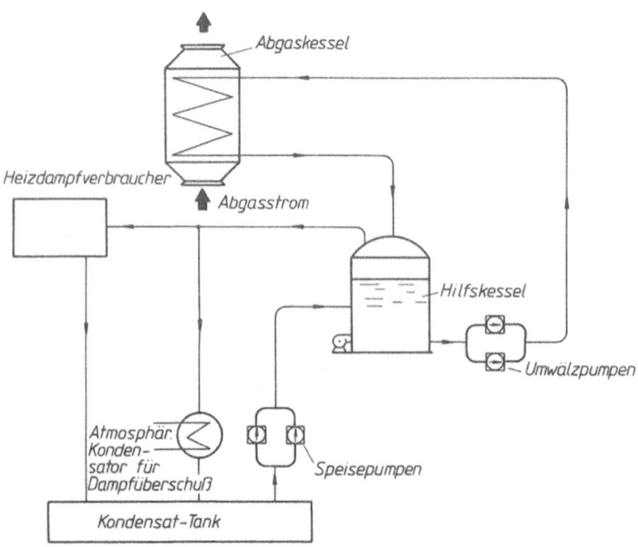

Bild 9.3
Einfaches Abgaswärme-Verwertungs-System für Heizzwecke

Vom S.E.M.T.-Pielstick [9.4] stammen Vorschläge, von denen einer in Bild 9.6 wiedergegeben ist. Die in den Abgasen anfallende Energie wird vollständig zur Verstromung verwendet, während Heizdampf durch Rückgewinnung von Wärme aus dem Zylinderkühlwasser und eines Teils der Ladeluftkühlung erzeugt wird. Der Ladeluftkühler ist zweiteilig wie in Bild 9.5. Bei Langsamfahrt (Teillast) besteht die Möglichkeit, die Ladeluft anzuwärmen mit

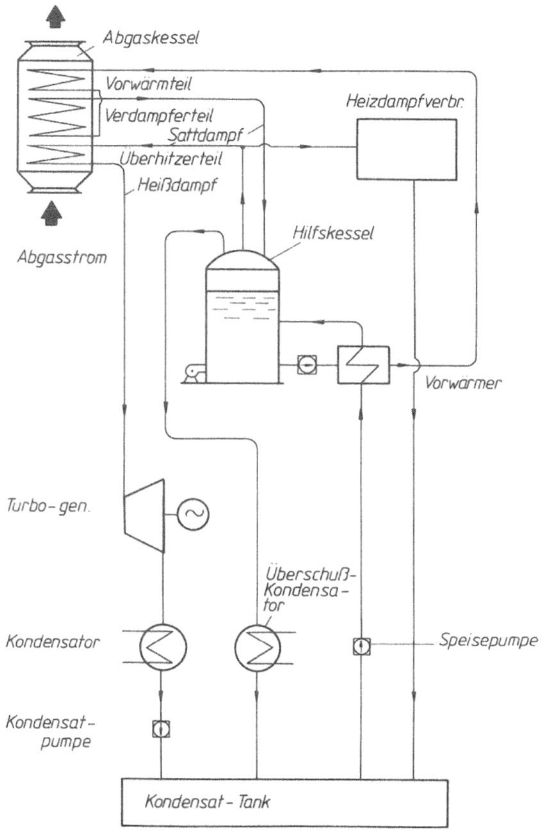

Bild 9.4
Abgaswärme-Verwertungs-System zur Stromerzeugung und für Heizzwecke

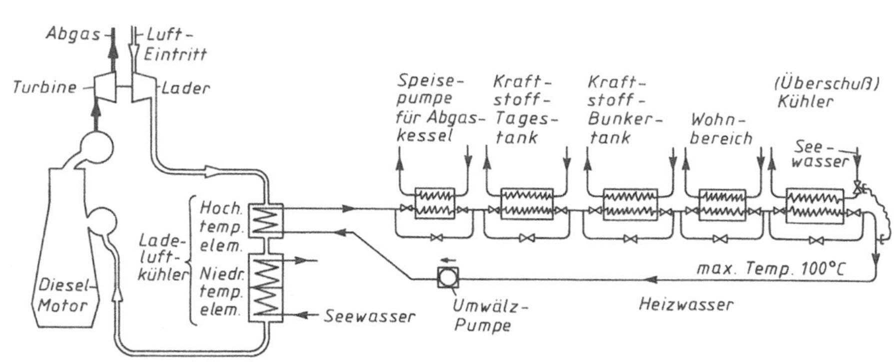

Bild 9.5 zweiteiliger Ladeluftkühler zur Abwärmeverwertung

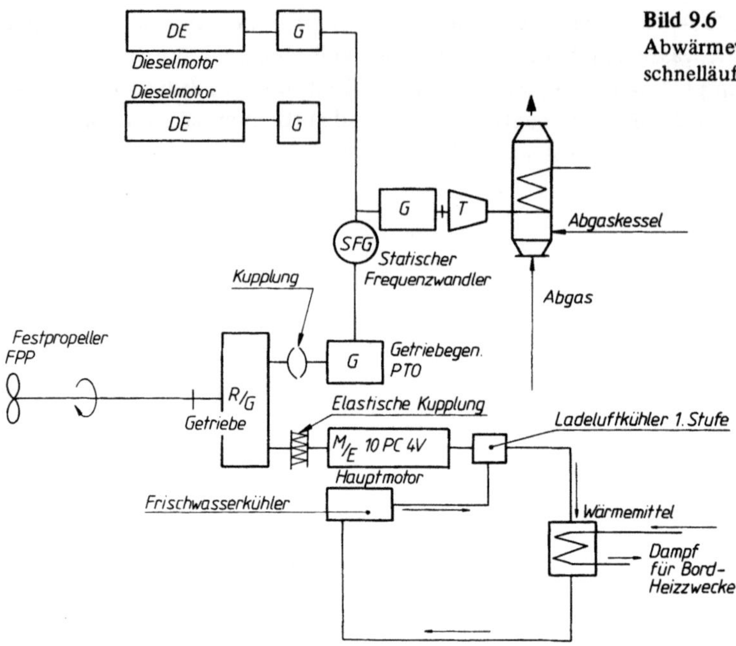

Bild 9.6
Abwärmeverwertung für Mittelschnelläufer mit Festpropeller

dem Vorteil erhöhten Sicherheitsspielraums gegen Korrosionsverschleiß in Laufbuchsen und besserer Verbrennung von Schweröl schlechter Qualität. Zusammen mit einem Getriebemotor (Wellengenerator) ergibt sich eine große Anpassungsfähigkeit. Einen integrierten Antrieb zeigt Bild 9.7.

Als vielbeachtetes Beispiel soll noch der "Friendship"-Typ erläutert werden (Bild 9.8). Der Hauptmotor von 5 700 kW bei 520 U/min treibt einen Verstellpropeller über ein Untersetzungsgetriebe an, an das ein Generator von 450 kW und die Dienstpumpen des Hauptmotors und die Schmierölpumpe des Untersetzungsgetriebes angeschlossen sind. Ein Kupplungssystem gestattet den Antrieb des Wellengenerators am Kai, wenn das Hilfsdieselaggregat vom Untersetzungsgetriebe abgekuppelt wird. Eine doppelte Untersetzung macht die Verwendung des Wellengenerators möglich, wenn Motor und Schraube mit 65 % der Nenndrehzahl laufen. Der Hilfsmotor kann bei Beschädigung der Hauptantriebsanlage das Schiff mit der Geschwindigkeit von 6 Knoten antreiben. Die elektrische Leistung auf See beträgt 100 ... 120 kW. Ferner ist ein Notstromaggregat von 170 kW vorhanden. Ein herkömmlicher Abwärmekessel erzeugt den am Bord notwendigen Dampf in mehr als ausreichenden Mengen.

9.3 Schiffgetriebe und Kupplungen

Bild 9.9 zeigt verschiedene Getriebetypen 1 ... 6 für Ein-Motor-Anlagen. Einfache Untersetzungsgetriebe nach 1 und 2 bestehen aus Ritzel (Antrieb) und Rad (Abtrieb) für Drehzahlverhältnisse bis etwa 4 : 1. Nachteilig ist der Achsversatz. Ausführung 3 erlaubt eine koaxiale Bauweise, ist aber aufwendig. Ausführungen 4 und 5 sind ebenfalls aufwendig; 5 ergibt ebenfalls einen Achsversatz. Die richtige Alternative bietet Lösung 6 als Planetengetriebe, wenn koaxiale Bauweise gefordert wird.

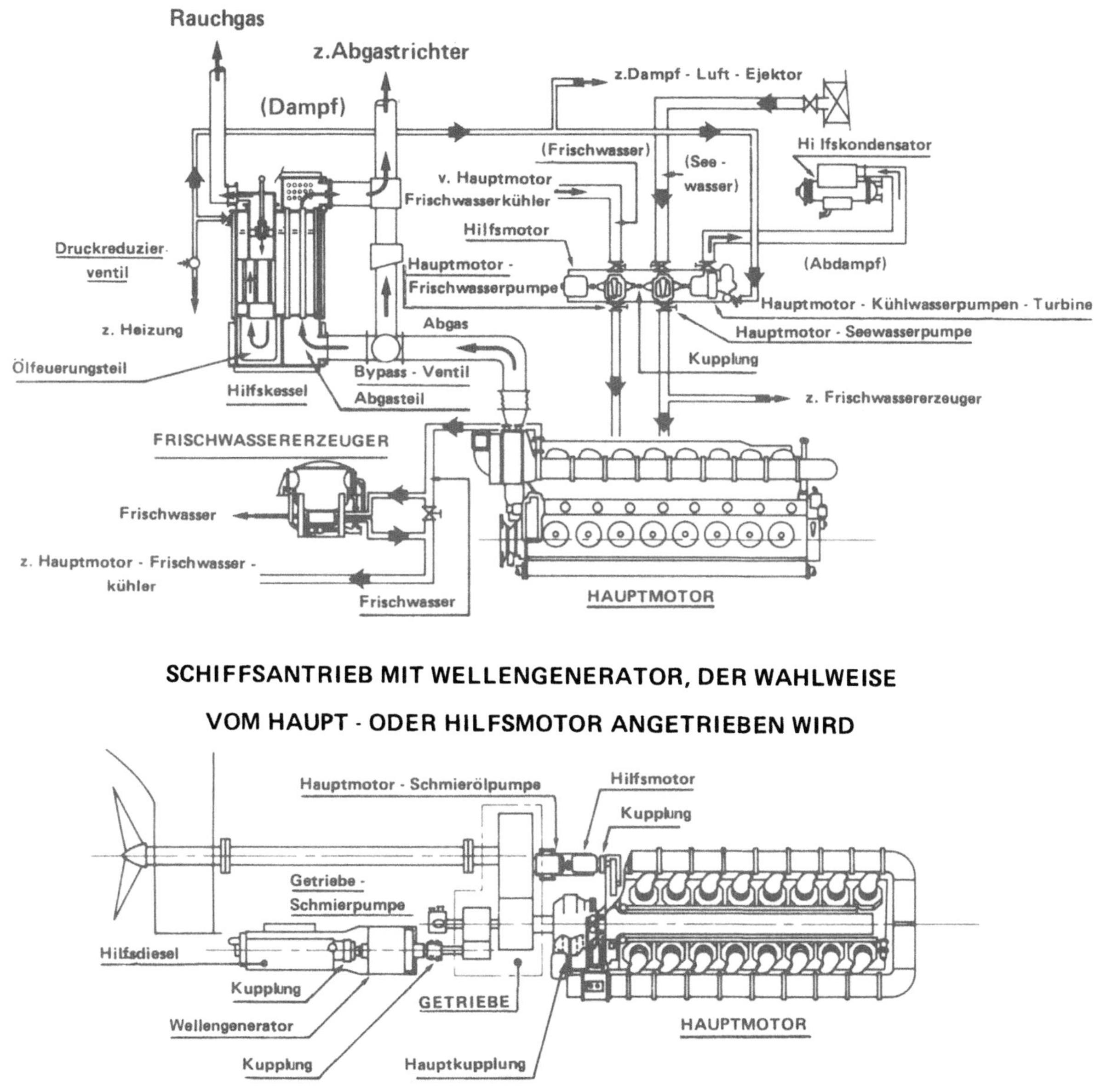

Bild 9.7 Integrierter Antrieb

Bild 9.10 zeigt das Schnittbild eines Planetengetriebes. Zu seinen wesentlichen Merkmalen zählt die besonders große Verlagerungsfähigkeit aller leistungsübertragenden Teile. Das innere Zentralrad (1) ist völlig ungelagert, das äußere (2) – auch Annulus genannt – ist elastisch im Gehäuse (3) abgestützt. Diese Abstützung erfolgt über sogenannte Hülsenfedern (4), die Stöße, die durch den Propeller in die Anlage hereinkommen, gut abbauen. Außerdem

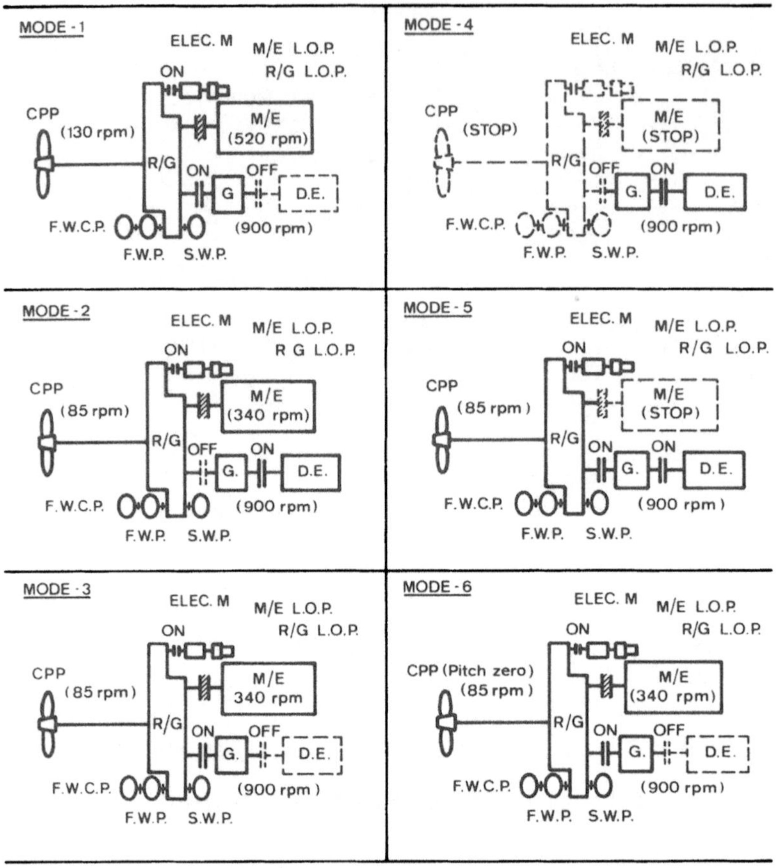

Bild 9.8 System Typ „Friedship“

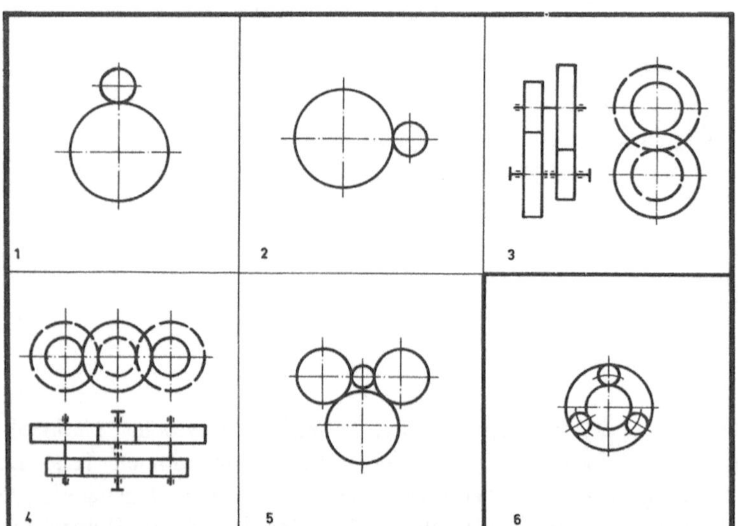

Bild 9.9 Getriebeformen für 1-Motoren-Anlagen

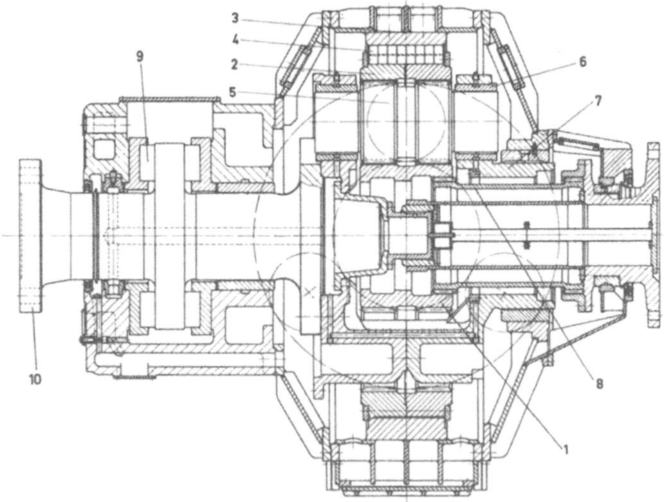

Bild 9.10
Planetengetriebe mit angebautem Drucklager

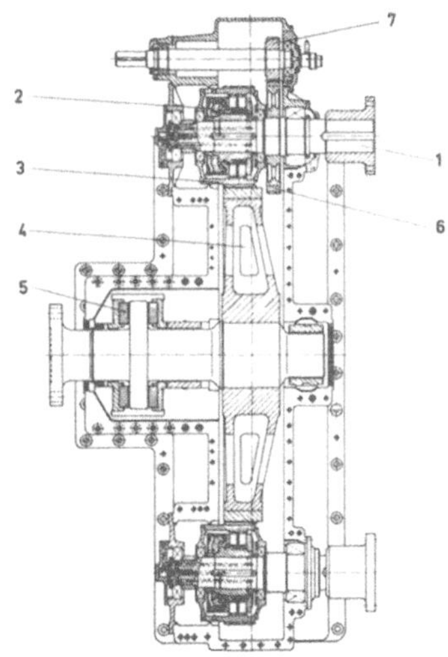

Bild 9.11
Doppelgetriebe mit Drucklager und eingebauten Motorscheibenkupplungen.
1 Antriebswelle,
2 Lamellenkupplung,
3 Ritzel,
4 Rad,
5 Drucklager,
6 Rad für Generatorantrieb primärseitig,
7 Ritzel dazu.

bewirken sie eine erhebliche Körperschallminderung. Die Planetenräder (5) – drei Stück werden verwendet, um eine optimale Lastverteilung zu erreichen – sind im vorliegenden Fall nicht, wie sonst üblich, auf Bolzen, sondern beidseitig im Planetenträger gelagert (6, 7). Man erhält dadurch eine besonders geringe Durchbiegung. Das innere Zentralrad und die Planetenräder sind einsatzgehärtet und geschliffen, und zwar die Planetenräder mit optimalen Zahnkorrekturen. Die Verzahnung des äußeren Zentralrades wurde geschabt. Die Verbindung zwischen der zweifach gelagerten Antriebswelle und dem Ritzel erfolgt hier über eine Doppelzahnkupplung (8). Daneben besteht die Möglichkeit, auf die zweifach gelagerte Antriebswelle ganz zu verzichten und als Doppelgelenk einerseits eine einfache Zahnkupplung und andererseits die in jedem Fall vorhandene elastische Kupplung zu verwenden. Das Drucklager (9) ist im vorliegenden Fall in das Getriebe eingebaut. Die Propellerwelle (10) ist mit dem Planetenträger des Getriebes verbunden. Gegen Axialschwingungen der Propellerwelle ist das Planetengetriebe völlig unempfindlich, da die verzahnten Teile mit der Abtriebswelle und damit mit dem Planetenträger nur über die Lagerung der Planetenränder verbunden ist. Auf den Radsatz können also lediglich Lagerreibungskräfte einwirken.

Bei Mehrmotorenanlagen verwendet man häufig Konstruktionen, die eine primäre Leistungsabnahme – PTO (Power-take-off) – für Generatorantrieb gestatten (Bild 9.11).

Wenn die Übersetzung der Getriebe größer ist, oder die Kupplung eine große Schaltarbeit zu leisten hat, verwendet man die andere Bauart, bei der die Lamellenkupplungen außerhalb des Getriebes angeordnet sind. Dies ist die am meisten verwendete Konstruktion.

Um Verformungen von Verzahnungen fernzuhalten, sollte man das Drucklager (6) bei größeren Leistungen getrennt aufstellen, dgl. die PTO's (7) (Bild 9.12). Die Antriebswellen (1) sind als Doppelgelenkwellen ausgebildet, um Einwirkungen von Rückstellkräften aus den zwischen den Motoren und Getrieben befindlichen elastischen Kupplungen bei radialem Wellenersatz auszuschalten. Die Verbindung des PTO-Getriebes (7) mit der Antriebswelle (1) erfolgt durch eine leicht ausbaubare Zahnkupplung (8), so daß eine gute Zugänglichkeit zu den Lamellenkupplungen gewährleistet ist. Das PTO-Getriebe kann somit individuell den Maschinenraumverhältnissen angepaßt und mit horizontal oder vertikal versetzten Wellen ausgeführt werden.

Schaltkupplungen hoher Leistung für Umsteuervorgänge bei Schiffsgetrieben nach [9.5]

Wenn man die Vor- und Nachteile der verschiedenen Arten von Schiffsantrieben gegeneinander abwägt, wird immer auch die Frage nach dem Manövrierverhalten gestellt. Dabei denkt man an das Anfahren und das Umsteuern, ganz besonders aber an das Notmanöver zum schnellen Anhalten des Schiffes bei voller Fahrt. Beim Notmanöver treten die höchsten Beanspruchungen auf, und hier zeigen sich auch die Grenzen der verschiedenen Antriebssysteme.

Fast problemlos ist der Verstellpropeller, für den auch viele weitere Vorteile sprechen. Deshalb setzt sich der Verstellpropeller immer mehr durch. Aber trotzdem gibt es Gründe, in bestimmten Fällen den Festpropellerantrieb zu bevorzugen. Für diesen gilt die in Bild 9.13 dargestellte Charakteristik als Beziehung zwischen dem Drehmoment T und der Drehzahl n. Kurve 1 gilt für die Vorausfahrt bei stationärem Betrieb. Für die stationäre Rückwärtsfahrt ergibt sich die Kurve 2 bei negativen Drehzahlen. Beim Stillstand des Propellers ($n = 0$) ist $T = 0$.

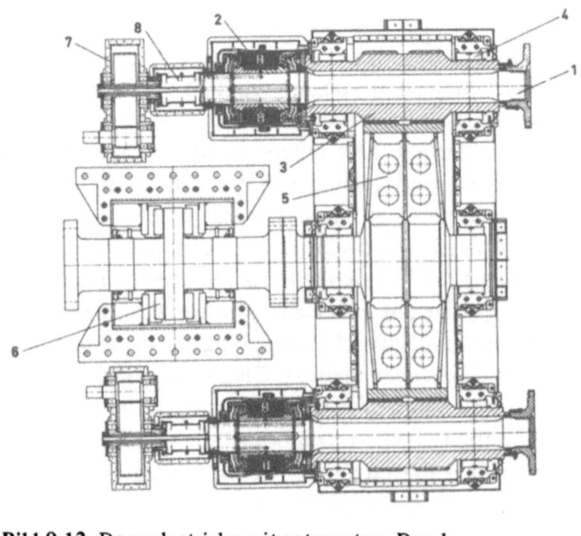

Bild 9.12 Doppelgetriebe mit getrenntem Drucklager und PTO's

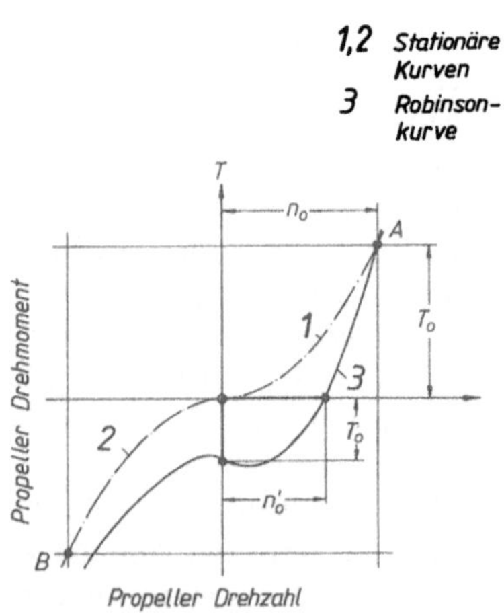

Bild 9.13 Festpropeller-Charakteristik

Beim Notmanöver kommt es darauf an, möglichst schnell vom Betriebspunkt A (voll voraus) zum Betriebspunkt B (voll zurück) überzuwechseln. Da die Schiffsgeschwindigkeit nur langsam abnimmt, ergeben sich dabei keine stationären Betriebszustände mehr, und für den Propeller erhält man wegen der andersartigen Wechselwirkung mit der Wasserströmung nicht die Kennlinie gemäß Kurven 1 und 2, sondern gemäß Kurve 3, der sogenannten Robinsonkurve.

Die wesentlichen Merkmale der so veränderten Propellercharakteristik bestehen darin, daß für $n = 0$ nicht mehr $T = 0$ gilt; vielmehr ist $T = T_0'$. Entsprechend ist für $T = 0$ die Drehzahl $n = n_0'$. Das bedeutet praktisch:

1. Wenn der Antrieb abgestellt wird ($T = 0$), dreht sich der Propeller weiter ($n = n_0'$);
2. Um den Propeller zum Stillstand zu bringen ($n = 0$), benötigt man ein Gegendrehmoment $T = -T_0$.

Diese Gegebenheiten sind der Grund dafür, daß das Umsteuern bei Direktantrieben, bei denen die Motordrehzahl zwangsläufig immer dieselbe ist wie die Propellerdrehzahl, mit gewissen Schwierigkeiten verbunden ist: Der Motor muß bei der Vorausdrehzahl n_0' umgesteuert und im umgekehrten Sinn angelassen werden. Die Anlaßluft muß in der Lage sein, das Gegendrehmoment $-T_0$ zu überwinden und den Motor rückwärts zu drehen. Bei voller Schiffsgeschwindigkeit gelingt das meistens nicht, und man muß warten, bis die Fahrt kleiner geworden ist.

Um das Manövrieren zu begünstigen, kennt man verschiedene Verfahren, die nur kurz genannt seien: Schwungradbremsen, Gegenluft, Dekompression. Als besonders elegantes Mittel aber bietet sich eine Schaltkupplung zwischen Motor und Propeller an.

Die Schaltkupplung kann eine Reibungskupplung, eine hydraulische oder eine elektromagnetische Kupplung sein. Alle diese Kupplungen haben gemeinsam, daß sie mit Schlupf arbeiten können und deshalb eine Drehmomentübertragung vom Motor auf den Propeller möglich ist, ohne daß die Motor- und die Propellerdrehzahl zwangsläufig dieselben sind. Dann aber braucht das Gegendrehmoment $-T_0$ nicht mehr während des Anlassens überwunden zu werden. Man schaltet die Kupplung vielmehr bei höherer Drehzahl, bei der der Motor nicht mit Anlaßluft, sondern mit Brennstoff versorgt wird und ein viel größeres Drehmoment entwickeln kann. Das Umsteuermanöver gestaltet sich viel einfacher und ist auch bei größeren Schiffsgeschwindigkeiten möglich.

Besonders bei Getriebeanlagen mit mittelschnellaufenden und hochaufgeladenen Dieselmotoren macht man gern von dieser Art des Umsteuerns Gebrauch. Denn erstens hat man meistens mehrere Motoren; und da braucht man ohnehin Schaltkupplungen, um die Motoren einzeln an- und abstellen zu können. Zweitens würde der direkte Umsteuervorgang durch die zusätzlich zu beschleunigenden Getriebemassen erschwert. Drittens ist bei hochaufgeladenen Motoren das Verhältnis des Anlaßdrehmoments zum Vollastdrehmoment kleiner als bei nicht aufgeladenen Motoren. Mit Anlaßluft würde man deshalb nur ein kleines Drehmoment erzeugen.

Bei sehr großen Leistungen und Umsteuermanövern bei hohen Schiffsgeschwindigkeiten könnte man an hydraulische Kupplungen denken. Evtl. kann die Kupplung in zwei parallelgeschaltete Kupplungen aufgelöst werden (Bild 9.14).

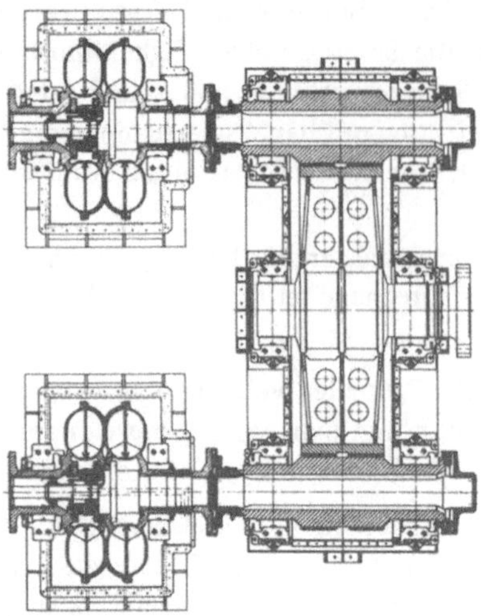

Bild 9.14 Doppelgetriebe mit hydraulischen Kupplungen

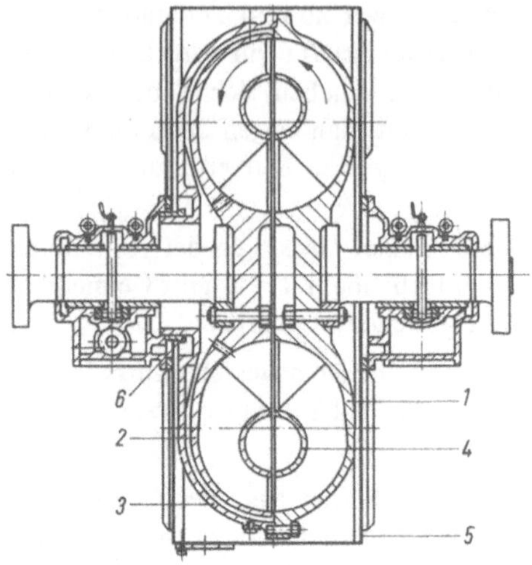

Bild 9.15 Schnitt durch eine Strömungskupplung
1 Pumpenrad, 2 Turbinenrad, 3 Deckel, 4 Leitwulst, 5 Gehäuse, 6 Dichtung

Hydraulische Kupplungen

Hydraulische Kupplungen zeichnen sich durch folgende Eigenschaften aus:

1. wirksame Dämpfung der Torsionsschwingungen (es erfolgt praktisch keine Schwingungsübertragung vom Motor auf die Propellerwelle);
2. nahezu konstantes Abtriebsmoment bei konstanter Motorleistung;
3. Möglichkeit des schnellen und stoßfreien Zuschaltens oder Absetzens des Motors durch Füllung bzw. Entleerung der Kupplung;
4. stufenlose Änderung der Abtriebsdrehzahl bei konstanter Antriebsdrehzahl durch Schlupfänderung infolge Variation der Füllung;
5. hohe Betriebssicherheit und Lebensdauer, da mit Ausnahme der Lager an keiner Stelle mechanische Berührung auftritt.

Nachteilig wirkt sich der Umstand aus, daß eine Momentenübertragung nur durch Schlupf, d. h. durch Unterschiede zwischen An- und Abtriebsdrehzahl möglich wird und daß der durch den Schlupf bedingte Leistungsverlust die Kupplung erwärmt.

Zum Einsatz kommt vorwiegend die auf dem Prinzip des Föttinger-Wandlers basierende Strömungskupplung der früheren Vulcan-Werke, Hamburg, die sogenannte „Vulcan-Kupplung".

Bild 9.15 zeigt den Schnitt einer Strömungskupplung. Das Pumpenrad (1) (auch Primärrad genannt) ist mit der Motorenwelle gekuppelt, während das in gleicher Form ausgeführte spiegelbildlich angeordnete Turbinenrad (2) (Sekundärrad) mit der Abtriebswelle verbunden ist. Der am Pumpenrad befestigte Deckel (3) umschließt das Turbinenrad und dichtet den flüssigkeitsgefüllten Wirkteil an der Stelle (6) gegen das Gehäuse (5) ab. Die nur durch einen engen Spalt getrennten Halbringräume der beiden Räder sind mit geraden Radialschaufeln versehen und besitzen in der Regel (bei Schaufelzahlen < 100) einen Leitwulst (4). Die Innenräume werden mit einer Flüssigkeit gefüllt. Meist verwendet man hierfür nichtschäumende Öle, die nach Möglichkeit eine flache V-T-Kennung besitzen sollen. Bei Antrieb des Pumpenrades bildet sich eine Flüssigkeitsströmung entsprechend dem in Bild 9.16 gezeigten Modell aus, durch die das Turbinenrad im gleichen Drehsinn mitgenommen wird. Die Strömung entsteht, wenn das Pumpenrad schneller umläuft als das Turbinenrad, da dann die auf die Flüssigkeit wirkende Zentrifugalkraft im Pumpenrad größer ist. Eine Momentenübertragung kann also nur erfolgen, wenn ein Drehzahlunterschied zwischen An- und Abtrieb besteht. Für eine gleichmäßig wirksame Beaufschlagung ist es von Vorteil, die Schaufelzahl von Pumpen- und Turbinenteil unterschiedlich auszuführen, z. B. das Pumpenrad mit 30 Schaufeln, das Turbinenrad mit 31.

Bei der normalen Strömungskupplung ohne Leitvorrichtung gilt die Beziehung:

$$\text{Antriebsmoment } M_\text{I} = \text{Abtriebsmoment } M_\text{II} = M$$

Die Abtriebsleistung P_II errechnet sich aus der Antriebsleistung P_I und dem Verhältnis der Drehzahlen von Ab- und Antrieb, n_II und n_I

$$P_\text{II} = M \cdot \omega_\text{II} \qquad \omega = 2\pi n$$
$$P_\text{I} = M \cdot \omega_\text{I}$$

$$P_\text{II} = M \cdot \omega_\text{I} \cdot \frac{\omega_\text{II}}{\omega_\text{I}} = P_\text{I} \cdot \frac{n_\text{II}}{n_\text{I}} = P_\text{I} \cdot \eta .$$

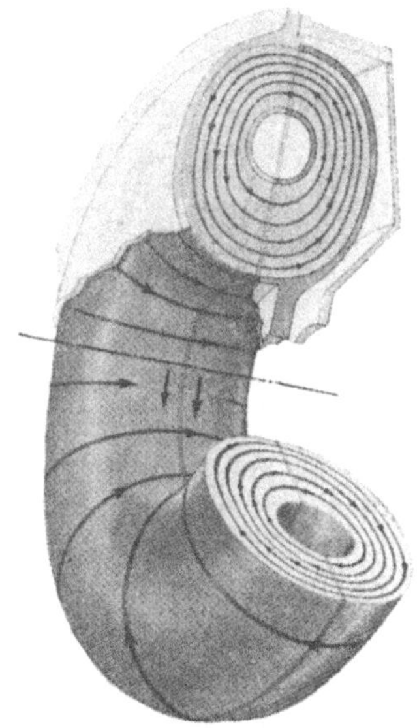

Bild 9.16
Modell der Flüssigkeitsströmung in einer hydrokinetischen Kupplung (Pumpenrad liegt rechts)

Der Wirkungsgrad der Leistungsübertragung entspricht also dem Drehzahlverhältnis n_II/n_I.

$$\eta = \frac{n_\text{II}}{n_\text{I}}$$

Führt man als kennzeichnende Größe der Kupplung den Schlupf s, d. h. den Drehzahlunterschied zwischen An- und Abtrieb, bezogen auf die Antriebsdrehzahl, ein, so erhält man folgende Beziehungen

$$s = \frac{n_\text{I} - n_\text{II}}{n_\text{I}} = 1 - \frac{n_\text{II}}{n_\text{I}} = 1 - \eta \longrightarrow \eta = 1 - s .$$

Der Schlupf wird vielfach auch in Prozenten angegeben

$$s = \frac{n_\text{I} - n_\text{II}}{n_\text{I}} \cdot 100\,\% .$$

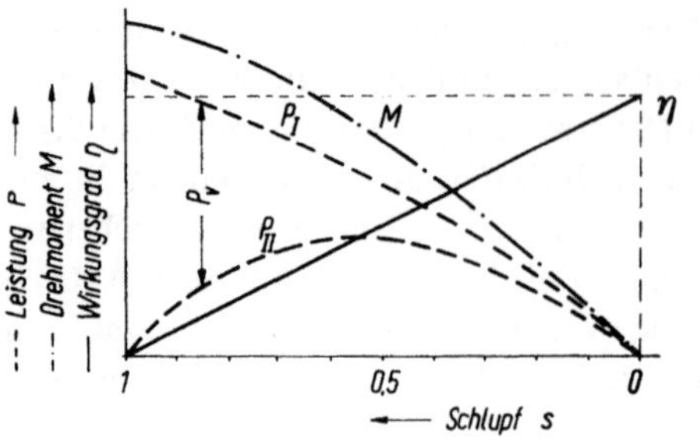

Bild 9.17
Abhängigkeit des übertragbaren Moments *M*, der Leistungen P_{I}, P_{II} und des Wirkungsgrades η vom Schlupf *S* bei einer Strömungskupplung (P_{V} Verlustleistung)

Die Beziehungen der aufgeführten Größen zum Schlupf sind im Diagramm Bild 9.17 graphisch aufgetragen.

Die Verlustleistung P_{V}, die der Differenz von An- und Abtriebsleistung entspricht, wird in Wärme umgesetzt.

Solange die Kupplung im Bereich hoher Wirkungsgrade, d. h. mit geringem Schlupf, arbeitet, reicht die Wärmeabgabe der Gehäuseoberfläche an die Umgebungsluft aus. Bei größeren Schlupfwerten, die besonders bei stufenloser Drehzahlwandlung durch Verminderung der Füllmenge erreicht werden, muß zusätzlich gekühlt werden. In der Regel tauscht man dann die Betriebsflüssigkeit kontinuierlich aus und leitet sie dabei durch besondere Kühlvorrichtungen.

Strömungskupplungen weisen bei maximaler Füllung, Schlupfwerte im Bereich von 1,5 ... 2,5 %, d. h. Wirkungsgrade von 97,5 ... 98,5 % auf.

Auf die Abhängigkeit des übertragbaren Momentes *M* von den Bauabmessungen, der Drehzahl und anderen Einflußgrößen soll hier nicht näher eingegangen werden, da diese Fragen in der Regel nur den Konstrukteur interessieren.

Die Strömungskupplung eignet sich besonders gut für das Anfahren, da ihre Charakteristik hohe Anfahrmomente aufweist. Von großer Bedeutung sind bei Mehrmotorenanlagen die kurzen Zeiten, die für Füllung und Entleerung (d. h. für Zu- oder Abschalten von Motoren) benötigt werden.

Durch geeignete Vorrichtungen kann die Betriebsflüssigkeit durch den zwischen Pumpen- und Turbinenrad befindlichen Spalt in 6 s bzw. 3 s zu- bzw. abgepumpt werden.

Eine besondere Antriebsart, die unter Verwendung von Strömungskupplungen aufgebaute „Vater- und Sohn-Anlage", wurde für Schiffe der Hochseefischerei gewählt (Bild 9.18).

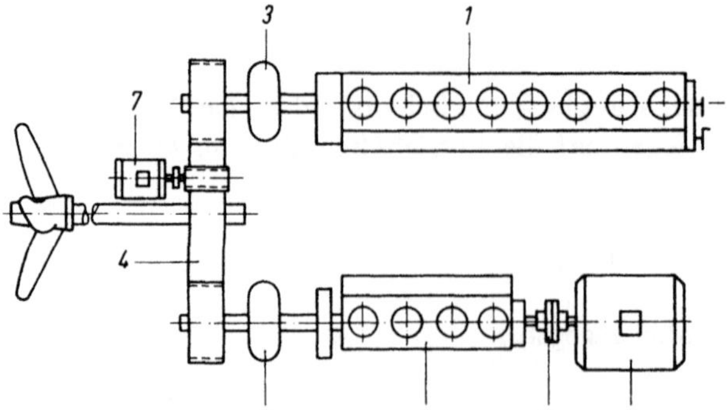

Bild 9.18
Schema einer „Vater- und Sohn-Anlage"
1 Hauptmotor,
2 Hilfsmotor,
3 Vulcan-Kupplung,
4 Zahnradgetriebe,
5 Scheibenkupplung,
6 Generator für Netzwindenversorgung,
7 Wellengenerator.

Die Antriebsanlage besteht aus zwei Motoren unterschiedlicher Leistung. Der Hauptmotor (1) mit der größeren Leistung arbeitet über Vulcan-Kupplung (3) und Zahnradgetriebe (4) auf die Propellerwelle. Der kleinere mit gleicher Drehzahl laufende Hilfsmotor (2) dient zum Antrieb eines Generators (6), der beim Fischen den Strom für den Antrieb der Netzwinde erzeugt. Bei Marschfahrt kann auch dieser Hilfsmotor über eine Vulcan-Kupplung ohne Unterbrechung des Fahrbetriebes auf das Zahnradgetriebe und somit auf die Propellerwelle geschaltet werden.

Induktions-Kupplungen

Die Induktionskupplung besteht aus zwei Teilen, die mit dem An- bzw. Abtrieb verbunden sind und sich berührungsfrei – mit geringem Luftspalt – gegenüberstehen. Der eine Teil – gewöhnlich der mit dem Abtrieb verbundene – trägt am Umfang eines Magneten in wechselnder Folge eine gewisse Anzahl von Nord- und Südpolen. Diese werden von einem ebenfalls mit Polen ausgerüsteten Ankerring umschlossen, der dem antriebsseitigen Teil der Kupplung angehört. Zwischen den Polen des Ankerringes liegen Kupferstäbe, die durch seitliche Verbindung zu einem Kurzschlußkäfig ausgebildet werden. Erregt man den Magneten mit Gleichstrom, so bildet sich zwischen beiden Kupplungshälften ein magnetischer Fluß aus. Bei Unterschieden zwischen An- und Abtriebsdrehzahl, d. h. bei Vorhandensein eines Schlupfes, pulsiert der magnetische Fluß mit einer von der Polzahl abhängigen Frequenz. Die Folge ist die Induktion eines Stromes im Kurzschlußteil, der die Magnetpole der Abtriebsseite durch Kräfte in der Drehrichtung beeinflußt und so eine Mitnahme dieser Kupplungshälfte bewirkt.

Der Erregerstrom wird in der Regel über zwei Schleifringe für (+) und (–) zugeführt. Bei Verwendung eines Schleifringes und eines Massepoles darf nur mit berührungsungefährlichen Spannungen bis 24 V gearbeitet werden.

Bei einer Induktionskupplung, die mit Schlupf arbeitet, man spricht in diesen Fällen von Asynchronkupplungen, wird der Leistungsverlust bei der Übertragung – ebenso wie bei der Strömungskupplung – in Wärme umgesetzt. Die Kupplung muß also so ausgelegt werden, daß die Oberflächen diese Wärme in ausreichendem Maße abführen können. In manchen Fällen wird man zur Verbesserung der Wärmeübertragung neben vergrößerten, d. h. verrippten Oberflächen auch künstliche Belüftung durch Ventilatoren anwenden müssen. Asynchronkupplungen werden im allgemeinen für einen Schlupf von 1,0 ... 2,0 % ausgelegt. Ihr Einsatz erfolgt vorwiegend, wenn mehrere Motoren auf eine Propellerwelle arbeiten. Eine solche Anordnung mit zwei Motoren zeigt Bild 9.19.

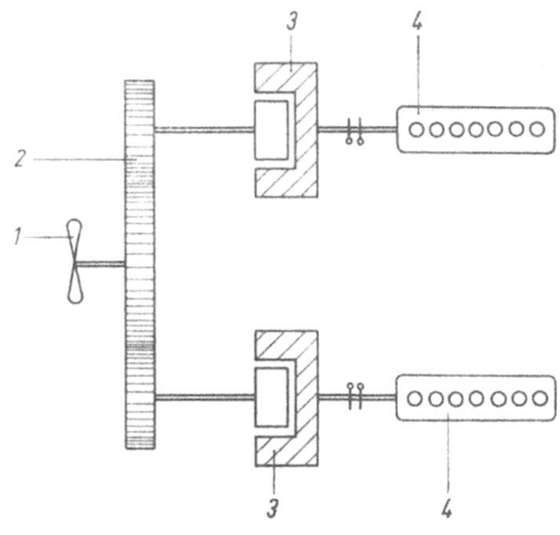

Bild 9.19
Anordnung einer elektromagnetischen Kupplung
1 Propeller, 2 Getriebe, 3 Schlupfkupplung, 4 Dieselmotor.

Die vorteilhaften Eigenschaften der Asynchronkupplung sind die gleichen wie bei der Strömungskupplung: Schwingungsdämpfung, gleichmäßige Momentenabgabe, Möglichkeit des stoßfreien Zu- und Abschaltens des gekuppelten Motors und hohe Lebensdauer aufgrund des berührungsfreien Arbeitens.

Auch eine stufenlose Drehzahländerung durch Beeinflussung des Erregerstromes ist möglich. Als Nachteil sind der relativ hohe Raumbedarf, die Verluste bei der Leistungsübertragung und der Leistungsbedarf für die Erregung (etwa 1,5 % der übertragbaren Leistung) zu werten.

Elastische Kupplungen

Zwischen Dieselmotoren und Getrieben werden elastische Kupplungen angeordnet, z.B. Scheibenkupplungen mit Gummireifen. Sie erlauben kurze axiale Bauweise und leichte Montage, ergeben geringe axiale Kräfte und hohe Drehelastizität (Dämpfung) und geringe motorseitige Schwungmassen. Die Gummielemente können auch andere als Reifenform haben.

Als Beispiel sei eine Stromag-GE-Kupplung zur Verbindung eines Schwungrades mit einer Antriebswelle gezeigt (Bild 9.20).

Mechanische Wendegetriebe

Auf Binnenschiffen, Schleppern und Fahrzeugen mit effektiven Leistungen bis etwa 735 kW setzt man vielfach nicht umsteuerbare Dieselmotoren in Verbindung mit Wendegetrieben ein. Unter Wendegetriebe versteht man ein Zahnradgetriebe, das mit Vorrichtungen (abbremsbares Kegelradkardangetriebeteil oder vorwiegend kupplungsbetätigte Stirnradumkehrstufen) für die Drehrichtungsumkehr ausgerüstet ist. Der Motor für konstante Drehrichtung erfordert in der Regel keine separate Luftverdichtungsanlage, wodurch der Hilfskraftbedarf wesentlich eingeschränkt wird. Es genügen vielmehr Druckluftspeicheranlagen von geringem Fassungsvermögen für das Inbetriebsetzen des Motors. Das Auffüllen der Luftflaschen kann ein direkt vom Motor betriebener Kompressor besorgen, der bei Erreichen des Betriebsdruckes entweder mit Hilfe einer Schaltkupplung abgesetzt wird oder durch Offenhalten des Saugventils leer mitläuft. Auch die Druckluftgewinnung durch Anzapfen eines Zylinders, dessen Kraftstoffzufuhr abgeschaltet wurde, findet Anwendung.

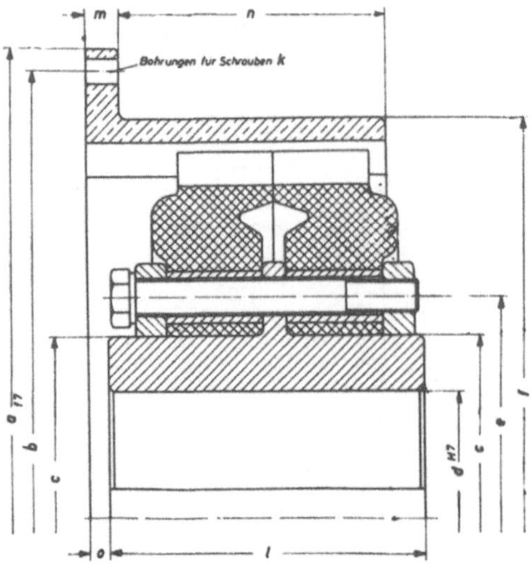

Bild 9.20
Stromag-Scheibenkupplung

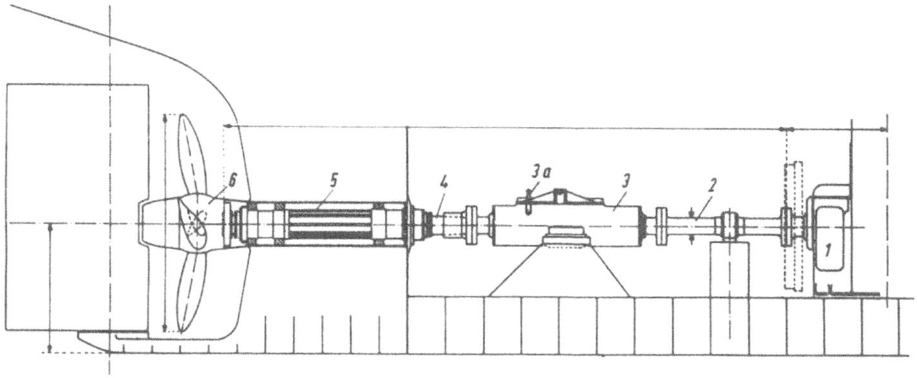

Bild 9.21 Aufbau einer Verstell-Propelleranlage. Der Servomotor 3, der die Verstellung der Propellerflügel bewirkt, ist im Heck des Schiffes angeordnet und damit gut zugänglich

1 Motor,
2 Zwischenwelle,
3 Servomotor,
3a Verstellhebel (Betätigung von der Kommandobrücke aus),
4 Propellerhohlwelle,
5 Stevenrohr,
6 Propellernabe.

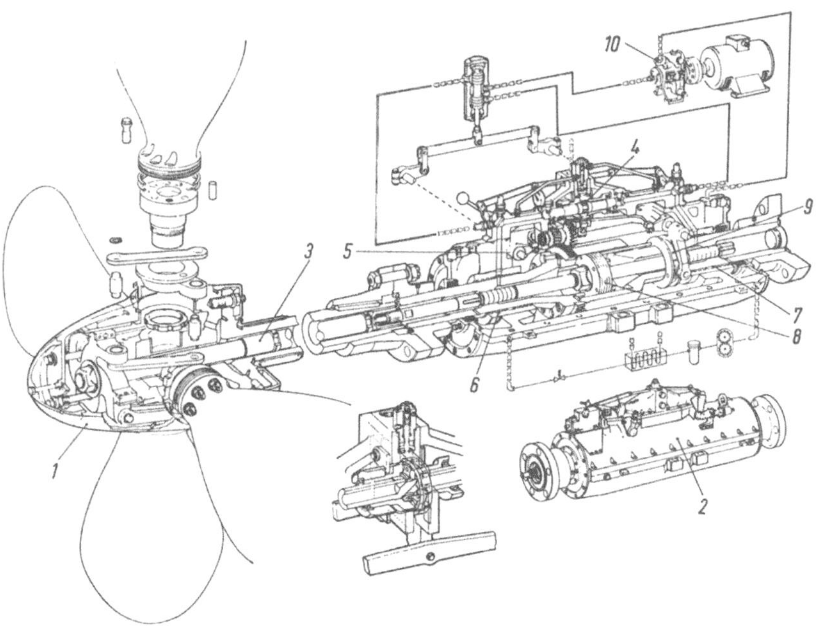

Bild 9.22 Verstellpropeller (Werkbild Escher Wyss, Lindau/Bodensee)

1 Propellernabe,
2 Servomotor,
3 Schiebestange,
4 Steuerkolben,
5 Kommandowelle,
6 Lager,
7 Lager,
8 Verstellkolben,
9 Rückführmuffe,
10 Druckölpumpe.

Für Motorenanlagen größerer Leistung eignet sich das Wendegetriebe nicht, da Gewicht und Raumbedarf zu groß werden.

Verstellpropeller

Die Möglichkeit, jede beliebige Geschwindigkeit vorwärts und in gewissem Umfang auch rückwärts fahren zu können, ohne die Drehzahl und den Drehsinn der Motoren zu ändern, bietet der Einsatz eines Verstellpropellers. Bei diesem sind die Flügel in der Nabe drehbar gelagert und können durch eine Servoanlage stufenlos in ihrer Steigung verändert werden. Die Firma Escher-Wyss entwickelte aufbauend auf ihren Erfahrungen mit Kaplanturbinen eine Verstellpropelleranlage, die schematisch in Bild 9.21 dargestellt ist. Das Bild 9.22 zeigt den Servomotor und den Verstellmechanismus in der Propellernabe. Die Verstellpropelleranlage ermöglicht den Einsatz nicht umsteuerbarer Motoren bei konstanter Drehzahl, d. h. im Bereich günstigster Wirkungsgrade, für alle Fahrstufen, und darüber hinaus die Ausnutzung der vollen Motorenleistung auch bei geringen Geschwindigkeiten – z. B. bei Schleppfahrten.

Schrifttum

[9.1] *Schneekluth, H.:* Entwerfen von Schiffen. Koehlers Verlagsges., Herford, 1980

[9.2] *Illies, K.:* Wechselbeziehung zwischen Maschine und Schiff. Jahrbuch der Schiffbautechn. Ges. 1969

[9.3] *Dien/Schwanecke:* Die propellerbedingte Wechselwirkung zwischen Schiff und Maschine. Motortechn. Zeitschrift – MTZ – 34. Jahr. Nr. 11.

[9.4] *Bontour, M.:* Beitrag der mittelschnellen Motoren für die Auslegung eines wirtschaftlichen Antriebssystems. Druckschrift SEMT-Pielstick 1981 H. P. 526–88-27.

[9.5] *Jahnel/Kugler/Pinnekamp/Rampp:* Schaltkupplungen hoher Leistung für Umsteuervorgänge bei Schiffsgetrieben. Druckschrift Renk, Schiffsgetriebe großer Leistung, Augsburg.

Sachwortverzeichnis

GPSR Compliance

The European Union's (EU) General Product Safety Regulation (GPSR) is a set of rules that requires consumer products to be safe and our obligations to ensure this.

If you have any concerns about our products, you can contact us on ProductSafety@springernature.com

In case Publisher is established outside the EU, the EU authorized representative is:

Springer Nature Customer Service Center GmbH
Europaplatz 3
69115 Heidelberg, Germany

Batch number: 10584556

Printed by Printforce, the Netherlands